ATmega128로 배우는

마이크로컨트롤러 프로그래밍

ATmega128 Programming

ATmega128로 배우는
마이크로컨트롤러 프로그래밍

1쇄 발행 2016년 11월 25일
5쇄 발행 2024년 03월 22일

지은이 허경용
펴낸이 장성두
펴낸곳 주식회사 제이펍

출판신고 2009년 11월 10일 제406-2009-000087호
주소 경기도 파주시 회동길 159 3층 / **전화** 070-8201-9010 / **팩스** 02-6280-0405
홈페이지 www.jpub.kr / **투고** submit@jpub.kr / **독자문의** help@jpub.kr / **교재문의** textbook@jpub.kr

소통기획부 김정준, 이상복, 김은미, 송영화, 권유라, 송찬수, 박재인, 배인혜, 나준섭
소통지원부 민지환, 이승환, 김정미, 서세원 / **디자인부** 이민숙, 최병찬

교정 · 교열 김은미 / **내지디자인 및 편집** 이민숙 / **표지디자인** 미디어픽스
용지 에스에이치페이퍼 / **인쇄** 한승문화 / **제본** 일진제책사

ISBN 979-11-85890-69-2 (93560)
값 33,000원

ATmega128로 배우는 마이크로컨트롤러 프로그래밍

ATmega128 Programming

허경용 지음

TECH LEARNING 시리즈는
대학이나 학원에서의 강의에 알맞은 구성과
적절한 난이도의 내용으로 이루어져 있습니다.
이는 여러분의 학습 여정에 분명한 이정표가 되어줄 것입니다.

※ 드리는 말씀

- 이 책에서 사용하고 있는 제품 버전은 독자의 학습 시점에 따라 책의 내용과 다를 수 있습니다.
- 연습문제 해답은 제이펍 홈페이지(www.jpub.kr)의 해당 도서 소개 글에서 다운로드할 수 있습니다. 단, 연습문제 번호에 (+) 아이콘이 있는 문제에 한해 해답을 제공합니다.
- 이 책을 교재로 선정하신 강의자 분께는 강의교안(ppt 파일)과 이미지 파일을 제공합니다.
- 책의 내용과 관련된 문의사항은 옮긴이나 출판사로 연락해주시기 바랍니다.
  - 지은이: http://cafe.naver.com/sketchurimagination
  - 출판사: help@jpub.kr

강의를 위한 안내

이 책은 크게 세 부분으로 구성되어 있다. 1부(1~6장)에서는 마이크로컨트롤러에 대한 소개와 ATmega128 마이크로컨트롤러를 위한 프로그램을 작성하기 위해 필요한 하드웨어 및 소프트웨어 환경에 대해 다룬다. 2부(7~17장)에서는 ATmega128 마이크로컨트롤러의 기본적인 기능들로 마이크로컨트롤러를 사용하여 시스템을 구성하기 위해 필수적인 디지털 및 아날로그 데이터 입출력 방법, 타이밍이 중요한 작업을 위한 인터럽트와 타이머/카운터 등을 다룬다. 마지막 3부(18~34장)에서는 마이크로컨트롤러와 함께 흔히 사용되는 주변장치들을 연결하고 제어하는 방법, 흔히 사용되지는 않지만 알아 두면 유용한 마이크로컨트롤러의 고급 기법 등을 다룬다.

이 책은 모두 34개의 장으로 구성되어 있으며, 두 학기 동안 이론과 실습을 함께 할 수 있는 교재로 사용할 것을 염두에 두고 구성하였다. 두 학기 동안의 강의 계획표 예는 vi페이지 그림과 같다.

예로 든 강의 계획표에서 볼 수 있듯이 1부와 2부의 내용은 ATmega128의 기본적인 기능 위주로 다루고 있으므로 가능한 많은 장을 강의에 사용할 것을 추천한다. 3부의 경우 주변장치의 사용 방법에 대해 다루고 있으므로 필요에 따라 선택할 수 있다. 강의 계획표의 예에서는 학생들이 작품을 구현할 때 흔히 사용하는 장치들을 위주로 구성하였지만, 특정 작품이 정해진 경우라면 작품에 필요한 주변장치들을 선택하여 사용해도 무방하다.

마이크로컨트롤러 관련 수업은 실습을 빼놓을 수 없으며, 이 책의 각 장 역시 실습을 위해 핵심적인 부분들 위주로 설명하였다. 하지만 실습을 병행하기에 1부와 2부의 각 장 분량이 적지 않은 것이 사실이다. 따라서 두 학기 수업이 적당할 것으로 생각하며 한 학기 수업을 개인적으로 추천하지는 않는다. 하지만 실습을 최소화하고 이론 위주의 수업을 진행한다면 한 학기 수업을 위해서도 이 책을 사용할 수 있다. 한 학기 수업으로 사용하는 경우에는 두 학기 강의 계획표의 예에서 첫 번째 학기를 위해 구성된 부분을 참고하면 된다.

강의 계획표

	1 학기	2 학기
1주차	CHAPTER 1 마이크로컨트롤러	리뷰 1
2주차	CHAPTER 2 ATmega128 소개	리뷰 2
3주차	CHAPTER 3 개발 환경 설정	CHAPTER 18 7세그먼트 표시장치
4주차	CHAPTER 4 마이크로컨트롤러를 위한 C 언어	CHAPTER 20 LED 매트릭스
5주차	CHAPTER 5 ATmega128 보드 CHAPTER 6 DIY ATmega128	CHAPTER 21 키 매트릭스
6주차	CHAPTER 7 디지털 데이터 출력	CHAPTER 22 텍스트 LCD
7주차	CHAPTER 8 디지털 데이터 입력	CHAPTER 23 모터 제어
8주차	중간고사	
9주차	CHAPTER 9 UART 시리얼 통신	CHAPTER 25 센서
10주차	CHAPTER 10 아날로그-디지털 변환 CHAPTER 11 아날로그 비교기	CHAPTER 26 블루투스
11주차	CHAPTER 12 인터럽트	CHAPTER 27 GPS
12주차	CHAPTER 13 8비트 타이머/카운터 CHAPTER 14 16비트 타이머/카운터	CHAPTER 29 적외선 통신
13주차	CHAPTER 15 PWM	CHAPTER 32 워치도그 타이머 CHAPTER 33 퓨즈 비트
14주차	CHAPTER 16 SPI CHAPTER 17 I2C	CHAPTER 34 아두이노
15주차	기말고사	

강의 보조자료

제이펍 홈페이지 www.jpub.kr 의 해당 도서 소개 글에서 다음과 같은 강의 보조자료를 다운로드할 수 있습니다.

- **강의노트** 저자가 작성한 pptx 형태의 강의자료 및 이미지 파일*
- **소스코드** 예제 소스코드
- **연습문제 해답** + 기호로 표시된 연습문제의 해답

이외에 강의에 참고할 만한, 혹은 혼자 공부하는 독자들을 위한 웹사이트를 소개합니다.

- **네이버 카페** 아두이노 상상을 스케치하다(저자 운영) **http://cafe.naver.com/sketchurimagination**

* 표시의 보조자료는 교수 및 강사에게만 별도로 제공됩니다. 강의 보조자료를 제공받길 원하는 분께서는 제이펍 출판사 (textbook@jpub.kr)로 연락주시길 바랍니다.

차 례

머리말

현재 사용되고 있는 ATmega128, 정확하게 이야기하자면 ATmega128A는 발표된 지 채 10년이 지나지 않은 8비트 마이크로컨트롤러다. ATmega128A의 이전 버전인 ATmega128까지 거슬러 올라간다고 하더라도 ATmega128 마이크로컨트롤러는 발표된 지 겨우 15년의 시간이 지났을 뿐이다. 이처럼 짧은 시간에도 불구하고 ATmega128이 대학의 마이크로컨트롤러 관련 교과목에서 가장 많이 사용되고 있는 마이크로컨트롤러로 자리 잡고 있다는 사실은, ATmega128이 많은 장점을 가진 것을 방증한다 하겠다. ATmega128의 장점은 무엇일까?

아트멜에서 이야기하는 ATmega128의 장점 중 하나는 고성능 저전력 마이크로컨트롤러라는 점이지만, ATmega128보다 적은 전력을 요구하는 마이크로컨트롤러를 찾아내는 것은 그리 어렵지 않으며, 동작 주파수를 감안하더라도 더 높은 성능을 보여 주는 마이크로컨트롤러 역시 다수 존재한다. ATmega128이 가지는 가장 큰 장점은 간단한 하드웨어 구조와 간단한 프로그래밍 방법에서 찾아야 한다. 하드웨어의 구조가 간단하여 마이크로컨트롤러의 내부를 쉽게 이해할 수 있을 뿐 아니라 프로그래밍 방식 또한 간단하여 손쉽게 마이크로컨트롤러를 동작시킬 수 있다. 이러한 하드웨어와 소프트웨어의 단순성은 마이크로컨트롤러를 처음 접하는 사람들도 쉽게 마이크로컨트롤러에 접근할 수 있도록 도와준다. ATmega128의 인기는 이러한 접근 용이성이 크게 작용하지 않았을까 싶다. 물론 아트멜이 내세우고 있는 고성능 저전력 마이크로컨트롤러라는 점 또한 완전히 무시할 수는 없으며, ATmega128의 보급에 큰 역할을 한 것도 사실이다.

ATmega128이 교육용으로 적합하다는 점은 ATmega128이 다른 마이크로컨트롤러를 이해하는 좋은 시작점이 될 수 있다는 의미이기도 하다. 8비트의 ATmega128과 비교하자면 16비트의 르네사스 마이크로컨트롤러나 32비트의 ARM Cortex-M 마이크로컨트롤러는 내부 구조가 복잡하고 프로그램을 작성하기가 쉽지 않다. 하지만 마이크로컨트롤러는 마이크로컨트롤러일 뿐이다. 마이크로컨트롤러는 복잡한 작업을 위한 용도로 만들어진 것이 아니라 단순하고 간단한 작업을 위해 만들어졌다는 점을 잊지 말아야 한다. ATmega128을 통해 마이크로컨트롤러를 이해한다면 다른 마이크로컨트롤러 역시 신기하게만 보이지는 않을 것이다.

이 책에서는 ATmega128을 통해 마이크로컨트롤러에 대한 이해를 돕는 것은 물론이거니와 마이크로컨트롤러를 사용하여 할 수 있는 일들을 소개한다. 이 책의 1부와 2부는 ATmega128을 이해하기 위한 부분에 해당한다. 다양한 주변장치를 활용하는 방법을 설명한 3부는 ATmega128에 국한된 내용이라기보다는 다양한 주변장치를 통해 주변 환경과 상호 작용할 수 있는 방법을 보여 주려고 했다는 점도 기억하면서 이 책을 읽어 주기를 바란다. 물론 1부와 2부에서 설명한 ATmega128의 구조와 기본적인 동작은 다른 마이크로컨트롤러에서도 큰 차이 없이 적용된다.

보다 근본적으로 '마이크로컨트롤러가 꼭 필요한가?'라는 의문을 가질 수도 있겠지만, 마이크로컨트롤러는 '보기보다' 주변에 많이 존재하고 있다. 전 세계에 판매된 컴퓨터, 즉 마이크로프로세서의 수보다 숨겨져 있는 마이크로컨트롤러의 수가 최소 10배는 더 많다면 믿을 수 있겠는가? 사물인터넷에 대한 관심이 증가하고 있는 요즘, 사물인터넷을 구성하는 간단한 사물을 만들기 위한 마이크로컨트롤러에 대한 관심 역시 증가하고 있으며, 사물인터넷이 미래 산업의 한 줄기가 될 것임을 부정하는 사람은 없다. 지금까지보다 앞으로가 마이크로컨트롤러에 더 많은 관심을 두어야 할 때인 것이다.

ATmega128은 8비트 마이크로컨트롤러로, 할 수 있는 일이 그리 많지 않은 것이 사실이다. 하지만 더 높은 성능이 필요하다면 16비트 또는 32비트의 여러 가지 마이크로컨트롤러를 손쉽게 찾아볼 수 있으며, ATmega128을 통해 연결 고리를 찾아낼 수 있을 것이다. 이 책은 ATmega128에 대한 책이지만, 이 책을 통해 마이크로컨트롤러를 이해하고 다른 마이크로컨트롤러의 필요성을 발견할 수 있기를, 그리고 마이크로컨트롤러를 통해 세상과 소통할 수 있는 고리를 찾아낼 수 있기를 바란다.

2016년 11월

허경용

장별 안내

PART I ATmega128 프로그래밍 준비하기

CHAPTER 1 마이크로컨트롤러 마이크로컨트롤러는 마이크로프로세서의 일종으로 작고 간단할 뿐 아니라 가격 또한 저렴하여 간단한 제어장치를 만들 때 많이 사용한다. 이 장에서는 마이크로컨트롤러의 구조와 동작 방식, 마이크로컨트롤러에 주변장치를 연결하여 데이터를 주고받는 방법 등 마이크로컨트롤러를 이해하기 위한 기본적인 내용에 대해 알아본다.

CHAPTER 2 ATmega128 소개 ATmega128은 아트멜에서 제작하는 AVR 시리즈 마이크로컨트롤러 중 하나로, 적은 전력 소모와 높은 성능을 갖춘 8비트 마이크로컨트롤러다. 이 장에서는 주변장치를 연결하고 주변장치와 데이터를 교환하기 위한 외형적인 특징과 마이크로컨트롤러의 내부 동작을 설명하기 위한 내부 구조 등 ATmega128의 하드웨어 측면에서의 특징들을 알아본다.

CHAPTER 3 개발 환경 설정 ATmega128을 위한 프로그램을 작성하기 위해서는 기계어 파일 생성을 위한 교차 개발 환경과 만들어진 기계어 파일을 ATmega128로 옮겨 설치할 수 있는 장치가 필요하다. 이 장에서는 교차 개발 환경 중 하나인 아트멜 스튜디오를 설치하여 프로그램을 작성하는 방법과 이를 ATmega128로 옮겨 실행시키는 프로그램 개발 과정에 대해 알아본다.

CHAPTER 4 마이크로컨트롤러를 위한 C 언어 ATmega128을 위한 프로그램은 아트멜 스튜디오에서 C 언어를 사용하여 작성한다. 마이크로컨트롤러를 위한 C 언어가 특별하지는 않지만, 사용하는 구문과 문법 등에서 일반적인 프로그래밍과는 약간의 차이가 있다. 이 장에서는 일반적인 C 프로그래밍과 비교하여 ATmega128을 위한 프로그래밍에서 주의해야 할 점들을 알아본다.

CHAPTER 5 ATmega128 보드 ATmega128은 64개 핀을 가지는 SMD 타입의 칩으로, 동작을 위해 많은 것들을 필요로 하지 않으며 가장 간단하게는 전원만 주어지면 동작한다. 하지만 ATmega128을 학습하는 과정에서는 여러 가지 추가적인 장치들이 필요하다. 이 장에서는 사용하고자 하는 목적에 맞는 ATmega128 보드를 선택하는 방법을 알아본다.

CHAPTER 6 DIY ATmega128 마이크로컨트롤러는 기본적으로 전원만 주어지면 동작한다. 이 장에서는 ATmega128 마이크로컨트롤러를 동작시키고 테스트하기 위해 필요한 최소한의 부품들로 구성된 보드를 직접 만들어 봄으로써, ATmega128에 대한 이해를 높이고 필요한 경우 직접 보드를 설계하고 제작하는 방법을 알아본다.

PART II ATmega128 프로그래밍 시작하기

CHAPTER 7 디지털 데이터 출력 마이크로컨트롤러는 디지털 컴퓨터의 일종으로 디지털 데이터를 입력받아 이를 처리하고 그 결과를 출력하는 것을 기본으로 하며, 디지털 데이터의 출력은 마이크로컨트롤러의 데이터 핀을 통해 이루어진다. 이 장에서는 ATmega128의 데이터 핀으로 1비트의 데이터를 출력하는 방법을 알아보고, LED를 사용하여 데이터 출력을 확인해 본다.

CHAPTER 8 디지털 데이터 입력 마이크로컨트롤러는 비트 단위의 디지털 데이터 입출력을 기본으로 하고 있다. 마이크로컨트롤러의 핀을 통해 이루어지는 디지털 데이터의 입출력은 마이크로컨트롤러가 주변장치와 데이터를 주고받는 기본 방법이다. 이 장에서는 푸시 버튼을 사용하여 ATmega128의 데이터 핀으로 1비트의 데이터를 입력하는 방법을 알아본다.

CHAPTER 9 UART 시리얼 통신 마이크로컨트롤러는 비트 단위의 디지털 데이터 입출력을 기본으로 하지만, 마이크로컨트롤러의 중앙처리장치 내에서는 바이트 단위로 데이터를 처리한다. 따라서 바이트 단위의 데이터와 비트 단위의 데이터 흐름 사이에 변환 과정이 필요한데, 대표적인 예가 시리얼 통신이다. 이 장에서는 시리얼 통신 방법 중 하나인 UART 시리얼 통신에 대해 알아본다.

CHAPTER 10 아날로그-디지털 변환 마이크로컨트롤러는 디지털 데이터 입출력 이외에 아날로그-디지털 변환기(ADC)를 통해 아날로그 데이터를 입력받을 수 있다. ATmega128은 10비트 해상도를 갖는 8채널의 ADC를 포함하고 있으므로 아날로그 값을 0에서 1,023 사이의 디지털 값으로 변환하여 받아들일 수 있다. 이 장에서는 아날로그 데이터를 디지털 데이터로 변환하여 입력하는 방법에 대해 알아본다.

CHAPTER 11 아날로그 비교기 아날로그 비교기는 2개의 아날로그 입력을 비교하여 그 결과를 출력하는 장치를 말한다. 2개의 아날로그 입력은 각각 양의 입력과 음의 입력으로 나뉘며, 양의 입력이 음의 입력보다 큰 경우 1을, 이외의 경우에는 0을 출력한다. 이 장에서는 아날로그 비교기를 사용하여 2개의 아날로그 입력을 비교하는 방법을 알아본다.

CHAPTER 12 인터럽트 인터럽트는 프로그램의 실행 과정 중 발생하는 비정상적인 사건을 가리킨다. 인터럽트 발생 여부는 마이크로컨트롤러에서 자동으로 검사하며, 인터럽트가 발생하면 인터럽트 처리 루틴으로 이동하여 인터럽트를 우선적으로 처리한다. 이 장에서는 ATmega128에 정의된 35종의 인터럽트 중 우선순위가 가장 높은 외부 인터럽트의 발생 및 처리 과정에 대해 알아본다.

CHAPTER 13 8비트 타이머/카운터 타이머/카운터는 마이크로컨트롤러에 공급되는 클록 펄스를 세는 장치다. 마이크로컨트롤러에 공급되는 클록 펄스는 일정한 주기를 가지므로 클록 펄스를 셈으로써 시간 계산 역시 가능하다. ATmega128은 8비트 타이머/카운터와 16비트 타이머/카운터를 포함하고 있으며, 이 장에서는 8비트 타이머/카운터 사용 방법에 대해 알아본다.

CHAPTER 14 16비트 타이머/카운터 타이머/카운터는 ATmega128에 공급되는 클록을 기준으로 펄스를 세고, 이를 통해 시간을 측정하는 장치를 말한다. ATmega128에서 제공하는 16비트 타이머/카운터는 8비트 타이머/카운터에 비해 긴 시간을 측정할 수 있다는 점을 제외하면 8비트 타이머/카운터와 기본적으로 동일하다. 이 장에서는 16비트 타이머/카운터에 대해 알아본다.

CHAPTER 15 PWM 펄스폭 변조(PWM) 신호는 구형파에서 HIGH와 LOW 부분의 비율을 조절하여 아날로그 신호와 유사한 효과를 내는 디지털 신호의 일종이다. PWM 신호는 타이머/카운터를 사용하여 간단하게 생성이 가능하다. 이 장에서는 타이머/카운터를 이용하여 PWM 신호를 생성하고, 생성된 PWM 신호를 사용하여 LED의 밝기를 제어하는 방법을 알아본다.

CHAPTER 16 SPI SPI는 고속의 데이터 전송을 위한 직렬 통신 방법 중 하나로, 마스터-슬레이브 구조를 통해 1:n 연결이 가능하다는 점 등 UART 통신에 비해 여러 가지 장점이 있다. 하지만 SPI는 고속의 1:n 통신을 위해 많은 연결선이 필요한 단점도 있다. 이 장에서는 SPI를 통한 시리얼 통신 방식과 SPI 통신을 사용하는 EEPROM의 사용 방법을 알아본다.

CHAPTER 17 I2C I2C는 저속의 시리얼 통신 방법 중 하나로, UART, SPI와 더불어 마이크로컨트롤러에서 흔히 사용된다. I2C는 마스터-슬레이브 구조를 통해 1:n 연결을 지원하며, 슬레이브의 개수에 상관없이 2개의 연결선만을 필요로 하는 점에서 연결과 확장이 간편하다. 이 장에서는 I2C 통신을 사용하는 RTC(Real Time Clock)의 사용 방법에 대해 알아본다.

PART III ATmega128 프로그래밍 활용하기

CHAPTER 18 7세그먼트 표시장치 7세그먼트 표시장치는 발광 다이오드를 사용하여 만든 출력장치의 일종으로, 숫자나 기호 등의 표시를 위해 주로 사용한다. 하지만 여러 자리 숫자를 표시하기 위해서는 많은 수의 입출력 핀이 필요하다. 이 장에서는 한 자리 7세그먼트 표시장치를 제어하는 방법과 잔상 효과를 이용하여 적은 수의 핀으로 네 자리 7세그먼트 표시장치를 제어하는 방법을 알아본다.

CHAPTER 19 디지털 입출력 확장 마이크로컨트롤러는 간단한 제어장치를 만들기 위해 주로 사용하므로 입출력 핀의 수가 많지 않다. 따라서 많은 수의 주변장치를 연결하기 위해 입출력 핀 확장을 위한 전용 칩을 사용하는 경우를 흔히 볼 수 있다. 이 장에서는 디지털 입출력 핀의 수를 확장하기 위해 사용할 수 있는 다양한 전용 칩의 사용 방법에 대해 알아본다.

CHAPTER 20 LED 매트릭스 LED 매트릭스는 LED를 행렬 형태로 배치하여 문자, 기호, 숫자 등을 표시하도록 만들어진 출력장치의 일종이다. LED 매트릭스는 잔상 효과를 통해 적은 수의 핀으로 많은 수의 LED를 제어하는 것이 일반적이며, 전용 칩을 사용하면 더 적은 수의 핀으로도 제어가 가능하다. 이 장에서는 LED 매트릭스의 구조와 LED 매트릭스 제어를 위한 다양한 방법에 대해 알아본다.

CHAPTER 21 키 매트릭스 키 매트릭스는 버튼을 행렬 형태로 배치하여 많은 수의 버튼 상태를 적은 수의 입출력 핀으로 확인할 수 있도록 해 주는 입력장치의 일종으로, 잔상 효과와 기본적으로 동일한 방식을 사용한다. 이 장에서는 많은 버튼을 적은 수의 핀으로 제어하기 위한 버튼의 배열 방법과 잘못된 경로 형성에 따라 잘못된 입력이 가해지는 고스트 현상을 없애는 방법에 대해 알아본다.

CHAPTER 22 텍스트 LCD 텍스트 LCD는 문자 단위로 정보를 표시하기 위해 사용하는 출력장치의 일종이다. 텍스트 LCD는 데이터 전달을 위해 사용하는 연결선의 수에 따라 4비트 모드 또는 8비트 모드의 두 가지 방법으로 제어할 수 있다. 이 장에서는 텍스트 LCD의 구조와 제어 방법, 그리고 텍스트 LCD에 문자를 출력하는 방법을 알아본다.

CHAPTER 23 모터 제어 모터는 전자기유도 현상을 통해 전기에너지를 운동에너지로 변환하는 장치로, 움직이는 장치를 만들기 위해 필수적인 부품 중 하나다. 모터는 제어 방식에 따라 다양한 종류가 있으므로 용도에 맞게 선택하여 사용해야 한다. 이 장에서는 마이크로컨트롤러와 함께 사용할 수 있는 여러 모터들의 동작 원리와 특성을 살펴보고, 각각의 모터를 제어하는 방법을 알아본다.

CHAPTER 24 릴레이 릴레이는 낮은 전압의 신호로 높은 전압을 제어할 수 있는 스위치의 일종으로, 5V를 사용하는 ATmega128 신호로 220V를 사용하는 가전제품을 제어하기 위해 주로 사용한다. 이 장에서는 릴레이 중에서 흔히 볼 수 있는 전기기계식 릴레이와 반도체 릴레이의 사용 방법에 대해 알아본다.

CHAPTER 25 센서 센서는 자연환경에서의 다양한 물리량을 감지하고 측정하는 도구로, 마이크로컨트롤러로 제어장치를 구성할 때 주변의 환경을 인식하고 상호 작용하기 위한 도구로 사용한다. 센서는 아날로그 신호 또는 디지털 신호를 출력하므로 신호에 맞게 연결하여 사용하여야 한다. 이 장에서는 여러 센서들을 통해 자연환경의 물리량을 측정하는 방법에 대해 알아본다.

CHAPTER 26 블루투스 블루투스는 유선 통신인 RS-232C를 대체하기 위해 만들어진 저전력 무선 통신 표준 중 하나다. UART 유선 통신을 블루투스 무선 통신으로 바꾸어 주는 모듈을 사용하는 경우 마이크로컨트롤러에서는 UART 통신과 거의 동일한 방법으로 블루투스 통신을 사용할 수 있다. 이 장에서는 블루투스 모듈을 이용하여 스마트폰과 통신하는 방법에 대해 알아본다.

CHAPTER 27 GPS GPS는 지구 주위를 선회하는 인공위성을 통해 현재 위치와 시간을 정확하게 측정할 수 있는 시스템을 말한다. GPS 위성 신호를 바탕으로 위치와 시간을 계산하는 GPS 리시버는 UART 통신을 통해 텍스트 기반의 정보를 출력하므로 간단하게 사용할 수 있다. 이 장에서는 GPS 리시버를 사용하여 현재 위치와 시간을 알아내는 방법을 알아본다.

CHAPTER 28 그래픽 LCD 텍스트 LCD가 문자 단위의 출력장치라면 그래픽 LCD는 픽셀 단위의 출력장치로, 문자 이외에도 도형과 이미지를 출력할 수 있는 등 활용도가 높다. 그래픽 LCD는 텍스트 LCD와 달리 여러 규격이 존재한다. 이 장에서는 128×64 해상도의 단색 그래픽 LCD를 u8g 라이브러리를 사용하여 제어하는 방법에 대해 알아본다.

CHAPTER 29 적외선 통신 적외선 통신은 가시광선의 인접 대역인 38KHz 적외선을 사용하여 무선으로 데이터를 송수신하는 방법 중 하나로, 대부분의 리모컨에서 사용하는 방법이다. 이 장에서는 적외선을 사용하여 데이터를 변조 및 복조하는 원리를 살펴보고 적외선을 사용한 데이터 통신 방법을 알아본다.

CHAPTER 30 스피커 스피커로 소리를 내기 위해서는 아날로그 신호가 필요하지만, PWM 신호를 사용하여서도 비슷한 효과를 낼 수 있다. PWM 신호는 타이머/카운터의 파형 생성 기능을 통해 생성할 수 있으므로 재생하고자 하는 음의 주파수만 알고 있다면 간단하게 음을 재생할 수 있다. 이 장에서는 타이머/카운터의 파형 생성 기능을 통해 단음을 재생하는 방법을 알아본다.

CHAPTER 31 EEPROM ATmega128은 세 종류의 메모리를 포함하고 있으며, 이 중 EEPROM은 전원이 꺼져도 내용이 보존되는 비휘발성 메모리로, 작은 크기의 데이터를 저장하기 위해 주로 사용한다. 이 장에서는 ATmega128에 포함되어 있는 4KB 크기의 EEPROM을 EEPROM 라이브러리를 통해 제어하는 방법에 대해 알아본다.

CHAPTER 32 워치도그 타이머 워치도그 타이머는 여러 이유로 마이크로컨트롤러가 비정상적인 상태에 빠졌을 때 마이크로컨트롤러를 자동으로 리셋시키기 위해 사용한다. 이 장에서는 워치도그 타이머 라이브러리를 사용하여 마이크로컨트롤러의 동작 상태를 감시하고, 필요한 경우 자동으로 리셋시키는 방법을 알아본다.

CHAPTER 33 퓨즈 비트 퓨즈 비트는 ATmega128의 동작 상태 등을 설정하기 위해 사용하는 3바이트 크기의 메모리를 가리킨다. 퓨즈 비트 설정을 통해 ATmega128의 동작 주파수와 같은 기본적인 동작 환경을 변경할 수 있다. 이 장에서는 퓨즈 비트의 종류와 퓨즈 비트 설정에 따른 ATmega128의 동작 환경에 대해 알아본다.

CHAPTER 34 아두이노 아두이노는 비전공자들을 위한 오픈소스 하드웨어의 일종으로, 쉽고 간단한 사용 방법을 바탕으로 다양한 사용자층을 끌어들여 마이크로컨트롤러 관련 제품 중 가장 주목받는 제품으로 자리매김하고 있다. 이 장에서는 아두이노의 특징과 아두이노를 위한 프로그램 작성 방법에 대해 살펴보고, ATmega128을 아두이노 환경에서 사용하는 방법을 알아본다.

베타리더 후기

김은진(동의대학교)

ATmega128을 공부하는 학생으로서 이 책만큼 설명이 상세하게 잘 되어 있는 책을 본 적이 없습니다. 기본 이론과 다양한 예제를 통해 ATmega128에 대한 이해를 도울 뿐 아니라 여러 방면으로 활용할 수 있게 구성되어 있습니다. 이 책을 끝마친다면 마이크로컨트롤러와 다양한 모듈을 이해하고 사용하는 데 부족함이 없을 것입니다.

김진현(동의대학교)

전자공학과 전공자로서 이 책을 검토한다기보다는 공부를 한다는 생각으로 접근했습니다. 마이크로컨트롤러에 대한 지식이 어느 정도 있기 때문에 더 쉽게 받아들일 수 있었습니다. 하지만 기초 지식이 없는 초보자들도 상세한 설명 덕분에 이해하는 데 큰 어려움은 없을 것 같습니다.

유광명(한전전력연구원)

전자전기공학을 전공한 사람이라면 한 번쯤은 다뤄 보았을 ATmega128을 비전공자나 초보자들도 쉽게 이해할 수 있도록 설명이 잘 되어 있습니다. 학창 시절 관련 자료가 없어 영문 매뉴얼을 참고하느라 많은 시간을 소비했는데, 이 책을 잘 활용한다면 마이크로컨트롤러 저변 확대에 큰 도움이 될 것으로 기대가 됩니다.

전병우(Telcoware)

ATmega128의 데이터시트를 단순히 해석한 것이 아니라 저자의 경험을 바탕으로 독자가 이해하기 쉽게 풀어 낸 책 같습니다. 누구나 쉽게 따라 할 수 있는 다양한 예제와 설명이 많아서 마이크로컨트롤러를 처음 접하는 입문자에게 추천해 드리고 싶습니다.

최윤범(한국전력공사)

요즘 메이커들에게 인기를 얻고 있는 아두이노는 대표적인 마이크로컨트롤러 보드로, 취미는 물론이고 산업계 전반에 걸쳐 사용되고 있습니다. 이 책은 아두이노에 사용되는 마이크로컨트롤러와 유사한 ATmega128에 대한 내용을 다루고 있으며, 하드웨어적인 기본 이론을 바탕으로 설명하여 ATmega128을 처음 접하는 초보자도 무리 없이 학습할 수 있을 듯합니다. IoT 등 마이크로컨트롤러 응용 분야에 관심이 있는 독자에게 이 책을 꼭 추천하고 싶습니다.

제이펍은 책에 대한 애정과 기술에 대한 열정이 뜨거운 베타리더들로 하여금
출간되는 모든 서적에 사전 검증을 시행하고 있습니다.

PART

ATmega128 프로그래밍 준비하기

CHAPTER

1 마이크로컨트롤러

마이크로컨트롤러는 마이크로프로세서의 일종으로 작고 간단할 뿐 아니라 가격 또한 저렴하여 간단한 제어장치를 만들 때 많이 사용한다. 이 장에서는 마이크로컨트롤러의 구조와 동작 방식, 마이크로컨트롤러에 주변장치를 연결하여 데이터를 주고받는 방법 등 마이크로컨트롤러를 이해하기 위한 기본적인 내용들에 대해 알아본다.

1.1 마이크로컨트롤러란 무엇인가?

이 책에서는 마이크로컨트롤러, 그중에서도 아트멜(Atmel)에서 제작한 AVR 시리즈 마이크로컨트롤러 중 하나인 ATmega128을 다룬다. 마이크로컨트롤러가 무엇인지 알아보기 전에 먼저 마이크로컨트롤러가 무엇이라고 생각하는지 스스로에게 질문을 던져 보자. 무엇이 가장 먼저 떠오르는가? 실험 시간에 사용하던 실습 보드가 생각날 수도 있고, 보드 위에 자리 잡고 있는 칩이 떠오를 수도 있다. 혹은 최근 오픈소스 하드웨어로 주목받고 있는 아두이노가 생각날지도 모르겠다.

(a) 마이크로컨트롤러 칩 - ATmega128

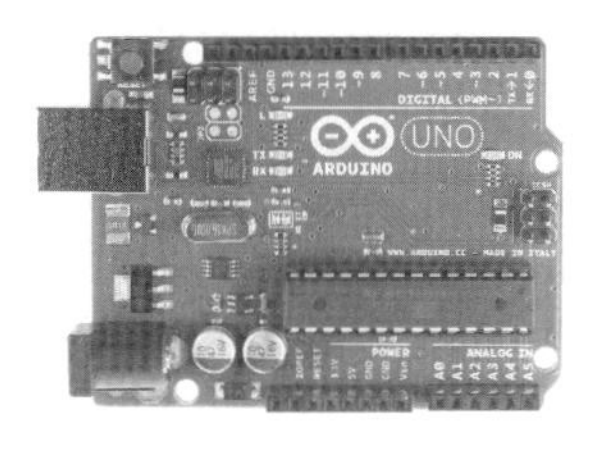

(b) 아두이노 우노[1]

(c) 마이크로컨트롤러를 이용한 학습 보드[2]

그림 1-1 마이크로컨트롤러

마이크로컨트롤러를 한마디로 표현하자면 '칩 위의 컴퓨터'라고 할 수 있다. 그림 1-1의 (a)가 바로 마이크로컨트롤러다. 그림 1-1에서 (b)와 (c)는 마이크로컨트롤러를 이용하여 만든 보드로, 이 역시 마이크로컨트롤러라고 부르기도 하지만, 정확히 이야기하자면 이들은 마이크로컨트롤러가 아니라 '마이크로컨트롤러 보드'에 해당한다. 아두이노 역시 마찬가지다. 아두이노라고 불리는 하드웨어는 마이크로컨트롤러가 아니라 마이크로컨트롤러를 이용하여 만든 마이크로컨트롤러 보드를 가리킨다.

마이크로컨트롤러가 어렵다고 생각하는 이유는 부품이 빼곡하게 늘어서 있는 마이크로컨트롤러 보드에 있다고 해도 과언이 아니다. 흔히 마이크로컨트롤러를 처음 접하는 사람들은 마이크로컨트롤러 보드를 마이크로컨트롤러로 오해하기 때문이다. 수십 개의 부품이 늘어서 있는 데다가 수십 개의 연결 핀이 있는 마이크로컨트롤러 보드를 처음 접하면 뭘 어떻게 해야 할지 모르는 것이 당연하다. 하지만 실제 마이크로컨트롤러를 사용하기 위해 필요한 부품들은 그리 많지 않다. 가장 간단하게는 마이크로컨트롤러에 전원만 연결하면 동작한다. 컴퓨터 본체에 전원을 연결하면 컴퓨터가 동작하는 것과 마찬가지로 ATmega128의 경우 5V 전원만 연결해 주면 마이크로컨트롤러에 설치된 프로그램이 실행된다. 간단하지 않은가?

마이크로컨트롤러는 '하나의 칩으로 구현한 컴퓨터'라 할 수 있다. 컴퓨터와 그다지 닮아 보이지 않겠지만 컴퓨터와 동일한 구성에 컴퓨터와 동일한 방식으로 동작한다. 먼저 친숙한 컴퓨터부터 살펴보자. 왜 우리는 컴퓨터를 친숙하게 여길까? 물론 어디서나 쉽게 찾아볼 수 있을 만큼 컴퓨터가 일상생활 깊숙이 침투해 있는 것도 하나의 이유다. 그리고 컴퓨터에는 컴퓨터와 대화할 수 있는 키보드, 마우스, 모니터 등이 연결되어 있을 뿐 아니라 멋진 케이스로 둘러싸여 생소한 전자 부품들이 눈에 띄지 않으므로 편안하게 다가온다. 하지만 컴퓨터에서 키보드와 마우스, 그리고 모니터를 제거해 보자. 컴퓨터로 무엇을 할 수 있을까? 전원을 넣으면 전원 LED에 불이 들어와 컴퓨터가 켜졌다는 것은 알 수 있지만, 컴퓨터 내부에서 무슨 일이 벌어지고 있는지는 짐작하기 어렵다. 케이스도 벗겨 보자. 컴퓨터 내부에는 어떤 것들이 들어 있을까? 메인보드가 보일 것이고, 그 위에 장착된 CPU와 메모리도 눈에 들어올 것이다. CPU 위에 자리 잡고 있는, 선풍기로 사용해도 무방할 정도의 큼지막한 팬이 보이는가? 한쪽에는 하드디스크와 DVD 드라이버가 고정되어 있다. 이외에 전원 공급 장치, 비디오 카드 등도 눈에 띈다. 어쩌면 이 모든 것들을 확인하기 위해서는 케이스 내부의 선들을 먼저 치워야 할지도 모른다.

마이크로컨트롤러에는 케이스가 없다. 원한다면 멋진 케이스를 입혀 줄 수도 있겠지만 마이크로컨트롤러는 대부분 다른 시스템의 일부로 포함되기 때문에 (다른 시스템의 일부로 포함되는 것을 임베디드(embedded)라 이야기한다) 별도로 케이스를 만드는 경우는 흔하지 않다. 마이크로컨트롤러에는 모니터도, 마우스도, 키보드도 없으므로 내부에서 무슨 일이 벌어지고 있는지 알 수 없다. 앞에서 똑같은 이야기를 한 것이 기억나는가? 마이크로컨트롤러는 주변장치를 떼어 내고 케이스를 벗겨 버린 컴퓨터와 동일하다. 마이크로컨트롤러는 컴퓨터다. 다만 주변장치가 연결되어 있지 않으므로 내부에서 무슨 일이 벌어지고 있는지 알아내기 위해서는 (키보드, 마우스에 해당하는) 입력장치와 (모니터에 해당하는) 출력장치를 연결해 주어야 한다.

컴퓨터는 이미 입출력장치가 포함된 형태인 반면 마이크로컨트롤러는 직접 입출력장치를 선택하여 연결하고, 필요에 따라서는 새로운 입출력장치를 만들어야 하는 경우도 있다. 컴퓨터의 입출력장치는 완제품 형태로 판매되며, 동일한 종류의 입출력장치는 대부분 동일한 인터페이스를 사용하므로 컴퓨터에 연결하기만 하면 큰 어려움 없이 사용할 수 있다. 대부분의 키보드는 USB 포트에 연결하는 것만으로 동작하며, 모니터 또한 대부분 HDMI 포트에 연결하는 것만으로 동작한다. 하지만 마이크로컨트롤러의 입출력장치 연결 방법은 여러 가지다. 간단한 정보를 표시해 주는 LCD의 경우만 하더라도 다양한 인터페이스를 사용하기 때문에 컴퓨터에 모니터를 연결하는 것과 같이 커넥터를 연결하는 것만으로 간단하게 동작시킬 수는 없다. 다소 어렵게 느껴지겠지만, 마이크로컨트롤러에서 사용하는 입출력 방식의 종류가 그리 많지 않으므로 익숙해지고 나면 그다지 어렵지 않을 것이다. 더욱이 마이크로컨트롤러에서 사용하는 대부분의 주변장치들은 몇 개의 입출력 방식 중 하나를 사용하므로 종류가 서로 다른 장치들도 동일한 방식으로 제어 가능한 경우도 있다. 컴퓨터에서 모니터와 키보드는 서로 다른 입출력 방식을 사용하지만, 마이크로컨트롤러에서는 동일한 방식으로 데이터를 주고받을 수도 있다.

마이크로컨트롤러는 컴퓨터다. 하지만 컴퓨터에 비해 연결 방법이 복잡하고 직접 연결하는 것이 귀찮게 느껴질 수도 있다. 그러나 입출력장치를 연결하면 마이크로컨트롤러는 컴퓨터와 동일한 동작을 수행할 수 있으며, 입출력장치들을 연결함으로써 컴퓨터보다 더 쉽게 작은 컴퓨터로 기능하게 할 수 있다.

1.2 마이크로프로세서와 마이크로컨트롤러

마이크로컨트롤러는 주변장치를 제거하고 케이스를 벗겨 낸 컴퓨터와 동일하므로 컴퓨터를 이해하면 좀 더 쉽게 마이크로컨트롤러에 다가갈 수 있다. 먼저 컴퓨터의 구조부터 살펴보자. 컴퓨터는 연산의 핵심이 되는 연산장치, 연산을 제어하는 제어장치로 이루어지는 중앙처리장치(Central Processing Unit, CPU), 데이터 입출력을 위한 입출력장치, 데이터를 저장하는 주기억장치 및 보조기억장치 등으로 구성된다.

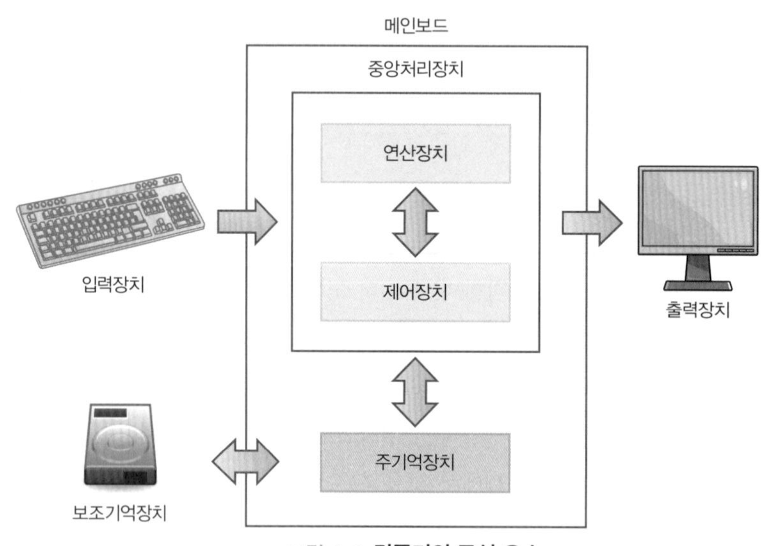

그림 1-2 **컴퓨터의 구성 요소**

집적회로 기술의 발달에 힘입어 컴퓨터의 소형화 및 경량화가 실현되고, 특히 중앙처리장치는 하나의 칩으로 구현하는 것이 가능해졌다. 이처럼 컴퓨터의 중앙처리장치를 하나의 IC(Integrated Circuit) 칩으로 집적시켜 만든 반도체 소자를 마이크로프로세서(microprocessor)라고 부른다. 마이크로프로세서는 1969년 인텔에서 발표한 4비트 마이크로프로세서인 4004에서 출발하여 비약적인 발전을 거듭하였다. 4004의 경우 2,300여 개의 트랜지스터가 사용된 반면, 인텔의 최신 마이크로프로세서는 약 22억 개의 트랜지스터를 사용하여 4004와 비교할 때 약 100만 배 많은 트랜지스터를 탑재하였다. 현재 사용되고 있는 컴퓨터의 중앙처리장치 대부분은 마이크로프로세서로 구현한 것이다. 하지만 마이크로프로세서는 중앙처리장치의 여러 형태 중 한 가지일 뿐이다. 모든 마이크로프로세서는 중앙처리장치이지만 모든 중앙처리장치가 마이크로프로세서인 것은 아니다.

마이크로프로세서 중 하나의 칩에 중앙처리장치 기능뿐만 아니라 일정 용량의 메모리와 입출력 인터페이스까지 내장한 것을 마이크로프로세서와 구별하여 마이크로컨트롤러라고 부른다. 마이크로컨트롤러는 그림 1-2에서 메인보드에 해당하는 기능과 일부 하드디스크의 기능을 하나의 칩으로 구현한 것이라 할 수 있다. 마이크로컨트롤러는 하나의 칩에 컴퓨터가 갖추어야 할 대부분의 기능을 담고 있으므로 '단일 칩 마이크로컴퓨터' 또는 '마이컴'이라고도 부른다. 마이크로프로세서가 컴퓨터로 동작하기 위해서는 무엇이 더 필요할까? (입력장치인) 키보드와 마우스, 그리고 (출력장치인) 모니터만 있다면 컴퓨터로 동작하는 데 아무런 문제가 없다. 하지만 마이크로컨트롤러에 키보드나 모니터를 연결하여 사용하지는 않는다. 불가능하지는 않지만 굳이 연결하지 않는 이유는 마이크로컨트롤러가 컴퓨터와는 그 목적이 다르기 때문이다. 키보드와 모니터가 필요하다면 마이크로프로세서를 사용하면 된다. '마이크로컨트롤러'라는 단어는 '마이크로+컨트롤러'로 이루어져 있다. '마이크로'는 작다는 의미로, 하나의 칩으로 구성되어 작고 가볍다는 것을 뜻한다. '컨트롤러'는 제어기를 말하며, 마이크로컨트롤러가 제어장치를 만드는 데 핵심 부품으로 사용된다는 것을 의미한다. 마이크로컨트롤러는 작고 간단한 제어장치를 만들기 위한 목적으로 특화된 마이크로프로세서의 한 종류다.

1.3 마이크로컨트롤러는 어디에 사용할 수 있을까?

주로 컴퓨터로 무엇을 하는가? 웹 브라우저를 실행시켜 온라인 뉴스를 읽고, 음악을 듣고, 문서를 작성하고, 가끔은 게임도 한다. 이러한 작업을 위해 필요한 입출력장치들이 바로 키보드, 마우스, 그리고 모니터다. 마이크로컨트롤러는 컴퓨터이기는 하지만 우리가 컴퓨터에서 하는 작업들을 대신하기 위해 만들어진 것은 아니다. 컴퓨터로 처리하는 작업들을 처리하기에 마이크로컨트롤러는 너무 느리고 용량도 충분하지 않다. 이 책에서 다룰 마이크로컨트롤러인 ATmega128은 이 글을 쓰고 있는 컴퓨터와 비교해 보면 메모리는 약 6만분의 1, 속도는 약 850분의 1에 지나지 않는다.

마이크로컨트롤러는 일상생활에서 흔히 사용하는 환경이 아닌, 특수한 환경에서 사용할 목적으로 만들어진 작고 간단한 컴퓨터다. 컴퓨터와 비교했을 때 마이크로컨트롤러가 가지는 장점 중 하나는 저렴한 가격에 있다. 인텔의 최신 CPU와 비교했을 때 ATmega128은 약 100분의 1 가격이면 구입할 수 있다. 현관에 사람이 들어오면 자동으로 불이 켜지는 전등을 만들기 위해 100만 원에 달하는 컴퓨터를 사용할 필요는 없지 않은가? 작고 값싼 마이크로컨트롤러로도 자동으로 현관에 불을 켜는 일은 충분히 가능하다. 앞서 마이크로컨트롤러의 성능이 좋지 않다고 말하였지만, 이는 데스크톱 컴퓨터와 비교하였을 때의 이야기이지 결코 성능이 떨어지는 것은 아니다. ATmega128의 최대 클록 주파수는 16MHz다. 물론 인텔의 최신 CPU와 비교한다면 느린 것이 사실이다. 하지만 하드디스크가 대중화되기 시작한 시점에 등장한, 흔히 '286 컴퓨터'라고 부르던 AT(Advanced Technology) 컴퓨터의 80286 CPU 클록 주파수가 6~25MHz 이라는 것을 감안하면 ATmega128의 16MHz 속도는 컴퓨터라고 불러도 손색이 없을 정도다. ATmega128로도 자동으로 불이 켜지는 전등을 만들기에는 충분하다. 오히려 ATmega128은 지나치게 성능이 좋으며, 원한다면 더 싼 마이크로컨트롤러를 사용해서 자동으로 켜지는 전등을 만드는 것이 가능하다.

표 1-1 **ATmega128과 데스크톱 컴퓨터 비교**

항목	마이크로컨트롤러	데스크톱 컴퓨터
CPU	ATmega128	인텔 Core i7
비트	8	64
메모리	128KB	8GB
클록	16MHz	3.4GHz(Quad Core)

마이크로컨트롤러는 컴퓨터다. 작고 간단하고 저렴한 컴퓨터이긴 하지만 1,000원짜리 컴퓨터에 키보드와 모니터를 연결하여 슈팅 게임을 즐기고자 하는 사람은 없으리라 생각한다. 물론 마이크로컨트롤러 중에는 다양한 기능과 기가헤르츠(GHz)에 달하는 클록 주파수를 가진 마이크로컨트롤러도 존재한다. 이러한 고성능의 마이크로컨트롤러는 여전히 인텔의 최신 CPU보다는 저렴하지만 1,000원에 구입할 수는 없다.

그렇다면 마이크로컨트롤러를 어디에 사용할 수 있을까? 마이크로컨트롤러는 '작고 간단한 제어장치'를 만들 때 유용하게 사용할 수 있다. 앞에서 마이크로컨트롤러의 케이스를 만들지 않는 이유는 다른 시스템의 일부로 포함되는 경우가 대부분이기 때문이라고 설명하였다. 자동 점등 조명 장치에 사용되는 마이크로컨트롤러 역시 조명 장치의 일부분으로 '포함되어' 있다. 이처럼 다른 시스템의 일부로 포함되는 마이크로컨트롤러를 임베디드되었다고 이야기하며, 마이크로컨트롤러는 임베디드 영역에서 중요한 부분을 차지하고 있다. 임베디드 시스템에서 또 다른 한 부분을 차지하는 것은 마이크로프로세서다. 마이크로프로세서를 장착한 임베디드 시스템은 크기만 데스크톱 컴퓨터와 다를 뿐 데스크톱과 완전히 동일한 컴퓨터에 해당한다.

최근 라즈베리 파이(Raspberry Pi)[3]를 필두로 주목받고 있는 싱글 보드 컴퓨터 역시 마이크로프로세서를 사용한 보드로, 임베디드 시스템에서의 응용이 점차 늘어나고 있는 추세다.

마이크로컨트롤러의 또 다른 장점 중 하나는 다양한 제품이 존재한다는 점이다. 마이크로컨트롤러에는 1,000원이면 구입할 수 있는 제품이 있는가 하면, 그 수십 배에 달하는 것도 존재한다. 이처럼 다양한 제품군은 용도와 목적에 맞추어 필요로 하는 기능과 성능을 선택할 수 있는 유연성을 제공한다.

애초 서로 다른 목적으로 탄생한 것이니만큼 마이크로컨트롤러와 마이크로프로세서(또는 데스크톱 컴퓨터)를 비교하는 것은 무의미하다. 하지만 마이크로컨트롤러와 마이크로프로세서가 차지하고 있는 자리를 이해하는 것은 필요하다. 마이크로컨트롤러는 마이크로프로세서에 비해 다음과 같은 장점 또는 특징이 있다.

- **제품의 소형화 및 경량화:** 마이크로컨트롤러는 마이크로프로세서를 사용하는 컴퓨터의 메인보드에 포함된 대부분의 기능을 하나의 칩으로 구현하여 작고 가벼운 제어장치를 만들 때 유용하게 사용할 수 있다.
- **저렴한 가격:** 마이크로컨트롤러는 집적도가 낮고 설계가 간단하므로 마이크로프로세서에 비해 가격이 저렴하다. 또한 마이크로컨트롤러는 제어 목적에 필요한 대부분의 기능을 포함하여 제어장치 설계 및 제작 과정이 단순하고, 개발에 필요한 비용 및 시간을 절약함으로써 완성된 제품의 가격 경쟁력을 높여 준다.
- **신뢰성 향상:** 마이크로컨트롤러는 제어장치 구현에 필요한 대부분의 기능을 내장하여 시스템을 구성할 때 필요로 하는 부품의 수가 적어 고장이 잘 나지 않아 유지 보수가 용이하다.
- **융통성:** 제어를 위해 필요한 기능들을 하드웨어로 구현하는 전통적인 방식과 달리 마이크로컨트롤러는 제어 기능들을 소프트웨어를 통해 구현하므로 기능의 변경이나 확장에 보다 유연하게 대응할 수 있다.

하지만 마이크로컨트롤러가 마이크로프로세서에 비해 가지는 단점도 분명 존재한다.

- **처리 능력:** 마이크로컨트롤러는 단순화된 저사양의 마이크로프로세서에 주변장치를 통합한 형태로 만들어졌으므로 마이크로프로세서에 비해 처리 능력이 떨어지는 것이 사실이다. 따라서 높은 처리 능력을 요구하는 작업에는 마이크로컨트롤러가 적합하지

않다. 많은 데이터를 빨리 처리해야 할 필요가 있다면 마이크로프로세서를 사용하는 것이 바람직하다.

- **범용성:** 마이크로프로세서의 경우 일반적으로 운영체제를 통해 다수의 프로그램들을 설치하고 실행시킬 수 있다. 하지만 마이크로컨트롤러는 특정 작업을 위한 하나의 프로그램만을 설치하고 실행시킬 수 있다.

마이크로컨트롤러는 전용의 간단한 제어장치를 만들 때 주로 사용한다. 1,000원짜리 마이크로컨트롤러에서 100만 원짜리 컴퓨터의 성능을 기대하지 않는다면 마이크로컨트롤러를 사용할 수 있는 곳은 무궁무진하다. 실제로도 마이크로컨트롤러를 활용한 예를 어렵지 않게 찾아볼 수 있다. 앞에서도 이야기했지만 마이크로컨트롤러는 큰 시스템의 일부로 임베디드되어 눈에 띄지 않아 사용되고 있다는 사실을 쉽게 알아차리지 못할 뿐이다. 표 1-2는 마이크로컨트롤러가 실생활에서 사용되고 있는 예를 나타낸 것으로, 이보다 훨씬 많은 예들을 주변에서 어렵지 않게 찾아볼 수 있다.

표 1-2 **마이크로컨트롤러의 사용 예**

분야	예
의료	의료기 제어, 자동 심박계
교통	신호등 제어, 주차장 관리
감시	출입자/침입자 감시, 산불 감시
가전	에어컨, 세탁기, 전자레인지
음향	CD 플레이어, 전자 타이머
사무	복사기, 무선 전화기
자동차	엔진 제어, 충돌 방지
기타	게임기, 차고 개폐 장치

1.4 마이크로컨트롤러를 공부하기 위해서는 무엇이 필요할까?

마이크로컨트롤러는 하나의 칩일 뿐이다. 이 책에서 다루는 ATmega128 마이크로컨트롤러는 64개의 핀을 가진 약 1.5×1.5cm 크기의 칩에 불과하다. 사용의 편의를 위해 보드 위에 빼곡히 늘어놓은 부가 장치들에 지레 겁먹지만 않는다면 마이크로컨트롤러는 보기보다 쉽다. 그림

1-3은 이 책에서 사용하는 마이크로컨트롤러 보드 중 하나로 ATmega128 마이크로컨트롤러를 사용하여 만든 것이다.

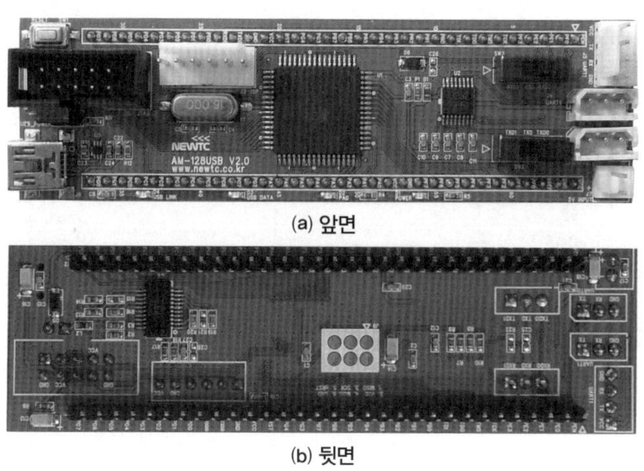

(a) 앞면

(b) 뒷면

그림 1-3 ATmega128 마이크로컨트롤러 보드

그림 1-3의 앞면에서 중앙에 있는 가장 큰 칩이 ATmega128에 해당하며, 그 왼쪽에 클록을 공급해 주는 크리스털이 눈에 띈다. ATmega128은 5V 전원을 사용하므로 5V 전원이 주어진다고 가정하였을 때 ATmega128을 동작시키기 위해 필요한 부품은 마이크로컨트롤러와 크리스털, 그리고 크리스털의 클록 생성을 도와주는 커패시터 2개가 전부다. 즉, 그림 1-3에서 마이크로컨트롤러가 동작하기 위해 필요한 핵심적인 부품만을 모아 다시 구성해 보면 그림 1-4와 같이 나타낼 수 있다.

이 책에서는 ATmega128을 16MHz 클록으로 동작시킨다. 만약 8MHz의 속도로 동작시킨다고 가정하면 그림 1-4에서 크리스털과 커패시터도 필요하지 않다. 필요한 것은 오직 ATmega128뿐이다. 그렇다면 그림 1-3의 나머지 부품들은 왜 필요할까? 마이크로컨트롤러는 컴퓨터다. 컴퓨터를 사용하기 위해서는 컴퓨터 본체뿐만 아니라 여러 가지 입출력장치들이 필요하며, 이들을 컴퓨터 본체에 연결하기 위해 다양한 커넥터들이 존재한다. 마찬가지로 마이크로컨트롤러를 사용하는 경우에도 컴퓨터에서 프로그램을 다운로드하여 설치하고, 설치된 프로그램을 디버깅하고, 주변장치와 통신하기 위한 방법이 필요하다. 이를 위해 그림 1-3의 보드처럼 여러 가지 커넥터들을 추가한 것이다. 또한 뒷면에는 마이크로컨트롤러 보드를 브레드보드에 꽂아서 사용할 수 있도록 핀이 마련되어 있다. 이 책에서 다루는 내용들은 그림 1-4의 기본 회로에서 출발한다. 기본 회로를 바탕으로 필요한 입출력장치를 하나씩 추가해 나가면서 제어장치를 구성해 보면 보기보다 마이크로컨트롤러가 어렵지 않다는 것을 알 수 있을 것이다.

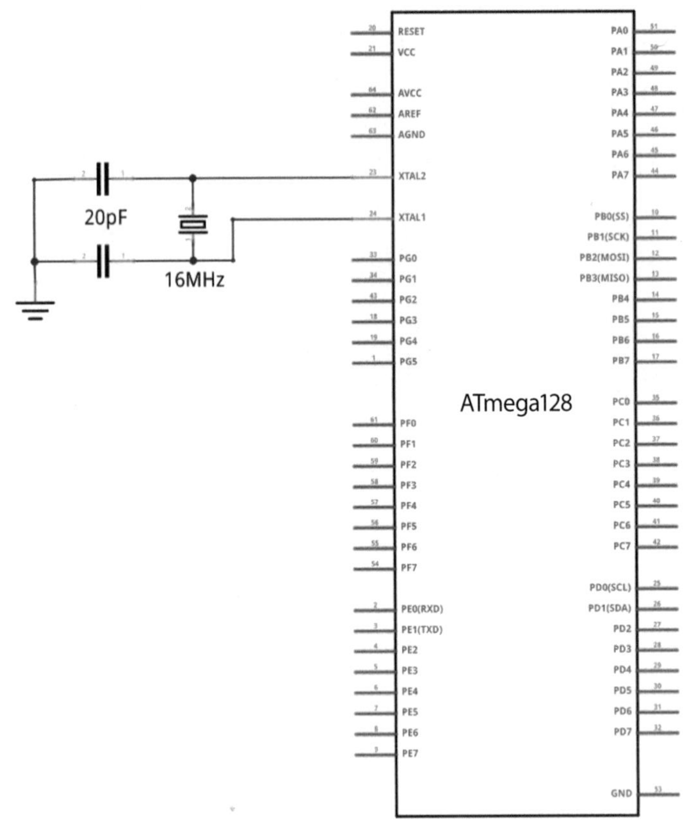

그림 1-4 **ATmega128 마이크로컨트롤러 동작을 위한 최소 회로도**

마이크로컨트롤러 이외에 더 필요한 것 중 하나는 컴퓨터에서 프로그램을 다운로드하기 위한 장치다. 마이크로컨트롤러를 위한 프로그램은 컴퓨터에서 작성하지만 프로그램의 실행은 마이크로컨트롤러에서 이루어진다. 따라서 작성한 프로그램을 마이크로컨트롤러로 옮겨서 설치해야 한다. ATmega128에 프로그램을 다운로드하기 위해서는 ISP(In-System Programming) 또는 시리얼 방식을 사용하면 된다. ISP는 ATmega128을 포함한 AVR 시리즈 마이크로컨트롤러에서 일반적으로 사용하는 방법이다. 시리얼 방식은 UART 시리얼 통신을 통해 프로그램을 다운로드하는 방법으로, 프로그램 다운로드를 위해 부트로더(bootloader)라고 불리는 특별한 프로그램을 필요로 한다. 시리얼 방식을 사용하기 위해 부트로더가 필요하다는 점은 단점으로 작용할 수도 있지만, 프로그램 다운로드와 UART 시리얼 통신이 하나의 연결로 가능하므로 아두이노에서 사용하고 있다. 이 책에서는 컴퓨터와 데이터를 주고받기 위해서 UART 시리얼 통신을 사용하고, 프로그램 다운로드를 위해서는 ISP 방식을 사용한다.

프로그램 다운로드를 위한 커넥터에는 전용 다운로드 장치를 연결하여 사용하는데, 이를 다운로더(downloader)라고 한다. ISP 방식과 시리얼 방식은 프로그램을 다운로드하는 방식이 다르기 때문에 서로 다른 다운로더가 필요하다. 다운로더는 컴퓨터 쪽에는 USB로 연결하고, 마이크로컨트롤러 쪽에는 전용 핀으로 연결하도록 구성되어 있다.

그림 1-5의 두 가지 다운로더는 마이크로컨트롤러 쪽에 모두 6개의 핀이 존재하지만, 시리얼 방식 다운로더의 경우 이 중 일부는 사용하지 않는다. 시리얼 방식 다운로더의 경우 프로그램 다운로드가 아닌 일반적인 UART 시리얼 통신을 위한 용도로도 사용할 수 있으며, 이 책에서는 UART 시리얼 통신을 위해 사용한다.

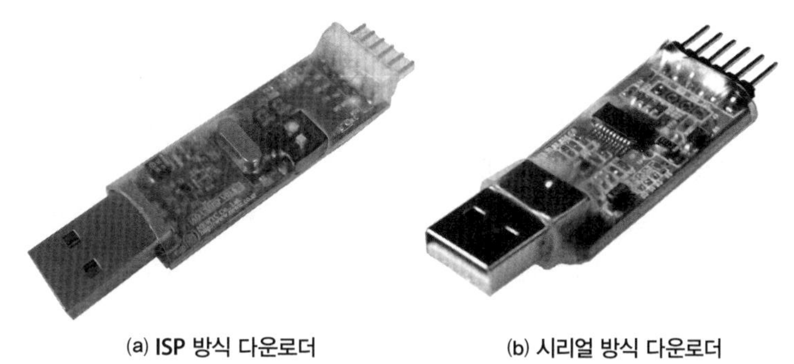

(a) ISP 방식 다운로더 (b) 시리얼 방식 다운로더

그림 1-5 **프로그램 다운로드 장치**

ATmega128 칩과 크리스털을 바탕으로 그림 1-4의 회로도를 따라 구성한 보드와 그림 1-5의 다운로더만 준비되면 ATmega128을 학습하는 데 큰 부족함은 없다. 물론 디버깅을 위해서는 JTAG 장치가 필요하며, ATmega128의 핀에 주변장치를 연결하기 위해서는 그림 1-3의 뒷면에서 볼 수 있는 연결 핀을 추가해야 하는 등 실제로 학습에 사용하기 위해서는 필요한 것들이 더 존재한다. 학습용으로 사용할 수 있도록 ATmega128을 구성하는 방법에 관해서는 6장에서 자세히 설명한다.

1.5 주변장치와 어떻게 데이터를 교환하나?

마이크로컨트롤러는 입출력장치를 제거하고 케이스를 벗긴 컴퓨터라 할 수 있다. 이 상태로는 할 수 있는 일이 많지 않지만, 주변장치와 데이터를 주고받음으로써 작고 느리지만 완전한 컴퓨터로서 동작할 수 있다. 먼저 마이크로컨트롤러가 데이터를 주고받는 방식에 대해 알아보자.

마이크로컨트롤러는 디지털 컴퓨터의 일종이므로 디지털 데이터만을 처리할 수 있다. 디지털 데이터는 영(0)과 일(1)의 값만을 가지며 주변장치와 데이터를 주고받는 경우에도 마찬가지다. 마이크로컨트롤러의 핀을 통해 주변장치와 데이터 교환이 이루어지는데, ATmega128의 경우 64개의 핀 중 53개의 핀을 데이터 교환을 위해 사용할 수 있으므로 동시에 최대 53비트의 데이터를 주변장치와 교환할 수 있다. 즉, 핀 하나는 한 번에 1비트의 데이터 교환이 가능하다. 데이터를 교환하는 방식은 ATmega128과 주변장치 사이에 상호 합의된 방식으로 행해져야 하며 이를 프로토콜(protocol)이라고 한다.

마이크로컨트롤러는 대부분 핀의 개수가 그리 많지 않으므로 데이터 교환을 위한 핀의 개수가 제한되어 있다. ATmega128의 데이터 핀이 53개라고 하면 얼핏 많아 보이지만, 작은 크기의 그래픽 LCD를 제어하는 데만도 13개의 핀이 필요하다. 이는 마이크로컨트롤러의 핀이 비트 단위의 데이터만을 전달할 수 있는 반면, 일반적으로 주변장치는 8개 비트가 모인 바이트 단위 또는 그 이상의 데이터를 필요로 하는 경우가 흔하기 때문이다. 전달해야 하는 데이터가 많아지면 더 많은 수의 핀을 필요로 하며, 많은 수의 핀을 연결하는 것은 번거로울뿐더러 핀의 수가 제한된 마이크로컨트롤러에서는 제한적일 수밖에 없다. 따라서 마이크로컨트롤러에서는 바이트 이상의 크기를 갖는 데이터를 전달하기 위해 여러 개의 핀을 동시에 사용하는 병렬 방식보다 하나의 핀을 통해 여러 번에 걸쳐 데이터를 교환하는 직렬 방식을 선호한다.

ATmega128의 내부에서는 데이터를 고속으로 전달하기 위해 한 번에 8비트의 데이터를 병렬로 전달한다. 하지만 CPU를 벗어나면 데이터는 직렬로 여덟 번에 나누어 전달된다. 병렬 방식의 데이터 전달에서 주의해야 할 점은 데이터 전송 과정에서 한 바이트만을 전송하는 경우는 드물다는 점이다. 즉, 여러 바이트의 데이터를 전달하기 위해 8개의 핀을 병렬로 사용한다고 하더라도, 여러 바이트를 전송해야 하므로 여전히 하나의 핀으로 여러 번의 데이터를 전달하는 것과 동일하다는 말이다. 이처럼 병렬이나 직렬 방식과 무관하게 데이터를 전달하기 위해서는 연속적으로 전달되는 데이터 중 한 비트의 데이터를 구별할 수 있는 방법, 비트 데이터의 시작점과 끝점을 표시할 수 있는 방법이 필요하다.

직렬로 데이터를 전달하는 방법은 크게 동기 방식과 비동기 방식으로 나눌 수 있다. 동기 방식에서는 데이터와 별도로 동기화 클록을 사용한다. 동기화 클록의 목적은 수신된 데이터를 언제 읽을 것인지 알려 주기 위한 것이다. 구형파의 클록이 주어지는 경우 상승 에지에서 데이터를 읽는다고 가정해 보면 그림 1-6에서와 같이 간단하게 수신된 데이터를 읽는 시점을 결정할 수 있다.

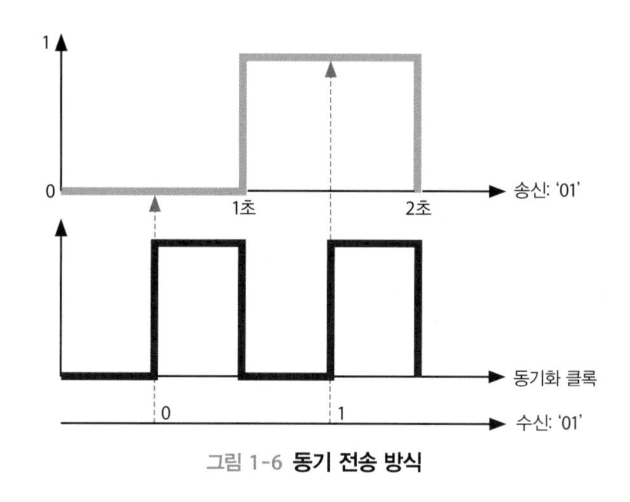

그림 1-6 **동기 전송 방식**

비동기 방식은 별도의 클록을 전송하지 않고 데이터만을 보내는 방법이다. 비동기 방식으로 데이터만을 전달한다면 데이터를 읽는 시간 간격에 따라 전혀 다른 데이터를 수신하는 경우가 발생할 수 있다. 그림 1-7의 예를 살펴보자.

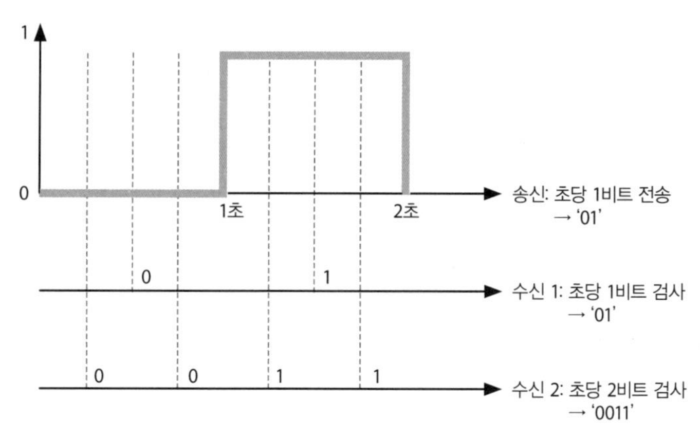

그림 1-7 **비동기 전송 방식에서의 데이터 확인**

그림 1-7에서 송신 장치는 1초에 한 번 1비트의 데이터를 보낸다. 즉, 데이터 전송 속도가 1bps (bit per second)다. 수신 장치 역시 1bps의 속도로 데이터를 검사한다면 수신되는 데이터는 '01'의 2비트가 되겠지만, 1초에 두 번 (2bps의 속도로) 데이터를 검사한다면 수신되는 데이터는 '0011'로 전혀 다른 데이터가 된다. 따라서 비동기 방식으로 주변장치와 정보를 교환하고자 한다면 보내는 쪽과 받는 쪽의 속도를 먼저 일치시켜야 한다.[4] 속도 설정은 동기 방식에서의 동기화 클록과 동일한 기능을 하는 것으로 볼 수 있다.

직렬로 데이터를 전송하는 방식을 나누는 또 다른 방법은 전이중(full duplex) 방식과 반이중(half duplex) 방식으로 나누는 것이다. 전이중과 반이중 방식은 데이터 전달을 위해 사용하는 연결선의 개수로 구분하는데, 전이중 방식의 경우 2개, 반이중 방식의 경우 1개의 데이터 선을 사용한다. 2개의 장치가 서로 연결되어 있는 경우 2개의 장치는 데이터를 보낼 수도 있고 받을 수도 있다. 1개의 데이터 연결선만을 사용하는 반이중 방식에서는 동시에 데이터를 주고받는 것이 불가능하지만, 2개의 데이터 연결선을 사용하는 전이중 방식에서는 데이터 송수신이 동시에 가능하다. 동일한 속도로 데이터를 전달한다면 전이중 방식이 반이중 방식에 비해 동일한 시간에 2배의 데이터를 교환할 수 있지만, 데이터 연결선이 하나 더 필요하다는 점도 잊지 말아야 한다.

이처럼 직렬 통신 방식은 동기/비동기 및 전이중/반이중 방식에 따라 네 가지로 나뉜다. 표 1-3은 대표적인 직렬 통신 방법을 나타낸 것이다.

표 1-3 **직렬 통신 방법**

데이터 선 개수 \ 동기 클록 사용	동기 방식	비동기 방식
전이중 방식	SPI	UART
반이중 방식	I2C(또는 2-와이어)	1-와이어

표 1-3의 네 가지 통신 방법 중 ATmega128에서 주로 쓰이는 방법은 UART(Universal Asynchronous Receiver/Transmitter), SPI(Serial Peripheral Interface), I2C(Inter-Integrated Circuit) 등이다.

UART 시리얼 통신은 송신과 수신을 위해 2개의 데이터 핀 연결을 사용하고 송신과 수신이 동시에 진행되는 전이중 방식이며, 동기화를 위해 별도의 클록을 전송하지 않는 비동기 방식이므로 통신 이전에 송수신 속도를 동일하게 설정해야 한다. UART는 한 번에 하나의 장치만 연결이 가능한 1:1 통신 방식으로 마이크로컨트롤러에 UART 방식의 주변장치를 2개 연결하고자 한다면 2개의 UART 포트가 필요하다. 따라서 여러 개의 주변장치를 연결하기 위해서는 많은 수의 데이터 핀을 필요로 하는 등 단점이 존재하지만, 간단하면서도 오랫동안 사용한 방식으로 많은 주변장치들을 지원한다는 장점이 있다.

SPI는 짧은 거리에서 주변장치와 고속으로 정보를 교환할 때 주로 사용하는데, 데이터 전송을 위한 핀 3개, 제어를 위한 핀 1개, 총 4개의 핀 연결을 필요로 한다. 3개의 데이터 연결 핀 중 2개는 UART에서와 마찬가지로 전이중 방식의 데이터 송수신을 위해 사용하며, 나머지 하나는 동기화 클록을 위해 사용한다. SPI가 UART와 다른 또 한 가지는 동일한 SPI 포트를 통해 여러 개의 장치를 연결하는 1:n 통신이 가능하다는 점이다. 이때 하나의 장치는 마스터(master)로 통신 과정을 책임지며, 다른 장치들은 슬레이브(slave)로 동작한다. 동일한 통신 포트를 통해 여러 개의 슬레이브를 연결하면 특정 슬레이브 장치를 선택할 수 있는 방법이 필요한데, 이때 제어 핀을 사용한다. SPI는 고속의 데이터를 안정적으로 전달하고 여러 개의 장치들이 포트를 공유할 수 있다는 장점이 있지만, 제어 핀의 수는 연결된 장치의 수에 비례하여 증가하는 단점도 존재한다.

I2C는 짧은 거리에서 주변장치와 저속의 정보 교환을 위해 주로 사용되며, 2개의 데이터 핀 연결만을 필요로 한다. I2C는 SPI와 마찬가지로 1:n의 마스터-슬레이브 구조를 지원하는 통신 방식이지만, SPI와 몇 가지 다른 점이 있다. I2C에서 사용하는 데이터 연결 핀 중 실제로 데이터 전송에 사용되는 핀은 하나이며, 다른 하나는 동기화 클록을 위해 사용된다. 즉, I2C는 위의 두 가지 방법들과 다르게 송수신이 동시에 이루어질 수 없는 반이중 방식이다. 하지만 I2C 역시 SPI와 마찬가지로 동기화 방식에 속한다. 또 한 가지 I2C가 SPI와 다른 점은 1:n 연결에서 장치 구별을 위해 소프트웨어적인 주소를 사용하므로 별도의 제어 핀 연결은 필요하지 않다는 점이다. 따라서 SPI와 달리 I2C 장치의 수가 증가하여도 필요로 하는 핀의 개수는 증가하지 않는다.

반이중 비동기 방식인 1-와이어(1-Wire) 방식도 존재하지만, ATmega128에서는 1-와이어 방식의 통신을 위한 전용 하드웨어를 제공하지 않는다. 표 1-4는 마이크로컨트롤러에서 흔히 사용하는 직렬 통신 방법을 비교한 것이며, 그림 1-8은 각 직렬 통신을 이용하여 2개의 주변장치를 연결하는 방법을 비교한 것이다.

표 1-4 **시리얼 통신 방식 비교**

			UART	SPI	I2C
연결 방법			1:1	1:n	1:n
전송 방법			전이중	전이중	반이중
연결선	1개 슬레이브 연결	데이터	2개	2개	1개
		동기 신호	-	1개	1개
		제어	-	1개	-
		합계	2개	4개	2개
	n개 슬레이브 연결		2n개	(3 + n)개	2개

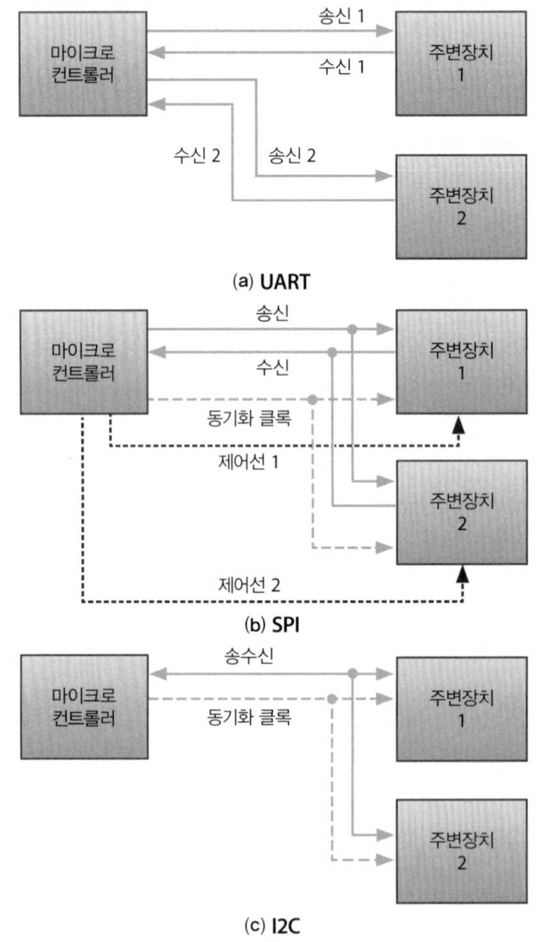

그림 1-8 **시리얼 통신 방식**

마이크로컨트롤러가 컴퓨터와 같이 키보드나 모니터를 입출력장치로 사용하는 경우는 거의 없으며, 입력장치로 여러 가지 센서를 사용하여 주변 데이터를 수집하고 이를 처리하여 또 다른 주변장치 제어를 위한 신호를 출력하는 형태로 구성된다. 또는 수집한 데이터를 컴퓨터로 전달하여 컴퓨터에서 데이터를 처리하고 관리할 수 있도록 도와주는 역할을 수행한다. 이때 입력장치와 출력장치를 연결하기 위해 위에서 언급한 여러 가지 통신 방식을 사용하며, 다양한 주변장치와 데이터를 주고받음으로써 마이크로컨트롤러는 완전한 컴퓨터로 동작한다. 위에서 언급한 통신 방법들에 대한 자세한 내용은 9, 16, 17장에서 다시 다룬다.

1.6 프로그램은 어떻게 만들어지나?

컴퓨터에서 프로그램을 작성하는 경우를 생각해 보자. 먼저 프로그램 작성을 위해 컴파일러를 설치해야 하며, 프로그램을 입력하고 컴파일하여 실행 파일을 만들어 내야 한다. 물론 디버깅을 위해서는 모니터도 필요하다. 마이크로컨트롤러는 키보드와 모니터가 없다는 것을 이미 알고 있을 것이다. 컴파일러의 경우는 어떤가? ATmega128에 프로그램을 저장할 수 있는 메모리는 128KB에 불과하다. 윈도우에서 가장 간단한 프로그램 중 하나인 메모장만 하더라도 그 크기가 수백 킬로바이트에 달하므로 ATmega128에서 실행하는 것은 불가능하다. 하물며 C/C++ 프로그램 개발에 사용되는 비주얼 스튜디오의 경우에는 수백 메가바이트의 공간을 필요로 한다. 한마디로 ATmega128에서 프로그램을 개발하는 것은 불가능하다. 따라서 마이크로컨트롤러를 위한 프로그램은 컴퓨터에서 개발하고 실행 파일만을 마이크로컨트롤러로 다운로드하여 설치하는 과정을 거쳐야 한다. 이처럼 프로그램을 개발하는 환경(개발 시스템, 컴퓨터)과 프로그램이 실행되는 환경(목적 시스템, 마이크로컨트롤러)이 서로 다른 경우를 일컬어 교차 개발 환경(cross development environment)이라 한다.

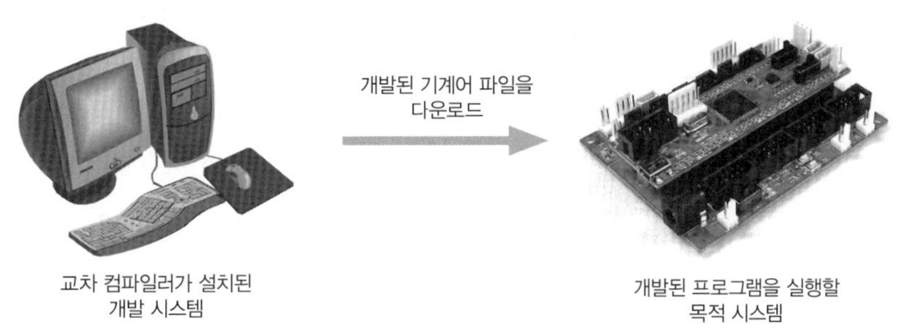

그림 1-9 **교차 개발 환경**

교차 개발이 가능하기 위해서는 개발 시스템에서 동작하면서 목적 시스템에서 실행 가능한 기계어 파일을 생성할 수 있는 교차 컴파일러(cross compiler)가 필요하며, 생성된 기계어 파일을 목적 시스템에 설치할 수 있는 방법이 필요하다. ATmega128을 위한 교차 컴파일러에는 여러 가지가 있지만, 이 책에서는 아트멜에서 무료로 제공하는 아트멜 스튜디오[5]를 사용한다. 교차 컴파일러는 ATmega128 마이크로컨트롤러에서 실행 가능한 파일, 즉 기계어 파일을 생성해 준다. 윈도우에서 실행 가능한 기계어 파일이 EXE 또는 DLL의 확장자를 가지는 반면, ATmega128에서 실행 가능한 기계어 파일은 HEX 확장자를 가지는 차이가 있다.

기계어 파일이 생성되면 이를 마이크로컨트롤러에 설치하는 과정이 필요한데, 이는 직렬 통신을 통해 개발 시스템에서 마이크로컨트롤러로 기계어 파일을 전송함으로써 이루어진다. 이처럼 실행 가능한 기계어 파일을 개발 시스템에서 목적 시스템으로 전송하여 설치하는 과정을 '다운로드' 또는 '업로드'라 한다. 다운로드는 마이크로컨트롤러의 입장에서 개발 시스템으로부터 프로그램을 가져오는 것을, 업로드는 개발 시스템에서 마이크로컨트롤러로 프로그램을 보내는 것을 중심으로 이야기한다. 이처럼 다운로드와 업로드는 정반대의 의미지만, 동일한 방향의 데이터 흐름을 가리키므로 함께 사용되고 있다. 프로그램 다운로드는 SPI 직렬 통신을 사용하는 ISP 방식 또는 UART 직렬 통신을 사용하는 시리얼 방식으로 가능하며, 프로그램 다운로드를 위해서는 그림 1-5의 전용 다운로드 장치가 필요하다. ATmega128을 포함하는 AVR 시리즈 마이크로컨트롤러에서는 일반적으로 ISP 또는 ICSP(In Circuit Serial Programming) 방식을 사용하여 프로그램을 다운로드하며, 이 책에서도 주로 ISP 방식을 사용한다.

다운로드한 프로그램은 마이크로컨트롤러의 메모리에 설치된다. 마이크로컨트롤러에는 일반적으로 하나의 프로그램만을 설치할 수 있으므로, 마이크로컨트롤러에 전원을 인가하면 간단한 부팅 과정을 거쳐 현재 설치된 프로그램이 자동으로 실행된다.

교차 개발 환경은 스마트폰을 위한 애플리케이션 개발에서도 볼 수 있다. 스마트폰은 마이크로프로세서(또는 애플리케이션 프로세서)를 사용하지만, 스마트폰용 운영체제에서는 비주얼 스튜디오와 같은 개발 도구를 제공하지 않으므로 컴퓨터에서 애플리케이션을 개발한 후 개발 컴퓨터나 마켓에서 애플리케이션을 다운로드하고 스마트폰에 설치한다. 마이크로컨트롤러의 경우와 동일하지 않은가? 물론 스마트폰은 마이크로프로세서를 사용하고 안드로이드나 iOS와 같은 운영체제를 사용하므로 여러 개의 프로그램을 설치하고 실행할 수 있는 점에서 마이크로컨트롤러와는 차이가 있다.

1.7 마이크로컨트롤러가 꼭 필요한가?

어두워지면 자동으로 불이 켜지는 전등을 만든다고 가정해 보자. 마이크로컨트롤러가 필요할까? 요구 사항에 따라 달라지겠지만 단순히 어두워지면 불이 켜지는 동작은 마이크로컨트롤러 없이도 가능하다. 빛의 양에 따라 저항이 변하는 조도 센서를 이용하면 그림 1-10의 회로를 통해 어두워지면 자동으로 불이 켜지게 할 수 있다. 저항값을 조절하면 불이 켜지는 시점의 광량도 조절할 수 있다.

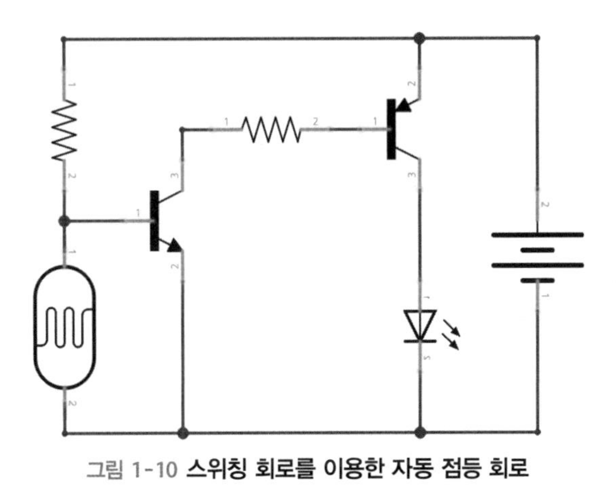

그림 1-10 **스위칭 회로를 이용한 자동 점등 회로**

마이크로컨트롤러를 이용하여 동일한 동작을 수행하도록 구성할 수도 있는데, 그림 1-11이 ATmega328 마이크로컨트롤러를 이용하여 구성한 회로의 예다.

트랜지스터와 저항만으로 구성된 그림 1-10의 회로에 비해 그림 1-11의 회로는 마이크로컨트롤러를 사용하기 때문에 가격이 비싸고 배선도 복잡하다. 게다가 프로그램을 작성해서 업로드해야 하는 등 마이크로컨트롤러를 사용하지 않는 경우에 비해 아무런 장점이 없어 보인다. 실제로 광량에 따라 불이 켜지는 회로에서 마이크로컨트롤러를 사용하는 경우의 장점은 없다고 봐도 무방하다. 그렇다면 굳이 마이크로컨트롤러를 사용할 필요가 없지 않은가? 어두워지면 불이 켜지는 간단한 동작의 경우 마이크로컨트롤러를 사용한다고 해서 얻을 수 있는 장점은 없지만, 기능을 변경하거나 추가하고자 한다면 마이크로컨트롤러의 진가를 발견할 수 있다.

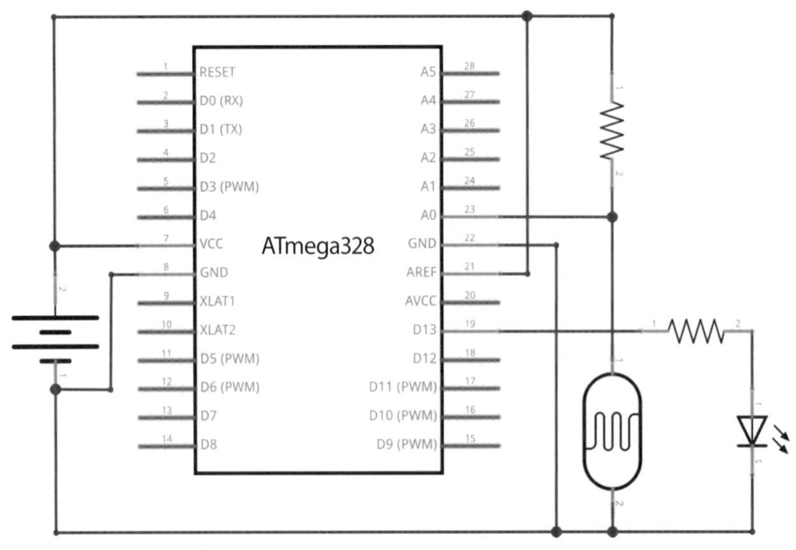

그림 1-11 **마이크로컨트롤러를 이용한 자동 점등 회로**

그림 1-10의 회로에서 불이 켜지는 기준 광량을 바꾸고 싶다면 어떻게 해야 할까? 회로에서 저항을 다른 크기의 저항으로 교체하면 된다. 이를 위해서는 저항을 떼어 내고 다른 크기의 저항으로 교체하는 등의 작업이 필요하다. 마이크로컨트롤러를 사용한 경우는 어떨까? 소스 코드에서 임계치를 조절하고 다시 업로드하면 된다. 마이크로컨트롤러를 사용하는 경우가 훨씬 간단하지 않은가?

기능을 추가하는 경우라면 마이크로컨트롤러를 사용하는 이점이 보다 명확히 나타난다. 그림 1-10의 회로에 한 번 불이 켜지면 최소 10초는 켜져 있도록 하고 싶다면 어떻게 해야 할까? 불이 켜진 시간을 알아내기 위해서는 시간을 알려 주는 부품이 필요하고, 불이 켜진 시간을 저장해 주는 메모리가 필요하고, 현재 시간과 저장된 시간을 비교하기 위한 비교기도 필요하다. 이들 부품을 모두 그림 1-10의 회로에 추가하는 것이 가능하기는 하지만, 이 경우 회로를 완전히 다시 그려야 할지도 모르며, 완성된 회로는 그림 1-11보다 더 복잡해질 수도 있다. 이에 비해 마이크로컨트롤러를 사용한 회로는 최소 10초 동안 불이 켜져 있도록 하기 위해 회로의 변경이 필요하지 않다. 불이 켜지는 기준 광량을 바꾸는 경우와 마찬가지로 프로그램 수정만으로 기능을 추가할 수 있다. 바로 여기에 마이크로컨트롤러를 사용하는 장점이 존재한다. 동일한 입력(광센서)과 동일한 출력(LED)을 가지는 회로에서 마이크로컨트롤러를 사용하는 경우 프로그램 수정만으로 서로 다른 동작(① 광량에 따라 점멸하는 동작 ② 광량에 따라 점멸하면서 불이 켜졌을 때 최소 10초 동안 켜져 있는 동작)을 구현하는 것이 가능하다. 마이크로컨트롤러를 사용함으로써 얻을 수 있는 장점을 알 수 있겠는가?

마이크로컨트롤러가 주목받는 데에는 간단하게 기능을 수정하거나 추가할 수 있다는 점이 큰 몫을 차지하였다. 하지만 잊지 말아야 하는 점이 바로 마이크로컨트롤러를 저렴한 가격에 제작할 수 있도록 도와준 하드웨어의 발전이다. 전통적으로 제어장치는 (그림 1-10에서와 같이) 하드웨어를 사용하여 구성하였다. 이에 반해 마이크로컨트롤러는 하드웨어로 수행할 작업을 소프트웨어로 대체할 수 있다. 물론 마이크로컨트롤러가 이미 많은 기능들을 포함하여 가능한 일이며, 포함된 기능들을 모두 사용하지 않는다면 마이크로컨트롤러를 사용하는 것이 오히려 낭비로 느껴질 수 있다. 하지만 개발 과정에서 소요되는 시간과 비용, 만들어진 제어장치의 신뢰성을 고려한다면 마이크로컨트롤러를 사용함으로써 증가하는 비용을 지불할 가치는 분명히 존재한다. 간단한 마이크로컨트롤러의 경우 1,000원이면 충분하다. 1,000원으로 짧은 개발 시간과 비용은 물론 신뢰성을 높일 수 있다면 장점이 있지 않은가?

마이크로컨트롤러를 사용해야 하는 이유를 한 가지 더 들자면, 최근 똑똑한 가전제품과 같이 지능형 시스템에 대한 요구가 증가하고 있다는 점이다. 지능형 시스템에서의 모든 기능을 하드웨어만으로 구현하기는 어려우며 계산 능력을 가진 '두뇌'가 필요하다. 마이크로컨트롤러는 가격은 더 낮아지고 성능은 높아지고 있으므로 선택의 폭이 더 다양해질 것이며, 마이크로컨트롤러의 사용은 더욱 증가할 것으로 예상된다. 이 책에서 다루는 ATmega128을 통해 마이크로컨트롤러를 시작하고 마이크로컨트롤러와 친숙해지기에는 부족함이 없을 것이라 생각한다.

1.8 마이크로컨트롤러의 CPU vs. 데스크톱 컴퓨터의 CPU

마이크로컨트롤러는 제어장치를 만들기 위해 사용하는 작고 느린 컴퓨터로, 컴퓨터의 메인보드에 해당하는 기능들과 일부 하드디스크의 기능을 하는 부품을 포함하고 있다. 마이크로컨트롤러가 컴퓨터이기는 하지만, 데스크톱 컴퓨터와는 목적 자체가 달라 단순히 비교하기에는 적합하지 않다는 점을 이미 이야기하였다. 하지만 친숙한 컴퓨터와의 비교를 통해 마이크로컨트롤러의 특징을 살펴보는 것은 마이크로컨트롤러에 대한 이해뿐만 아니라 컴퓨터에 대한 이해 역시 높일 수 있다. 이 책에서는 ATmega128 마이크로컨트롤러를 다룬다. ATmega128에 포함된 8비트의 CPU는 변형된 RISC 구조와 하버드 구조를 사용한다. 반면 데스크톱 컴퓨터에 사용되는 인텔의 최신 CPU는 64비트의 CISC 구조와 폰 노이만 구조를 사용하고 있다. 비트 수를 제외하더라도 RISC와 CISC, 하버드와 폰 노이만이라는 서로 다른 구조를 채택한 것이다. 이들의 차이점은 무엇일까?

1 CISC와 RISC

ATmega128을 포함하여 마이크로컨트롤러의 CPU는 RISC(Reduced Instruction Set Computer) 구조를 사용하는 경우가 많으며, 데스크톱 컴퓨터에 흔히 사용되는 인텔의 CPU는 CISC(Complex Instruction Set Computer) 구조를 사용한다. 물론 모든 마이크로컨트롤러가 RISC 구조를 사용하는 것은 아니며, 모든 마이크로프로세서가 CISC 구조를 사용하는 것도 아니다.

CISC와 RISC의 가장 큰 차이는 CPU에서 지원하는 명령어 개수에 있다. CPU에서 지원하는 명령어란 어셈블리어(assembly language) 수준에서의 명령어로, 전용 하드웨어로 처리되는 명령어를 말한다. 하드웨어로 처리되는 명령어에는 사칙연산, 논리연산, 분기, 메모리 읽기와 쓰기 등의 명령이 포함된다. CPU의 발전과 더불어 CPU에서 처리할 수 있는 명령어의 개수 또한 점차 증가하였다. 명령어 개수의 증가는 명령어 처리를 위한 하드웨어의 추가로 이어지고, 이에 따라 CPU는 점차 복잡해지기 시작했다. 게다가 명령어 추가 과정에서 하위 호환성을 유지하기 위해서는 이전의 명령어들을 그대로 유지해야 하므로, 새롭게 추가되는 복잡한 명령어와 이전의 간단한 명령어를 처리하기 위해 필요한 시간이 서로 다른 경우가 발생하였다. 이처럼 하드웨어가 복잡해지면서 CPU의 기능을 개선하는 일이 만만치 않은 데다가 성능 향상에도 걸림돌로 작용하게 되었다. 이러한 문제점을 해결하고자 하는 시도 중 하나가 CPU에서 지원하는 명령어의 개수를 줄이는 것으로, CISC 구조에서 자주 사용하는 간단한 명령어만으로 만들어진 것이 바로 RISC 구조다. RISC 구조는 IBM 연구소의 존 코크(John Cocke)가 CPU에서 지원하는 명령어 중 20% 정도가 프로그램에서 80% 이상의 일을 처리한다는 사실을 증명함으로써 1970년대에 알려지기 시작했다.

명령어 개수를 줄이면 CPU 구조는 단순해지고 처리 속도를 높일 수 있다. 복잡한 명령어를 처리하기 위해서는 많은 수의 간단한 명령어를 실행해야 하지만, 80%의 일을 더 빨리 처리한다면 나머지 20% 처리에 많은 시간이 소요된다고 해도 전체적으로는 비슷하거나 더 빠른 속도로 명령어를 처리할 수 있다. 한 가지 문제점은 CISC 구조에서는 하나의 명령어로 가능한 작업을 RISC 구조에서는 여러 개의 명령어로 처리해야 하는 경우가 있으므로 복잡한 명령을 간단한 명령의 집합으로 나누는 작업이 필요하다는 점이다. RISC 구조에서는 이러한 명령어 분해 작업을 소프트웨어적으로, 즉 기계어 파일을 만들어 내는 컴파일러가 처리하도록 하고 있다. 즉, CISC 구조가 복잡한 명령의 처리를 하드웨어가 담당하도록 하는 반면 RISC 구조는 소프트웨어가 담당해야 하는 비중을 보다 높인 것이다.

CISC 구조와 RISC 구조에서 동일한 연산 'X = (A + B) × (C + D)'를 수행하는 경우를 생각해 보자. CISC 구조에서의 어셈블리 명령은 다음과 같이 표현할 수 있다. 어셈블리 코드에서 'M'은 메모리를, 'R'은 레지스터를 나타낸다.

```
ADD R1, A, B        ; R1 ← M[A] + M[B]
ADD R2, C, D        ; R2 ← M[C] + M[D]
MUL X, R1, R2       ; M[X] ← R1 * R2
```

반면 동일한 연산을 RISC 구조에서의 어셈블리 명령으로는 다음과 같이 표현한다.

```
LOAD R1, A          ; R1 ← M[A]
LOAD R2, B          ; R2 ← M[B]
LOAD R3, C          ; R3 ← M[C]
LOAD R4, D          ; R4 ← M[D]
ADD R1, R2          ; R1 ← R1 + R2
ADD R3, R4          ; R3 ← R3 + R4
MUL R1, R3          ; R1 ← R1 * R3
STORE X, R1         ; M[X] ← R1
```

두 코드를 비교했을 때 눈에 띄는 차이점은 RISC 구조에서 더 많은 명령을 실행해야 CISC 구조에서와 동일한 결과를 얻을 수 있다는 점이다. 그렇다면 CISC 구조가 더 좋지 않을까 하는 의문을 가질 수도 있으며, 흔한 오해 중 하나이기도 하다. CISC 구조에서 하나의 명령어는 복잡한 작업을 수행할 수 있으므로 명령어의 개수는 줄어들지만, 하나의 명령어를 실행하기 위해서는 많은 시간이 필요하다. 반면 RISC 구조에서 하나의 명령어는 단순한 작업만을 수행하여 명령어의 개수는 늘어나지만, 하나의 명령어를 실행하는 시간은 CISC 구조에 비해 짧다.

즉, 단순히 코드의 길이만으로 속도 차이를 논할 수는 없으며, CISC와 RISC 구조에서의 실행 속도는 거의 동일하다고 보아도 무방하다.

CISC 구조에서는 메모리를 읽는 명령이 연산 명령에 포함되어 있다는 점도 RISC 구조와 다른 점이다. CISC 구조에서 더하기(ADD) 명령에는 메모리에서 데이터를 읽어 오는(M[A]) 동작까지 포함되어 있다. 반면 RISC 구조에서는 메모리를 읽고(LOAD) 쓰는(STORE) 명령이 별도로 존재하며, 연산은 범용 레지스터에서만 실행된다. 메모리는 CPU에 비해 상대적으로 속도가 느리다. 따라서 명령어 내에서 메모리를 읽거나 쓰는 횟수에 따라 명령어가 실행되는 속도는 달라지는데, 이것이 CISC 구조에서의 명령어들이 서로 다른 실행 시간을 필요로 하는 이유 중 한 가지가 된다. 반면 RISC 구조에서의 명령어들은 메모리를 읽거나 쓰는 명령이 연산 명령과 분리되어 있으므로 동일한 속도로 명령을 실행할 수 있다.

RISC 구조에서 모든 명령어가 실행되는 속도가 동일하다는 점은 파이프라인 구조를 가능하게 한다. CPU에서 명령어를 실행하는 과정은 명령어를 읽고(fetch), 해석하고(decode), 연산을 수행한 후(execute), 결과를 쓰는(write-back) 4단계로 나누어 볼 수 있다. RISC 구조에서의 명령어는 동일한 시간에 실행되므로 명령어의 각 단계를 중첩하여 실행함으로써 명령어 처리 효율을 높일 수 있다. 즉, 첫 번째 명령을 읽어 해석하는 동안 두 번째 명령을 읽어 들이는 것이 가능하다. 하지만 CISC 구조의 명령어는 명령어들 사이에 실행 시간이 달라 파이프라인을 구성하기가 쉽지 않다.

그림 1-12에서 명령어의 각 처리 단계가 한 클록을 필요로 한다고 가정하면, 파이프라인이 동작하지 않는 경우에는 하나의 명령어를 실행하기 위해 4개의 클록이 필요하다. 파이프라인이 동작하는 경우 여러 명령을 연속적으로 실행시키면, 매 클록마다 명령어 실행 결과를 얻을 수 있으므로 많은 수의 명령어를 처리하는 경우 평균 한 클록에 하나의 명령어가 실행된다고 이야기한다. 물론 RISC 구조라고 해서 모든 명령어를 파이프라인을 통해 처리할 수 있는 것은 아니다. 파이프라인이 동작하기 위해서는 다음번에 실행할 명령어가 무엇인지 알고 있어야 하지만, 조건 분기 명령과 같이 실제로 프로그램이 실행되는 경우에만 다음번에 실행할 명령어를 알 수 있는 경우에는 이전 명령어의 실행 결과를 얻을 때까지 파이프라인은 동작할 수 없다.

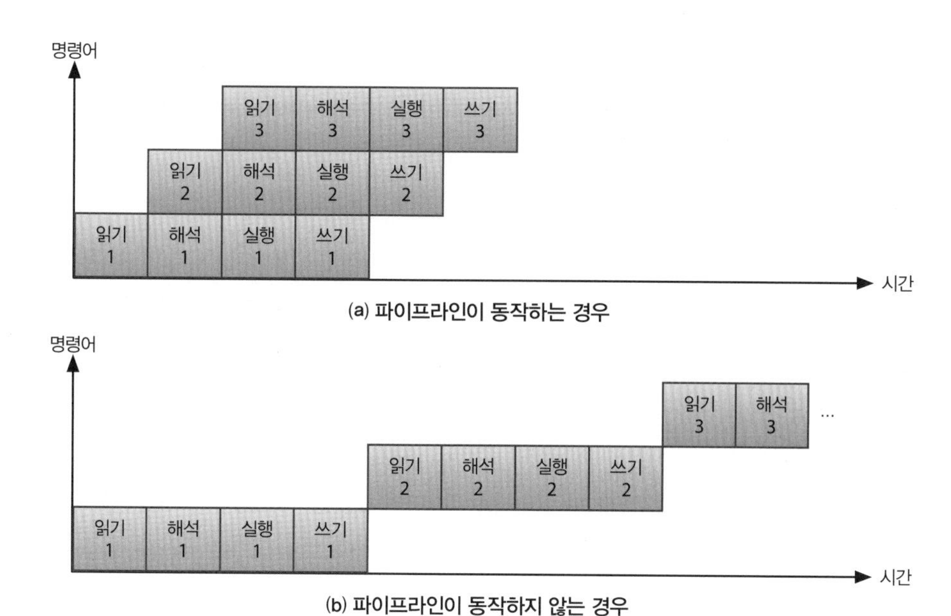

(a) 파이프라인이 동작하는 경우

(b) 파이프라인이 동작하지 않는 경우

그림 1-12 **명령어 처리**

표 1-5는 CISC와 RISC 구조의 특징을 비교한 것이다. 최근에 출시되는 CPU는 순수하게 CISC 구조나 RISC 구조만을 사용하는 경우는 없으며, 서로의 장점을 채택하고 있으므로 CISC 구조와 RISC 구조의 구분이 모호해지고 있다는 점도 잊지 말아야 한다.

표 1-5 **CISC 구조와 RISC 구조의 특징**

	CISC	RISC
명령어 개수	많음	적음
프로그램 크기	작음	큼
하드웨어 복잡도	높음	낮음
소프트웨어(컴파일러) 복잡도	낮음	높음
명령어당 클록 수	가변	고정
전력 소모	많음	적음
호환성	높음	낮음
대표적인 CPU 제조사	인텔	ARM

2 폰 노이만과 하버드 구조

마이크로컨트롤러와 마이크로프로세서의 차이점 중 다른 한 가지는 마이크로컨트롤러가 하버드 구조를 채택하고 있는 반면 인텔의 CPU는 폰 노이만 구조를 채택하고 있다는 점이다. 폰 노이만 구조는 존 폰 노이만(John von Neumann)이 제창한 '내장 메모리 순차 처리 방식'을 말한다. 폰 노이만 구조는 그림 1-2에 나타낸 바와 같이 실제 연산을 수행하는 CPU와 CPU에서 처리할 명령어를 저장하는 메모리를 기본으로 한다. 컴퓨터에서 프로그램은 하드디스크에 설치된다. 설치된 프로그램은 먼저 컴퓨터의 메인 메모리로 읽어 들이고, 메인 메모리에 적재된 프로그램은 CPU 내의 레지스터로 이동한 후 산술 논리 연산장치(Arithmetic Logic Unit, ALU)에서 실행된다. 이처럼 프로그램은 먼저 메모리에 저장된 후 실행되므로 '내장 메모리 방식'이며, 메모리에 저장된 프로그램은 한 번에 하나씩 메모리에 저장된 순서에 따라 CPU로 옮겨져 실행되므로 '순차 처리 방식'이다. 이러한 순차 처리 방식은 다음에 실행될 명령어의 위치가 현재 실행되는 명령어의 다음에 위치하게 함으로써 파이프라인 처리가 가능하도록 도와준다.

폰 노이만 구조는 간단하다. 폰 노이만 구조는 하나의 메모리를 가지며 프로그램 실행에 필요한 모든 내용은 유일한 메모리에 저장된다. 프로그램 실행에 필요한 내용에는 명령어의 집합인 프로그램이 당연히 포함되지만, 프로그램이 실행되는 동안 생성되고 사라지는 변수들도 고려해야 한다. 두 정수의 합을 구하는 'int a = a + b;'라는 명령을 실행시킨다고 가정해 보자. 더하기를 실행하는 명령(ADD)을 저장하기 위해 메모리가 필요하지만, 변수 a와 b의 값을 저장하기 위해서도 메모리가 필요하다. 명령이 저장되는 메모리와 변수값이 저장되는 메모리에 어떤 차이가 있을까? 가장 큰 차이점은 명령이 저장되는 메모리의 내용은 프로그램이 실행되는 동안 내용이 바뀌지 않는 반면, 변수값이 저장된 메모리의 값은 바뀔 수 있다는 점이다. 이처럼 프로그램 실행에 필요한 내용은 '명령어'와 '데이터'라는 서로 다른 특징을 가지는 두 종류가 필요하며, 폰 노이만 구조는 이들을 모두 메인 메모리라 불리는 하나의 메모리에 저장한다.

문제가 될 소지는 없어 보인다. 그러나 프로그램이 실행되는 동안 메모리의 내용을 참조해야 한다는 점에서, 그리고 메모리의 내용을 읽는 시간은 CPU 내에서 연산이 이루어지는 시간에 비해 오래 걸린다는 점에서 문제가 발생한다. 명령어를 실행하는 과정에서 빈번한 메모리 읽기 또는 쓰기가 필요하다면 CPU는 메모리와 정보를 교환하는 시간이 길어지게 되고, CPU는 연산을 수행하지 않는 유휴(idle) 상태에 놓이게 된다. 이처럼 시스템의 성능이 상대적으로 느린 메모리 속도에 의해 제한받는 현상을 병목현상이라고 한다.

병목현상을 개선하기 위한 방법 중 하나가 프로그램 실행에 필요한 명령어와 데이터를 분리해서 저장하는 방법으로 이를 하버드 구조라고 한다. 폰 노이만 구조에서는 하나의 메모리에 명령어와 데이터를 함께 저장하므로 명령어를 실행하기 위해 여러 번에 걸쳐 메모리 읽기를 수행해야 하는데, 이는 하버드 구조에서도 동일하다. 하지만 하버드 구조에서는 명령어와 데이터가 서로 다른 메모리에 분리되어 저장되므로 명령어와 데이터를 동시에 읽어 들이는 것이 가능하여 메모리를 읽기 위한 시간을 줄일 수 있다. 물론 2개의 메모리를 제어해야 하는 만큼 CPU의 구조는 복잡해진다. 하버드 구조에서 명령어가 저장되는 메모리를 프로그램 메모리(program memory) 또는 명령어 메모리(instruction memory)라고 하며, 데이터가 저장되는 메모리는 데이터 메모리(data memory)라고 한다.

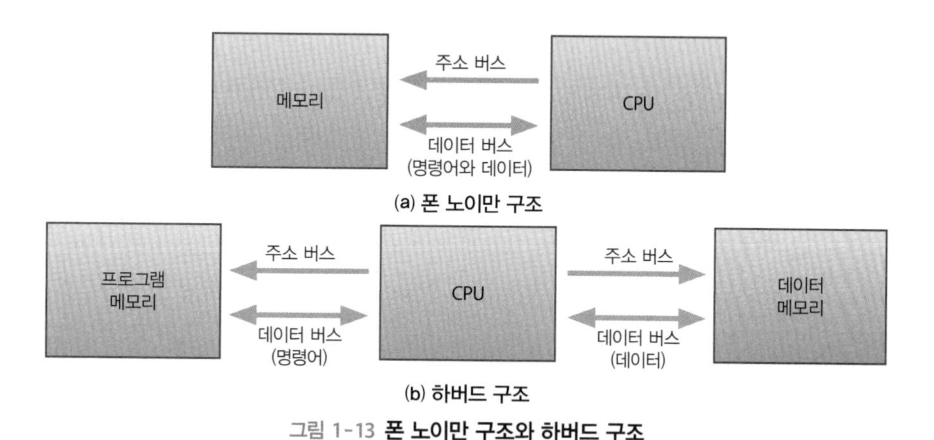

그림 1-13 **폰 노이만 구조와 하버드 구조**

3 메모리의 종류

폰 노이만 구조에서는 한 종류의 메모리만이 필요하지만, 하버드 구조에서는 두 종류의 메모리가 필요하다. 이들 메모리는 물리적으로 분리된 메모리이며, 메모리를 만드는 방법 역시 차이가 있을 수 있다. 컴퓨터에서 메모리라고 하면 메인 메모리를 가리키는데, 이는 DRAM(Dynamic RAM)으로 만들어진다. 반면 ATmega128에서 프로그램 메모리는 플래시 메모리(flash memory)로 만들어지고, 데이터 메모리는 SRAM(Static RAM)으로 만들어진다. 이들 메모리의 차이는 무엇일까?

메모리는 크게 롬(Read Only Memory, ROM)과 램(Random Access Memory, RAM)의 두 종류로 나눌 수 있다. 롬은 이미 기록된 내용을 읽기만 할 수 있고 쓰거나 지울 수는 없는 메모리를 말한다. 컴퓨터의 부팅 과정에서 사용되는 정보를 저장하고 있는 BIOS(Basic Input Output System) 칩이 롬의 예에 해당한다. 반면 램은 자유롭게 읽고 쓸 수 있는 메모리를 말한다. 한 가지 의문점이 생기지 않는가? BIOS는 롬으로 만들어져 있지만 부팅 과정에서 설정을 변경하여 저장할 수 있다. 롬은 정말 읽기만 가능할까?

초기에 롬은 제조사에서 미리 내용을 기록하고 변경할 수 없도록 만들었는데, 이를 마스크 롬(Mask ROM)이라고 한다. 롬 제작에 사용된 데이터에 오류가 있다고 생각해 보자. 오류를 수정하기 위해서는 칩 자체를 교환해야 하므로 많은 비용이 소요된다. 이러한 단점으로 인해 마스크 롬은 더 이상 제조되지 않으며, 내용을 지우고 다시 쓸 수 있는 롬으로 대체되었다. 내용을 지우고 다시 쓸 수 있다면 롬의 정의와는 달라진다. 하지만 롬에 기록된 내용은 전원이 주어지지 않아도 보존되는 비휘발성 특성을 가지며, 이는 휘발성인 램과 구별되므로 여전히 롬으로 불리고 있다. 또한 롬에 쓰기가 가능하기는 하지만, 수명이 있어 일정 횟수 이상의 쓰기를 수행한 후에는 더 이상 롬을 사용할 수 없다는 점도 반영구적으로 사용할 수 있는 램과 차이가 있다.

표 1-6 롬과 램 비교

	(쓰기 가능한) 롬	램
읽기 속도	빠름	빠름
쓰기 속도	느림	빠름
휘발성	×	○
수명	제한된 수명	반영구적 수명

내용을 기록할 수 있는 롬 중 처음 소개할 롬은 PROM(Programmable ROM)이다. PROM은 내용이 기록되지 않은 상태로 생산되고, 전용 장치를 통해 한 번만 내용을 기록할 수 있다. PROM을 개선하여 여러 번 지우고 쓰기가 가능하도록 만든 롬이 EPROM(Erasable PROM)이다. 하지만 EPROM의 내용을 쓰고 지우기 위해서는 전용 장비가 필요하므로 이를 개선하여 전용 장치 없이 전기 신호만으로 쓰고 지우기가 가능한 롬이 EEPROM(Electrically EPROM)이다. EEPROM은 쓰고 지우기가 가능하면서도 비휘발성인 특징을 가지므로 램을 대체할 수 있을

것으로 생각하기 쉽지만, EEPROM에 데이터를 쓰기 위해서는 램에 비해 많은 시간이 소요되므로 램을 대체할 수는 없다. 하지만 EEPROM의 읽기 속도는 램과 거의 비슷하므로 데이터를 한 번 기록한 후에 잦은 읽기가 필요한 경우에 흔히 사용된다. ATmega128도 참조용 데이터를 저장하기 위해 4KB의 EEPROM을 포함하고 있다. ATmega128에 포함되어 있는 EEPROM은 하버드 구조에서의 프로그램 메모리나 데이터 메모리에 포함되지 않는 제3의 메모리로 컴퓨터의 하드디스크와 유사한 기능을 한다.

마이크로컨트롤러에서 프로그램 메모리는 플래시 메모리로 만들어진다. 플래시 메모리는 EEPROM을 변형한 것으로 1984년 도시바에서 처음 개발하였다. EEPROM은 바이트 단위로 데이터를 읽거나 쓸 수 있지만, 쓰기 속도가 느려 큰 프로그램을 기록하기에는 적합하지 않다. 플래시 메모리 역시 바이트 단위 읽기가 가능한 점에서는 EEPROM과 동일하지만, 블록 단위의 쓰기가 가능하도록 개선하여 큰 프로그램을 기록하기에 적합하다. 플래시 메모리는 블록 단위의 쓰기만 가능한 단점이 있지만, EEPROM에 비해 구조가 간단하므로 대용량 메모리를 만들기에 적합하고, 블록 전체를 쓰는 시간은 EEPROM에서 한 바이트의 데이터를 쓰는 시간과 유사하다. 이러한 장점으로 인해 1988년 상업용 플래시 메모리가 처음 등장한 이후 USB 메모리를 포함하여 대부분의 휴대용 장치에서는 플래시 메모리를 사용하고 있다. 하지만 플래시 메모리는 블록 단위의 쓰기를 시행하므로 일반적으로 EEPROM에 비해 쓰기 가능한 횟수가 적다. 즉, 수명이 짧다. ATmega128에 포함되어 있는 EEPROM의 경우 100,000회 쓰기를 보장하는 반면 플래시 메모리는 그 10분의 1인 10,000회 쓰기만을 보장한다. ATmega128은 128KB의 플래시 메모리를 포함하고 있으며, 프로그램을 저장하는 프로그램 메모리로 사용된다.

EEPROM과 플래시 메모리가 롬이라면 마이크로컨트롤러의 데이터 메모리인 SRAM과 컴퓨터의 메인 메모리인 DRAM은 램에 속한다. CPU가 연산을 수행하는 동안 잦은 메모리 쓰기는 피할 수 없으며, 이를 위해 반영구적인 램을 사용한다. 램은 크게 동적 램(Dynamic RAM, DRAM)과 정적 램(Static RAM, SRAM)의 두 가지로 나누어 볼 수 있다. 동적과 정적의 차이는 전원이 공급되는 동안 기록된 데이터가 보존되는지의 여부에 있다. SRAM은 플립플롭을 바탕으로 만들어진 메모리로, 한 번 기록된 데이터는 전원이 공급되는 동안 계속 남아 있다. 반면 DRAM은 커패시터에 전하를 저장하는 방식으로 데이터를 기록하므로 일정 시간이 지나면 방전으로 인해 기록된 데이터가 사라진다. 따라서 DRAM은 일정 시간 간격으로 커패시터를 재

충전해야 하는데, 이를 리프레시(refresh)라고 한다. SRAM은 DRAM에 비해 최대 20배 이상의 속도로 동작할 수 있지만, 집적도가 낮고 가격이 비싸 대용량의 메모리를 만들기에는 적합하지 않다. 따라서 SRAM은 CPU 내의 레지스터나 캐시 메모리 등 작은 크기의 고속 메모리에 주로 사용된다. 반면 DRAM은 구조가 간단하여 집적도를 높이기가 용이하므로 대용량의 메인 메모리로 주로 사용된다. ATmega128에 포함되어 있는 4KB의 SRAM은 데이터 메모리로 사용되며 DRAM은 사용되지 않는다.

표 1-7 **SRAM과 DRAM**

	SRAM	DRAM
읽기/쓰기 속도	빠름	느림
리프레시	×	○
집적도	낮음	높음
가격	비쌈	저렴

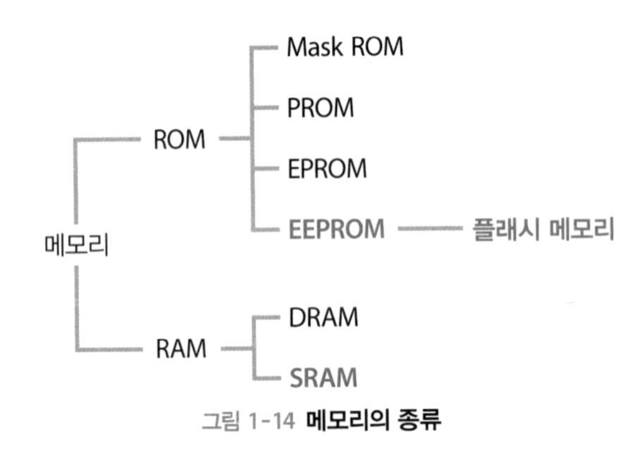

그림 1-14 **메모리의 종류**

1.9 요약

마이크로컨트롤러는 작고 간단한 컴퓨터다. 컴퓨터에 프로그램을 설치하여 다양한 작업을 수행할 수 있는 것과 마찬가지로 마이크로컨트롤러에도 프로그램을 설치하여 다양한 작업을 수행할 수 있다. 특히 마이크로컨트롤러는 제어장치를 구성하기 위한 목적으로 특화된 컴퓨터로, 다양한 하드웨어와 함께 어우러져 각종 제어장치를 구성할 수 있다.

마이크로컨트롤러가 컴퓨터이기는 하지만, 흔히 접하는 데스크톱 컴퓨터나 노트북 컴퓨터와는 차이가 있다. 마이크로컨트롤러는 애초 데스크톱 컴퓨터나 노트북 컴퓨터와는 목적이 다르다는 점을 잊지 말아야 한다. 마이크로컨트롤러와 데스크톱 컴퓨터나 노트북 컴퓨터에서 사용되는 마이크로프로세서의 차이를 이해하고, 마이크로컨트롤러로 할 수 있는 것과 할 수 없는 것을 명확히 구별할 수 있다면, 다양한 종류의 마이크로컨트롤러 중 하고자 하는 일에 적합한 마이크로컨트롤러를 어렵지 않게 구할 수 있을 것이다.

마이크로컨트롤러는 큰 시스템의 일부에 포함되는 임베디드 시스템으로 흔히 사용되므로 실제 눈에 띄는 것보다는 숨어 있는 마이크로컨트롤러가 더 많다. 관심을 갖고 주위를 둘러본다면 숨어 있는 마이크로컨트롤러를 손쉽게 발견할 수 있을 것이다.

연습 문제

1 마이크로컨트롤러가 사용된 예는 표 1-2에서 나열한 경우 외에도 많다. 일상생활에서 마이크로컨트롤러가 사용된 예를 찾아보자.

2 이 책에서 다루는 ATmega128은 아트멜에서 제작한 8비트의 마이크로컨트롤러다. 최근 마이크로컨트롤러의 사용 범위가 넓어지면서 16비트 또는 32비트의 고성능 마이크로컨트롤러 사용 역시 증가하고 있으며, ARM에서 설계한 Cortex-M 시리즈가 대표적인 32비트 마이크로컨트롤러들이다. 8비트 마이크로컨트롤러와 32비트 마이크로컨트롤러의 장단점을 비교해 보자.

3 싱글 칩 컴퓨터(single chip computer)라고 불리는 마이크로컨트롤러는 컴퓨터이기는 하지만 낮은 성능과 적은 메모리를 탑재한 것으로, 애초 데스크톱 컴퓨터와는 그 용도가 다르다. 데스크톱 컴퓨터에는 미치지 못하지만 마이크로컨트롤러보다 성능이 뛰어나고 데스크톱 컴퓨터와 같이 운영체제를 바탕으로 동작하는 또 다른 종류의 컴퓨터인 싱글 보드 컴퓨터(single board computer)가 최근 임베디드 시스템 영역에서 주목받고 있다. 싱글 칩 컴퓨터의 대표적인 예 중 하나인 아두이노와 싱글 보드 컴퓨터 중 가장 많은 판매량을 보이고 있는 라즈베리 파이[6]의 장단점을 비교해 보자.

CHAPTER

2 ATmega128 소개

ATmega128은 아트멜에서 제작하는 AVR 시리즈 마이크로컨트롤러 중 하나로 적은 전력 소모와 높은 성능을 갖춘 8비트 마이크로컨트롤러다. 이 장에서는 주변장치를 연결하고 주변장치와 데이터를 교환하기 위한 외형적인 특징과, 마이크로컨트롤러의 내부 동작을 설명하기 위한 내부 구조 등 ATmega128의 하드웨어 측면에서의 특징들을 알아본다.

2.1 AVR 마이크로컨트롤러

아트멜은 1984년 창립한 반도체 제조 회사다. 아트멜의 주력 상품은 플래시 메모리를 내장한 마이크로컨트롤러이며, 이외에도 다양한 제품을 판매하고 있다. 아트멜의 홈페이지[7]를 살펴보면 마이크로컨트롤러 외에도 터치 솔루션, 자동차 관련 제품, 무선통신 관련 제품, 메모리 관련 제품, 보안 관련 제품 등 다양한 제품군을 발견할 수 있다. 이들 중 마이크로컨트롤러는 8051, ARM, AVR 등 크게 세 그룹으로 나누어져 있다.

8051은 1980년 인텔에서 발표한 8비트 마이크로컨트롤러로, AVR과 ARM 마이크로컨트롤러가 RISC 구조를 사용하는 반면 8051은 CISC 구조를 사용한다. 8051 마이크로컨트롤러는 1990년대 초까지 모뎀, 게임기, 타자기 등에 광범위하게 사용되었으며, 지금도 간단한 구조와 저렴한 가격으로 여러 회사에서 8051 호환 마이크로컨트롤러 제품을 생산하고 있다.

ARM 마이크로컨트롤러는 ARM의 아키텍처를 사용하여 아트멜에서 제작하는 32비트 마이크로컨트롤러로, Cortex-M0, Cortex-M0+, Cortex-M3, Cortex-M4, Cortex-M7 등 모든 Cortex-M 아키텍처를 사용하는 마이크로컨트롤러들을 아트멜에서 생산하고 있다. ARM은 스마트폰에 포함된 마이크로프로세서를 설계한 회사로 잘 알려져 있다. 하지만 ARM은 설계만 하고 제작은 하지 않으므로 여러 회사에서 설계에 대한 라이선스를 구매하여 마이크로컨트롤러와 마이크로프로세서를 생산하고 있다. 아트멜에서 생산하는 SAM(Smart ARM-based Microcontroller unit) 시리즈가 ARM의 Cortex-M 아키텍처를 바탕으로 만들어진 마이크로컨트롤러의 예라면, 삼성의 엑시노스(Exynos)는 ARM의 Cortex-A 아키텍처를 바탕으로 만들어진 마이크로프로세서(또는 애플리케이션 프로세서(Application Processor, AP))의 예에 해당한다.

AVR은 1996년 발표된 아트멜 고유 아키텍처로, 아트멜의 대표적인 마이크로컨트롤러 제품군 중 하나다. AVR은 변형된 하버드 구조를 사용하는 8비트 RISC 구조를 채택하고 있으며, 노르웨이 공대(Norwegian Institute of Technology)의 학생이었던 Alf-Egil Bogen과 Vegard Wollan에 의해 고안되었다. AVR 아키텍처를 사용하여 처음 출시된 마이크로컨트롤러는 AT90S8515이며, 상업적으로 성공한 첫 번째 마이크로컨트롤러는 AT90S1200이다. 이처럼 아트멜에서 처음 내놓은 AT90Sxxxx 시리즈 마이크로컨트롤러는 '클래식 AVR'이라고도 불리며 대부분 AVR 시리즈 마이크로컨트롤러로 대체되고 있다.

AVR은 8비트 마이크로컨트롤러에서 출발했지만, 2006년 이후에는 32비트 AVR 마이크로컨트롤러인 UC3 시리즈도 생산하고 있다. 32비트 AVR은 멀티미디어 처리를 포함하여 확장된 기능을 제공한다. 32비트 AVR은 역시 32비트 마이크로컨트롤러인 ARM과 경쟁 관계에 있지만 8비트 AVR이나 ARM과 호환되지는 않는다. 현재 사용되고 있는 8비트 AVR 시리즈 마이크로컨트롤러는 타이니(tiny) 시리즈, 메가(mega) 시리즈, X-메가(xmega) 시리즈의 크게 세 가지로 나누어 볼 수 있다.

- **타이니 시리즈:** 1~8KB 크기의 프로그램 메모리와 6~32개의 핀을 가지는 마이크로컨트롤러로, 핀 수가 적어 한정된 주변장치 연결 방법만을 지원하며, 간단한 제어장치를 구성할 때 사용한다.
- **메가 시리즈:** 4~256KB 크기의 프로그램 메모리와 28~100개의 핀을 가지는 마이크로컨트롤러로, 확장된 명령어 집합(곱셈 명령, 프로그램 메모리 관리 명령 등)을 지원하고 타이니 시리즈에 비해 다양한 주변장치 연결 방법을 제공한다.
- **X-메가 시리즈:** 32~384KB 크기의 프로그램 메모리와 44~100개의 핀을 가지는 마이크로컨트롤러로, 메가 시리즈보다 확장된 기능을 제공한다.

표 2-1 **AVR 시리즈 비교**

	타이니	메가	X-메가
프로그램 메모리(KB)	1~8	4~256	32~384
핀 수(개)	6~32	28~100	44~100
지원하는 어셈블리 명령어 수(개)	~120	~135	~142
최대 동작 속도(MHz)	20	20	32

아트멜에서 제작하는 8비트 마이크로컨트롤러인 AVR과 8051 외에도 마이크로칩(Microchip) 사의 PIC 마이크로컨트롤러를 흔히 볼 수 있다. AVR, 8051, PIC 마이크로컨트롤러 중 이 책에서는 AVR 시리즈 중에서도 메가 계열에 속하는 ATmega128을 다룬다. 왜 AVR일까? 왜 ATmega128일까? AVR을 고집할 이유는 없으며 마이크로컨트롤러의 선택은 필요에 따라 고르는 것이 당연하다. 하드웨어 성능만 놓고 본다면 8비트 AVR 마이크로컨트롤러보다는 ARM의 32비트 마이크로컨트롤러가 뛰어나다. 또한 최근 ARM의 마이크로컨트롤러 가격은 AVR과 비교했을 때에도 충분히 가격 경쟁력이 있다. 하지만 8비트 마이크로컨트롤러가 32비트 마이크로컨트롤러에 비해 가지는 장점 중 하나는 구조가 간단하다는 점이다. 마이크로컨트롤러를 이해하기 위해서는 마이크로컨트롤러를 위한 프로그램을 작성하는 방법에 대한 이해는 물론 마이크로컨트롤러 자체에 대한 하드웨어적인 이해가 필수적이다. 마이크로컨트롤러를 처음 배우는 경우라면 간단한 8비트 마이크로컨트롤러로 접근하는 것이 마이크로컨트롤러의 구조를 보다 쉽게 이해할 수 있는 방법이라고 하겠다. 더불어 AVR 시리즈는 8비트 마이크로컨트롤러 중에서도 가장 최근에 만들어진 아키텍처에 바탕을 두고 있어 다른 마이크로컨트롤러를 이해하는 기초가 될 수 있다. 마이크로컨트롤러는 그리 복잡하지 않다. AVR 시리즈 마이크로컨트롤러에 익숙해진다면 다른 마이크로컨트롤러를 사용하는 것도 그리 어렵지 않다.

AVR 마이크로컨트롤러의 또 다른 장점은 다양한 예제를 쉽게 찾아볼 수 있다는 점이다. 하드웨어가 뒷받침되어야 하는 것도 사실이지만, 마이크로컨트롤러를 사용하기 위해서는 (마이크로컨트롤러에서는 흔히 펌웨어라 불리는) 프로그램을 작성해서 마이크로컨트롤러에 설치해야 한다. 간단한 검색을 통해 AVR 시리즈의 마이크로컨트롤러를 위한 예제 프로그램을 쉽게 찾아볼 수 있는데, 이러한 점은 마이크로컨트롤러를 처음 배우는 학생과 메이커들에게는 큰 장점이 아닐 수 없다. 마지막으로 한 가지 추가하자면, 최근 마이크로컨트롤러와 관련하여 주목받고 있는 아두이노[8]에서 AVR 마이크로컨트롤러를 채택하고 있다는 점은 AVR 시리즈 마이크로컨트롤러를 눈여겨보아야 하는 또 다른 이유가 될 것이다.

AVR 메가 시리즈 마이크로컨트롤러 중에서도 가장 많이 언급되는 것은 ATmega128이며, 이 책에서도 역시 ATmega128을 다룬다. 이외에도 아두이노의 보급에 힘입어 ATmega328과 ATmega2560에 대한 관심 역시 증가하고 있다. 메가 시리즈에도 다양한 마이크로컨트롤러가 존재하지만, 기본적인 기능은 동일하다. 다만 핀의 수에 따라 연결할 수 있는 주변장치의 개수가 달라지며, 자주 사용하지 않는 일부 기능이 빠지거나 더해지는 경우도 있다. 메가 시리즈 중 핀이 가장 적은 마이크로컨트롤러는 아두이노 우노에 사용된 ATmega328인데, 28개의 핀을 가지고 있다. 핀이 가장 많은 마이크로컨트롤러는 아두이노 메가2560에 사용된 ATmega2560으로 100개의 핀을 가지고 있다. 반면 ATmega128은 64개의 핀을 제공하므로 지원하는 기능과 가격, 그리고 내부 구조의 복잡한 정도를 고려할 때 AVR 마이크로컨트롤러 학습에 적당한 마이크로컨트롤러라 할 수 있다.

ATmega128이라는 이름을 가진 마이크로컨트롤러에도 몇 가지 종류가 있다. 2001년 첫선을 보인 ATmega128이 처음 출시된 모델이며, 저전력 버전인 ATmega128L은 동작 전압과 동작 속도의 차이를 제외하면 ATmega128과 동일하다. ATmega128L은 최저 2.7V에서도 동작할 수 있는 장점이 있지만, 최대 동작 속도는 8MHz로 제한된다. ATmega128과 ATmega128L을 통합하여 개선한 것이 현재 흔히 ATmega128이라고 부르는 ATmega128A로, 2008년 발표되었다. ATmega128A는 2.7~5.5V 전압에서 동작한다는 점에서는 ATmega128L과 동일하지만, 낮은 전압에서는 최대 8MHz로, 높은 전압에서는 최대 16MHz로 동작하는 점에서 ATmega128L과 차이가 있다. ATmega128A는 ATmega128 및 ATmega128L과 핀 호환성을 가지므로 대체가 가능하다. 현재 시중에서 ATmega128이나 ATmega128L을 찾아보기는 쉽지 않으며, 대부분 ATmega128A를 사용하고 있다.[9]

ATmega128과 이름이 유사한 마이크로컨트롤러에는 ATmega1280이 있다. 하지만 ATmega128과 ATmega1280은 128KB의 플래시 메모리를 장착하고 있다는 점만 동일할 뿐이다. ATmega128은 64핀을, ATmega1280은 100핀을 가지고 있는 AVR 메가 시리즈 마이크로컨트롤러로, 핀 수의 차이에서 알 수 있듯이 기능 면에서 차이가 있다. 오히려 ATmega1280은 ATmega128보다는 ATmega2560과 유사한 마이크로컨트롤러다.

ATmega128은 고성능, 저전력 마이크로컨트롤러라고 요약할 수 있는데, 그 특징들은 다음과 같다. 마이크로컨트롤러를 이미 접해 본 독자라면 아래 특징들의 나열만으로도 ATmega128이 다른 마이크로컨트롤러가 제공하는 대부분의 기능을 지원하면서 동작 주파수에 비해 높은 성능을 자랑한다는 사실을 알아차릴 수 있을 것이다.

- **개선된 RISC 구조 사용**
  - ATmega128은 고성능, 저전력의 8비트 마이크로컨트롤러다.
  - 다양한 어셈블리 명령어를 가지고 있다.
  - 파이프라인을 통해 대부분 1 클록에 실행된다.
  - 하드웨어로 구현되어 있는 곱셈기는 2 클록에 동작하므로 16MHz 클록에서 최대 16MIPS(Mega Instructions Per Second) 성능을 보여 줄 수 있다.
  - 32개의 8비트 범용 레지스터와 주변장치 제어를 위한 전용 레지스터를 가지고 있다.
  - 완전한 정적 동작(static operation)을 지원한다. 정적 동작이란 메모리가 DRAM이 아닌 SRAM으로 구성되어 있다는 것을 의미한다. 클록 주파수가 변하면 DRAM의 경우 리프레시 오류로 잘못된 동작을 보여 줄 수 있는 것과 달리 SRAM의 경우는 리프레시가 필요하지 않으므로 안정적인 동작을 유지한다.
- **다양한 메모리**
  - 128KB의 비휘발성 플래시 프로그램 메모리를 가지고 있으며 10,000회 쓰기를 보장한다.
  - 4KB의 비휘발성 EEPROM을 가지고 있으며 100,000회 쓰기를 보장한다.
  - 4KB의 휘발성 SRAM을 가지고 있다.
  - 부트로더를 통해 셀프 프로그래밍(self programming) 기능을 지원한다. 셀프 프로그래밍이란 부트로더 프로그램을 통해 전달된 코드를 플래시에 기록하는 것으로 프로그램 업데이트에 흔히 사용된다.
  - 최대 64KB의 외부 메모리를 연결할 수 있다.
  - 잠금 비트(lock bit)를 통해 플래시 메모리 내의 데이터 보안이 가능하다.
  - SPI(Serial Peripheral Interface)를 통한 프로그래밍이 가능하며 이를 ISP 또는 ICSP라고 한다.

- **JTAG 지원**
  - JTAG(Joint Test Action Group) 표준을 지원한다. JTAG은 그 이름에서도 알 수 있듯이 하드웨어를 테스트하는 방법에 관한 표준으로 1990년 IEEE 표준으로 정해졌다.
  - (JTAG을 사용한) 하드웨어 테스트를 통해 프로그램을 마이크로컨트롤러에서 실행시키면서 디버깅이 가능한데, 이를 온-칩 디버깅(on-chip debugging)이라고 한다. 실제로 마이크로컨트롤러에서 실행시키지 않고 디버깅을 수행할 수 있도록 해 주는 도구를 에뮬레이터(emulator)라고 한다. 에뮬레이터의 경우에는 실제 마이크로컨트롤러상에서 실행되는 환경과 완전히 동일하게 구성하기에는 어려움이 있다.
  - JTAG을 통해 플래시, EEPROM, 퓨즈 비트, 잠금 비트 등의 내용을 변경할 수 있다.
- **주변장치**
  - 2개의 8비트 타이머/카운터와 2개의 16비트 타이머/카운터를 가지고 있다.
  - 독립된 오실레이터로 동작시킬 수 있는 실시간 카운터(Real Time Counter, RTC)를 가지고 있다.
  - 2개의 8비트 PWM 채널과 2~16비트로 설정할 수 있는 6개의 PWM 채널을 가지고 있다.
  - 8 채널의 10비트 ADC를 가지고 있다. 8개 채널 중 7개는 차동 입력이 가능하며, 8개 채널 중 2개는 최대 200배의 이득(gain)을 설정할 수 있다.
  - 바이트 기반의 TWI(Two Wire Interface)를 지원한다. TWI는 칩 제조사에서 사용하는 I2C(Inter Integrated Circuit)의 다른 이름이다.
  - 2개의 USART(Universal Synchronous/Asynchronous Receiver Transmitter)를 지원한다.
  - SPI를 지원한다.
  - 별도의 오실레이터로 동작하는 워치도그(watchdog) 타이머를 가지고 있다.
  - 하드웨어로 구현한 아날로그 비교기를 가지고 있다.
- **기타 특징**
  - 충분한 전력이 공급되고 있는지를 감지하는 브라운아웃 감지 기능을 제공한다.
  - 내부 오실레이터를 가지고 있어 외부 클록의 공급 없이도 동작 가능하다.

    - 다양한 인터럽트를 지원한다.
    - 사용 전력 제어가 가능하도록 여섯 가지의 슬립 모드를 지원한다.
    - 프로그램으로 클록 주파수 제어가 가능하다.
    - 각 핀의 풀업 저항 사용 여부는 개별적으로 제어 가능하다. 더불어 모든 핀의 풀업 저항 사용을 한꺼번에 금지시킬 수도 있다.
- **입출력 포트 수 및 패키지**
    - ATmega128 칩은 64개의 핀을 가지고 있다.
    - 64개의 핀 중 53개의 핀은 포트 A에서 포트 G까지 7개 포트에 할당하여 입출력 핀으로 사용할 수 있다.
    - TQFP(Thin Quad Flat Pack) 패키지를 흔히 볼 수 있으며, QFN/MLF(Quad Flat No-leads/Micro Lead Frame) 패키지 역시 판매되고 있다.
- **동작 전압**
    - 2.7~5.5V
- **동작 속도**
    - 0~16MHz

얼마나 많은 내용을 이해했는가? 마이크로컨트롤러를 처음 접한다면 이해하기 어려운 부분이 많겠지만 실망할 필요는 없다. 이 책을 다 읽고 난 후에는 위에서 언급한 특징들을 이해할 수 있을 것이다.

2.2 ATmega128의 외형적 특징

ATmega128을 온라인에서 검색해 보면 크게 두 종류의 칩을 발견할 수 있다. 두 종류의 칩은 패키지의 차이일 뿐 기능적인 차이는 없다. 흔히 볼 수 있는 TQFN 패키지와 QFN/MLF 패키지의 차이는 마이크로컨트롤러의 핀이 외부로 노출되어 있는지의 여부로 판단할 수 있다. TQFN 패키지의 경우 핀이 외부로 노출되어 있으며, 핀 사이의 간격은 0.8mm다. 일반적으로 브레드보드에 꽂아 사용할 수 있는 칩은 DIP(Dual In-line Package) 타입이라 불리며, 핀 사이의 간격이 2.54mm로 TQFN 패키지에 비해 크다. 핀의 수가 많은 경우 DIP 패키지로 제작하면 칩의 크기가 지나치게 커지므로, 64개의 핀을 가지고 있는 ATmega128은 DIP 타입으로 제작하지 않는다.

QFN/MLF 패키지는 TQFN 패키지에서 외부로 노출된 핀을 제거한 형태와 유사하다. 또한 핀 사이의 간격이 0.5mm[10]로 TQFN 패키지보다 좁다. 따라서 TQFN 패키지는 핀을 제외한 경우에도 14×14mm 정도의 크기인 반면 QFN/MLF 패키지는 9×9mm 정도이므로 크기가 중요한 경우에는 QFN/MLF 패키지 형태의 칩을 사용할 수 있다. 이 책에서는 TQFN 패키지를 기준으로 설명한다.

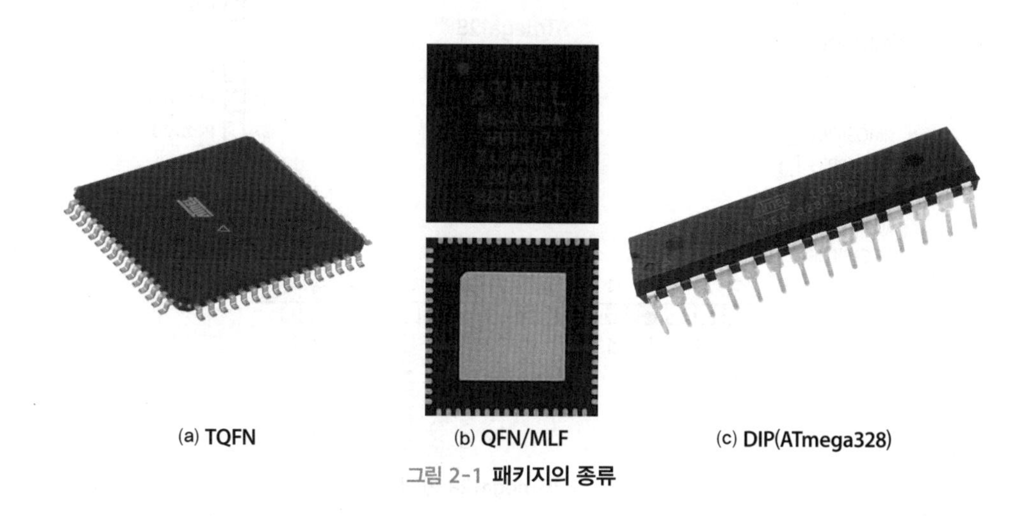

(a) TQFN (b) QFN/MLF (c) DIP(ATmega328)

그림 2-1 **패키지의 종류**

마이크로컨트롤러는 작고 간단한 컴퓨터로, 마이크로컨트롤러의 핀을 통해 주변장치와 데이터를 주고받음으로써 컴퓨터로 동작한다. 따라서 마이크로컨트롤러에서 각 핀의 역할을 파악하는 것이 중요하다. ATmega128의 핀 배치는 그림 2-2와 같다.

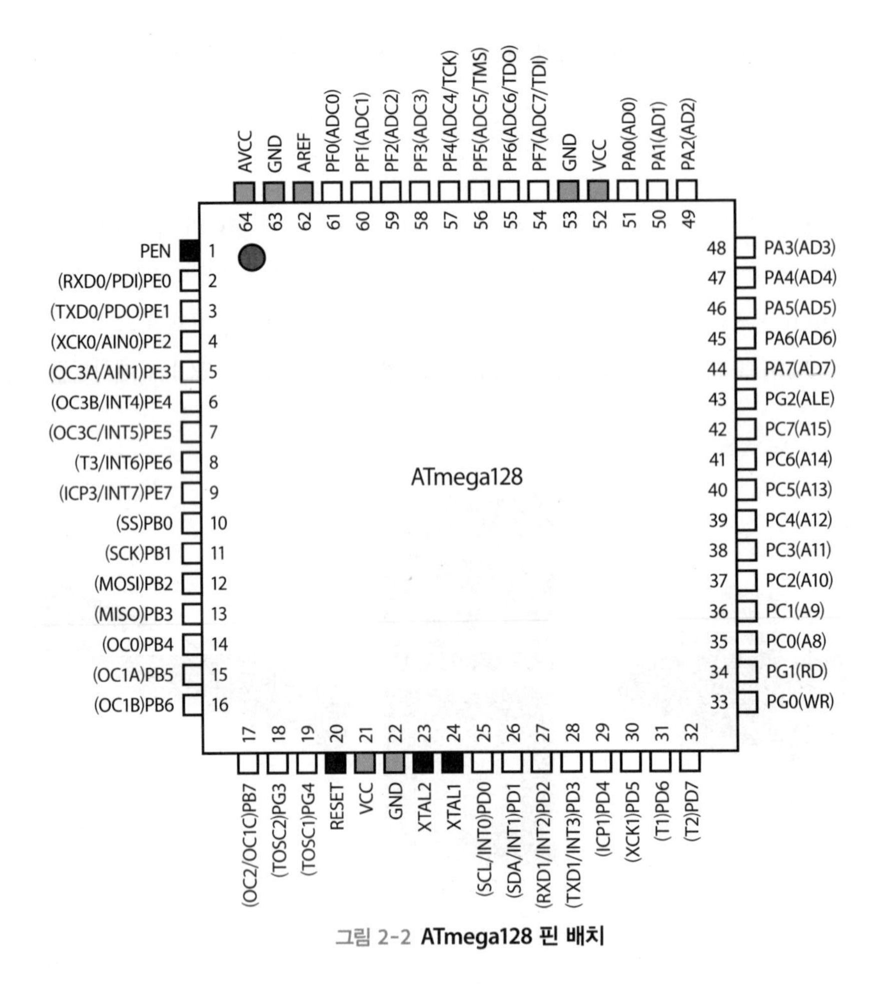

그림 2-2 **ATmega128 핀 배치**

ATmega128은 64개의 핀을 가지고 있다. 이 중 디지털 및 아날로그 전원 관련 핀 7개(GND, VCC, AVCC, AREF), 외부 클록 공급을 위해 사용하는 크리스털 연결 핀 2개(XTALn, n = 1, 2), 리셋(RESET), 그리고 SPI를 통한 시리얼 프로그래밍 과정에서 사용하는 PEN 핀[11]을 제외한 53개의 핀은 데이터 입출력 핀으로 사용할 수 있다.

그림 2-2에서 볼 수 있듯이 ATmega128의 대부분의 핀은 2개 이상의 이름을 가지고 있다. 마이크로컨트롤러는 핀의 수가 제한되어 있는 반면 다양한 주변장치를 연결할 수 있는 방법을 제공해야 하므로 하나의 핀이 2개 이상의 기능을 수행하는 경우가 일반적이며, 각 핀에 붙여져 있는 이름들은 해당 핀이 수행할 수 있는 기능을 나타내는 것이다. 특히 전원, 크리스털, 리셋, 프로그래밍 가능 핀을 제외한 데이터 핀들은 데이터를 주고받기 위해 두 가지 이상의

방법으로 사용될 수 있다는 것을 알 수 있다. 따라서 그림 2-2에서 64개의 핀에 붙여져 있는 이름을 이해하는 것은 ATmega128을 이해하는 첫걸음이라 할 수 있다. 표 2-2는 ATmega128의 핀에 붙여져 있는 이름을 기능에 따라 분류한 것이다.

표 2-2 ATmega128 핀의 기능별 분류

용도	핀 이름	핀 수	설명
리셋	RESET		
포트	PAn	n = 0, ..., 7	
	PBn	n = 0, ..., 7	
	PCn	n = 0, ..., 7	
	PDn	n = 0, ..., 7	
	PEn	n = 0, ..., 7	
	PFn	n = 0, ..., 7	
	PGn	n = 0, ..., 4	
전원	VCC		
	GND		
	AVCC		analog VCC
	AREF		analog reference
클록	XTALn	n = 1, 2	external clock
외부 메모리 인터페이스	ADn	n = 0, ..., 7	low-order address bus and data bus
	An	n = 8, ..., 15	high-order address bus
	ALE		address latch enable
	RD		read strobe
	WR		write strobe
AD 변환기	ADCn	n = 0, ..., 7	ADC input channel n
아날로그 비교기	AINn	n = 0, 1	analog comparator positive(0)/negative(1) input
외부 인터럽트	INTn	n = 0, ..., 7	external interrupt source
타이머/ 카운터	ICPn	n = 1, 3	timer/counter n input capture pin
	OCn	n = 0, 2	timer/counter n output compare and PWM output
	OCnX	n = 1, 3 X = A, B, C	timer/counter n output compare and PWM output X
	Tn	n = 1, 2, 3	timer/counter n clock input
	TOSCn	n = 1, 2	timer/counter oscillator pin

표 2-2 **ATmega128 핀의 기능별 분류 (계속)**

용도	핀 이름	핀 수	설명
시리얼 프로그래밍	PDI		programming data input
	PDO		programming data output
	PEN		programming enable
UART	RXDn	n = 0, 1	USART n receive
	TXDn	n = 0, 1	USART n transmit
	XCKn	n = 0, 1	USART n external clock input/output
SPI	MISO		master input slave output
	MOSI		master output slave input
	SCK		serial clock
	SS		slave select
I2C	SCL		serial clock
	SDA		serial data
JTAG	TCK		JTAG test clock
	TDI		JTAG test data input
	TDO		JTAG test data output
	TMS		JTAG test mode select

마이크로컨트롤러를 사용해 본 경험이 있다면 표 2-2의 설명만으로도 대부분의 ATmega128 기능을 짐작할 수 있을 것이다. 한 가지 주목해야 할 점은 그림 2-2의 데이터 핀 이름에서 괄호 안에 들어 있지 않은 이름이 모두 PXn(X는 A~G, n은 정수)이라는 점이다. 'P'는 'Port'의 약자로 데이터 입출력을 위한 통로를 의미한다. 핀의 첫 번째 이름이 PXn이라는 것은 주변장치와의 데이터 교환이 마이크로컨트롤러의 기본 기능이라는 의미로 이해하면 된다. 괄호 안의 이름들도 대부분 데이터 입출력과 관련되어 있지만, 특정 목적을 위해서만 사용되는 이름인 반면 PXn은 비트 단위의 범용 데이터 입출력을 의미하므로 핀의 기능을 대표하는 이름으로 표시되어 있다.

'X'에 해당하는 A~G는 포트의 이름을 나타낸다. ATmega128 마이크로컨트롤러는 8비트 CPU를 포함하고 있다. 즉, 한 번에 처리할 수 있는 데이터의 크기는 8비트이며, 데이터는 8비트의 정수배 단위로 처리된다. 마이크로컨트롤러는 핀을 통해 비트 단위로 주변장치와 데이터를 교환할 수 있지만, 실제로 CPU 내부에서 비트 단위로 데이터를 처리할 수는 없으며 8비트 단위로 데이터를 처리하여 입출력 핀으로 전달한다. 따라서 ATmega128은 핀을 8개씩 묶어서 A에서 G까지 포트의 이름을 붙여 관리한다. 하지만 입출력으로 사용할 수 있는 핀의 개수인 53은 8의 배수가 아니다. 따라서 포트 G에는 5개의 핀만이 할당되어 있다. 다른 6개 포트가 0에서 7 사이의 'n' 값을 가지는 반면 포트 G는 0에서 4 사이의 값을 가진다. 'n'은 포트에서의 비트 번호를 나타내며, n = 0은 최하위 비트(Least Significant Bit, LSB)를, n = 7은 최상위 비트(Most Significant Bit, MSB)를 의미한다. 표 2-3은 각 포트에서의 비트와 ATmega128의 핀 사이 관계를 요약한 것으로 포트 F의 경우 아날로그 입력을 받을 수 있는 포트에 해당한다.

표 2-3 **포트별 핀 번호**

포트	포트 비트							
	7(MSB)	6	5	4	3	2	1	0(LSB)
A	44	45	46	47	48	49	50	51
B	17	16	15	14	13	12	11	10
C	42	41	40	39	38	37	36	35
D	32	31	30	29	28	27	26	25
E	9	8	7	6	5	4	3	2
F(ADC)	54	55	56	57	58	59	60	61
G	-	-	-	19	18	43	34	33

2.3 레지스터

마이크로컨트롤러 프로그래밍을 하면서 가장 어려운 점은 레지스터(register)의 이름을 기억하는 일이 아닐까 싶다. 일반적으로 마이크로프로세서에서 레지스터는 마이크로프로세서 내부에 있는 임시 저장 공간을 가리키는 말로 실행할 명령어, 피연산자, 계산 결과 등을 임시로 저장하는 곳이다. C/C++ 프로그래밍에서 레지스터를 알고 있어야 하는 일은 거의 없다. 마이크로컨트롤러 프로그래밍에서도 현재 실행하는 명령어가 무엇인지, 계산 결과가 잠시 저장되었다가 사라지는 레지스터가 무엇인지 관심을 가질 필요는 없다. 하지만 마이크로컨트롤러 프로그래밍에서는 C/C++ 프로그래밍에서와 다르게 주변장치와 데이터를 교환하는 것이 주된 작업 중 하나라는 점을 기억해야 한다. 물론 마이크로프로세서 역시 주변장치와 데이터를 교환하는 것이 주된 작업 중 하나지만, 마이크로컨트롤러는 마이크로프로세서와 다르게 주변장치와 데이터를 교환하기 위한 하드웨어가 칩 내에 포함되어 있다는 차이가 있다.

마이크로컨트롤러에서 데이터 입출력을 위한 전용 하드웨어를 거쳐 주변장치와 데이터를 교환할 때 사용되는 임시 저장 공간 역시 레지스터라고 부른다. 즉, 마이크로컨트롤러에는 마이크로프로세서에서 사용되는 레지스터 외에도 주변장치와 데이터 교환을 위한 특별한 레지스터가 존재하는데, 이를 입출력 레지스터라고 한다. 마이크로컨트롤러에서 중요한 레지스터는 바로 이들 입출력 레지스터이며, ATmega128을 위한 프로그램을 작성하기 위해 기억해야 할 레지스터 역시 입출력 레지스터다. C 언어에서 키보드에서 눌러진 키 값을 읽어 들이는 getchar 함수를 생각해 보자.

코드 2-1 문자 읽기

```
#include <stdio.h>

int main(int argc, char* argv[])
{
    char ch;

    ch = getchar();
    printf("%c\n", ch);

    return 0;
}
```

getchar 함수는 키보드로부터 문자를 읽어 반환하는 함수로 코드 2-1에서 반환된 값은 문자형 변수인 ch에 저장된다. getchar 함수는 입력장치인 키보드와 데이터를 교환하지만, 데이터 교환의 대부분의 과정은 메인보드에 있는 USB 제어장치와 운영체제에서 알아서 처리해 주므로 신경 쓸 필요가 없다. 하지만 마이크로컨트롤러에서는 윈도우와 같은 친절한 운영체제를 사용할 수 없다. 키가 눌러졌다면 이를 읽어서 중앙처리장치로 전달해 주는 역할까지도 프로그램에서 처리해 주어야 하는데, 이때 필요한 것이 바로 입출력 레지스터들이다. 마이크로컨트롤러에 친절한 운영체제가 존재하지는 않지만, 그렇다고 그렇게 불친절한 것만은 아니다. 포트 B에 키보드를 연결하고 눌러진 키의 8비트 값이 포트 B로 전달된다고 가정해 보자. 전달된 8비트의 값은 마이크로컨트롤러로 직접 전달되지 못하고 포트 B와 연결되어 데이터가 임시로 저장되는 입출력 레지스터인 'PINB'에 저장된다. PINB 레지스터에 저장된 값은 C 언어 프로그래밍에서 getchar 함수와 마찬가지로 변수에 대입하여 사용할 수 있다.

```
keyValue = PINB;
```

유사하게 포트 D에 한 문자를 표시할 수 있는 LCD가 연결되어 있다고 가정해 보자. 포트 D로 출력할 문자의 8비트 값을 전달하면 전달된 값은 LCD로 전달되고 LCD에 글자가 표시된다. 이때 프로그램에서는 핀으로 직접 데이터를 출력할 수 없고 데이터 출력을 위한 전용 레지스터인 'PORTD'로 데이터를 출력한다. 데이터 출력 과정은 코드 2-1에서 printf 함수를 통해 콘솔 창으로 문자를 출력하는 과정과 다르지 않다.

```
PORTD = characterValue;
```

이처럼 입출력 핀 또는 포트를 통한 데이터 입출력은 항상 전용의 레지스터를 거쳐서 이루어지며, 전용 레지스터는 C/C++ 프로그래밍에서의 변수와 동일하게 데이터를 읽거나 쓸 수 있다. 입출력 레지스터는 (프로그램에 해당하는) 소프트웨어와 (실제 출력이 이루어지는 마이크로컨트롤러의 핀인) 하드웨어 사이에서 중개자 역할을 수행한다.

입출력 레지스터는 메모리의 일종으로 번지(address)로 구별한다. PINB 레지스터는 0x36 번지, PORTD 레지스터는 0x32 번지와 같은 식이다. 하지만 번지를 통해 레지스터를 사용하는 것은 기억하고 사용하기 어려우므로 각 레지스터에 이름을 정의하여 쉽게 기억하고 사용할 수 있도록 했다. 각 번지에 해당하는 레지스터의 이름은 'io.h' 파일에 정의되어 있다.[12] 하지만 'io.h' 파일을 열어 보면 레지스터의 정의는 찾아볼 수 없고, 마이크로컨트롤러의 종류에 따라 포함시켜야 하는 헤더 파일들이 나열되어 있을 뿐이다. ATmega128의 경우 'iom128.h' 파일을 포함하도록 정의되어 있으며, ATmega128A의 레지스터 이름은 'iom128a.h' 파일에 정의되어 있다.

```
#elif defined(__AVR_ATmega128__)
# include <avr/iom128.h>
#elif defined(__AVR_ATmega128A__)
# include <avr/iom128a.h>
```

'iom128a.h' 파일을 열어 보자. 수많은 레지스터 정의가 보이는가? 앞에서 이야기했던 'PORTB' 레지스터 정의를 살펴보자.

```
#define PORTB _SFR_IO8(0x18)
#define PORTB0 0
#define PORTB1 1
#define PORTB2 2
#define PORTB3 3
#define PORTB4 4
#define PORTB5 5
#define PORTB6 6
#define PORTB7 7
```

'PORTB'라는 레지스터 이름은 실제로는 0x18 번지의 입출력 메모리 주소에 해당한다는 것을 알 수 있다. 헤더 파일에는 레지스터 이름뿐만 아니라 PORTB 레지스터의 각 비트에 대한 이름도 정의되어 있다. PORTB는 실제로 마이크로컨트롤러 내부에서 계산된 값이 출력되는 8비트 레지스터를 가리키는 메모리이며 8개의 핀이 연결되어 있다. 마이크로컨트롤러에서는 비트 단위의 데이터 입출력이 가능하므로 PORTB의 각 비트, 즉 각 핀을 개별적으로 제어하는 것이 가능하며, 이를 위해 포트의 각 비트에 할당된 이름을 사용할 수 있다. PORTB의 각 비트는 PORTB에 해당하는 8개 핀 각각에 해당한다. 각 핀에 LED(Light Emitting Diode)를 연결하면 PORTB 레지스터의 각 비트는 LED 점멸을 제어하기 위해 사용할 수 있다.

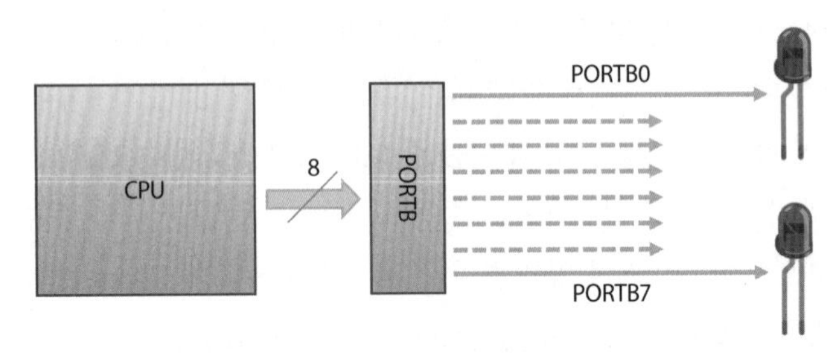

그림 2-3 **포트와 핀**

레지스터, 특히 입출력 레지스터는 AVR 시리즈 마이크로컨트롤러 프로그래밍을 위해 반드시 이해해야 한다. 모든 내용을 이해하지 못했다고 해도 마이크로컨트롤러가 주변장치와 정보를 교환하기 위해 마이크로컨트롤러의 핀을 사용한다는 점, 핀을 통해 정보를 교환하기 위해서는 목적에 맞는 레지스터를 사용해야 한다는 점, 그리고 레지스터의 이름은 헤더 파일에 정의되어 있으며, 정의된 이름들은 C/C++ 언어에서의 변수와 유사하게 읽고 쓸 수 있다는 점은 반드시 기억해야 한다. 다만 C/C++ 언어에서 사용하는 변수는 변수의 이름을 프로그래머가 자유롭게 정할 수 있지만, 레지스터의 이름은 헤더 파일에 미리 정해져 있어 변경할 수 없다는 것이 차이점이다. 또한 일부 레지스터의 경우에는 읽기 또는 쓰기 용도로만 사용할 수 있다는 점도 C/C++ 언어에서의 변수와 다른 점이다.

한 가지 더 추가하자면 ATmega128의 핀 하나와 연관된 레지스터가 2개 이상이 있을 수 있다는 점이다. ATmega128의 핀은 두 가지 이상의 목적으로 사용되는 경우가 대부분이다. ATmega128의 13번 핀의 이름은 'PB3'로 포트 B의 네 번째 비트에 해당하므로 데이터 출력을 위해 'PORTB' 레지스터와 연관되어 있다. 이외에 13번 핀의 부가 기능 중 하나가 'MISO'다. MISO(Master Input Slave Output)는 SPI 직렬 통신을 위해 사용되며, SPI와 관련된 레지스터 중 하나가 SPCR(SPI Control Register) 레지스터다. 즉, SPI 통신을 위해 13번 핀을 사용하는 경우에는 PORTB 레지스터뿐만 아니라 SPCR 레지스터의 영향을 받게 된다. 그렇다면 과연 ATmega128에는 몇 개의 레지스터가 존재할까?

레지스터는 1바이트 크기를 갖는 메모리에 해당하며 각 레지스터는 메모리 번지로 구분된다. io.h 파일에서 각 메모리 번지에 레지스터의 이름을 지정해 주었던 것을 기억할 것이다. 레지스터의 메모리 번지 지정을 위해서는 8비트 주소를 사용한다. 따라서 ATmega128에서 정의할 수 있는 레지스터의 최대 개수는 $2^8 = 256$개다. 이 중 실제로 정의되어 사용하는 레지스터는 137개이며, 나머지 119개는 추후 사용을 위해 남겨져(reserved) 있다. 마이크로컨트롤러를 처음 접하는 사람들은 혼란에 빠진다. 몇 개의 알파벳으로 축약되어 있는 레지스터 이름에서 그 의미를 짐작해 낼 수 있기까지는 상당한 시간이 걸린다. 또한 대부분의 레지스터에는 각 비트별로 이름이 정해져 있어 어림잡아 비트 이름은 1,000개에 이른다. 그렇다면 이들 137개의 레지스터 이름과 1,000개의 비트 이름을 모두 기억해야 할까? 이들 모두를 기억하는 것은 불가능하며 필요할 때마다 데이터시트를 참조하는 방법밖에는 없다. 따라서 항상 ATmega128의 데이터시트를 곁에 두고 필요할 때마다 찾아볼 것을 추천한다.

부록 A는 ATmega128의 256개 레지스터를 요약한 것이다. 앞에서 레지스터를 CPU 내부에서 연산을 위해 사용하는 레지스터와, 주변장치와의 데이터 교환을 위해 사용하는 입출력 레지스터의 두 종류로 구분했다. 하지만 부록 A에서 '주소' 부분을 살펴보면 (0x00)~(0x1F), (0x20)~(0x5F), 그리고 (0x60)~(0xFF)의 3개 그룹으로 나뉘어져 있는 것을 알 수 있다. (0x00)~(0x1F) 사이의 32개 레지스터는 CPU 내부에서 연산을 위해 사용되는 레지스터로, 범용 레지스터(general purpose register)라고 불린다. 나머지는 입출력 레지스터에 속하지만, (0x20)~(0x5F) 사이의 64개 레지스터에는 0x00~0x3F까지 별도의 주소가 존재하며 입출력 레지스터라고 불린다. 반면 나머지 0x60~0xFF 사이의 160개 레지스터는 확장 입출력 레지스터라고 구별하여 부른다. 메모리의 구조에 대한 보다 자세한 내용은 이 장의 뒷부분에서 다시 다룰 것이므로 여기서는 ATmega128의 레지스터는 CPU 내부에서 사용되는 범용 레지스터와 CPU와 주변장치의 데이터 입출력에 사용되는 입출력 레지스터로 나뉘며, 동일한 메모리 주소 체계를 사용하여 접근할 수 있다는 점만 기억하도록 하자.

2.4 ATmega128의 내부 구조

ATmega128의 핀 배치와 각 핀의 기능을 대략적으로 살펴보았다. 이제 ATmega128의 내부 구조를 살펴보자. 그림 2-4는 ATmega128의 내부 구조를 블록 다이어그램으로 나타낸 것이다.

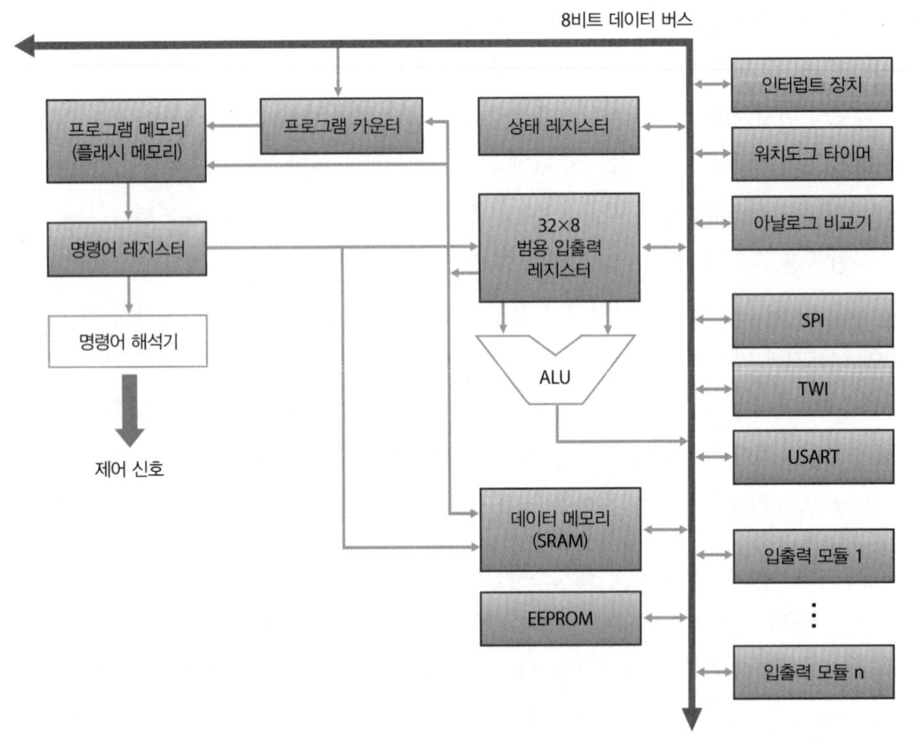

그림 2-4 **ATmega128의 내부 구조**

1 컴퓨터와 마이크로컨트롤러의 메모리

먼저 ATmega128에 포함되어 있는 세 종류의 메모리를 살펴보자. AVR 시리즈 마이크로컨트롤러는 하버드 구조를 사용한다. 즉, 명령어와 데이터를 위한 별도의 메모리를 가지고 있으며, 그림 2-4에서 프로그램 메모리와 데이터 메모리(SRAM)가 여기에 해당한다. 이외에도 특수한 용도로 사용하는 EEPROM까지 ATmega128에는 세 종류의 메모리가 포함되어 있다. 표 2-4는 ATmega128에 포함되어 있는 세 종류 메모리를 비교한 것이다.

표 2-4 **메모리의 종류 및 특성**

	플래시 메모리	SRAM	EEPROM
크기(KB)	128	4	4
용도	프로그램 저장	데이터 저장	데이터 저장
휘발성	×	○	×
프로그램 실행 중 변경 가능	불가능	가능	가능
속도	중간	가장 빠름	가장 느림
수명	10,000회 쓰기	반영구적	100,000회 쓰기
주소 할당 단위	2바이트	1바이트	1바이트

마이크로컨트롤러는 컴퓨터의 메인보드 기능과 '일부' 하드디스크의 기능을 하나의 칩으로 구현한 것이다. 여기서 '일부' 하드디스크의 기능이라고 이야기한 이유는 하드디스크와 유사하면서도 다른 점이 있기 때문이다. 컴퓨터에서 프로그램이 실행되는 과정의 예로 Atmel Studio 7을 사용하여 ATmega128에서 실행할 프로그램을 작성하는 과정을 살펴보자. 먼저 Atmel Studio 7 프로그램을 설치해야 하는데, 프로그램은 하드디스크에 설치된다. 설치가 끝나면 아이콘을 더블클릭하여 프로그램을 실행시킨다. 프로그램이 실행되면 하드디스크에 설치된 프로그램은 메인 메모리로 읽혀지고 메인 메모리로 이동한 프로그램은 다시 CPU로 이동하여 화면에 멋진 사용자 인터페이스를 보여 주면서 프로그램 입력을 기다린다.

마이크로컨트롤러에서 프로그램이 실행되는 과정은 컴퓨터와 기본적으로 동일하면서도 세부사항에서 약간의 차이가 있다. 프로그램을 실행하기 이전에 프로그램을 설치하는 것은 동일하다. 하지만 마이크로컨트롤러에는 하드디스크가 없다. 그렇다면 어디에 프로그램이 설치될까? 바로 메모리에 설치된다. 컴퓨터에서 메모리라고 불리는 메인 메모리는 전원이 꺼지면 그 내용이 지워지는 휘발성 메모리로 DRAM으로 만들어진다. 반면 마이크로컨트롤러에서 프로그램이 설치되는 메모리는 전원이 꺼져도 내용이 지워지지 않는 비휘발성 메모리로 플래시 메모리 또는 프로그램 메모리라고 불린다.

프로그램 설치 후 프로그램을 실행하기 위해서는 프로그램을 컴퓨터의 메인 메모리로 옮겨 와야 하지만, 마이크로컨트롤러의 경우 이미 프로그램이 메모리에 위치해 있으므로 바로 실행 가능하다. 프로그램이 실행되는 동안 생성되는 변수들의 값 역시 컴퓨터의 메인 메모리에 저장된다. 예를 들어, 코드 2-1에서 변수 ch의 값은 프로그램이 실행된 후 키가 눌러질 때까지 알 수 없으며 키가 눌러진 후에라야 그 값이 메인 메모리에 저장된다. 컴퓨터의 경우 하드디스크에서 읽혀진 프로그램과 변수값은 동일한 메인 메모리에 저장된다. 즉, 폰 노이만 구조를 사용하고 있다. 하지만 마이크로컨트롤러의 경우 변수값이 저장되는 메모리는 프로그램이 저장되는 메모리와는 다른 SRAM에 저장된다. SRAM은 컴퓨터의 메인 메모리와 동일하게 휘발성 메모리이므로 전원이 꺼지면 그 내용은 사라진다. 하지만 컴퓨터의 메인 메모리가 DRAM인 것과 비교하여 마이크로컨트롤러에서는 SRAM인 점에서 차이가 있다.

컴퓨터에서 프로그램을 실행시키면서 실행 결과를 하드디스크에 기록하여 다음번 실행 시에 이전 실행 결과를 참고하는 경우가 종종 있다. 워드프로세서를 사용하면서 이전에 열어 본 문서 목록이 메뉴에 추가되어 있는 것을 발견한 적이 있을 것이다. 하드디스크의 어딘가에 이전에 편집한 문서의 목록이 저장되어 프로그램에서는 이를 읽어서 사용하는 것이다. 마이크로컨트롤러에서 이와 유사하게 현재 상태를 기록한다고 생각해 보자. 어디에 기록해야 할까? SRAM은 휘발성이므로 데이터를 기록해 놓을 수 없다. 플래시 메모리는 롬에 가까워 프로그램이 실행 중인 동안 정보를 기록할 수 없다. 프로그램을 설치할 때에 플래시 메모리에 쓰기가 가능하긴 하지만, 프로그램을 설치할 때가 플래시 메모리에 쓰기가 가능한 유일한 경우다. 제3의 메모리인 EEPROM이 바로 여기에 사용된다. EEPROM은 플래시 메모리와 같이 비휘발성이면서도 읽고 쓰기가 자유로운 메모리로, 프로그램 실행 중에도 자유롭게 읽고 쓸 수 있어 보존이 필요한 정보를 기록해 두기에 적합하다. 여기서 한 가지 의문이 생기지 않는가? 플래시 메모리를 EEPROM으로 대체하면 프로그램 실행 중에도 플래시 메모리에 데이터를 자유롭게 읽고 쓸 수 있지 않을까? 프로그램 메모리는 프로그램을 저장하기 위한 메모리다. 만약 실행 중에 프로그램 메모리에 쓰기가 가능하다면 프로그램 실행 중에 프로그램 자체를 바꾸는 것도 가능해져 이는 예상치 못한 결과로 이어질 수 있다. 즉, 플래시 메모리에 실행 중 정보를 기록하지 못하는 것은 플래시 메모리이기 때문이 아니라 프로그램 메모리이기 때문이다.[13]

EEPROM이 기능적인 면에서 흠잡을 데 없긴 하지만 쓰기 속도가 느려 데이터를 기록하기에는 적합하지 않으므로 EEPROM은 반드시 기록해서 보존해야만 하는 작은 크기의 정보를 기록하는 용도로만 사용하기를 추천한다.

그림 2-5는 컴퓨터와 마이크로컨트롤러에서 프로그램이 실행되는 과정을 비교하여 나타낸 것이다. 컴퓨터의 하드디스크 기능을 담당하는 ATmega128의 메모리는 플래시 메모리와 EEPROM이며, 컴퓨터의 메인 메모리 기능을 담당하는 ATmega128의 메모리는 플래시 메모리와 SRAM이다. 이처럼 프로그램이 설치되고 실행되는 과정은 비슷하지만 각 단계에서 사용되는 메모리는 서로 다르며, 이는 컴퓨터의 CPU는 폰 노이만 구조를, ATmega128의 CPU는 하버드 구조를 사용하는 데서 비롯된 것이다.

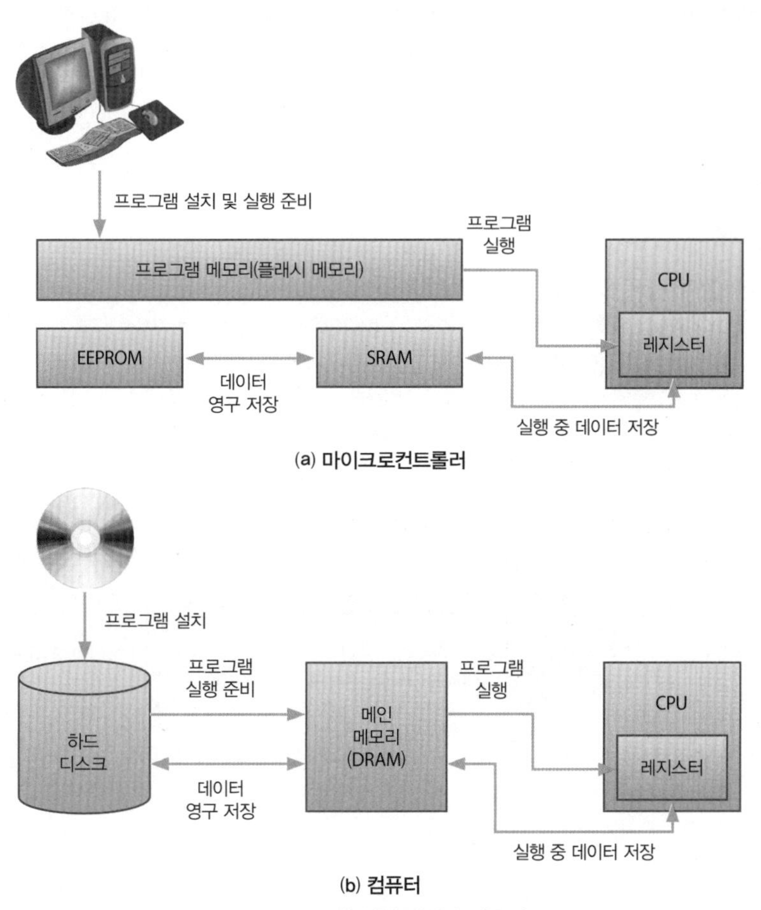

그림 2-5 **프로그램 실행 과정과 메모리 구조**

2 메모리 주소

세 종류의 메모리는 각기 별도의 메모리 주소를 가지고 있다. 그중 구조가 가장 간단한 메모리는 EEPROM으로, 바이트 단위로 메모리 주소가 정해지며 입출력 역시 바이트 단위로 이루어진다. EEPROM의 읽기와 쓰기 중 특히 쓰기 속도가 느려 빈번하게 값을 기록하는 용도보다는 값을 한 번 기록한 후 자주 참고하기 위한 용도로 사용한다.

플래시 메모리는 128KB 크기를 가진다. ATmega128에는 8비트 CPU가 포함되어 있지만 모든 기계어 명령어는 16비트 또는 32비트 크기를 가지고 있다. ATmega128에서 사용할 수 있는 기계어 명령어는 130여 개에 불과하므로 8비트로 표현이 가능하지만, 피연산자를 포함하게 되면 8비트로는 표현할 수 없다. 따라서 플래시 메모리의 주소는 다른 메모리들과 다르게 2바이트 단위로 정해져 있고 128KB의 메모리는 64K개의 주소(128KB ÷ 2Byte)를 표현하기 위해 16비트의 주소($64K = 64 \times 2^{10} = 2^6 \times 2^{10} = 2^{16}$)를 사용하고 있다. 플래시 메모리의 최소 번지는 0x0000이며 최대 번지는 0xFFFF이다.

버스 시스템

버스란 마이크로컨트롤러를 구성하는 요소들 사이에서 정보가 교환되는 통로를 말한다. 메모리의 200번지에 100의 값을 기록하는 경우를 생각해 보자. 중앙처리장치(CPU)는 메모리에 어떤 정보를 전달해야 할까? CPU는 메모리에 기록할 값인 100, 값을 기록할 번지인 200, 그리고 메모리가 쓰기 동작을 수행하도록 하는 명령어 등 세 가지의 정보를 전달해야 한다. 이들 세 가지 정보는 그 특징이 서로 다르므로 각각 전용의 데이터 이동 경로, 즉 버스를 통해 전달된다. 메모리에 기록할 값은 '데이터 버스'를 통해, 메모리의 번지는 '어드레스 버스'를 통해, 그리고 쓰기 명령어는 '제어 버스'를 통해 전달되며, 이들을 모두 통틀어 '시스템 버스'라고 한다.

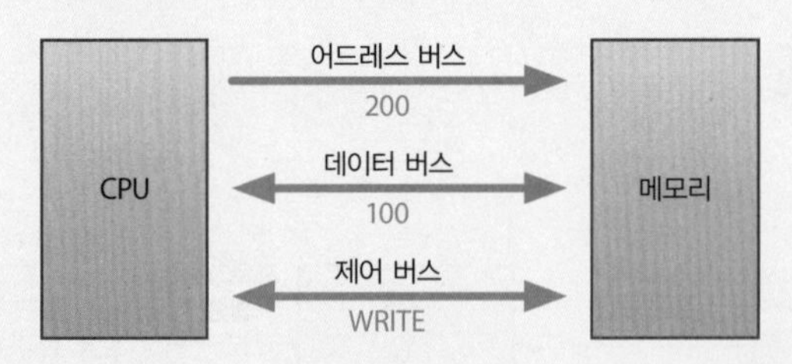

어드레스 버스는 CPU에서 메모리로만 전달되는 단방향 버스지만, 데이터 버스는 값을 읽고 쓸 수 있는 양방향 버스다. 제어 버스는 CPU에서 메모리로 명령을 전달할 뿐만 아니라 메모리의 상태나 동작 중 발생하는 오류 등을 전달하기 위해서도 사용되므로 데이터 버스와 마찬가지로 양방향 버스다.

CPU 내에서 데이터는 워드(word) 단위로 처리된다. ATmega128의 경우 8비트 CPU를 포함하고 있으므로 워드는 1바이트이며 데이터 버스의 폭 역시 1바이트가 된다. 데이터 버스의 크기는 종종 해당 CPU의 처리 능력을 가늠하는 기준이 되기도 한다. 인텔의 최신 CPU의 경우 8바이트, 64비트의 데이터 버스 폭을 가지고 있다.

어드레스 버스의 크기는 최대로 사용할 수 있는 메모리의 크기에 의해 결정된다. ATmega128에서 데이터 메모리의 경우 가장 큰 메모리 주소는 0xFFFF이므로 데이터 메모리를 위한 어드레스 버스의 크기는 16비트가 된다. 프로그램 메모리의 경우도 가장 큰 프로그램 메모리 주소는 0xFFFF이지만, 데이터 메모리의 경우 하나의 번지에 1바이트의 데이터가 기록되는 반면 프로그램 메모리의 경우에는 하나의 번지에 2바이트의 명령어가 기록된다.

플래시 메모리는 2개의 영역으로 나뉘어져 있다. 플래시 메모리는 사용자가 작성한 프로그램을 저장하는 공간이지만, 부트로더(bootloader)라고 불리는 특별한 프로그램을 위해 일부 공간을 사용할 수 있다. 부트로더 역시 사용자가 작성한 프로그램인 점은 동일하지만, 'boot+loader'라는 이름에서 알 수 있듯이 마이크로컨트롤러가 '부팅'되는 시점에서 자동으로 프로그램을 '다운로드'하여 설치하는 것으로, 프로그램의 자동 업데이트 용도로 흔히 사용된다. 그림 2-6은 ATmega128의 플래시 메모리 구조를 나타낸 것으로, 부트로더의 크기는 설정에 따라 최소 1KB에서 최대 8KB의 크기를 가질 수 있으며[14] 프로그램 메모리의 가장 뒤쪽에 위치한다.

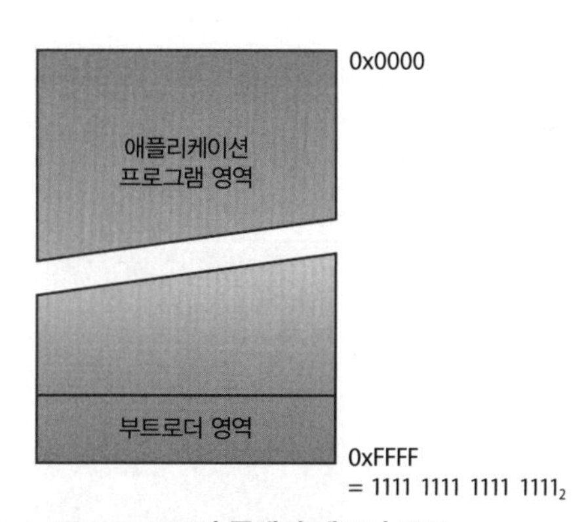

그림 2-6 **ATmega128의 플래시 메모리 구조**

데이터 메모리인 SRAM은 세 종류의 메모리 중 가장 복잡한 구조를 가지고 있다. 사실 그 구조가 복잡하지는 않지만, SRAM은 레지스터와 주소를 함께 사용하여 이해하기 까다로울 뿐이다. 앞서도 설명했지만 마이크로컨트롤러 프로그래밍에서 가장 귀찮은 부분은 레지스터다. ATmega128에는 256개의 레지스터를 정의할 수 있으며, 이는 다시 세 부분으로 나뉜다. 컴퓨터에서 레지스터라고 하면 연산을 위해 필요한 피연산자와 연산의 결과를 임시로 저장하는

CPU 내의 기억장치를 가리키는데, 이를 범용 레지스터라고 한다. ATmega128에도 32개의 범용 레지스터가 준비되어 있으며, (0x00)부터 (0x1F)까지의 메모리에 위치한다. 이를 제외한 나머지 224개 레지스터는 입출력 레지스터에 해당한다. 224개 입출력 레지스터는 다시 (0x20)부터 (0x5F)까지의 번지에 해당하는 64개 기본 입출력 레지스터와 (0x60)부터 (0xFF)까지의 번지에 해당하는 확장 입출력 레지스터로 구별된다.[15] 기본 입출력 레지스터에 속하는 64개 레지스터는 이름이 모두 정해져 있지만, 확장 입출력 레지스터에 속하는 160개 레지스터는 41개만 이름이 정해져 있으며, 나머지 119개는 추후 사용을 위해 남겨져 있다. 물론 이름이 정해진 레지스터의 경우에도 일부 비트만이 사용되고 전체 8비트가 사용되지 않는 경우도 있다.

표 2-5 **ATmega128의 레지스터 개수**

	사용 가능한 개수	실제 정의되어 사용하는 개수	추후 사용을 위해 예약된 개수
범용 레지스터	32	32	0
입출력 레지스터	64	64	0
확장 입출력 레지스터	160	41	119
합계	256	137	119

앞에서 SRAM은 레지스터와 메모리 주소를 함께 사용하고 있다고 이야기했다. 그림 2-7을 보면 이해가 빠를 것이다.

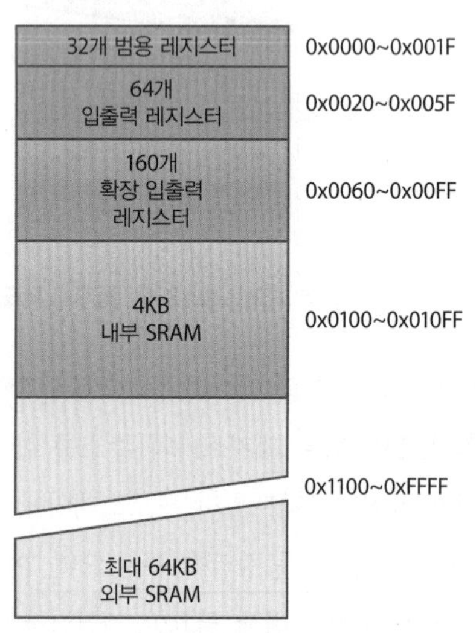

그림 2-7 **ATmega128의 데이터 메모리 구조**

먼저 범용 레지스터 32개가 0번지부터 할당되고, 다음으로 기본 입출력 레지스터와 확장 입출력 레지스터가 할당되어 있다. 그 뒤에는 4KB 크기의 SRAM 주소가 할당되어 있으며, 이후 번지는 외부 SRAM을 위해 남겨져 있다. 데이터시트에서는 최대 64KB의 외부 SRAM을 사용할 수 있는 것으로 설명하고 있지만, 실제로 외부 메모리에 할당할 수 있는 주소는 0xEF00개 (0x1100~0xFFFF)로 61,184Byte = 59KB에 해당한다. 즉, 메모리의 주소를 16비트로 지정하므로 최대 64KB 크기의 외부 메모리를 연결할 수 있다는 의미이지 (59KB 크기의 외부 메모리는 존재하지 않는다) 이를 모두 사용할 수 있다는 의미는 아니다.[16]

AVR에서 레지스터와 SRAM으로 이루어지는 메모리를 데이터 메모리라고 부른다. EEPROM 역시 데이터 저장을 위해 사용하는 메모리지만 별도의 주소를 가지고 있으므로 주소를 이야기하는 경우 데이터 메모리에 EEPROM을 포함시키지는 않는 것이 일반적이다.

ATmega128에는 세 종류의 메모리가 포함되어 있으며 세 종류의 주소를 사용하고 있다. 엄청나게 복잡하게 보일 수도 있지만 사실 그리 걱정할 필요는 없다. 컴퓨터에서 프로그램을 작성하면서 프로그램이 적재되는 메모리 주소나 현재 계산 결과를 저장할 변수가 위치하는 메모리 주소를 걱정해 본 적이 있는가? 대부분은 생각조차 해 본 적이 없을 것이고 생각해 볼 필요가 없는 것이 사실이다. 마이크로컨트롤러에서도 마찬가지다. 프로그램이 저장되는 플래시 메모리와 변수의 값이 저장되는 SRAM의 주소를 걱정할 필요는 없다. 데이터 메모리의 일부를 차지하는 레지스터는 어떤가? 모든 레지스터에는 이름이 정해져 있으므로 레지스터 사용을 위해 번지를 사용할 필요는 없다. 하지만 EEPROM은 다르다. EEPROM은 유일하게 번지로만 접근이 가능한 메모리이므로 데이터를 읽거나 쓰기 위해서는 번지를 사용해야 한다.

앞에서 'PORTB' 레지스터의 정의를 살펴본 것이 기억나는가? PORTB의 정의를 다시 한번 살펴보자.

```
#define PORTB _SFR_IO8(0x05)
```

앞에서 언급하지 않고 슬쩍 지나친 부분이 바로 '_SFR_IO8'이라는 매크로다. _SFR_IO8은 입출력 주소를 데이터 메모리 주소로 변환하는 기능을 한다. '입출력 주소'는 앞에서 설명한 세 가지 주소와는 또 다른 주소로, 기본 입출력 레지스터로만 구성되는 공간에 할당되는 주소를 말한다. 그림 2-7에서 기본 입출력 레지스터는 데이터 메모리의 0x20부터 0x5F까지의 주소에 할당되어 있다는 것을 확인할 수 있다. 입출력 주소는 데이터 메모리 주소에서 0x20을 뺀 값, 즉 첫 번째 입출력 레지스터의 주소가 영(zero)이 되도록 만들어 놓은 것이다. 부록 A의 레지스터 목록을 살펴보면 기본 입출력 레지스터에는 2개의 번지가 할당되어 있음을 확인할 수 있다. 이 중 하나는 입출력 주소이고 다른 하나는 데이터 메모리 주소에 해당한다. 반면 확장 입출력 레지스터는 데이터 메모리 주소로만 정의된다.

3 범용 레지스터, 전용 레지스터

그림 2-4에는 위에서 설명하지 않은 몇 개의 레지스터가 더 포함되어 있으며 상태 레지스터(status register), 명령어 레지스터(instruction register), 프로그램 카운터(program counter) 등이 여기에 속한다. 이외에도 그림 2-4에는 표시되어 있지 않지만 프로그램 실행에서 중요한 역할을 하는 레지스터에는 스택 포인터(stack pointer)가 있다.

CPU 내에서 실제 연산은 산술 논리 연산장치(Arithmetic Logic Unit, ALU)에서 이루어진다. 컴퓨터가 동시에 여러 프로그램을 실행하는 것처럼 보일지도 모르겠지만 실제 ALU에서는 한 번에 하나의 명령어만을 처리할 수 있으며, 여러 프로그램을 짧은 시간 동안 번갈아 실행함으로써 여러 프로그램이 동시에 실행되는 것과 같은 효과를 발휘할 뿐이다.

CPU에서 실행되는 문장은 명령어에 해당하는 연산자(operator)와 피연산자(operand)로 구성된다. CPU에서는 한 번에 하나씩 순차적으로 명령을 실행하므로 다음에 실행할 명령이 저장된 프로그램 메모리의 주소를 알고 있어야 하는데, 다음에 실행할 명령의 메모리 주소를 저장하는 곳이 바로 프로그램 카운터(PC)다. PC에서 가리키는 프로그램 메모리 주소의 내용은 명령어 레지스터에 먼저 저장된다. 명령어 레지스터에는 다음에 실행할 명령이 저장된다고 보면 된다. 다음에 실행할 명령에서 피연산자는 32개의 범용 레지스터에 저장되며, 연산자는 명령어 해석기를 통해 실제 연산을 수행할 장치로 제어 신호를 통해 알려 주게 된다.

제어 신호를 통해 ALU에서 연산을 수행한 후 그 결과는 상태 레지스터에 반영한다. 상태 레지스터(SREG)는 1바이트 크기의 레지스터로, 각 비트는 다양한 연산 상태를 나타내고 있으므로 분기문 등에서 사용할 수 있다. 상태 레지스터의 구조는 그림 2-8과 같다.

비트	7	6	5	4	3	2	1	0
비트 이름	I	T	H	S	V	N	Z	C
읽기/쓰기	R/W	R/W	R/W	R/W	R/W	R/W	R/W	R/W
초깃값	0	0	0	0	0	0	0	0

그림 2-8 **상태 레지스터의 구조**

상태 레지스터 각 비트의 의미는 표 2-6과 같다.

표 2-6 **상태 레지스터 비트**

비트 번호	비트 이름	설명
7	I	Global Interrupt Enable: 전역적인 인터럽트 발생을 허용한다. 인터럽트 발생을 위해서는 반드시 전역 인터럽트 비트가 설정되어 있어야 하며, SEI(Set Interrupt), CLI(Clear Interrupt) 명령을 통해 설정할 수 있다.
6	T	Bit Copy Storage: 비트 복사를 위한 BLD(Bit Load), BST(Bit Store) 명령에서 사용한다. BST 명령에 의해 비트 값을 비트 T에 저장할 수 있으며, BLD 명령에 의해 비트 T의 내용을 읽어 올 수 있다.
5	H	Half Cary Flag: 산술 연산에서의 보조 캐리 발생을 나타낸다. 보조 캐리는 바이트 단위 연산에서 하위 니블(nibble)로부터 발생하는 자리 올림을 말한다.
4	S	Sign Bit: 부호 비트로, 음수 플래그(N)와 2의 보수 오버플로 플래그(V)의 배타적 논리합(XOR)으로 설정된다($S = N \oplus V$).
3	V	2's Complement Overflow Flag: 2의 보수를 이용한 연산에서 자리 올림이 발생했음을 나타낸다.
2	N	Negative Flag: 산술 연산이나 논리 연산에서 결과가 음수임을 나타낸다.
1	Z	Zero Flag: 산술 연산이나 논리 연산에서 결과가 영(zero)임을 나타낸다.
0	C	Carry Flag: 산술 연산이나 논리 연산에서 캐리가 발생했음을 나타낸다.

ATmega128의 데이터 버스의 크기는 8비트인 반면 어드레스 버스의 크기는 16비트다. ATmega128의 모든 레지스터 크기 역시 8비트다. 무언가 이상하지 않은가? 8비트 크기의 레지스터로 16비트의 주소를 어떻게 처리할 수 있을까? 해답은 간단하다. 2개의 레지스터를 동시에 사용하면 된다. 32개의 범용 레지스터는 데이터 메모리의 0(0x00) 번지에서 31(0x1F) 번지까지 지정되어 있으며, 피연산자와 연산 결과를 임시로 저장하기 위해 주로 사용된다. 먼저 범용 레지스터의 구조를 살펴보자.

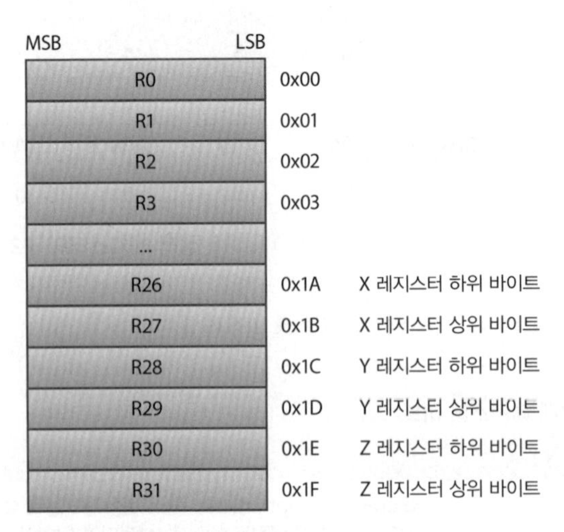

그림 2-9 **범용 레지스터의 구조**

그림 2-9의 범용 레지스터의 구조에서 알 수 있듯이 32개의 범용 레지스터 중 마지막 6개 레지스터(R26~R31)는 3개의 16비트 레지스터인 X, Y, Z 레지스터를 구성하기 위해서도 사용된다. X, Y, Z 레지스터의 구조는 그림 2-10과 같이 2개의 범용 레지스터를 연결해 놓은 형태다.

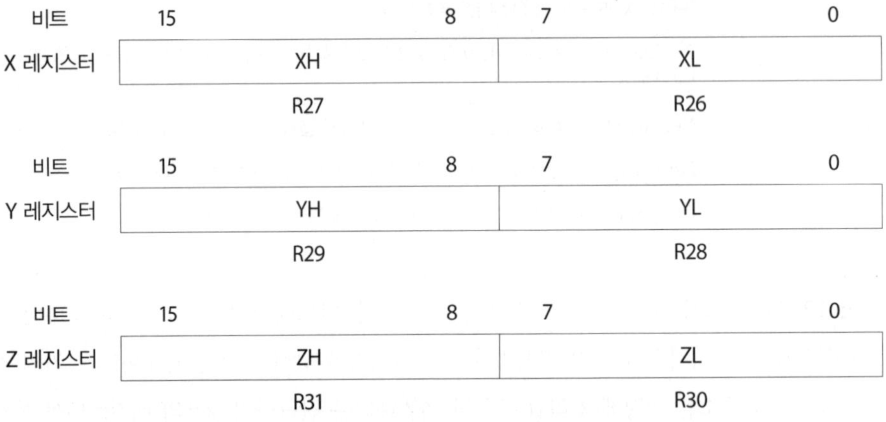

비트	15 ~ 8	7 ~ 0
X 레지스터	XH	XL
	R27	R26

비트	15 ~ 8	7 ~ 0
Y 레지스터	YH	YL
	R29	R28

비트	15 ~ 8	7 ~ 0
Z 레지스터	ZH	ZL
	R31	R30

그림 2-10 **X, Y, Z 레지스터의 구조**

X, Y, Z 레지스터를 어떻게 사용할 수 있을까? 프로그램 메모리와 데이터 메모리에서 번지를 직접 지정하는 일은 거의 없으며, 번지를 지정하여 사용하는 메모리는 EEPROM이 유일하다는 점을 앞에서 이미 설명했다. X, Y, Z 레지스터는 CPU가 동작하는 과정에서 내부적으로 사용되는 레지스터이므로 프로그래머가 걱정할 필요는 없다.

한 가지 더 추가하자면 프로그램 메모리 역시 16비트의 주소를 가진다는 점이다. 프로그램을 실행하는 동안 사용하는 변수는 데이터 메모리인 SRAM에 생성된다. 하지만 SRAM은 4KB의 크기를 가지므로 배열과 같이 큰 메모리를 요구하는 변수를 저장하기에는 한계가 있다. 이 경우 상대적으로 크기가 큰 프로그램 메모리에 변수를 생성하여 사용할 수 있다. 프로그램이 실행되는 동안 프로그램 메모리에 값을 기록할 수는 없으므로 프로그램 메모리에 저장된 변수의 값을 변경할 수는 없지만, 참조 테이블(lookup table)과 같이 읽기만 하는 변수의 경우에는 프로그램 메모리에 변수를 생성하고 사용할 수 있다. 프로그램 메모리의 주소를 지정하기 위해서는 16비트 주소가 필요한데, 이때 X, Y, Z 레지스터를 사용한다.

마지막으로 언급할 레지스터는 스택 포인터다. 스택은 함수 호출, 인터럽트 발생 등에 의해 순차적인 실행의 흐름이 바뀔 때 지역변수를 저장하고, 함수 실행이나 인터럽트 처리 등이 종료된 이후 다시 실행해야 할 명령이 저장된 메모리 주소를 저장하기 위해 마련한 메모리 공간을 가리킨다. 스택은 SRAM의 마지막에 위치하며, 스택 포인터는 스택에서 데이터를 저장할 수 있는 위치를 가리킨다.

스택 포인터의 초깃값은 SRAM의 가장 큰 메모리 번지를 가리키고 있다. 스택에 데이터를 저장하는 명령은 PUSH로, 데이터가 저장되면 스택 포인터의 값은 감소한다. 스택에 저장된 데이터를 제거하는 명령은 POP이며, 데이터가 제거되면 스택 포인터의 값은 증가한다.

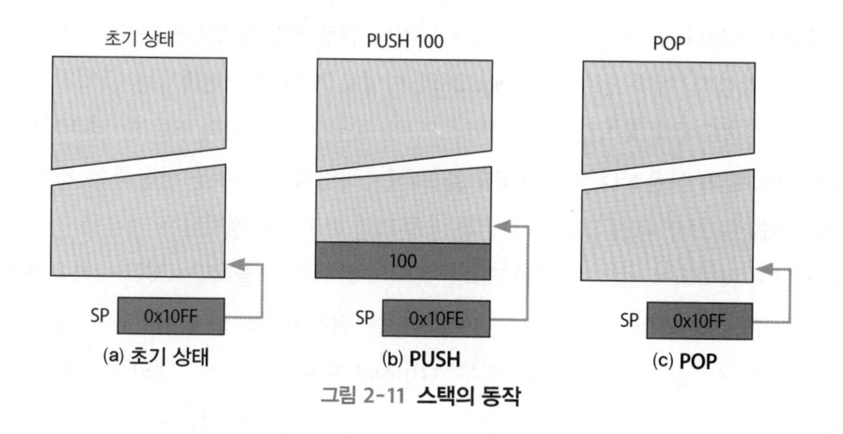

그림 2-11 스택의 동작

스택 포인터는 SRAM의 메모리 번지를 가리키므로 메모리 번지를 저장하기 위해 16비트 크기의 레지스터가 필요하다. 따라서 스택 포인터는 8비트의 SPH(Stack Pointer High Register)와 SPL(Stack Pointer Low Register) 레지스터 조합으로 구성되어 있다.

비트	15	14	13	12	11	10	9	8
SPH	SP15	SP14	SP13	SP12	SP11	SP10	SP9	SP8
SPL	SP7	SP6	SP5	SP4	SP3	SP2	SP1	SP0
비트	7	6	5	4	3	2	1	0
읽기/쓰기	R/W	R/W	R/W	R/W	R/W	R/W	R/W	R/W
	R/W	R/W	R/W	R/W	R/W	R/W	R/W	R/W
초깃값	0	0	0	0	0	0	0	0
	0	0	0	0	0	0	0	0

그림 2-12 **스택 포인터 레지스터의 구조**

4 시스템 클록

디지털 시스템에서 동작의 기준이 되는 신호를 클록(clock)이라고 한다. 이 책에서는 ATmega128에 16MHz 크리스털을 연결하여 사용한다. 즉, 1초에 최대 16M개의 명령을 실행할 수 있다. 이에 비해 인텔의 최신 마이크로프로세서의 경우 3GHz 이상의 클록을 사용하므로 단순 비교해 보아도 인텔의 최신 마이크로프로세서는 ATmega128에 비해 약 200배 빠른 속도로 명령을 처리할 수 있다. 물론 마이크로프로세서와 마이크로컨트롤러는 그 목적이 다르므로 단순 비교는 무의미하다는 사실도 알고 있을 것이다.

ATmega128이 16MHz 클록을 사용한다고 하더라도 일부 기능의 경우에는 다른 주파수의 클록에 의해 동작한다. 예를 들어 ATmega128의 아날로그-디지털 변환기는 CPU가 동작하는 속도보다 낮은 속도에서 동작한다. 따라서 CPU에 공급되는 클록의 속도를 낮추어서(이를 분주(prescale)라고 한다) 사용한다. 또한 CPU 클록과는 독립적인 클록을 사용하는 경우도 있다. ATmega128에는 시스템이 예상치 못하게 무한 루프에 빠지거나 정지하는 경우를 검사하는 워치도그 기능이 포함되어 있으며, 워치도그를 동작시키기 위한 클록은 CPU 클록과는 별개의 내부 오실레이터를 사용하고 있다. 또한 시계 기능을 위한 RTC(Real Time Clock) 역시 CPU 클록과는 별도의 외부 클록을 사용한다. 일부 ATmega128 보드의 경우 2개의 클록을 포함한 경우를 볼 수 있다. 이 중 하나는 CPU의 동작 속도를 결정하는 CPU 클록(또는 시스템 클록)이며, 나머지 하나는 RTC에 공급되는 32.768KHz 클록이다.

클록을 이야기할 때 주의할 점은 ATmega128이 16M개의 명령을 처리하는 것과 16M개의 사칙 연산을 수행하는 것은 다르다는 사실이다. ATmega128의 특징 중 하나가 2 클록에 곱셈이 가능하다는 점이라는 사실을 기억하는가? ATmega128은 1초에 최대 16M개가 아닌 8M개의 곱셈을 실행한다. 곱셈 역시 ATmega128이 처리할 수 있는 명령인 것은 사실이지만, ATmega128이 처리할 수 있는 명령은 사람이 생각하는 수준의 명령이 아닌 기계어 수준에서 처리할 수 있는 명령이다. ATmega128이 처리할 수 있는 명령은 기계어 명령으로 130여 개뿐이며 RISC 구조를 채택하여 '대부분의' 명령을 한 클록에서 처리한다. 반면 사람이 생각하는 명령은 여러 개의 기계어 명령으로 이루어지는 것이 대부분이다. 2차 방정식의 근의 개수를 구하기 위해 판별식을 계산하는 명령을 생각해 보자. 판별식 'd = b × b − 4 × a × c;'를 계산하는 명령은 사람이 생각하기에는 하나의 명령일 수 있지만, 세 번의 곱셈과 한 번의 뺄셈으로 이루어진다. 또한 곱셈은 2 클록이 필요하다. 따라서 어림잡아도 7 클록이 소요된다. 이처럼 사람이 생각하는 명령과 실제 ATmega128이 실행하는 명령에는 차이가 있을 수 있으므로 사람이 생각하는 명령의 수와 실제 CPU에서 실행되는 명령의 수는 달라진다.

ATmega128에서 사용할 수 있는 클록 소스는 여러 가지 종류가 있으며, CKSEL(Clock Selection) 퓨즈 비트를 통해 설정할 수 있다. 표 2-7은 ATmega128에서 사용 가능한 클록 소스의 종류를 나타낸 것이다. ATmega128은 디폴트로 조정된 내부 RC 오실레이터를 사용하도록(CKSEL = 0001_2) 설정되어 있으므로 별도의 외부 클록 없이도 동작한다.

표 2-7 ATmega128의 클록 소스

클록	CKSEL[3:0]
외부 크리스털/세라믹 레조네이터	1111~1010
외부 저주파 크리스털	1001
외부 RC 오실레이터	1000~0101
조정된(calibrated) 내부 RC 오실레이터	0100~0001
외부 클록	0000

먼저 클록 소스의 종류를 살펴보자. 이 책에서는 클록 소스로 16MHz의 크리스털을 사용한다. 크리스털(crystal, X-tal)은 대표적인 발진자로, 발진자란 클록을 생성하는 부품을 말한다. 크리스털은 2개의 핀을 가지고 있지만, 극성이 없으므로 연결 방향에 신경 쓸 필요는 없다. 크리스털은 자체적으로 클록을 생성하지 못하고 마이크로컨트롤러의 내부 회로와 함께해야만

클록을 생성한다. 이처럼 일정한 주파수의 클록을 출력하는 동작을 '발진'이라고 한다. 수정(크리스털)을 얇게 자르고 전기적 신호를 가하면 수정 편의 두께와 잘린 각도 등에 의해 일정한 주파수로 진동하는데, 이때 진동 주파수는 전압, 온도, 습도 등의 외부 환경에 영향을 적게 받으므로 안정적인 클록 생성이 가능하다. 안정도는 10^{-6}~10^{-8} 정도로 10MHz 클록의 경우 최대 10Hz 정도의 오차가 발생한다.

레조네이터(resonator)는 일반적으로 세라믹 발진자를 가리킨다. 세라믹 레조네이터는 압전 효과를 이용하여 클록을 생성하며, 크리스털보다 안정도가 떨어진다. 일반적으로 10^{-3}~10^{-4} 정도의 안정도를 가지고 있다.

크리스털을 사용하는 경우 클록 생성을 위해 발진 회로를 추가적으로 구성해야 한다. ATmega128은 내부에 발진 회로를 포함하고 있으므로 크리스털만 연결하여 사용할 수 있지만, ATmega128의 도움 없이 자체적으로 클록을 생성하기 위해서는 발진자와 발진 회로가 포함된 부품을 사용해야 하는데, 이를 오실레이터라고 한다. 오실레이터는 일반적으로 4개의 핀을 가지고 있으며, 그중 2개는 VCC와 GND에 해당한다. 나머지 2개 핀 중 하나는 사용하지 않는 것이며, 나머지 하나로 클록 신호를 발생시킨다.

(a) 크리스털 (b) 오실레이터

그림 2-13 **크리스털, 오실레이터**

크리스털은 ATmega128의 XTAL1, XTAL2(또는 Xin, Xout) 핀에 연결하여 사용하며 세라믹 레조네이터 역시 마찬가지다. 크리스털의 연결 방법은 그림 2-14와 같으며, 16MHz 크리스털을 사용하는 경우 일반적으로 커패시터는 12~22pF 용량을 사용한다. 저주파 크리스털 오실레이터는 32.768KHz 크리스털을 사용하는 경우를 말하며, 32.768KHz 크리스털의 경우 내부에 커패시터가 포함된 경우도 있다.

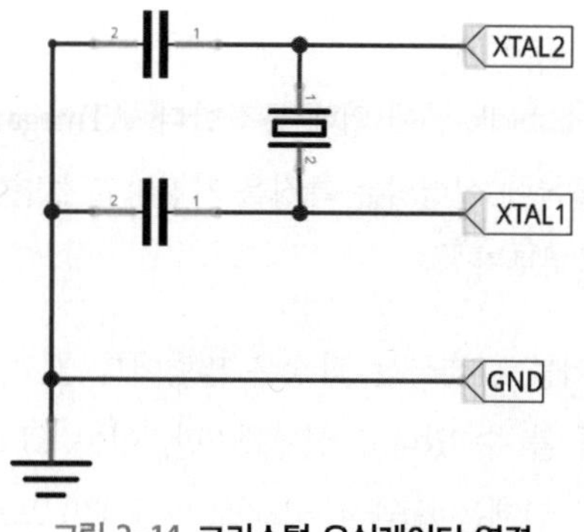

그림 2-14 **크리스털 오실레이터 연결**

RC 오실레이터는 저항(R)과 커패시터(C)를 사용하여 만든 오실레이터로, 발진 주파수는 $f=\frac{1}{3RC}$ 로 결정된다. RC 오실레이터는 정밀도가 낮지만 간단히 만들어 사용할 수 있으며, ATmega128 내부에도 RC 오실레이터가 포함되어 있다. 내부 RC 오실레이터의 경우 1.0MHz, 2.0MHz, 4.0MHz, 8.0MHz 클록을 공급할 수 있으며, 외부 클록 소스를 필요로 하지 않아 디폴트로 사용하는 클록 소스이기도 하다. 외부 RC 오실레이터는 XTAL1 핀에 연결하며 XTAL2 핀은 사용하지 않는다.

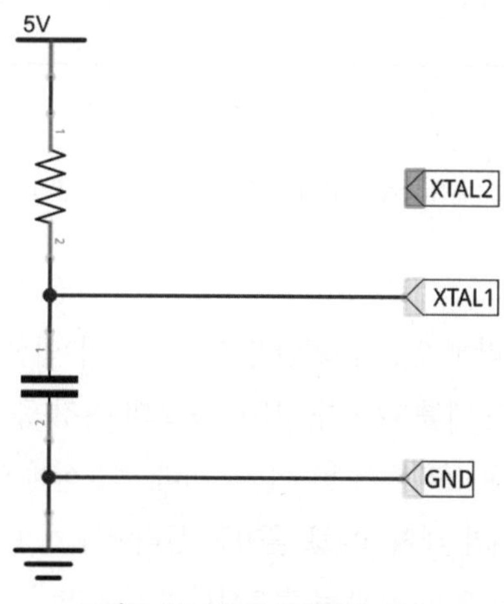

그림 2-15 **RC 오실레이터 연결**

외부 클록 역시 RC 오실레이터와 마찬가지로 XTAL1 핀에 연결하여 사용한다. 오실레이터는 자체적으로 클록을 생성하므로 ATmega128에서 클록 소스를 선택하는 퓨즈 비트를 잘못 설정하여 마이크로컨트롤러가 동작하지 않을 때 유용하게 사용할 수 있다.[17]

5 명령어 실행

ATmega128은 선택한 클록 소스(clk_{CPU})에 의해 동작한다. ATmega128에서 명령어의 실행은 파이프라인을 통해 대부분 1 클록에 실행되는 특징을 가진다고 설명했다. 실제로 한 클록에 실행이 가능한지 좀 더 자세히 살펴보자.

일반적으로 CPU에서 명령어를 실행하는 과정은 명령어를 읽고, 해석하고, 실행하고, 결과를 쓰는 4개 단계로 나누어 볼 수 있다고 설명했지만, 이는 CPU의 구조에 따라 달라진다. ATmega128에서의 명령 실행 단계는 (플래시 메모리로 만들어진) 프로그램 메모리에서 명령어를 읽어 오는 단계와 명령어를 실행하는 단계로 나눌 수 있다. 또한 명령 실행의 두 단계는 파이프라인에 의해 중첩되어 실행된다.

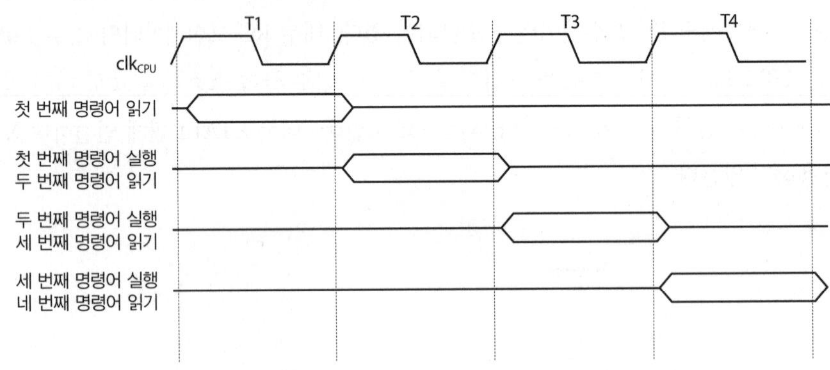

그림 2-16 **ATmega128에서 명령어 실행을 위한 파이프라인**

읽기 단계는 (플래시 메모리로 만들어진) 프로그램 메모리에서 명령어를 읽어 오는 단계이며, 실행 단계는 ALU에서 레지스터에 있는 피연산자를 사용하여 연산이 이루어지고 결과가 해당 레지스터에 기록되기까지의 단계를 말한다. RISC 구조의 특징 중 하나는 메모리를 읽거나 쓰는 명령이 연산 명령과 완전히 분리되어 있다는 점이다. 즉, 실제 연산이 이루어지기 위해서는 LOAD 명령을 통해 피연산자가 레지스터로 옮겨진 상태여야 하며, 연산 결과는 레지스터에만 기록된다. 레지스터에 기록된 연산 결과는 필요하다면 메모리에 기록할 수도 있지만, 연산 과정에서 발생하는 중간 결과인 경우에는 메모리에 기록하지 않을 수도 있다. 따라서 필요하다면 STORE 명령을 통해 명시적으로 메모리에 기록해야 한다. ATmega128에서의 연산은 레지스터에 있는 값을 읽고 계산하여 레지스터에 결과를 쓰는 3단계로 이루어진다. 명령어 실행 단계에서는 하나의 클록만을 사용하므로 한 클록에 3개의 단계를 수행하기 위해 ALU는 CPU (또는 메인) 클록을 3개의 하위 클록으로 나누어서 동작한다. 즉, 크리스털을 통하여 생성한 클록은 16MHz이지만, ALU에서는 이의 3배에 해당하는 48MHz로 동작하는 것이다.

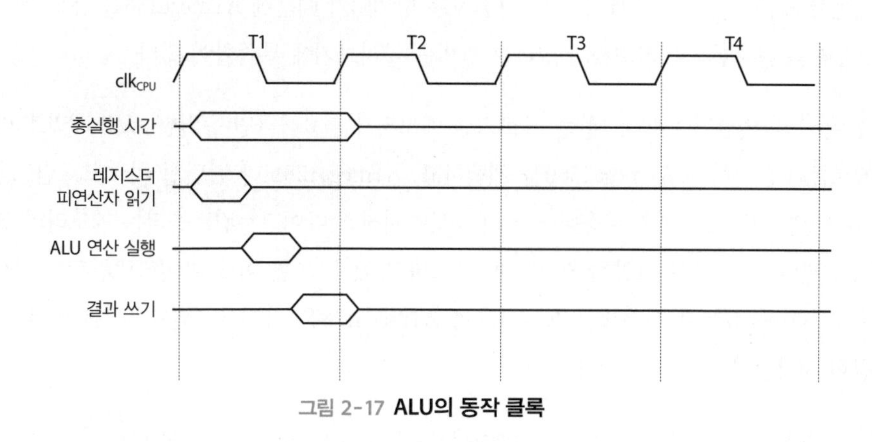

그림 2-17 **ALU의 동작 클록**

이외에도 ATmega128은 다양한 인터럽트를 지원하며, 아날로그-디지털 변환 장치와 다양한 시리얼 통신 장치 등을 포함하고 있다. 이들에 대해서는 해당 장에서 상세히 다룬다.

2.5 요약

ATmega128은 저전력 고성능의 8비트 마이크로컨트롤러로, 아트멜의 AVR 시리즈에 속하는 마이크로컨트롤러 중에서도 흔히 사용되는 마이크로컨트롤러 중 하나다. AVR 시리즈 마이크로컨트롤러는 8비트 마이크로컨트롤러 중에서는 최신의 구조를 반영하여 설계했으므로 다른 8비트 마이크로컨트롤러에 비해 구조가 간단하다. 게다가 다양한 관련 정보를 온·오프라인에서 손쉽게 찾아볼 수 있다는 점 또한 AVR의 대중화를 이끄는 데 한몫했다고 할 수 있다. 이러한 AVR 시리즈 마이크로컨트롤러의 우수성은 최근 오픈소스 마이크로컨트롤러 프로젝트로 주목받고 있는 아두이노에서 AVR 시리즈 마이크로컨트롤러를 채택한 사실에서도 확인할 수 있다.

ATmega128은 플래시 메모리, SRAM, EEPROM 등 세 종류의 메모리를 포함하고 있다. ATmega128은 하버드 구조를 채택하고 있으므로 플래시 메모리와 SRAM은 각각 프로그램 메모리와 데이터 메모리로 사용된다. EEPROM은 비휘발성의 메모리로 프로그램 정보 등을 기록하기 위해 사용할 수 있다. 일부 마이크로컨트롤러의 경우 EEPROM을 제공하지 않는 경우도 있지만, EEPROM은 간단하게 읽기와 쓰기 작업이 가능하므로 다양한 용도로 활용할 수 있다.

ATmega128에서는 53개의 데이터 핀을 사용하여 다양한 주변장치와 연결할 수 있다. 주변장치는 UART, I2C, SPI 등의 통신 방식을 사용하는데, 이들 통신 방법은 대부분의 마이크로컨트롤러에서 제공하는 방법인 데다 흔히 사용하는 방법이기 때문에 ATmega128을 통해 마이크로컨트롤러를 활용한 제어장치를 구성하는 방법을 알아보기에 부족함이 없다.

더 많은 수의 입출력 핀이나 더 큰 프로그램 메모리가 필요하다면 동일한 AVR 시리즈 마이크로컨트롤러에 속하는 ATmega2560을 채택하고, ATmega128보다 간단한 마이크로컨트롤러가 필요하다면 ATmega328을 사용하면 된다. AVR 시리즈 마이크로컨트롤러는 메모리의 크기와 데이터 핀의 수에 따라 다양한 제품군이 존재하고 있다. 또한 이들 마이크로컨트롤러는 기본적으로 ATmega128과 사용법이 동일하므로 ATmega128은 마이크로컨트롤러를 배우기 위한 훌륭한 시작점이 되어 줄 것이다.

이후 장에서는 이 장에서 언급한 ATmega128의 특징들을 자세히 살펴보고 이를 활용하는 방법에 대해 알아보자. 이 책을 다 읽을 때쯤이면 ATmega128의 활용 방법은 물론 마이크로컨트롤러로 할 수 있는 일들과 할 수 없는 일들을 구별하고, 원하는 시스템 구성을 위해 필요한 마이크로컨트롤러를 선택할 수 있으리라 생각한다. 또한 ATmega128이 마이크로컨트롤러를 사용하는 시스템을 설계하고 구현하는 데 부족함이 없다는 점도 이해할 수 있을 것이다.

연습 문제

1. ATmega128은 아트멜의 AVR 시리즈, 그중에서도 메가 시리즈에 속하는 마이크로컨트롤러 중 하나다. 이외에도 메가 시리즈에 속하는 마이크로컨트롤러에는 ATmega328, ATmega2560 등이 있다. 하드웨어 측면에서 이들 마이크로컨트롤러의 특징들을 비교해 보자. 하드웨어 측면의 특징은 핀 수, 데이터 핀 수, 메모리 크기, 지원하는 통신 방법, 통신 포트의 수 등을 포함한다.

2. ATmega128은 플래시 메모리, SRAM, EEPROM 등의 세 종류 메모리를 포함하고 있다. 이외에도 플래시 메모리를 활용하여 만들어진 메모리로 모바일 장치와 싱글 보드 컴퓨터에서 많이 사용되는 메모리에 SD(Secure Digital) 카드와 eMMC(Embedded Multi Media Card) 등이 있다. 플래시 메모리와 SD 카드 및 eMMC와의 차이점을 알아보자.

CHAPTER

3 개발 환경 설정

ATmega128을 위한 프로그램을 작성하기 위해서는 소스 코드를 편집하고 이를 컴파일하여 ATmega128을 위한 기계어 파일을 생성할 수 있는 교차 개발 환경과, 만들어진 기계어 파일을 ATmega128로 옮겨 설치할 수 있는 장치가 필요하다. 이 장에서는 교차 개발 환경 중 하나로 이 책에서 사용하는 아트멜 스튜디오를 설치하고, 아트멜 스튜디오를 사용하여 ATmega128을 위한 프로그램을 작성하는 방법과 작성된 프로그램을 ATmega128로 옮겨 실행시키는 방법을 통해 ATmega128을 위한 프로그램 개발 과정을 알아본다.

이 책에서는 ATmega128 마이크로컨트롤러에서 실행되는 프로그램을 작성하는 방법을 다룬다. 데스크톱 컴퓨터에서 실행되는 일반적인 C/C++ 프로그램을 작성하기 위해서는 (컴파일러가 포함된) 개발 프로그램을 설치할 컴퓨터만 준비하면 된다. C/C++ 프로그램 작성과 실행은 모두 컴퓨터에서 이루어진다. 하지만 마이크로컨트롤러 프로그래밍은 C/C++ 프로그래밍과는 차이가 있다. 마이크로컨트롤러 프로그래밍은 교차 개발 환경(cross development environment)이 필요하다. 마이크로컨트롤러 프로그래밍은 C/C++ 프로그래밍과 마찬가지로 컴퓨터에서 작성하지만, 그 프로그램은 마이크로컨트롤러에서 실행된다. 즉, 개발 프로그램을 설치할 컴퓨터 외에도 실제로 프로그램이 실행될 마이크로컨트롤러(또는 마이크로컨트롤러 보드)가 필요하고, 작성한 프로그램은 컴퓨터에서 마이크로컨트롤러로 옮겨야 한다. 먼저 ATmega128을 위한 프로그램을 개발할 수 있는 개발 환경부터 살펴보자.

3.1 아트멜 스튜디오 설치

아트멜 스튜디오는 ATmega128을 제작한 아트멜에서 마이크로컨트롤러 프로그래밍을 위해 필요한 도구들을 모아 놓은 통합 개발 환경(Integrated Development Environment, IDE)으로 아트멜 홈페이지[18]에서 무료로 배포한다. 아트멜 스튜디오는 마이크로컨트롤러 프로그래밍에 필요한 편집기, 컴파일러, 디버거 등을 포함하여 아트멜 스튜디오만으로 마이크로컨트롤러 프로그래밍을 할 수 있다. 물론 프로그램 업로드나 디버깅을 위해서는 별도의 전용 장치가 필요하다. 아트멜 스튜디오는 버전 5까지 'AVR Studio'라는 이름으로 출시되다가 버전 6부터 'Atmel Studio'라는 이름으로 바뀌었으며, 현재 최신 버전은 7.0이다.[19] AVR Studio 4는 용량이 작고 인터페이스가 간단하여 아직도 많이 사용하긴 하지만, 다양한 마이크로컨트롤러 지원에는 한계가 있다. 또한 AVR Studio 4는 사용자 인터페이스만을 제공하고 마이크로컨트롤러를 위한 기계어 파일 생성에 사용되는 크로스 컴파일러를 별도로 설치해야 하는 불편함이 있었지만, 최신 버전의 아트멜 스튜디오에는 크로스 컴파일러까지 포함하여 한 번에 설치할 수 있다. 사용자 인터페이스 측면에서도 아트멜 스튜디오는 버전 5 이후로 마이크로소프트의 비주얼 스튜디오의 사용자 인터페이스를 채택하여 비주얼 스튜디오로 C/C++ 프로그래밍을 해 본 경험이 있다면 보다 쉽게 아트멜 스튜디오를 사용할 수 있을 것이다. 아트멜 스튜디오 7의 경우 마이크로소프트 비주얼 스튜디오 2015 버전의 사용자 인터페이스를 제공한다.

먼저 Atmel 홈페이지에서 아트멜 스튜디오 7을 다운로드한다. 아트멜 스튜디오 7은 마이크로소프트 .NET을 기반으로 만들어져 윈도우 환경에서만 사용할 수 있다. 보다 간편하게 설치하기 위해 오프라인 인스톨 파일을 다운받도록 하자.

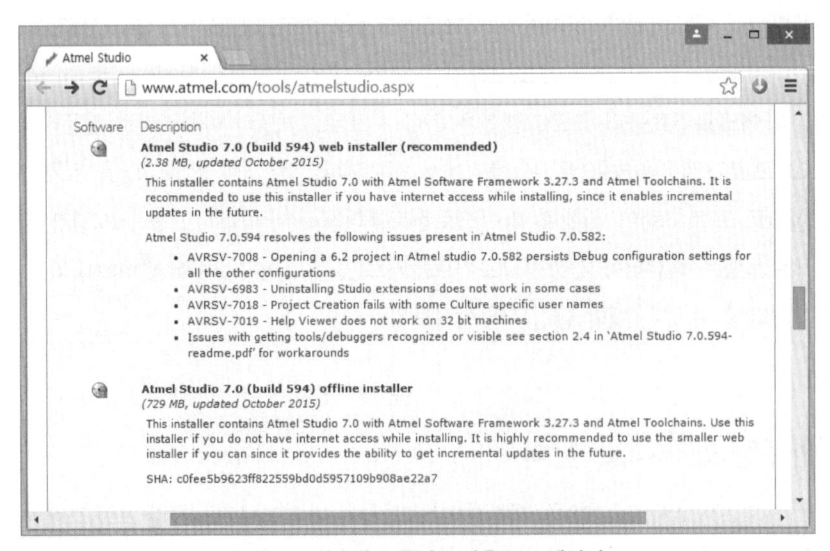

그림 3-1 **아트멜 스튜디오 다운로드 페이지**

다운로드를 클릭하면 다운로드를 위한 정보를 입력하는 창이 나타난다.

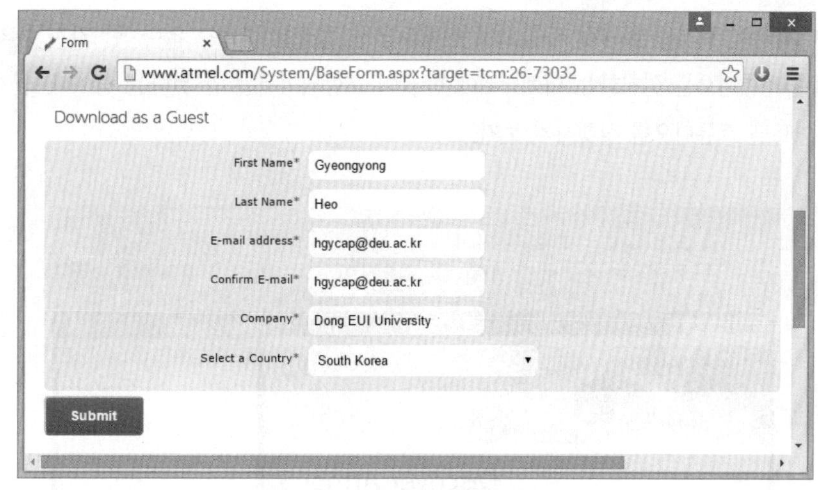

그림 3-2 **다운로드를 위한 정보 기록**

그림 3-2는 게스트로 아트멜 스튜디오를 다운로드하는 방법이지만 이후 프로그램의 업데이트, 확장 프로그램 설치, 관련 정보 검색 등을 위해 아트멜 홈페이지에 가입할 것을 추천한다. 정보를 기입하고 'Submit'을 누르면 입력한 이메일로 소프트웨어를 다운로드할 수 있는 주소가 전송되므로 주소를 클릭하여 프로그램을 다운받는다.

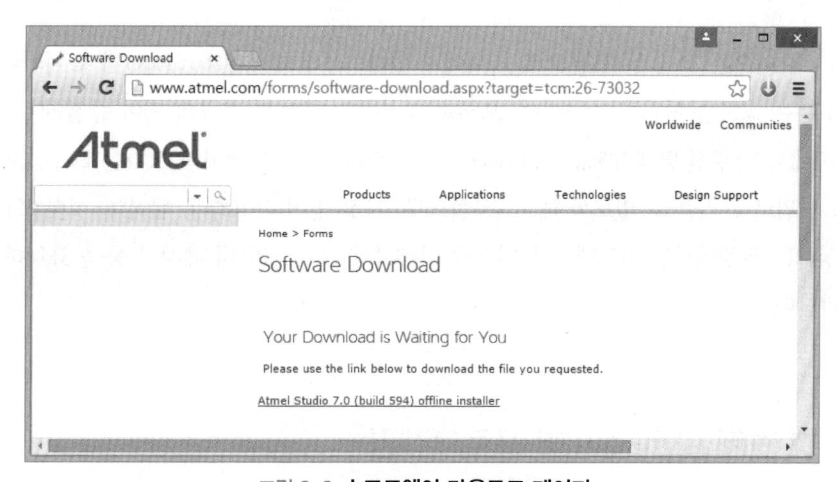

그림 3-3 **소프트웨어 다운로드 페이지**

다운로드가 완료되면 다운받은 파일을 실행시켜 보자. 아트멜 스튜디오는 마이크로소프트 비주얼 스튜디오와 .NET을 기반으로 하기 때문에 먼저 .NET 프레임워크를 설치한 이후 진행된다. 설치 과정이 길기는 하지만 자동으로 진행되므로 걱정할 필요는 없다. 한 가지 주의할 점은 아트멜 스튜디오를 설치하는 디렉터리에 한글이 포함되어서는 안 된다는 점이다. 설치가 완료되면 아트멜 스튜디오를 실행시켜 보자.

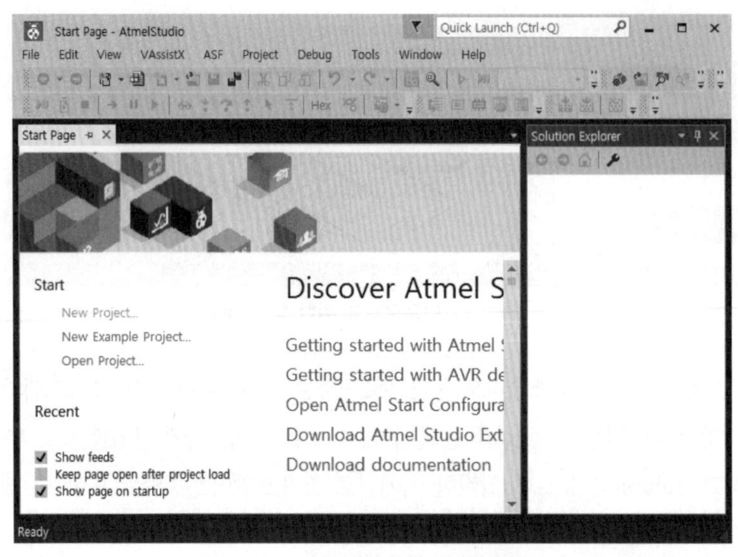

그림 3-4 **아트멜 스튜디오 실행 화면**

아트멜 스튜디오는 크게 두 부분으로 나뉘어져 있다. '시작 페이지(Start Page)'가 표시되어 있는 왼쪽 부분은 코드를 편집하는 곳이며, 오른쪽 부분에는 다양한 종류의 탭이 중첩되어 나타난다. 그중에서 '솔루션 탐색기(Solution Explorer)'는 아트멜 스튜디오에서 작성하는 프로그램을 프로젝트 단위로 관리할 수 있도록 해 주는 탭으로, 가장 많이 사용하는 탭이다. 실제 프로그램을 작성하는 과정에서는 아트멜 스튜디오의 아래쪽에 오류나 안내 메시지 등을 표시하는 창이 나타난다.

3.2 첫 번째 ATmega128 프로그래밍

ATmega128 프로그래밍을 시작하기 위한 소프트웨어 설치는 끝났으므로 실제로 프로그램을 작성하고 ATmega128 보드로 다운로드해서 실행해 보자. 이 책에서는 두 가지 종류의

ATmega128 보드를 사용한다. 한 가지는 시중에서 판매하는 보드이고, 다른 하나는 직접 만들어서 사용할 수 있는 DIY 보드다. 두 보드 모두 마이크로컨트롤러의 동작을 위해 필요한 회로들과 프로그램을 다운로드하고 주변장치와 연결하기 쉽도록 커넥터들이 준비되어 있다. ATmega128 보드에 대한 자세한 내용은 5장에서 설명하고, 여기서는 앞에서 설치한 아트멜 스튜디오를 사용하여 프로그램을 작성하고 다운로드하는 과정을 살펴본다. 아트멜 스튜디오에서 'File ➡ New ➡ Project...'를 선택한다.

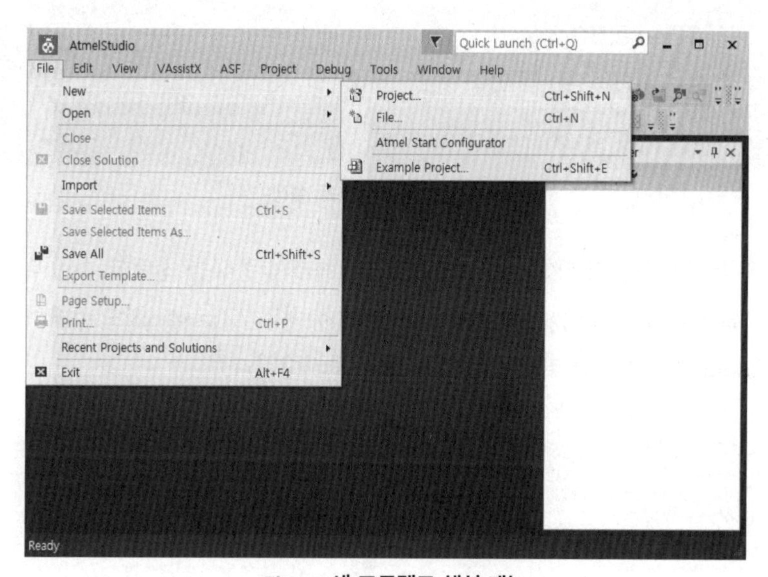

그림 3-5 **새 프로젝트 생성 메뉴**

새 프로젝트 메뉴를 선택하면 프로젝트 설정을 위한 다이얼로그가 나타난다. 다이얼로그에서 'GCC C Executable Project'를 선택하고 이름을 'FirstProgram'으로 설정한다. 이때 지정하는 이름(Name)은 프로젝트의 이름이며, 솔루션의 이름(Solution name)은 프로젝트의 이름과 동일하게 정해진다. 하지만 솔루션은 1개 이상의 프로젝트 집합을 의미하므로 필요하다면 솔루션의 이름을 다르게 지정해도 된다. 프로젝트가 생성될 위치는 'D:\ATmega128 Programming'으로 설정한 것으로 가정한다. 아트멜 스튜디오 설치 디렉터리와 마찬가지로 프로젝트가 생성될 디렉터리에도 한글이 포함되어서는 안 된다.

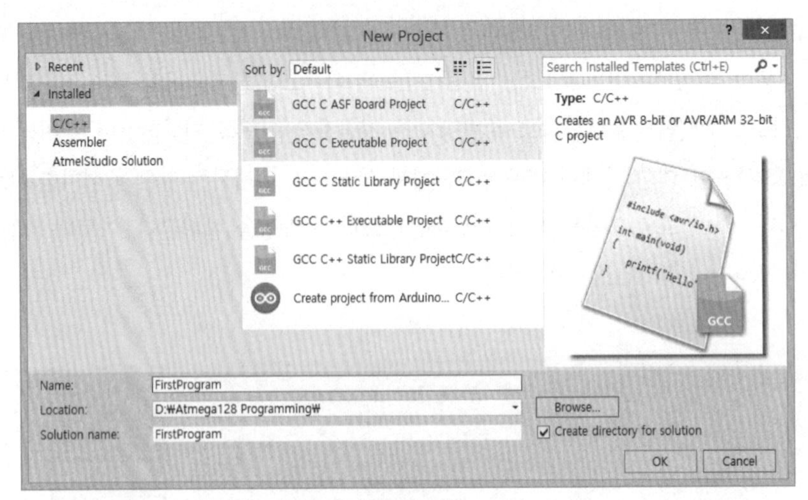

그림 3-6 **새 프로젝트 설정**

'OK' 버튼을 누르면 사용하고자 하는 마이크로컨트롤러의 종류를 선택할 수 있다. 마이크로컨트롤러 목록에서 'ATmega128A'를 선택한다. 목록 중에는 'ATmega128'도 존재하지만, 이 책에서는 ATmega128을 개선한 버전인 ATmega128A를 사용한다.[20]

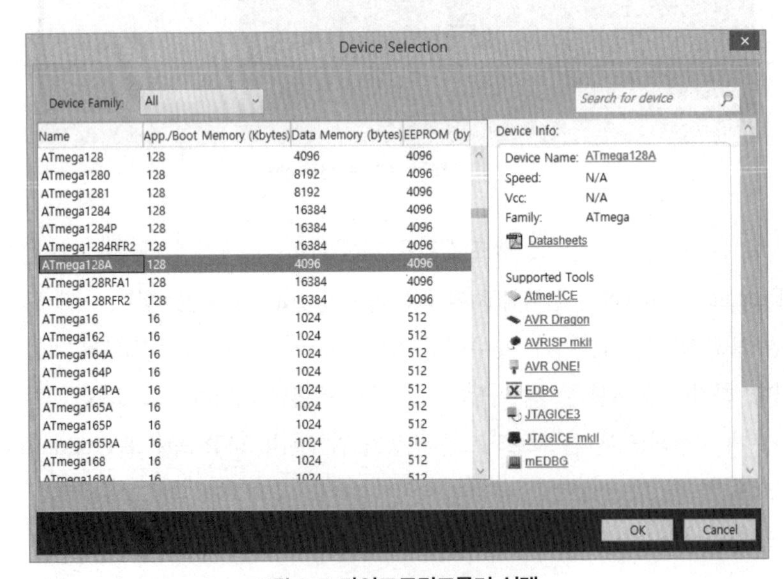

그림 3-7 **마이크로컨트롤러 선택**

'OK' 버튼을 누르면 새로운 프로젝트가 생성된다.

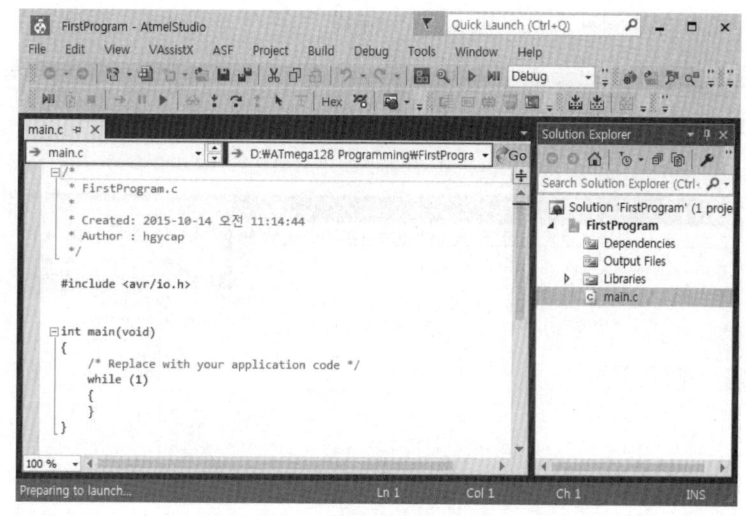

그림 3-8 **새 프로젝트 생성**

새 프로젝트가 생성되면 솔루션 탐색기에 현재 솔루션과 프로젝트를 트리 형태로 보여 주고, 왼쪽 코드 편집 창에는 main.c 파일이 나타난다. 솔루션 탐색기에서 볼 수 있듯이 새 프로젝트를 생성하면 기본적으로 솔루션 이름과 이름이 똑같은 프로젝트가 생성된다. 프로젝트가 생성된 디렉터리를 살펴보면 'D:\ATmega128 Programming\FirstProgram'이라는 솔루션 디렉터리가 생성되고, 그 아래에 'FirstProgram'이라는 프로젝트 디렉터리가 생성된 것을 확인할 수 있다.

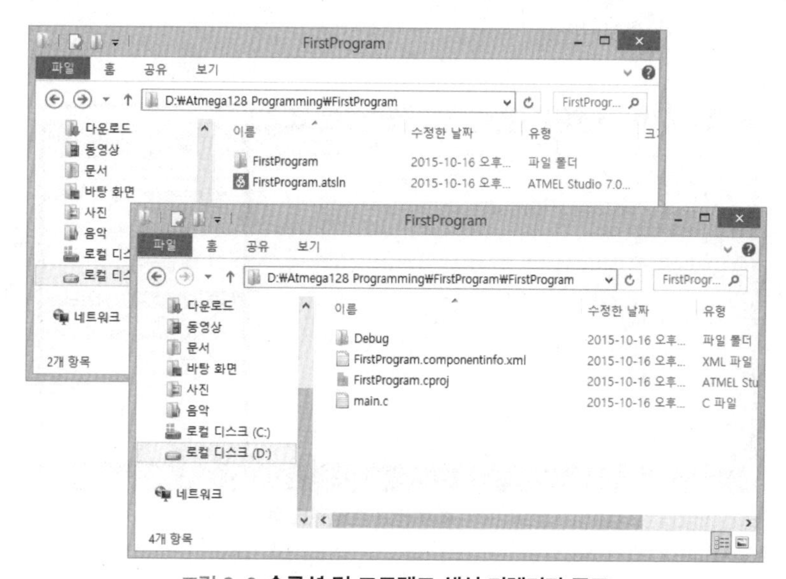

그림 3-9 **솔루션 및 프로젝트 생성 디렉터리 구조**

솔루션은 하나 이상의 연관된 프로젝트로 구성된다. 솔루션 탐색기에서 솔루션 이름에 마우스 커서를 놓고 오른쪽 버튼을 눌러 'Add ➡ New Project...'를 선택하면 그림 3-6과 그림 3-7의 과정을 통해 새로운 프로젝트를 생성하고 이를 현재 솔루션에 추가할 수 있다.

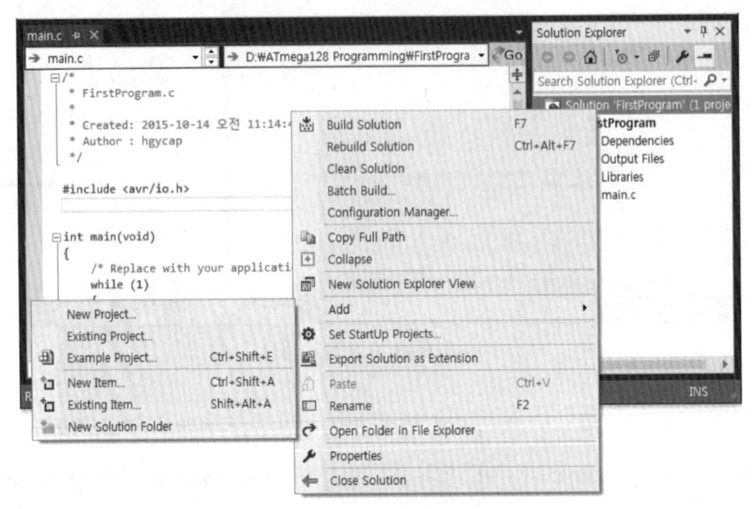

그림 3-10 **솔루션에 프로젝트 추가 메뉴**

그림 3-11은 'SecondProgram'이라는 프로젝트를 'FirstProgram'이라는 솔루션에 추가한 경우다. 단, 이때 그림 3-6과는 달리 솔루션의 위치를 지정할 수는 없으며, 현재 솔루션 디렉터리 아래에 새 프로젝트가 생성된다.

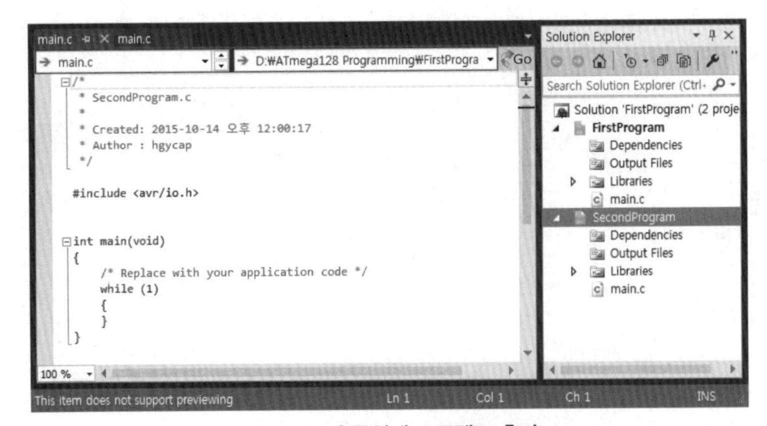

그림 3-11 **솔루션에 프로젝트 추가**

두 번째 프로젝트가 추가된 후의 솔루션 디렉터리 구조는 그림 3-12와 같다.

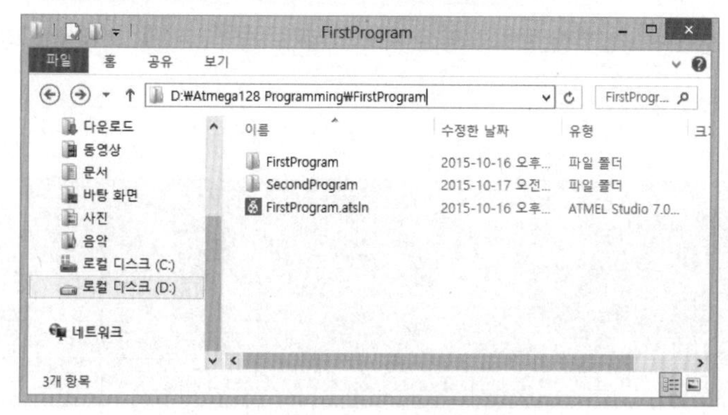

그림 3-12 **프로젝트 추가 후 디렉터리 구성**

솔루션 아래에 2개 이상의 프로젝트가 존재하는 경우 컴파일할 프로젝트는 '시작 프로젝트'로 지정하면 된다. 프로젝트 이름에 마우스 커서를 놓고 마우스 오른쪽 버튼을 눌러 'Set as StartUp Project' 메뉴 항목을 선택하면 시작 프로젝트로 설정할 수 있다.

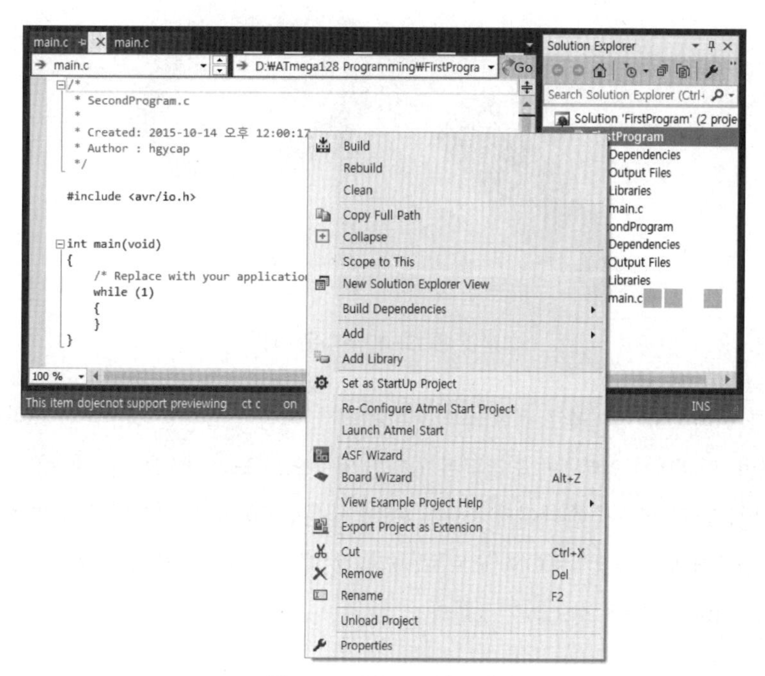

그림 3-13 **시작 프로젝트 설정**

FirstProgram 프로젝트를 시작 프로젝트로 설정하자. 두 번째 프로젝트를 추가한 후 변경하지 않았다면 FirstProgram 프로젝트가 시작 프로젝트로 지정되어 있으며, 프로젝트 이름이 굵은 글씨로 표시될 것이다. 첫 번째 프로그램을 테스트하기 위해 사용할 ATmega128 보드는 그림 3-14와 같다.

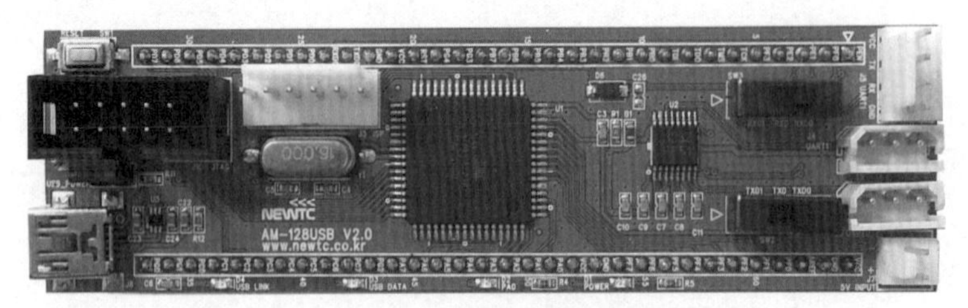

그림 3-14 **ATmega128 보드**

컴퓨터에서 ATmega128 보드로 프로그램을 다운로드하기 위해서는 그림 3-15와 같은 ISP 방식 다운로더를 사용하면 된다.

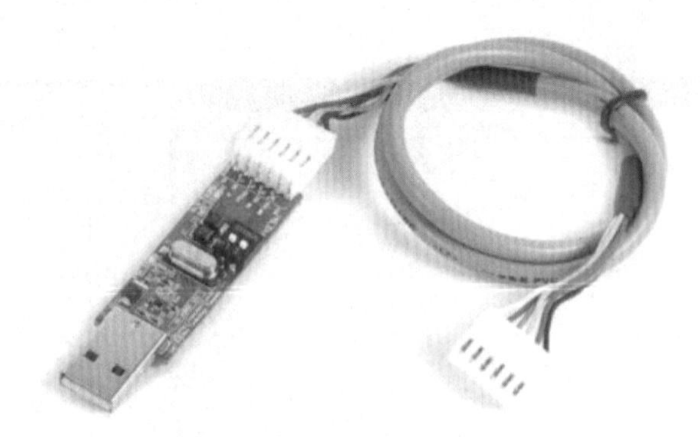
그림 3-15 **ISP 방식 다운로더**[21]

다운로더를 먼저 USB 케이블로 컴퓨터와 연결해 보자. 처음 연결하는 경우라면 드라이버를 설치해야 하며, 컴퓨터가 인터넷에 연결되어 있다면 자동으로 드라이버를 설치해 준다. 자동으로 설치되지 않는다면 제조사 홈페이지 자료실[22]에서 다운로드하자. 드라이버 설치가 완료되면 다운로더는 컴퓨터에서 가상의 COM 포트로 나타나는데, '장치 관리자'에서 확인할 수 있다. 여기서는 COM10이 할당된 것으로 가정한다.

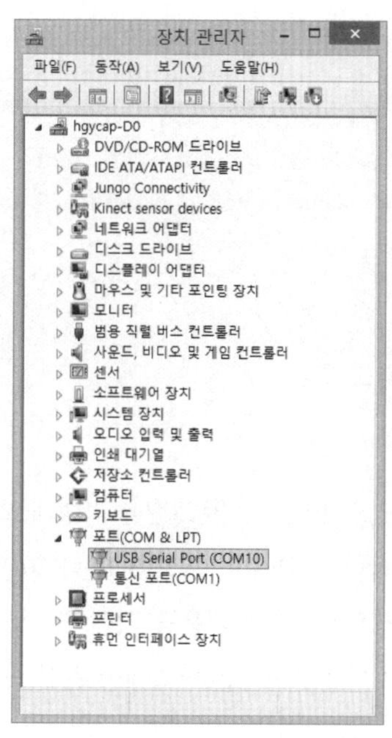

그림 3-16 **다운로더에 COM 포트 할당**

다운로더는 ATmega128 보드에서 ATmega128 칩 왼쪽에 있는 6핀 커넥터와 연결한다. 컴퓨터, 다운로더, ATmega128 보드 사이의 연결이 끝나면, 이제 다운로더를 아트멜 스튜디오에 등록해야 한다. 'Tools ➡ Add target...' 메뉴 항목을 선택해 보자. 그림 3-15의 다운로더는 STK500 프로토콜을 사용하므로 'Select tool' 부분의 변경 없이 연결된 COM 포트만을 선택하면 된다. 그림 3-16에 나타난 COM10을 선택하고 'Apply' 버튼을 눌러 등록한다.

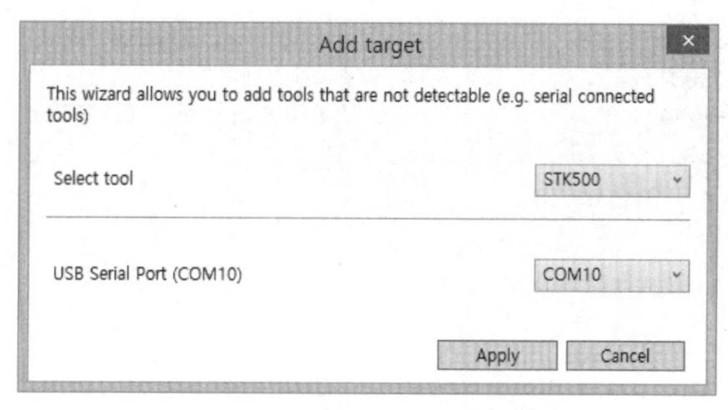

그림 3-17 **Add target 다이얼로그**

다운로더를 등록한 후 여러 가지 이유로 등록한 다운로더를 제거하고 싶은 경우가 있다. 이 경우 'View ➡ Available Atmel Tools' 메뉴 항목을 선택하면 현재 등록된 장치들 목록이 나타난다. 제거하고자 하는 장치를 선택하고 마우스 오른쪽 버튼을 눌러 'Remove'를 선택하면 등록된 장치를 제거할 수 있다.

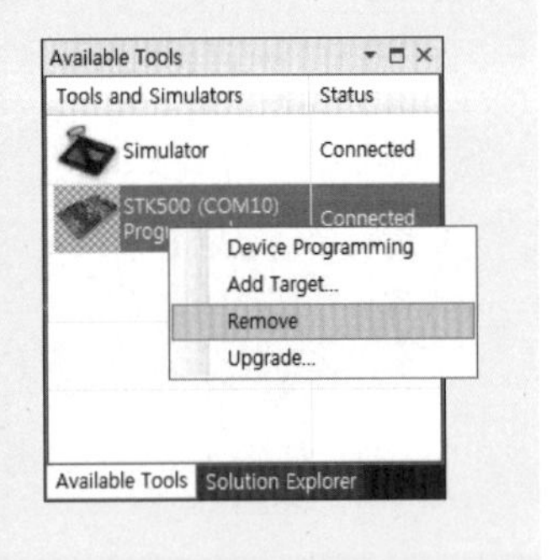

등록을 마치면 모든 준비는 끝났으니 이제 프로그램을 작성해 보자. 코드 3-1을 main.c 파일에 입력한다. 주석의 내용으로 짐작할 수 있듯이 코드 3-1은 PA0 핀에 연결된 LED를 0.5초 간격으로 점멸시키는 프로그램이다. 프로그램의 내용을 이해하지 못해도 상관없다. 지금은 프로그램을 작성하고 이를 컴파일하여 다운로드하는 방법에만 관심을 두면 된다.

코드 3-1 **FirstProgram**

```
#define F_CPU 16000000L
#include <avr/io.h>
#include <util/delay.h>

int main(void)
{
    DDRA |= 0x01;                              // PA0 핀을 출력으로 설정

    while(1)
    {
        PORTA |= 0x01;                         // PA0 핀에 연결된 LED 켜기
        _delay_ms(500);                        // 0.5초 대기
        PORTA &= ~0x01;                        // PA0 핀에 연결된 LED 끄기
        _delay_ms(500);
    }

    return 0;
}
```

입력이 끝나면 ATmega128로 다운로드할 기계어 파일을 생성해야 한다. 메뉴 바의 'Build' 항목을 선택하면 소스 코드를 컴파일하는 메뉴가 나타난다. 컴파일 방법은 크게 두 가지로 솔루션 빌드와 프로젝트 빌드가 있다. 솔루션은 하나 이상의 프로젝트로 구성된 것이기 때문에 솔루

션 빌드를 선택하면, 솔루션 내의 모든 프로젝트들을 컴파일하고 프로젝트별로 각각의 기계어 파일을 생성한다. 반면 프로젝트 빌드는 솔루션 내의 특정 프로젝트만을 컴파일하고 기계어 파일을 생성한다. 솔루션에 하나의 프로젝트만 포함되어 있다면 두 명령 사이에 차이는 없다.

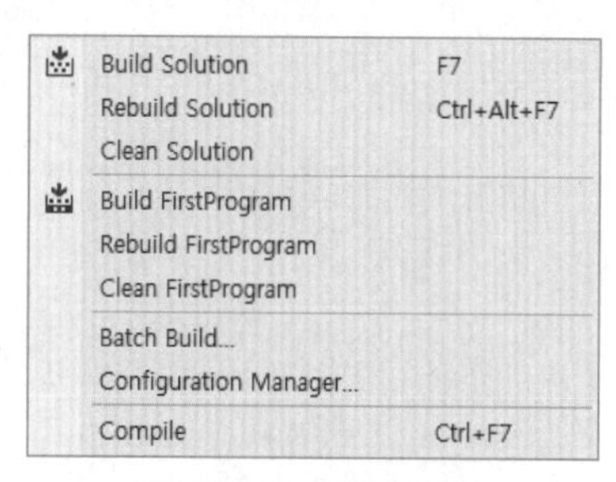

그림 3-18 **Build 메뉴**

그림 3-18에서 보는 것처럼 'Build Solution'과 'Build FirstProgram' 메뉴 항목에는 아이콘이 표시되어 있다. 이 아이콘들은 툴바에도 나타나므로 간단히 마우스 클릭만으로 선택할 수 있다. 프로그램에 문제가 없다면 아트멜 스튜디오의 아래쪽에 컴파일 성공 메시지가 출력된다.

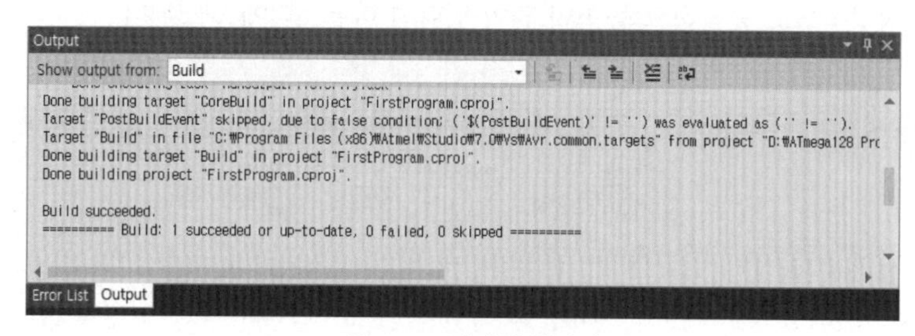

그림 3-19 **컴파일 메시지**

컴파일까지 무사히 마쳤으면 이제 ATmega128 보드로 다운로드하기만 하면 된다. 'Tools ➡ Device Programming' 메뉴 항목을 선택하면 Device Programming 다이얼로그가 나타난다. 다이얼로그에서 Tool은 'STK500'을, Device는 'ATmega128A'를, Interface는 'ISP'를 선택하고 'Apply' 버튼을 누른다.

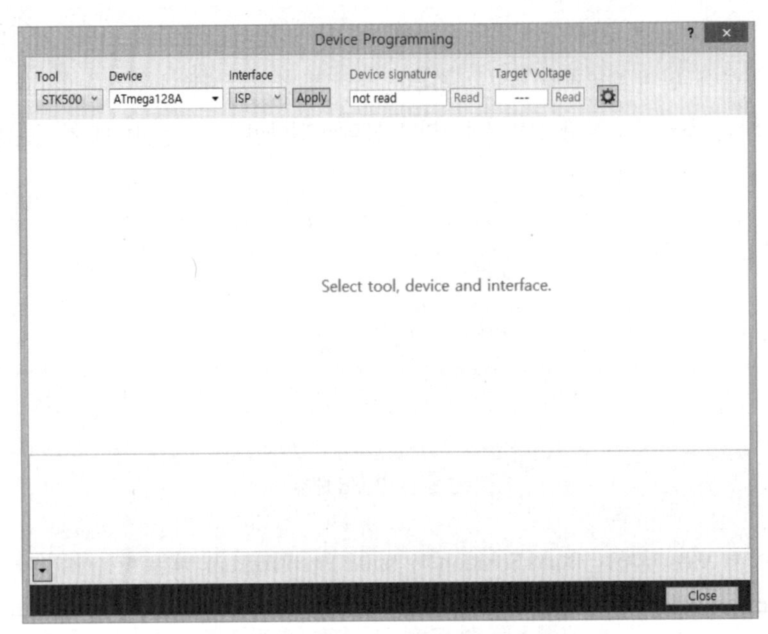

그림 3-20 **Device Programming 다이얼로그**

다운로더가 정상적으로 동작하고 등록이 되어 있다면 다운로더에 연결된다.

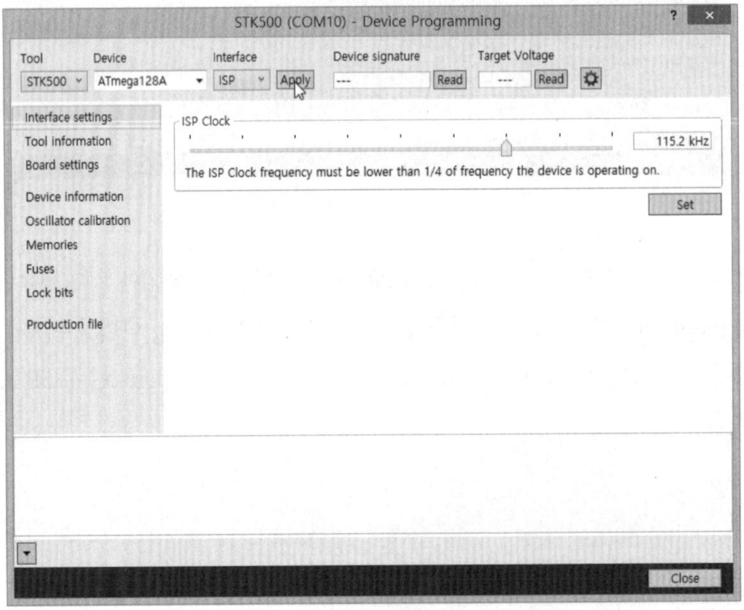

그림 3-21 **다운로더 연결**

왼쪽 메뉴에서 'Memories'를 선택하면 Flash 부분에 FirstProgram 프로젝트의 실행 파일인 'FirstProgram.elf'가 선택되어 있는 것을 볼 수 있다. ATmega128에 다운로드할 수 있는 기계어 파일에는 ELF 확장자를 가지는 파일과 HEX 확장자를 가지는 파일 두 가지가 있다. ELF(Executable and Linking Format)는 아트멜 스튜디오에서 사용하는 avr-gcc에서 컴파일의 결과로 생성하는 파일 형식이다. avr-objcopy 프로그램은 생성된 ELF 파일을 읽어 HEX 파일로 변환한다.

기계어 파일이 생성되는 디렉터리를 살펴보면 ELF 파일은 HEX 파일에 비해 크기가 크다는 사실을 발견할 수 있다. ELF 파일에는 디버깅 정보를 포함하여 여러 부가 정보들이 포함되어 있으므로 개발 과정에서는 ELF 파일을 다운로드해도 별 문제가 없다. 하지만 개발이 완료된 이후에는 HEX 파일을 다운로드하는 것이 좋으며, 크기가 큰 실행 파일의 경우에는 플래시 메모리의 크기 제한으로 ELF 파일을 사용하지 못할 수도 있다.

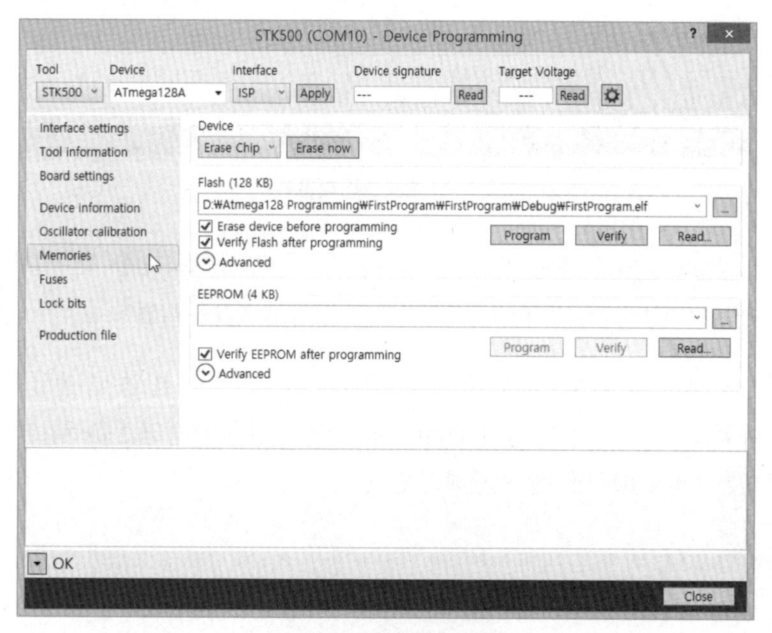

그림 3-22 **실행 파일 선택**

'Program' 버튼을 누르면 ATmega128로 실행 파일 다운로드가 시작된다. 실행 파일을 다운로드할 때는 플래시 메모리를 지운 후 쓰기를 실행하거나, 쓰기가 완료된 후 확인 작업을 실행할 것인지의 여부를 선택할 수 있다.

다운로드가 성공적으로 끝나면 PA0 핀에 연결된 LED가 0.5초 간격으로 점멸하는 것을 확인할 수 있을 것이다.

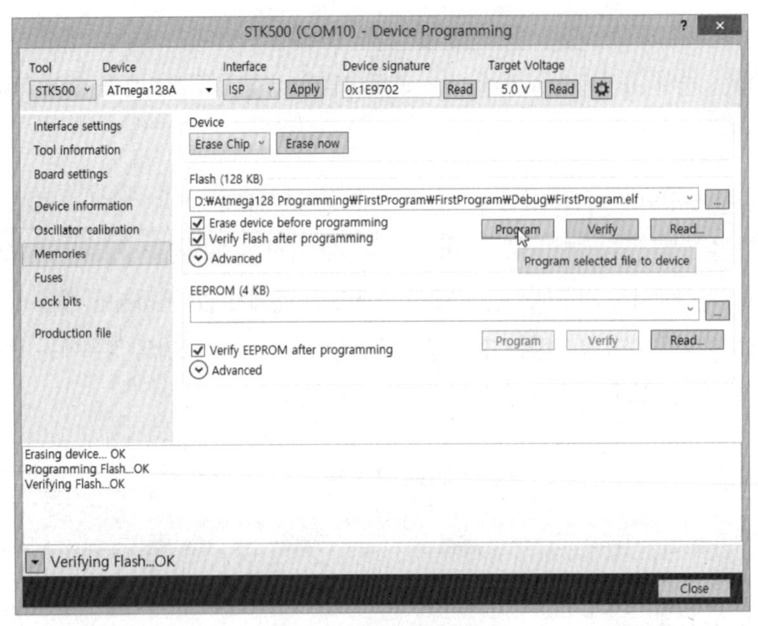

그림 3-23 **프로그램 다운로드**

프로그램을 작성해서 업로드하는 방법을 살펴보았다. 하지만 프로그램을 컴파일하고 디바이스 프로그래밍 다이얼로그를 통해 다운로드하는 것은 사실 귀찮은 작업이다.

보다 간단하게 컴파일과 다운로드를 진행하는 방법은 없을까? 솔루션 탐색기에서 프로젝트를 선택하고 마우스 오른쪽 버튼을 눌러 'Properties' 항목을 선택하자. 또는 Debug 메뉴의 가장 아래쪽에 있는 'Properties' 항목을 선택해도 된다.

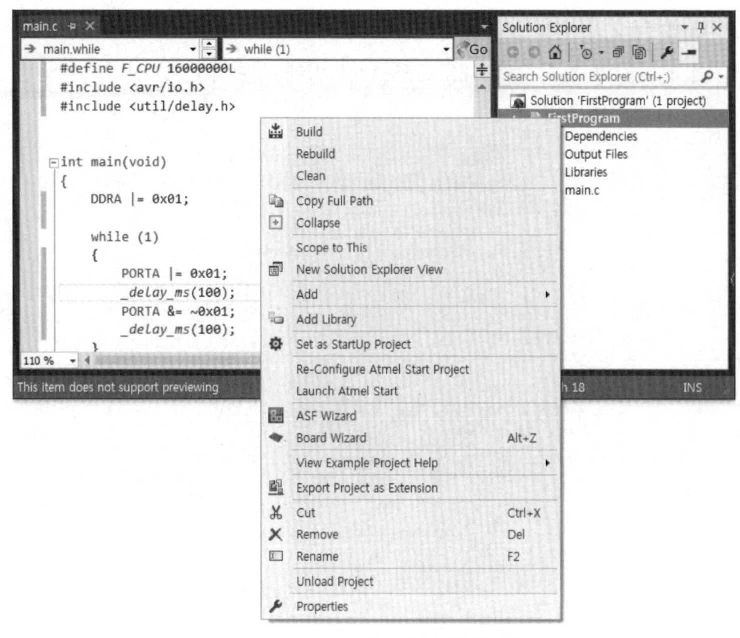

그림 3-24 **프로젝트 속성 설정 메뉴**

속성 창이 열리면 왼쪽 메뉴에서 'Tool'을 선택하고, 'Selected debugger/programmer' 항목에서 'STK500'과 'ISP'를 선택한다.

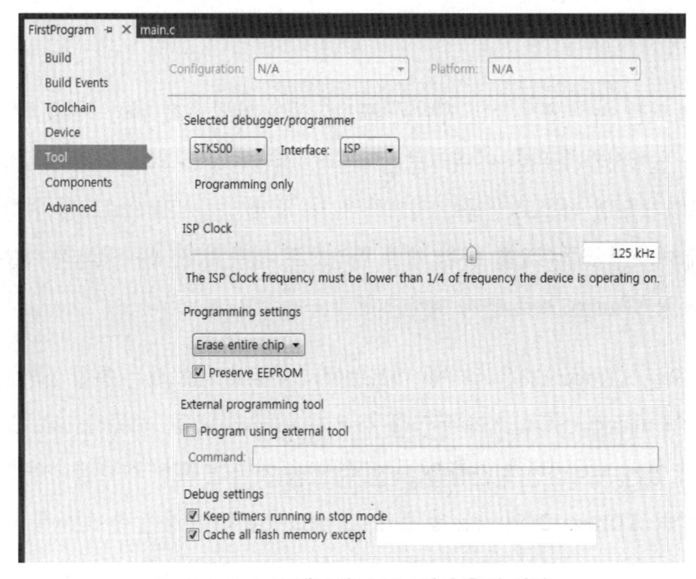

그림 3-25 **프로젝트의 프로그래머 옵션 설정**

프로그램 일부분을 수정했다면 이제 'Debug' 메뉴에서 'Start Without Debugging' 또는 툴바의 버튼(▶)을 눌러 컴파일과 프로그램 다운로드를 한 번에 진행시킬 수 있다.

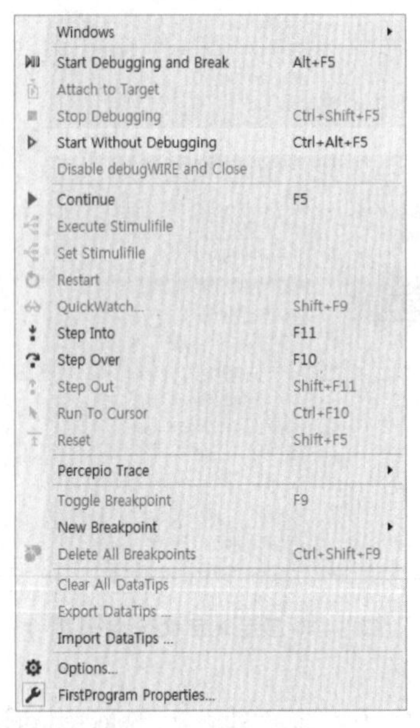

그림 3-26 **디버그 메뉴**

3.3 요약

마이크로컨트롤러를 위한 프로그램 개발은 프로그램을 개발하기 위한 통합 개발 환경, 개발된 프로그램을 실행시키기 위한 마이크로컨트롤러, 개발된 프로그램을 컴퓨터에서 마이크로컨트롤러로 옮기기 위한 다운로더 등이 필요하다. 이 책에서는 ATmega128을 위한 프로그램을 개발하기 위해 아트멜 스튜디오를 통합 개발 환경으로 사용하고, ISP 방식의 다운로더를 사용하여 프로그램을 ATmega128로 옮겨 설치한다.

아트멜 스튜디오는 ATmega128을 설계한 아트멜에서 무료로 배포하는 통합 개발 환경으로, 마이크로소프트의 비주얼 스튜디오와 동일한 사용자 인터페이스를 제공하므로 C/C++ 프로그램 작성 경험이 있는 독자라면 친근함을 느낄 수 있을 것이다. 또한 아트멜 스튜디오는 아트멜에서 제작한 만큼 ATmega128의 기능을 쉽게, 그리고 충분히 활용할 수 있도록 도와준다.

통합 개발 환경을 구축했다면 이제 ATmega128을 위한 프로그램 작성 방법을 알아볼 차례다. ATmega128을 위한 프로그램은 C 언어로 작성한다. 데스크톱 컴퓨터를 위한 C 프로그래밍과 기본적으로 동일하지만, 하드웨어 제어를 위한 측면이 강조되는 만큼 일부 흔히 사용하지 않는 문법이 마이크로컨트롤러를 위해 필요하다. ATmega128을 위한 프로그램을 작성할 준비가 되었다면 4장에서 프로그램 작성 방법을 알아보자.

연습 문제

1 이 책에서는 ATmega128을 위한 프로그램 개발에 사용할 수 있는 통합 개발 환경 중에서 ATmega128을 제작한 아트멜에서 무료로 배포하는 아트멜 스튜디오를 사용한다. 이외에도 여러 가지 상용 통합 개발 환경을 사용할 수 있다. 상용 통합 개발 환경은 아트멜 스튜디오에 포함되어 있는 크로스 컴파일러에 비해 효율성이 뛰어나다고 알려진 것들도 있다. 아트멜 스튜디오 이외에 ATmega128을 위해 사용할 수 있는 통합 개발 환경을 알아보자.

2 아트멜 스튜디오에 포함되어 있는 크로스 컴파일러는 GNU 컴파일러를 기반으로 하고 있다. GNU 컴파일러는 1980년대 오픈소스 프로젝트인 GNU 프로젝트의 일환으로 시작된 컴파일러로, C 컴파일러에서 시작하여 현재 다양한 프로세서와 다양한 프로그래밍 언어를 지원하고 있다. GNU 프로젝트와 GNU의 자유 소프트웨어(free software)에 대해 알아보자.

CHAPTER

4 마이크로컨트롤러를 위한 C 언어

ATmega128을 위한 프로그램은 아트멜 스튜디오에서 C 언어를 사용하여 작성한다. C 언어는 하드웨어 관련 프로그래밍에 가장 적합한 언어로 알려져 있으며, 대부분의 마이크로컨트롤러를 위한 프로그래밍에서 사용하는 언어다. 마이크로컨트롤러를 위한 C 언어가 특별하지는 않지만, 사용하는 구문과 문법 등에서 일반적인 프로그래밍과는 약간의 차이가 있다. 이 장에서는 일반적인 C 프로그래밍과 비교하여 ATmega128을 위한 프로그래밍에서 주의해야 할 점들을 알아본다.

ATmega128을 위한 프로그램은 C/C++ 언어로 작성할 수 있다. C/C++ 언어는 Java와 함께 프로그래밍 언어 중에서 가장 많이 사용하는 언어 중 하나다. Java가 인터넷의 보급에 따라 다양한 운영체제에서 동작할 수 있는 호환성을 중시한 언어라면, C/C++은 Java의 모태가 된 언어로 이전에 비해 사용 빈도가 줄어들기는 했지만 아직도 다양한 분야에서 사용하고 있다. 윈도우와 리눅스 같은 운영체제도 C 언어로 작성한 것이며, 마이크로컨트롤러를 포함하여 하드웨어와 관련된 분야에서는 아직도 대부분 C/C++ 언어를 사용한다. Java와 C/C++은 어느 것이 더 우수하다고 한마디로 잘라 말하기는 어려우며, 사용하고자 하는 분야에 맞게 골라 사용하면 된다. TIOBE[23]에서는 매월 프로그래밍 언어의 사용 빈도와 프로그래밍 언어의 동향에 관한 다양한 정보를 제공하고 있으므로 관심 있는 독자들은 방문해 보기를 추천한다.

ATmega128을 위한 프로그램을 작성하기 위해서는 C/C++ 언어를 사용할 줄 알아야 하는 것은 당연하다. C++ 언어는 코드의 재사용성을 높여 프로그램 작성 과정이 간단한 반면 일반적으로 C 언어에 비해 컴파일 후 실행 파일의 크기가 커지는 경우가 많다. 간단한 제어장치를 만드는 용도로는 C 언어로도 충분하므로 이 책에서는 C 언어를 사용한다. C 언어 자체를 설명하는 것은 이 책의 범위를 벗어나므로 이 장에서는 ATmega128을 위한 프로그램 작성에 필요한 C 언어의 기본적인 내용들과 더불어 일반적으로 C 언어를 사용하여 프로그램을 작성하는 경우와 다른 점을 위주로 살펴본다. C 언어에 대한 보다 자세한 내용은 C 언어 책을 참고하기 바란다.

4.1 C 언어 테스트 환경

마이크로컨트롤러를 위한 프로그램은 마이크로컨트롤러에서 실행된다. 일반적으로 C 언어로 작성한 프로그램은 컴퓨터에서 실행되며, 컴퓨터의 명령 창(또는 콘솔(console))에 printf 함수를 통해 메시지를 출력함으로써 그 결과를 쉽게 확인할 수 있다. 하지만 마이크로컨트롤러에는 컴퓨터와 달리 화면이 존재하지 않는다. 따라서 마이크로컨트롤러에서 출력하는 메시지를 컴퓨터로 전달하여 컴퓨터에서 확인해야 한다. ISP 방식 다운로더를 통해 컴퓨터와 마이크로컨트롤러를 연결하여 프로그램을 다운로드했지만, 다운로더는 글자 그대로 프로그램을 다운로드하기 위해서 사용하는 것이지 메시지 전달을 위해서는 사용하기 어렵다. 대신 마이크로컨트롤러는 UART 시리얼 통신을 통해 컴퓨터로 메시지를 보낼 수 있으며, 컴퓨터는 USB를 통해 전달된 메시지를 받아 출력할 수 있다. 다만 UART와 USB는 그 방식에서 차이가 나므로 상호 변환을 위한 장치가 필요하다. 이 책에서 사용하는 ATmega128 보드에는 UART와 USB 변환을 위한 칩이 포함되어 있으므로 컴퓨터와 마이크로컨트롤러의 USB 연결만으로 메시지를 주고받을 수 있다. 한 가지 주의할 점은 ATmega128에는 UART 통신을 위한 2개의 포트 'UART0'와 'UART1'이 존재한다는 점이다. 따라서 컴퓨터와의 통신을 위해 어느 포트를 사용할 것인지 선택해야 한다. 이 장에서는 UART0를 사용할 것이므로 UART 포트 선택 스위치를 RXD0 및 TXD0에 위치시켜야 한다.

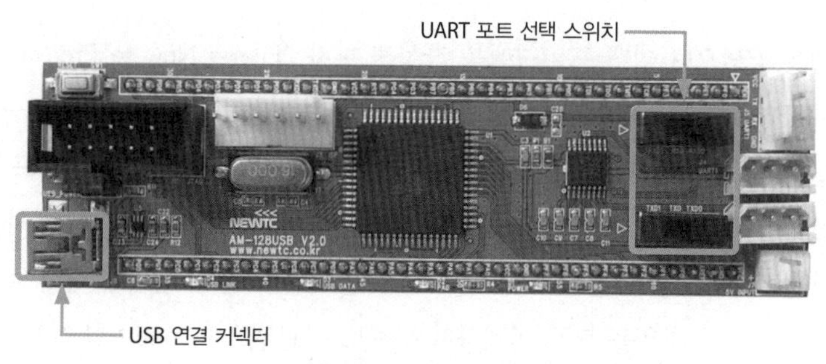

그림 4-1 **컴퓨터와의 통신을 위한 커넥터**

UART0를 사용하도록 스위치를 설정하고 ATmega128 보드를 USB 연결선으로 컴퓨터와 연결하자. ISP 방식 다운로더와 마찬가지로 USB/UART 변환 칩에 대한 드라이버가 자동으로 설치되고 가상의 COM 포트가 추가된다. 자동으로 설치되지 않는다면 제조사의 홈페이지의 자료실[24]에서 다운로드하면 된다. 여기서는 COM11이 할당된 것으로 가정한다. 장치 관리자를 살펴보면 ISP 방식의 다운로더와 USB/UART 변환 장치가 별도의 포트로 연결된 것을 확인할 수 있다.

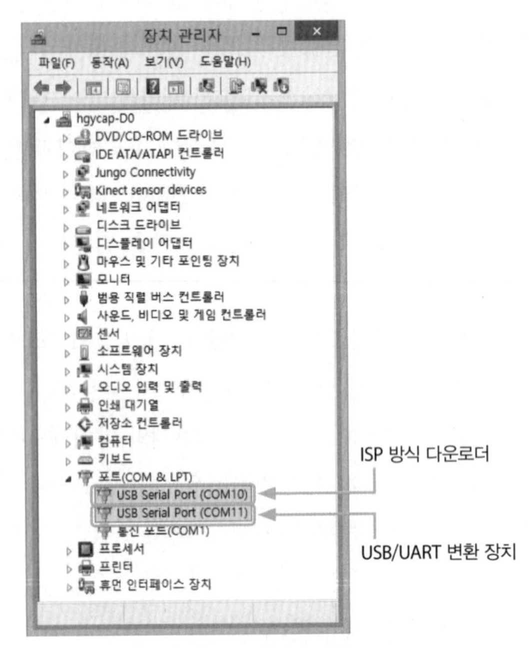

그림 4-2 **ATmega128 보드와 컴퓨터 연결에 따른 COM 포트**

하드웨어 연결은 끝났으니 이제 프로그램을 작성해 보자. 'File ➡ New ➡ Project...' 메뉴 항목을 선택하여 'CProgramming'이라는 이름으로 프로젝트를 생성하고, 코드 4-1을 main.c에 입력한다. 코드 4-1은 1초 간격으로 1씩 증가하는 정수값을 컴퓨터로 전달하는 프로그램의 예로, 데이터 전달을 위해 C 언어에서 흔히 사용하는 printf 함수를 사용하여 메시지를 출력한다. 이 장에서는 코드 4-1을 기본으로 마이크로컨트롤러를 위한 C 언어에 대해 알아보는 것이 목적이므로 코드 4-1의 내용을 모두 이해하지 못해도 상관없으며, main 함수 내의 사용자 작성 코드 부분에만 주목하면 된다. 이후 프로그램에서는 main 함수만 제시한다.

코드 4-1 **C 언어 연습을 위한 기본 코드**

```
#define F_CPU 16000000L
#include <avr/io.h>
#include <util/delay.h>
#include <stdio.h>

void UART0_init(void);
void UART0_transmit(char data);
FILE OUTPUT \
        = FDEV_SETUP_STREAM(UART0_transmit, NULL, _FDEV_SETUP_WRITE);

void UART0_init(void)
{
    UBRR0H = 0x00;                              // 9,600 보율로 설정
    UBRR0L = 207;

    UCSR0A |= _BV(U2X0);                        // 2배속 모드
    // 비동기, 8비트 데이터, 패리티 없음, 1비트 정지 비트 모드
    UCSR0C |= 0x06;

    UCSR0B |= _BV(RXEN0);                       // 송수신 가능
    UCSR0B |= _BV(TXEN0);
}

void UART0_transmit(char data)
{
    while( !(UCSR0A & (1 << UDRE0)) );          // 송신 가능 대기
    UDR0 = data;                                // 데이터 전송
}

int main(void)
{
    UART0_init();                               // UART0 초기화
    stdout = &OUTPUT;                           // printf 사용 설정

/****************    사용자 작성 코드 시작    ****************/
    unsigned int count = 0;
    while(1)
    {
        printf("%d\n\r", count++);
        _delay_ms(1000);
    }
/****************    사용자 작성 코드 끝    *****************/

    return 0;
}
```

코드 4-1은 1초 간격으로 1씩 증가하는 값을 UART 시리얼 통신을 통해 컴퓨터로 전달한다. 컴퓨터는 USB 연결을 통해 가상의 COM 포트를 생성하여 값을 받아들인다. 컴퓨터가 값을 받아들이기는 하지만 값을 확인하기 위해서는 흔히 터미널 프로그램(terminal program)이라 부르는 별도의 프로그램이 필요하다. 터미널 프로그램은 COM 포트를 통해 데이터의 송수신을 가능하게 해 주는 프로그램이다. 터미널 프로그램에는 여러 종류가 있지만, 이 책에서는 PuTTY를 사용한다.[25] PuTTY는 무료로 사용할 수 있으며, 설치가 필요 없어 간편하게 사용할 수 있다.

PuTTY를 다운로드하여 실행해 보자. PuTTY를 실행하면 접속 설정을 위한 창이 나타난다.

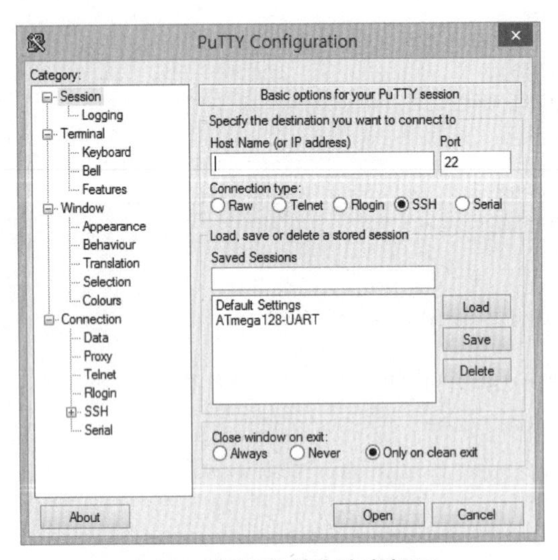

그림 4-3 **PuTTY 설정 다이얼로그**

'Category' 항목 중 'Connection'에서 가장 아래쪽의 'Serial'을 선택하고 연결하고자 하는 포트와 속도를 설정한다. ATmega128 보드의 USB/UART 변환 장치는 COM11에 연결되어 있으므로 COM11로 변경하고, 통신 속도는 9,600보율, 8비트 데이터 비트, 1비트 정지 비트, 패리티는 사용하지 않는 것으로 설정한다. 포트 번호 이외의 값은 디폴트로 설정된 값과 동일하므로 수정하지 않아도 된다.

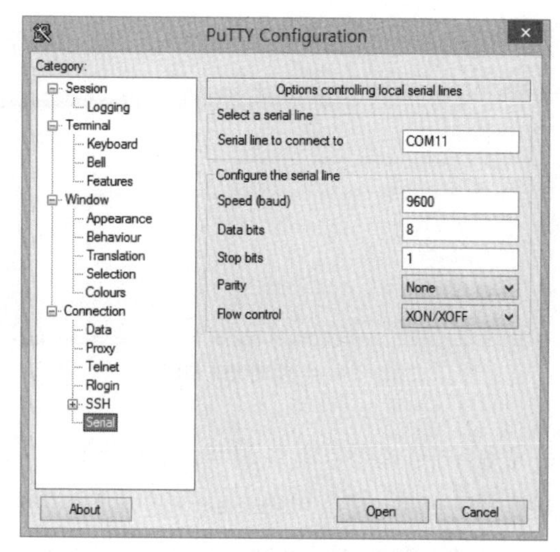

그림 4-4 **UART 시리얼 통신을 위한 설정**

'Category' 항목 중 'Session'을 선택한 후 'Connection'에서 'Serial'을 선택하면 그림 4-4에서 설정한 내용이 표시된다.

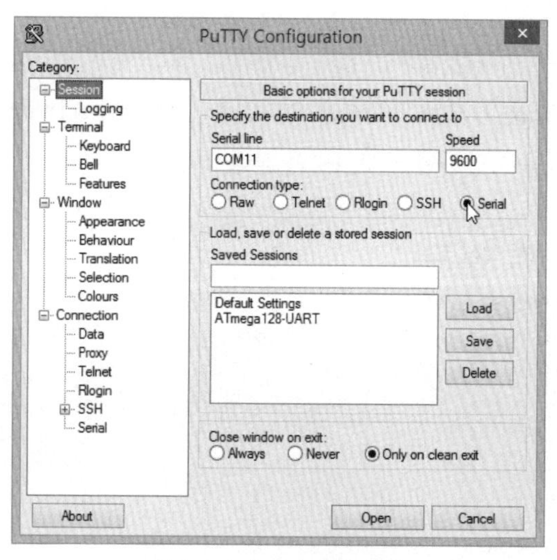

그림 4-5 **Serial 연결 선택**

'Open' 버튼을 누르면 COM11 포트를 통해 수신되는 값이 화면에 출력되는 것을 확인할 수 있다.

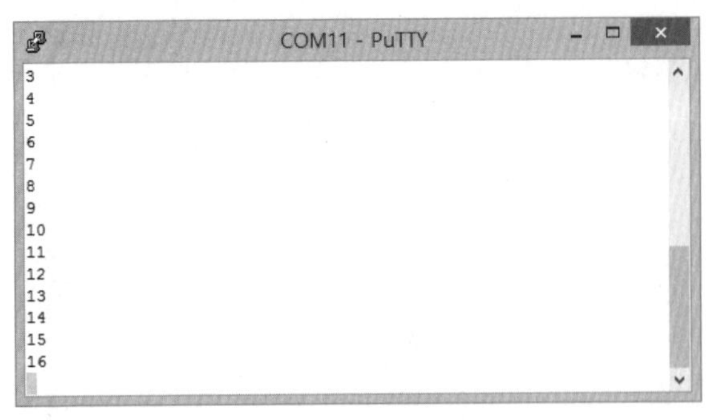

그림 4-6 **수신 데이터 확인**

일반적인 C 프로그램은 컴퓨터에서 실행되고 컴퓨터의 명령 창으로 직접 메시지를 출력하는 반면, 마이크로컨트롤러를 위한 프로그램은 마이크로컨트롤러에서 실행되고 UART 시리얼 통신을 통해 컴퓨터가 메시지를 수신한 후 이를 (명령 창에 해당하는) 터미널 프로그램으로 출력한다는 것을 꼭 기억하기 바란다.

4.2 프로그램의 기본 구조

코드 4-1의 내용을 모두 이해할 필요는 없다고 했지만, 코드 4-1에는 ATmega128을 위한 프로그램에서 기본적인 요소들을 모두 포함하고 있다. 코드 4-1에서 ATmega128을 위한 프로그램의 핵심이 되는 내용들을 요약하면 코드 4-2와 같다.

코드 4-2 **ATmega128을 위한 핵심 코드**

```
1   #define F_CPU 16000000L
2   #include <avr/io.h>
3   #include <util/delay.h>
4
5   int main(void)
6   {
7       while(1)
8       {
9           // 반복 실행 부분
10      }
11
12      return 0;
13  }
```

코드 4-2는 크게 전처리 문장(#include, #define)과 main 함수의 두 부분으로 나누어 볼 수 있다. 포함된 (include) 헤더 파일 중 'io.h' 파일에는 ATmega128 프로그래밍에서 사용하는 레지스터와 레지스터의 비트 이름들이 정의되어 있고, 'delay.h' 파일에는 시간 지연을 위한 함수 선언이 포함되어 있다. #define 문장은 ATmega128이 동작하는 클록 주파수(frequency)를 정의하는 문장이다. 이 책에서 ATmega128은 16MHz 속도로 동작하는 것을 기본으로 하며, F_CPU 상수는 1초 동안 생성되는 클록의 개수를 나타낸다.

main 함수는 while문을 중심으로 while문 이전의 초기화 부분, while문, 그리고 while문 이후 return문의 세 부분으로 이루어져 있다. C 언어에서 가장 먼저 실행되는 함수는 main 함수이므로 프로그램이 실행될 때 가장 먼저 실행되는 부분은 초기화 부분이다. 초기화 부분에서는 변수의 초기화나 레지스터 설정 작업 등을 수행한다.

while문의 조건 부분에는 '1'이 들어 있다. C 언어에서 영(0)이 아닌 모든 정수는 참(true)으로 간주되므로 while(1) 문장은 무한 루프를 형성하며, 이를 '메인 루프' 또는 '이벤트 루프'라고 부른다. 마이크로컨트롤러의 프로그램은 일반적으로 전원이 꺼질 때까지 종료하지 않으며, 메인 루프에서 주변장치로부터 데이터를 받아 이를 처리하고 출력하는 일을 반복한다.

무한 루프가 존재한다면 마지막 return문은 언제 실행될까? return문은 결코 실행되지 않는다. 컴퓨터에서 동작하는 프로그램의 경우 실행 결과를 운영체제에 알려 주기 위해 main 함수에서 특정한 값을 반환하지만, 마이크로컨트롤러에는 운영체제가 없을뿐더러 결코 종료하지 않는 단 하나의 프로그램만이 존재하므로 값을 반환하는 경우는 없다. 단지 C 프로그래밍의 관례에 따라 return문을 사용하고 있을 뿐이다.

그림 4-7은 마이크로컨트롤러를 위한 프로그램의 구조를 요약한 것이다.

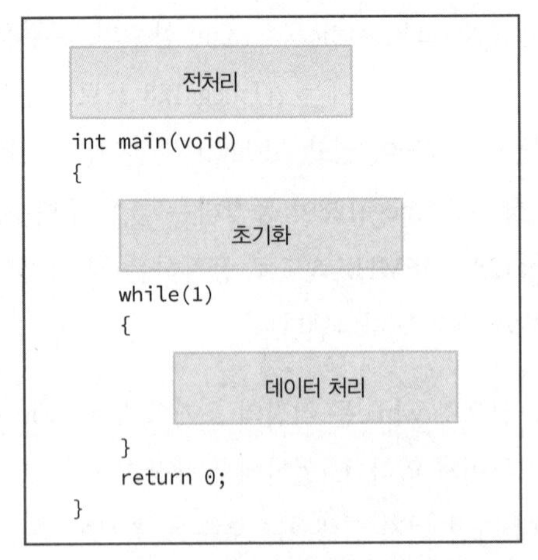

그림 4-7 **마이크로컨트롤러를 위한 프로그램의 구조**

4.3 마이크로컨트롤러를 위한 C 언어

이 책에서는 아트멜 스튜디오에서 C 언어를 사용하여 ATmega128을 위한 프로그램을 작성한다. 비주얼 스튜디오에서 C 언어로 프로그램을 작성해 본 경험이 있다면 아트멜 스튜디오에서 ATmega128을 위한 프로그램을 작성하는 일이 그리 낯설지는 않을 것이다. 하지만 ATmega128은 8비트의 CPU를 포함하고 있다는 점에서 64비트 CPU인 인텔의 최신 CPU와 차이가 있으며, 마이크로컨트롤러를 위한 프로그램에서는 비트 연산이 많이 사용된다는 점에서도 차이가 있다. 이 절에서는 C 언어에 대해 간략히 정리하면서 일반적인 C 프로그래밍과의 차이점을 위주로 설명한다.

1 데이터 타입

ATmega128을 위한 프로그램은 C 언어를 기반으로 하고 있으므로 사용할 수 있는 데이터 타입은 기본적으로 C 언어와 동일하다. 다만 ATmega128은 8비트의 CPU를 포함하고 있으므로 동일한 데이터 타입이라도 필요로 하는 메모리의 크기는 일반적인 C 언어와 다를 수 있다. 표 4-1은 ATmega128 프로그래밍에서 사용되는 데이터 타입을 요약한 것으로, 일반적인 컴퓨터와 비교했을 때 8비트 CPU를 포함하고 있는 ATmega128의 메모리 요구량이 적다는 것을 알 수 있다.

표 4-1 **데이터 타입**

데이터 타입	크기(바이트)		설명
	ATmega128	윈도우 플랫폼 컴퓨터	
char	1	1	문자형
int	2	4	정수형
short	2	2	정수형
long	4	4	정수형
float	4	4	단정도 실수형
double	4	8	배정도 실수형

코드 4-3은 ATmega128에서 각 데이터 타입의 크기를 출력하는 프로그램의 예다.

코드 4-3 **각 데이터 타입의 크기**

```
int main(void)
{
    UART0_init();                               // UART0 초기화
    stdout = &OUTPUT;                           // printf 사용 설정

    printf("** Size of Data Types\n\r");
    printf("%d\n\r", sizeof(char));
    printf("%d\n\r", sizeof(int));
    printf("%d\n\r", sizeof(short));
    printf("%d\n\r", sizeof(long));
    printf("%d\n\r", sizeof(float));
    printf("%d\n\r", sizeof(double));

    while(1){}
    return 0;
}
```

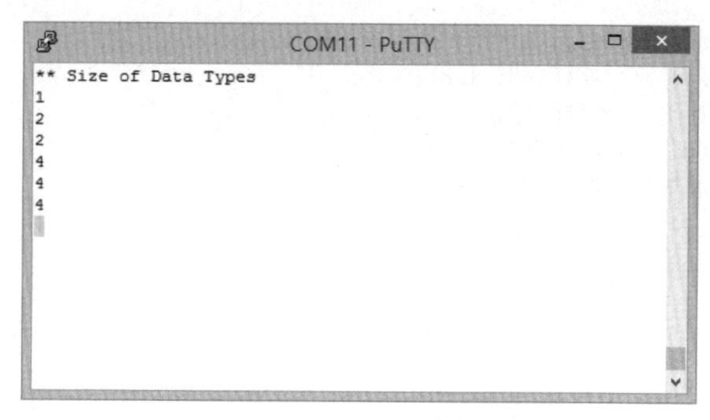

그림 4-8 **코드 4-3 실행 결과**

코드 4-3을 보면 각 printf 문장에서는 2개의 개행 문자인 '\n'과 '\r'을 함께 사용하고 있다. '\r'은 carriage return(아스키코드 13)으로 커서를 행의 첫 번째 칸으로 옮기는 역할을 하고, '\n'은 new line(아스키코드 10)으로 다음 행으로 이동시키는 역할을 한다. 윈도우 환경에서는 '\n'이 두 가지 역할을 모두 수행하므로 일반적으로 '\n'만을 사용하지만, PuTTY의 경우에는 디폴트로 2개의 개행 문자를 모두 사용해야 윈도우 환경에서의 '\n'의 효과를 얻을 수 있다.

표 4-1에서 알 수 있듯이 컴퓨터와 ATmega128에서 서로 다른 메모리를 필요로 하는 데이터 타입에는 int와 double이 있다. ATmega128에서 int는 2바이트 메모리를 사용하므로 –32,768 (-2^{15})에서 32,767($2^{15} - 1$) 사이의 값을 사용할 수 있다. 반면 컴퓨터에서는 4바이트 메모리를 사용하므로 최대 약 21억($2^{31} - 1$)의 값을 표현할 수 있다. 따라서 ATmega128에서 int 타입을 사용하는 경우 범위에 유의해야 한다. 이는 실수를 사용하는 경우도 마찬가지다. ATmega128에서 float와 double은 동일한 크기의 메모리를 사용하므로 컴퓨터와 비교했을 때 표현할 수 있는 유효 숫자가 적다는 것에 주의해야 한다. 또한 실수 연산은 일반적으로 많은 시간을 필요로 하므로 느린 속도로 동작하는 마이크로컨트롤러에서는 가능한 피하는 것이 좋다.

코드 4-3에서는 정수만을 출력하고 있다. printf 함수를 사용하여 다른 데이터 타입을 출력하는 것도 가능하지만, 몇 가지 설정이 필요하다. 먼저 코드 4-4를 입력하고 ATmega128에 다운로드하여 실행해 보자.

코드 4-4 printf 함수로 여러 종류의 데이터 타입 출력

```
int main(void)
{
    UART0_init();                                   // UART0 초기화
    stdout = &OUTPUT;                               // printf 사용 설정

    char str[100] = "Test String";

    printf("** Data Types...\n\r");
    printf("Integer   : %d\n\r", 128);
    printf("Float     : %f\n\r", 3.14);
    printf("String    : %s\n\r", str);
    printf("Character : %c\n\r", 'A');

    while(1){}
    return 0;
}
```

코드 4-4의 실행 결과는 그림 4-9와 같다. 다른 데이터 타입의 경우 문제가 없지만 실수의 경우 정상적으로 출력되지 않는다.

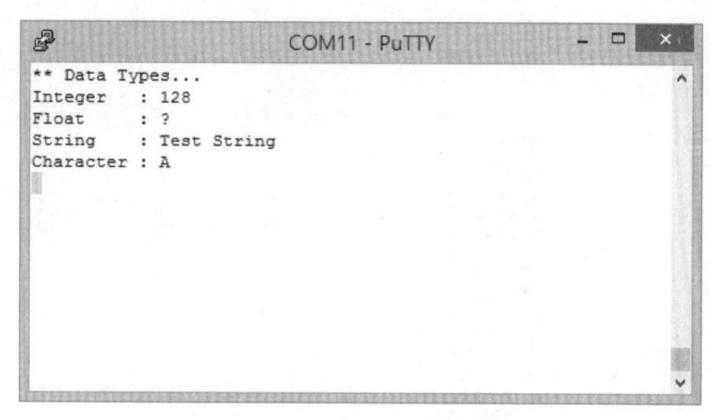

그림 4-9 **코드 4-4 실행 결과**

실수를 printf 함수를 사용하여 출력하기 위해서는 라이브러리를 추가해야 한다. 먼저 프로젝트의 속성에서 'Toolchain ➡ AVR/GNU Linker ➡ Libraries'를 선택하고, 라이브러리 추가 버튼( )을 눌러 'libprintf_flt'를 추가한다.

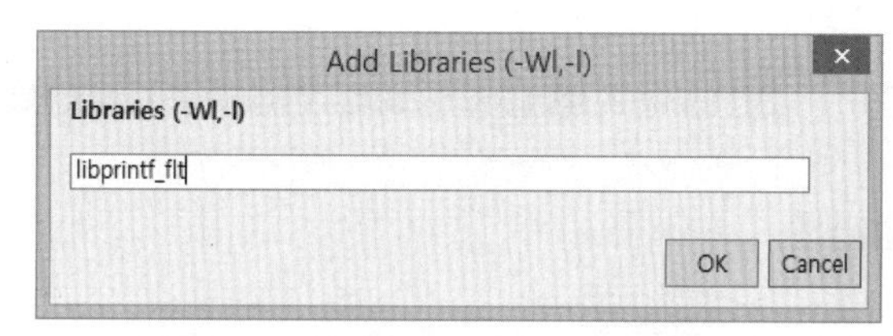

그림 4-10 **라이브러리 추가 다이얼로그**

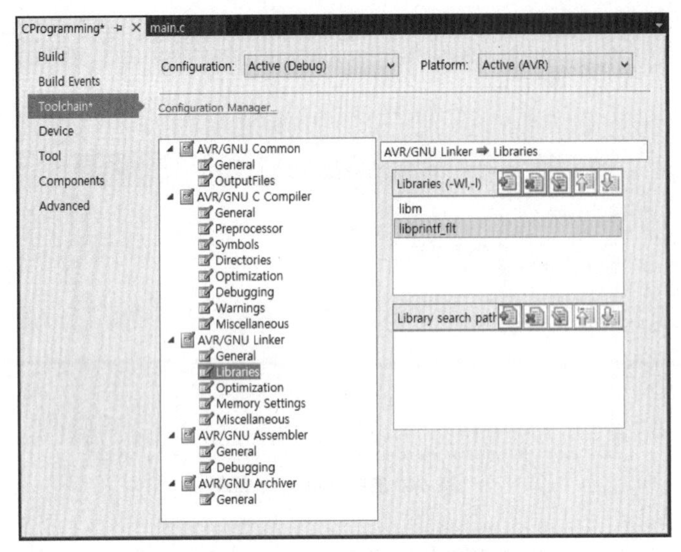

그림 4-11 **라이브러리 추가 화면**

다음은 'Toolchain ➡ AVR/GNU Linker ➡ General'을 선택하고 'Use vprintf library' 옵션을 선택한다.

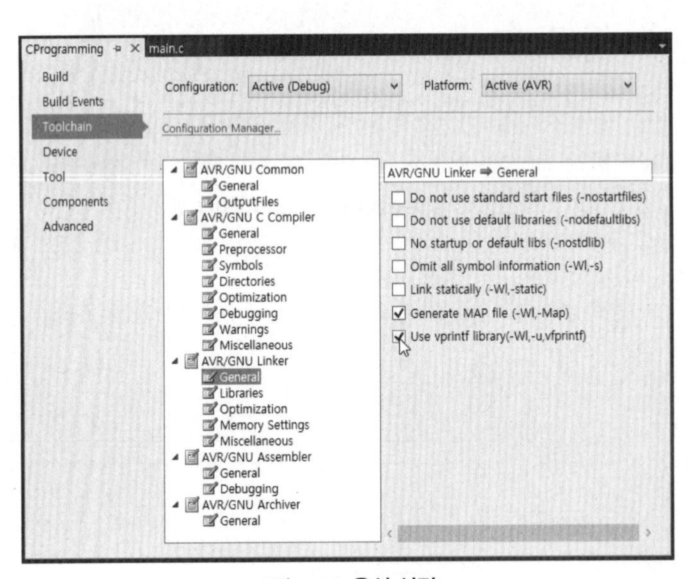

그림 4-12 **옵션 설정**

이제 다시 실행해 보면 실수가 정확하게 출력되는 것을 확인할 수 있다.

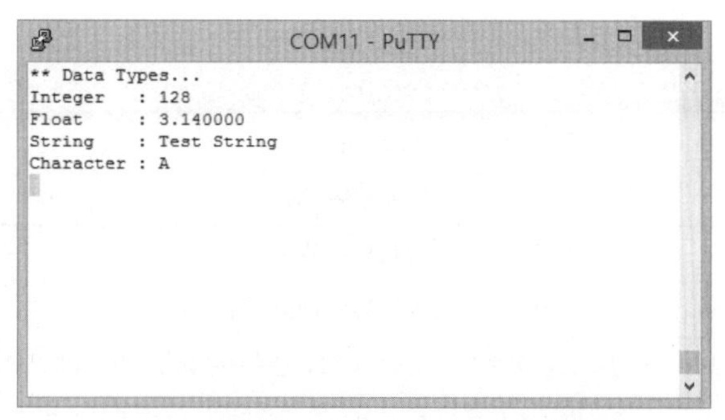

그림 4-13 **옵션 수정 후 코드 4-4 실행 결과**

2 연산자

마이크로컨트롤러 프로그래밍에서 사용할 수 있는 연산자는 C에서 사용하는 연산자들을 모두 사용할 수 있으며, 산술 연산자, 비교 연산자, 논리 연산자, 비트 연산자, 복합 연산자 등으로 나눌 수 있다. 표 4-2는 C에서 제공하는 연산자를 요약한 것이다.

표 4-2 **연산자**

연산자		의미	비고
산술 연산자	+	더하기	
	-	빼기	
	*	곱하기	
	/	나누기	
	%	나머지	정수형만 가능
	=	대입	비교 연산자 '=='와 구별됨
비교 연산자	>	크다	
	>=	크거나 같다	
	<	작다	
	<=	작거나 같다	
	==	같다	
	!=	다르다	
논리 연산자	&&	AND	논리 곱
	||	OR	논리 합
	!	NOT	논리 부정

표 4-2 **연산자 (계속)**

<table>
<tr><th colspan="3">연산자</th><th>의미</th><th>비고</th></tr>
<tr><td rowspan="6">비트 연산자</td><td rowspan="4">비트 논리 연산</td><td>&</td><td>비트 AND</td><td>비트 단위 AND</td></tr>
<tr><td>|</td><td>비트 OR</td><td>비트 단위 OR</td></tr>
<tr><td>^</td><td>비트 XOR</td><td>비트 단위 XOR</td></tr>
<tr><td>~</td><td>비트 NOT</td><td>비트 단위 NOT(1의 보수)</td></tr>
<tr><td rowspan="2">비트 이동 연산</td><td><<</td><td>왼쪽으로 이동</td><td>a << n: a를 왼쪽으로 n비트 이동하고 오른쪽은 0으로 채움</td></tr>
<tr><td>>></td><td>오른쪽으로 이동</td><td>a >> n: a를 오른쪽으로 n비트 이동하고 왼쪽은 0으로 채움</td></tr>
<tr><td rowspan="10">복합 대입 연산자</td><td rowspan="5">산술 연산</td><td>+=</td><td>a += b;</td><td>a = a + b;</td></tr>
<tr><td>-=</td><td>a -= b;</td><td>a = a - b;</td></tr>
<tr><td>*=</td><td>a *= b;</td><td>a = a * b;</td></tr>
<tr><td>/=</td><td>a /= b;</td><td>a = a / b;</td></tr>
<tr><td>%=</td><td>a %= b;</td><td>a = a % b;</td></tr>
<tr><td rowspan="5">비트 연산</td><td>&=</td><td>a &= b;</td><td>a = a & b;</td></tr>
<tr><td>|=</td><td>a |= b;</td><td>a = a | b;</td></tr>
<tr><td>^=</td><td>a ^= b;</td><td>a = a ^ b;</td></tr>
<tr><td><<=</td><td>a <<= b;</td><td>a = a << b;</td></tr>
<tr><td>>>=</td><td>a >>= b;</td><td>a = a >> b;</td></tr>
<tr><td colspan="2" rowspan="2">증감 연산자</td><td>++</td><td>a++;</td><td>a = a + 1;</td></tr>
<tr><td>--</td><td>a--;</td><td>a = a - 1;</td></tr>
</table>

산술 연산자를 사용할 때 정수형 사이의 연산 결과는 정수라는 것에 주의해야 한다. 'float result = 3 / 2;'라는 문장을 실행하는 경우 결과값인 result가 float형 변수이므로 1.5라는 값이 저장될 것이라 생각하지만, '3 / 2'를 실행했을 때 나눈 결과는 1.5가 아니라 1로 정해지므로 float형 변수에 대입한다 하더라도 1.5가 되지는 않는다.

코드 4-5는 정수와 실수의 나눗셈을 비교한 것으로, 나눗셈의 피연산자 중 적어도 하나가 실수여야만 결과가 실수가 된다는 것을 알 수 있다.

코드 4-5 **정수와 실수 나눗셈**

```
int main(void)
{
    UART0_init();                          // UART0 초기화
    stdout = &OUTPUT;                      // printf 사용 설정

    float r1, r2, r3, r4;

    r1 = 3 / 2;
    r2 = 3.0 / 2;
    r3 = 3 / 2.0;
    r4 = 3.0 / 2.0;

    printf("Result 1 : %f\n\r", r1);
    printf("Result 2 : %f\n\r", r2);
    printf("Result 3 : %f\n\r", r3);
    printf("Result 4 : %f\n\r", r4);

    while(1){}
    return 0;
}
```

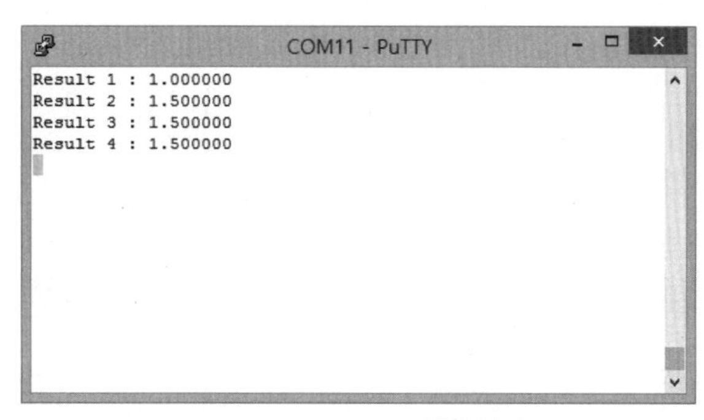

그림 4-14 **코드 4-5 실행 결과**

산술 연산자 중 대입 연산자 '='와 비교 연산자 중 같다는 의미의 '=='의 혼동 역시 흔한 오류 중 하나다. 수학에서와 다르게 '='는 오른쪽의 연산 결과를 왼쪽으로 대입하는 연산자이며, 수학에서 동일한 값을 나타내기 위해 사용하는 'equal'에 해당하는 C 연산자는 '== '라는 것에 유의해야 한다.

코드 4-6은 대입 연산자와 등치 연산자를 혼동해서 발생하는 흔한 오류의 예를 보여 주는 것이다. 대입 연산의 결과로 반환되는 값은 연산의 결과로 대입되는 결과 자체인 반면, 등치 연산의

결과는 참(영(0) 이외의 정수값) 또는 거짓(영(0)의 정수값) 중 하나의 값을 가지게 된다. 참과 거짓은 1비트로 표현이 가능하지만, C 언어에서 처리가 가능한 최소 단위는 바이트이므로 참과 거짓 역시 바이트 단위의 메모리를 필요로 한다. C 언어에서는 참 또는 거짓의 논리값을 다루기 위한 데이터 타입이 존재하지 않으므로 일반적으로 정수형 값인 일(1) 또는 영(0)으로 대신한다.

코드 4-6 **대입 연산자와 등치 연산자**

```
int main(void)
{
    UART0_init();                           // UART0 초기화
    stdout = &OUTPUT;                       // printf 사용 설정

    int n1 = 3, n2 = 5;

    if(n1 = n2){                            // 대입 연산자의 잘못된 사용
        printf("N1 is equal to N2 ??\n\r");
    }

    n1 = 3; n2 = 5;
    printf("Equal      : %d\n\r", n1 == n2);
    printf("Not Equal  : %d\n\r", n1 != n2);
    printf("Assignment : %d\n\r", n1 = n2);

    while(1){}
    return 0;
}
```

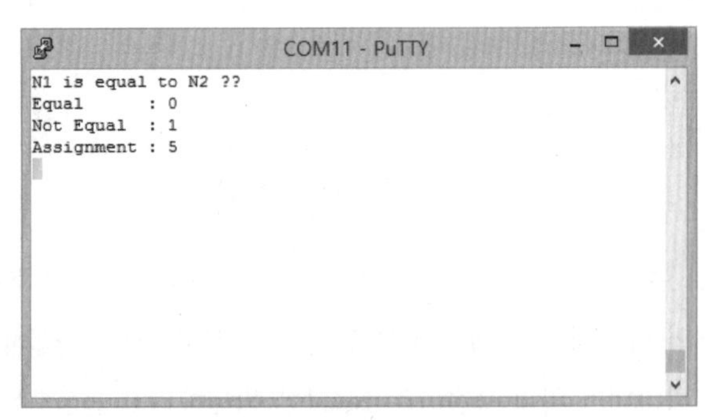

그림 4-15 **코드 4-6 실행 결과**

논리 연산자는 비교 연산자와 마찬가지로 그 결과가 참 또는 거짓으로 주어지며, 피연산자 역시 참과 거짓 중 하나의 값을 가져야 한다. 논리 연산자와 쉽게 혼동하는 연산자가 비트 연산자다. 비트 연산자는 글자 그대로 비트 단위의 논리 연산을 가능하게 해 주는 연산자다. 앞에

서 참이나 거짓의 논리값을 비트 단위로 저장하는 방법이 없어 바이트 크기의 메모리를 사용한다고 한 것을 기억하는가? 비트 연산자 역시 비트 단위 연산이 가능한 것은 사실이지만, 최소 바이트 단위 데이터를 대상으로 한다. 즉, 비트 연산자는 한 번에 논리 연산이 최소 여덟 번 이루어진다.

마이크로컨트롤러 프로그래밍에서는 일반 컴퓨터 프로그래밍과는 다르게 비트 연산을 많이 사용한다. 마이크로컨트롤러 프로그래밍 과정에서는 레지스터를 조작하는 작업이 많으며, 레지스터는 비트별로 그 의미가 다르게 지정되어 있는 경우가 많으므로 비트 단위 연산을 통해 특정 비트 값을 얻어 내거나 바꾸는 작업을 흔히 볼 수 있다. 비트 연산에 대해서는 4.4 비트 연산자에서 자세히 설명한다.

복합 연산자는 기존의 연산자들을 결합하여 짧게 표현할 수 있도록 축약한 것이다. 복합 연산자에는 대입 연산자와 산술 또는 비트 연산자를 결합한 복합 대입 연산자와 증가 또는 감소를 나타내는 증감 연산자가 있다. 복합 연산자를 사용할 때 주의할 점은 복합된 두 연산자를 붙여서 써야 한다는 점이다. '+='과 같이 두 연산자 사이에 공백이 포함되는 경우에는 오류가 발생한다. 이는 비교 연산자 중 '크거나 같다'를 표시하는 '>='의 경우도 마찬가지다.

3 제어문

C 프로그램은 위에서 아래로 순차적으로 실행되며, 이는 폰 노이만 구조에서의 순차 실행과 무관하지 않다. 하지만 프로그램 실행 중에 실행되는 문장의 순서는 바뀔 수 있으며, 실행의 흐름을 바꾸기 위해 사용하는 문장에는 조건문과 반복문이 있다. 조건문은 주어진 조건을 만족시키거나 만족시키지 않는 경우에만 특정 블록을 실행하는 것으로, if-else문과 switch-case문이 있다. 반복문은 특정 블록의 문장을 지정한 횟수만큼 또는 주어진 조건을 만족하는 동안 실행하기 위해 사용하며, while문, do-while문, for문이 있다.

조건문에서 if-else문과 switch-case문의 차이는 if-else문의 경우 참 또는 거짓의 논리값에 따라 실행의 흐름을 최대 2개로 나누는 반면, switch-case문의 경우에는 정수값에 의해 실행의 흐름을 임의의 정수 개로 나눌 수 있다는 점이다.

그림 4-16은 조건문의 흐름을 비교한 것으로 if-else문의 경우 2개의 흐름으로, switch-case문의 경우 3개의 흐름으로 나누는 것으로 가정했다.

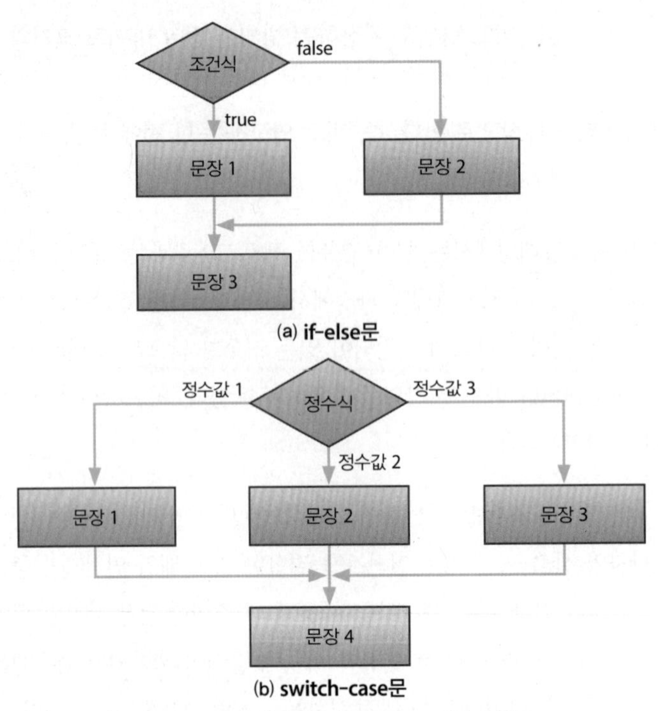

(a) **if-else문**

(b) **switch-case문**

그림 4-16 **if-else문과 switch-case문 흐름도**

조건에 의해 3개의 흐름으로 나누는 방법을 if-else문과 switch-case문으로 나타내면 그림 4-17과 같다. 그림에서 볼 수 있듯이 흐름의 개수가 많아질수록 if-else문보다는 switch-case문을 사용하는 것이 일관성 있고 이해하기도 쉽다.

```
if( 정수식 == 정수값 1 ){
    // 문장 1
}
else if( 정수식 == 정수값 2 ){
    // 문장 2
}
else if( 정수식 == 정수값 3 ){
    // 문장 3
}
// 문장 4
```

(a) **if-else문**

```
switch( 정수식 ){
    case 정수값 1:
        // 문장 1
        break;
    case 정수값 2:
        // 문장 2
        break;
    case 정수값 3:
        // 문장 3
        break;
}
// 문장 4
```

(b) **switch-case문**

그림 4-17 **if-else문과 switch-case문**

반복문 중 while문과 do-while문은 주어진 조건식을 만족하는 동안 문장을 반복 실행하기 위해 사용한다. 두 문장의 차이는 조건식을 검사하는 위치에 있다. while문은 조건 검사가 블록의 시작 부분에서 이루어지므로 while문 내에 있는 문장은 한 번도 실행되지 않을 수 있다. 반면 do-while문은 블록 끝에서 조건 검사가 이루어지므로 do-while문 내에 포함된 문장은 최소한 한 번 이상 실행된다.

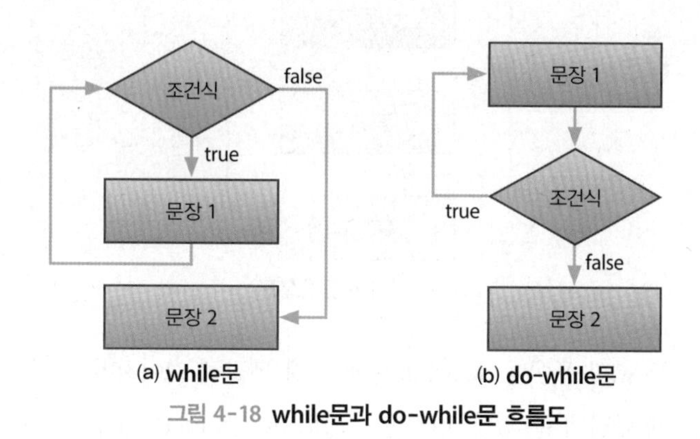

그림 4-18 **while문과 do-while문 흐름도**

while문과 do-while문에 의한 문장의 흐름을 비교한 것이 그림 4-19다.

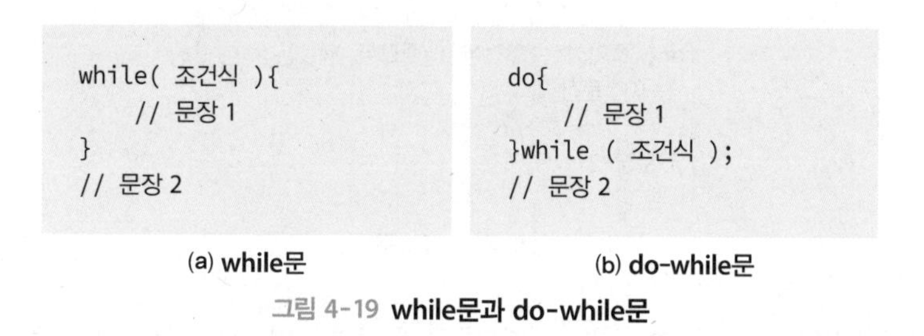

```
while( 조건식 ){
    // 문장 1
}
// 문장 2
```

(a) while문

```
do{
    // 문장 1
}while ( 조건식 );
// 문장 2
```

(b) do-while문

그림 4-19 **while문과 do-while문**

for문은 초기 조건, 반복 조건, 탈출 조건 등을 하나의 문장으로 기술할 수 있어 다양한 제어가 가능할 뿐만 아니라 유연성이 높아 반복문 중에서도 가장 많이 사용된다. 하지만 다양한 형식만큼 이해하기도 어려운 것도 사실이다. for문의 흐름을 나타낸 것이 그림 4-20이다.

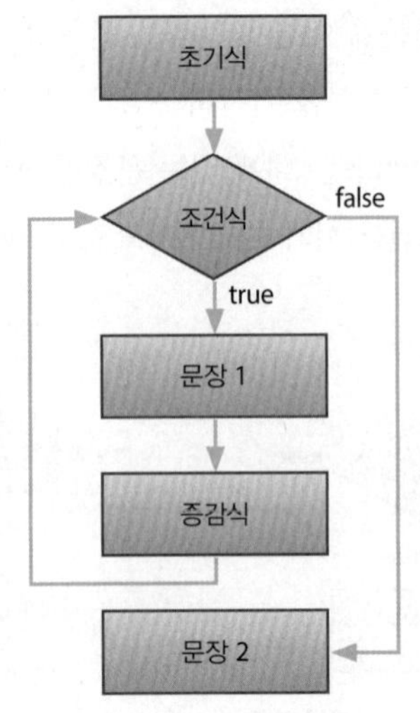

그림 4-20 **for문 흐름도**

그림 4-20의 흐름도는 while문이나 do-while문에 비해 복잡해 보이지만, 소스 코드로는 그림 4-21과 같이 간단하게 나타낼 수 있다. 하지만 실제로 하나의 for문 내에는 초기식, 조건식, 증감식 등 여러 문장이 함축되어 있다는 점을 잊지 말아야 한다.

```
for( 초기식 ; 조건식 ; 증감식 ){
    // 문장 1
}
// 문장 2
```

그림 4-21 **for문**

마이크로컨트롤러의 main 함수 내에는 무한 루프가 존재하며, while문을 사용하여 작성되었던 것을 기억할 것이다. 무한 루프는 다른 반복문으로도 작성할 수 있지만, while문을 사용하는 것이 가장 간단하면서도 이해하기 쉽다.

```
while(1){
    // 사용자 작성 부분
}
```

```
do{
    // 사용자 작성 부분
}while(1);
```

```
for( ; ; ){
    // 사용자 작성 부분
}
```

그림 4-22 **무한 루프**

코드 4-7은 세 가지 반복문을 사용하여 1부터 100까지의 합을 출력하는 프로그램의 예다. 모든 반복문을 하나의 프로그램에서 사용하는 경우는 흔하지 않지만, 무한 루프의 예에서와 같이 특정 상황에 적합한 반복문이 존재하는데, 일반적으로 for문을 가장 많이 사용한다.

코드 4-7 **세 가지 반복문 비교**

```
int main(void)
{
    UART0_init();                          // UART0 초기화
    stdout = &OUTPUT;                      // printf 사용 설정

    int count, sum;

    // do-while문 사용
    count = 1; sum = 0;
    do{
        sum += count;
        count++;
    }while(count <= 10);
    printf("do-while : %d\n\r", sum);

    // while문 사용
    count = 1; sum = 0;
    while(count <= 10){
        sum += count;
        count++;
    }
    printf("while    : %d\n\r", sum);

    // for문 사용
    for(int count = 1, sum = 0; count <= 10; count++){
        sum += count;
    }
    printf("for      : %d\n\r", sum);

    while(1){}
    return 0;
}
```

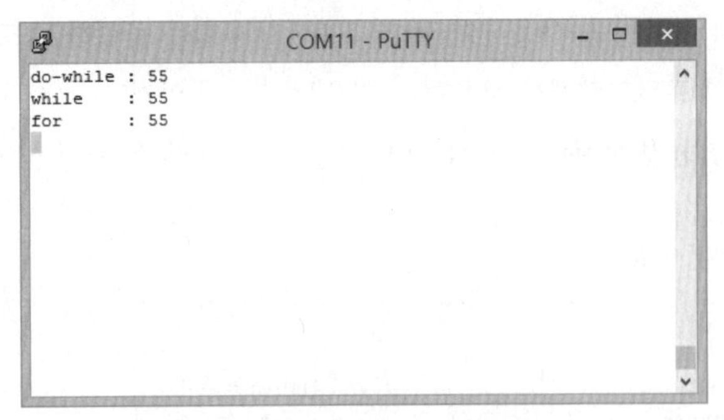

그림 4-23 **코드 4-7 실행 결과**

4 배열

C 언어에는 정수(int), 실수(float) 및 문자(char)를 다루기 위한 기본 데이터 타입이 정의되어 있다. 하지만 기본 데이터 타입의 변수에는 하나의 값만을 저장할 수 있으므로 동일한 유형의 데이터 여러 개를 한꺼번에 다루기가 불편하다. 반면 배열은 동일한 유형의 값 여러 개를 동일한 변수 이름과 색인(index)을 통해 읽고 쓸 수 있도록 해 준다. 학생 3명의 성적을 저장하고 평균을 구하기 위해 일반 변수와 배열 변수를 사용하는 경우를 생각해 보자.

```
int score1 = 80;
int score2 = 90;
int score3 = 100;

float average
    = (score1 + score2 + score3) / 3.0;
```

```
int score[3] = {80, 90, 100};
float average = 0;

for(int i = 0; i < 3; i++)
    average += score[i];
average /= 3.0;
```

그림 4-24 **일반 변수와 배열 변수를 사용한 평균 구하기**

배열을 사용하지 않는 경우가 더 쉬워 보일 수도 있다. 하지만 학생이 100명이라면 어떨까? 배열을 사용하지 않는다면 100개의 변수를 선언해야 하고, 100개의 변수는 모두 다른 이름을 가지므로 평균을 구하기 위해서는 100개의 변수 이름을 모두 사용해야 한다. 1,000명이라면 어떻게 될까? 배열을 사용하지 않는다면 거의 불가능한 일이다.

C 언어에서 배열을 사용할 때 가장 주의해야 할 점은 색인이 1이 아닌 0부터 시작한다는 점이다. 3개의 정수값을 저장할 수 있는 배열 변수는 그 크기를 지정하여 선언한다. 즉, 'int score[3];'과 같이 선언하지만, '3'이라는 숫자가 사용되는 경우는 배열을 선언할 때뿐이다. 실제로 값이 저장되는 색인값은 0부터 2까지다. 색인이 범위를 벗어나는 경우에는 예상치 못한 결과가 발생할 수 있으므로 주의해야 한다.

배열이 흔히 쓰이는 곳 중 하나는 문자열을 다루는 경우다. C 언어에서 하나의 문자를 저장하기 위해서는 char 타입을 사용한다. 하지만 문자열의 경우에는 그 길이가 정해져 있지 않은 문자가 연속되며, C 언어에서는 문자열을 다룰 수 있는 데이터 타입을 제공하지 않는다. 따라서 배열을 통해 문자열을 처리한다. 문자열을 다룰 때 주의할 점은 문자열의 길이가 정해져 있지 않으므로 배열의 크기는 가능한 가장 긴 문자열보다 1 이상 커야 한다는 점이다. 예를 들어 가장 긴 문자열이 10개의 문자로 구성되어 있다면 배열의 크기는 최소 11이 되어야 한다. 문자열의 길이는 일정하지 않다. 따라서 C 언어에서는 문자열의 끝을 표시하기 위해 NULL 문자인 '\0'을 사용하며, NULL 문자를 저장하기 위해 메모리를 필요로 한다. 크기 11인 문자형 배열을 선언했을 때 5개의 문자로 이루어진 문자열을 저장한다면 NULL 문자까지 6바이트만 사용한다. 나머지 5바이트는 어떻게 될까? 아쉽게도 다른 용도로 사용할 수 있는 방법은 없으므로 메모리를 낭비하게 된다. 따라서 배열을 사용하는 경우에는 가능한 낭비되는 메모리가 적도록 배열 크기 결정에 유의해야 한다.

코드 4-8은 배열을 사용하는 흔한 예로 정수값을 크기순으로 정렬하고 문자열을 출력하는 프로그램이다.

코드 4-8 **배열 사용**

```
int main(void)
{
    UART0_init();                               // UART0 초기화
    stdout = &OUTPUT;                           // printf 사용 설정

    int no[10] = {25, 41, 11, 8, 90, 87, 37, 52, 73, 63};

    for(int i = 0; i < 9; i++){                 // 정렬
        for(int j = i + 1; j < 10; j++){
            if(no[i] > no[j]){
                int temp = no[i];
                no[i] = no[j];
                no[j] = temp;
            }
        }
    }
```

```
    for(int i = 0; i < 10; i ++){
        printf("%d\n\r", no[i]);
    }

    char str[100] = "Test String";
    printf("%s\n\r", str);                    // 문자열 출력
    // sprintf로 형식화된 내용을 문자열로 저장
    sprintf(str, "The first element in array is %d", no[0]);
    printf("%s\n\r", str);

    while(1){}
    return 0;
}
```

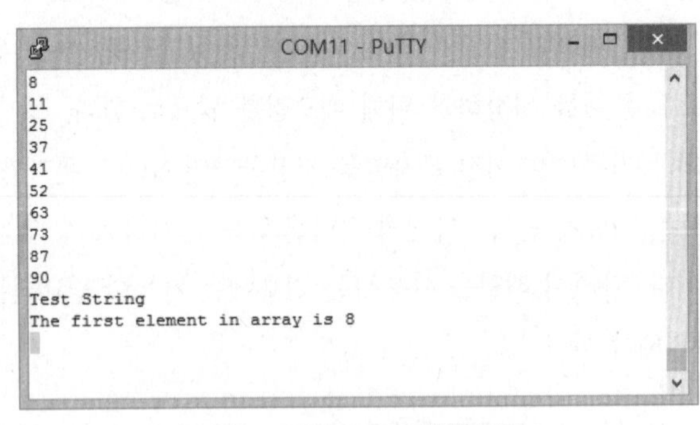

그림 4-25 **코드 4-8 실행 결과**

5 함수

C 언어는 함수 기반의 언어로 C 언어로 작성한 프로그램은 최소한 하나의 함수로 이루어지며, 이 함수가 바로 프로그램의 시작점을 나타내는 main 함수다. 코드 4-8에서도 main 함수를 확인할 수 있다.

C 언어에서의 함수는 수학에서의 함수와 유사하게 주어진 입력에 대하여 어떤 연산을 수행하고 출력을 낸다. 함수에서 입력은 매개변수로 표현되고 출력은 반환값으로 표현된다. C 언어에서의 함수는 0개 이상의 매개변수를 가질 수 있으며, 1개 이하의 반환값을 가질 수 있다. 함수에서 함수를 호출한 곳으로 결과를 알려 주기 위해 사용하는 명령어가 return이며, 매개변수가 없는 경우나 반환값이 없는 경우를 나타내기 위해 키워드 void를 사용한다. n개의 매개변수와 1개의 반환값을 가지는 C 언어 함수와 수학 함수를 비교하면 다음과 같다. 단, C 언어 함수에서 매개변수와 반환값은 모두 int 타입의 정수값을 가지는 것으로 가정한다.

```
// 수학 함수
y = f(x₁, x₂, ..., xₙ)

// C 언어 함수
int f(int x_1, int x_2, ..., int x_n)
```

C 언어에서 함수 사용은 선언, 정의, 호출의 세 가지로 구성된다. 함수 사용을 위해 C 언어에서는 함수의 정의(definition)나 선언(declaration) 중 하나가 함수 호출 이전에 반드시 나와야 한다. 함수의 정의는 실제 함수에서 수행하는 동작, 즉 함수의 몸체를 이야기한다. 반면 함수의 선언은 함수의 이름, 매개변수, 그리고 반환값만을 표시해 주면 된다. 코드 4-1에서 2개의 함수 UART0_init과 UART0_transmit를 사용했으며, 프로그램 시작 부분에 함수를 선언하고 있다.

```
// 함수 선언
void UART0_init(void);
void UART0_transmit(char data);
```

함수 정의는 그 아래에 나타나며 UART0_transmit 함수의 정의 부분은 다음과 같다.

```
// 함수 정의
void UART0_transmit(char data)
{
    while( !(UCSR0A & (1 << UDRE0)) );     // 송신 가능 대기
    UDR0 = data;                           // 데이터 전송
}
```

프로그램이 길어지면 하나의 소스 파일로 관리하는 것은 어려우므로 여러 개의 파일로 나누어서 관리하는 것이 일반적이다. 이때 함수 선언은 헤더 파일(*.h)에, 함수 정의는 소스 파일(*.c)에 나누어서 저장하고, 소스 파일에서는 헤더 파일을 포함(#include)하여 사용한다. 코드 4-1을 2개의 소스 파일로 나누어 보자. 먼저 솔루션 탐색기에서 프로젝트를 선택하고 마우스 오른쪽 버튼을 눌러 'Add ➡ New Item...'을 선택한다.

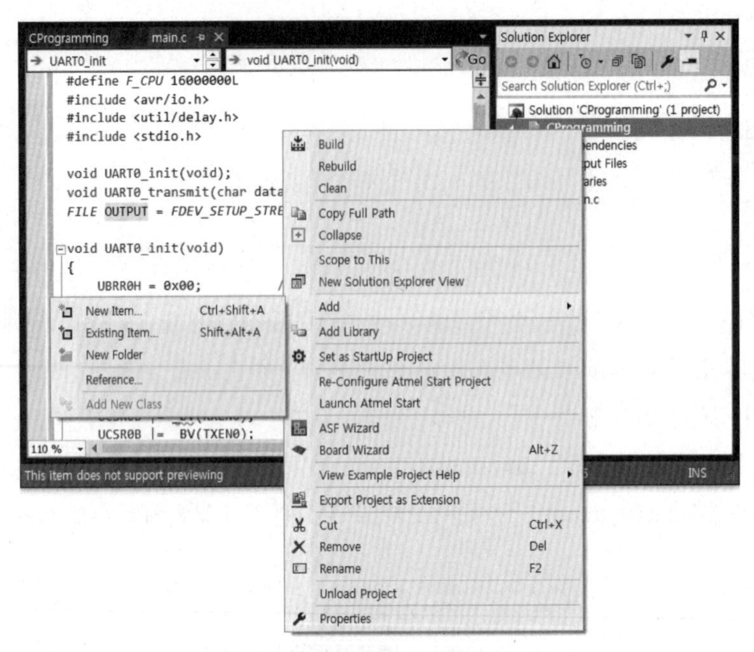

그림 4-26 **프로젝트에 새 항목 추가 메뉴**

printf 함수 지원을 위한 함수들을 포함할 *.c 파일을 먼저 추가해 보자. 파일의 이름은 'UART_support.c'로 지정한 것으로 가정한다.

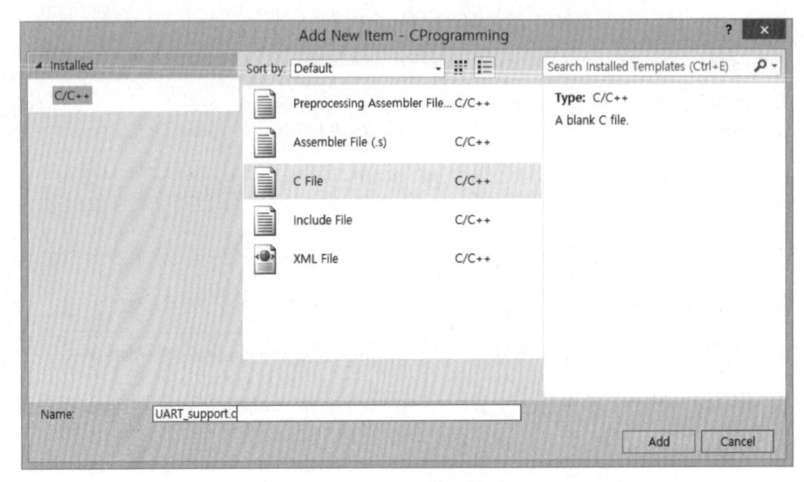

그림 4-27 **C 파일 추가**

동일한 방법으로 'UART_support.h' 파일도 추가하면 솔루션 탐색기에서 2개의 파일이 추가된 것을 확인할 수 있다.

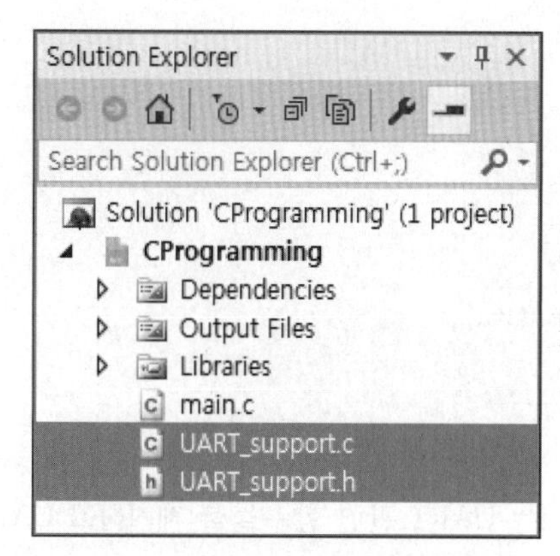

그림 4-28 **파일 추가 후 솔루션 탐색기**

UART_support.c 파일에는 UART 시리얼 통신을 지원하는 함수 정의를 포함시킨다.

코드 4-9 **UART_support.c**

```
#include <avr/io.h>

void UART0_init(void)
{
    UBRR0H = 0x00;                          // 9,600 보율로 설정
    UBRR0L = 207;

    UCSR0A |= _BV(U2X0);                    // 2배속 모드
    // 비동기, 8비트 데이터, 패리티 없음, 1비트 정지 비트 모드
    UCSR0C |= 0x06;

    UCSR0B |= _BV(RXEN0);                   // 송수신 가능
    UCSR0B |= _BV(TXEN0);
}

void UART0_transmit(char data)
{
    while( !(UCSR0A & (1 << UDRE0)) );      // 송신 가능 대기
    UDR0 = data;                            // 데이터 전송
}
```

UART_support.h 파일에는 함수의 선언을 포함시킨다. 헤더 파일에 기본적으로 들어 있는 전처리 지시자(#ifndef, #endif 등)는 동일한 헤더 파일을 여러 번 포함하는 것을 방지하기 위해 사용된 것이다.

코드 4-10 **UART_support.h**

```
#ifndef UART_SUPPORT_H_
#define UART_SUPPORT_H_

void UART0_init(void);
void UART0_transmit(char data);

#endif /* UART_SUPPORT_H_ */
```

마지막으로 main.c 파일에서는 UART 관련 함수들을 제거하고 UART_support.h 파일을 포함시키기만 하면 된다.

코드 4-11 **main.c**

```
#define F_CPU 16000000L
#include <avr/io.h>
#include <util/delay.h>
#include <stdio.h>

#include "UART_support.h"

FILE OUTPUT \
        = FDEV_SETUP_STREAM(UART0_transmit, NULL, _FDEV_SETUP_WRITE);

int main(void)
{
    UART0_init();                               // UART0 초기화
    stdout = &OUTPUT;                           // printf 사용 설정

    // 사용자 작성 부분
    unsigned int count = 0;
    while(1)
    {
        printf("%d\n\r", count++);
        _delay_ms(1000);
    }

    return 0;
}
```

실행 결과는 그림 4-6과 동일하다. 프로그램이 그리 길지 않다면 굳이 여러 개의 소스 파일로 나눌 필요는 없겠지만, 코드 4-1을 3개의 파일(2개의 소스 파일과 1개의 헤더 파일)로 기능에 따라 분리하면 프로그램을 관리하기 용이할 뿐 아니라 내용을 파악하기도 쉽다. 소스 파일이 길어질수록 그 장점을 실감할 수 있을 것이다.

4.4 비트 연산자

ATmega128이 데이터 핀을 통해 주변장치와 교환할 수 있는 데이터의 최소 단위는 비트다. 하지만 ATmega128 내부에서 수행하는 연산의 최소 단위는 바이트로, 한 번에 8개 비트, 즉 8개 핀으로 입출력되는 데이터를 처리할 수 있다. 8개의 LED가 8개의 입출력 핀에 연결되어 있고, 8개의 LED 상태가 1바이트 크기의 레지스터에 저장되어 있다고 가정해 보자. 8개의 LED 중 세 번째 LED의 상태만을 반전시키고, 나머지 7개 LED의 상태는 그대로 유지하고자 한다면 어떻게 해야 할까? 레지스터에서 세 번째 LED의 상태를 나타내는 비트만을 반전시키면 된다. 이처럼 ATmega128에서는 1바이트 이상의 크기를 갖는 데이터에서 특정 비트만을 조작하는 일은 매우 흔한데, 이때 사용하는 연산자가 비트 연산자다. 표 4-3은 C 언어에서 제공하는 비트 연산자로 비트 논리 연산자와 비트 이동 연산자로 이루어져 있다.

표 4-3 C 언어의 비트 연산자

구분	연산자	종류	결과
비트 논리 연산자	a & b	비트 AND	a와 b의 비트 단위 AND
	a | b	비트 OR	a와 b의 비트 단위 OR
	a ^ b	비트 XOR	a와 b의 비트 단위 XOR
	~a	비트 NOT	a의 비트 단위 NOT(1의 보수)
비트 이동 연산자	a << n	왼쪽으로 이동	a를 왼쪽으로 n비트 이동하고 오른쪽은 0으로 채움
	a >> n	오른쪽으로 이동	a를 오른쪽으로 n비트 이동하고 왼쪽은 0으로 채움

비트 이동 연산은 지정한 비트 수만큼 왼쪽 또는 오른쪽으로 이동시키는 연산으로, 이동으로 인해 밀려나는 비트들은 버려지고 빈칸은 0으로 채워진다. 그림 4-29는 왼쪽으로 한 비트 이동시키는 연산의 예를 나타낸 것이다.

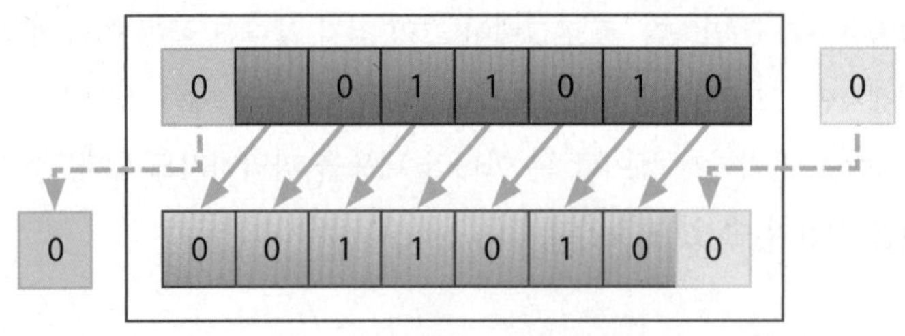

그림 4-29 **왼쪽 비트 이동 연산**

왼쪽 이동 연산에 의해 이동 전 값 00011010_2 = 26은 이동 후에 00110100_2 = 52로 2배가 되므로 곱셈 대신 사용할 수 있다. 하지만 실수값에 대해서는 비트 이동 연산을 사용할 수 없으며, 오버플로가 발생하는 경우에도 값이 2배가 되지 않는다. 또한 2의 거듭제곱에 해당하는 곱셈만을 수행할 수 있다. 즉, 2배, 4배 곱셈은 가능하지만, 3배 곱셈은 불가능하다. 그림 4-29와 유사하게 그림 4-30은 오른쪽으로 한 비트 이동시키는 연산의 예를 보여 준다.

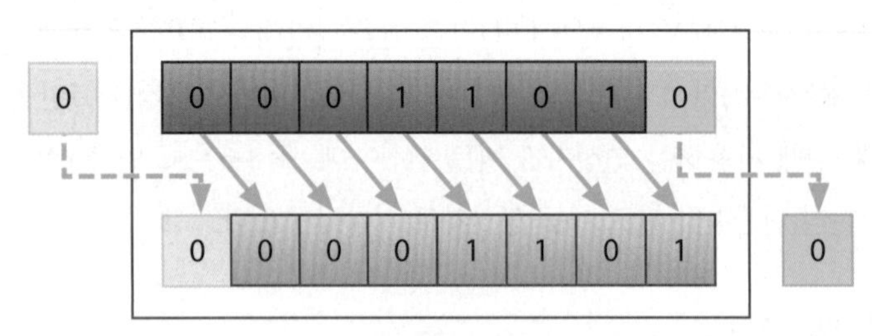

그림 4-30 **오른쪽 비트 이동 연산**

왼쪽 이동 연산과는 반대로 오른쪽 이동 연산에서는 이동 전 값 00011010_2 = 26이 이동 후에 00001101_2 = 13으로 2분의 1로 바뀌므로 나눗셈 대신 사용할 수 있다. 하지만 왼쪽 이동 연산과 마찬가지로 실수값에서는 사용할 수 없으며, 2의 거듭제곱에 해당하는 정수 나눗셈만 가능하다.

비트 논리 연산자는 불대수에서 정의한 논리 연산을 비트 단위로 실행하며, 참 또는 거짓을 나타내는 1 또는 0의 값에 대하여 표 4-4의 진리표에 따라 연산을 수행한다. 비트 논리 연산자는 논리 연산자와 동일한 기호를 사용하므로 주의해야 한다.

표 4-4 **비트 논리 연산자를 위한 진리표**

a	b	AND	OR	XOR	NOT
		a & b	a | b	a ^ b	~a
0	0	0	0	0	1
0	1	0	1	1	1
1	0	0	1	1	0
1	1	1	1	0	0

비트 연산에서 특정 위치의 비트를 1로 만드는 작업을 '세트(set)', 특정 위치의 비트를 0으로 만드는 작업을 '클리어(clear)'라고 표현하며, 마이크로컨트롤러 프로그래밍에서 많이 사용하는 비트 연산에는 다음과 같은 것들이 있다.

- 비트 세트
- 비트 클리어
- 비트 반전
- 비트 검사/읽기

1 비트 세트

비트 세트는 특정 위치의 비트만을 1로 설정하고 나머지는 현재 값을 그대로 유지하는 연산을 말한다. 비트 OR 연산을 수행하면 0과 OR 시킨 결과는 현재 값이 그대로 유지되고, 1과 OR 시킨 결과는 항상 1이 되므로, 이를 통해 원하는 위치의 비트만 1로 만들 수 있다.

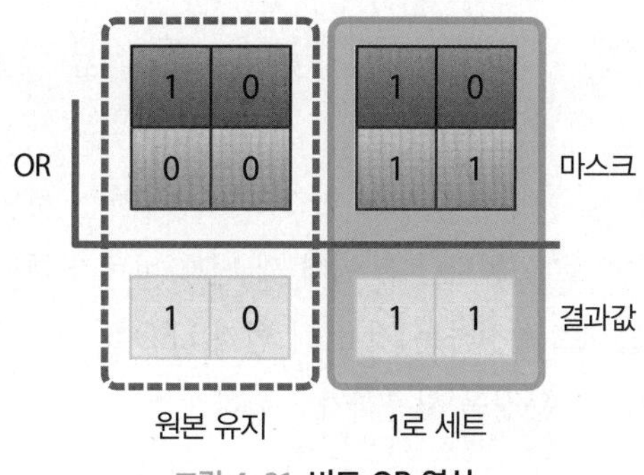

그림 4-31 **비트 OR 연산**

변수 a에 a = 0bxxxxxxxx 값이 저장되어 있는 경우를 생각해 보자. 상수값이 '0b'로 시작하는 경우에는 2진수라는 것을 의미한다. 이는 '0x'로 시작하는 상수값이 16진수를 의미하는 것과 유사하지만, 일반적인 C 언어 프로그래밍에서는 '0b'로 시작하는 2진수 표현법을 사용할 수 없다. a의 세 번째 비트만 1로 설정하고 나머지 비트들은 현재 값을 그대로 유지시키려면 0b00000100과 OR 연산을 수행하면 된다.

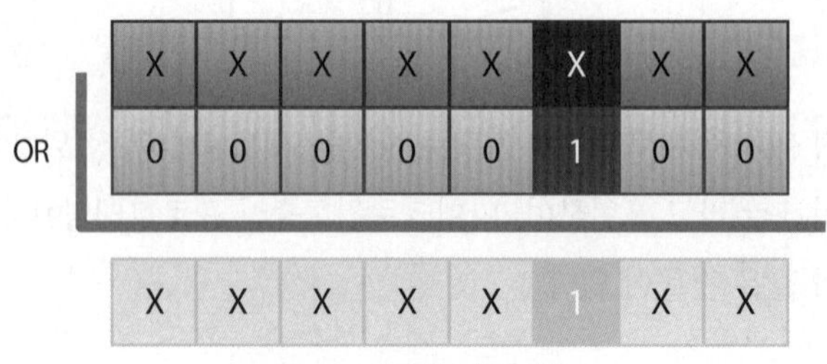

그림 4-32 **특정 비트 세트**

그림 4-32를 프로그램으로 나타내면 다음과 같다.

```
a = a | 0b00000100;
a = a | 0x04;
```

위의 프로그램에서 0b00000100 또는 0x04를 비트 연산을 위한 '마스크(mask)'라고 한다. 마스크는 직접 숫자로 기입하기도 하지만, 비트 이동 연산을 통해 만들어 사용하기도 한다. 마스크 생성 시 왼쪽 비트 이동 연산자인 '<<'를 사용할 수 있다. 비트 이동 연산자를 사용하면 그림 4-32의 비트 세트 연산은 다음과 같이 표시할 수 있다.

```
a = a | (0x01 << 2);
```

위의 프로그램에서 (0x01 << 2) 부분이 0x04 마스크를 생성하는 것으로, 세 번째 비트만 1로 설정하기 위해 2만큼 왼쪽으로 이동시킨다. 이때 세 번째 비트가 특별한 의미를 가지는 경우, 예를 들어 세 번째 비트를 1로 설정하는 것이 세 번째 LED를 켜는 동작인 경우 프로그램의 가독성을 높이기 위해 #define 문장을 사용하기도 한다.

```
#define LED_3_ON        2
a = a | (0x01 << LED_3_ON);
```

2 비트 클리어

비트 클리어는 특정 위치의 비트를 0으로 설정하고 나머지는 현재 값을 그대로 유지하는 연산을 말한다. 비트 AND 연산을 수행하면 0과 AND 시킨 결과는 항상 0이 되고, 1과 AND 시킨 결과는 현재 값이 그대로 유지되므로, 이를 통해 원하는 위치의 비트를 0으로 만들 수 있다.

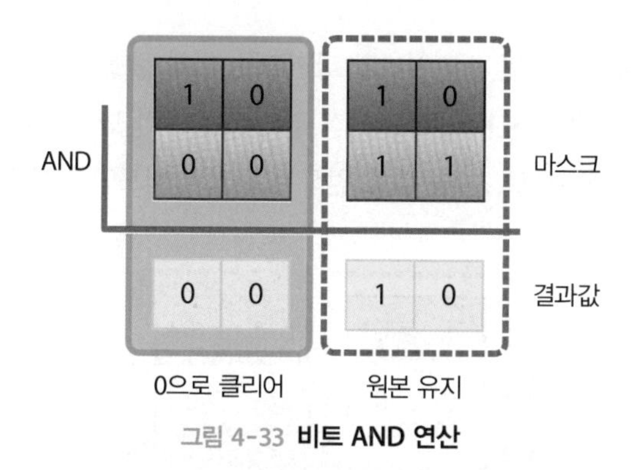

그림 4-33 **비트 AND 연산**

변수 a에 a = 0bxxxxxxxx 값이 저장된 경우 다섯 번째 비트만 0으로 클리어하고 나머지 비트들은 현재 값을 그대로 유지하기 위해서는 그림 4-34에서와 같이 0b11101111과 AND 연산을 수행하면 된다.

그림 4-34 **특정 비트 클리어**

그림 4-34를 프로그램으로 나타내면 다음과 같다.

```
a = a & 0b11101111;
a = a & 0xEF;
a = a & ~(0x01 << 4);
```

비트 클리어의 경우 마스크에서 클리어하는 위치의 비트 값은 0으로, 나머지 비트들은 1로 설정해야 한다. 이는 비트 세트와는 반대다. 비트 이동 연산자를 사용하는 경우 비트 세트와 동일한 방식으로 마스크를 만들고 이를 반전(~, 비트 NOT)시켜 사용할 수 있다.

3 비트 반전

비트 반전은 특정 위치의 비트만 반전시키고 나머지는 현재 값을 그대로 유지하는 것을 말한다. 비트 XOR 연산을 수행하면 1과 XOR 시킨 결과는 비트가 반전되고, 0과 XOR 시킨 결과는 현재 값이 그대로 유지되므로, 이를 통해 원하는 위치의 비트만을 반전시킬 수 있다.

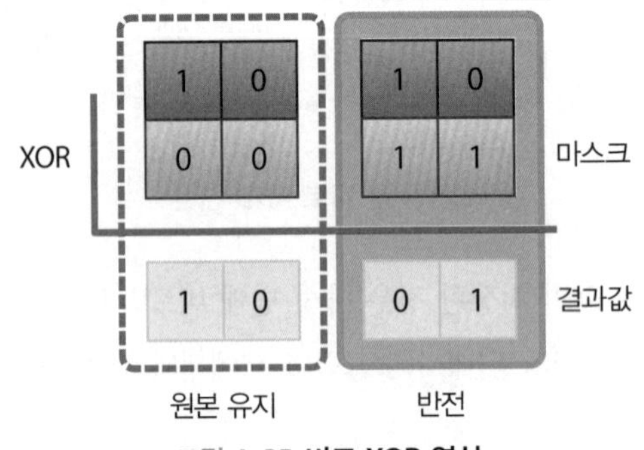

그림 4-35 **비트 XOR 연산**

변수 a에 a = 0bxxxxxxxx 값이 저장된 경우 네 번째 비트만을 반전시키고 나머지 비트들은 현재 값을 그대로 유지하기 위해서는 그림 4-36에서와 같이 0b00001000과 XOR 연산을 수행하면 된다.

그림 4-36 **특정 비트 반전**

그림 4-36을 프로그램으로 나타내면 다음과 같다.

```
a = a ^ 0b00001000;
a = a ^ 0x08;
a = a ^ (0x01 << 3);
```

4 비트 검사/읽기

비트 검사/읽기는 특정 위치의 비트 값만을 알아내는 것을 말한다. 특정 비트 클리어에서와는 반대로 구하고자 하는 비트 위치에 해당하는 마스크 값만을 1로 하고 나머지 비트 값들을 0으로 설정하고 비트 AND 연산을 수행함으로써 특정 위치의 비트 값을 알아낼 수 있다. 변수 a에 a = 0bxxxxxxxx 값이 저장된 경우 여섯 번째 비트 값을 알아내기 위해서는 그림 4-37에서와 같이 0b00001000과 AND 연산을 수행하면 된다.

그림 4-37 **특정 비트 검사**

그림 4-37을 프로그램으로 나타내면 다음과 같다.

```
if( (REG & 0x20) == 0x20 ){  // 여섯 번째 비트 검사
    // 비트가 1인 경우
}
else{
    // 비트가 0인 경우
}
```

위의 프로그램에 나타나 있듯이 특정 비트를 검사한 결과는 마스크와 동일한 값인지를 비교하는 것이 안전하다. C 언어에서는 0이 아닌 모든 정수값은 참(true)으로 간주하므로 마스크 값과 비교하지 않아도 결과는 동일하지만, 이 경우 정수값 32와 논리값 참(정수값으로는 1)이 혼재되어 나타나므로 피하는 것이 좋다.

```
if( REG & 0x20 ){  // 여섯 번째 비트 검사
    // 비트가 1인 경우
    // 실제 if 내의 식은 32 또는 0의 값을 가지는 정수값이므로
    // 논리값과 정수값의 혼동을 유발할 수 있으므로 추천하지 않는다.
}
else{
    // 비트가 0인 경우
}
```

특정 비트를 검사한 결과는 오른쪽 비트 이동(>>) 연산자를 이용하여 결과를 0 또는 1로 만들어 사용하기도 한다.

```
if( ((REG & 0x20) >> 5) == 1 ){  // 여섯 번째 비트 검사
    // 비트가 1인 경우
}
else{
    // 비트가 0인 경우
}
```

또는 값을 먼저 이동시킨 후 비트 연산을 수행해도 동일한 결과가 나온다.

```
if( ((REG >> 5) & 0x01) == 1 ){  // 여섯 번째 비트 검사
    // 비트가 1인 경우
}
else{
    // 비트가 0인 경우
}
```

5 비트 연산 매크로

마이크로컨트롤러에서 비트 연산을 수행하는 경우는 흔하다. 따라서 비트 연산자를 사용하여 비트 연산을 수행하는 경우도 많지만, 매크로를 통해 보다 이해하기 쉽게 비트 연산을 사용하기도 한다. 아트멜 스튜디오에서 사용하는 avr-gcc에서도 비트 연산과 관련된 매크로가 몇 가지 정의되어 있다. 매크로 정의는 'sfr_defs.h' 파일에서 찾아볼 수 있다. 그중 '_BV' 매크로는 지정한 위치의 비트만 1의 값을 가지도록 하는 매크로다.

```
#define _BV(bit) (1 << (bit))
```

정의에서 볼 수 있듯이 비트 이동 연산을 통해 지정된 위치(bit)의 비트만을 1로 설정하며, 마스크 생성에서 흔히 사용한다. _BV 매크로를 사용하여 특정 비트가 0 또는 1인지 검사하는 매크로 역시 정의되어 있다.

```
#define bit_is_set(sfr, bit) (_SFR_BYTE(sfr) & _BV(bit))
#define bit_is_clear(sfr, bit) (!(_SFR_BYTE(sfr) & _BV(bit)))
```

bit_is_set 매크로는 바이트 단위의 데이터 sfr에서 지정한 위치의 비트가 1인지의 여부를 참(1) 또는 거짓(0)으로 반환하며, bit_is_clear 매크로는 지정한 위치의 비트가 0인지의 여부를 반환한다. ATmega128의 메모리 구조에서 살펴본 것처럼 서로 다른 메모리인 레지스터와 SRAM이 동일한 메모리 주소 공간을 사용하고, 레지스터의 경우 또 다른 메모리 주소 공간을 사용하기도 하므로, 이를 통일하기 위해 '_SFR_BYTE' 매크로를 사용했다. SFR은 Special Function Register의 약어다. 이외에도 특정 비트가 세트 또는 클리어될 때까지 기다리는 매크로 함수 역시 정의되어 있다.

```
#define loop_until_bit_is_set(sfr, bit) do   while (bit_is_clear(sfr, bit))
#define loop_until_bit_is_clear(sfr, bit) do   while (bit_is_set(sfr, bit))
```

하지만 비트 세트, 비트 클리어, 비트 반전 등 기본 비트 연산에 대한 매크로는 정의되어 있지 않다. 따라서 필요하다면 매크로를 정의하여 사용해야 한다. 위에서 정의한 방법과 유사하게 매크로를 정의한 예는 다음과 같다.

```
#define set_bit(value, bit) ( _SFR_BYTE(value) |= _BV(bit) )
#define clear_bit(value, bit) ( _SFR_BYTE(value) &= ~_BV(bit) )
#define invert_bit(value, bit) ( _SFR_BYTE(value) ^= _BV(bit) )
#define read_bit(value, bit) ( (_SFR_BYTE(value) & _BV(bit)) >> bit )
```

코드 4-12는 기본적인 비트 연산의 예를 보인 것이다. BINARY_PATTERN과 BYTE2BINARY 매크로는 바이트 값을 이진수로 변환하여 출력하기 위해 정의한 매크로다.

코드 4-12 **비트 연산**

```
#define set_bit(value, bit) ( _SFR_BYTE(value) |= _BV(bit) )
#define clear_bit(value, bit) ( _SFR_BYTE(value) &= ~_BV(bit) )
#define invert_bit(value, bit) ( _SFR_BYTE(value) ^= _BV(bit) )
#define read_bit(value, bit) ( (_SFR_BYTE(value) & _BV(bit)) >> bit )

#define BINARY_PATTERN "0b%d%d%d%d%d%d%d%d"
#define BYTE2BINARY(byte) \
    (byte & 0x80 ? 1 : 0), \
    (byte & 0x40 ? 1 : 0), \
    (byte & 0x20 ? 1 : 0), \
    (byte & 0x10 ? 1 : 0), \
    (byte & 0x08 ? 1 : 0), \
    (byte & 0x04 ? 1 : 0), \
    (byte & 0x02 ? 1 : 0), \
    (byte & 0x01 ? 1 : 0)

int main(void)
{
    UART0_init();                              // UART0 초기화
    stdout = &OUTPUT;                          // printf 사용 설정

    unsigned char value = 0b00001111;
    printf("Original        : "BINARY_PATTERN"\n\r", BYTE2BINARY(value));

    // 비트 세트
    set_bit(value, 6);
    printf("Set 7th bit     : "BINARY_PATTERN"\n\r", BYTE2BINARY(value));
    // 비트 클리어
    clear_bit(value, 2);
    printf("Clear 3rd bit   : "BINARY_PATTERN"\n\r", BYTE2BINARY(value));
    // 비트 반전
    invert_bit(value, 0);
    printf("Invert 1st bit : "BINARY_PATTERN"\n\r", BYTE2BINARY(value));
    // 비트 검사/읽기
    int read = read_bit(value, 5);
    printf("6th bit is      : %d\n\r", read);

    while(1){}
    return 0;
}
```

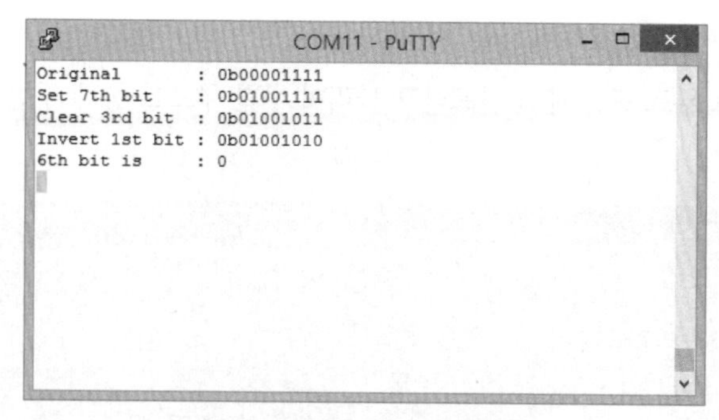

그림 4-38 **코드 4-12 실행 결과**

4.5 요약

ATmega128을 위한 프로그램은 C/C++ 언어를 사용하여 작성할 수 있는데 이 책에서는 C 언어를 사용한다. 마이크로컨트롤러의 성능이 높아지면서 32비트 마이크로컨트롤러의 경우 C++ 스타일의 프로그램을 작성하는 경우도 어렵지 않게 볼 수 있지만, 8비트 CPU와 작은 크기의 메모리를 가진 AVR 시리즈 마이크로컨트롤러에서는 C 언어만으로도 충분하다.

C 언어로 ATmega128을 위한 프로그램을 작성하는 것은 기본적으로 데스크톱 컴퓨터용 프로그램을 작성하는 것과 동일하다. 하지만 최신 컴퓨터의 경우 64비트 CPU를 탑재한 반면 ATmega128의 경우 8비트 CPU를 포함하고 있다. 이 같은 하드웨어 측면에서의 차이점으로 인해 각 데이터 타입이 필요로 하는 메모리의 크기가 다르다. 또한 ATmega128의 CPU가 컴퓨터에 비해 느린 속도로 동작하므로 많은 시간을 필요로 하는 실수 연산은 가능한 피하는 것이 좋으며, printf문을 사용하기 위해 별도의 라이브러리가 필요하다는 점에서, 즉 디폴트 설정으로 실수 출력을 지원하지 않는다는 것에 유의해야 한다. 이처럼 C 언어의 기본적인 기능은 동일하지만, 하드웨어 성능으로 인한 몇 가지 차이점이 존재한다.

또 한 가지 차이점이라면 마이크로컨트롤러 프로그래밍에서는 비트 연산을 많이 사용한다는 점이다. 마이크로컨트롤러 프로그래밍에서는 레지스터 조작이 필수적이며, 레지스터는 비트별로 그 의미가 달리 정해져 있는 경우가 많으므로 컴퓨터에서는 흔히 사용하지 않는 비트 연산을 자주 접하게 된다.

마지막으로 한 가지 더 언급하자면 마이크로컨트롤러를 위한 프로그램에서의 main 함수 구조를 들 수 있다. 컴퓨터를 위한 C 프로그램과 달리 마이크로컨트롤러를 위한 C 프로그램은 전원이 주어진 동안에는 종료하지 않는 단 하나의 프로그램만 설치할 수 있다. 결코 종료하지 않는 루프는 이벤트 루프 또는 메인 루프라고 불리며 무한 루프를 통해 구현한다.

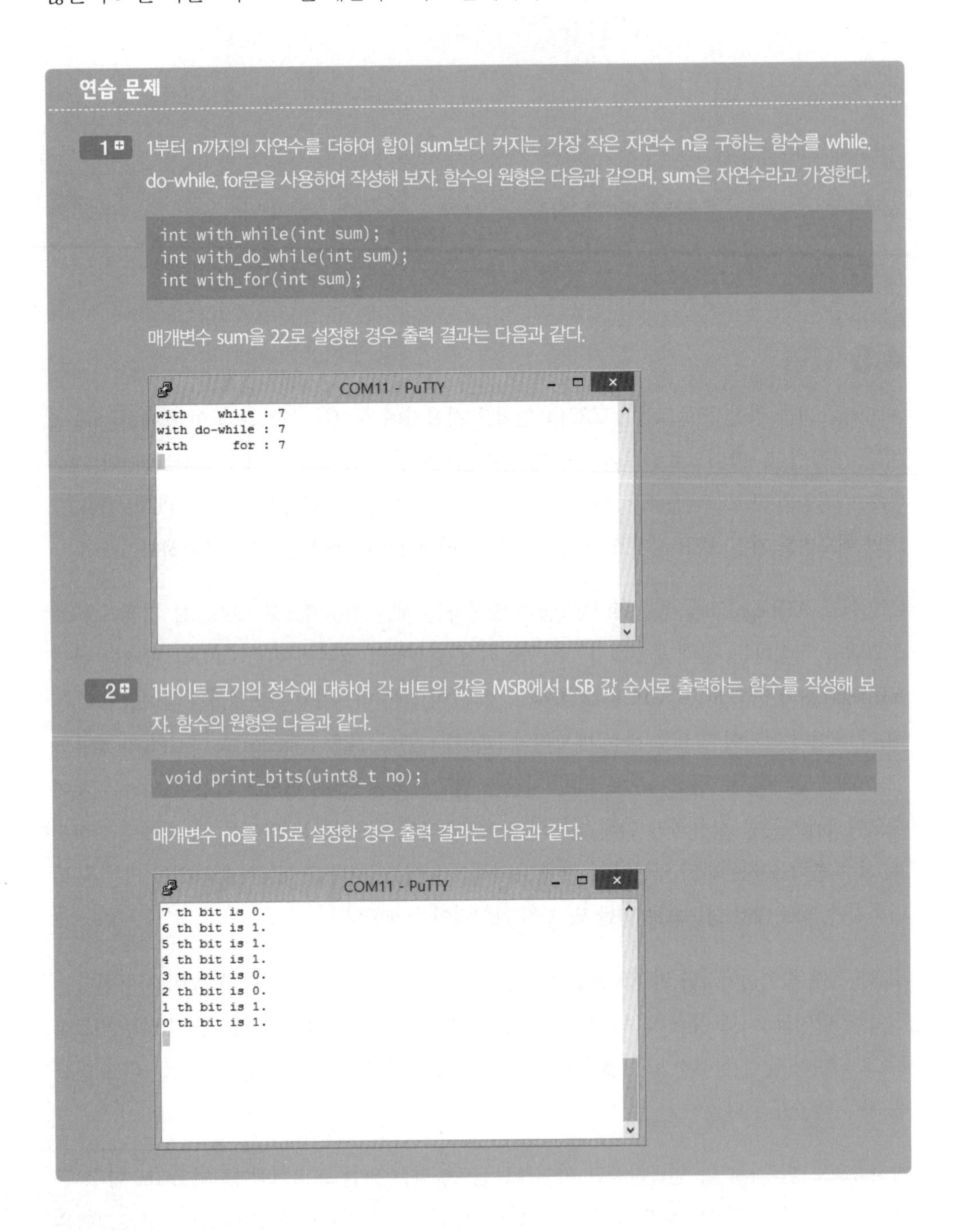

연습 문제

1 1부터 n까지의 자연수를 더하여 합이 sum보다 커지는 가장 작은 자연수 n을 구하는 함수를 while, do-while, for문을 사용하여 작성해 보자. 함수의 원형은 다음과 같으며, sum은 자연수라고 가정한다.

```
int with_while(int sum);
int with_do_while(int sum);
int with_for(int sum);
```

매개변수 sum을 22로 설정한 경우 출력 결과는 다음과 같다.

2 1바이트 크기의 정수에 대하여 각 비트의 값을 MSB에서 LSB 값 순서로 출력하는 함수를 작성해 보자. 함수의 원형은 다음과 같다.

```
void print_bits(uint8_t no);
```

매개변수 no를 115로 설정한 경우 출력 결과는 다음과 같다.

CHAPTER

5 ATmega128 보드

ATmega128은 64개 핀을 가지는 SMD 타입의 칩으로, 동작을 위해 많은 것들을 필요로 하지 않으며 가장 간단하게는 전원만 주어지면 동작한다. 하지만 ATmega128을 학습하는 과정에서는 프로그램을 설치하고 테스트하기 위해 여러 가지 주변장치와 간편한 연결 방법 등이 필요하다. 이 장에서는 ATmega128을 학습하는 과정에서 필요로 하는 여러 가지 하드웨어 요소들을 살펴보고, 사용하고자 하는 목적에 맞는 ATmega128 보드를 선택하는 방법을 알아본다.

5.1 ATmega128 보드의 구성 요소

이 책에서는 ATmega128을 사용하는 방법을 다룬다. 마이크로컨트롤러를 동작시키기 위해서 많은 부품이 필요하지는 않다. 하지만 ATmega128은 SMD 타입 칩이므로 브레드보드에 꽂아 사용할 수 없으며, 64개의 핀은 그 간격이 좁아 납땜도 쉽지 않다. 따라서 ATmega128을 사용하고자 하는 경우에는 목적에 맞는 보드를 구입하여 사용하는 것을 추천한다. 6장에서 만능기판을 사용하여 ATmega128 보드를 직접 만드는 방법을 소개하겠지만, 이는 ATmega128 보드의 구성 요소들과 회로를 이해하고 ATmega128을 이용하여 제어기를 만드는 경우 참고하기 위한 목적이지 학습용으로 직접 만들어 사용하려는 것은 아니다. 하지만 ATmega128 보드를 직접 만들어 본다면 마이크로컨트롤러, 특히 ATmega128에 대해 많은 것을 배울 수 있을 테니 도전적인 독자라면 한 번쯤 시도해 볼 것을 추천한다.

시중에서는 많은 ATmega128 보드를 판매하고 있다. 이들 보드들은 주변장치를 포함하고 있는 보드와 포함하지 않은 보드의 두 종류로 나눌 수 있다. 주변장치를 포함한 보드는 마이크로컨트롤러를 학습할 때 흔히 사용하는 주변장치들, 예를 들어 버튼, LED, 텍스트 LCD, 7세그먼트, 모터 등을 포함하고 있다. 주변장치를 포함하지 않은 보드는 프로그램을 업로드하고 테스트하기 위해 필요한 기본적인 회로들과 주변장치를 연결할 수 있는 핀이나 커넥터들만 있다. 주변장치들이 연결되어 있는 보드라면 결선의 부담 없이 간단하게 프로그램을 작성하고 테스트해 볼 수 있는 장점이 있지만, 마이크로컨트롤러를 학습하는 데 주변장치의 동작 방법을 이해하고 사용하는 방법을 배우는 것도 큰 부분을 차지한다. 이를 위해서는 주변장치를 직접 연결해 보는 것이 많은 도움이 되므로, 이 책에서는 주변장치를 포함하지 않은 보드를 사용한다.

주변장치를 포함하지 않은 보드는 개발 과정에서 필요한 장치나 입출력장치를 연결할 수 있는 커넥터의 종류와 개수 등에 따라 다양한 제품군이 존재한다. ATmega128의 동작을 위해 반드시 필요한 부품에는 16MHz 클록 공급을 위한 크리스털[26], 마이크로컨트롤러가 다시 시작하도록 하는 리셋 스위치, 그리고 마이크로컨트롤러에 전원을 공급하는 회로 등이 있다. 여기에 사용하고자 하는 목적에 맞는 주변장치를 연결하면 ATmega128로 제어장치를 구성하는 데 부족함이 없다. 하지만 이는 프로그램을 작성하고 다운로드를 완료한 이후의 이야기다. 프로그램을 개발하는 과정에서는 어떤 것들이 필요할까?

먼저 프로그램을 다운로드하려면 다운로더가 필요하다. ATmega128을 포함한 AVR 시리즈 마이크로컨트롤러는 ISP 방식의 다운로더를 사용하는 것이 일반적이므로 ISP 방식 다운로더를 연결하기 위한 커넥터가 있어야 한다. ISP 방식 다운로더를 사용하기 위해서는 6개의 연결선이 필요하며, 6개의 핀은 1열 또는 2열로 구성되어 있다. 이 책에서 사용하는 보드들은 1열 구성을 가지고 있다.

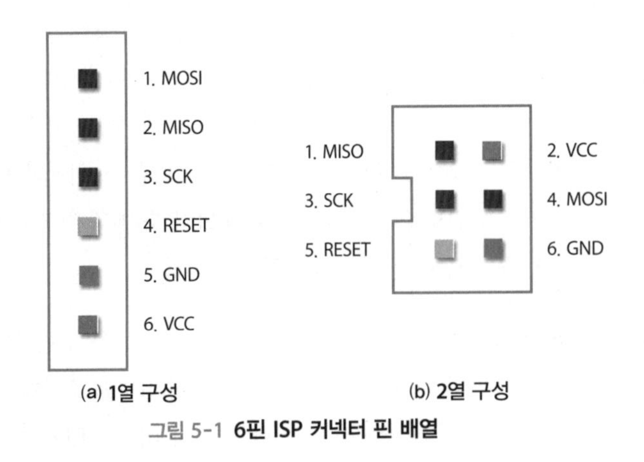

그림 5-1 6핀 ISP 커넥터 핀 배열

이외에 10핀의 ISP 커넥터도 흔히 볼 수 있다.

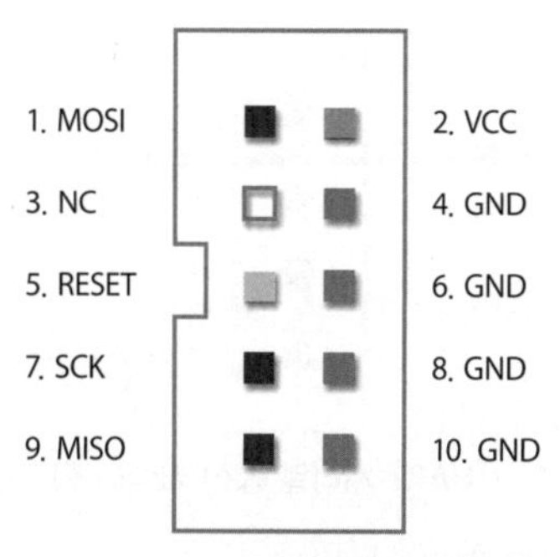

그림 5-2 **10핀 ISP 커넥터 핀 배열**

프로그램을 다운로드할 때 주로 ISP 방식의 다운로더를 사용하지만, 시리얼 방식의 다운로더 역시 사용할 수 있다. 시리얼 방식이란 부트로더와 UART 통신을 통해 프로그램을 다운로드하는 셀프 프로그래밍 기능을 사용하는 방법으로 아두이노에서 주로 사용한다. 시리얼 방식의 다운로더는 UART 통신을 지원한다. UART 통신은 4장에서 컴퓨터와의 통신을 위해 이미 사용해 보았다. 이때 ATmega128은 프로그램 다운로드와 컴퓨터와의 시리얼 통신을 위해 각각 하나씩, 2개의 USB 연결을 필요로 했다.

시리얼 방식의 다운로더를 사용한다면 어떻게 될까? 하나의 UART 연결로 프로그램을 다운로드하고 컴퓨터와 시리얼 통신도 가능해진다. 즉, 1개의 USB 연결만으로 두 가지를 모두 해결할 수 있다. ATmega128에서 시리얼 방식의 다운로더를 사용하는 경우는 흔하지 않다. 그러나 UART 시리얼 통신은 많은 주변장치들이 지원하는 통신 방법일 뿐만 아니라, 간단하게 컴퓨터에 프로그램의 실행 메시지를 출력하여 동작 상태를 확인해 보기 위해 많이 사용하므로 ATmega128 보드에서는 UART 시리얼 통신을 위한 커넥터를 대부분 포함하고 있다.

ATmega128은 2개의 UART 시리얼 통신을 지원한다. 따라서 보드의 종류에 따라 UART 시리얼 통신을 위한 커넥터를 1개 또는 2개 포함하고 있다. UART 커넥터는 전원 핀 2개(VCC와 GND)와, 데이터 송수신을 위한 2개의 핀(RX와 TX 또는 RXD와 TXD)으로 구성된다. ISP 커넥터 중 2열 6핀, 2열 10핀 커넥터의 경우 표준화되어 모든 보드의 배열이 동일하지만, 1열 6핀의 ISP 커넥터와 4핀의 UART 시리얼 통신 커넥터는 표준화되어 있지 않으므로 보드에 따라 핀 배열이 달라질 수 있다. 따라서 사용하고자 하는 보드에서의 UART 시리얼 통신 커넥터 핀 배열을 반드시 확인해야 한다.

이 책에서 사용하는 보드의 UART 시리얼 통신 커넥터 핀 배열은 그림 5-3과 같다.

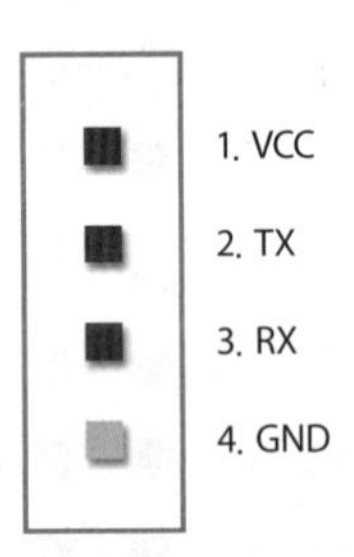

그림 5-3 **UART 시리얼 통신 커넥터 핀 배열**

이외에 JTAG 커넥터도 유용하게 사용할 수 있다. JTAG은 프로그램 다운로드에도 쓰이지만, 흔히 디버깅 용도로 사용한다. JTAG 커넥터는 10핀 또는 20핀 커넥터가 일반적이며, AVR 시리즈 마이크로컨트롤러에서는 10핀 커넥터를 주로 사용한다.

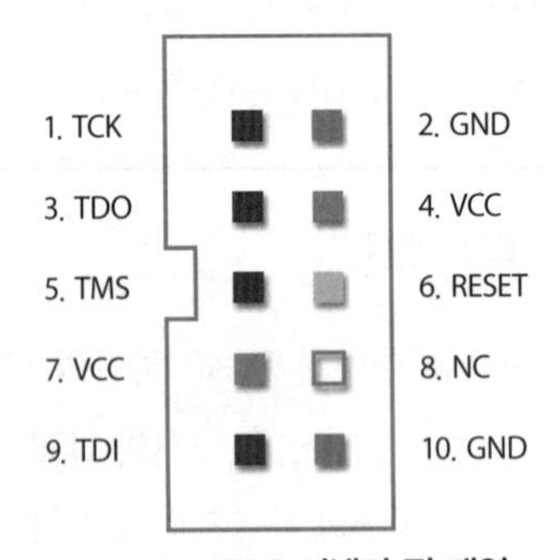

그림 5-4 **JTAG 커넥터 핀 배열**

이 책에서 다루는 ATmega128을 위한 프로그램은 그리 복잡하지 않으므로 UART 시리얼 통신을 통해 컴퓨터로 메시지를 전달함으로써 어렵지 않게 오류를 찾아낼 수 있는 경우가 대부분이다. 따라서 이 책에서는 JTAG을 통한 디버깅 방법을 다루지는 않는다. 또한 JTAG을 통한 디버깅을 위해서는 고가의 장비가 필요하므로 ATmega128에서 사용하는 경우는 많지 않다.

ATmega128 보드의 기본 구성 요소들을 요약하면 표 5-1과 같다. 이 중 JTAG을 제외한 나머지 요소들은 이 책에서 다루는 내용들을 이해하기 위해 반드시 필요하며, ISP 방식 프로그래머와 USB/UART 변환 장치 역시 ATmega128 보드와는 별도로 준비해야 한다.

표 5-1 **ATmega128 보드를 위한 구성 요소**

구성 요소	용도	추가 하드웨어	비고
ATmega128	마이크로컨트롤러	-	
크리스털	클록 공급	-	16MHz
리셋 버튼	리셋	-	
전원 연결 커넥터	전원 공급	-	5V
ISP 커넥터	프로그램 다운로드	ISP 방식 프로그래머	
UART 커넥터	프로그램 다운로드 UART 시리얼 통신	USB/UART 변환 장치	1개 또는 2개
JTAG 커넥터	디버깅	JTAG 지원 장치	

5.2 ATmega128 보드

구성 요소와는 무관하지만 ATmega128 보드를 선택할 때 고려해야 할 사항 중 하나는 주변장치와의 연결 방법이다. ATmega128은 53개의 데이터 핀을 포함하여 64개의 핀을 가지고 있으며, 이들 대부분은 주변장치와 연결하는 데 사용된다. 따라서 보다 쉽게 주변장치와 연결할 수 있는 방법을 찾는 것이 좋다. 이 책에서는 ATmega128 보드와 주변장치 연결을 위해 기본적으로 브레드보드를 사용하므로 브레드보드에 꽂아 사용할 수 있는 ATmega128 보드를 선택하면 편리하다.

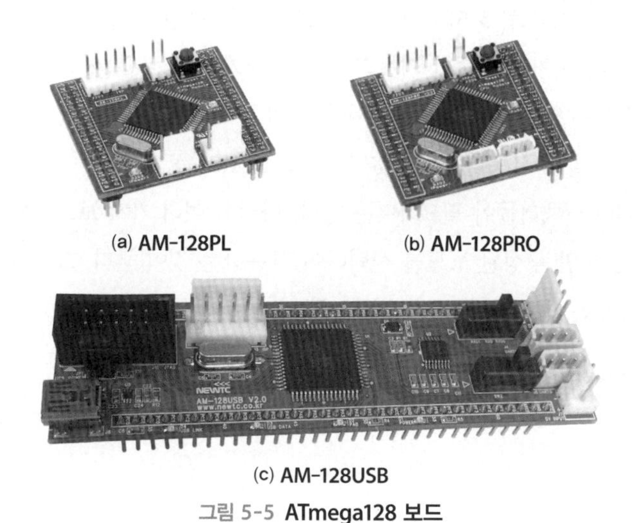

(a) AM-128PL (b) AM-128PRO

(c) AM-128USB

그림 5-5 **ATmega128 보드**

그림 5-5는 이 책에서 소개하는 보드들을 보여 주는 것으로, 그중에서도 그림 5-5 (c)의 AM-128USB 보드를 주로 사용한다.

표 5-2는 그림 5-5의 보드들이 표 5-1의 기본 요소들을 제공하는지의 여부를 정리한 것이다.

표 5-2 ATmega128 보드 비교

구성 요소	AM-128PL	AM-128PRO	AM-128USB
ATmega128	○	○	○
크리스털	○	○	○
리셋 버튼	○	○	○
전원 연결 커넥터	○	○	○
ISP 커넥터	○	○	○
UART 커넥터 (4핀 커넥터)	○	×	○ (USB/UART 변환 칩 포함)
RS-232C 커넥터 (3핀 커넥터)	×	○ (RS-232C/UART 변환 칩 포함)	○ (RS-232C/UART 변환 칩 포함)
JTAG 커넥터	×	×	○
브레드보드 연결	× (브레드보드 연결을 위한 별도의 변환 보드 필요)	× (브레드보드 연결을 위한 별도의 변환 보드 필요)	○

표 5-2에서 알 수 있듯이 그림 5-5의 세 가지 보드는 기본 구성 요소에 칩 또는 커넥터가 추가된 형태를 띠고 있다. 이처럼 비슷한 기능의 보드를 소개하는 이유는 목적에 맞는 제품을 보다 편리하게 선택할 수 있도록 하기 위해서이다. 두말할 필요 없이 기능이 많은 보드일수록 보다 쉽게 프로그램 개발에 사용할 수 있겠지만, ATmega128을 이용하여 제어장치를 구성하는 경우 이 모든 칩이나 커넥터들이 필요하지는 않다. 따라서 여러 가지 보드 중 실제 제어장치에서는 필요한 요소들로만 구성된 보드를 선택하여 사용하는 것이 좋다. 그림 5-5의 보드 중 가장 기본이 되는 보드는 그림 5-5 (a)의 AM-128PL이다.

그림 5-6은 AM-128PL의 구성을 보여 주는 것이다.

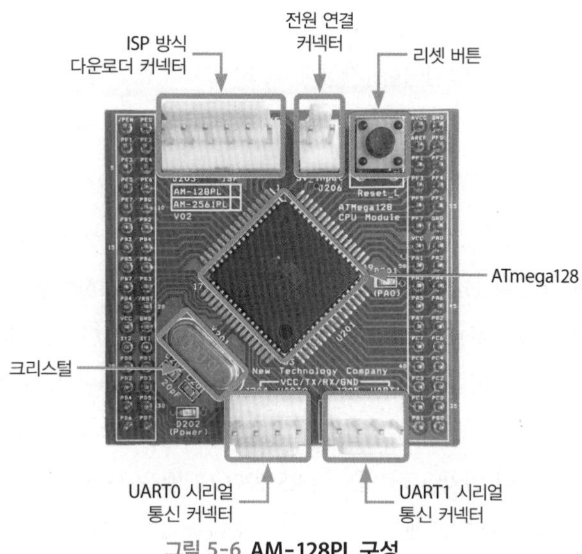

그림 5-6 **AM-128PL 구성**

AM-128PRO의 구성 역시 AM-128PL과 크게 다르지 않다. 외형적으로 다른 점은 UART 통신을 위한 커넥터가 4핀 커넥터에서 3핀 커넥터로 바뀐 것이다. 그리고 AM-128PRO의 뒷면에는 AM-128PL에는 없는 칩이 추가되어 있다.

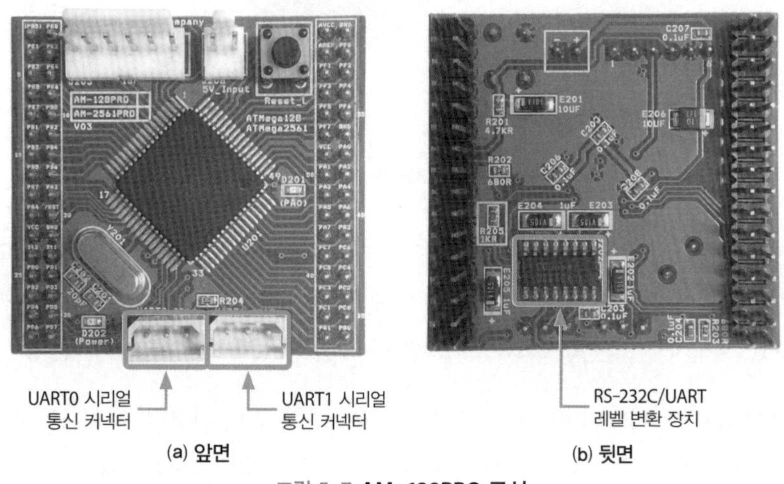

그림 5-7 **AM-128PRO 구성**

ATmega128의 UART 통신은 TTL(Transistor-Transistor Logic) 레벨을 사용한다. TTL 레벨이란 마이크로컨트롤러가 동작하는 전압을 기준으로 논리 레벨이 정해지는 것을 말한다.

ATmega128의 경우 5V가 논리 1을, GND가 논리 0을 나타내기 위해 사용된다. UART는 RS-232C의 일부만을 사용하는 방법이다. 가장 흔한 RS-232C 통신의 예는 컴퓨터의 시리얼 포트를 통한 통신으로, 최근 많이 사라지기는 했지만 아직도 9핀의 D-SUB 커넥터가 있는 컴퓨터를 주위에서 찾아볼 수 있다.

컴퓨터의 RS-232C 시리얼 통신과 ATmega128의 UART 통신의 가장 큰 차이점은 논리 레벨의 차이이다. ATmega128의 UART가 5V/0V의 TTL 레벨을 사용한다면 컴퓨터의 RS-232C는 -12V/+12V의 전압을 사용하므로 컴퓨터와 ATmega128을 직접 연결할 수는 없으며, 전압 변환을 위한 레벨 변환기(level converter)가 필요하다. AM-128PRO의 뒷면에 부착되어 있는 칩이 바로 RS-232C와 UART 사이의 전압 레벨을 변환해 주는 칩이다. AM-128PRO에도 2개의 UART 커넥터가 부착되어 있지만, 실제로는 RS-232C 레벨을 사용하는 장치와 연결하는 커넥터로, 레벨 변환기에서 UART 레벨로 변환한 후 ATmega128과 연결된다. 3핀의 UART 커넥터는 한쪽은 D-SUB 커넥터, 다른 쪽은 3핀 커넥터가 연결된 케이블을 사용한다.

그림 5-8 **RS-232C용 시리얼 케이블**

UART 통신을 주로 사용하기는 하지만, 컴퓨터를 비롯하여 여러 주변장치에서 RS-232C 레벨의 신호를 사용하는 경우도 흔히 찾아볼 수 있다. 따라서 함께 사용하고자 하는 주변장치에 따라 UART(AM-128PL) 또는 RS-232C(AM-128PRO) 레벨 중 선택하여 사용하면 된다.

AM-128PL과 AM-128PRO의 가장 큰 단점은 브레드보드에 꽂아 사용할 수 없다는 점이다. 그림 5-7 (b)에서 볼 수 있듯이 AM-128PL과 AM-128PRO의 뒷면에는 ATmega128의 64개 핀 모두가 2.54mm 간격으로 나열되어 있지만, 2열로 구성되어 브레드보드에 꽂아 사용할 수 없다. 따라서 AM-128PL이나 AM-128PRO를 브레드보드에 꽂아 사용하기 위해서는 별도의 변환 보드를 사용해야 한다.

그림 5-9 **AM-128PL과 AM-128PRO를 위한 브레드보드용 변환 보드**

변환 보드는 ATmega128의 64개 핀을 브레드보드에서 사용할 수 있도록 1열로 변환시켜 준다. 또한 AM-128PRO의 경우 UART 커넥터를 지원하지는 않지만 변환 보드를 사용하여 브레드보드를 통해 연결할 수 있다.

AM-128PL에 프로그램을 다운로드하기 위해서는 ISP 방식의 다운로더가, 컴퓨터와 UART 통신을 수행하기 위해서는 USB/UART 변환 장치가 필요하다. 두 장치는 모두 컴퓨터의 USB 커넥터로 연결한다. USB/UART 변환 장치는 USB와 UART 사이의 변환뿐만 아니라 시리얼 방식의 프로그램을 다운로드할 때도 사용할 수 있다.

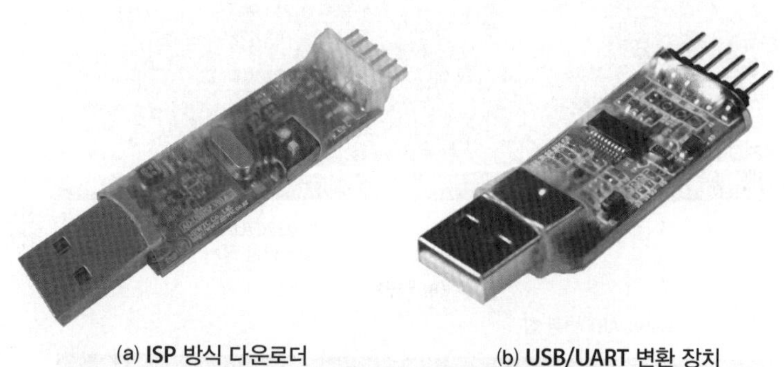

(a) ISP 방식 다운로더 (b) USB/UART 변환 장치

그림 5-10 **AM-128PL 사용에 필요한 장치**

그림 5-10 (b)에서 볼 수 있듯이 USB/UART 변환 장치는 6개의 핀을 가지고 있다. 6개의 핀 배열은 그림 5-11과 같다.

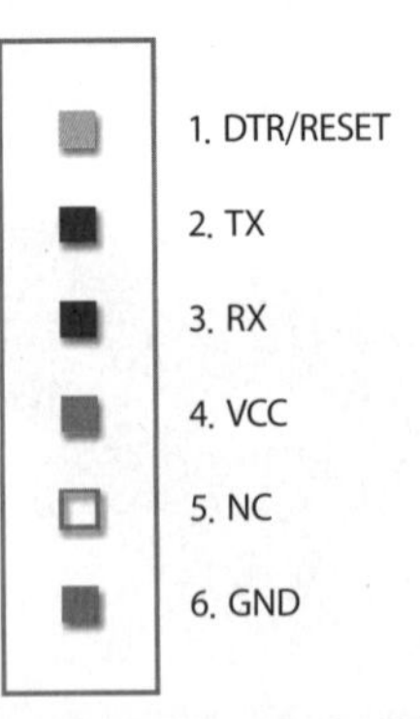

그림 5-11 **USB/UART 변환 장치 핀 배열**

그림 5-11에서 DTR/RESET 핀은 아두이노에서 시리얼 방식의 프로그램 다운로드에 사용한다. 따라서 UART 시리얼 통신을 위해서는 TX, RX, VCC, GND의 4핀만을 사용하면 된다.

AM-128USB는 AM-128PL과 AM-128PRO의 모든 기능을 포함하고 있으며, 여기에 몇 가지 칩과 커넥터가 추가되어 있다. 외형적으로는 브레드보드에 꽂아 사용할 수 있도록 1열 구성의 핀을 가지고 있다.

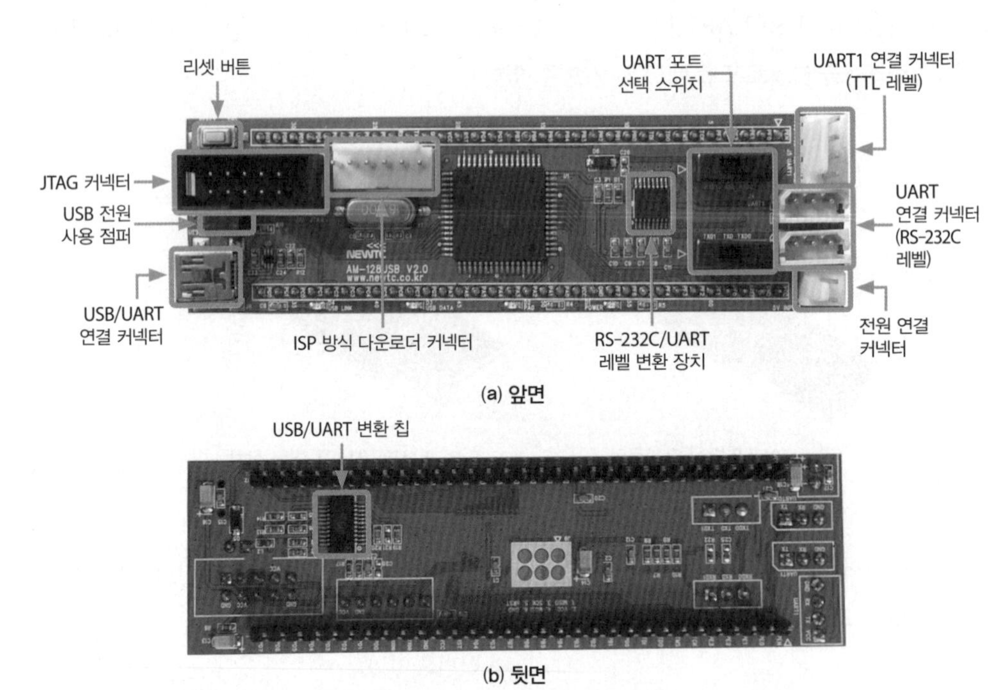

그림 5-12 **AM-128USB 구성**

AM-128USB는 세 종류의 UART 연결 커넥터를 가지고 있다. 이 중 4핀 커넥터는 TTL 레벨을 사용하며 UART1 포트에 연결되어 있다. 반면 2개의 3핀 UART 커넥터는 RS-232C 레벨을 사용하며 RS-232C/UART 레벨 변환기를 거쳐 ATmega128의 UART 포트에 연결되어 있다.

새롭게 추가된 UART 시리얼 통신을 위한 커넥터는 mini-B 타입 USB 커넥터다. AM-128USB 보드는 컴퓨터의 USB 포트에 연결하는 것만으로 컴퓨터와 UART 시리얼 통신이 가능하다. USB 포트는 4핀 커넥터에서 모양만 바꾼 것에 지나지 않는다. AM-128PL을 사용하는 경우 컴퓨터와 UART 시리얼 통신을 수행하기 위해서는 그림 5-10 (b)의 USB/UART 변환 장치가 있어야 한다. AM-128USB 보드의 비밀은 뒷면의 USB/UART 변환 칩에 있다. USB/UART 변환 칩의 기능은 그림 5-10 (b)의 USB/UART 변환 장치와 동일하므로 별도의 장치 없이 케이블 연결만으로 컴퓨터와 UART 시리얼 통신이 가능하다. 또한 UART 포트 선택 스위치를 통해 ATmega128의 UART0 또는 UART1 포트를 선택하여 사용할 수 있다.

이외에도 AM-128USB는 10핀의 JTAG 커넥터를 포함하고 있으므로 디버그 장치를 연결하여 디버깅을 수행할 수 있다.

5.3 ATmega128 보드 사용

ATmega128 보드의 기본적인 사용 방법은 ISP 방식 다운로더를 통해 프로그램을 다운로드하고, 그 결과를 컴퓨터와의 UART 시리얼 통신을 통해 PuTTY로 확인하는 것이다. 이는 4장 C 언어 연습 과정에서 사용한 방식이기도 하다.

먼저 AM-128USB를 사용하는 방법을 살펴보자. AM-128USB는 USB/UART 시리얼 변환기를 포함하고 있으므로 ISP 방식의 프로그램 다운로더만 연결하면 된다. AM-128USB 보드를 그림 5-13과 같이 연결하고 컴퓨터에 자리 잡은 2개의 USB 포트에 연결하자. 이때 UART 포트 선택 스위치는 UART0 포트를 사용하도록 설정한 것으로 가정한다.

그림 5-13 **AM-128USB 보드의 연결**

컴퓨터와 정상적으로 연결되었다면 장치 관리자에서 ISP 방식 다운로더를 위한 COM10과, AM-128USB 보드 내의 USB/UART 변환 칩을 위한 COM11의 가상 시리얼 포트 2개를 확인할 수 있다.[27]

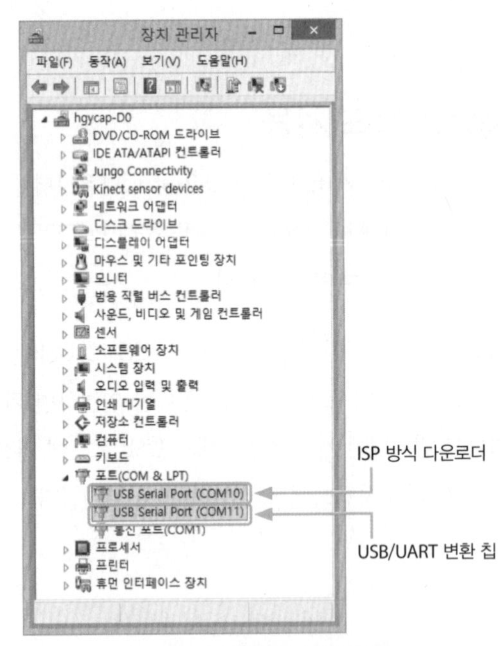

그림 5-14 **AM-128USB 보드 연결 후 장치 관리자**

ATmega128 보드에 코드 5-1을 다운로드하여 실행시켜 보자. 코드 5-1은 1초 간격으로 1씩 증가하는 값을 UART 시리얼 통신을 통해 컴퓨터로 전달하고, 컴퓨터에서는 PuTTY를 통해 확인하는 프로그램이다.

코드 5-1 **ATmega128 보드 테스트 프로그램**

```
#define F_CPU 16000000L
#include <avr/io.h>
#include <util/delay.h>
#include <stdio.h>

void UART0_init(void);
void UART0_transmit(char data);
FILE OUTPUT \
	= FDEV_SETUP_STREAM(UART0_transmit, NULL, _FDEV_SETUP_WRITE);

void UART0_init(void)
{
	UBRR0H = 0x00;					// 9,600 보율로 설정
	UBRR0L = 207;

	UCSR0A |= _BV(U2X0);				// 2배속 모드
	// 비동기, 8비트 데이터, 패리티 없음, 1비트 정지 비트 모드
	UCSR0C |= 0x06;

	UCSR0B |= _BV(RXEN0);				// 송수신 가능
	UCSR0B |= _BV(TXEN0);
}

void UART0_transmit(char data)
{
	while( !(UCSR0A & (1 << UDRE0)) );	// 송신 가능 대기
	UDR0 = data;					// 데이터 전송
}

int main(void)
{
	UART0_init();					// UART0 초기화
	stdout = &OUTPUT;				// printf 사용 설정

	unsigned int count = 0;
	while(1)
	{
		printf("%d\n\r", count++);
		_delay_ms(1000);
	}

	return 0;
}
```

연결에 문제가 없다면 PuTTY를 통해 실행 결과를 확인할 수 있다.

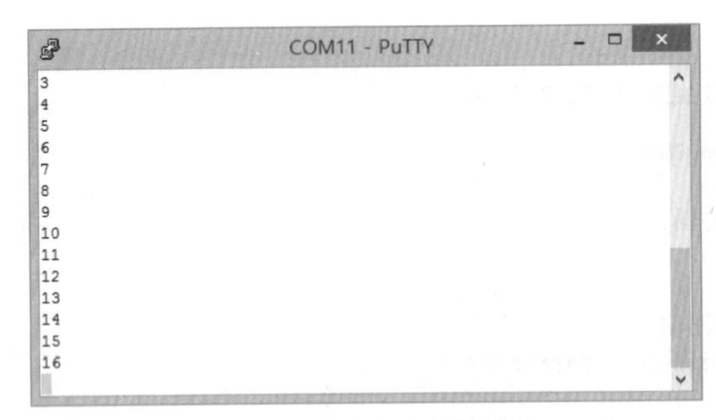

그림 5-15 **코드 5-1 실행 결과**

AM-128PL 보드를 사용하여 동일한 프로그램을 테스트해 보자. AM-128PL 보드와 AM-128USB 보드의 가장 큰 차이점은 컴퓨터와의 UART 시리얼 통신을 위해 그림 5-10 (b)의 USB/UART 변환 장치가 필요하다는 점이다. AM-128PL 보드를 그림 5-16과 같이 연결해 보자. 이때 USB/UART 변환 장치는 ATmega128의 UART0 포트 커넥터에 연결해야 하며, AM-128PL 보드의 TX와 RX는 USB/UART 변환 장치의 RX와 TX로 교차하여 연결해야 한다.

그림 5-16 **AM-128PL 보드의 연결**

컴퓨터와 정상적으로 연결되었다면 장치 관리자에서 ISP 방식 다운로더를 위한 COM10, USB/UART 변환 장치를 위한 COM12의 가상 시리얼 포트 2개를 확인할 수 있다.[28]

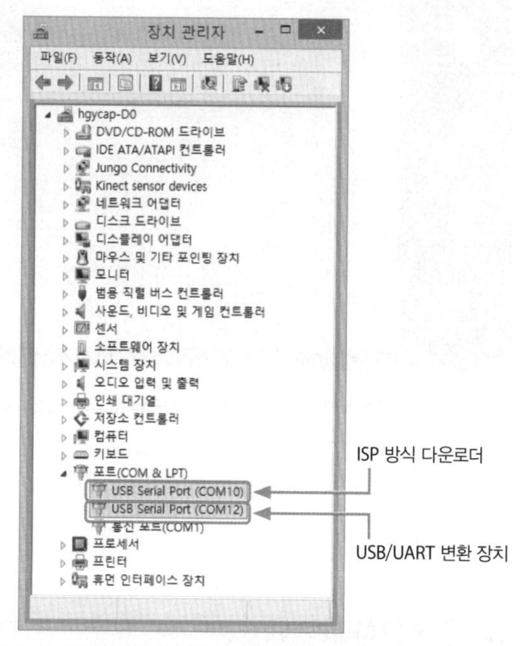

그림 5-17 **AM-128PL 보드 연결 후 장치 관리자**

그림 5-14와 그림 5-17의 차이점을 발견했는가? AM-128USB와 AM-128PL 보드 모두 동일한 ISP 방식 다운로더를 사용하므로 다운로더에 할당된 COM10은 동일하다. 하지만 AM-128USB 보드에서는 보드 내의 USB/UART 변환 칩을 사용하고, AM-128PL 보드에서는 별도의 USB/UART 변환 장치를 사용하므로 동일한 기능을 수행하지만 서로 다른 COM 포트가 할당된다. AM-128PL 보드에 코드 5-1을 다운로드해 보자. 그림 5-15와 동일한 결과가 나올 것이다.

5.4 주변장치 연결

AM-128USB 보드나 AM-128PL 보드에 ISP 방식 다운로더를 통해 프로그램을 다운로드하고 그 결과를 컴퓨터와의 UART 시리얼 연결을 통해 확인했다면, 이제 ATmega128에 주변장치를 연결하는 방법에 대해 알아보자. 이 책에서는 브레드보드를 통해 주변장치들을 직접 연결하는 것을 기본으로 설명한다. AM-128PL 보드의 경우 브레드보드에 직접 꽂아 사용할 수 없으므로

그림 5-9의 변환 보드를 통해 브레드보드에 꽂아 사용해야 한다.

그림 5-18 **AM-128PL 보드와 브레드보드 사용**

반면 AM-128USB 보드의 경우에는 변환 보드가 필요 없으며, 직접 브레드보드에 꽂아 사용할 수 있어 편리하다.

그림 5-19 **AM-128USB 보드와 브레드보드 사용**

사용하고자 하는 주변장치가 있다면 브레드보드를 통해 ATmega128 보드와 연결하여 사용하면 된다. 하지만 주변장치에 따라서는 많은 연결선이 필요한 경우도 비일비재하다. 예를 들어 텍스트 LCD의 경우 최소 7개의 연결선이 필요하고, 네 자리 7세그먼트 표시 장치의 경우 최소 12개의 연결선이 필요하다. 이처럼 많은 연결선이 필요한 경우에는 브레드보드를 통해 연결하는 것이 오히려 번거롭고 잦은 오류의 원인이 되기도 한다. 따라서 일부 주변장치의 경우 포트 단위, 즉 8개의 연결선 단위로 ATmega128 보드와 연결할 수 있는 방법을 제공하기도 한다. 이러한 주변장치와 ATmega128 보드를 함께 사용하기 위해서는 ATmega128 보드에서도 포트 단위의 연결을 지원하는 것이 바람직하며, 이를 위해서는 AM-128USB 보드와 연결하여 사용할 수 있는 AB-M128USB-C 보드를 사용하는 것이 좋다.

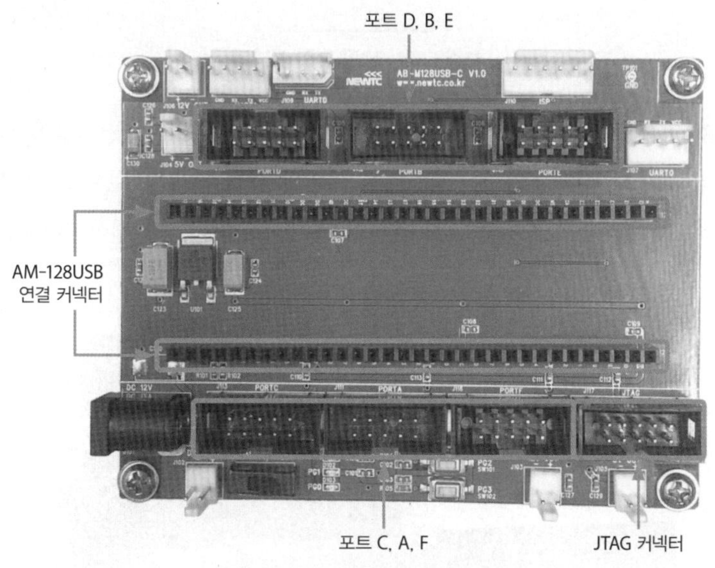

그림 5-20 **AB-M128USB-C 보드**

AB-M128USB-C 보드는 ATmega128의 G 포트를 제외한 모든 포트가 10핀 커넥터로 연결되어 있으므로 쉽게 주변장치와 연결할 수 있다. G 포트는 8개가 아닌 5개의 핀만이 정의되어 있으므로 학습 과정에서는 많이 사용하지 않는다. 10핀 커넥터는 8개의 데이터 선과 함께 VCC와 GND의 전원 연결 핀을 포함하고 있다.

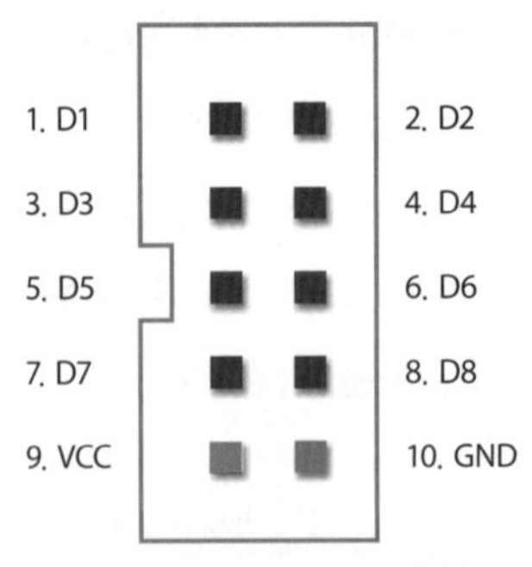

그림 5-21 **10핀 연결 커넥터**

이외에도 AB-M128USB-C 보드에는 어댑터를 통해 전원을 공급하는 전원부와 주변장치에 전원을 공급하는 커넥터 등이 추가되어 있다. 그림 5-22는 AM-128USB 보드를 AB-M128USB-C 보드에 연결하고 8개의 LED 모듈을 포트 A에 10핀 케이블을 통해 연결한 것이다.

그림 5-22 **ATmega128 보드에 10핀 커넥터를 통해 8개 LED를 연결한 경우**

ATmega128 보드에 코드 5-2를 업로드해 보자. 코드 5-2는 8개의 LED를 1초 간격으로 점멸시키는 프로그램이다.

코드 5-2 **포트 A의 LED 점멸**

```
#define F_CPU 16000000L
#include <avr/io.h>
#include <util/delay.h>

int main(void)
{
    DDRA = 0xFF;

    while(1)
    {
        PORTA = 0xFF;
        _delay_ms(500);
        PORTA = 0x00;
        _delay_ms(500);
    }

    return 0;
}
```

브레드보드를 사용하여 연결한 예와 비교한다면 10핀 커넥터를 통해 연결하는 이점을 보다 쉽게 알아차릴 수 있을 것이다.

그림 5-23 **ATmega128 보드에 브레드보드를 통해 8개 LED를 연결한 경우**

5.5 요약

ATmega128을 사용한 학습 보드는 종류가 매우 다양하며, 주변장치를 포함하지 않은 보드도 10여 종 넘게 출시되어 있다. 이들 보드들은 마이크로컨트롤러를 동작시키기 위한 기본적인 구성에는 큰 차이가 없지만, 여러 가지 주변장치 또는 주변장치를 연결하는 커넥터의 유무에서 차이가 있다. 학습 과정에서 사용하기 위해서는 ① 프로그램 다운로드를 위한 장치 또는 커넥터 유무 ② UART 시리얼 통신을 위한 장치 또는 커넥터 유무 ③ 주변장치를 손쉽게 연결할 수 있는 핀 또는 커넥터 배열 등을 고려하여 선택해야 한다.

대부분의 ATmega128 보드는 프로그램 다운로드를 위한 장치와 UART 시리얼 통신을 위한 장치를 포함하고 있지 않으며, 전용 장치와 연결하는 커넥터만 제공한다. 다운로드 장치와 UART 시리얼 통신 장치를 포함한 보드를 사용하면 보다 간단하게 컴퓨터와 연결하여 ATmega128 보드를 사용할 수 있다. 하지만 다운로드 장치의 경우 프로그램을 설치할 때만 필요하며, 설치된 프로그램을 실행할 때에는 필요하지 않다는 점을 염두에 두어야 한다. 반면 UART 시리얼 통신은 프로그램이 실행되는 동안 다양한 주변장치와의 통신에 흔히 사용된다는 점에서 다운로드 장치와 차이가 있다.

사소한 것 같지만 학습 과정에서 중요한 부분이 핀 헤더 또는 커넥터의 배열이다. 사용 가능한 주변장치를 직접 연결해 보는 것은 마이크로컨트롤러를 이해하는 데 많은 도움이 되므로 브레드보드에 꽂아 사용할 수 있는 보드를 선택하는 것을 추천한다.

연습 문제

1 ATmega128을 이용한 보드에는 데이터 핀에 주변장치를 연결할 수 있도록 핀 헤더와 커넥터를 제공한다. 핀 헤더는 핀 단위, 즉 비트 단위의 데이터 전달을 위해 사용하며, 메일(male)과 피메일(female) 헤더가 존재한다. 반면 커넥터는 2개 이상의 데이터 핀을 한꺼번에 연결할 수 있는 방법을 제공한다. 이외에도 특별한 목적으로 사용하는 전용 커넥터들도 찾아볼 수 있다. ATmega128 보드를 포함하여 마이크로컨트롤러 보드에서 핀 연결을 위해 제공하는 다양한 연결 커넥터들을 살펴보고, 커넥터들의 특징을 알아보자.

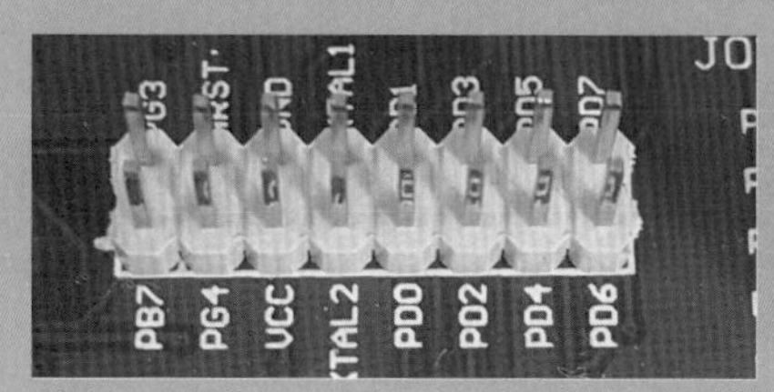

메일 핀 헤더

피메일 핀 헤더

2, 3, 4핀 커넥터

10핀 커넥터

모터 커넥터

RS-232C 커넥터

2 최소한의 회로로만 구성된 ATmega128 보드의 경우 2열 구성을 가지고 있거나, 사각형의 네 변 모두에 핀을 배치하여 브레드보드에 연결할 수 없는 경우가 대부분이다. 이 책에서 주로 사용하는 그림 5-5 (c) 보드는 1열 구성을 제공하므로 브레드보드에 직접 연결하여 사용할 수 있다. 기능상 약간의 차이는 있지만 브레드보드에 직접 연결하여 사용할 수 있는 보드는 여러 종류가 있다. 브레드보드에 연결하여 사용할 수 있는 ATmega128 보드를 찾아보고 그 특징을 알아보자.

CHAPTER

6 DIY ATmega128

마이크로컨트롤러는 전원만 주어지면 동작한다. 시중에서 판매하는 ATmega128 보드에 포함되어 있는 수많은 부품들은 개발 과정에서 필요한 장치를 연결하기 위해, 그리고 마이크로컨트롤러와 함께 사용할 입출력장치를 연결하기 위해 필요한 것들이 대부분이다. 이 장에서는 ATmega128 마이크로컨트롤러를 동작시키고 테스트하기 위해 필요한 최소한의 부품들로 구성된 보드를 직접 만들어 봄으로써, ATmega128에 대한 이해를 높이고 필요한 경우 직접 보드를 설계하고 제작하는 방법을 알아본다.

5장에서 다양한 보드들을 살펴보면서 이 책에서는 시중에서 판매하는 ATmega128 보드를 사용하는 것을 추천한 것을 기억하는가? 시중에서 판매하는 보드 사용을 추천하는 이유는 ATmega128 마이크로컨트롤러가 64핀의 SMD 타입 칩이라 DIY 보드를 제작하기 어렵기 때문이다. 마이크로컨트롤러를 사용하기 위해 필요한 주변 회로가 많지는 않지만, DIY 보드 제작에 사용되는 부품의 핀 간격은 대부분 브레드보드의 홀 간격과 동일한 2.54mm(0.1인치)에 맞춰져 있기 때문에 핀 간격이 0.8mm인 ATmega128 마이크로컨트롤러와 함께 사용하지 못한다. 따라서 ATmega128의 핀을 2.54mm 간격으로 변환하여 사용해야 하는데, 64개의 핀을 납땜하고 선을 연결하는 작업은 만만치 않다. 그럼에도 이 장에서 ATmega128 보드를 직접 만드는 방법을 설명하는 이유는 ATmega128 보드에 필요한 주변 회로가 많지 않다는 것을 눈으로 직접 확인하고, 이를 통해 ATmega128 마이크로컨트롤러에 대한 이해를 돕기 위해서이다.

6.1 ATmega128 보드 제작

1 마이크로컨트롤러 모듈

먼저 ATmega128 마이크로컨트롤러를 준비한다. ATmega128은 TQFN 패키지와 QFN/MLF 패키지가 있는데, 이 중 DIY 보드에서는 TQFN 패키지를 사용한다.

그림 6-1 **ATmega128 마이크로컨트롤러**

TQFN 패키지의 ATmega128 칩은 만능 기판에 사용할 수 없으므로 변환 기판을 사용하여 브레드보드 홀 간격과 동일한 2.54mm 간격으로 변환해야 한다. 변환 기판은 TQFN 패키지의 핀 간격과 핀 개수에 따라 다양한 종류를 판매하고 있다. 여기서는 0.8mm 간격의 64핀 TQFN 패키지 변환 기판을 사용한다.

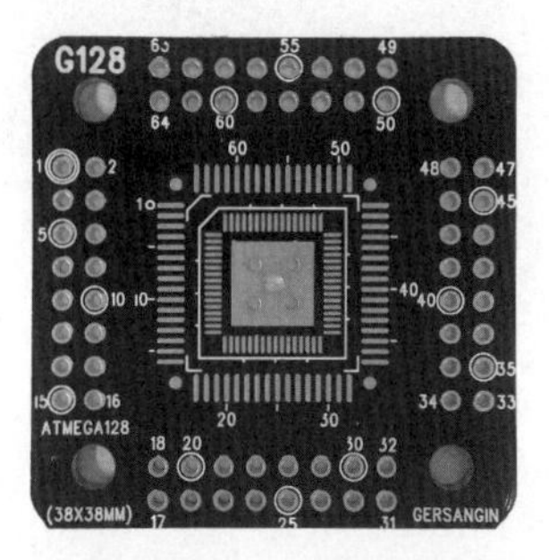

그림 6-2 **64핀 0.8mm TQFN 패키지 변환 기판**

변환 기판 위에 ATmega128 마이크로컨트롤러를 올리고 납땜을 한다. 이때 핀 번호에 유의해야 한다. ATmega128 마이크로컨트롤러를 자세히 살펴보면 한쪽 귀퉁이가 다른 귀퉁이와 다르다는 것을 발견할 수 있다. 변환 기판 역시 한쪽 귀퉁이가 다르다. 납땜하기 어렵다면 변환 기판에 ATmega128 칩을 부착하여 판매하는 모듈을 구입하여 사용하자.

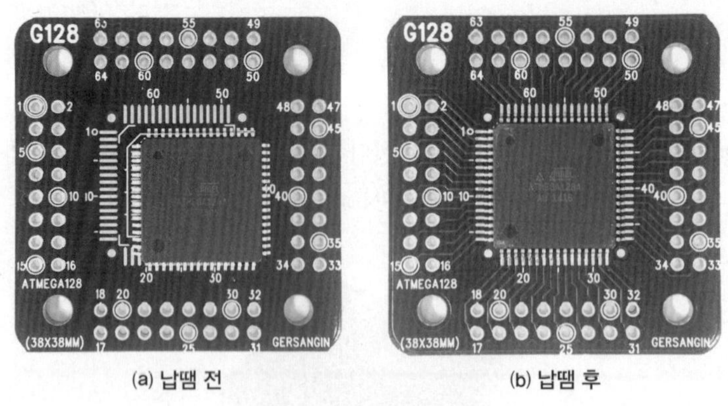

(a) 납땜 전 (b) 납땜 후

그림 6-3 **ATmega128 납땜**

ATmega128 칩을 납땜한 후에는 회로 연결을 위해 변환 기판에 있는 2.54mm 간격의 홀에 핀을 납땜해야 한다. 하지만 변환 기판은 2열 구성의 홀을 가지고 있으므로 핀을 납땜한 후에도 브레드보드에 꽂아 사용할 수 없다.

그림 6-4 **연결 핀 납땜**

2 크리스털

이 책에서 ATmega128은 16MHz로 동작하는 것으로 가정하므로 별도의 크리스털이 필요하다. 또한 크리스털의 고주파 잡음 제거를 위해 세라믹 커패시터를 함께 사용한다. 크리스털은 ATmega128 칩의 23번과 24번 핀에 연결한다. 크리스털과 세라믹 커패시터는 극성이 없으므로 연결 방향에는 신경 쓰지 않아도 된다.

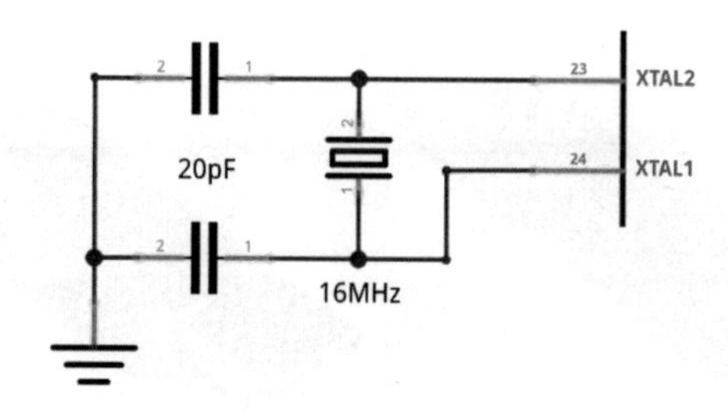

그림 6-5 **크리스털 연결 회로도**

3 리셋 버튼

리셋 버튼은 마이크로컨트롤러를 다시 시작하기 위해 반드시 필요하다. 리셋 핀은 ATmega128 칩의 20번 핀으로, 평소에는 VCC를 가해 주고 리셋 시에는 GND가 가해지도록 연결하면 된다.

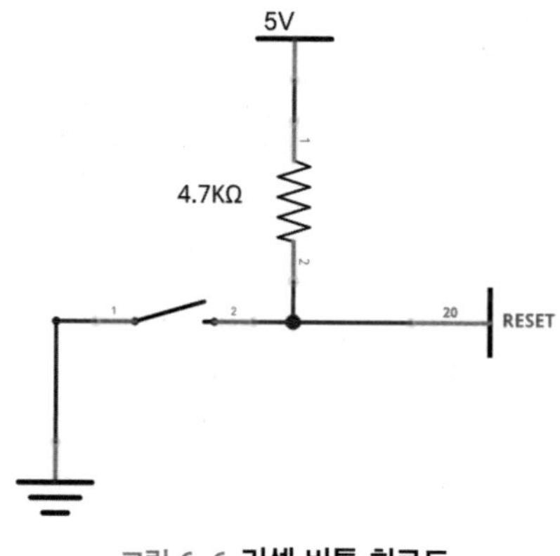

그림 6-6 **리셋 버튼 회로도**

4 연결 커넥터

마이크로컨트롤러가 동작하기 위한 기본적인 구성은 크리스털과 리셋 버튼이면 충분하다. 하지만 프로그램을 다운로드하기 위해서는 다운로드 장치와 연결하는 커넥터가 필요하며, 컴퓨터와의 시리얼 통신을 위해 USB/UART 변환 장치를 연결하는 커넥터도 필요하다. 프로그램을 다운로드하기 위해 ISP 방식 다운로더를 사용한다.

(a) ISP 방식 다운로더　　　　　(b) USB/UART 변환 장치

그림 6-7 ISP 방식 다운로더와 USB/UART 변환 장치

다운로더와 USB/UART 변환 장치는 모두 6개의 핀을 가지고 있다. USB/UART 변환 장치의 경우 6개의 핀 중 4개의 핀(VCC, GND, RX, TX)만을 사용한다. 표 6-1은 각 커넥터와 연결할 ATmega128 칩의 핀 번호를 나타낸 것이다.

표 6-1 다운로더와 USB/UART 변환 장치 연결 핀

UART 시리얼 커넥터	ATmega128 핀	ISP 방식 다운로더 커넥터	ATmega128 핀
NC	-	VCC	VCC
RX	2	GND	GND
TX	3	RESET	20
VCC	VCC	SCK	11
NC	-	MISO	3
GND	GND	MOSI	2

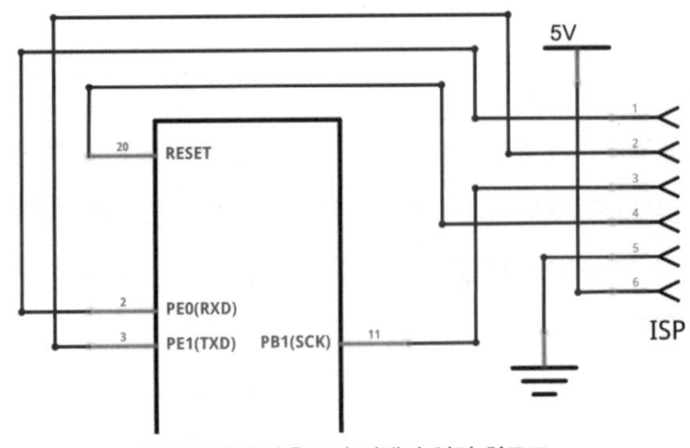

(a) ISP 방식 다운로더 커넥터 연결 회로도

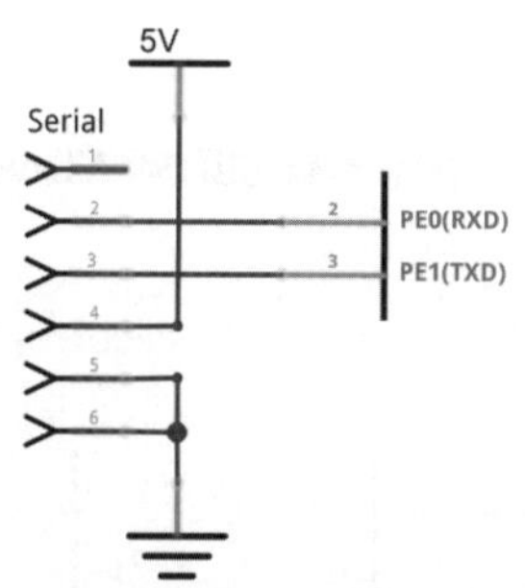

(b) USB/UART 변환 장치 커넥터 연결 회로도

그림 6-8 ISP 방식 다운로더와 USB/UART 변환 장치 커넥터 회로도

주변장치와 연결하기 위해서는 포트 단위의 데이터 핀 연결 커넥터 역시 필요하다. ATmega128에는 A에서 G까지 7개의 포트가 존재하지만, DIY 보드에서는 포트 B, E, F에 대한 커넥터만 준비한다. 각 포트에 해당하는 ATmega128 칩의 핀 번호는 표 6-2와 같다.

표 6-2 포트와 ATmega128 칩의 핀 관계

포트 \ 비트	7	6	5	4	3	2	1	0
B	17	16	15	14	13	12	11	10
E	9	8	7	6	5	4	3	2
F	54	55	56	57	58	59	60	61

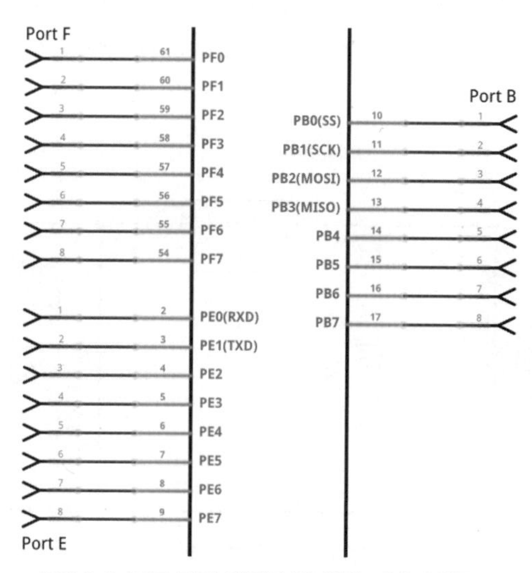

그림 6-9 포트 단위 데이터 핀 연결 커넥터 회로도

5 기타

전원이 공급되고 있다는 것을 알려 주는 전원 LED와 ATmega128 칩의 15번 핀인 PB5를 테스트 용도로 연결한다.

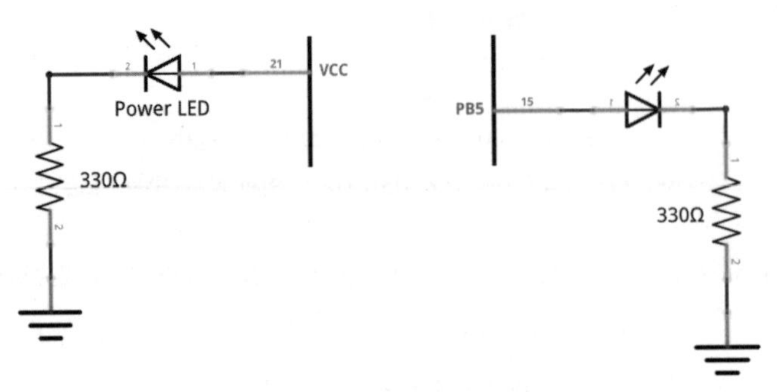

그림 6-10 **LED 연결 회로도**

이외에도 추가할 수 있는 회로는 많지만 필수적인 것은 아니다. 추가할 수 있는 대표적인 회로에는 전원 관련 회로가 있다. 이 장에서 만들어 볼 DIY 보드는 최대한 간단하게 구성한 보드이기 때문에 별도의 전원 공급 회로 없이 프로그램 업로드 장치나 시리얼 통신을 위한 장치를 통해 공급되는 USB 전원을 사용한다. 하지만 컴퓨터와 연결하지 않고 사용하고자 한다면 5V 전원을 공급해 주는 회로가 필요하다. 가장 간단한 전원 공급 회로는 9~12V 어댑터를 연결하고 레귤레이터를 통해 5V 전압을 공급해 주는 7805 정전압 IC를 사용하는 것이다. ATmega128 칩에는 2개의 VCC, 1개의 AVCC, 3개의 GND 핀이 존재하므로 이들 모두를 연결해야 한다는 점도 잊지 말아야 한다.

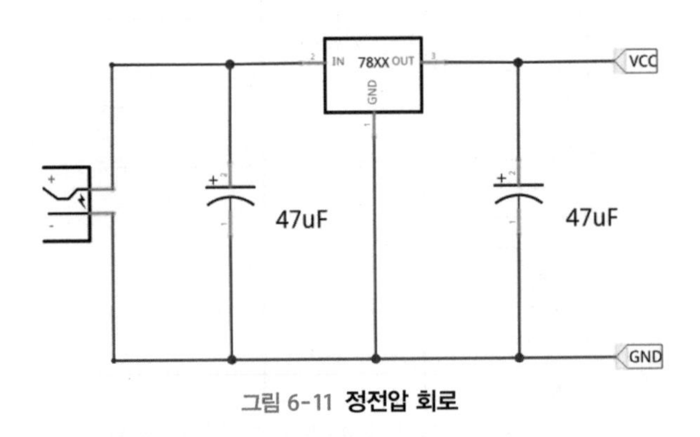

그림 6-11 **정전압 회로**

그림 6-6에서 그림 6-10까지의 회로를 이용하여 브레드보드에 배치한 DIY 보드의 예가 그림 6-12이며, 그림 6-13은 만능 기판에 DIY 보드를 제작한 예다.

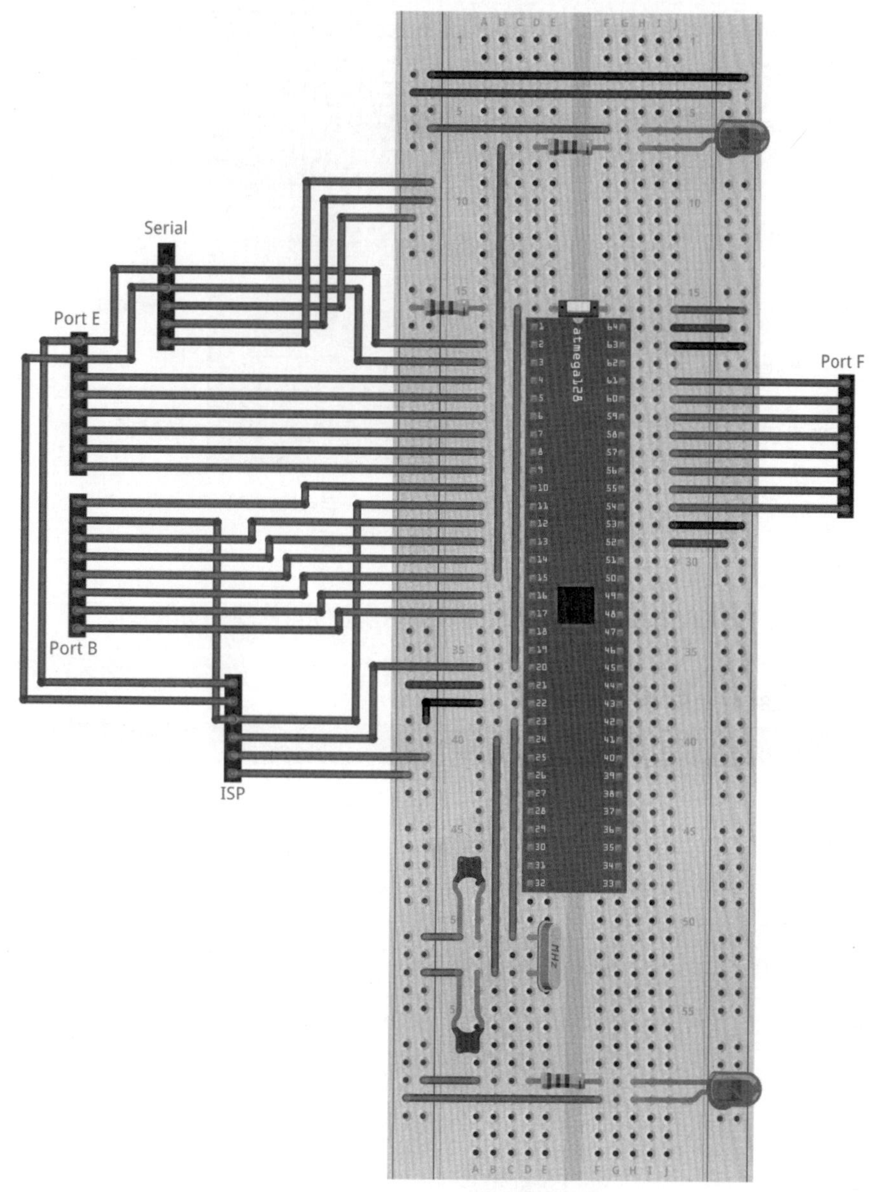

그림 6-12 **DIY ATmega128 보드의 브레드보드 배치**

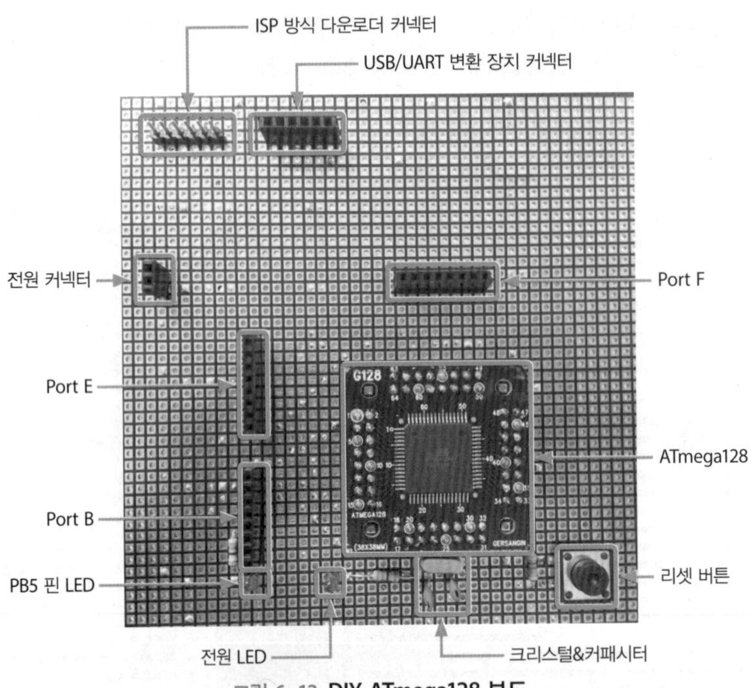

그림 6-13 **DIY ATmega128 보드**

표 6-3은 ATmega128 DIY 보드 제작을 위해 필요한 부품을 정리한 것이다.

표 6-3 **ATmega128 DIY 보드 제작**

부품	수량	이미지	비고
ATmega128A	1		
변환 기판	1		2.54mm 핀 간격 변환
크리스털	1		16MHz

표 6-3 **ATmega128 DIY 보드 제작 (계속)**

부품	수량	이미지	비고
20pF 세라믹 콘덴서	2		크리스털 안정화를 위한 콘덴서 '20'
푸시 버튼	1		리셋 버튼
4.7kΩ 저항	1		리셋 버튼 연결 저항
LED	2		전원 및 PB5 핀 출력 확인용 LED
330Ω 저항	2		LED 전류 제한용 저항
핀 헤더	1		피메일 타입
핀 헤더	1		메일 타입
만능 기판	1	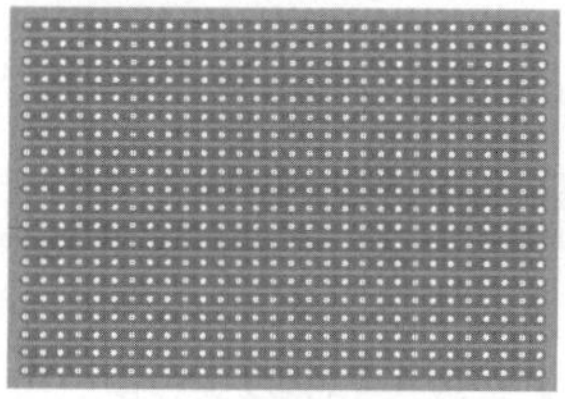	

6.2 퓨즈 설정

ATmega128 보드 제작을 끝냈으면 먼저 퓨즈를 설정해야 한다. ISP 방식 다운로더를 DIY 보드에 연결하고 아트멜 스튜디오에서 'Tools ➡ Device Programming' 메뉴 항목을 선택하여 디바이스 프로그래밍 다이얼로그를 실행시킨다. 'Tool'은 'STK500 COM10[29]'을, 'Device'는 'ATmega128A'를, 'Interface'는 'ISP'를 선택하고 'Apply' 버튼을 누르면 다운로더가 연결된다. 왼쪽 메뉴에서 'Fuses'를 선택해 보자. ATmega128에는 마이크로컨트롤러의 전반적인 동작을 결정하기 위해 3바이트의 퓨즈를 포함하고 있으며, 공장 출하 시의 퓨즈 값은 확장(EXTENDED) 퓨즈 0xFD, 하이(HIGH) 퓨즈 0x99, 로(LOW) 퓨즈 0xC1으로 설정되어 있다. 이 값들 중 DIY 보드를 제작하기 위해서는 몇 가지 설정을 변경해야 한다.

- **M103C**: ATmega103 호환 모드로 설정한다. 이 책에서는 ATmega103 호환 모드를 사용하지 않으므로 선택을 해제한다.
- **JTAGEN**: JTAG을 통한 디버깅을 허용한다. JTAG 연결은 포트 F의 핀들을 사용하므로 JTAG을 사용하는 경우 포트 F의 핀 중 일부를 범용 입출력으로 사용할 수 없다. 선택을 해제하여 포트 F의 모든 핀을 범용 입출력으로 사용할 수 있도록 한다.
- **SUT_CKSEL**: 클록을 설정하는 비트로 디폴트 값은 ATmega128 내부의 1MHz 클록을 사용하도록 설정되어 있다. 이 책에서는 16MHz 외부 크리스털을 사용할 것이므로 외부 16MHz 크리스털을 사용하는 옵션 중 초기 구동 시간이 가장 긴 'EXTHIFXTALRES_16KCK_64MS' 옵션을 선택한다.

표 6-4는 ATmega128 마이크로컨트롤러의 디폴트 퓨즈 값과 DIY 보드를 위해 변경한 퓨즈 값을 비교한 것이다.[30]

표 6-4 퓨즈 값 비교

퓨즈	공장 출하 시 디폴트 값	DIY 보드를 위한 값
EXTENDED	0xFF	0xFF
HIGH	0x16	0xD9
LOW	0xEF	0xFF

퓨즈 설정을 마쳤으면 'Program' 버튼을 눌러 퓨즈 설정을 반영한다.

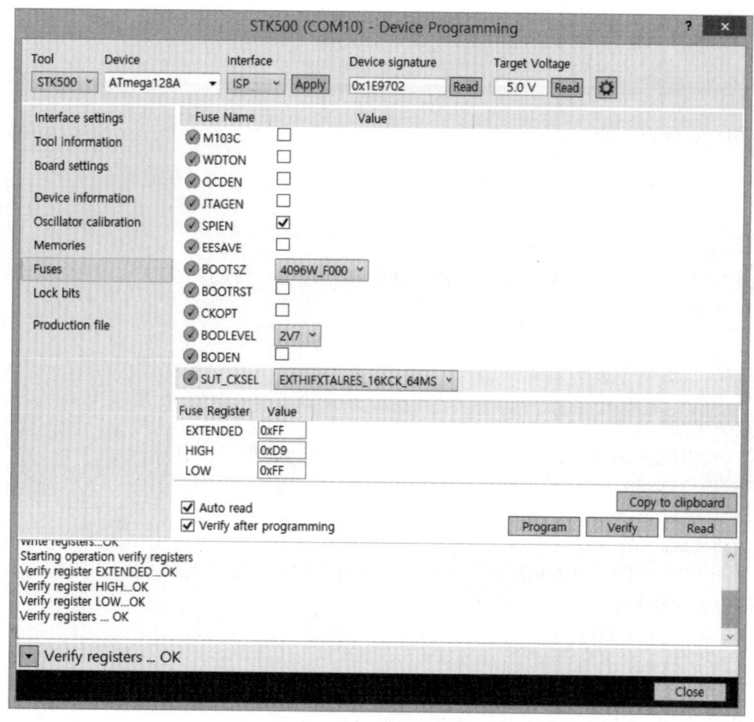

그림 6-14 **퓨즈 설정**

이제 모든 준비는 끝났다. 프로그램을 작성하여 DIY 보드가 정상적으로 동작하는지 확인해 보자.

6.3 프로그램 테스트

DIY 보드에는 3개의 포트를 사용할 수 있는 커넥터가 있다. 아트멜 스튜디오에서 'File ➡ New ➡ Project...' 메뉴 항목을 선택하고 'DIYTest'라는 이름으로 프로젝트를 생성한다. DIY 보드 테스트를 위해서는 각 포트에 8개의 LED를 연결하고 1초 간격으로 LED를 점멸시키는 프로그램을 업로드해서 확인해 보자. 코드 6-1은 포트 B에 연결된 8개의 LED를 1초 간격으로 점멸시키는 프로그램의 예다. 별도의 LED를 연결하지 않아도 DIY 보드의 PB5 핀에는 LED가 연결되어 있으므로 LED 점멸을 확인할 수 있다. DDR 레지스터와 PORT 레지스터를 변경함으로써 포트 E와 F에 연결된 LED의 동작 상태 역시 확인할 수 있다.

코드 6-1 **DIY 보드 테스트 프로그램**

```
#define F_CPU 16000000L
#include <avr/io.h>
#include <util/delay.h>

int main(void)
{
    // 포트 B를 출력으로 설정
    // DDRB를 DDRE 또는 DDRF로 변경하여 다른 포트를 테스트할 수 있다.
    DDRB = 0xFF;

    while(1)
    {
        // 8개 LED 끄기
        // PORTB를 PORTE 또는 PORTF로 변경하여 다른 포트를 테스트할 수 있다.
        PORTB = 0x00;
        _delay_ms(1000);                    // 1초 대기
        // 8개 LED 켜기
        // PORTB를 PORTE 또는 PORTF로 변경하여 다른 포트를 테스트할 수 있다.
        PORTB = 0xFF;
        _delay_ms(1000);                    // 1초 대기
    }

    return 0;
}
```

다음은 USB/UART 변환 장치를 연결하여 컴퓨터와의 시리얼 통신을 테스트해 보자. 코드 6-2는 시리얼 통신 테스트를 위한 프로그램으로, 1초 간격으로 증가하는 카운터 값을 컴퓨터로 전달한다.

코드 6-2 **DIY 보드의 시리얼 통신 테스트**

```
#define F_CPU 16000000L
#include <avr/io.h>
#include <util/delay.h>
#include <stdio.h>

void UART0_init(void);
void UART0_transmit(char data);
FILE OUTPUT \
    = FDEV_SETUP_STREAM(UART0_transmit, NULL, _FDEV_SETUP_WRITE);

void UART0_init(void)
{
    UBRR0H = 0x00;                          // 9,600 보율로 설정
```

```
    UBRR0L = 207;

    UCSR0A |= _BV(U2X0);                         // 2배속 모드
    // 비동기, 8비트 데이터, 패리티 없음, 1비트 정지 비트 모드
    UCSR0C |= 0x06;

    UCSR0B |= _BV(RXEN0);                        // 송수신 가능
    UCSR0B |= _BV(TXEN0);
}

void UART0_transmit(char data)
{
    while( !(UCSR0A & (1 << UDRE0)) );           // 송신 가능 대기
    UDR0 = data;                                 // 데이터 전송
}

int main(void)
{
    UART0_init();                                // UART0 초기화
    stdout = &OUTPUT;                            // printf 사용 설정

    unsigned int count = 0;
    while(1)
    {
        printf("%d\n\r", count++);
        _delay_ms(1000);
    }

    return 0;
}
```

코드 6-2를 다운로드하고 컴퓨터에서 PuTTY 프로그램을 실행시켜 증가하는 카운터 값이 수신되는지 확인해 보자.

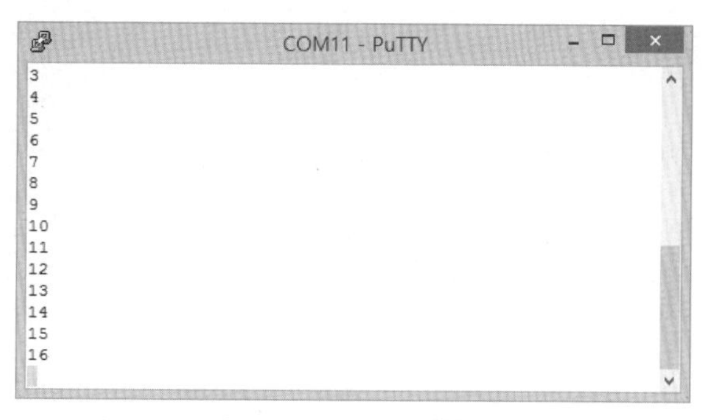

그림 6-15 **코드 6-2 실행 결과**

6.4 요약

마이크로컨트롤러를 동작시키기 위해 필요한 부품은 그리 많지 않으며 이는 ATmega128의 경우 역시 마찬가지다. 최소한의 부품만을 사용하고 싶다면 ATmega128만으로도 동작이 가능하다. 시중에 나와 있는 대부분의 ATmega128 보드는 많은 수의 부품과 커넥터들을 포함하고 있지만, 거의 학습의 편의성을 위해 추가된 것들이다. ATmega128 보드를 직접 만들어 학습 과정에서 사용하는 것을 추천하지는 않는다. 하지만 ATmega128 보드를 직접 만들어 본다면 ATmega128에 대한 이해도를 높이는 것은 물론 ATmega128을 사용하는 회로를 설계하고 구현하는 방법을 이해하는 데 큰 도움이 될 것이다. 도전적인 독자라면 시도해 볼 것을 추천한다.

연습 문제

1. ATmega128을 이용하여 만든 제어장치를 실제로 사용하기 위해서는 전원 공급 회로가 필요하다. 그림 6-11의 정전압 회로는 직류 전원을 입력으로 사용하고 5V 출력을 내도록 7805 레귤레이터를 사용하여 구성한 회로다. 그림 6-11의 회로는 저렴한 가격으로 간단히 구성할 수 있는 장점이 있는 반면 발열이 많은 단점이 있다. 직류 전원 또는 교류 전원을 입력으로 사용하여 ATmega128에 5V 정전압을 공급하기 위해 사용할 수 있는 다른 회로를 알아보자.

2. 이 책에서 사용하는 ATmega128 칩은 TQFN 패키지 형태로, 피치(pitch)라고 불리는 핀 사이 간격이 0.8mm다. 피치는 패키지 형태와 핀의 개수 등과 관련이 있다. IC 칩에 사용되는 피치의 종류와 패키지 형태 및 핀 개수 등과의 연관성을 알아보자.

PART

II

ATmega128 프로그래밍 시작하기

CHAPTER 7

디지털 데이터 출력

마이크로컨트롤러는 디지털 컴퓨터의 일종으로 디지털 데이터를 입력받아 이를 처리하고 그 결과를 출력하는 것을 기본으로 한다. 디지털 컴퓨터에서 데이터의 입출력을 위한 기본 단위는 비트이며, 비트 단위 데이터 입출력은 마이크로컨트롤러의 데이터 핀을 통해 이루어진다. 이 장에서는 ATmega128의 데이터 핀으로 1비트의 데이터를 출력하는 방법을 알아보고, LED를 사용하여 데이터 출력을 확인해 본다.

7.1 ATmega128의 데이터 핀

ATmega128은 64개의 핀으로 구성된 마이크로컨트롤러다. 이 중 전원, 크리스털 등을 위한 11개의 핀을 제외한 53개의 핀을 디지털 데이터 입출력 핀으로 사용할 수 있다. 즉, ATmega128은 동시에 53비트의 데이터를 주변장치와 교환하는 것이 가능하다. 하지만 ATmega128 마이크로컨트롤러에 포함된 중앙처리장치는 1바이트 크기의 워드(word) 단위로 데이터를 처리하므로 8개의 입출력 핀을 묶어 포트라는 이름으로 관리한다. 포트는 외부 장치와 데이터를 교환하는 기본 단위가 된다.

ATmega128의 디지털 데이터 입출력 핀 53개는 A에서 G까지 7개의 포트로 나뉜다. 53은 8의 배수가 아니므로 마지막 G 포트에는 5개만 존재한다. 그림 7-1은 ATmega128 칩의 핀과 포트를 나타낸 것으로, 포트 G를 제외하면 모두 연속된 핀으로 포트가 구성된 것을 확인할 수 있다.

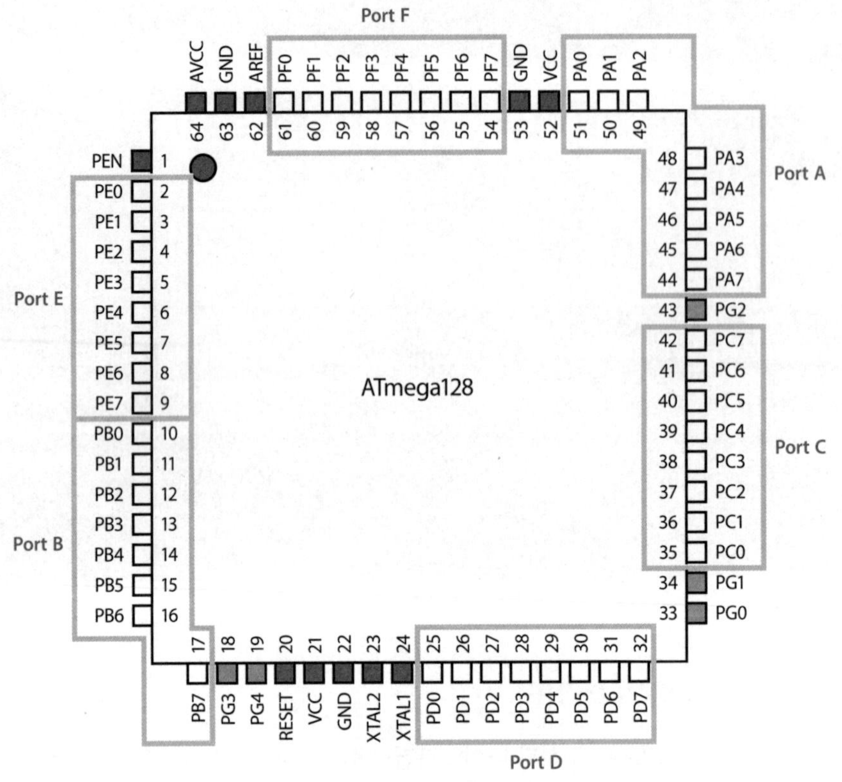

그림 7-1 **ATmega128 칩의 핀과 포트**

포트를 통해 디지털 데이터를 주고받기 위해서는 무엇이 필요할까? 마이크로컨트롤러는 마이크로프로세서와 다르게 주변장치와 데이터를 주고받는 기능이 칩 내에 포함되어 있으며, 입출력 핀을 통해 주변장치와 데이터를 교환하기 위해 사용하는 임시 기억 공간을 '입출력 레지스터'라고 한다. 마이크로프로세서에서의 레지스터가 주로 중앙처리장치 내의 연산 과정에서 사용하는 '범용 레지스터'를 나타낸다면, 마이크로컨트롤러에서는 이와 더불어 주변장치와의 데이터 교환을 위해 사용하는 입출력 레지스터를 함께 가리킨다. ATmega128에는 256개의 레지스터를 정의할 수 있으며, 이 중 32개의 범용 레지스터와 105개의 입출력 레지스터가 정의되어 있다. ATmega128을 공부하는 것은 105개의 입출력 레지스터 사용 방법을 배우는 것이 많은 부분을 차지한다.

7.2 디지털 데이터 출력을 위한 레지스터

포트를 통해 디지털 데이터를 출력하기 위해 사용하는 레지스터는 PORTx(x = A, ..., G) 레지스터다. PORTx 레지스터의 구조는 그림 7-2와 같다. 7개의 포트 중 포트 G는 5개의 핀만 사용할 수 있으므로 PORTG 레지스터에서도 상위 3비트는 사용할 수 없다.

비트	7	6	5	4	3	2	1	0
비트 이름	PORTx7	PORTx6	PORTx5	PORTx4	PORTx3	PORTx2	PORTx1	PORTx0
읽기/쓰기	R/W	R/W	R/W	R/W	R/W	R/W	R/W	R/W
초깃값	0	0	0	0	0	0	0	0

(a) **PORTA~PORTF**

비트	7	6	5	4	3	2	1	0
비트 이름	-	-	-	PORTG4	PORTG3	PORTG2	PORTG1	PORTG0
읽기/쓰기	R	R	R	R/W	R/W	R/W	R/W	R/W
초깃값	0	0	0	0	0	0	0	0

(b) **PORTG**

그림 7-2 **PORTx 레지스터의 구조**

ATmega128 칩의 7번 핀인 PE5 핀으로 1의 값을 출력하고 싶다면 PORTE 레지스터의 5번 비트를 1로 설정하면 된다. 간단하지 않은가?

포트와 핀

포트는 8개의 핀을 하나로 묶어 관리하는 것을 가리킨다. 하지만 마이크로컨트롤러에서 디지털 데이터 입출력의 기본 단위는 비트다. 그렇다면 굳이 8개의 핀을 묶어서 포트로 관리하는 이유는 무엇일까?

포트 단위로 핀을 묶어서 관리하는 이유 중 하나는 CPU에서 데이터를 비트 단위로 처리할 수 없기 때문이다. CPU에서 데이터를 처리하는 단위는 워드로 바이트의 정수 배로 정해진다. ATmega128의 경우 1바이트의 워드 크기를 가지고 있으므로 ATmega128의 CPU에서 처리할 수 있는 데이터의 최소 크기는 1바이트다.

1비트 데이터로 할 수 있는 일은 무엇일까? 마이크로컨트롤러를 배울 때 가장 먼저 시도해 보는 LED 점멸시키기나 버튼의 ON/OFF 상태를 읽어 들이는 예가 비트 단위의 데이터 입출력에 해당한다. LED나 버튼은 ON 또는 OFF 두 가지 중 하나의 상태만을 가지므로 비트 단위의 데이터로 표현하거나 제어할 수 있다. 하지만 실제로 CPU가 데이터를 처리하기 위해서는 최소한 바이트 단위의 데이터가 필요하며, 메모리 역시 바이트 단위로 주소가 정해져 있으므로 바이트 단위로만 데이터를 읽거나 쓸 수 있다. C 언어에서 가장 작은 크기의 메모리를 필요로 하는 데이터 타입은 1바이트 크기를 갖는 char 타입으로, 비트 단위의 데이터를 저장할 수 있는 데이터 타입은 존재하지 않는다.

CPU가 바이트 단위로 데이터를 처리한다면 비트 단위로 각각의 핀을 제어하는 것이 불가능해 보일 수도 있다. 하지만 비트 연산자를 생각해 보자. 비트 연산자는 바이트 이상의 데이터에서 특정 비트의 값만을 변경할 때 사용한다. 즉, 실제로 CPU 내에서 바이트 단위로 연산을 실행하고 출력 역시 레지스터를 통해 바이트 단위로 이루어지지만, 비트 연산자를 통해 비트 단위의 데이터만을 변경함으로써 비트 단위의 연산을 간접적으로 실행하고 특정 핀을 통해 연결한 장치와 비트 단위로 데이터를 교환하는 것이다.

ATmega128의 데이터 핀으로 데이터를 출력하기 위해서는 PORTx 레지스터를 사용하면 된다. 이때 주의해야 할 점은 데이터 핀은 입출력이 가능한 핀이라는 점, 그리고 핀은 입력이나 출력으로 사용할 수 있지만 입출력을 동시에 사용할 수는 없다는 점이다. 따라서 데이터 핀을 사용하기 전에 데이터 핀을 입력으로 사용할 것인지 또는 출력으로 사용할 것인지 먼저 결정해야 한다. 데이터 핀을 입력 또는 출력으로 사용하기 위해서는 먼저 DDRx(x = A, ..., G) 레지스터를 통해 데이터의 입출력 방향을 결정해야 한다. DDRx 레지스터의 구조는 그림 7-3과 같다. 7개의 포트 중 포트 G는 5개의 핀만을 사용할 수 있으므로 DDRG 레지스터 역시 PORTG 레지스터와 마찬가지로 상위 3비트는 사용할 수 없다.

비트	7	6	5	4	3	2	1	0
비트 이름	DDx7	DDx6	DDx5	DDx4	DDx3	DDx2	DDx1	DDx0
읽기/쓰기	R/W	R/W	R/W	R/W	R/W	R/W	R/W	R/W
초깃값	0	0	0	0	0	0	0	0

(a) **DDRA~DDRF**

비트	7	6	5	4	3	2	1	0
비트 이름	-	-	-	DDG4	DDG3	DDG2	DDG1	DDG0
읽기/쓰기	R	R	R	R/W	R/W	R/W	R/W	R/W
초깃값	0	0	0	0	0	0	0	0

(b) **DDRG**

그림 7-3 **DDRx 레지스터의 구조(1은 출력 상태, 0은 입력 상태)**

DDR 레지스터의 각 비트인 DDxn(x = A, ..., G, n = 0, ..., 7) 비트는 PORTxn 비트에 해당하는 핀의 입력 또는 출력을 결정한다. DDxn 비트를 1로 설정하면 출력으로 설정되어 LED를 연결하고 깜빡거리게 만들 수 있다. 반면 DDxn 비트를 0으로 설정하면 입력으로 설정되어 버튼을 연결하고 버튼의 상태를 읽을 수 있다. 그림 7-4는 DDRA 레지스터와 PORTA 레지스터, 그리고 실제 ATmega128 칩의 핀 사이의 관계를 나타낸 것이다.

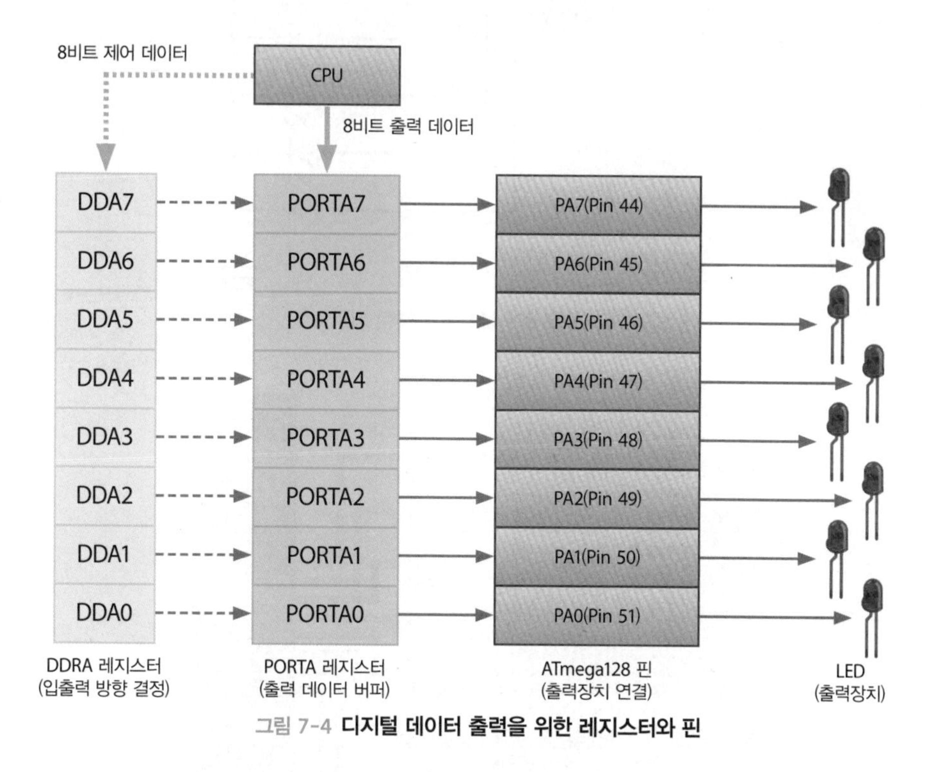

그림 7-4 **디지털 데이터 출력을 위한 레지스터와 핀**

7.3 블링크

포트에 연결된 LED를 점멸시키는 프로그램을 작성해 보자. LED 점멸을 위한 프로그램은 먼저 DDR 레지스터의 해당 비트를 1로 설정하여 해당 핀을 출력으로 설정한 후, PORT 레지스터에 1 또는 0의 값을 출력함으로써 LED를 제어한다. 먼저 포트 B에 8개 LED를 연결한다. 포트 B는 ATmega128 칩의 10번부터 17번까지 8개 핀에 해당한다.

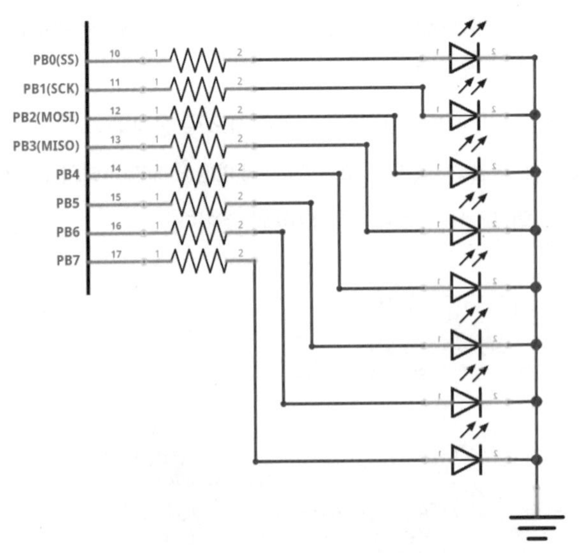

그림 7-5 **포트 B에 LED를 연결한 회로도**[31]

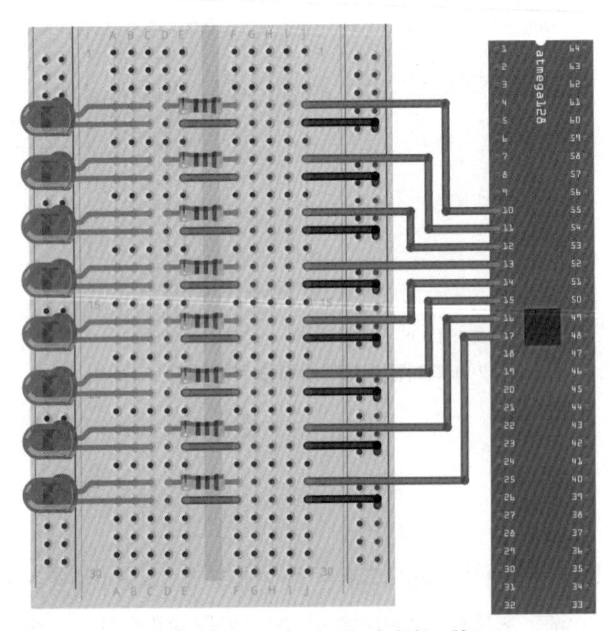

그림 7-6 **포트 B에 LED를 연결하는 회로**

코드 7-1은 포트 B에 연결된 8개의 LED를 1초 간격으로 점멸시키는 프로그램이다.

코드 7-1 **Blink**

```
1   #define F_CPU 16000000L
2   #include <avr/io.h>
3   #include <util/delay.h>
4
5   int main(void)
6   {
7       DDRB = 0xFF;
8
9       while (1)
10      {
11          PORTB = 0x00;
12          _delay_ms(1000);
13          PORTB = 0xFF;
14          _delay_ms(1000);
15      }
16
17      return 0;
18  }
```

- **Line 1**: 마이크로컨트롤러의 동작 주파수를 정의한다. 이 책에서는 ATmega128을 16MHz로 동작시키는 것을 기준으로 하므로 이에 해당하는 값을 정의한다. ATmega128에서 int 타입은 2바이트이므로 16M의 값을 표현할 수 없다. 따라서 상수 뒤에 'L'을 붙여 long 타입 값이라는 것을 표시한다.
- **Line 2**: 'io.h' 헤더 파일을 포함시킨다. io.h 헤더 파일에는 마이크로컨트롤러에 따른 레지스터 이름과 레지스터 비트 이름 등이 정의되어 있으므로 반드시 포함시켜야 한다. 프로젝트를 생성하면 io.h 헤더 파일을 포함하는 문장은 기본적으로 포함되어 있다.
- **Line 3**: 시간 지연 함수 _delay_ms를 사용하기 위해 필요한 'delay.h' 헤더 파일을 포함시킨다.
- **Line 7**: 포트 B의 8개 핀을 출력으로 설정한다.
- **Line 9~15**: 메인 루프인 무한 루프에 해당한다. 마이크로컨트롤러 프로그램은 전원이 주어진 동안에는 종료하지 않고 메인 루프를 계속 실행한다.
- **Line 11**: 포트 B의 8개 핀에 연결된 LED를 끈다.
- **Line 12, 14**: 밀리초 단위로 지연시간을 설정한다. 시간 지연 함수를 사용하기 위해서는 'delay.h' 파일을 반드시 포함해야 하며, delay.h 파일에는 _delay_ms 함수와 함께 마이크로초 단위의 지연시간을 설정할 수 있는 _delay_us 함수도 함께 정의되어 있다.

- **Line 13**: 포트 B의 8개 핀에 연결된 LED를 켠다.
- **Line 17**: main 함수 내에 무한 루프가 존재하므로 return문은 실행되지 않는다. 다만 main 함수가 int형의 반환값을 가지므로 C 언어의 규칙에 맞도록 return문을 추가한다.

그다지 복잡해 보이지는 않는다. 프로그램을 컴파일하고 업로드하여 8개의 LED가 점멸하는지 확인해 보자.

7.4 LED 패턴 나타내기

코드 7-1은 단순히 LED를 점멸시키는 프로그램이다. 이를 수정하여 다양한 패턴이 8개의 LED에 나타나도록 프로그램을 작성해 보자. LED는 그림 7-5와 같이 포트 B에 연결한다. 먼저 그림 7-7의 1번부터 8번까지 패턴이 1초 간격으로 8개의 LED에 반복적으로 표시되도록 프로그램을 수정해 보자.

패턴	PB7	PB6	PB5	PB4	PB3	PB2	PB1	PB0
1								■
2							■	
3						■		
4					■			
5				■				
6			■					
7		■						
8	■							

그림 7-7 **LED 이동 패턴(■: LED 켜짐, □: LED 꺼짐)**

반복 패턴을 표시하기 위해서는 먼저 이전 패턴과 현재 패턴 사이의 관계를 파악하는 것이 중요하다. PORTB 레지스터에 0x01의 값을 출력하면 LSB에 해당하는 PB0 핀에 연결된 LED만 켜지고 나머지 LED는 모두 꺼지므로 1번 패턴을 얻을 수 있다. 또한 PORTB 레지스터에 0x02의 값을 출력하면 2번 패턴을 얻을 수 있다. 1번 패턴에 해당하는 PORTB 레지스터 값과 2번 패턴에 해당하는 PORTB 레지스터 값 사이에는 어떤 관계가 있으며, 어떻게 해야 1번 패턴 값에서 2번 패턴 값을 얻을 수 있을까? 2번 패턴 값은 1번 패턴 값의 2배에 해당한다. 즉, 1초가 경과하면 패턴 값을 2배로 증가시켜 다음 패턴 값을 구할 수 있다. 또는 정수값에 2를 곱하는 것과 동일한 효과를 얻을 수 있는 왼쪽 비트 이동 연산(<<)을 사용해서 다음 패턴을 구할 수도 있다.

```
next_pattern_value = current_pattern_value * 2;
next_pattern_value = current_pattern_value << 1;
```

하지만 단순히 2배를 하는 것으로는 무언가 부족하다. 8번 패턴 값의 다음 패턴 값은 1번 패턴 값이다. 8번 패턴 값에서 2를 곱하면 0x01이 아닌 0x100이 나온다. 즉, 처음부터 다시 시작하는 경우는 이전의 원칙이 적용되지 않는다. 따라서 현재 패턴 값이 128(0x80)보다 커지는 경우에는 패턴 값을 0x01로 다시 되돌려야 한다. 만약 패턴 값을 저장하기 위해 1바이트 크기의 변수를 사용했다면 8번 패턴 값을 2배로 하면 영(0)의 값을 얻게 되므로, 새로운 패턴 값이 0이 나올 경우에는 0x01로 되돌리면 된다.

```
if(next_pattern_value == 0) next_pattern_value = 0x01;
```

코드 7-2는 그림 7-7의 패턴이 1초 간격으로 반복되도록 하는 프로그램이다.

코드 7-2 비트 시프트 패턴 – 2개의 패턴 값 저장

```
#define F_CPU 16000000L
#include <avr/io.h>
#include <util/delay.h>

int main(void)
{
    char current_pattern_value;
    char next_pattern_value = 0x01;

    DDRB = 0xFF;                                    // 포트 B 핀을 출력으로 설정

    while (1)
    {
        current_pattern_value = next_pattern_value;

        PORTB = current_pattern_value;    // 현재 패턴 표시

        // 다음 패턴 값 생성
        next_pattern_value = current_pattern_value << 1;
        if(next_pattern_value == 0) next_pattern_value = 0x01;
```

```
        _delay_ms(1000);
    }

    return 0;
}
```

코드 7-2와 동일한 동작을 하면서도 보다 간단하게 프로그래밍할 수도 있다. 코드 7-2에서는 현재와 다음 패턴 값을 저장하기 위해 별도의 변수를 사용했지만, 하나의 변수만 사용해서 프로그래밍하는 것도 가능하다. 코드 7-3은 하나의 패턴 값만을 저장하도록 코드 7-2를 수정한 것이다.

코드 7-3 **비트 시프트 패턴 – 1개의 패턴 값 저장**

```
#define F_CPU 16000000L
#include <avr/io.h>
#include <util/delay.h>

int main(void)
{
    char pattern_value = 0x01;

    DDRB = 0xFF;                          // 포트 B 핀을 출력으로 설정

    while (1)
    {
        PORTB = pattern_value;            // 현재 패턴 표시

        // 다음 패턴 값 생성
        pattern_value <<= 1;
        if(pattern_value == 0) pattern_value = 0x01;

        _delay_ms(1000);
    }

    return 0;
}
```

그림 7-7처럼 패턴 사이에 연관성이 있는 경우라면 계산을 통해 쉽게 패턴 값을 얻을 수 있다. 하지만 패턴 사이의 연관성을 쉽게 찾을 수 없다면 패턴 값을 배열로 저장하고 패턴에 대한 색인을 사용하는 방법을 추천한다. 그림 7-8의 패턴이 반복되는 경우를 생각해 보자.

패턴	PB7	PB6	PB5	PB4	PB3	PB2	PB1	PB0
1								
2								
3								
4								
5								
6								
7								
8								

그림 7-8 **패턴 사이의 연관성을 쉽게 찾을 수 없는 패턴(■: LED 켜짐, □: LED 꺼짐)**

패턴 1에서 패턴 2의 값은 오른쪽 이동 연산을 사용하여 얻을 수 있다. 하지만 패턴 6에서 패턴 7, 패턴 7에서 패턴 8, 패턴 8에서 패턴 1의 값은 비트 이동 연산만으로는 얻을 수 없다. 비트 이동 연산으로 패턴 값을 생성할 수 없다면 조건문을 사용해야 하지만, 많은 조건문의 사용은 프로그램을 이해하기 어렵게 만든다. 패턴 값을 배열로 저장하면 보다 간단하게 프로그램을 작성할 수 있으며, 코드 7-4는 배열을 사용하는 프로그램의 예다. 코드 7-4에서는 0에서 7까지의 패턴 인덱스를 생성하기 위해 나머지 연산자(%)를 사용하고 있다.

코드 7-4 **비트 시프트 패턴 – 배열 사용**

```
#define F_CPU 16000000L
#include <avr/io.h>
#include <util/delay.h>

int main(void)
{
    char patterns[] = {
        0xA0, 0x50, 0x28, 0x14,
        0x0A, 0x05, 0x82, 0x41
    };

    int index = 0;                           // 현재 출력할 패턴

    DDRB = 0xFF;                             // 포트 B 핀을 출력으로 설정

    while (1)
    {
        PORTB = patterns[index];             // 현재 패턴 표시
```

```
        index = (index + 1) % 8;              // 다음 패턴 값 생성

        _delay_ms(1000);
    }

    return 0;
}
```

그림 7-8의 패턴에서 이동 연산으로 패턴 값을 구할 수 없는 경우는 세 가지였다. 하지만 패턴 6에서 오른쪽 이동 연산을 수행한 후 밀려 나오는 비트를 왼쪽에 대입하면 패턴 7을 얻을 수 있는데, 이를 원형 이동(circular shift)이라고 한다.

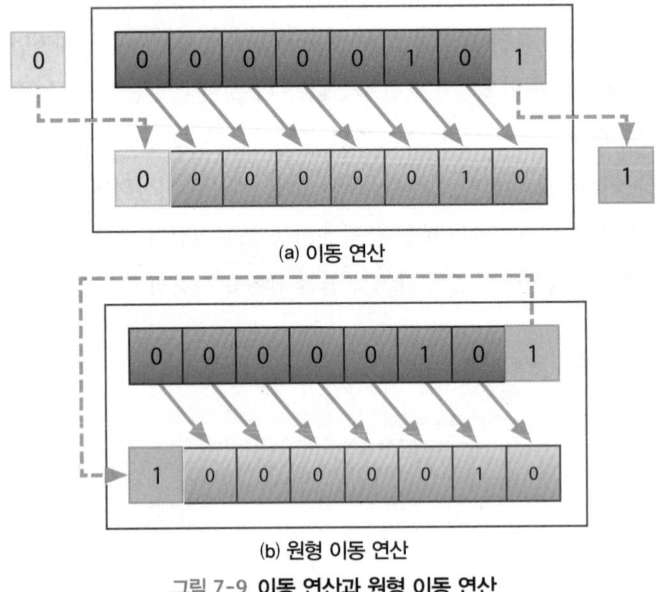

그림 7-9 **이동 연산과 원형 이동 연산**

C 언어에서 이동 연산을 위한 연산자는 제공하지만, 원형 이동 연산을 위한 연산자는 제공하지 않으므로 직접 함수로 구현해야 한다. 코드 7-5는 원형 이동 연산을 사용하여 그림 7-8의 패턴이 반복해서 표시되도록 하는 프로그램이다.

코드 7-5 **비트 시프트 패턴 – 원형 이동 연산**

```
#define F_CPU 16000000L
#include <avr/io.h>
#include <util/delay.h>
```

```c
char circular_shift_right(char pattern)
{
    char LSB = pattern & 0x01;              // LSB
    char MSB = LSB << 7;                    // LSB 값을 MSB로 옮김

    char new_pattern = pattern >> 1;        // 패턴을 오른쪽으로 이동

    new_pattern |= MSB;                     // MSB 추가

    return new_pattern;
}

int main(void)
{
    char pattern = 0xA0;

    DDRB = 0xFF;                            // 포트 B 핀을 출력으로 설정

    while (1)
    {
        PORTB = pattern;                    // 현재 패턴 표시

        // 다음 패턴 값 생성
        pattern = circular_shift_right(pattern);

        _delay_ms(1000);
    }

    return 0;
}
```

오른쪽 원형 이동 연산을 위한 circular_shift_right 함수는 다음과 같이 한 문장으로 표현할 수도 있다.

```c
char new_pattern = (pattern << 7) | (pattern >> 1);
```

두 비트 이상의 원형 시프트 연산이 필요하다면 이동되는 비트 수를 조정하면 된다.

```c
char circular_shift_right(char pattern, int n)
{
    char new_pattern = (pattern << (8 - n)) | (pattern >> n);

    return new_pattern;
}
```

7.5 요약

마이크로컨트롤러는 디지털 데이터를 입력받아 이를 처리하고 그 결과를 출력하는 것을 기본으로 한다. 디지털 데이터 처리에 있어서 주의할 점은, 중앙처리장치 내에서는 1바이트 크기의 워드 단위로 연산이 이루어지는 반면, 실제 주변장치와는 1비트 단위로 데이터를 교환한다는 점이다. 비트 단위의 데이터 교환을 위해 마이크로컨트롤러의 핀을 사용하며, 워드 단위의 데이터를 처리하기 위해서는 8개의 핀을 하나로 묶은 포트를 사용한다는 점도 기억해야 한다.

디지털 데이터 출력을 위해 핀의 입출력 방향을 정하는 DDR 레지스터와 출력 데이터를 저장하는 PORT 레지스터를 사용한다. 8장에서 살펴볼 PIN 레지스터와 함께 이들 3개의 레지스터는 ATmega128의 디지털 데이터 입출력을 위해 사용하는 기본 레지스터다. 이외에도 다양한 용도로 사용하는 수많은 레지스터가 있지만, 디지털 컴퓨터의 일종인 ATmega128은 디지털 데이터 입출력을 바탕으로 하고 있다는 점을 잊지 말아야 한다.

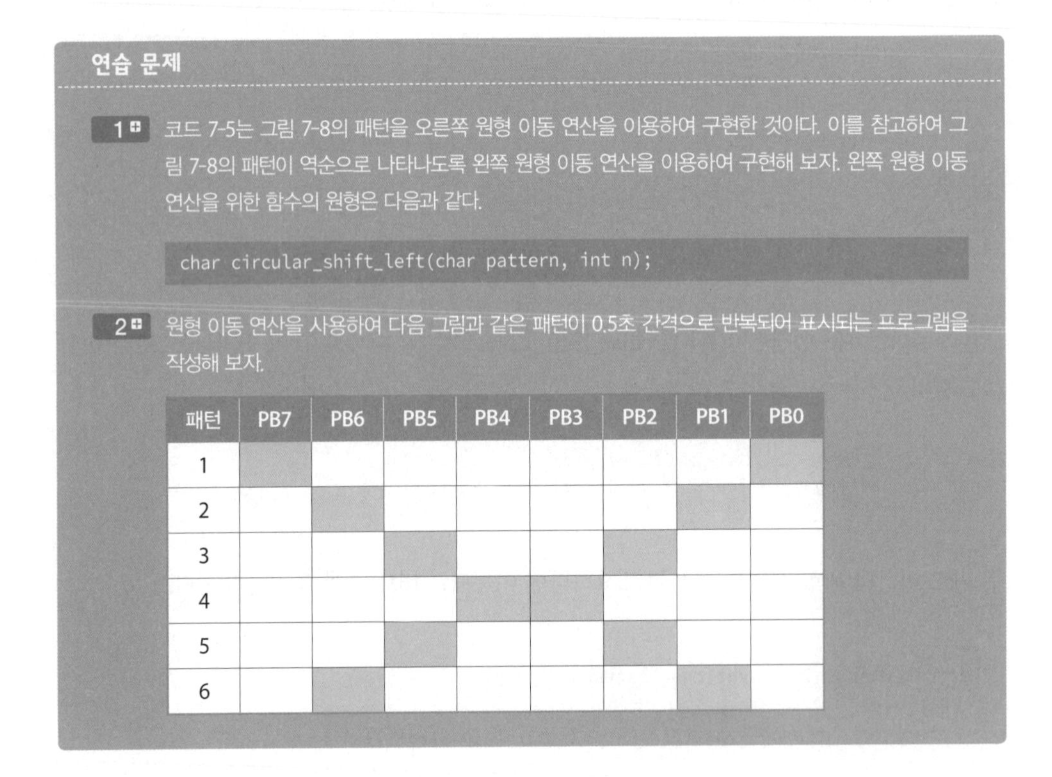

연습 문제

1 코드 7-5는 그림 7-8의 패턴을 오른쪽 원형 이동 연산을 이용하여 구현한 것이다. 이를 참고하여 그림 7-8의 패턴이 역순으로 나타나도록 왼쪽 원형 이동 연산을 이용하여 구현해 보자. 왼쪽 원형 이동 연산을 위한 함수의 원형은 다음과 같다.

```
char circular_shift_left(char pattern, int n);
```

2 원형 이동 연산을 사용하여 다음 그림과 같은 패턴이 0.5초 간격으로 반복되어 표시되는 프로그램을 작성해 보자.

패턴	PB7	PB6	PB5	PB4	PB3	PB2	PB1	PB0
1								
2								
3								
4								
5								
6								

CHAPTER

8 디지털 데이터 입력

마이크로컨트롤러는 비트 단위의 디지털 데이터 입출력을 기본으로 하고 있다. 마이크로컨트롤러의 핀을 통해 이루어지는 디지털 데이터의 입출력은 마이크로컨트롤러가 주변장치와 데이터를 주고받는 기본 방법이다. 이 장에서는 푸시 버튼을 사용하여 ATmega128의 데이터 핀으로 1비트의 데이터를 입력하는 방법을 알아본다.

7장에서는 디지털 데이터를 ATmega128 칩의 핀으로 출력하고 이를 LED를 통해 확인하는 방법에 대해 알아보았다. 이 장에서는 디지털 데이터 출력과 함께 마이크로컨트롤러의 기본이 되는 디지털 데이터 입력 방법에 대해 알아본다. 디지털 데이터의 입출력만 정확히 알고 있으면 마이크로컨트롤러의 기본 동작을 모두 이해했다고 해도 과언이 아니다. 물론 마이크로컨트롤러의 핀을 통해 입출력되는 데이터는 비트 단위이며, 비트 단위 데이터로 나타낼 수 있는 정보가 그리 많지 않은 것은 사실이다. 디지털 데이터 출력에 사용하는 LED나 디지털 데이터 입력에 사용하는 버튼의 경우 ON 또는 OFF의 두 가지 상태만을 나타낼 수 있다. 하지만 비트가 모여 문자나 숫자 등 의미 있는 정보를 표현할 수 있는 것 또한 사실이다. 비트를 모아서 의미 있는 정보를 표현하기 위해서는 비트를 조합하는 방법에 대한 약속이 필요한데, 이러한 약속 중 하나가 프로토콜이라고 불리는 통신 규약이다. 마이크로컨트롤러가 주변장치와 비트 단위보다 큰 데이터를 교환하기 위해 흔히 사용하는 통신 방법에는 UART, I2C, SPI 등이 있으며, 이들 통신 방법 역시 마이크로컨트롤러의 핀을 통해 이루어지는 비트 단위 데이터 교환을 바탕으로 하고 있다.

사람에게 의미 있는 정보를 전달하는 통신 방식이 비트 단위의 데이터 교환을 기반으로 하고 있다는 점은 모스 부호(morse code)에서도 찾아볼 수 있다. 모스 부호는 짧은 부호(dot)와 긴 부호(dash)의 조합으로 문자를 표현한다. 두 가지 부호를 사용하기는 하지만, 기본적으로 모스 부호는 ON 또는 OFF의 두 가지 상태와 ON 상태의 시간으로 정보를 표현한다. 잘 이해가 가지 않는다면 흑백영화에 많이 등장하던, 모스 부호를 보내기 위해 사용하던 스트레이트 키(straight key)를 떠올려 보자. 스트레이트 키와 푸시 버튼에는 어떤 차이가 있을까? 모양이나 재질 등 여러 가지 차이점이 있지만, 상대방에게 정보를 전달하기 위해 ON과 OFF 상태를 사용한다는 점은 동일하다. 스트레이트 키로 상대방에게 문자 메시지를 보낼 수 있는 것처럼 푸시 버튼을 사용하여 마이크로컨트롤러로 정보를 전달할 수 있다. 비슷하지 않은가?

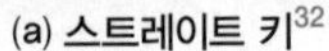

(a) 스트레이트 키[32]

(b) 푸시 버튼

그림 8-1 스트레이트 키와 푸시 버튼

8.1 풀업 저항과 풀다운 저항

이 장에서는 디지털 데이터 입력을 위해 푸시 버튼을 사용한다. 버튼을 사용하는 경우 몇 가지 주의할 점이 있는데, 그중 하나가 마이크로컨트롤러의 입력 핀에 개방 회로(open circuit)가 연결되지 않아야 한다는 점이다. 버튼을 사용할 때 가장 간단한 회로는 버튼의 양쪽 끝을 VCC와 마이크로컨트롤러의 범용 입출력(General Purpose Input Output, GPIO) 핀에 연결하여 버튼이 눌러지면 VCC, 즉 논리 1이 가해지고, 버튼이 눌러지지 않으면 0이 가해지도록 하는 것이다.

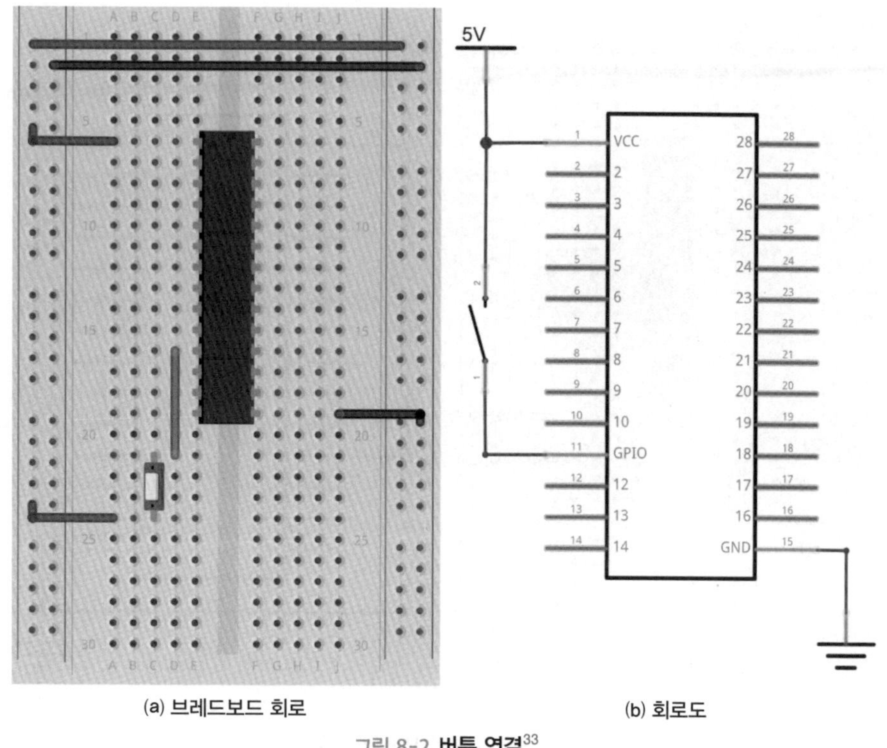

(a) 브레드보드 회로

(b) 회로도

그림 8-2 **버튼 연결**[33]

그림 8-2에서 버튼을 누르면 VCC가 GPIO 핀에 가해지므로 논리 1의 값이 된다. 버튼을 누르지 않은 경우 GPIO 핀에는 어떤 값이 가해질까? 정답은 '알 수 없다'이다. 그림 8-2에서 버튼을 누르지 않은 경우 GPIO 핀에는 아무런 회로가 연결되지 않은 것과 같다. 즉, 개방(open)되어 있다. 개방된 핀의 입력은 인접한 핀에 가해지는 전압이나 정전기 등의 영향을 받아 무작위의 값이 가해질 수 있다. 이처럼 개방된 GPIO 핀은 플로팅(floating)되어 있다고 이야기하며, 플로팅된 경우 핀에는 임의의 값이 가해질 수 있으므로 버튼을 누르지 않은 경우에도 버튼을 누른 것으로 잘못 인식할 수 있다. 플로팅 상태를 제거하기 위해서는 풀업 또는 풀다운 저항을 흔히 사용한다.

그림 8-3의 회로를 살펴보자.

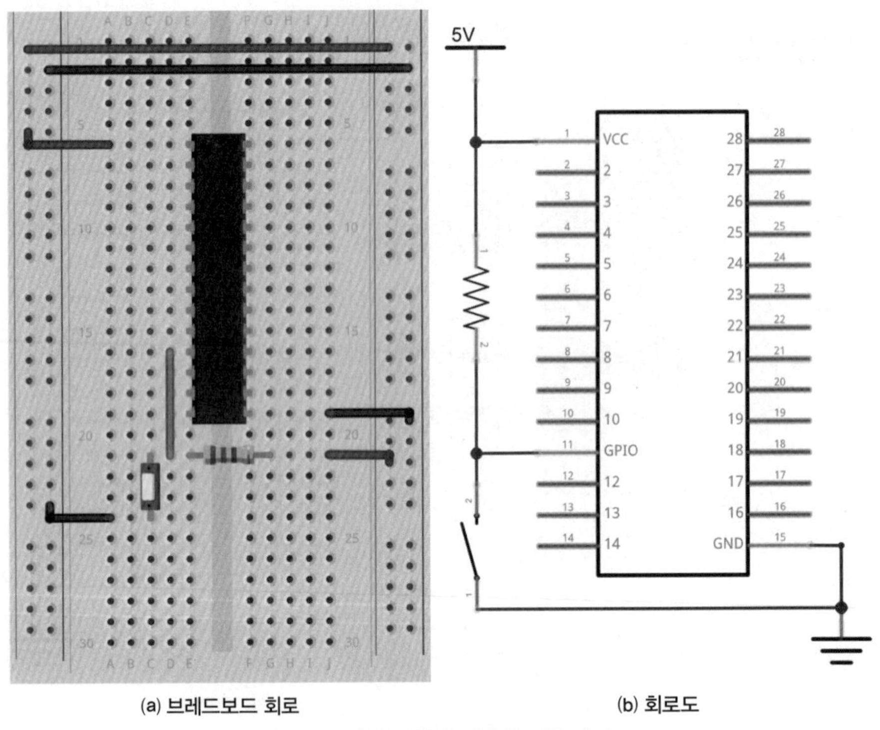

(a) 브레드보드 회로 (b) 회로도

그림 8-3 **풀업 저항을 사용한 버튼 연결**

그림 8-3의 회로에서 버튼을 누르지 않은 경우 GPIO 핀에는 저항을 통해 VCC가 가해진다. 반면 버튼을 누른 경우에는 낮은 저항값을 가지는 스위치를 통해 GND가 가해진다. 저항은 스위치가 개방된 상태에서 GPIO 핀에 가해지는 값이 VCC가 되도록 끌어올리는(pull up) 역할을 하므로 풀업 저항이라고 한다. 한 가지 주의할 점은 풀업 저항을 사용하는 경우 버튼을 누른 경우 논리 0이 가해지고, 버튼을 누르지 않은 경우 논리 1이 가해진다는 점이다. 이는 그림 8-2의 회로에서 예상했던 동작과는 반대이며, 우리가 흔히 생각하는 방식과도 반대다.

그림 8-4의 회로를 살펴보자.

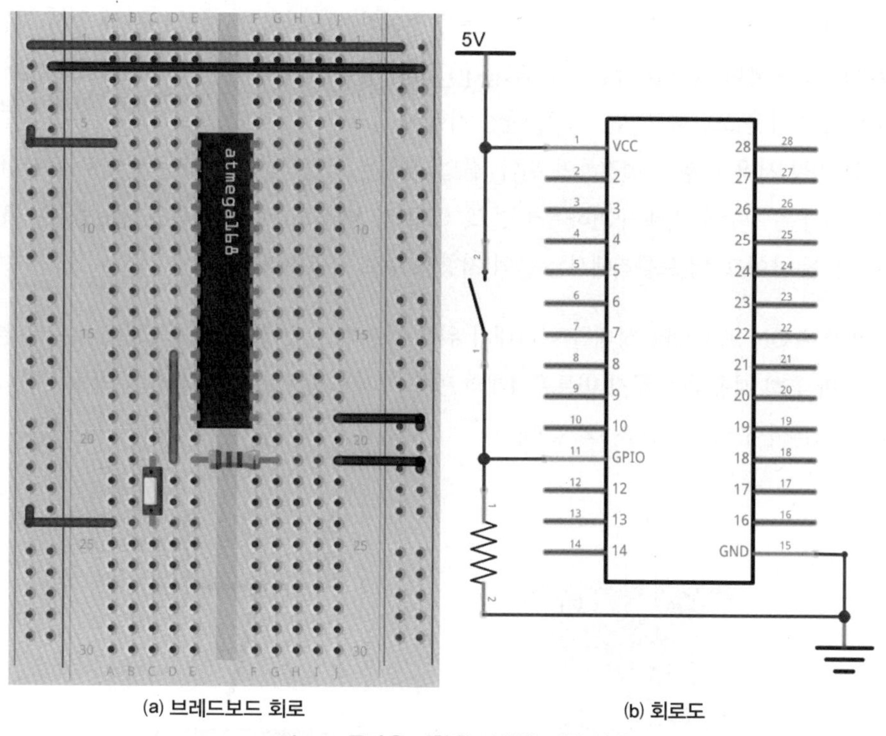

그림 8-4 **풀다운 저항을 사용한 버튼 연결**

그림 8-4의 회로에서 버튼을 누르지 않은 경우 GPIO 핀에는 저항을 통해 GND가 가해진다. 반면 버튼을 누른 경우에는 낮은 저항값을 가지는 스위치를 통해 VCC가 가해진다. 저항은 스위치가 개방된 상태에서 GPIO 핀에 가해지는 값이 GND가 되도록 끌어내리는(pull down) 역할을 하므로 풀다운 저항이라고 한다. 그림 8-3과 그림 8-4의 회로를 비교해 보면 저항과 버튼에 가해지는 전압의 방향이 서로 반대라는 것을 확인할 수 있다.

표 8-1은 버튼을 연결하는 세 가지 방법에서 GPIO 핀에 입력되는 값을 비교한 것이다.

표 8-1 **버튼 구성 회로에 따른 디지털 입력**

저항	스위치 ON	스위치 OFF
없음	1	플로팅
풀업 저항	0	1
풀다운 저항	1	0

버튼을 사용할 때 풀업이나 풀다운 저항 사용을 추천하기는 하지만, 매번 버튼과 함께 저항을 연결하는 것은 꽤나 성가신 작업이다. ATmega128의 범용 입출력 핀은 프로그램으로 제어 가능한 풀업 저항을 포함하고 있으므로, 풀업 저항이 필요한 경우라면 프로그램을 통해 간단하게 풀업 저항 사용 여부를 설정하면 된다. 풀업 저항은 직관적인 방식과는 반대로 동작한다. 그러나 풀다운 저항에 비해 구현하기가 쉽고, GND가 VCC보다는 안정적인 전압을 유지하는 장점 덕분에 마이크로컨트롤러에서는 풀업 저항을 주로 사용한다.

푸시 버튼은 ON 또는 OFF 상태를 나타내기 위해 사용하는 것이므로 2개의 핀으로도 충분하다. 하지만 흔히 사용하는 푸시 버튼은 4개의 핀을 가지고 있으므로 연결 시 주의해야 한다. 4핀 푸시 버튼의 구조는 그림 8-5와 같다.

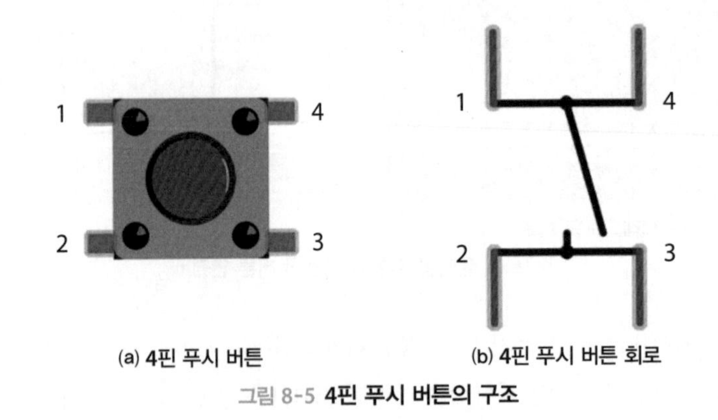

(a) 4핀 푸시 버튼　　(b) 4핀 푸시 버튼 회로

그림 8-5 **4핀 푸시 버튼의 구조**

그림 8-5에서 알 수 있듯이 4핀 푸시 버튼의 핀 4개 중 1번과 4번, 2번과 3번은 연결된 상태에 있으며, 버튼을 누르면 4개의 핀이 모두 연결된다. 따라서 4개의 핀 중 대각선 방향에 있는 (1번과 3번 또는 2번과 4번) 2개의 핀을 사용하는 것이 일반적이다.

8.2 버튼 입력

LED로 디지털 데이터를 출력하기 위해 사용한 레지스터는 DDRx 레지스터와 PORTx 레지스터였다. 이 중 DDRx 레지스터는 GPIO 핀을 입력 또는 출력으로 사용할 수 있도록 설정하기 위해 사용하는 레지스터로, 버튼 입력을 읽어 들일 때도 사용한다. DDRx 레지스터의 디폴트 값은 0, 즉 입력 상태로 설정되어 있으므로 입력으로 사용하기 위해 별도의 설정이 필요하지는 않다. 하지만 일관적인 사용과 혼란을 방지하기 위해 입력으로 사용하는 경우에도 DDRx 레지스터 설정을 추천한다.

비트	7	6	5	4	3	2	1	0
비트 이름	DDx7	DDx6	DDx5	DDx4	DDx3	DDx2	DDx1	DDx0
읽기/쓰기	R/W	R/W	R/W	R/W	R/W	R/W	R/W	R/W
초깃값	0	0	0	0	0	0	0	0

(a) DDRA~DDRF

비트	7	6	5	4	3	2	1	0
비트 이름	-	-	-	DDG4	DDG3	DDG2	DDG1	DDG0
읽기/쓰기	R	R	R	R/W	R/W	R/W	R/W	R/W
초깃값	0	0	0	0	0	0	0	0

(b) DDRG

그림 8-6 **DDRx 레지스터의 구조(1은 출력, 0은 입력 상태)**

PORTx 레지스터는 마이크로컨트롤러의 핀으로 출력되는 값을 저장하는 레지스터로, LED로 값을 출력하기 위해 사용한다. PIN(Port Input) 레지스터는 GPIO 핀으로의 입력을 받아 저장하는 레지스터로, 버튼의 상태 역시 PIN 레지스터에 저장된다. PINx 레지스터의 구조는 그림 8-7과 같다. PINx 레지스터는 DDRx 레지스터 및 PORTx 레지스터와 달리 읽기 전용이며 초깃값은 정해져 있지 않다.

비트	7	6	5	4	3	2	1	0
비트 이름	PINx7	PINx6	PINx5	PINx4	PINx3	PINx2	PINx1	PINx0
읽기/쓰기	R	R	R	R	R	R	R	R
초깃값	N/A	N/A	N/A	N/A	N/A	N/A	N/A	N/A

(a) PINA~PINF

비트	7	6	5	4	3	2	1	0
비트 이름	PING7	PING6	PING5	PING4	PING3	PING2	PING1	PING0
읽기/쓰기	R	R	R	R	R	R	R	R
초깃값	0	0	0	N/A	N/A	N/A	N/A	N/A

(b) PING

그림 8-7 **PINx 레지스터의 구조**

이처럼 디지털 데이터 입출력을 위해서는 3개의 레지스터 DDRx, PORTx, PINx가 사용되며 이들 사이의 관계를 나타낸 것이 그림 8-8이다.

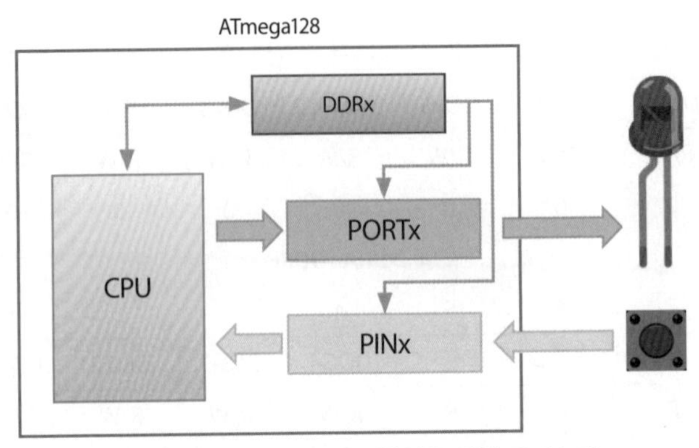

그림 8-8 디지털 데이터 입출력을 위한 레지스터

PORTx 레지스터는 주로 디지털 데이터 출력을 위해 사용하지만, 디지털 데이터 입력을 위해서 사용하기도 한다. DDRx 레지스터의 값을 1로 설정한 경우 (출력으로 설정된 경우) PORTx 레지스터는 출력값을 기록하기 위해 사용된다. 반면 DDRx 레지스터의 값을 0으로 설정한 경우 (입력으로 설정된 경우) PORTx 레지스터는 마이크로컨트롤러 내부에 포함되어 있는 풀업 저항의 사용 여부를 나타내기 위해 사용한다. 따라서 풀업 저항을 사용하기 위해서는 DDRx 레지스터가 (0의 값으로) 입력 상태에 있을 때 PORTx 레지스터에 1의 값을 출력하면 된다. PORTx 레지스터의 디폴트 값은 0으로 내장 풀업 저항을 사용하지 않는다.

버튼 테스트를 위해 3개의 버튼을 그림 8-9와 같이 PF0, PF1, PF2 핀에 연결해 보자. 각각의 버튼은 내장 풀업 저항, 외장 풀업 저항, 외장 풀다운 저항을 사용하도록 구성되어 있다. 포트 B의 PB0, PB1, PB2 핀에 3개의 LED를 연결하여 버튼 상태를 확인한다. 포트 B에 LED를 연결하는 방법은 7장을 참고한다.

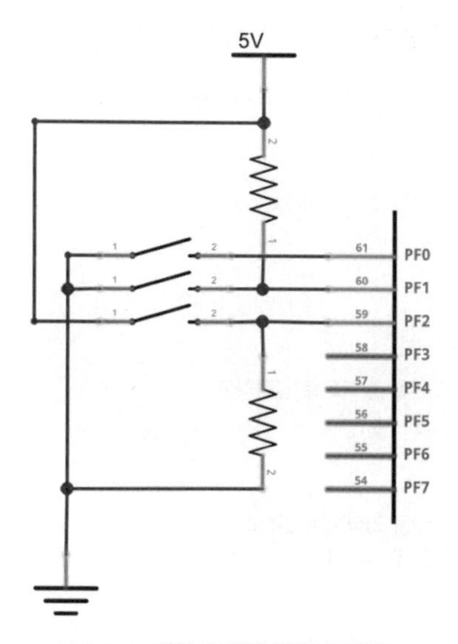

그림 8-9 **버튼 3개의 연결 회로도**

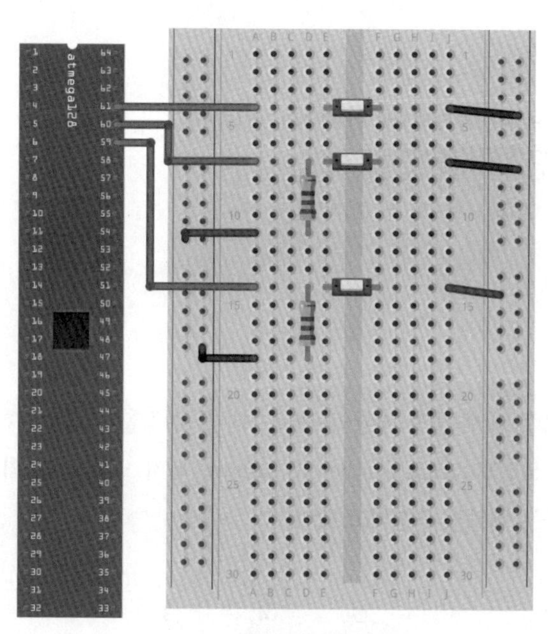

그림 8-10 **버튼 3개의 연결 회로**

코드 8-1은 그림 8-9의 버튼 3개의 상태를 포트 B에 연결된 3개의 LED에 나타내는 프로그램이다. PF0와 PF1 핀에 연결된 버튼은 풀업 저항을 사용하므로 버튼을 누르지 않은 상태에서 LED에 불이 켜지고 버튼을 누르면 LED가 꺼진다. 하지만 PF2 핀에 연결된 버튼은 풀다운 저항을 사용하므로 버튼을 누르지 않은 상태에서 LED가 꺼지고 버튼을 누르면 LED가 켜진다.

코드 8-1 **버튼 테스트**

```
#define F_CPU 16000000L
#include <avr/io.h>
#include <util/delay.h>

int main(void)
{
    // 포트 B의 3개 핀(PB0~PB2)만을 출력으로 설정하고
    // 나머지 5개 핀은 디폴트 값을 유지한다.
    DDRB |= 0x07;

    // 포트 F의 3개 핀(PF0~PF2)만을 입력으로 설정하고
    // 나머지 5개 핀은 디폴트 값을 유지한다.
    DDRF &= ~0x07;

    // 포트 F의 PF0 핀에 연결된 내부 풀업 저항을 사용하도록 설정한다.
    PORTF |= 0x01;

    while (1)
    {
        // 포트 B에 연결된 8개 핀 중 PB0~PB2까지의 3개 LED에만
        // 버튼의 상태를 반영하여 출력하고
        // 나머지 5개 핀의 출력은 이전 상태로 유지한다.
        PORTB = (PORTB & 0xF8) + (PINF & 0x07);
    }

    return 0;
}
```

GPIO 핀은 개별적으로 내부 풀업 저항의 사용 여부를 결정할 수 있다. 하지만 ATmega128의 레지스터 중 하나인 SFIOR(Special Function IO Register) 레지스터에는 전역적으로 풀업 저항을 사용할 수 없도록 하는 비트를 포함하고 있다.

비트	7	6	5	4	3	2	1	0
비트 이름	TSM	-	-	-	ACME	PUD	PSR0	PSR321
읽기/쓰기	R/W	R	R	R	R/W	R/W	R/W	R/W
초깃값	0	0	0	0	0	0	0	0

그림 8-11 **SFIOR 레지스터의 구조**

SFIOR 레지스터의 2번 비트인 PUD(Pull-Up Disable) 비트가 1로 설정되면 DDRx와 PORTx 레지스터의 설정과 무관하게 모든 GPIO 핀의 내부 풀업 저항을 사용할 수 없다. 7번 TSM(Timer/Counter Synchronization Mode) 비트와 1번 및 0번 PSRn(Prescaler Reset Timer/Counter n) 비트는 타이머/카운터 동작과 관련된 비트이며, 3번 ACME(Analog Comparator Multiplexer Enable) 비트는 비교기에서 사용하는 비트다.

8.3 버튼으로 LED 시프트하기

포트 B의 핀 8개에 LED를 연결하고 PF3 핀에 풀다운 저항을 사용하여 버튼과 연결한다. 버튼을 누를 때마다 그림 8-12의 패턴이 반복되도록 프로그램을 작성해 보자.

패턴	PB7	PB6	PB5	PB4	PB3	PB2	PB1	PB0
1								■
2							■	
3						■		
4					■			
5				■				
6			■					
7		■						
8	■							

그림 8-12 **LED 이동 패턴(■: LED 켜짐, □: LED 꺼짐)**

코드 8-2는 그림 8-12의 패턴을 버튼으로 반복시키는 프로그램으로, 왼쪽 원형 이동 연산을 통해 다음 패턴을 계산하도록 구현한 것이다.

코드 8-2 **버튼에 의한 패턴 변화 1**

```
#define F_CPU 16000000L
#include <avr/io.h>
#include <util/delay.h>

char circular_shift_left(char pattern)
{
    return ( (pattern << 1) | (pattern >> 7) );
```

```
}

int main(void)
{
    DDRB = 0xFF;                              // 포트 B 핀을 출력으로 설정
    DDRF &= ~0x04;                            // 포트 F의 PF2 핀을 입력으로 설정

    char pattern = 0x01;                      // 초기 출력값
    PORTB = pattern;

    while (1)
    {
        if( (PINF & 0x04) >> 2 == 1){         // 버튼이 눌러진 경우
            // 새로운 패턴 값을 생성하여 출력
            pattern = circular_shift_left(pattern);
            PORTB = pattern;
        }
    }

    return 0;
}
```

코드 8-2를 업로드하고 버튼을 눌러 보자. 버튼을 누를 때마다 패턴이 하나씩 바뀔 것이라 예상하겠지만, 실제로 버튼을 눌러 보면 다음에 켜지는 LED의 위치를 종잡을 수가 없다. 무엇이 문제일까? 문제는 코드 8-2의 if 문장에 있다. 코드 8-2의 if 문장은 버튼과 연결된 핀으로 1의 값이 입력될 때 패턴을 바꾸고 있다. 따라서 버튼을 계속 누르고 있으면 패턴은 계속해서 바뀐다. 또한 ATmega128은 16MHz로 동작하므로 버튼을 계속 누르고 있으면 1초에도 수십만 번 버튼의 상태를 검사하고 새로운 패턴을 생성한다.

버튼을 누를 때 패턴을 바꾸기 위해서는 버튼을 누르는 순간, 즉 버튼과 연결된 핀으로 입력되는 값이 0에서 1로 바뀌는 순간을 찾아내야 한다. 이를 위해서는 이전 버튼 상태와 현재 버튼 상태를 모두 고려해야 한다. 코드 8-3은 버튼의 상태가 바뀌는 순간에만 패턴이 바뀌도록 프로그램을 수정한 것이다.

코드 8-3 **버튼에 의한 패턴 변화 2**

```
#define F_CPU 16000000L
#include <avr/io.h>
#include <util/delay.h>

char circular_shift_left(char pattern)
```

```
{
    return ( (pattern << 1) | (pattern >> 7) );
}

int main(void)
{
    DDRB = 0xFF;                                    // 포트 B 핀을 출력으로 설정
    DDRF &= ~0x04;                                  // 포트 F의 PF2 핀을 입력으로 설정

    char pattern = 0x01;                            // 초기 출력값
    PORTB = pattern;

    // 이전 및 현재 버튼의 상태
    char state_previous = 0, state_current;

    while (1)
    {
        state_current = (PINF & 0x04) >> 2;         // 버튼 상태 읽기
        // 버튼이 눌러지지 않은 상태에서 눌러진 상태로 바뀌는 경우
        if(state_current == 1 && state_previous == 0){
            pattern = circular_shift_left(pattern);
            PORTB = pattern;
        }
        state_previous = state_current;             // 버튼 상태 업데이트
    }

    return 0;
}
```

8.4 디바운스

코드 8-3을 업로드하고 버튼을 눌렀을 때 패턴이 바뀌는 동작에서 별다른 문제를 발견할 수 없을지도 모른다. 하지만 패턴의 변화를 자세히 관찰해 보면 버튼을 한 번 누를 때 패턴이 두 번 이상 바뀌는 경우를 발견할 수 있을 것이다. 이는 코드 8-2의 문제가 아니라 버튼 자체의 문제다. 버튼을 누르면 버튼 내부의 접점은 완전히 연결되기 전까지 내부 스프링의 진동에 의해 미세하게 연결되고 떨어지기를 수 밀리초에서 수십 밀리초 동안 반복한다. 이로 인해 버튼을 한 번 눌렀음에도 불구하고 여러 번 누른 효과를 보여 주는 것이다. 이러한 현상을 바운스 현상(bounce effect) 또는 채터링(chattering)이라고 한다. 그림 8-13은 풀다운 저항을 사용한 버튼에서 발생하는 채터링 현상의 예를 보여 주는 것으로, 논리 1과 논리 0이 짧은 시간 동안 반복적으로 가해지고 있다.

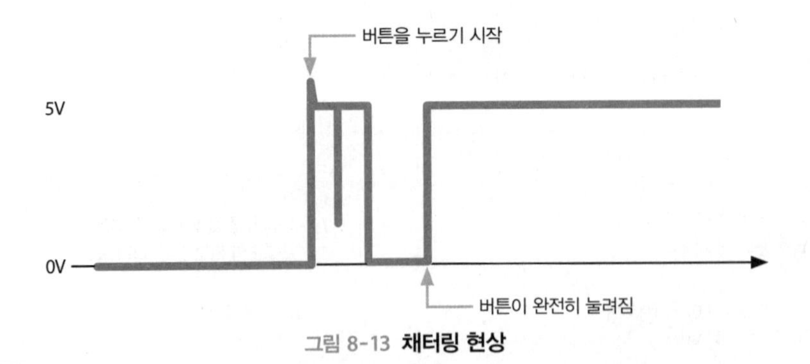

그림 8-13 **채터링 현상**

채터링 현상을 없애는 것을 디바운스(de-bounce)라고 하며 소프트웨어를 통해 가능하다. 디바운스 방법에는 버튼을 누르기 시작하는 시점을 찾아내는 방법과, 버튼이 완전히 눌려진 시점을 찾아내는 방법 두 가지가 있다. 풀다운 저항을 사용한 경우 버튼을 누르기 시작하는 시점에서 입력은 1의 값을 가지게 된다. 따라서 버튼을 누르기 시작하는 시점에서, 즉 1의 값이 입력되는 시점에서 일정 시간 동안의 입력을 무시함으로써 채터링 현상을 줄일 수 있다. 버튼이 완전히 눌려진 시점을 찾아내기 위해서는 버튼 입력을 짧은 시간 내에 두 번 검사하여 두 번의 검사에서 모두 1의 값이 입력되는 경우를 찾아내는 방법을 사용한다. 첫 번째 방법의 경우 시간 지연 함수를 사용하면 해결할 수 있다. 하지만 버튼의 접점이 완전히 연결되기까지의 시간은 버튼의 종류에 따라 다르므로 버튼의 종류에 따라 지연시간을 달리 설정해야 하는 문제점이 있다. 반면 두 번째 방법의 경우에는 버튼 상태를 두 번 검사해야 하므로 프로그램이 복잡해지는 단점이 있다.

코드 8-4는 첫 번째 방법을 사용하여 채터링 현상을 줄인 예로, 버튼이 눌러지기 시작하는 시점에서 _delay_ms 함수를 추가한 점을 제외하고는 코드 8-3과 동일하다.

코드 8-4 **버튼에 의한 패턴 변화 3**

```
#define F_CPU 16000000L
#include <avr/io.h>
#include <util/delay.h>

char circular_shift_left(char pattern)
{
    return ( (pattern << 1) | (pattern >> 7) );
}

int main(void)
{
```

```
    DDRB = 0xFF;                                    // 포트 B 핀을 출력으로 설정
    DDRF &= ~0x04;                                  // 포트 F의 PF2 핀을 입력으로 설정

    char pattern = 0x01;                            // 초기 출력값
    PORTB = pattern;

    // 이전 및 현재 버튼의 상태
    char state_previous = 0, state_current;

    while (1)
    {
        state_current = (PINF & 0x04) >> 2;         // 버튼 상태 읽기
        // 버튼이 눌러지지 않은 상태에서 눌러진 상태로 바뀌는 경우
        if(state_current == 1 && state_previous == 0){
            _delay_ms(30);                          // 디바운스
            pattern = circular_shift_left(pattern);
            PORTB = pattern;
        }
        state_previous = state_current;             // 버튼 상태 업데이트
    }

    return 0;
}
```

코드 8-5는 두 번째 방법을 사용하여 채터링 현상을 줄인 예로, 버튼이 완전히 눌려진 시점을 찾아내기 위해 일정 시간 간격으로 버튼의 상태를 두 번 검사하고 있다.

코드 8-5 **버튼에 의한 패턴 변화 4**

```
#define F_CPU 16000000L
#include <avr/io.h>
#include <util/delay.h>

char circular_shift_left(char pattern)
{
    return ( (pattern << 1) | (pattern >> 7) );
}

int get_button_state(void)
{
    if( (PINF & 0x04) >> 2 == 1){
        _delay_ms(10);
        if( (PINF & 0x04) >> 2 == 1){
            return 1;
        }
    }

    return 0;
```

```
}

int main(void)
{
    DDRB = 0xFF;                                // 포트 B 핀을 출력으로 설정
    DDRF &= ~0x04;                              // 포트 F의 PF2 핀을 입력으로 설정

    char pattern = 0x01;                        // 초기 출력값
    PORTB = pattern;

    // 이전 및 현재 버튼의 상태
    char state_previous = 0, state_current;

    while (1)
    {
        state_current = get_button_state();     // 버튼 상태 읽기
        // 버튼이 눌러지지 않은 상태에서 눌러진 상태로 바뀌는 경우
        if(state_current == 1 && state_previous == 0){
            pattern = circular_shift_left(pattern);
            PORTB = pattern;
        }
        state_previous = state_current;         // 버튼 상태 업데이트
    }

    return 0;
}
```

채터링 현상은 하드웨어를 통해서도 줄일 수 있다. 그림 8-14는 풀업 저항을 사용한 버튼을 나타낸 것이다. 버튼을 누르면 범용 입출력 핀으로 0이, 누르지 않으면 1이 입력되지만, 버튼의 기계적인 진동으로 인해 범용 입출력 핀으로 입력되는 전압은 VCC와 GND 사이에서 진동한다.

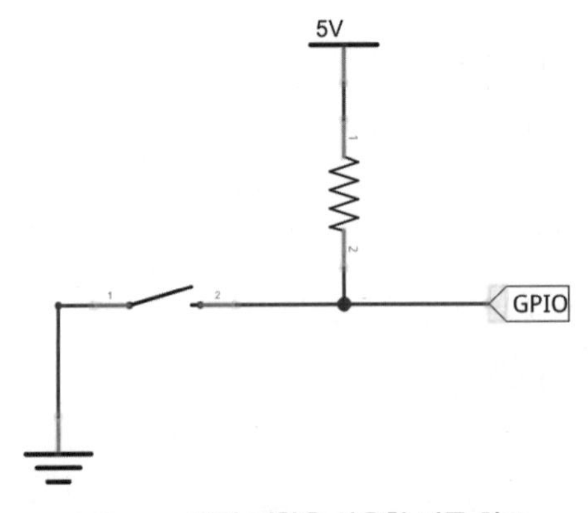

그림 8-14 **풀업 저항을 사용한 버튼 회로**

채터링 현상을 줄이기 위한 가장 간단한 회로는 커패시터를 추가하는 것이다. 그림 8-15에서 버튼이 눌러지지 않은 경우 커패시터는 서서히 충전되고, 버튼이 눌러진 경우 충전된 커패시터는 서서히 방전되어 버튼 진동에 의한 전압 변동을 일부 흡수함으로써 채터링 현상을 줄여 주는 역할을 한다.

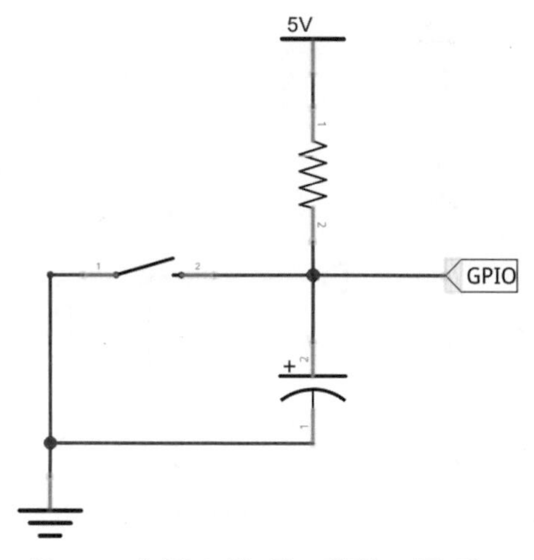

그림 8-15 **디바운스 회로를 포함하는 버튼 회로 1**

커패시터를 추가하면 채터링 현상이 줄어들기는 하지만 완전히 없어지지는 않으며, 커패시터가 '서서히' 충전 또는 방전되기 때문에 또 다른 문제가 발생한다. 디지털 논리에서는 GND(0V)는 논리 0으로, VCC(5V)는 논리 1로 인식하지만, 실제로 핀에 가해지는 전압은 0~5V 사이의 아날로그 값을 가지므로 논리 0이나 1로 인식되는 전압의 범위가 정해져 있다. 디지털 입력으로 사용되는 경우에는 일반적으로 0V에서 0.8V 사이의 값은 논리 0으로, 2V에서 5V 사이의 값은 논리 1로 인식하며, 0.8V에서 2V 사이의 값은 정의되지 않은 제3의 영역에 해당한다.

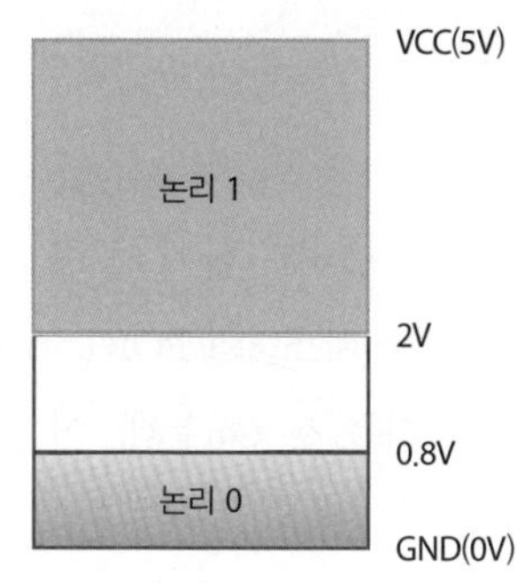

그림 8-16 **전압에 따른 논리값**

그림 8-15에서와 같이 커패시터를 추가하여 전압이 서서히 변하도록 한 경우에는 논리값으로 인식되지 않는 제3의 영역에 해당하는 전압이 가해질 확률 역시 높아지며, 이 경우 디지털 회로는 예상치 못한 동작을 보일 수 있다. 이를 보완하기 위해 보다 완전한 회로로 구성한 것이 그림 8-17이다.

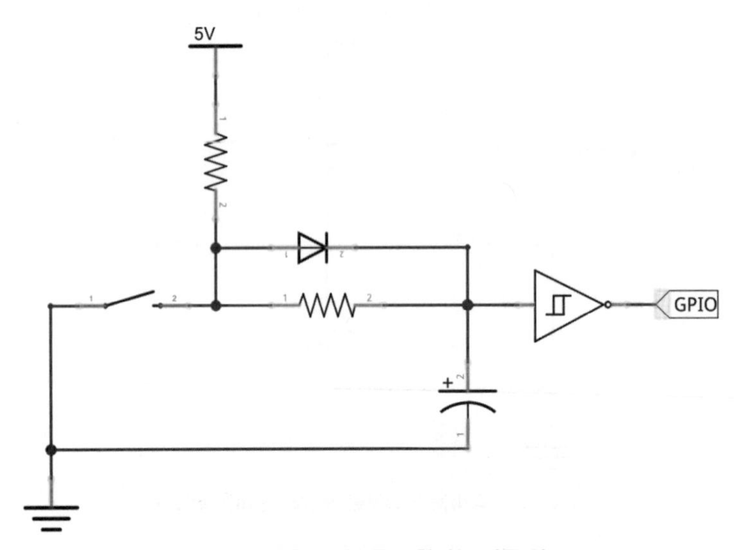

그림 8-17 **디바운스 회로를 포함하는 버튼 회로 2**

그림 8-17의 회로에서는 충전 속도를 높여 주는 다이오드, 방전 속도를 높이기 위한 저항, 그리고 완만한 전압 변화를 이진 논리 상태 중 하나로 바꿔 주는 슈미트 트리거(schmitt trigger)를 사용했다. 버튼이 눌러진 경우 논리 1의 입력이 주어지도록 반전 기호를 사용했다. 그림 8-17의 회로는 대부분의 채터링 현상을 방지해 주긴 하지만 회로가 복잡하므로 간단하면서도 채터링 현상을 줄이는 데 효과적인 그림 8-15의 회로를 많이 사용한다.

8.5 요약

디지털 데이터 입력은 디지털 데이터 출력과 함께 마이크로컨트롤러의 기본 동작에 해당한다. 디지털 데이터 출력을 위해서 DDR 레지스터와 PORT 레지스터를, 디지털 데이터 입력을 위해서는 DDR 레지스터와 PIN 레지스터를 사용하는데, 이들 3개의 레지스터는 ATmega128의 가장 기본이 되는 레지스터다.

디지털 데이터 입력을 위해 이 장에서는 버튼을 사용했다. 버튼 사용 시 주의할 점 중 한 가지는 회로가 개방되는 경우를 피해야 한다는 것으로, 이를 위해 풀업 또는 풀다운 저항이 필요하다. 또 하나 버튼의 기계적인 특성으로 발생하는 채터링 현상(버튼을 한 번만 눌렀는데도 두 번 이상 누른 것으로 인식하는 현상)에 주의해야 한다. 채터링을 줄이기 위해 하드웨어 또는 소프트웨어적으로 다양한 방법을 사용할 수 있다.

디지털 데이터 입출력은 비트 단위의 데이터 입출력으로 그다지 유용해 보이지 않을 수도 있지만, 비트 단위의 데이터를 연속적으로 전달하여 바이트 단위 이상의 데이터를 전달할 수 있다. 흔히 시리얼 통신이라고 이야기하는 방법이 이러한 예에 해당한다. 마이크로컨트롤러는 입력장치로부터 데이터를 입력받아 제어를 위한 데이터를 생성하는 것이 주된 용도이며, 이러한 동작의 기본이 되는 것이 디지털 데이터 입출력이라는 것을 잊지 말아야 한다.

연습 문제

1 ⊕ 포트 F에 8개의 버튼을 풀다운 저항을 이용하여 연결하고, 포트 B에 8개의 LED를 연결하자. 포트 F의 각 비트는 포트 B의 각 비트와 대응되도록 하고, 각 버튼이 눌려지는 경우 해당 LED가 켜지도록 프로그램을 작성해 보자. 예를 들어, 포트 F의 세 번째 버튼을 누르는 경우 포트 B의 세 번째 LED가 켜지는 것이다.

2 슈미트 트리거는 0V에서 5V 사이의 전압값을 논리 0 또는 논리 1로 양분하여 결정되지 않은 영역을 없애기 위해 사용하는 회로다. 슈미트 트리거 회로를 살펴보고 연속적인 입력 전압에 따른 이산적인 출력을 그래프로 그려 보자.

CHAPTER

9 UART 시리얼 통신

마이크로컨트롤러는 비트 단위의 디지털 데이터 입출력을 기본으로 하지만, 마이크로컨트롤러의 CPU 내에서는 바이트 단위로 데이터를 처리한다. 따라서 바이트 단위의 데이터와 비트 단위의 데이터 흐름 사이에 변환 과정이 필요한데, 대표적인 예가 시리얼 통신이다. 이 장에서는 대표적인 시리얼 통신 방법 중 하나인 UART 시리얼 통신에 대해 알아본다.

7장과 8장에서는 비트 단위의 데이터를 마이크로컨트롤러의 GPIO 핀으로 주고받는 방법을 살펴보았다. GPIO 핀은 한 번에 한 비트의 데이터만을 전송할 수 있으므로 8개의 LED를 제어하기 위해 8개의 GPIO 핀을 사용했다. 이처럼 n비트의 데이터를 전송하기 위해 n개의 입출력 핀을 사용하는 방법을 병렬(parallel) 통신이라고 한다. 하지만 마이크로컨트롤러에서 사용할 수 있는 GPIO 핀 수는 그리 많지 않으므로 병렬 통신은 잘 사용하지 않는다.

ATmega128의 경우 53개의 GPIO 핀으로 구성되어 병렬 통신을 사용할 수도 있지만, 병렬 통신을 사용하면 연결해야 하는 핀의 개수가 많아져 연결이 복잡해지는 등의 문제가 발생하여 고속의 데이터 전달이 필요한 경우를 제외하면 많이 사용하지는 않는다. 병렬 통신을 사용하는 대표적인 예는 LCD에 데이터를 전달하는 경우로, 전달해야 하는 데이터가 가장 적은 텍스트 LCD의 경우 최소 4비트, 픽셀 단위의 컬러 데이터 전달이 필요한 TFT LCD의 경우 32비트의 병렬 통신을 사용하기도 한다.

마이크로컨트롤러에서는 일반적으로 병렬 통신 대신 시리얼(serial) 통신(직렬 통신)[34]을 사용한다. 병렬 통신에서는 8개 비트를 8개의 입출력 핀을 통해 한 번에 전송한다면, 시리얼 통신은 1개의 입출력 핀을 통해 8개 비트를 여덟 번에 나누어 전송한다.

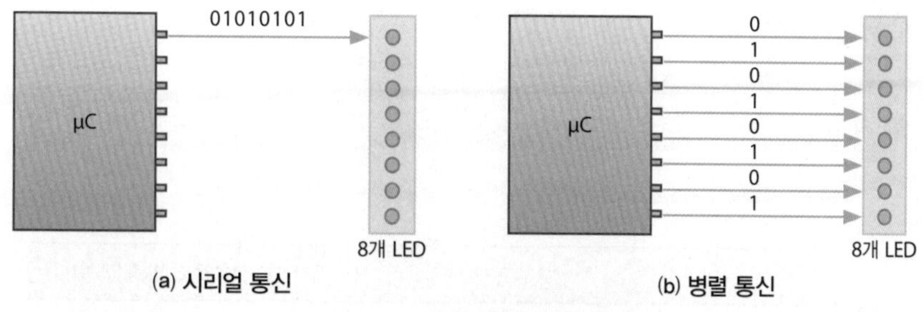

그림 9-1 시리얼 통신과 병렬 통신

시리얼 통신 방법에는 여러 가지가 있지만, 이 장에서는 마이크로컨트롤러에서 흔히 사용하는 방법 중 하나인 UART(Universal Asynchronous Receive and Transmit) 시리얼 통신에 대해 살펴보자.

9.1 UART

엄밀히 말해 UART는 시리얼 통신 방법 중 하나다. 이외에도 마이크로컨트롤러에서 흔히 사용하는 시리얼 통신 방법에는 SPI와 I2C 등이 있다. UART는 이들 시리얼 통신 방법 중 가장 오래된 것으로 시리얼 통신이라고 하면 흔히 UART 시리얼 통신을 지칭한다. 이 책에서 특별히 구별해야 할 필요가 없는 경우 시리얼 통신은 UART 시리얼 통신을 가리킨다.

마이크로컨트롤러는 0이나 1의 디지털 값만을 처리할 수 있지만, 실제 데이터는 전압이라는 아날로그 값을 통해 전달된다. 디지털은 수학적인 개념으로 주변의 데이터는 모두 아날로그 값이라는 것을 명심해야 한다. 전압을 통해 디지털 데이터를 전달하기 위해서는 일반적으로 GND로 논리 0, VCC로 논리 1 데이터를 전송하며, 데이터를 수신한 쪽에서는 GND와 VCC를 다시 0과 1의 이진값으로 변환하여 사용한다. 하지만 이것만으로는 충분하지 않다. 그림 9-1에서와 같이 데이터를 여덟 번 보내는 경우 받는 쪽에서는 얼마나 자주 데이터를 확인할 것인지 알고 있어야 한다. 즉, 보내는 쪽과 받는 쪽이 데이터를 보내는 속도에 대하여 약속이 정해져 있어야 한다는 말이다. 물론 8비트의 데이터를 여러 번 보내는 경우라면 병렬 통신에서도 8비트 단위의 데이터를 얼마나 자주 확인할 것인지에 대한 약속이 정해져 있어야 한다.

시리얼 통신을 통해 1초에 한 번 0이나 1의 값을 보낸다고 가정해 보자. '01'의 데이터를 보낼 경우 받는 쪽에서 1초에 한 번 값을 검사한다면 '01'의 데이터를 받을 수 있지만, 0.5초에 한 번 값을 검사한다면 '0011'이라는 전혀 다른 데이터를 수신하게 된다.

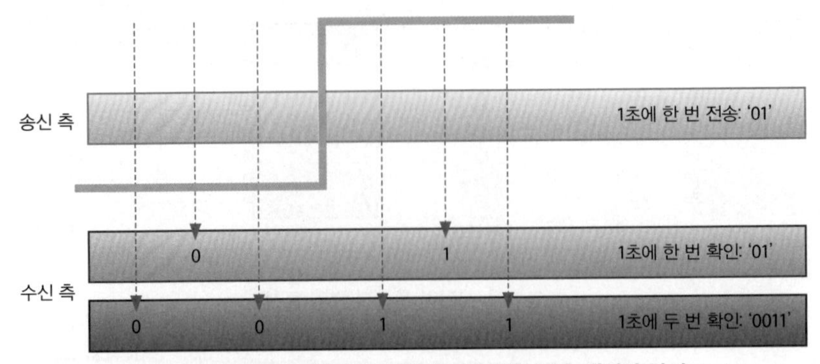

그림 9-2 **송신 속도와 수신 속도 차이에 의한 전송 데이터 차이**

UART에서는 데이터를 주고받는 속도를 보율(baud rate)로 정하고 있다. 보율은 변조 속도를 나타내는 단위로, 프랑스의 과학자 장 모리스 에밀 보도(Jean Maurice Emile Baudot)의 이름에서 따온 것이다. 초기 데이터 통신에서는 통신 회선을 통해 1초 동안 전달되는 데이터 비트의 개수를 나타내는 단위로 모뎀 등의 데이터 전송 속도를 표시하기 위해 사용했으며, 이 경우 보율은 흔히 사용되는 데이터 전송 속도 단위인 bps(bits per second)와 동일하다. 하지만 최근 통신 기술의 발달로 인해 신호가 한 번 변할 때 1비트 이상의 정보를 표현하는 것이 가능해짐에 따라 bps는 보율보다 크거나 같은 값을 가지게 되었다. 그림 9-3은 보율과 bps를 비교한 것으로, 1초에 신호가 네 번 변하고 있으므로 보율은 4이지만, 신호가 한 번 변할 때 2비트의 데이터가 전달되므로 bps는 8이 된다.

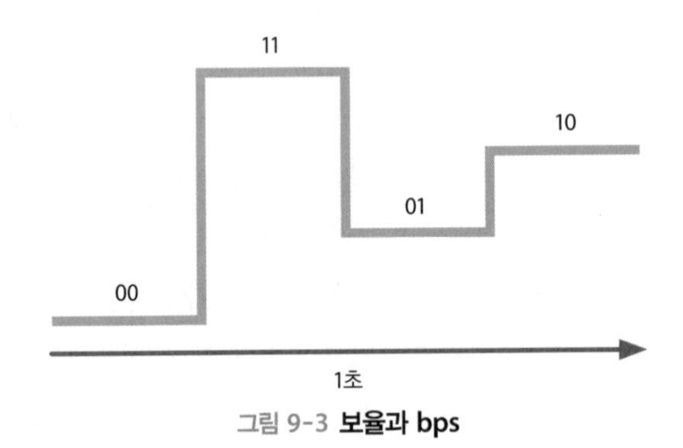

그림 9-3 **보율과 bps**

송신 측과 수신 측이 동일한 속도로 데이터를 주고받는다고 해서 통신이 정확하게 이루어지는 것은 아니다. 송신 측은 항상 데이터를 보내는 것이 아니라 필요한 경우에만 데이터를 보낸다. 따라서 수신 측은 언제 송신 측이 데이터를 보내는지, 그리고 어디서부터가 송신 측에서 보낸 데이터의 시작인지 알아낼 수 있는 방법이 필요하다. 이를 위해 UART에서는 '0'의 시작 비트(start bit)와 '1'의 정지 비트(stop bit)를 사용한다. UART는 바이트 단위로 통신하며, 여기에 시작 및 정지 비트를 추가하여 10비트 데이터를 전송하는 것이 일반적이다.

송신 측에서 데이터를 보내지 않으면 데이터 핀은 항상 '1'의 상태에 있다. 데이터가 수신되기 시작하는 시점에서 데이터 핀은 '0'의 상태로 변하고, 이어서 8비트의 실제 데이터가 수신된 후 데이터 전송이 끝났음을 알리는 '1'이 수신된다.

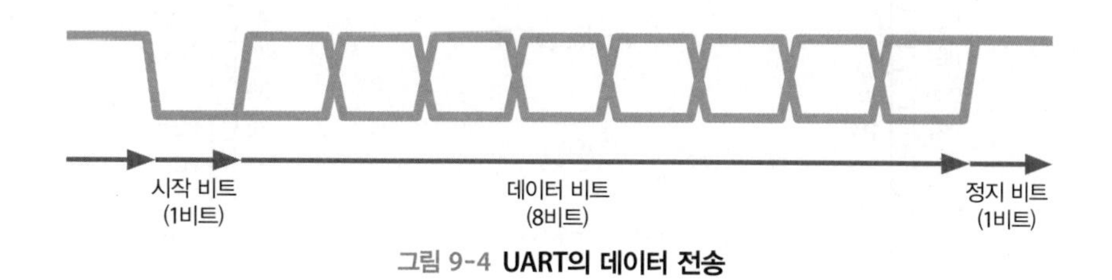

그림 9-4 **UART의 데이터 전송**

UART 통신은 전이중 방식(full duplex) 통신으로 송신과 수신을 동시에 진행할 수 있으며, 이를 위해 2개의 범용 입출력 핀을 필요로 한다. 범용 입출력 핀을 통해 들어오는 데이터는 위에서 설명한 약속에 의거하여 그 의미를 파악하고, 수신된 10비트의 데이터 중 실제 데이터에 해당하는 8비트만 찾아내야 한다. 마이크로컨트롤러는 직렬로 수신된 8비트 데이터를 바이트 단위의 병렬 데이터로 변환하는 작업을 담당하는 전용 하드웨어를 포함하고 있다.

ATmega128은 UART 통신을 위한 2개의 포트를 포함하고 있는데, 흔히 UART0와 UART1이라고 부른다. UART0을 위해서는 PE0와 PE1 핀을, UART1을 위해서는 PD2와 PD3 핀을 사용한다. UART 통신에서 데이터 수신을 위한 핀은 RX 또는 RXD로 표시하며, 수신 데이터(receive data)를 의미한다. 데이터 송신을 위한 핀은 TX 또는 TXD로 표시하며, 송신(transmit data)을 의미한다. 이처럼 데이터 송신과 수신을 위한 전용 핀이 정해져 있으므로 시리얼 통신을 위해 2개의 장치를 연결하는 경우 RX와 TX는 서로 교차하여 연결해야 한다.

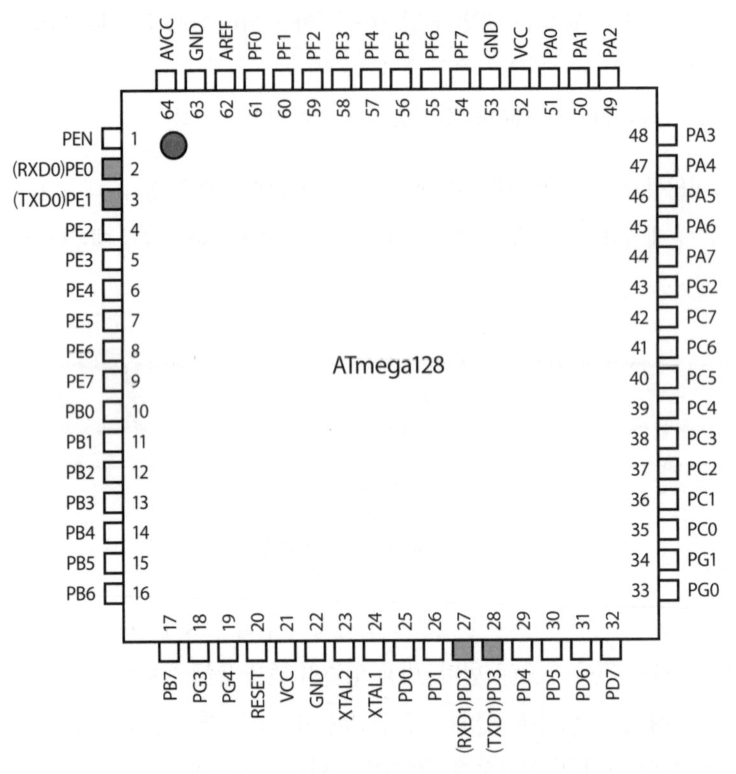

그림 9-5 **UART 통신을 위한 ATmega128 핀**

예를 들어 컴퓨터와 ATmega128을 시리얼 통신을 위해 연결하는 경우 컴퓨터의 RX는 ATmega128의 TX로, 컴퓨터의 TX는 ATmega128의 RX로 연결해야 한다. 하지만 컴퓨터의 시리얼 포트는 RS-232C를 사용하며 RS-232C에서 사용하는 신호 레벨은 UART의 신호 레벨과 차이가 있으므로 별도의 RS-232C/UART 변환 장치를 사용하여 레벨을 변환시켜 주어야 한다.[35] 최근 컴퓨터에서도 RS-232C를 사용하는 시리얼 포트 사용은 감소하는 추세다. 대신 USB의 사용이 증가하고 있는데, 이 경우 역시 RS-232C와 마찬가지로 별도의 USB/UART 변환 장치가 필요하다. RS-232C와 USB의 두 경우 모두 장치 관리자의 '포트' 부분이 'COMn'으로 표시된다. 그러나 RS-232C의 경우 포트 번호인 n이 고정되어 있는 반면, USB를 통해 지원되는 시리얼 포트의 경우 n이 가변적이라는 점에서 차이를 발견할 수 있다. 컴퓨터에서 RS-232C 포트는 일반적으로 COM1 또는 COM2에 할당되어 있다.

이 책에서는 RS-233C를 사용하는 컴퓨터와의 시리얼 통신은 다루지 않으며, USB를 사용하는 컴퓨터와의 시리얼 통신만 소개한다. 하지만 ATmega128에서는 UART 통신만 고려하면 되므로 어떤 방법을 사용하든 기본적으로 동일하며, UART를 RS-232C나 USB로 변환하기 위해서는 별도의 장치가 필요하다는 점은 기억해야 한다.

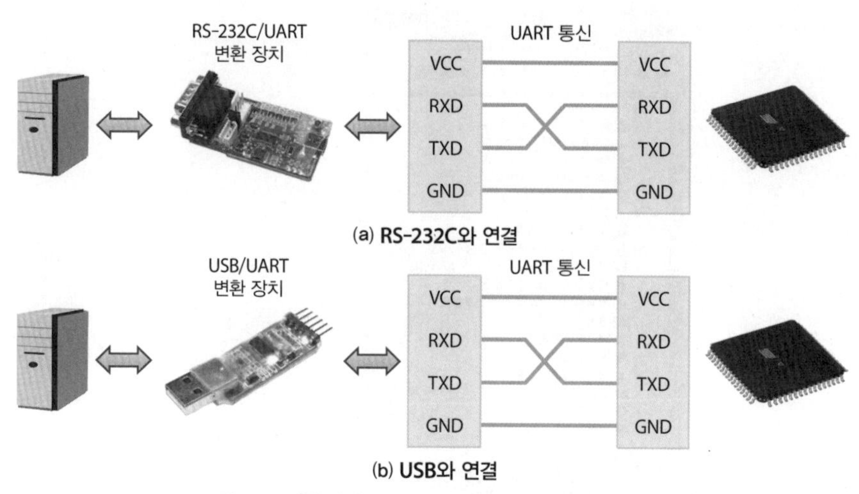

(a) **RS-232C와 연결**

(b) **USB와 연결**

그림 9-6 **컴퓨터와 ATmega128의 UART 시리얼 연결**

하드웨어가 준비되었으면 이제 컴퓨터와 UART 통신을 해 보자. 컴퓨터와 UART 통신을 테스트하기 위해서는 컴퓨터와 2개의 USB 연결이 필요하다. 하나는 ATmega128 보드에 프로그램을 업로드하기 위한 ISP 연결이며, 다른 하나는 컴퓨터와 UART 통신을 위한 연결이다.

그림 9-7 **AM-128USB 보드 연결**

두 연결은 모두 가상의 COM 포트로 장치 관리자에 나타나므로 포트 번호를 잘 기억하도록 한다.

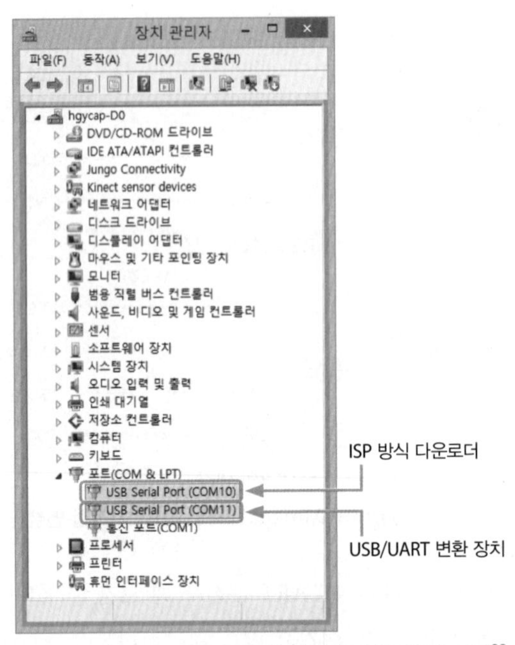

그림 9-8 **ATmega128 보드와 연결된 가상 COM 포트**[36]

컴퓨터와 2개의 USB 연결을 마쳤으면 코드 9-1을 업로드하고 ISP 장치를 통해 프로그램을 업로드해 보자. 코드 9-1은 UART 통신을 통해 컴퓨터에서 수신된 데이터를 다시 컴퓨터로 돌려보내는 동작을 수행하는 프로그램이다.

코드 9-1 **컴퓨터와의 UART 통신**

```
#define F_CPU 16000000L
#include <avr/io.h>
#include <util/delay.h>

void UART1_init(void);
void UART1_transmit(char data);
unsigned char UART1_receive(void);

void UART1_init(void)
{
    UBRR1H = 0x00;                              // 9,600 보율로 설정
    UBRR1L = 207;
```

```
    UCSR1A |= _BV(U2X1);                        // 2배속 모드
    // 비동기, 8비트 데이터, 패리티 없음, 1비트 정지 비트 모드
    UCSR1C |= 0x06;

    UCSR1B |= _BV(RXEN1);                       // 송수신 가능
    UCSR1B |= _BV(TXEN1);
}

void UART1_transmit(char data)
{
    while( !(UCSR1A & (1 << UDRE1)) );          // 송신 가능 대기
    UDR1 = data;                                // 데이터 전송
}

unsigned char UART1_receive(void)
{
    while( !(UCSR1A & (1<<RXC1)) );             // 데이터 수신 대기
    return UDR1;
}

int main(void)
{
    UART1_init();                               // UART1 초기화

    while(1)
    {
        UART1_transmit(UART1_receive());
    }

    return 0;
}
```

코드 9-1은 4장에서 C 언어 연습을 위해 사용한 프로그램과 유사하지만, 한 가지 중요한 차이점이 있다. ATmega128은 2개의 UART 포트를 포함하고 있는데, 4장의 연습 프로그램에서는 UART0를 사용했다. 하지만 이 장에서는 UART1을 사용하며, 이후 장에서도 UART1을 사용한다. 2개 UART 포트는 레지스터 및 레지스터 비트 이름이 '0'과 '1'로 구별되는 것을 제외하면 사용 방법은 동일하다. 이 장에서 UART1을 사용하는 이유는 프로그램 업로드를 위한 ISP와 UART0를 통한 시리얼 통신이 PE0와 PE1의 핀을 공통으로 사용하기 때문이다. USB/UART 변환 장치와 ISP 방식 업로드 장치가 모두 연결된 경우 UART 통신이 정상적으로 동작하지 않을 수 있으므로, PD2와 PD3 핀을 사용하는 UART1을 통해 UART 통신을 수행하도록 하였다. 4장에서 UART0를 사용하여 메시지를 출력하는 데 아무런 문제가 없었다. 하지만 일부 ISP 방

식 업로더나 UART 시리얼 통신을 수행하는 주변장치의 경우 동일한 포트 E를 사용하는 경우 충돌이 발생할 수 있으므로 서로 다른 포트를 사용하는 것이 안전하다. 꼭 UART0를 사용해야 한다면 업로더와 주변장치를 동시에 연결하지 않고 사용하면 되지만, 매번 장치를 연결하고 분리하는 작업은 성가신 일이므로 이 장에서는 UART1을 사용한다.

UART 통신을 테스트하기 위해서는 컴퓨터에서 UART 통신을 확인하기 위해 사용하는 PuTTY 프로그램의 설정을 변경해야 한다. 기본적으로 PuTTY 프로그램은 사용자가 키를 누르는 즉시 데이터가 전달된다. 즉, 바이트 단위로 데이터를 전송하므로 문자열을 전송할 수 없다. 또한 PuTTY는 기본적으로 입력한 문자를 화면에 보여 주지 않으므로 정상적으로 입력되었는지의 여부를 확인할 수 없다. 이러한 문제점들은 PuTTY의 설정을 변경하면 손쉽게 해결할 수 있다. PuTTY 환경 설정 창에서 'Terminal' 메뉴를 선택한다. 오른쪽에 나타나는 항목 중에서 'Local echo'를 'Force on'으로 설정하면 입력한 키가 PuTTY 화면에 나타난다. 'Local line editing' 역시 'Force on'으로 설정하면 바이트 단위 입력이 아니라 문장을 입력하고 엔터키를 누를 때 데이터가 전달되도록 해 주며, 문자열을 잘못 입력한 경우 백스페이스키를 눌러 편집도 가능하다. 마지막으로 'Implicit LF in every CR'을 선택하여 줄 바꿈이 되도록 하자. PuTTY는 기본적으로 유닉스 스타일의 개행 문자를 지원하므로 캐리지 리턴(Carriage Return, CR, \r)과 라인 피드(Line Feed, LF, \n)를 다르게 취급한다. 윈도우에서는 '\n' 하나로 2개의 문자를 사용한 것과 동일한 효과를 얻을 수 있다.

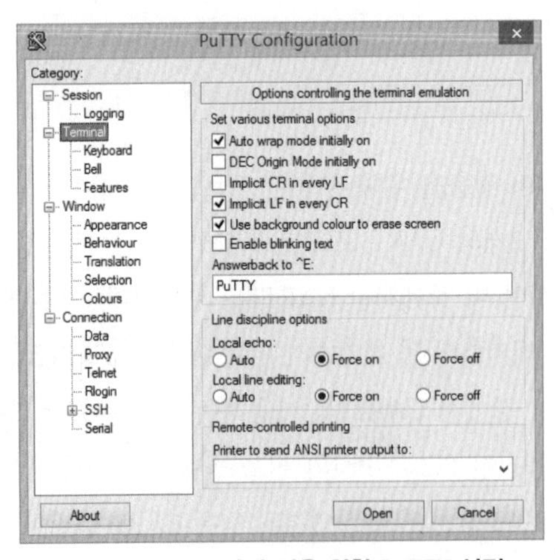

그림 9-9 **UART 송수신을 위한 PuTTY 설정**

설정을 완료했으면 USB/UART 변환 장치에 해당하는 COM11을 PuTTY로 연결하고 임의의 내용을 입력한 후 엔터키를 눌러 보자. 동일한 내용이 두 번 표시되는가? 한 번은 키를 입력할 때 즉시 출력되는 것이고, 다른 한 번은 엔터키를 누르면 나타나는 것으로, PuTTY에서 입력한 내용이 ATmega128로 전달되면 ATmega128에서 동일한 내용을 다시 컴퓨터로 보내고, 그 내용이 PuTTY에 출력되는 것이다.

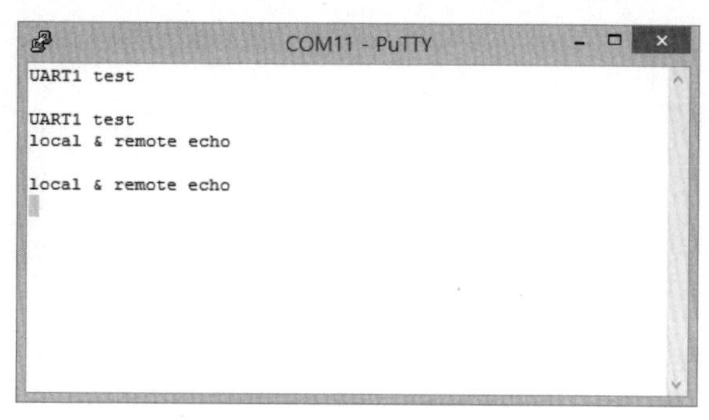

그림 9-10 **코드 9-1 실행 결과**

PuTTY는 기본적으로 유닉스 운영체제의 관례를 따르고 있다. 따라서 개행 문자인 '\r'과 '\n'을 서로 다른 문자로 구별한다. 'Implicit CR in every LF'와 'Implicit LF in every CR' 옵션을 선택하지 않은 디폴트 상태에서 다음 2개의 문장을 출력하는 경우를 생각해 보자.

```
"Test 1\r"
"Test 2\n"
```

2개의 문장이 출력되는 것이 아니라 'Test 2' 하나의 문장만이 출력된다.

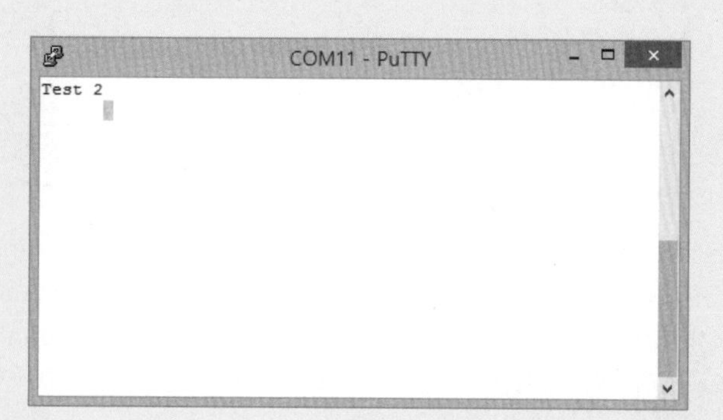

'\r'은 커서를 줄의 첫 번째 칸으로 옮기면서 줄은 바꾸지 않는 명령이며, '\n'은 다음 줄로 커서를 옮기지만 칸을 바꾸지 않는 명령이다. 즉, 'Test 1'이 출력된 이후 줄이 바뀌지 않고 커서를 첫 번째 칸으로 옮김으로써

'Test 2'가 이전 출력을 덮어 쓰게 된다. 출력하는 문자열의 순서를 바꾸면 어떻게 될까?

```
"Test 2\n"
"Test 1\r"
```

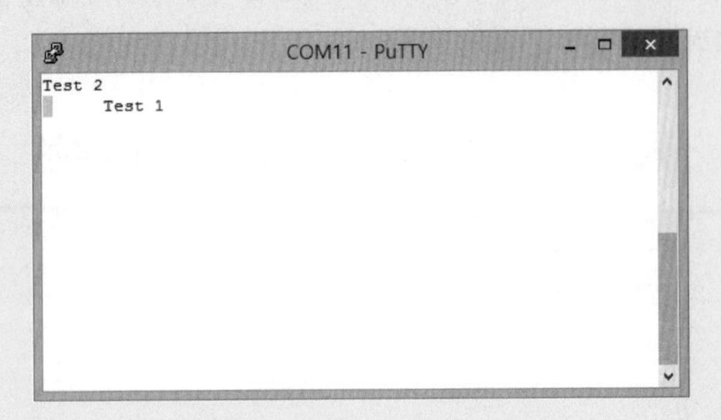

'\r'과 '\n'의 서로 다른 동작을 이해하였는가? 'Implicit CR in every LF'와 'Implicit LF in every CR' 옵션을 모두 선택하면 윈도우에서와 같이 '\r'이나 '\n' 중 한 문자만 출력해도 행이 바뀌고 첫 번째 열로 이동하는 것을 확인할 수 있다.

PuTTY 화면으로 문자열을 출력하는 경우뿐만 아니라 PuTTY 화면에서 문자열을 입력하는 경우에도 주의해야 한다. 'Implicit CR in every LF'와 'Implicit LF in every CR' 옵션을 선택하지 않은 디폴트 상태에서 문자열을 입력하고 엔터키(Carriage Return)를 누르면 PuTTY는 유닉스 운영체제의 관례에 따라 '\r' 문자를 함께 전송한다. 코드 9-1을 업로드하고 'Input1'을 입력한 후 엔터키를 눌러 보자.

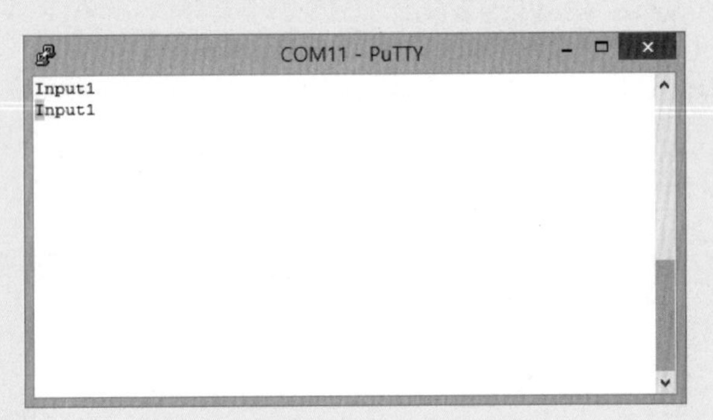

첫 번째 'Input1'은 키보드로 입력한 내용으로, 엔터키를 누르면 'Local echo'에 의해 '\r\n'이 화면에 표시된다. 이는 윈도우 운영체제가 엔터키를 '\r'(Carriage Return)이 아니라 '\r'과 '\n'(Line Feed)의 조합으로 처리하기 때문이다. 하지만 PuTTY는 유닉스 운영체제의 관례에 따라 ATmega128로 'Input1\r'을 전송하므로 두 번째 'Input1'이 표시된 이후에는 '\r'에 의해 첫 번째 칸으로 이동한 이후 줄 바꿈이 일어나지 않는다.

'Implicit LF in every CR' 옵션을 선택한 후 'Input2'를 입력하고 엔터키를 눌러 보자.

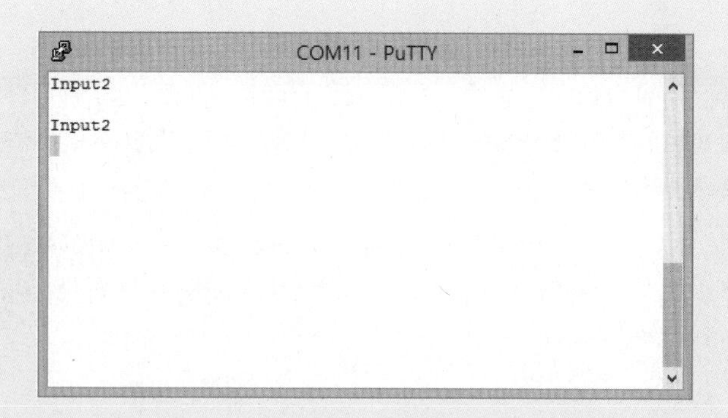

첫 번째 'Input2'는 키보드로 입력한 내용으로, 엔터키를 누르면 'Local echo'에 의해 '\r\n'이 화면에 표시된다. 하지만 'Implicit LF in every CR' 옵션에 의해 '\r'은 '\r\n'으로 바뀌므로 줄 바꿈이 (윈도우 운영체제에서 한 번, PuTTY의 옵션에 의해 한 번) 두 번 발생하게 된다. 즉, 실제로 화면에 나타나는 내용은 '\r\n\n'이 된다. ATmega128로도 'Input2\r\n'이 전송되므로 두 번째 'Input2'가 표시된 이후 '\r'에 의해 첫 번째 칸으로 이동하고 '\n'에 의해 줄 바꿈이 일어난다.

이후 테스트를 위해서는 'Implicit CR in every LF'와 'Implicit LF in every CR' 옵션은 선택하지 않고, 문장 단위 입력을 위해 'Local echo'와 'Local line editing' 옵션은 'Force on'으로 선택한 것으로 가정한다.

UART와 USART의 차이점

UART는 'Universal Asynchronous Receiver Transmitter'의 약어이며, USART는 UART에 'Synchronous'가 추가된 것이다. ATmega128의 데이터시트에서는 UART가 아니라 USART라고 표시되어 있다. 두 가지의 차이점은 무엇일까? ATmega128에서 USART는 다음과 같은 세 가지 모드에서 동작한다.

- (1배속) 비동기 모드
- 비동기 2배속 모드
- 동기 모드

비동기 모드는 별도의 클록을 사용하지 않고 데이터를 송수신하는 모드로, 시작 비트와 정지 비트를 통해 데이터 동기화가 이루어진다. 흔히 'UART'라고 불리는 시리얼 통신이 USART의 비동기 모드에 해당하며, 이 장에서 설명하는 내용이다.

2배속 모드는 비동기 통신에서만 사용할 수 있는 모드로, 전송 속도를 2배로 증가시킬 수 있는 방법이다. 비동기 통신에서는 데이터의 시작과 끝을 위한 별도의 클록을 사용하지 않으므로 한 비트의 데이터를 확인하기 위해 여러 개의 샘플(16개)을 취하여 비트의 시작과 끝을 판단한다. 2배속 모드는 비트 데이터 확인을 위한 샘플의 수를 절반(8개)으로 줄여 전송 속도를 2배 증가시키는 방법으로, 전송 속도를 높일 수는 있지만 안정적인 데이터 송수신을 위해서는 1배속 모드에 비해 샘플 획득에 보다 정확한 타이밍이 요구된다.

동기 모드는 데이터 동기화를 위해 별도의 클록 신호를 사용한다. ATmega128에서 데이터 동기화를 위한 클록 신호는 XCK0(PE2) 핀과 XCK1(PD5) 핀을 사용한다. 동기 모드에서는 비동기 모드에서 데이터 동기화를 위해 사용하는 시작 비트와 정지 비트가 필요 없으므로 데이터 전송 효율을 높일 수 있는 장점이 있지만, 별도의 클록을 필요로 하는 단점이 있다.

ATmega128에서는 비동기 2배속 모드를 주로 사용하며, 이 책에서도 비동기 2배속 모드를 기본으로 하고 동기 모드는 다루지 않는다. 레지스터 설명에서 USART라는 단어를 사용하기는 하지만, 이는 동기화 방식인 USART를 사용할 수 있다는 의미다.

9.2 UART 통신을 위한 레지스터

코드 9-1을 살펴보면 UART 시리얼 통신을 위해 여러 개의 레지스터가 필요하다는 것을 확인할 수 있다. 코드 9-1에서 사용한 레지스터는 UBRR1H, UBRR1L, UCSR1A, UCSR1B, UCSR1C, UDR1 등 6개다. 코드 9-1에서는 UART1을 사용하고 있다. UART0을 사용하기 위해서는 UART1을 위한 6개 레지스터에 대응하는 UART0 레지스터인 UBRR0H, UBRR0L, UCSR0A, UCSR0B, UCSR0C, UDR0 등을 사용하면 된다.

1 UCSRnA(n = 0, 1)

UCSRnA(USART Control and Status Register n A) 레지스터는 UART 시리얼 통신의 상태를 확인하고 통신 과정을 제어하기 위한 레지스터 중 하나다. 코드 9-1에서는 2배속 모드 설정과 송신 및 수신이 가능한지의 여부를 판단하기 위한 목적으로 사용하였다. 2배속 설정을 위해서는 UCSRnA 레지스터의 1번 비트인 U2Xn 비트를 1로 설정해 주면 된다.

```
UCSR1A |= _BV(U2X1);
```

U2Xn 비트는 UCSRnA 레지스터의 1번 비트 이름으로, 비트 번호에 비해 쉽게 기억하고 사용할 수 있도록 'io.h' 헤더 파일에 정의되어 있다. '_BV'는 지정한 비트만을 1로 하고 나머지를 0으로 하는 비트 마스크를 생성하는 매크로 함수다. 2배속 모드 설정은 다음과 같이 여러 가지로 표현할 수 있는데, 그 의미는 모두 동일하다.

```
UCSR1A = UCSR1A | (1 << 1);
UCSR1A = UCSR1A | (1 << U2X1);
UCSR1A |= (1 << U2X1);
UCSR1A |= _BV(U2X1);
```

UCSRnA 레지스터의 중요한 기능 중 하나는 데이터를 수신하거나 송신할 준비가 되어 있는지 확인하는 것으로, 이를 위해 7번 RXCn 비트와 5번 UDREn 비트를 사용한다. RXCn(USART Receive Complete) 비트는 데이터 수신 버퍼에 데이터가 도착했지만 읽지 않은 상태인 경우 1로 설정되므로 데이터가 수신되었는지의 여부를 판단할 수 있다. 코드 9-1에서는 데이터가 수신될 때까지, 즉 RXCn 비트가 1이 될 때까지 대기하고 있으며, 이를 위해 while 문장을 사용하였다.

```
while( !(UCSR1A & (1<<RXC1)) );
```

이와 유사하게 데이터를 완전히 전송하고, 다음 데이터를 전송할 준비가 되어 있는지를 확인하기 위해 UDREn(USART Data Register Empty) 비트를 사용할 수 있다.

```
while( !(UCSR1A & (1<<UDRE1)) );
```

한 가지 주의할 점은 UCSRnA 레지스터의 6번 비트인 TXCn(USART Transmit Complete) 비트 역시 비슷한 기능을 한다는 점이다. 데이터시트의 설명상으로는 비슷해 보이지만, UDREn 비트 대신 TXCn 비트를 사용하면 코드 9-1은 정상적으로 동작하지 않는다. 이유가 무엇일까?

UART에서 데이터 전송과 관련된 레지스터에는 UDRn(USART Data Register n) 레지스터와 전송 시프트 레지스터(Transmit Shift Register) 2개가 있다. UDRn은 상대적으로 빠른 CPU와 상대적으로 느린 UART 사이의 중개자 역할을 하는 버퍼이고, 시프트 레지스터는 CPU에서 보낸 병렬 데이터를 UART를 통해 보낼 수 있는 직렬 데이터로 변환하여 전송하기 위해 필요한 레지스터다.

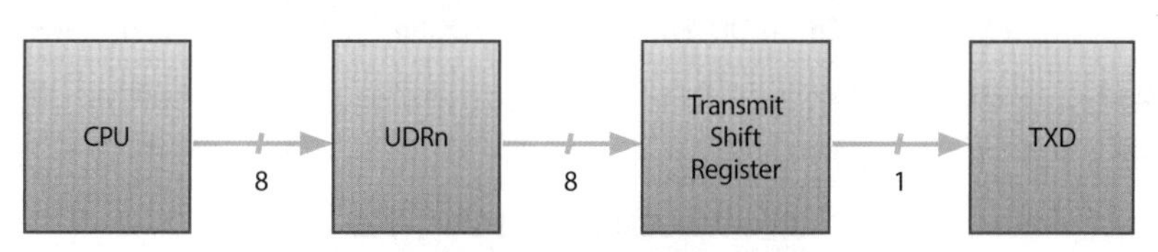

그림 9-11 **UART 데이터 전송을 위한 레지스터의 구조**

TXCn 비트는 전송 시프트 레지스터에서 데이터를 모두 전송하고 UDRn 레지스터에도 데이터가 없는 경우 세트된다. 반면 UDREn 비트는 UDRn 레지스터에 데이터가 없는 경우 세트된다. 즉, 두 비트가 세트되는 상황에 차이가 있다. TXCn 비트를 통해 데이터 전송의 완료를 확인하는 것은 UDREn 비트를 통해 데이터 전송이 완료된 것을 확인하는 것보다 시간이 오래 걸린다. 또한 UDREn 비트의 디폴트 값은 1로 데이터를 전송할 수 있는 상태로 시작하므로 프로그램 시작과 동시에 데이터를 전송할 수 있지만, TXCn 비트의 디폴트 값은 0으로 프로그램 시작 시에는 전송이 불가능한 상태다. 이외에도 데이터 전송 시점을 결정하는 데 UDREn 비트를 검사하는 것이 편리한 이유가 몇 가지 있다. TXCn 비트를 이용하여 전송 완료를 확인하고 싶다면 전송과 전송 완료 확인 과정을 UDREn 비트를 사용하는 경우와 반대로 하면 되지만 권장하지는 않는다. TXCn 비트는 반이중 방식과 같이 송신과 수신이 하나의 연결선을 통해 이루어지는 경우 전송 시프트 레지스터에서 데이터를 완전히 전송했는지 확인할 필요가 있을 때 사용한다.

```
// UDRE1 비트 사용
void UART1_transmit(unsigned char data)
{
    while( !(UCSR1A & (1<<UDRE1)) );            // 송신 가능 대기
    UDR1 = data;                                // 데이터 전송
}
```

```
// TXC1 비트 사용
void UART1_transmit(unsigned char data)
{
    UDR1 = data;                                // 데이터 전송
    while( !(UCSR1A & (1<<TXC1)) );             // 송신 가능 대기
}
```

UCSRnA 레지스터의 구조는 그림 9-12와 같으며, UCSRnA 레지스터의 각 비트의 의미는 표 9-1과 같다.

비트	7	6	5	4	3	2	1	0
	RXCn	TXCn	UDREn	FEn	DORn	UPEn	U2Xn	MPCMn
읽기/쓰기	R	R/W	R	R	R	R	R/W	R/W
초깃값	0	0	1	0	0	0	0	0

그림 9-12 **UCSRnA 레지스터의 구조**

표 9-1 UCSRnA 레지스터 비트

비트	이름	설명
7	RXCn	Receive Complete: 수신 버퍼(UDRn)에 읽지 않은 문자가 있을 때 1이 되고 버퍼가 비어 있을 때 0이 된다. UCSRnB 레지스터의 RXCIEn 비트와 함께 사용되어 수신 완료 인터럽트를 발생시킬 수 있다.
6	TXCn	Transmit Complete: 전송 시프트 레지스터에서 데이터를 송신하고 송신 버퍼(UDRn)도 비어 있을 때 1이 된다. UCSRnB 레지스터의 TXCIEn 비트와 함께 사용되어 송신 완료 인터럽트를 발생시킬 수 있다.
5	UDREn	USART Data Register Empty: 송신 버퍼(UDRn)가 비어 데이터를 받을 준비가 되어 있을 때 1이 된다. UCSRnB 레지스터의 UDRIE0 비트와 함께 사용되어 송신 데이터 레지스터 준비 완료 인터럽트를 발생시킬 수 있다.
4	FEn	Frame Error: 수신 데이터가 없는 경우 수신값은 HIGH 상태이며, 데이터 프레임 수신이 시작되는 시점에서 LOW 상태로 바뀐다. 데이터 프레임 수신이 끝나고 정비 비트를 수신할 때 수신값은 다시 HIGH 상태로 바뀐다. 마지막에 HIGH 상태, 즉 프레임의 끝을 나타내는 신호를 수신하지 못하여 프레임 수신에 오류가 발생하면 FEn은 1의 값을 가진다.
3	DORn	Data Overrun Error: 수신 버퍼가 가득 찬 상태에서 수신 시프트 레지스터에 새로운 문자가 수신되고 다시 그 다음 문자의 시작 비트가 검출되는 오버런 상황이 발생할 때 1의 값을 가진다.
2	UPEn	USART Parity Error: 수신 버퍼에 저장된 문자 데이터에 패리티 오류가 발생한 경우 1의 값을 가진다. 패리티 비트 사용이 설정된 경우에만 사용할 수 있다.
1	U2Xn	Double the USART Transmission Speed: 비동기 전송 모드에서만 사용되며, 2배속 모드이면 1, 1배속 모드이면 0의 값을 가진다.
0	MPCMn	Multi Processor Communication Mode: 1개의 마스터 프로세서가 여러 개의 슬레이브 프로세서에게 특정 어드레스를 전송함으로써 1개의 슬레이브만을 지정하여 데이터를 전송하는 멀티프로세서 통신 모드에서 1의 값을 가진다.

2 UCSRnB(n = 0, 1)

UCSRnB 레지스터는 데이터 송수신을 가능하도록 설정하기 위해 사용한다. 디폴트로 UART 통신의 송수신은 금지되어 있다.

```
UCSR1B |= _BV(RXEN1);                    // 수신 가능
UCSR1B |= _BV(TXEN1);                    // 송신 가능
```

UCSRnB 레지스터의 구조는 그림 9-13과 같으며, UCSRnB 레지스터의 각 비트의 의미는 표 9-2와 같다.

비트	7	6	5	4	3	2	1	0
	RXCIEn	TXCIEn	UDRIEn	RXENn	TXENn	UCSZn2	RXB8n	TXB8n
읽기/쓰기	R/W	R/W	R/W	R/W	R/W	R/W	R/W	R/W
초깃값	0	0	0	0	0	0	0	0

그림 9-13 **UCSRnB 레지스터의 구조**

표 9-2 **UCSRnB 레지스터 비트**

비트	이름	설명
7	RXCIEn	RX Complete Interrupt Enable: 수신 완료 인터럽트 발생을 허용한다.
6	TXCIEn	TX Complete Interrupt Enable: 송신 완료 인터럽트 발생을 허용한다.
5	UDRIEn	USART Data Register Empty Interrupt Enable: 송신 데이터 레지스터 준비 완료 인터럽트 발생을 허용한다.
4	RXENn	RX Enable: UART 수신기의 수신 기능을 활성화한다.
3	TXENn	TX Enable: UART 송신기의 송신 기능을 활성화한다.
2	UCSZn2	USART Character Size: UCSRnC 레지스터와 함께 전송 데이터의 비트 수를 결정한다.
1	RXB8n	Receive Data Bit 8: 데이터가 9비트인 경우 수신 데이터의 아홉 번째 비트 (8번 비트) 저장을 위해 사용한다. 반드시 UDRn 레지스터보다 먼저 읽어야 한다.
0	TXB8n	Transmit Data Bit 8: 데이터가 9비트인 경우 송신 데이터의 아홉 번째 비트 (8번 비트) 저장을 위해 사용한다. 반드시 UDRn 레지스터보다 먼저 써야 한다.

3 UCSRnC(n = 0, 1)

UCSRnC 레지스터는 UART 통신에서 사용하는 데이터 형식 및 통신 방법을 결정하기 위해 사용한다. UCSRnC 레지스터의 구조는 그림 9-14와 같다.

비트	7	6	5	4	3	2	1	0
	-	UMSELn	UPMn1	UPMn0	USBSn	UCSZn1	UCSZn0	UCPOLn
읽기/쓰기	R/W	R/W	R/W	R/W	R/W	R/W	R/W	R/W
초깃값	0	0	0	0	0	1	1	0

그림 9-14 **UCSRnC 레지스터의 구조**

6번 비트 UMSELn(USART Mode Selection)은 동기 또는 비동기 통신 모드를 지정하기 위해 사용한다. 비트 설정에 따른 통신 모드는 표 9-3과 같다.

표 9-3 **통신 모드**

UMSELn	모드
0	비동기 USART
1	동기 USART

4번 비트 UPMn0(USART Parity Mode)과 5번 비트 UPMn1은 패리티 모드를 설정하는 비트로 홀수 패리티, 짝수 패리티, 패리티 사용 안 함 중 선택할 수 있다. UPMn0 비트 설정에 따른 패리티 모드 설정은 표 9-4와 같다.

표 9-4 **패리티 비트 모드**

UPM01	UPM00	패리티 비트
0	0	없음
0	1	-
1	0	짝수 패리티
1	1	홀수 패리티

3번 비트 USBSn(USART Stop Bit Select)은 정지 비트의 수를 지정하기 위해 사용한다.

표 9-5 **정지 비트**

USBSn	정지 비트
0	1비트
1	2비트

1번 비트 UCSZn0(USART Character Size)와 2번 비트 UCSZn1은 데이터 비트의 수를 결정하기 위해 사용하며, 이때 UCSRnB 레지스터의 2번 비트 UCSZn2가 함께 사용된다. UCSZn 비트 설정에 따른 데이터 비트 수는 표 9-6과 같다.

표 9-6 **데이터 비트**

UCSRnB 레지스터	UCSRnC 레지스터		데이터 비트 수
UCSZn2	UCSZn1	UCSZn0	
0	0	0	5
0	0	1	6
0	1	0	7
0	1	1	8
1	0	0	-
1	0	1	-
1	1	0	-
1	1	1	9

마지막 0번 비트 UCPOLn(USART Clock Polarity)은 클록(XCK)의 극성을 지정하는 비트로, 동기 모드에서만 사용한다. 비동기 모드에서는 0의 값을 가져야 한다.

표 9-7 **클록 극성**

UCPOLn	송신 데이터 변화 시점	수신 데이터 샘플링 시점
0	XCKn의 상승 에지	XCKn의 하강 에지
1	XCKn의 하강 에지	XCKn의 상승 에지

코드 9-1에서 UCSR1C 레지스터는 0x06의 값으로, UCSR1B 레지스터는 0x18의 값으로 설정되어 있는데, 그 의미는 그림 9-15와 같다.

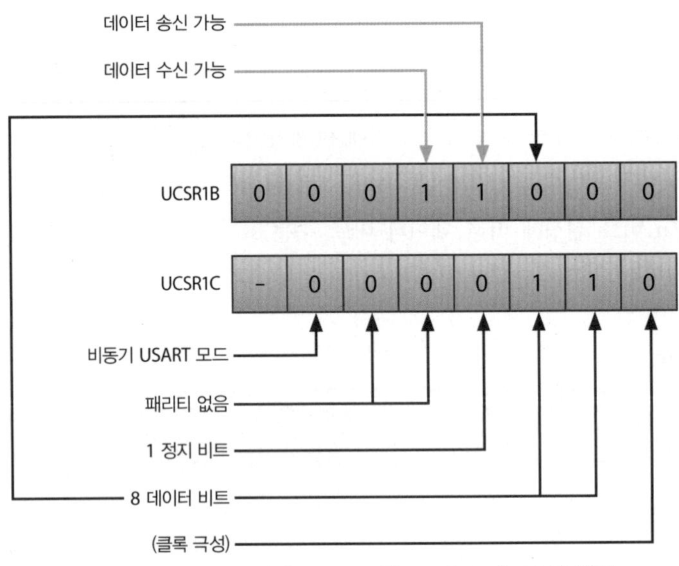

그림 9-15 **코드 9-1에서 UCSR1C 및 UCSR1B 레지스터 설정**

4 UBRRnH, UBRRnL(n = 0, 1)

UBRRn(USART Baud Rate Register) 레지스터는 2개의 8비트 레지스터를 조합한 16비트 레지스터로 구성되어 있다. UBRRn 레지스터는 상위 4비트를 나타내는 UBRRnH 레지스터와 하위 8비트를 나타내는 UBRRnL 레지스터로 구성되어 있으며, 보율을 12비트로 표현한다. UBRRnH 레지스터의 상위 4비트는 사용되지 않는다.

비트	7	6	5	4	3	2	1	0
UBRRnH	–	–	–	–	UBRRn[11:8]			
UBRRnL	UBRRn[7:0]							
읽기/쓰기	R/W	R/W	R/W	R/W	R/W	R/W	R/W	R/W
초깃값	0	0	0	0	0	0	0	0
	0	0	0	0	0	0	0	0

그림 9-16 **UBRRn 레지스터의 구조**

목표로 하는 전송 속도(보율)가 결정되면 이를 UBRRn 값으로 변환해야 하는데, 변환식은 전송 모드에 따라 달라진다. 배속은 USCRnA 레지스터의 U2Xn 비트에 따라 결정된다. 전송 모드에 따른 UBRRn 레지스터 계산식은 표 9-8과 같다.

표 9-8 **UBRR0 레지스터 값 계산식**

동작 모드	U2Xn	보율 계산식	UBRRn 계산식
비동기 1배속	0	$\frac{f_{osc}}{16 \cdot (UBRRn + 1)}$	$\frac{f_{osc}}{16 \cdot BAUD} - 1$
비동기 2배속	1	$\frac{f_{osc}}{8 \cdot (UBRRn + 1)}$	$\frac{f_{osc}}{8 \cdot BAUD} - 1$
동기	–	$\frac{f_{osc}}{2 \cdot (UBRRn + 1)}$	$\frac{f_{osc}}{2 \cdot BAUD} - 1$

표 9-8에서 BAUD는 전송 속도를 나타내며 f_{osc}는 클록 주파수로 ATmega128의 경우 16MHz를 사용한다. 표 9-9는 표 9-8의 식을 통해 일반적으로 많이 사용하는 보율에 대응하는 UBRRn 값을 나타낸 것이다. 코드 9-1에서는 9,600 보율로 설정하기 위해 207의 값을 사용하고 있다.

표 9-9 **f_{osc} = 16MHz, 비동기 전송 모드에서 보율에 따른 UBRRn 값**

BAUD	UBRRn 계산값		UBRRn 사용값	
	1배속(U2Xn = 0)	2배속(U2Xn = 1)	1배속(U2Xn = 0)	2배속(U2Xn = 1)
2,400	415.67	832.33	416	832
4,800	207.33	415.67	207	416
9,600	103.17	207.33	103	207
14,400	68.44	137.89	68	138
19,200	51.08	103.17	51	103

표 9-9 f_{osc} = 16MHz, 비동기 전송 모드에서 보율에 따른 UBRRn 값 (계속)

BAUD	UBRRn 계산값		UBRRn 사용값	
	1배속(U2Xn = 0)	2배속(U2Xn = 1)	1배속(U2Xn = 0)	2배속(U2Xn = 1)
28,800	33.72	68.44	34	68
38,400	25.04	51.08	25	51
57,600	16.36	33.72	16	34
115,200	7.68	16.36	8	16
230,400	3.34	7.68	3	8
250,000	3.00	7.00	3	7
500,000	1.00	3.00	1	3
1,000,000	0.00	1.00	1	1

표 9-9에서 알 수 있듯이 표 9-8의 변환식으로 계산한 UBRRn 값은 정수값이 아니므로 실제 사용하는 값은 가장 가까운 정수값이다. 따라서 약간의 오차는 발생할 수 있으며 오차는 다음과 같이 계산한다.

$$\text{Error}(\%) = \left(\frac{\text{UBRRn 설정값에 의한 보율}}{\text{보율}} - 1\right) \times 100(\%)$$

2배속 모드에서 UBRRn 설정값에 의한 실제 보율과 예상했던 보율 사이의 관계 및 오차를 계산하면 표 9-10과 같다.

표 9-10 **2배속 모드에서 UART 시리얼 통신의 속도 오차**

보율	UBRRn 설정값	UBRRn 설정값에 의한 실제 보율	오차(%)
2,400	832	2400.96	0.0
4,800	416	4796.16	-0.1
9,600	207	9615.38	0.2
14,400	138	14388.49	-0.1
19,200	103	19230.77	0.2
28,800	68	28985.51	0.6
38,400	51	38461.54	0.2
57,600	34	57142.86	-0.8

표 9-10 **2배속 모드에서 UART 시리얼 통신의 속도 오차 (계속)**

보율	UBRRn 설정값	UBRRn 설정값에 의한 실제 보율	오차(%)
115,200	16	117647.06	2.1
230,400	8	222222.22	-3.5
250,000	7	250000.00	0.0
500,000	3	500000.00	0.0
1,000,000	1	1000000.00	0.0

5 UDRn(n = 0, 1)

UDRn(USART Data Register) 레지스터는 송수신된 데이터가 저장되는 버퍼 레지스터다. UDRn 레지스터는 데이터 전송을 위한 버퍼인 TXB(Transmit Data Buffer Register) 레지스터와 데이터 수신을 위한 버퍼인 RXB(Receive Data Buffer Register) 레지스터로 구성되어 있다. 그런데 이 2개의 레지스터는 동일한 입출력 주소를 사용하므로 UDRn 레지스터에 데이터를 쓰면 TXBn 레지스터에 데이터가 기록되고, UDRn 레지스터로부터 데이터를 읽어 들이면 RXBn 레지스터의 데이터가 읽혀진다. 5, 6, 7비트 크기의 데이터를 사용하는 경우에는 상위의 비트들은 사용되지 않으며, 9비트 크기의 데이터를 사용하는 경우에는 UCSRnB 레지스터의 RXB8n 비트 및 TXB8n 비트가 함께 사용된다. UDRn 레지스터의 구조는 그림 9-17과 같다.

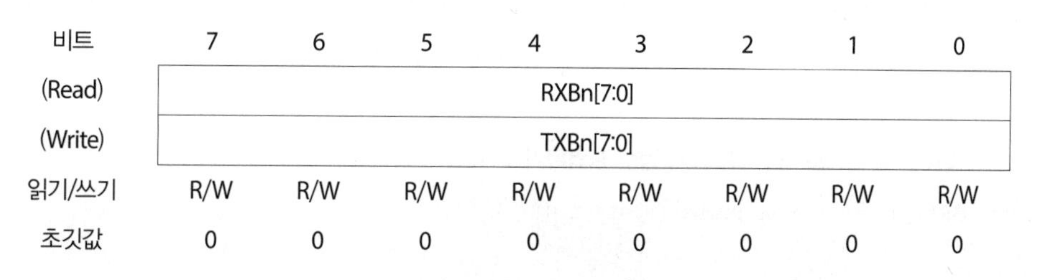

그림 9-17 **UDRn 레지스터의 구조**

9.3 UART 라이브러리 만들기

C/C++ 프로그래밍에서와 마찬가지로 마이크로컨트롤러 프로그래밍에서도 컴퓨터 화면에 결과를 출력하여 확인하는 경우는 매우 흔하다. 이 책의 4장에서도 UART 통신과 PuTTY를 통해

결과를 확인하였다. 이처럼 UART는 다른 프로그램에서도 많이 사용하므로 라이브러리 형태로 만들어 두고 프로젝트에 UART 통신을 위한 파일들을 포함시키면 매번 UART 통신을 위한 함수를 작성할 필요 없이 간단하게 UART 통신을 사용할 수 있다. 코드 9-1에서는 UART 통신을 초기화하고 바이트 단위 데이터를 송수신하는 UART1_transmit와 UART1_receive 함수를 정의하고 있다. 코드 9-2는 이를 바탕으로 문자열을 출력하는 함수를 작성한 프로그램의 예다.

코드 9-2 UART 통신으로 문자열 출력하기

```
void UART1_print_string(char *str)          // 문자열 송신
{
    for(int i = 0; str[i]; i++)             // '\0' 문자를 만날 때까지 반복
        UART1_transmit(str[i]);             // 바이트 단위 출력
}
```

문자열과 더불어 숫자를 출력하는 예 역시 흔히 접할 수 있다. 정수의 경우 문자열로 변환한 후 문자열을 출력하면 된다. 하지만 char 타입이나 부호 없는 정수형인 uint8_t 타입의 경우에는 1바이트의 크기를, int 타입의 경우에는 2바이트 크기를 가지므로 문자열로 변환한 이후 문자열의 최대 길이가 달라지는 점에 유의해야 한다.

코드 9-3은 1바이트 크기를 갖는 정수를 문자열로 변환하여 출력하는 프로그램이다. 1바이트로 표현할 수 있는 최대 크기는 255이므로 문자열 배열은 NULL 문자를 포함하여 4바이트 크기로 정하였다. 2바이트 크기를 갖는 int 타입을 사용하고자 한다면 최대 65,535의 값을 표현할 수 있으므로 배열의 크기가 6바이트 이상 되어야 한다.

코드 9-3 UART 통신으로 1바이트 크기 정수 출력하기 1

```
void UART1_print_1_byte_number(uint8_t n)
{
    char numString[4] = "0";
    int i, index = 0;

    if(n > 0){                              // 문자열 변환
        for(i = 0; n != 0 ; i++)
        {
            numString[i] = n % 10 + '0';
            n = n / 10;
        }
        numString[i] = '\0';
        index = i - 1;
```

```
    }

    for(i = index; i >= 0; i--)             // 변환된 문자열 출력
        UART1_transmit(numString[i]);
}
```

UART_test라는 이름으로 프로젝트를 생성하자. 프로젝트가 생성되면 솔루션 탐색기에서 프로젝트 이름에 마우스를 놓고 오른쪽 버튼을 눌러 'Add ➡ New Item...' 항목을 선택한다.

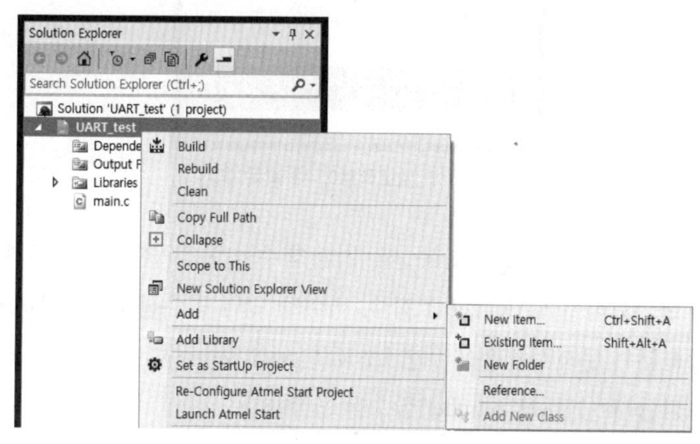

그림 9-18 **새 항목 추가**

새 항목 추가 다이얼로그에서 'C File'을 선택하고 파일 이름으로 'UART1.c'를 지정한다.

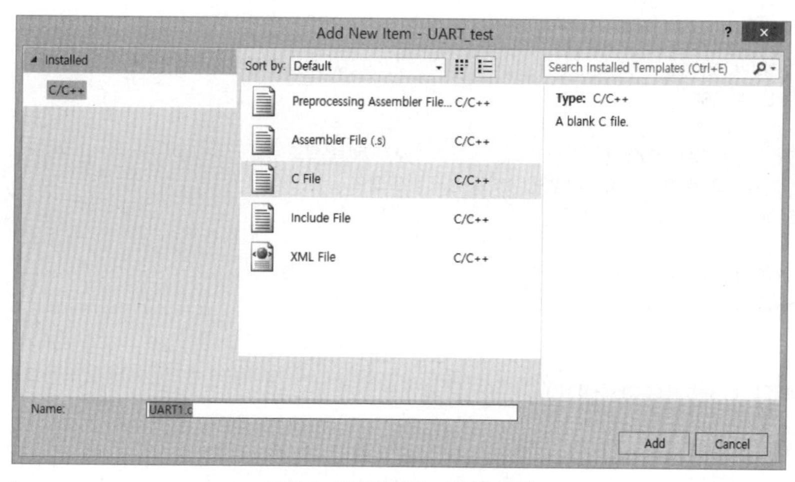

그림 9-19 **UART1.c 파일 추가**

동일한 방법으로 'Include File'을 선택하고 'UART1.h' 파일을 추가한다. 소스 파일과 헤더 파일이 추가되면 솔루션 탐색기에는 그림 9-20과 같이 main.c에 2개의 파일이 추가되어 3개의 파일이 표시된다.

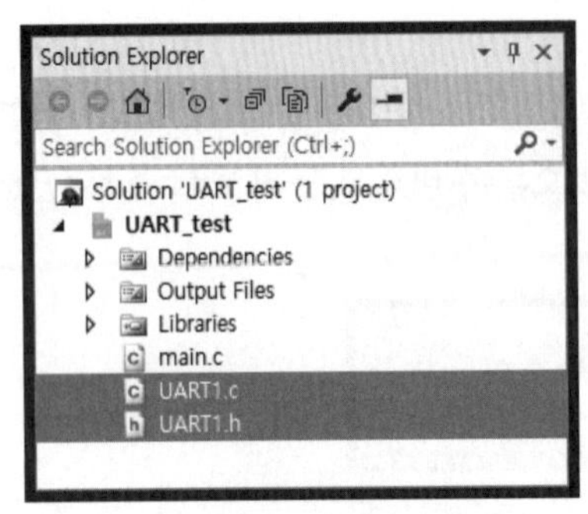

그림 9-20 **프로젝트에 새 항목 추가**

UART1.c와 UART1.h 파일에는 UART 통신을 위한 함수들을 정의한다. 먼저 UART1.c 파일은 UART1 통신을 초기화하는 UART1_init 함수, 바이트 단위 송수신을 위한 UART1_receive와 UART1_transmit 함수, 문자열 전송을 위한 UART1_print_string 함수, 1바이트 크기의 정수 출력을 위한 UART1_print_1_byte_number 함수를 포함한다.

코드 9-4 **UART1.c**

```
#include <avr/io.h>

void UART1_init(void)
{
    UBRR1H = 0x00;                          // 9,600 보율로 설정
    UBRR1L = 207;

    UCSR1A |= _BV(U2X1);                    // 2배속 모드
    // 비동기, 8비트 데이터, 패리티 없음, 1비트 정지 비트 모드
    UCSR1C |= 0x06;

    UCSR1B |= _BV(RXEN1);                   // 송수신 가능
    UCSR1B |= _BV(TXEN1);
}

void UART1_transmit(char data)
{
    while( !(UCSR1A & (1 << UDRE1)) );      // 송신 가능 대기
    UDR1 = data;                            // 데이터 전송
```

```
}

unsigned char UART1_receive(void)
{
    while( !(UCSR1A & (1<<RXC1)) );         // 데이터 수신 대기
    return UDR1;
}

void UART1_print_string(char *str)          // 문자열 송신
{
    for(int i = 0; str[i]; i++)             // '\0' 문자를 만날 때까지 반복
        UART1_transmit(str[i]);             // 바이트 단위 출력
}

void UART1_print_1_byte_number(uint8_t n)
{
    char numString[4] = "0";
    int i, index = 0;

    if(n > 0){                              // 문자열 변환
        for(i = 0; n != 0 ; i++)
        {
            numString[i] = n % 10 + '0';
            n = n / 10;
        }
        numString[i] = '\0';
        index = i - 1;
    }

    for(i = index; i >= 0; i--)             // 변환된 문자열을 역순으로 출력
        UART1_transmit(numString[i]);
}
```

UART1.h 헤더 파일에는 함수의 선언이 포함된다. 헤더 파일은 UART1을 통해 데이터를 주고받기 위해 반드시 필요하므로 main.c에서 포함(#include)시켜야 한다. 전처리자인 #ifndef, #define, #endif 문장은 헤더 파일을 두 번 이상 포함하여 동일한 함수를 중복해서 선언하지 않도록 하기 위해 사용한 것이다.

코드 9-5 **UART1.h**

```
#ifndef UART1_H_
#define UART1_H_

void UART1_init(void);
void UART1_transmit(char data);
```

```
unsigned char UART1_receive(void);
void UART1_print_string(char *str);
void UART1_print_1_byte_number(uint8_t n);

#endif
```

main.c 파일에서는 UART1 통신을 초기화하고 1바이트 크기의 정수와 문자열을 UART 통신을 통해 출력한다.

코드 9-6 **main.c**

```
#include <avr/io.h>
#include "UART1.h"                          // UART1 라이브러리를 위한 헤더 파일

int main(void)
{
    UART1_init();                           // UART1 초기화

    char str[] = "Test using UART1 Library";
    uint8_t num = 128;

    UART1_print_string(str);                // 문자열 출력
    UART1_print_string("\n\r");

    UART1_print_1_byte_number(num);         // 1바이트 크기 정수 출력
    UART1_print_string("\n\r");

    while (1){}
    return 0;
}
```

프로그램을 업로드하고 PuTTY를 통해 결과를 확인해 보자.

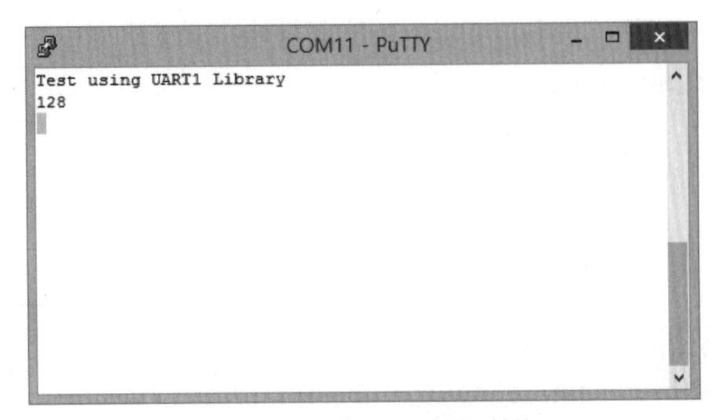

그림 9-21 **코드 9-6 실행 결과**

프로젝트 디렉터리를 확인해 보면 main.c 파일이 위치하는 디렉터리에 UART1.c 파일과 UART1.h 파일이 추가된 것을 확인할 수 있다.

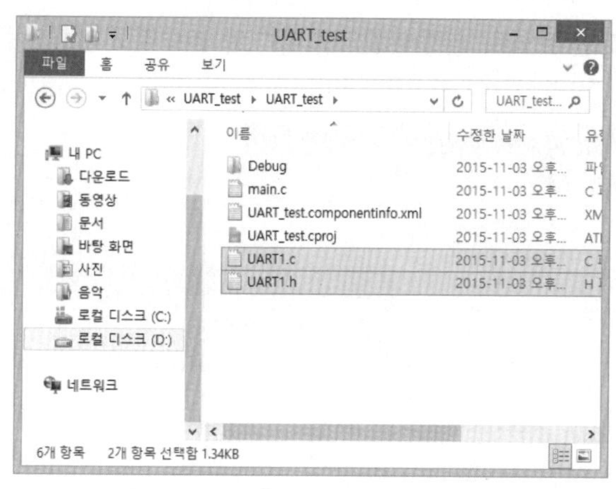

그림 9-22 **프로젝트 디렉터리에 추가된 파일**

이제 필요하다면 UART1.c와 UART1.h 파일을 임의의 프로젝트 디렉터리에 복사해 넣고 그림 9-18에서 'Existing Item...'을 선택하여 두 파일을 추가함으로써 간단히 UART 통신을 사용할 수 있다.

다음 내용으로 넘어가기 전에 UART 라이브러리를 수정해 보자. 코드 9-3은 1바이트 크기의 정수형 값을 문자열로 변환하여 출력하는 예다. 하지만 정수를 반복적으로 나누면서 문자열로 변환해야 하는 데다가 출력 시 역순으로 출력해야 하는 등 이해하기가 쉽지만은 않다. printf 함수와 유사한 sprintf 함수를 사용하면 보다 간단하게 정수를 문자열로 변환할 수 있다. sprintf 함수는 C 언어의 표준 함수로, 형식화된 문자열을 문자 배열에 저장하도록 해 주는 함수다. UART 라이브러리의 UART1_print_1_byte_number 함수를 코드 9-7과 같이 수정해 보자.

코드 9-7 **UART 통신으로 1바이트 크기 정수 출력하기 2**

```
void UART1_print_1_byte_number(uint8_t n)
{
    char numString[4] = "0";

    sprintf(numString, "%d", n);           // 문자열로 변환
    UART1_print_string(numString);         // 문자열 출력
}
```

코드 9-7은 코드 9-3에 비해 훨씬 간단하다. 단, sprintf 함수를 사용하기 위해서는 'stdio.h' 파일을 포함시켜야 한다. 그리고 sprintf 함수를 사용하기 위해 링크 과정에서 표준 라이브러리를 연결해야 하므로 실행 파일의 크기가 커진다. 그림 9-23은 코드 9-3과 코드 9-7을 사용한 경우 실행 파일의 크기를 비교한 것으로, 실행 파일의 크기가 약 26% 정도 커진 것을 확인할 수 있다.

그림 9-23 **함수 구현 방법에 따른 실행 파일 크기 비교**

하지만 sprintf 함수를 사용하면 float 타입 역시 간단하게 문자열로 변환할 수 있다. 코드 9-8은 float 타입 실수를 문자열로 변환하여 UART 통신으로 출력하는 예다.

코드 9-8 **UART 통신으로 float 타입 실수 출력하기**

```
void UART1_print_float(float f)
{
    char numString[20] = "0";

    sprintf(numString, "%f", f);
    UART1_print_string(numString);
}
```

main.c 파일에서 UART1_print_float(3.14); 문장을 사용하여 출력 결과를 확인해 보자.

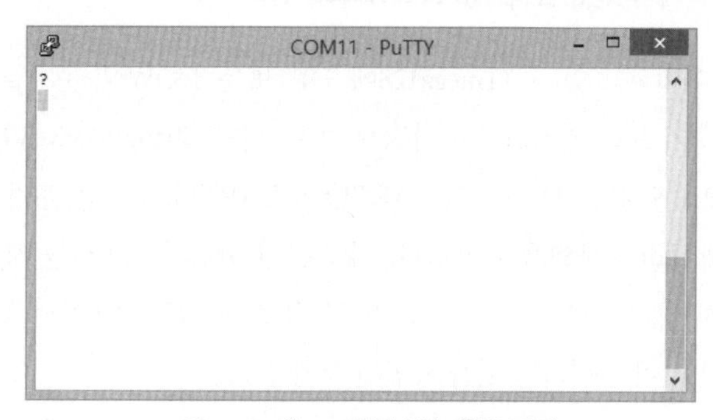

그림 9-24 **float 타입 실수 출력 결과**

4장에서 실수를 출력하기 위해 프로젝트 속성을 수정했던 것을 기억하는가? 프로젝트 속성을 선택하자. ① Toolchain ➡ AVR/GNU Linker ➡ Libraries'를 선택하고, 라이브러리 추가 버튼을 눌러 'libprintf_flt'를 추가한다. ② 다음은 'Toolchain ➡ AVR/GNU Linker ➡ General'을 선택하고 'Use vprintf library' 옵션을 선택한다. 다시 프로그램을 컴파일하고 업로드하면 실수가 정상적으로 출력되는 것을 확인할 수 있다. 물론 sprintf 함수를 사용함으로써 실행 파일의 크기가 커진 것과 마찬가지로 libprintf_flt 라이브러리를 추가함으로써 실행 파일의 크기는 더 커진다.

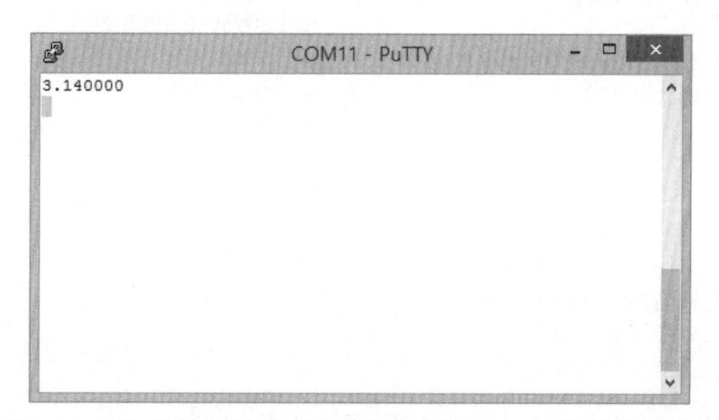

그림 9-25 **실수 출력 지원 라이브러리 추가 후 float 타입 실수 출력 결과**

9.4 문자열 수신

UART 통신은 주로 ATmega128에서 컴퓨터로 데이터를 전달하기 위해 사용하지만, 그 반대로 컴퓨터에서 ATmega128로 데이터를 전달하기 위해 사용하기도 한다. 그림 9-9에서와 같이

PuTTY를 설정하여 문자열 단위로 데이터를 수신하는 경우를 생각해 보자. 이때 한 가지 주의할 점은 가변 길이 문자가 전송될 수 있다는 점이다.

카운터 값을 계속 유지하고 있는 ATmega128에 'UP' 또는 'DOWN' 문자열을 전송하는 경우 현재 카운터 값이 증가 또는 감소한다고 가정해 보자. 먼저 'StringReceive'라는 이름으로 프로젝트를 생성하고 코드 9-4와 코드 9-5의 UART1.c와 UART1.h 파일을 추가한다. 수신된 문자열을 저장하기 위해 char형 배열을 사용한다. 이때 문장 단위의 데이터를 저장할 수 있도록 배열의 크기는 충분히 커야 한다. 코드 9-9를 업로드하고 PuTTY 화면에서 'UP' 또는 'DOWN'을 입력하여 카운터 값이 출력되는 것을 확인해 보자.

코드 9-9 **가변 길이 문자열 수신**

```
#define F_CPU 16000000L
#define TERMINATOR '\r'

#include <avr/io.h>
#include <util/delay.h>
#include <string.h>
#include "UART1.h"

int main(void)
{
    uint8_t counter = 100;                  // 카운터
    int index = 0;                          // 수신 버퍼에 저장할 위치
    int process_data = 0;                   // 문자열 처리
    char buffer[20] = "";                   // 수신 데이터 버퍼
    char data;                              // 수신 데이터

    UART1_init();                           // UART 통신 초기화

    UART1_print_string("Current Counter Value : ");
    UART1_print_1_byte_number(counter);
    UART1_print_string("\r\n");

    while(1)
    {
        data = UART1_receive();             // 데이터 수신
        if(data == TERMINATOR){             // 종료 문자를 수신한 경우
            buffer[index] = '\0';
            process_data = 1;               // 수신 문자열 처리 지시
        }
        else{
            buffer[index] = data;           // 수신 버퍼에 저장
            index++;
        }
```

```
        if(process_data == 1){                          // 문자열 처리
            if(strcmp(buffer, "DOWN") == 0){      // 카운터 감소
                counter--;
                UART1_print_string("Current Counter Value : ");
                UART1_print_1_byte_number(counter);
                UART1_print_string("\r\n");
            }
            else if(strcmp(buffer, "UP") == 0){ // 카운터 증가
                counter++;
                UART1_print_string("Current Counter Value : ");
                UART1_print_1_byte_number(counter);
                UART1_print_string("\r\n");
            }
            else{                                       // 잘못된 명령어
                UART1_print_string("** Unknown Command **");
                UART1_print_string("\r\n");
            }
            index = 0;
            process_data = 0;
        }
    }

    return 0;
}
```

코드 9-9에서는 문자열 비교를 위해 strcmp 함수를 사용하고, strcmp 함수를 사용하기 위해 'string.h' 파일을 포함시켰다. strcmp 함수는 매개변수로 주어지는 2개의 문자열이 동일할 경우 0을 반환한다. 한 가지 주의할 점은 strcmp 함수는 대소문자를 구별한다는 것이다. 대소문자를 구별하지 않는 문자열 비교 함수에는 strcasecmp 함수가 있다. 또한 PuTTY에서 엔터키가 눌러진 경우 문자열 끝에 '\r'을 추가로 전달하므로 문자열의 끝을 나타내는 종료 문자로 정의하여 사용하였다.

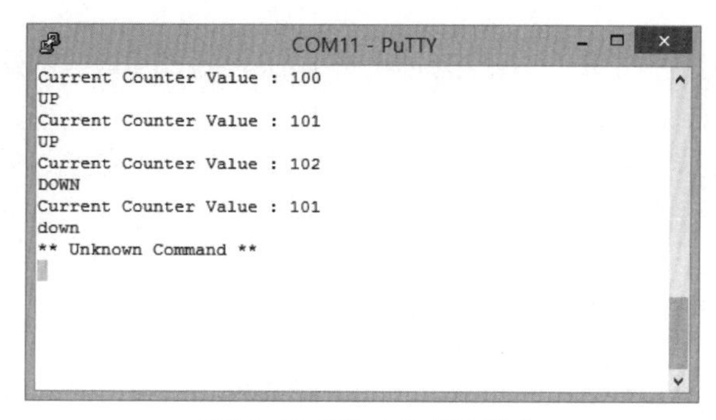

그림 9-26 **코드 9-9 실행 결과**

9.5 printf와 scanf 함수 사용하기

C 언어로 프로그래밍해 본 경험이 있다면 표준 입출력장치로 데이터를 입출력하기 위해 printf 함수와 scanf 함수를 사용해 보았을 것이다. 이들 함수는 형식이 지정된(formatted) 데이터 입출력을 위해 사용하는 C 언어의 기본 함수 중 하나다. 마이크로컨트롤러 프로그래밍에서도 UART 통신으로 연결된 컴퓨터의 터미널을 표준 입출력장치로 지정하여 printf 함수와 scanf 함수를 사용할 수 있다. 특히 printf 함수의 경우 C 언어에서 사용하던 익숙한 방법으로 출력 형식을 지정할 수 있으므로 디버깅 등의 용도로 유용하게 사용할 수 있다. printf 함수를 사용하는 데 있어서 문제점은 printf 함수가 다양한 포맷을 지원하기 때문에 생성되는 실행 파일의 크기가 커진다는 점 정도다.

printf 함수를 사용하기 위해서는 먼저 표준 입출력을 지원해 주는 헤더 파일을 추가해야 한다. printf 함수는 stdio.h 파일에 선언되어 있다.

```
#include <stdio.h>
```

다음은 UART를 통해 전달되는 데이터를 스트림(stream) 형태로 바꿔 주기 위한 객체를 생성해야 한다. 출력 객체에서는 UART를 통한 출력 함수인 UART1_transmit를, 입력 객체에서는 UART를 통한 입력 함수인 UART1_receive를 지정해 준다.

```
FILE OUTPUT \
    = FDEV_SETUP_STREAM(UART1_transmit, NULL, _FDEV_SETUP_WRITE);
FILE INPUT \
    = FDEV_SETUP_STREAM(NULL, UART1_receive, _FDEV_SETUP_READ);
```

마지막으로 main 함수에서 표준 입출력장치와 위에서 정의한 입출력 객체들을 연결한다.

```
stdout = &OUTPUT;
stdin = &INPUT;
```

이제 printf 함수와 scanf 함수를 사용할 준비는 끝났다. 코드 9-10은 코드 9-9와 동일한 기능을 하는 프로그램을 scanf 함수와 printf 함수를 이용하여 작성한 것이다. 다만 코드 9-10에서는 strcasecmp 함수를 사용하여 대소문자를 구별하지 않는다.

코드 9-10 **가변 길이 문자열 수신-printf, scanf 함수 사용**

```
#define F_CPU 16000000L

#include <avr/io.h>
#include <util/delay.h>
#include <string.h>
#include <stdio.h>
#include "UART1.h"

FILE OUTPUT \
    = FDEV_SETUP_STREAM(UART1_transmit, NULL, _FDEV_SETUP_WRITE);
FILE INPUT \
    = FDEV_SETUP_STREAM(NULL, UART1_receive, _FDEV_SETUP_READ);

int main(void)
{
    uint8_t counter = 100;                          // 카운터
    char buffer[20] = "";                           // 수신 데이터 버퍼

    stdout = &OUTPUT;
    stdin = &INPUT;

    UART1_init();                                   // UART 통신 초기화

    printf("Current Counter Value : ");
    printf("%d\r\n", counter);

    while(1)
    {
        scanf("%s", buffer);                        // 문자열 수신

        if(strcasecmp(buffer, "DOWN") == 0){        // 카운터 감소
            counter--;
            printf("Current Counter Value : ");
            printf("%d\r\n", counter);
        }
        else if(strcasecmp(buffer, "UP") == 0){  // 카운터 증가
            counter++;
            printf("Current Counter Value : ");
            printf("%d\r\n", counter);
        }
        else{                                       // 잘못된 명령어
            printf("** Unknown Command **\r\n");
        }
    }

    return 0;
}
```

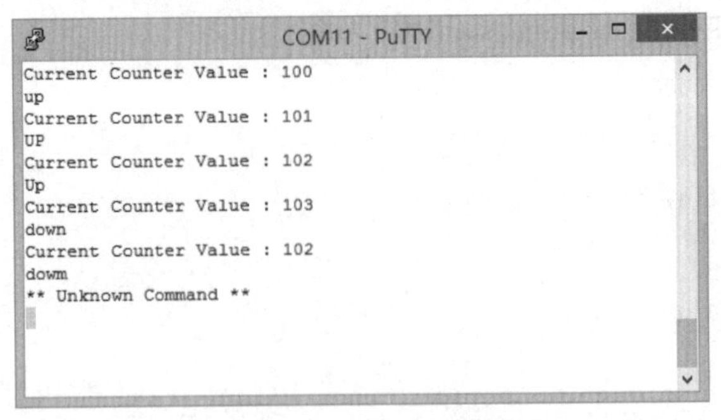

그림 9-27 **코드 9-10 실행 결과**

9.6 요약

UART 시리얼 통신은 여러 가지 시리얼 통신 방법 중에서도 가장 오래된 방법으로 다양한 기기들에 널리 사용되고 있다. 마이크로컨트롤러에서 시리얼 통신이라고 이야기하는 통신 방법은 대부분 UART 시리얼 통신을 가리키며, 간단히 UART 통신이라고 지칭한다.

ATmega128은 2개의 시리얼 통신 포트를 제공하므로 2개의 시리얼 통신 장치를 연결하여 사용할 수 있다. ATmega128을 배우는 과정에서는 컴퓨터와의 시리얼 통신을 통해 컴퓨터에서 ATmega128로 데이터를 전달하거나 디버깅 정보를 컴퓨터로 출력하는 용도로 주로 사용한다. 이 장에서는 2개의 UART 포트 중 UART1을 사용했다. 그 이유는 UART0 포트가 프로그램 업로드에 사용되는 핀과 동일한 핀을 사용하므로 충돌이 발생할 수 있기 때문이다. UART0 포트를 사용하고 싶다면, UART1 포트를 위한 프로그램에서 레지스터의 이름과 비트 이름에 사용된 '1'을 '0'으로 바꾸어 줌으로써 UART0 포트를 사용하도록 프로그램을 수정하면 된다.

다양한 주변장치에서도 UART 통신을 사용하므로 라이브러리로 만들어 두면 UART 통신이 필요한 프로젝트에서 간단히 UART 통신을 사용할 수 있다. 또한 C 언어에서와 같이 printf 및 scanf 함수를 사용하도록 설정할 수 있으므로 컴퓨터와의 UART 통신이 필요한 경우 사용하면 편리하다. 다만 printf와 scanf 함수와 같은 표준 입출력 함수를 사용하는 경우에는 실행 파일의 크기가 커지므로 큰 프로그램을 작성하는 경우에는 플래시 메모리의 크기를 고려해야 한다.

연습 문제

1 마이크로컨트롤러에서의 UART 통신은 TTL(Transistor Transistor Logic) 레벨을 사용하므로 마이크로컨트롤러의 동작 전압을 기준으로 논리 0과 논리 1이 구별된다. 반면 컴퓨터에서의 시리얼 통신은 RS-232C 레벨을 사용한다. 이 장에서 컴퓨터와의 연결은 USB를 통해 이루어지고, USB 연결에 대한 가상의 시리얼 포트를 생성하여 UART 통신이 이루어졌으므로 RS-232C의 레벨을 신경 쓰지 않아도 된다. TTL 레벨과 RS-232C 레벨의 차이점을 알아보자.

2 터미널에서 문자열을 입력받아 ATmega128로 전달하면, 대문자를 소문자로, 소문자를 대문자로 바꾼 후 다시 터미널로 전달하여 출력하는 프로그램을 작성해 보자.

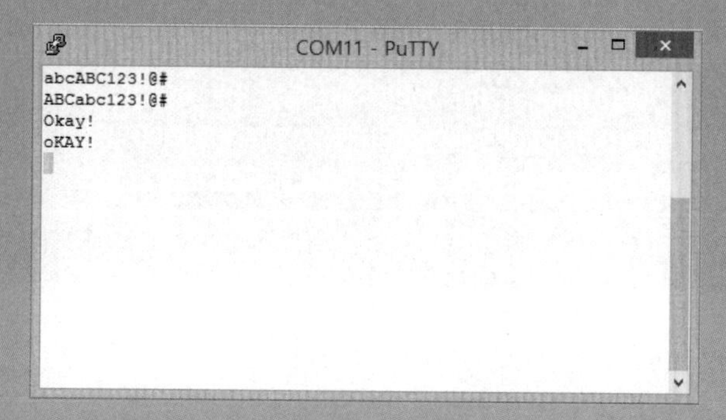

3 이 장에서 UART 시리얼 통신은 컴퓨터와의 통신을 위해서 사용하였다. 하지만 UART 시리얼 통신은 컴퓨터와의 통신을 위한 도구가 아니다. 다양한 장치들을 UART 시리얼 통신을 통해 연결하고 데이터를 교환하기 위해 사용한다. 즉, 컴퓨터와의 통신은 UART 시리얼 통신의 한 예일 뿐이다. 마이크로컨트롤러에 연결하여 사용할 수 있는 장치 중 UART 시리얼 통신을 사용하는 장치를 찾아보자.

CHAPTER

10 아날로그-디지털 변환

마이크로컨트롤러는 디지털 데이터 입출력을 기본으로 하지만, 아날로그-디지털 변환기(ADC)를 통해 아날로그 데이터를 입력받을 수 있다. ATmega128은 10비트 해상도를 갖는 8채널의 ADC를 포함하고 있으므로 입력되는 아날로그 값은 0에서 1,023 사이의 디지털 값으로 변환되어 입력된다. 이 장에서는 아날로그 데이터를 디지털 데이터로 변환하여 입력하는 방법에 대해 알아본다.

10.1 ATmega128의 ADC

마이크로컨트롤러는 주변 환경으로부터 데이터를 획득하고 이를 처리하여 시스템을 제어하기 위한 데이터 출력을 목적으로 한다. 이때 명심해야 할 점은 주변 환경으로부터 획득할 수 있는 자연계의 데이터는 아날로그 데이터라는 점이다. 지금까지 살펴본 데이터들은 디지털 데이터였다. LED에 불을 켜거나 끄는 데이터, 스위치를 누르거나 누르지 않은 데이터는 물론이거니와 UART 통신을 통해 컴퓨터로 전송되는 데이터 역시 HIGH 또는 LOW의 디지털 데이터로 전달되고 처리된다. 마이크로컨트롤러는 디지털 컴퓨터의 일종으로 디지털 데이터만을 처리할 수 있다. 하지만 온도, 습도, 조도 등 주변 환경에서 측정할 수 있는 데이터들은 연속적인 아날로그 데이터다. 따라서 이들 데이터를 처리하기 위해서는 먼저 아날로그 데이터를 디지털 데이터로 변환해야 하며, 아날로그 데이터를 디지털 데이터로 변환하는 장치를 아날로그-디지털 변환기(Analog-Digital Converter, ADC)라고 한다.

주변 환경으로부터 데이터를 획득하는 장치를 흔히 센서라고 부르는데, 대부분의 센서는 아날로그 데이터를 출력한다. 온도가 높은 경우에는 높은 전압을, 온도가 낮은 경우에는 낮은 전압을 출력하는 온도 센서가 그 예다. 마이크로컨트롤러는 아날로그 전압을 입력으로 받아 ADC를 거쳐 이를 디지털 데이터로 변환한 후 마이크로컨트롤러 내의 CPU에서 처리한다.

ATmega128에서 아날로그 데이터를 입력받고 이를 디지털 데이터로 변환하는 부분의 블록 다이어그램은 그림 10-1과 같다.

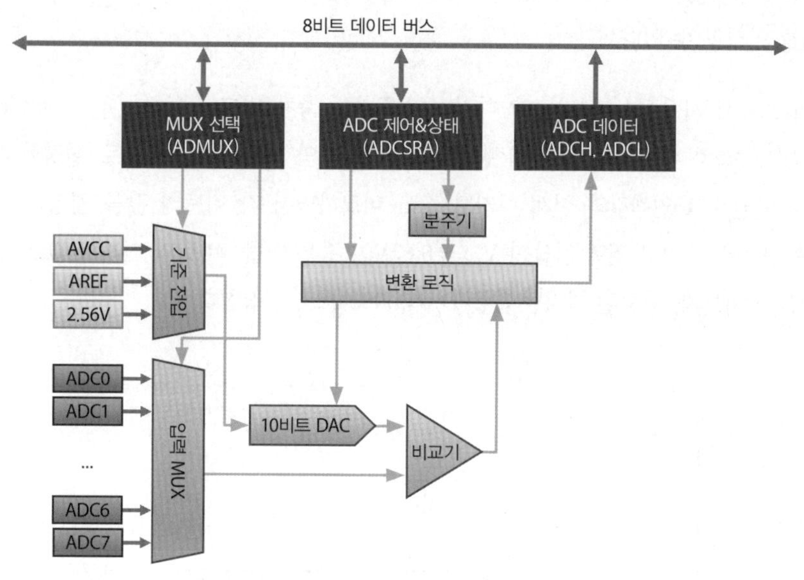

그림 10-1 **아날로그-디지털 변환 블록 다이어그램**

ATmega128은 아날로그 데이터를 디지털 데이터로 변환하기 위한 10비트 해상도의 ADC를 포함하고 있다. 즉, 입력되는 아날로그 전압을 0에서 1,023(= 2^{10} − 1) 사이의 디지털 값으로 변환할 수 있다. ADC 채널은 8개로 8개의 아날로그 출력장치를 ATmega128에 연결할 수 있지만, 8개의 채널은 하나의 AD 변환기에 멀티플렉서(Multiplexer, MUX)로 연결되어 있으므로 한 번에 하나의 아날로그 입력만을 디지털로 변환할 수 있다. 8개의 채널은 포트 F의 PF0에서 PF7까지 연결되어 있다.

센서가 아날로그 전압을 출력하고 이를 ADC가 0에서 1,023 사이의 디지털 값으로 변환하는 과정에서 고려할 점 중 한 가지는 몇 볼트의 전압을 1,023으로 변환할 것인가 하는 것이다. 이를 위해 기준 전압이 필요하며, 기준 전압은 AD 변환에서 최댓값으로 변환되는 전압을 의미한다. ATmega128에서는 기준 전압으로 AVCC(Analog VCC), AREF(Analog Reference), 내부 2.56V 중 하나를 선택하여 사용할 수 있다. AVCC에는 일반적으로 VCC와 동일한 전압 5V가 가해진다. 5V 이외의 기준 전압을 사용하고자 한다면 AREF 핀에 5V 이하의 전압을 연결해 주면 된다. 이외에도 내부 2.56V를 기준 전압으로 사용할 수 있다.

기준 전압을 5V로 설정하였다고 가정해 보자. 0V에서 5V 사이의 전압이 0에서 1,023 사이의 디지털 값으로 변환된다. 그렇다면 ATmega128에서 구별 가능한 전압의 차이는 얼마나 될까? 아날로그-디지털 변환은 선형 사상(linear mapping)을 통해 이루어지므로 $\frac{5}{1,023} \approx 4.89\text{mV}$의 전압 차이를 인식할 수 있다.

ATmega128에서 사용하는 아날로그-디지털 변환기는 축차 비교(successive approximation) 방식을 사용한다. 축차 비교 방식은 먼저 변환될 디지털 값의 모든 비트를 0으로 설정한 후, MSB에서부터 아날로그 입력값과 현재 디지털 값을 비교하면서 각 비트의 값을 결정하는 방식이다. 기준 전압은 1V이고 입력 전압이 $V_{IN} = 0.67\text{V}$인 경우 이를 5비트의 디지털 값으로 변환하는 과정을 살펴보자. 변환된 디지털 값은 $D = 00000_2$으로 시작한다.

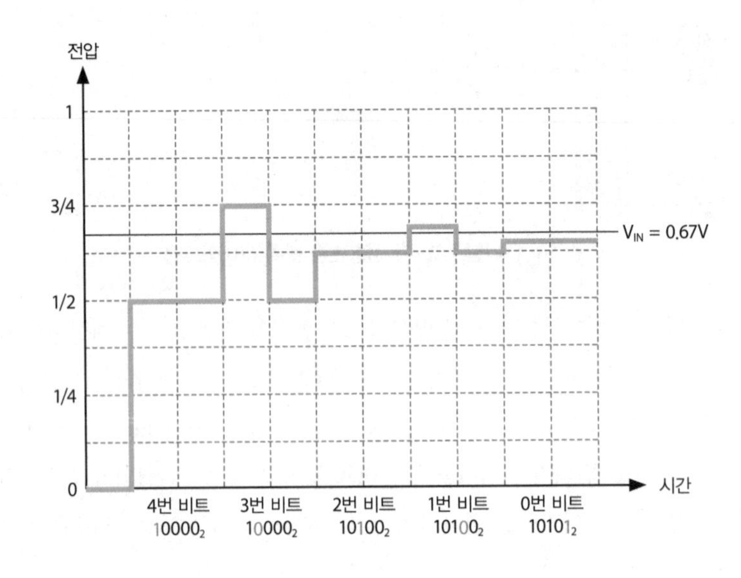

그림 10-2 **축차 비교 방식의 AD 변환**

먼저 D의 4번 비트(LSB를 0번 비트, MSB를 4번 비트로 한다)를 1로 설정하고($D = 10000_2 = 0.5$) 입력 전압인 0.67과 비교해 보자. $V_{IN} > D$의 조건을 만족하므로 D의 4번 비트는 1을 유지한다. 3번 비트를 1로 설정하고 ($D = 11000_2 = 0.75$) V_{IN}과 비교하면 $V_{IN} > D$의 조건을 만족하지 않으므로 3번 비트는 다시 0으로 설정한다. 이러한 과정을 0번 비트까지 반복하면 입력 전압에 대한 5비트 디지털 값 $D = 10101_2$을 얻을 수 있다. 이처럼 축차 비교 방식에서는 입력 전압과 작거나 같은, 가장 가까운 근사화된 값을 출력한다. 10비트 해상도를 사용하는 ATmega128의 경우 약

4.89mV의 전압 차이를 구별할 수 있지만, 잡음에 의해서도 mV 단위의 차이가 발생할 수 있으며, 마이크로컨트롤러로 입력되는 아날로그 데이터의 경우 mV 단위의 차이가 중요한 경우도 흔하다. 이처럼 ADC에 의해 얻어진 값은 다음과 같은 이유로 실제 값과는 차이가 있을 수 있으므로 주의해야 한다.

- 낮은 해상도
- 잡음
- 아날로그 신호의 좁은 전압 범위

낮은 해상도로 인해 변환된 디지털 데이터가 부정확한 경우는 높은 해상도의 ADC를 사용함으로써 해결할 수 있다. 하지만 ATmega128의 ADC는 10비트의 해상도를 제공하므로 더 높은 해상도의 ADC를 사용하기 위해서는 별도의 ADC 칩을 사용해야 한다.

잡음에 의해 변환된 디지털 데이터가 부정확한 경우를 보완하기 위해 ATmega128의 ADC는 차동 입력(differential input)을 지원한다. 앞서 설명한 방식을 단일(single-ended) 입력이라고 하는데, 이 방식은 신호의 크기를 접지(Ground, GND)와 비교하여 측정한다. 이에 비해 차동 입력은 2개의 입력 핀((+) 입력과 (−) 입력)으로 신호를 입력받아 이들의 차이를 ADC의 입력으로 받아들이는 방식이다. 단일 입력의 경우 잡음이 들어오면 잡음이 그대로 ADC에 반영되지만, 차동 입력 방식의 경우 2개의 입력에 잡음이 공통으로 들어오면 잡음이 상쇄되는 효과를 얻을 수 있다. 물론 2개의 핀으로 동일한 잡음이 입력되는 공통 모드 잡음(common mode noise)이 아닌 경우에는 잡음 제거 효과를 기대할 수 없다.

차동 입력과 단일 입력의 또 다른 차이점은 디지털로 변환할 수 있는 전압 범위에 있다. 단일 입력의 경우 GND를 기준으로 하므로 변환할 수 있는 최소의 전압, 즉 변환 후 디지털 값 0에 해당하는 아날로그 값은 항상 0V다. 따라서 단일 입력에서 2.5V 기준 전압을 사용하는 경우 디지털로 변환할 수 있는 전압의 범위는 0~2.5V다. 하지만 차동 입력에서는 변환할 수 있는 최소의 전압을 2개의 입력 중 하나로 지정할 수 있다. 따라서 차동 입력에서는 2~4.5V 범위의 전압을 디지털로 변환할 수 있으며, 이때 변환 후 디지털 값 0에 해당하는 아날로그 값은 2V다. 하지만 차동 입력을 사용하는 경우에도 각 입력에 가해지는 전압은 GND와 AVCC 범위 내에 있어야 한다.

단일 입력과 차동 입력의 차이는 그림 10-3과 같이 나타낼 수 있다.

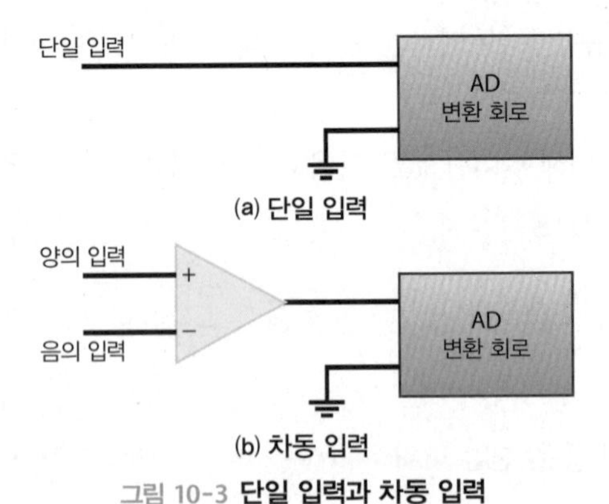

그림 10-3 **단일 입력과 차동 입력**

아날로그 신호의 범위가 좁아 변환된 디지털 데이터가 부정확한 경우 ATmega128의 신호 증폭 기능을 사용하면 된다. 단, 증폭 기능은 차동 입력을 사용하는 경우에만 지원하며, 10배와 200배 증폭이 가능하므로 신호가 약한 경우 유용하게 사용할 수 있다. 증폭 기능을 사용할 때 증폭 비율을 이득(gain)이라고 한다.

AD 변환을 완료하면 결과는 ADC 레지스터에 저장된다. 단일 입력 모드에서 ADC 레지스터에 저장되는 결과는 다음과 같이 나타낼 수 있다.

$$ADC = \left\lfloor \frac{V_{IN} \cdot 1{,}024}{V_{REF}} \right\rfloor$$

이때 V_{IN}은 선택된 입력 핀에 가해지는 전압을, V_{REF}는 기준 전압을 나타낸다. 0x000은 입력 핀에 GND가 가해진 경우를, 0x3FF(= 1,023)는 입력 핀에 기준 전압에서 1 LSB만큼의 값을 뺀 전압이 가해진 경우에 해당한다.

차동 입력 모드에서 ADC 레지스터에 저장되는 결과는 다음과 같이 나타낼 수 있다.

$$ADC = \left\lfloor \frac{(V_{POS} - V_{NEG}) \cdot GAIN \cdot 512}{V_{REF}} \right\rfloor$$

이때 V_{PSO}는 양의 입력 핀에 가해지는 전압을, V_{NEG}는 음의 입력 핀에 가해지는 전압을 나타내며, $GAIN$은 이득을 나타낸다. 차동 입력의 경우 (−) 입력이 (+) 입력보다 전압이 큰 경우 AD 변환값이 음의 값을 가질 수 있다. 따라서 차동 입력 모드에서 결과는 2의 보수로 표현되며,

0x200(= −512)에서 0x1FF(= +511) 사이의 값을 가질 수 있다.

또 한 가지 주의해야 할 점은 AD 변환 과정에 많은 시간이 걸린다는 점이다. 이미 알고 있다시피 ATmega128은 16MHz로 동작한다. 그러나 그림 10-2에서 알 수 있듯이 디지털로 변환된 10비트의 결과를 얻기 위해서는 많은 단계와 복잡한 연산이 필요하므로 16MHz의 속도로 동작할 수는 없다. 따라서 메인 클록을 필요한 정도의 속도로 낮추어 사용하는데, 이를 위해 필요한 것이 그림 10-1의 분주기다.

10.2 가변저항 읽기

ATmega128은 8개의 아날로그 입력 채널을 가지고 있으며 이들은 포트 F에 해당한다. 먼저 가변저항을 PF0 핀에 연결하고 현재 가변저항의 값을 0~1,023 사이의 디지털 값으로 변환하여 읽는 방법을 알아보자. 가변저항은 그림 10-4와 같이 연결한다.

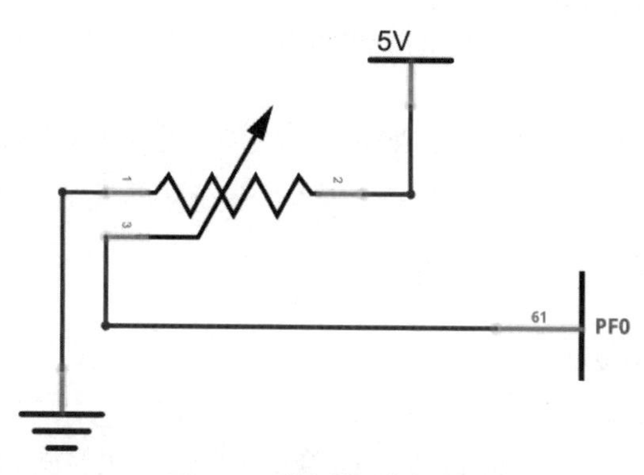

그림 10-4 **가변저항 연결 회로도**

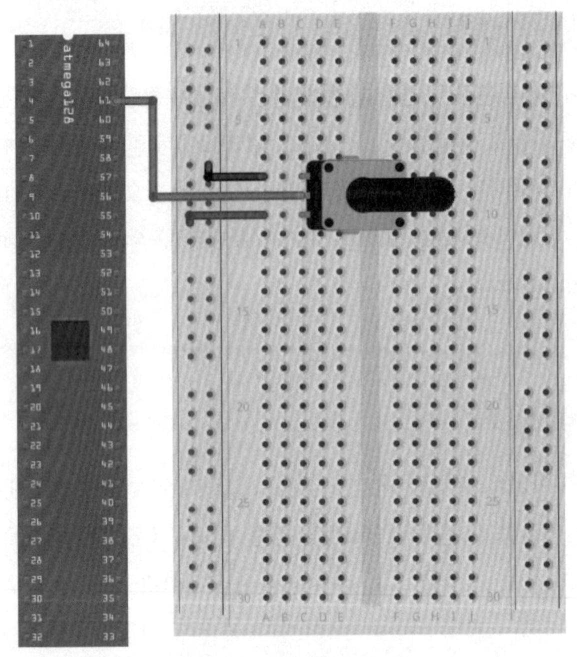

그림 10-5 **가변저항 연결 회로**

코드 10-1은 PF0 핀에 연결된 가변저항의 값을 1초에 한 번 읽어 UART 시리얼 통신을 통해 컴퓨터로 전송하는 프로그램의 예다. UART 시리얼 통신을 위해서는 9장에서 작성한 UART 라이브러리와 printf 함수를 사용하였다.

코드 10-1 **가변저항 읽어서 출력**

```
#define F_CPU 16000000L
#include <avr/io.h>
#include <util/delay.h>
#include <stdio.h>
#include "UART1.h"

FILE OUTPUT \
    = FDEV_SETUP_STREAM(UART1_transmit, NULL, _FDEV_SETUP_WRITE);
FILE INPUT \
    = FDEV_SETUP_STREAM(NULL, UART1_receive, _FDEV_SETUP_READ);

void ADC_init(unsigned char channel)
{
    ADMUX |= (1 << REFS0);                    // AVCC를 기준 전압으로 선택

    ADCSRA |= 0x07;                           // 분주비 설정
```

```
    ADCSRA |= (1 << ADEN);                    // ADC 활성화
    ADCSRA |= (1 << ADFR);                    // 프리러닝 모드

    ADMUX = ((ADMUX & 0xE0) | channel);      // 채널 선택
    ADCSRA |= (1 << ADSC);                    // 변환 시작
}

int read_ADC(void)
{
    while(!(ADCSRA & (1 << ADIF)));          // 변환 종료 대기

    return ADC;                               // 10비트 값을 반환
}

int main(void)
{
    int read;

    stdout = &OUTPUT;
    stdin = &INPUT;

    UART1_init();                             // UART 통신 초기화
    ADC_init(0);                              // AD 변환기 초기화

    while(1)
    {
        read = read_ADC();                    // 가변저항 값 읽기

        printf("%d\r\n", read);

        _delay_ms(1000);                      // 1초에 한 번 읽음
    }

    return 0;
}
```

코드 10-1에서는 AD 변환을 제어하기 위해 ADMUX, ADCSRA, ADC 3개의 레지스터를 사용했다. 이들 레지스터는 그림 10-1의 블록 다이어그램에서도 확인할 수 있다. PuTTY를 실행시키고 가변저항을 돌리면서 0에서 1,023 사이의 값이 출력되는지 확인해 보자.

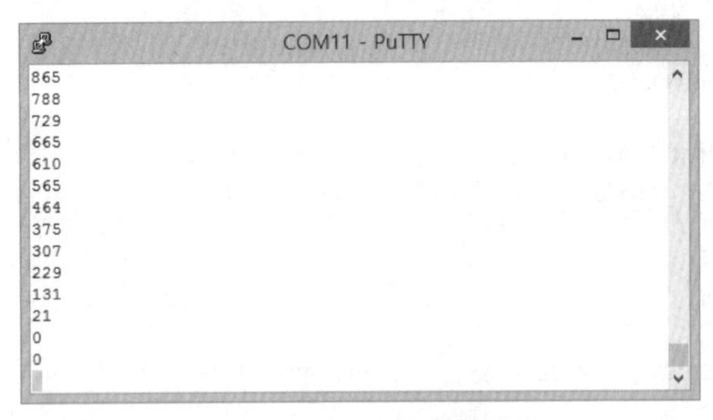

그림 10-6 **코드 10-1 실행 결과**

10.3 아날로그-디지털 변환을 위한 레지스터

AD 변환을 위해 코드 10-1에서는 기준 전압과 입력 채널 설정을 위한 ADMUX 레지스터, AD 과정을 제어하기 위한 ADCSRA 레지스터, 그리고 변환된 데이터를 저장하기 위한 ADC (ADCH와 ADCL의 조합) 레지스터 3개를 사용하였다.

1 ADC = ADCH + ADCL

ADCH와 ADCL 레지스터는 AD 변환한 디지털 데이터를 저장하는 레지스터다. ATmega128의 ADC는 10비트의 해상도를 제공하지만, 레지스터는 모두 8비트이므로 변환된 값은 2개의 레지스터에 나누어 저장된다. ADCH와 ADCL 레지스터 16비트 중에서 6비트는 사용되지 않으며, 데이터를 정렬하는 방식에 따라 ADCH의 상위 6비트 또는 ADCL의 하위 6비트가 사용되지 않는다. 정렬 방식은 ADMUX 레지스터의 ADLAR 비트에 의해 결정된다. 그림 10-7은 ADCH 및 ADCL 레지스터의 구조를 나타낸 것이다.

2개의 레지스터를 사용하는 것은 불편하므로 ADCH와 ADCL 레지스터로 이루어지는 16비트 크기의 가상 레지스터인 ADC를 사용하는 것이 좋다. 오른쪽 정렬을 사용하는 경우에는 ADCH 레지스터의 상위 6비트가 사용되지 않으므로 ADC 값을 통해 10비트의 값을 직접 얻을 수 있다. 왼쪽 정렬을 사용한다면 ADCL 레지스터의 하위 6비트가 사용되지 않으므로 ADC 레지스터에 저장된 값을 오른쪽으로 6비트만큼 이동시켜 사용해야 한다. 디폴트로 오른쪽 정렬을 사용한다.

비트	15	14	13	12	11	10	9	8
ADCH	-	-	-	-	-	-	ADC9	ADC8
ADCL	ADC7	ADC6	ADC5	ADC4	ADC3	ADC2	ADC1	ADC0
비트	7	6	5	4	3	2	1	0
읽기/쓰기	R	R	R	R	R	R	R	R
	R	R	R	R	R	R	R	R
초깃값	0	0	0	0	0	0	0	0
	0	0	0	0	0	0	0	0

(a) 오른쪽 정렬

비트	15	14	13	12	11	10	9	8
ADCH	ADC9	ADC8	ADC7	ADC6	ADC5	ADC4	ADC3	ADC2
ADCL	ADC1	ADC0	-	-	-	-	-	-
비트	7	6	5	4	3	2	1	0
읽기/쓰기	R	R	R	R	R	R	R	R
	R	R	R	R	R	R	R	R
초깃값	0	0	0	0	0	0	0	0
	0	0	0	0	0	0	0	0

(b) 왼쪽 정렬

그림 10-7 **ADCH 및 ADCL 레지스터의 구조**

2 ADMUX

ADMUX 레지스터는 AD 변환을 위한 기준 전압과 입력 채널을 선택하기 위해 사용한다. ADMUX 레지스터의 구조는 그림 10-8과 같다.

비트	7	6	5	4	3	2	1	0
	REFS1	REFS0	ADLAR	MUX4	MUX3	MUX2	MUX1	MUX0
읽기/쓰기	R/W	R/W	R/W	R/W	R/W	R/W	R/W	R/W
초깃값	0	0	0	0	0	0	0	0

그림 10-8 **ADMUX 레지스터의 구조**

7번 비트 REFS1과 6번 비트 REFS0는 AD 변환의 기준 전압을 선택(reference selection)하기 위해 사용한다. 비트 값에 따른 기준 전압은 표 10-1과 같다. 코드 10-1에서는 REFS0 비트를 1로 설정하여 외부 AVCC, 5V를 기준 전압으로 사용하고 있다.

표 10-1 **REFS1과 REFS0 설정에 따른 기준 전압**

REFS1	REFS0	설명
0	0	외부 AREF 핀 입력을 기준 전압으로 사용한다.
0	1	외부 AVCC 핀 입력을 기준 전압으로 사용한다.
1	0	-
1	1	내부 2.56V를 기준 전압으로 사용한다.

5번 비트 ADLAR(ADC Left Adjust Result)은 변환된 디지털 데이터의 저장 방법을 설정하기 위해 사용하며, ADLAR = 1이면 왼쪽 정렬, ADLAR = 0이면 오른쪽 정렬을 사용한다. 디폴트 값은 오른쪽 정렬이며, 코드 10-1에서는 디폴트 값인 오른쪽 정렬을 사용하고 있다.

4번 비트에서 0번 비트까지 5개 비트 MUXn(n = 0, ..., 4)은 ADC에 입력으로 가해지는 전압을 선택하기 위해 사용한다. ATmega128의 ADC는 단일 입력 및 차동 입력을 지원한다. 또한 차동 입력 시에는 이득을 선택할 수 있다. 표 10-2는 MUXn 비트 설정에 따른 입력 채널 및 이득을 나타낸 것이다.

표 10-2 **MUXn 비트 설정에 따른 입력 채널 및 이득**

<table>
<tr><th rowspan="2">MUX[4:0]</th><th rowspan="2">단일 입력</th><th colspan="2">차동 입력</th><th rowspan="2">이득</th></tr>
<tr><th>(+)</th><th>(-)</th></tr>
<tr><td>00000</td><td>ADC0</td><td colspan="3" rowspan="8">-</td></tr>
<tr><td>00001</td><td>ADC1</td></tr>
<tr><td>00010</td><td>ADC2</td></tr>
<tr><td>00011</td><td>ADC3</td></tr>
<tr><td>00100</td><td>ADC4</td></tr>
<tr><td>00101</td><td>ADC5</td></tr>
<tr><td>00110</td><td>ADC6</td></tr>
<tr><td>00111</td><td>ADC7</td></tr>
</table>

표 10-2 MUXn 비트 설정에 따른 입력 채널 및 이득 (계속)

MUX[4:0]	단일 입력	차동 입력		이득
		(+)	(-)	
01000		ADC0	ADC0	10x
01001		ADC1	ADC0	10x
01010		ADC0	ADC0	200x
01011		ADC1	ADC0	200x
01100		ADC2	ADC2	10x
01101		ADC3	ADC2	10x
01110		ADC2	ADC2	200x
01111		ADC3	ADC2	200x
10000		ADC0	ADC1	1x
10001		ADC1	ADC1	1x
10010		ADC2	ADC1	1x
10011		ADC3	ADC1	1x
10100		ADC4	ADC1	1x
10101		ADC5	ADC1	1x
10110		ADC6	ADC1	1x
10111		ADC7	ADC1	1x
11000		ADC0	ADC2	1x
11001		ADC1	ADC2	1x
11010		ADC2	ADC2	1x
11011		ADC3	ADC2	1x
11100		ADC4	ADC2	1x
11101		ADC5	ADC2	1x
11110	1.23V(V_{BG})	-		
11111	0V(GND)			

표 10-2에서 알 수 있듯이 MUX[4:0]의 값 00000_2에서 00111_2까지는 단일 입력에서 사용한다. 코드 10-1에서는 단일 입력으로 0번 채널을 사용하였다. 이를 위해 먼저 MUX[4:0]의 5개 비트를 0으로 만든 후 선택한 채널 번호와 OR 시키는 작업을 실행한다. ADC_init 함수의 매개변수인 channel 값을 변경함으로써 임의의 채널을 선택할 수 있다.

```
ADMUX = ((ADMUX & 0xE0) | channel);
```

증폭 기능을 사용하지 않는 차동 입력의 경우 (–) 입력은 ADC1 또는 ADC2로 이루어진다. 반면 증폭 기능을 사용하는 차동 입력의 경우 (–) 입력은 ADC0 또는 ADC2로 이루어진다. 증폭 기능을 사용하는 경우에도 10 또는 200의 이득을 사용할 수 있으므로 차동 입력은 크게 6개 그룹으로 나눌 수 있다. 표 10-2를 자세히 살펴보면 각 그룹에서 2개의 입력이 동일한 경우가 존재하는 것을 발견할 수 있는데, 이들은 ADC의 보정(calibration)에 사용된다.

디지털 값은 아날로그 값을 근사화한 값으로, 디지털로 변환하는 과정에서 이미 오차가 발생하는데, 이를 양자화(quantization) 오차라고 한다. 하지만 이외에도 오차가 발생하는 요인에는 여러 가지가 있다. 다양한 원인으로 발생하는 오차를 줄이기 위해서는 보정이 필요하다. 단일 입력을 사용하는 경우 전형적인 오차는 LSB의 1배 또는 2배 (1~2 LSB 오차라고 이야기한다) 정도로 보정이 필요하지 않다. 하지만 차동 입력을 사용하는 경우, 특히 이득이 설정된 경우에는 이야기가 달라진다. 증폭 기능을 사용하는 차동 입력의 경우 보정이 이루어지지 않았다면 20 LSB 이상의 오차가 발생할 수 있는데, 이는 무시할 수 없는 수준이다. 또한 이러한 오차는 각각의 마이크로컨트롤러에서 다르게 나타나므로 소프트웨어에서 개별적으로 보정을 수행해야 한다.

AD 변환 과정에서 발생할 수 있는 최대 오차를 절대 오차(absolute error)라고 한다. 이상적인 경우 절대 오차는 LSB의 2분의 1이 된다.

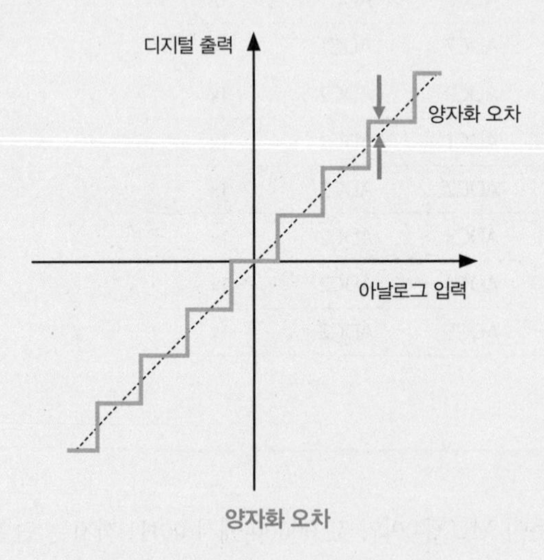

양자화 오차

절대 오차에 영향을 미치는 오차에는 AD 변환 과정의 양자화 오차뿐만 아니라 오프셋 오차(offset error), 이득 오차(gain error), 비선형 오차 등이 있다.

오차 중 가장 간단하게 보정할 수 있는 오차는 오프셋 오차로, 변환된 디지털 값에 일정한 양의 값이 더해지는 형태로 나타난다. 오프셋 오차는 입력이 0일 때의 AD 변환값으로 간단하게 측정할 수 있다. 0의 입력을 가하기 위해서는 차동 입력에서 동일한 값을 양과 음의 입력으로 가하면 된다. 측정된 오프셋 오차는 모든 AD 변환값에서 빼 줌으로써 보정할 수 있다.

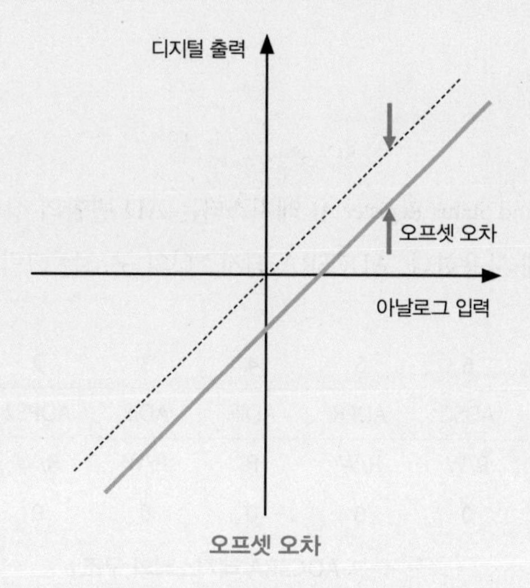

오프셋 오차

이득 오차는 입력되는 아날로그 값에 따라 발생하는 이득이 동일하지 않아 생기는 오차를 말한다. 예를 들어 10x 이득을 설정한 경우 입력값이 작으면 10배 이득이 발생하지만, 입력값이 큰 경우 9배 이득이 발생하는 것이 이에 해당한다. 이러한 오차는 서로 다른 2개의 입력값에 대한 변환값을 측정하여 기울기를 계산하고, 이상적인 경우와 비교하여 변환된 값에 기울기 보정값을 곱해 주면 된다. 물론 이러한 방법은 이득이 입력값에 대해 선형적으로 변한다는 가정하에서만 가능하다.

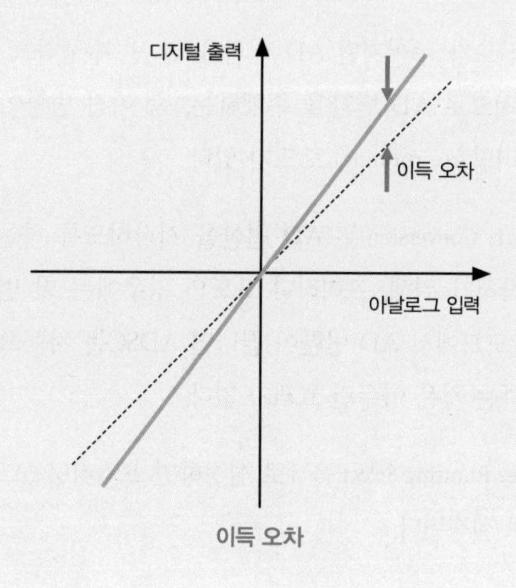

이득 오차

오프셋 오차와 이득 오차의 보상은 상대적으로 간단하지만, 비선형 오차는 아날로그 입력값의 특정 구간에서만 발생하는 오차로, 보상이 쉽지 않다. 비선형 오차를 보상하기 위해서는 가능한 범위의 모든 입력에 대하여 기대되는 출력값과 실제 출력값을 참조 테이블 형태로 만들어 사용해야 하는데, 한정된 메모리를 제공하는 마이크로컨트롤러에서 이를 구현하는 것은 만만치 않은 일이다.

3 ADCSRA

ADCSRA(ADC Control and Status Register A) 레지스터는 AD 변환의 상태를 나타내거나 AD 변환 과정을 제어하기 위해 사용한다. ADCSRA 레지스터의 구조는 그림 10-9와 같다.

비트	7	6	5	4	3	2	1	0
	ADEN	ADSC	ADFR	ADIF	ADIE	ADPS2	ADPS1	ADPS0
읽기/쓰기	R/W	R/W	R/W	R	R/W	R/W	R/W	R/W
초깃값	0	0	0	0	0	0	0	0

그림 10-9 **ADCSRA 레지스터의 구조**

7번 비트 ADEN(ADC Enable)은 ADC를 활성화시키는 비트다. ADEN 비트의 디폴트 값은 0으로, ADC 사용이 불가능한 상태에서 시작하므로 ADC를 사용하기 위해서는 반드시 1로 설정해야 한다.

AD 변환은 변환 시작 신호가 주어지면 AD 변환을 한 번 수행하고 끝내는 단일 변환(single conversion) 모드와, 연속적으로 AD 변환을 수행하는, 즉 이전 변환이 끝나면 자동으로 다음 변환으로 넘어가는 프리러닝(free running) 모드가 있다.

6번 비트 ADSC(ADC Start Conversion)는 AD 변환을 시작하도록 하는 비트로, 단일 변환 모드에서는 각 변환을 시작하기 위해, 프리러닝 모드의 경우에는 첫 번째 변환을 시작하기 위해 사용한다. 단일 변환 모드에서 AD 변환이 끝나면 ADSC는 자동으로 0으로 클리어되므로 ADSC 비트에 0을 출력하는 것은 아무런 효과가 없다.

5번 비트 ADFR(ADC Free Running Select)을 1로 설정하면 프리러닝 모드로 설정되고, 0으로 설정하면 단일 변환 모드로 설정된다.

4번 비트 ADIF(ADC Interrupt Flag)는 AD 변환이 종료되고 데이터 레지스터가 업데이트되면 1로 세트된다.

3번 비트 ADIE(ADC Interrupt Enable)는 AD 변환이 끝났을 때 인터럽트 발생을 허용하는 비트다. 하지만 실제 인터럽트가 발생하기 위해서는 SREG 레지스터의 I 비트가 세트되어 있어야 한다. 즉, AD 변환이 끝나면 ADIF 비트는 자동으로 세트되고, ADIF 비트가 세트되었을 때 ADIE 비트와 SREG의 I 비트가 세트되어 있다면 AD 변환 완료 인터럽트가 발생한다.

ADCSRA 레지스터의 나머지 3비트인 ADPSn(n = 0, 1, 2)(ADC Prescaler Select Bits) 비트는 ADC 변환에 사용되는 클록을 생성하기 위한 분주율을 설정하기 위해 사용한다. 분주율은 16MHz 시스템 클록을 얼마의 값으로 나누어서 ADC 클록으로 사용할 것인지를 나타내는 것으로, 표 10-3은 ADPSn 값에 따른 분주율을 표시한 것이다.

표 10-3 **ADPSn(n = 0, 1, 2) 값에 따른 분주율**

ADPS2	ADPS1	ADPS0	분주율
0	0	0	2
0	0	1	2
0	1	0	4
0	1	1	8
1	0	0	16
1	0	1	32
1	1	0	64
1	1	1	128

ADC에 공급하는 클록은 50~200KHz 범위를 추천하는데, ATmega128은 16MHz 클록을 사용하므로 코드 10-1에서는 분주비로 128을 선택하여 $\frac{16\text{MHz}}{128} = 125\text{KHz}$의 클록을 ADC에 공급하고 있다. AD 변환을 위해서는 첫 번째 샘플의 경우 25 ADC 클록이 필요하지만 이후에는 13 ADC 클록이 필요하다. 따라서 코드 10-1의 경우 변환할 수 있는 최대 샘플의 개수는 초당 $\frac{125,000}{13} \approx 9,615$개 정도다.

표 10-4는 ADCSRA 레지스터의 각 비트를 요약한 것이다.

표 10-4 **ADCSRA 레지스터 비트**

비트	이름	설명
7	ADEN	ADC Enable: ADC를 활성화시킨다.
6	ADSC	ADC Start Conversion: AD 변환을 시작한다.
5	ADFR	ADC Free Running Selection: 단일 변환 모드 또는 프리러닝 모드를 설정한다.
4	ADIF	ADC Interrupt Flag: AD 변환 종료 시 1로 설정된다.
3	ADIE	ADC Interrupt Enable: AD 변환이 종료되면 인터럽트 발생을 허용한다.
2	ADPS2	ADC Prescaler Select: ADC를 위한 분주율을 설정한다.
1	ADPS1	
0	ADPS0	

채널 전환 시 주의 사항

코드 10-1은 가변저항의 값을 읽어서 터미널로 출력하는 예다. 동작에 아무런 문제가 없는 것으로 보이고 실제로도 아무런 문제가 없다. 하지만 2개 이상의 아날로그 입력을 사용하고자 한다면 문제가 발생할 수 있다.

시스템을 구성할 때 2개 이상의 아날로그 입력을 사용하는 경우는 흔하다. 아날로그 값을 출력하는 센서 2개를 사용하고자 한다면 2개의 AD 변환기를 사용해야 한다. 하지만 그림 10-1에서도 알 수 있듯이 ATmega128에는 하나의 AD 변환기만 존재하는 데다가 8개의 채널이 멀티플렉서로 연결되어 있으므로 8개의 아날로그 입력을 사용할 수는 있지만 '한 번에 하나씩' 읽어 들일 수 있을 뿐이다.

이러한 구조로 인해 여러 개의 AD 변환기를 사용하고자 하는 경우 몇 가지 주의해야 할 점이 있다. 먼저 2개 이상의 아날로그 값을 동시에 디지털 값으로 변환할 수 없다는 점이다. 2개의 아날로그 값을 읽어 들이기 위해서는 먼저 하나의 값을 읽고 채널을 전환한 후 두 번째 아날로그 값을 읽어 들이는 작업을 반복해야 한다.

이처럼 2개의 아날로그 값을 디지털로 변환하기 위해서는 채널 전환이 필요한데, 이때 주의해야 할 점이 또 하나 있다. 바로 채널 전환에 시간이 필요하다는 점이다. 채널 전환 명령 실행 이후에는 실제로 채널이 전환되고 AD 변환을 시작할 수 있는 준비가 될 때까지 대기 시간이 필요하다. 따라서 채널 전환 명령을 실행한 후에는 약간의 대기 시간을 두어 회로가 안정화되기를 기다려야 하므로 채널이 전환된 이후에 처음 AD 변환된 값은 버리고 두 번째 읽은 값을 사용하는 것이 안전하다.

10.4 가변저항으로 LED 제어하기

ATmega128의 PF0 핀에 연결된 가변저항의 값을 읽고, 가변저항의 값에 비례하여 포트 B에 연결된 8개 LED 중 켜지는 LED의 개수가 증가하는 프로그램을 작성해 보자. 가변저항과 LED는 그림 10-10과 같이 연결한다.

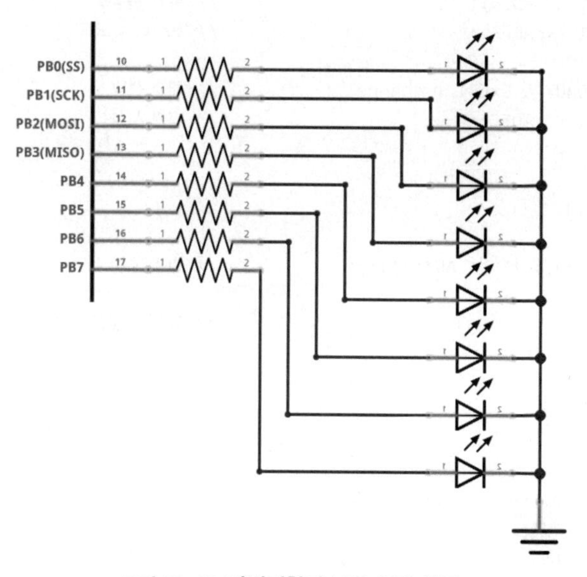

그림 10-10 **가변저항과 LED 연결 회로**

AD 변환을 통해 얻어지는 결과는 10비트의 값이다. 이 중 켜지는 LED의 개수를 결정하기 위해 사용할 수 있는 값은 상위 3비트의 값으로 0에서 7 사이의 값을 가진다. 따라서 ADC 레지스터의 값을 오른쪽으로 7번 이동시킨 후 1을 더하면 1에서 8 사이의 값을 얻을 수 있다. 코드 10-2는 가변저항으로 켜지는 LED의 개수를 조절하는 프로그램의 예다.

코드 10-2 **가변저항으로 LED 개수 제어하기**

```
#define F_CPU 16000000L
#include <avr/io.h>
#include <util/delay.h>
#include <stdio.h>
#include "UART1.h"

FILE OUTPUT \
    = FDEV_SETUP_STREAM(UART1_transmit, NULL, _FDEV_SETUP_WRITE);
FILE INPUT \
```

```
    = FDEV_SETUP_STREAM(NULL, UART1_receive, _FDEV_SETUP_READ);

void ADC_init(unsigned char channel)
{
    ADMUX |= (1 << REFS0);                     // AVCC를 기준 전압으로 선택

    ADCSRA |= 0x07;                            // 분주비 설정
    ADCSRA |= (1 << ADEN);                     // ADC 활성화
    ADCSRA |= (1 << ADFR);                     // 프리러닝 모드

    ADMUX = ((ADMUX & 0xE0) | channel);        // 채널 선택
    ADCSRA |= (1 << ADSC);                     // 변환 시작
}

int read_ADC(void)
{
    while(!(ADCSRA & (1 << ADIF)));            // 변환 종료 대기

    return ADC;                                // 10비트 값을 반환
}

int main(void)
{
    int read;

    stdout = &OUTPUT;
    stdin = &INPUT;

    UART1_init();                              // UART 통신 초기화
    ADC_init(0);                               // AD 변환기 초기화

    DDRB = 0xFF;                               // 포트 B를 출력으로 설정

    while(1)
    {
        read = read_ADC();                     // 가변저항 값 읽기

        uint8_t pattern = 0;                   // LED 제어값
        int LED_count = (read >> 7) + 1;       // 켜질 LED의 개수

        for(int i = 0; i < LED_count; i++){    // LED 제어값 생성
            pattern |= (0x01 << i);
        }

        PORTB = pattern;                       // LED 켜기

        printf("Read : %d,\t%d LEDs are ON!\r\n", read, LED_count);
```

```
        _delay_ms(1000);
    }

    return 0;
}
```

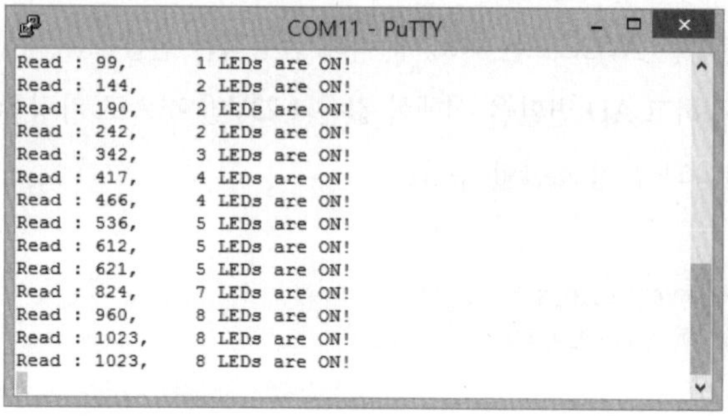

```
Read : 99,      1 LEDs are ON!
Read : 144,     2 LEDs are ON!
Read : 190,     2 LEDs are ON!
Read : 242,     2 LEDs are ON!
Read : 342,     3 LEDs are ON!
Read : 417,     4 LEDs are ON!
Read : 466,     4 LEDs are ON!
Read : 536,     5 LEDs are ON!
Read : 612,     5 LEDs are ON!
Read : 621,     5 LEDs are ON!
Read : 824,     7 LEDs are ON!
Read : 960,     8 LEDs are ON!
Read : 1023,    8 LEDs are ON!
Read : 1023,    8 LEDs are ON!
```

그림 10-11 **코드 10-2 실행 결과**

10.5 AVCC는 5V인가?

AD 변환을 위해 코드 10-1과 코드 10-2에서는 AVCC를 기준 전압으로 사용하고, ATmega128 보드에서 AVCC는 VCC와 동일한 5V 전압이 주어졌다. AVCC가 5V인 경우 변환된 디지털 값에서 실제 아날로그 전압을 얻기 위해서는 다음 식을 사용할 수 있다.

```
actualVoltage = ADC_value / 1023.0 * 5.0;
```

하지만 위의 계산식에는 한 가지 문제점이 있는데, 바로 AVCC가 5V라고 가정한 점이다. 흔히 마이크로컨트롤러로 프로그램을 작성하는 경우에는 USB를 통해 컴퓨터에서 전원을 공급받아 사용한다. 테스터가 있다면 USB에서 공급되는 전압이 얼마인지 측정해 보자. 컴퓨터에 따라 다르겠지만 정확하게 5V인 경우는 찾아보기 어려우며, 그보다 약간 낮거나 높은 것이 보통이다. 또한 이 전압은 고정된 것이 아니라 컴퓨터의 동작 상태에 따라 변한다. 약간의 차이는 무시할 수 있는 수준이라고 생각할 수도 있지만, 센서에서 출력하는 전압의 범위가 좁은 경우에는 무시할 수 없는 오류가 발생하기도 한다. 만약 AVCC 값을 정확하게 측정할 수 있다면 이러한 오류를 줄일 수 있을 것이다.

ATmega128은 내부 밴드갭(bandgap) 전압(V_{BG})을 가지고 있다. 이 전압은 ATmega128에 충분한 전압이 공급되지 않을 때 ATmega128을 자동으로 리셋하기 위한 브라운아웃(brown-out) 검출의 기준 전압(V_{BOT})을 만들어 내기 위해 사용하며, AD 변환에서 내부 기준 전압이 되는 2.56V 역시 V_{BG} 전압을 기준으로 만들어진 것이다. 표 10-2에서 알 수 있듯이 ADMUX 레지스터의 MUXn(n = 0, ..., 4)이 11110_2의 값을 가지는 경우, AD 변환 결과는 V_{BG} 전압인 1.23V에 대한 변환 결과다. V_{BG} 전압은 AVCC(또는 VCC)에 비해 안정적인 전압을 유지하므로 MUXn(n = 0, ..., 4)을 11110_2로 설정하고 AD 변환을 실행한 값은 1.23V인 것으로 가정할 수 있다. 따라서 현재 AVCC의 값은 다음과 같이 계산할 수 있다.

```
1.23 : read_V_BG = AVCC : 1023
AVCC = (1.23 × 1023) / read_V_BG
```

코드 10-3은 내부 밴드갭 전압을 통해 AD 변환의 기준이 되는 AVCC의 실제 값을 출력하는 프로그램의 예다.

코드 10-3 **AVCC 계산하기**

```
#define F_CPU 16000000L
#include <avr/io.h>
#include <util/delay.h>
#include <stdio.h>
#include "UART1.h"

FILE OUTPUT \
    = FDEV_SETUP_STREAM(UART1_transmit, NULL, _FDEV_SETUP_WRITE);
FILE INPUT \
    = FDEV_SETUP_STREAM(NULL, UART1_receive, _FDEV_SETUP_READ);

void ADC_init(unsigned char channel)
{
    ADMUX |= (1 << REFS0);                  // AVCC를 기준 전압으로 선택

    ADCSRA |= 0x07;                         // 분주비 설정
    ADCSRA |= (1 << ADEN);                  // ADC 활성화
    ADCSRA |= (1 << ADFR);                  // 프리러닝 모드

    ADMUX = ((ADMUX & 0xE0) | channel);     // 채널 선택
    ADCSRA |= (1 << ADSC);                  // 변환 시작
}
```

```
int read_ADC(void)
{
    while(!(ADCSRA & (1 << ADIF)));              // 변환 종료 대기

    return ADC;                                  // 10비트 값을 반환
}

int main(void)
{
    int read;

    stdout = &OUTPUT;
    stdin = &INPUT;

    UART1_init();                                // UART 통신 초기화
    // AD 변환기를 밴드갭 전압을 읽도록 초기화
    ADC_init(0B11110);

    while(1)
    {
        read = read_ADC();                       // 밴드갭 전압 읽기

        float AVCC = (1.23 * 1023) / read;       // AVCC 전압 계산

        printf("AVCC = %f\r\n", AVCC);

        _delay_ms(1000);
    }

    return 0;
}
```

```
COM11 - PuTTY
AVCC = 4.920000
AVCC = 4.900856
AVCC = 4.900856
AVCC = 4.900856
AVCC = 4.900856
AVCC = 4.900856
AVCC = 4.900856
AVCC = 4.900856
AVCC = 4.900856
AVCC = 4.900856
AVCC = 4.920000
AVCC = 4.900856
AVCC = 4.920000
AVCC = 4.900856
```

그림 10-12 **코드 10-3 실행 결과**

코드 10-3에서 실수를 출력하기 위해서는 프로젝트 속성에서 'libprintf_flt' 라이브러리를 추가하고 'Use vprintf library' 옵션을 선택해야 한다. 그림 10-12의 실행 결과를 살펴보면 실제 AVCC에는 5V보다 약간 작은 전압이 가해지고 있으며, 가해지는 전압은 시간에 따라 약간씩 변하고 있다는 것을 확인할 수 있다.

밴드갭 전압을 읽는 것과 유사하게 채널을 11111_2로 설정하면 GND에 해당하는 전압을 AD 변환하여 읽을 수 있으므로 단일 입력 모드에서 오프셋 오차를 측정하기 위해 사용할 수 있다. 그림 10-14는 GND에 해당하는 AD 변환값을 읽어서 출력한 결과의 예다.

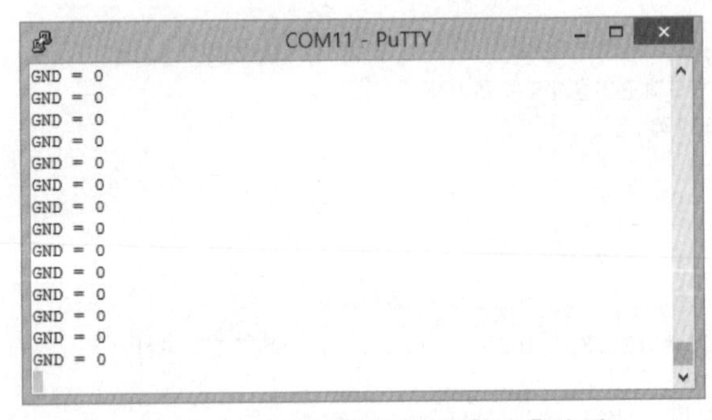

그림 10-13 **GND 전압의 AD 변환값 출력 예**

10.6 요약

마이크로컨트롤러는 디지털 컴퓨터의 일종이므로 디지털 데이터 입출력을 기본으로 한다. 하지만 주변에 존재하는 모든 데이터는 아날로그 데이터이므로 마이크로컨트롤러에서 이를 처리하기 위해서는 먼저 아날로그 데이터를 디지털 데이터로 변환해야 하는데, 이를 위해 아날로그-디지털 변환기(ADC)가 필요하다. ATmega128의 ADC는 10비트 해상도의 8채널로 구성되어 있다.

10비트 해상도의 ADC는 0에서 1,023 사이의 값을 반환하므로 5V 기준 전압을 사용한다면 약 4.89mV의 전압 차이를 인식할 수 있다. 하지만 일부 아날로그 입력값의 경우 4.89mV보다 작은 전압 차이가 중요하게 작용하기도 한다. 이런 경우에는 해상도가 높은 별도의 ADC 칩을 사용해야 하는데, 12비트, 16비트 등 높은 해상도의 ADC 칩은 쉽게 찾아볼 수 있다.

8채널 ADC에는 8개의 아날로그 입력을 연결할 수 있지만, 실제 아날로그 데이터를 디지털로 변환하는 장치는 하나뿐이다. 따라서 8개의 아날로그 입력을 동시에 디지털로 변환할 수 없으며, 한 번에 하나씩만 변환이 가능하다. 여러 개의 아날로그 입력을 동시에 사용하는 경우에는 채널을 전환하고, 전환된 채널이 안정화되기까지 기다려야 하는 등 추가적인 시간이 필요하다. 또한 아날로그 변환의 결과는 10비트이므로 변환 결과를 얻는 시간 역시 디지털 데이터를 얻는 경우와 비교해 많은 시간이 필요하기 때문에 아날로그 데이터는 디지털 데이터와 달리 빠른 속도로 처리할 수 없다. 마이크로컨트롤러는 디지털 컴퓨터의 일종이므로 아날로그 데이터 처리가 가능하긴 하지만 한계가 있을 수밖에 없다.

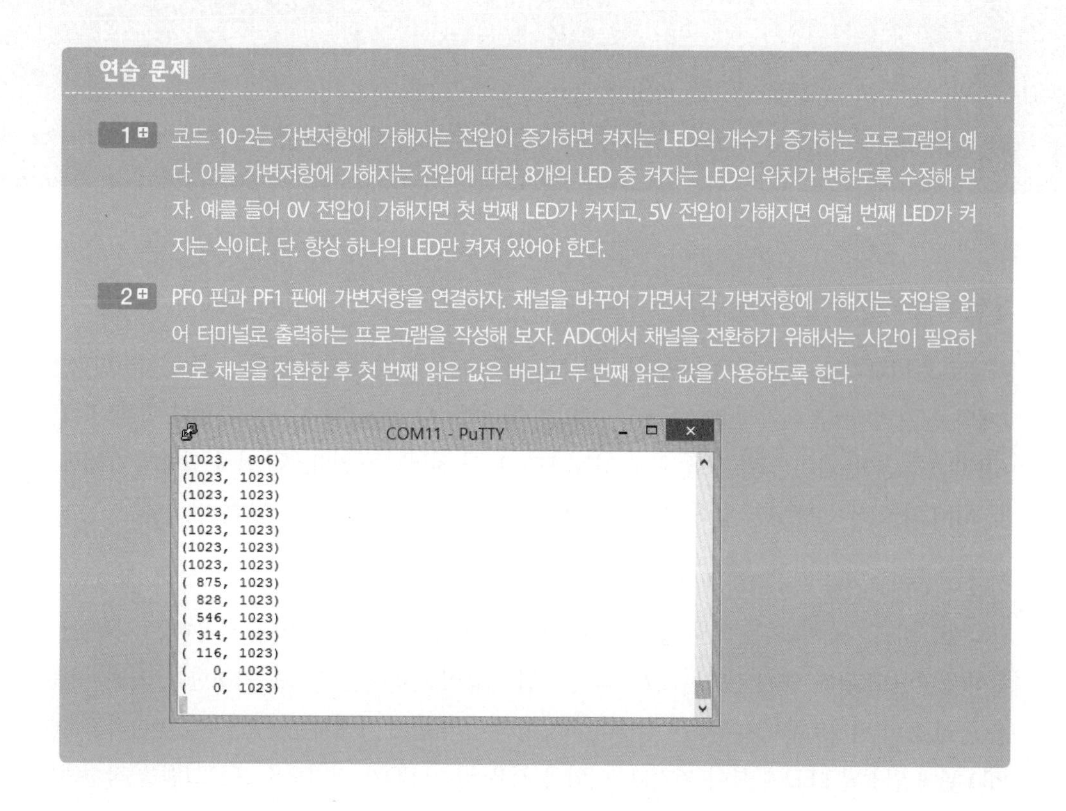

연습 문제

1 코드 10-2는 가변저항에 가해지는 전압이 증가하면 켜지는 LED의 개수가 증가하는 프로그램의 예다. 이를 가변저항에 가해지는 전압에 따라 8개의 LED 중 켜지는 LED의 위치가 변하도록 수정해 보자. 예를 들어 0V 전압이 가해지면 첫 번째 LED가 켜지고, 5V 전압이 가해지면 여덟 번째 LED가 켜지는 식이다. 단, 항상 하나의 LED만 켜져 있어야 한다.

2 PF0 핀과 PF1 핀에 가변저항을 연결하자. 채널을 바꾸어 가면서 각 가변저항에 가해지는 전압을 읽어 터미널로 출력하는 프로그램을 작성해 보자. ADC에서 채널을 전환하기 위해서는 시간이 필요하므로 채널을 전환한 후 첫 번째 읽은 값은 버리고 두 번째 읽은 값을 사용하도록 한다.


```
(1023,  806)
(1023, 1023)
(1023, 1023)
(1023, 1023)
(1023, 1023)
(1023, 1023)
(1023, 1023)
( 875, 1023)
( 828, 1023)
( 546, 1023)
( 314, 1023)
( 116, 1023)
(   0, 1023)
(   0, 1023)
```

CHAPTER 11

아날로그 비교기

아날로그 비교기는 2개의 아날로그 입력을 비교하여 그 결과를 출력하는 장치를 말한다. 2개의 아날로그 입력은 각각 양의 입력과 음의 입력으로 나뉘며, 양의 입력이 음의 입력보다 큰 경우 1을, 이외의 경우에는 0을 출력한다. 이 장에서는 아날로그 비교기를 사용하여 2개의 아날로그 입력을 비교하는 방법을 알아본다.

11.1 아날로그 비교기

아날로그 비교기는 두 핀으로 입력되는 전압을 비교하여 그 결과를 출력하는 회로를 말한다. 2개의 핀은 각각 양(+)의 핀과 음(−)의 핀으로 불리며, ATmega128에는 양의 입력 핀을 위해 AIN0(PE2) 핀이, 음의 입력 핀을 위해 AIN1(PE3) 핀이 지정되어 있다. 두 핀에 입력이 가해질 때 AIN0의 입력이 AIN1의 입력보다 높은 경우 1, 이외의 경우 0의 값을 출력한다.

아날로그 비교기를 테스트하기 위해 음의 핀(AIN1, PE3)에 가변저항을 연결하자. 양의 핀(AIN0, PE2)에도 비교 대상이 되는 외부 입력을 연결해야 하지만, 내부 기준 전압을 사용하는 경우 연결하지 않아도 된다. 양의 핀에는 1.23V의 밴드갭 전압이 가해지는 것으로 가정한다. 가변저항을 돌려 음의 핀에 1.23V보다 낮은 전압이 가해지면 양의 핀에 가해지는 전압이 더 높아지므로 PB0 핀에 연결된 LED에 불이 켜지고, 이외의 경우에는 LED가 꺼지도록 프로그램을 작성해 보자. 이를 위해 그림 11-1과 같이 가변저항과 LED를 연결한다. PF0 핀 역시 가변저항이 연결되어 있는데, 이는 현재 가변저항에 가해지는 전압을 읽어 출력해 주는 ADC를 연결하기 위한 것이다.

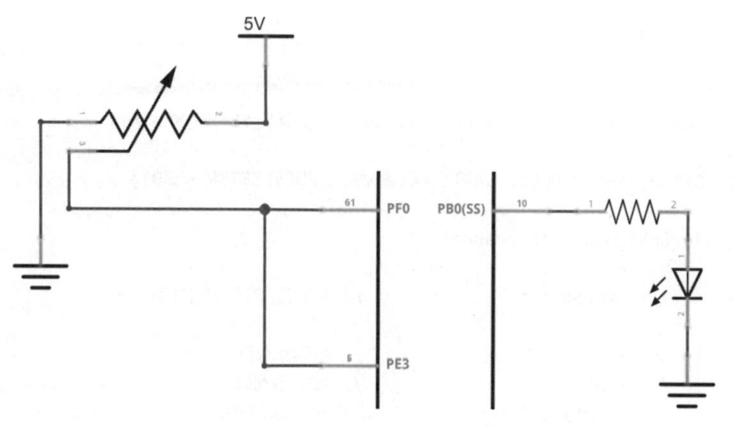

그림 11-1 **가변저항과 LED 연결 회로도**

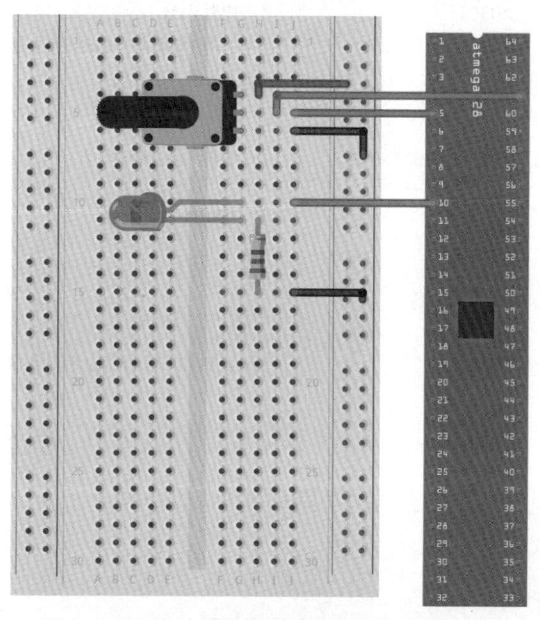

그림 11-2 **가변저항과 LED 연결 회로**

ATmega128에 코드 11-1을 업로드하고 가변저항을 돌리면서 LED가 켜지는 것을 확인해 보자.

코드 11-1 **비교기 - 1개의 가변저항 입력**

```
#define F_CPU 16000000L
#include <avr/io.h>
#include <util/delay.h>
#include <stdio.h>
```

```
#include "UART1.h"

FILE OUTPUT \
    = FDEV_SETUP_STREAM(UART1_transmit, NULL, _FDEV_SETUP_WRITE);
FILE INPUT \
    = FDEV_SETUP_STREAM(NULL, UART1_receive, _FDEV_SETUP_READ);

void ADC_init(unsigned char channel)
{
    ADMUX |= (1 << REFS0);                  // AVCC를 기준 전압으로 선택

    ADCSRA |= 0x07;                         // 분주비 설정
    ADCSRA |= (1 << ADEN);                  // ADC 활성화
    ADCSRA |= (1 << ADFR);                  // 프리러닝 모드

    ADMUX = ((ADMUX & 0xE0) | channel);     // 채널 선택
    ADCSRA |= (1 << ADSC);                  // 변환 시작
}

int read_ADC(void)
{
    while(!(ADCSRA & (1 << ADIF)));         // 변환 종료 대기

    return ADC;                             // 10비트 값을 반환
}

void Comparator_init(void)
{
    ACSR |= (1 << ACBG);                    // 내부 밴드갭 전압을 양의 입력으로 설정
}

int main(void)
{
    int read, state;
    float voltage;

    stdout = &OUTPUT;
    stdin = &INPUT;

    UART1_init();                           // UART 통신 초기화
    ADC_init(0);                            // AD 변환기 초기화
    Comparator_init();                      // 비교기 초기화

    DDRB |= 0x01;                           // LED 연결 핀을 출력으로 설정

    while(1)
    {
        read = read_ADC();                  // 가변저항 값 읽기
```

```
    voltage = read * 5.0 / 1024;          // 실제 전압값으로 변환

    uint8_t mask = (1 << ACO);
    if((ACSR & mask) == mask){            // 가변저항 값이 1.23V보다 낮은 경우
        state = 1;
        PORTB |= 0x01;                    // LED 켜기
    }
    else{
        state = 0;
        PORTB &= ~0x01;                   // LED 끄기
    }

    printf("Voltage : %f,\tLED is %s!!\r\n",
        voltage,
        (state == 1) ? "ON" : "OFF"
    );

    _delay_ms(1000);
  }

  return 0;
}
```

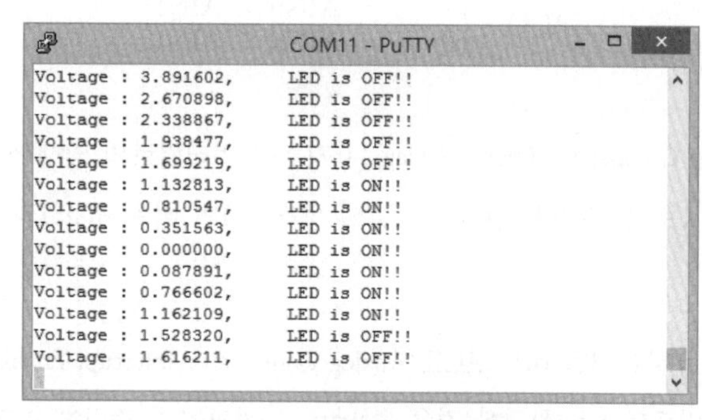

그림 11-3 **코드 11-1 실행 결과**

11.2 아날로그 비교기를 위한 레지스터

앞에서 아날로그 비교기는 양의 핀 AIN0(PE2)과 음의 핀 AIN1(PE3)에 가해지는 입력 전압을 비교하여 AIN0의 입력이 AIN1의 입력보다 높은 경우 1, 이외의 경우 0의 값이 출력되는 회로라는 것을 설명하였다. 출력 결과는 ACSR(Analog Comparator Control and Status Register) 레지스터의 ACO(Analog Comparator Output) 비트에 기록된다. ACSR 레지스터의 구조는 그림 11-4와 같다.

비트	7	6	5	4	3	2	1	0
	ACD	ACBG	ACO	ACI	ACIE	ACIC	ACIS1	ACIS0
읽기/쓰기	R/W	R/W	R	R/W	R/W	R/W	R/W	R/W
초깃값	0	0	N/A	0	0	0	0	0

그림 11-4 **ACSR 레지스터의 구조**

7번 비트 ACD(Analog Comparator Disable)를 1로 설정하면 아날로그 비교기에 공급되는 전원을 차단하여 아날로그 비교기를 끌 수 있다.

6번 비트 ACBG(Analog Comparator Bandgap Select)를 1로 설정하면 양의 입력으로 1.23V의 내부 밴드갭 전압을 선택할 수 있다. 디폴트로 AIN0 핀이 양의 입력으로 선택되어 있으며, 코드 11-1에서는 내부 밴드갭 전압을 양의 입력으로 선택하였다.

5번 비트 ACO(Analog Comparator Output)는 비교기의 결과를 기록하는 비트로, 1~2 클록의 지연시간을 두고 동기화된다.

$$ACO = \begin{cases} 1 & AIN0 > AIN1 \\ 0 & AIN0 \leqq AIN1 \end{cases}$$

4번 비트 ACI(Analog Comparator Interrupt Flag)는 지정한 인터럽트의 발생 상태를 만족하는 경우 하드웨어에 의해 1로 설정된다. 인터럽트 발생 상태는 1번 비트 ACIS1과 0번 비트 ACIS0에 의해 결정된다.

인터럽트 발생을 허용하는 3번 비트 ACIE(Analog Comparator Interrupt Enable)를 1로 설정하고, 상태 레지스터의 I 비트를 1로 설정한 경우, 아날로그 비교기의 출력이 인터럽트 발생 상태를 만족시키면 ACI 비트가 1로 설정되어 인터럽트 서비스 루틴을 호출한다. 인터럽트 서비스 루틴이 호출되면 ACI 비트는 하드웨어에 의해 클리어되며, ACI 비트에 0을 기록하여 클리어할 수도 있다.

2번 비트 ACIC(Analog Comparator Input Capture Enable)는 1번 타이머/카운터의 입력 캡처(input capture) 트리거로, 아날로그 비교기를 사용할 수 있도록 해 준다. 입력 캡처에 대한 내용은 14장에서 다룬다.

나머지 두 비트인 ACISn(n = 0, 1)(Analog Comparator Interrupt Mode Select)은 아날로그 비교기의 출력 ACO에 의해 인터럽트가 발생하는 시점을 결정하기 위해 사용한다. ACISn 비트 설정에 따라 인터럽트가 발생하는 시점은 표 11-1과 같다.

표 11-1 **ACISn 비트 설정에 따른 인터럽트 발생 시점**

ACIS1	ACIS0	인터럽트 발생 시점
0	0	비교 결과값의 상승 또는 하강 에지에서 인터럽트가 발생한다.
0	1	-
1	0	비교 결과값의 하강 에지에서 인터럽트가 발생한다.
1	1	비교 결과값의 상승 에지에서 인터럽트가 발생한다.

비교기의 음의 입력으로는 AIN1 핀 이외에도 아날로그 입력 핀(포트 F의 핀)을 사용할 수 있는데, 이 경우 ADC는 비활성 상태에 있어야 한다. ADC를 비활성 상태로 설정하기 위해서는 ADCSRA 레지스터의 ADEN(ADC Enable) 비트를 0으로 설정해야 하는데, ADC는 디폴트로 비활성 상태에 있다. 코드 11-1에서는 ADC를 통해 전압을 읽어 출력하므로, 즉 ADC가 활성 상태에 있으므로 AIN1 핀을 통해 가변저항 값을 별도로 읽어 들이고 있다.

비교기의 음의 입력으로 아날로그 입력 핀을 사용하는 경우 채널 선택은 ADMUX 레지스터의 MUXn(n = 0, 1, 2) 비트에 의해 결정된다. ADMUX 레지스터의 구조는 그림 11-5와 같다. ADMUX 레지스터에는 5개의 MUXn 비트가 있지만, 아날로그 비교기와 함께 사용하는 경우에는 하위 3비트만 사용한다.

비트	7	6	5	4	3	2	1	0
	REFS1	REFS0	ADLAR	MUX4	MUX3	MUX2	MUX1	MUX0
읽기/쓰기	R/W	R/W	R/W	R/W	R/W	R/W	R/W	R/W
초깃값	0	0	0	0	0	0	0	0

그림 11-5 **ADMUX 레지스터의 구조**

음의 입력으로 아날로그 입력 핀을 사용하기 위해서는 SFIOR(Special Function IO Register) 레지스터의 ACME 비트 역시 설정해 주어야 한다. SFIOR 레지스터의 구조는 그림 11-6과 같다.

비트	7	6	5	4	3	2	1	0
	TSM	-	-	-	ACME	PUD	PSR0	PSR321
읽기/쓰기	R/W	R	R	R	R/W	R/W	R/W	R/W
초깃값	0	0	0	0	0	0	0	0

그림 11-6 **SFIOR 레지스터의 구조**

7번 TSM(Timer/Counter Synchronization Mode) 비트와, 1번 및 0번 PSRn(Prescaler Reset Timer/Counter n) 비트는 타이머/카운터 동작과 관련된 비트이며, 2번 PUD(Pull-Up Disable) 비트는 전역적으로 풀업 저항을 사용할 수 없도록 설정하는 비트다. 아날로그 비교기에서 사용하는 비트는 ACME(Analog Comparator Multiplexer Enable) 비트로, ACME 비트가 세트되고 ADC가 비활성화 상태에 있으면 MUXn 비트에 의해 비교기의 음의 입력이 결정된다.

이처럼 아날로그 비교기의 음의 입력은 SFIOR 레지스터의 ACME 비트, ADCSRA 레지스터의 ADEN 비트, 그리고 ADMUX 레지스터의 MUXn(n = 0, 1, 2) 비트에 영향을 받는다. 각 비트의 설정에 따른 아날로그 비교기의 음의 입력은 표 11-2와 같다.

표 11-2 **아날로그 비교기 음의 입력 선택**

ACME	ADEN	MUX[2:0]	음의 입력
0	x	xxx	AIN1(PE3)
1	1	xxx	AIN1(PE3)
1	0	000	ADC0(PF0)
1	0	001	ADC1(PF1)
1	0	010	ADC2(PF2)
1	0	011	ADC3(PF3)
1	0	100	ADC4(PF4)
1	0	101	ADC5(PF5)
1	0	110	ADC6(PF6)
1	0	111	ADC7(PF7)

11.3 2개의 아날로그 입력 비교

코드 11-1에서는 내부 밴드갭 전압과 가변저항의 값을 비교하고, 비교 결과로 LED를 제어하였다. 즉, 양의 입력으로 가해지는 전압은 항상 고정된 값이었다. 이를 수정하여 2개의 아날로그 입력을 받고 이를 비교하여 LED를 제어해 보자. 먼저 AIN0(PE2)와 AIN1(PE3) 핀에 가변저항을 연결한다. 비교 결과를 보여 주기 위해 PB0 핀에는 LED를 연결한다.

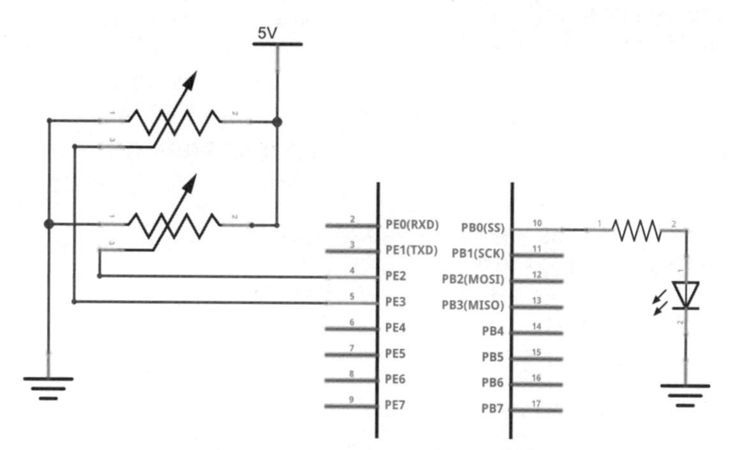

그림 11-7 **가변저항 2개와 LED 연결 회로도**

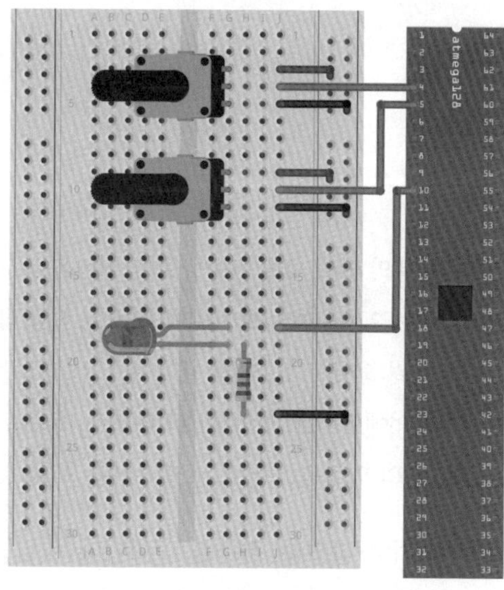

그림 11-8 **가변저항 2개와 LED 연결 회로**

코드 11-1에서 수정할 부분은 많지 않다. ADC로 연결하여 현재 입력값을 출력하지 않으므로 ADC와 UART 부분을 제거하고, 내부 밴드갭 전압을 사용하지 않으므로 Comparator_init 함수 역시 제거하면 된다. 코드 11-2를 업로드하고 2개의 가변저항을 돌리면서 가변저항의 상대적인 위치에 따라 LED가 점멸하는 것을 확인해 보자.

코드 11-2 **비교기 - 2개의 가변저항 입력**

```
#define F_CPU 16000000L
#include <avr/io.h>

int main(void)
{
    DDRB |= 0x01;                                  // LED 연결 핀을 출력으로 설정

    while(1)
    {
        uint8_t mask = (1 << ACO);
        if((ACSR & mask) == mask){                 // AIN0 > AIN1
            PORTB |= 0x01;                         // LED 켜기
        }
        else{
            PORTB &= ~0x01;                        // AIN0 <= AIN1
        }
    }

    return 0;
}
```

11.4 요약

아날로그 비교기는 양의 입력과 음의 입력, 2개의 아날로그 입력을 비교하여 그 결과를 출력한다. 2개의 입력은 디폴트로 각각 PE2(AIN0)와 PE3(AIN1) 핀으로 입력되도록 설정되어 있다. 양의 입력 핀에는 PE2 핀으로의 입력 외에도 1.23V의 내부 밴드갭 전압을 사용할 수 있다. 음의 입력 핀에는 PE3 핀으로의 입력 외에도 포트 F의 ADC 핀으로 가해지는 입력을 사용할 수 있다. 단, 음의 입력 핀으로 ADC 핀의 입력을 사용하는 경우에는 ADC 기능을 사용할 수 없다.

아날로그 비교기는 1비트의 디지털 값으로 결과를 출력한다는 점을 명심해야 한다. 또한 ADC와 UART 등 마이크로컨트롤러의 다른 기능은 디폴트로 사용할 수 없도록 설정되어 있는 반면, 아날로그 비교기는 디폴트로 사용할 수 있도록 설정되어 있다는 점도 기억하자.

연습 문제

1 그림 11-7과 같이 AIN0(PE2) 핀과 AIN1(PE3) 핀에 가변저항을 연결해 보자. 2개의 가변저항에 가해지는 전압을 확인하기 위해 PF0와 PF1의 ADC 핀으로도 가변저항 값을 입력한다. 가변저항을 돌리면서 가변저항에 걸리는 전압에 따라 AIN0 > AIN1이면 'ON'을, 이외의 경우에는 'OFF'를 터미널로 출력하는 프로그램을 작성해 보자. 이는 코드 11-2와 유사하지만, 코드 11-2의 경우 LED를 통해 결과를 확인하는 반면 터미널을 통해 실제 값을 확인할 수 있다는 점에서 차이가 있다.

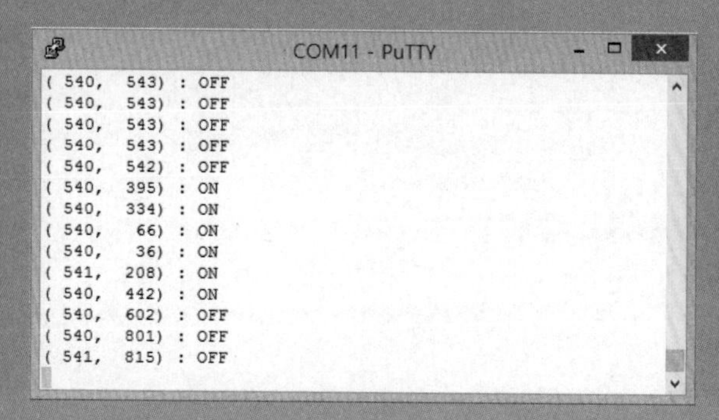

2 문제 1 에서는 AIN0 핀과 AIN1 핀에 가해지는 입력을 비교하였다. 이를 수정하여 양의 입력은 AIN0(PE2) 핀에 가하고, 음의 입력은 ADC1(PF1) 핀에 가하여 두 입력을 비교하고 AIN0 > ADC1인 경우 PB0 핀에 연결된 LED를 켜고, 이외의 경우에는 LED를 끄도록 프로그램을 작성해 보자. ADC 핀에 음의 입력을 가하기 위해서는 표 11-2를 참고하여 레지스터를 설정해야 한다.

CHAPTER 12

인터럽트

인터럽트는 순차적인 문장의 실행 과정 도중에 발생하는 비정상적인 사건을 가리킨다. 인터럽트 발생 여부는 마이크로컨트롤러에서 자동으로 검사하며, 인터럽트 발생이 허용된 경우 자동으로 인터럽트 처리 루틴으로 이동하여 비정상적인 사건을 먼저 처리한다. ATmega128에 정의된 인터럽트, 즉 하드웨어에 의해 지원되는 인터럽트는 모두 35종류로, 이 장에서는 이 중 우선순위가 가장 높은 외부 인터럽트를 통해 인터럽트의 발생 및 처리 과정에 대해 알아본다.

12.1 폴링 방식과 인터럽트 방식

마이크로컨트롤러를 위한 프로그램의 main 함수에는 이벤트 루프 또는 메인 루프라고 불리는 무한 루프가 존재한다. 버튼을 누르면 LED에 불이 켜지는 프로그램을 생각해 보자. 이벤트 루프에서는 ① 버튼의 상태를 읽고, ② 버튼이 눌러졌는지 검사하여, ③ 버튼이 눌러졌다면 LED에 불을 켜고 그렇지 않으면 불을 끄는 과정을 무한히 반복한다. 즉, 데이터의 ① 입력, ② 처리, ③ 출력 과정을 끊임없이 반복하는 것이다. 이처럼 (버튼이 눌러졌는지의 여부와 같은) 어떤 특정한 사건이 발생했는지 프로그램에서 반복적으로 검사하고, 사건이 발생하면 (LED를 켜는 것과 같은) 특정한 동작을 수행하는 방식을 폴링(polling) 방식이라고 한다.

코드 12-1 **폴링 방식의 이벤트 루프 1**

```
int main(void)
{
    while(1)
    {
        // ① 버튼 상태 읽기
        // ② 버튼 상태 판단
        // ③ LED로 버튼 상태 출력
    }
```

```
    return 0;
}
```

폴링 방식은 정해진 순서에 따라 명령을 반복적으로 처리하므로 프로그램 작성은 물론 이해하기도 쉽다. 버튼 상태를 LED에 나타내는 프로그램에 새로운 기능을 추가하여 서로 다른 두 가지 동작을 수행하도록 수정해 보자. 2개의 LED가 연결되었다고 가정한다. 버튼을 누르면 첫 번째 LED에 불이 켜지고, 버튼을 누르지 않으면 첫 번째 LED가 꺼지는 것은 이전과 동일하다. 여기에 UART 시리얼 통신을 통해 'O'라는 문자가 들어오면 두 번째 LED에 불을 켜고, 'O' 이외의 다른 문자가 수신된 경우에는 두 번째 LED를 끄는 기능을 추가하는 것이다.

코드 12-2 폴링 방식의 이벤트 루프 2

```
int main(void)
{
    while(1)
    {
        // ① 버튼 상태 읽기
        // ② 버튼 상태 판단
        // ③ LED 1로 버튼 상태 출력

        // ④ UART 문자 수신
        // ⑤ 수신 문자 비교
        // ⑥ LED 2로 상태 출력
    }

    return 0;
}
```

크게 문제가 될 부분은 없어 보인다. 하지만 ⑤ 수신 문자 비교 과정이 아주 오래 걸리는 작업이라고 가정하면 문제가 발생할 수 있다. 이벤트 루프는 순차적으로 명령을 실행하므로 UART 시리얼 통신을 통해 문자를 수신하고 이를 비교하는 도중에는 버튼의 상태를 읽어 올 수 없다. 따라서 수신된 문자의 비교가 이루어지는 도중에 버튼을 누르면 버튼 상태를 검사하지 못해 첫 번째 LED에 불이 켜지지 않는 경우가 발생한다. 이처럼 2개 이상의 작업이 동시에 진행될 때 하나의 작업은 다른 작업에 의해 실행이 지연되거나 실행할 수 없는 경우가 생긴다. 이처럼 여러 작업이 진행되는 경우, 특히 버튼을 누르는 '즉시' 첫 번째 LED에 불이 켜지는 동작이 필요하다면 코드 12-2와 같은 폴링 방식으로는 해결하기가 어렵다. 무엇이 필요할까? 바로 (interrupt)가 해결책이다.

인터럽트는 일상생활에서도 흔히 접할 수 있다. 집에서 영화를 보고 있다고 가정해 보자. 우체부가 초인종을 누르면 보고 있던 영화를 일시 정지시키고 현관에 가서 우편물을 받은 후 다시 돌아와서 영화를 본다. 영화를 보는 동작이 이벤트 루프에 해당한다면, 우체부가 초인종을 누르는 동작은 인터럽트에 해당한다. 우체부가 초인종을 누르는 '비정상적인' 사건이 발생하면 영화를 보는 '정상적인' 동작을 잠시 멈추고 비정상적인 사건부터 해결하는 것이다. 즉, 비정상적인 인터럽트는 먼저 처리해야 하는 것으로, 이를 우선순위(priority)가 높다고 이야기한다.

인터럽트는 하드웨어 인터럽트와 소프트웨어 인터럽트로 나눌 수 있다. 하드웨어 인터럽트는 특정 하드웨어가 발생시키는 인터럽트로, 인터럽트 신호 전용선이 중앙처리장치에 직접 연결되어 있다. 반면 소프트웨어 인터럽트는 운영체제를 탑재한 컴퓨터 시스템에서 커널(kernel)을 통해 발생시키는 인터럽트를 말한다. 마이크로컨트롤러의 경우 일반적으로 운영체제 없이 하나의 프로그램만을 실행하므로 마이크로컨트롤러에서의 인터럽트는 하드웨어 인터럽트를 가리킨다.

하드웨어 인터럽트는 다시 내부에서 발생하는 인터럽트와 외부에서 발생하는 인터럽트로 나눌 수 있다. 내부에서 발생하는 인터럽트는 ATmega128에 포함되어 있는 장치에 의해 발생하는 인터럽트로, AD 변환 완료 시 발생하는 인터럽트, UART 시리얼 통신을 통해 수신된 데이터가 존재할 때 발생하는 인터럽트 등이 여기에 속한다. 반면 외부에서 발생하는 인터럽트는 ATmega128의 범용 입출력 핀에 가해지는 입력의 변화에 의해 발생하는 인터럽트를 말한다.

12.2 인터럽트

인터럽트란 마이크로컨트롤러가 즉시 특정 작업을 처리하도록 요구하는 비정상적인 사건을 지칭하는 것이다. 인터럽트가 발생하면 마이크로컨트롤러는 현재 진행 중인 작업을 멈추고 인터럽트가 요청한 작업을 수행하기 위해 인터럽트 처리 루틴(Interrupt Service Routine, ISR)으로 이동한다. ISR이 종료되면 마이크로컨트롤러는 수행을 멈춘 곳으로 되돌아가 중지했던 작업을 계속한다. 이처럼 인터럽트는 단어 의미 그대로 정상적인 프로그램의 흐름을 뒤바꾸는 역할을 한다.

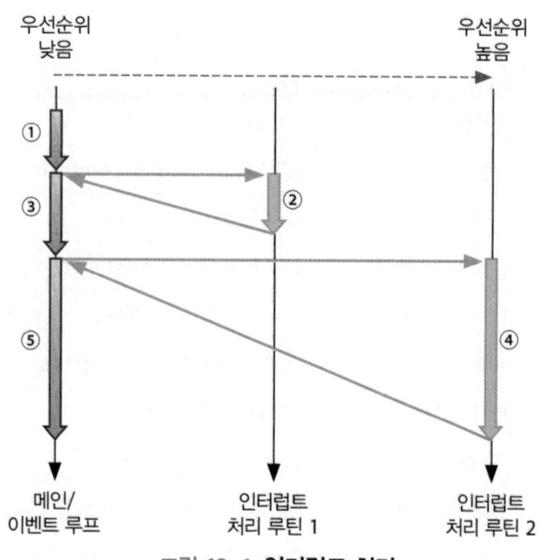

그림 12-1 **인터럽트 처리**

표 12-1 **ATmega128의 인터럽트 벡터 테이블**

벡터 번호	프로그램 주소	소스	인터럽트 정의
1	0x0000	RESET	External Pin, Power-on Reset, Brown-out Reset, Watchdog Reset, JTAG AVR Reset
2	0x0002	INT0	External Interrupt Request 0
3	0x0004	INT1	External Interrupt Request 1
4	0x0006	INT2	External Interrupt Request 2
5	0x0008	INT3	External Interrupt Request 3
6	0x000A	INT4	External Interrupt Request 4
7	0x000C	INT5	External Interrupt Request 5
8	0x000E	INT6	External Interrupt Request 6
9	0x0010	INT7	External Interrupt Request 7
10	0x0012	TIMER2 COMP	Timer/Counter2 Compare Match
11	0x0014	TIMER2 OVF	Timer/Counter2 Overflow
12	0x0016	TIMER1 CAPT	Timer/Counter1 Capture Event
13	0x0018	TIMER1 COMPA	Timer/Counter1 Compare Match A
14	0x001A	TIMER1 COMPB	Timer/Counter1 Compare Match B
15	0x001C	TIMER1 OVF	Timer/Counter1 Overflow
16	0x001E	TIMER0 COMP	Timer/Counter0 Compare Match

표 12-1 **ATmega128의 인터럽트 벡터 테이블 (계속)**

벡터 번호	프로그램 주소	소스	인터럽트 정의
17	0x0020	TIMER0 OVF	Timer/Counter0 Overflow
18	0x0022	SPI STC	SPI Serial Transfer Complete
19	0x0024	USART0 RX	USART0 Rx Complete
20	0x0026	USART0 UDRE	USART0 Data Register Empty
21	0x0028	USART0 TX	USART0 Tx Complete
22	0x002A	ADC	ADC Conversion Complete
23	0x002C	EE READY	EEPROM READY
24	0x002E	ANALOG COMP	Analog Comparator
25	0x0030	TIMER1 COMPC	Timer/Counter1 Compare Match C
26	0x0032	TIMER3 CAPT	Timer/Counter3 Capture Event
27	0x0034	TIMER3 COMPA	Timer/Counter3 Compare Match A
28	0x0036	TIMER3 COMPB	Timer/Counter3 Compare Match B
29	0x0038	TIMER3 COMPC	Timer/Counter3 Compare Match C
30	0x003A	TIMER3 OVF	Timer/Counter3 Overflow
31	0x003C	USART1 RX	USART1 Rx Complete
32	0x003E	USART1 UDRE	USART1 Data Register Empty
33	0x0040	USART1 TX	USART1 Tx Complete
34	0x0042	TWI	Two-wire Serial Interface
35	0x0044	SPM READY	Store Program Memory Ready

ATmega128의 데이터시트에서 표 12-1의 인터럽트 목록을 확인할 수 있다. 표 12-1은 ATmega128에서 사용 가능한 모든 인터럽트의 종류를 나타낸 것으로, '인터럽트 벡터 테이블'이라는 이름이 붙어 있다. 인터럽트가 발생하면 ISR에서 처리가 이루어진다. 이때 ISR이 위치하는 메모리 주소를 인터럽트 벡터라고 하며, 인터럽트 벡터를 모아 놓은 표 12-1을 인터럽트 벡터 테이블이라고 한다.

벡터 2번에서 9번까지에 해당하는 외부 인터럽트(external interrupt)는 입출력 핀에 가해지는 데이터 상태나 변화에 의해 발생한다. 범용 입출력 핀에 풀업 저항을 이용하여 버튼을 연결했다고 가정해 보자. 버튼을 누르면 VCC에서 GND로 핀에 가해지는 전압이 바뀌고 인터럽트가 발생한다. 인터럽트가 발생하면 인터럽트 벡터 테이블에서 해당 인터럽트를 처리할 ISR의 주소를 찾는다. 인터럽트 벡터 테이블은 표 12-1의 프로그램 주소에서 볼 수 있듯이 프로그램 메모리의 0x0000 번지에서 0x0044 번지까지 저장되어 있으며, 그 내용으로 ISR의 주소가 저장되어 있다. ISR은 사용자가 직접 작성하는 함수로, 프로그램에 따라 주소가 바뀌므로 인터럽트 벡터 테이블을 통해 관리한다. 예를 들어 인터럽트 벡터 2번인 외부 인터럽트 0번이 발생했다고 생각해 보자. ① 2번 인터럽트가 발생하면 프로그램은 ② 인터럽트 벡터가 저장된 프로그램 메모리의 0x0002 번지로 이동하고, ③ 0x0002 번지에서 2번 인터럽트를 처리할 ISR의 주소를 찾은 후, ④ ISR로 이동하여 인터럽트를 처리하는 과정을 거친다. ⑤ ISR 실행이 끝나면 ISR로 이동하기 전으로 되돌아가 프로그램 실행을 계속한다.

컴파일러는 인터럽트 벡터 테이블을 작성하여 실행 파일에 추가하고, 마이크로컨트롤러의 하드웨어는 인터럽트가 발생한 경우 인터럽트 벡터 테이블을 참고하여 ISR로 이동하는 작업을 자동으로 처리해 준다. 버튼을 누르는 '즉시' LED에 불이 들어오고, 음악이 흘러나오게 하고, 모터를 돌리는 등 수행할 작업은 필요에 따라 달라진다. 따라서 '어떤 작업'을 할 것인지 결정하여 ISR 작성에만 신경 쓰고, '어떻게' 할 것인지는 걱정하지 않아도 된다.

12.3 인터럽트 처리

인터럽트가 발생하면 해당 ISR을 호출하는데, 이를 위해서는 다음 세 가지 조건을 충족해야 한다.

1. 전역적인 인터럽트 활성화 비트가 세트되어 있어야 한다.
2. 인터럽트별로 존재하는 개별 인터럽트 활성화 비트가 세트되어 있어야 한다.
3. 인터럽트 발생 조건을 충족해야 한다.

전역 인터럽트 활성화 비트는 상태 레지스터(status register) SREG의 7번 비트로, 상태 레지스터는 가장 최근에 산술 논리 연산장치에서 수행한 연산의 결과를 반영하는 레지스터다. 상태 레지스터의 구조는 그림 12-2와 같다.

비트	7	6	5	4	3	2	1	0
	I	T	H	S	V	N	Z	C
읽기/쓰기	R/W	R/W	R/W	R/W	R/W	R/W	R/W	R/W
초깃값	0	0	0	0	0	0	0	0

그림 12-2 **SREG 레지스터의 구조**

상태 레지스터 각 비트의 의미는 표 12-2와 같다.

표 12-2 **상태 레지스터 비트**

비트 번호	비트 이름	설명
7	I	Global Interrupt Enable: 전역적인 인터럽트 발생을 허용한다.
6	T	Bit Copy Storage: 비트 복사를 위한 BLD(Bit Load), BST(Bit Store) 명령에서 사용한다. BST 명령에 의해 비트 값을 비트 T에 저장할 수 있으며, BLD 명령에 의해 비트 T의 내용을 읽어 올 수 있다.
5	H	Half Cary Flag: 산술 연산에서의 보조 캐리 발생을 나타낸다. 보조 캐리는 바이트 단위 연산에서 하위 니블(nibble)로부터 발생하는 캐리를 말한다.
4	S	Sign Bit: 부호 비트로, 음수 플래그(N)와 2의 보수 오버플로 플래그(V)의 배타적 논리합(XOR)으로 설정된다($S = N \oplus V$).
3	V	2's Complement Overflow Flag: 2의 보수를 이용한 연산에서 자리 올림이 발생하였음을 나타낸다.
2	N	Negative Flag: 산술 연산이나 논리 연산에서 결과가 음수임을 나타낸다.
1	Z	Zero Flag: 산술 연산이나 논리 연산에서 결과가 0임을 나타낸다.
0	C	Carry Flag: 산술 연산이나 논리 연산에서 캐리가 발생하였음을 나타낸다.

상태 레지스터의 I 비트를 세트 또는 클리어하기 위해 sei 또는 cli 함수를 사용한다. sei 함수는 전역적으로 인터럽트를 허용하는 'Set Interrupt' 함수이며, cli 함수는 전역적으로 인터럽트를 금지하는 'Clear Interrupt' 함수다.

전역적인 인터럽트를 허용해도 인터럽트는 발생하지 않으며, 인터럽트에 따라 개별적으로 인터럽트를 허용해야 한다. AD 변환에서 AD 변환 완료 시 이를 알려 주는 인터럽트를 허용하기 위해 ADCSRA(ADC Control and Status Register A) 레지스터의 ADIE(ADC Interrupt Enable) 비트를 설정해 주었던 것을 기억하는가? 이처럼 특정 인터럽트를 발생시키기 위해서는 2개의 비트를 설정해야 한다.

이제 기대하는 사건이 발생하기를 기다리면 된다. 예를 들어 AD 변환을 완료하였을 때, I 비트가 세트되어 있고 AD 변환 완료 인터럽트를 허용하는 ADIE 비트가 세트되어 있으면 22번 ADC Conversion Complete 인터럽트가 발생하고, 22번 인터럽트 처리를 위한 ISR로 이동한다.

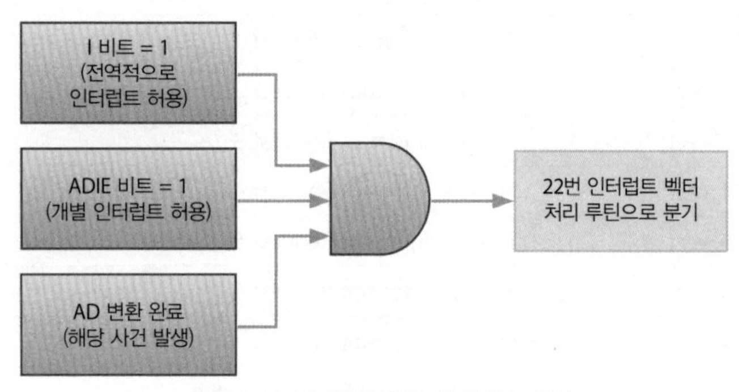

그림 12-3 **AD 변환 완료 인터럽트 처리**

각 인터럽트 처리 루틴은 프로그래머의 몫이다. AD 변환 완료에 대한 인터럽트 처리 루틴은 코드 12-3과 같이 작성한다.

코드 12-3 **인터럽트 처리 루틴**

```
#include <avr/interrupt.h>

ISR(ADC_vect)
{
        // 인터럽트 처리 코드
}
```

인터럽트 처리 루틴인 ISR은 '함수'이긴 하지만 일반적인 함수와는 차이가 있다. ISR은 반환값이 없으며, 인터럽트 벡터의 이름을 매개변수로 가지는 매크로 함수다.

표 12-1의 각 인터럽트에 대한 벡터 이름은 io.h 파일에 상수로 정의되어 있으며, 표 12-3은 ISR의 매개변수로 사용할 수 있는 벡터의 이름을 나타낸 것이다.

표 12-3 ATmega128의 인터럽트 벡터 이름

벡터 번호	벡터 이름	인터럽트 정의
1	RESET	External Pin, Power-on Reset, Brown-out Reset, Watchdog Reset, JTAG AVR Reset
2	INT0_vect	External Interrupt Request 0
3	INT1_vect	External Interrupt Request 1
4	INT2_vect	External Interrupt Request 2
5	INT3_vect	External Interrupt Request 3
6	INT4_vect	External Interrupt Request 4
7	INT5_vect	External Interrupt Request 5
8	INT6_vect	External Interrupt Request 6
9	INT7_vect	External Interrupt Request 7
10	TIMER2_COMP_vect	Timer/Counter2 Compare Match
11	TIMER2_OVF_vect	Timer/Counter2 Overflow
12	TIMER1_CAPT_vect	Timer/Counter1 Capture Event
13	TIMER1_COMPA_vect	Timer/Counter1 Compare Match A
14	TIMER1_COMPB_vect	Timer/Counter1 Compare Match B
15	TIMER1_OVF_vect	Timer/Counter1 Overflow
16	TIMER0_COMP_vect	Timer/Counter0 Compare Match
17	TIMER0_OVF_vect	Timer/Counter0 Overflow
18	SPI_STC_vect	SPI Serial Transfer Complete
19	USART0_RX_vect	USART0 Rx Complete
20	USART0_UDRE_vect	USART0 Data Register Empty
21	USART0_TX_vect	USART0 Tx Complete
22	ADC_vect	ADC Conversion Complete
23	EE_READY_vect	EEPROM Ready
24	ANALOG_COMP_vect	Analog Comparator
25	TIMER1_COMPC_vect	Timer/Counter1 Compare Match C
26	TIMER3_CAPT_vect	Timer/Counter3 Capture Event
27	TIMER3_COMPA_vect	Timer/Counter3 Compare Match A
28	TIMER3_COMPB_vect	Timer/Counter3 Compare Match B
29	TIMER3_COMPC_vect	Timer/Counter3 Compare Match C

표 12-3 **ATmega128의 인터럽트 벡터 이름 (계속)**

벡터 번호	벡터 이름	인터럽트 정의
30	TIMER3_OVF_vect	Timer/Counter3 Overflow
31	USART1_RX_vect	USART1 Rx Complete
32	USART1_UDRE_vect	USART1 Data Register Empty
33	USART1_TX_vect	USART1 Tx Complete
34	TWI_vect	Two-wire Serial Interface
35	SPM_READY_vect	Store Program Memory Ready

인터럽트 벡터 테이블은 해당 인터럽트가 발생한 경우 이동할 번지를 모아 놓은 것으로 ATmega128을 위한 기계어 파일의 첫머리에 위치하고, 표 12-1에 나타난 것처럼 플래시 메모리의 0x000 번지에서부터 0x0044 번지까지 저장된다. 인터럽트 벡터 테이블은 jmp 명령어로 구현하며, 실제 이동할 번지는 프로그램에 따라 달라지며 컴파일러에서 생성하여 지정한다. ATmega128을 위한 전형적인 기계어 프로그램의 구성은 다음과 같다.

```
Address    Labels    Code                Comments
0x0000               jmp RESET           ; Reset Handler
0x0002               jmp EXT_INT0        ; IRQ0 Handler
0x0004               jmp EXT_INT1        ; IRQ1 Handler
0x0006               jmp EXT_INT2        ; IRQ2 Handler
0x0008               jmp EXT_INT3        ; IRQ3 Handler
0x000A               jmp EXT_INT4        ; IRQ4 Handler
0x000C               jmp EXT_INT5        ; IRQ5 Handler
0x000E               jmp EXT_INT6        ; IRQ6 Handler
0x0010               jmp EXT_INT7        ; IRQ7 Handler
0x0012               jmp TIM2_COMP       ; Timer2 Compare Handler
0x0014               jmp TIM2_OVF        ; Timer2 Overflow Handler
0x0016               jmp TIM1_CAPT       ; Timer1 Capture Handler
0x0018               jmp TIM1_COMPA      ; Timer1 Compare A Handler
0x001A               jmp TIM1_COMPB      ; Timer1 Compare B Handler
0x001C               jmp TIM1_OVF        ; Timer1 Overflow Handler
```

```
0x001E              jmp TIM0_COMP          ; Timer0 Compare Handler
0x0020              jmp TIM0_OVF           ; Timer0 Overflow Handler
0x0022              jmp SPI_STC            ; SPI Transfer Complete Handler
0x0024              jmp USART0_RXC         ; USART0 RX Complete Handler
0x0026              jmp USART0_DRE         ; USART0 UDR Empty Handler
0x0028              jmp USART0_TXC         ; USART0 TX Complete Handler
0x002A              jmp ADC                ; ADC Conversion Complete Handler
0x002C              jmp EE_RDY             ; EEPROM Ready Handler
0x002E              jmp ANA_COMP           ; Analog Comparator Handler
0x0030              jmp TIM1_COMPC         ; Timer1 Compare C Handler
0x0032              jmp TIM3_CAPT          ; Timer3 Capture Handler
0x0034              jmp TIM3_COMPA         ; Timer3 Compare A Handler
0x0036              jmp TIM3_COMPB         ; Timer3 Compare B Handler
0x0038              jmp TIM3_COMPC         ; Timer3 Compare C Handler
0x003A              jmp TIM3_OVF           ; Timer3 Overflow Handler
0x003C              jmp USART1_RXC         ; USART1 RX Complete Handler
0x003E              jmp USART1_DRE         ; USART1 UDR Empty Handler
0x0040              jmp USART1_TXC         ; USART1 TX Complete Handler
0x0042              jmp TWI                ; 2-wire Serial Interface Interrupt Handler
0x0044              jmp SPM_RDY            ; SPM Ready Handler
;                                          ;
0x0046    RESET:    ldi r16, high(RAMEND)  ; 메인 프로그램 시작
0x0047              ...
```

프로그램 실행 도중 AD 변환 완료 인터럽트가 발생했다고 가정해 보자. 먼저 제어는 인터럽트 벡터 테이블의 0x02A 번지로 이동한다. 0x02A 번지는 AD 변환 완료 인터럽트를 처리하는 인터럽트 처리 루틴으로 이동하는 jmp(jump) 명령어로 구성되어 있으므로 제어는 다시 (컴파일러에 의해 결정된) 해당 번지(ADC)로 이동하고 AD 변환 완료에 따른 처리를 수행하게 된다.

12.4 인터럽트 사용에서의 주의 사항

1 중첩된 인터럽트

인터럽트는 디폴트로 인터럽트될 수 없다. 즉, 인터럽트 처리 루틴을 실행하는 동안에는 다른 인터럽트가 발생하지 않는다. 이를 위해 ATmega128은 ISR을 실행하기 이전에 전역 인터럽트 활성 비트(SREG 레지스터의 I 비트)를 자동으로 클리어하여 인터럽트 발생을 금지하고, ISR에서 반환하기 이전에 전역 인터럽트 활성 비트를 자동으로 세트하여 다시 인터럽트 발생을 허용한다.

ISR로 분기하기 전에 마이크로컨트롤러는 현재 실행 상태를 스택에 저장해(push) 놓고, ISR에서 반환하면 스택에서 데이터를 복구해서(pop) ISR 실행 이전 상태로 되돌린다. 따라서 인터럽트 실행 도중 또 다른 인터럽트가 발생하면 스택에 저장해야 할 데이터가 증가하게 되고, 메모리가 한정된 마이크로컨트롤러는 곧 스택이 넘치는 상황을 맞이하게 된다. ISR 내에서 전역 인터럽트 허용 비트를 세트하여 인터럽트 처리 중에 또 다른 인터럽트 발생을 허용할 수도 있지만 권장하지 않는다. 이처럼 ISR 내에서는 인터럽트를 발생시키지 않는 것이 일반적이므로 중요한 인터럽트를 놓치지 않기 위해서는 ISR은 가능한 짧게 작성하고 바로 반환하는 것이 바람직하다.

2 인터럽트 우선순위

인터럽트는 이벤트 루프 내의 코드에 비해 먼저 처리된다. 즉, ISR 내 코드의 우선순위가 이벤트 루프 내의 코드보다 높다. 하지만 ATmega128에는 35개의 인터럽트가 정의되어 있다. 2번 인터럽트인 외부 인터럽트 0번과 22번 인터럽트인 AD 변환 완료 인터럽트가 동시에 발생한다면 어떻게 될까? 인터럽트들 사이에도 우선순위가 존재하는데, 번호가 낮은 인터럽트일수록 우선순위가 더 높다. 따라서 2번 외부 인터럽트 0번이 22번 AD 변환 완료 인터럽트보다 먼저 처리된다. 2번 인터럽트를 처리할 때 ISR 내에서 전역적으로 인터럽트 발생을 금지한다면 22번 인터럽트는 무시된다.

3 최적화 방지

코드 12-4를 살펴보자. 어딘가 잘못된 점이 보이는가?

코드 12-4 **정상 동작을 보장하지 못하는 인터럽트 처리**

```
#include <avr/interrupt.h>

int value = 0;

ISR(INTERRUPT_vect)
{
    value = (value + 1) % 2;
}

int main(void)
{
    SetupInterrupt();

    while(1){
        if(value == 1) doSomethingWhenInterruptOccurred();
    }

    return 0;
}
```

코드 12-4는 인터럽트가 발생할 때마다 value의 값을 0과 1로 토글하고 있다. 따라서 첫 번째, 세 번째 등 홀수 번째 인터럽트가 발생할 때마다 어떤 작업을 수행하는 프로그램으로 별다른 문제가 없어 보인다. 하지만 코드 12-4는 인터럽트가 발생하더라도 아무런 동작을 수행하지 않는다. 이는 프로그래머의 잘못이 아니라 컴파일러의 잘못이다. 컴파일러는 가능한 작고 빠른 실행 파일을 만들어 내기 위하여 최적화를 수행한다. 변수 value의 값은 전역적으로 0으로 초기화되고, main 함수 내에서 value의 값은 변하지 않으며, main 함수 내에서는 인터럽트 처리 루틴을 명시적으로 호출하지 않는다. 따라서 컴파일러는 value가 항상 0의 값을 갖는 것으로 간주하고 상수로 처리해 버리므로 value는 결코 1이 되지 않는다. 이를 해결하는 방법은 변수 value를 volatile로 선언하는 것이다. volatile로 변수를 선언하는 것은 변수의 값이 보기와는 다르게 다른 곳에서 변할 수 있다는 것을 컴파일러에게 알려 주는 역할을 한다. 즉, value의 값은 상수가 아니라 변수라는 것을 알려 주는 것이다. 상수가 아닌 변수로 처리하게 되면 값을 확인하기 위해 시간이 필요한 것은 물론이거니와 상수로 간주하는 것보다 프로그램의 크기 또한 커지게 된다.

변수 value를 volatile로 선언함으로써 문제가 해결된 것으로 보이지만, 한 가지 문제점이 더 있다. value는 16비트, 즉 2바이트 값을 가진다. ATmega128은 8비트 마이크로컨트롤러이므로 2

바이트 데이터를 한 클록에 처리할 수 없으므로 두 번에 걸쳐 값을 읽어 온다. value의 값을 읽어 오는 중간에 인터럽트가 발생하면 어떻게 될까? value의 상위 바이트를 먼저 읽는다고 가정해 보자. 상위 바이트를 읽은 후 인터럽트가 발생하고, ISR 내에서는 value의 상위 및 하위 바이트 값이 모두 바뀌었다고 가정해 보자. ISR에서 결과를 반환하면 중지된 작업, 즉 value의 하위 바이트를 읽는 작업을 계속 진행한다. 결과적으로 읽어 들인 value의 값은 ISR에서 변경한 상위 바이트와, ISR에서 변경하지 않은 하위 바이트 조합인 의도하지 않은 값이 되는 것이다.

이를 방지하기 위해서는 value의 값을 읽어 오는 동안에는 인터럽트가 발생하지 않게 해야 하는데, 이때 사용하는 매크로가 ATOMIC_BLOCK이다. ATOMIC_BLOCK 매크로는 코드 블록을 형성하고, 코드 블록을 시작할 때 전역 인터럽트 플래그를 클리어하며, 코드 블록을 끝낼 때 전역 인터럽트 플래그를 세트함으로써 코드 블록 내에서 코드를 실행하는 동안 인터럽트가 발생하지 않도록 해 준다. ATOMIC_BLOCK 매크로는 ATOMIC_RESTORESTATE와 ATOMIC_FORCEON을 인자로 가질 수 있다. 두 인자 모두 ATOMIC_BLOCK 블록 내에서 단어 그대로 'atomic'한 코드 실행을 보장한다. 그러나 ATOMIC_RESTORESTATE는 ATOMIC_BLOCK 블록 내의 코드가 시작되기 전과 끝난 후에 상태 레지스터인 SREG 값이 동일하다는 것을 보장하지만, ATOMIC_FORCEON은 ATOMIC_BLOCK 블록 내의 코드를 실행하는 도중 SREG 레지스터의 값이 바뀔 수도 있다는 점에서 차이가 있다.

코드 12-5는 정상 동작을 보장하도록 코드 12-4의 인터럽트 처리를 수정한 것이다.

코드 12-5 **정상 동작을 보장하도록 인터럽트 처리를 수정**

```
#include <avr/interrupt.h>

volatile int value = 0;

ISR(INTERRUPT_vect)
{
    value = (value + 1) % 2;
}

int main(void)
{
    int local_value;
    SetupInterrupt();

    while(1){
        ATOMIC_BLOCK(ATOMIC_RESTORESTATE){
```

```
            local_value = value;
        }
        if(local_value == 1) doSomethingWhenInterruptOccurred();
    }

    return 0;
}
```

12.5 외부 인터럽트

외부 인터럽트는 ATmega128에서 사용할 수 있는 35개의 인터럽트 중 RESET을 제외하면 우선순위가 가장 높은 인터럽트로, 범용 입출력 핀에 가해지는 전압의 변화나 현재 전압 상태에 의해 발생한다. 모든 범용 입출력 핀을 통해 외부 인터럽트를 사용할 수 있는 것은 아니며, 미리 정해진 핀으로만 외부 인터럽트를 사용할 수 있다.

표 12-4는 외부 인터럽트를 사용할 수 있는 ATmega128의 핀을 요약한 것이다.

표 12-4 외부 인터럽트 사용 가능 핀

외부 인터럽트	포트	ATmega128 핀 번호
INT0	PD0	25
INT1	PD1	26
INT2	PD2	27
INT3	PD3	28
INT4	PE4	6
INT5	PE5	7
INT6	PE6	8
INT7	PE7	9

그림 12-4와 같이 PD0 핀에 버튼을 연결하고 PB0 핀에 LED를 연결하자. ATmega128의 범용 입출력 핀은 내장 풀업 저항을 포함하고 있으므로 이를 사용한다.

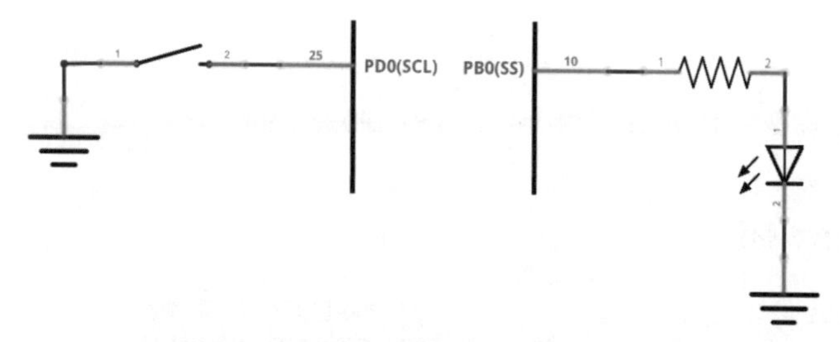

그림 12-4 INT0 인터럽트 테스트를 위한 회로도

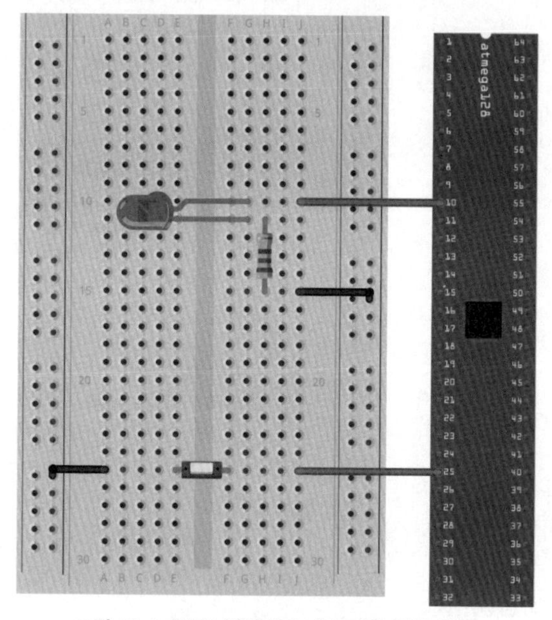

그림 12-5 INT0 인터럽트 테스트를 위한 회로

코드 12-6은 PD0 핀에 연결된 버튼을 누르면 PB0 핀에 연결된 LED가 켜지고, 다시 버튼을 누르는 경우 LED가 꺼지는 프로그램의 예다.

코드 12-6 INT0 인터럽트에 의한 LED 점멸

```
#define F_CPU 16000000UL
#include <avr/io.h>
#include <util/delay.h>
#include <avr/interrupt.h>

volatile int state = 0;                         // 현재 LED의 상태
```

```
ISR(INT0_vect)
{
    state = (state + 1) % 2;                   // LED 상태 전환
}

void INIT_PORT(void)
{
    DDRB = 0x01;                               // PB0 핀을 출력으로 설정
    PORTB = 0x00;                              // LED는 꺼진 상태에서 시작

    DDRD = 0x00;                               // PD0 핀을 입력으로 설정
    PORTD = 0x01;                              // PD0 핀의 풀업 저항 사용
}

void INIT_INT0(void)
{
    EIMSK |= (1 << INT0);                      // INT0 인터럽트 활성화
    EICRA |= (1 << ISC01);                     // 하강 에지에서 인터럽트 발생
    sei();                                     // 전역적으로 인터럽트 허용
}

int main(void)
{
    INIT_PORT();                               // 포트 설정
    INIT_INT0();                               // INT0 인터럽트 설정

    while(1){
        if(state == 1){
            PORTB = 0x01;
        }
        else{
            PORTB = 0x00;
        }
    }

    return 0;
}
```

버튼을 누르면 PB0 핀에 연결된 LED에 불이 켜지는가? 코드 12-6을 살펴보면 이벤트 루프에는 LED의 상태를 나타내는 state 변수에 따라 LED를 켜거나 끄는 코드만 있고, state 값을 바꾸는 코드는 존재하지 않는다. 그렇다면 누가 버튼의 상태에 따라 변수 state의 값을 바꿔 주는 것일까? 버튼을 누르면 INT0 인터럽트가 발생하며, 이는 ATmega128 마이크로컨트롤러의 하드웨어에서 처리되어 ISR을 실행한다. ISR에서는 저장된 LED의 상태를 반전시킨다. 한 가지 유념해야 할 점은 INT0 인터럽트는 PD0 핀을 통해서만 가능하다는 점이다. 이를 위해서

EIMSK(External Interrupt Mask Register) 레지스터와 EICRA(External Interrupt Control Register A) 레지스터를 사용한다.

인터럽트를 발생시키기 위해서는 2개의 비트를 설정해야 한다는 점을 기억하는가? SREG 레지스터의 I 비트를 세트하기 위해 코드 12-6에서는 sei 함수를 사용하고 있다. 이때 I 비트의 디폴트 값은 0이라는 것에 주의해야 하는데, 기본적으로 ATmega128에서는 아무런 인터럽트도 발생하지 않으므로 반드시 I 비트를 1로 설정해야 한다. INT0 인터럽트를 활성화시키는 비트는 EIMSK 레지스터에 포함되어 있다. EIMSK 레지스터의 구조는 그림 12-6과 같다.

비트	7	6	5	4	3	2	1	0
	INT7	INT6	INT5	INT4	INT3	INT2	INT1	INT0
읽기/쓰기	R/W	R/W	R/W	R/W	R/W	R/W	R/W	R/W
초깃값	0	0	0	0	0	0	0	0

그림 12-6 **EIMSK 레지스터의 구조**

EIMSK 레지스터의 각 비트는 각 외부 인터럽트의 발생을 허용하는 역할을 하며, 실제 인터럽트가 발생하는 시점은 EICRA 레지스터에 의해 결정된다. EICRA 레지스터의 구조는 그림 12-7과 같다.

비트	7	6	5	4	3	2	1	0
	ISC31	ISC30	ISC21	ISC20	ISC11	ISC10	ISC01	ISC00
읽기/쓰기	R/W	R/W	R/W	R/W	R/W	R/W	R/W	R/W
초깃값	0	0	0	0	0	0	0	0

그림 12-7 **EICRA 레지스터의 구조**

EICRA 레지스터는 INT0에서 INT3까지의 외부 인터럽트 발생 시점을 결정하며, 2개의 비트가 하나의 인터럽트 발생 시점을 결정한다. 코드 12-6에서는 INT0 인터럽트를 사용하였으며, 이를 제어하는 비트는 1번 ISC01 비트와 0번 ISC00 비트다. 두 비트의 설정에 따라 인터럽트가 발생하는 시점은 표 12-5와 같다.

표 12-5 **ISC 비트 설정에 따른 인터럽트 발생 시점(n = 0, ..., 3)**

ISCn1	ISCn0	인터럽트 발생 시점
0	0	INTn 핀의 입력값이 LOW일 때 인터럽트 요청을 발생시킨다.
0	1	-
1	0	INTn 핀의 입력값이 HIGH에서 LOW로 변하는 하강 에지(falling edge)에서 비동기적으로 인터럽트 요청을 발생시킨다.
1	1	INTn 핀의 입력값이 LOW에서 HIGH로 변하는 상승 에지(rising edge)에서 비동기적으로 인터럽트 요청을 발생시킨다.

코드 12-6에서는 ISC01 = 1, ISC00 = 0으로 설정되어 하강 에지에서 인터럽트가 발생하고 있다. 코드 12-6에서는 내부 풀업 저항을 사용하고 있으므로 버튼을 누르는 순간 HIGH에서 LOW로 입력값이 변하고 이때 인터럽트가 발생한다.[37]

EICRA 레지스터가 INT0에서 INT3까지의 외부 인터럽트 발생 시점을 결정한다면, EICRB (External Interrupt Control Register B) 레지스터는 INT4에서 INT7까지의 외부 인터럽트 발생 시점을 결정한다. EICRB 레지스터의 구조는 그림 12-8과 같다.

비트	7	6	5	4	3	2	1	0
	ISC71	ISC70	ISC61	ISC60	ISC51	ISC50	ISC41	ISC40
읽기/쓰기	R/W	R/W	R/W	R/W	R/W	R/W	R/W	R/W
초깃값	0	0	0	0	0	0	0	0

그림 12-8 **EICRB 레지스터의 구조**

EICRB 레지스터에서 ISC 비트 설정에 따른 인터럽트 발생 시점은 표 12-6과 같다. 표 12-5와 비교했을 때 논리 레벨이 변하는 경우, 즉 상승 에지와 하강 에지에서 모두 인터럽트가 발생하는 옵션을 제외하면 다른 옵션은 동일하다.

표 12-6 **ISC 비트 설정에 따른 인터럽트 발생 시점(n = 4, ..., 7)**

ISCn1	ISCn0	인터럽트 발생 시점
0	0	INTn 핀의 입력값이 LOW일 때 인터럽트 요청을 발생시킨다.
0	1	INTn 핀의 입력값이 LOW에서 HIGH로 변하는 상승 에지 또는 그 반대인 하강 에지에서 비동기적으로 인터럽트 요청을 발생시킨다.
1	0	INTn 핀의 입력값이 HIGH에서 LOW로 변하는 하강 에지에서 비동기적으로 인터럽트 요청을 발생시킨다.
1	1	INTn 핀의 입력값이 LOW에서 HIGH로 변하는 상승 에지에서 비동기적으로 인터럽트 요청을 발생시킨다.

코드 12-6에서는 사용하지 않았지만, 외부 인터럽트와 관련된 레지스터가 몇 가지 더 있다. 그 중 하나가 EIFR(External Interrupt Flag Register) 레지스터다. EIFR 레지스터는 인터럽트 요청이 발생하면 세트되는 레지스터다. 인터럽트 요청이 발생했다고 해서 실제로 인터럽트가 발생하는 것은 아니며, SREG 레지스터의 I 비트가 세트되어 있는 경우에만 실제로 인터럽트가 발생한다. EIFR 레지스터의 구조는 그림 12-9와 같다.

비트	7	6	5	4	3	2	1	0
	EIFR7	EIFR6	EIFR5	EIFR4	EIFR3	EIFR2	EIFR1	EIFR0
읽기/쓰기	R/W	R/W	R/W	R/W	R/W	R/W	R/W	R/W
초깃값	0	0	0	0	0	0	0	0

그림 12-9 **EIFR 레지스터의 구조**

EIFR 레지스터의 각 비트 EIFRn(n = 0, ..., 7)은 각 외부 인터럽트 INTn의 요청에 해당한다.

폴링 방식과 인터럽트 방식의 차이점은 하드웨어의 도움을 받는지의 여부에 따라 구별할 수 있다. 폴링 방식으로 버튼이 눌러진 경우 어떤 작업을 처리하는 프로그램은 다음과 같이 나타낼 수 있다.

```
void main(void){
    while(1){
        if(button_pressed)            // 소프트웨어에 의한 사건(event) 검사
            do_something();
    }

    return 0;
}
```

폴링 방식에서 버튼을 눌렀는지의 판단은 코드(if 문장)를 통해 소프트웨어적으로 이루어진다. 이와 동일한 기능을 수행하는 프로그램을 인터럽트 방식으로 구현하면 다음과 같다.

```
ISR(BUTTON_PRESS_vect){
    do_something();
}

void main(void){
    setup_button_press_interrupt();  // 하드웨어에 의한 사건(event) 검사 설정
    while(1){ }
    return 0;
}
```

인터럽트 방식에서도 누군가는 버튼이 눌려졌는지를 검사하고 있어야 한다. 하지만 인터럽트 방식에서 while 루프 내부는 비어 있다. 누가 버튼이 눌려졌는지 검사하는 것일까? 폴링 방식에서는 소프트웨어로 검사를 한다면, 인터럽트 방식에서는 하드웨어가 그 작업을 담당하고 있다. 마이크로컨트롤러는 표 12-1에서 정의한 사건이 발생했는지의 여부를 검사하는 전용 하드웨어를 포함하고 있다. 따라서 인터럽트 방식에서는 이벤트 루프가 아닌 전용 하드웨어가 특정 사건의 발생 여부를 감시함으로써 자동으로 검사를 진행하고, 조건을 충족하면 하드웨어가 자동으로 ISR을 호출한다.

12.6 요약

인터럽트는 정상적인 프로그램의 흐름을 벗어나는 비정상적인 사건을 가리킨다. 인터럽트의 가장 큰 특징은 하드웨어에 의해 인터럽트 검사가 이루어지므로 사건의 발생 여부를 프로그램에서 검사할 필요가 없다는 점이다. 하지만 사건의 발생 여부를 자동으로 검사하도록 설정하는 작업은 필요하다. 인터럽트 방식과 비교되는 방식은 폴링 방식으로 프로그램 내에서 특정 사건의 발생 여부를 지속적으로 검사해야 한다.

인터럽트 처리에서 유의해야 할 점 중 한 가지는 프로그램 내에서 인터럽트 처리 루틴을 명시적으로 호출하지 않는다는 점으로, 호출하는 코드 없이 호출된다는 점이 인터럽트 처리를 이해하는 데 가장 큰 걸림돌이 아닐까 싶다. 인터럽트 방식은 하드웨어에 의해 지원되는 기능이므로 인터럽트의 기능을 충분히 활용한다면 정확한 시간 계산이 필요한 경우나 여러 가지 작업을 동시에 진행해야 하는 경우 등에서 폴링 방식에 비해 간단하면서도 효율적으로 프로그래밍할 수 있다.

인터럽트를 사용하는 것은 생각보다 어렵지 않다. ATmega128에서는 35개의 인터럽트를 지원하고 있으며, 이 중 리셋 인터럽트를 제외하면 우선순위가 가장 높은 외부 인터럽트를 통해 인터럽트의 발생 및 처리 과정을 살펴보았다. 그리 복잡하지 않은 프로그램이라면 폴링 방식으로도 충분히 구현할 수 있다. 다만 보다 정밀한 제어가 필요한 경우라면 인터럽트 사용을 고려해 볼 필요가 있다.

연습 문제

1 PD0(INT0) 핀과 PD1(INT1) 핀에 풀다운 저항을 통해 버튼을 연결하고, 포트 B에는 8개의 LED를 연결하자. 버튼을 누르는 경우, 즉 상승 에지에서 INT0과 INT1 인터럽트를 발생시킨다. PD0 핀에 연결된 버튼이 눌러지는 경우 8개 LED를 끄고, PD1 핀에 연결된 버튼이 눌러지는 경우 8개 LED를 켜는 인터럽트 서비스 루틴을 작성해 보자.

2 PD0(INT0) 핀에 풀다운 저항을 통해 버튼을 연결하고, 포트 B에는 8개의 LED를 연결하자. 8개의 LED에는 0.5초 간격으로 아래의 패턴이 반복되도록 하고, 버튼을 누르면 패턴이 표시되는 순서가 반대가 되도록 프로그램을 작성해 보자. 초기 상태는 1번에서 8번으로 패턴이 진행되는 것으로 하며, 0.5초의 시간 간격을 설정하기 위해 _delay_ms 함수를 사용한다. _delay_ms 함수를 사용하면 버튼 입력을 즉시 반영할 수 없지만, 인터럽트를 사용하면 _delay_ms 함수 실행 도중에도 인터럽트를 우선 처리하므로 버튼이 눌러지는 것을 검사할 수 있다.

패턴	PB7	PB6	PB5	PB4	PB3	PB2	PB1	PB0
1								
2								
3								
4								
5								
6								
7								
8								

CHAPTER

13 8비트 타이머/카운터

타이머/카운터는 마이크로컨트롤러에 공급되는 클록 펄스를 세는 장치다. 마이크로컨트롤러에 공급되는 클록 펄스는 일정한 주기를 가지므로 클록 펄스를 통해 시간 계산 역시 가능하다. ATmega128은 8비트 타이머/카운터와 16비트 타이머/카운터를 포함하고 있으며, 이 장에서는 8비트 타이머/카운터 사용 방법에 대해 알아본다.

13.1 타이머/카운터

타이머/카운터는 입력되는 펄스를 세는 장치, 즉 카운터다. 하지만 주기가 일정한 펄스가 입력된다면 펄스의 개수를 통해 시간을 측정할 수 있으므로 타이머의 역할도 가능하여 '타이머/카운터'라고 불린다. ATmega128은 8비트 타이머/카운터 2개(Timer/Counter 0, 2)와 16비트 타이머/카운터 2개(Timer/Counter 1, 3)를 제공한다. 타이머/카운터는 다양한 용도로 활용할 수 있지만, 그 구조가 복잡하여 사용하기 쉽지 않은 것도 사실이다. 먼저 8비트 타이머/카운터에 대해 살펴보자. 8비트 타이머/카운터는 0번과 2번의 2개가 있으며, 이들 역시 약간의 차이가 있다. 그림 13-1과 그림 13-2는 0번과 2번 타이머/카운터의 구조를 나타낸 것이다.

타이머/카운터는 기본적으로 입력 펄스를 센다. 펄스를 세기 위해서는 입력 펄스가 존재해야 하는데, 이는 마이크로컨트롤러의 시스템 클록이나 외부에서 주어지는 클록 중에서 선택하여 사용할 수 있다. 타이머/카운터 0번의 경우 시스템 클록이나 외부 오실레이터를 연결하여 사용할 수 있는 반면, 타이머/카운터 2번은 시스템 클록이나 외부 클록을 연결하여 사용할 수 있다.

8비트 타이머/카운터의 경우 0에서 255까지만 셀 수 있다. ATmega128의 내부 클록은 16MHz 속도로 동작하므로 0에서 시작하여 다시 0으로 돌아오기까지의 시간, 즉 256번 카운트하는 시간은 $\frac{256}{16M}$ = 0.016ms에 지나지 않는다. 이처럼 8비트 타이머/카운터로는 0.016ms보다 긴 시간을 측정할 수 없으므로 분주기(pre-scaler)를 사용하여 사용된 클록에 비해 주기가 긴 클록을 생성하여 긴 시간을 측정한다. 분주기에 입력으로 주어진 클록과 출력되는 클록의 비율을 분주비(pre-scaling factor)라고 한다. 예를 들어, 16MHz의 내부 클록을 입력으로 8의 분주비를 사용한다면, 출력되는 클록은 $\frac{16MHz}{8}$ = 2MHz의 주파수를 가지게 된다.

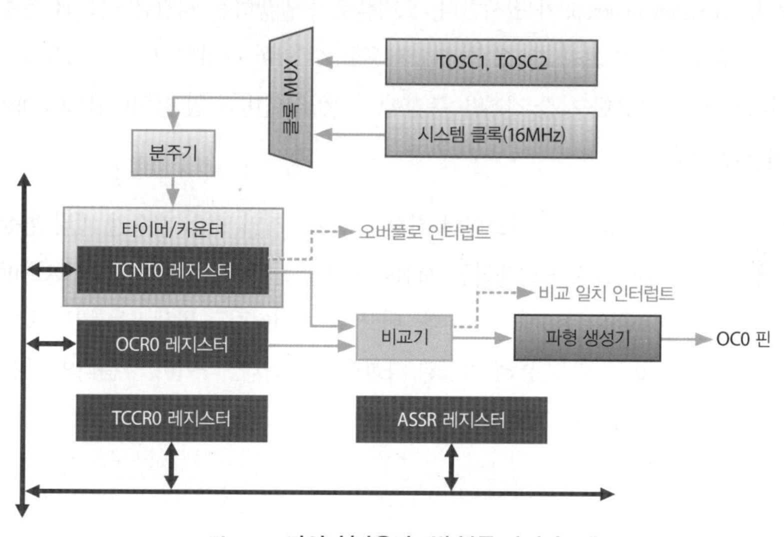

그림 13-1 **타이머/카운터 0번 블록 다이어그램**

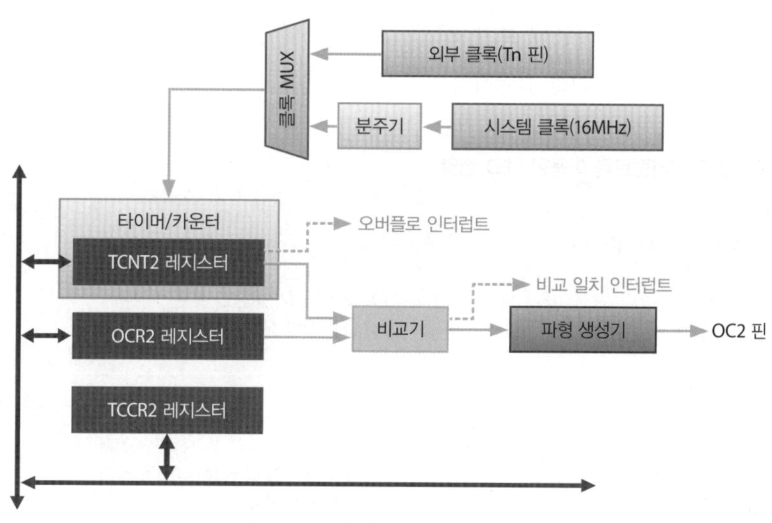

그림 13-2 **타이머/카운터 2번 블록 다이어그램**

타이머/카운터 0번과 2번에서 분주기의 위치가 서로 다르다는 점도 눈여겨볼 필요가 있다. 타이머/카운터 0번의 경우 외부 오실레이터 입력 역시 분주가 가능하지만, 타이머/카운터 2번의 경우 외부 클록은 분주가 불가능하다.

현재까지 센 펄스의 수는 TCNTn(n = 0, 2) 레지스터(Timer/Counter Register)에 기록된다. 펄스의 개수가 셀 수 있는 최댓값을 넘어서면 TCNTn 레지스터는 0으로 초기화되는데, 이때 오버플로 인터럽트(overflow interrupt)가 발생한다. 오버플로가 발생하는 시간은 클록과 분주비에 의해 결정되며, 분주비는 몇 가지 값 중 하나만 사용할 수 있어 다양한 시간 간격을 측정하기는 어렵다. 따라서 보다 다양한 시간 간격을 측정할 수 있도록 비교 일치 인터럽트(compare match interrupt)를 제공한다.

비교 일치 인터럽트는 TCNTn 레지스터에 저장된 현재까지의 펄스 개수가 미리 설정된 값과 동일할 때 발생한다. 인터럽트가 발생하는 시점을 나타내는 '미리 설정된 값'은 OCRn(n = 0, 2) 레지스터(Output Compare Register)에 저장된다. 비교 일치 인터럽트 발생과는 별도로 비교 일치가 발생하면 OCn(n = 0, 2) 핀을 통해 지정된 파형을 출력한다. 타이머/카운터의 세부 동작들은 TCCRn(n = 0, 1, 2) 레지스터(Timer/Counter Control Register)를 통해 제어할 수 있다.

13.2 오버플로 인터럽트

먼저 오버플로 인터럽트를 사용해 보자. 코드 13-1은 타이머/카운터 0번을 사용하여 0.5초 간격으로 PB0 핀에 연결된 LED를 점멸시키는 프로그램이다.

코드 13-1 **오버플로 인터럽트를 이용한 LED 점멸**

```
#include <avr/io.h>
#include <avr/interrupt.h>

int count = 0;                              // 오버플로가 발생한 횟수
int state = 0;                              // LED 점멸 상태

ISR(TIMER0_OVF_vect)
{
    count++;
    if(count == 32){                        // 오버플로 32회 발생 = 0.5초 경과
        count = 0;                          // 카운터 초기화
        state = !state;                     // LED 상태 반전
```

```
        if(state) PORTB = 0x01;             // LED 켜기
        else PORTB = 0x00;                  // LED 끄기
    }
}

int main(void)
{
    DDRB = 0x01;                            // PB0 핀을 출력으로 설정
    PORTB = 0x00;                           // LED는 끈 상태에서 시작

    // 분주비를 1,024로 설정
    TCCR0 |= (1 << CS02) | (1 << CS01) | (1 << CS00);

    TIMSK |= (1 << TOIE0);                  // 오버플로 인터럽트 허용

    sei();                                  // 전역적으로 인터럽트 허용

    while(1){ }
    return 0;
}
```

LED가 일정한 시간 간격으로 점멸하는 프로그램은 그다지 신기할 것이 없다. 하지만 코드 13-1은 타이머/카운터 0번의 오버플로 인터럽트를 사용하여 구현했다는 데 의미가 있다. 현재까지 센 펄스의 개수는 TCNT0에 기록된다. TCNT0 레지스터의 구조는 그림 13-3과 같으며, 8비트의 카운트 값을 유지한다.

비트	7	6	5	4	3	2	1	0
	TCNT0[7:0]							
읽기/쓰기	R/W	R/W	R/W	R/W	R/W	R/W	R/W	R/W
초깃값	0	0	0	0	0	0	0	0

그림 13-3 **TCNT0 레지스터의 구조**

타이머/카운터는 디폴트로 비활성 상태에 있으므로 타이머/카운터를 사용하기 위해서는 활성 상태로 변경해야 한다. 코드 13-1에서 타이머/카운터를 활성 상태로 변경하는 부분은 TCCR0 레지스터에 분주비를 설정하는 부분이다. TCCR0 레지스터의 구조는 그림 13-4와 같다.

비트	7	6	5	4	3	2	1	0
	FOC0	WGM00	COM01	COM00	WGM01	CS02	CS01	CS00
읽기/쓰기	W	R/W	R/W	R/W	R/W	R/W	R/W	R/W
초깃값	0	0	0	0	0	0	0	0

그림 13-4 **TCCR0 레지스터의 구조**

7번 비트 FOC0(Force Output Compare) 비트, 6번과 3번의 WGM0n(n = 0, 1) 비트, 5번과 4번의 COM0n(n = 0, 1) 비트는 비교 일치 인터럽트와 관련된 비트로 13.3에서 다시 다룬다.

2번에서 0번까지의 CS0n(n = 0, 1, 2)(Clock Select) 비트는 분주비를 설정하기 위해 사용하는 비트로, 코드 13-1에서는 1,024의 분주비를 설정하고 있다. CS0n 비트 설정에 따른 분주비는 표 13-1과 같다.

표 13-1 **CS0n(n = 0, 1, 2) 비트 설정에 따른 클록 선택**

CS02	CS01	CS00	설명
0	0	0	클록 소스 없음(타이머/카운터 정지)
0	0	1	분주비 1(분주 없음)
0	1	0	분주비 8
0	1	1	분주비 32
1	0	0	분주비 64
1	0	1	분주비 128
1	1	0	분주비 256
1	1	1	분주비 1,024

CS0n의 디폴트 값은 000_2으로 타이머/카운터는 동작하지 않는다. 코드 13-1에서는 CS0n에 111_2 값을 설정하여 분주비를 1,024로 설정하고 있다. ATmega128의 경우 16MHz 클록을 사용하므로 분주비가 1,024가 되면 $\frac{16MHz}{1,024} \approx 16KHz$ 클록이 타이머/카운터에 공급된다. 타이머/카운터 0번이 255까지 세는 데 걸리는 시간은 얼마나 될까? 1초에 16K 개의 펄스가 타이머/카운터 0번에 주어지므로 256개 펄스를 세는 시간은 $\frac{256}{16K} = \frac{1}{64}$초가 된다. 따라서 코드 13-1에서는 256개 펄스를 세었을 때 발생하는 오버플로 인터럽트를 32번 체크하여 0.5초 경과를 계산하고 LED 상태를 반전시킨다.

인터럽트 역시 디폴트로 발생하지 않도록 설정되어 있으므로 타이머/카운터 0번의 오버플로 인터럽트를 활성화시켜 주어야 한다. 인터럽트 활성화 비트는 TIMSK(Timer/Counter Interrupt Mask Register) 레지스터에 존재한다. 그림 13-5는 TIMSK 레지스터의 구조를 나타낸 것이다.

비트	7	6	5	4	3	2	1	0
	OCIE2	TOIE2	TICIE1	OCIE1A	OCIE1B	TOIE1	OCIE0	TOIE0
읽기/쓰기	R/W	R/W	R/W	R/W	R/W	R/W	R/W	R/W
초깃값	0	0	0	0	0	0	0	0

그림 13-5 **TIMSK 레지스터의 구조**

TIMSK 레지스터의 비트 중 타이머/카운터 0번과 관련된 비트는 1번 OCIE0 비트와 0번 TOIE0 비트다. OCIE0(Timer/Counter0 Output Compare Match Interrupt Enable) 비트는 비교 일치 인터럽트 활성화를 위해 사용하고, TOIE0(Timer/Counter0 Overflow Interrupt Enable) 비트는 오버플로 인터럽트 활성화를 위해 사용한다. 코드 13-1에서는 오버플로 인터럽트 활성화를 위해 TOIE0 비트를 세트하고 있다.

오버플로나 비교 일치와 같이 인터럽트에 해당하는 조건을 만족하면 TIFR(Timer/Counter Interrupt Flag Register) 레지스터의 해당 비트가 먼저 세트된다. TIFR 레지스터의 해당 비트가 세트되었을 때 TIMSK 레지스터의 해당 비트 역시 세트된 상태라면 실제로 인터럽트가 발생한다. TIFR 레지스터의 구조는 그림 13-6과 같다.

비트	7	6	5	4	3	2	1	0
	OCF2	TOV2	ICF1	OCF1A	OCF1B	TOV1	OCF0	TOV0
읽기/쓰기	R/W	R/W	R/W	R/W	R/W	R/W	R/W	R/W
초깃값	0	0	0	0	0	0	0	0

그림 13-6 **TIFR 레지스터의 구조**

1번 OCF0(Output Compare Flag) 비트는 비교 일치가 발생한 경우 세트되는 비트이며, 0번 TOV0(Timer/Counter0 Overflow Flag) 비트는 오버플로가 발생한 경우 세트되는 비트다.

타이머/카운터 0번과 관련된 인터럽트에는 카운터가 카운트할 수 있는 범위를 넘어서는 경우 발생하는 오버플로 인터럽트와, 미리 설정된 값과 동일한 경우 발생하는 비교 일치 인터럽트의 두 종류가 있으며, 타이머/카운터 2번 역시 마찬가지다.

표 13-2는 0번과 2번 타이머/카운터와 관련된 인터럽트와 각 인터럽트를 허용하는 비트를 요약한 것이다.

표 13-2 타이머/카운터 0번 및 2번과 관련된 인터럽트

벡터 번호	인터럽트	벡터 이름	인터럽트 허용 비트	
10	비교 일치 인터럽트	TIMER2_COMP_vect	OCIE2	Timer/Counter 2 Output Compare Match Interrupt Enable
11	오버플로 인터럽트	TIMER2_OVF_vect	TOIE2	Timer/Counter 2 Overflow Interrupt Enable
16	비교 일치 인터럽트	TIMER0_COMP_vect	OCIE0	Timer/Counter 0 Output Compare Match Interrupt Enable
17	오버플로 인터럽트	TIMER0_OVF_vect	TOIE0	Timer/Counter 0 Overflow Interrupt Enable

1KHz는 1,000Hz인가, 1,024Hz인가?

정확하게 이야기하자면 1KHz는 1,000Hz다. 16MHz 클록은 1초에 16×2^{20}개의 펄스가 발생하는 것이 아니라 16×10^{6}개의 펄스가 발생하는 것이므로 분주비를 1,024로 설정하면 클록 주파수는 16KHz가 아니라 15.625KHz가 된다. 분주비를 1,024로 설정하는 경우 0번 타이머/카운터가 1초 동안 발생시키는 오버플로 인터럽트는 64회가 아니라 약 61.04회이며, 오버플로 인터럽트가 64회 발생하는 시간은 1초가 아니라 약 1.05초가 된다. 따라서 정밀한 시간 계산이 필요하다면 코드 13-1에서와 같이 1초에 64회 인터럽트가 발생하는 것으로 가정해서는 안 된다. 이 장에서는 계산의 편의를 위해 흔히 2^{10}과 10^{3}을 동일한 값으로 취급하는 관례를 따랐다.

정밀한 시간 계산이 필요한 경우 염두에 두어야 할 또 한 가지는 클록 공급을 위해 ATmega128에서 사용하는 크리스털의 정밀도다. ATmega128에서 사용하고 있는 16MHz 크리스털의 정밀도는 표준편차가 0.7Hz 정도인 것으로 알려져 있다. 하지만 ATmega128의 동작 온도가 1℃ 상승할 때마다 크리스털의 클록 주파수는 약 0.97Hz 증가하고, 동작 전압이 1mV 증가할 때마다 크리스털의 클록 주파수는 약 0.03Hz 증가하는 등 동작 환경에 따라 클록 주파수가 달라진다. 따라서 정밀한 시간 계산이 필요하다면 전용의 하드웨어 RTC(Real Time Clock)나 보상 회로가 추가되어 있는 클록을 사용해야 한다.

13.3 비교 일치 인터럽트

코드 13-1과 동일한 동작을 하는 프로그램을 비교 일치 인터럽트를 사용하여 작성한 예가 코드 13-2다.

코드 13-2 비교 일치 인터럽트를 이용한 LED 점멸 1

```
#include <avr/io.h>
#include <avr/interrupt.h>

int count = 0;                          // 비교 일치가 발생한 횟수
int state = 0;                          // LED 점멸 상태

ISR(TIMER0_COMP_vect)
{
    count++;
    TCNT0 = 0;                          // 자동으로 0으로 변하지 않는다.
    if(count == 64){                    // 비교 일치 64회 발생 = 0.5초 경과
        count = 0;                      // 카운터 초기화
        state = !state;                 // LED 상태 반전
        if(state) PORTB = 0x01;         // LED 켜기
        else PORTB = 0x00;              // LED 끄기
    }
}

int main(void)
{
    DDRB = 0x01;                        // PB0 핀을 출력으로 설정
    PORTB = 0x00;                       // LED는 끈 상태에서 시작

    // 분주비를 1,024로 설정
    TCCR0 |= (1 << CS02) | (1 << CS01) | (1 << CS00);

    OCR0 = 128;                         // 비교 일치 기준값

    TIMSK |= (1 << OCIE0);              // 비교 일치 인터럽트 허용

    sei();                              // 전역적으로 인터럽트 허용

    while(1){ }
    return 0;
}
```

비교 일치 인터럽트를 사용하기 위해서는 먼저 OCR0(Output Compare Register) 레지스터에 비교값을 설정해 주어야 한다. OCR0 레지스터의 구조는 그림 13-7과 같으며, TCNT0 레지스터의

값과 비교하기 위한 8비트 값이 저장된다.

비트	7	6	5	4	3	2	1	0
	OCR0[7:0]							
읽기/쓰기	R/W	R/W	R/W	R/W	R/W	R/W	R/W	R/W
초깃값	0	0	0	0	0	0	0	0

그림 13-7 **OCR0 레지스터의 구조**

코드 13-2에서는 OCR0 레지스터의 값을 128로 설정하여 오버플로 인터럽트보다 2배 빨리 인터럽트가 발생한다. 따라서 코드 13-1에서는 오버플로 인터럽트가 32회 발생한 경우 0.5초가 경과한 것으로 판단하는 반면, 코드 13-2에서는 비교 일치 인터럽트가 64회 발생한 경우 0.5초가 경과한 것으로 판단하고 있다. 한 가지 주의할 점은 비교 일치가 발생한 경우 TCNT0 레지스터에 저장된 현재까지의 카운트 값이 자동으로 0으로 초기화되지 않는다는 점이다. 따라서 인터럽트 서비스 루틴에서 비교 일치 인터럽트가 발생할 때마다 TCNT0 레지스터의 값을 0으로 설정해야 한다. 만약 'TCNT0 = 0;' 문장을 삭제하면 비교 일치 인터럽트는 (128에서 오버플로를 거쳐 다음 128이 될 때까지) 256 클록마다 발생하여 오버플로 인터럽트와 동일한 주기를 가지게 된다. 인터럽트의 횟수에 따라 시간 경과를 계산하고 있으므로 'TCNT0 = 0;' 문장을 삭제하면 LED는 0.5초가 아니라 1초 간격으로 깜빡거린다.

코드 13-2에서는 LED를 점멸시키는 코드가 인터럽트 서비스 루틴에 포함되어 있다. 하지만 인터럽트 서비스 루틴은 가능한 짧게 작성하는 것이 좋다는 점을 기억하는가? 인터럽트 서비스 루틴이 실행되는 동안에는 인터럽트가 발생하지 못하며, 인터럽트 서비스 루틴 실행에 시간이 걸리므로 정확한 타이밍을 계산하기 어렵다. 코드 13-3은 코드 13-2에서 LED를 점멸시키는 코드를 main 함수의 이벤트 루프로 옮겨 온 것이다. 단, 이 경우 count 변수는 volatile로 선언해야 한다는 점을 잊지 말아야 한다.

코드 13-3 **비교 일치 인터럽트를 이용한 LED 점멸 2**

```
#include <avr/io.h>
#include <avr/interrupt.h>

volatile int count = 0;                    // 비교 일치가 발생한 횟수
int state = 0;                             // LED 점멸 상태
```

```
ISR(TIMER0_COMP_vect)
{
    count++;
    TCNT0 = 0;                                  // 자동으로 0으로 변하지 않는다.
}

int main(void)
{
    DDRB = 0x01;                                // PB0 핀을 출력으로 설정
    PORTB = 0x00;                               // LED는 끈 상태에서 시작

    // 분주비를 1,024로 설정
    TCCR0 |= (1 << CS02) | (1 << CS01) | (1 << CS00);

    OCR0 = 128;                                 // 비교 일치 기준값

    TIMSK |= (1 << OCIE0);                      // 비교 일치 인터럽트 허용

    sei();                                      // 전역적으로 인터럽트 허용

    while(1){
        if(count == 64){                        // 비교 일치 64회 발생 = 0.5초 경과
            count = 0;                          // 카운터 초기화
            state = !state;                     // LED 상태 반전
            if(state) PORTB = 0x01;             // LED 켜기
            else PORTB = 0x00;                  // LED 끄기
        }
    }

    return 0;
}
```

13.4 파형 출력

비교 일치가 발생하는 경우 인터럽트 외에도 지정된 핀을 통해 신호를 출력하는 것이 가능한데, 그림 13-1과 그림 13-2에서 파형 생성기를 통해 OCn(n = 0, 2) 핀에 연결된 부분이 여기에 해당한다. 표 13-3에서 알 수 있듯이 8비트 타이머/카운터는 1개의 비교 일치 인터럽트만 가능하지만, 16비트 타이머/카운터는 3개의 비교 일치 인터럽트가 가능하다. 표 13-3은 각 카운터/타이머를 통해 파형을 출력할 수 있는 핀을 요약한 것이다. 타이머/카운터 1번의 비교 일치 C와 타이머/카운터 2번의 비교 일치가 발생한 경우 파형이 출력되는 핀은 PB7으로 동일하다는 점에 유의해야 한다.

표 13-3 **비교 일치 인터럽트 시 파형 출력 핀**

타이머/카운터	파형 출력 핀	ATmega128 핀 번호
0	OC0	PB4
1	OC1A	PB5
	OC1B	PB6
	OC1C	PB7
2	OC2	PB7
3	OC3A	PE3
	OC3B	PE4
	OC3C	PE5

코드 13-4는 0번 타이머/카운터에서 비교 일치 인터럽트가 발생하는 경우 파형 생성 기능을 이용하여 OC0 핀(PB4)에 연결된 LED를 점멸시키는 프로그램의 예다.

코드 13-4 **파형 생성 1**

```
#include <avr/io.h>
#include <avr/interrupt.h>

volatile int count = 0;                              // 비교 일치가 발생한 횟수
int state = 0;                                       // LED 점멸 상태

ISR(TIMER0_COMP_vect)
{
    count++;
    TCNT0 = 0;                                       // 자동으로 0으로 변하지 않는다.
}

int main(void)
{
    // 파형 출력 핀인 OC0(PB4) 핀을 출력으로 설정
    DDRB = 0x10;
    PORTB = 0x00;                                    // LED는 끈 상태에서 시작

    // 분주비를 1,024로 설정
    TCCR0 |= (1 << CS02) | (1 << CS01) | (1 << CS00);

    OCR0 = 255;                                      // 비교 일치 기준값

    // 비교 일치 인터럽트 발생 시 OC0 핀의 출력을 반전
    TCCR0 |= (1 << COM00);
```

```
    TIMSK |= (1 << OCIE0);                  // 비교 일치 인터럽트 허용

    sei();                                  // 전역적으로 인터럽트 허용

    while(1){ }
    return 0;
}
```

코드 13-4를 업로드하고 LED를 살펴보자. LED가 아주 빠른 속도로 깜빡거리는 것을 확인할 수 있을 것이다. 코드 13-4의 어디에서도 LED를 점멸시키는 코드는 찾아볼 수 없다. 하지만 LED는 깜빡거리고 있다. 비밀은 바로 그림 13-1과 그림 13-2의 파형 생성기에 있다. 파형 생성기는 비교 일치 인터럽트가 발생할 때마다 OC0 핀의 출력을 반전시킴으로써 LED를 점멸시킨다. 코드 13-2, 코드 13-3과 코드 13-4를 비교했을 때 달라진 점은 TCCR0 레지스터의 COM00 비트를 세트하여 파형 생성기의 동작을 설정하는 부분이다.

TCCR0 레지스터에 대해 설명하기 전에 한 가지 짚고 넘어가야 할 것이 있다. 코드 13-4를 실행시키면 LED는 아주 빠른 속도로 깜빡거린다. LED가 깜빡거리는 속도를 0.5초 간격이나 1초 간격으로 하고 싶어도 현재로서는 LED가 깜빡거리는 속도를 더 느리게 할 수 없다. 분주비를 1,024로 설정한 경우 오버플로 인터럽트는 0.5초에 약 32회 발생한다. 코드 13-4에서는 카운트 값이 255(오버플로 인터럽트가 발생하는 경우에 비해 1 작은 값)에 도달할 때마다 비교 일치 인터럽트가 발생하므로 역시 0.5초에 약 32회 인터럽트가 발생한다. 인터럽트가 발생할 때마다 파형 생성기는 현재 OC0의 출력을 반전시키므로 0.5초에 LED는 약 32회 출력이 반전되는 셈이다. 코드 13-2와 코드 13-3에서 인터럽트가 발생한 횟수를 기준으로 시간을 측정한 것을 기억하는가? 하지만 파형 생성기는 비교 일치 인터럽트가 발생할 때마다 자동으로 출력을 반전시키므로 코드 13-2나 코드 13-3과 같은 방법으로는 시간을 조절할 수 없다. 파형 생성기를 통해 더 긴 시간 간격을 두고 LED를 점멸시키기 위해서는 8비트 타이머/카운터가 아니라 16비트 타이머/카운터를 사용해야 한다. 이 장에서는 8비트 타이머/카운터를 사용하고 있으므로 LED를 제어하는 코드 없이 ATmega128에서 제공하는 하드웨어인 파형 생성기를 통해 자동으로 LED를 점멸시킬 수 있다는 데 만족하도록 하자.

그림 13-8은 파형 생성기 동작 설정에 사용한 TCCR0 레지스터의 구조를 나타낸 것이다.

비트	7	6	5	4	3	2	1	0
	FOC0	WGM00	COM01	COM00	WGM01	CS02	CS01	CS00
읽기/쓰기	W	R/W	R/W	R/W	R/W	R/W	R/W	R/W
초깃값	0	0	0	0	0	0	0	0

그림 13-8 **TCCR0 레지스터의 구조**

2번에서 0번까지의 CS0n(n = 0, 1, 2) 비트는 분주비 설정을 위해 사용하는 비트로 앞에서 이미 살펴보았다.

6번 WGM00 비트와 3번 WGM01 비트는 파형 생성 모드를 설정하는 비트로, 코드 13-4에서는 디폴트 값인 00_2, 정상 모드(normal mode)를 사용하고 있다. WGM0n 비트 설정에 따른 파형 생성 모드는 표 13-4와 같다.

표 13-4 **WGM0n(n = 0, 1) 비트 설정에 따른 파형 생성 모드**

모드 번호	WGM01 (CTC)	WGM00 (PWM)	타이머/카운터 모드	TOP
0	0	0	정상	0xFF
1	0	1	위상 교정 PWM	0xFF
2	1	0	CTC	OCR0
3	1	1	고속 PWM	0xFF

4개의 모드 중 PWM과 관련된 모드는 15장에서 설명하고, 이 장에서는 0번과 2번 모드에 대해서만 다룬다. 정상 모드와 CTC(Clear Timer on Compare match) 모드의 차이는 글자 그대로 비교 일치가 발생한 경우 TCNT0 레지스터의 값을 0으로 설정하는지의 여부에 있다. 이전 프로그램에서는 정상 모드를 사용하여 TCNT0 값이 자동으로 0으로 설정되지 않아 인터럽트 서비스 루틴에서 TCNT0 값을 0으로 설정해 주었다. 하지만 CTC 모드를 사용하면 자동으로 TCNT0 값이 0으로 설정되므로 편리하다. 이러한 차이는 표 13-4의 TOP 값에서도 찾아볼 수 있다. TOP 값은 카운터가 가질 수 있는 최댓값으로 TOP 값에 이르면 자동으로 0으로 리셋된다.

5번 COM01 비트와 4번 COM00 비트는 비교 일치 출력(Compare Match Output) 모드를 설정하는 비트로 파형 생성 모드에 따라 달라지지만 정상 모드와 CTC 모드의 경우에는 동일하다. 정상 모드와 CTC 모드에서 COM0n(n = 0, 1) 비트 설정에 따른 비교 일치 출력 모드는 표 13-5와 같다.

표 13-5 **PWM 이외의 모드에서 COM0n(n = 0, 1) 비트 설정에 따른 비교 일치 출력 모드**

COM01	COM00	설명
0	0	OC0 핀으로 데이터가 출력되지 않으며, OC0 핀은 일반적인 범용 입출력 핀으로 동작한다.
0	1	비교 일치가 발생하면 OC0 핀의 출력은 반전된다.
1	0	비교 일치가 발생하면 OC0 핀의 출력은 LOW 값으로 바뀐다(clear).
1	1	비교 일치가 발생하면 OC0 핀의 출력은 HIGH 값으로 바뀐다(set).

코드 13-4에서는 COM0n 값으로 01_2를 사용하여 비교 일치 인터럽트가 발생할 때마다 출력을 반전시키고 있다.

TCCR0 레지스터의 7번 비트 FOC0(Force Output Compare) 비트는 WGM 비트가 PWM 이외의 모드로 설정된 경우에만 세트될 수 있다. FOC0 비트가 세트되면 비교 일치가 발생한 것과 동일한 효과가 파형 출력 핀 OC0 핀으로 이루어진다. FOC0 비트 세트는 일회성으로 필요할 때마다 1로 설정해 주어야 한다. FOC0 비트는 쓰기 전용으로 읽기가 가능하기는 하지만 항상 0의 값을 반환한다.

코드 13-4에서는 정상 모드를 사용하여 인터럽트 처리 루틴에서 TCNT0 값을 강제로 0으로 리셋하였다. 이를 CTC 모드를 사용하도록 수정한 예가 코드 13-5로, 인터럽트 처리 루틴에서 TCNT0 값을 리셋할 필요가 없다는 점에 유의하여 살펴보자.

코드 13-5 **파형 생성 2**

```
#include <avr/io.h>
#include <avr/interrupt.h>

volatile int count = 0;                     // 비교 일치가 발생한 횟수
int state = 0;                              // LED 점멸 상태

ISR(TIMER0_COMP_vect)
{
    count++;
}

int main(void)
{
    // 파형 출력 핀인 OC0(PB4) 핀을 출력으로 설정
    DDRB = 0x10;
    PORTB = 0x00;                           // LED는 끈 상태에서 시작
```

```
    // 분주비를 1,024로 설정
    TCCR0 |= (1 << CS02) | (1 << CS01) | (1 << CS00);

    TCCR0 |= (1 << WGM01);                  // CTC 모드

    OCR0 = 255;                             // 비교 일치 기준값

    // 비교 일치 인터럽트 발생 시 OC0 핀의 출력을 반전
    TCCR0 |= (1 << COM00);

    TIMSK |= (1 << OCIE0);                  // 비교 일치 인터럽트 허용

    sei();                                  // 전역적으로 인터럽트 허용

    while(1){ }
    return 0;
}
```

13.5 ASSR 레지스터

그림 13-1과 그림 13-2를 비교해 보면 0번 타이머/카운터는 2번 타이머/카운터와 다르게 ASSR 레지스터가 존재한다. 0번 타이머/카운터는 외부 오실레이터를 연결하여 사용할 수 있는데, 이를 위해 TOSC1(Timer/counter OSCillator) 및 TOSC2의 핀 2개를 제공한다. TOSC 핀은 32.768KHz 시계 크리스털에 최적화되어 있으며, 실시간 카운터(Real Time Counter, RTC) 또는 실시간 클록(Real Time Clock, RTC)이라고 불린다. 외부 오실레이터는 시스템 클록과는 달리 외부 커패시터를 연결하지 않아도 된다. 반면 2번 타이머/카운터는 1개의 T2 핀에 오실레이터를 연결하여 사용한다.

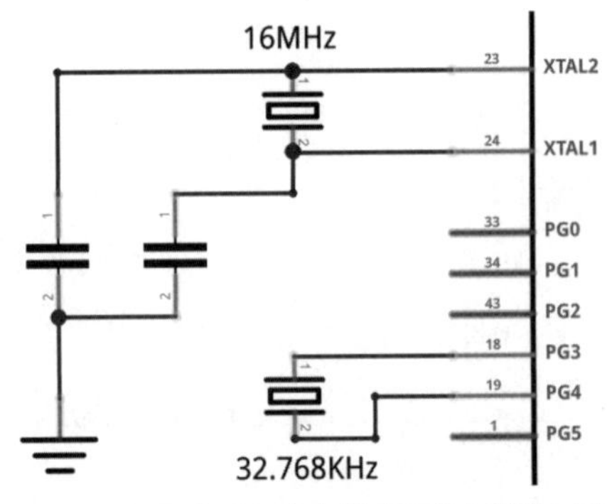

그림 13-9 **시스템 클록과 0번 타이머/카운터를 위한 크리스털 연결**

ASSR(Asynchronous Status Register) 레지스터는 외부 크리스털을 사용하는 0번 타이머/카운터를 위한 레지스터다. 외부 크리스털의 경우 시스템 클록과는 별개의 클록을 사용하므로 '비동기(asynchronous)'라고 한다. 비동기 모드로 동작하는 경우 0번 타이머/카운터 동작과 관련된 TCNT0, OCR0, TCCR0 레지스터 값은 먼저 각각의 임시 레지스터에 기록된 후 해당 레지스터로 동기화된다. 따라서 임시 레지스터의 값이 해당 레지스터에 기록되었는지의 여부를 확인하기 위해 ASSR의 각 비트를 사용한다. ASSR 레지스터의 구조는 그림 13-10과 같다.

비트	7	6	5	4	3	2	1	0
	-	-	-	-	AS0	TCN0UB	OCR0UB	TCR0UB
읽기/쓰기	R	R	R	R	R/W	R	R	R
초깃값	0	0	0	0	0	0	0	0

그림 13-10 **ASSR 레지스터의 구조**

3번 AS0(Asynchronous Timer/Counter0) 비트를 1로 세트하면 TOSC 핀에 연결된 크리스털 오실레이터를 사용한다. 2번 TCN0UB(Timer/Counter0 Update Busy) 비트는 하드웨어에 의해 TCNT0 레지스터의 값이 기록된 경우 1로 세트된다. TCN0UB 비트가 0인 경우는 TCNT0 레지스터에 기록할 새로운 값이 존재한다는 의미다. 1번 OCR0UB(Output Compare Register0 Update Busy) 비트는 하드웨어에 의해 OCR0 레지스터의 값이 기록된 경우 1로 세트된다. OCR0UB 비트가 0인 경우는 TCNT0 레지스터에 기록할 새로운 값이 존재한다는 의미다. 0번 TCR0UB(Timer/Counter Control Register0 Update Busy) 비트는 하드웨어에 의해 TCCR0 레지스터의 값이 기록된 경우 1로 세트된다. TCR0UB 비트가 0인 경우는 TCCR0 레지스터에 기록할 새로운 값이 존재한다는 의미다.

비동기 클록은 간단하게 정확한 시간 계산이 가능하여 자주 사용한다. TOSC 핀에는 32.768KHz 크리스털을 연결하여 사용하는 것이 일반적이므로 분주비 128을 사용하면 1초에 $\frac{32,768}{128} = 256$개의 클록이 타이머/카운터에 공급된다. 따라서 오버플로 인터럽트를 사용한다면 정확하게 1초에 한 번 오버플로 인터럽트가 발생한다.

표 13-6은 32.768KHz 외부 크리스털을 사용하는 경우 CS0n 비트 설정에 따라 발생하는 오버플로 인터럽트 간격을 나타낸 것이다.

표 13-6 **32.768KHz 외부 크리스털을 사용하는 경우 오버플로 인터럽트 간격**

CS02	CS01	CS00	분주비	오버플로 인터럽트 발생 간격
0	0	0	-	-
0	0	1	1(분주 없음)	1/128s
0	1	0	8	1/16s
0	1	1	32	1/4s
1	0	0	64	1/2s
1	0	1	128	1s
1	1	0	256	2s
1	1	1	1,024	8s

표 13-6에서도 알 수 있듯이 ATmega128의 시스템 클록인 16MHz에 비해 32.768KHz 클록은 약 500배 느리므로 초 단위의 시간 간격을 정확하게 설정할 수 있다. 그림 13-9와 같이 32.768KHz 오실레이터를 PB3과 PB4 핀에 연결하고, PB0 핀에는 LED를 연결해 보자. 코드 13-6은 0.5초 간격으로 LED를 점멸시키는 프로그램의 예다.

코드 13-6 **외부 오실레이터를 통한 인터럽트**

```
#include <avr/io.h>
#include <avr/interrupt.h>

int state = 0;                                  // LED 점멸 상태

ISR(TIMER0_OVF_vect)
{
    state = !state;                             // LED 상태 반전
    if(state) PORTB = 0x01;                     // LED 켜기
    else PORTB = 0x00;                          // LED 끄기
}

int main(void)
{
    DDRB = 0x01;                                // PB0 핀을 출력으로 설정
    PORTB = 0x00;                               // LED는 끈 상태에서 시작

    ASSR |= (1 << AS0);                         // 외부 오실레이터 사용 설정

    // 분주비를 128로 설정
    TCCR0 |= (1 << CS02) | (1 << CS00);
```

```
    TIMSK |= (1 << TOIE0);                    // 오버플로 인터럽트 허용

    sei();                                    // 전역적으로 인터럽트 허용

    while(1){ }
    return 0;
}
```

13.6 실행 시간 알아내기

프로그램이 실행되고 난 이후의 실행 시간을 타이머/카운터 0번을 이용하여 알아보자. 먼저 타이머/카운터 0번의 분주비를 64로 설정한다. 분주비를 64로 설정한 경우 타이머/카운터 0번의 오버플로 인터럽트가 발생하기까지는 64 × 256 = 16,384개의 클록이 필요하다. 이 책에서 사용하는 ATmega128은 16MHz 클록을 제공하므로 1초에 16,000,000개의 클록이 발생한다. 따라서 분주비 64로 설정된 타이머/카운터 0번의 오버플로 인터럽트 발생 시간은 다음과 같이 계산할 수 있다.

$$\frac{64 \times 256}{16{,}000{,}000} = \frac{16{,}384}{16{,}000{,}000} = 0.001024s = 1ms\ 24\mu s$$

오버플로 인터럽트가 발생하는 시간 간격은 1ms 24us다. 따라서 실행 시간을 저장하기 위한 전역변수를 선언하고 인터럽트 서비스 루틴에서는 매번 밀리초 및 마이크로초를 증가시키면 실행 시간을 알아낼 수 있다. 이를 위해서는 밀리초 및 마이크로초를 저장하기 위한 변수가 필요하다.

```
volatile unsigned long timer0_millis = 0;
volatile int timer0_micros = 0;
```

밀리초를 저장하기 위한 변수는 unsigned long 타입의 4바이트 변수로 선언했으므로 최대 $2^{32} - 1 \approx 4.3 \times 10^9$ 밀리초까지 저장할 수 있으며, 약 50일에 해당한다. 50일이 경과하면 오버플로에 의해 0으로 초기화된다. 반면 마이크로초는 1,000을 넘어가는 경우 밀리초의 값을 증가시켜야 하므로 1,000 이하의 값을 저장할 수 있는 int 타입으로 선언하고 있다. 코드 13-7은 현재까지의 실행 시간을 계산하기 위한 ISR과 변수를 정의한 것이다.

코드 13-7 **현재까지의 실행 시간 계산**

```
#define MILLIS_INCREMENT_PER_OVERFLOW     1
#define MICROS_INCREMENT_PER_OVERFLOW     24

// 프로그램 시작 이후의 경과 시간
volatile unsigned long timer0_millis = 0;
volatile int timer0_micros = 0;

ISR(TIMER0_OVF_vect)
{
    unsigned long m = timer0_millis;
    int f = timer0_micros;

    m += MILLIS_INCREMENT_PER_OVERFLOW;     // 밀리초 단위 시간 증가
    f += MICROS_INCREMENT_PER_OVERFLOW;     // 마이크로초 단위 시간 증가

    // 마이크로초가 1,000을 넘어가면 밀리초를 증가시킴
    m += (f / 1000);
    f = f % 1000;

    timer0_millis = m;
    timer0_micros = f;
}
```

코드 13-8은 코드 13-7에서 계산된 현재까지의 실행 시간을 반환하는 millis 함수의 예다. 시간을 반환하는 도중 인터럽트가 발생하지 않도록 하였다.

코드 13-8 **millis 함수**

```
unsigned long millis()
{
    unsigned long m;
    uint8_t oldSREG = SREG;                 // 상태 레지스터 값 저장

    // timer0_millis 값을 읽는 동안
    // timer0_millis 값이 변하지 않도록 인터럽트를 비활성화
    cli();

    m = timer0_millis;

    SREG = oldSREG;                         // 이전 상태 레지스터 값 복원

    return m;                               // 프로그램 시작 후 경과 시간
}
```

코드 13-9는 현재까지의 실행 시간을 통해 PB0 핀에 연결된 LED를 1초 간격으로 점멸시키는 프로그램의 예다. LED를 점멸시키는 가장 간단한 방법은 delay 함수를 사용하는 것이지만, delay 함수를 사용하면 delay 함수가 실행되는 동안에는 입력을 받아들일 수 없는 등의 문제점이 있다. 코드 13-8에 정의된 millis 함수를 사용하면 프로그램의 실행 시간을 알아낼 수 있을 뿐만 아니라, 두 위치에서의 실행 시간 차이를 통해 간단하게 경과 시간을 측정할 수 있으므로 다양하게 활용할 수 있다. 다만 실행 시간을 계산하기 위해 타이머/카운터 0번을 사용하였으므로 다른 용도로는 사용할 수 없다.

코드 13-9 LED를 1초 간격으로 점멸시키기

```
#include <avr/io.h>
#include <avr/interrupt.h>

#define MILLIS_INCREMENT_PER_OVERFLOW     1
#define MICROS_INCREMENT_PER_OVERFLOW     24

// 프로그램 시작 이후의 경과 시간
volatile unsigned long timer0_millis = 0;
volatile int timer0_micros = 0;

ISR(TIMER0_OVF_vect)
{
    unsigned long m = timer0_millis;
    int f = timer0_micros;

    m += MILLIS_INCREMENT_PER_OVERFLOW;    // 밀리초 단위 시간 증가
    f += MICROS_INCREMENT_PER_OVERFLOW;    // 마이크로초 단위 시간 증가

    // 마이크로초가 1,000을 넘어가면 밀리초를 증가시킴
    m += (f / 1000);
    f = f % 1000;

    timer0_millis = m;
    timer0_micros = f;
}

unsigned long millis()
{
    unsigned long m;
    uint8_t oldSREG = SREG;                // 상태 레지스터 값 저장

    // timer0_millis 값을 읽는 동안
    // timer0_millis 값이 변하지 않도록 인터럽트를 비활성화
    cli();
```

```
    m = timer0_millis;

    SREG = oldSREG;                             // 이전 상태 레지스터 값 복원

    return m;                                   // 프로그램 시작 후 경과 시간
}

void init_timer0()
{
    TCCR0 |= (1 << CS02);                       // 분주비를 64로 설정
    TIMSK |= (1 << TOIE0);                      // 오버플로 인터럽트 허용

    sei();                                      // 전역적으로 인터럽트 허용
}

int main(void)
{
    uint8_t state = 0;                          // LED 상태

    init_timer0();                              // 타이머/카운터 0번 초기화

    DDRB = 0x01;                                // PB0 핀을 출력으로 설정
    PORTB = 0x00;                               // LED는 끈 상태에서 시작

    unsigned long time_previous, time_current;
    time_previous = millis();                   // 시작 시간

    while(1)
    {
        time_current = millis();                // 현재 시간

        if((time_current - time_previous) > 1000){   // 1초 경과
            time_previous = time_current;

            state = (state + 1) % 2;            // LED 상태 반전
            PORTB = state;
        }
    }

    return 0;
}
```

13.7 요약

타이머/카운터는 주기가 일정한 펄스를 세고 이를 바탕으로 시간을 측정하기 위해 사용하는 장치다. ATmega128은 8비트 타이머/카운터와 16비트 타이머/카운터를 포함하고 있으며, 이 장

에서는 8비트 타이머/카운터 사용 방법에 대해 알아보았다. 8비트 타이머/카운터의 경우 0에서 255까지 카운트를 반복하므로 1초에 16,000,000개 클록이 발생하는 ATmega128에서는 아주 짧은 시간($\frac{256}{16,000,000} = 16\mu s$)만을 측정할 수 있다. 측정 시간을 늘리기 위해서는 타이머/카운터에 공급되는 클록 펄스를 느리게 하는 방법을 사용할 수 있는데, 이를 분주라고 한다.

타이머/카운터는 타이머/카운터가 셀 수 있는 최댓값을 넘어서는 경우 발생하는 오버플로 인터럽트와, 미리 설정된 값과 동일한 펄스 개수에 도달한 경우 발생하는 비교 일치 인터럽트의 두 가지 인터럽트를 지원한다. 특히 비교 일치 인터럽트가 발생한 경우 특정 핀의 출력을 제어할 수 있는 파형 생성 기능을 지원하므로 이를 통해 간단하게 주변 장치를 제어할 수 있다.

타이머/카운터 사용 시 주의할 점은 타이머/카운터가 ATmega128의 메인 클록을 기반으로 동작한다는 점이다. 이 책에서는 ATmega128의 메인 클록으로 16MHz 크리스털을 사용하고 있지만, 크리스털은 정밀도가 높지 않으므로 정확한 타이밍이 요구된다면 고정밀의 외부 클록을 사용하거나 전용 하드웨어 시계를 사용하는 것이 좋다.

연습 문제

1 포트 B에 8개의 LED를 연결하자. 코드 13-1을 참고하여 타이머/카운터 0번의 오버플로 인터럽트를 사용하여 0.5초 간격으로 아래 패턴을 반복해서 표시하도록 프로그램을 작성해 보자.

비트 번호	7	6	5	4	3	2	1	0
패턴 1								
패턴 2								
패턴 3								
패턴 4								
패턴 5								
패턴 6								
패턴 7								
패턴 8								

2 문제 1의 경우 타이머/카운터 0번의 오버플로 인터럽트를 사용하였다. 코드 13-9를 참고하여 동일한 동작을 수행하는 프로그램을 millis 함수를 사용하여 작성해 보자.

CHAPTER

14 16비트 타이머/카운터

타이머/카운터는 ATmega128에 공급되는 클록을 기준으로 펄스를 세고, 이를 통해 시간을 측정하는 장치를 말한다. ATmega128은 2개의 8비트 타이머/카운터와 2개의 16비트 타이머/카운터를 제공하고 있다. 16비트 타이머/카운터는 8비트 타이머/카운터에 비해 긴 시간을 측정할 수 있다는 점을 제외하면 기본적으로 8비트 타이머/카운터와 동일하다. 이 장에서는 16비트 타이머/카운터에 대해 알아본다.

14.1 16비트 타이머/카운터

ATmega128은 4개의 타이머/카운터를 포함하고 있다. 이 중 0번과 2번 타이머/카운터는 8비트고, 1번과 3번 타이머/카운터는 16비트다. 8비트와 16비트 타이머/카운터의 기본적인 동작은 동일하지만, ATmega128이 제공하는 CPU는 8비트이므로 16비트 카운터를 사용하는 방법은 8비트 카운터에 비해 복잡할 수밖에 없다. 16비트 타이머/카운터의 구조는 그림 14-1과 같다.

16비트 타이머/카운터에서 오버플로 인터럽트와 비교 일치 인터럽트를 사용할 수 있다는 점은 8비트 타이머/카운터에서와 동일하다. 하지만 비교 일치 인터럽트의 경우 8비트 타이머/카운터와 달리 3개를 사용할 수 있다. 따라서 타이머/카운터의 동작을 제어하는 TCCR 레지스터 역시 3개가 존재한다. 이외에도 ICP(Input Capture Pin, n = 1, 3) 핀을 통해 특정 사건이 발생하는 경우 현재 TCNTn 레지스터의 값을 저장하기 위한 ICRn(Input Capture Register) 레지스터가 존재한다.

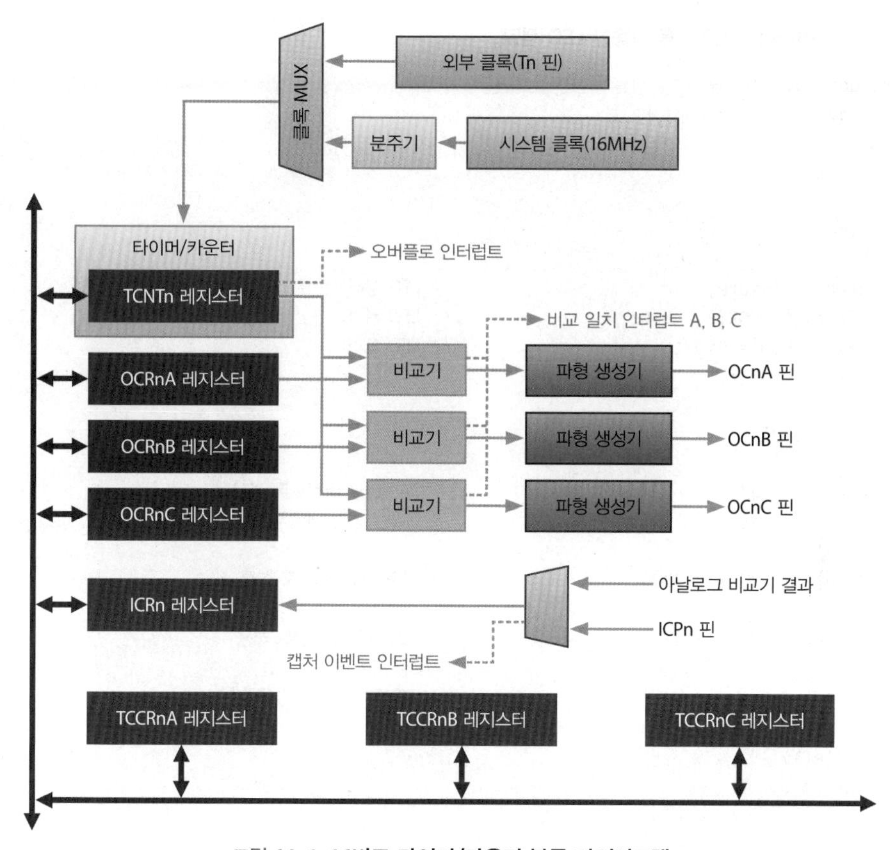

그림 14-1 **16비트 타이머/카운터 블록 다이어그램**

14.2 오버플로 인터럽트

먼저 오버플로 인터럽트를 사용해 보자. 8비트 타이머/카운터의 경우 0에서 255까지만 셀 수 있어 16MHz 클록을 사용하고 분주하지 않는 경우 $\frac{256}{16M}$ = 0.016ms의 시간 간격을 가진다. 반면 16비트 타이머/카운터의 경우에는 0에서 65,535까지 셀 수 있어 $\frac{65,536}{16M}$ = 4.096ms의 시간 간격을 가질 수 있다. 16비트 타이머/카운터에서 분주비를 256으로 설정한다면 $\frac{65,536 \times prescale}{16M} = \frac{2^{16} \times 2^{8}}{2^{4} \times 10^{6}} \approx \frac{2^{16} \times 2^{8}}{2^{4} \times 2^{20}} = 1$로 약 1초에 한 번 오버플로 인터럽트가 발생한다. 코드 14-1은 타이머/카운터 1번을 사용하여 1초 간격으로 PB0 핀에 연결된 LED를 점멸하는 프로그램의 예다.

코드 14-1 **오버플로 인터럽트를 이용한 LED 점멸**

```
#include <avr/io.h>
#include <avr/interrupt.h>

int state = 0;

ISR(TIMER1_OVF_vect)
{
    state = !state;                         // LED 상태 반전
    if(state) PORTB = 0x01;                 // LED 켜기
    else PORTB = 0x00;                      // LED 끄기
}

int main(void)
{
    DDRB = 0x01;                            // PB0 핀을 출력으로 설정
    PORTB = 0x00;                           // LED는 끈 상태에서 시작

    TCCR1B |= (1 << CS12);                  // 분주비를 256으로 설정

    TIMSK |= (1 << TOIE1);                  // 오버플로 인터럽트 허용

    sei();                                  // 전역적으로 인터럽트 허용

    while(1){ }
    return 0;
}
```

8비트 타이머/카운터를 사용하는 경우 오버플로 인터럽트가 64번 발생해야 1초가 경과했던 것을 기억할 것이다. 하지만 16비트 타이머/카운터를 사용하면 8비트 타이머/카운터보다 훨씬 긴 시간 간격을 설정할 수 있으므로 1초에 한 번 오버플로 인터럽트를 발생시키고, 인터럽트가 발생할 때마다 LED를 반전시키면 된다.

현재까지 센 펄스의 개수는 TCNTn(n = 1, 3) 레지스터에 기록된다. 16비트 타이머/카운터를 사용하므로 TCNTn 레지스터 역시 16비트여야 하지만, ATmega128은 8비트 CPU를 제공하므로 레지스터의 크기 역시 8비트다. 따라서 ATmega128에서는 2개의 8비트 레지스터를 묶어 TCNTn 레지스터라는 이름으로 사용한다. TCNTn 레지스터는 상위 바이트를 나타내는 TCNTnH 레지스터와 하위 바이트를 나타내는 TCNTnL 레지스터로 구성된다. TCNTn 레지스터의 구조는 그림 14-2와 같다.

비트	15	14	13	12	11	10	9	8
TCNTnH	TCNTn[15:8]							
TCNTnL	TCNTn[7:0]							
비트	7	6	5	4	3	2	1	0
읽기/쓰기	R/W	R/W	R/W	R/W	R/W	R/W	R/W	R/W
초깃값	0	0	0	0	0	0	0	0

그림 14-2 **TCNTn(n = 1, 3) 레지스터의 구조**

타이머/카운터는 디폴트로 비활성 상태에 있으므로 타이머/카운터를 사용하기 위해서는 활성 상태로 변경해야 한다. 코드 14-1에서 타이머/카운트를 활성 상태로 변경하는 부분은 TCCR1B(Timer/Counter1 Control Register B) 레지스터에 분주비를 설정하는 부분이다. TCCR1B 레지스터의 구조는 그림 14-3과 같다.

비트	7	6	5	4	3	2	1	0
	ICNC1	ICES1	–	WGM13	WGM12	CS12	CS11	CS10
읽기/쓰기	R/W	R/W	R	R/W	R/W	R/W	R/W	R/W
초깃값	0	0	0	0	0	0	0	0

그림 14-3 **TCCR1B 레지스터의 구조**

7번 ICNC1(Input Capture Noise Canceler) 비트와 6번 ICES1(Input Capture Edge Select) 비트는 입력 캡처 시 사용하는 비트다. 4번 WGM13(Wave Generation Mode) 비트와 3번 WGM12 비트는 비교 일치 인터럽트에 사용하는 비트다.

2번에서 0번까지의 CS1n(n = 0, 1, 2)(Clock Select) 비트는 분주비를 설정하기 위해 사용하는 비트로, 코드 14-1에서는 CS1n에 100_2 값을 설정함으로써 분주비가 256이 되도록 설정하고 있다. CS1n의 디폴트 값은 000_2으로 타이머/카운터는 동작하지 않는다. CS1n 비트 설정에 따른 분주비는 표 14-1과 같다.

표 14-1 **CS0n(n = 0, 1, 2) 비트 설정에 따른 분주비**

CS12	CS11	CS10	설명
0	0	0	클록 소스 없음(타이머/카운터 정지)
0	0	1	분주비 1(분주 없음)
0	1	0	분주비 8
0	1	1	분주비 64
1	0	0	분주비 256
1	0	1	분주비 1,024
1	1	0	T1 핀의 외부 클록을 사용하며 하강 에지에서 동작함
1	1	1	T1 핀의 외부 클록을 사용하며 상승 에지에서 동작함

인터럽트 역시 디폴트로 발생하지 않도록 설정되어 있으므로 타이머/카운터 1번의 오버플로 인터럽트를 활성화시켜 주어야 한다. 인터럽트 활성화 비트는 TIMSK(Timer/Counter Interrupt Mask Register) 레지스터에 포함되어 있다. 그림 14-4는 TIMSK 레지스터의 구조를 나타낸 것이다.

비트	7	6	5	4	3	2	1	0
	OCIE2	TOIE2	TICIE1	OCIE1A	OCIE1B	TOIE1	OCIE0	TOIE0
읽기/쓰기	R/W	R/W	R/W	R/W	R/W	R/W	R/W	R/W
초깃값	0	0	0	0	0	0	0	0

그림 14-4 **TIMSK 레지스터의 구조**

TIMSK 레지스터의 비트 중 1번 타이머/카운터의 오버플로 인터럽트를 활성화시키는 비트는 2번 TOIE1(Timer/Counter1 Overflow Interrupt Enable) 비트다. 그림 14-1에서도 알 수 있듯이 1번 타이머/카운터와 관련된 인터럽트는 오버플로 인터럽트 1개, 비교 일치 인터럽트 3개, 입력 캡처 인터럽트 1개로 모두 5개다. 3번 OCIE1B(Timer/Counter1 Output Compare B Match Interrupt Enable) 비트와 4번 OCIE1A 비트는 비교 일치 인터럽트 A와 B를 활성화시키는 비트이며, 5번 TICIE1(Timer/Counter1 Input Capture Interrupt Enable) 비트는 입력 캡처 인터럽트를 활성화시키는 비트다. 나머지 하나인 비교 일치 인터럽트 C를 활성화시키는 비트는 ETIMSK(Extended Timer/Counter Interrupt Mask Register) 레지스터에 포함되어 있다. ETIMSK 레지스터의 구조는 그림 14-5와 같다.

비트	7	6	5	4	3	2	1	0
	-	-	TICIE3	OCIE3A	OCIE3B	TOIE3	OCIE3C	OCIE1C
읽기/쓰기	R	R	R/W	R/W	R/W	R/W	R/W	R/W
초깃값	0	0	0	0	0	0	0	0

그림 14-5 **ETIMSK 레지스터의 구조**

0번 OCIE1C 비트가 1번 타이머/카운터의 비교 일치 인터럽트 C를 활성화시키기 위해 사용하는 비트이며, 나머지 5개 비트는 3번 타이머/카운터의 인터럽트를 활성화시키는 비트다.

오버플로 인터럽트에 해당하는 조건을 만족하면 TIFR(Timer/Counter Interrupt Flag Register) 레지스터의 해당 비트가 먼저 세트된다. TIFR 레지스터의 해당 비트가 세트되었을 때 TIMSK 레지스터의 해당 비트가 세트된 상태라면 실제로 인터럽트가 발생하게 된다. TIFR 레지스터의 구조는 그림 14-6과 같다.

비트	7	6	5	4	3	2	1	0
	OCF2	TOV2	ICF1	OCF1A	OCF1B	TOV1	OCF0	TOV0
읽기/쓰기	R/W	R/W	R/W	R/W	R/W	R/W	R/W	R/W
초깃값	0	0	0	0	0	0	0	0

그림 14-6 **TIFR 레지스터의 구조**

2번 TOV1(Timer/Counter1 Overflow Flag) 비트는 오버플로가 발생한 경우 세트되는 비트이고, 3번 OCF1B(Timer/Counter1 Output Compare B Match Flag) 비트는 비교 일치 B가 발생한 경우 세트되는 비트이며, 4번 OCF1A 비트는 비교 일치 A가 발생한 경우 세트되는 비트다. 5번 ICF1(Timer/Counter1 Input Capture Flag) 비트는 입력 캡처가 발생한 경우 세트되는 비트다. TIMSK 레지스터와 마찬가지로 비교 일치 C가 발생한 경우 세트되는 비트는 ETIFR(Extended Timer/Counter Interrupt Flag Register)에 존재한다. ETIFR 레지스터의 구조는 그림 14-7과 같다.

비트	7	6	5	4	3	2	1	0
	-	-	ICF3	OCF3A	OCF3B	TOV3	OCF3C	OCF1C
읽기/쓰기	R/W	R/W	R/W	R/W	R/W	R/W	R/W	R/W
초깃값	0	0	0	0	0	0	0	0

그림 14-7 **ETIFR 레지스터의 구조**

0번 OCF1C 비트가 1번 타이머/카운터의 비교 일치 C가 발생한 경우 세트되는 비트이며, 나머지 5개 비트는 3번 타이머/카운터의 각 인터럽트가 발생한 경우 세트된다.

16비트 타이머/카운터와 관련된 인터럽트는 5개씩 모두 10개가 존재한다. 표 14-2는 1번과 3번 타이머/카운터와 관련된 인터럽트와 각 인터럽트를 허용하는 비트를 요약한 것이다.

표 14-2 **타이머/카운터 1번 및 3번과 관련된 인터럽트**

벡터 번호	인터럽트	벡터 이름	인터럽트 허용 비트	
12	입력 캡처 인터럽트	TIMER1_CAPT_vect	TICIE1	Timer/Counter1 Input Capture Interrupt Enable
13	비교 일치 A 인터럽트	TIMER1_COMPA_vect	OCIE1A	Timer/Counter 1 Output Compare Match A Interrupt Enable
14	비교 일치 B 인터럽트	TIMER1_COMPB_vect	OCIE1B	Timer/Counter 1 Output Compare Match B Interrupt Enable
15	오버플로 인터럽트	TIMER1_OVF_vect	TOIE1	Timer/Counter 1 Overflow Interrupt Enable
25	비교 일치 C 인터럽트	TIMER1_COMPC_vect	OCIE1C	Timer/Counter 1 Output Compare Match C Interrupt Enable
26	입력 캡처 인터럽트	TIMER3_CAPT_vect	TICIE3	Timer/Counter3 Input Capture Interrupt Enable
27	비교 일치 A 인터럽트	TIMER3_COMPA_vect	OCIE3A	Timer/Counter 3 Output Compare Match A Interrupt Enable
28	비교 일치 B 인터럽트	TIMER3_COMPB_vect	OCIE3B	Timer/Counter 3 Output Compare Match B Interrupt Enable
29	비교 일치 C 인터럽트	TIMER3_COMPC_vect	OCIE3C	Timer/Counter 3 Output Compare Match C Interrupt Enable
30	오버플로 인터럽트	TIMER3_OVF_vect	TOIE3	Timer/Counter 3 Overflow Interrupt Enable

14.3 비교 일치 인터럽트

0.5초 간격으로 LED를 제어하는 프로그램을 1번 타이머/카운터의 비교 일치 인터럽트 A를 사용하여 작성한 예가 코드 14-2다.

코드 14-2 **비교 일치 인터럽트를 이용한 LED 점멸**

```
#include <avr/io.h>
#include <avr/interrupt.h>

int state = 0;

ISR(TIMER1_COMPA_vect)
{
    state = !state;                          // LED 상태 반전
    if(state) PORTB = 0x01;                  // LED 켜기
    else PORTB = 0x00;                       // LED 끄기

    TCNT1 = 0;                               // 자동으로 0으로 변하지 않는다.
}

int main(void)
{
    DDRB = 0x01;                             // PB0 핀을 출력으로 설정
    PORTB = 0x00;                            // LED는 끈 상태에서 시작

    OCR1A = 0x7FFF;                          // 비교 일치값 설정

    TCCR1B |= (1 << CS12);                   // 분주비를 256으로 설정

    TIMSK |= (1 << OCIE1A);                  // 비교 일치 A 인터럽트 허용

    sei();                                   // 전역적으로 인터럽트 허용

    while(1){ }
    return 0;
}
```

비교 일치 인터럽트 A를 사용하기 위해서는 먼저 OCR1A(Output Compare Register) 레지스터에 비교값을 설정해 주어야 한다. OCR1A 레지스터의 구조는 그림 14-8과 같으며, TCNT1 레지스터와 마찬가지로 16비트 값을 저장하기 위해 2개의 8비트 레지스터를 조합하여 사용한다.

비트	15	14	13	12	11	10	9	8
OCR1xH	OCR1x[15:8]							
OCR1xL	OCR1x[7:0]							
비트	7	6	5	4	3	2	1	0
읽기/쓰기	R/W	R/W	R/W	R/W	R/W	R/W	R/W	R/W
초깃값	0	0	0	0	0	0	0	0

그림 14-8 **OCR1x(x = A, B, C)**

코드 14-2에서는 OCR1A 레지스터의 값을 0x7FFF로 설정하여 오버플로 인터럽트보다 2배 빨리 인터럽트가 발생한다. 따라서 코드 14-1에서는 1초 간격으로 LED가 깜빡였다면 코드 14-2에서는 0.5초 간격으로 깜빡거린다. 16비트 타이머/카운터에서도 8비트 타이머/카운터와 마찬가지로 비교 일치가 발생한 경우 TCNT1 값이 자동으로 0으로 초기화되지 않으므로 인터럽트 서비스 루틴에서 TCNT0 레지스터의 값을 0으로 설정해 주어야 한다.

그림 14-1에서 알 수 있듯이 16비트 타이머/카운터는 3개의 비교 일치값을 지정할 수 있다. 포트 B의 0번에서 2번 핀(PB0~PB2)에 3개의 LED를 연결하고, PB0 핀에 연결된 LED는 1초 간격으로, PB1 핀에 연결된 LED는 0.5초 간격으로, 그리고 PB2 핀에 연결된 LED는 0.25초 간격으로 깜빡거리도록 프로그램을 작성해 보자. 코드 14-1에서 오버플로 인터럽트는 1초 간격으로 발생하고, 코드 14-2에서 비교 일치 인터럽트 A는 0.5초 간격으로 발생한다. 따라서 0.25초와 0.75초에서도 비교 일치 인터럽트가 발생하도록 설정하고 각 인터럽트 서비스 루틴에서 해당 LED를 제어하면 된다. LED 제어를 위한 타이밍을 정리하면 표 14-3과 같이 나타낼 수 있다.

표 14-3 서로 다른 주기로 깜빡이는 LED 제어를 위한 토글 시점

인터럽트	비교 일치 A	비교 일치 B	비교 일치 C	오버플로
TCNT1 값	0x3FFF	0x7FFF	0xBFFF	0xFFFF
인터럽트 간격	0.25초	0.5초	0.75초	1초
PB0				○
PB1		○		○
PB2	○	○	○	○

코드 14-3은 표 14-3에 따라 4개의 인터럽트를 발생시키고, 각 인터럽트 처리 루틴에서 LED를 제어하는 프로그램의 예다.

코드 14-3 서로 다른 주기를 갖는 LED 점멸

```
#include <avr/io.h>
#include <avr/interrupt.h>

int state0 = 0, state1 = 0, state2 = 0;

ISR(TIMER1_COMPA_vect)
{
    state2 = !state2;                    // PB2 핀의 LED 제어
```

```
    if(state2) PORTB |= 0x04;
    else PORTB &= ~0x04;
}

ISR(TIMER1_COMPB_vect)
{
    state2 = !state2;                          // PB2 핀의 LED 제어
    if(state2) PORTB |= 0x04;
    else PORTB &= ~0x04;

    state1 = !state1;                          // PB1 핀의 LED 제어
    if(state1) PORTB |= 0x02;
    else PORTB &= ~0x02;
}

ISR(TIMER1_COMPC_vect)
{
    state2 = !state2;                          // PB2 핀의 LED 제어
    if(state2) PORTB |= 0x04;
    else PORTB &= ~0x04;
}

ISR(TIMER1_OVF_vect)
{
    state2 = !state2;                          // PB2 핀의 LED 제어
    if(state2) PORTB |= 0x04;
    else PORTB &= ~0x04;

    state1 = !state1;                          // PB1 핀의 LED 제어
    if(state1) PORTB |= 0x02;
    else PORTB &= ~0x02;

    state0 = !state0;                          // PB0 핀의 LED 제어
    if(state0) PORTB |= 0x01;
    else PORTB &= ~0x01;
}

int main(void)
{
    DDRB = 0x07;                               // PB0~PB2 핀을 출력으로 설정
    PORTB = 0x00;                              // LED는 끈 상태에서 시작

    OCR1A = 0x3FFF;                            // 비교 일치 A(4분의 1초 간격)
    OCR1B = 0x7FFF;                            // 비교 일치 B(4분의 2초 간격)
    OCR1C = 0xBFFF;                            // 비교 일치 C(4분의 3초 간격)

    TCCR1B |= (1 << CS12);                     // 분주비를 256으로 설정
```

```
    // 비교 일치 A & B, 오버플로 인터럽트 허용
    TIMSK |= (1 << OCIE1A) | (1 << OCIE1B) | (1 << TOIE1);
    // 비교 일치 C 인터럽트 허용
    ETIMSK |= (1 << OCIE1C);

    sei();                                          // 전역적으로 인터럽트 허용

    while(1){ }
    return 0;
}
```

14.4 파형 출력

비교 일치가 발생하는 경우 인터럽트 외에도 지정된 핀을 통해 신호를 출력하는 것이 가능한데, 그림 14-1에서 파형 생성기를 통해 OCnx(n = 1, 3; x = A, B, C) 핀에 연결된 부분이 신호 출력에 해당한다. 16비트 타이머/카운터는 3개의 비교 일치 인터럽트와 3개의 파형 생성기를 사용할 수 있다.

표 14-4는 각 카운터/타이머를 통해 파형을 출력할 수 있는 핀을 요약한 것이다.

표 14-4 **비교 일치 인터럽트 시 파형 출력 핀**

타이머/카운터	파형 출력 핀	ATmega128 핀 번호
0	OC0	PB4
1	OC1A	PB5
	OC1B	PB6
	OC1C	PB7
2	OC2	PB7
3	OC3A	PE3
	OC3B	PE4
	OC3C	PE5

코드 14-4는 1번 타이머/카운터에서 비교 일치 인터럽트가 발생하는 경우 파형 생성 기능을 이용하여 OC1A 핀(PB5)에 연결된 LED를 점멸시키는 프로그램의 예다.

코드 14-4 **파형 생성**

```
#include <avr/io.h>
#include <avr/interrupt.h>

int state = 0;

ISR(TIMER1_COMPA_vect)
{
    TCNT1 = 0;                                  // 자동으로 0으로 변하지 않는다
}

int main(void)
{
    DDRB = 0x20;                                // PB5 핀을 출력으로 설정
    PORTB = 0x00;                               // LED는 끈 상태에서 시작

    OCR1A = 0x7FFF;                             // 비교 일치값 설정

    TCCR1B |= (1 << CS12);                      // 분주비를 256으로 설정

    // 비교 일치 인터럽트 발생 시 OC1A 핀의 출력을 반전
    TCCR1A |= (1 << COM1A0);

    TIMSK |= (1 << OCIE1A);                     // 비교 일치 A 인터럽트 허용

    sei();                                      // 전역적으로 인터럽트 허용

    while(1){ }
    return 0;
}
```

코드 14-4를 업로드하고 LED를 살펴보면 LED가 0.5초 간격으로 깜빡거리는 것을 확인할 수 있다. 코드 14-4의 어디에서도 LED를 점멸시키는 코드는 찾아볼 수 없지만 LED는 깜빡거린다. 비밀은 바로 그림 14-1의 파형 생성기에 있다. 파형 생성기는 비교 일치 인터럽트가 발생할 때마다 OC1A 핀의 출력을 반전시켜 LED를 점멸시킨다. 코드 14-2, 코드 14-3과 코드 14-4를 비교했을 때 달라진 점은 TCCR1A 레지스터의 COM1A0 비트를 세트하여 파형 생성기의 동작을 설정하는 부분이다.

TCCR1A 레지스터에 대해 설명하기 전에 한 가지 짚고 넘어가자. 8비트 타이머/카운터를 통해 파형 출력을 사용한 경우 LED는 아주 빠른 속도로 깜빡거리고 그 시간을 더 길게 할 수 없었던 점을 기억할 것이다. 파형 출력은 비교 일치 인터럽트가 발생하는 시점에서 하드웨어에

의해 자동으로 이루어지므로 8비트 타이머/카운터의 경우 가장 긴 분주비를 사용한다 해도 1초에 약 32번 LED가 깜빡거린다. 하지만 16비트 타이머/카운터를 사용하는 경우에는 충분히 긴 시간 간격을 두고 LED를 깜빡거리게 할 수 있다. 코드 14-4에서는 256의 분주비를 사용하고 있다. 코드 14-4에서 분주비를 1,024로 변경하면 2초 간격으로 LED를 점멸시킬 수 있으며, OCR1A 값을 더 큰 값으로 변경하면 시간 간격을 더 길게 설정할 수도 있다.

```
TCCR1B |= (1 << CS12) | (1 << CS10);        // 분주비를 1,024로 설정
```

그림 14-9는 파형 생성기 동작 설정에 사용한 TCCR1A 레지스터의 구조를 나타낸 것이다.

비트	7	6	5	4	3	2	1	0
	COM1A1	COM1A0	COM1B1	COM1B0	COM1C1	COM1C0	WGM11	WGM10
읽기/쓰기	R/W	R/W	R/W	R/W	R/W	R/W	R/W	R/W
초깃값	0	0	0	0	0	0	0	0

그림 14-9 **TCCR1A 레지스터의 구조**

7번부터 2번까지 6개 비트는 2개씩 쌍을 이루어 비교 일치 발생 시 각 파형 생성기의 동작을 설정한다. 파형 생성기의 동작은 파형 생성 모드(Wave Generation Mode, WGM)의 영향을 받는다. TCCR1A 레지스터에는 WGM11과 WGM10의 2개 비트가 존재하며, TCCR1B 레지스터에도 WGM13과 WGM12의 2개 비트가 존재하여 총 16개의 파형 생성 모드를 지정할 수 있다. TCCR1B 레지스터의 구조는 그림 14-10과 같다.

비트	7	6	5	4	3	2	1	0
	ICNC1	ICES1	-	WGM13	WGM12	CS12	CS11	CS10
읽기/쓰기	R/W	R/W	R	R/W	R/W	R/W	R/W	R/W
초깃값	0	0	0	0	0	0	0	0

그림 14-10 **TCCR1B 레지스터의 구조**

7번 ICNC1(Input Capture Noise Canceler) 비트와 6번 ICES1(Input Capture Edge Select) 비트는 입력 캡처 시 사용한다. 2번에서 0번까지의 CS1n(n = 0, 1, 2)(Clock Select) 비트는 분주비를 설정하기 위해 사용하는 비트다. 나머지 2개 비트는 파형 생성 모드를 지정하기 위해 사용한다.

TCCR1A 레지스터와 TCCR1B 레지스터의 WGM 비트 설정에 따른 파형 생성 모드는 표 14-5와 같다.

표 14-5 **WGM1n(n = 0, ..., 3) 비트 설정에 따른 파형 생성 모드**

모드 번호	TCCR1B 레지스터		TCCR1A 레지스터		타이머/카운터 모드	TOP
	WGM13	WGM12 (CTC)	WGM11 (PWM)	WGM10 (PWM)		
0	0	0	0	0	정상	0xFFFF
1	0	0	0	1	8비트 위상 교정 PWM	0x00FF
2	0	0	1	0	9비트 위상 교정 PWM	0x01FF
3	0	0	1	1	10비트 위상 교정 PWM	0x03FF
4	0	1	0	0	CTC	OCR1A
5	0	1	0	1	8비트 고속 PWM	0x00FF
6	0	1	1	0	9비트 고속 PWM	0x01FF
7	0	1	1	1	10비트 고속 PWM	0x03FF
8	1	0	0	0	위상 및 주파수 교정 PWM	ICR1
9	1	0	0	1	위상 및 주파수 교정 PWM	OCR1A
10	1	0	1	0	위상 교정 PWM	ICR1
11	1	0	1	1	위상 교정 PWM	OCR1A
12	1	1	0	0	CTC	ICR1
13	1	1	0	1	-	-
14	1	1	1	0	고속 PWM	ICR1
15	1	1	1	1	고속 PWM	OCR1A

16개의 모드 중 PWM과 관련된 모드는 15장에서 설명하고, 이 장에서는 0번, 4번, 12번 모드에 대해서만 다룬다. 정상 모드와 CTC 모드의 차이는 비교 일치가 발생한 경우 TCNT1 레지스터의 값을 0으로 설정하는지의 여부에 있다. 이전 프로그램에서는 정상 모드를 사용하여 TCNT0 값이 자동으로 0으로 설정되지 않아 인터럽트 서비스 루틴에서 TCNT0 값을 0으로 설정해 주었다. 하지만 CTC 모드를 사용하면 인터럽트 서비스 루틴 실행 시 자동으로 TCNT1 값이 0으로 설정된다.

TCCR1A 레지스터의 7번 COM1A1 비트와 6번 COM1A0 비트는 비교 일치 출력 모드를 설정하는 비트로 파형 생성 모드에 따라 달라지지만 정상 모드와 CTC 모드의 경우에는 동일하다. 정상 모드와 CTC 모드에서 COM1An(n = 0, 1) 비트 설정에 따른 비교 일치 출력 모드는 표 14-6과 같다.

표 14-6 **PWM 이외의 모드에서 COM1An(n = 0, 1) 비트 설정에 따른 비교 일치 출력 모드**

COM1A1	COM1A0	설명
0	0	OC1A 핀으로 데이터가 출력되지 않으며, OC1A 핀은 일반적인 범용 입출력 핀으로 동작한다.
0	1	비교 일치가 발생하면 OC1A 핀의 출력은 반전된다.
1	0	비교 일치가 발생하면 OC1A 핀의 출력은 LOW 값으로 바뀐다(clear).
1	1	비교 일치가 발생하면 OC1A 핀의 출력은 HIGH 값으로 바뀐다(set).

코드 14-4에서는 COM0n 값으로 01_2를 사용하여 비교 일치 인터럽트가 발생할 때마다 출력을 반전시키고 있다.

타이머/카운터의 동작을 제어하는 레지스터에는 TCCR1A 레지스터와 TCCR1B 레지스터 외에도 TCCR1C 레지스터가 있다. TCCR1C 레지스터의 구조는 그림 14-11과 같다.

비트	7	6	5	4	3	2	1	0
	FOC1A	FOC1B	FOC1C	-	-	-	-	-
읽기/쓰기	W	W	W	R	R	R	R	R
초깃값	0	0	0	0	0	0	0	0

그림 14-11 **TCCR1C 레지스터의 구조**

TCCR1C 레지스터의 FOC1x(x = A, B, C) 비트는 WGM 비트가 PWM 이외의 모드로 설정된 경우에만 세트된다. FOC1x 비트가 세트되면 비교 일치가 발생한 것과 동일한 효과가 파형 출력 핀 OC1x 핀으로 이루어진다. FOC1x 비트 세트는 일회성으로 필요할 때마다 1을 세트해야 한다. FOC1x 비트는 쓰기 전용으로 읽기가 가능하기는 하지만 항상 0의 값을 반환한다.

14.5 입력 캡처

표 14-5를 살펴보면 CTC 모드도 4번 모드와 12번 모드의 2개가 존재한다. 이들의 차이점은 무엇일까? 표 14-5를 통해 알 수 있는 것은 비교 일치가 발생하는 기준이 OCR1A 레지스터와 ICR1 레지스터로 다르다는 점이다. OCR1A(Output Compare Register 1 A) 레지스터는 비교 일치 기준을 설정하기 위해 사용하는 레지스터다. 반면 ICR1(Input Capture Register) 레지스터는 ICP1 핀에 입력의 변화가 발생했을 때 현재 TCNT1 레지스터의 값을 기록하기 위해 주로 사용하는 레지스터다. 하지만 WGM 비트가 12번 모드로 설정되면 ICR1 레지스터는 OCR1A 레지스터와 동일한 기능을 수행하므로 OCR1A 레지스터와 동일하게 사용할 수 있다. ICR1 레지스터의 구조는 그림 14-12와 같다.

비트	15	14	13	12	11	10	9	8
ICRnH	ICRn[15:8]							
ICRnL	ICRn[7:0]							
비트	7	6	5	4	3	2	1	0
읽기/쓰기	R/W	R/W	R/W	R/W	R/W	R/W	R/W	R/W
초깃값	0	0	0	0	0	0	0	0

그림 14-12 **ICRn(n = 1, 3) 레지스터의 구조**

입력 캡처는 특정 이벤트가 발생한 경우 그 시간을 기록하기 위해 사용한다. 이벤트는 입력 캡처 핀(Input Capture Pin, ICP)의 상태 변화를 통해 감지할 수 있으며, 1번 타이머/카운터의 경우 ICP 핀 이외에 아날로그 비교기의 결과 역시 사용할 수 있다. 상태 변화는 상승 및 하강 에지 중 선택할 수 있으며, TCCRnB 레지스터의 ICESn 비트가 사용된다. ICESn 비트의 디폴트 값은 0으로, 하강 에지에서 입력 캡처가 발생한다. 코드 14-5는 ICP1(PD4) 핀에 풀다운 저항을 통해 연결된 버튼을 누를 때의 1번 타이머/카운터 TCNT1 레지스터 값과 ICR1 레지스터의 값을 터미널로 출력하는 프로그램의 예다.

코드 14-5 **입력 캡처**

```
#include <avr/io.h>
#include <avr/interrupt.h>
#include <stdio.h>
#include "UART1.h"

FILE OUTPUT \
    = FDEV_SETUP_STREAM(UART1_transmit, NULL, _FDEV_SETUP_WRITE);
```

```
FILE INPUT \
    = FDEV_SETUP_STREAM(NULL, UART1_receive, _FDEV_SETUP_READ);

ISR(TIMER1_CAPT_vect)
{
    int temp1 = TCNT1;
    int temp2 = ICR1;

    printf("Input Capture : %u\r\n", temp2);
    printf("Timer/Counter : %u\r\n\r\n", temp1);
}

int main(void)
{
    stdout = &OUTPUT;
    stdin = &INPUT;

    UART1_init();                           // UART 통신 초기화

    TCCR1B |= (1 << CS12) | (1 << CS10);   // 분주비를 1,024로 설정

    TIMSK |= (1 << TICIE1);                // 입력 캡처 인터럽트 허용

    sei();                                  // 전역적으로 인터럽트 허용

    while(1){ }
    return 0;
}
```

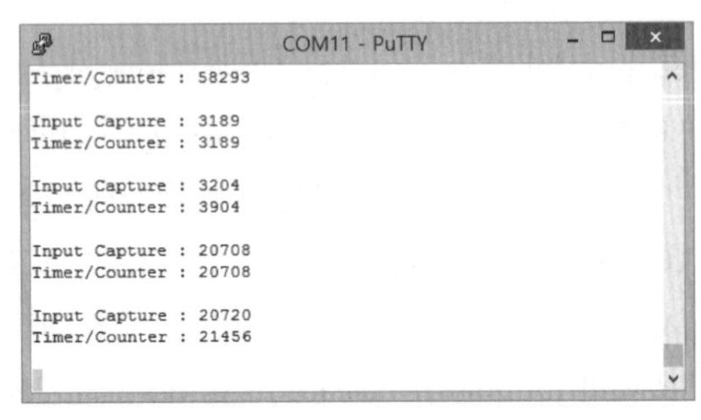

그림 14-13 **코드 14-5 실행 결과**

코드 14-5에서는 1번 타이머/카운터를 1,024의 분주비로 설정하여 동작시키고 있다. 그림 14-13의 실행 결과를 살펴보면 입력 캡처가 아주 짧은 시간 동안 두 번 발생하고 있다는 것을 확인할 수 있다. 이는 채터링에 의한 결과로, 버튼을 한 번 누를 때 입력 캡처가 발생하는 횟수는 사용하는 버튼에 따라 달라질 수 있다. 그림 14-13에서 또 한 가지 살펴볼 부분은 버튼을 누를 때 첫 번째 입력 캡처 인터럽트에서는 TCNT1의 값과 ICR1의 값이 동일하지만, 두 번째 입력 캡처

인터럽트에서는 TCNT1의 값과 ICR1의 값에 차이가 있다는 점이다. 이는 2개의 입력 캡처 인터럽트가 아주 짧은 시간 간격으로 발생하여 나타나는 현상이다. 입력 캡처가 발생하면 TIMSK 레지스터의 TICIE1 비트가 세트되고, 인터럽트가 허용되어 있는 경우에만 인터럽트가 발생한다. 즉, 실제 입력 캡처가 발생하는 시간과 인터럽트 서비스 루틴이 실행되는 시간 사이에는 차이가 있을 수 있다. 또한 인터럽트 서비스 루틴에서 UART 통신을 통해 문자열을 출력하는 것은 시간이 걸리는 작업이다. 따라서 두 번째 입력 캡처가 발생한 시점에서는 첫 번째 입력 캡처에 대한 인터럽트 서비스 루틴이나 다른 코드가 실행되고 있을 수 있으므로 약간의 지연시간이 발생하는 것이다. 채터링을 줄이기 위한 간단한 방법은 그림 14-14와 같이 커패시터를 추가하는 것으로, 커패시터를 추가한 경우 버튼을 누를 때 입력 캡처 인터럽트가 한 번 실행되는 것을 확인할 수 있다. 채터링과 디바운스에 관한 보다 자세한 내용은 8장을 참고하자.

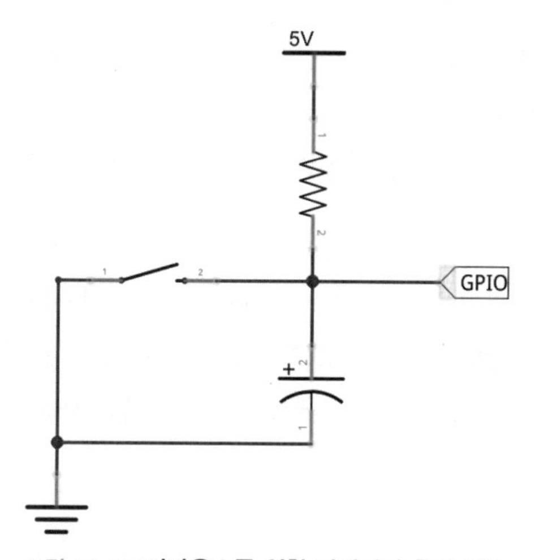

그림 14-14 **디바운스를 위한 커패시터 추가 회로**

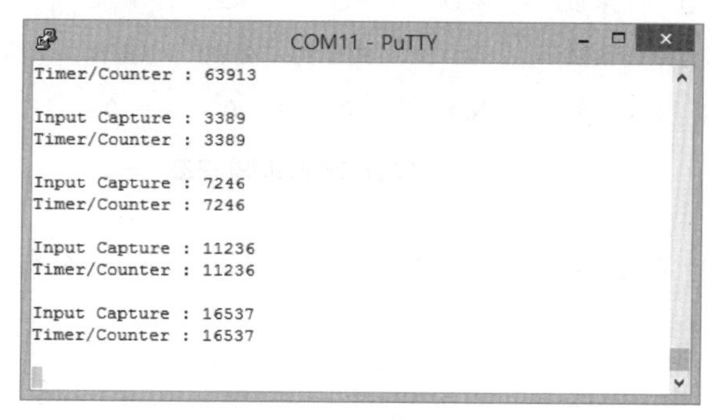

그림 14-15 **코드 14-5 실행 결과 – 버튼에 디바운스 회로를 추가한 경우**

입력 캡처가 발생하는 과정을 요약하면 그림 14-16과 같다.

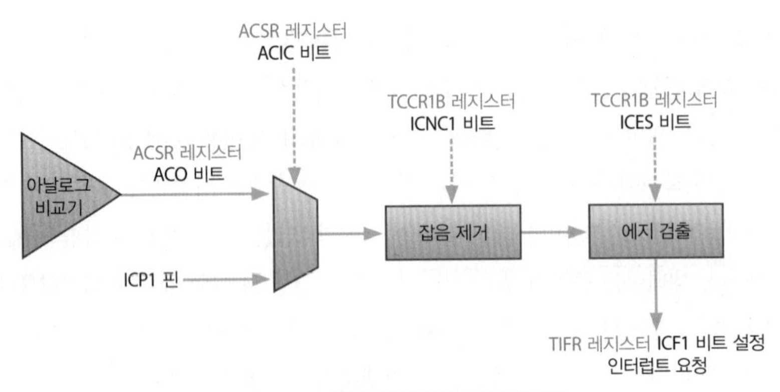

그림 14-16 **입력 캡처 블록 다이어그램**

1번 타이머/카운터는 아날로그 비교기의 결과 역시 소스로 사용할 수 있으며, 아날로그 비교기의 결과를 기록하는 ACSR(Analog Comparator Control and Status Register) 레지스터의 ACO (Analog Comparator Output) 비트 값을 사용한다. 코드 14-5에서는 ICP1(PD4) 핀에 연결된 버튼을 사용하고 있다.

아날로그 비교기의 결과를 입력 캡처 소스로 사용하기 위해서는 ACSR 레지스터의 ACIC (Analog Comparator Input Capture Enable) 비트를 세트해 주어야 한다. 디폴트로 0의 값을 가지므로 ICP1 핀이 소스로 사용되며, 코드 14-5에서도 디폴트 값을 사용하고 있다. ACSR 레지스터의 구조는 그림 14-17과 같다.

비트	7	6	5	4	3	2	1	0
	ACD	ACBG	ACO	ACI	ACIE	ACIC	ACIS1	ACIS0
읽기/쓰기	R/W	R/W	R	R/W	R/W	R/W	R/W	R/W
초깃값	0	0	N/A	0	0	0	0	0

그림 14-17 **ACSR 레지스터의 구조**

5번 ACO 비트와 2번 ACIC 비트 외의 비트는 아날로그 비교기에서 사용하는 비트로 11장을 참고하면 된다.

소스 선택 이외에 입력 캡처에 영향을 미치는 비트에는 TCCR1B 레지스터의 7번 ICNC1(Input Capture Noise Canceler) 비트와 6번 ICES1(Input Capture Edge Select) 비트가 있다. ICNC1 비트는 잡음 제거기(noise canceler)를 활성화시키는 비트다. 잡음 제거기가 활성화되면 연속된 4개의 샘플을 관찰하여 입력에 변화가 있는지의 여부를 판단한다. 즉, 연속된 4개의 샘플 이내에서 발생하는 채터링은 제거할 수 있다. 하지만 그림 14-13의 결과에서 볼 수 있듯이 채터링에 의해 버튼이 연속적으로 눌러지는 현상은 수십 클록의 간격을 두고 발생하고 있으므로 그림 14-13의 결과를 얻기 위해 사용한 버튼의 경우 잡음 제거기의 효과를 얻을 수 없다.

6번 ICES1 비트는 입력 캡처가 발생하는 시점을 제어한다. 디폴트 값인 0의 경우 하강 에지에서 입력 캡처가 발생하며, 1로 세트된 경우에는 상승 에지에서 입력 캡처가 발생한다. 코드 14-5에서는 디폴트 값인 하강 에지에서, 즉 버튼을 누르는 시점에서 입력 캡처가 발생하고 있다.

14.6 요약

타이머/카운터는 ATmega128에 공급되는 클록을 기준으로 시간을 측정할 수 있는 방법을 제공한다. ATmega128은 2개의 8비트 타이머/카운터와 2개의 16비트 타이머/카운터를 포함하고 있다. 13장에서는 8비트 타이머/카운터의 사용 방법을, 이 장에서는 16비트 타이머/카운터의 사용 방법을 살펴보았다. 8비트 타이머/카운터와 16비트 타이머/카운터의 차이는 최대로 카운트할 수 있는 펄스의 수에 있다. 8비트 타이머/카운터의 경우 최대 2^8개의 펄스만을 셀 수 있다. 16비트 타이머/카운터는 최대 2^{16}개의 펄스를 셀 수 있는데, 8비트 타이머/카운터에 비해 많은 펄스를 세는 것이 가능하여 보다 긴 시간을 측정할 수 있다. 이외에도 8비트 타이머/카운터와 달리 16비트 레지스터를 사용한다는 점에서 차이가 있지만, 2개의 8비트 레지스터로 구성되는 가상의 16비트 레지스터를 사용하므로 사용 방법에서는 8비트 타이머/카운터와 큰 차이가 없다.

16비트 타이머/카운터 역시 오버플로 인터럽트와 비교 일치 인터럽트를 지원하는 것은 8비트 타이머/카운터와 동일하다. 하지만 비교 일치 인터럽트의 경우 비교값을 3개까지 설정할 수 있으므로 하나의 16비트 타이머/카운터로 3개의 서로 다른 시간 간격을 설정하는 것이 가능하다. 또한 신호가 변하는 시점의 시간을 정확하게 찾아낼 수 있도록 캡처 이벤트 인터럽트를 지원한다.

타이머/카운터 및 이를 통한 인터럽트를 활용하면 정확한 타이밍이 필요한 작업을 처리할 수 있다. 또한 타이머/카운터는 하드웨어에서 지원하는 기능으로 하드웨어를 설정하는 작업만으로 사용할 수 있으므로 프로그램 작성에 대한 부담을 줄여 준다. 타이머/카운터를 사용하는 대표적인 기능에는 펄스폭 변조(PWM) 신호 생성 기능이 있는데, 이는 15장에서 살펴보자.

연습 문제

1 포트 B에 8개의 LED를 연결하고, PF0 핀에 가변저항을 연결하자. 가변저항을 돌려 가변저항에 가해지는 값이 변함에 따라 LED가 점멸하는 주기를 0.1초에서 1초 사이로 변하도록 프로그램을 작성해 보자. 주기를 조절하기 위해 비교 일치 인터럽트를 사용할 수 있으며, 가변저항에 가해지는 값에 따라 비교 일치값을 변경함으로써 주기를 변경할 수 있다.

2 문제 1 에서는 8개 LED가 동시에 점멸하면서 그 주기가 변하도록 하였다. 이를 아래 패턴이 반복해서 표시되도록 수정해 보자. 단, 가변저항을 돌려 패턴이 바뀌는 시간이 0.1초에서 1초 사이에서 변하도록 하는 점은 문제 1 과 동일하다.

비트 번호	7	6	5	4	3	2	1	0
패턴 1								
패턴 2								
패턴 3								
패턴 4								
패턴 5								
패턴 6								
패턴 7								
패턴 8								

CHAPTER

15 PWM

펄스폭 변조(Pulse Width Modulation, PWM) 신호는 구형파에서 HIGH인 부분과 LOW인 부분의 비율을 조절하여 아날로그 신호와 유사한 효과를 얻을 수 있는 디지털 신호의 일종이다. PWM 신호는 타이머/카운터를 통해 하드웨어적으로 생성이 가능하므로 간단한 설정만으로 만들어 낼 수 있다. 이 장에서는 8비트 및 16비트 타이머/카운터를 이용하여 PWM 신호를 생성하는 방법을 알아보고, 생성된 PWM 신호를 사용하여 LED의 밝기를 제어해 보자.

15.1 펄스폭 변조

마이크로컨트롤러는 디지털 컴퓨터의 일종이므로 처리할 수 있는 데이터는 0이나 1의 디지털 데이터뿐이다. 디지털 데이터로 LED를 켜거나 끄는 동작을 제어할 수는 있지만, 단순히 켜거나 끄는 동작이 아니라 밝기를 조절하고 싶은 경우가 있을 수 있다. 또는 모터의 속도를 조절하고 싶을 수도 있다. 이런 경우라면 0이나 1의 디지털 데이터로는 제어하기 어려우며 연속적인 아날로그 데이터가 필요하다. 마이크로컨트롤러로 아날로그 데이터를 직접 다룰 수 없다는 사실은 이미 알고 있지만, 아날로그 신호와 유사한 효과를 얻을 수 있는 방법이 존재한다. 바로 펄스폭 변조 신호를 사용하는 것이다.

마이크로컨트롤러는 디지털 데이터만을 처리할 수 있다. 그러나 아날로그 데이터를 디지털 데이터로 변환하여 처리할 수 있는데, 이를 위해 AD 변환이 필요하다. AD 변환의 경우 일반적으로 펄스 진폭 변조(Pulse Amplitude Modulation, PAM) 방식을 사용한다.

그림 15-1의 아날로그 신호가 있다고 가정해 보자.

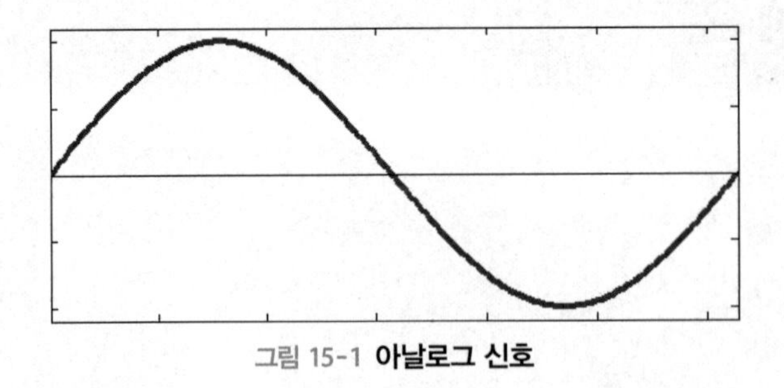

그림 15-1 **아날로그 신호**

PAM 방식을 사용하여 아날로그 데이터를 디지털 데이터로 변환하기 위해서는 먼저 샘플링 과정을 거쳐야 한다. 샘플링 과정은 동일한 시간 간격으로 아날로그 신호의 값을 취하는 과정을 말한다.

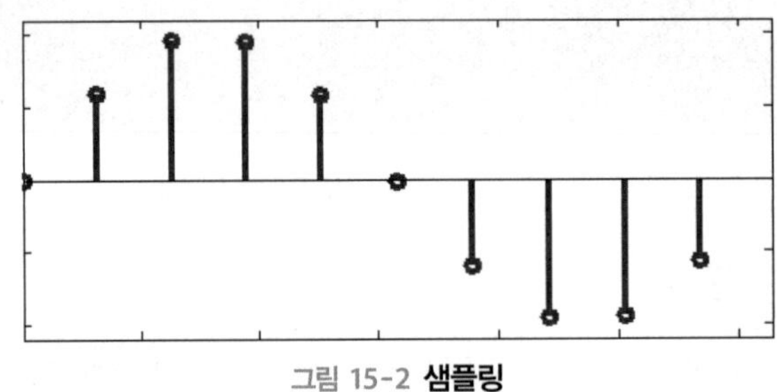

그림 15-2 **샘플링**

샘플링된 신호는 주어진 해상도에 따라 다시 그 높이를 가장 가까운 디지털 값으로 양자화(quantization)한다. 8비트 해상도를 가진다고 가정하면 그림 15-2에서 샘플링된 값들은 0에서 255 사이의 값으로 표현된다.

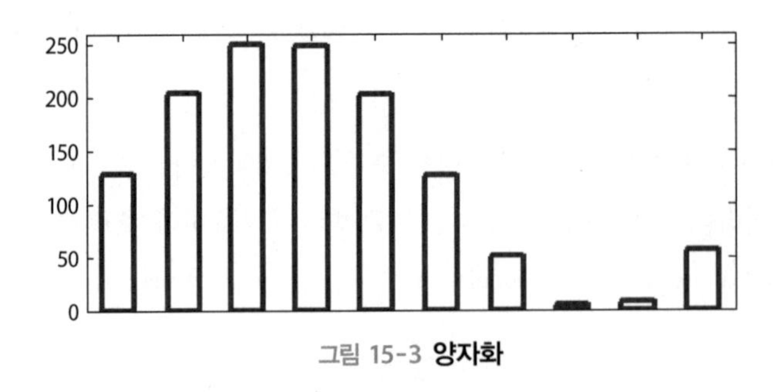

그림 15-3 **양자화**

ATmega128은 10비트의 해상도를 제공하므로 신호의 높이를 0에서 1,023까지 1,024단계의 디지털 값으로 변환할 수 있다. 양자화된 신호는 부호화 과정을 통해 0과 1을 열로 표현하여 마이크로컨트롤러에서 처리한다.

그림 15-4 **PAM 방식의 디지털 신호**

PWM 역시 아날로그 데이터를 디지털로 처리하는 방식 중 하나지만 아날로그 값을 펄스의 높이가 아닌 펄스의 폭으로 표현한다는 점에서 PAM 방식과 차이가 있다. 그림 15-5는 양자화한 디지털 값을 PWM 방식의 디지털 신호로 나타낸 것이다.

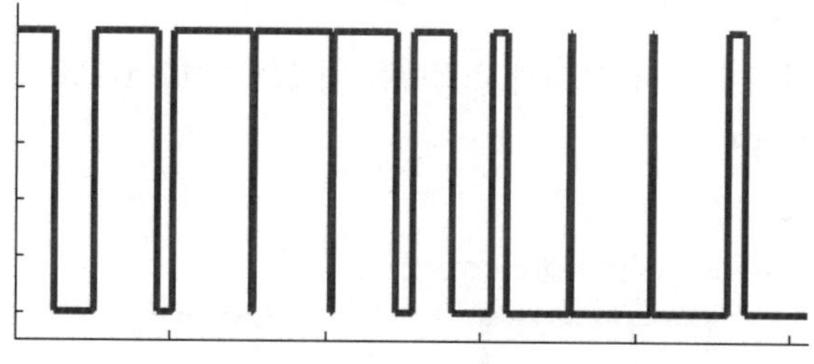

그림 15-5 **PWM 방식의 디지털 신호**

그림 15-4가 하나의 샘플을 동일한 개수(해상도)의 0 또는 1을 이용하여 이진수로 표현한 것이라면, 그림 15-5는 하나의 샘플을 한 주기 내에서 HIGH 값이 가지는 비율로 표현한 것이다. 이처럼 한 주기 내에서 HIGH 값이 가지는 비율을 듀티 사이클(duty cycle)이라고 하며, 그림 15-6은 듀티 사이클에 따른 PWM 신호의 파형을 보여 준다.

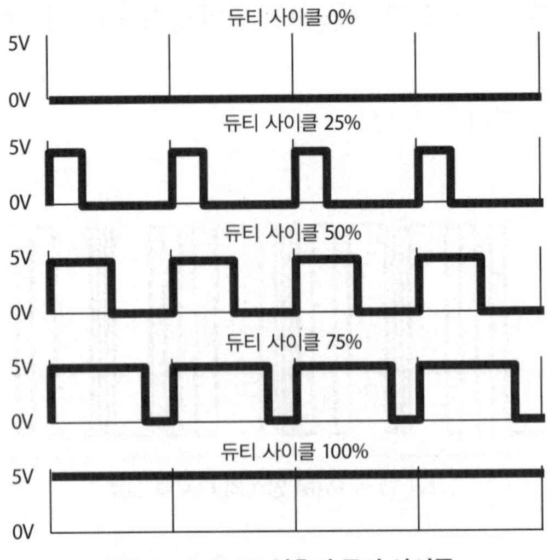

그림 15-6 PWM 신호의 듀티 사이클

정확한 비교는 아니지만 그림 15-4의 PAM 방식에서 하나의 샘플을 표현하기 위해 8비트가 필요하다면, 그림 15-5의 PWM 방식에서는 하나의 샘플을 표현하기 위해 256비트가 필요한 것으로 볼 수 있다. 즉, PWM 방식으로 디지털 데이터를 저장하기 위해서는 많은 저장 공간이 필요한 데다가 동작 주파수 역시 PAM과 비교했을 때 훨씬 높다. PAM 방식에 비해 그다지 장점이 없어 보이지 않은가?

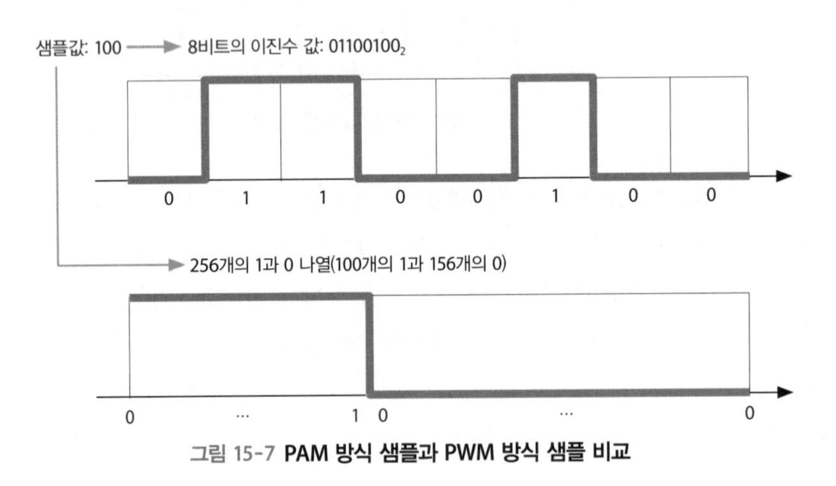

그림 15-7 PAM 방식 샘플과 PWM 방식 샘플 비교

PWM 신호가 PAM 신호에 비해 신호 대 잡음비가 높은 것도 사실이지만, 큰 저장 공간과 높은 동작 주파수로 인해 디지털 데이터의 저장이나 전송을 위한 방식으로는 널리 사용되지 않는다. 하지만 PWM 신호는 PAM 신호에 비해 간단하게 아날로그 신호의 효과를 얻을 수 있어 모터의 속도 제어나 LED의 밝기 제어 등을 위해 마이크로컨트롤러에서 흔히 사용하는 방식이다.

LED를 예로 들어 보자. LED의 밝기를 조절하기 위해서는 LED에 가변저항을 연결하여 LED에 가해지는 전압을 조절해야 한다. 하지만 이는 아날로그 영역으로 마이크로컨트롤러에서는 전류나 전압을 직접 제어하기 어렵다. 다른 방법은 주어진 시간, 즉 한 주기 내에서 LED를 켜는 시간을 조절하는 것이다. 한 주기 동안 계속해서 LED를 켠다면, 즉 듀티 사이클이 100%라면 LED는 항상 켜져 있는 상태에서 100%의 밝기를 보여 줄 것이다. 하지만 한 주기 내에서 LED를 절반만 켜고 나머지 절반은 끈다면 잔상 효과에 의해 50% 정도의 밝기로 인식할 것이다. 이처럼 PWM은 빠른 속도로 스위치를 켜고 끄는 작업을 반복함으로써 평균 전압을 조절하여 0이나 1이 아닌 그 사이의 '아날로그 값과 유사한' 값을 가질 수 있도록 해 준다. 이때 한 가지 주의할 점은 LED가 PWM 신호의 한 주기 내에서 켜고 끄는 동작에 개별적으로 반응할 수 없을 만큼 빨리 동작해야 한다는 점이다.

그림 15-7과 같이 256비트로 구성되는 PWM 신호가 있을 때 하나의 비트가 1초에 해당한다면 100초 동안은 LED가 켜져 있고 나머지 156초 동안은 LED가 꺼져 있을 것이다. 즉, 256개의 비트 각각에 LED가 반응하여 켜지거나 꺼지는 동작을 보여 주는 것이다. 이는 LED가 중간 이하의 밝기, 최대 밝기의 $\frac{100}{256} \times 100 \approx 39\%$ 정도로 켜져 있기를 기대한 것과는 차이가 있다. 따라서 PWM 신호에서의 1비트는 LED가 반응할 수 없을 정도로 빨라야 하며, 개별 비트가 아닌 한 주기 내에 256개 비트의 평균값에 LED가 반응해야 한다. 먼저 LED를 PB0 핀에 연결하자.

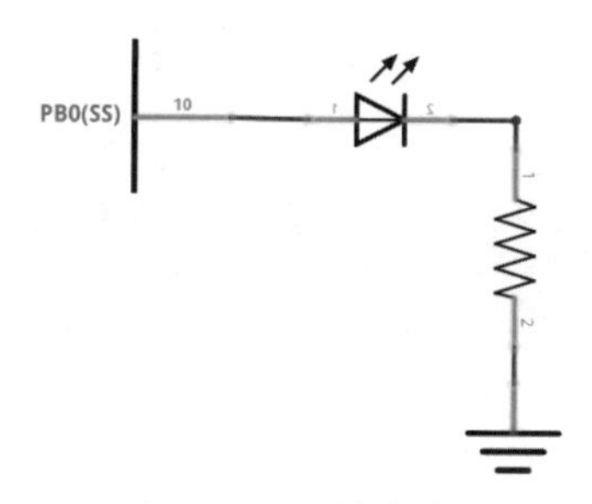

그림 15-8 LED 연결 회로도

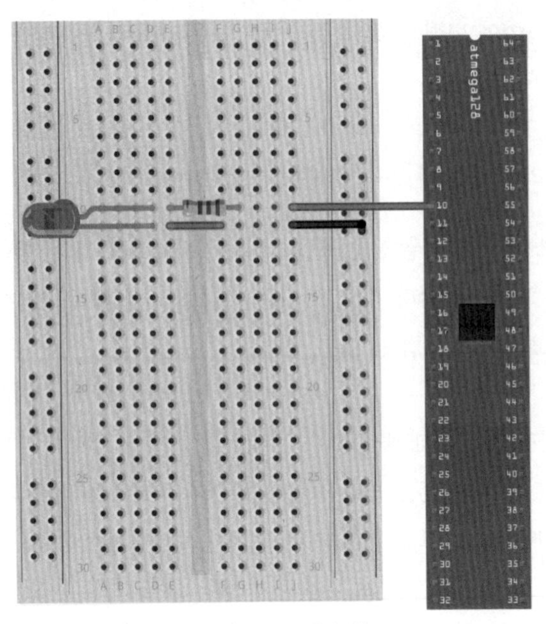

그림 15-9 **LED 연결 회로**

코드 15-1은 PB0 핀에 연결된 LED의 밝기를 조절하는 프로그램의 예다.

코드 15-1 **지연 함수를 이용한 PWM**

```
#define F_CPU 16000000L
#include <avr/io.h>
#include <util/delay.h>

#define LED_TIME 20

void turn_on_LED_in_PWM_manner(int dim)
{
    int i;

    PORTB = 0x01;                              // LED 켜기

    for(i = 0; i < 256; i++){
        if(i > dim) PORTB = 0x00;              // 듀티 사이클을 넘어가면 LED 끄기
        _delay_us(LED_TIME);
    }
}

int main(void)
{
```

```
    DDRB = 0x01;                                    // PB0 핀을 출력으로 설정

    int dim = 0;                                    // 현재 LED 밝기
    int direction = 1;                              // 밝기 증가(1) 또는 감소(-1)

    while(1){
        turn_on_LED_in_PWM_manner(dim);

        dim += direction;                           // 밝기 변화

        if(dim == 0) direction = 1;
        if(dim == 255) direction = -1;
    }

    return 0;
}
```

코드 15-1은 한 주기 내에서 LED를 켜고 끄는 시간 비율을 조절하여 LED의 밝기를 조절하는 프로그램이다. LED는 PB0 핀에 연결한 것으로 가정한다. 한 가지 유의할 점은 turn_on_LED_in_PWM_manner 함수에서 밀리초 단위의 지연 함수 _delay_ms가 아닌 마이크로초 단위의 지연 함수인 _delay_us 함수를 사용한다는 점이다. PWM 신호는 높은 주파수로 동작하므로 밀리초 단위의 지연시간이 주어지면 밝기가 변하는 것이 아니라 LED가 깜빡거리는 동작을 보일 수 있다.

코드 15-1에서 알 수 있듯이 PWM을 구현하는 것은 쉽다. 하지만 한 가지 문제가 있다. 코드 15-1에서는 PWM 신호를 출력하기 위해 거의 대부분의 CPU 클록을 사용한다. 코드 15-1의 main 함수에서는 계속해서 turn_on_LED_in_PWM_manner 함수를 호출하여 대부분의 시간은 이 함수 내에서 소비된다. PWM 신호 생성을 직접 구현할 수는 있지만, 그리하면 다른 작업을 할 수 있는 여지는 많지 않다. 다행히 ATmega128은 PWM 신호 출력을 위한 전용 하드웨어를 제공하므로 CPU 클록을 소비하지 않고도 PWM 신호를 출력할 수 있다. 하지만 모든 범용 입출력 핀으로 하드웨어에서 지원되는 PWM 신호를 출력할 수 있는 것은 아니다. '하드웨어적으로 생성된' PWM 신호 출력이 가능한 핀은 타이머/카운터에서 비교 일치가 발생한 경우 파형 생성기를 통해 출력되는 신호를 통해서만 가능하다.

표 15-1은 타이머/카운터에 연결된 파형 출력 핀을 요약한 것이다.

표 15-1 **비교 일치 인터럽트 시 파형 출력 핀**

타이머/카운터	파형 출력 핀	ATmega128 핀 번호	비트
0	OC0	PB4	8
1	OC1A	PB5	2~16
	OC1B	PB6	2~16
	OC1C	PB7	2~16
2	OC2	PB7	8
3	OC3A	PE3	2~16
	OC3B	PE4	2~16
	OC3C	PE5	2~16

8비트 타이머/카운터의 경우 8비트 해상도의 PWM 신호 출력이 가능하며, 16비트 타이머/카운터의 경우 최대 16비트 해상도의 PWM 신호 출력이 가능하다. 따라서 ATmega128에는 (8비트 타이머/카운터에 연결된) 8비트의 고정 해상도를 가지는 2개의 PWM 채널과, (16비트 타이머/카운터에 연결된) 2비트에서 16비트까지 해상도 조절이 가능한 6개의 PWM 채널이 존재한다. 한 가지 유의할 점은 1번 타이머/카운터에 연결된 OC1C 핀과 2번 타이머/카운터에 연결된 OC2 핀은 ATmega128의 PB7 핀에 함께 연결되어 있다는 점이다.

15.2 8비트 타이머/카운터의 PWM 모드

타이머/카운터를 이용하여 PWM 신호를 생성하는 모드에는 고속 PWM(Fast PWM, FPWM) 모드, 위상 교정 PWM(Phase Correct PWM, PCPWM) 모드, 위상 및 주파수 교정 PWM(Phase and Frequency Correct PWM, PFCPWM) 모드 등 세 가지가 존재한다. 이 중 8비트 타이머/카운터에서 사용할 수 있는 모드는 고속 PWM 모드와 위상 교정 PWM 모드다. PWM 모드를 설명하기 전에 몇 가지 용어를 명확히 짚고 넘어가자.

표 15-2는 타이머/카운터 동작을 위한 용어를 정리한 것이다. 표 15-2에서 숫자는 8비트 타이머/카운터의 경우와 16비트 타이머/카운터의 경우를 함께 나타내었다.

표 15-2 **타이머/카운터 동작을 위한 용어 정의**

단어	설명
BOTTOM	카운터의 값이 0x00/0x0000일 때를 가리킨다.
MAX	카운터가 0xFF/0xFFFF일 때를 가리킨다.
TOP	카운터가 가질 수 있는 최댓값을 가리킨다. 오버플로 인터럽트의 경우 TOP은 0xFF/0xFFFF이지만, 비교 일치 인터럽트의 경우 사용자가 설정한 값이 TOP이 된다.

1 고속 PWM 모드

가장 간단하고 가장 많이 사용하는 파형 생성 방법으로, 카운터는 BOTTOM에서 TOP까지 카운트하고 다시 BOTTOM으로 초기화된다. 다른 모드와 달리 BOTTOM에서 TOP으로 카운트하는 상향 카운트만 있고, TOP에서 바로 BOTTOM으로 카운트하는 하향 카운트는 없으므로 단일 경사 모드(single slope mode)라고 한다. 비반전 출력 모드(non-inverting compare output mode)인 경우 카운터가 BOTTOM일 때 OCn 핀으로 HIGH를 출력하고, 카운트 값이 출력 비교 레지스터인 OCRn 값과 일치하는 경우, 즉 비교 일치 상황에서 LOW를 출력한다. 이는 코드 15-1에서 PWM 신호를 생성한 방식과 동일하다. 반전 출력 모드인 경우 HIGH와 LOW 출력은 바뀌어 나타난다. 설정된 비교 일치값이 커질수록 PWM 신호의 듀티 사이클은 증가한다. 실제 파형이 출력되도록 OCn 핀을 출력으로 설정해야 한다는 점도 잊지 말자.

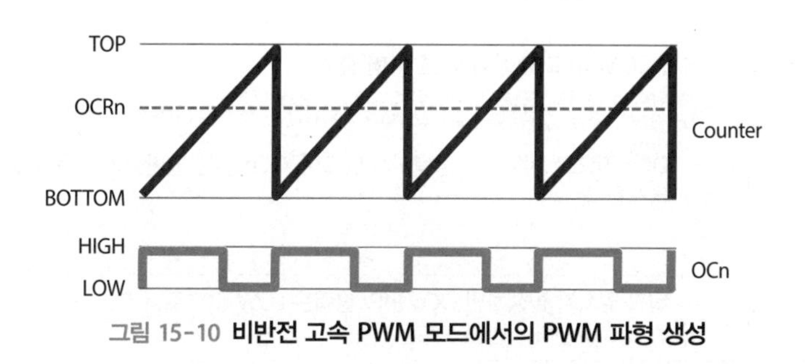

그림 15-10 **비반전 고속 PWM 모드에서의 PWM 파형 생성**

8비트 타이머/카운터에서 PWM 모드를 선택하기 위해 TCCRn(n = 0, 2) 레지스터의 WGM 비트를 사용한다. TCCR 레지스터의 구조는 그림 15-11과 같다.

비트	7	6	5	4	3	2	1	0
	FOCn	WGMn0	COMn1	COMn0	WGMn1	CSn2	CSn1	CSn0
읽기/쓰기	W	R/W	R/W	R/W	R/W	R/W	R/W	R/W
초깃값	0	0	0	0	0	0	0	0

그림 15-11 **TCCRn(n = 0, 2) 레지스터의 구조**

TCCRn 레지스터의 WGM 비트 설정에 따른 파형 생성 모드는 표 15-3과 같다.

표 15-3 **WGM 비트 설정에 따른 파형 생성 모드**

모드 번호	WGMn1 (CTC)	WGMn0 (PWM)	타이머/카운터 모드	TOP
0	0	0	정상	0xFF
1	0	1	위상 교정 PWM	0xFF
2	1	0	CTC	OCR0
3	1	1	고속 PWM	0xFF

WGM 비트를 고속 PWM 모드(11_2)로 선택하면 OCn 핀으로 출력되는 파형은 TCCRn 레지스터의 COM 비트에 영향을 받는다. 고속 PWM 모드에서 COM 비트 설정에 따른 파형 출력은 표 15-4와 같다.

표 15-4 **고속 PWM 모드에서 COM 비트 설정에 따른 파형 출력**

COMn1	COMn0	설명
0	0	OCn 핀으로 데이터가 출력되지 않으며, OCn 핀은 일반적인 범용 입출력 핀으로 동작한다.
0	1	-
1	0	비교 일치가 발생하면 OCn 핀의 출력은 LOW 값으로 바뀌고, BOTTOM에서 HIGH 값으로 바뀐다(비반전 모드).
1	1	비교 일치가 발생하면 OCn 핀의 출력은 HIGH 값으로 바뀌고, BOTTOM에서 LOW로 바뀐다(반전 모드).

고속 PWM 모드에서 PWM 주파수(f_{FPWM})는 타이머/카운터에 공급되는 주파수를 (TOP + 1) 값으로 나눈 값이다. 타이머/카운터에 공급되는 주파수는 시스템 클록(f_{osc})을 분주율(N)로 나눈 값이므로 고속 PWM 모드에서 PWM 주파수는 다음과 같이 표현할 수 있다.

$$f_{FPWM} = \frac{f_{osc}}{N \cdot (TOP + 1)} = \frac{f_{osc}}{N \cdot 256}$$

2 위상 교정 PWM 모드

위상 교정 PWM 모드는 해상도가 높은 PWM 파형을 생성하기 위해 사용한다. 위상 교정 PWM 모드에서 카운터는 BOTTOM에서 TOP까지 상향으로 카운트한 후 TOP에서 BOTTOM까지 하향으로 카운트한다. 즉, 카운트 값은 이중 경사(dual slope) 파형을 이루므로 PWM 주파수는 고속 PWM 모드에 비해 절반이지만 해상도는 2배가 된다. 예를 들어 고속 PWM 모드의 경우 1% 또는 2%와 같이 정수값의 듀티 사이클을 가진다면, 위상 교정 PWM 모드에서는 그 절반인 1.5%의 듀티 사이클을 가지는 PWM 파형을 생성할 수 있다.

비반전 비교 출력 모드인 경우 상향 카운트에서 카운트 값이 출력 비교 레지스터인 OCRn 값과 일치하는 경우, 즉 비교 일치 상황에서 해당 OCn 핀으로 LOW 값이 출력되며, 하향 카운트에서 비교 일치 상황이 발생하면 HIGH 값이 출력된다. 반전 비교 출력 모드인 경우 HIGH와 LOW 출력은 바뀌어 나타난다.

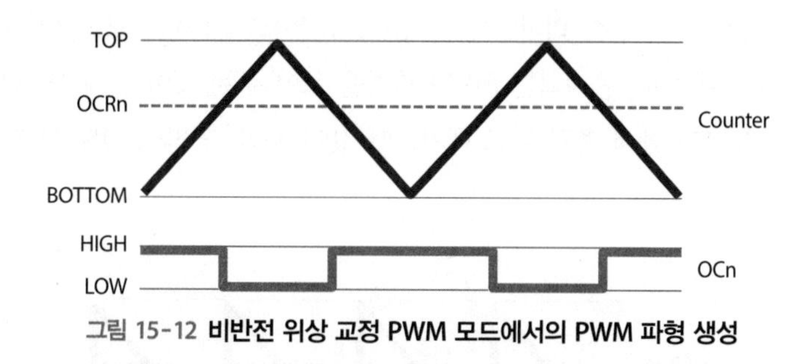

그림 15-12 비반전 위상 교정 PWM 모드에서의 PWM 파형 생성

WGM 비트를 위상 교정 PWM 모드(01_2)로 선택하면 OCn 핀으로 출력되는 파형은 TCCRn 레지스터의 COM 비트에 영향을 받는다. 위상 교정 PWM 모드에서 COM 비트 설정에 따른 파형 출력은 표 15-5와 같다.

표 15-5 **위상 교정 PWM 모드에서 COM 비트 설정에 따른 파형 출력**

COMn1	COMn0	설명
0	0	OCn 핀으로 데이터가 출력되지 않으며, OCn 핀은 일반적인 범용 입출력 핀으로 동작한다.
0	1	-
1	0	상향 카운트에서 비교 일치가 발생하면 OCn 핀의 출력은 LOW 값으로 바뀌고, 하향 카운트에서 비교 일치가 발생하면 OCn 핀의 출력은 HIGH 값으로 바뀐다(비반전 모드).
1	1	상향 카운트에서 비교 일치가 발생하면 OCn 핀의 출력은 HIGH 값으로 바뀌고, 하향 카운트에서 비교 일치가 발생하면 OCn 핀의 출력은 LOW 값으로 바뀐다(반전 모드).

위상 교정 PWM 모드에서 PWM 주파수(f_{PCPWM})는 타이머/카운터에 공급되는 주파수를 $(2 \cdot (TOP + 1) - 2)$ 값으로 나눈 값이다. 고속 PWM 모드에서 카운터는 0에서 255까지 256단계로 이루어진다. 반면 위상 교정 PWM 모드에서는 0에서 255까지 상향으로 카운트한 후 254에서 1까지 하향으로 카운트하므로 총 510단계로 이루어진다.

$$f_{PCPWM} = \frac{f_{osc}}{N \cdot (2 \cdot (TOP + 1) - 2} = \frac{f_{osc}}{2 \cdot N \cdot TOP} = \frac{f_{osc}}{N \cdot 510}$$

고속 PWM 모드와 위상 교정 PWM 모드의 차이는 PWM 주파수와 해상도에 있다. 그렇다면 '위상이 교정되었다'는 말은 무슨 의미일까? 그림 15-13은 고속 PWM 모드에서 서로 다른 출력 비교 레지스터 값에 따라 출력되는 PWM 파형을 보여 주는 것이다. 유사하게 그림 15-14는 위상 교정 PWM 모드에서 출력 비교 레지스터 값에 따라 출력되는 PWM 파형을 나타낸 것이다.[38]

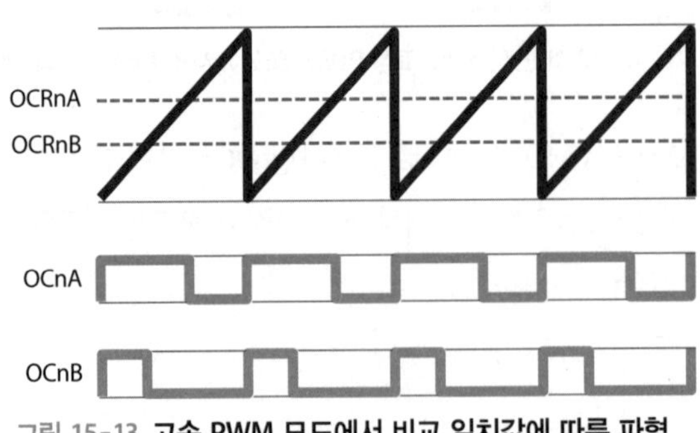

그림 15-13 **고속 PWM 모드에서 비교 일치값에 따른 파형**

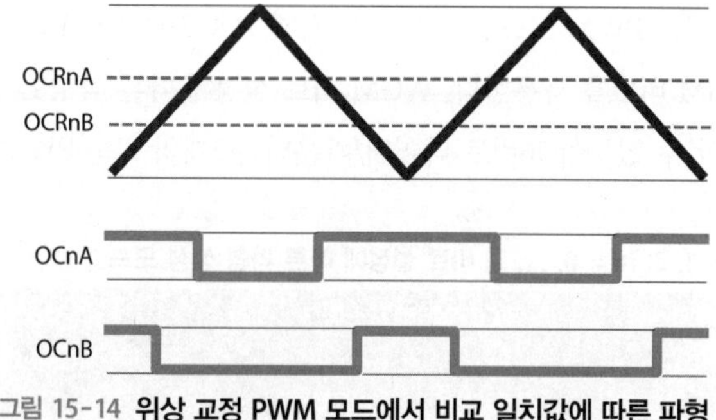

그림 15-14 위상 교정 PWM 모드에서 비교 일치값에 따른 파형

그림 15-14의 PWM 파형은 그림 15-13의 PWM 파형과 비교했을 때 PWM 주파수가 2분의 1로 줄어든 점은 쉽게 눈치챌 수 있다. 위상과 관련된 차이점을 발견했는가? 그림 15-13과 그림 15-14에서 위상과 관련된 차이는 펄스의 위치에서 찾아볼 수 있다. 고속 PWM 모드의 경우 서로 다른 듀티 사이클을 가지는 펄스들이 시작점에서 일치하도록 정렬되어 있는 반면, 위상 교정 PWM 모드의 경우에는 펄스들의 중심이 일치하도록 정렬되어 있다.

모터 제어의 경우 일반적으로 위상 교정 PWM 모드를 많이 사용한다. 속도 제어 측면에서 두 모드 사이에 큰 차이는 없지만, 고속 PWM 모드의 경우 OCRn 레지스터의 값이 BOTTOM으로 설정되면 펄스폭이 아주 좁은 스파이크가 발생하는 반면, 위상 교정 PWM의 경우 항상 LOW 값이 출력되는 차이가 있다. 즉, 고속 PWM 모드의 경우 모터를 완전히 정지시키는 것이 불가능하므로 위상 교정 PWM 모드를 주로 사용한다. 하지만 모터 제어의 경우 일반적으로 별도의 활성화(enable) 신호를 사용하여 모터를 완전히 정지시킬 수 있으므로 걱정하지 않아도 된다.

15.3 16비트 타이머/카운터의 PWM 모드

1 고속 PWM 모드

16비트 타이머/카운터의 경우에도 단일 경사 모드로 동작하고, OCRnx(n = 1, 3; x = A, B, C) 레지스터의 값과 비교 일치가 발생하는 경우 출력이 반전된다는 점에서 8비트 타이머/카운터와 동일하다. 하지만 8비트 타이머/카운터의 경우에는 8비트 해상도의 PWM 신호 출력만 가능하지만, 16비트 타이머/카운터의 경우에는 다양한 해상도를 지정할 수 있다는 점에서 차이가 있다.

16비트 타이머/카운터는 PWM 모드를 선택하기 위해 TCCRnA(n = 1, 3) 레지스터와 TCCRnB 레지스터의 4개 WGM 비트를 사용한다. WGM 비트 설정에 따른 파형 생성 모드는 표 15-6과 같다. 표 15-6에서 알 수 있듯이 16비트 타이머/카운터는 5개의 고속 PWM 모드를 지원한다.

표 15-6 WGMnm(n = 1, 3; m = 0, ..., 3) 비트 설정에 따른 파형 생성 모드

모드 번호	TCCR1B 레지스터		TCCR1A 레지스터		타이머/카운터 모드	TOP
	WGM13	WGM12 (CTC)	WGM11 (PWM)	WGM10 (PWM)		
0	0	0	0	0	정상	0xFFFF
1	0	0	0	1	8비트 위상 교정 PWM	0x00FF
2	0	0	1	0	9비트 위상 교정 PWM	0x01FF
3	0	0	1	1	10비트 위상 교정 PWM	0x03FF
4	0	1	0	0	CTC	OCRnA
5	0	1	0	1	8비트 고속 PWM	0x00FF
6	0	1	1	0	9비트 고속 PWM	0x01FF
7	0	1	1	1	10비트 고속 PWM	0x03FF
8	1	0	0	0	위상 및 주파수 교정 PWM	ICRn
9	1	0	0	1	위상 및 주파수 교정 PWM	OCRnA
10	1	0	1	0	위상 교정 PWM	ICRn
11	1	0	1	1	위상 교정 PWM	OCRnA
12	1	1	0	0	CTC	ICRn
13	1	1	0	1	-	-
14	1	1	1	0	고속 PWM	ICRn
15	1	1	1	1	고속 PWM	OCRnA

16비트 타이머/카운터의 고속 PWM 모드는 최소 해상도 2비트, 최대 해상도 16비트를 지원한다. 고속 PWM 모드에서 지원하는 해상도(R)는 다음과 같이 정의할 수 있다.

$$R_{FPWM} = \frac{\log(TOP + 1)}{\log 2}$$

표 15-6에서 모드 5, 6, 7은 TOP 값이 각각 0x00FF, 0x01FF, 0x03FF로 설정되어 있으므로 고정된 해상도로 8비트, 9비트, 10비트를 가진다. 반면 모드 14와 모드 15에서는 ICRn 레지스터와 OCRnA 레지스터에 TOP 값을 지정할 수 있다. 따라서 ICRn 레지스터나 OCRnA 레지스터에 TOP 값을 0x0003으로 지정하면 2비트의 최소 해상도를 가지는 PWM 신호를 생성할 수 있고, TOP 값을 0xFFFF로 지정하면 16비트의 최대 해상도를 가지는 PWM 신호를 생성할 수 있다. 단, 모드 14를 사용하는 경우 입력 캡처는 사용할 수 없다. 고속 PWM 모드에서 PWM 주파수는 다음과 같이 표현할 수 있다.

$$f_{FPWM} = \frac{f_{osc}}{N \cdot (TOP + 1)}$$

16비트 타이머/카운터에서 PWM 모드를 선택하기 위해 TCCRnA(n = 1, 3) 레지스터와 TCCRnB 레지스터의 WGM 비트를 사용한다. TCCRnA 레지스터와 TCCRnB 레지스터의 구조는 그림 15-15 및 그림 15-16과 같다.

비트	7	6	5	4	3	2	1	0
	COMnA1	COMnA0	COMnB1	COMnB0	COMnC1	COMnC0	WGMn1	WGMn0
읽기/쓰기	R/W	R/W	R/W	R/W	R/W	R/W	R/W	R/W
초깃값	0	0	0	0	0	0	0	0

그림 15-15 **TCCRnA(n = 1, 3) 레지스터의 구조**

비트	7	6	5	4	3	2	1	0
	ICNCn	ICESn	-	WGMn3	WGMn2	CSn2	CSn1	CSn0
읽기/쓰기	R/W	R/W	R	R/W	R/W	R/W	R/W	R/W
초깃값	0	0	0	0	0	0	0	0

그림 15-16 **TCCRnB(n = 1, 3) 레지스터의 구조**

WGM 비트를 고속 PWM 모드로 선택하면 OCnx 핀으로 출력되는 파형은 TCCRnA 레지스터의 COMnx(n = 1, 3; x = A, B, C) 비트에 영향을 받는다. 고속 PWM 모드에서 COM 비트 설정에 따른 파형 출력은 표 15-7과 같다.

표 15-7 **고속 PWM 모드에서 COM 비트 설정에 따른 파형 출력**

COMnx1	COMnx0	설명
0	0	OCnx 핀으로 데이터가 출력되지 않으며, OCnx 핀은 일반적인 범용 입출력 핀으로 동작한다.
0	1	15번 모드로 설정된 경우 비교 일치가 발생하면 OCnA 핀의 출력은 반전된다. OCnB 핀과 OCnC 핀으로는 데이터가 출력되지 않으며, 일반적인 범용 입출력 핀으로 동작한다. 다른 모든 모드에서는 OCnx 핀으로 데이터가 출력되지 않으며, OCnx 일반적인 범용 입출력 핀으로 동작한다.
1	0	비교 일치가 발생하면 OCnx 핀의 출력은 LOW 값으로 바뀌고, BOTTOM에서 HIGH 값으로 바뀐다(비반전 모드).
1	1	비교 일치가 발생하면 OCnx 핀의 출력은 HIGH 값으로 바뀌고, BOTTOM에서 LOW 값으로 바뀐다(반전 모드).

한 가지 주의할 점은 15번 모드의 동작이다. 15번 모드에서는 OCRnA 레지스터가 비교 일치 값을 저장하는 용도뿐 아니라 TOP 값을 저장하는 데도 사용된다. 따라서 비교 일치가 발생하면 카운트 값은 0으로 초기화된다. 이는 CTC 모드와 동일하다. 특히 COM 비트가 01_2로 설정되면 비교 일치가 발생하는 경우 OCnA 핀의 출력은 반전되므로 50% 듀티 사이클을 갖는 PWM 신호를 생성할 수 있다. 15번 모드의 동작은 CTC 모드와 기본적으로 동일하다. 그렇다면 왜 PWM 모드로 분류하였을까? 그 이유는 OCRnx 레지스터에서 이중 버퍼(double buffer)를 사용하여 PWM 신호 주기가 시작되는 시점에서만 OCRnx 값을 갱신할 수 있기 때문이다. CTC 모드와 정상 모드에서는 이중 버퍼를 사용하지 않는다.

16비트 타이머/카운터에서 사용하는 16개의 파형 생성 모드 중 12개는 PWM 신호 생성과 관련이 있으며, PWM 신호 생성 모드에서 OCRnx(n = 1, 3; x = A, B, C) 레지스터는 이중 버퍼 구조를 사용한다. CTC 모드와 정상 모드에서는 이중 버퍼를 사용하지 않는다.

이중 버퍼를 사용하면 CPU는 'OCRnx 레지스터'의 값을 직접 읽거나 쓰는 것이 아니라 'OCRnx 버퍼 레지스터'의 값을 읽거나 쓴다. OCRnx 버퍼 레지스터의 값이 OCRnx 레지스터에 갱신되는 시점은 PWM 신호 주기가 시작되는 시점에서 이루어진다.

15번 파형 생성 모드에서 OCR1A 레지스터 값이 0x00FF에서 0x007F로 바뀐다고 가정해 보자. 이중 버퍼를 사용하지 않은 상태에서 TCNT1 레지스터 값이 0x003F에서 OCR1A 레지스터 값이 바뀐다면 OC1A 핀으로 출력되는 파형은 다음과 같다.

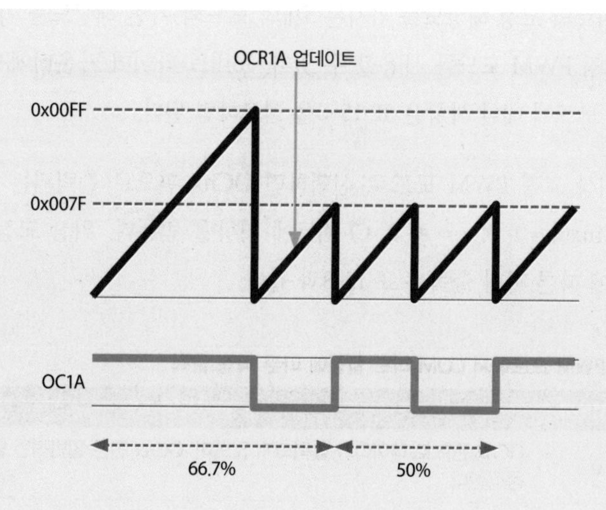

그림에서 알 수 있듯이 첫 번째 PWM 신호의 듀티 사이클은 50%가 아니라 약 66.7%를 가지게 된다. 이는 비교 일치가 발생하는 시점이 PWM 신호 생성 주기 내에서 갱신되었기 때문이다.

이중 버퍼를 사용하면 비교 일치가 발생하는 시점에 대한 갱신은 주기의 시작에서만 업데이트되므로 50%의 듀티 사이클을 갖는 PWM 신호를 얻을 수 있다. 물론 PWM 신호의 주파수는 두 경우 모두에서 변한다.

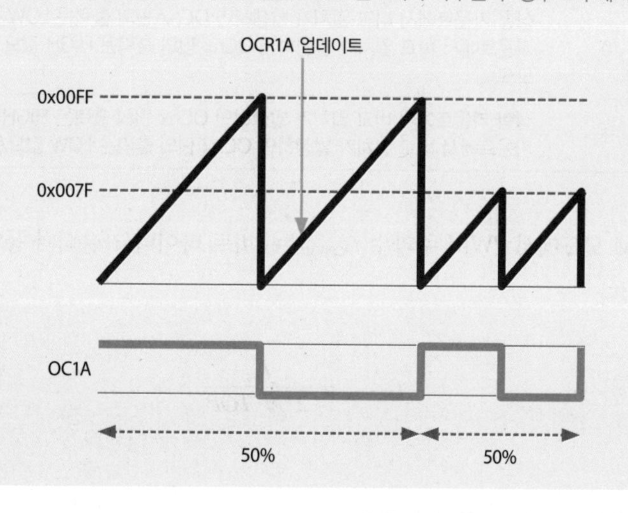

2 위상 교정 PWM 모드

16비트 타이머/카운터의 경우에도 이중 경사 모드로 동작하고, 상향 카운트 및 하향 카운트에서 OCRnx(n = 1, 3; x = A, B, C) 레지스터의 값과 비교 일치가 발생하는 경우 출력이 반전된다는 점에서 8비트 타이머/카운터와 동일하다. 하지만 고속 PWM 모드에서와 마찬가지로

7비트, 8비트, 9비트의 고정 해상도를 가지는 3개의 모드와 가변 해상도를 가지는 2개의 모드, 총 5개의 위상 교정 PWM 모드를 사용할 수 있다. 16비트 타이머/카운터에서 사용할 수 있는 위상 교정 PWM 모드에 대한 사항은 표 15-6을 참고하면 된다.

WGM 비트를 위상 교정 PWM 모드로 선택하면 OCnx 핀으로 출력되는 파형은 TCCRnA 레지스터의 COMnx(n = 1, 3; x = A, B, C) 비트에 영향을 받는다. 위상 교정 PWM 모드에서 COM 비트 설정에 따른 파형 출력은 표 15-8과 같다.

표 15-8 **위상 교정 PWM 모드에서 COM 비트 설정에 따른 파형 출력**

COMnx1	COMnx0	설명
0	0	OCnx 핀으로 데이터가 출력되지 않으며, OCnx 핀은 일반적인 범용 입출력 핀으로 동작한다.
0	1	9번(위상 및 주파수 교정) 또는 11번(위상 교정) 모드로 설정된 경우, 비교 일치가 발생하면 OCnA 핀의 출력은 반전된다. OCnB 핀과 OCnC 핀으로는 데이터가 출력되지 않으며, 일반적인 범용 입출력 핀으로 동작한다. 다른 모든 모드에서는 OCnx 핀으로 데이터가 출력되지 않으며, OCnx 일반적인 범용 입출력 핀으로 동작한다.
1	0	상향 카운트에서 비교 일치가 발생하면 OCnx 핀의 출력은 LOW 값으로 바뀌고, 하향 카운트에서 비교 일치가 발생하면 OCnx 핀의 출력은 HIGH 값으로 바뀐다(비반전 모드).
1	1	상향 카운트에서 비교 일치가 발생하면 OCnx 핀의 출력은 HIGH 값으로 바뀌고, 하향 카운트에서 비교 일치가 발생하면 OCnx 핀의 출력은 LOW 값으로 바뀐다(반전 모드).

위상 교정 PWM 모드에서 PWM 주파수(f_{PCPWM})는 8비트 타이머/카운터와 동일하게 다음과 같이 나타낼 수 있다.

$$f_{PCPWM} = \frac{f_{osc}}{2 \cdot N \cdot TOP}$$

3 위상 및 주파수 교정 PWM 모드

위상 및 주파수 교정 PWM 모드는 16비트 타이머/카운터에서만 사용할 수 있는 모드다. 위상 교정 PWM 모드와 위상 및 주파수 교정 PWM 모드의 가장 큰 차이는 OCRnx(n = 1, 3; x = A, B, C) 레지스터와 TOP 값을 업데이트하는 시점으로, 위상 교정 PWM 모드에서는 TOP에서, 위상 및 주파수 교정 PWM 모드에서는 BOTTOM에서 업데이트된다. TOP 값이 업데이트된다는 것은 PWM 신호 주기의 시작점이 바뀐다는 의미다. 따라서 위상 교정 PWM 모드에서는 TOP에서 다음 TOP까지를 하나의 주기로 취급하는 반면, 위상 및 주파수 교정 PWM 모드에서는 BOTTOM에서 다음 BOTTOM까지를 하나의 주기로 취급한다.

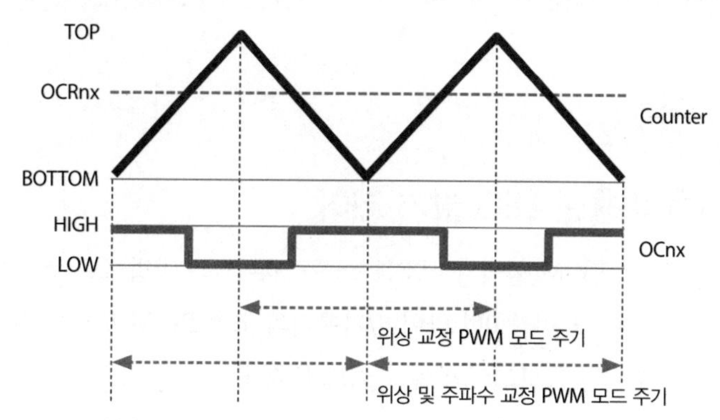

그림 15-17 **위상 교정 PWM 모드와 위상 및 주파수 교정 PWM 모드에서의 주기**

그림 15-17을 살펴보면 위상 교정 PWM 모드와 위상 및 주파수 교정 PWM 모드 사이에 큰 차이는 없어 보인다. 실제로 TOP 값과 OCRnx 값이 고정되어 있다면 출력 파형은 동일하다. 하지만 TOP 값이나 OCRnx 값이 바뀌는 경우에는 미묘한 차이가 발생한다. OCRnx 값은 고정되어 있고 TOP 값이 바뀌는 경우를 살펴보자.

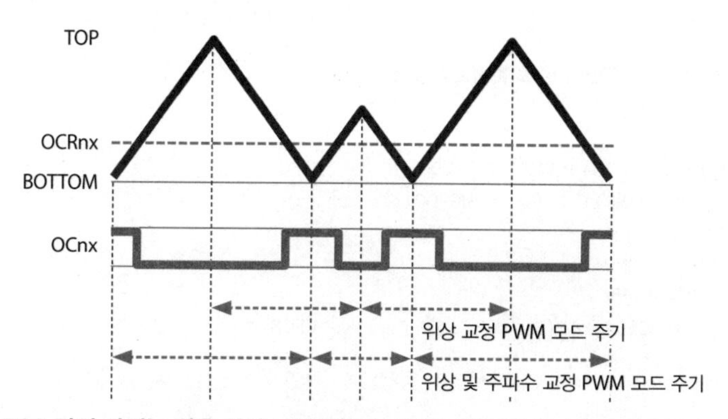

그림 15-18 **TOP 값이 바뀌는 경우 위상 교정 PWM 모드와 위상 및 주파수 교정 PWM 모드에서의 주기**

그림 15-18에서 알 수 있듯이 위상 교정 PWM 모드의 경우 한 주기 내에서 카운터의 증감이 비대칭인 반면, 위상 및 주파수 교정 PWM 모드에서는 항상 대칭인 점에서 차이가 있다. 큰

차이는 아닌 것으로 보이는가? 실제로도 큰 차이는 아니며, PWM 주파수가 정확하게 계산되는 차이로 인해 '주파수가 교정되었다'고 이야기한다. 일반적으로 PWM 신호를 사용하는 경우 TOP 값은 고정되어 있고, 즉 PWM 주파수는 고정되어 있고 듀티 사이클만 조절하는 경우가 대부분이므로 위상 교정 PWM 모드와 위상 및 주파수 교정 PWM 모드 선택에서 큰 차이는 없다.

15.4 PWM을 이용한 LED 밝기 제어

앞서 살펴본 코드 15-1은 PWM 형식의 신호를 소프트웨어적인 방법으로 생성하여 LED의 밝기를 변경하는 프로그램이다. 이를 0번 타이머/카운터의 고속 PWM 모드를 사용하여 LED의 밝기를 변화시키도록 수정한 프로그램의 예가 코드 15-2다.

코드 15-2 **고속 PWM 모드를 통한 LED 밝기 제어**

```
#define F_CPU 16000000L
#include <avr/io.h>
#include <util/delay.h>

int main(void)
{
    int dim = 0;                                // 현재 LED 밝기
    int direction = 1;                          // 밝기 증가(1) 또는 감소(-1)

    // 파형 출력 핀인 PB4 핀(OC0 핀)을 출력으로 설정
    DDRB |= (1 << PB4);

    // 타이머/카운터 0번을 고속 PWM 모드로 설정
    TCCR0 |= (1 << WGM01) | (1 << WGM00);
    // 비반전 모드
    TCCR0 |= (1 << COM01);
    // 분주비를 1,024로 설정
    TCCR0 |= (1 << CS02) | (1 << CS01) | (1 << CS00);

    while(1)
    {
        OCR0 = dim;                             // 듀티 사이클 설정
        _delay_ms(10);

        dim += direction;                       // 밝기 변화

        if(dim == 0) direction = 1;
```

```
        if(dim == 255) direction = -1;
    }

    return 0;
}
```

코드 15-1에서는 turn_on_LED_in_PWM_manner 함수에서 _delay_us 지연 함수를 사용하여 소프트웨어적으로 PWM 신호를 생성하였다면, 코드 15-2에서는 ATmega128이 제공하는 하드웨어를 사용한다는 점에서 차이가 있다. 또한 소프트웨어로 LED의 밝기를 제어하는 경우에는 임의의 디지털 출력 핀 사용이 가능하므로 코드 15-1에서는 PB0 핀에 연결된 LED를 사용하였다면, 코드 15-2에서는 하드웨어로 LED의 밝기를 제어하므로 LED를 파형 출력 핀인 PB4 핀에 연결하여 사용하고 있다.

코드 15-1의 main 함수 내에서는 지연 함수를 사용하지 않았지만, 코드 15-2의 main 함수 내에서는 지연 함수를 사용한다는 점도 다른 점이다. 코드 15-1에서는 대부분의 시간을 PWM 신호 생성을 위해 사용하기 때문에 지연 함수를 사용하면 지연 함수가 실행 중인 동안에는 PWM 신호 생성이 불가능하여 LED의 밝기를 변경할 수 없다. 즉, PWM의 듀티 사이클을 변화시키는 간격을 조절하기 어렵다. 반면 코드 15-2에서는 PWM 신호 생성을 위한 전용 하드웨어를 사용하므로 PWM 신호의 듀티 사이클을 변화시키는 간격을 시간 지연 함수 _delay_ms를 통해 조절하고 있다.

위상 교정 PWM 모드를 사용하여 2개의 LED를 제어하는 프로그램의 예가 코드 15-3이다. 코드 15-3에서는 1번 타이머/카운터의 2개 파형 출력 핀 OC1A와 OC1B를 사용하였다. 또한 OC1A 핀에서는 비반전 모드를, OC1B 핀에서는 반전 모드를 사용함으로써 하나의 LED가 점점 밝아지는 경우 다른 하나는 점점 어두워지도록 구현하였다.

코드 15-2는 8비트 타이머/카운터를 사용하고, 코드 15-3은 16비트 타이머/카운터를 사용하고 있다. 따라서 코드 15-3에서 분주비를 코드 15-2와 동일하게 1,024로 설정하면 코드 15-2에 비해 주기가 2배로 길어지게 된다. 주기가 길어지면 일부 LED의 경우 PWM 신호의 한 주기에 반응하지 않고 깜빡거리는 현상이 발생할 수 있으므로 코드 15-3에서는 분주비를 256으로 설정하였다.

코드 15-3 위상 교정 PWM 모드를 통한 2개의 LED 밝기 제어

```
#define F_CPU 16000000L
#include <avr/io.h>
#include <util/delay.h>

int main(void)
{
    // 파형 출력 핀인 PB5(OC1A 핀), PB6 핀(OC1B 핀)을 출력으로 설정
    DDRB |= (1 << PB5) | (1 << PB6);

    // 타이머/카운터 1번을 8비트 위상 교정 PWM 모드로 설정
    TCCR1A |= (1 << WGM10);

    // 비교 일치 A는 비반전 모드, 비교 일치 B는 반전 모드로 설정
    TCCR1A |= (1 << COM1A1);
    TCCR1A |= (1 << COM1B1) | (1 << COM1B0);

    // 분주비를 256으로 설정
    TCCR1B |= (1 << CS12); // | (1 << CS10);

    int dim = 0;                        // 현재 LED 밝기
    int direction = 1;                  // 밝기 증가(1) 또는 감소(-1)

    while(1)
    {
        OCR1A = dim;                    // 듀티 사이클 설정
        OCR1B = dim;

        _delay_ms(10);

        dim += direction;               // 밝기 변화

        if(dim == 0) direction = 1;
        if(dim == 255) direction = -1;
    }

    return 0;
}
```

15.5 요약

ATmega128을 포함하여 마이크로컨트롤러는 디지털 데이터 처리를 기반으로 한다. 하지만 주변의 모든 데이터는 아날로그 데이터이므로 아날로그 데이터를 입출력하는 기능이 있어야만

마이크로컨트롤러는 주변 환경과 완전한 상호 작용이 가능하다. ATmega128에서는 아날로그 데이터 입력을 위해 아날로그-디지털 변환기(ADC)를 제공하고 있지만, 아날로그 데이터 출력을 위한 디지털-아날로그 변환기(DAC)는 제공하지 않는다. 우리가 결과를 확인할 때도 아날로그 데이터가 필요하다. 대표적인 출력장치인 모니터 역시 아날로그 데이터를 출력한다. 모니터로 입력되는 데이터는 디지털 데이터지만 모니터 내부에 DAC가 포함되어 있으므로 디지털 데이터를 입력받아 우리가 그 결과를 확인할 수 있는 아날로그 데이터인 색상을 출력한다. 즉, 마이크로컨트롤러에서는 출력장치로 디지털 데이터를 전달하기만 하면 된다. 하지만 아날로그 데이터를 출력하고 싶은 경우도 있다. LED의 밝기를 변화시키는 경우, 모터의 속도를 변화시키는 경우 등이 대표적인 예에 해당한다. 이런 경우 사용할 수 있는 것이 바로 펄스폭 변조 신호다. 잊지 말아야 할 것은 PWM 신호가 디지털 신호라는 점이다.

ATmega128에서는 타이머/카운터를 통해 PWM 신호를 생성할 수 있는 전용 하드웨어를 제공하고 있으며, 간단한 설정을 통해 PWM 신호의 주파수와 듀티 사이클을 조절할 수 있다. 이 장에서는 LED의 밝기 조절을 통해 PWM 신호의 사용 방법을 알아보았으며, 23장에서 또 다른 PWM 신호 사용 예인 모터 속도 조절 방법을 살펴볼 것이다.

연습 문제

1 PCM 방식과 PWM 방식은 디지털 데이터를 표현하는 방법뿐만 아니라 아날로그 신호와 상호 변환 방법 및 활용 영역에서도 차이가 있다. PCM 방식과 PWM 방식의 특징, 장단점 및 활용 영역을 비교해 보자.

2⊕ 13장의 millis 함수를 사용하여 코드 15-3에서 _delay_ms 함수를 제거하고 동일한 동작을 하도록 프로그램을 수정해 보자. 코드 15-3에서 PWM 신호 생성을 위해서는 1번 타이머/카운터를 사용하고, millis 함수에서는 0번 타이머/카운터를 사용한다는 점에 유의해야 한다.

3⊕ PF0 핀에 가변저항을 연결하자. 문제 2 를 참고하여 현재 가변저항의 값에 따라 LED의 밝기가 변하는 시간 간격이 1ms에서 10ms로 변하도록 프로그램을 수정해 보자.

CHAPTER

16 SPI

SPI는 고속의 데이터 전송을 위한 직렬 통신 방법 중 하나로 마스터-슬레이브 구조를 통해 1:n 연결이 가능하다는 점 외에도 UART 통신에 비해 여러 가지 장점이 있다. 하지만 SPI는 고속의 1:n 통신을 위해 4개의 연결선을 필요로 하는 데다가 연결하는 슬레이브 장치의 수에 비례하여 연결선의 개수가 증가하는 단점도 있다. 이 장에서는 SPI를 통한 시리얼 통신 방식과 SPI 통신을 사용하는 EEPROM의 사용 방법을 알아본다.

16.1 SPI

SPI(Serial Peripheral Interface)는 주변장치 연결을 위한 시리얼 통신 방법 중 하나다. 9장에서 흔히 사용하는 시리얼 통신 방법 중 하나인 UART 통신에 대해 알아보았다. UART는 전이중 방식의 시리얼 통신이지만 1:1 통신만이 가능하다는 한계가 있다. SPI는 전이중 방식의 시리얼 통신인 점은 UART와 동일하다. 하지만 SPI는 마스터-슬레이브 구조를 가지며, 마스터 장치 하나에 슬레이브 장치를 여러 개 연결하여 1:n 통신이 가능하다. 마스터 장치는 연결을 시작하고 통신을 제어하는 책임을 지는 장치이며, 연결된 이후에는 2개의 데이터 선을 통해 전이중 방식으로 데이터를 주고받을 수 있다. 마스터 장치에 하나의 슬레이브 장치를 연결한 경우를 살펴보자.

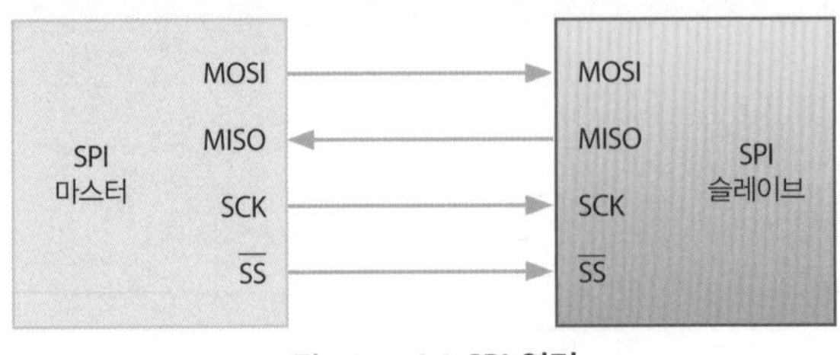

그림 16-1 **1:1 SPI 연결**

그림 16-1에서 볼 수 있듯이 SPI 연결은 4개의 연결선을 필요로 한다. SCK(Serial Clock)는 직렬 클록으로 SPI가 동기 전송 방식을 사용하므로 동기화를 위한 클록 전송에 사용한다. MOSI(Master Out Slave In)는 마스터 장치에서 슬레이브 장치로 데이터를 전송하기 위해 사용하며, MISO(Master In Slave Out)는 슬레이브 장치에서 마스터 장치로 데이터를 전송하기 위해 사용한다. SS(Slave Select)는 여러 개의 슬레이브 장치 중 마스터 장치가 데이터를 주고받을 슬레이브 장치를 선택하기 위해 사용한다. 선택되지 않은 슬레이브 장치의 SS는 HIGH 상태에 있는 반면, 선택된 슬레이브 장치의 SS는 LOW 상태에 있다.

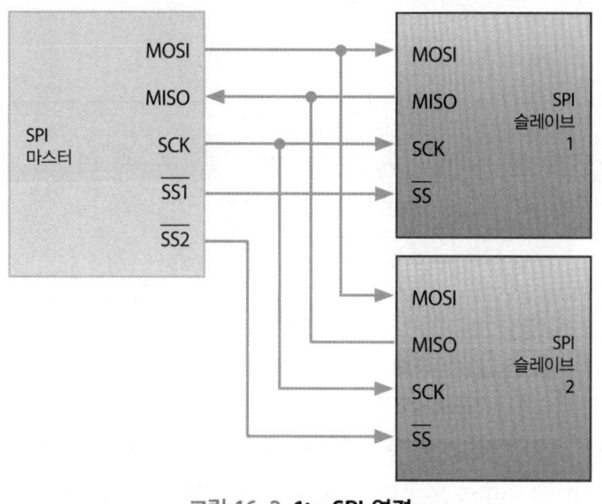

그림 16-2 **1:n SPI 연결**

그림 16-2는 하나의 마스터 장치에 2개의 슬레이브 장치를 연결한 예를 나타낸 것이다. 모든 슬레이브 장치는 마스터로부터 SCK, MOSI, MISO 연결선을 공유하고 있다. 즉, 마스터 장치의 데이터가 모든 슬레이브 장치로 전달된다. 누가 데이터를 받을 것인가? 바로 SS 라인에 의해 결정된다. 마스터 장치로부터 데이터를 받을 슬레이브 장치의 SS만 LOW 상태에 있고, 나머지 슬레이브 장치의 SS는 HIGH 상태에 있게 된다. 이처럼 SPI에서 1:n 연결이 가능하지만 특정 순간에는 1:1 통신만이 가능하다. 또한 슬레이브 장치의 수가 늘어나면 SS 라인의 수 역시 증가한다.

SPI의 데이터 전송에 대해 좀 더 살펴보자. SPI의 데이터 전송은 송신과 수신이 항상 동시에 일어나는 특징을 가진다. UART 통신에서도 송신과 수신이 동시에 일어날 수 있지만, 항상 그런 것은 아니다. SPI는 동기 방식으로 동작하므로 동기화를 위해 클록이 필요한데, 이 클록은 마스터 장치가 공급한다. 슬레이브 장치에서 마스터 장치로 데이터를 보내고자 하는 경우에도 슬레이브 장치는 마스터 장치의 클록을 기준으로 데이터를 전송해야 하는데, 슬레이브 장치에서는 마스터 장치의 클록을 알 수가 없다. 따라서 슬레이브는 마스터로 데이터를 전송할 수 없다. 이 같은 동기화의 문제점을 해결하기 위해 SPI에서는 송신과 수신이 항상 동시에 이루어진다. 다소 어렵게 느껴지는가? SPI의 마스터와 슬레이브 장치의 데이터 버퍼는 원형 큐를 이루고 있다고 생각하면 이해하기가 쉽다. 마스터 장치에서 슬레이브 장치로 보낼 데이터 A가 마스터 장치의 큐에 저장되어 있고, 슬레이브 장치에서 마스터 장치로 보낼 데이터 B가 슬레이브 장치의 큐에 저장되어 있다고 가정해 보자.

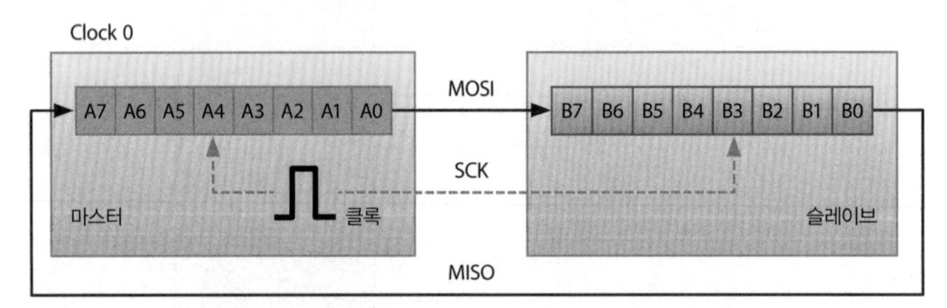

그림 16-3 데이터 전송 준비

데이터 전송은 전적으로 마스터 장치가 책임지므로 마스터 장치가 제공하는 클록에 의해 데이터 전송이 이루어진다. 데이터가 준비된 상태에서 하나의 클록이 발생했다고 가정해 보자. 마스터 장치의 1비트 데이터 A0는 MOSI를 통해 슬레이브 장치로 전달되며, 동시에 슬레이브 장치의 1비트 데이터 B0는 MISO를 통해 마스터 장치로 전달된다. 이때 마스터 장치와 슬레이브 장치의 데이터는 데이터 A와 B가 저장된 버퍼에서 오른쪽 원형 이동 연산을 수행한 것과 동일하다. 다만 데이터 A와 B가 저장된 버퍼는 마스터와 슬레이브 장치에 물리적으로 분리되어 있고 멀리 떨어져 있다는 점에서 차이가 있다.

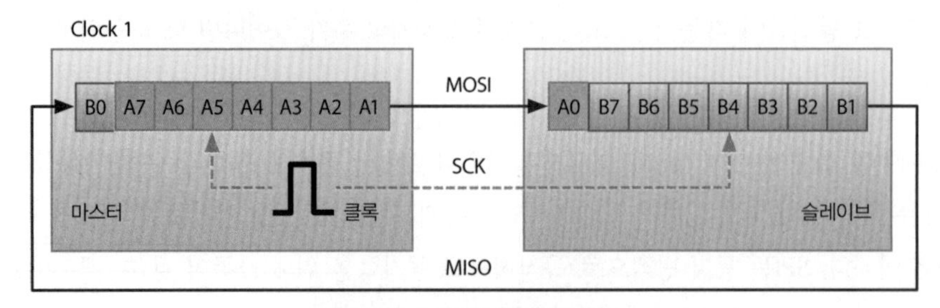

그림 16-4 1비트 데이터 전송

8개 클록이 발생하면 마스터 장치의 1바이트 데이터를 슬레이브 장치로 전달하고 슬레이브 장치의 1바이트 데이터는 마스터 장치로 전달하여 마스터와 슬레이브 사이에서 1바이트의 데이터를 교환하는 결과를 얻을 수 있다.

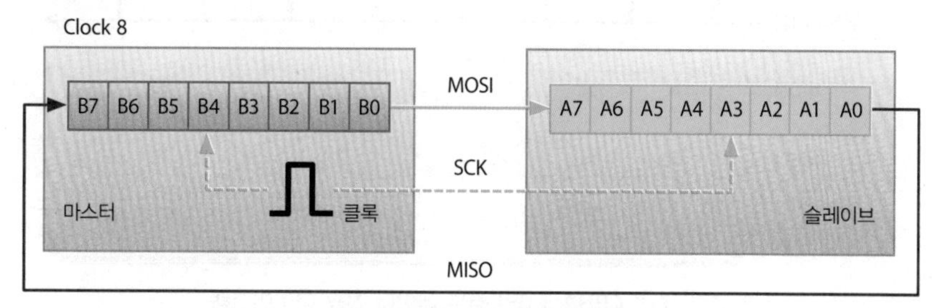

그림 16-5 **1바이트 데이터 전송**

이처럼 마스터 장치와 슬레이브 장치는 항상 데이터를 동시에 주고받음으로써 동기화 문제를 해결하고 있다. 이러한 상황에서 유의할 점 한 가지는 클록의 역할이다. 기본적으로 클록은 데이터의 전달 시점을 알려 주고 전달된 데이터가 안정적인 상태를 유지할 때 수신 장치가 수신된 데이터를 검사하도록 알려 주는 역할을 한다. 하지만 클록의 어느 부분에서 데이터 전송을 완료하였는지에 따라 수신 장치가 데이터를 읽는 시점이 달라지는데, 이를 위해 클록 극성(Clock Polarity, CPOL)과 클록 위상(Clock Phase, CPHA)을 사용한다.

- **CPOL**: SPI 버스가 유휴 상태일 때의 클록 값을 결정한다. CPOL = 0이면 비활성 상태일 때 SCK는 LOW 값을 가지며, CPOL = 1이면 비활성 상태일 때 SCK는 HIGH 값을 가진다.
- **CPHA**: 데이터를 샘플링하는 시점을 결정한다. CPHA = 0이면 데이터는 비활성 상태에서 활성 상태로 바뀌는 에지에서 샘플링하고, CPHA = 1이면 데이터는 활성 상태에서 비활성 상태로 바뀌는 에지에서 샘플링한다.

그림 16-6은 CPHA = 0인 경우 데이터를 전송하는 방법을 보여 주는 것이다. CPOL = 0이면 상승 에지에서, CPOL = 1이면 하강 에지에서 데이터를 샘플링한다.

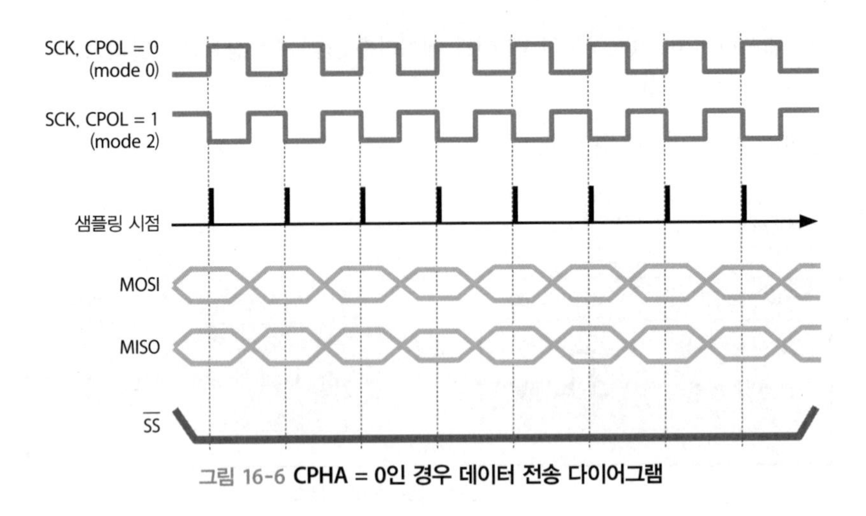

그림 16-6 **CPHA = 0인 경우 데이터 전송 다이어그램**

그림 16-7은 CPHA = 1인 경우 데이터를 전송하는 방법을 보여 주는 것이다. CPOL = 0이면 하강 에지에서, CPOL = 1이면 상승 에지에서 데이터를 샘플링한다.

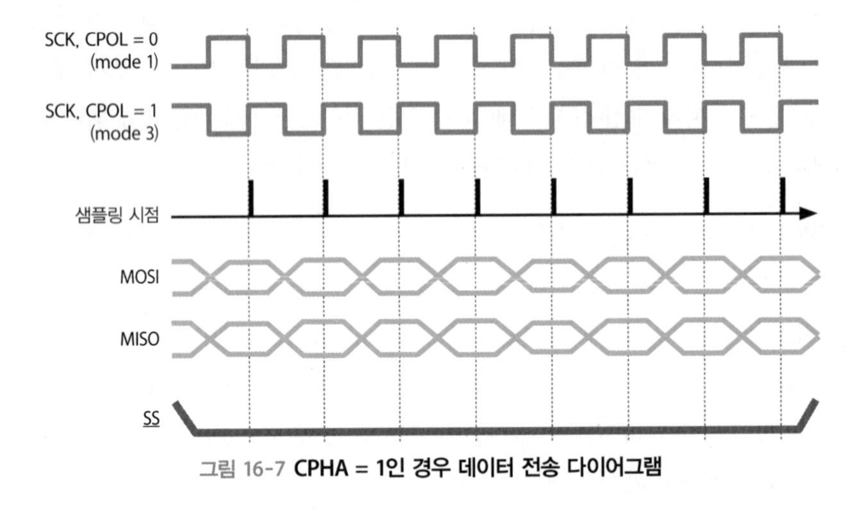

그림 16-7 **CPHA = 1인 경우 데이터 전송 다이어그램**

그림 16-6과 그림 16-7에서 알 수 있듯이 수신 장치가 데이터를 샘플링하는 시점은 데이터가 안정화된 이후, 즉 데이터 비트의 중앙에서 샘플링한다. UART의 경우 비동기적으로 데이터를 전송하므로 한 비트의 데이터를 확인하기 위해 여러 번의 샘플링을 거쳐 실제 전송된 데이터를 파악하지만, SPI의 경우에는 동기화를 위한 클록이 별도로 존재하므로 간단하게 데이터 샘플링을 할 수 있다. 한 가지 더 유의할 점은 데이터를 샘플링하는 동안 SS 라인은 LOW 상태를 유지하고 있어야 한다는 점이다.

SPI 통신은 UART 통신과 마찬가지로 ATmega128에서 하드웨어적으로 지원하는 통신이다. 따라서 ATmega128에는 SPI 통신을 위한 전용 핀이 지정되어 있다. SPI 통신을 위해 기본적으로 4개의 핀을 사용하는데, 이 중 SCK, MISO, MOSI는 전용 핀을 사용해야 한다. SS 핀의 경우 임의의 디지털 출력 핀을 사용할 수 있지만, 주로 PB0 핀을 사용한다. 특히 SPI 통신에서 슬레이브 모드로 참여하도록 설정된 경우 PB0 핀은 DDRB 레지스터의 DDB0 비트 설정과 무관하게 항상 입력으로 동작한다.

표 16-1은 ATmega128에서 SPI 통신을 위해 사용하는 핀을 요약한 것이다.

표 16-1 SPI 통신을 위한 ATmega128 핀

SPI 기능	ATmega128 핀	설명
SS	PB0	슬레이브 선택
SCK	PB1	시리얼 클록
MOSI	PB2	마스터 ➡ 슬레이브
MISO	PB3	슬레이브 ➡ 마스터

16.2 SPI 방식의 EEPROM

이 장에서는 SPI 통신을 사용하는 EEPROM을 슬레이브로, ATmega128을 마스터로 연결하여 EEPROM에 데이터를 읽고 쓰는 방법을 알아본다. ATmega128은 4KB 크기의 EEPROM을 제공하는데, 4KB는 그리 크지 않으므로 데이터 로깅 등을 위해서 별도의 외부기억장치를 사용하는 경우가 많다. 외부기억장치로 쓸 수 있는 장치 중 하나인 EEPROM은 쓰기 속도가 느리다는 단점이 있지만, 비휘발성 메모리로 전원이 꺼진 이후에도 기록한 내용이 보존되고, 간단히 바이트 단위의 데이터 입출력이 가능하다는 장점 덕분에 널리 사용되고 있다.

SPI 방식의 EEPROM 중에서도 이 장에서는 마이크로칩(Microchip)사의 25LCn EEPROM을 사용한다. 'n'은 EEPROM의 크기를 표시하는 것으로, 1Kb에서 1Mb까지 그 크기는 천차만별이다. 25LCn EEPROM은 바이트 단위의 데이터를 쓰기 위해 5ms의 시간이 필요하며, 백만 번의 쓰기를 보장한다. 이 장에서는 1Kb(= 128바이트) 크기를 가지는 8핀 DIP 타입의 25LC010A를 사용한다. 25LC010A 칩의 핀 배치는 그림 16-8과 같다.

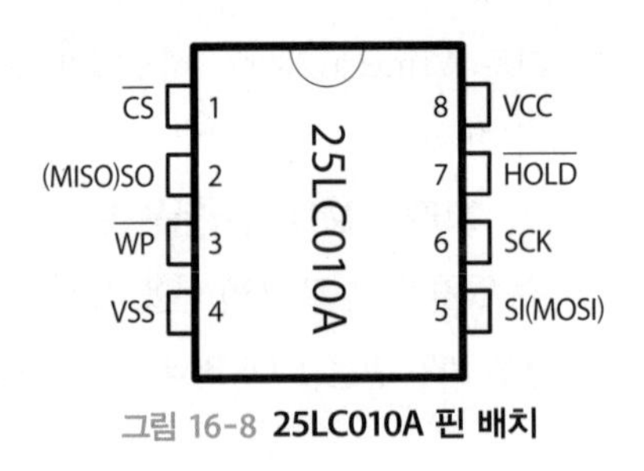

그림 16-8 **25LC010A 핀 배치**

표 16-2는 25LC010A 칩의 핀 기능을 요약한 것이다. 데이터시트에서는 SPI 통신을 위한 핀의 이름으로 MISO와 MOSI가 아니라 SO(Serial data Output)와 SI(Serial data Input)로 표시하고 있으므로 혼동하지 않도록 한다. SS 역시 CS(Chip Select)라는 이름을 사용하고 있다.

표 16-2 **25LC010A 핀 설명**

핀 번호	이름	설명	비고
1	$\overline{\text{CS}}$	Chip Select	SS
2	SO	Serial Data Output	MISO
3	$\overline{\text{WP}}$	Write Protect	
4	VSS	Ground	
5	SI	Serial Data Input	MOSI
6	SCK	Serial Clock	
7	$\overline{\text{HOLD}}$	Hold Input	
8	VCC		

표 16-1과 표 16-2를 참고하여 25LC010A를 그림 16-9와 같이 ATmega128에 연결한다. $\overline{\text{WP}}$는 쓰기 금지 기능으로 GND가 가해지면 EEPROM에 내용을 기록할 수 없다. 여기서는 VCC에 연결하여 항상 쓰기가 가능하도록 한다. $\overline{\text{HOLD}}$는 EEPROM과의 통신을 일시 중지시키는 기능을 하는 핀으로, 역시 VCC에 연결하여 항상 통신이 가능하도록 한다. $\overline{\text{WP}}$가 GND에 연결되면 쓰기는 금지되지만 읽기는 가능한 반면, $\overline{\text{HOLD}}$가 GND에 연결된 경우에는 읽기와 쓰기 모두 금지된다.

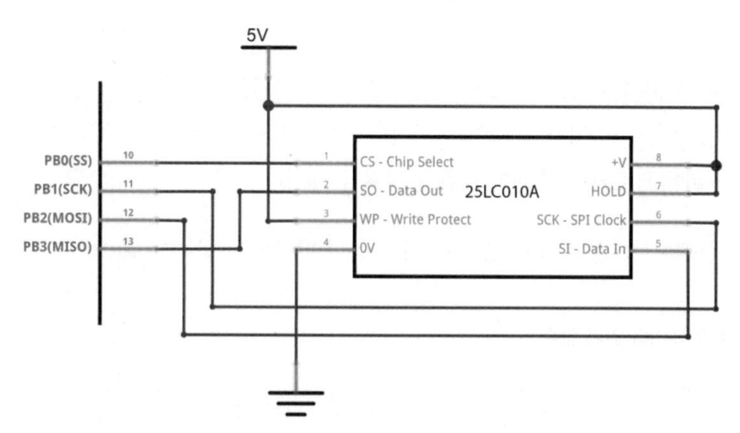

그림 16-9 **25LC010A 연결 회로도**

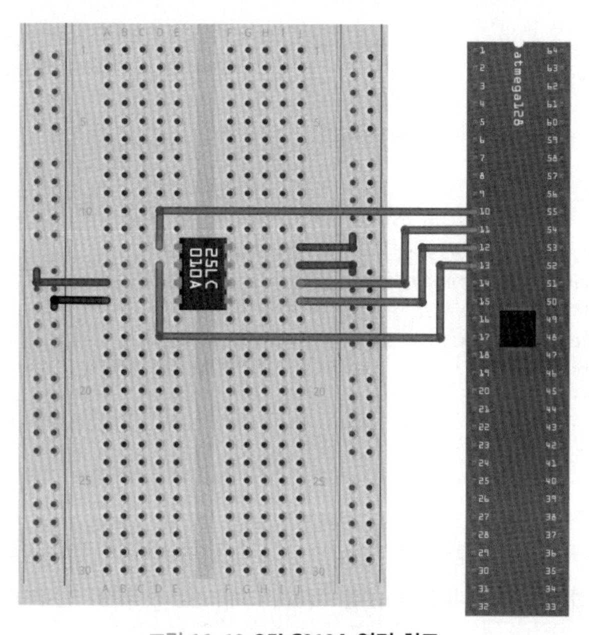

그림 16-10 **25LC010A 연결 회로**

EEPROM의 기본적인 동작은 바이트 단위의 읽기와 쓰기다. 먼저 읽기 과정을 살펴보자. EEPROM에서 1바이트의 데이터를 읽기 위해서는 먼저 EEPROM 칩을 선택해야 하는데, 칩을 선택하기 위해서는 $\overline{\text{CS}}$ 핀에 LOW를 가하면 된다. 이후 읽기에 해당하는 8비트 명령어를 전송해야 하는데, 읽기에 해당하는 8비트 명령어 값은 0b00000011 = 0x03이다.[39] 명령어 전송 이후에는 데이터를 읽을 EEPROM의 8비트의 주소를 전송한다.[40] 주소까지 전송하면 EEPROM은 해당 메모리 번지의 바이트 값을 마이크로컨트롤러로 전송할 준비를 마친 것이다. 준비 완료 후 실제로 EEPROM에서 1바이트의 데이터를 읽기 위해서는 임의의 1바이트 값을 슬레이브로 전송해야 한다. 이는 마스터와 슬레이브는 원형 큐와 같은 방식으로 동작하기 때문이다. 전송이 끝나면 $\overline{CS}$ 핀에 HIGH를 가하여 읽기 동작을 끝낸다.

코드 16-1은 슬레이브로부터 1바이트 데이터를 읽어 반환하는 함수의 예다.

코드 16-1 **바이트 데이터 읽기 함수**

```
#define SPI_SS              PB0
#define SPI_MOSI            PB2
#define SPI_MISO            PB3
#define SPI_SCK             PB1

#define EEPROM_Select()           PORTB &= ~(1 << SPI_SS)        // LOW
#define EEPROM_DeSelect()         PORTB |= (1 << SPI_SS)         // HIGH

uint8_t EEPROM_readByte(uint8_t address)
{
    EEPROM_Select();                          // EEPROM 선택
    EEPROM_changeByte(EEPROM_READ);           // 읽기 명령어 전송
    EEPROM_sendAddress(address);              // 메모리 주소 전송
    // 마스터에서 바이트 값을 전송해야 슬레이브로부터 바이트 값을 받을 수 있다.
    // 전송하는 값은 의미가 없으므로 0을 전송한다.
    EEPROM_changeByte(0);
    EEPROM_DeSelect();                        // EEPROM 선택 해제

    return SPDR;
}
```

코드 16-1에서는 먼저 SPI 통신에 사용할 4개의 핀을 표 16-1에 따라 정의하고 있다. EEPROM_Select 함수는 SS 핀에 LOW를 가하는 매크로 함수로, EEPROM_DeSelect 함수는 SS 핀에 HIGH를 가하는 매크로 함수로 정의하였다. EEPROM_changeByte와 EEPROM_sendAddress 함수는 모두 마스터와 슬레이브 사이에서 1바이트 데이터를 교환하는 기능을 한다. 다만 교환하는 데이터의 의미가 데이터와 주소로 서로 다르므로 별도의 함수로 작성하였다. EEPROM_changeByte 함수와 EEPROM_sendAddress 함수는 코드 16-2와 같이 정의할 수 있으며, EEPROM_sendAddress 함수에서는 EEPROM_changeByte 함수를 사용하고 있다.

코드 16-2 **바이트 데이터 교환 함수**

```
void EEPROM_changeByte(uint8_t byte)
{
    SPDR = byte;                            // 데이터 전송 시작
    loop_until_bit_is_set(SPSR, SPIF);      // 전송 완료 대기
}

void EEPROM_sendAddress(uint8_t address)
{
    EEPROM_changeByte(address);
}
```

SPI와 관련된 레지스터에는 전송 과정을 제어하는 SPCR(SPI Control Register) 레지스터, 전송 상태를 검사하는 SPSR(SPI Status Register) 레지스터, 전송되는 데이터를 위한 SPDR(SPI Data Register) 레지스터의 3개가 있다. 이 중 SPDR 레지스터는 슬레이브로 보내거나 슬레이브로부터 받은 데이터를 저장하는 레지스터다. SPDR 레지스터의 구조는 그림 16-11과 같다. SPDR 레지스터에 데이터를 저장하면 자동으로 데이터 전송을 시작한다.

비트	7	6	5	4	3	2	1	0
	SPDR							
읽기/쓰기	R/W	R/W	R/W	R/W	R/W	R/W	R/W	R/W
초깃값	x	x	x	x	x	x	x	x

그림 16-11 **SPDR 레지스터의 구조**

SPSR 레지스터는 데이터의 송수신 상태를 반영하는 레지스터로 구조는 그림 16-12와 같다.

비트	7	6	5	4	3	2	1	0
	SPIF	WCOL	-	-	-	-	-	SPI2X
읽기/쓰기	R	R	R	R	R	R	R	R/W
초깃값	0	0	0	0	0	0	0	0

그림 16-12 **SPSR 레지스터의 구조**

SPSR 레지스터에서는 3개의 비트만 사용하며, 0번 비트인 SPI2X 비트를 제외하면 모두 읽기 전용 비트로 SPI 동작의 결과를 나타내기 위해 사용한다. 각 비트의 의미는 표 16-3과 같다.

표 16-3 **SPSR 레지스터 비트**

비트	이름	설명
7	SPIF	SPI Interrupt Flag: 데이터 전송이 완료되면 세트된다. 전역 인터럽트 허용 비트가 세트되어 있고 SPCR 레지스터의 인터럽트 허용 비트인 SPIE 비트가 세트되어 있을 때 SPIF 비트가 1이 되면 SPI 인터럽트가 발생한다.
6	WCOL	Write Collision Flag: 데이터 전송 도중 SPDR 레지스터에 데이터를 쓰는 경우 세트된다. 즉, SPDR 레지스터를 동시에 두 곳에서 사용할 경우 충돌을 알려 주기 위해 사용한다.
0	SPI2X	Double SPI Speed Bit: SPI2X 비트가 세트되어 있는 경우 전송 속도는 2배가 된다. SPCR 레지스터의 SPRn 비트와 함께 사용되어 전송 속도, 즉 SCK의 주파수를 결정한다. 슬레이브 모드로 설정된 경우에는 시스템 클록의 4분의 1 이하에서만 동작을 보장한다.

코드 16-2의 EEPROM_changeByte에서는 SPDR 레지스터에 전송할 값을 대입함으로써 전송을 시작한다. 데이터 전송 후에는 SPSR 레지스터의 SPIF 비트가 세트되기를, 즉 데이터 전송이 완료되기를 기다린 후 전송이 완료되면 반환한다.

이번에는 쓰기 과정을 살펴보자. 데이터를 쓰기 위해서는 먼저 EEPROM으로 WREN(Write Enable) 명령을 전송하여 쓰기가 가능하도록 설정해야 한다. WREN 명령을 전송할 때는 반드시 전송 전에 $\overline{\text{CS}}$ 핀에 LOW를 가하고, WREN 명령 전송 후에는 $\overline{\text{CS}}$ 핀에 HIGH를 가해 주어야 쓰기 상태로 설정된다. 이후 데이터를 쓰기 위한 과정은 읽기 과정과 유사하다. 먼저 $\overline{\text{CS}}$ 핀에 LOW를 가하여 EEPROM 칩을 선택하고, 쓰기에 해당하는 8비트 명령어 값인 0b00000010 = 0x02를 전송한다. 다음은 데이터를 기록할 8비트 주소 값과 기록할 데이터 값을 전송하고 $\overline{\text{CS}}$ 핀에 HIGH를 가하여 쓰기를 끝낸다.

코드 16-3은 EEPROM에 1바이트 데이터를 기록하는 함수의 예다.

코드 16-3 **바이트 데이터 쓰기 함수**

```
#define EEPROM_WRITE        0b00000010
#define EEPROM_WREN         0b00000110

void EEPROM_writeEnable(void)
{
    EEPROM_Select();                            // Slave Select를 LOW로
    EEPROM_changeByte(EEPROM_WREN);             // 쓰기 가능하도록 설정
    EEPROM_DeSelect();                          // Slave Select를 HIGH로
}
```

```
void EEPROM_writeByte(uint8_t address, uint8_t data)
{
    EEPROM_writeEnable();                        // 쓰기 가능 모드로 설정

    EEPROM_Select();                             // EEPROM 선택
    EEPROM_changeByte(EEPROM_WRITE);             // 쓰기 명령 전송
    EEPROM_sendAddress(address);                 // 주소 전송
    EEPROM_changeByte(data);                     // 데이터 전송
    EEPROM_DeSelect();                           // EEPROM 선택 해제

    // 쓰기가 완료될 때까지 대기
    while (EEPROM_readStatus() & _BV(EEPROM_WRITE_IN_PROGRESS));
}
```

코드 16-3의 마지막 문장은 EEPROM에서 실제 쓰기 동작이 완료될 때까지 대기하는 문장이다. EEPROM의 상태를 알아내기 위해서는 해당 명령어인 RDSR(Read Status Register) 명령을 전송하면 된다. 반환되는 값의 구조는 그림 16-13과 같다. 그림 16-13의 레지스터는 ATmega128의 레지스터가 아니라 EEPROM의 상태를 나타내는 반환값이라는 점을 기억하자.

비트	7	6	5	4	3	2	1	0
	-	-	-	-	BP1	BP0	WEL	WIP
읽기/쓰기	-	-	-	-	R/W	R/W	R	R

그림 16-13 **EEPROM의 상태 레지스터의 구조**

표 16-4 **EEPROM의 상태 레지스터 비트**

비트	이름	설명
3	BP1	쓰기 금지(Write Protection): 쓰기 금지된 블록을 나타낸다.
2	BP0	쓰기 금지(Write Protection): 쓰기 금지된 블록을 나타낸다.
1	WEL	쓰기 가능 래치(Write Enable Latch): 1인 경우 쓰기가 가능하도록 설정되어 있음을 나타낸다.
0	WIP	쓰기 진행 중(Write In Process): 1인 경우 EEPROM이 현재 쓰기 동작을 수행 중임을 나타낸다.

코드 16-4는 EEPROM의 상태 레지스터 값을 읽어 오는 함수의 예다.

코드 16-4 **상태 레지스터 읽기 함수**

```
#define EEPROM_RDSR        0b00000101

uint8_t EEPROM_readStatus(void)
{
    EEPROM_Select();                          // EEPROM 선택
    EEPROM_changeByte(EEPROM_RDSR);           // 상태 레지스터 읽기 명령 전송
    EEPROM_changeByte(0);                     // 상태 레지스터 값 읽기
    EEPROM_DeSelect();                        // EEPROM 선택 해제

    return SPDR;
}
```

EEPROM은 비휘발성 메모리로 데이터를 저장하기에는 좋지만 쓰기 속도가 느리다는 단점이 있다. 이를 개선할 수 있는 방법이 페이지 단위로 데이터를 기록하는 방법이다. 25LC010A는 16바이트의 페이지 크기를 갖는다.[41]

EEPROM_writeByte 함수는 1바이트 데이터를 기록하기 위해 주소를 지정하지만, 주소를 한 번 지정하고 나면 페이지 크기만큼의 데이터를 연속적으로 전송하여 연속된 주소에 데이터를 저장할 수 있다. 따라서 주소 1바이트와 데이터 16바이트를 전송함으로써 16바이트의 데이터를 기록할 수 있다. 이때 한 가지 주의할 점은 페이지 단위의 데이터 기록에서 시작 번지는 xxxx 0000_2이며 페이지의 끝은 xxxx 1111_2이라는 점이다. 즉, 연속된 번지에 데이터를 기록하기는 하지만 페이지 경계를 넘어가지는 못하며, 페이지 끝에 도달하면 다시 페이지의 처음으로 되돌아간다. 예를 들어, 0001 0000_2 번지를 지정하고 2바이트를 전송하면 0001 0000_2 번지와 0001 0001_2 번지에 데이터가 기록되지만, 0000 1111_2 번지를 지정하고 2바이트를 전송하면 0000 1111_2 번지와 0001 0000_2 번지가 아닌 0000 1111_2 번지와 0000 0000_2 번지에 데이터가 기록되는 것이다.

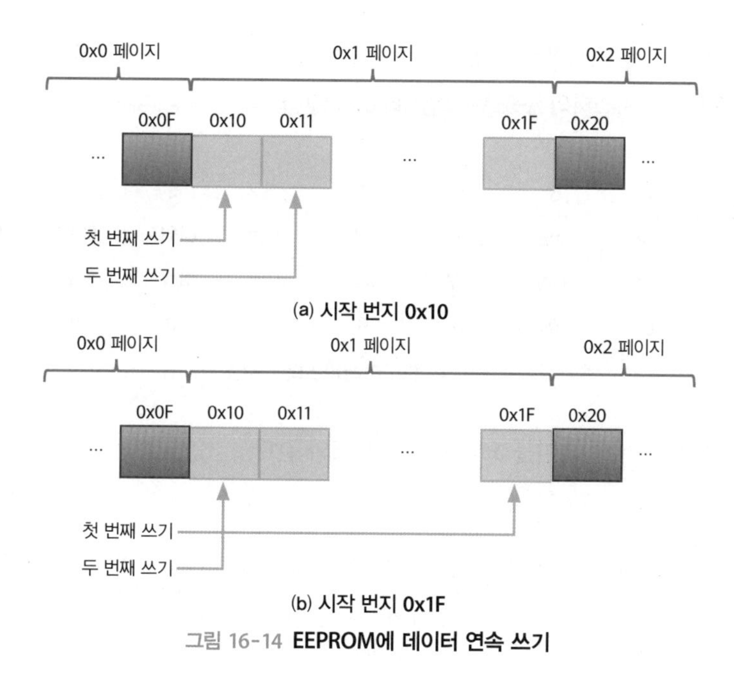

그림 16-14 **EEPROM에 데이터 연속 쓰기**

코드 16-5는 페이지 단위의 쓰기를 통해 EEPROM 전체를 0으로 초기화하는 함수의 예다.

코드 16-5 **EEPROM 초기화 함수**

```
#define EEPROM_PAGE_SIZE         16                  // 페이지 크기(바이트)
#define EEPROM_TOTAL_BYTE        128                 // 25LC010A 크기(바이트)

void EEPROM_eraseAll(void)
{
    uint8_t i;
    uint16_t pageAddress = 0;

    while (pageAddress < EEPROM_TOTAL_BYTE){
        EEPROM_writeEnable();                         // 쓰기 가능 모드로 설정
        EEPROM_Select();                              // EEPROM 선택
        EEPROM_changeByte(EEPROM_WRITE);              // 쓰기 명령 전송
        EEPROM_sendAddress(pageAddress);              // 페이지 시작 주소 전송
        for (i = 0; i < EEPROM_PAGE_SIZE; i++)       // 페이지 단위 데이터 전송
            EEPROM_changeByte(0);
        EEPROM_DeSelect();                            // EEPROM 선택 해제

        pageAddress += EEPROM_PAGE_SIZE;              // 페이지 변경
        // 쓰기 완료 대기
        while(EEPROM_readStatus() & _BV(EEPROM_WRITE_IN_PROGRESS));
    }
}
```

마지막으로 SPI 통신을 초기화하는 방법을 살펴보자. SPI 통신 설정은 SPCR 레지스터를 통해 이루어진다. SPCR 레지스터의 구조는 그림 16-15와 같다.

비트	7	6	5	4	3	2	1	0
	SPIE	SPE	DORD	MSTR	CPOL	CPHA	SPR1	SPR0
읽기/쓰기	R/W	R/W	R/W	R/W	R/W	R/W	R/W	R/W
초깃값	0	0	0	0	0	0	0	0

그림 16-15 **SPCR 레지스터의 구조**

SPCR 레지스터의 각 비트 의미를 요약하면 표 16-5와 같다.

표 16-5 **SPCR 레지스터 비트**

비트	이름	설명
7	SPIE	SPI Interrupt Enable: 1로 설정된 경우 SPSR 레지스터의 SPIF 비트가 세트되고, 전역 인터럽트가 허용된 경우 SPI 인터럽트의 발생을 허용한다.
6	SPE	SPI Enable: 1로 설정된 경우 SPI 통신이 가능하도록 한다.
5	DORD	Data Order: 1인 경우 데이터의 LSB를 먼저 전송하고, 0인 경우 데이터의 MSB를 먼저 전송한다.
4	MSTR	Master/Slave Select: 1인 경우 마스터 모드로 설정되고, 0인 경우 슬레이브 모드로 설정된다.
3	CPOL	클록 극성
2	CPHA	클록 위상
1	SPR1	SPI Clock Rate Select: 마스터로 설정된 경우 클록을 설정하기 위해 사용한다. SPSR 레지스터의 SPI2X 비트와 함께 사용한다.
0	SPR0	

SPRn(n = 0, 1) 비트는 SPSR 레지스터의 SPI2X 비트와 함께 SPI 통신의 클록 설정을 위해 사용한다. SPI 통신에서 클록은 마스터가 생성하므로 슬레이브 모드로 설정된 경우에는 클록 설정에 영향을 받지 않는다. 한 가지 주의할 점은 ATmega128이 슬레이브로 동작할 경우에는 시스템 클록의 4분의 1 이하에서만 정상적인 동작을 보장한다는 점이다. 따라서 ATmega128을 슬레이브로 사용하고자 하는 경우에는 마스터의 SPI 클록을 4MHz 이하로 설정해야 한다. SPRn 비트와 SPI2X 비트 설정에 따른 SPI 클록은 표 16-6과 같다.

표 16-6 **SPI 클록 설정**

SPSR	SPCR		설명
SPI2X	SPR1	SPR0	
0	0	0	$f_{osc}/4$
0	0	1	$f_{osc}/16$
0	1	0	$f_{osc}/64$
0	1	1	$f_{osc}/128$
1	0	0	$f_{osc}/2$
1	0	1	$f_{osc}/8$
1	1	0	$f_{osc}/32$
1	1	1	$f_{osc}/64$

코드 16-6은 마스터 모드로 SPI 통신이 가능하도록 설정하는 함수의 예다.

코드 16-6 **SPI 초기 설정 함수**

```
void SPI_Init(void)
{
    DDRB |= (1 << SPI_SS);                  // SS 핀을 출력으로 설정
    // SS 핀을 HIGH로 설정하여 EEPROM이 선택되지 않은 상태로 시작
    PORTB |= (1 << SPI_SS);

    DDRB |= (1 << SPI_MOSI);                // MOSI 핀을 출력으로 설정
    DDRB &= ~(1 << SPI_MISO);               // MISO 핀을 입력으로 설정
    DDRB |= (1 << SPI_SCK);                 // SCK 핀을 출력으로 설정

    SPCR |= (1 << MSTR);                    // 마스터 모드
    SPCR |= (1 << SPE);                     // SPI 활성화
}
```

25LC010A는 최대 10MHz로 동작할 수 있으며, 코드 16-6에서 분주율은 디폴트 값인 클록의 4분의 1, 즉 4MHz를 사용하였다. 25LC010A의 경우 CPOL = 0, CPHA = 0인 모드 0에서 동작하므로 클록의 극성과 위상 역시 디폴트 값을 사용하였다.

코드 16-7과 코드 16-8은 25LC010을 사용하기 위한 함수를 별도의 헤더 및 소스 파일로 작성한 것이다.

코드 16-7 **EEPROM_25LC010.h**

```
#ifndef EEPROM_25LC010_H_
#define EEPROM_25LC010_H_

#include <avr/io.h>

// SPI를 위한 핀 정의
#define SPI_SS              PB0
#define SPI_MOSI            PB2
#define SPI_MISO            PB3
#define SPI_SCK             PB1

#define EEPROM_Select()     PORTB &= ~(1 << SPI_SS)      // LOW
#define EEPROM_DeSelect()   PORTB |= (1 << SPI_SS)       // HIGH

// 명령어
#define EEPROM_READ         0b00000011      // 읽기
#define EEPROM_WRITE        0b00000010      // 쓰기
#define EEPROM_WREN         0b00000110      // 쓰기 허용
#define EEPROM_RDSR         0b00000101      // 상태 레지스터 읽기

#define EEPROM_WRITE_IN_PROGRESS            0

#define EEPROM_PAGE_SIZE    16              // 페이지 크기(바이트)
#define EEPROM_TOTAL_BYTE   128             // (바이트)

void SPI_Init(void);                        // SPI 초기화
void EEPROM_changeByte(uint8_t byte);       // 1바이트 데이터 교환
void EEPROM_sendAddress(uint8_t address); // 8비트 주소 전송
uint8_t EEPROM_readStatus(void);            // EEPROM 상태 레지스터 읽기
void EEPROM_writeEnable(void);              // 쓰기 가능하도록 설정
uint8_t EEPROM_readByte(uint8_t address); // 1바이트 데이터 읽기
void EEPROM_writeByte(uint8_t address, uint8_t byte);  // 1바이트 데이터 쓰기
void EEPROM_eraseAll(void);                            // EEPROM을 0으로 초기화

#endif
```

코드 16-8 **25LC010.c**

```
#include "EEPROM_25LC010.h"

void SPI_Init(void)
{
    DDRB |= (1 << SPI_SS);                  // SS 핀을 출력으로 설정
    // SS 핀을 HIGH로 설정하여 EEPROM이 선택되지 않은 상태로 시작
    PORTB |= (1 << SPI_SS);
```

```
    DDRB |= (1 << SPI_MOSI);                    // MOSI 핀을 출력으로 설정
    DDRB &= ~(1 << SPI_MISO);                   // MISO 핀을 입력으로 설정
    DDRB |= (1 << SPI_SCK);                     // SCK 핀을 출력으로 설정

    SPCR |= (1 << MSTR);                        // 마스터 모드
    SPCR |= (1 << SPE);                         // SPI 활성화
}

void EEPROM_changeByte(uint8_t byte)
{
    SPDR = byte;                                // 데이터 전송 시작
    loop_until_bit_is_set(SPSR, SPIF);          // 전송 완료 대기
}

void EEPROM_sendAddress(uint8_t address)
{
    EEPROM_changeByte(address);
}

uint8_t EEPROM_readByte(uint8_t address)
{
    EEPROM_Select();                            // EEPROM 선택
    EEPROM_changeByte(EEPROM_READ);             // 읽기 명령어 전송
    EEPROM_sendAddress(address);                // 메모리 주소 전송
    // 마스터에서 바이트 값을 전송해야 슬레이브로부터 바이트 값을 받을 수 있다.
    // 전송하는 값은 의미가 없으므로 0을 전송한다.
    EEPROM_changeByte(0);
    EEPROM_DeSelect();                          // EEPROM 선택 해제

    return SPDR;
}

void EEPROM_writeEnable(void)
{
    EEPROM_Select();                            // Slave Select를 LOW로
    EEPROM_changeByte(EEPROM_WREN);             // 쓰기 가능하도록 설정
    EEPROM_DeSelect();                          // Slave Select를 HIGH로
}

void EEPROM_writeByte(uint8_t address, uint8_t data)
{
    EEPROM_writeEnable();                       // 쓰기 가능 모드로 설정

    EEPROM_Select();                            // EEPROM 선택
    EEPROM_changeByte(EEPROM_WRITE);            // 쓰기 명령 전송
    EEPROM_sendAddress(address);                // 주소 전송
    EEPROM_changeByte(data);                    // 데이터 전송
    EEPROM_DeSelect();                          // EEPROM 선택 해제
```

```
    // 쓰기 완료 대기
    while (EEPROM_readStatus() & _BV(EEPROM_WRITE_IN_PROGRESS));
}

uint8_t EEPROM_readStatus(void)
{
    EEPROM_Select();                        // EEPROM 선택
    EEPROM_changeByte(EEPROM_RDSR);         // 상태 레지스터 읽기 명령 전송
    EEPROM_changeByte(0);                   // 상태 레지스터 값 읽기
    EEPROM_DeSelect();                      // EEPROM 선택 해제

    return SPDR;
}

void EEPROM_eraseAll(void)
{
    uint8_t i;
    uint16_t pageAddress = 0;

    while (pageAddress < EEPROM_TOTAL_BYTE){
        EEPROM_writeEnable();           // 쓰기 가능 모드로 설정
        EEPROM_Select();                // EEPROM 선택
        EEPROM_changeByte(EEPROM_WRITE); // 쓰기 명령 전송
        EEPROM_sendAddress(pageAddress); // 페이지 시작 주소 전송
        for (i = 0; i < EEPROM_PAGE_SIZE; i++)    // 페이지 단위 데이터 전송
            EEPROM_changeByte(0);
        EEPROM_DeSelect();              // EEPROM 선택 해제

        pageAddress += EEPROM_PAGE_SIZE;  // 페이지 변경
        // 쓰기 완료 대기
        while(EEPROM_readStatus() & _BV(EEPROM_WRITE_IN_PROGRESS));
    }
}
```

코드 16-9는 EEPROM의 0에서 127번지에 0에서 127까지의 숫자를 기록하고, 이를 다시 읽어서 UART를 통해 컴퓨터로 전송하여 터미널 프로그램을 통해 확인하는 프로그램이다. 테스트를 위한 프로젝트에서는 코드 16-7과 코드 16-8의 EEPROM 관련 파일들과 UART 통신을 위한 파일 역시 포함시켜야 한다.

코드 16-9 **EEPROM에 데이터 읽고 쓰기**

```
#define F_CPU 16000000UL
#include <avr/io.h>
#include <stdio.h>

#include "UART1.h"
#include "EEPROM_25LC010.h"

FILE OUTPUT \
    = FDEV_SETUP_STREAM(UART1_transmit, NULL, _FDEV_SETUP_WRITE);
FILE INPUT \
    = FDEV_SETUP_STREAM(NULL, UART1_receive, _FDEV_SETUP_READ);

int main(void)
{
    uint8_t i;

    SPI_Init();                         // SPI 초기화
    UART1_init();                       // UART 초기화

    stdout = &OUTPUT;
    stdin = &INPUT;

    for(i = 0; i < 128; i++)            // EEPROM에 쓰기
        EEPROM_writeByte(i, i);

    for(i = 0; i < 128; i++){           // EEPROM에서 읽기
        printf("%d\n\r", EEPROM_readByte(i));
    }

    while(1);
    return 0;
}
```

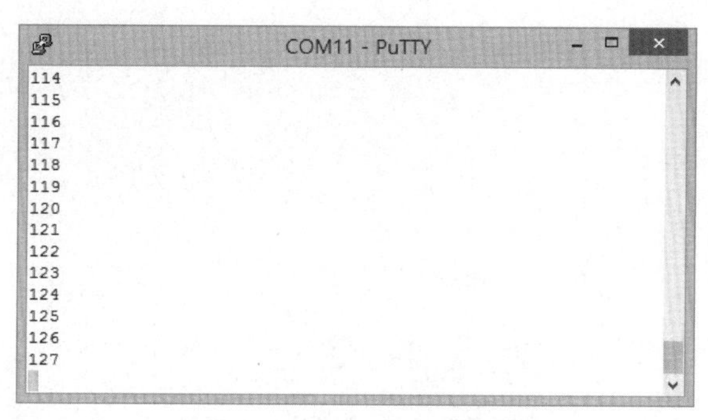

그림 16-16 **코드 16-9 실행 결과**

16.3 요약

SPI는 주변장치와 고속으로 통신하기 위해 만들어진 전이중 방식의 동기식 시리얼 프로토콜이다. 특히 SPI는 UART와 달리 여러 개의 슬레이브를 연결할 수 있어서 많은 수의 고속 주변장치 연결이 필요한 경우 흔히 사용된다. SPI는 데이터와 클록을 위해 3개의 데이터 연결선을 필요로 하는데, 이 3개의 연결선은 모든 슬레이브 장치들이 공통으로 사용한다. 통신할 슬레이브를 선택하기 위해서는 슬레이브 선택(Slave Select, SS) 또는 칩 선택(Chip Select, CS)이라 불리는 전용 연결선을 사용한다.

SPI 통신을 지원하는 주변장치의 종류는 다양하다. 이 장에서는 대표적인 예로 EEPROM을 살펴보았지만, 이외에도 TFT LCD 등의 디스플레이, 이더넷 실드 등의 통신 모듈에서 SPI 통신을 사용하는 예를 어렵지 않게 찾아볼 수 있다. SPI가 고속의 통신을 지원하기는 하지만, 슬레이브 장치의 수에 비례하여 연결선이 증가하는 것은 단점이라 할 수 있다. 고속의 전송은 필요 없이 적은 수의 주변장치 연결만 필요하다면 UART 시리얼 통신을, 적은 데이터 전송만을 원한다면 I2C 시리얼 통신을 고려하는 것도 하나의 방법이다.

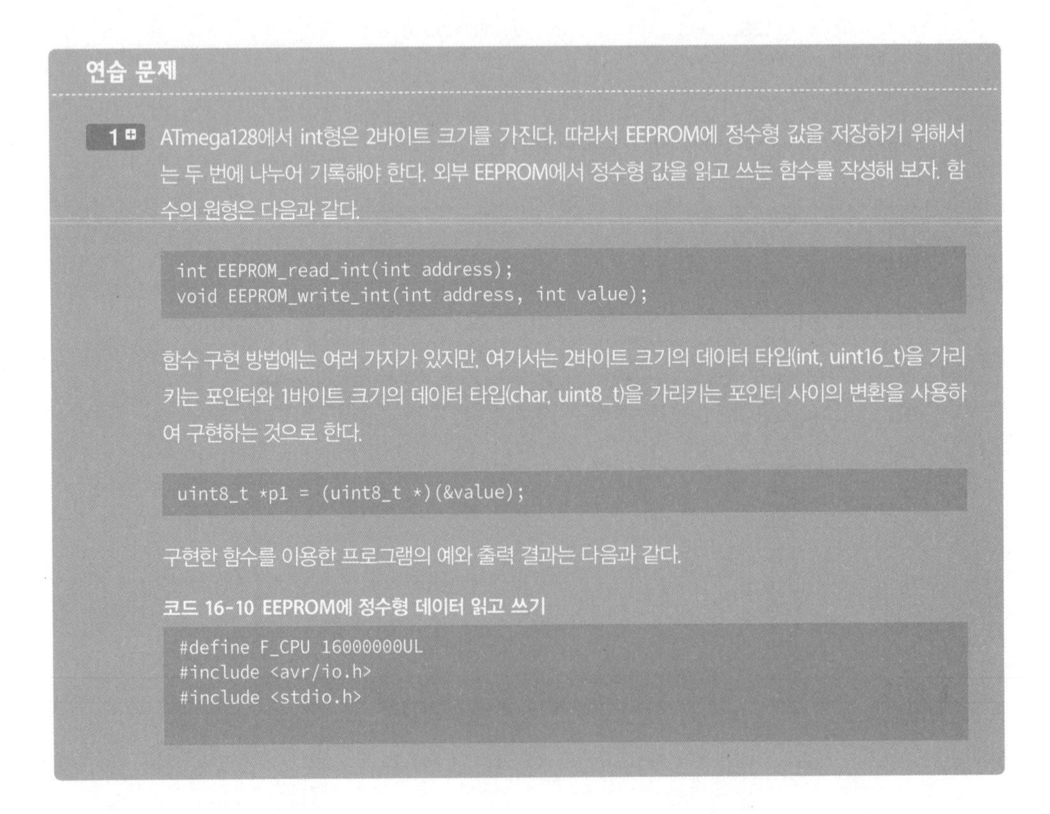

연습 문제

1 ATmega128에서 int형은 2바이트 크기를 가진다. 따라서 EEPROM에 정수형 값을 저장하기 위해서는 두 번에 나누어 기록해야 한다. 외부 EEPROM에서 정수형 값을 읽고 쓰는 함수를 작성해 보자. 함수의 원형은 다음과 같다.

```
int EEPROM_read_int(int address);
void EEPROM_write_int(int address, int value);
```

함수 구현 방법에는 여러 가지가 있지만, 여기서는 2바이트 크기의 데이터 타입(int, uint16_t)을 가리키는 포인터와 1바이트 크기의 데이터 타입(char, uint8_t)을 가리키는 포인터 사이의 변환을 사용하여 구현하는 것으로 한다.

```
uint8_t *p1 = (uint8_t *)(&value);
```

구현한 함수를 이용한 프로그램의 예와 출력 결과는 다음과 같다.

코드 16-10 EEPROM에 정수형 데이터 읽고 쓰기

```
#define F_CPU 16000000UL
#include <avr/io.h>
#include <stdio.h>
```

```
#include "UART1.h"
#include "EEPROM_25LC010.h"

FILE OUTPUT \
    = FDEV_SETUP_STREAM(UART1_transmit, NULL, _FDEV_SETUP_WRITE);
FILE INPUT \
    = FDEV_SETUP_STREAM(NULL, UART1_receive, _FDEV_SETUP_READ);

int main(void)
{
    SPI_Init();                                    // SPI 초기화
    UART1_init();                                  // UART 초기화

    stdout = &OUTPUT;
    stdin = &INPUT;

    EEPROM_write_int(10, 20000);                   // int형 데이터 쓰기

    printf("%d\n\r", EEPROM_read_int(10));         // int형 데이터 읽기

    while(1);
    return 0;
}
```

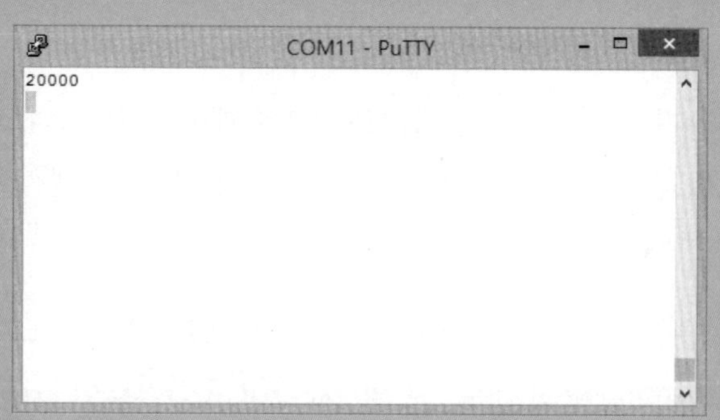

2 문제 1 의 경우 포인터 변환을 통해 2바이트 크기 데이터를 2개의 1바이트 크기 데이터로 변환하여 사용하였다. 이외에도 공용체(union)를 사용하는 방법이 있다. 아래 공용체의 정의를 사용하여 외부 EEPROM에 정수형 값을 읽고 쓰는 함수를 작성해 보자. 함수의 원형, 테스트 프로그램 및 실행 결과는 문제 1 과 동일하다.

```
typedef union{
    int value;                   // 2바이트 크기 1개 변수
    uint8_t bytes[2];            // 1바이트 크기 2개 변수
} EEPROMint;
```

CHAPTER

17 I2C

I2C는 저속의 시리얼 통신 방법 중 하나로 UART, SPI와 더불어 마이크로컨트롤러에서 많이 사용하는 대표적인 통신 방법이다. I2C는 마스터-슬레이브 구조를 통해 1:n 연결을 지원하는 점에서 SPI와 동일하지만, 슬레이브의 개수에 상관없이 2개의 연결선만을 필요로 하는 점에서 연결과 확장이 간편한 장점이 있다. 이 장에서는 I2C를 통한 시리얼 통신 방식을 살펴보고, I2C 통신을 사용하는 RTC(Real Time Clock)의 사용 방법을 알아본다.

17.1 I2C

9장과 16장에서는 대표적인 시리얼 통신 방법인 UART와 SPI에 대해 알아보았다. 이 장에서는 ATmega128에서 UART, SPI와 더불어 하드웨어로 지원하는 시리얼 통신 방식 중 하나인 I2C(Inter-Integrated Circuit)를 살펴본다.

I2C는 주변장치 사이의 저속 통신을 위해 필립스에서 만든 규격으로 IIC, I^2C 등으로 표기하기도 한다. UART는 1960년대에 구현된 통신 표준으로 역사가 길고 통신 방식이 간단하여 아직도 많은 장치들이 지원하고 있다. 하지만 UART 통신은 1:1 통신만 지원하므로 여러 개의 주변장치를 연결하기가 불편하다. 이를 보완하기 위해 여러 가지 시리얼 통신 방법이 등장했는데, 이 중 흔히 볼 수 있는 방법이 SPI와 I2C다. I2C는 여러 주변장치들이 최소한의 연결선만을 사용하여 저속으로 통신하는 방법인 반면, SPI는 고속의 통신을 목표로 하는 점에서 차이가 있다. 표 17-1은 세 가지 시리얼 통신 방식을 간략하게 비교한 것이다.

표 17-1 **시리얼 통신 방식 비교**

			UART	ISP	I2C
동기/비동기			비동기	동기	동기
전이중/반이중			전이중	전이중	반이중
연결 방식			1:1	1:n	1:n
연결선 개수	1개 슬레이브 연결	데이터	2	2	1(반이중)
		클록	0	1	1
		제어	0	1	0
		합계	2	4	2
	n개 슬레이브 연결		2n	3+n	2
슬레이브 선택			-	하드웨어(SS 라인)	소프트웨어(주소 지정)

I2C는 SPI와 마찬가지로 마스터-슬레이브 구조를 가지지만, 연결된 슬레이브 장치의 개수와 무관하게 데이터 전송을 위한 SDA(Serial Data), 클록 전송을 위한 SCA(Serial Clock) 2개의 선만을 필요로 한다. SDA는 데이터의 전송 통로로 다른 통신 방식과는 달리 송수신을 위해 하나의 연결선만을 사용한다. 즉, I2C에서는 송신과 수신이 동시에 이루어질 수 없는 반이중(half-duplex) 방식을 사용한다. SCL은 클록 전송을 위한 통로로 SPI에서와 마찬가지로 마스터가 클록을 생성하고 데이터 전송의 책임을 진다.

I2C 역시 SPI와 마찬가지로 동기 방식이지만 SPI에서와는 달리 위상과 극성에 따른 여러 가지 전송 모드가 존재하지는 않는다. 수신된 데이터는 SCL이 HIGH인 경우에만 샘플링이 가능하다. 따라서 SCL이 HIGH인 경우 (보다 일반적으로는 LOW가 아닌 경우) SDA의 데이터는 안정된 상태에 있어야만 한다. 데이터 전이는 SCL이 LOW인 상태에서만 가능하다.

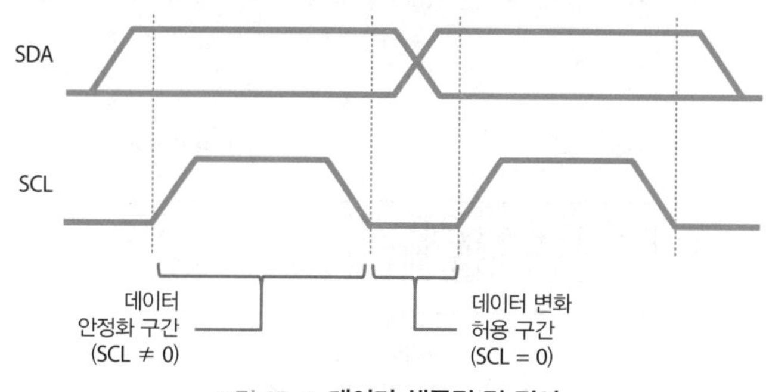

그림 17-1 **데이터 샘플링 및 전이**

하지만 SCL이 HIGH인 경우에도 데이터 전이가 발생하는 두 가지 예외 상황이 있는데, 바로 데이터 전송 시작과 종료를 나타내는 경우다. SCL이 HIGH인 경우 SDA가 HIGH에서 LOW로 바뀌는 경우는 데이터가 전송되기 시작한다는 것을 나타내고, LOW에서 HIGH로 바뀌는 경우는 데이터 전송이 끝났음을 의미한다.

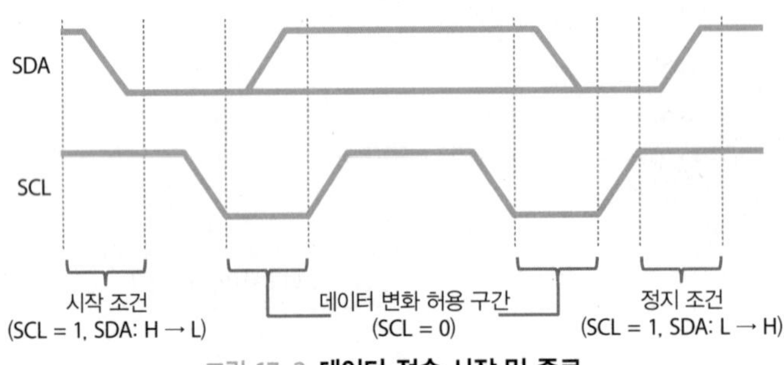

그림 17-2 **데이터 전송 시작 및 종료**

I2C는 SPI와 마찬가지로 1:n 통신을 지원한다. SPI에서는 각각의 슬레이브가 전용의 SS 또는 CS 라인을 가지고 하드웨어적으로 데이터를 송수신할 슬레이브를 선택한다. 반면 I2C에서는 슬레이브가 고유의 주소를 가지고 소프트웨어적으로 데이터를 송수신할 슬레이브를 선택한다. 이는 인터넷에 연결된 컴퓨터를 구별하기 위해 IP(Internet Protocol) 주소를 사용하는 것과 비슷하다.

I2C는 다소 낯설게 느껴지는 7비트 주소를 사용하는데, 나머지 1비트는 읽기/쓰기를 선택하기 위해 사용한다. 읽기/쓰기 비트가 HIGH인 경우 마스터는 지정한 슬레이브로부터 전송되는 데이터를 SDA 라인에서 읽어(read) 들일 것임을 나타내고, 읽기/쓰기 비트가 LOW인 경우 마스터는 지정한 슬레이브로 SDA 라인을 통해 데이터를 전송할(write) 것임을 나타낸다. 7비트의 주소 중 '0000 000'은 마스터가 모든 슬레이브에게 동시에 메시지를 보내는 용도(general call)로 사용하기 위해 예약된 것으로 사용할 수 없다. '1111 xxx' 주소 역시 이후 사용을 위해 예약되어 사용할 수 없다.

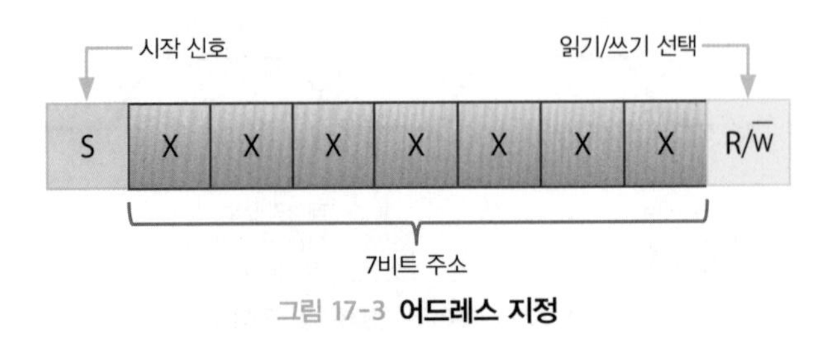

그림 17-3 **어드레스 지정**

마스터가 시작 신호(S)와 7비트의 주소를 보내고 LOW 값($\overline{W}$)을 보냈다면, 지정한 주소를 가지는 슬레이브는 마스터가 1바이트의 데이터를 전송할 것임을 인식하고 수신 대기 상태에 돌입한다. 또한 마지막에 HIGH 값(R)을 보냈다면, 지정한 주소를 가지는 슬레이브는 마스터로 1바이트의 데이터를 전송할 것이다.

마지막으로 한 가지 더 기억해야 할 점은 데이터를 수신한 장치는 데이터를 수신했다는 것을 알려 주어야 한다는 점이다. I2C는 바이트 단위로 데이터를 전송하며, 8비트의 데이터를 전송한 이후 SDA 라인은 HIGH 상태에 있다. 바이트 단위 데이터를 받은 수신 장치는 정상적인 수신을 알리기 위해 아홉 번째 비트를 송신 장치로 전송한다. LOW 값은 'ACK(acknowledge) 비트'로 수신 장치가 송신 장치에게 정상적으로 데이터를 수신했음을 알려 주기 위해 사용하며, HIGH 값은 'NACK(not acknowledge) 비트'로 정상적인 데이터 수신 이외의 상황이 발생했다는 것을 알려 주기 위해 사용한다. 데이터 수신 장치가 정상적으로 데이터를 수신하지 못하면 ACK 비트를 전송하지 않는다. 데이터 전송 완료 후 SDA는 HIGH 상태를 유지하고 있으므로 별도로 NACK 비트를 전송하지 않아도 효과는 동일하다.

마스터에서 슬레이브로 n바이트의 데이터를 송신하는 경우를 살펴보자. 먼저 데이터 전송 시작 비트와 7비트 주소, 그리고 데이터 송신 신호를 보낸다. 지정된 주소의 슬레이브는 데이터를 수신할 준비를 시작하면서 아홉 번째 비트인 수신 확인 신호를 보낸다. 이후 마스터는 n바이트의 데이터를 송신하고, 슬레이브는 매 바이트를 수신한 이후 수신 확인 비트를 마스터로 전송한다. 데이터 전송이 끝나면 데이터 송신 종료 비트(P)를 전송하여 통신을 마친다.

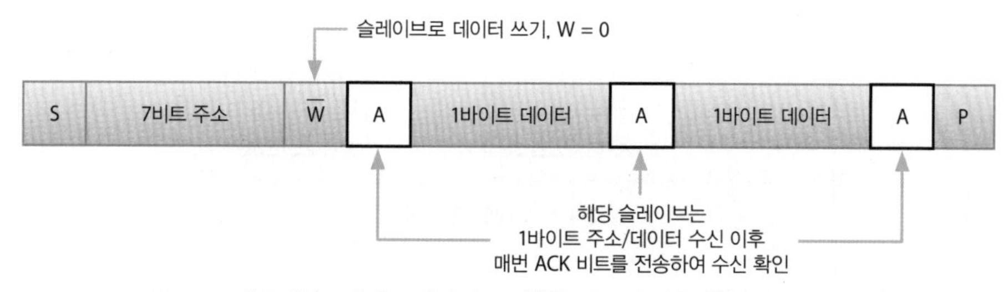

그림 17-4 **마스터의 n바이트 데이터 쓰기(▒: 마스터 전송, □: 슬레이브 전송)**

마스터가 슬레이브로부터 n바이트의 데이터를 수신하는 경우도 이와 유사하다. 먼저 데이터 전송 시작 비트와 7비트 주소, 그리고 데이터 수신 신호를 보낸다. 지정된 주소의 슬레이브는 데이터를 송신할 준비를 시작하면서 아홉 번째 비트인 수신 확인 신호를 보낸다. 이후 슬레이브는 n바이트의 데이터를 송신하고, 매 바이트를 수신한 이후 마스터는 수신 확인 비트를 슬레이브로 전송한다. 다만 마지막 n번째 바이트를 수신한 이후 마스터는 NACK를 슬레이브로 전송하여 수신이 완료되었다는 것을 알려 준다. 그리고 데이터 전송이 끝나면 데이터 송신 종료 비트를 전송하여 통신을 끝낸다. 데이터 송신의 경우와 마찬가지로 데이터 전송이 끝났음을 나타내는 종료 비트는 마스터가 보낸다는 점에 유의해야 한다.

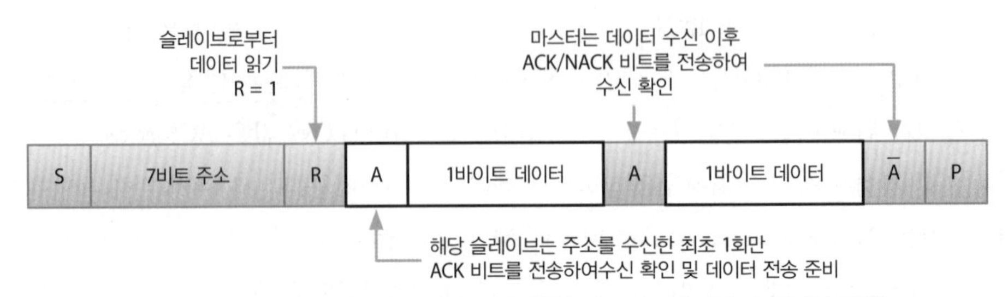

그림 17-5 **마스터로의 n바이트 데이터 읽기(: 마스터 전송, : 슬레이브 전송)**

그림 17-6은 I2C를 통해 2개의 슬레이브 장치를 연결한 예를 나타내는 것으로, SDA와 SCL에 풀업 저항을 연결하여 사용한다. ATmega128은 SDA를 위해 PD1 핀을, SCL을 위해 PD0 핀을 사용하도록 지정되어 있다는 것을 잊지 말자.

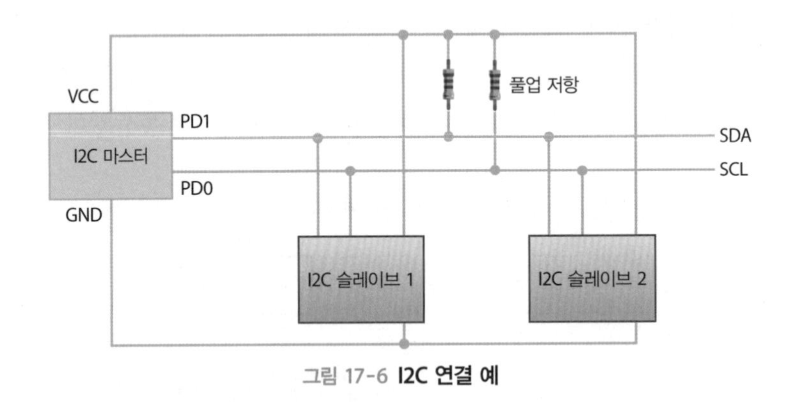

그림 17-6 **I2C 연결 예**

17.2 DS1307, RTC 칩

RTC(Real Time Clock)란 현재 시간을 유지하고 있는 시계를 말한다. 일반적으로 RTC는 컴퓨터나 임베디드 시스템에 존재하는 시계를 가리키는 것이지만, 이외에도 현재 시간을 유지하기 위해 다양한 전자장치에서 사용하고 있다. RTC는 일반적으로 별도의 전원과 클록을 가지고 있어 시스템의 전원이 공급되지 않는 경우에도 현재 시간을 유지할 수 있다.

마이크로컨트롤러에서 RTC를 사용하는 방법에는 소프트웨어적로 구현하는 방법과 별도의 하드웨어를 사용하는 방법이 있다. 소프트웨어로 시계를 구현한 경우에는 마이크로컨트롤러의 클록을 기준으로 시간을 계산한다. 소프트웨어 RTC는 간편한 데다 별도의 하드웨어를 필요로 하지 않는다는 장점이 있지만, 마이크로컨트롤러에 전원이 공급되지 않으면 시간을 유지할 수 없다는 단점도 존재한다.

이 장에서는 RTC를 위한 전용 하드웨어를 사용한다. RTC를 위해 사용할 수 있는 칩은 여러 가지가 있는데, 주로 DS1307 칩을 사용한다. DS1307 칩은 I2C 프로토콜을 사용하며, 외부의 수정 발진기와 전용 전원을 통해 현재 시간을 유지한다. DS1307 칩의 핀 배치는 그림 17-7과 같다.

그림 17-7 **DS1307 핀 배치**

DS1307 칩의 각 핀 기능은 표 17-2와 같이 요약할 수 있다.

표 17-2 **DS1307 핀 설명**

핀 번호	이름	설명	비고
1	X1	RTC용 발진기	32.768KHz
2	X2		
3	V_{BAT}	RTC용 전원	3V
4	GND		
5	SDA	I2C 데이터	
6	SCL	I2C 클록	
7	SQW/OUT	구형파 출력	1Hz, 4KHz, 8KHz, 32KHz 출력
8	VCC		4.5~5.5V

DS1307 칩에는 2개의 전원을 연결하는데, VCC는 5V를, V_{BAT}는 3V를 사용한다. SQW/OUT (Square Wave Output)은 1Hz, 4KHz, 8KHz, 32KHz 중 하나의 주파수를 갖는 구형파를 출력하도록 설정할 수 있다. DS1307을 마이크로컨트롤러와 연결한 전형적인 예는 그림 17-8과 같다.

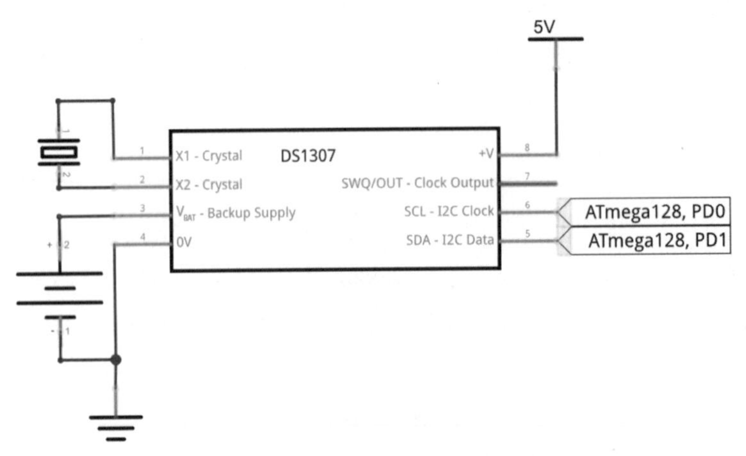

그림 17-8 **마이크로컨트롤러와 DS1307을 연결한 예**

그림 17-9는 DS1307 칩에 발진기와 전원 등을 추가하여 구현한 RTC 모듈 중 하나인 Tiny RTC 모듈을 나타낸 것이다. Tiny RTC 모듈의 I2C 주소는 0x68로 고정되어 있으므로 변경할 수 없다.

그림 17-9 **Tiny RTC 모듈**

Tiny RTC 모듈을 마이크로컨트롤러와 연결하기 위해서는 SCL, SDA, VCC, GND 등 4개의 연결이 필요하다. 그림 17-9에는 동일한 이름의 연결 단자가 좌우에 존재하는데, 어디에 연결해도 무방하다. SQ는 SQW/OUT 출력 핀이며, DS는 디지털 온도 센서인 DS18B20의 출력 핀을 나타낸다. 하지만 Tiny RTC 모듈에는 DS18B20을 연결할 수 있는 자리만 마련되어 있을 뿐 실제로는 포함되어 있지 않은 경우가 대부분이다. 그림 17-10은 Tiny RTC 모듈을 ATmega128에 연결한 예로 그림 17-8과 기본적으로 동일하다.

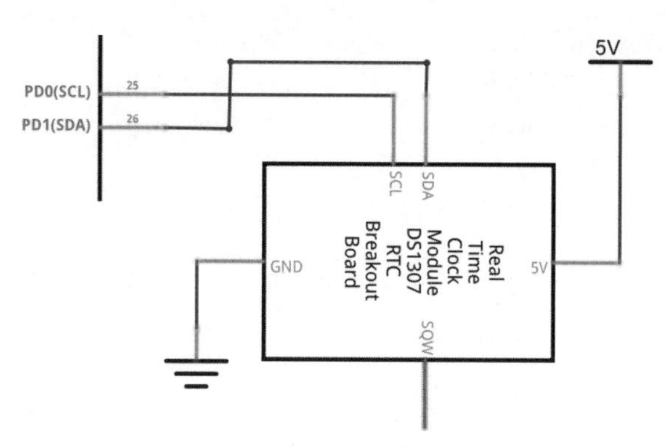

그림 17-10 **Tiny RTC 연결 회로도**

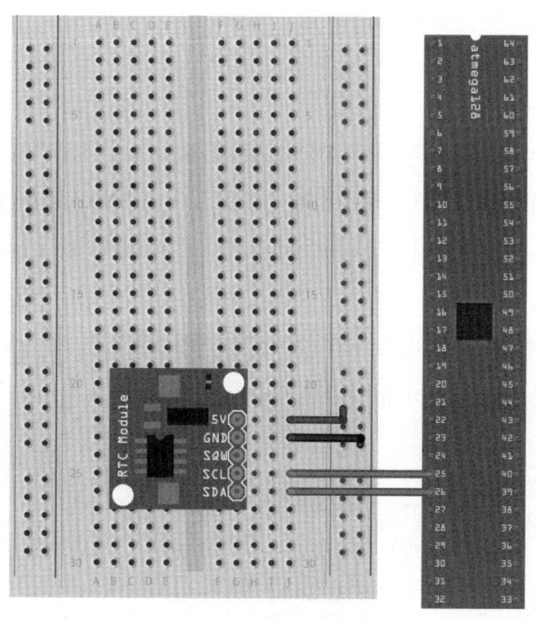

그림 17-11 **Tiny RTC 연결 회로**

DS1307 칩은 64바이트의 메모리를 포함하고 있는데, 이 중 시간 및 날짜와 관련하여 사용하는 메모리는 0번부터 6번까지의 메모리다. 메모리 7번은 구형파 출력과 관계된 메모리이며,

나머지 56바이트 메모리는 범용으로 사용할 수 있다. 표 17-3은 DS1307 칩의 메모리 구조를 나타낸 것이다.

표 17-3 DS1307 메모리 구조

<table>
<tr><th rowspan="2">주소</th><th colspan="8">비트</th><th rowspan="2">내용</th><th rowspan="2">값 범위</th></tr>
<tr><th>7</th><th>6</th><th>5</th><th>4</th><th>3</th><th>2</th><th>1</th><th>0</th></tr>
<tr><td>0x00</td><td>CH</td><td colspan="3">초(10의 자리)</td><td colspan="4">초(1의 자리)</td><td>초</td><td>00~59</td></tr>
<tr><td>0x01</td><td>0</td><td colspan="3">분(10의 자리)</td><td colspan="4">분(1의 자리)</td><td>분</td><td>00~59</td></tr>
<tr><td rowspan="2">0x02</td><td rowspan="2">0</td><td>0</td><td colspan="2" rowspan="2">시(10의 자리)</td><td colspan="4" rowspan="2">시(1의 자리)</td><td rowspan="2">시</td><td>00~23</td></tr>
<tr><td>1</td><td>1~12</td></tr>
<tr><td>0x03</td><td>0</td><td>0</td><td>0</td><td>0</td><td>0</td><td colspan="3">요일</td><td>요일</td><td>01~07</td></tr>
<tr><td>0x04</td><td>0</td><td>0</td><td colspan="2">일(10의 자리)</td><td colspan="4">일(1의 자리)</td><td>일</td><td>01~31</td></tr>
<tr><td>0x05</td><td>0</td><td>0</td><td>0</td><td>월(10의 자리)</td><td colspan="4">월(1의 자리)</td><td>월</td><td>01~12</td></tr>
<tr><td>0x06</td><td colspan="4">연(10의 자리)</td><td colspan="4">연(1의 자리)</td><td>연</td><td>00~99</td></tr>
<tr><td>0x07</td><td>OUT</td><td>0</td><td>0</td><td>SQWE</td><td>0</td><td>0</td><td>RS1</td><td>RS0</td><td>제어</td><td>-</td></tr>
<tr><td>0x08~0x3F</td><td colspan="8"></td><td>램</td><td>00h~FFh</td></tr>
</table>

날짜와 시간은 0번부터 6번까지의 메모리에 저장된다. 이때 0번 메모리의 7번 비트인 CH(Clock Halt) 비트를 1로 설정하면 발진기가 동작하지 않으므로 반드시 0으로 설정해야 한다. 또 한 가지 주의할 점은 숫자는 일반적인 이진수 방식이 아니라 BCD(Binary Coded Decimal) 형식으로 저장된다는 점이다. 12라는 숫자를 이진수 형식으로 저장하는 경우 0000 1100_2가 된다. BCD 형식으로 저장하는 경우에는 4비트로 10진수 한 자리를 나타내므로 상위 4비트는 10의 자리를, 하위 4비트는 1의 자리를 나타내어 0001_2 0010_2로 저장된다.

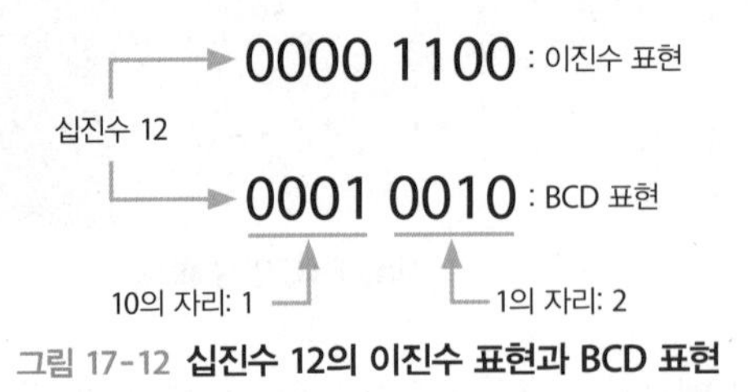

그림 17-12 **십진수 12의 이진수 표현과 BCD 표현**

7번 메모리는 구형파 출력을 제어한다. 7번 비트 OUT은 구형파 출력이 금지된 경우 SQ 핀으로 출력되는 출력 레벨을 나타내며, 1인 경우 논리 1, 0인 경우 논리 0을 출력한다. 디폴트 값은 0이다. 4번 비트 SQWE(Square Wave Enable)는 구형파 출력을 제어하는 비트로, 1인 경우 구형파를 출력하고, 0인 경우 7번 비트에 의해 설정된 레벨 값을 출력한다. 디폴트 값은 0으로 구형파는 출력되지 않도록 설정되어 있다. 1번과 0번 RS(Rate Select) 비트는 구형파의 출력 주파수를 결정한다. 비트 설정에 따라 출력되는 구형파의 주파수는 표 17-4와 같다.

표 17-4 **RS 설정에 따른 구형파 출력 주파수**

SQWE	OUT	RS1	RS0	출력 주파수	비고
1	×	0	0	1Hz	
1	×	0	1	4.096KHz	
1	×	1	0	8.192KHz	
1	×	1	1	32.768KHz	
0	0	×	×	-	항상 0 출력
0	1	×	×	-	항상 1 출력

DS1307에 날짜와 시간을 설정하는 방법과 현재 날짜와 시간을 읽어 오는 방법은 그림 17-4 및 그림 17-5에 정의된 순서를 따라야 한다. 먼저 I2C를 초기화하는 방법을 살펴보자.

코드 17-1 **TWI 초기화**

```
#define I2C_SCL            PD0
#define I2C_SDA            PD1

void I2C_init(void)
{
    DDRD |= (1 << I2C_SCL);              // SCL 핀을 출력으로 설정
    DDRD |= (1 << I2C_SDA);              // SDA 핀을 출력으로 설정

    TWBR = 32;                           // I2C 클록 주파수 설정 200KHz
}
```

ATmega128에는 SCL과 SDA를 위한 전용 핀이 정해져 있으므로 먼저 이 핀들을 출력으로 설정한다. 다음으로는 I2C 클록 주파수를 설정한다. I2C의 클록은 마스터가 책임지므로 슬레이브 모드로 설정된 장치는 클록 설정에 영향을 받지 않는다. 시스템 클록은 최소한 I2C 클록의 16배

이상이어야 한다. I2C 클록 주파수는 비트율을 결정하는 TWBR(TWI Bit Rate Register) 레지스터와 분주율을 결정하는 TWPS(TWI Prescaler Bit) 비트에 의해 다음과 같이 나타낼 수 있다.

$$SCL\,frequency = \frac{\text{System Clock}}{16 + 2 \cdot TWBR \cdot 4^{TWPS}}$$

TWBR(TWI Bit Rate Register) 레지스터의 구조는 다음과 같다.

비트	7	6	5	4	3	2	1	0
	TWBR[7:0]							
읽기/쓰기	R/W	R/W	R/W	R/W	R/W	R/W	R/W	R/W
초깃값	0	0	0	0	0	0	0	0

그림 17-13 **TWBR 레지스터의 구조**

분주율을 결정하는 TWPS 비트는 TWI 상태 레지스터인 TWSR(TWI Status Register) 레지스터에서 설정한다. TWSR 레지스터의 구조는 그림 17-14와 같다.

비트	7	6	5	4	3	2	1	0
	TWS7	TWS6	TWS5	TWS4	TWS3	-	TWPS1	TWPS0
읽기/쓰기	R	R	R	R	R	R	R/W	R/W
초깃값	1	1	1	1	1	0	0	0

그림 17-14 **TWSR 레지스터의 구조**

7번 비트에서 3번 비트까지 5개 비트는 TWI의 상태를 나타내는 TWS 비트(TWI Status Bit)로 TWI의 전송 상태나 오류 등을 나타내기 위해 사용한다. 분주비는 TWPSn(n = 0, 1)(TWI Prescaler Bit) 비트에 의해 설정되며, 설정값에 따른 분주비는 표 17-5와 같이 4의 거듭제곱으로 계산한다.

표 17-5 **SCL 주파수의 분주비 설정**

TWPS1	TWPS0	분주비
0	0	1
0	1	4
1	0	16
1	1	64

코드 17-1에서는 TWBR을 32로 설정하고 TWPSn은 디폴트 값을 사용하였으므로 I2C의 주파수는 200KHz가 된다.

$$SCL\,frequency = \frac{16MHz}{16 + 2 \cdot 32 \cdot 4^0} = 200KHz$$

이처럼 초기화 과정에서는 데이터 핀을 출력으로 설정하고 SCL의 클록을 설정하면 된다.

TWI의 전체적인 통신 과정은 TWI 제어 레지스터인 TWCR(TWI Control Register) 레지스터가 제어한다. TWCR 레지스터의 구조는 그림 17-15와 같다.

비트	7	6	5	4	3	2	1	0
	TWINT	TWEA	TWSTA	TWSTO	TWWC	TWEN	-	TWIE
읽기/쓰기	R/W	R/W	R/W	R/W	R	R/W	R	R/W
초깃값	0	0	0	0	0	0	0	0

그림 17-15 **TWCR 레지스터의 구조**

TWCR 레지스터 각 비트의 의미는 표 17-6과 같다.

표 17-6 **TWCR 레지스터 비트**

비트	이름	설명
7	TWINT	TWI Interrupt Flag: TWI의 현재 작업이 완료되고 응용 소프트웨어의 응답을 기다릴 때 하드웨어에 의해 세트된다. SREG 레지스터의 I 비트가 세트되어 전역적인 인터럽트가 허용되고 TWCR 레지스터의 TWIE 비트가 세트되어 있을 때, 현재 작업이 완료되어 TWINT 비트가 세트되면 인터럽트 서비스 루틴을 실행한다.
6	TWEA	• TWI Enable Acknowledge Bit: ACK 펄스의 생성을 제어한다. TWEA 비트가 세트되어 있을 때 다음과 같은 상황에서 ACK 펄스를 생성한다. • 슬레이브 모드에서 자신의 주소를 수신한 경우 • 슬레이브 모드에서 TWAR 레지스터의 TWGCE 비트가 세트되어 있고 모든 슬레이브로 전달되는 일반 호출(general call)을 수신한 경우 • 마스터나 슬레이브 모드에서 한 바이트의 데이터를 수신한 경우
5	TWSTA	TWI Start Condition Bit: 마스터 모드에서 전송을 시작하기 위해 TWSTA 비트를 세트한다.
4	TWSTO	TWI Stop Condition Bit: 마스터 모드에서 전송을 끝내기 위해 TWSTO 비트를 세트한다.

표 17-6 **TWCR 레지스터 비트 (계속)**

비트	이름	설명
3	TWWC	TWI Write Collision Flag: TWINT 비트가 0인 경우, 즉 데이터 전송 작업이 완료되지 않은 경우 TWI 데이터 레지스터인 TWDR 레지스터에 데이터를 기록하려고 하면 세트된다. TWINT 비트가 1인 경우 TWDR 레지스터에 데이터를 기록하면 클리어된다.
2	TWEN	TWI Enable Bit: TWI를 활성화시킨다.
1	-	-
0	TWIE	TWI Interrupt Enable: TWI 데이터 전송이 완료된 경우 인터럽트 발생을 허용한다. SREG 레지스터의 I 비트가 세트되고, TWIE 비트가 세트된 경우 전송이 완료되면 인터럽트가 발생한다.

코드 17-2는 I2C 전송을 시작하기 위해 시작 비트를 전송하고 대기하는 함수다.

코드 17-2 **TWI 시작 함수**

```
void I2C_start(void)
{
    TWCR = _BV(TWINT) | _BV(TWSTA) | _BV(TWEN);

    while( !(TWCR & (1 << TWINT)) );        // 시작 완료 대기
}
```

I2C_start 함수에서는 I2C 통신을 활성화시키는 TWEN 비트와 I2C 통신을 시작하기 위한 TWSTA 비트를 세트한다. 인터럽트 플래그 비트인 TWINT 비트 역시 세트하는 것으로 보이지만, TWINT 비트에 1을 쓰는 것은 플래그를 클리어하는 효과를 갖는다. 실제로 TWINT 비트가 세트되는 시점은 시작 조건 전송 이후로 하드웨어가 결정한다. 따라서 TWINT 비트 설정 명령을 실행한 이후 TWINT 비트가 세트되기까지는 시간이 걸리므로 while문을 사용하여 플래그 비트가 세트되기를 기다려야 한다. TWINT 비트가 세트되어야만 실제 데이터나 주소 전송 작업을 실행할 수 있다.

시작 조건을 전송한 후 데이터를 슬레이브로 전송하는 경우를 생각해 보자. 먼저 I2C 주소를 전송하고 다음으로 데이터를 전송한다. 의미상으로 주소 전송과 데이터 전송은 서로 다르지만 전송 방식은 동일하다. 즉, 1바이트 데이터를 전송하고 ACK 비트를 수신할 때까지 대기한다. 코드 17-3은 TWI를 통해 1바이트의 데이터를 전송하고 ACK 비트를 수신하였는지 확인하는 함수다.

코드 17-3 **TWI 바이트 송신 함수**

```
void I2C_transmit(uint8_t data)
{
    TWDR = data;
    TWCR = _BV(TWINT) | _BV(TWEN) | _BV(TWEA);

    while( !(TWCR & (1 << TWINT)) );        // 전송 완료 대기
}
```

바이트 전송 함수는 시작 함수인 I2C_start와 마찬가지로 TWINT 비트를 세트하고 실제 전송이 완료되고 ACK 비트를 수신할 때까지, 즉 TWINT 비트가 세트될 때까지 대기한다. TWDR(TWI Data Register) 레지스터는 송수신되는 데이터를 저장하는 레지스터로 TWDR 레지스터의 구조는 그림 17-16과 같다.

비트	7	6	5	4	3	2	1	0
	TWD[7:0]							
읽기/쓰기	R/W	R/W	R/W	R/W	R/W	R/W	R/W	R/W
초깃값	1	1	1	1	1	1	1	1

그림 17-16 **TWDR 레지스터의 구조**

데이터 전송이 완료되면 정지 비트를 전송해야 한다. 코드 17-4는 정지 조건을 전송하여 TWI 통신을 종료하는 함수다. I2C_start 함수와는 달리 I2C_stop 함수에서는 TWINT 비트가 세트될 때까지 대기하지 않아도 된다.

코드 17-4 **TWI 정지 함수**

```
void I2C_stop(void)
{
    TWCR = _BV(TWINT) | _BV(TWSTO) | _BV(TWEN);
}
```

데이터를 수신하는 경우도 송신하는 경우와 유사하다. 다만 슬레이브의 I2C 주소를 지정할 때 LSB를 1로 설정하여 읽기 명령이라는 것을 표시해야 한다는 점에서 차이가 있다. 코드 17-5는 1바이트의 데이터를 수신하는 두 가지의 함수를 나타낸 것이다. 데이터 송신의 경우 데이터를 전송하고 ACK를 확인하는 하나의 함수만으로도 충분하지만, 데이터 수신의 경우에는

데이터를 수신한 후 ACK를 보내는 경우와 NACK를 보내는 두 가지 경우를 고려해야 한다. 그림 17-5에서도 알 수 있듯이 여러 바이트의 데이터를 수신하는 경우 마지막 바이트를 제외하고는 ACK를 보내지만, 마지막 바이트를 수신한 후에는 NACK를 보내야 한다.

코드 17-5는 기본적으로 코드 17-3과 설정이 동일하다. 다만 코드 17-3에서는 데이터 송신을 위해 TWDR 레지스터에 값을 대입한 반면, 코드 17-5에서는 데이터 수신을 위해 TWDR 레지스터의 값을 읽는 차이가 있다.

코드 17-5 **TWI 바이트 수신 함수**

```
uint8_t I2C_receive_ACK(void)
{
    TWCR = _BV(TWINT) | _BV(TWEN) | _BV(TWEA);

    while( !(TWCR & (1 << TWINT)) );        // 수신 완료 대기

    return TWDR;
}

uint8_t I2C_receive_NACK(void)
{
    TWCR = _BV(TWINT) | _BV(TWEN);

    while( !(TWCR & (1 << TWINT)) );        // 수신 완료 대기

    return TWDR;
}
```

I2C 통신을 위해 필요한 기본적인 함수는 여기까지이며, I2C를 사용하는 장치에 따라 위의 함수들을 이용하여 데이터를 송수신하는 방법에는 차이가 있으므로 사용하고자 하는 장치에 따라 데이터시트를 참고하여 통신을 수행하면 된다.[42] 위의 코드들로 I2C 통신을 위한 라이브러리를 다음과 같이 작성할 수 있다.

코드 17-6 **I2C_RTC.h**

```
#ifndef I2C_RTC_H_
#define I2C_RTC_H_

#define I2C_SCL             PD0
#define I2C_SDA             PD1
```

```
#include <avr/io.h>

void I2C_init(void);                          // I2C 초기화
void I2C_start(void);                         // I2C 시작
void I2C_transmit(uint8_t data);              // 1바이트 전송
uint8_t I2C_receive_NACK(void);               // 1바이트 수신 & NACK
uint8_t I2C_receive_ACK(void);                // 1바이트 수신 & ACK
void I2C_stop(void);                          // I2C 정지

#endif
```

코드 17-7 **I2C_RTC.c**

```
#include "I2C_RTC.h"

void I2C_init(void)
{
    DDRD |= (1 << I2C_SCL);                   // SCL 핀을 출력으로 설정
    DDRD |= (1 << I2C_SDA);                   // SDA 핀을 출력으로 설정

    TWBR = 32;                                // I2C 클록 주파수 설정 200KHz
}

void I2C_start(void)
{
    TWCR = _BV(TWINT) | _BV(TWSTA) | _BV(TWEN);

    while( !(TWCR & (1 << TWINT)) );          // 시작 완료 대기
}

void I2C_transmit(uint8_t data)
{
    TWDR = data;
    TWCR = _BV(TWINT) | _BV(TWEN) | _BV(TWEA);

    while( !(TWCR & (1 << TWINT)) );          // 전송 완료 대기
}

uint8_t I2C_receive_ACK(void)
{
    TWCR = _BV(TWINT) | _BV(TWEN) | _BV(TWEA);

    while( !(TWCR & (1 << TWINT)) );          // 수신 완료 대기

    return TWDR;
}
```

```
uint8_t I2C_receive_NACK(void)
{
    TWCR = _BV(TWINT) | _BV(TWEN);

    while( !(TWCR & (1 << TWINT)) );          // 수신 완료 대기

    return TWDR;
}

void I2C_stop(void)
{
    TWCR = _BV(TWINT) | _BV(TWSTO) | _BV(TWEN);
}
```

I2C 통신을 위한 코드 17-6과 코드 17-7, UART 통신을 위한 UART1.h 및 UART1.c를 사용하여 RTC 모듈의 시간을 설정하고 2초 후에 현재 시간을 읽어 출력하는 프로그램의 예가 코드 17-8이다. 코드 17-8에서는 일반적인 이진수 형식의 숫자와 BCD 형식의 숫자를 상호 변환하기 위해 bcd_to_decimal 함수와 decimal_to_bcd 함수를 사용하고 있다.

코드 17-8 **RTC 모듈의 시간 설정 및 읽기**

```
#define F_CPU 16000000UL

#include <avr/io.h>
#include <util/delay.h>
#include <stdio.h>

#include "UART1.h"
#include "I2C_RTC.h"

FILE OUTPUT \
    = FDEV_SETUP_STREAM(UART1_transmit, NULL, _FDEV_SETUP_WRITE);
FILE INPUT \
    = FDEV_SETUP_STREAM(NULL, UART1_receive, _FDEV_SETUP_READ);

uint8_t bcd_to_decimal(uint8_t bcd)          // BCD 형식 -> 이진수 형식
{
    return (bcd >> 4) * 10 + (bcd & 0x0F);
}

uint8_t decimal_to_bcd(uint8_t decimal)    // 이진수 형식 -> BCD 형식
{
    return ( ((decimal / 10) << 4) | (decimal % 10) );
}
```

```
int main(void)
{
    uint8_t i;

    I2C_init();                                     // I2C 초기화
    UART1_init();                                   // UART 초기화

    stdout = &OUTPUT;
    stdin = &INPUT;

    uint8_t address = 0x68;                         // RTC 모듈의 I2C 주소

    // 초, 분, 시, 요일, 일, 월, 연
    // 2016년 1월 1일 월요일 12시 00분 00초
    uint8_t data[] = {00, 00, 12, 2, 1, 1, 16};

    // RTC 모듈에 시간 설정
    I2C_start();                                    // I2C 시작
    I2C_transmit(address << 1);                     // I2C 주소 전송, 쓰기 모드
    // RTC에 데이터를 기록할 메모리 시작 주소 전송
    I2C_transmit(0);

    printf("* Setting RTC module...\r\n");
    for(i = 0; i < 7; i++){
        printf(" %dth byte written...\r\n", i);

        I2C_transmit(decimal_to_bcd(data[i]));      // 시간 설정
    }

    I2C_stop();                                     // I2C 정지

    _delay_ms(2000);                                // 2초 대기

    I2C_start();                                    // I2C 시작
    I2C_transmit(address << 1);                     // I2C 주소 전송, 쓰기 모드
    // RTC에서 데이터를 읽어 올 메모리 시작 주소 전송
    I2C_transmit(0);
    I2C_stop();                                     // I2C 정지

    I2C_start();                                    // I2C 읽기 모드로 다시 시작
    I2C_transmit( (address << 1) + 1 );             // I2C 주소 전송, 읽기 모드

    printf("* Time/Date Retrieval...\r\n");

    printf(" %d second\r\n", bcd_to_decimal(I2C_receive_ACK()));
    printf(" %d minute\r\n", bcd_to_decimal(I2C_receive_ACK()));
    printf(" %d hour\r\n", bcd_to_decimal(I2C_receive_ACK()));
    printf(" %d day of week\r\n", bcd_to_decimal(I2C_receive_ACK()));
    printf(" %d day\r\n", bcd_to_decimal(I2C_receive_ACK()));
```

```
    printf(" %d month\r\n", bcd_to_decimal(I2C_receive_ACK()));
    printf(" %d year\r\n", bcd_to_decimal(I2C_receive_NACK()));

    I2C_stop();                                  // I2C 정지

    while(1);
    return 0;
}
```

```
COM11 - PuTTY
1th byte written...
2th byte written...
3th byte written...
4th byte written...
5th byte written...
6th byte written...
* Time/Date Retrieval...
 2 second
 0 minute
 12 hour
 2 day of week
 1 day
 1 month
 16 year
```

그림 17-17 **코드 17-8 실행 결과**

RTC 모듈에 전용 전원이 연결되어 있다면 시간을 한 번 설정한 이후에는 필요할 때마다 현재 시간을 읽어서 사용할 수 있다. 또는 RTC 모듈의 구형파 출력 기능을 사용하여 일정한 시간 간격으로 ATmega128로 신호를 보낼 수도 있다. 표 17-3에서 여덟 번째 바이트는 구형파 출력을 제어하는 값으로 0x01 값을 기록하면 1Hz의 구형파를 얻을 수 있다. ATmega128에서 외부 인터럽트 2번을 사용하여 구형파의 하향 에지에서 카운트 값을 증가시키고, 현재 카운트 값을 출력하도록 해 보자. 그림 17-18과 같이 구형파 출력 핀을 외부 인터럽트 2번 핀인 PD2 핀에 연결한다. 그림 17-10에서는 RTC 모듈의 구형파 출력 핀을 사용하지 않았다.

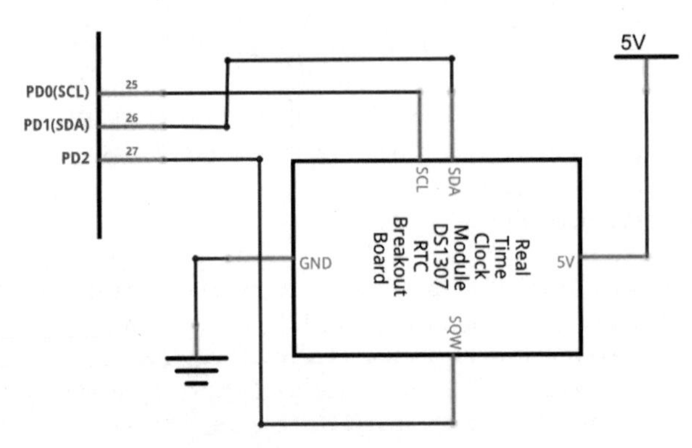

그림 17-18 **Tiny RTC 연결 회로도 – 구형파 출력 사용**

코드 17-9는 1Hz 구형파를 외부 인터럽트로 사용하여 1초에 1씩 증가하는 카운트 값을 터미널 프로그램으로 출력하는 예다.

코드 17-9 구형파 출력

```
#define F_CPU 16000000UL

#include <avr/io.h>
#include <util/delay.h>
#include <stdio.h>
#include <avr/interrupt.h>

#include "UART1.h"
#include "I2C_RTC.h"

FILE OUTPUT \
    = FDEV_SETUP_STREAM(UART1_transmit, NULL, _FDEV_SETUP_WRITE);
FILE INPUT \
    = FDEV_SETUP_STREAM(NULL, UART1_receive, _FDEV_SETUP_READ);

int count = 0;

uint8_t bcd_to_decimal(uint8_t bcd)         // BCD 형식 -> 이진수 형식
{
    return (bcd >> 4) * 10 + (bcd & 0x0F);
}

uint8_t decimal_to_bcd(uint8_t decimal)     // 이진수 형식 -> BCD 형식
{
    return ( ((decimal / 10) << 4) | (decimal % 10) );
}

void INIT_INT2(void)
{
    EIMSK |= (1 << INT2);                   // INT2 인터럽트 활성화
    EICRA |= (1 << ISC21);                  // 하강 에지에서 인터럽트 발생
    sei();                                  // 전역적으로 인터럽트 허용
}

ISR(INT2_vect)                              // INT2 인터럽트 서비스 루틴
{
    printf("%d\r\n", ++count);
}

int main(void)
{
    uint8_t i;

    I2C_init();                             // I2C 초기화
```

```
    UART1_init();                              // UART 초기화

    stdout = &OUTPUT;
    stdin = &INPUT;

    uint8_t address = 0x68;                    // RTC 모듈의 I2C 주소

    INIT_INT2();                               // INT2 인터럽트 설정

    // 초, 분, 시, 요일, 일, 월, 연
    // 2016년 1월 1일 월요일 12시 00분 00초
    uint8_t data[] = {00, 00, 12, 2, 1, 1, 16};

    // RTC 모듈에 시간 설정
    I2C_start();                               // I2C 시작
    I2C_transmit(address << 1);                // I2C 주소 전송. 쓰기 모드
    // RTC에 데이터를 기록할 메모리 시작 주소 전송
    I2C_transmit(0);

    for(i = 0; i < 7; i++){
        I2C_transmit(decimal_to_bcd(data[i]));  // 시간 설정
    }
    I2C_transmit(0x10);                        // 구형파 출력 설정

    I2C_stop();                                // I2C 정지

    while(1){}
    return 0;
}
```

코드 17-9에서는 구형파 출력 설정을 위해 7바이트의 시간 설정 데이터를 전송한 후 여덟 번째 바이트로 0x10 값을 전송하고 있다. 또한 외부 인터럽트 2번을 활성화시켜 구형파의 하향 에지에서 카운트 값이 증가하도록 하였다.

그림 17-19 **코드 17-9 실행 결과**

17.3 요약

I2C는 저속으로 적은 데이터를 전송할 때 주로 사용하는 시리얼 통신 방법이다. I2C 외에도 ATmega128에서 사용할 수 있는 시리얼 통신 방법으로는 UART와 SPI가 있다. 이들 세 가지 방법은 모두 시리얼 통신 방법이라는 점은 동일하지만, 각기 장단점을 가지고 있으므로 용도에 맞게 골라 사용하면 된다. I2C의 가장 큰 장점은 슬레이브의 개수에 상관없이 항상 2개의 연결선만을 필요로 하므로 연결이 간단하고 확장성이 뛰어나다는 점이다. 반면 반이중 통신 방식을 사용하여 다른 방법에 비해 전송 속도가 느리다는 점은 단점으로 꼽힌다. 이러한 특징으로 인해 I2C는 적은 데이터를 간헐적으로 전송하는 센서 연결에 주로 사용한다. 센서의 경우 센서에서 마이크로컨트롤러로 단방향으로만 데이터 전송이 일어나는 것이 일반적이므로 반이중 방식으로도 속도 저하 없이 사용할 수 있으며, 센서의 측정값은 그 크기가 크지 않으므로 저속 통신으로도 충분하다. 또한 텍스트 LCD의 경우 전송해야 하는 데이터가 많지 않으므로 ATmega128에서는 UART 방식과 함께 I2C 방식의 텍스트 LCD도 많이 사용한다.

이 장에서는 I2C 통신을 사용하는 예로 RTC의 사용 방법을 알아보았다. RTC는 자체 전원을 가지고 독립적으로 시간을 유지하는 장치로, 현재 시간을 알아내기 위해 또는 주기적인 작업 처리에 사용한다. RTC의 예에서 살펴본 것처럼 I2C는 저수준의 통신 방식을 정의하고 있고, 실제 데이터 송수신 방법은 사용하고자 하는 장치에 따라 차이가 있으므로 데이터시트를 참고하여 실제 통신 방법을 구현해야 한다.

연습 문제

1. Tiny RTC 모듈이 초기화되었다고 가정하자. 포트 B에 8개 LED를 연결하고, 1초 간격으로 LED가 점멸하는 프로그램을 작성해 보자. LED 점멸 방법에는 여러 가지가 있지만, 여기서는 코드 17-9를 참고하여 Tiny RTC 모듈의 구형파 생성 기능을 통해 LED가 점멸하도록 프로그램을 작성해 보자.

2. Tiny RTC 모듈이 초기화되었다고 가정하자. 포트 B에 8개의 LED를 연결하고, 1초 간격으로 LED가 점멸하는 프로그램을 작성해 보자. 1초 경과를 확인하기 위해 RTC 모듈에서 현재 시간을 얻어 오는 폴링 방식을 사용하여 구현한다. 또한 이를 문제 1 의 인터럽트 방식과도 비교해 보자.

PART

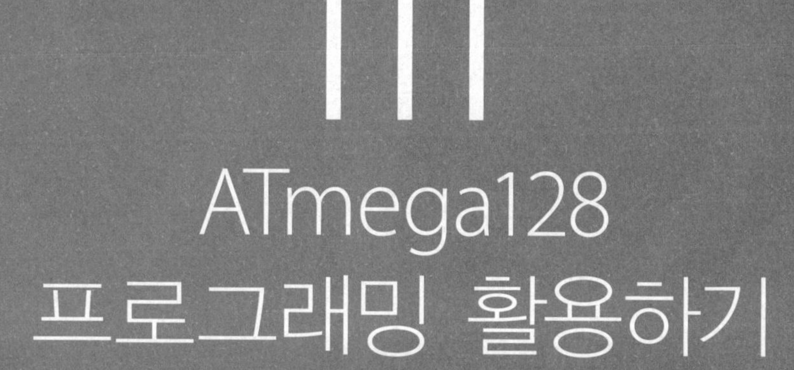

ATmega128 프로그래밍 활용하기

CHAPTER 18

7세그먼트 표시장치

7세그먼트 표시장치는 발광 다이오드를 사용하여 만든 출력장치의 일종으로, 숫자나 기호 등의 표시를 위해 주로 사용한다. 하지만 여러 자리 숫자를 표시하기 위해서는 많은 수의 입출력 핀이 필요하므로, 필요로 하는 입출력 핀의 수를 줄이기 위해 다양한 방법을 적용하고 있다. 이 장에서는 한 자리 7세그먼트 표시장치를 제어하는 방법과, 잔상 효과를 이용하여 적은 수의 입출력 핀으로 네 자리 7세그먼트 표시장치를 제어하는 방법을 알아본다.

18.1 한 자리 7세그먼트 표시장치

7세그먼트 표시장치(7-segment display)는 7개의 선분으로 숫자나 글자를 표시하기 위해 발광 다이오드(LED)를 사용하여 만든 출력장치의 일종이다. 7세그먼트 표시장치는 이름과 다르게 7개의 선분에 소수점(Decimal Point, DP)을 표시하는 LED를 추가하여 8개의 세그먼트로 구성하는 것이 일반적이며, 바이트 단위의 데이터를 사용하여 각 세그먼트를 개별적으로 제어할 수 있다. 7세그먼트 표시장치는 FND(Flexible Numeric Display)라고도 불리며, 한 자리뿐만 아니라 두 자리 이상의 숫자를 표시할 수 있는 제품도 흔히 볼 수 있다.

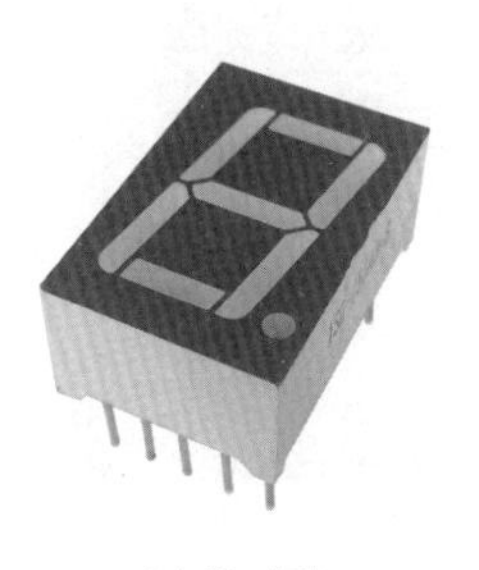

(a) 한 자리

(b) 네 자리

그림 18-1 7세그먼트 표시장치

두 자리 이상의 7세그먼트 표시장치는 한 자리 7세그먼트 표시장치를 여러 개 연결해 놓은 것처럼 보이지만, 그림 18-1에서도 확인할 수 있듯이 한 자리 7세그먼트 표시장치가 10개의 핀을 가지고 있는 반면, 네 자리 7세그먼트 표시장치는 12개의 핀을 가지고 있다. 즉, 두 자리 이상의 7세그먼트 표시장치는 단순히 한 자리 7세그먼트 표시장치를 연결해 놓은 것과 차이가 있으며, 제어하는 방법도 다르다. 먼저 한 자리 7세그먼트 표시장치의 제어 방법에 대해 알아보자.

한 자리 7세그먼트 표시장치는 공통 양극(common cathode) 방식과 공통 음극(common anode) 방식의 두 가지로 구분할 수 있으며, 제어 방식은 서로 반대다. 7세그먼트 표시장치의 핀은 공통 핀과 제어 핀의 두 가지로 나뉜다. 공통 핀에는 항상 VCC나 GND 중 하나가 가해지는 반면, 제어 핀에는 해당 세그먼트를 켜거나 끄기 위해 VCC나 GND 중 하나의 전압을 선택하여 가한다. 공통 양극과 공통 음극 방식은 공통 핀에 VCC를 연결하는지, GND를 연결하는지의 차이에서 기인한다. 공통 핀에 VCC를 연결하고 제어 핀을 GND에 연결하면 해당 세그먼트가 켜지는 방식이 공통 양극 방식이며, 공통 핀을 GND에 연결하고 제어 핀을 VCC에 연결하면 해당 세그먼트가 켜지는 방식이 공통 음극 방식이다.[43] 한 자리 7세그먼트 표시장치는 10개의 핀으로 구성되는데, 2개의 공통 핀과 8개의 제어 핀으로 이루어져 있다. 한 자리 7세그먼트 표시장치의 핀 배열은 그림 18-2와 같으며, 소수점이 있는 면의 가장 왼쪽 핀이 1번 핀에 해당하고, 반시계 방향으로 핀 번호가 증가한다.

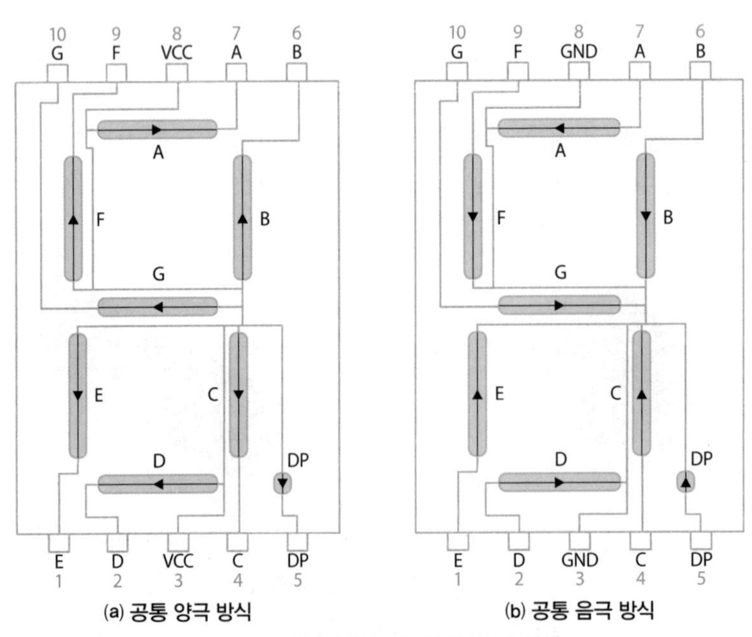

그림 18-2 **7세그먼트 표시장치 및 핀 배열**

공통 핀은 공통 양극 방식의 경우 VCC에, 공통 음극 방식의 경우 GND에 연결한다. 제어 핀은 세그먼트를 켜거나 끄기 위해 VCC(논리 1)나 GND(논리 0)를 가해 주어야 하므로 범용 입출력 핀에 연결한다. 공통 양극 방식은 제어 핀에 GND 입력이 가해지는 경우 해당 세그먼트가 켜지는 반면, 공통 음극 방식은 제어 핀에 VCC 입력이 가해지는 경우 해당 세그먼트가 켜진다.

표 18-1 **공통 양극 방식과 공통 음극 방식의 제어**

방식		공통 양극	공통 음극
공통 핀 연결		VCC	GND
제어 핀 연결	세그먼트 ON	GND	VCC
	세그먼트 OFF	VCC	GND

이처럼 공통 양극 방식과 공통 음극 방식은 제어하는 방식이 서로 반대이므로 7세그먼트 표시장치를 사용하기 이전에 공통 양극 방식인지 공통 음극 방식인지 먼저 확인해야 한다. 이 장에서는 제어 핀으로 논리 1을 출력할 때 해당 세그먼트가 켜지는 공통 음극 방식의 한 자리 7세그먼트를 사용한다. 공통 음극 방식의 제어 방법은 논리 1을 출력할 때 켜지므로 직관적인 사용법과 일치하는 장점이 있다. 7세그먼트 표시장치에 숫자를 표시하는 예는 그림 18-3과 같다.

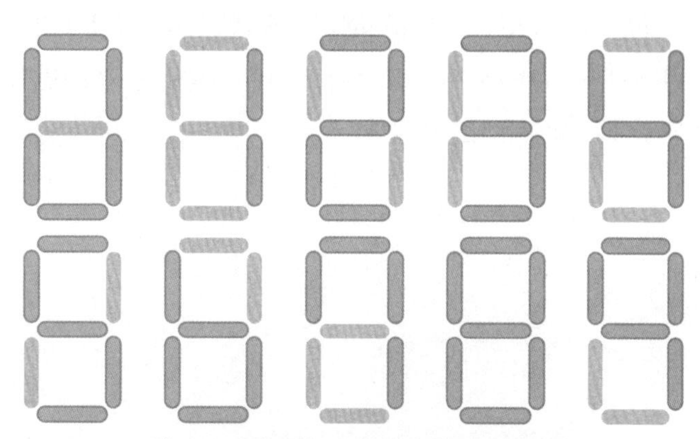

그림 18-3 **7세그먼트 표시장치에서 숫자의 표현**

그림 18-3과 같은 모양을 표시하기 위해서는 7개의 세그먼트를 개별적으로 켜거나 꺼야 하므로 7개의 범용 입출력 핀이 필요하다. 소수점까지도 제어하고자 한다면 8개의 범용 입출력 핀이 필요하다. 7세그먼트 표시장치의 각 세그먼트는 A, B, C, D, E, F, G, DP로 표시하는 것이 일반적이며, 그림 18-3의 숫자를 표시하기 위해 공통 음극 방식의 7세그먼트 표시장치 제어 핀

으로 출력하는 데이터는 표 18-2와 같다.

표 18-2 **한 자리 7세그먼트에 숫자 표시를 위한 데이터(1: on, 0: off)**

숫자	세그먼트								제어값	
	DP	G	F	E	D	C	B	A	2진수 값	16진수 값
0	0	0	1	1	1	1	1	1	0011 1111	3F
1	0	0	0	0	0	1	1	0	0000 0110	06
2	0	1	0	1	1	0	1	1	0101 1011	5B
3	0	1	0	0	1	1	1	1	0100 1111	4F
4	0	1	1	0	0	1	1	0	0110 0110	66
5	0	1	1	0	1	1	0	1	0110 1101	6D
6	0	1	1	1	1	1	0	1	0111 1101	7D
7	0	0	1	0	0	1	1	1	0010 0111	27
8	0	1	1	1	1	1	1	1	0111 1111	7F
9	0	1	1	0	0	1	1	1	0110 0111	67

한 자리 7세그먼트 표시장치를 그림 18-4와 같이 연결해 보자. 각 세그먼트에는 세그먼트 보호를 위해 220Ω의 저항을 사용하였다. 회로 구성에서 7세그먼트 표시장치의 각 세그먼트들은 'A ➡ B ➡ C ➡ D ➡ E ➡ F ➡ G ➡ DP' 순서로 언급하는데, 이 순서는 7세그먼트 표시장치의 핀 번호와는 연관성이 없다는 점에 유의해야 한다.

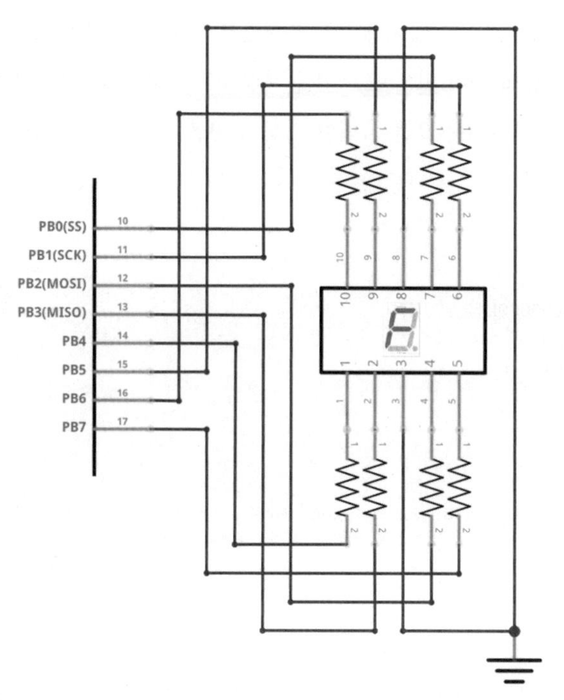

그림 18-4 **한 자리 7세그먼트 표시장치 연결 회로도**

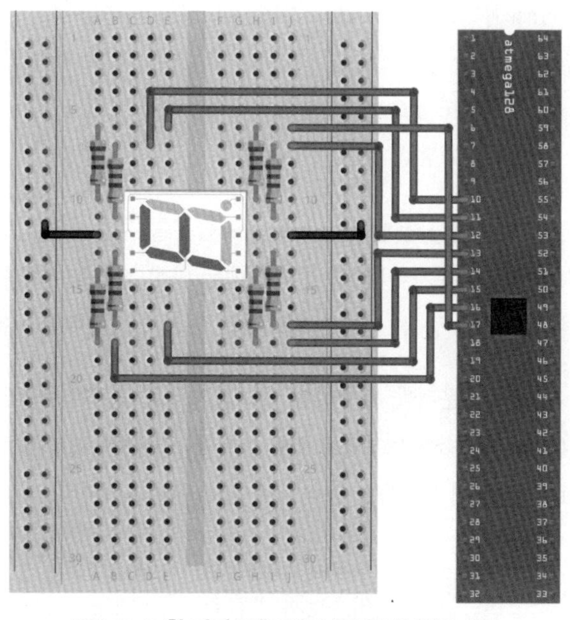

그림 18-5 **한 자리 7세그먼트 표시장치 연결 회로**

코드 18-1은 한 자리 7세그먼트 장치에 1초 간격으로 0에서 9까지 반복하여 표시하는 프로그램의 예다. 각 세그먼트의 제어 핀은 포트 B를 사용하므로 PORTB 레지스터를 통해 간단히 제어할 수 있다. 코드 18-1에서는 '9'를 출력한 다음에 '0'을 출력하도록 나머지 연산자(%)를 사용하고 있다.

코드 18-1 **상향 카운터**

```
#define F_CPU 16000000L
#include <avr/io.h>
#include <util/delay.h>

int main(void)
{
    uint8_t numbers[]
        = {0x3F, 0x06, 0x5B, 0x4F, 0x66, 0x6D, 0x7D, 0x27, 0x7F, 0x67};
    int count = 0;                              // 현재 표시할 숫자
    DDRB = 0xFF;                                // 제어 핀 8개를 출력으로 설정

    while(1)
    {
        PORTB = numbers[count];                 // 숫자 데이터 출력
        count = (count + 1) % 10;               // 다음에 표시할 숫자

        _delay_ms(1000);
    }

    return 0;
}
```

코드 18-1은 _delay_ms 함수를 사용한다. _delay_ms 함수를 사용하면 간단히 시간 지연을 구현할 수 있지만, _delay_ms 함수가 실행 중인 동안에는 다른 작업을 진행할 수 없는 문제점이 있다. 이를 개선하기 위한 방법 중 한 가지는 타이머를 통한 인터럽트를 이용하는 방법이다.

코드 18-2는 8비트 타이머/카운터를 사용하여 1초 간격으로 숫자가 바뀌도록 하는 프로그램의 예다. 0번 타이머/카운터는 8비트이므로 256 클록에 오버플로 인터럽트를 한 번 발생시킨다. 분주비를 1,024로 설정하면 1초 동안 인터럽트가 약 64번 발생한다.

$$\text{인터럽트 횟수} = \frac{\text{클록 주파수/분주비}}{\text{오버플로까지 클록}} \approx \frac{16 \cdot 2^{20}/2^{10}}{256} = 64\text{회}$$

따라서 인터럽트 서비스 루틴에서는 인터럽트의 발생 횟수를 카운트하고 메인 루프에서 64번의 인터럽트가 발생했는지의 여부를 검사하여 1초 경과를 확인할 수 있다.

코드 18-2 **상향 카운터 - 인터럽트 사용**

```
#define F_CPU 16000000L
#include <avr/io.h>
#include <avr/interrupt.h>

volatile int interrupt_count = 0;           // 인터럽트 발생 횟수

ISR(TIMER0_OVF_vect)                        // 타이머/카운터 0번 오버플로 인터럽트
{
    interrupt_count++;
}

int main(void)
{
    uint8_t numbers[]
        = {0x3F, 0x06, 0x5B, 0x4F, 0x66, 0x6D, 0x7D, 0x27, 0x7F, 0x67};
    int count = 0;
    DDRB = 0xFF;
    PORTB = numbers[0];                     // 0에서 시작

    // 타이머/카운터 0번 인터럽트 설정
    // 분주비를 1,024로 설정
    TCCR0 |= (1 << CS02) | (1 << CS01) | (1 << CS00);
    TIMSK |= (1 << TOIE0);                  // 오버플로 인터럽트 허용
    sei();                                  // 전역적으로 인터럽트 허용

    while(1)
    {
        if(interrupt_count >= 64){          // 1초 경과
            interrupt_count = 0;            // 인터럽트 발생 횟수 초기화

            count = (count + 1) % 10;       // 표시할 숫자
            PORTB = numbers[count];         // 숫자 데이터 출력
        }
    }

    return 0;
}
```

18.2 네 자리 7세그먼트 표시장치

앞에서 한 자리 7세그먼트 표시장치를 제어하는 방법을 살펴보았다. 한 자리 7세그먼트 표시장치를 제어하기 위해서는 소수점 제어를 위한 핀을 포함하여 8개의 범용 입출력 핀이 필요하다. 한 자리 7세그먼트 표시장치와 동일한 방식으로 두 자리 이상의 7세그먼트 표시장치를 제어한다고 가정해 보자. 두 자리 7세그먼트 표시장치를 제어하기 위해서는 16개의 범용 입출력 핀이, 네 자리 7세그먼트 표시장치를 제어하기 위해서는 32개의 범용 입출력 핀이 필요하다. 즉, 자릿수가 증가할수록 필요로 하는 범용 입출력 핀의 수도 증가한다. 이러한 범용 입출력 핀 수의 증가는 사용할 수 있는 범용 입출력 핀의 수가 제한된 마이크로컨트롤러에서는 실용적이지 못하다. 따라서 적은 수의 범용 입출력 핀만을 사용하여 많은 수의 세그먼트를 제어할 수 있는 방법이 필요한데, 그중 하나가 잔상 효과를 이용하는 방법이다.

사람의 눈은 반응 속도가 느려 눈앞의 물건이 사라진 이후에도 잠깐 동안은 물건이 사라진 것을 눈치채지 못한다. 이처럼 망막에 맺힌 상은 짧은 시간 동안 그대로 유지되는데, 이를 잔상 효과라고 한다. 잔상 효과를 이용하여 빠른 속도로 네 자리 숫자를 반복적으로 켜 준다면 사람의 눈은 네 자리 숫자가 동시에 표시되는 것으로 받아들인다. 이 단락에서 사용하는 네 자리 7세그먼트 표시장치는 12개의 핀을 가지고 있다.[44] 네 자리 7세그먼트 표시장치 역시 한 자리 7세그먼트 표시장치와 마찬가지로 소수점이 있는 면을 아래로 했을 때 가장 왼쪽 핀이 1번이며, 반시계 방향으로 핀 번호가 증가한다.

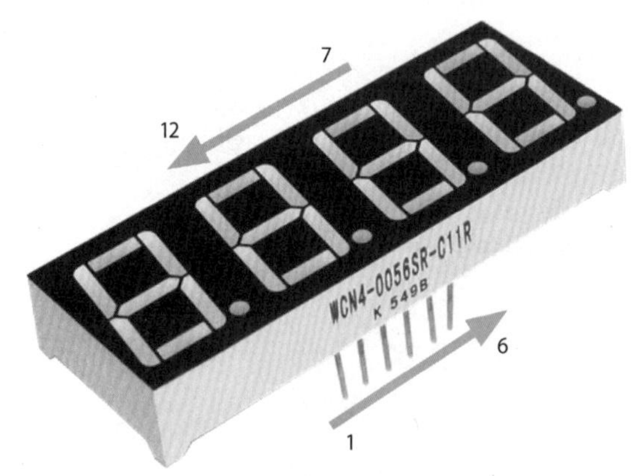

그림 18-6 **네 자리 7세그먼트 표시장치**

12개의 핀 중 8개는 8개의 세그먼트 제어를 위해 사용한다. 이는 한 자리 7세그먼트 표시장치의 경우와 동일하다. 나머지 4개는 네 자리의 숫자 중 각 자리를 선택하기 위해 사용한다. 네 자리 7세그먼트 표시장치의 회로도는 그림 18-7과 같다.

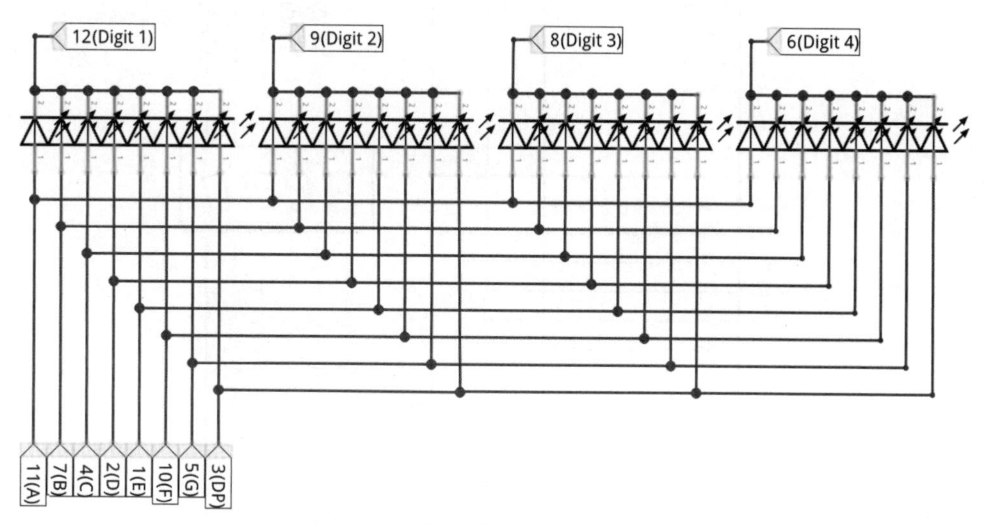

그림 18-7 **네 자리 7세그먼트 표시장치 회로도**

그림 18-7에서 아래쪽 8개 핀은 세그먼트 제어 핀으로 숫자는 그림 18-6에서의 핀 번호를 나타내고, 괄호 안의 기호는 세그먼트의 이름을 나타낸다. 세그먼트 중에서 켜고 싶은 핀에는 1의 값을, 끄고 싶은 핀에는 0의 값을 가해 주면 되는 것은 한 자리 7세그먼트 표시장치와 동일하다. 또한 한 자리 7세그먼트 표시장치에서와 마찬가지로 세그먼트의 순서와 핀 번호 사이에 연관성이 없으므로 연결 시 주의해야 한다.

위쪽 4개 핀은 네 자리 숫자 중 하나를 선택하기 위해 사용하는 핀이다. 특정 순간에는 하나의 자리에만 숫자를 표현하는 것이 일반적이다. 따라서 켜고 싶은 자리의 핀에는 0을, 끄고 싶은 자리의 핀에는 1을 가해 준다. 이처럼 특정 자릿수 선택을 위해 0을 가해 주고 해당 세그먼트에 1을 가해 주는 네 자리 7세그먼트 장치를 이 책에서는 공통 음극 방식이라고 하며, 이 책에서 사용할 장치 역시 공통 음극 방식이다. 반대로 자릿수 선택을 위해 1을 가해 주어야 하는 공통 양극 방식의 네 자리 7세그먼트 장치도 있지만, 이 경우 해당 세그먼트를 켜기 위해서는 세그먼트 제어 핀에 공통 음극 방식과는 반대로 0을 가해 주어야 한다.[45]

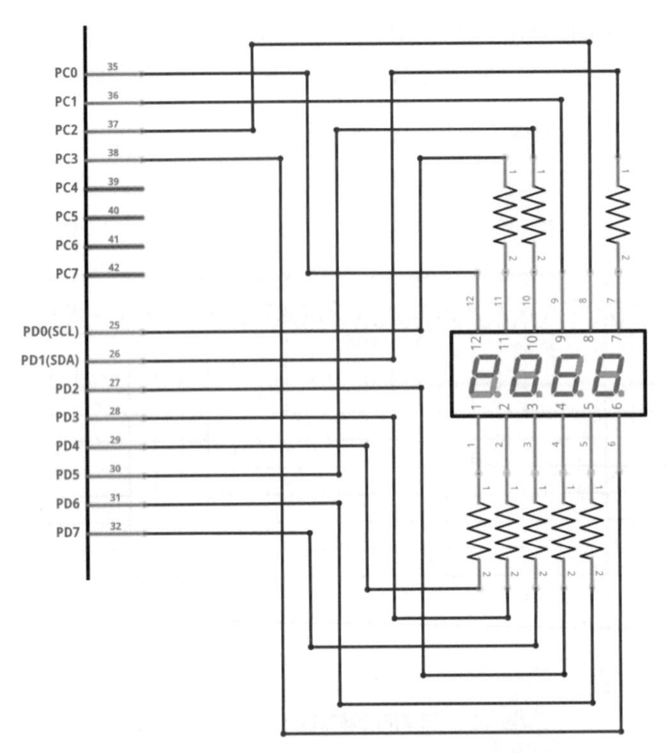

그림 18-8 네 자리 7세그먼트 표시장치 연결 회로도

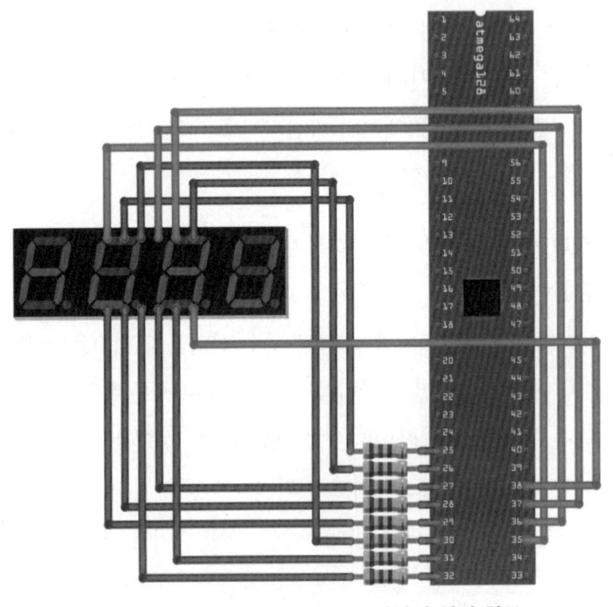

그림 18-9 네 자리 7세그먼트 표시장치 연결 회로

네 자리 7세그먼트 표시장치를 그림 18-8과 같이 연결하자. 코드 18-3은 첫 번째 자리에 0부터 9까지 0.1초 간격으로 숫자를 출력하고 다음 자리로 이동하여 숫자 출력을 반복하는 프로그램의 예다.

코드 18-3 네 자리 7세그먼트 표시장치에 한 자리 숫자 나타내기

```
#define F_CPU 16000000L
#include <avr/io.h>
#include <util/delay.h>

int main(void)
{
    uint8_t numbers[]
        = {0x3F, 0x06, 0x5B, 0x4F, 0x66, 0x6D, 0x7D, 0x27, 0x7F, 0x67};
    int i, j;

    DDRD = 0xFF;                            // 세그먼트 제어 핀 8개를 출력으로 설정
    DDRC = 0x0F;                            // 자릿수 선택 핀 4개를 출력으로 설정

    while(1)
    {
        for(i = 0; i < 4; i++){
            // 해당 자리에만 0(GND)을 출력하고 나머지에는 1을 출력하여 자리 선택
            PORTC |= 0x0F;
            PORTC &= ~(1 << i);

            for(j = 0; j < 10; j++){
                PORTD = numbers[j];         // 숫자 데이터 출력
                _delay_ms(100);             // 0.1초 간격으로 전환
            }
        }
    }

    return 0;
}
```

코드 18-3에서는 포트 D의 8개 핀을 세그먼트 제어를 위해 사용하고, 포트 C의 4개 핀을 자릿수 선택을 위해 사용하였다. 코드 18-3에서 자릿수 선택을 위한 PORTC의 출력을 모두 0으로 설정하면 네 자리에 모두 동일한 숫자가 출력된다. 이는 한 자리 7세그먼트 표시장치에서와 마찬가지로 공통 핀을 GND에 연결하고, 세그먼트 제어 핀으로 출력할 숫자를 결정하는 것과 거의 동일하다.

```
// 자릿수 선택 핀 모두에 0을 출력
PORTC &= 0xF0;
```

코드 18-3에서는 네 자리 중 한 자리에만 숫자를 출력하거나 동일한 숫자를 네 자리 모두에 출력하는 것이 가능하다. 여러 자리에 서로 다른 숫자를 출력하기 위해서는 잔상 효과를 이용하여 빠른 속도로 네 자리에 각기 다른 숫자를 출력하는 작업을 반복해야 한다. 코드 18-4는 네 자리 7세그먼트 표시장치에 '1234'를 표시하는 예다.

코드 18-4 네 자리 7세그먼트 표시장치에 네 자리 숫자 나타내기

```
#define F_CPU 16000000L
#include <avr/io.h>
#include <util/delay.h>

#define SEGMENT_DELAY 5                         // LED가 완전히 켜지기 위한 시간
uint8_t numbers[] = {0x3F, 0x06, 0x5B, 0x4F, 0x66, 0x6D, 0x7D, 0x27, 0x7F, 0x67};

void display_digit(int position, int number)
{
    // position: 출력할 자리(1~4)
    // number:  출력할 숫자(0~9)
    PORTC |= 0x0F;
    PORTC &= ~(1 << (position - 1));        // 자리 선택

    PORTD = numbers[number];                  // 숫자 출력
}

int main(void)
{
    DDRD = 0xFF;                              // 세그먼트 제어 핀 8개를 출력으로 설정
    DDRC = 0x0F;                              // 자릿수 선택 핀 4개를 출력으로 설정

    while(1)
    {
        display_digit(1, 1);                  // 첫 번째 자리에 '1' 출력
        _delay_ms(SEGMENT_DELAY);
        display_digit(2, 2);                  // 두 번째 자리에 '2' 출력
        _delay_ms(SEGMENT_DELAY);
        display_digit(3, 3);                  // 세 번째 자리에 '3' 출력
        _delay_ms(SEGMENT_DELAY);
        display_digit(4, 4);                  // 네 번째 자리에 '4' 출력
        _delay_ms(SEGMENT_DELAY);
    }

    return 0;
}
```

코드 18-4에서는 특정 위치에 특정 숫자를 표시하기 위해 display_digit 함수를 사용하였으며, 빠른 속도로 네 자리의 숫자를 번갈아 출력하고 있다. SEGMENT_DELAY는 LED가 완전히 켜지기 위해 필요한 지연시간이다. LED는 반응 속도가 빠르지 않으므로 LED가 켜지도록 설정한 이후, 즉 해당 세그먼트 핀에 1의 값을 출력한 후 실제로 LED가 완전히 켜지기까지는 약간의 시간이 필요하다. SEGMENT_DELAY 값을 0으로 설정하면 이웃한 자리의 숫자와 겹쳐져 알아볼 수 없는 숫자를 출력하거나 LED가 희미하게 켜지는 것을 확인할 수 있다.

SEGMENT_DELAY 값을 증가시켜 보자. 어떤 현상이 발생하는가? 네 자리에 모두 숫자가 표시되기는 하지만 숫자가 깜빡거린다. 즉, 한 번에 한 자리에 숫자를 표시하고 다음 자리로 이동하면 이전에 표시한 숫자는 꺼지므로 다시 출력하는 것을 반복해야 하는데, 얼마나 빠른 속도로 출력을 반복해야 할지는 LED의 특성에 따라 달라진다.[46]

18.3 네 자리 7세그먼트 표시장치에 시간 표시

네 자리 7세그먼트 표시장치에 시간을 표시하기 위해서는 인터럽트를 사용해야 한다. 코드 18-2에서 0번 타이머/카운터의 오버플로 인터럽트를 사용하여 1초 시간이 경과하는 것을 확인해 보았다. 코드 18-2에서는 1초에 약 64회 오버플로 인터럽트가 발생하는 것으로 가정했지만 이는 실제 클록 주파수인 16×10^6을 16×2^{20}으로 근사화한 결과다. 실제로 오버플로 인터럽트가 발생하는 시간은 다음과 같이 계산할 수 있다.

$$\text{오버플로 발생 시간} = \frac{\text{분주비} \cdot \text{오버플로까지 클록}}{\text{클록 주파수}} = \frac{1024 \cdot 256}{16 \cdot 10^6} = 16.384\text{ms}$$

보다 정확한 시간 계산이 필요하다면 13장에서 설명한 millis 함수를 이용한다. 13장에서는 분주비 64를 사용하여 오버플로 인터럽트가 1.024ms마다 발생하도록 하였다. 이 장에서는 LED를 완전히 켜기 위해 _delay_ms 함수를 사용하므로 인터럽트 처리와 중첩될 경우 정확한 시간 계산이 이루어지지 않을 수 있다. 따라서 1,024의 분주비를 사용하여 16.384ms마다 오버플로 인터럽트를 발생시켜 인터럽트 발생 횟수를 줄였다.

코드 18-5 **오버플로 인터럽트를 이용한 시간 측정 함수**

```
volatile uint32_t millis = 0;
volatile uint16_t micros = 0;

ISR(TIMER0_OVF_vect)                        // 타이머/카운터 0번 오버플로 인터럽트
{
    micros += MICROS_PER_OVERFLOW;
    millis += MILLIS_PER_OVERFLOW;

    millis += (micros / 1000);
    micros %= 1000;
}
```

코드 18-6은 코드 18-5의 시간 측정 함수를 이용하여 0.1초 간격으로 증가하는 타이머를 구현한 예다. 표시 시간은 000.0초에서 999.9초까지이며, 1,000초를 넘어가는 시간은 계산하지 않도록 10,000으로 나눈 나머지를 사용하였다.

코드 18-6 **0.1초 간격 타이머**

```
#define F_CPU 16000000L
#include <avr/io.h>
#include <avr/interrupt.h>
#include <util/delay.h>

#define SEGMENT_DELAY 5                     // LED가 완전히 켜지기 위한 시간
#define MILLIS_PER_OVERFLOW         16
#define MICROS_PER_OVERFLOW         384

uint8_t numbers[] = {0x3F, 0x06, 0x5B, 0x4F, 0x66, 0x6D, 0x7D, 0x27, 0x7F, 0x67};

volatile uint32_t millis = 0;
volatile uint16_t micros = 0;

ISR(TIMER0_OVF_vect)                        // 타이머/카운터 0번 오버플로 인터럽트
{
    micros += MICROS_PER_OVERFLOW;
    millis += MILLIS_PER_OVERFLOW;

    millis += (micros / 1000);
    micros %= 1000;
}

void display_digit(int position, int number)
{
    PORTC |= 0x0F;
```

```
    PORTC &= ~(1 << (position - 1));

    PORTD = numbers[number];
}

int main(void)
{
    DDRD = 0xFF;                            // 세그먼트 제어 핀 8개를 출력으로 설정
    DDRC = 0x0F;                            // 자릿수 선택 핀 4개를 출력으로 설정

    // 타이머/카운터 0번 인터럽트 설정
    // 분주비를 1,024로 설정
    TCCR0 |= (1 << CS02) | (1 << CS01) | (1 << CS00);
    TIMSK |= (1 << TOIE0);                  // 오버플로 인터럽트 허용
    sei();                                  // 전역적으로 인터럽트 허용

    while(1)
    {
        int temp = (millis / 100) % 10000;

        int thousands = temp / 1000;
        int hundreds = temp / 100 % 10;
        int tens = temp / 10 % 10;
        int ones = temp % 10;

        display_digit(1, thousands);
        _delay_ms(SEGMENT_DELAY);
        display_digit(2, hundreds);
        _delay_ms(SEGMENT_DELAY);
        display_digit(3, tens);
        _delay_ms(SEGMENT_DELAY);
        display_digit(4, ones);
        _delay_ms(SEGMENT_DELAY);
    }

    return 0;
}
```

코드 18-6의 시간 표시 부분을 수정하면 네 자리 7세그먼트에 분과 초를 표시할 수 있다. 코드 18-6의 millis 변수에는 프로그램이 시작된 이후의 경과 시간이 밀리초 단위로 저장된다. millis 변수는 32비트 크기를 가지므로 약 1,193시간 또는 약 50일의 시간이 지나면 오버플로에 의해 0으로 초기화된다.

$$\frac{2^{32}}{10^3 \cdot 60 \cdot 60} \approx 1{,}193\text{시간} \approx 50\text{일}$$

밀리초 단위의 경과 시간에서 초를 구하기 위해서는 1,000으로 나누면 되고, 초 단위의 경과 시간에서 분을 구하기 위해서는 다시 60으로 나누면 된다. 단, 분 단위의 경과 시간을 얻은 이후에는 나머지 연산을 통해 분이 60 이상의 값을 가지지 않도록 해 주어야 한다. 분을 제외한 초 단위의 경과 시간 역시 나머지 연산을 통해 구할 수 있다. 코드 18-7은 네 자리 7세그먼트 표시장치에 프로그램의 실행 시간을 분과 초로 표시하는 프로그램의 예다.

코드 18-7 **분과 초 표시**

```
#define F_CPU 16000000L
#include <avr/io.h>
#include <avr/interrupt.h>
#include <util/delay.h>

#define SEGMENT_DELAY 5                          // LED가 완전히 켜지기 위한 시간
#define MILLIS_PER_OVERFLOW         16
#define MICROS_PER_OVERFLOW         384

uint8_t numbers[] = {0x3F, 0x06, 0x5B, 0x4F, 0x66, 0x6D, 0x7D, 0x27, 0x7F, 0x67};

volatile uint32_t millis = 0;
volatile uint16_t micros = 0;

ISR(TIMER0_OVF_vect)                             // 타이머/카운터 0번 오버플로 인터럽트
{
    micros += MICROS_PER_OVERFLOW;
    millis += MILLIS_PER_OVERFLOW;

    millis += (micros / 1000);
    micros %= 1000;
}

void display_digit(int position, int number)
{
    PORTC |= 0x0F;
    PORTC &= ~(1 << (position - 1));

    PORTD = numbers[number];
}

int main(void)
{
    DDRD = 0xFF;                                 // 세그먼트 제어 핀 8개를 출력으로 설정
    DDRC = 0x0F;                                 // 자릿수 선택 핀 4개를 출력으로 설정

    // 타이머/카운터 0번 인터럽트 설정
```

```
    // 분주비를 1,024로 설정
    TCCR0 |= (1 << CS02) | (1 << CS01) | (1 << CS00);
    TIMSK |= (1 << TOIE0);                          // 오버플로 인터럽트 허용
    sei();                                          // 전역적으로 인터럽트 허용

    while(1)
    {
        int temp = millis / 1000;

        int minutes = (temp / 60) % 60;    // 분 계산
        int seconds = temp % 60;           // 초 계산

        // 분을 두 자리로 나누어 표시
        display_digit(1, minutes / 10);
        _delay_ms(SEGMENT_DELAY);
        display_digit(2, minutes % 10);
        _delay_ms(SEGMENT_DELAY);

        // 초를 두 자리로 나누어 표시
        display_digit(3, seconds / 10);
        _delay_ms(SEGMENT_DELAY);
        display_digit(4, seconds % 10);
        _delay_ms(SEGMENT_DELAY);
    }

    return 0;
}
```

18.4 요약

7세그먼트 표시장치는 간단한 정보를 나타내는 7개의 세그먼트와 소수점 표시를 위한 세그먼트까지 총 8개의 세그먼트를 바이트 단위 데이터로 제어하는 표시장치의 일종이다. 7세그먼트 표시장치는 구성 방식에 따라 HIGH 값을 출력하는 경우 해당 세그먼트가 켜지는 공통 음극 방식과, LOW 값을 출력하는 경우 해당 세그먼트가 켜지는 공통 양극 방식의 두 가지가 있다. 공통 양극 방식과 공통 음극 방식은 제어 방식이 서로 반대이므로 사용하고자 하는 장치의 데이터시트를 반드시 확인해야 한다. 이 장에서는 직관적인 사용법과 일치하는 공통 음극 방식의 7세그먼트 표시장치를 사용하였다.

7세그먼트 표시장치는 간단한 숫자 표현을 위해 주로 사용하는데, 한 자리의 숫자를 표시하는 데 8개의 연결선이 필요하다. 따라서 두 자리 이상의 숫자 표현이 필요한 경우 필요한 연결선의

개수를 줄이기 위해 잔상 효과를 이용하는 것이 일반적이다. 하지만 잔상 효과를 이용하기 위해서는 빠른 속도로 데이터 출력을 반복해야 하므로 다른 처리 작업과 동시에 진행하는 경우에는 알고리즘 구성이 복잡해질 수 있다. 이런 경우라면 UART, I2C 등의 직렬 통신 방법을 사용하는 7세그먼트 표시장치의 사용을 고려해 보는 것도 하나의 방법이다.

연습 문제

1 그림 18-8과 같이 포트 D와 C에 네 자리 7세그먼트 표시장치를 연결하고 PB0 핀에 풀다운 저항을 통해 버튼을 연결하자. 코드 18-7에서와 같이 분과 초를 네 자리 7세그먼트 표시장치에 나타내면서 버튼을 누르면 시계가 진행하고, 다시 버튼을 누르면 시계가 정지하도록 프로그램을 작성해 보자. 시간은 0분 0초에서 시작하고 시작 시 시계는 정지한 것으로 가정한다.

2 아래와 같이 6개의 패턴을 정의하고, 네 자리 7세그먼트 표시장치의 각 자리에 1초 간격으로 패턴 1에서 패턴 6까지 반복적으로 패턴이 표시되도록 프로그램을 작성해 보자. 단, 첫 번째 자리는 패턴 1, 두 번째 자리는 패턴 2, 세 번째 자리는 패턴 3, 그리고 네 번째 자리는 패턴 4부터 시작하여 각 자리는 각기 다른 패턴이 출력되도록 한다.

1	2	3	4	5	6

CHAPTER

19 디지털 입출력 확장

마이크로컨트롤러는 간단한 제어장치를 만들기 위해 주로 사용하므로 입출력 핀의 수가 많지 않은 것이 사실이다. 하지만 가끔은 마이크로컨트롤러에 많은 수의 입력 또는 출력장치를 연결하여 사용해야 하는 경우가 있다. 이처럼 입출력 핀의 수가 부족한 경우 사용하는 방법 중 하나가 7세그먼트 표시장치에서 살펴본 잔상 효과를 이용하는 방법이다. 또 다른 방법으로 전용 칩을 통해 입출력을 확장하는 방법이 있다. 이 장에서는 디지털 입출력 핀의 수를 확장하기 위해 사용할 수 있는 다양한 전용 칩의 사용 방법에 대해 알아본다.

19.1 입출력 확장

ATmega128 마이크로컨트롤러는 64개의 핀을 가지고 있으며, 이 중 53개는 입출력 핀으로 사용할 수 있다. 하지만 키보드를 만든다면 100개에 달하는 푸시 버튼이 필요하고, 크리스마스트리 장식을 만든다면 100개에 달하는 LED가 필요할 수 있으므로 53개의 입출력 핀이 그리 넉넉하지 않은 것이 사실이다. 적은 수의 핀으로 많은 수의 핀을 사용하는 것과 유사한 효과를 얻기 위한 방법에는 네 자리 7세그먼트 표시장치에서 사용한 잔상 효과가 있는데, 이는 LED를 행렬 형태로 구성한 LED 매트릭스에서도 사용하는 방법이다. 또한 키 매트릭스는 네 자리 7세그먼트 표시장치와 LED 매트릭스에서 사용한 잔상 효과를 입력에 적용한 경우다. 하지만 이들 방법들은 모두 많은 수의 입출력 핀을 사용하는 것과 비슷한 효과를 내는 방법이다. 즉, 소프트웨어를 통해 비슷한 효과를 내는 방법이라는 뜻이다. 이 장에서는 전용 하드웨어를 사용하여 적은 수의 핀만으로 많은 수의 핀을 사용하는 효과를 얻을 수 있는 방법들을 살펴본다.

전용 칩을 사용하여 입출력을 확장하는 방법은 UART 시리얼 통신과 기본적으로 동일하다. UART 시리얼 통신에서 데이터 전송을 위해 사용하는 핀은 RX와 TX의 2개뿐이다. UART 시리얼 통신을 사용하는 텍스트 LCD로 알파벳 대문자 'A'를 전달한다고 가정해 보자. 마이크로컨트롤러에서는 TX 핀으로 'A'에 해당하는 아스키코드 값인 65(= 0100 0001_2)를 비트 단위로 여덟 번에 나누어 보낸다. 이때 필요한 것이 병렬 데이터를 직렬로 변환하는 하드웨어다. 비트 단위의 데이터를 여덟 번에 걸쳐 수신한 텍스트 LCD는 이를 바이트 단위의 데이터인 65로 조합하여 화면에 알파벳 대문자 'A'를 표시한다. 이 과정에서 필요한 하드웨어는 직렬 데이터를 병렬로 변환하는 장치다.

직렬 데이터를 병렬로 변환하기 위해 74595 칩을 주로 사용한다. 74595 칩은 직렬 입력 병렬 출력(Serial In Parallel Out, SIPO) 이동 레지스터(shift register)라고 불리며, 직렬로 입력된 데이터를 병렬로 변환하여 출력하는 역할을 한다. 반면 74165 칩은 병렬 입력 직렬 출력(Parallel In Serial Out, PISO) 이동 레지스터라고 불리며, 병렬로 입력된 데이터를 직렬로 변환하여 출력하는 역할을 한다. 74595 레지스터는 마이크로컨트롤러에서 직렬로 출력한 데이터를 이용하여 많은 수의 LED를 병렬로 제어하기 위해 사용하며, 74165 레지스터는 많은 수의 버튼 입력을 직렬로 변환하여 마이크로컨트롤러로 전달하기 위해 사용한다.

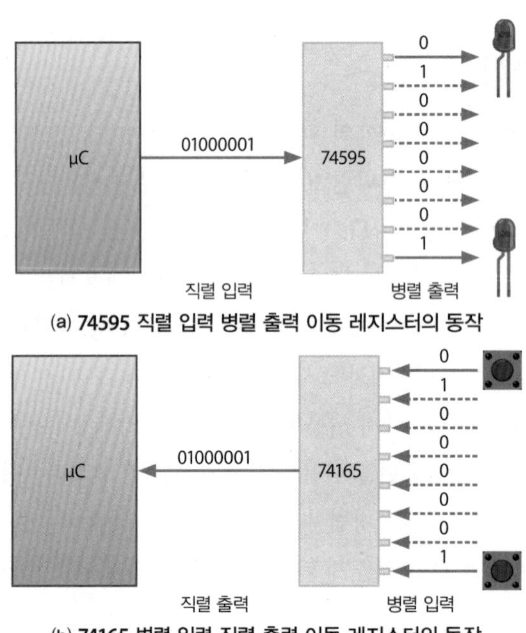

(a) 74595 직렬 입력 병렬 출력 이동 레지스터의 동작

(b) 74165 병렬 입력 직렬 출력 이동 레지스터의 동작

그림 19-1 **입출력 확장을 위한 칩의 동작**

74595 칩과 74165 칩은 단방향의 데이터 전달만이 가능하여 출력 또는 입력 확장 시 주로 사용한다. 반면 MCP23017 칩은 양방향의 데이터 전달이 가능하므로 입력과 출력 확장을 위해 모두 사용할 수 있으며, 다른 칩과 달리 16개의 입출력 확장이 가능하다. 또한 MCP23017 칩은 I2C 통신을 사용하므로 여러 개의 MCP23107 칩을 연결하여 보다 많은 수의 입출력 확장이 가능한 장점이 있다.

19.2 74595 칩

74595 칩은 16핀의 칩으로, 1개의 데이터 입력 핀과 2개의 제어 핀, 총 3개의 출력 핀을 사용하여 8개의 출력을 사용할 수 있도록 해 준다.

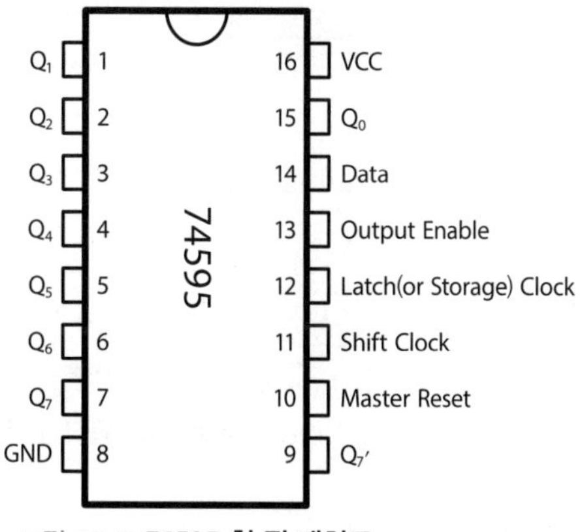

그림 19-2 **74595 칩 핀 배치도**

74595 칩은 직렬로 1비트씩 여덟 번에 걸쳐 8비트의 데이터를 입력받아 이를 병렬로 출력한다. 그림 19-2에서 14번 데이터 핀이 직렬 입력에 해당하며, Q_0에서 Q_7은 데이터의 병렬 출력에 해당하는 핀이다. 74595 칩은 11번과 12번 핀에 2개의 클록을 필요로 한다. 11번 핀의 이동 클록(Shift Clock)은 송신단에서 직렬로 전송하는 데이터를 수신하여 74595 칩 내부에서 1비트씩 이동시키기 위해 사용한다. 반면 12번 래치 클록(Latch Clock 또는 Storage Clock)은 74595 칩에서 데이터를 병렬로 출력하는 시점을 결정하기 위해 사용하는 클록이다. 이동 클록이 여덟 번 발생하면 8비트의 데이터 전송이 완료되어 74595 칩의 출력을 위한 8비트 래치에 저장되고, 이때 래치 클록을 발생시키면 현재 래치에 저장된 데이터가 Q_0에서 Q_7 핀을 통해 병렬로 출력된다. 출력 가능(Output Enable) 핀은 LOW 입력이 가해질 때 출력단의 래치를 활성화시켜 출력이

가능하도록 하는 역할을 한다. 따라서 출력 가능 핀을 GND(LOW 상태)에 연결하고, 출력 시점은 래치 클록으로 조절하여 병렬 데이터를 출력한다. 물론 래치 클록을 이동 클록과 동일하게 설정하고, 8비트 데이터를 전송한 이후 출력 가능 핀을 LOW로 설정하여 병렬 데이터를 출력할 수도 있다. 이 책에서는 첫 번째 방법을 사용한다. 그림 19-3은 74595 칩의 기본적인 동작 방식을 보여 주는 것으로, 데이터와 이동 클록을 번갈아 여덟 번 가한 후 마지막에 래치 클록을 가함으로써 직렬로 전송된 8비트의 데이터가 병렬로 출력되는 과정을 나타낸 것이다. 이때 출력 가능 핀은 LOW에 연결되어 있는 것으로 가정한다.

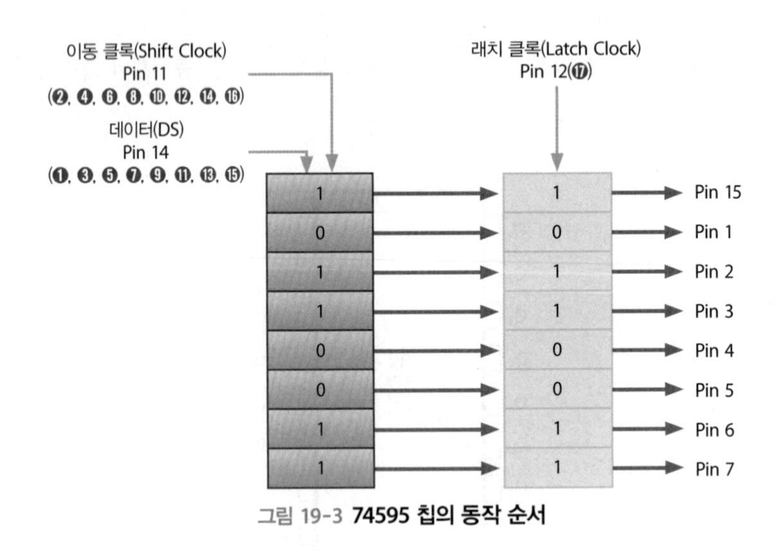

그림 19-3 **74595 칩의 동작 순서**

10번 리셋(Reset) 핀은 비동기 초기화 핀으로 VCC에 연결하면 아무런 동작을 수행하지 않는다. 9번 Q_7'는 이동 레지스터의 값을 직렬로 출력하는 핀으로 74595 칩을 여러 개 연결시킬 수 있도록 해 준다. 9번 Q_7' 핀을 다른 74595 칩의 DS 핀으로 연결하면 3개의 디지털 입출력 핀만으로 16개 또는 그 이상의 데이터를 출력하도록 구성할 수 있다.

표 19-1은 '00000000'으로 초기화된 이동 레지스터에 8비트의 데이터(11001101, MSB 우선 전송)가 여덟 번의 이동 클록을 통해 이동하여 저장되는 과정을 나타낸 것이다. 이후 래치 클록을 통해 8비트 데이터를 병렬로 출력할 수 있다.

표 19-1 **74595 칩에 데이터가 저장되는 과정**

클록	LSB Q_0	Q_1	Q_2	Q_3	Q_4	Q_5	Q_6	MSB Q_7
0	0	0	0	0	0	0	0	0
1	1	0	0	0	0	0	0	0
2	1	1	0	0	0	0	0	0
3	0	1	1	0	0	0	0	0
4	0	0	1	1	0	0	0	0
5	1	0	0	1	1	0	0	0
6	1	1	0	0	1	1	0	0
7	0	1	1	0	0	1	1	0
8	1	0	1	1	0	0	1	1

그림 19-4와 같이 ATmega128과 74595 칩을 연결하자. 포트 B의 3개 핀에 이동 클록, 래치 클록, 데이터 핀을 각각 연결한다.

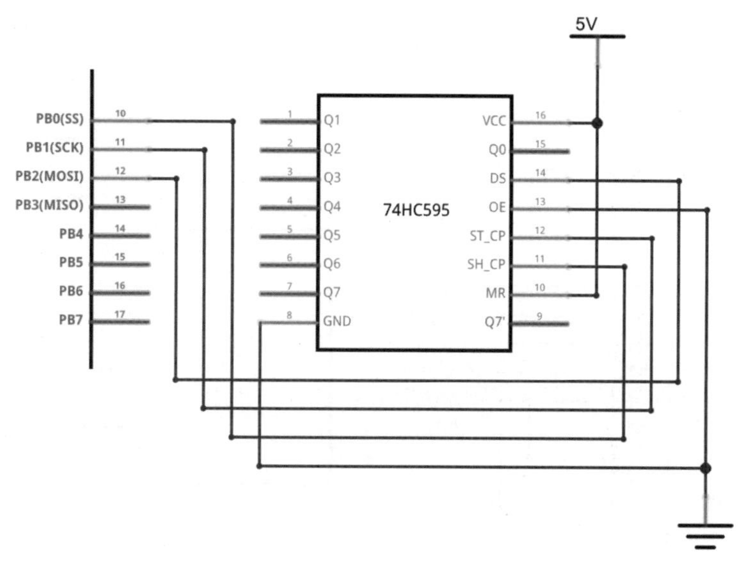

그림 19-4 **74595 칩 제어를 위한 연결 회로도**

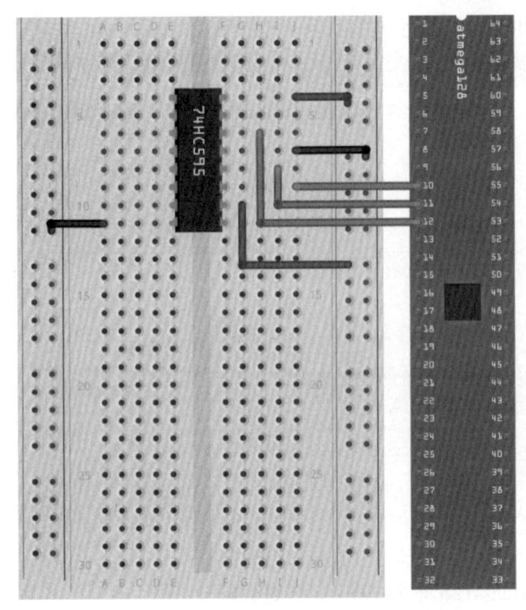

그림 19-5 **74595 칩 제어를 위한 연결 회로**

74595 칩에는 8개의 LED를 연결한다.

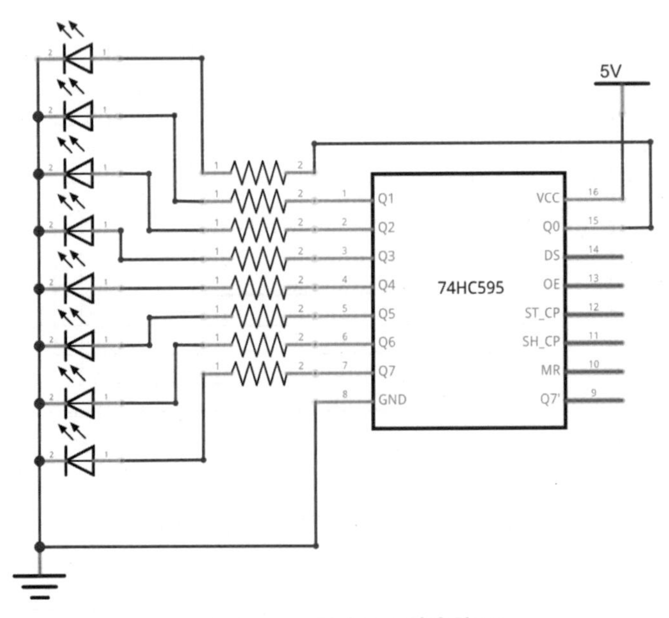

그림 19-6 **74595 칩과 LED 연결 회로도**

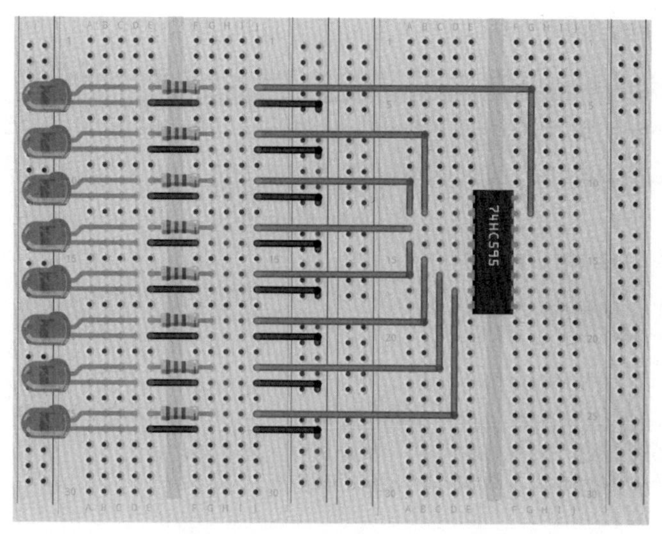

그림 19-7 **74595 칩과 LED 연결 회로**

코드 19-1은 ATmega128의 3개 디지털 출력 핀을 사용하여 8개의 LED를 제어하는 프로그램의 예다. LED에 표시되는 패턴은 그림 19-8과 같이 LED가 켜지는 위치가 1초 간격으로 변하도록 구현하였다.

비트 번호	B7	B6	B5	B4	B3	B2	B1	B0
패턴 1								
패턴 2								
패턴 3								
패턴 4								
패턴 5								
패턴 6								
패턴 7								
패턴 8								

그림 19-8 **LED 표시 패턴(■: LED 켜짐, □: LED 꺼짐)**

코드 19-1에서 ShiftClock 함수와 LatchClock 함수는 해당 핀의 상태를 바꾸어 클록을 발생시킴으로써 데이터를 이동시키는 역할을 한다. 이동 클록과 래치 클록의 상승 에지(low-to-high transition)에서 데이터 이동이 발생하므로 ShiftClock 함수와 LatchClock 함수 내에서는 클록을 먼저 HIGH 상태로 변경하여 데이터를 이동시킨 후 LOW 상태로 바꾸고 있다. 실제 데이터를 전달하는 함수는 ByteDataWrite 함수로, 1비트를 전송한 이후에는 ShiftClock 함수를 호출하여 74595 칩 내에서 데이터 이동을 발생시키고, 8비트를 전송한 이후에는 LatchClock 함수를 호출하여 데이터를 출력한다. ByteDataWrite 함수의 동작은 그림 19-2를 참고하면 된다.

코드 19-1 **74595 칩으로 8개 LED 제어**

```
#define F_CPU 16000000L
#include <avr/io.h>
#include <util/delay.h>

// 'bit' 위치의 비트를 1 또는 0으로 설정하기 위한 매크로 함수
#define set_bit(bit)        ( PORTB |= _BV(bit) )
#define clear_bit(bit)      ( PORTB &= ~_BV(bit) )

// ATmega128의 포트 B에 연결된 위치
#define SHIFT_CLOCK         0
#define LATCH_CLOCK         1
#define DATA                2

void ShiftClock(void)
{
  set_bit(SHIFT_CLOCK);                      // 이동 클록을 HIGH로
  clear_bit(SHIFT_CLOCK);                    // 이동 클록을 LOW로
}

void LatchClock(void)
{
  set_bit(LATCH_CLOCK);                      // 래치 클록을 HIGH로
  clear_bit(LATCH_CLOCK);                    // 래치 클록을 LOW로
}

void ByteDataWrite(uint8_t data)             // 1바이트 데이터 출력
{
    for(uint8_t i = 0; i < 8; i++){
        if(data & 0b10000000)                // MSB부터 1비트 출력
        set_bit(DATA);
        else
        clear_bit(DATA);

        ShiftClock();                        // 1비트 출력 후 비트 이동
        data = data << 1;                    // 다음 출력할 비트를 MSB로 이동
    }

    LatchClock();                            // 1바이트 전달 후 실제 출력 발생
}
```

```
int main(void)
{
    // 제어 및 데이터 핀을 출력으로 설정
    DDRB |= _BV(SHIFT_CLOCK) | _BV(LATCH_CLOCK) | _BV(DATA);

    uint8_t index = 0;                      // 켜질 LED의 위치
    while (1)
    {
        uint8_t pattern = 1 << index;       // 출력 패턴 결정
        index = (index + 1) % 8;            // 출력 패턴에서의 위치 결정

        ByteDataWrite(pattern);             // 바이트 데이터 출력

        _delay_ms(1000);
    }

    return 0;
}
```

19.3 74165 칩

74165 칩 역시 16핀의 칩으로, 1개의 데이터 입력 핀과 2개의 제어 핀, 총 3개의 핀을 사용하여 8개의 입력을 사용할 수 있다. 74595 칩의 경우 3개의 핀이 모두 출력으로 설정되어 있지만, 74165 칩의 경우에는 데이터 입력 용도로 사용하므로 제어 핀 2개는 출력으로 설정하고 데이터 입력을 위한 핀은 입력으로 설정해야 한다.

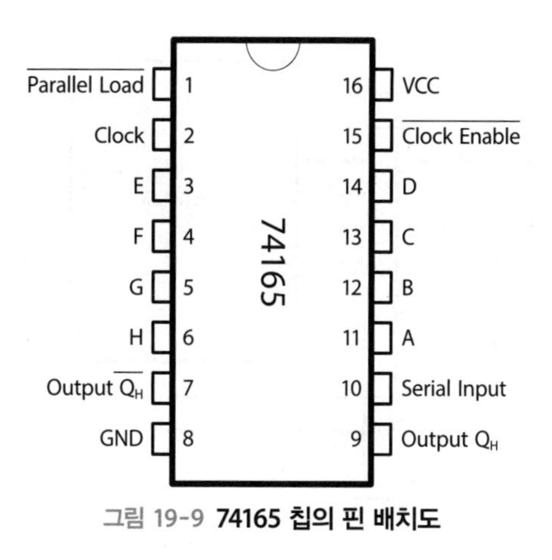

그림 19-9 74165 칩의 핀 배치도

74165 이동 레지스터는 내부에 8개의 플립플롭을 가지고 있는데, 각 플립플롭에는 현재 입력이 저장된다. 각 입력이 가해지는 핀은 11번부터 14번까지의 핀과 3번부터 6번까지의 핀으로, 이 장에서는 8개의 버튼을 연결하여 사용한다. 8개의 입력(A~H)을 직렬로 출력하는 핀은 7번 $\overline{Q_H}$와 9번 Q_H 핀으로 서로 반대되는 값을 출력한다. 직렬 입력(Serial Input) 핀은 여러 개의 74165 칩을 연결하는 경우 다른 74165 칩의 출력을 연결하는 용도로 사용할 수 있다. 하나의 74165 칩을 사용하는 경우에는 연결하지 않아도 된다.

74165 칩은 8개의 입력을 플립플롭에 저장하는 단계와 저장된 8비트의 값을 직렬로 출력하는 두 단계를 거쳐 사용한다. 저장 단계는 병렬 저장(Parallel Load) 핀에 LOW 값이 가해질 때 발생하므로 평소에는 병렬 저장 핀에 HIGH 값을 가하고, 데이터를 입력하는 시점에서 LOW 값으로 변경하면 된다.

직렬 출력 단계는 병렬 저장 핀에 HIGH 값이 가해지고 클록 활성화(Clock Enable) 핀에 LOW 값이 가해진 상태여야 한다. 클록 활성화 핀에 HIGH 값이 가해지면 74165 칩의 직렬 출력을 사용할 수 없으며, 저장 단계는 클록 활성화 핀의 값과 무관하게 동작하므로 클록 활성화 핀은 GND에 연결하여 사용할 수 있다. 비트 단위의 데이터 전송은 클록 핀의 값이 LOW에서 HIGH로 변하는 상승 에지에서 발생한다.

먼저 74165 칩을 ATmega128과 연결하자. 포트 B의 3개 핀에 병렬 저장, 클록, 직렬 출력 핀을 각각 연결한다.

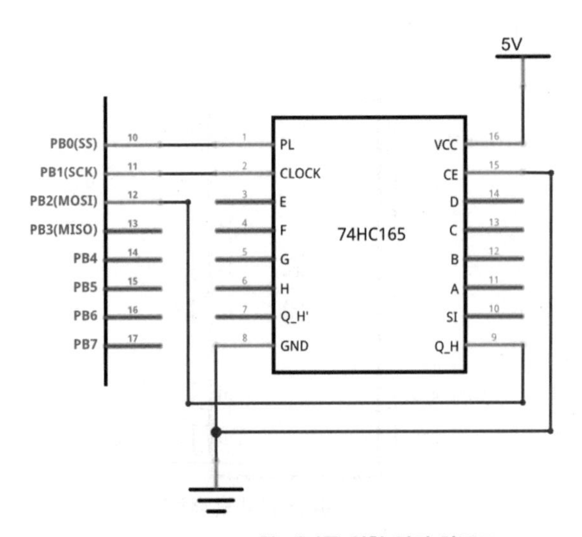

그림 19-10 **74165 칩 제어를 위한 연결 회로도**

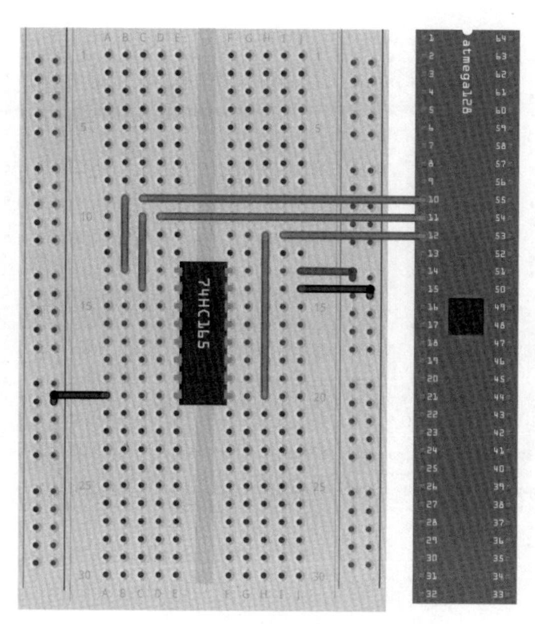

그림 19-11 **74165 칩 제어를 위한 연결 회로**

74165 칩에는 8개의 버튼을 풀다운 저항을 사용하여 연결한다.

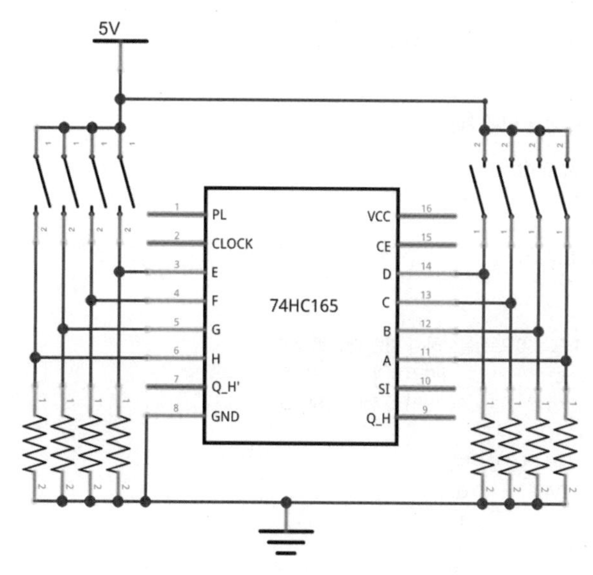

그림 19-12 **74165 칩과 버튼 연결 회로도**

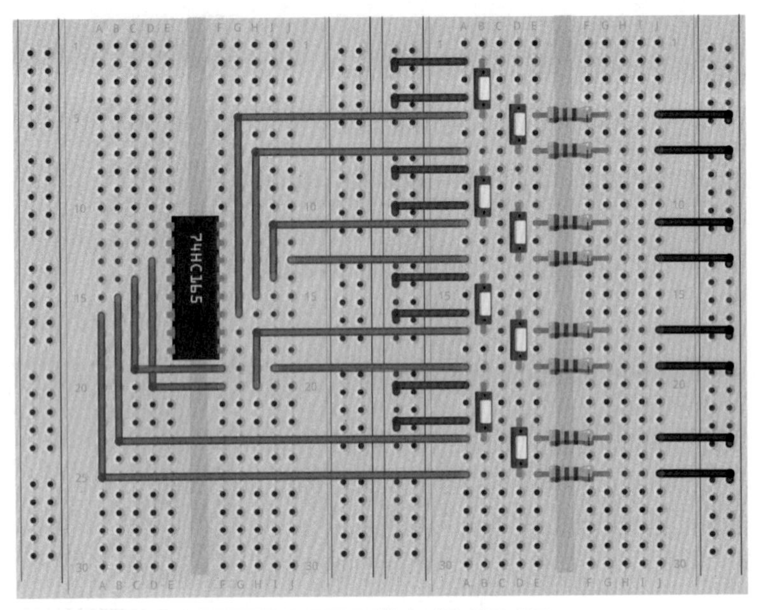

그림 19-13 **74165 칩과 버튼 연결 회로**

코드 19-2는 ATmega128의 3개 디지털 입출력 핀을 사용하여 8개의 버튼 입력을 받는 프로그램의 예다. 코드 19-2에서는 여덟 번에 걸쳐 74165 칩 내부의 플립플롭에 저장된 각 버튼의 상태를 읽어 터미널 프로그램으로 출력하고 있다.

코드 19-2 **74165 칩으로 8개 버튼 제어**

```
#define F_CPU 16000000L
#include <avr/io.h>
#include <stdio.h>
#include <util/delay.h>
#include "UART1.h"

// 'bit' 위치의 비트를 1 또는 0으로 설정하기 위한 매크로 함수
#define set_bit(bit)        ( PORTB |= _BV(bit) )
#define clear_bit(bit)      ( PORTB &= ~_BV(bit) )

// ATmega128의 포트 B에 연결된 위치
#define PARALLEL_LOAD       0
#define CLK                 1
#define SERIAL_OUTPUT       2

FILE OUTPUT \
    = FDEV_SETUP_STREAM(UART1_transmit, NULL, _FDEV_SETUP_WRITE);
```

```
FILE INPUT \
    = FDEV_SETUP_STREAM(NULL, UART1_receive, _FDEV_SETUP_READ);

int main(void)
{
    stdout = &OUTPUT;
    stdin = &INPUT;

    UART1_init();                               // UART 통신 초기화

    // 병렬 입력과 클록 핀을 출력으로 설정
    DDRB |= _BV(PARALLEL_LOAD) | _BV(CLK);

    while (1)
    {
        // 저장 단계
        clear_bit(PARALLEL_LOAD);
        _delay_ms(5);

        set_bit(PARALLEL_LOAD);
        _delay_ms(5);

        // 직렬 출력 단계
        uint8_t button;
        for(int i = 0; i < 8; i++){
            button = (PINB & _BV(SERIAL_OUTPUT)) >> SERIAL_OUTPUT;
            printf("%c ", (button == 1) ? 'O' : 'X');

            // 상승 에지에서 직렬로 1비트씩 입력
            clear_bit(CLK);
            _delay_ms(1);
            set_bit(CLK);
            _delay_ms(1);
        }
        printf("\r\n");

        _delay_ms(1000);                        // 1초에 한 번 버튼 검사
    }

    return 0;
}
```

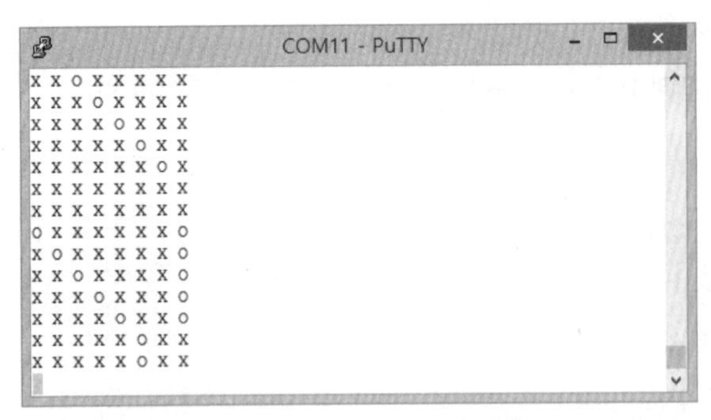

그림 19-14 **코드 19-2 실행 결과**

19.4 MCP23017

74595 칩과 74165 칩이 3개의 입출력 핀으로 8개의 출력과 입력을 사용할 수 있는 칩인 반면 MCP23017 칩은 2개의 입출력 핀만을 사용하여 16개의 입출력을 사용할 수 있는 칩에 해당한다. MCP23017 칩이 2개의 입출력 핀만을 사용하는 것은 I2C 통신을 사용하기 때문이다. I2C 통신을 사용하는 장치는 주소가 다르다면 여러 개의 장치를 2개의 연결선만을 사용하여 연결할 수 있다. MCP23017 칩의 경우 최대 8개까지 동시에 연결하여 사용할 수 있으므로 최대 128개(= 16 × 8)의 입출력 핀을 추가로 사용할 수 있다. MCP23017 칩은 28개의 핀을 가지고 있으며, 16비트의 입출력을 뱅크(bank)라 불리는 8비트 단위의 두 그룹으로 나누어 관리한다.

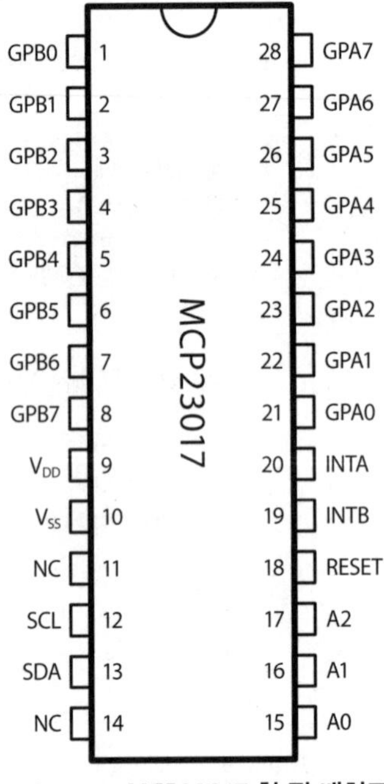

그림 19-15 **MCP23017 칩 핀 배치도**

9번 핀 V_{DD}는 5V에, 10번 핀 V_{SS}는 GND에 연결하는 전원 핀이다. 11번과 14번 핀은 사용하지 않으며(NC, Not Connected), 12번과 13번은 각각 I2C 연결을 위한 클록(SCL)과 데이터(SDA) 핀으로 ATmega128의 PD0(SCL)와 PD1(SDA) 핀에 각각 연결한다. I2C 연결에서는 안정적인 데이터 전송을 위해 외부 풀업 저항 연결이 필요한데, 일반적으로 10kΩ 저항을 풀업 저항으로 사용한다. 18번 RESET 핀은 칩을 초기화하기 위해 사용하는 핀으로, 초기화를 위해서는 GND에 연결해야 하며 평소에는 5V에 연결해 둔다. 19번과 20번 핀은 인터럽트 관련 핀으로 여기서는 사용하지 않는다. 마지막 15번에서 17번까지의 핀은 I2C 통신을 위한 주소 지정에 사용한다. MCP23017 칩의 기본 I2C 주소는 0x20 = $0010\ 0000_2$으로 여기에 $(A_2A_1A_0)_2$ 값을 더해 주소를 결정한다. 만약 A_2를 5V에 연결하고 A_1과 A_0를 GND에 연결하였다면 MCP23017 칩의 I2C 주소는 $0010\ 0000_2 + 0000\ 0100_2 = 0010\ 0100_2$ = 0x24가 된다. 이처럼 MCP23017 칩에는 0x20에서 0x27까지 8개의 서로 다른 주소를 지정할 수 있으므로 최대 8개까지 MCP23017 칩을 동시에 연결하여 사용할 수 있다. 여기서는 기본 주소인 0x20을 사용한다.

그림 19-16과 같이 MCP23017 칩을 ATmega128에 연결하자. MCP23017 칩은 I2C 통신을 사용하므로 반드시 I2C 통신을 위해 지정된 핀에 연결해야 한다.

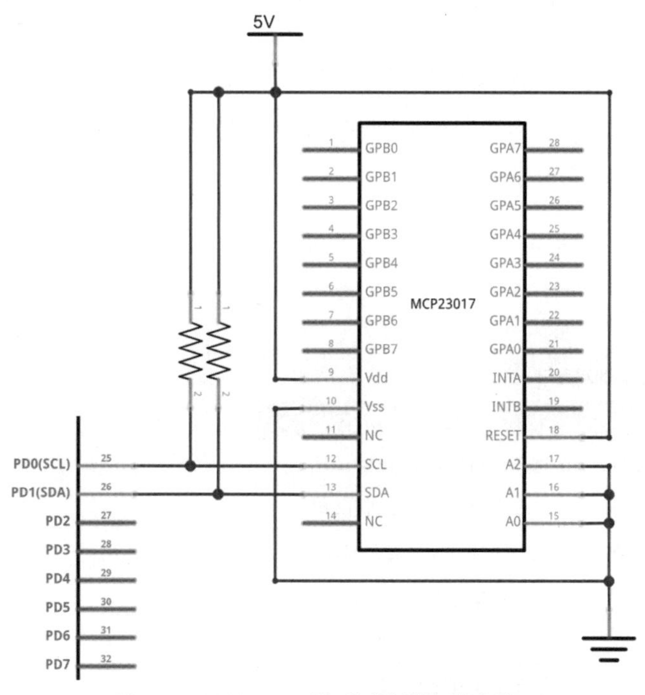

그림 19-16 **MCP23017 칩 제어를 위한 연결 회로도**

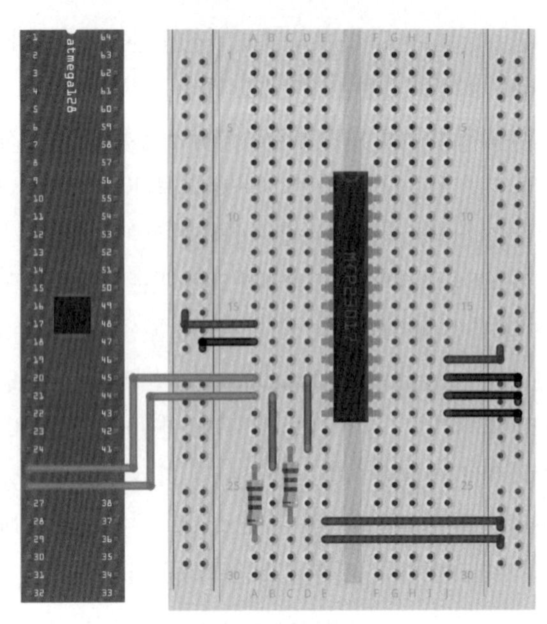

그림 19-17 **MCP23017 칩 제어를 위한 연결 회로**

MCP23017 칩의 뱅크 A에는 8개의 LED를 연결하고, 뱅크 B에는 8개의 버튼을 외부 풀다운 저항을 사용하여 연결한다. LED와 버튼 연결은 그림 19-6과 그림 19-12를 참고하여 연결하면 된다.

MCP23017 칩으로 입출력을 확장하기 위해서는 입출력 설정을 위한 IODIR 레지스터, 입력으로 사용하는 경우 풀업 저항 사용을 제어하는 GPPU 레지스터, 입출력 데이터가 저장되는 GPIO 레지스터 등을 사용해야 한다.

표 19-2는 기본적인 디지털 데이터 입출력을 위해 필요한 레지스터 이름과 레지스터 주소를 요약한 것이다.

표 19-2 **MCP23017 레지스터**

레지스터	주소	설명
IODIRA	0x00	뱅크 A 입출력 설정 레지스터
IODIRB	0x01	뱅크 B 입출력 설정 레지스터
GPPUA	0x0C	뱅크 A 풀업 저항 설정 레지스터
GPPUB	0x0D	뱅크 B 풀업 저항 설정 레지스터
GPIOA	0x12	뱅크 A 데이터 레지스터
GPIOB	0x13	뱅크 B 데이터 레지스터

코드 19-3은 뱅크 A에 연결된 LED를 뱅크 B에 연결된 버튼으로 제어하는 프로그램의 예로, 8개 중 눌린 버튼의 위치에 대응하는 LED가 켜진다. I2C 통신을 위한 기본적인 함수들은 12장에서 RTC 제어를 위해 만들었던 I2C 라이브러리를 사용하였으며, 출력 결과를 터미널에 표시하기 위해서 UART1 라이브러리를 사용하였다. I2C 통신에 관한 자세한 내용은 17장을 참고하자.

코드 19-3 MCP23017 칩으로 8개 버튼과 8개 LED 제어

```
#define F_CPU 16000000L
#include <avr/io.h>
#include <util/delay.h>
#include <stdio.h>
#include "I2C_RTC.h"
#include "UART1.h"

FILE OUTPUT \
    = FDEV_SETUP_STREAM(UART1_transmit, NULL, _FDEV_SETUP_WRITE);
FILE INPUT \
    = FDEV_SETUP_STREAM(NULL, UART1_receive, _FDEV_SETUP_READ);

#define MCP23017_ADDRESS       0x20
#define MCP23017_IODIRA        0x00
#define MCP23017_IODIRB        0x01
#define MCP23017_GPPUA         0x0C
#define MCP23017_GPPUB         0x0D
#define MCP23017_GPIOA         0x12
#define MCP23017_GPIOB         0x13

int main(void)
{
    I2C_init();                              // I2C 통신
    UART1_init();                            // UART 통신 초기화

    stdout = &OUTPUT;
    stdin = &INPUT;

    I2C_start();                             // I2C 시작
    I2C_transmit(MCP23017_ADDRESS << 1);     // I2C 주소 전송. 쓰기 모드
    I2C_transmit(MCP23017_IODIRA);           // IODIRA 레지스터 주소
    I2C_transmit(0x00);                      // 뱅크 A 핀을 출력으로 설정
    I2C_transmit(0xFF);                      // 뱅크 B 핀을 입력으로 설정
    I2C_stop();                              // I2C 정지

    I2C_start();
    I2C_transmit(MCP23017_ADDRESS << 1);     // I2C 주소 전송. 쓰기 모드
```

```
    I2C_transmit(MCP23017_GPPUB);                       // GPPUB 레지스터 주소
    I2C_transmit(0);                                    // 뱅크 B 핀의 풀업 저항 해제
    I2C_stop();

    while(1)
    {
        // 뱅크 B의 버튼 상태 읽기
        I2C_start();
        I2C_transmit(MCP23017_ADDRESS << 1);            // I2C 주소 전송. 쓰기 모드
        I2C_transmit(MCP23017_GPIOB);                   // GPIOB 레지스터 주소
        I2C_stop();

        I2C_start();
        I2C_transmit((MCP23017_ADDRESS << 1) + 1);      // I2C 주소 전송. 읽기 모드
        uint8_t button_state = I2C_receive_NACK();      // 버튼 상태 읽기
        I2C_stop();

        printf("%d\r\n", button_state);                 // 버튼 상태 출력

        // 뱅크 A의 LED에 뱅크 B의 버튼 상태 출력
        I2C_start();
        I2C_transmit(MCP23017_ADDRESS << 1);            // I2C 주소 전송. 쓰기 모드
        I2C_transmit(MCP23017_GPIOA);                   // GPIOA 레지스터 주소
        I2C_transmit(button_state);                     // 버튼 상태를 LED로 출력
        I2C_stop();

        _delay_ms(500);
    }

    return 0;
}
```

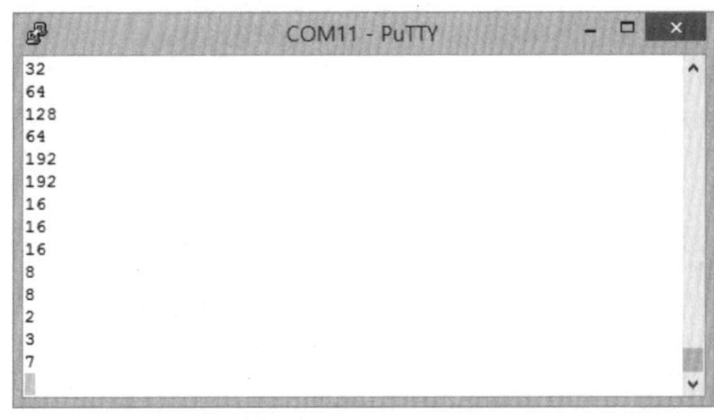

그림 19-18 **코드 19-3 실행 결과**

19.5 요약

마이크로컨트롤러는 간단한 제어장치를 만들기 위해 주로 사용하므로 많은 수의 입출력장치를 연결하는 경우가 흔하지는 않다. 하지만 많은 수의 LED나 버튼을 사용하고자 하는 경우에는 마이크로컨트롤러의 입출력 핀이 충분하지 않다는 사실을 쉽게 알아차릴 수 있다. 입출력 핀이 부족한 경우 확장할 수 있는 방법에는 소프트웨어적인 방법과 하드웨어적인 방법이 있다. 소프트웨어적인 방법은 네 자리 7세그먼트 표시장치를 위해 사용하였던 잔상 효과가 대표적이다. 또한 이와 유사하게 많은 수의 버튼을 제어하는 것도 가능한데, 21장에서 다시 살펴보자.

전용 하드웨어를 사용하면 보다 안정적으로 입출력을 확장할 수 있는데, 이 장에서 살펴본 입출력 확장 칩들이 이에 해당한다. 디지털 출력을 확장하기 위한 74595 칩, 디지털 입력을 확장하기 위한 74165 칩은 단방향의 데이터 흐름만을 지원하므로 입력이나 출력 전용으로만 사용할 수 있다. 반면 MCP23017 칩은 양방향의 데이터 흐름을 지원하므로 입출력 확장에 모두 사용할 수 있으며, I2C 통신을 사용하여 확장성이 뛰어나다는 장점이 있다. 이 장에서는 마이크로컨트롤러에서 기본이 되는 디지털 입출력의 확장만을 다루었지만, 아날로그 입력 핀 역시 744051 칩 등을 통해 확장할 수 있으므로 필요한 경우 고려해 볼 수 있다.

연습 문제

1 코드 19-1은 74595 칩을 사용하여 8개의 LED를 제어하는 예다. 8개의 LED 대신 한 자리 7세그먼트 표시장치를 74595 칩의 병렬 출력에 연결하고, 0.5초 간격에서 0에서 9까지의 숫자가 반복하여 출력되도록 프로그램을 작성해 보자.

2 코드 19-3은 버튼이 눌러진 경우 눌러진 버튼에 해당하는 LED가 켜지고, 버튼을 떼면 LED는 꺼진다. 이를 다음번 버튼이 눌러질 때까지 LED가 켜져 있도록 수정해 보자.

3 코드 19-3과 문제 2 에서는 버튼이 눌러지면 그에 해당하는 위치의 LED만 켜진다. 이를 버튼이 눌러지면 눌러진 버튼의 위치까지 LED가 켜지고, 문제 2 에서와 같이 다음 버튼이 눌러질 때까지 이를 유지하도록 수정해 보자. 예를 들어 뱅크 B의 n(n = 0, ..., 7)번 버튼이 눌러지면 뱅크 A의 n+1개 LED가 켜진다. 버튼 여러 개가 한꺼번에 눌러지는 경우에는 가장 큰 n값에 의해 켜지는 LED의 수를 결정하도록 한다.

CHAPTER

20 LED 매트릭스

LED 매트릭스는 LED를 행렬 형태로 배치하여 문자, 기호, 숫자 등을 표시하도록 구현한 출력장치의 일종이다. LED 매트릭스는 7세그먼트 표시장치와 마찬가지로 잔상 효과를 이용함으로써 적은 수의 핀으로 많은 수의 LED를 동시에 제어하는 것과 같은 효과를 얻을 수 있다. 더 적은 수의 핀으로 LED 매트릭스를 제어하고자 한다면 74595 칩과 같은 직렬 병렬 변환 칩을 사용할 수 있다. 이 장에서는 LED 매트릭스를 제어하기 위한 LED 매트릭스의 구조와 다양한 제어 방법에 대해 알아본다.

20.1 LED 매트릭스

LED 매트릭스는 LED를 행과 열의 매트릭스(matrix, 행렬) 형태로 배치하여 문자나 기호를 표시할 수 있도록 구현한 출력장치로 다양한 분야에서 사용하고 있다. 특히 8×8 크기의 LED 매트릭스는 알파벳이나 숫자 등 아스키코드에 정의된 문자 표시가 가능하여 활용도가 높다. 시중에서 판매하는 8×8 LED 매트릭스는 LED만을 포함하고 있는 제품에서부터 LED 매트릭스를 제어하기 위한 회로를 포함한 제품에 이르기까지 종류 또한 매우 다양하다. 또한 매트릭스의 도트를 구성하는 LED도 단색, 이색, RGB 등 다양한 종류가 있다. 이 장에서는 8×8 크기의 LED 매트릭스를 제어하는 두 가지 방법으로, 행이나 열에 포함된 8개의 LED만을 동시에 제어하여 잔상 효과를 얻는 방법과, 74595 직렬 입력 병렬 출력 레지스터를 이용하는 방법을 살펴본다.

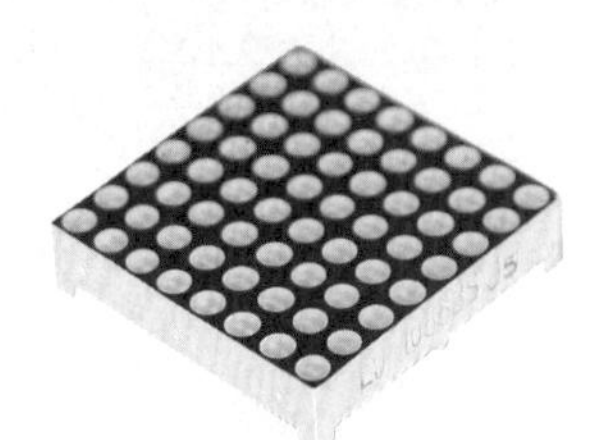

(a) LED 매트릭스

(b) I2C 방식 제어 회로를 포함한 LED 매트릭스

그림 20-1 **8×8 LED 매트릭스**

8×8 LED 매트릭스는 16개의 핀을 가지고 있으며, 각 핀은 8개 행과 8개 열에 대응한다. LED 매트릭스의 뒷면을 살펴보면 1번 핀에 해당하는 위치에 숫자 '1'이 표시되어 있는 것을 확인할 수 있다. 모듈에 따라서는 뒷면에 표시된 숫자를 확인하기 어려운 경우도 있으므로 주의해서 살펴보자. 뒷면의 숫자를 확인하기 어려운 경우 제품 번호가 기록된 면의 가장 왼쪽 핀이 1번 핀이고, 반시계 방향으로 핀 번호가 증가한다는 사실을 통해서 확인할 수도 있다.

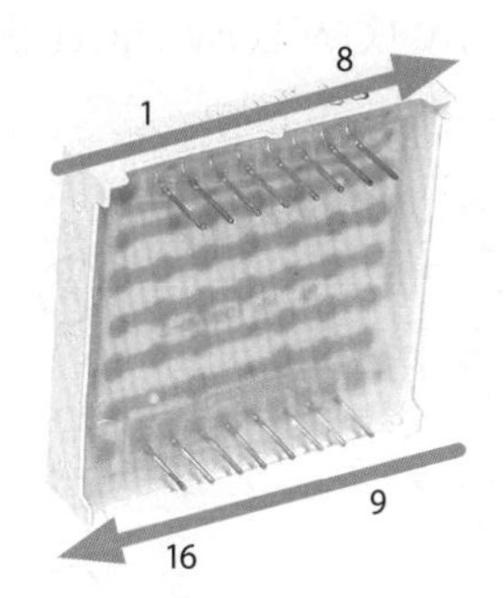

그림 20-2 **LED 매트릭스의 핀 배치**

실험에 사용한 LED 매트릭스 모듈의 내부는 그림 20-3과 같이 행에 해당하는 핀을 (+)에, 열에 해당하는 핀을 (−)에 연결하면 해당 위치의 LED가 켜지도록 구성되어 있으며, 이를 공통 행 양극 방식 또는 간단히 양극 방식이라고 한다.[47]

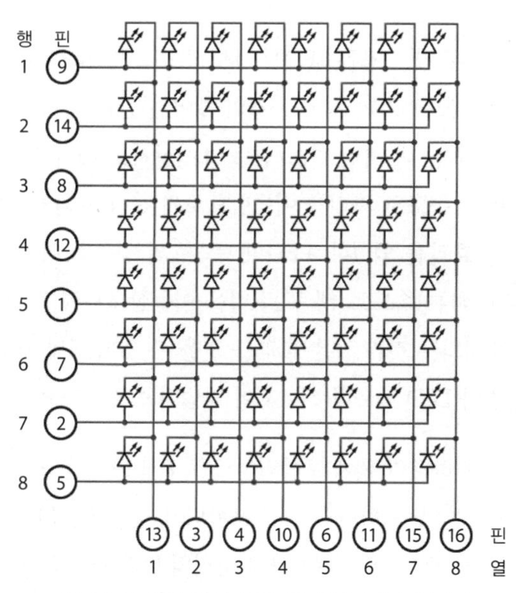

그림 20-3 **양극 방식 LED 매트릭스 내부 회로도**

양극 방식과 음극 방식 LED 매트릭스의 차이는 특정 위치의 LED를 켜는 방법에 있다.

그림 20-4는 4×4 크기의 양극 방식과 음극 방식의 LED 매트릭스를 비교한 것이다. D행 4열 LED를 켜는 경우를 생각해 보자. 양극 방식의 경우 행에는 (+)를, 열에는 (−)를 가해 주어야 해당 LED가 켜지므로, 행에는 (LOW LOW LOW HIGH)를, 열에는 (HIGH HIGH HIGH LOW)를 가해 주어야 한다. 반면 음극 방식의 경우에는 양극 방식과 반대로 행에는 (HIGH HIGH HIGH LOW)를, 열에는 (LOW LOW LOW HIGH)를 가해 주어야 한다.

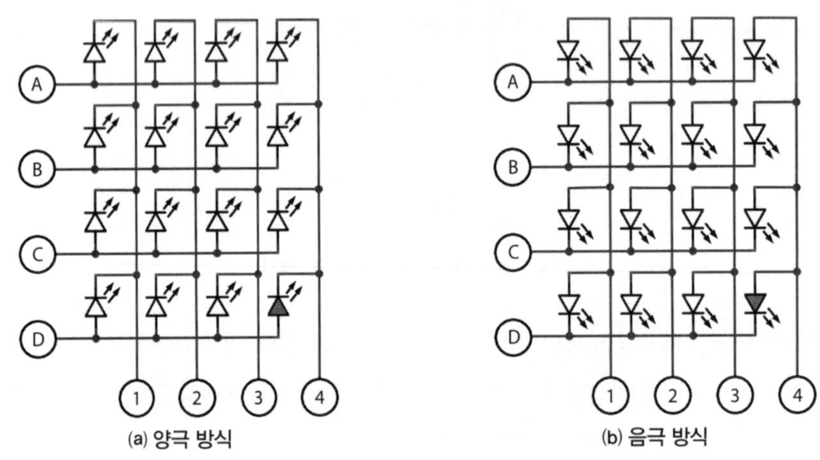

그림 20-4 **양극 방식과 음극 방식의 LED 매트릭스**

8×8 크기의 LED 매트릭스에 있는 모든 LED를 개별적으로 제어하기 위해서는 64개의 제어 핀이 필요하다. 하지만 LED 매트릭스의 경우 16개의 제어 핀만을 사용하므로 동시에 모든 LED를 제어하는 것은 불가능하다. 네 자리 7세그먼트 표시장치를 제어하기 위해 한 번에 한 자리에만 숫자를 표시하고 빠른 속도로 자리를 이동함으로써 잔상 효과를 통해 네 자리 숫자가 동시에 표시되는 것과 같은 효과를 얻었다. LED 매트릭스의 경우도 마찬가지다. 한 번에 하나의 행 또는 열만을 표시하고 빠른 속도로 행 또는 열을 이동함으로써 잔상 효과를 통해 LED 매트릭스 전체가 동시에 표시되는 것과 같은 효과를 얻을 수 있다. 7세그먼트와 비교한다면 여덟 자리 7세그먼트 표시장치와 LED 매트릭스는 제어 방법이 동일하다고 볼 수 있다.

LED 매트릭스에서 한 번에 하나의 행에 포함되어 있는 8개 LED를 동시에 제어하는 방식을 행 단위 스캔 방식이라 하며, 한 번에 하나의 열에 포함되어 있는 8개 LED를 동시에 제어하는 방식을 열 단위 스캔 방식이라 한다. 여기서는 양극 방식의 LED 매트릭스를 기준으로 설명하지만 음극 방식의 경우에도 마찬가지다.

행 단위 스캔의 예를 살펴보자. 행 단위 스캔에서는 한 번에 하나의 행에 포함되어 있는 8개의 LED만 제어할 수 있다. 네 번째 행의 2번, 8번 열에 포함된 LED를 켜고 나머지 열에 포함된 LED는 끄기 위해서는 행에는 $0001\ 0000_2$을, 열에는 $1011\ 1110_2$을 가해 주면 된다. 행의 경우 하나의 행만을 선택해야 하므로 '1'의 값이 주어지는 행은 하나인 반면, 열의 경우에는 '0'의 값이 주어지는 열은 8개까지 가능하다.

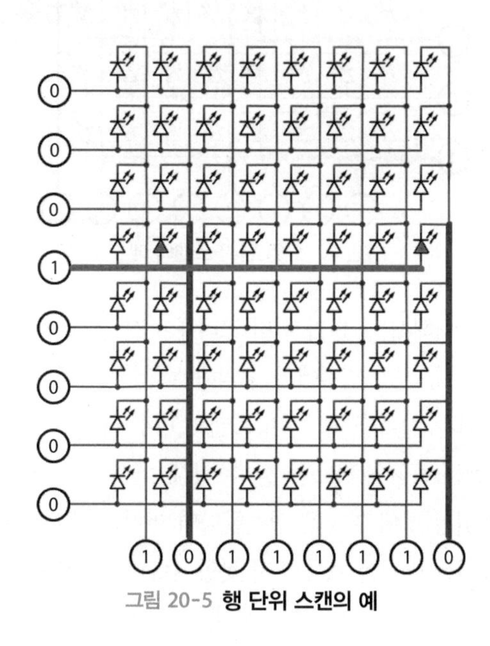

그림 20-5 **행 단위 스캔의 예**

열 단위 스캔의 경우도 행 단위 스캔과 유사하다. 다만 하나의 열만을 선택해야 하므로 '0'의 값이 주어지는 열은 하나인 반면, '1'의 값이 주어지는 행은 8개까지 가능하다는 점에서 행 단위 스캔과 반대가 된다.

그림 20-6은 열 단위 스캔을 통해 네 번째 열에서 1, 3, 6, 8번 행의 LED를 켜고 나머지 행의 LED는 끄는 예로, 행에는 $1010\ 0101_2$을, 열에는 $1110\ 1111_2$을 가해 주면 된다.

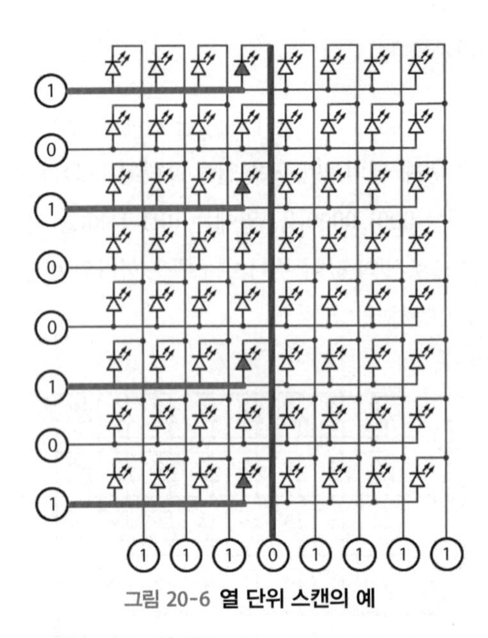

그림 20-6 **열 단위 스캔의 예**

LED 매트릭스를 사용하기 위해서는 몇 가지 더 고려해야 할 점들이 있는데, 그중 하나가 LED 보호를 위한 저항의 연결이다. 저항 연결에서 주의해야 할 점은 하나의 LED만 켜지는 행이나 열에 저항을 연결해야 한다는 점이다. 행 단위 스캔의 경우 하나의 행에는 2개 이상의 LED를 켤 수 있지만, 하나의 열에는 하나의 LED만 켤 수 있다. 따라서 저항은 열에 연결해야 한다. 2개 이상의 LED를 켤 수 있는 행에 저항을 연결한다면 켜지는 LED의 수에 따라 공급되는 전력이 달라져서 LED가 균일한 밝기를 보여 주지 못할 수도 있다. 반면 열 단위 스캔의 경우 하나의 LED만 켤 수 있는 행에 저항을 연결해야 한다.

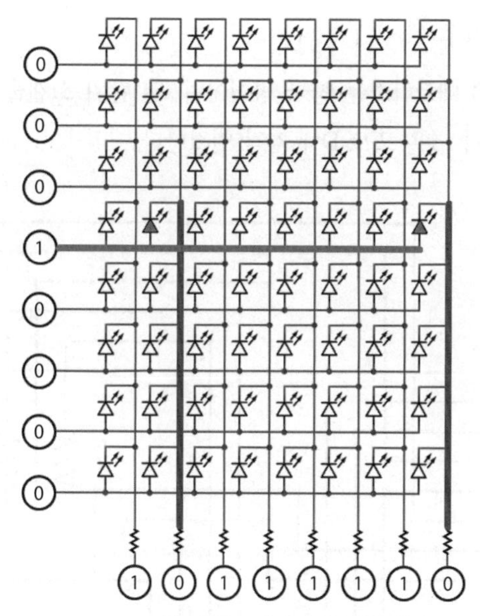

그림 20-7 **행 단위 스캔에서의 저항 연결**

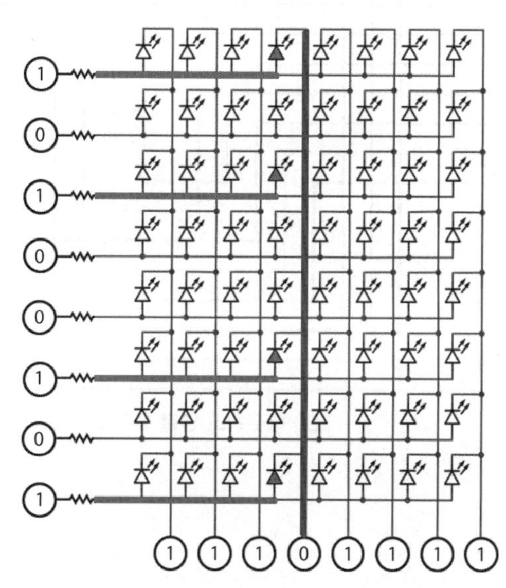

그림 20-8 **열 단위 스캔에서의 저항 연결**

20.2 LED 매트릭스 제어

이 장에서 사용하는 LED 매트릭스는 양극 방식이며, 열 단위 스캔을 사용한다. LED 매트릭스의 각 행은 포트 C에, 각 열은 포트 D에 각각 연결한다.

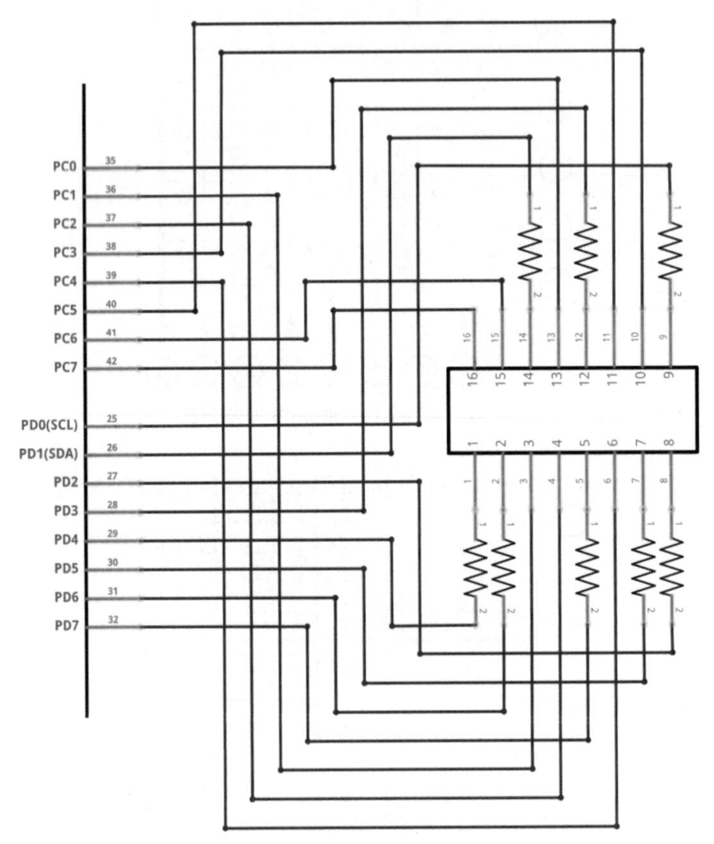

그림 20-9 **LED 매트릭스 연결 회로도**

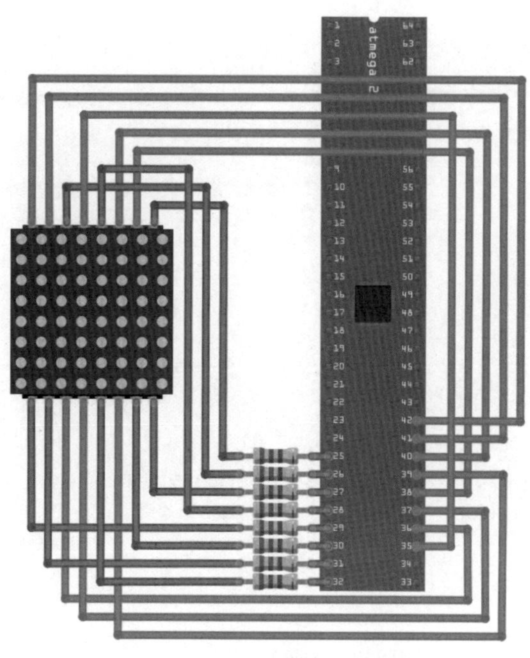

그림 20-10 **LED 매트릭스 연결 회로**

회로를 연결했으면 먼저 'LED_matrix_test'라는 이름으로 프로젝트를 생성하고, 코드 20-1을 입력하여 실행시켜 보자. 64개의 LED가 한 번에 하나씩만 켜질 것이다. 켜지는 순서는 열 단위 스캔을 사용하므로 행 번호가 먼저 변하고 열 번호가 천천히 변한다.

코드 20-1 **LED 매트릭스 테스트**

```
#define F_CPU 16000000L
#include <avr/io.h>
#include <util/delay.h>

#define DDR_ROW         DDRC
#define DDR_COL         DDRD
#define PORT_ROW        PORTC
#define PORT_COL        PORTD

#define COL_ON          0
#define COL_OFF         1
#define ROW_ON          1
#define ROW_OFF         0

void write_column_data(uint8_t data)
{
```

```
    PORT_COL = data;
}

void write_row_data(uint8_t data)
{
    PORT_ROW = data;
}

void init_port(void)
{
    // ROW 관련 포트 설정
    DDR_ROW = 0xFF;                         // 출력으로 설정
    write_row_data(0xFF * ROW_OFF);         // OFF 값 출력

    // COLUMN 관련 포트 설정
    DDR_COL = 0xFF;                         // 출력으로 설정
    write_column_data(0xFF * COL_OFF);      // OFF 값 출력
}

int main(void)
{
    init_port();

    while(1)
    {
        for(int col = 0; col < 8; col++){
            for(int row = 0; row < 8; row++){
                // 공통 양극 방식
                // column에는 0을, row에는 1을 출력해야 해당 LED가 켜짐
                write_column_data(~(1 << col));
                write_row_data(1 << row);

                _delay_ms(100);
            }
        }
    }
}
```

코드 20-1은 열 단위 스캔을 사용하므로 행(row)에 출력하는 값은 하나의 1만을 가지고, 열(column)에 출력하는 값은 하나의 0만을 가진다. 행에 출력하는 값이 2개 이상의 1을 가지도록 함으로써 2개 이상의 LED가 켜지게 할 수도 있지만, 코드 20-1로는 불가능하다. 이유는 코드 20-1에서 _delay_ms 함수를 사용했기 때문이다. 잔상 효과를 이용하기 위해서는 빠른 속도로 열을 바꾸어 가면서 출력해야 하는데, 100ms = 0.1s는 너무 긴 시간이므로 불가능하다.

그림 20-11의 스마일 문자를 나타내고 싶다고 가정해 보자. 스마일 문자는 위쪽이 1행이라고 가정하였으므로 패턴 값은 8행부터 1행 순서로 MSB에서 LSB 순서로 나타내었다.

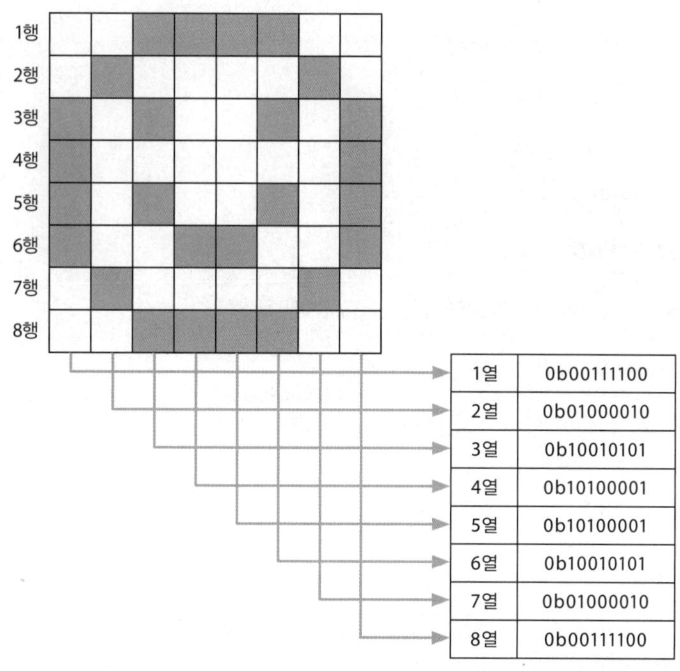

그림 20-11 **스마일 문자**

코드 20-2는 스마일 문자를 LED 매트릭스에 표시하기 위한 프로그램의 예다.

코드 20-2 **스마일 문자 표시**

```
#define F_CPU 16000000L
#include <avr/io.h>
#include <util/delay.h>

#define DDR_ROW         DDRC
#define DDR_COL         DDRD
#define PORT_ROW        PORTC
#define PORT_COL        PORTD

#define COL_ON          0
#define COL_OFF         1
#define ROW_ON          1
#define ROW_OFF         0
```

```
void write_column_data(uint8_t data)
{
    PORT_COL = data;
}

void write_row_data(uint8_t data)
{
    PORT_ROW = data;
}

void init_port(void)
{
    // ROW 관련 포트 설정
    DDR_ROW = 0xFF;                             // 출력으로 설정
    write_row_data(0xFF * ROW_OFF);             // OFF 값 출력

    // COLUMN 관련 포트 설정
    DDR_COL = 0xFF;                             // 출력으로 설정
    write_column_data(0xFF * COL_OFF);          // OFF 값 출력
}

int main(void)
{
    init_port();

    uint8_t smile[] = {                         // 스마일 문자 정의
        0b00111100,
        0b01000010,
        0b10010101,
        0b10100001,
        0b10100001,
        0b10010101,
        0b01000010,
        0b00111100 };

    while(1)
    {
        for(int i = 0; i < 8; i++){
            uint8_t col_data = ~(1 << i);

            write_column_data(col_data);
            write_row_data(smile[i]);

            _delay_ms(2);                       // LED가 완전히 켜지기 위한 시간
        }
    }
}
```

코드 20-1에서 잔상 효과를 기대할 수 없는 이유가 _delay_ms 함수 때문이라고 설명했는데, 코드 20-2에서도 여전히 _delay_ms 함수를 사용하고 있다. 코드 20-2의 _delay_ms 함수는 코드 20-1과 그 목적이 다르다. 잔상 효과를 얻기 위해서는 빠른 속도로 열을 바꾸어야 하지만, 너무 빠른 속도로 열을 바꾸면 LED가 완전히 켜지기 전에 열이 바뀌어 LED가 희미하게 켜지는 현상이 발생할 수 있다. 따라서 LED가 완전히 켜지도록 2ms 정도의 지연시간이 필요하다. 반면 지연시간이 길어지면 잔상 효과가 나타나지 않아 표시된 스마일 문자가 깜빡거리게 된다.

20.3 74595 직렬 입력 병렬 출력 이동 레지스터

잔상 효과를 통해 64개가 아닌 16개의 핀만을 사용하여 동시에 모든 LED를 제어하는 것과 유사한 효과를 얻을 수 있는 LED 매트릭스 제어 방법을 살펴보았다. 하지만 16개의 LED 역시 그 수가 적은 것은 아니다. 더 적은 수의 핀으로 LED 매트릭스를 제어하기 위해 사용할 수 있는 칩 중 하나가 74595 직렬 입력 병렬 출력 이동 레지스터다.

74595 칩은 1개의 직렬 데이터 입력과 2개의 클록으로 8개의 병렬 데이터 출력을 지원한다. LED 매트릭스를 제어하기 위해서는 16개의 데이터 출력이 필요하므로 2개의 74595 칩을 연결하여 사용하면 된다. 74595 칩의 핀 배치는 그림 20-12와 같다.

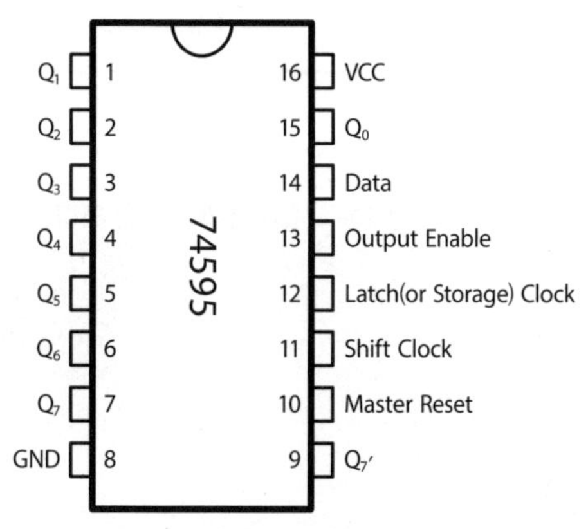

그림 20-12 **74595 칩 핀 배치도**

74595 칩에서 14번 핀 Data는 직렬 데이터가 입력되는 핀이며, 9번 핀 Q_7'는 이동 레지스터의 값을 직렬로 출력하는 핀이다. 2개의 74595 칩을 사용하는 경우 9번 핀의 출력을 다른 74595

칩의 입력(Data)으로 사용하면 2개의 74595 칩은 16비트의 데이터를 병렬로 출력할 수 있다. 그림 20-13과 같이 2개의 74595 칩을 ATmega128의 포트 D 핀에 연결해 보자.

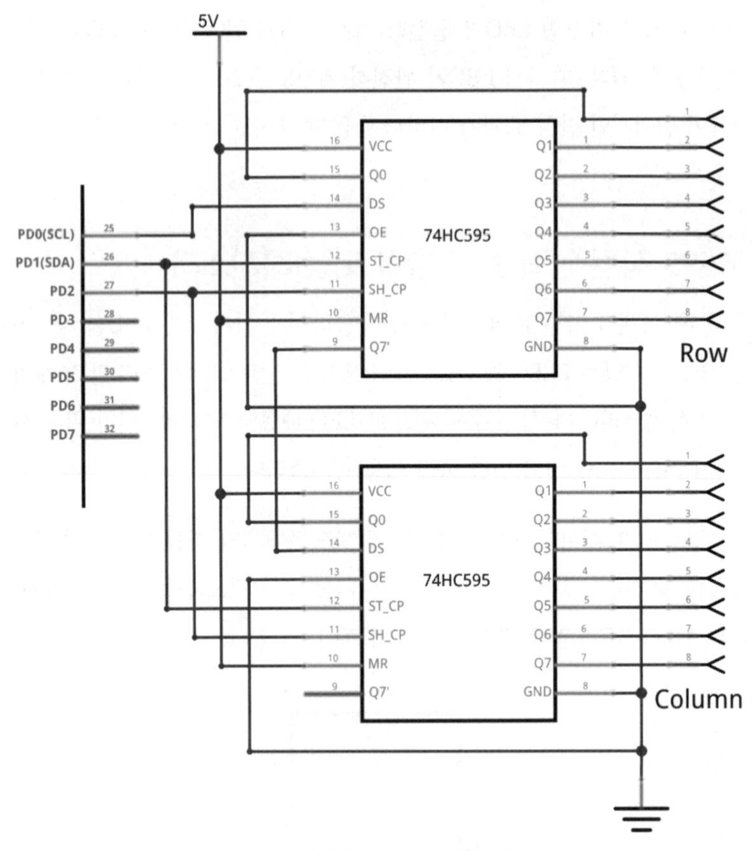

그림 20-13 **2개의 74595 칩 연결 회로도**

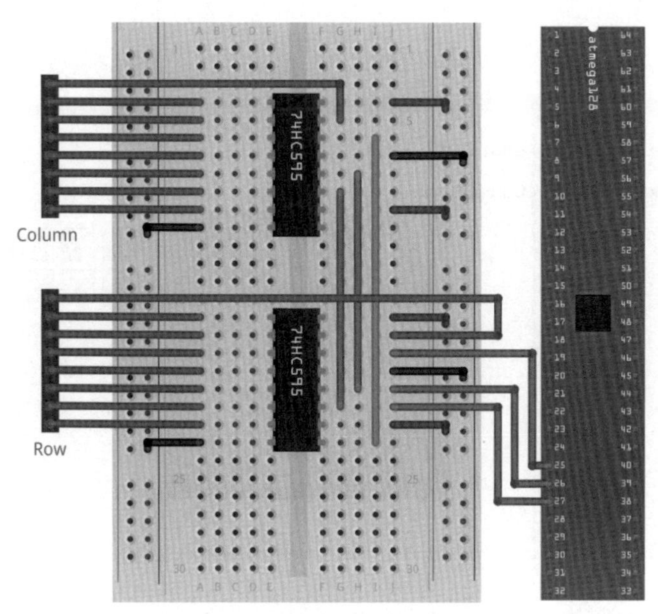

그림 20-14 **2개의 74595 칩 연결 회로**

2개의 74595 칩은 2개의 클록 핀을 공유하고 있으며, 두 번째 74595 칩의 입력은 첫 번째 74595 칩의 출력에 연결한다는 점에 유의해야 한다. 즉, 74595 칩의 수가 증가하더라도 ATmega128에서 사용하는 핀의 수는 증가하지 않는다. 두 번째 74595 칩에는 LED 매트릭스의 열을 연결하고, 첫 번째 74595 칩에는 LED 매트릭스의 행을 연결한다. 따라서 74595 칩으로 데이터를 출력할 때에는 열 데이터를 먼저 출력하고 이어서 행 데이터를 출력하면, 열 데이터는 자동으로 두 번째 74595 칩으로 이동한다.

그림 20-13의 회로도에는 8×8 LED 매트릭스 연결이 빠져 있다. LED 매트릭스를 연결할 때에는 그림 20-9의 회로도에서와 같이 저항을 반드시 연결해야 한다는 점을 잊지 말아야 한다.

그림 20-15는 16개의 입출력 핀을 사용하여 LED 매트릭스를 제어하는 방식과, 2개의 74595 칩을 사용하여 3개의 입출력 핀만으로 LED 매트릭스를 제어하는 방식을 모두 지원하는 LED 매트릭스 모듈을 나타낸 것이다.

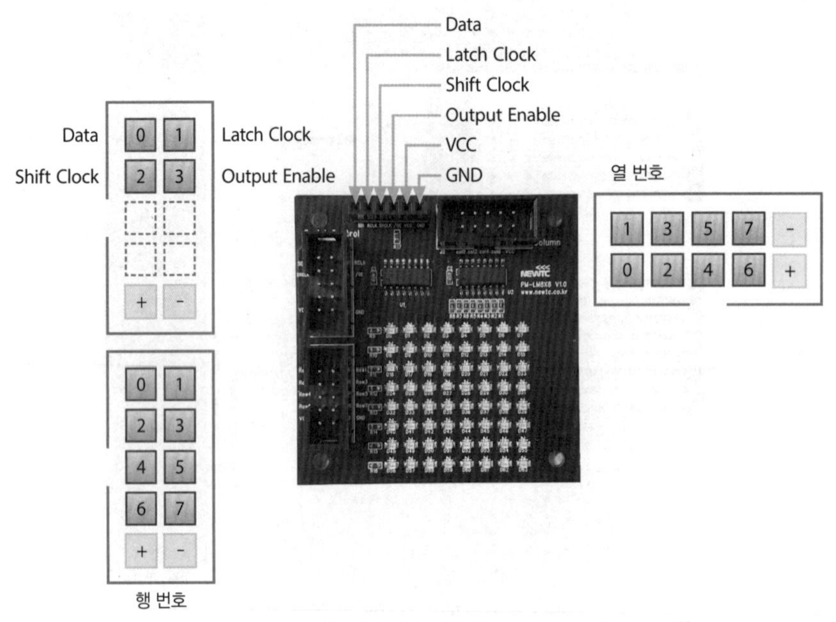

그림 20-15 **두 가지 제어 방식을 지원하는 LED 매트릭스 모듈**[48]

코드 20-3은 74595 칩으로 연결한 LED 매트릭스에 스마일 문자를 출력하는 프로그램의 예다. 74595 칩에 관한 자세한 내용은 19장을 참고하도록 한다.

코드 20-3 **스마일 문자 표시 – 74595 칩 사용**

```
#define F_CPU 16000000L
#include <avr/io.h>
#include <util/delay.h>

#define REGISTER_DDR     DDRD
#define REGISTER_PORT     PORTD

// 'bit' 위치의 비트를 1 또는 0으로 설정하기 위한 매크로 함수
#define set_bit(bit)          ( REGISTER_PORT |= _BV(bit) )
#define clear_bit(bit)        ( REGISTER_PORT &= ~_BV(bit) )

// ATmega128의 포트 D에 연결된 위치
#define SHIFT_CLOCK          2
#define LATCH_CLOCK          1
#define DATA                 0

#define COL_ON               0
#define COL_OFF              1
#define ROW_ON               1
```

```
#define ROW_OFF             0

void ShiftClock(void)
{
    set_bit(SHIFT_CLOCK);                   // 이동 클록을 HIGH로
    clear_bit(SHIFT_CLOCK);                 // 이동 클록을 LOW로
}

void LatchClock(void)
{
    set_bit(LATCH_CLOCK);                   // 래치 클록을 HIGH로
    clear_bit(LATCH_CLOCK);                 // 래치 클록을 LOW로
}

void ByteDataWrite(uint8_t data)            // 1바이트 데이터 출력
{
    for(uint8_t i = 0; i < 8; i++){
        if(data & 0b10000000)               // MSB부터 1비트 출력
        set_bit(DATA);
        else
        clear_bit(DATA);

        ShiftClock();                       // 1비트 출력 후 비트 이동
        data = data << 1;                   // 다음 출력할 비트를 MSB로 이동
    }

    LatchClock();                           // 1바이트 전달 후 실제 출력 발생
}

void init_port()
{
    // 제어 및 데이터 핀을 출력으로 설정
    REGISTER_DDR |= _BV(SHIFT_CLOCK) | _BV(LATCH_CLOCK) | _BV(DATA);
}

int main(void)
{
    init_port();

    uint8_t smile[] = {                     // 스마일 문자 정의
        0b00111100,
        0b01000010,
        0b10010101,
        0b10100001,
        0b10100001,
        0b10010101,
        0b01000010,
        0b00111100 };
```

```
    while(1)
    {
        for(int i = 0; i < 8; i++){
            uint8_t col_data = ~(1 << i);

            ByteDataWrite(col_data);
            ByteDataWrite(smile[i]);

            _delay_ms(2);                       // LED가 완전히 켜지기 위한 시간
        }
    }
}
```

20.4 요약

LED 매트릭스는 LED를 행과 열로 배열하여 문자, 숫자, 기호 등을 표시할 수 있도록 구현한 출력장치의 일종이다. 8×8 크기의 LED 매트릭스는 64개의 LED를 제공하므로 개별적으로 제어하기 위해서는 64개의 입출력 핀이 필요하다. 하지만 네 자리 7세그먼트 제어와 마찬가지로 한 번에 하나의 행 또는 열에 속하는 8개의 LED만을 제어하고 행 또는 열을 빠른 속도로 이동시킴으로써 모든 LED를 한꺼번에 제어하는 것과 유사한 효과를 얻을 수 있다. 따라서 행과 열 각각을 제어하기 위한 16개의 입출력 핀만으로 64개 LED를 제어할 수 있다.

잔상 효과를 이용하면 적은 수의 핀으로 LED 매트릭스를 제어할 수 있지만, 잔상 효과를 위해 대부분의 시간을 LED 매트릭스 갱신에 소비해야 하므로, 다른 주변장치와 함께 사용하는 경우에는 LED 매트릭스 제어를 위한 전용 회로를 구성하는 방법을 고려하는 것이 좋다.

이 장에서는 직렬 입력 병렬 출력 이동 레지스터인 74595 칩을 사용하여 3개의 입출력 핀만으로 64개 LED를 제어하는 방법을 알아보았다. 74595 칩은 8개의 병렬 출력을 지원하므로 2개의 74595 칩을 연결하면 16개의 병렬 출력이 가능한데, 이때 1개의 74595 칩을 사용하는 경우와 동일하게 3개의 입출력 핀만 사용하면 된다. 이외에도 LED 매트릭스 제어를 위한 전용 회로를 포함한 시리얼 방식의 LED 매트릭스도 판매하고 있으므로 연결이 복잡한 경우라면 사용을 고려해 볼 수 있다.

연습 문제

1 0에서 9까지의 숫자를 표시하기 위한 패턴을 다음과 같이 정의하고, 1초 간격으로 0에서 9까지의 숫자가 반복해서 출력되도록 프로그램을 작성해 보자. 74595 칩을 사용하여 LED 매트릭스를 제어하도록 하며, 인터럽트를 통해 1초 간격으로 현재 출력할 패턴이 변화하도록 한다.

2 그림 20-11에서 정의한 스마일 문자를 1초 간격으로 왼쪽으로 스크롤하는 프로그램을 작성해 보자. 스크롤 효과를 얻기 위해 다양한 방법을 사용할 수 있다. 간단하게는 스크롤 문자 정의 오른쪽에 8칸의 빈칸을 정의하고 스마일 문자를 출력하는 시작 열을 조정하여 스크롤 효과를 얻을 수 있다.

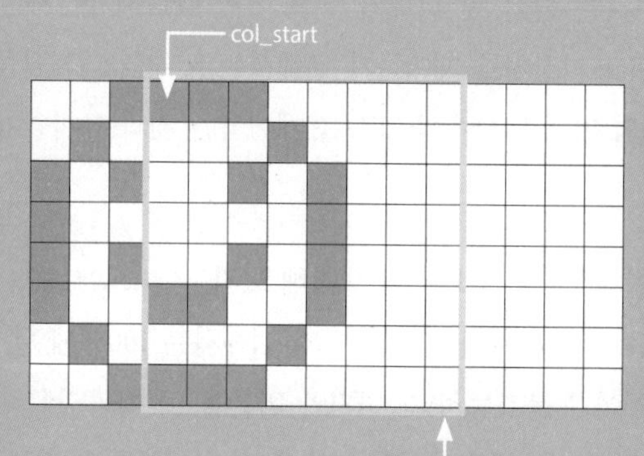

CHAPTER

21 키 매트릭스

키 매트릭스는 버튼을 행렬 형태로 배치하여 많은 수의 버튼 상태를 적은 수의 입출력 핀으로 확인할 수 있도록 해 주는 입력장치의 일종이다. 키 매트릭스는 네 자리 7세그먼트나 LED 매트릭스에서 사용하는 잔상 효과와 기본적으로 동일한 방식을 사용한다. 이 장에서는 많은 버튼을 적은 수의 핀으로 제어하기 위한 버튼의 배열 방법과, 잘못된 경로 형성에 따라 잘못된 입력이 가해지는 고스트 현상을 없애는 방법에 대해 알아본다.

LED 하나를 제어하기 위해서는 디지털 출력 핀 하나가 필요하다. 따라서 한 자리가 8개의 LED로 구성되는 네 자리 7세그먼트 표시장치를 제어하기 위해서는 32개의 디지털 출력 핀이 필요하지만, 잔상 효과를 통해 12개의 핀으로 32개의 LED를 제어하는 것과 유사한 효과를 얻을 수 있다는 것을 살펴보았다.

이는 버튼을 통한 입력에서도 적용할 수 있다. 키보드를 생각해 보자. 키보드에는 적게는 80여 개, 많게는 100개가 넘는 키들이 있다. 이들 키의 입력을 받기 위해서는 100개에 달하는 입력 핀이 필요하므로 ATmega128로는 제어가 불가능하다. 하지만 버튼을 (네 자리 7세그먼트 표시장치에서 한 자리에 해당하는) 그룹으로 묶고, 한 번에 하나의 그룹에 속한 버튼만을 검사하고 빠른 속도로 그룹을 옮기면서 버튼을 검사하면, 전체 버튼을 한꺼번에 검사하는 것과 동일한 효과를 얻을 수 있다.

키패드(keypad)라고도 불리는 키 매트릭스는 버튼을 매트릭스 형태로 배열하여 행과 열을 기준으로 제어할 수 있도록 구성한 것으로, 4×4 형태 또는 4×3 형태의 숫자 키 매트릭스를 흔히 볼 수 있는데, 전화기, 키보드, 도어 로크 등에서 주로 사용한다.

21.1 키 매트릭스

키 매트릭스와 8×8 LED 매트릭스를 비교해 보자. LED 매트릭스는 특정 순간에는 하나의 행이나 열에 속한 8개의 LED만을 제어할 수 있으며, 행이나 열을 빠른 속도로 이동하면서 출력을 반복하여 64개 LED를 한꺼번에 제어하는 것과 같은 효과를 얻는다. 키 매트릭스 역시 LED 매트릭스와 유사하게 특정 순간에는 하나의 행이나 열에 배열된 버튼의 상태만을 읽어 들일 수 있으며, 빠른 속도로 행이나 열을 이동하여 버튼의 상태를 읽어 들임으로써 매트릭스 내의 모든 버튼을 동시에 읽어 들이는 것과 같은 효과를 얻을 수 있다. 먼저 그림 21-1에서 2×2 크기의 키 매트릭스를 살펴보자.

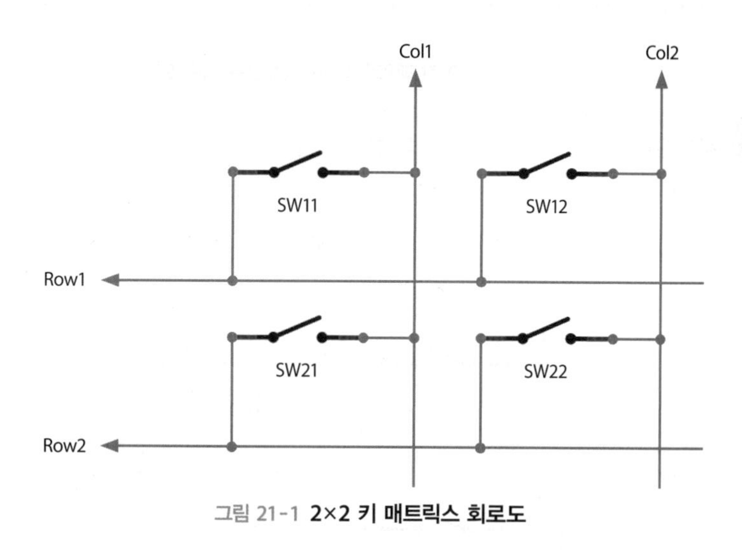

그림 21-1 **2×2 키 매트릭스 회로도**

그림 21-1의 회로도에서 Col1에 HIGH가 가해지고 Col2에 LOW가 가해졌다고 가정해 보자. 1열에 연결된 버튼 SW11과 SW21을 모두 누르지 않았다면 Row1과 Row2는 모두 LOW 값을 가진다. 하지만 SW11을 누르고 SW21을 누르지 않았다면 Row1은 HIGH, Row2는 LOW 값을 가져 하나의 열에 속한 버튼들의 상태를 알아낼 수 있다.

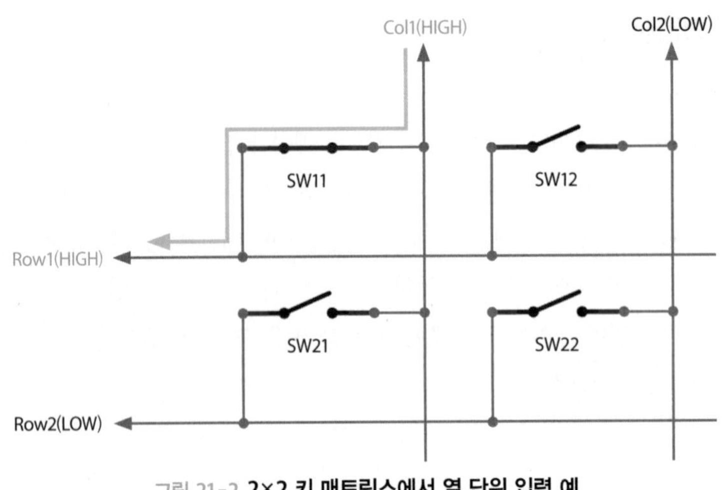

그림 21-2 **2×2 키 매트릭스에서 열 단위 입력 예**

그림 21-1의 회로도에서 버튼을 누르지 않은 경우 각 Row에 해당하는 값이 하이 임피던스 상태에 있는 것을 막기 위해 풀다운 저항을 연결하면 키 매트릭스의 기본 회로가 완성된다.

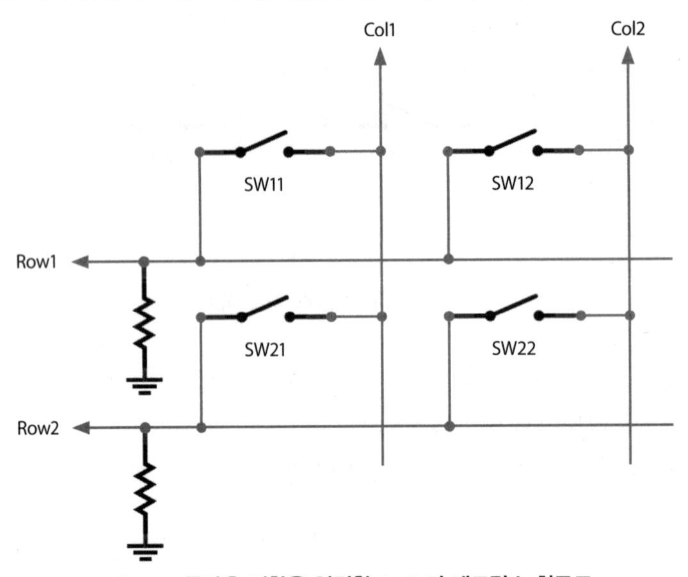

그림 21-3 **풀다운 저항을 연결한 2×2 키 매트릭스 회로도**

그림 21-3의 회로도는 한 번에 하나의 버튼만 누른다면 아무런 문제가 없다. 하지만 동시에 2개 이상의 버튼을 누르는 경우에는 잘못된 값이 입력될 수 있다. 그림 21-3에서 SW11과 SW12를 동시에 누른 경우를 생각해 보자. 첫 번째 열을 검사하기 위해 Col1에 HIGH가, Col2에 LOW

가 가해진 것으로 가정한다. Row1에는 어떤 값이 가해질까? 그림 21-4에 나타난 것처럼 회로상에서 루프가 형성되고, Row1에는 LOW 값이 가해지므로 버튼의 상태를 알아낼 수 없다.

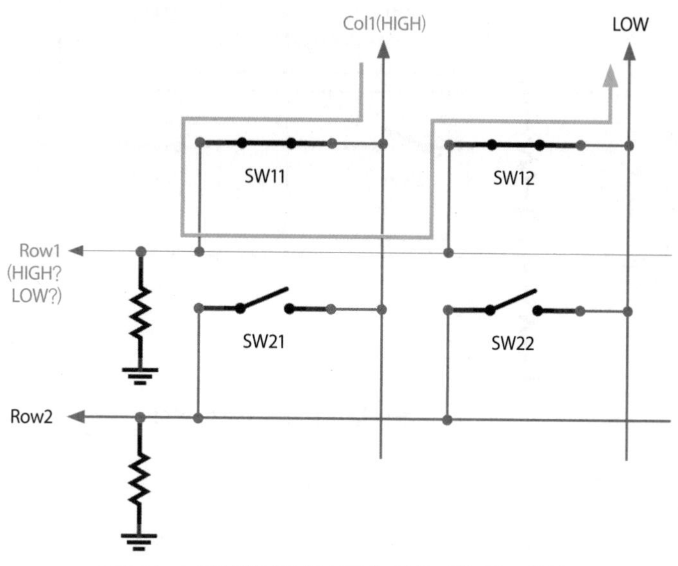

그림 21-4 **여러 버튼을 동시에 누름에 따른 루프 형성**

또 다른 예로 SW11, SW12, SW22 3개의 버튼을 눌렀다고 가정해 보자. SW21 버튼을 누르지 않았으므로 Row2에는 LOW 값이 가해질 것으로 예상되지만, 그림 21-5에서와 같이 루프가 형성되어 HIGH 값이 가해지게 된다. 이처럼 버튼을 누르지 않았지만 의도하지 않은 루프 형성에 의해 버튼을 누른 것과 동일한 값이 가해지는 현상 또는 반대로 버튼을 눌렀지만 누르지 않은 것과 동일한 값이 가해지는 현상을 고스트 현상 또는 고스트 키(ghost key) 현상이라고 한다. 고스트 현상이 발생하면 실제로 버튼을 누른 경우와 누르지 않은 경우를 구별할 수 없으며, 이를 마스킹(masking) 현상이라고 한다.

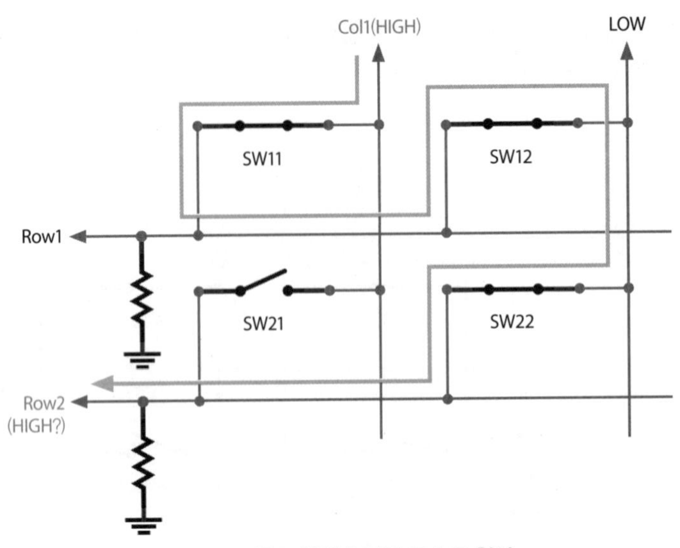

그림 21-5 **루프 형성에 따른 고스트 현상**

고스트 현상과 고스트 현상에 의한 마스킹 현상을 없애기 위해서는 의도하지 않은 루프가 형성되지 않도록 해 주어야 하는데, 이를 위해 다이오드를 사용할 수 있다. (+)에서 (−)로만 전류가 흐르게 하는 기능을 하는 다이오드를 추가하면 열에서 행으로만 루프가 형성되고, 행에서 열로는 루프가 형성되지 못하도록 막아 고스트 현상을 억제할 수 있다.

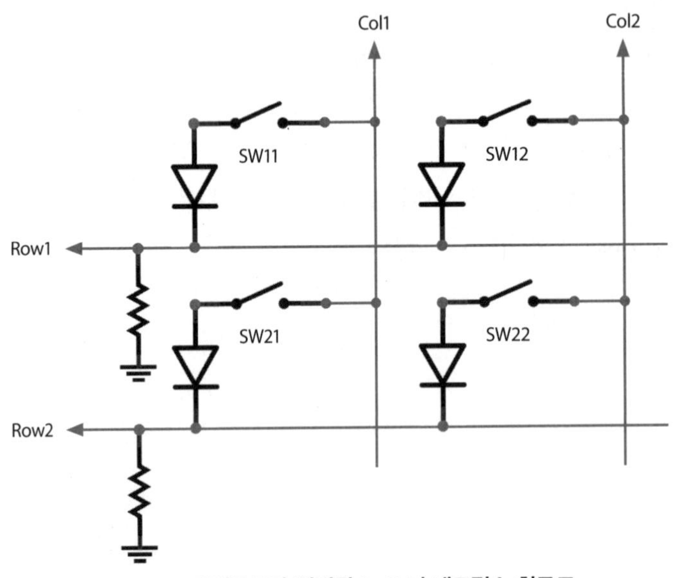

그림 21-6 **다이오드가 연결된 2×2 키 매트릭스 회로도**

그림 21-6의 회로도에서 다이오드와 스위치를 LED로 교체하면 2×2 크기의 LED 매트릭스를 구현할 수 있는데, 이는 20장에서 살펴본 8×8 LED 매트릭스와 기본적으로 동일한 회로가 된다.

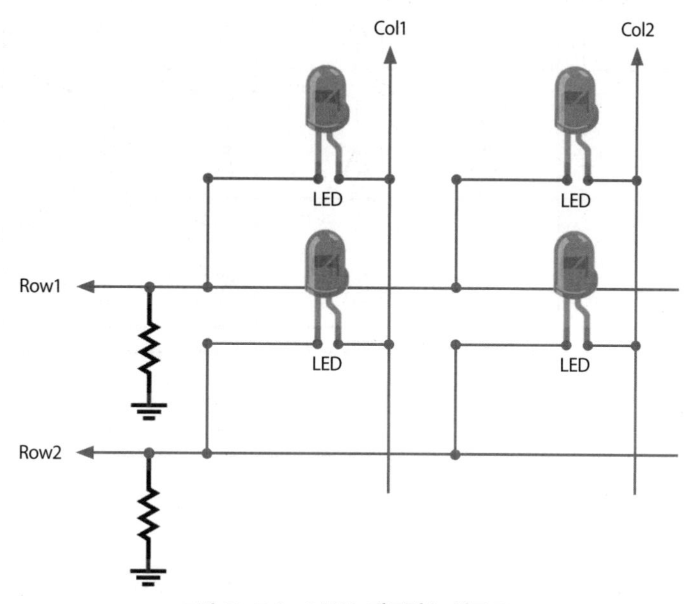

그림 21-7 **2×2 LED 매트릭스 회로도**

그림 21-7의 회로에서 켜고자 하는 LED가 있는 열은 HIGH로, 행은 LOW로 설정하면 해당 LED만을 켤 수 있다. 나머지 열은 LOW로, 나머지 행은 HIGH로 설정해야 한다는 점도 잊지 말아야 한다.

21.2 4×4 키 매트릭스

위에서 설명한 2×2 크기의 키 매트릭스는 4개의 핀을 통해 4개의 버튼을 제어하였다. 하지만 4개의 버튼은 키 매트릭스로 구성하지 않아도 4개의 핀으로 제어할 수 있다. 키 매트릭스의 장점은 버튼의 수가 늘어날수록 극대화된다. 16개의 버튼을 생각해 보자. 얼핏 16개의 핀이 필요할 거라는 생각이 들겠지만, 4×4 키 매트릭스로 구성하면 8개의 핀만으로 제어할 수 있다. 이 장에서 사용할 4×4 키 매트릭스 회로도는 그림 21-8과 같다.

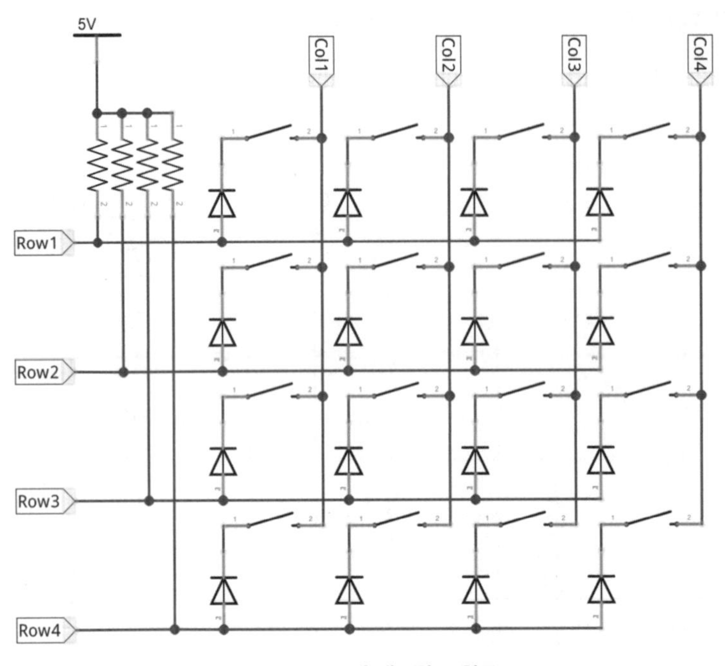

그림 21-8 **4×4 키 매트릭스 회로도**

그림 21-8은 그림 21-1의 회로도에서 행과 열의 수를 늘리고 풀업 저항과 다이오드를 사용하여 구성한 것으로, 풀다운 저항을 사용한 그림 21-6과는 반대인 점에 유의해야 한다. 그림 21-8의 회로도를 사용한 키 매트릭스의 경우 검사하고자 하는 열에 해당하는 입력 핀에 0의 값을 가하고, 나머지 열에는 1의 값을 가해야 한다. 또한 버튼의 출력이 0인 경우 버튼이 눌러진 것을, 1인 경우 버튼이 눌러지지 않은 것을 나타낸다. 그림 21-9는 그림 21-8의 회로를 사용하여 구현한 키 매트릭스의 예다.

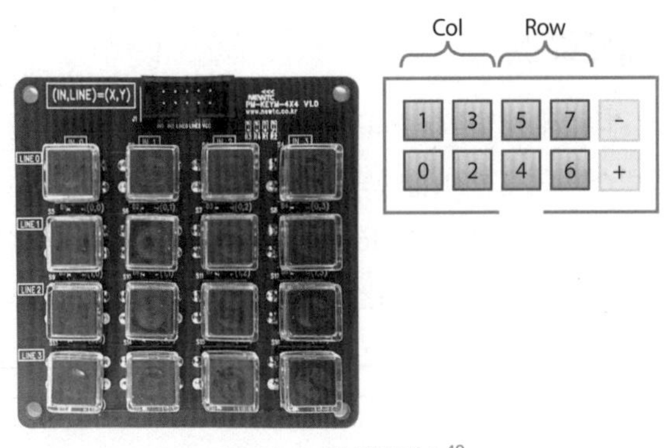

그림 21-9 **키 매트릭스**[49]

키 매트릭스를 그림 21-10과 같이 ATmega128에 연결해 보자.

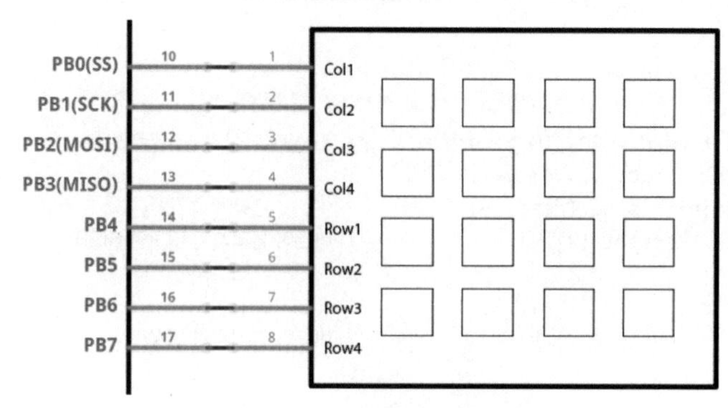

그림 21-10 **키 매트릭스 연결 회로도**

키 매트릭스를 연결하기 위해서는 행과 열에 해당하는 8개의 핀을 연결해야 한다. 이 중 열에 해당하는 핀은 해당 열을 선택하기 위해 출력으로 설정하고, 행에 해당하는 핀은 버튼의 상태를 읽기 위해 입력으로 설정해야 한다.

코드 21-1은 키 매트릭스 내의 16개 버튼 상태를 검사하여 keystate 배열에 저장하고, 이를 UART 통신을 통해 터미널로 출력하는 프로그램이다.

코드 21-1 **키 매트릭스**

```
#define F_CPU 16000000
#define COL_OUT        PORTB                   // 열 출력
#define ROW_IN         PINB                    // 행 입력

#include <avr/io.h>
#include <util/delay.h>
#include <stdio.h>
#include "UART1.h"

FILE OUTPUT \
    = FDEV_SETUP_STREAM(UART1_transmit, NULL, _FDEV_SETUP_WRITE);
FILE INPUT \
    = FDEV_SETUP_STREAM(NULL, UART1_receive, _FDEV_SETUP_READ);

uint8_t keystate[4][4];                        // 키 상태 저장

void read_key(void)
{
    for(int x = 0; x < 4; x++){
```

```
        // 해당 열에만 LOW를 출력하고 나머지는 HIGH 출력
        COL_OUT |= 0x0F;
        COL_OUT &= ~(0x01 << x);

        _delay_ms(10);

        uint8_t read = ROW_IN >> 4;           // 키 상태가 상위 4비트로 반환
        for(int y = 0; y < 4; y++){
            if(bit_is_set(read, y)){
                keystate[x][y] = 0;           // 버튼이 눌러지지 않으면 HIGH
            }
            else{
                keystate[x][y] = 1;           // 버튼이 눌러지면 LOW
            }
        }
    }
}

void print_key(void)                          // 버튼 상태 출력
{
    for(int x = 0; x < 4; x++){
        for(int y = 0; y < 4; y++){
            printf("%c ", (keystate[y][x] ? 'O' : '.'));
        }
        printf("\r\n");
    }
    printf("\r\n\r\n");
}

int main(void)
{
    // 열에 해당하는 핀은 출력으로, 행에 해당하는 핀은 입력으로 설정
    DDRB = 0x0F;

    stdout = &OUTPUT;
    stdin = &INPUT;

    UART1_init();                             // UART 통신 초기화

    while(1)
    {
        read_key();
        print_key();

        _delay_ms(1000);
    }

    return 0;
}
```

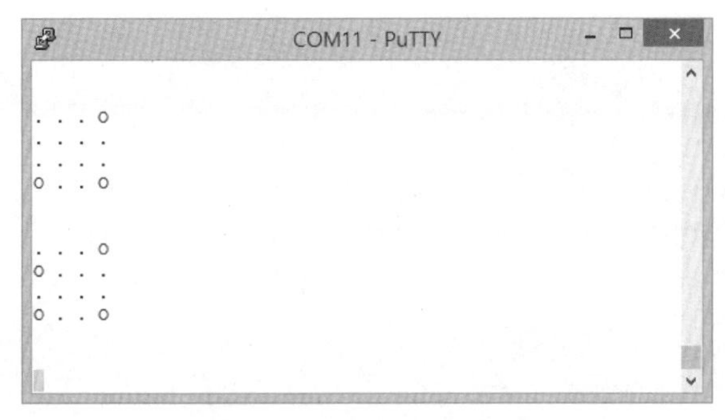

그림 21-11 **코드 21-1 실행 결과**

21.3 요약

키 매트릭스는 버튼을 행렬 형태로 배치하고 한 번에 하나의 행 또는 열에 속한 버튼만을 검사한 후 빠른 속도로 행 또는 열을 바꿈으로써 전체 버튼을 한꺼번에 검사하는 것과 유사한 효과를 얻을 수 있도록 구성한 입력장치의 일종이다. 매트릭스는 키패드라는 이름으로 전화기에서 흔히 볼 수 있으며, 키보드의 경우에도 여러 개의 키 입력을 찾아내기 위해 동일한 원리를 사용하고 있다. 키 매트릭스에서 전체 버튼을 그룹으로 나누고 그룹별로 검사하는 방법은 네 자리 7세그먼트나 LED 매트릭스에서 출력을 위해 사용하는 잔상 효과와 유사한 방식이다.

키 매트릭스의 입력을 검사할 때 여러 개의 버튼이 동시에 눌러지면 원하지 않은 루프가 형성되어 눌러지지 않은 키가 눌러진 것으로 인식하거나 그 반대의 경우가 발생할 수 있는데, 이를 고스트 키 현상이라고 한다. 이를 방지하기 위해 다이오드를 사용하여 원하지 않은 루프의 형성을 방지해 주는 방법을 사용한다. 다이오드를 사용한 키 매트릭스의 경우 LED 매트릭스와 회로 구성이 거의 동일하다.

키 매트릭스 외에도 입력 확장을 위한 전용 칩을 사용하는 방법을 19장에서 살펴보았다. 소프트웨어적인 방법으로 입력을 확장할 것인지, 전용 칩을 사용하는 하드웨어적인 방법으로 입력을 확장할 것인지는 필요에 따라 달라지는 것은 당연하다. 이외에도 아날로그 입력을 통해 여러 개 버튼의 상태를 찾아내는 저항 사다리 방법 등을 입력 확장을 위해 사용할 수 있다.

연습 문제

1 키 매트릭스는 버튼이 눌려졌는지의 여부를 디지털 값으로 읽어 들인다. 반면 저항 사다리를 사용하는 방법은 아날로그 핀을 통해 여러 개의 버튼 중 하나의 버튼이 눌러진 상태를 아날로그 값으로 읽어 들이는 방법이다. 저항을 통해 4개의 버튼을 아래 그림과 같이 아날로그 입력 핀에 연결하고 버튼의 상태에 따라 입력되는 값을 확인해 보자. 단, 하나의 버튼만을 눌러야 하며 2개 이상의 버튼을 동시에 누르는 경우를 구별하기 위해서는 저항값을 조절해야 한다.

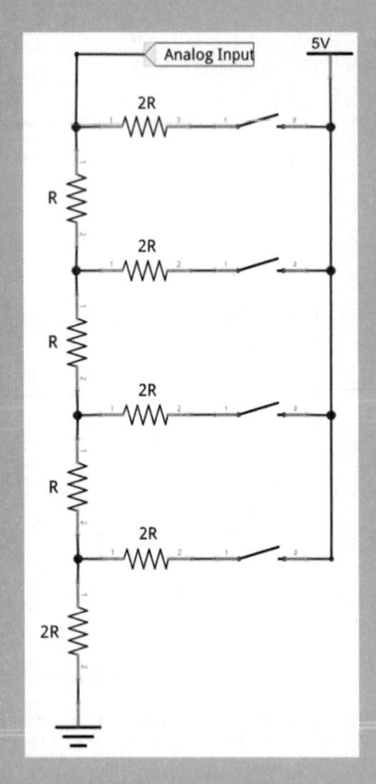

2 그림 21-3의 키 매트릭스 회로를 구성하여 그림 21-4나 그림 21-5의 고스트 현상이 발생하는 것을 확인해 보자. 그림 21-3의 키 매트릭스를 테스트하기 위해서는 코드 21-1을 수정하여 사용하면 된다. 다만 그림 21-3의 회로와 이 장에서 사용한 그림 21-8의 회로는 버튼 검사를 위해 서로 반대되는 값을 가해야 하고, 버튼의 상태를 나타내는 값도 서로 반대라는 점에 유의해야 한다.

CHAPTER

22 텍스트 LCD

텍스트 LCD는 문자 단위로 정보를 표시하기 위해 사용하는 출력장치의 일종이다. 텍스트 LCD는 데이터 전달을 위해 사용하는 연결선의 수에 따라 4비트 모드 또는 8비트 모드의 두 가지 방법으로 제어할 수 있다. 이 장에서는 텍스트 LCD의 구조와 제어 방법, 그리고 텍스트 LCD에 문자를 출력하는 방법을 알아본다.

22.1 텍스트 LCD

액정(liquid crystal)은 액체이면서도 고체의 성질을 갖는 액체와 고체의 중간 형태로 1800년대 후반 처음 발견되었으며, 1960년대 후반에 이르러 디스플레이로 활용되기 시작하였다. 액정을 사용한 디스플레이 장치는 문자 기반의 텍스트 LCD(Liquid Crystal Display), 픽셀 기반의 그래픽 LCD, 컬러 표현이 가능한 컬러 LCD 등 종류가 다양하다. 그중 이 장에서 사용할 LCD는 영문자 또는 숫자 표현이 가능한 텍스트 LCD다. 텍스트 LCD도 표시할 수 있는 문자의 수에 따라 여러 종류가 존재하는데, 2줄 16글자 총 32글자를 표시할 수 있는 텍스트 CD가 가장 흔하다. 이 장에서 사용하는 텍스트 LCD 역시 마찬가지다.

텍스트 LCD는 LCD 화면 출력을 제어하는 LCD 드라이버(또는 컨트롤러)를 포함하고 있다. 텍스트 LCD는 히타치(Hitachi)의 HD44780 또는 삼성의 KS0066 드라이버를 주로 사용하며, 이들은 서로 호환된다. LCD 드라이버는 명령 레지스터(Instruction Register, IR)와 데이터 레지스터(Data Register, DR)에 저장된 정보를 바탕으로 화면을 제어하며, 마이크로컨트롤러에서 텍스트 LCD의 레지스터에 직접 정보를 기록할 수 있다. 데이터를 전송한 후에는 마이크로컨트롤러가 LCD 드라이버의 동작 신호(Enable)를 제어하여 LCD 드라이버가 LCD 모듈에 전달된 정보를 처리하도록 지시한다. 이 장에서 사용하는 텍스트 LCD 모듈은 그림 22-1과 같이 16핀의 연결 커넥터를 가지고 있다.

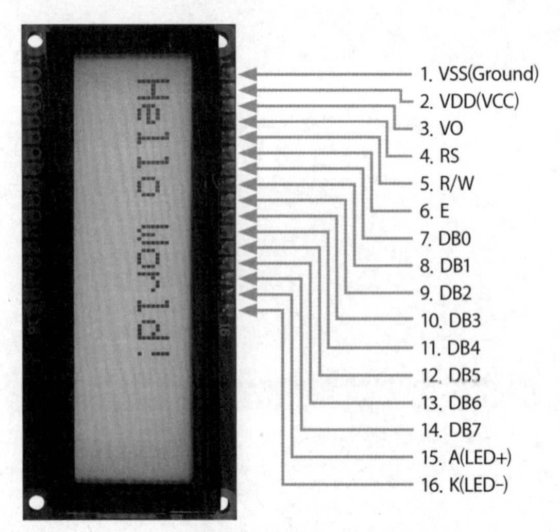

그림 22-1 **텍스트 LCD 모듈**

그림 22-1의 텍스트 LCD 모듈에서 각 핀의 기능은 표 22-1과 같다.

표 22-1 **텍스트 LCD의 핀 설명**

핀 번호	이름	설명
1	VSS	그라운드(GND)
2	VDD	5V 동작 전원(VCC)
3	VO	LCD 전원으로 가변저항을 통해 0~5V 사이 입력
4	RS	레지스터 선택(Register Select)
5	R/W	읽기/쓰기(Read/Write)
6	E	활성화(Enable)
7	DB0	데이터 신호 핀
8	DB1	
9	DB2	
10	DB3	
11	DB4	
12	DB5	
13	DB6	
14	DB7	
15	A(LED+)	백라이트 전원
16	K(LED-)	

16개의 핀 중 3개는 제어 신호 연결에 사용하고, 8개는 데이터 신호 연결을 위한 핀이다. 나머지 5개는 전원 관련 핀이다. 제어를 위해 사용하는 3개의 핀은 표 22-2와 같다.

표 22-2 **텍스트 LCD의 제어 핀**

제어 핀	설명
RS	텍스트 LCD를 제어하기 위해 제어 레지스터와 데이터 레지스터, 2개의 레지스터를 사용하며, RS 신호는 명령을 담고 있는 레지스터(RS = LOW)와 데이터를 담고 있는 레지스터(RS = HIGH) 중 하나를 선택하기 위해 사용한다.
R/W	읽기 (R/W = HIGH) 및 쓰기 (R/W = LOW) 모드를 선택하기 위해 사용한다. 일반적으로 LCD는 데이터를 쓰기 위한 용도로만 사용하므로 R/W 신호를 GND에 연결하여 사용할 수 있다.
E	하강 에지에서 LCD 드라이버가 레지스터의 내용을 바탕으로 처리를 시작하도록 지시하기 위한 신호로 사용한다.

텍스트 LCD는 연결하는 데이터 신호 핀의 개수에 따라 4비트 모드 또는 8비트 모드로 사용할 수 있으므로, R/W를 제외한 2개의 제어 핀을 사용한다면 4비트 모드의 경우 최소 6개, 8비트 모드의 경우 최소 10개의 연결이 필요하다.

텍스트 LCD 모듈에 명령을 전달하기 위해서는 먼저 RS와 R/W 값을 설정하고 데이터 레지스터에 데이터를 기록한다. 이후 E를 HIGH 상태에서 LOW 상태로 바꾸면 하강 에지에서 LCD 드라이버가 해당 명령을 실행한다. 텍스트 LCD 모듈 제어를 위한 명령어는 표 22-3과 같다.

표 22-3 **텍스트 LCD 모듈의 명령어**

명령	명령 코드										설명
	RS	R/W	DB7	DB6	DB5	DB4	DB3	DB2	DB1	DB0	
Clear Display	0	0	0	0	0	0	0	0	0	1	공백문자(코드 0x20)로 화면을 지우고 커서를 홈 위치(주소 0번)로 이동시킨다.
Return Home	0	0	0	0	0	0	0	0	1	-	커서를 홈 위치로 이동시키고, 표시 영역이 이동된 경우 초기 위치로 이동시킨다. 화면에 출력된 내용(DDRAM의 값)은 변하지 않는다.
Entry Mode Set	0	0	0	0	0	0	0	1	I/D	S	데이터 읽기 또는 쓰기 후 메모리의 증가(Increment) 또는 감소(Decrement) 방향을 지정한다. DDRAM에서 I/D = 1이면 커서를 오른쪽으로, I/D = 0이면 왼쪽으로 옮긴다. S = 1이면 I/D 값에 따라 디스플레이를 왼쪽 또는 오른쪽으로 옮기며, 이때 커서는 고정된 위치에 나타난다.

표 22-3 **텍스트 LCD 모듈의 명령어 (계속)**

명령	명령 코드										설명
	RS	R/W	DB7	DB6	DB5	DB4	DB3	DB2	DB1	DB0	
Display on/off Control	0	0	0	0	0	0	1	D	C	B	디스플레이(D), 커서(C), 커서 깜빡임(B)의 ON/OFF를 설정한다.
Cursor or Display Shift	0	0	0	0	0	1	S/C	R/L	-	-	화면에 출력된 내용의 변경 없이 커서와 화면을 이동시킨다(표 22-4).
Function Set	0	0	0	0	1	DL	N	F	-	-	데이터 비트 크기(DL = 1이면 8비트, DL = 0이면 4비트), 디스플레이 행 수(N), 폰트 크기(F)를 설정한다(표 22-5).
Set CGRAM Address	0	0	0	1	AC5	AC4	AC3	AC2	AC1	AC0	주소 카운터에 CGRAM 주소를 설정한다.
Set DDRAM Address	0	0	1	AC6	AC5	AC4	AC3	AC2	AC1	AC0	주소 카운터에 DDRAM 주소를 설정한다.
Read Busy Flag & Address	0	1	BF	AC6	AC5	AC4	AC3	AC2	AC1	AC0	드라이버에서 현재 명령어를 실행 중인지의 여부를 나타내는 동작 중 플래그(Busy Flag) 값과 주소 카운터의 값을 읽어 온다.
Write Data to RAM	1	0	D7	D6	D5	D4	D3	D2	D1	D0	램(DDRAM 또는 CGRAM)에 데이터를 기록한다.
Read Data from RAM	1	1	D7	D6	D5	D4	D3	D2	D1	D0	램(DDRAM 또는 CGRAM)에서 데이터를 읽어 온다.

표 22-4 **커서와 화면 이동**

S/C	R/L	설명
0	0	커서를 왼쪽으로 옮긴다. 메모리 주소는 1 감소한다.
0	1	커서를 오른쪽으로 옮긴다. 메모리 주소는 1 증가한다.
1	0	화면을 왼쪽으로 옮긴다. 커서 역시 왼쪽으로 이동한다.
1	1	화면을 오른쪽으로 옮긴다. 커서 역시 오른쪽으로 이동한다.

표 22-5 **행 수와 폰트 크기**

N	F	행 수	폰트 크기	비고
0	0	1	5×8	
0	1	1	5×10	
1	-	2	5×8	2행 출력에서는 5×10 크기 폰트를 사용할 수 없다.

명령어 표에서 알 수 있듯이 텍스트 LCD는 DDRAM(Diaplay Data RAM)과 CGRAM(Character Generator RAM) 두 종류의 메모리를 포함하고 있다. DDRAM은 현재 화면에 표시 중인 데이터를 저장하는 램으로 최대 80개 문자를 저장할 수 있다. 하지만 문자를 2행으로 화면에 표시하는 경우 텍스트 LCD에 표시되는 문자는 최대 32개이므로, 텍스트 LCD 모듈의 메모리에 저장된 문자 중 일부만이 텍스트 LCD 모듈에 표시될 수 있다. 2행 16열로 표시하는 경우 DDRAM의 메모리 번지와 실제 화면에 표시되는 문자의 관계는 그림 22-2와 같다.

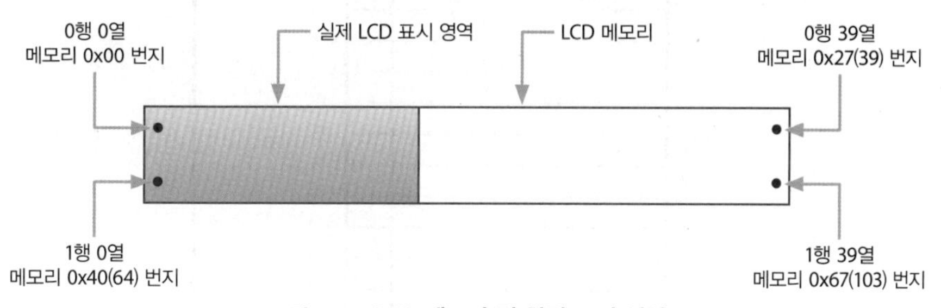

그림 22-2 **LCD 메모리 및 화면 표시 영역**

1행으로 문자를 표시하는 경우 (Function Set 명령에서 N = 0) DDRAM의 주소는 0x00에서 0x4F(= 79)로 연속적으로 정해진다. 반면 2행으로 문자를 표시하는 경우 (Function Set 명령에서 N = 1) 1행의 DDRAM 주소는 0x00에서 0x27(= 39)까지, 2행의 주소는 0x40(= 64)에서 0x67(= 103)까지로 행별로 40바이트씩 분리되어 정해진다. 디폴트로 화면에 표시되는 문자는 0번지에 저장된 내용부터 표시하도록 설정되어 있지만, 화면 이동 명령에 의해 표시 영역을 변경할 수 있다.

CGRAM은 사용자 정의 문자를 정의하여 저장하는 공간으로 64바이트 크기를 가진다. 하나의 사용자 정의 문자를 정의하기 위해서는 8바이트의 데이터가 필요하므로 총 8개의 사용자 정의 문자를 정의하여 사용할 수 있다.

22.2 8비트 모드 텍스트 LCD 제어

텍스트 LCD는 데이터 선의 개수에 따라 4비트 모드와 8비트 모드로 제어가 가능하다. 먼저 8비트 모드로 텍스트 LCD를 제어하는 방법을 알아보자. 텍스트 LCD를 그림 22-3과 같이 연결한다. RS 핀은 PC0, R/W 핀은 PC1, E 핀은 PC2 등 3개의 제어 핀을 포트 C에 연결하고[50] 8개의 데이터 핀은 포트 D에 연결한다.

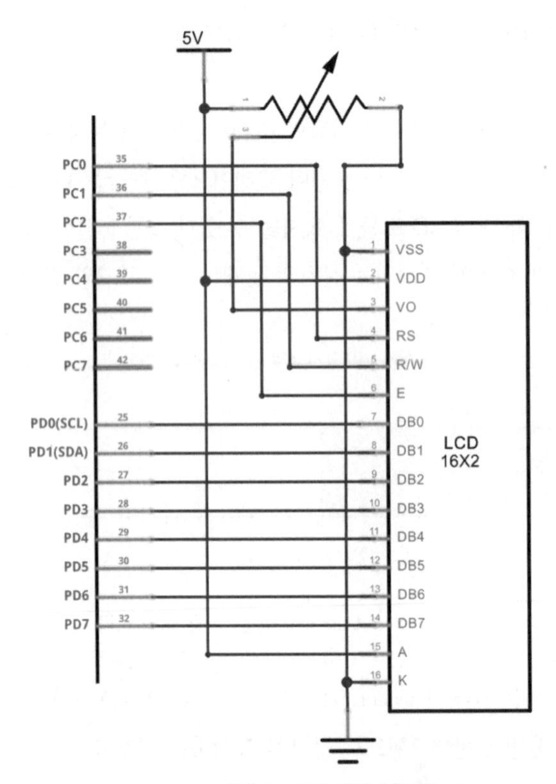

그림 22-3 **텍스트 LCD 연결 회로도**

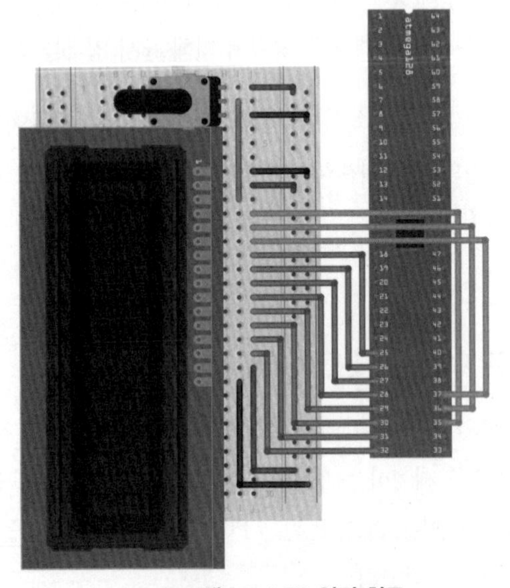

그림 22-4 **텍스트 LCD 연결 회로**

데이터 핀과 제어 핀을 다음과 같이 상수로 정의한다. 다른 핀을 사용하고 싶다면 정의된 값을 변경해 주면 된다.

```
#define PORT_DATA           PORTD       // 데이터 핀 연결 포트
#define PORT_CONTROL        PORTC       // 제어 핀 연결 포트
#define DDR_DATA            DDRD        // 데이터 핀의 데이터 방향
#define DDR_CONTROL         DDRC        // 제어 핀의 데이터 방향

#define RS_PIN              0           // RS 제어 핀의 비트 번호
#define RW_PIN              1           // R/W 제어 핀의 비트 번호
#define E_PIN               2           // E 제어 핀의 비트 번호
```

표 22-3을 참고하여 화면을 지우는 명령과 8비트 모드로 설정하는 명령은 다음과 같이 정의한다. 이후 사용을 위해 4비트 모드를 설정하는 명령어도 함께 정의하였다.

```
#define COMMAND_CLEAR_DISPLAY       0x01
#define COMMAND_8_BIT_MODE          0x38        // 8비트, 2라인, 5×8 폰트
#define COMMAND_4_BIT_MODE          0x28        // 4비트, 2라인, 5×8 폰트
```

화면, 커서, 커서 깜빡임 등을 제어하기 위해 각 기능에 해당하는 비트 번호를 정의한다.

```
#define COMMAND_DISPLAY_ON_OFF_BIT      2
#define COMMAND_CURSOR_ON_OFF_BIT       1
#define COMMAND_BLINK_ON_OFF_BIT        0
```

텍스트 LCD를 제어하기 이전에 공통으로 사용하는 몇 가지 함수를 정의해 보자. 기본적인 함수에는 문자 출력을 위한 LCD_wirte_data 함수와 문자 출력 이외의 명령어 실행을 위한 LCD_write_command 함수가 있다. 두 함수는 RS 출력을 1로 할 것인지 0으로 할 것인지에 차이가 있다. LCD 드라이버가 명령어를 실행하기 위해서는 E를 HIGH에서 LOW로 바꿔 주어야 하며, 이를 위해 LCD_pulse_enable 함수도 정의하였다. 함수 정의에서 사용한 _delay_ms 함수는 LCD 모듈에서 명령어를 처리하기 위해 필요한 시간으로 자세한 지연시간은 데이터시트를 참고하도록 한다.

```
void LCD_pulse_enable(void)                     // 하강 에지에서 동작
{
    PORT_CONTROL |= (1 << E_PIN);               // E를 HIGH로
    _delay_ms(1);
    PORT_CONTROL &= ~(1 << E_PIN);              // E를 LOW로
    _delay_ms(1);
}

void LCD_write_data(uint8_t data)
{
    PORT_CONTROL |= (1 << RS_PIN);              // 문자 출력에서 RS는 1
    PORT_DATA = data;                           // 출력할 문자 데이터
    LCD_pulse_enable();                         // 문자 출력
    _delay_ms(2);
}

void LCD_write_command(uint8_t command)
{
    PORT_CONTROL &= ~(1 << RS_PIN);             // 명령어 실행에서 RS는 0
    PORT_DATA = command;                        // 데이터 핀에 명령어 전달
    LCD_pulse_enable();                         // 명령어 실행
    _delay_ms(2);
}

void LCD_clear(void)
{
    LCD_write_command(COMMAND_CLEAR_DISPLAY);
    _delay_ms(2);
}
```

8비트 모드로 텍스트 LCD를 초기화하는 함수는 다음과 같이 작성할 수 있다.

```
void LCD_init(void)
{
    _delay_ms(50);                                      // 초기 구동 시간

    // 연결 핀을 출력으로 설정
    DDR_DATA = 0xFF;
    PORT_DATA = 0x00;
    DDR_CONTROL |= (1 << RS_PIN) | (1 << RW_PIN) | (1 << E_PIN);

    // R/W 핀으로 LOW를 출력하여 쓰기 전용으로 사용
    PORT_CONTROL &= ~(1 << RW_PIN);

    LCD_write_command(COMMAND_8_BIT_MODE);              // 8비트 모드
```

```
    // display on/off control
    // 화면 on, 커서 off, 커서 깜빡임 off
    uint8_t command = 0x08 | (1 << COMMAND_DISPLAY_ON_OFF_BIT);
    LCD_write_command(command);

    LCD_clear();                                          // 화면 지움

    // Entry Mode Set
    // 출력 후 커서를 오른쪽으로 옮김, 즉 DDRAM의 주소가 증가하며 화면 이동은 없음
    LCD_write_command(0x06);
}
```

문자열 출력과 임의의 위치에 문자를 출력하기 위한 함수도 정의해 보자.

```
void LCD_write_string(char *string)
{
    uint8_t i;
    for(i = 0; string[i]; i++)                  // 종료 문자를 만날 때까지
        LCD_write_data(string[i]);              // 문자 단위 출력
}

void LCD_goto_XY(uint8_t row, uint8_t col)
{
    col %= 16;                                  // [0 15]
    row %= 2;                                   // [0 1]

    // 첫째 라인 시작 주소는 0x00, 둘째 라인 시작 주소는 0x40
    uint8_t address = (0x40 * row) + col;
    uint8_t command = 0x80 + address;

    LCD_write_command(command);                 // 커서 이동
}
```

위에서 설명한 함수들을 사용하여 텍스트 LCD의 동작을 테스트해 보자. 코드 22-1은 텍스트 LCD를 초기화하고 'Hello World !' 문자열을 출력하는 프로그램으로 1초 대기 후 화면을 지우고 커서를 옮기면서 문자를 출력한다.

코드 22-1 **텍스트 LCD – 8비트 모드**

```
#define F_CPU 16000000
#include <avr/io.h>
#include <util/delay.h>
```

```
#define PORT_DATA               PORTD                       // 데이터 핀 연결 포트
#define PORT_CONTROL            PORTC                       // 제어 핀 연결 포트
#define DDR_DATA                DDRD                        // 데이터 핀의 데이터 방향
#define DDR_CONTROL             DDRC                        // 제어 핀의 데이터 방향

#define RS_PIN                  0                           // RS 제어 핀의 비트 번호
#define RW_PIN                  1                           // R/W 제어 핀의 비트 번호
#define E_PIN                   2                           // E 제어 핀의 비트 번호

#define COMMAND_CLEAR_DISPLAY             0x01
#define COMMAND_8_BIT_MODE                0x38              // 8비트, 2라인, 5×8 폰트
#define COMMAND_4_BIT_MODE                0x28              // 4비트, 2라인, 5×8 폰트

#define COMMAND_DISPLAY_ON_OFF_BIT            2
#define COMMAND_CURSOR_ON_OFF_BIT             1
#define COMMAND_BLINK_ON_OFF_BIT              0

void LCD_pulse_enable(void)                                 // 하강 에지에서 동작
{
    PORT_CONTROL |= (1 << E_PIN);                           // E를 HIGH로
    _delay_ms(1);
    PORT_CONTROL &= ~(1 << E_PIN);                          // E를 LOW로
    _delay_ms(1);
}

void LCD_write_data(uint8_t data)
{
    PORT_CONTROL |= (1 << RS_PIN);                          // 문자 출력에서 RS는 1
    PORT_DATA = data;                                       // 출력할 문자 데이터
    LCD_pulse_enable();                                     // 문자 출력
    _delay_ms(2);
}

void LCD_write_command(uint8_t command)
{
    PORT_CONTROL &= ~(1 << RS_PIN);                         // 명령어 실행에서 RS는 0
    PORT_DATA = command;                                    // 데이터 핀에 명령어 전달
    LCD_pulse_enable();                                     // 명령어 실행
    _delay_ms(2);
}

void LCD_clear(void)
{
    LCD_write_command(COMMAND_CLEAR_DISPLAY);
    _delay_ms(2);
}

void LCD_init(void)
```

```
{
    _delay_ms(50);                                      // 초기 구동 시간

    // 연결 핀을 출력으로 설정
    DDR_DATA = 0xFF;
    PORT_DATA = 0x00;
    DDR_CONTROL |= (1 << RS_PIN) | (1 << RW_PIN) | (1 << E_PIN);

    // R/W 핀으로 LOW를 출력하여 쓰기 전용으로 사용
    PORT_CONTROL &= ~(1 << RW_PIN);

    LCD_write_command(COMMAND_8_BIT_MODE);              // 8비트 모드

    // display on/off control
    // 화면 on, 커서 off, 커서 깜빡임 off
    uint8_t command = 0x08 | (1 << COMMAND_DISPLAY_ON_OFF_BIT);
    LCD_write_command(command);

    LCD_clear();                                        // 화면 지움

    // Entry Mode Set
    // 출력 후 커서를 오른쪽으로 옮김, 즉 DDRAM의 주소가 증가하며 화면 이동은 없음
    LCD_write_command(0x06);
}

void LCD_write_string(char *string)
{
    uint8_t i;
    for(i = 0; string[i]; i++)                          // 종료 문자를 만날 때까지
    LCD_write_data(string[i]);                          // 문자 단위 출력
}

void LCD_goto_XY(uint8_t row, uint8_t col)
{
    col %= 16;                                          // [0 15]
    row %= 2;                                           // [0 1]

    // 첫째 라인 시작 주소는 0x00, 둘째 라인 시작 주소는 0x40
    uint8_t address = (0x40 * row) + col;
    uint8_t command = 0x80 + address;

    LCD_write_command(command);                         // 커서 이동
}

int main(void)
{
    LCD_init();                                         // 텍스트 LCD 초기화
```

```
    LCD_write_string("Hello World!");                // 문자열 출력

    _delay_ms(1000);                                 // 1초 대기

    LCD_clear();                                     // 화면 지움

    // 화면에 보이는 영역은 기본 값으로 0~1행, 0~15열로 설정되어 있다.
    LCD_goto_XY(0, 0);                               // 0행 0열로 이동
    LCD_write_data('1');                             // 문자 단위 출력
    LCD_goto_XY(0, 5);
    LCD_write_data('2');
    LCD_goto_XY(1, 0);
    LCD_write_data('3');
    LCD_goto_XY(1, 5);
    LCD_write_data('4');

    while(1);
    return 0;
}
```

(a) 문자열 출력 (b) 숫자 출력

그림 22-5 **코드 22-1 실행 결과**

22.3 4비트 모드 텍스트 LCD 제어

4비트 모드는 텍스트 LCD 모듈의 8개 데이터 핀 중 DB4에서 DB7까지의 4개 데이터 핀만을 사용한다. 4비트 모드로 텍스트 LCD를 연결하기 위해서는 그림 22-3에서 PD0에서 PD3까지의 선을 제거하면 된다.

텍스트 LCD 제어를 위해 LCD 드라이버에는 8비트 단위의 데이터를 전달해야 하지만, 4비트 모드에서는 4개의 데이터 핀만을 사용하므로 데이터는 두 번으로 나누어서 전달한다. 이처럼 4비트 모드는 출력 속도 면에서 8비트 모드의 절반 정도지만, 사용할 수 있는 입출력 핀의 개수가 제한적인 경우에는 4비트 모드를 많이 사용한다. 먼저 8비트 모드와의 구별을 위해 전역 변수 MODE를 선언한다.

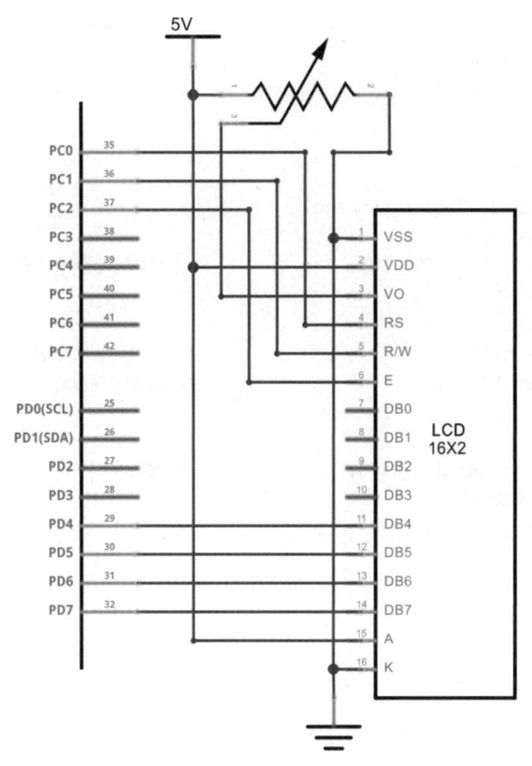

그림 22-6 **4비트 모드 텍스트 LCD 연결 회로도**

```
uint8_t MODE = 4;                       // 8비트 모드인 경우 8, 4비트 모드인 경우 4
```

4비트 모드에서는 데이터를 4비트씩 두 번에 나누어 전달해야 하므로 LCD_write_data 함수와 LCD_write_command 함수를 이에 맞게 수정해야 한다. 코드 22-1에서 작성한 함수를 MODE 변수를 사용하여 8비트 또는 4비트 모드에서 서로 다른 동작을 하도록 수정해 보자.

```
void LCD_write_data(uint8_t data)
{
    PORT_CONTROL |= (1 << RS_PIN);              // 문자 출력에서 RS는 1
    if(MODE == 8){
        PORT_DATA = data;                       // 출력할 문자 데이터
        LCD_pulse_enable();                     // 문자 출력
    }
    else{
        PORT_DATA = data & 0xF0;                // 상위 4비트
        LCD_pulse_enable();
```

```
        PORT_DATA = (data << 4) & 0xF0;             // 하위 4비트
        LCD_pulse_enable();
    }
    _delay_ms(2);
}

void LCD_write_command(uint8_t command)
{
    PORT_CONTROL &= ~(1 << RS_PIN);                 // 명령어 실행에서 RS는 0

    if(MODE == 8){
        PORT_DATA = command;                        // 데이터 핀에 명령어 전달
        LCD_pulse_enable();                         // 명령어 실행
    }
    else{
        PORT_DATA = command & 0xF0;                 // 상위 4비트
        LCD_pulse_enable();
        PORT_DATA = (command << 4) & 0xF0;          // 하위 4비트
        LCD_pulse_enable();
    }
    _delay_ms(2);
}
```

또 하나 수정해야 할 함수는 초기화 함수다. 텍스트 LCD는 8비트 모드를 기본으로 하고 있다. 따라서 LCD 모듈의 초기화 과정에서는 먼저 4비트 모드로 설정하는 과정이 필요하다. 4비트 모드로 설정하기 위해서는 4비트 모드 명령어인 COMMAND_4_BIT_MODE를 실행하면 되는데, 이 명령은 8개의 데이터 선이 연결된 경우에만 가능하다. 그림 22-6에서는 4개의 데이터 선만이 연결되어 있으므로 상위 니블에만 데이터가 전달되고, 하위 니블의 값은 0으로 간주된다. 상위 니블만으로 4비트 모드로 설정하기 위해서는 Function Set 명령에서 0x20 명령어를 실행해야 한다. 하지만 미묘한 점이 한 가지 더 있다. 프로그램에서 4비트 모드로 설정되어 있는 경우 명령어나 데이터는 상위 4비트(command & 0xF0)를 먼저 전송하고 다음에 하위 4비트((command << 4) & 0xF0)를 이어서 전송한다. 따라서 COMMAND_4_BIT_MODE 명령어를 전송하기 이전에 0x02 값을 전송해 주어야 한다. 명령어 0x02는 2개의 명령어 0x00와 0x20로 나뉘어 텍스트 LCD로 전달된다. 첫 번째 명령어인 0x00은 아무런 의미가 없는 명령이며, 두 번째 명령어인 0x20은 표 22-3에서 알 수 있듯이 Function Set 명령으로 4비트 모드로 설정하는 명령이다. 물론 0x20 명령을 전송해도 효과는 동일하다.

```
void LCD_init(void)
{
    _delay_ms(50);                                  // 초기 구동 시간

    // 연결 핀을 출력으로 설정
    if(MODE == 8) DDR_DATA |= 0xFF;
    else DDR_DATA |= 0xF0;
    PORT_DATA = 0x00;
    DDR_CONTROL |= (1 << RS_PIN) | (1 << RW_PIN) | (1 << E_PIN);

    // R/W 핀으로 LOW를 출력하여 쓰기 전용으로 사용
    PORT_CONTROL &= ~(1 << RW_PIN);

    if(MODE == 8)
        LCD_write_command(COMMAND_8_BIT_MODE);     // 8비트 모드
    else{
        LCD_write_command(0x02);                   // 4비트 모드 추가 명령
        LCD_write_command(COMMAND_4_BIT_MODE);     // 4비트 모드
    }

    // display on/off control
    // 화면 on, 커서 off, 커서 깜빡임 off
    uint8_t command = 0x08 | (1 << COMMAND_DISPLAY_ON_OFF_BIT);
    LCD_write_command(command);

    LCD_clear();                                    // 화면 지움

    // Entry Mode Set
    // 출력 후 커서를 오른쪽으로 옮김, 즉 DDRAM의 주소가 증가하며 화면 이동은 없음
    LCD_write_command(0x06);
}
```

이처럼 하나의 전역변수를 선언하고 3개의 함수를 4비트 모드와 8비트 모드 중 선택하여 동작하도록 수정하면 코드 22-1과 동일한 결과를 얻을 수 있다. 코드 22-2와 코드 22-3은 텍스트 LCD를 4비트 또는 8비트 모드로 제어할 수 있도록 작성한 라이브러리다.

코드 22-2 **Text_LCD.h**

```
#ifndef TEXT_LCD_H_
#define TEXT_LCD_H_

#ifndef F_CPU
#define F_CPU 16000000
#endif
```

```
#include <avr/io.h>
#include <util/delay.h>

#define PORT_DATA                       PORTD       // 데이터 핀 연결 포트
#define PORT_CONTROL                    PORTC       // 제어 핀 연결 포트
#define DDR_DATA                        DDRD        // 데이터 핀의 데이터 방향
#define DDR_CONTROL                     DDRC        // 제어 핀의 데이터 방향

#define RS_PIN                          0           // RS 제어 핀의 비트 번호
#define RW_PIN                          1           // R/W 제어 핀의 비트 번호
#define E_PIN                           2           // E 제어 핀의 비트 번호

#define COMMAND_CLEAR_DISPLAY           0x01
#define COMMAND_8_BIT_MODE              0x38        // 8비트, 2라인, 5×8 폰트
#define COMMAND_4_BIT_MODE              0x28        // 4비트, 2라인, 5×8 폰트

#define COMMAND_DISPLAY_ON_OFF_BIT      2
#define COMMAND_CURSOR_ON_OFF_BIT       1
#define COMMAND_BLINK_ON_OFF_BIT        0

extern uint8_t MODE;

void LCD_pulse_enable(void);                        // E를 HIGH -> LOW로 변화
void LCD_write_data(uint8_t data);                  // 데이터 전송으로 문자 출력
void LCD_write_command(uint8_t command);            // 명령어 실행
void LCD_clear(void);                               // 화면을 공백문자로 지움
void LCD_init(void);                                // 텍스트 LCD 초기화
void LCD_write_string(char *string);                // 문자열 출력
void LCD_goto_XY(uint8_t row, uint8_t col);         // 임의의 위치로 커서 이동

#endif /* TEXT_LCD_H_ */
```

코드 22-3 **Text_LCD.c**

```
#include "Text_LCD.h"

void LCD_pulse_enable(void)                         // 하강 에지에서 동작
{
    PORT_CONTROL |= (1 << E_PIN);                   // E를 HIGH로
    _delay_us(1);
    PORT_CONTROL &= ~(1 << E_PIN);                  // E를 LOW로
    _delay_ms(1);
}

void LCD_write_data(uint8_t data)
{
    PORT_CONTROL |= (1 << RS_PIN);                  // 문자 출력에서 RS는 1
```

```
    if(MODE == 8){
        PORT_DATA = data;                        // 출력할 문자 데이터
        LCD_pulse_enable();
    }
    else{
        PORT_DATA = data & 0xF0;                 // 상위 4비트
        LCD_pulse_enable();

        PORT_DATA = (data << 4) & 0xF0;          // 하위 4비트
        LCD_pulse_enable();
    }
    _delay_ms(2);
}

void LCD_write_command(uint8_t command)
{
    PORT_CONTROL &= ~(1 << RS_PIN);              // 명령어 실행에서 RS는 0

    if(MODE == 8){
        PORT_DATA = command;                     // 데이터 핀에 명령어 전달
        LCD_pulse_enable();                      // 명령어 실행
    }
    else{
        PORT_DATA = command & 0xF0;              // 상위 4비트
        LCD_pulse_enable();

        PORT_DATA = (command << 4) & 0xF0;       // 하위 4비트
        LCD_pulse_enable();
    }
    _delay_ms(2);
}

void LCD_clear(void)
{
    LCD_write_command(COMMAND_CLEAR_DISPLAY);
    _delay_ms(2);
}

void LCD_init(void)
{
    _delay_ms(50);                               // 초기 구동 시간

    // 연결 핀을 출력으로 설정
    if(MODE == 8) DDR_DATA = 0xFF;
    else DDR_DATA |= 0xF0;
    PORT_DATA = 0x00;
```

```
    DDR_CONTROL |= (1 << RS_PIN) | (1 << RW_PIN) | (1 << E_PIN);

    // R/W 핀으로 LOW를 출력하여 쓰기 전용으로 사용
    PORT_CONTROL &= ~(1 << RW_PIN);

    if(MODE == 8)
        LCD_write_command(COMMAND_8_BIT_MODE);    // 8비트 모드
    else{
        LCD_write_command(0x02);                  // 4비트 모드 추가 명령
        LCD_write_command(COMMAND_4_BIT_MODE);    // 4비트 모드
    }

    // display on/off control
    // 화면 on, 커서 off, 커서 깜빡임 off
    uint8_t command = 0x08 | (1 << COMMAND_DISPLAY_ON_OFF_BIT);
    LCD_write_command(command);

    LCD_clear();                                  // 화면 지움

    // Entry Mode Set
    // 출력 후 커서를 오른쪽으로 옮김, 즉 DDRAM의 주소가 증가하며 화면 이동은 없음
    LCD_write_command(0x06);
}

void LCD_write_string(char *string)
{
    uint8_t i;
    for(i = 0; string[i]; i++)                    // 종료 문자를 만날 때까지
        LCD_write_data(string[i]);                // 문자 단위 출력
}

void LCD_goto_XY(uint8_t row, uint8_t col)
{
    col %= 16;                                    // [0 15]
    row %= 2;                                     // [0 1]

    // 첫째 라인 시작 주소는 0x00, 둘째 라인 시작 주소는 0x40
    uint8_t address = (0x40 * row) + col;
    uint8_t command = 0x80 + address;

    LCD_write_command(command);                   // 커서 이동
}
```

코드 22-4는 프로젝트에 Text_LCD.h와 Text_LCD.c를 포함시키고 전역변수 MODE를 정의한 후 텍스트 LCD에 4비트 모드로 코드 22-1과 동일한 출력을 내보내도록 하는 프로그램이다.

전역변수의 값을 8로 바꾸면 8비트 모드로 텍스트 LCD를 제어할 수 있다. main.c에는 'Text_LCD.h'를 포함시켜야 한다는 점도 잊지 말아야 한다.

코드 22-4 **텍스트 LCD – 4비트 모드, 라이브러리 사용**

```
#define F_CPU 16000000
#include "Text_LCD.h"
#include <avr/io.h>
#include <util/delay.h>

uint8_t MODE = 4;                           // 8비트 모드인 경우 8, 4비트 모드인 경우 4

int main(void)
{
    LCD_init();                             // 텍스트 LCD 초기화

    LCD_write_string("Hello LCD!");         // 문자열 출력

    _delay_ms(1000);                        // 1초 대기

    LCD_clear();                            // 화면 지움

    // 화면에 보이는 영역은 기본 값으로 0~1행, 0~15열로 설정되어 있다.
    LCD_goto_XY(0, 0);                      // 0행 0열로 이동
    LCD_write_data('1');                    // 문자 단위 출력
    LCD_goto_XY(0, 5);
    LCD_write_data('2');
    LCD_goto_XY(1, 0);
    LCD_write_data('3');
    LCD_goto_XY(1, 5);
    LCD_write_data('4');

    while(1);
    return 0;
}
```

22.4 요약

텍스트 LCD는 아스키코드에 정의된 문자를 표시할 수 있도록 구현한 표시장치의 일종으로 글자 단위의 출력만 가능하며, 2줄 16글자 총 32글자를 표현할 수 있는 텍스트 LCD 모듈을 흔히 사용한다. 텍스트 LCD 모듈은 텍스트 LCD 제어를 위한 전용 드라이버(또는 컨트롤러)를 포함하고 있다. 마이크로컨트롤러는 데이터와 제어 신호를 LCD 모듈 내의 레지스터에 기록하여

LCD 드라이버가 LCD 모듈을 제어하도록 지시할 수 있다. 이때 데이터 전달을 위해 4비트를 사용하느냐 8비트를 사용하느냐에 따라 두 가지 모드로 제어가 가능하다. 4비트 모드는 8비트 모드에 비해 데이터 전달 속도가 느리다는 단점은 있지만, 필요로 하는 연결선의 수가 적어 핀의 수가 제한된 경우 많이 사용하는 편이다.

텍스트 LCD 모듈은 간단하게 문자를 표시할 수 있는 장점이 있지만, 표시할 수 있는 문자의 수가 적고 글자 단위의 제어만 가능하여 고정된 위치에만 출력할 수 있는 등의 단점도 존재한다. 따라서 최근에는 임의의 위치에 픽셀 단위로 제어가 가능한 그래픽 LCD, 컬러 출력이 가능한 컬러 LCD 등도 많이 사용하고 있다. 하지만 텍스트 LCD 모듈에서도 전용 LCD 드라이버를 사용한 것처럼 그래픽 LCD나 컬러 LCD의 경우에도 전용의 LCD 드라이버가 필요하며, 텍스트 LCD에 비해 가격이 비싸고 제어 역시 복잡하다는 점도 고려해야 한다.

연습 문제

1 텍스트 LCD의 임의의 위치에 임의의 알파벳 대문자를 출력하는 프로그램을 작성해 보자. 임의의 위치와 대문자를 생성하기 위해서는 random 함수를 사용할 수 있다. random 함수는 0에서 RANDOM_MAX로 정해진 0x7FFFFFFF 사이의 값을 반환하므로 범위에 맞게 나머지 연산자를 사용하면 된다. 예를 들어 0에서 10까지의 값을 생성하고 싶다면 'random() % 11'과 같이 사용하면 된다. random 함수는 의사 난수로 계산에 의해 생성되므로 실제 난수와 같은 효과를 얻기 위해서는 의사 난수의 시작점을 srand 함수로 임의로 지정해 주어야 한다. 흔히 현재 시간으로 srand 함수의 시작점을 지정하지만, ATmega128에서는 시간을 알아내기가 어려우므로 'srand(0)'와 같이 항상 고정된 위치에서 시작하도록 한다. 이 경우 매번 출력되는 문자의 위치와 문자가 동일하다는 점도 출력 결과를 통해 확인해 보자.

2 텍스트 LCD에 사용자 정의 문자를 출력하기 위해서는 먼저 CGRAM에 8바이트의 사용자 정의 문자 데이터를 기록해 주어야 한다. 이를 위해서는 먼저 표 22-3의 'Set CGRAM Address' 명령어로 CGRAM의 어드레스를 설정한 후, 텍스트 LCD 모듈에 문자를 출력하는 것과 동일한 방법으로 데이터를 출력하면 된다. CGRAM에 저장된 사용자 정의 문자를 출력하기 위해서는 아스키코드 0에서 7까지의 값을 사용하면 된다. 코드 22-5는 스마일 문자를 정의하고 이를 출력하는 예를 보인 것이다. 스마일 문자 정의는 다음과 같으며, CGRAM의 0번부터 7번까지의 주소에 저장하면 된다.

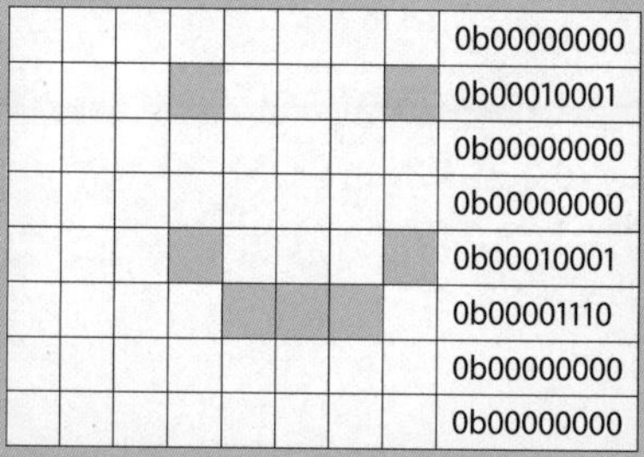

								0b00000000
								0b00010001
								0b00000000
								0b00000000
								0b00010001
								0b00001110
								0b00000000
								0b00000000

코드 22-5 사용자 정의 문자

```
#define F_CPU 16000000

#include <avr/io.h>
#include <util/delay.h>
#include "TEXT_LCD.h"

#define LCD_SETCGRAMADDR         0x40

uint8_t smile[8] = {
    0B00000, 0B10001, 0B00000, 0B00000,
    0B10001, 0B01110, 0B00000, 0B00000 };

uint8_t MODE = 4;          // 4비트 모드

int main(void)
{
    LCD_init();             // 텍스트 LCD 초기화

    // 사용자 정의 문자 정의: 0번지에서 7번지까지
    LCD_write_command(LCD_SETCGRAMADDR);
    for (int i = 0; i < 8; i++) {
        LCD_write_data(smile[i]);
    }

    LCD_init();             // 텍스트 LCD 초기화
    LCD_write_data(0);      // 0번 사용자 정의 문자 출력

    while(1);
    return 0;
}
```

CHAPTER

23 모터 제어

모터는 전자기유도 현상을 통해 전기에너지를 운동에너지로 변환하는 장치로, 움직이는 장치를 만들기 위해 필수적인 부품 중 하나다. 모터는 제어 방식에 따라 다양한 종류가 있으며, 그 특성이 서로 달라 용도에 맞게 선택하여 사용해야 한다. 이 장에서는 마이크로컨트롤러와 함께 사용할 수 있는 여러 가지 모터들의 동작 원리와 특성을 살펴보고, 각각의 모터를 제어하는 방법을 알아본다.

23.1 모터

모터는 바퀴, 팔, 다리, 손가락 등의 움직임을 구현하기 위해 꼭 필요한 장치다. 모터는 전기장의 변화에 따라 자기장의 변화가 발생하고 자기장의 인력과 척력에 의해 회전하는 장치로, 제어 방식에 따라 여러 가지 종류가 존재하는데, ATmega128에서는 DC 모터, 스테핑 모터, 서보 모터 등을 흔히 사용한다. 각각의 모터들은 그 특징이 조금씩 다르므로 사용하고자 하는 목적에 맞는 모터를 선택하는 것이 중요하다. 각 모터의 특징은 다음과 같다.

- **DC(Direct Current) 모터**: 최초로 만들어진 가장 간단한 형태의 모터로, 축이 연속적으로 회전하며 전원이 끊어지는 경우에만 정지한다. 정지 시에는 관성으로 인해 정확한 정지 위치를 지정하기 어렵다.
- **서보(servo) 모터**: DC 모터의 한 종류로 DC 모터에 귀환 제어 회로를 추가하여 정확한 위치 제어가 가능하도록 구현한 모터다. 제어 회로의 추가로 인해 스테핑 모터에 비해 비싼 단점은 있지만, 정밀 제어가 가능하고, 오동작을 수정할 수 있으며, 속도 면에서도 스테핑 모터에 비해 빠른 장점이 있다.

- **스테핑(stepping) 모터**: 전원을 공급하면 축은 일정 각도를 회전하고 멈춘다. 축을 연속적으로 회전시키기 위해서는 모터로 펄스열을 전달해야 한다. 이때 하나의 펄스에 반응하여 회전하는 양을 분할각이라고 한다. 분할각이 1°인 경우 모터를 10° 회전시키기 위해서는 10개의 펄스를 전송해 주어야 한다. 스테핑 모터는 제어하기가 수월하다는 장점은 있지만, 분할각 단위로만 제어가 가능하다는 한계가 있어 분할각이 1°인 경우 9.5° 회전은 불가능하다.

23.2 DC 모터

DC 모터는 고정자로 영구자석을, 회전자로 코일을 사용하여 구성한 모터로, 회전자에 전류를 흘려 자력을 발생시키고, 회전자와 고정자 사이의 인력 및 척력에 의해 회전을 발생시킨다. DC 모터는 제어가 간단하고, 회전 특성이 전류나 전압에 비례하며, 가격이 저렴하여 널리 사용되고 있다.

그림 23-1 **DC 모터**[51]

DC 모터는 2개의 연결선만을 가지며, VCC와 GND에 연결하면 순서에 따라 시계 방향 또는 반시계 방향으로 회전하므로 별도의 제어선을 필요로 하지 않는다. 따라서 모터의 두 선 중 하나를 GND에 연결하고, 다른 하나에 디지털 출력 핀을 연결하여 HIGH 또는 LOW 값을 출력함으로써 간단히 모터의 ON/OFF를 제어할 수 있다. 또한 PWM 신호 출력이 가능한 핀에 연결하면 PWM 신호를 통해 속도도 제어할 수 있다. 하지만 DC 모터를 제어하기 위해서는 두 가지 점에 유의해야 한다. 첫 번째는 ATmega128의 디지털 출력 핀에서 공급할 수 있는 최대 전류는 40mA로 이는 소형 DC 모터를 구동시키기에도 충분하지 않다는 점이다. 따라서 큰 전류를 요하는 DC 모터의 경우 모터 전용의 전원을 사용하고, 디지털 핀의 출력은 전용 전원의 공급 여부를 결정하는 스위치 용도로 사용한다. P2N2222 트랜지스터의 경우 ATmega128의 디지털 출력 핀을 베이스(base)에 연결하여 컬렉터(collector)와 이미터(emitter) 사이에 흐르는 큰 전류를 제어(또는 스위칭)할 수 있도록 해 주므로 DC 모터 제어를 위한 스위치로 사용할 수 있다.

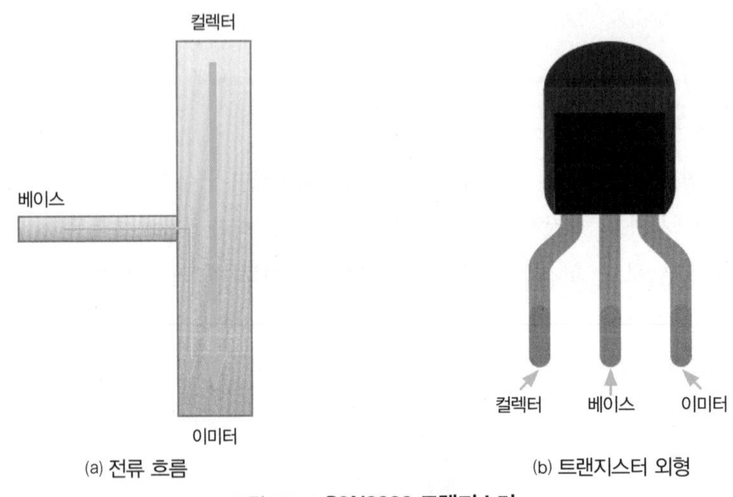

(a) 전류 흐름

(b) 트랜지스터 외형

그림 23-2 **P2N2222 트랜지스터**

범용 입출력 핀으로 큰 전류를 제어할 수 없는 문제점은 트랜지스터를 사용하면 해결할 수 있지만 그래도 여전히 문제점은 남아 있다. 두 번째 문제점은 모터를 회로에 연결하고 나면 한 방향으로만 회전이 가능하다는 점이다. 모터는 일반적으로 속도 조절 이외에도 시계 방향과 반시계 방향의 회전을 필요로 하지만 매번 전원을 바꾸어 연결할 수 없으므로, 모터 회전 방향을 바꾸기 위해 모터 드라이버(motor driver)라 불리는 전용의 칩을 사용한다. 모터 드라이버 칩은 모터 회전 방향 제어뿐만 아니라 높은 전압과 큰 전류를 제어할 수 있는 기능 역시 제공한다. 모터 드라이버는 제어할 수 있는 전압과 전류의 범위에 따라 여러 종류가 존재하므로 제어하고자 하는 모터에 맞게 선택하여 사용하면 된다.

이 장에서 DC 모터를 제어하기 위해 사용하는 모터 드라이버는 MC34932EK 칩이다. MC34932EK 칩은 2개의 H 브리지(bridge) 회로로 구성되어 있다. H 브리지 회로는 모터에 가해지는 전압의 방향을 바꿀 수 있도록 구성한 회로로, DC 모터와 함께 사용하면 시계 방향 또는 반시계 방향 회전을 선택할 수 있다. H 브리지 회로는 그림 23-3에서와 같이 4개의 스위치로 표현할 수 있다. 스위치 1과 4가 연결되는 경우와 스위치 2와 3이 연결되는 경우 모터에 가해지는 전압은 반대가 되므로 시계 방향과 반시계 방향 회전이 가능하다.

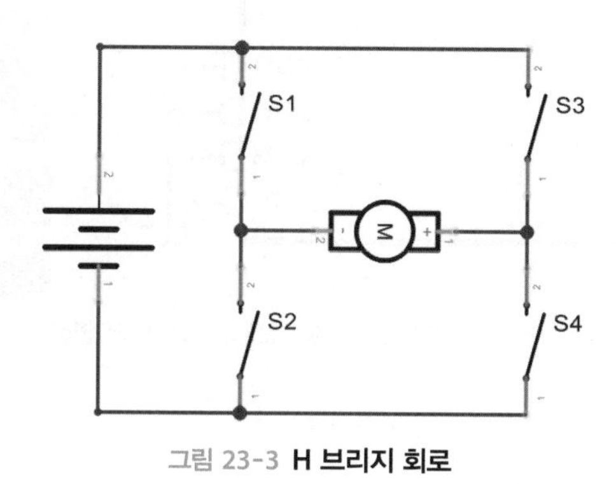

그림 23-3 **H 브리지 회로**

H 브리지 회로를 이용하면 모터의 회전 방향을 제어할 수 있지만, 이를 위해서는 MC34932EK 칩 이외에도 여러 가지 추가적인 부품이 필요하다. 따라서 DC 모터를 제어하기 위해서는 DC 모터 제어를 위해 만들어진 전용의 보드를 사용하는 것이 일반적이며, 이 장에서는 그림 23-4의 DC 모터 제어 모듈을 사용한다.

그림 23-4 **DC 모터 제어 모듈**[52]

그림 23-4의 DC 모터 제어 모듈은 4개의 전원 연결 핀, 6개의 모터 제어 연결 핀, 4개의 모터 연결 핀을 가지고 있다.

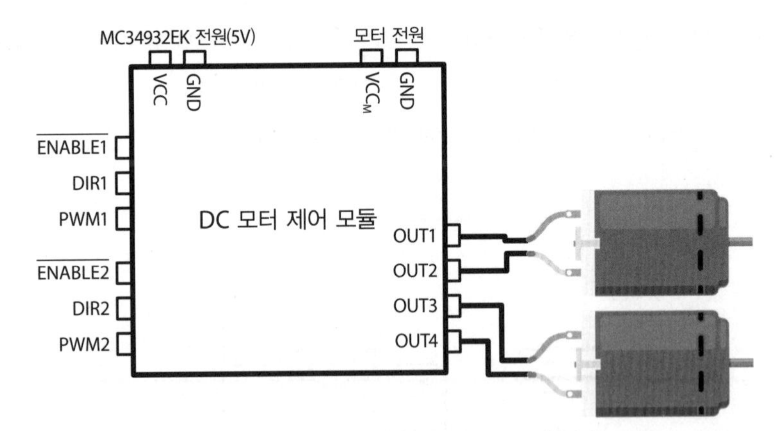

그림 23-5 **DC 모터 제어 모듈과 DC 모터 연결**

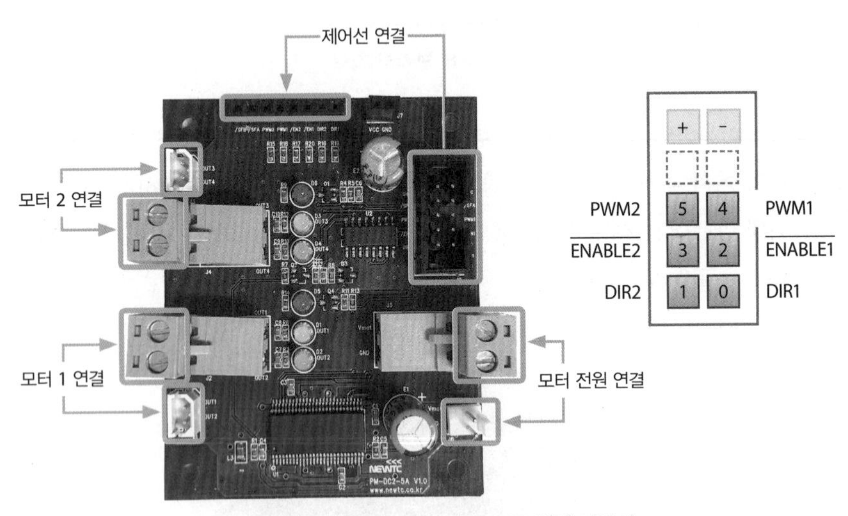

그림 23-6 **DC 모터 제어 모듈 연결 커넥터**

MC34932EK 칩의 경우 동작을 위한 전원과 모터 동작을 위한 전원을 별개로 제공한다. 6개의 제어 핀은 2개의 모터를 개별적으로 제어하기 위해 필요하다. ENABLEn(n = 1, 2) 핀의 입력이 LOW인 상태에서만 모터의 구동 및 제어가 가능하며, HIGH인 상태에서는 정지한다. DIRn (n = 1, 2) 핀은 모터의 회전 방향을 제어하기 위해 사용하며, HIGH인 경우 시계 방향으로, LOW인 경우 반시계 방향으로 회전한다. PWMn(n = 1, 2) 핀은 듀티 사이클에 따라 속도를 조절하기 위해 사용하므로 마이크로컨트롤러에서 PWM 신호 출력이 가능한 핀에 연결해야 한다.

표 23-1 DC 모터 제어 모듈 제어선 설명

제어 핀	설명
ENABLEn	모터 제어 활성화
DIRn	모터 방향 제어(direction)
PWMn	모터 속도 제어

모터의 속도를 조절하기 위해서는 PWM 신호를 사용해야 하는데, 이를 위해 3번 타이머/카운터를 사용하였다. 3번 타이머/카운터의 경우 3개의 PWM 신호 출력을 사용할 수 있는데, 이 중 PE4 핀을 모터 제어에 사용하였다.

표 23-2 3번 타이머/카운터의 PWM 신호 출력 핀

타이머/카운터	파형 출력 핀	ATmega128 핀 번호
1	OC1A	PB5
	OC1B	PB6
	OC1C	PB7
3	OC3A	PE3
	OC3B	PE4
	OC3C	PE5

3번 타이머/카운터는 16개의 모드를 지정할 수 있으며, 이 장에서는 5번 모드인 8비트 고속 PWM 모드를 사용한다. 5번 모드에서 TOP 값은 0xFF이며, 비교 일치값은 OCR3x(x = A, B, C) 레지스터에 설정하여 사용한다. PE4 핀으로 PWM 신호를 출력하기 위해서는 OCR3B 레지스터를 사용하면 된다. 0%의 PWM 신호를 생성하기 위해서는 (즉, 모터를 정지시키기 위해서는) OCR3B 레지스터에 0x00 값을, 100%의 PWM 신호를 생성하기 위해서는 (즉, 모터를 최대 속도로 회전시키기 위해서는) OCR3B 레지스터에 0xFF 값을 지정하면 된다. 3번 타이머/카운터의 PWM 모드에 대한 보다 자세한 내용은 15장을 참고하면 된다.

그림 23-7과 같이 DC 모터 제어 모듈을 ATmega128의 포트 E에 연결하고 모터를 연결해 보자. 모터 제어 모듈에는 2개까지 모터를 연결할 수 있지만 제어 방법은 동일하므로 하나의 모터만을 연결하였다. DC 모터 제어를 위해 모터는 모터 1 연결 커넥터에 연결하였으며, 모터 1을 위한 제어선은 PWM 신호 출력이 가능한 포트 E의 핀을 사용하였다. 모터 전원은 사용하고자

하는 모터에 맞는 전원을 사용해야 한다는 점도 잊지 말아야 한다.

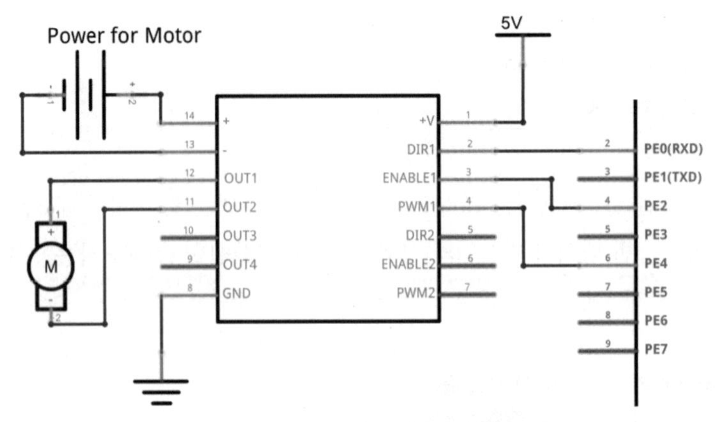

그림 23-7 **DC 모터 제어 모듈 연결 회로도**

코드 23-1은 DC 모터를 시계 방향으로 최저 속도에서 최고 속도로 회전시킨 후 1초 동안 정지했다가, 반시계 방향으로 최저 속도에서 최고 속도로 회전시키는 프로그램의 예다.

코드 23-1 **DC 모터 제어**

```
#define F_CPU 16000000L
#include <avr/io.h>
#include <util/delay.h>
#include <avr/interrupt.h>

// 모터 제어 허용/금지
#define EnableMotor1()          PORTE &= ~0x04
#define DisableMotor1()         PORTE |= 0x04
// 모터 회전 방향 설정
#define ForwardMotor1()         PORTE &= ~0x01
#define BackwardMotor1()        PORTE |= 0x01
// 모터 속도 설정
#define SpeedMotor1(s)          OCR3B = s

void InitializeTimer3(void)
{
    // 8비트 고속 PWM 모드
    TCCR3A |= (1 << WGM30);
    TCCR3B |= (1 << WGM32);

    // 비반전 모드
    // TOP: 0xFF, 비교 일치값: OCR3B 레지스터
```

```
    TCCR3A |= (1 << COM3B1);

    // 분주비 64
    TCCR3B |= (1 << CS31) | (1 << CS30);

    OCR3B = 0;
}

int main(void)
{
    // 모터 제어를 위한 핀들을 출력으로 설정
    DDRE |= (1 << PE0) | (1 << PE2) | (1 << PE4);

    InitializeTimer3();                      // 3번 타이머/카운터 설정

    while(1)
    {
        EnableMotor1();
        ForwardMotor1();                     // 시계 방향 회전

        for(int i = 0; i < 256; i++){        // 속도 조절을 위한 PWM 신호 출력
            SpeedMotor1(i);                  // 속도 제어 0~255
            _delay_ms(25);
        }

        _delay_ms(1000);

        SpeedMotor1(0);                      // 모터 정지
        DisableMotor1();

        EnableMotor1();
        BackwardMotor1();                    // 반시계 방향 회전

        for(int i = 0; i < 256; i++){        // 속도 조절을 위한 PWM 신호 출력
            SpeedMotor1(i);                  // 속도 제어 0~255
            _delay_ms(25);
        }

        _delay_ms(1000);

        SpeedMotor1(0);                      // 모터 정지
        DisableMotor1();
    }

    return 0;
}
```

23.3 서보 모터

서보 모터는 DC 모터의 한 종류로 PWM 신호를 제어 신호로 사용하여 원하는 만큼 모터를 회전시킨 후 위치를 유지할 수 있는 특징을 가진 모터다. 서보 모터는 크게 표준 서보 모터와 연속 회전 서보 모터의 두 종류로 나눌 수 있다. 표준(standard) 서보 모터는 회전 범위가 제한된 서보 모터로 일반적으로 0~180° 범위에서만 회전 가능하여 로봇의 관절 또는 회전 범위가 제한된 기기의 움직임을 제어하기 위해 사용한다. 이에 비해 연속 회전(continuous rotation) 서보 모터는 DC 모터와 같이 360° 회전할 수 있다. 이 장에서는 표준 서보 모터를 사용한다.

그림 23-8 **표준 서보 모터**

서보 모터는 일반적으로 3개의 연결선(VCC, GND, 그리고 제어선)을 가지는데, VCC는 붉은색, GND는 검정색 또는 갈색, 제어선은 노란색, 주황색 또는 흰색 중 하나를 사용한다. DC 모터의 경우 VCC와 GND의 구별이 없어서 반대로 연결하는 경우 반대 방향으로 모터가 회전하지만, 서보 모터의 경우에는 전원을 반대로 연결하면 모터가 파손될 수 있으므로 주의해야 한다.

서보 모터는 전원을 모터에 연결하고 제어선으로 위치를 조절하는 구조이므로 간단히 위치를 제어할 수 있다. 또한 서보 모터는 5V 전원을 사용하는 경우도 많아 ATmega128에 공급되는 전원을 공통으로 사용하는 것이 가능하여 DC 모터처럼 모터 드라이버가 반드시 필요하지는 않다. 하지만 모터는 전기 잡음을 유발할 수 있으므로 마이크로컨트롤러의 안정적인 동작을 위해 모터에는 전용 전원을 공급하는 것이 바람직하다. 특히 어댑터가 아닌 USB 연결을 사용하여 전원을 공급하는 경우 USB를 통해 공급할 수 있는 최대 전류가 0.5A로 제한된다는 점에 유의해야 한다. USB 전원을 사용하여 ATmega128과 모터에 전원을 공급한다면 전류 부족으로 마이크로컨트롤러가 정상적으로 동작하지 않을 수도 있다.

서보 모터의 위치 제어는 PWM 신호에 의해 이루어지므로 타이머/카운터의 PWM 신호 생성 기능을 이용하여 제어할 수 있다. 서보 모터는 PWM 신호를 받으면 현재 위치와 입력된 신호를 내부적으로 비교하여 입력된 PWM 신호에 맞는 위치로 모터를 회전시킨다. 즉, 듀티 사이클에 따라 서보 모터의 위치가 정해진다. 서보 모터는 50Hz의 PWM 주파수, 즉 주기 $\frac{1}{50Hz} = 20ms$의 PWM 신호를 필요로 한다. 20ms 중 서보 모터의 위치를 결정하는 HIGH 구간은 1~2ms로, 1ms에서는 반시계 방향으로 최대로 회전한 상태(0°)이며, 2ms에서는 시계 방향으로 최대로 회전한 상태(180°)에 있게 된다. 서보 모터의 종류에 따라 회전할 수 있는 각도의 범위와 이에 따른 듀티 사이클에 차이가 있을 수 있으므로 사용하고자 하는 서보 모터의 데이터시트를 확인해야 한다.

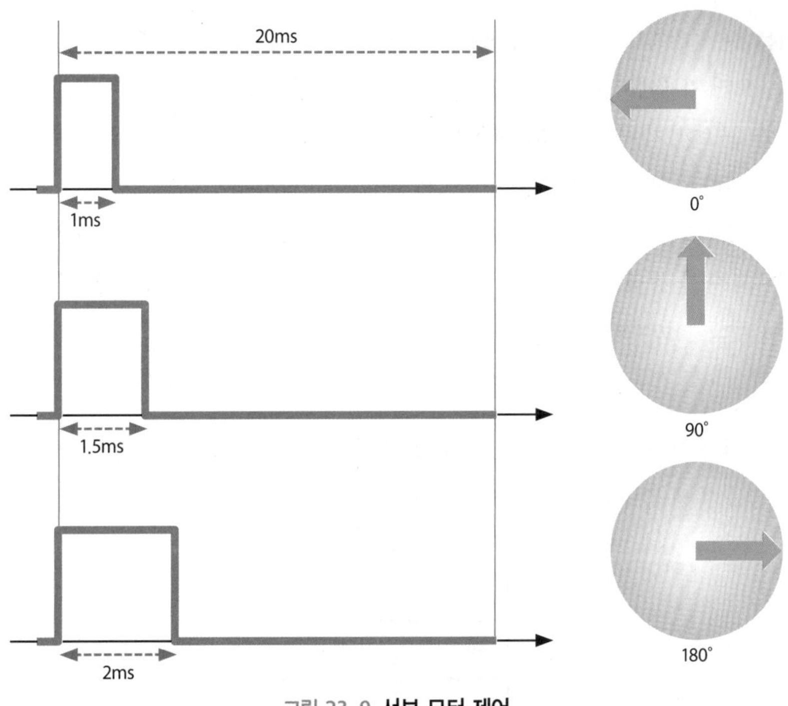

그림 23-9 **서보 모터 제어**

서보 모터에 20ms 주기의 펄스를 입력하면 20ms 동안만 이동한 위치를 유지하므로 20ms마다 펄스를 입력으로 가해야 한다. 즉, 1초에 50개의 펄스를 지속적으로 가해 주어야 현재 위치를 유지할 수 있다.

한 가지 유의해야 할 점은 20ms 주기에서 1ms 펄스는 듀티 사이클로는 5%에 해당하며, 2ms 펄스는 듀티 사이클로 10%에 해당한다는 점이다. 즉, 5%의 듀티 사이클 변화에 의해 180° 회전이 이루어진다. 크게 문제가 될 것이 없어 보이는가? 8비트 타이머를 생각해 보자. 5% 듀티 사이클 변화는 256단계 중 약 12단계(256 × 0.05 = 12.8)에 해당한다. 타이머/카운터에서 듀티 사이클로 지정할 수 있는 값은 정수뿐이므로 1단계 변화는 약 14° 회전(180 ÷ 12.8 ≈ 14)에 해당한다. 정밀한 회전각 제어가 필요하지 않다면 8비트 타이머로도 충분하지만, 한 번에 변경할 수 있는 최소 각도가 14°라면 사용할 수 있는 용도가 그리 많지 않은 게 사실이다. 16비트 타이머의 경우 한 번에 변경할 수 있는 최소 각도는 약 0.055°($180 \div (2^{16} \times 0.05) \approx 0.0549$)로 이는 서보 모터가 표현할 수 있는 최소 각도 차이 이상의 값에 해당하므로 정밀한 제어가 가능하다.

서보 모터는 현재 위치와 입력받은 PWM 신호에 의한 위치 차이가 아주 작은 경우 동작하지 않는다. 즉, 모터 자체에서 표현할 수 있는 최소 각도 차이가 정해져 있다. 이처럼 현재 서보 모터의 위치와 근소한 차이의 PWM 신호가 입력되어 서보 모터가 동작하지 않는 영역을 데드 밴드(dead band)라고 하며, 수 마이크로초에서 수십 마이크로초에 이르기까지 서보 모터의 종류에 따라 다양하다. 데드 밴드가 5μs라고 가정해 보자. PWM 신호의 펄스폭은 최대 1ms의 차이를 가지며 이를 통해 180° 회전을 표현하므로 5μs에 해당하는 각도는 $\frac{5}{1,000} \times 180 = 0.9°$가 된다. 이 각도는 16비트 타이머/카운터를 이용해야만 충분히 표현할 수 있으며, 이 장에서도 16비트 해상도를 제공하는 1번 타이머/카운터를 사용하여 서보 모터를 제어한다.

먼저 서보 모터를 그림 23-10과 같이 ATmega128에 연결하자. 1번 타이머/카운터의 OC1A 출력 핀(PB5 핀)을 통해 출력되는 PWM 신호를 사용하여 서보 모터의 위치를 제어할 것이다.

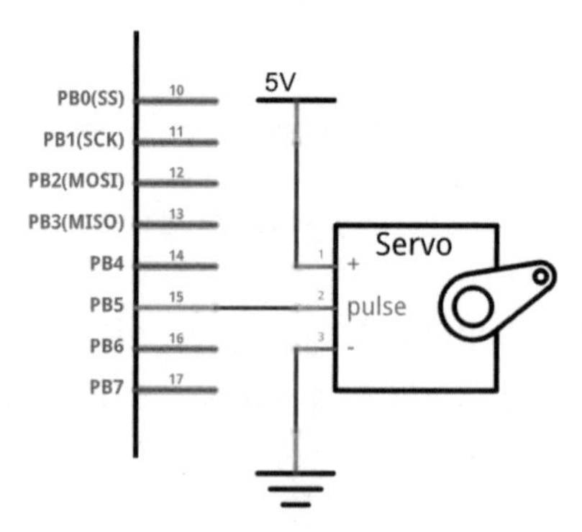

그림 23-10 **서보 모터 연결 회로도**

코드 23-2는 서보 모터의 위치를 제어하는 예다.

코드 23-2 **서보 모터 위치 제어**

```
#define F_CPU 16000000L
#include <avr/io.h>
#include <util/delay.h>

#define ROTATION_DELAY    1000            // 1초 대기
#define PULSE_MIN         1300            // 최소 펄스 길이
#define PULSE_MID         3000
#define PULSE_MAX         4700            // 최대 펄스 길이

void InitializeTimer1(void)
{
    // 모드 14, 고속 PWM 모드
    TCCR1A |= (1 << WGM11);
    TCCR1B |= (1 << WGM12) | (1 << WGM13);

    // 비반전 모드
    // TOP: ICR1, 비교 일치값: OCR1A 레지스터
    TCCR1A |= (1 << COM1A1);

    TCCR1B |= (1 << CS11);                // 분주율 8, 2MHz

    ICR1 = 39999;                         // 20ms 주기
}

int main(void)
{
    // 모터 제어 핀을 출력으로 설정
    DDRB |= (1 << PB5);

    InitializeTimer1();                   // 1번 타이머/카운터 설정

    while(1)
    {
        OCR1A = PULSE_MIN;                // 0°
        _delay_ms(ROTATION_DELAY);

        OCR1A = PULSE_MID;                // 90°
        _delay_ms(ROTATION_DELAY);

        OCR1A = PULSE_MAX;                // 180°
        _delay_ms(ROTATION_DELAY);
    }

    return 0;
}
```

코드 23-2에서는 1번 타이머/카운터에서 사용할 수 있는 16개 모드 중 14번 파형 생성 모드를 사용한다. 14번 파형 생성 모드에서는 16비트 레지스터인 ICP1(Input Capture Register) 레지스터를 TOP 값을 지정하는 용도로 사용하며, 비교 일치값을 지정하기 위해 OCR1A 레지스터를 사용한다. 고속 PWM 모드에서 PWM 주파수는 다음과 같이 계산할 수 있다.

$$f_{PWM} = \frac{f_{osc}}{N \cdot (TOP + 1)}$$

ATmega128은 16MHz 클록(f_{osc})을 사용하고 코드 23-2에서는 분주율(N)을 8로 설정하였으므로 50Hz의 PWM 주파수를 얻기 위한 *TOP* 값은 다음과 같이 계산할 수 있다.

$$TOP = \frac{f_{osc}}{f_{PWM} \cdot N} - 1 = \frac{16{,}000{,}000}{50 \cdot 8} - 1 = 39{,}999$$

TOP 값의 5%에 해당하는 값이 최소 펄스폭에 해당하는 비교 일치값이며, TOP 값의 10%에 해당하는 값이 최대 펄스폭에 해당하는 비교 일치값이다.

$$PULSE\ MIN \approx 40{,}000 \times 0.05 = 2{,}000$$
$$PULSE\ MAX \approx 40{,}000 \times 0.10 = 4{,}000$$

실험에 사용한 서보 모터의 경우 펄스폭 3.25%에서 11.75% 사이에서 0°에서 180° 사이를 회전하였다. 서보 모터의 종류에 따라서 듀티 사이클과 그에 따른 회전 각도는 달라질 수 있으므로 데이터시트를 확인하고 코드 23-2에서 PULSE_MIN 값과 PULSE_MAX 값을 그에 맞게 조절해야 정확한 위치 제어가 가능하다. 보다 자세한 내용은 15장을 참고하도록 한다.

23.4 스텝 모터

스텝 모터(step motor)는 스테핑 모터(stepping motor), 스테퍼 모터(stepper motor), 펄스 모터(pulse motor) 등으로도 불리며, 펄스에 의해 모터의 회전을 제어할 수 있다. 서보 모터는 펄스의 폭에 따라 회전하는 위치가 결정되는 반면, 스텝 모터는 하나의 펄스가 주어지면 일정 각도를 회전하고 멈추는 차이가 있다. 스텝 모터에서 펄스 하나당 모터가 회전하는 각도는 미리 정해져 있는데, 이를 분할각(step angle)이라 한다. 스텝 모터는 분할각 단위의 회전만이 가능하여 분할각보다 작은 각도의 회전은 불가능하므로 필요한 정밀도에 따라 모터나 모터 제어 방식을 선택해야 한다. 스텝 모터의 기본 구조는 그림 23-11과 같다.

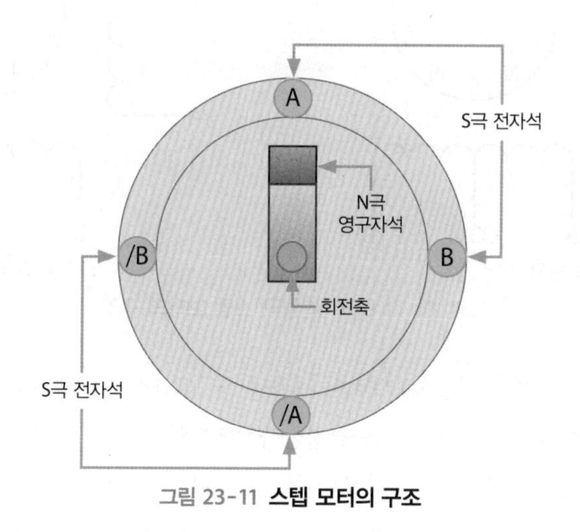

그림 23-11 **스텝 모터의 구조**

그림 23-11에서 스텝 모터는 4개의 고정된 전자석과 회전하는 영구자석으로 이루어져 있다. 4개의 전자석 중 하나의 코일에만 전류를 흘려 S극의 전자석으로 동작하도록 하면 회전축에 연결된 N극의 영구자석은 전자석의 S극 쪽으로 회전하고, 4개의 전자석에 순서대로 전류를 흘리면 회전력을 얻을 수 있다. 그림 23-11에서 A ➡ B ➡ /A ➡ /B 순서로 전류를 흘리면 축은 시계 방향으로 회전하고, A ➡ /B ➡ /A ➡ B 순서로 전류를 흘리면 축은 반시계 방향으로 회전한다. 그림 23-11의 모터는 전자석의 상태 변화에 따라 90° 회전하는 구조를 가지고 있다. 즉, 90° 분할각을 가진다. 하지만 한 번에 90°씩 회전하는 모터는 그다지 쓸모가 없다. 따라서 회전자는 톱니바퀴 형태로 N극과 S극이 번갈아 배치된 형태로 만들고, 코일의 수도 4개 이상을 흔히 사용한다. 톱니의 수와 코일의 수는 분할각에 반비례한다. 톱니나 코일의 수가 많으면 분할각이 작아져서 정밀한 제어가 가능하다는 장점은 있지만, 구조가 복잡해지는 단점도 있다.

그림 23-11에서 회전자를 회전시키기 위해서는 코일이 S극만을 만들어 내면 되지만, 안정적인 회전을 얻기 위해 인력과 척력을 동시에 사용하여 N극과 S극을 만들어 낼 수 있도록 구성하는 것이 일반적이다. 이때 N극과 S극을 만들어 내기 위해서는 코일에 가하는 전원의 극성을 조절해야 하며, 코일에 전원을 가하는 방식에 따라 단극(unipolar) 스텝 모터와 양극(bipolar) 스텝 모터로 나눌 수 있다. 그림 23-12는 단극 모터와 양극 모터에서 전원을 가하는 방법을 나타낸 것이다.

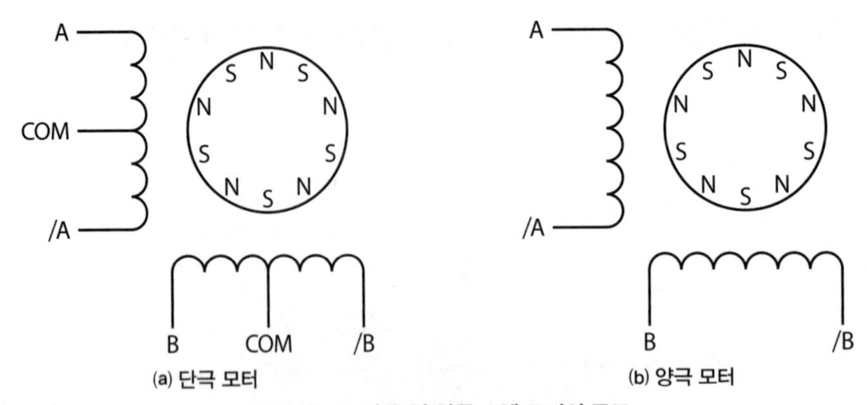

그림 23-12 **단극 및 양극 스텝 모터의 구조**

단극 스텝 모터의 경우 공통 연결선(COM)에 '+'(또는 '−'(GND))를 연결하고, A나 /A 중 하나에 '−'(또는 '+')를 연결하여 전자석의 극성을 결정한다. 반면 양극 스텝 모터의 경우에는 A와 /A에 전원을 연결하는 방향에 따라 극성을 결정할 수 있다. '단극'에서는 A와 /A에 동일한 극성의 전원이 가해지지만, '양극'에서는 A와 /A에 서로 다른 극성의 전원이 가해지는 차이가 있다. 그림 23-12에서 볼 수 있듯이 단극 스텝 모터의 경우 6개의 연결선을, 양극 스텝 모터의 경우 4개의 연결선을 가지는 경우가 일반적이다. 이 장에서는 그림 23-13과 같이 6개의 연결선을 가지는 단극 스텝 모터를 사용한다.

그림 23-13 **단극 스텝 모터**[53]

스텝 모터의 구동 방식 역시 1상 여자 방식(1 phase excitation)과 2상 여자 방식의 크게 두 가지로 나눌 수 있다. 1상 여자 방식은 하나의 코일에만 전류를 흘려 하나의 전자석만을 사용하는 방식이다. 하나의 코일만을 사용하는 경우 활성화되는 코일은 표 23-3과 같다.

표 23-3 **1상 여자 방식의 구동**

스텝	1	2	3	4	5	6	7	8	9
A	1	0	0	0	1	0	0	0	1
B	0	1	0	0	0	1	0	0	0
/A	0	0	1	0	0	0	1	0	0
/B	0	0	0	1	0	0	0	1	0

이에 비해 2상 여자 방식은 인접한 2개 코일을 동시에 사용하는 방식이다. 2상 여자 방식에서 활성화되는 2개의 코일은 서로 다른 극성을 띠므로 인력과 척력이 동시에 작용한다. 2상 여자 방식의 경우 1상 여자 방식에 비해 2배의 전류가 필요하지만 토크가 크고 진동이 적어 활용도가 높다.

표 23-4 **2상 여자 방식의 구동**

스텝	1	2	3	4	5	6	7	8	9
A	1	0	0	1	1	0	0	1	1
B	1	1	0	0	1	1	0	0	1
/A	0	1	1	0	0	1	1	0	0
/B	0	0	1	1	0	0	1	1	0

두 가지 방식을 함께 사용하는 1-2상 여자 방식은 전류 소모량이 1상 여자 방식의 1.5배이고, 1상 여자 방식과 2상 여자 방식에 비해 2분의 1 크기의 분할각을 가지므로 정밀 제어에 적합하다.

표 23-5 **1-2상 여자 방식의 구동**

스텝	1	2	3	4	5	6	7	8	9
A	1	1	0	0	0	0	0	1	1
B	0	1	1	1	0	0	0	0	0
/A	0	0	0	1	1	1	0	0	0
/B	0	0	0	0	0	1	1	1	0

그림 23-13의 스텝 모터를 포함하여 흔히 사용하는 스텝 모터는 분할각이 1.8°이므로 한 바퀴 회전하는 데 200스텝을 필요로 한다. 1상 및 2상 여자 방식의 경우 풀 스텝(full step) 방식이라고

하며, 한 스텝에 (즉, 하나의 펄스가 주어졌을 때) 1.8° 회전하고 멈춘다. 반면 1.5상 여자 방식의 경우 하프 스텝(half step) 방식이라고 하며, 한 스텝에 1.8°의 절반인 0.9°만 회전하고 멈춘다. 전자석의 극성뿐만 아니라 전자석에 흐르는 전류의 양을 조절하여 분할각을 더 줄이는 방식을 마이크로 스텝(micro step) 방식이라고 하며, 풀 스텝의 256분의 1까지 분할각을 줄일 수 있다.

그림 23-14는 스텝 모터 제어를 위해 이 장에서 사용하는 스텝 모터 제어 모듈 중 하나다.

그림 23-14 **스텝 모터 제어 모듈 1**[54]

그림 23-14의 스텝 모터 제어 모듈은 4개의 전원 연결 핀, 8개의 모터 제어 연결 핀, 12개의 모터 연결 핀을 제공한다. 12개의 모터 연결 핀에는 2개의 단극 스텝 모터를 연결할 수 있다.

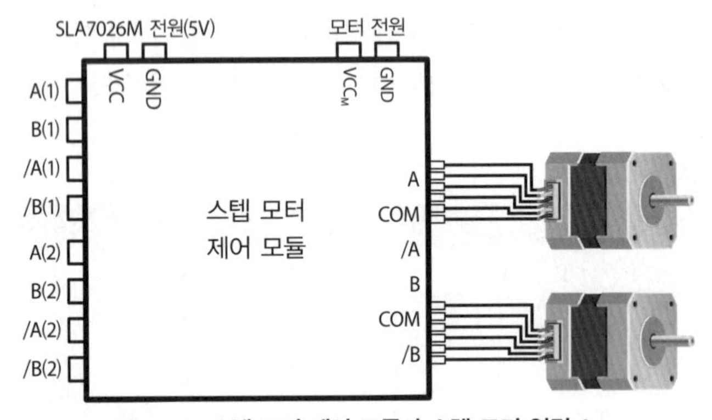

그림 23-15 **스텝 모터 제어 모듈과 스텝 모터 연결 1**

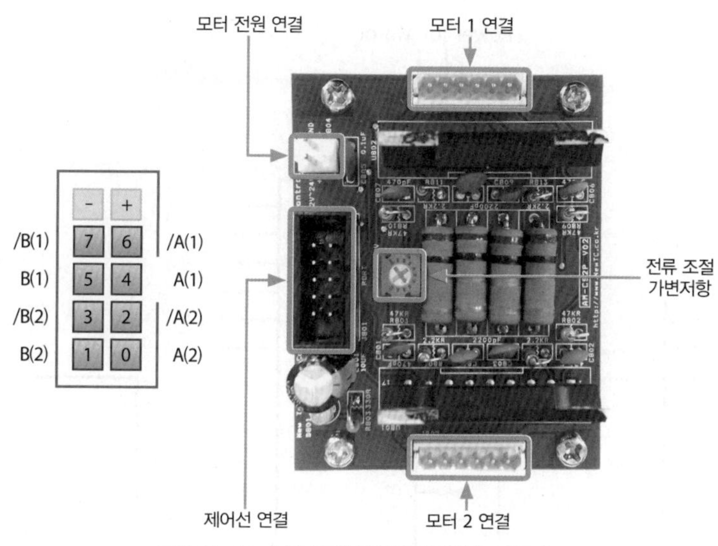

그림 23-16 **스텝 모터 제어 모듈 연결 커넥터 1**

그림 23-14의 스텝 모터 제어 모듈은 모터 드라이버로 SLA7026M 칩을 사용하고 있으며, 2개의 스텝 모터를 연결하여 사용할 수 있다. 각각의 스텝 모터 제어를 위해서는 A, /A, B, /B에 해당하는 4개의 제어선 연결을 필요로 한다. 모터 연결 커넥터는 6핀으로 나머지 2개는 전원에 해당한다. 스텝 모터 제어 모듈은 DC 모터 제어 모듈과 마찬가지로 전용 전원을 연결하여 사용하는 것이 바람직하며, 그림 23-13의 스텝 모터는 12V의 전원을 필요로 하므로 반드시 전용 전원을 사용해야 한다. 전용 전원을 연결한 후에도 모터가 정상적으로 회전하지 않거나 회전 속도가 느리다면 가변저항을 통해 모터에 유입되는 전류를 조절해야 한다.

그림 23-17과 같이 스텝 모터 제어 모듈을 ATmega128과 연결해 보자. 스텝 모터 제어를 위해 모터는 모터 2 연결 커넥터에 연결하였으며, 모터 2를 위한 4개의 제어선은 포트 C의 하위 4비트(PB0~PB3)에 연결하였다.

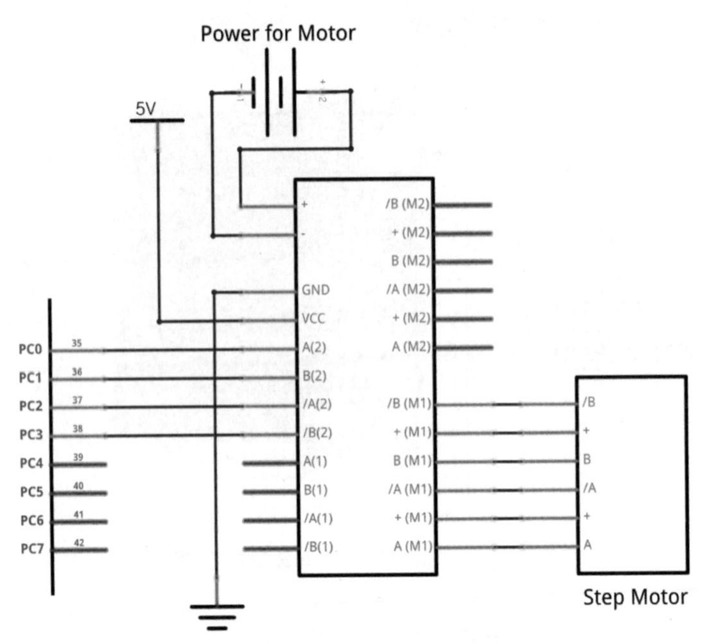

그림 23-17 **스텝 모터 제어 모듈 연결 회로도 1**

코드 23-3은 스텝 모터를 1초에 한 바퀴 시계 방향으로 회전시키고 1초 대기한 후, 다시 1초에 한 바퀴 반시계 방향으로 회전시키는 프로그램이다. 코드 23-3에서는 모터를 회전시키기 위해 1상 여자 방식을 사용하고 있다. 1상 여자 방식을 사용하기 위해 표 23-3의 데이터를 5ms 간격으로 출력하여 1초에 200개의 펄스를 생성시켰으며, 이를 통해 한 바퀴 회전을 구현하였다.

코드 23-3 **스텝 모터 제어 1 - 1상 여자 방식**

```
#define F_CPU 16000000L
#include <avr/io.h>
#include <util/delay.h>

// 모터를 1스텝 회전시키기 위한 데이터
uint8_t step_data[] = {0x01, 0x02, 0x04, 0x08};
int step_index = -1;                          // 현재 상태

uint8_t stepForward(void)                     // 시계 방향 회전
{
    step_index++;
    if(step_index >= 4) step_index = 0;

    return step_data[step_index];
}
```

```
uint8_t stepBackward(void)                  // 반시계 방향 회전
{
    step_index--;
    if(step_index < 0) step_index = 3;

    return step_data[step_index];
}

int main(void)
{
    DDRC = 0x0F;                            // 모터 제어 핀을 출력으로 설정

    while(1)
    {
        for(int i = 0; i < 200; i++){       // 200스텝 진행
            PORTC = stepForward();          // 시계 방향

            _delay_ms(5);                   // 스텝 간격은 5ms
        }
        _delay_ms(1000);

        for(int i = 0; i < 200; i++){       // 200스텝 진행
            PORTC = stepBackward();         // 반시계 방향

            _delay_ms(5);                   // 스텝 간격은 5ms
        }
        _delay_ms(1000);
    }

    return 0;
}
```

코드 23-3처럼 스텝 모터 제어를 위해 4개의 제어선을 사용하는 것을 '4선 제어 방식'이라고 한다. 4선 제어 방식보다 더 적은 수의 제어 핀으로 스텝 모터를 제어할 수 있는 스텝 모터 제어 모듈 역시 존재하는데, 그림 23-18의 스텝 모터 제어 모듈이 그러한 예 중 하나다.

그림 23-18 **스텝 모터 제어 모듈 2**[55]

그림 23-18의 스텝 모터 제어 모듈은 4개의 전원 연결 핀, 7개의 모터 제어 연결 핀, 12개의 모터 연결 핀을 가지고 있다. 7개의 제어 연결 핀 중 모드 설정 핀 2개와 활성화 핀은 2개의 모터에 공통으로 사용하는 핀으로, 연결하지 않고 사용하는 것도 가능하다.

그림 23-18의 스텝 모터 제어 모듈은 그림 23-14의 스텝 모터 제어 모듈과 거의 비슷해 보이지만 모터 드라이버로 SLA7062MB 칩을 사용하고 있으며 제어 방식 역시 차이가 있다. 그림 23-18의 스텝 모터 제어 모듈은 4개의 입력이 아니라, 회전 방향과 속도 결정을 위한 2개의 입력만으로 스텝 모터를 제어할 수 있다.

SLA7062MB 전원(5V)
모터 전원
VCC
GND
VCC_M
GND
Enable
Mode 1
Mode 0
DIR(1)
CLK(1)
DIR(2)
CLK(2)
스텝 모터
제어 모듈
A
COM
/A
B
COM
/B

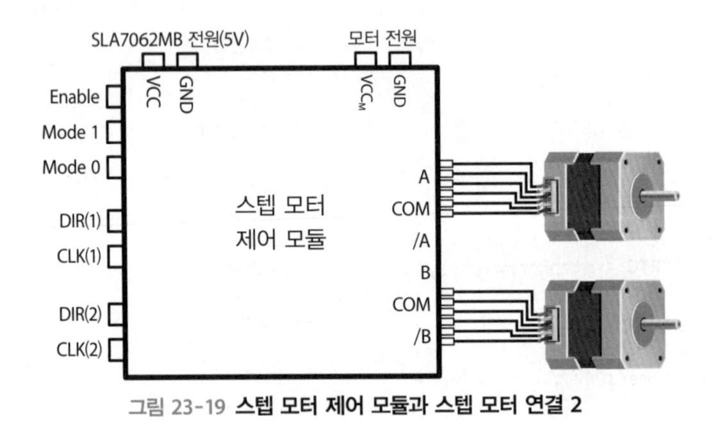

그림 23-19 **스텝 모터 제어 모듈과 스텝 모터 연결 2**

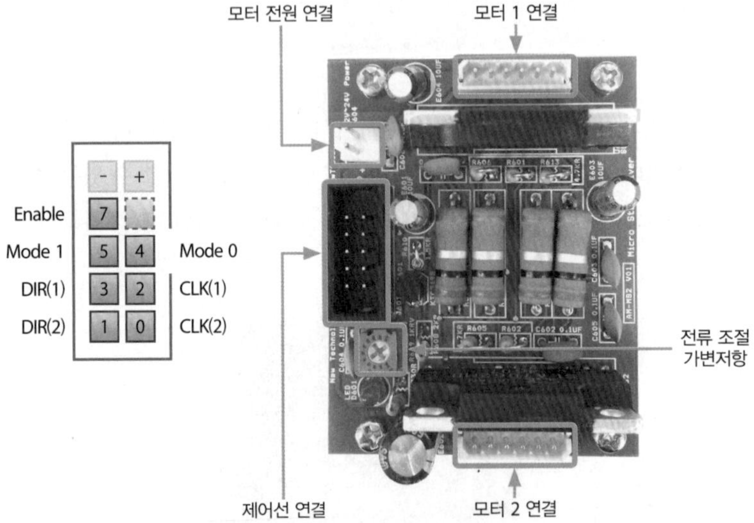

모터 전원 연결
모터 1 연결
-
+
Enable
7
Mode 1
5
4
Mode 0
DIR(1)
3
2
CLK(1)
DIR(2)
1
0
CLK(2)
전류 조절
가변저항
제어선 연결
모터 2 연결

그림 23-20 **스텝 모터 제어 모듈 연결 커넥터 2**

그림 23-20에서 활성화(Enable) 핀은 모터 제어 모듈을 활성화시켜 주는 핀으로, VCC에 연결하면 제어 모듈이 활성화되어 모터를 제어할 수 있고, GND에 연결하면 모터를 제어할 수 없다. DIR(Direction) 핀은 모터의 회전 방향을 결정하기 위한 핀으로, GND에 연결하면 반시계 방향, VCC에 연결하면 시계 방향으로 회전한다. CLK(Clock) 핀은 모터 회전 속도를 제어하는 핀으로, 하나의 펄스를 출력하는 경우 모터는 한 스텝 회전한다. 따라서 가하는 펄스의 속도를 빨리하면 모터는 빠른 속도로 회전하게 된다.

그림 23-14의 스텝 모터 제어 모듈은 4개의 제어 핀에 가해지는 입력의 조합에 따라 시계 방향 및 반시계 방향 회전이 결정되는데, 가해지는 값의 순서를 정확히 따라야 하는 번거로움이 있다. 하지만 그림 23-18의 스텝 모터 제어 모듈은 회전 방향을 결정하기 위한 별도의 제어선을 제공하여 한 스텝 회전을 위해서는 항상 동일한 신호를 가해 주면 되므로 제어가 상대적으로 간단하다.

모드(Mode) 핀은 모터의 분할각을 제어하기 위해 사용한다. 모드 값에 따른 스텝 모드는 표 23-6과 같다. 16분의 1 스텝으로 갈수록 분할각은 줄어들고, 한 바퀴 회전을 위한 클록의 수는 증가한다. 모드 핀을 연결하지 않으면 디폴트로 HIGH가 가해지고 스텝 모드는 2분의 1 스텝으로 설정되어 1-2상 여자 방식의 경우와 마찬가지로 0.9°의 분할각을 얻을 수 있다.

표 23-6 **스텝 모드**

Mode 0	Mode 1	스텝 모드
1	1	2분의 1(half) 스텝
1	0	4분의 1(quarter) 스텝
0	1	8분의 1(eighth) 스텝
0	0	16분의 1(sixteenth) 스텝

그림 23-21과 같이 스텝 모터 제어 모듈을 사용하여 스텝 모터를 연결해 보자. 2개의 제어 핀만 연결해도 스텝 모터 제어가 가능하지만 모터 제어 활성화 핀 역시 프로그램에서 제어할 수 있도록 별도의 핀으로 연결하였다.

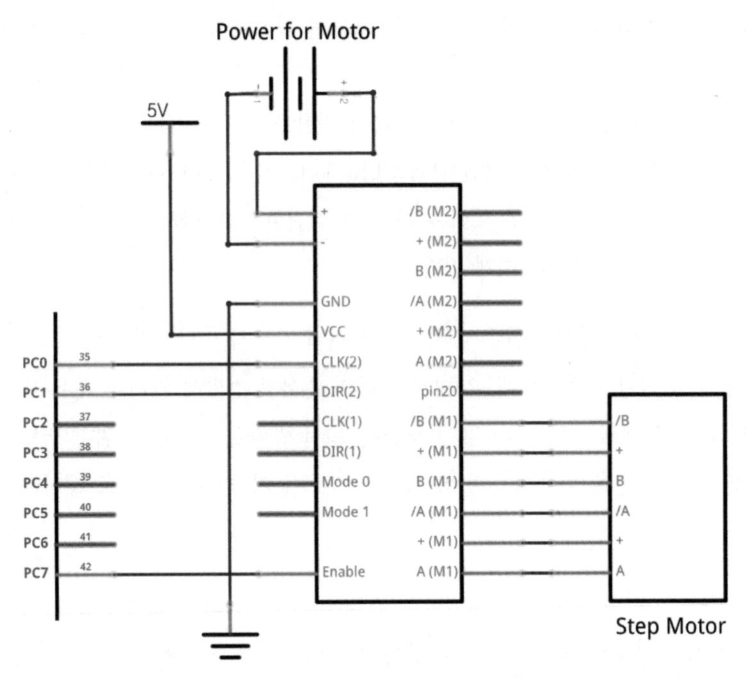

그림 23-21 **스텝 모터 제어 모듈 연결 회로도 2**

코드 23-4는 그림 23-18의 스텝 모터 제어 모듈을 사용하여 스텝 모터를 제어하는 프로그램이다. 코드 23-3에서는 풀 스텝 방식으로 5ms 간격으로 200개의 신호를 생성하여 한 바퀴 회전하고 있지만, 코드 23-4는 하프 스텝 방식으로 400개의 신호를 생성하여 한 바퀴 회전하는 차이가 있다. 모드를 수정하면 보다 정밀한 제어 역시 가능하지만 코드 23-4에서는 디폴트 값을 사용하였다.

코드 23-4 **스텝 모터 제어 2**

```
#define F_CPU 16000000L
#include <avr/io.h>
#include <util/delay.h>

int main(void)
{
    DDRC |= 0x83;                           // 모터 제어 핀을 출력으로 설정
    PORTC |= 0x80;                          // 모터 제어 활성화(Enable)

    while(1)
    {
        PORTC |= 0x02;                      // 시계 방향
```

```
        for(int i = 0; i < 400; i++){       // 400스텝 진행
            PORTC |= 0x01;                  // 상승 에지
            _delay_us(2500);
            PORTC &= ~0x01;                 // 하강 에지
            _delay_us(2500);
        }
        _delay_ms(1000);

        PORTC &= ~0x02;                     // 반시계 방향
        for(int i = 0; i < 400; i++){       // 400스텝 진행
            PORTC |= 0x01;                  // 상승 에지
            _delay_us(2500);
            PORTC &= ~0x01;                 // 하강 에지
            _delay_us(2500);
        }
        _delay_ms(1000);
    }

    return 0;
}
```

23.5 요약

모터는 움직이는 장치를 만들기 위해 필수적인 부품으로 마이크로컨트롤러 역시 여러 종류의 모터를 사용한다. DC 모터는 역사가 가장 오래되고 2개의 연결선만이 필요하여 여전히 많이 사용하고 있다. 서보 모터는 한정된 범위에서만 회전할 수 있지만 귀환 회로에 의해 정확한 위치 설정이 가능하다는 장점이 있다. 스텝 모터는 가장 많은 제어선을 필요로 하지만 분할각 이내에서는 회전 각도를 정확하게 지정할 수 있으며, 서보 모터와 달리 360° 회전이 가능한 장점이 있다. 이처럼 모터들은 그 특성이 각기 다르므로 필요에 따라 선택하여 사용하면 된다. 한 가지 주의할 점은 모터로 큰 힘을 얻기 위해서는 모터 전용 전원이 필요하다는 점이다. ATmega128에서 사용하는 5V 전원으로는 큰 힘을 얻기 어려우며, 설사 가능하다고 하더라도 모터에 의한 전기 잡음으로 마이크로컨트롤러의 동작에 영향을 미칠 수 있으므로 주의해야 한다.

연습 문제

1 그림 23-10과 같이 서보 모터를 연결하고, PF0 핀에 가변저항을 연결하자. 0에서 1,023 사이의 가변저항 값에 따라 서보 모터의 위치가 0°에서 180° 사이에 위치하도록 프로그램을 작성해 보자.

2 코드 23-3은 1상 여자 방식을 사용하여 200스텝에 한 바퀴 회전하고 있다. 이를 1-2상 여자 방식으로 스텝 모터를 구동하도록 수정해 보자. 1-2상 여자 방식의 구동을 위한 출력 데이터는 표 23-5를 참고하면 된다. 1-2상 여자 방식의 경우 분할각이 1상 여자 방식의 절반이므로 400스텝에 한 바퀴 회전한다는 점에 유의해야 한다.

CHAPTER

24 릴레이

릴레이는 낮은 전압의 신호로 높은 전압을 제어할 수 있는 스위치의 일종으로, 5V의 ATmega128 신호로 220V를 사용하는 가전제품을 제어하기 위해 사용할 수 있다. 이 장에서는 릴레이 중에서 흔히 볼 수 있는 전기기계식 릴레이와 반도체 릴레이의 사용 방법에 대해 알아본다.

24.1 릴레이

릴레이는 스위치의 일종이다. 하지만 작동 원리와 용도가 흔히 사용하는 스위치와는 차이가 있다. 일반적으로 스위치라고 하면 손으로 스위치를 ON/OFF로 조작하는 것을 상상하겠지만, 릴레이는 전기 신호로 ON/OFF를 조작한다. 우리가 흔히 볼 수 있는 릴레이는 전기기계식 릴레이(electromechanical relay)로, 코일에 전류를 흘렸을 경우 자석이 되는 성질을 이용한다.

그림 24-1은 전기기계식 릴레이의 구조를 나타낸 것으로, 릴레이 내부에 있는 코일에 전기를 연결하면 코일은 자석이 되어 스위치를 끌어당겨 스위치가 닫히고, 전기를 연결하지 않으면 스위치가 열려서 ON/OFF 조작이 가능하다.

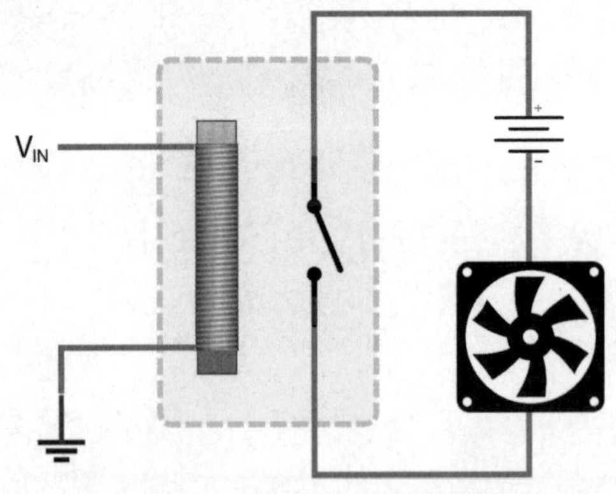

그림 24-1 **전기기계식 릴레이의 구조**

전기기계식 릴레이와 달리 반도체 릴레이(Solid State Relay, SSR)는 스위치와 같은 움직이는 부품 없이 구현한 릴레이로 무접점 릴레이라고도 한다. 반도체 릴레이는 코일과 전자석의 역할을 반도체가 대신한다. 반도체 릴레이에는 여러 가지 방식이 있는데, 포토커플러를 사용하는 방식이 그중 하나다. 포토커플러는 빛을 통해 스위치 개폐를 제어한다. 포토커플러는 발광 소자와 수광 소자로 이루어져 있으며, 마이크로컨트롤러에서 발광 소자에 신호를 가하면 수광 소자에서 약한 전류가 생성되고, 생성된 전류를 통해 트랜지스터의 스위치 기능을 제어한다. 전기기계식 릴레이는 기계적으로 접점을 개폐하기 때문에 고속으로 동작하기가 어렵지만, 무접점 릴레이는 반응 속도가 빨라 수 밀리초(ms) 내에 스위치를 여닫는 것이 가능하여 고속 제어에 유리하다.

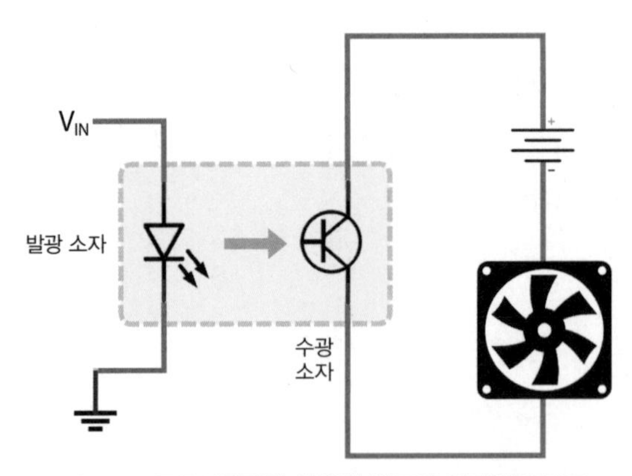

그림 24-2 **포토커플러를 사용한 반도체 릴레이의 구조**

릴레이의 장점 중 하나는 전기적으로 독립된 회로를 연동시킬 수 있다는 점이다. 일반적으로 마이크로컨트롤러에 주변 회로를 연결하는 경우 모든 접지를 공통으로 연결해야 한다. 하지만 릴레이를 사용하는 경우에는 스위치를 조작하는 회로와 스위치에 의해 구동되는 회로가 전기적으로 독립되어 있으므로 공통 접지가 필요 없다. 릴레이를 사용하면 ATmega128에서 사용하는 5V의 낮은 전압으로 높은 전압이나 전류를 제어하는 것이 가능하므로 산업용 기계나 가전제품 등을 제어할 수 있다.

24.2 전기기계식 릴레이

그림 24-3은 ATmega128을 이용하여 선풍기의 전원을 제어하는 구성도를 나타낸 것으로, 릴레이와 ATmega128 대신 스위치를 연결하면 손으로 스위치를 조작하는 것과 동일한 구성이 된다. 제어하고자 하는 장치에 공급되는 전원선 중 하나만을 사용하여 ON/OFF 제어를 실행해야 한다는 점에 주의하자.

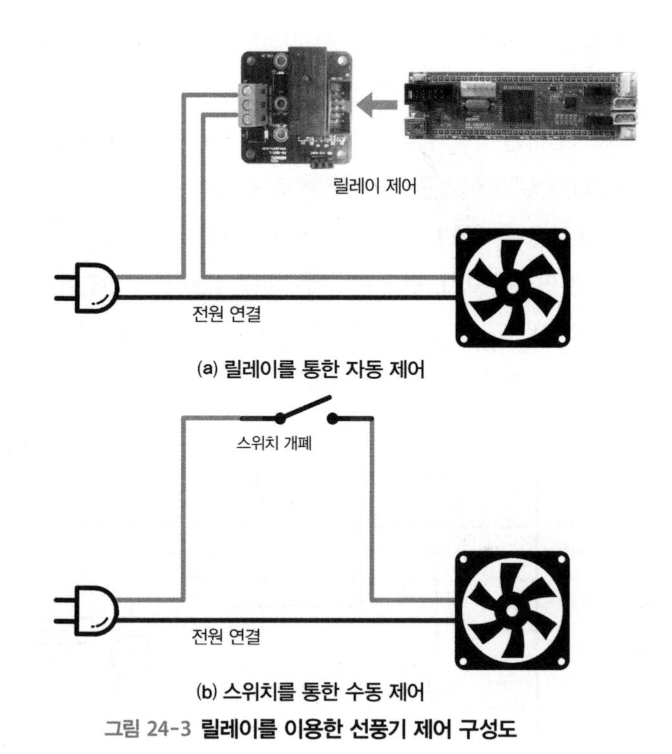

그림 24-3 릴레이를 이용한 선풍기 제어 구성도

그림 24-4는 전기기계식 릴레이의 예를 나타낸 것이다.

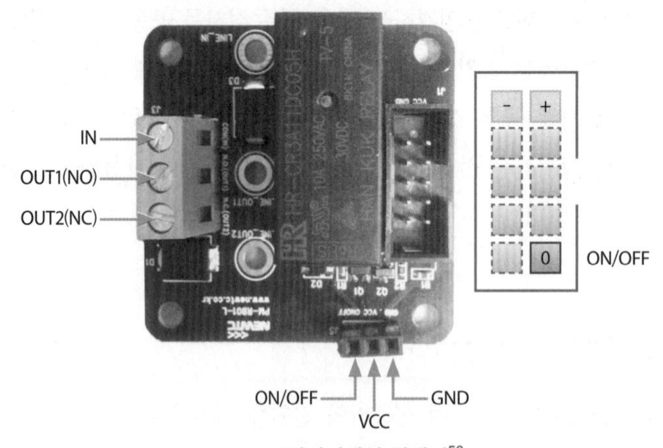

그림 24-4 **전기기계식 릴레이**[56]

그림 24-4는 5V로 제어하는 전기기계식 릴레이로, 릴레이 동작을 위한 VCC와 GND, 그리고 스위치 개폐를 담당하는 제어선을 ATmega128과 연결해야 한다. 그림 24-3과 같이 제어하고자 하는 장치의 전원선 중 하나를 잘라 그림 24-4의 IN과 OUTn(n = 1, 2)에 연결한다. OUT1과 OUT2는 초기 상태에서 연결되지 않은 경우와 연결된 경우를 선택하기 위한 것으로, OUT1에 연결하면 디폴트로 스위치는 열린 상태에 있으며(Normal Open, NO), 제어선에 HIGH 값을 출력하면 스위치가 닫힌다. OUT2에 연결하면 디폴트로 스위치는 닫힌 상태에 있으며(Normal Close, NC), 제어선에 HIGH 값을 출력하면 스위치가 열린다. 그림 24-5와 같이 릴레이를 통해 높은 전압을 사용하는 모터를 연결해 보자. 릴레이의 제어 핀은 PB0 핀에 연결한다. AC 전원을 사용하는 가전제품 역시 그림 24-5와 동일한 방법으로 연결하여 제어할 수 있다. 단, 가전제품을 제어하고자 하는 경우에는 릴레이가 AC 전원을 제어할 수 있는지의 여부를 반드시 확인해야 한다.

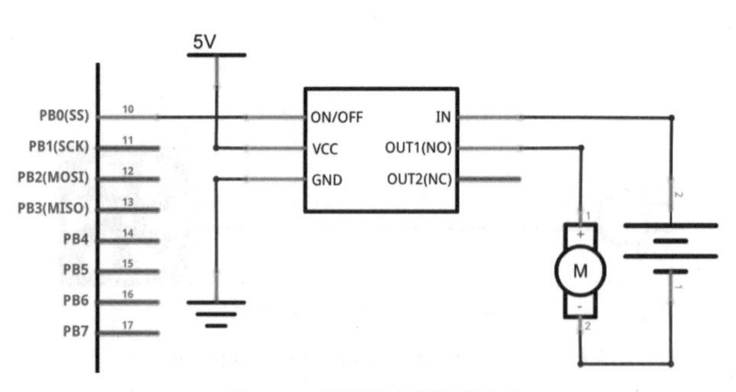

그림 24-5 **릴레이 연결 회로도**

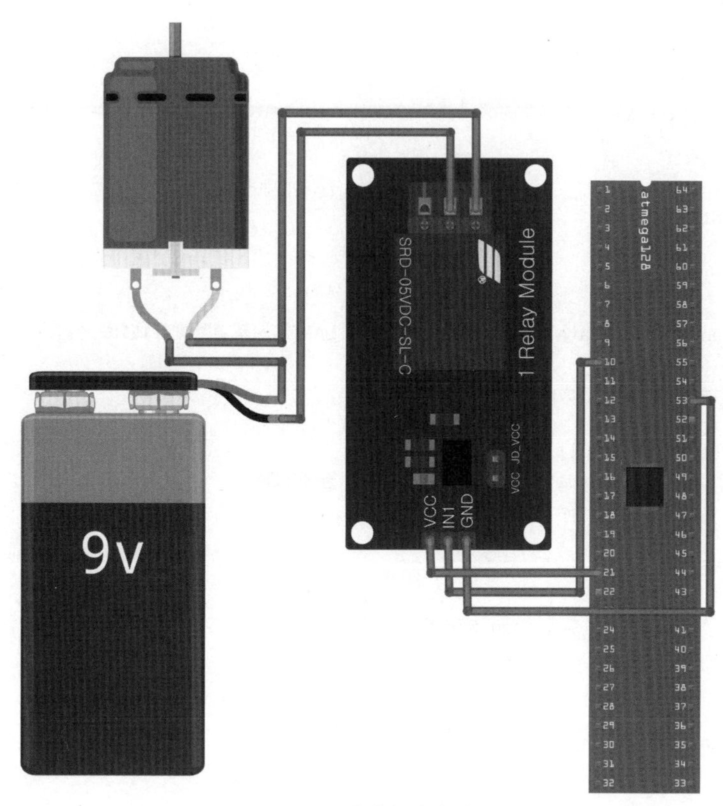

그림 24-6 **릴레이 연결 회로**

코드 24-1은 디지털 출력 핀으로 릴레이에 연결된 모터를 제어하는 프로그램이다. 터미널 프로그램에서 'o'나 'O'를 입력하면 스위치가 켜져서 모터가 동작하고, 그 외의 문자를 입력하면 스위치가 꺼져서 모터의 동작이 멈춘다.

코드 24-1 **릴레이 제어**

```
#include <avr/io.h>
#include <stdio.h>
#include "UART1.h"

FILE OUTPUT \
    = FDEV_SETUP_STREAM(UART1_transmit, NULL, _FDEV_SETUP_WRITE);
FILE INPUT \
    = FDEV_SETUP_STREAM(NULL, UART1_receive, _FDEV_SETUP_READ);

int main(void)
{
```

```
    stdout = &OUTPUT;
    stdin = &INPUT;

    UART1_init();                               // UART 통신 초기화

    DDRB |= 0x01;                               // 릴레이 제어 핀을 출력으로 설정
    char data;

    while (1)
    {
        scanf("%c", &data);                     // UART 통신을 통한 제어 데이터 수신

        printf(">> You typed \n", data);

        if(data == 'o' || data == 'O'){
            PORTB |= 0x01;                      // 릴레이 ON
            printf("** Switched ON !!\r\n");
        }
        else{
            PORTB &= 0xFE;                      // 릴레이 OFF
            printf("** Switched OFF !!\r\n");
        }
    }

    return 0;
}
```

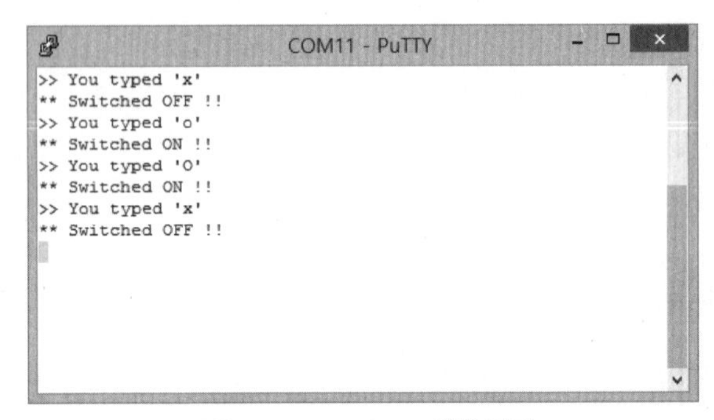

그림 24-7 **코드 24-1 실행 결과**

그림 24-5의 회로도에서 모터 전원은 NO에 연결되어 초기 상태가 연결되지 않은 상태에 있으므로 코드 24-1에서 PB0 핀에 HIGH 값을 출력한 경우 모터가 동작하였다. 모터 전원선을 OUT1(NO)이 아닌 OUT2(NC)에 연결하면 반대로 동작하는 것을 확인할 수 있다.

24.3 반도체 릴레이

전기기계식 릴레이와 반도체 릴레이는 동작 원리 및 제작 방식에는 차이가 있지만, 릴레이의 기본적인 제어 방식과 동작은 동일하다. 릴레이는 스위치라는 점을 잊지 말자. 동작 과정에서의 차이점이라면 전기기계식 릴레이의 경우 스위치를 여닫을 때 스위치가 개폐되는 소리가 나는 반면, 반도체 릴레이는 아무런 소리가 나지 않는다는 점이다. 그림 24-8은 반도체 릴레이 중 하나다.

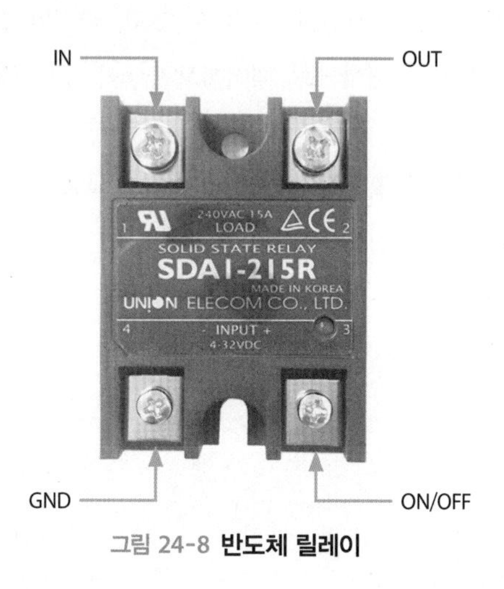

그림 24-8 **반도체 릴레이**

반도체 릴레이 역시 그림 24-5와 유사하게 연결할 수 있다. 다만 그림 24-4의 전기기계식 릴레이에는 릴레이 동작을 위해 ATmega128과 연결하는 VCC 단자가 있지만, 그림 24-8의 반도체 릴레이에서는 VCC 연결이 필요하지 않다. 또한 제어하고자 하는 장치를 연결하는 단자도 그림 24-5의 전기기계식 릴레이는 NO와 NC의 두 가지 연결 방식을 제공하지만, 그림 24-8의 반도체 릴레이는 NO 연결만 지원한다. 그림 24-5에서 전기기계식 릴레이를 반도체 릴레이로 교체한 후 코드 24-1을 실행시키면 그림 24-7과 동일한 동작을 수행하는 것을 확인할 수 있다.

릴레이는 HIGH 또는 LOW 값을 제어 핀으로 출력하여 간단하게 ON/OFF 제어가 가능하다. 하지만 릴레이는 일반적으로 높은 전압과 많은 전류를 제어하기 위해 사용하므로 취급에 각별한 주의가 필요하다.

24.4 요약

릴레이는 스위치의 일종이지만 물리적인 힘에 의해 개폐되는 일반적인 스위치와는 달리 전기적인 신호에 의해 개폐되는 스위치다. 특히 릴레이는 낮은 전압으로 높은 전압이나 전류를 제어할 수 있으므로 마이크로컨트롤러를 통해 가전제품이나 산업용 기기 등을 제어하는 용도로 흔히 사용된다. 릴레이는 일반적으로 전원선 중 한 선만을 잘라서 연결하는 방식을 주로 사용하며, 마이크로컨트롤러와 공통으로 접지를 연결할 필요가 없으므로 마이크로컨트롤러와 제어 대상이 되는 장치가 전기적으로 완전히 독립되어 있다. 하지만 릴레이는 제어할 수 있는 전압과 전류에 따라 여러 종류가 존재하므로 제어하고자 하는 장치에 필요한 전압 또는 전류를 고려하여 선택해야 한다. 릴레이는 전자 제품의 자동 제어를 위해 주로 사용하는데, 최근 사물인터넷의 응용 분야 중 하나인 홈오토메이션(home automation)을 위한 원격제어에도 사용되는 등 앞으로 활용 범위가 더 넓어질 것으로 예상된다.

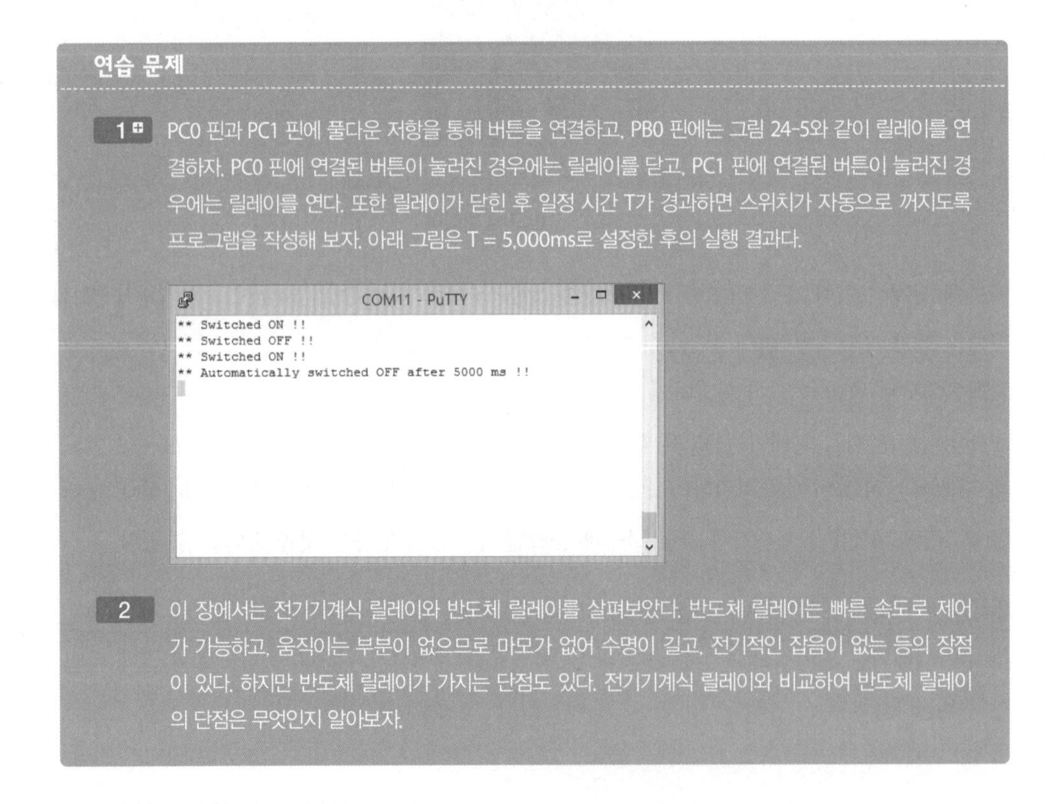

연습 문제

1 ⊞ PC0 핀과 PC1 핀에 풀다운 저항을 통해 버튼을 연결하고, PB0 핀에는 그림 24-5와 같이 릴레이를 연결하자. PC0 핀에 연결된 버튼이 눌러진 경우에는 릴레이를 닫고, PC1 핀에 연결된 버튼이 눌러진 경우에는 릴레이를 연다. 또한 릴레이가 닫힌 후 일정 시간 T가 경과하면 스위치가 자동으로 꺼지도록 프로그램을 작성해 보자. 아래 그림은 T = 5,000ms로 설정한 후의 실행 결과다.

2 이 장에서는 전기기계식 릴레이와 반도체 릴레이를 살펴보았다. 반도체 릴레이는 빠른 속도로 제어가 가능하고, 움직이는 부분이 없으므로 마모가 없어 수명이 길고, 전기적인 잡음이 없는 등의 장점이 있다. 하지만 반도체 릴레이가 가지는 단점도 있다. 전기기계식 릴레이와 비교하여 반도체 릴레이의 단점은 무엇인지 알아보자.

CHAPTER

25 센서

센서는 자연환경에서의 다양한 물리량을 감지하고 측정하는 도구로, 마이크로컨트롤러로 제어장치를 구성할 때 주변의 환경을 인식하고 상호 작용하기 위한 도구로 활용한다. 센서는 아날로그 신호를 출력하는 것이 일반적이며, 이를 디지털 신호로 변환하여 출력하는 경우도 볼 수 있다. 이 장에서는 여러 가지 센서들을 통해 자연환경의 물리량을 측정하는 방법에 대해 알아본다.

마이크로컨트롤러는 간단한 제어장치를 만들 때 주로 사용하며, 제어장치 구성을 위한 입력장치로는 흔히 센서를 사용한다. 센서는 특정 사건(event)이나 물리적인 양을 감지하고 이를 전기적 또는 광학적인 신호로 출력하는 장치를 말한다. 센서는 빛, 소리, 온도 등 인간의 감각기관으로 알아낼 수 있는 신호는 물론이거니와 인간이 인지할 수 없는 화학물질, 전자기파 등도 찾아내므로 상상할 수 있는 거의 모든 것을 찾아내고 측정할 수 있다고 해도 과언이 아니다. 일상생활 속에서도 센서를 사용한 예는 쉽게 찾아볼 수 있다. 자동문 앞에 서면 인체 감지 센서가 사람을 인지하고 문을 열도록 신호를 보내고, 화재가 발생한 경우 온도 센서나 연기 센서가 화재를 감지하여 소화기가 동작하도록 신호를 보내고, 병원에서 환자의 맥박이 느려지면 심박 센서가 이를 감지하여 위급 신호를 보내는 등이 그 예에 해당한다.

센서가 출력하는 신호는 크게 아날로그 신호와 디지털 신호로 나뉜다. 아날로그 신호를 출력하는 센서는 측정하고자 하는 양에 따라 변하는 전압을 출력할 수 있다. 예를 들어 온도 센서는 현재 온도에 비례하는 전압을 출력한다. 하지만 아날로그 값은 마이크로컨트롤러에서 처리할 수 없으므로 아날로그-디지털 변환기를 통해 디지털 값으로 변환한 후 처리해야 한다.

센서는 기본적으로 아날로그 값을 출력한다. 하지만 이 경우 마이크로컨트롤러에서 디지털로 변환하여 처리해야 하므로 마이크로컨트롤러에 부담이 될 수밖에 없다. 따라서 일부 센서의 경우 아날로그 값을 디지털로 변환하는 기능을 제공하여 디지털 데이터의 출력을 지원한다. 출력되는 디지털 데이터는 UART, SPI, I2C 등의 통신 방법을 사용하여 전달하는 경우도 매우 흔하다. ATmega128의 경우 각 통신 방식에서 사용할 수 있는 핀이 지정되어 있으므로 해당 핀에 센서를 연결하면 데이터를 받아들이고 처리할 수 있다.

25.1 온도 센서

온도 센서는 온도에 따라 출력되는 전압이 변하는 특성을 가진 센서다. 그림 25-1은 흔히 사용하는 센서 중 하나인 LM35 온도 센서로 트랜지스터와 동일한 모양을 하고 있다.

그림 25-1 **LM35 온도 센서**

LM35 온도 센서는 섭씨온도(℃)에 비례하는 전압을 출력한다. 1개의 전원을 사용하는 경우 LM35 온도 센서는 2~150℃의 온도를 측정할 수 있으며, 2개의 전원을 사용하는 경우에는 -55~150℃의 온도를 측정할 수 있다. 1개의 전원을 사용하는 경우 센서의 연결 방법은 그림 25-2와 같다.

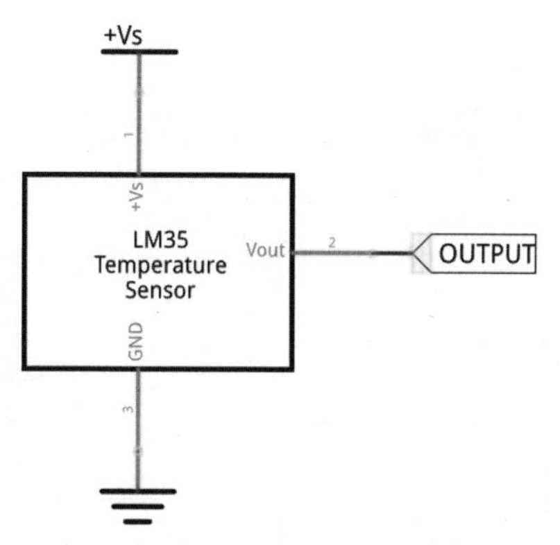

그림 25-2 **1개의 전원을 사용하는 경우 LM35 온도 센서 연결**

그림 25-2와 같이 1개의 전원을 사용하는 경우 출력은 1℃에 10mV씩 증가하므로 출력 전압에 100을 곱해서 섭씨온도를 구할 수 있다. 2개의 전원을 사용하는 경우 센서 연결 방법은 그림 25-3과 같다.

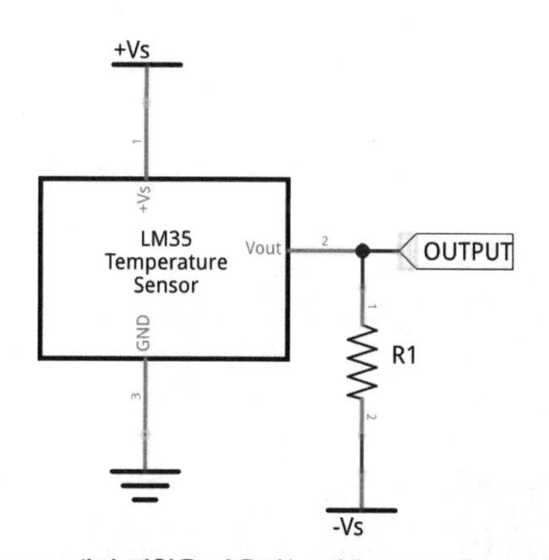

그림 25-3 **2개의 전원을 사용하는 경우 LM35 온도 센서 연결**

그림 25-3의 회로는 150℃에서 1,500mV가 출력되고, 25℃에서 250mV, -55℃에서 -550mV가 출력된다. 즉, 1℃에 10mV 전압이 변하는 것은 1개의 전원을 사용하는 경우와 동일하지만, 2개의 전원을 사용함으로써 0℃ 이하의 온도를 측정할 수 있다는 점에서 차이가 있다. 그림 25-3에서 저항 R1은 일반적으로 –Vs/50μA 크기를 사용하므로, –Vs = –5V라면 100kΩ 저항을 사용하면 된다. 이 장에서는 그림 25-2와 같이 1개의 전원을 사용하여 영상의 온도만 측정하는 것으로 한다. 그림 25-4와 같이 LM35 온도 센서를 PF3 핀에 연결한다. 온도 센서의 출

력값은 ADC를 거쳐 디지털 값으로 변환해야 하므로 아날로그 입력이 가능한 포트 F에 연결한다. 그림 25-4에서는 조도 센서를 PF5 핀에 연결하였으며, 조도 센서에 대해서는 25.2절에서 설명한다.

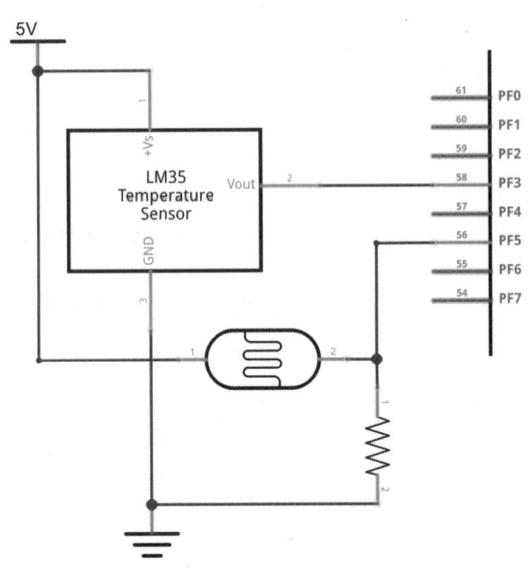

그림 25-4 **온도 센서와 조도 센서 연결 회로도**

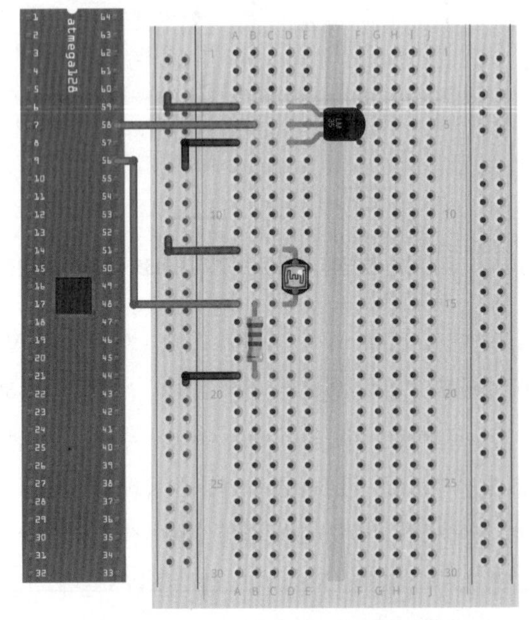

그림 25-5 **온도 센서와 조도 센서 연결 회로**

코드 25-1은 온도 센서로 온도를 측정하여 터미널로 출력하는 프로그램의 예다. 코드 25-1에서는 ADC를 거쳐 0에서 1,023 사이의 값으로 변환된 디지털 값을 실제 전압으로 변환한 후, 이를 다시 온도로 변환하고 있다. 아날로그-디지털 변환에 관한 자세한 내용은 10장을 참고하자.

코드 25-1 **온도 센서**

```
#define F_CPU 16000000L
#include <avr/io.h>
#include <util/delay.h>
#include <stdio.h>
#include "UART1.h"

FILE OUTPUT \
    = FDEV_SETUP_STREAM(UART1_transmit, NULL, _FDEV_SETUP_WRITE);
FILE INPUT \
    = FDEV_SETUP_STREAM(NULL, UART1_receive, _FDEV_SETUP_READ);

void ADC_init(unsigned char channel)
{
    ADMUX |= (1 << REFS0);                   // AVCC를 기준 전압으로 선택

    ADCSRA |= 0x07;                          // 분주비 설정
    ADCSRA |= (1 << ADEN);                   // ADC 활성화
    ADCSRA |= (1 << ADFR);                   // 프리러닝 모드

    ADMUX |= ((ADMUX & 0xE0) | channel);  // 채널 선택
    ADCSRA |= (1 << ADSC);                   // 변환 시작
}

int read_ADC(void)
{
    while(!(ADCSRA & (1 << ADIF)));          // 변환 종료 대기

    return ADC;                              // 10비트 값을 반환
}

int main(void)
{
    int read, temperature;
    float input_voltage;

    stdout = &OUTPUT;
    stdin = &INPUT;

    UART1_init();                            // UART 통신 초기화
    ADC_init(3);                             // AD 변환기 초기화. 채널 3 사용
```

```
    while(1)
    {
        read = read_ADC();                          // ADC 값 읽기
        // 0에서 1,023 사이의 값을 0V에서 5V 사이 값으로 변환한다.
        input_voltage = read * 5.0 / 1023.0;

        // 10mV에 1℃이므로 100을 곱해서 현재 온도를 얻는다.
        temperature = (int)(input_voltage * 100.0);

        printf("%d\r\n", temperature);

        _delay_ms(1000);                            // 1초에 한 번 읽음
    }

    return 0;
}
```

그림 25-6은 코드 25-1의 실행 결과로 온도가 변하도록 조작한 경우 출력되는 값을 나타낸 것이다. 코드 25-1에서는 정수값의 온도만 출력되도록 하였다. printf 함수를 사용하여 실수값을 출력하기 위해서는 별도의 라이브러리를 링크시켜야 하고 실행 파일의 크기가 커지므로 사용하지 않았다.

그림 25-6 **코드 25-1 실행 결과**

25.2 조도 센서

빛의 양에 따라 물리적인 특성이 변하는 소자에는 포토레지스터(photoresistor), 포토다이오드(photodiode), 포토트랜지스터(phototransistor) 등이 있다. 이 중 흔히 사용되는 소자는 빛의 양에 따라 저항값이 변하는 포토레지스터로 광센서, 조도 센서, 광전도셀, 포토셀 등으로도 불린다.

조도 센서는 CdS 조도 센서를 주로 사용하는데, 이는 카드뮴(Cd)과 황(S)으로 이루어진 황화 카드뮴 결정에 금속 다리를 결합한 것이다.

그림 25-7 **CdS 조도 센서**

조도 센서는 광량에 반비례하는 저항값을 가진다. 즉, 가시광선이 없는 어두운 곳에서는 큰 저항값을 가지다가 가시광선이 닿으면 저항값이 작아진다. 조도 센서는 가격이 저렴하고 사용법이 간단하지만, 반응 속도가 느리고 광량에 따른 출력 특성이 정밀하지 않으므로 광량을 정밀하게 측정하고자 하는 경우에는 포토다이오드나 포토트랜지스터를 사용해야 한다. 조도 센서는 광량에 따라 저항값이 변하므로 전압 분배에 의해 출력되는 전압이 달라지도록 그림 25-4와 같이 연결하여 사용할 수 있다. 그림 25-4와 같이 조도 센서를 연결한 경우 높은 조도에서 작은 저항값을 가져서 큰 전압이 핀에 가해지고, 낮은 조도에서 큰 저항값을 가져서 낮은 전압이 핀에 인가되므로 조도에 비례하는 전압을 얻을 수 있다.

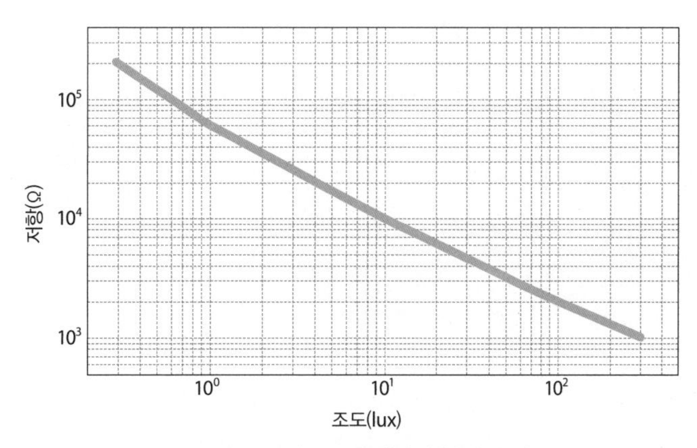

그림 25-8 **CdS 조도 센서의 특성 곡선**

조도 센서의 출력을 얻기 위해서는 코드 25-1에서 채널을 변경하고 ADC로부터 읽어 들인 값을 사용하면 된다. ADC 값은 그림 25-8의 특성 곡선과 사용된 저항값을 이용하여 조도로 변환할 수 있다. 코드 25-2는 조도 센서의 값을 읽어 터미널로 출력하는 프로그램이다. 그림 25-8에서 볼 수 있듯이 조도와 저항값의 관계는 선형 관계가 아니므로 간단하게 변환하기는 어려우므로 조도로 변환하지는 않았다. 또한 코드 25-2에서는 코드 25-1과 다른 부분인 main 함수만을 나타내었다.

코드 25-2 **조도 센서**

```
int main(void)
{
    int read;

    stdout = &OUTPUT;
    stdin = &INPUT;

    UART1_init();                               // UART 통신 초기화
    ADC_init(5);                                // AD 변환기 초기화. 채널 5 사용

    while(1)
    {
        read = read_ADC();                      // ADC 값 읽기

        printf("%d\r\n", read);

        _delay_ms(1000);                        // 1초에 한 번 읽음
    }

    return 0;
}
```

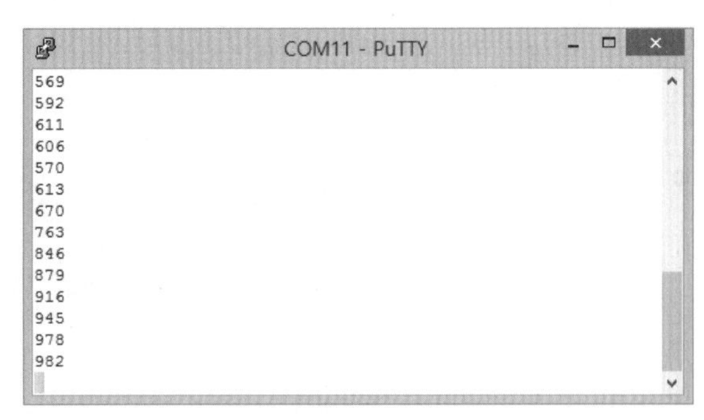

그림 25-9 **코드 25-2 실행 결과**

25.3 적외선 거리 센서

아날로그 신호를 출력하는 또 다른 예는 적외선 거리 센서에서 찾아볼 수 있다. 적외선 거리 센서는 초음파 거리 센서와 함께 거리 측정을 위해 주로 사용하는 센서다. 적외선 거리 센서는 초음파 거리 센서에 비해 측정할 수 있는 거리가 짧지만 거리에 반비례하는 전압을 출력하므로 ADC를 통해 거리를 측정할 수 있다.

그림 25-10 **적외선 거리 센서**

적외선 거리 센서는 발신부와 수신부로 이루어진다. 발신부는 적외선 LED를 사용하여 적외선을 내보내고, 물체에 반사된 적외선은 수신부로 들어온다. 이때 물체와의 거리에 따라 수신된 적외선이 포토디텍터(Position-Sensible photo Detector, PSD)에서 수신되는 위치가 달라지는데, 이를 통해 물체와의 거리를 측정할 수 있다.

이 장에서 사용한 적외선 거리 센서는 10~80cm 범위의 거리를 측정할 수 있으며, 거리에 반비례하는 전압을 출력한다. ADC를 통해 입력되는 값과 거리와의 관계는 다음과 같이 근사화할 수 있다.

$$Distance = \frac{5{,}461}{\mathrm{ADC} - 17} - 2$$

적외선 거리 센서를 그림 25-11과 같이 PF0(ADC0) 핀에 연결해 보자.

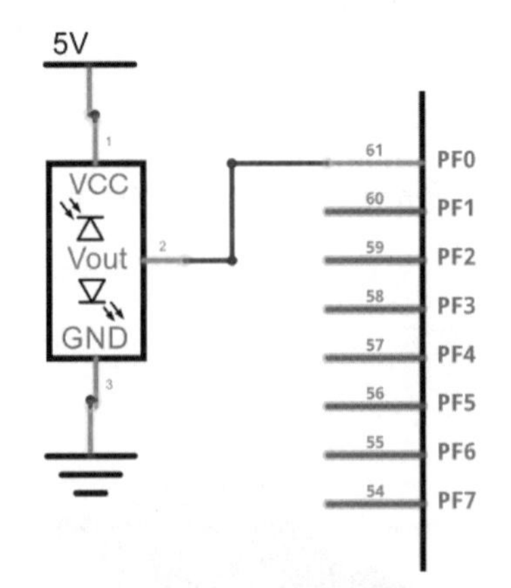

그림 25-11 **적외선 거리 센서 연결 회로도**

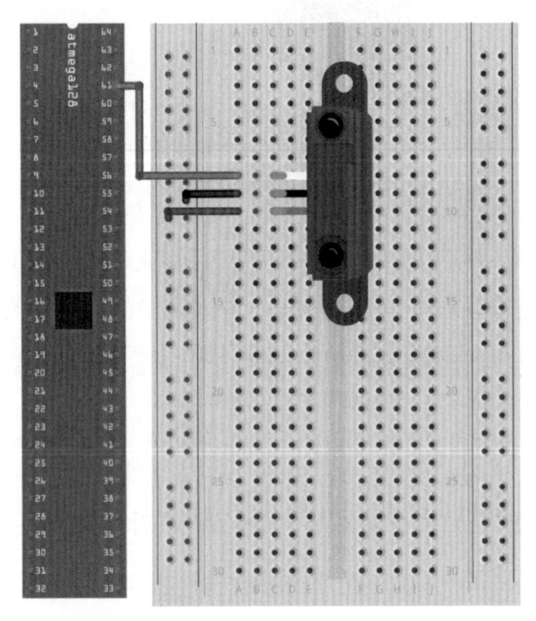

그림 25-12 **적외선 거리 센서 연결 회로**

코드 25-3은 적외선 거리 센서의 값을 읽고 거리로 변환한 후 터미널로 출력하는 프로그램이다. 코드 25-2와 마찬가지로 코드 25-1과 다른 main 함수만을 나타내었다. 거리 변환식에서 ADC 값이 17보다 작은 경우에는 분모가 음이 되므로 고려하지 않았다.

코드 25-3 **적외선 거리 센서**

```
int main(void)
{
    int read, distance;

    stdout = &OUTPUT;
    stdin = &INPUT;

    UART1_init();                        // UART 통신 초기화
    ADC_init(0);                         // AD 변환기 초기화. 채널 0 사용

    while (1)
    {
        read = read_ADC();               // ADC 값 읽기

        if(read - 17 <= 0)    distance = -1;
        else                  distance = 5461 / (read - 17) - 2;

        printf("Distance : %d cm\r\n", distance);

        _delay_ms(1000);                 // 1초에 한 번 읽음
    }

    return 0;
}
```

그림 25-13은 코드 25-3의 실행 결과로 적외선 거리 센서 앞에서 물건을 움직이면서 측정한 거리를 출력한 것이다.

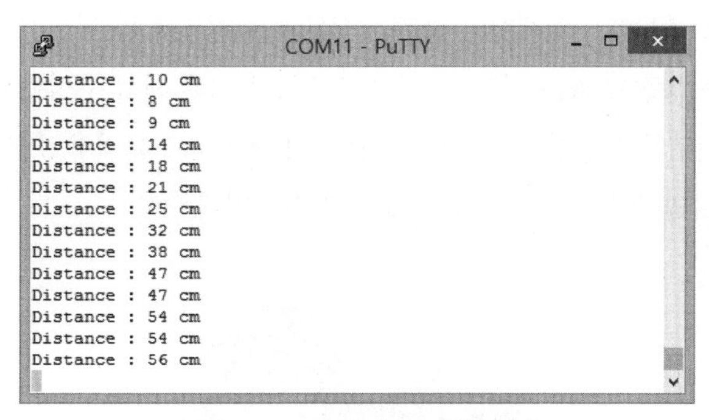

그림 25-13 **코드 25-3 실행 결과**

25.4 초음파 거리 센서

초음파 거리 센서는 초음파를 이용하여 거리를 측정하는 센서로, 초음파를 발신하는 부분과 반사파를 수신하는 부분으로 이루어진다. 발신부는 (+)와 (−) 전압을 번갈아 압전소자에 가해 주면 압전소자의 변형에 의해 진동이 발생하고 진동에 의해 초음파가 발생하는 역압전 현상을 이용한다. 수신부는 초음파가 물체에 반사되어 돌아오는 파동에 의해 압전소자가 진동하고 진동에 의해 전압이 발생하는 정압전 현상을 이용하여 시간을 측정하는데, 이를 기초로 거리를 계산할 수 있다.

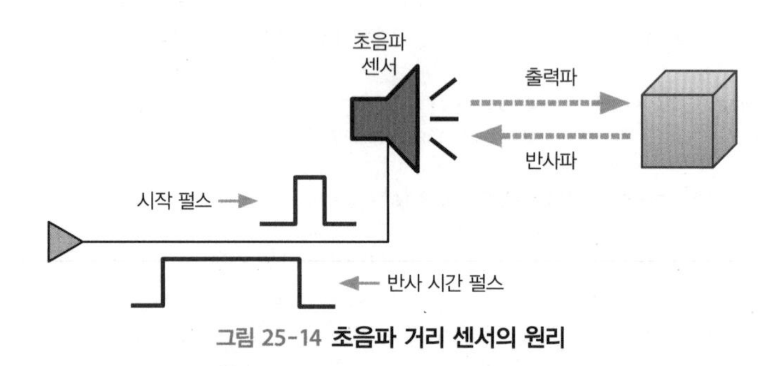

그림 25-14 **초음파 거리 센서의 원리**

초음파는 파장이 짧아 직진성이 높으며, 공기 중에서는 340m/s의 일정한 속도로 진행하는 특성을 가지고 있어서 거리 측정을 위한 수단으로 많이 사용한다. 초음파를 이용한 대표적인 예가 자동차의 후방 경보 시스템이며, 이외에도 물체 검출, 물체 크기 측정, 수위 측정 등 다양한 분야에서 초음파 센서를 사용하고 있다. 초음파 센서는 발신부와 수신부의 결합 상태에 따라 일체형과 분리형으로 나뉜다. 일체형의 경우 발신부와 수신부가 하나로 결합된 형태이므로 작은 공간을 요구하는 장점이 있는 반면, 간섭을 방지하기 위해 센서 구성이 복잡해지는 단점이 있다. 분리형은 발신부와 수신부가 분리된 형태로, 이 장에서도 분리형 초음파 센서로 흔히 사용하는 모듈 중 하나인 SRF05 초음파 센서 모듈을 사용한다.[57]

그림 25-15 **SRF05 초음파 센서**

SRF05 모듈은 그림 25-16과 같이 5개의 연결 핀을 가지고 있다. 이 중 트리거(Trigger) 입력 핀은 초음파 펄스 출력을 제어하는 핀이며, 에코(Echo) 출력 핀은 반사파를 출력하는 핀이다.

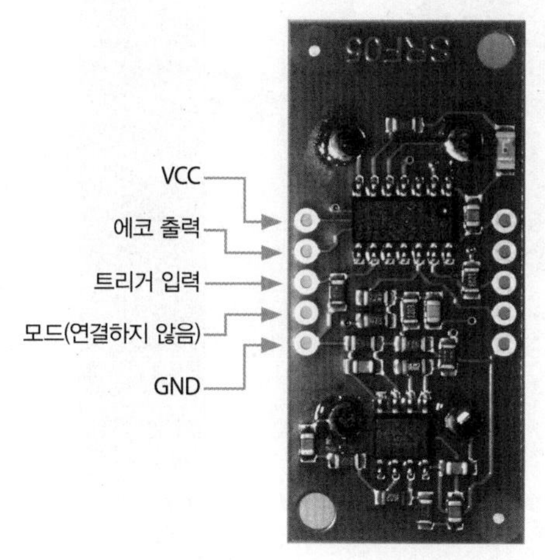

그림 25-16 **SRF05 초음파 센서 모듈**

SRF05의 트리거 핀으로 최소 10μs의 펄스를 발생시키면 에코 핀에서 거리에 비례하는 펄스가 출력된다. 따라서 에코 출력 핀으로 출력되는 펄스의 폭을 측정하여 거리를 계산할 수 있다. 에코 핀으로 출력되는 펄스의 길이를 마이크로초 단위로 측정한 경우 58로 나누면 센티미터(cm) 단위의 거리를 얻을 수 있고, 148로 나누면 인치(inch) 단위의 거리를 얻을 수 있다. 먼저 SRF05 초음파 센서 모듈을 그림 25-17과 같이 연결하자. 초음파 센서 모듈로의 입력이나 출력은 디지털 신호에서 HIGH인 부분의 시간으로 결정되므로 디지털 핀에 연결하면 된다.

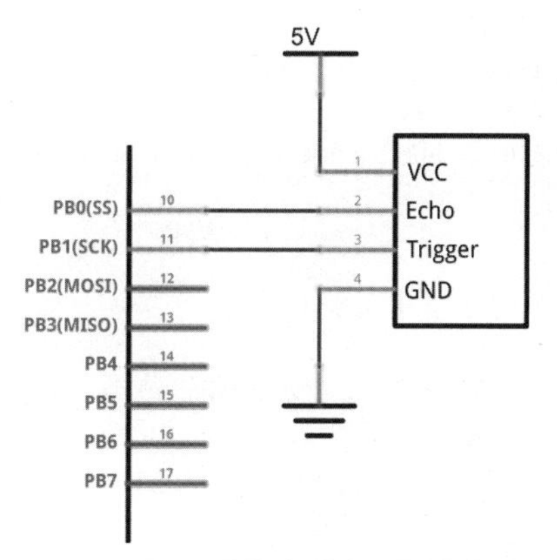

그림 25-17 **SRF05 초음파 센서 모듈 연결 회로도**

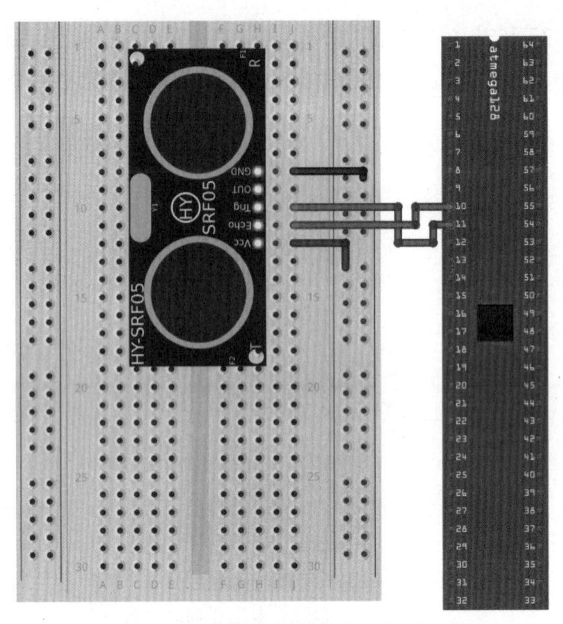

그림 25-18 **SRF05 초음파 센서 모듈 연결 회로**

코드 25-4는 SRF05 초음파 센서 모듈로 거리를 측정하여 출력하는 프로그램이다.

코드 25-4 **초음파 거리 센서**

```
#define F_CPU 16000000L
#include <avr/io.h>
#include <util/delay.h>
#include <stdio.h>
#include "UART1.h"

FILE OUTPUT \
    = FDEV_SETUP_STREAM(UART1_transmit, NULL, _FDEV_SETUP_WRITE);
FILE INPUT \
    = FDEV_SETUP_STREAM(NULL, UART1_receive, _FDEV_SETUP_READ);

#define  PRESCALER 1024                     // 분주비

void Timer_init(void)
{
    // 16비트 타이머 1번 타이머/카운터 분주비를 1,024로 설정
    TCCR1B |= (1 << CS12) | (1 << CS10);
}

uint8_t measure_distance(void)
```

```
{
    // 트리거 핀으로 펄스 출력
    PORTB &= ~(1 << PB1);                       // LOW 값 출력
    _delay_us(1);
    PORTB |= (1 << PB1);                        // HIGH 값 출력
    _delay_us(10);                              // 10 마이크로초 대기
    PORTB &= ~(1 << PB1);                       // LOW 값 출력

    // 에코 핀이 HIGH가 될 때까지 대기
    TCNT1 = 0;
    while(!(PINB & 0x01))
        if(TCNT1 > 65000) return 0;             // 장애물이 없는 경우

    // 에코 핀이 LOW가 될 때까지의 시간 측정
    TCNT1 = 0;                                  // 카운터를 0으로 초기화
    while(PINB & 0x01){
        if (TCNT1 > 650000){                    // 측정 불가능
            TCNT1 = 0;
            break;
        }
    }

    // 에코 핀의 펄스폭을 마이크로초 단위로 계산
    double pulse_width = 1000000.0 * TCNT1 * PRESCALER / F_CPU;

    return pulse_width / 58;                    // 센티미터 단위 거리 반환
}

int main(void)
{
    uint8_t distance;

    stdout = &OUTPUT;
    stdin = &INPUT;

    UART1_init();                               // UART 통신 초기화

    DDRB |= 0x02;                               // 트리거 핀 출력으로 설정
    DDRB &= 0xFE;                               // 에코 핀 입력으로 설정

    Timer_init();                               // 1번 타이머/카운터 활성화

    while(1)
    {
        distance = measure_distance();          // 거리 측정

        printf("Distance : %d cm\r\n", distance);
```

```
        _delay_ms(1000);                        // 1초에 한 번 읽음
    }

    return 0;
}
```

코드 25-4에서는 에코 펄스의 폭을 측정하기 위해 16비트 1번 타이머/카운터의 분주비를 1,024로 설정하였다. 단순히 클록 수를 세기 위해서는 타이머/카운터를 활성화시키는 것으로 충분하며, 이를 위해서는 Timer_init 함수에서 TCCR1B 레지스터에 분주비를 설정해야 한다. 현재까지의 카운트 값은 TCNT1에 저장된다. TCNT1에 저장된 카운터는 1,024로 분주한 카운트 값이므로 분주비를 곱하여 실제 클록 수를 얻고, 이를 클록 주파수인 F_CPU와 비교하여 시간을 계산한다. 계산된 펄스의 폭을 58로 나누어 센티미터 단위의 거리를 반환한다. 그림 25-19는 코드 25-4의 실행 결과로 초음파 거리 센서 앞에서 물건을 움직이면서 출력한 거리를 나타낸 것이다.

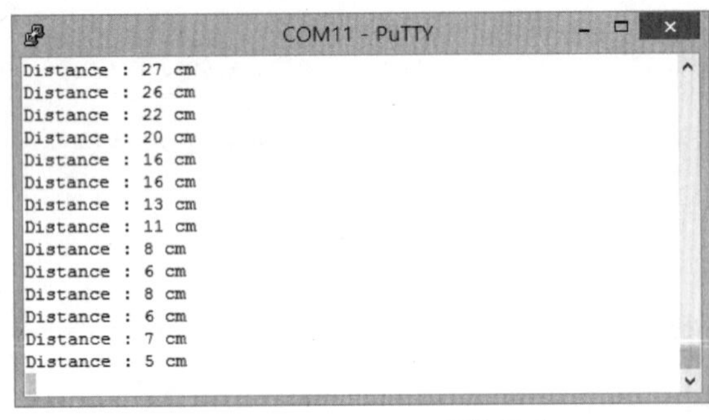

그림 25-19 **코드 25-4 실행 결과**

25.5 요약

센서는 특정 사건이나 물리량을 측정하는 장치로 주변 환경과 상호 작용하는 장치를 만들 때 필수적으로 사용한다. 센서의 종류에는 간단한 온도나 습도 센서를 비롯하여 사람이 알아챌 수 없는 일산화탄소나 자외선을 측정하는 센서까지 다양한 센서들이 존재하고 있으므로 필요에 따라 선택하여 사용하면 된다. 센서 선택 시 주의할 점은 센서의 출력 방식이 아날로그인지 디지털인지 확인해야 한다는 점이다. 아날로그 출력을 내는 센서의 경우 아날로그-디지털 변

환기를 통해 디지털로 변환해야만 마이크로컨트롤러에서 처리할 수 있다. 디지털 출력의 경우 초음파 거리 센서와 같이 디지털 펄스의 폭으로 출력을 내는 경우도 있지만, 시리얼 통신을 통해 디지털 데이터를 전송하는 경우도 흔히 볼 수 있다. 이처럼 센서는 다양한 형태로 데이터를 출력하므로 사용하고자 하는 센서의 통신 방법을 반드시 확인해야 한다.

연습 문제

1 PF5 핀에 그림 25-4와 같이 조도 센서를 연결하고, 포트 B에 8개의 LED를 연결하자. 광량에 따라 켜지는 LED의 개수가 변하도록 프로그램을 작성해 보자. 그림 25-4의 회로 구성에서는 광량에 비례하여 값이 입력된다. 따라서 켜지는 LED의 개수는 입력되는 값에 반비례하도록 구성해야 한다. 또한 최대 및 최소 조도 상황에서 입력되는 값은 사용한 저항의 크기에 영향을 받으므로 실험을 통해 입력되는 최댓값 및 최솟값을 결정해야 한다.

2 그림 25-17과 같이 초음파 센서를 포트 B에 연결하고, 포트 C에 8개의 LED를 연결하자. 초음파 센서로 측정한 거리가 일정 거리 이내일 경우 8개의 LED가 0.5초 간격으로 점멸하도록 프로그램을 작성해 보자.

CHAPTER

26 블루투스

블루투스는 유선 통신인 RS-232C를 대체하기 위하여 에릭슨이 제안한 저전력 무선 통신 표준 중 하나로, 컴퓨터와 스마트폰 등 각종 전자 제품에 포함되어 있다. 마이크로컨트롤러에서 블루투스 통신을 사용하기 위해서는 UART 유선 통신을 블루투스 무선 통신으로 바꾸어 주는 모듈을 사용해야 하는데, 이 경우 UART 통신과 거의 동일한 방법으로 무선 통신을 사용할 수 있다. 이 장에서는 블루투스 모듈을 이용하여 스마트폰과 통신하는 방법에 대해 알아본다.

블루투스(bluetooth)는 1994년 에릭슨(Ericsson)이 개발한 개인 근거리 무선 통신(Personal Area Network, PAN)을 위한 표준으로 RS-232C를 대체하는 저가격, 저전력 무선 기술을 지향한다. 블루투스는 기본적으로 10m 이내에서의 통신을 목표로 하며, 이 범위는 100m까지 확장할 수 있다. 블루투스는 2.4GHz 대역인 ISM(Industrial, Scientific, Medical) 대역을 사용하는데, 상위 및 하위 영역은 다른 시스템과의 간섭을 막기 위해 사용하지 않으며, 2,402MHz에서 2,480MHz까지 총 79개의 채널을 사용한다. ISM 대역은 산업, 과학 및 의료 목적으로 할당된 대역으로 저전력의 전파를 발산하는 개인용 무선 기기에서 많이 채택하고 있다. 최근 사용이 증가하고 있는 무선랜(WiFi)과 지그비 역시 ISM 대역을 사용한다.

마이크로컨트롤러와 함께 사용되는 블루투스는 2.0이 대부분이며, 최근 블루투스 4.0을 지원하는 제품 역시 등장하고 있다. 블루투스 4.0 통신 규약 중 하나인 BLE(Bluetooth Low Energy)는 애플이 아이비콘(iBeacon)을 소개함으로써 주목받고 있는 저전력 통신 방법 중 하나다. BLE는 블루투스 2.0에서 지원하는 통신 방법과는 다른 새로운 방법이며, 블루투스 4.0은 블루투스 2.0과 BLE를 합한 것으로 생각할 수 있다. 이 장에서는 블루투스는 2.0을 사용하여 ATmega128과 스마트폰을 연결하고 통신하는 방법에 대해 알아본다.

26.1 블루투스 모듈 설정

블루투스는 마스터와 슬레이브 구성을 가지며, 하나의 마스터에는 최대 7개까지 슬레이브를 연결할 수 있다. 블루투스에서는 마스터와 슬레이브 사이의 통신만 가능하며, 슬레이브 사이의 통신은 불가능하다. 블루투스는 스마트폰을 비롯하여 마우스, 키보드, 이어폰, 프린터, 카메라, 자동차, 게임기, TV 등 수많은 기기에서 채택하여 주변에서 흔히 접할 수 있는 무선 연결 방식으로 자리매김하고 있다.

이 장에서는 블루투스 2.0을 지원하는 모듈 중 하나인 HC-06 슬레이브 모듈을 사용한다.[58] HC-06 슬레이브 모듈은 VCC 및 GND의 전원 핀과 시리얼 통신을 위한 RX 및 TX 총 4개의 핀을 연결하여 사용한다. 블루투스는 무선 연결로 시리얼 통신과는 그 방식이 다르지만, 블루투스의 통신 규약에 정의된 방법 중 하나인 SPP(Serial Port Profile)는 시리얼 통신과 동일한 방법으로 데이터를 송수신할 수 있는 방법을 제공한다. 이 장에서는 ATmega128을 스마트폰과 블루투스를 통해 무선으로 연결하여 데이터를 송수신하는 과정을 살펴본다. 이때 ATmega128은 슬레이브로, 스마트폰은 마스터로 동작한다.

그림 26-1 **HC-06 블루투스 슬레이브 모듈**

먼저 블루투스 모듈을 초기화하는 방법을 살펴보자. HC-06 블루투스 모듈은 UART 시리얼 통신을 통해 초기화가 가능한데, 이를 위해 USB/UART 변환 장치가 필요하다. 블루투스 모듈과 USB/UART 변환 장치를 연결할 때 블루투스의 TX 및 RX는 USB/UART 변환 장치의 RX 및 TX와 교차하여 연결해야 하는 점은 일반적인 UART 시리얼 연결과 동일하다.

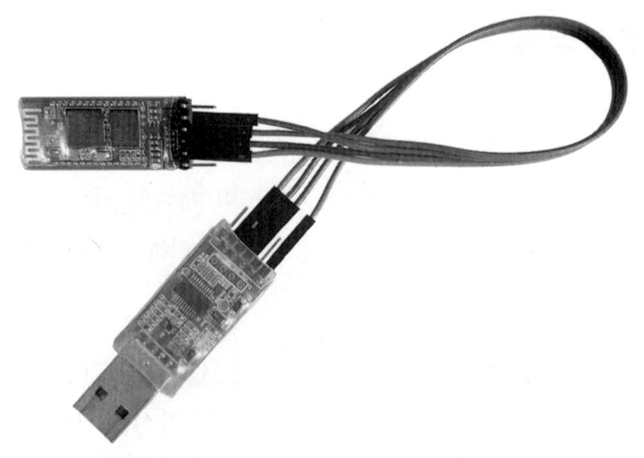

그림 26-2 **HC-06 슬레이브 모듈과 USB/UART 변환 장치 연결**

USB/UART 변환 장치를 컴퓨터에 연결하면 터미널 프로그램을 통해 블루투스 모듈을 설정할 수 있다. 지금까지 터미널 프로그램으로 PuTTY를 사용해 왔지만 PuTTY의 경우 블루투스 모듈 설정에 필요한 데이터 형식인 개행 문자 없이 문자열 데이터를 전달하기가 쉽지 않다. 따라서 이 장에서는 블루투스 모듈 설정을 위해 아트멜 스튜디오의 확장 프로그램인 'Terminal for Atmel Studio'를 사용한다. 'Tools ➡ Extensions and Updates...' 메뉴 항목을 선택하면 확장 프로그램 및 업데이트를 선택할 수 있는 다이얼로그가 나타난다.

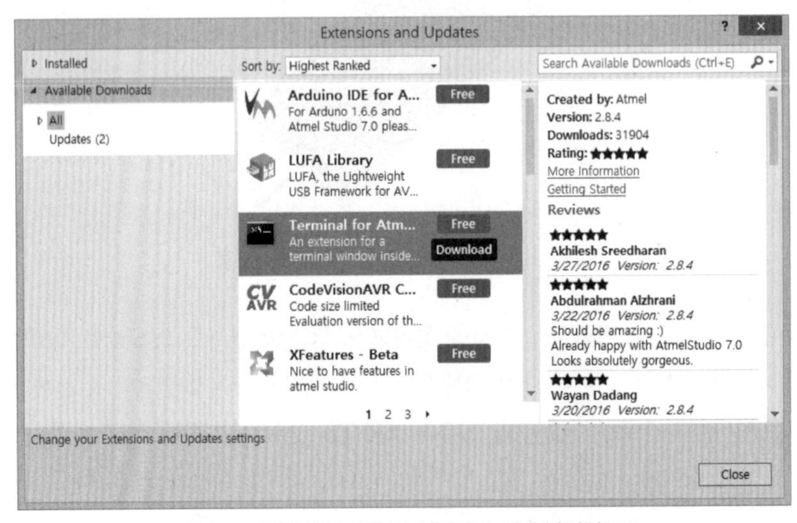

그림 26-3 **확장 프로그램 및 업데이트 선택 다이얼로그**

다운 가능한(Available Downloads) 항목에서 'Terminal for Atmel Studio'를 선택하고 'Download' 버튼을 누르면 확장 프로그램 다운로드를 위해 아트멜 사이트에 로그인하는 창이 나타난다. 업데이트나 확장 프로그램을 설치하기 위해서는 로그인이 필요하므로 아직 가입하지 않았다면 아트멜 사이트에 가입하도록 한다.

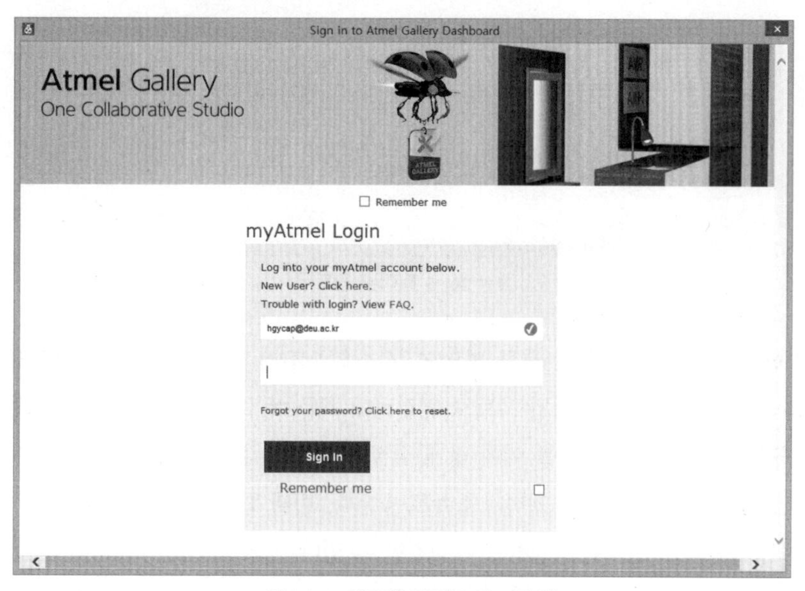

그림 26-4 **아트멜 사이트 로그인 창**

로그인이 되면 자동으로 확장 프로그램을 다운로드하고 설치한다. 설치가 완료되면 'View ➡ Terminal Window'라는 메뉴 항목이 새롭게 생성된 것을 확인할 수 있다. 즉, 터미널 프로그램은 아트멜 스튜디오에 통합되어 아트멜 스튜디오의 일부처럼 동작한다.

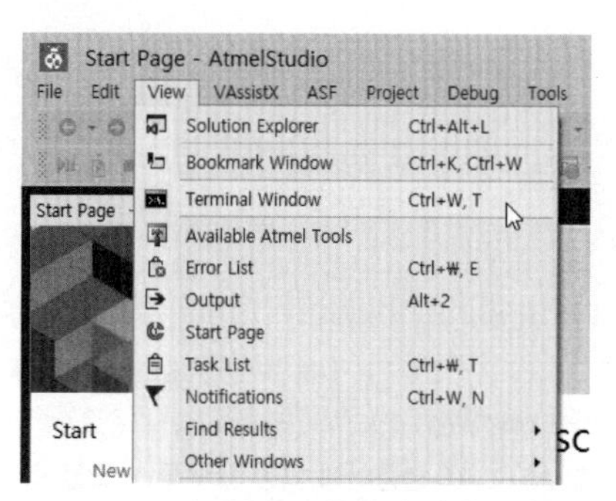

그림 26-5 **터미널 윈도우를 위한 메뉴 항목**

메뉴 항목을 선택하면 터미널 윈도우가 나타난다.

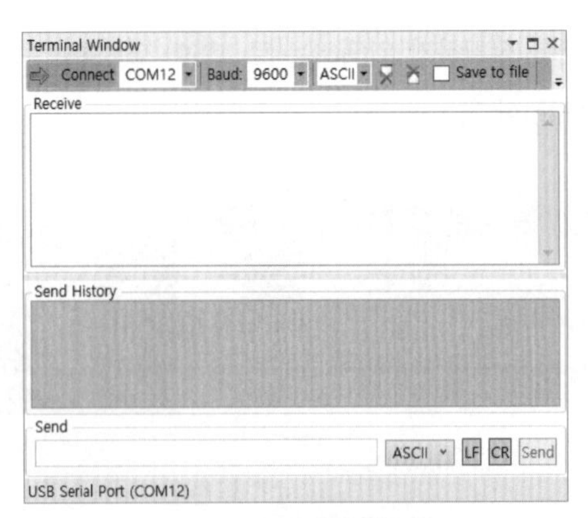

그림 26-6 **터미널 윈도우**

USB/UART 변환 장치에 할당된 포트 번호(여기서는 COM12에 할당된 것으로 가정한다)를 선택하고 'Connect' 버튼을 누르면 지정된 포트로 연결된다. HC-06 블루투스 모듈은 디폴트로 9,600 보율로 설정되어 있으므로 속도를 이에 맞게 설정해야 한다. 블루투스 모듈로 전달할 데이터를 아래쪽 'Send' 창에 입력하고 엔터키를 누르면 된다. 이때 'LF'와 'CR'은 선택되지 않은 상태로 설정해야 블루투스 모듈을 정상적으로 설정할 수 있다.

블루투스 모듈과 연결한 후, 전송 창에 'AT'를 입력하고 엔터키를 눌렀을 때 'OK'가 출력된다면 블루투스 모듈이 정상적으로 동작하는 것으로 볼 수 있다.

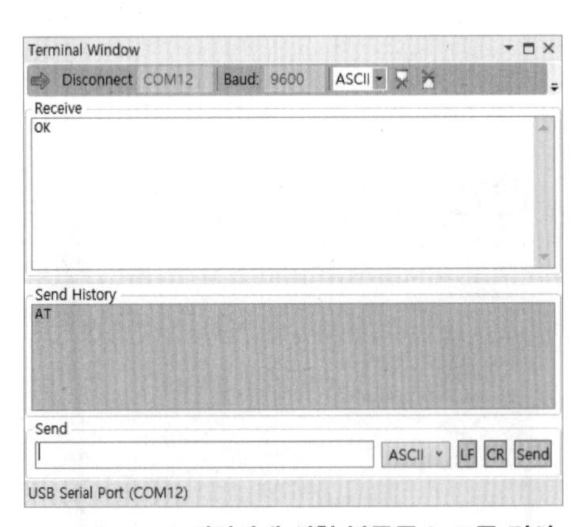

그림 26-7 **AT 명령어에 의한 블루투스 모듈 검사**

'AT+NAMEAtmega128Blue' 명령을 전송하면 블루투스 모듈의 이름이 'Atmega128Blue'로 바뀌고, 스마트폰에서도 바뀐 이름으로 검색된다. 'AT+PIN1234' 명령은 비밀번호를 '1234'로 변경하는 명령이며, 전송 속도인 보율(baud rate)은 'AT+BAUD4' 명령으로 변경할 수 있다. 보율 변경에 사용되는 숫자에 따른 전송 속도는 표 26-1과 같다.

표 26-1 **전송 속도 설정**

숫자	전송 속도(baud)	숫자	전송 속도(baud)
1	1,200	5	19,200
2	2,400	6	38,400
3	4,800	7	57,600
4	9,600	8	115,200

그림 26-7은 블루투스 모듈의 이름, 비밀번호, 통신 속도를 설정한 예를 보여 주는 것이다. 이때 통신 속도를 디폴트 값인 9,600에서 다른 값으로 변경하면 터미널 패널에서 속도를 변경한 후 다시 연결해야 추가 설정이 가능하다.

그림 26-8 **블루투스 모듈 설정**

26.2 스마트폰 설정

블루투스 모듈의 설정이 끝났으므로 이제 블루투스 통신을 수행할 수 있도록 스마트폰을 설정해 보자. 블루투스 모듈에는 전원이 공급되어 있어야 하므로 블루투스 모듈을 ATmega128의 시리얼 포트인 PD2(RX1)와 PD3(TX1) 핀에 그림 26-9와 같이 연결한다. 모듈에 전원이 공급되고 마스터 장치와 연결이 되어 있지 않은 상태에서 LED는 깜빡거리고 있으며, 마스터 장치와 연결된 후에는 LED가 켜져 있는 상태로 바뀐다.

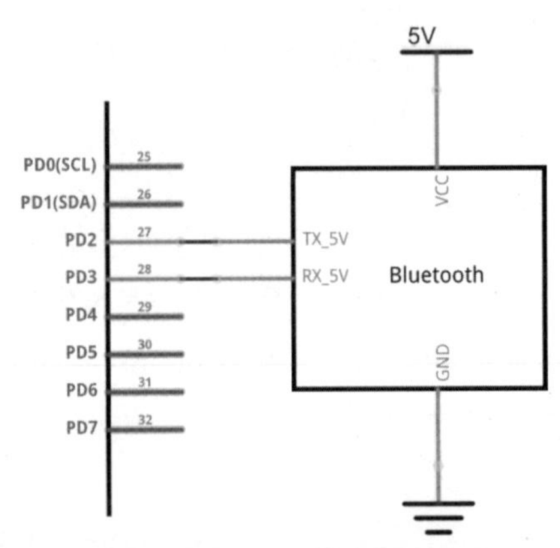

그림 26-9 **ATmega128과 블루투스 슬레이브 모듈 연결 회로도**

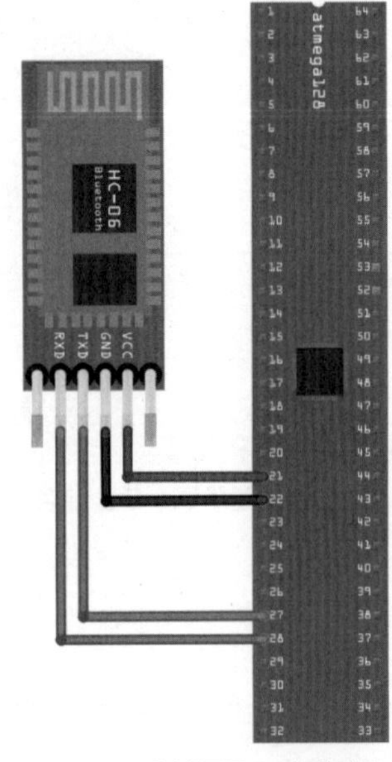

그림 26-10 **ATmega128과 블루투스 슬레이브 모듈 연결 회로**

스마트폰의 블루투스를 활성화시키면 주변의 블루투스 기기들을 검색하여 보여 준다.

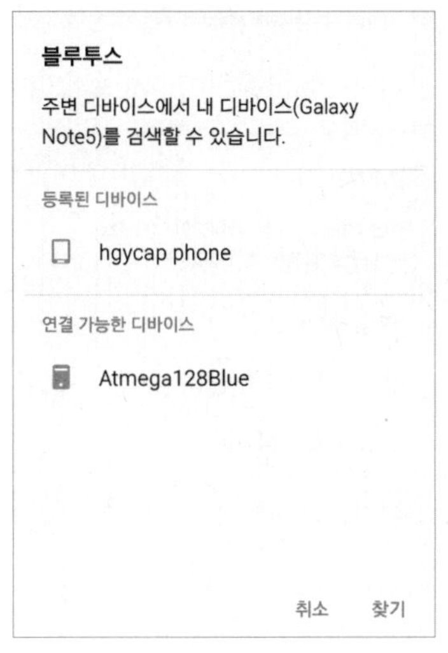

그림 26-11 **블루투스 기기 검색**

검색 목록에서 블루투스 모듈의 이름으로 지정한 'Atmega128Blue'를 확인할 수 있다. 블루투스 연결은 두 단계로 이루어진다. 먼저 연결 대상이 되는 기기들 사이의 인증 과정이 필요한데, 이를 페어링(pairing)이라고 한다. 페어링 과정에서는 보안을 위해 비밀번호를 입력해야 하며, 한 번 페어링이 된 기기는 스마트폰에서 관리하므로 페어링을 해제하기 전까지 비밀번호를 다시 입력할 필요는 없다. 페어링이 이루어진 이후에 실제로 데이터를 주고받기 위한 연결을 진행한다. 그림 26-11에서 'Atmega128Blue'를 선택하면 그림 26-12와 같이 비밀번호를 입력하는 창이 나타난다. 비밀번호는 PIN, 패스코드(passcode), 페어링 코드(pairing code), 패스키(passkey) 등으로도 불린다.

그림 26-12 **비밀번호 입력 창**

그림 26-12의 창에 위에서 설정한 '1234'를 입력하면 페어링이 완료된다. 그림 26-11의 '연결 가능한 디바이스'가 그림 26-13과 같이 '등록된 디바이스'로 바뀐 것으로 페어링이 이루어진 것을 확인할 수 있다.

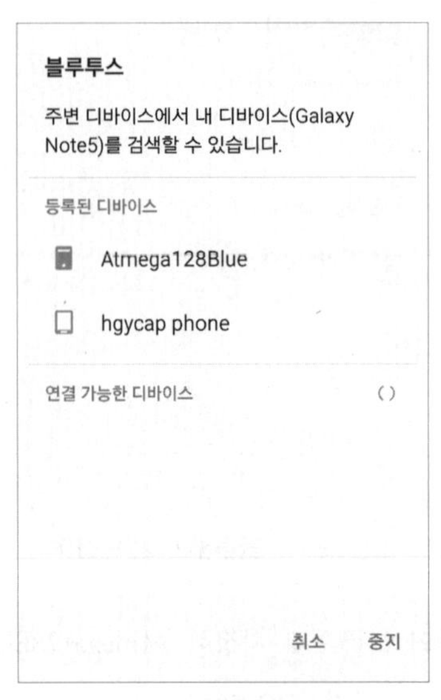

그림 26-13 **페어링 완료**

SPP 방식의 데이터 송수신을 위해서는 'Bluetooth spp tools pro' 애플리케이션을 사용한다. 애플리케이션은 플레이스토어에서 무료로 다운받을 수 있다.[59] 애플리케이션을 설치하고 실행하면 현재 등록된 기기 목록이 나타난다.

그림 26-14 **등록된 기기 목록**

'Atmega128Blue'를 선택하고 'Connect' 버튼을 누르면 데이터 송수신을 위한 실제 연결이 이루어진다.

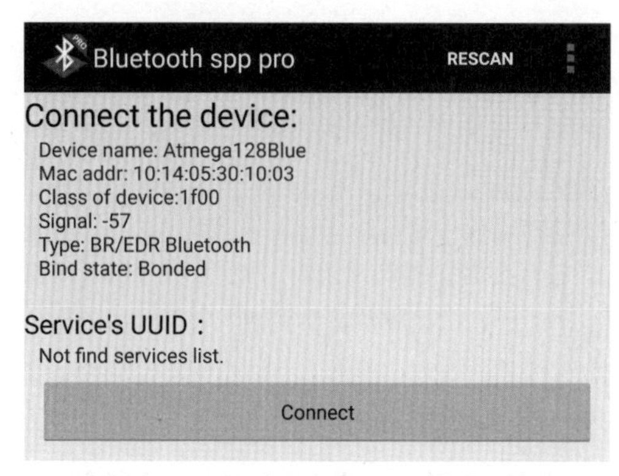

그림 26-15 **선택한 블루투스 장치와의 연결**

연결이 되면 블루투스 모듈의 LED는 더 이상 깜빡이지 않고 켜져 있는 상태로 바뀐다. 통신 모드는 'Byte stream mode'를 선택하자.

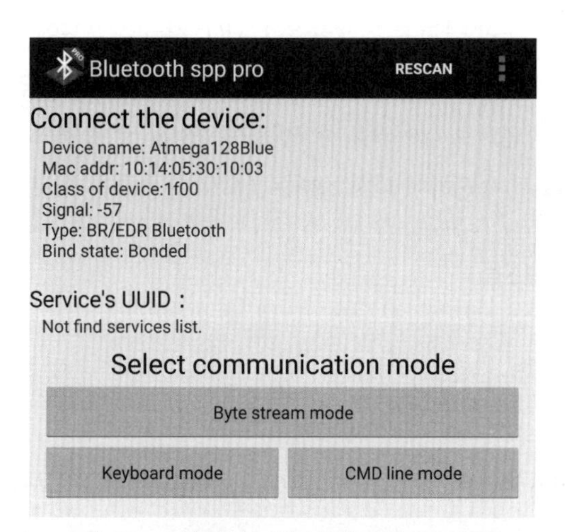

그림 26-16 **블루투스 장치와의 연결 모드 설정**

모든 설정이 끝나면 데이터를 송수신할 수 있는 창이 나타난다. 창은 수신된 데이터를 표시하는 부분과 송신할 메시지를 입력하는 부분으로 나뉘어져 있다.

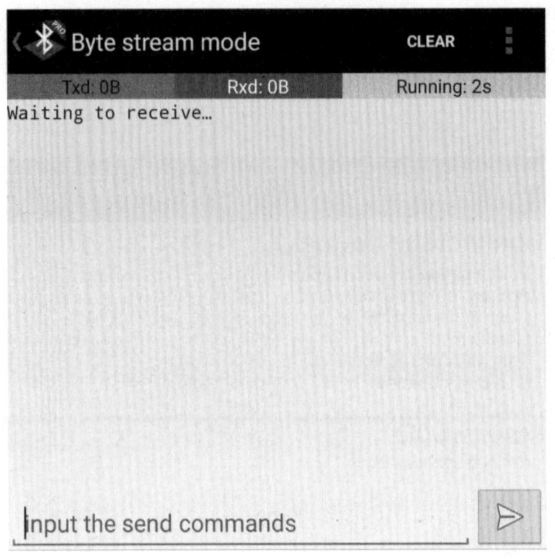

그림 26-17 **Bluetooth spp tools pro 실행 화면**

26.3 블루투스 통신

그림 26-9에서 알 수 있듯이 블루투스 모듈은 UART 시리얼 포트에 연결되어 있고, HC-06 블루투스 모듈은 직렬 통신 프로파일인 SPP를 사용한다. 즉, 설정과 연결이 완료된 이후에는 UART 통신과 동일한 방법으로 데이터를 주고받을 수 있다. 코드 26-1은 스마트폰에서 전송된 문자열을 ATmega128에서 수신하여 다시 스마트폰으로 전송하는 프로그램이다.

코드 26-1 **블루투스 통신 테스트**

```
#include <avr/io.h>
#include <stdio.h>
#include "UART1.h"

FILE OUTPUT \
    = FDEV_SETUP_STREAM(UART1_transmit, NULL, _FDEV_SETUP_WRITE);
FILE INPUT \
    = FDEV_SETUP_STREAM(NULL, UART1_receive, _FDEV_SETUP_READ);

int main(void)
{
    uint8_t data;

    stdout = &OUTPUT;
    stdin = &INPUT;
```

```
    UART1_init();                          // UART 통신 초기화

    while (1)
    {
        scanf("%c", &data);                // 문자 단위 데이터 수신
        printf("%c", data);                // 문자 단위 데이터 송신
    }

    return 0;
}
```

그림 26-18은 코드 26-1의 실행 결과로 스마트폰의 애플리케이션에서 문자열을 전송하면 전송한 문자열이 다시 ATmega128에서 스마트폰으로 전송되어 스마트폰 화면에 나타나는 것을 확인할 수 있다.

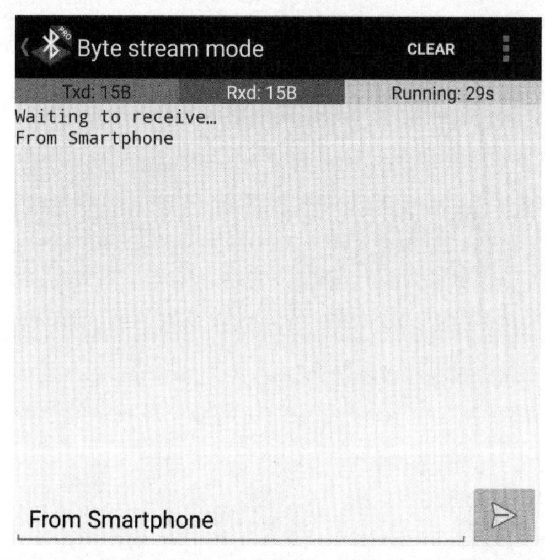

그림 26-18 **스마트폰 애플리케이션과의 블루투스 통신**

26.4 요약

블루투스는 근거리 저전력 무선 통신의 일종으로 유선 통신으로 널리 사용되고 있는 RS-232C를 대체하기 위한 목적으로 탄생하였다. 최근 블루투스는 선 없는(codeless) 간편한 연결로 다양한 가전제품 및 휴대 장치들을 연결하기 위해 사용되고 있으며, 스마트폰의 보급에 힘입어

블루투스의 사용은 증가 추세에 있다.

마이크로컨트롤러에서 사용되는 블루투스는 주로 SPP를 사용한다. SPP는 시리얼 통신과 동일한 방식으로 무선 통신을 사용할 수 있는 방법으로, UART 시리얼 통신을 사용하고 있다면 블루투스 모듈을 연결하는 것만으로 간단하게 유선 연결을 무선 연결로 바꿀 수 있다.

최근 블루투스는 4.0으로 업데이트되면서 저전력 통신을 강조한 BLE가 각광받고 있다. BLE는 사물인터넷에 대한 관심의 증가와 더불어 사용이 더욱 늘어날 것으로 예측되고 있으며, 특히 사물인터넷에서의 사물이 간단한 제어장치와 다르지 않다는 측면에서 마이크로컨트롤러와도 밀접한 관계가 있다. 아직은 마이크로컨트롤러에서 BLE에 대한 지원이 원활하게 이루어지지 않고 있지만, 블루투스의 인기에 힘입어 다양한 모듈이 출시될 것으로 기대된다.

연습 문제

1 그림 26-8과 같이 블루투스 모듈을 연결하고, 포트 B에 8개의 LED를 연결하자. 스마트폰에서 세 자리 숫자를 전송하여 8개의 LED를 제어하도록 프로그램을 작성해 보자. 코드 26-1은 바이트 단위의 문자열로 데이터가 전송되는 것으로 가정하고 있으므로 문자열로 전송된 데이터를 숫자로 변환하는 작업이 필요하다. 또한 전송된 문자열 데이터의 끝을 표시하는 방법이 필요하므로 항상 세 자리로 데이터가 전송되는 것으로 가정하여 문자열의 종료 표시 없이 데이터 전송이 완료되었음을 알아낼 수 있도록 한다. 예를 들어 '65'의 값을 전송하기 위해서는 '065'로 세 자리 숫자로 표현하여 전송해야 하며, '065' 값은 이진수 01000001_2에 해당하므로 첫 번째와 일곱 번째 LED만 켜고 나머지는 모두 끈다.

2 문제 1에서는 숫자 데이터가 항상 세 자리로 전송되는 것으로 가정하였다. 하지만 그림 26-15에서 'CMD line mode'를 선택하면 항상 세 자리로 전송하지 않아도 된다. 대신 문자열이 전송될 때 문자열 끝에 '\r\n'이 추가되어 전달되므로 이들 개행 문자로 문자열의 끝을 판단할 수 있다. 문제 1의 프로그램을 수정하여 개행 문자로 문자열의 끝을 파악하고 문제 1에서와 동일한 동작을 하도록 수정해 보자.

CHAPTER

27 GPS

위성 항법 시스템이라고 불리는 GPS는 지구 주위를 선회하는 인공위성을 통해 현재 위치와 시간을 정확하게 측정할 수 있는 시스템을 말한다. GPS 위성 신호를 바탕으로 위치와 시간을 계산하는 GPS 리시버는 UART 통신을 통해 텍스트 기반의 정보를 출력하므로 간단하게 마이크로컨트롤러에 연결하여 사용할 수 있다. 이 장에서는 GPS 리시버를 사용하여 현재 위치와 시간을 알아내는 방법을 알아본다.

27.1 GPS

GPS(Global Positioning System)는 위성을 이용하여 위치, 속도 및 시간 정보를 제공하는 시스템을 말한다. GPS는 3차원 위치 파악이 가능하므로 고도 역시 측정이 가능하고, 24시간 서비스를 제공받을 수 있으며, 세계적으로 공통 좌표계를 사용하여 위치 결정이 편리하다. GPS는 지구를 선회하는 20여 개의 인공위성으로부터 신호를 받아 위치를 결정한다. 따라서 사용자는 GPS 위성으로부터 신호를 받을 수 있는 전용 수신기가 있으면 정확한 위치와 시간 정보를 알아낼 수 있다. GPS는 1970년대 초 미국 국방성이 군사용으로 개발하기 시작하였으며 이후 상업용으로 개방하였다. 상업용으로 개방한 후에도 군사적으로 악용하는 것을 방지하기 위해 2000년까지는 임의적으로 20~100m까지의 오차가 주어졌지만, 이후 이러한 오차가 없어져 5m 정도의 오차 범위에서 정확한 위치를 파악할 수 있게 되었다. GPS의 원리는 간단하지만 응용 범위는 넓다.

표 27-1은 GPS 시스템을 사용하는 예를 나타낸 것이다. 주변에서 흔히 볼 수 있는 GPS의 사용 예로는 자동차의 내비게이션과 스마트폰의 위치 기반 서비스를 들 수 있다.

표 27-1 GPS 시스템 사용 분야

분야	사용 예
지상	• 측량 및 지도 제작 • 교통관제 • 여행자 정보 시스템 • 골프, 등산 등 레저 활동
항공	• 항법 장치 • 기상 예보 시스템 • 항공사진 촬영
해상	• 해양 탐사 • 선박 모니터링 시스템 • 해상 구조물 측량 및 설치
우주	• 위성 궤도 결정 • 위성 자세 제어
군사	• 유도 무기 • 정밀 폭격 • 정찰

GPS 위성으로부터 신호를 수신하는 장치를 GPS 리시버라고 한다. GPS 리시버는 위성에서 특정 주파수 대역으로 전송하는 데이터를 수신하여 위치를 결정한다. GPS 리시버는 최소 3개의 위성에서 신호를 받아 위성의 위치와 위성에서 리시버까지의 신호 도달 시간을 기초로 현재 위치를 계산하며, 일반적으로 4개 이상의 위성으로부터 송신되는 신호를 이용하여 위치를 계산하는 방식을 취하고 있다.

GPS의 정확도는 위성의 현재 위치, 빌딩이나 산 등의 장애물, 날씨 등 다양한 요인에 영향을 받는다. 이러한 요인들은 위성 신호를 이용한 위치 계산의 정확성을 떨어뜨리므로 위성과 통신하고 있는 지상 기지국과의 통신을 통해 위치의 정확성을 높여 주는 AGPS(Assisted GPS), DGPS(Differential GPS) 등의 방식도 사용하고 있다.

대부분의 GPS 리시버는 위성 신호를 수신하여 위치를 결정하고 이를 NMEA 형식의 데이터로 출력한다. NMEA(National Marine Electronics Association)는 해양에서 사용하는 다양한 전자장치들의 데이터 교환을 위해 정의한 데이터 형식이다. 또한 대부분의 GPS 리시버는 NMEA 형식의 데이터 출력을 위해 UART 시리얼 통신을 사용하므로 마이크로컨트롤러에 간단히 연결할 수 있다.

그림 27-1은 UART 통신을 통해 NMEA 형식의 데이터를 출력하는 소형 GPS 리시버의 예로, 디폴트로 9,600 보율로 설정되어 있다.

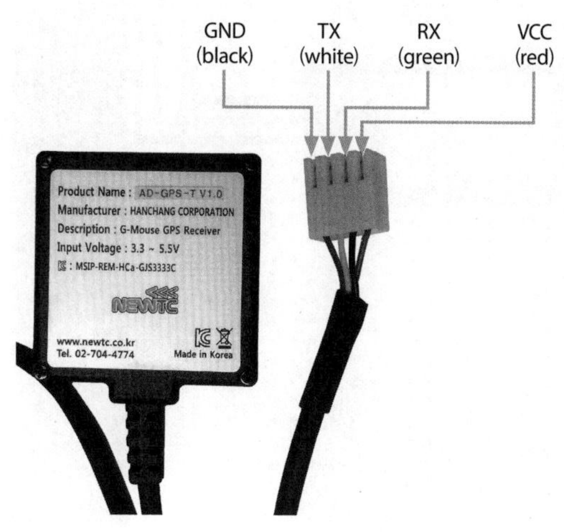

그림 27-1 **GPS 리시버**

GPS 리시버에서 위치를 계산하는 방법은 간단하지 않지만, 실제 사용에서는 NMEA 데이터에서 필요한 내용만을 찾아냄으로써 간단히 위치와 시간을 알아낼 수 있다. 먼저 GPS 리시버를 ATmega128의 UART0에 연결하자. UART0를 위해 사용하는 핀은 PE0(RXD0)와 PE1(TXD0) 핀으로 GPS 리시버의 RX 및 TX 핀과 교차하여 연결하면 된다.

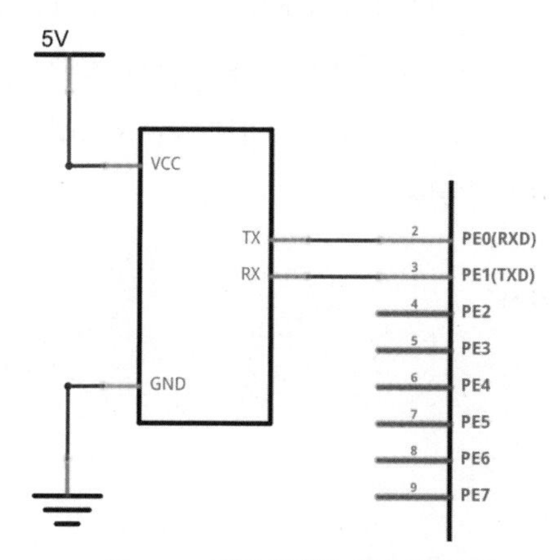

그림 27-2 **GPS 리시버 연결 회로도**

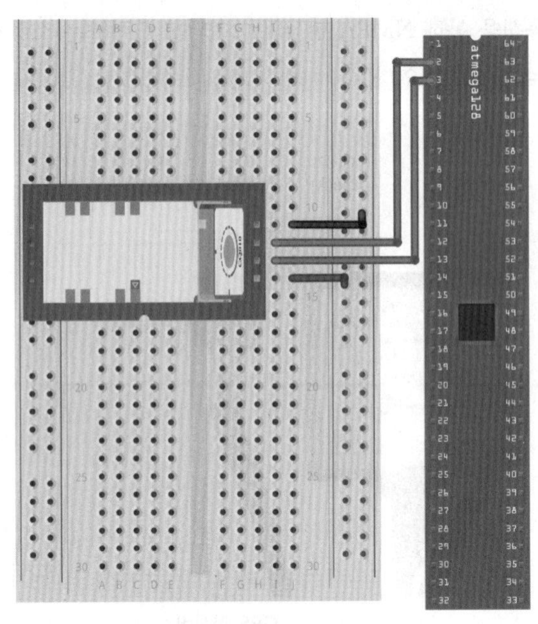

그림 27-3 **GPS 리시버 연결 회로**

코드 27-1은 UART 시리얼로 연결된 GPS 리시버로부터 NMEA 문장을 받아 터미널 프로그램으로 출력하는 프로그램의 예다. GPS 리시버는 UART0와 연결하고, UART1은 컴퓨터와 연결하여 수신 데이터를 출력하는 용도로 사용하고 있다. 지금까지 UART1을 사용한 것은 ISP 방식의 업로더와 UART0가 핀을 공통으로 사용하여 충돌에 의해 정상적인 통신이 불가능할 수도 있는 우려 때문이었다. 따라서 GPS 리시버에 따라서는 프로그램을 업로드하는 과정에서는 GPS 리시버를 제거하고, 업로드가 완료된 후에는 ISP 방식의 업로더를 제거해야 할 수도 있다. UART0를 위한 라이브러리는 UART1을 위한 라이브러리에서 모든 레지스터와 비트의 이름을 '1'에서 '0'으로 수정하여 사용하면 된다.

코드 27-1 **GPS 리시버 데이터 수신**

```
#include <avr/io.h>
#include <stdio.h>
#include "UART0.h"
#include "UART1.h"

FILE OUTPUT \
    = FDEV_SETUP_STREAM(UART1_transmit, NULL, _FDEV_SETUP_WRITE);
FILE INPUT \
    = FDEV_SETUP_STREAM(NULL, UART1_receive, _FDEV_SETUP_READ);
```

```
int main(void)
{
    uint8_t data;

    stdout = &OUTPUT;
    stdin = &INPUT;

    UART0_init();                              // UART0 통신 초기화
    UART1_init();                              // UART1 통신 초기화

    while (1)
    {
        data = UART0_receive();

        printf("%c", data);
    }

    return 0;
}
```

```
COM11 - PuTTY
116,,,A*61
$GPGGA,065736.000,3508.7470,N,12902.2447,E,1,05,2.6,175.4,M,
25.3,M,,0000*58
$GPGSA,A,3,25,10,12,18,24,,,,,,,,4.2,2.6,3.2*3B
$GPRMC,065736.000,A,3508.7470,N,12902.2447,E,0.11,301.20,310
116,,,A*6C
$GPGGA,065737.000,3508.7470,N,12902.2445,E,1,05,2.6,175.3,M,
25.3,M,,0000*5C
$GPGSA,A,3,25,10,12,18,24,,,,,,,,4.2,2.6,3.2*3B
$GPRMC,065737.000,A,3508.7470,N,12902.2445,E,0.22,301.20,310
116,,,A*6F
$GPGGA,065738.000,3508.7470,N,12902.2444,E,1,05,2.6,175.2,M,
25.3,M,,0000*53
$GPGSA,A,3,25,10,12,18,24,,,,,,,,4.2,2.6,3.2*3B
$GPRMC,065738.000,A,3508.7470,N
```

그림 27-4 **코드 27-1 실행 결과**

27.2 NMEA 데이터 분석

그림 27-4의 실행 결과에서 알 수 있듯이 GPS 리시버에서 출력하는 NMEA 데이터는 텍스트 기반의 데이터로 문장(sentence) 단위로 구성되며, 각 문장은 콤마로 분리된 정보들을 포함하고 있다. 각 문장의 마지막에는 개행 문자인 <CR><LF>가 포함된다. 각 문장은 '$' 기호로 시작하며, 다음 두 글자인 'GP'는 GPS에서 사용하는 구별 기호로 caller ID라고 한다. 다음 세 글자는 문장에 포함된 정보의 종류를 나타낸다. 여러 종류의 문장들이 있지만, 그중 위치와 시간 결정

에 사용하는 문장은 'GGA' 문장이다. GGA 문장은 콤마로 분리된 여러 개의 내용을 포함하고 있으며, 마지막 값은 오류 검사를 위한 체크섬(checksum) 값이다. 다른 종류의 문장들도 형식은 동일하며, 내용이 없는 경우에도 위치 결정을 위해 콤마는 생략하지 않는다. GGA 문장에서 눈여겨볼 부분은 처음 5개 부분으로 현재 시간과 위도 및 경도 정보를 나타낸다. 표 27-2는 그림 27-2의 GGA 문장 중 하나에 포함되어 있는 정보를 설명한 것이다.

표 27-2 **GGA 문장 내 정보**

내용	설명	비고
$GPGGA	GGA 문장	
065738.000	현재 시간 6시 57분 38.000초	그리니치 표준 시간으로 한국 표준 시간은 +9 시간이다.
3508.7470	35° 08.7470′	위도
N	북위	북위(N) 또는 남위(S)
12902.2444	129° 02.2444′	경도
E	동경	동경(E) 또는 서경(W)

코드 27-2는 GPS 리시버에서 수신한 데이터 중 GGA 문장만을 찾아내어 터미널 프로그램으로 출력하는 프로그램의 예다.

코드 27-2 **GGA 문장 출력**

```
#include <avr/io.h>
#include <stdio.h>
#include <string.h>
#include "UART0.h"
#include "UART1.h"

FILE OUTPUT \
    = FDEV_SETUP_STREAM(UART1_transmit, NULL, _FDEV_SETUP_WRITE);
FILE INPUT \
    = FDEV_SETUP_STREAM(NULL, UART1_receive, _FDEV_SETUP_READ);

void process_data(char *buffer)
{
    if(strlen(buffer) < 6) return;

    // '$GPGGA'로 시작하는 경우에만 터미널로 출력
    if(strncmp(buffer, "$GPGGA", 6) == 0){
        printf("%s\r\n", buffer);
    }
```

```
}

int main(void)
{
    uint8_t data, position = 0;
    char buffer[200];

    stdout = &OUTPUT;
    stdin = &INPUT;

    UART0_init();                              // UART0 통신 초기화
    UART1_init();                              // UART1 통신 초기화

    while (1)
    {
        data = UART0_receive();

        if(data != '\r'){
            if(data == '\n'){                  // 문장의 끝
                buffer[position] = '\0';       // 문자열의 끝 표시
                process_data(buffer);          // GGA 문장 찾기
                position = 0;                  // 버퍼 초기화
            }
            else{
                buffer[position++] = data;     // 데이터를 버퍼에 저장
            }
        }
    }

    return 0;
}
```

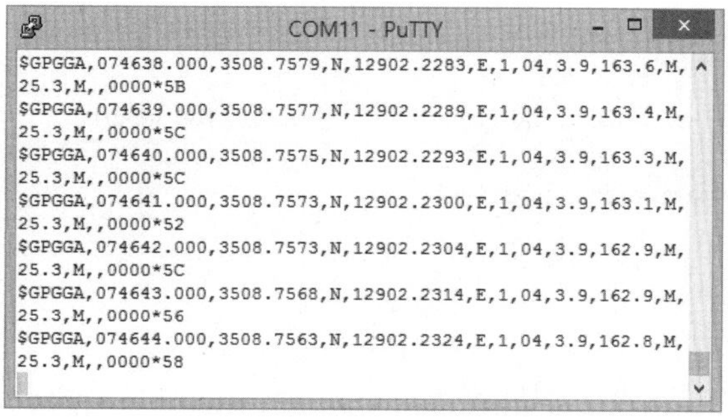

COM11 - PuTTY

```
$GPGGA,074638.000,3508.7579,N,12902.2283,E,1,04,3.9,163.6,M,
25.3,M,,0000*5B
$GPGGA,074639.000,3508.7577,N,12902.2289,E,1,04,3.9,163.4,M,
25.3,M,,0000*5C
$GPGGA,074640.000,3508.7575,N,12902.2293,E,1,04,3.9,163.3,M,
25.3,M,,0000*5C
$GPGGA,074641.000,3508.7573,N,12902.2300,E,1,04,3.9,163.1,M,
25.3,M,,0000*52
$GPGGA,074642.000,3508.7573,N,12902.2304,E,1,04,3.9,162.9,M,
25.3,M,,0000*5C
$GPGGA,074643.000,3508.7568,N,12902.2314,E,1,04,3.9,162.9,M,
25.3,M,,0000*56
$GPGGA,074644.000,3508.7563,N,12902.2324,E,1,04,3.9,162.8,M,
25.3,M,,0000*58
```

그림 27-5 **코드 27-2 실행 결과**

코드 27-2에서는 문자열 비교를 위해 strncmp(string compare) 함수를 사용하였다. strncmp 함수는 string.h 파일을 포함해야 사용할 수 있는 문자열 비교 함수로 2개의 문자열을 지정한 개수 이내에서 비교하여 사전 순서에 따른 값을 반환하며, 두 문자열이 동일한 경우 0을 반환한다. 문자열 전체를 비교하기 위해서는 strcmp 함수를 사용할 수 있다.

```
int strcmp(char *string1, char *string2, int number);
```

- 매개변수
  - **string1**: 비교 문자열 1
  - **string2**: 비교 문자열 2
  - **number**: 최대 number 개의 문자를 시작 위치부터 비교
- 반환값: 두 문자열이 동일하면 0을, string1이 사전 순서에서 string2보다 앞에 오면 음수를, string1이 사전 순서에서 string2보다 뒤에 오면 양수를 반환

마지막으로 GGA 문장에서 시간과 위도 및 경도를 분리하여 출력해 보자. 모든 정보는 콤마로 분리되며 앞부분 5개가 이들 정보에 해당하므로 이를 분리하여 출력한 예가 코드 27-3이다.

코드 27-3 **시간과 위도 및 경도 출력**

```
#include <avr/io.h>
#include <stdio.h>
#include <string.h>
#include "UART0.h"
#include "UART1.h"

FILE OUTPUT \
    = FDEV_SETUP_STREAM(UART1_transmit, NULL, _FDEV_SETUP_WRITE);
FILE INPUT \
    = FDEV_SETUP_STREAM(NULL, UART1_receive, _FDEV_SETUP_READ);

void extract_information(char *buffer)
{
    char delimiter = ",";
    char *token;

    token = strtok(buffer, delimiter);

    for(int i = 0; i < 6; i++){
        switch(i){
            case 0:                         // $GPGGA
```

```
            break;
        case 1:                             // 시간
            printf("Time       : %s\r\n", token);
            break;
        case 2:                             // 위도
            printf("Latitude   : %s", token);
            break;
        case 3:                             // 북위(N) 또는 남위(S)
            printf("%s\r\n", token);
            break;
        case 4:                             // 경도
            printf("Longiitude : %s", token);
        break;
        case 5:                             // 동경(E) 또는 서경(W)
            printf("%s\r\n\r\n", token);
            break;
        }

        token = strtok(NULL, delimiter);
    }
}

void process_data(char *buffer)
{
    if(strlen(buffer) < 6) return;

    // '$GPGGA'로 시작하는 경우에만 분석
    if(strncmp(buffer, "$GPGGA", 6) == 0){
        extract_information(buffer);
    }
}

int main(void)
{
    uint8_t data, position = 0;
    char buffer[200];

    stdout = &OUTPUT;
    stdin = &INPUT;

    UART0_init();                               // UART0 통신 초기화
    UART1_init();                               // UART1 통신 초기화

    while (1)
    {
        data = UART0_receive();

        if(data != '\r'){
```

```
            if(data == '\n'){                   // 문장의 끝
                buffer[position] = '\0';        // 문자열의 끝 표시
                process_data(buffer);           // GGA 문장 찾기
                position = 0;                   // 버퍼 초기화
            }
            else{
                buffer[position++] = data;      // 데이터를 버퍼에 저장
            }
        }
    }

    return 0;
}
```

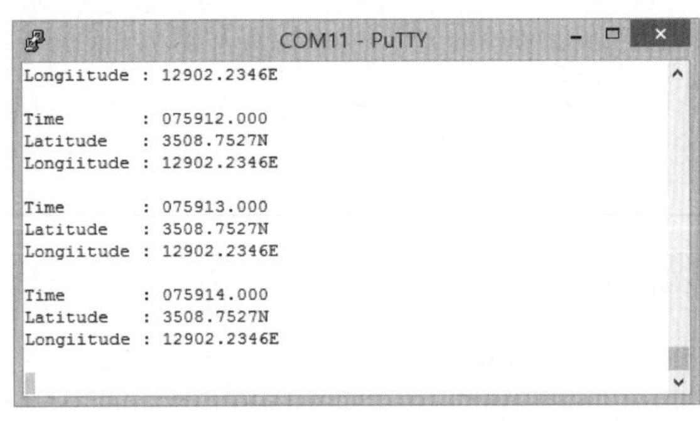

그림 27-6 **코드 27-3 실행 결과**

코드 27-3에서는 문자열을 지정한 구분자(delimiter)를 사용하여 나누기 위해 strtok(string tokenizer) 함수를 사용하고 있다. strtok 함수는 strncmp 함수와 마찬가지로 string.h 파일을 포함해야 사용할 수 있다. strtok 함수는 분리할 문자열과 구분자를 지정하여 사용할 수 있으며, 문자열 분리를 시작할 때와 계속할 때 사용하는 방법에 차이가 있으므로 주의가 필요하다. 다음은 문자열을 콤마(,)를 기준으로 분리하는 전형적인 예다.

```
char *string = "ab,cd,ef,gh", *delimiter = ",", *token;

token = strtok(string, delimiter);          // 콤마로 분리되는 첫 번째 부분 문자열
while(token != NULL){
    printf("%s\r\n", token);
    token = strtok(NULL, delimiter);        // 콤마로 분리되는 두 번째 이후 문자열
}
```

위의 예에서도 알 수 있듯이 strtok를 첫 번째 호출하는 경우에는 매개변수로 문자열을 지정하지만, 두 번째 이후에는 문자열을 지정하지 않고 NULL을 지정하고 있다. strtok 함수에서는 구분자로 분리할 문자열을 함수 내부에서 정적(static) 변수로 저장하고 있으므로 분리할 문자열이 NULL로 지정되면 이전에 분리했던 문자열을 계속해서 사용한다. 따라서 strtok 함수를 호출한 이후에는 원본 문자열이 변경될 수 있으므로 원본 문자열 보존이 필요하다면 복사본을 만든 이후 문자열을 분리해야 한다.

27.3 요약

GPS는 지구상에서의 위치를 5m 오차 이내에서 측정할 수 있는 3차원 위치 측정 시스템으로 지구 주위 위성으로부터의 신호 도달 시간을 기준으로 위치를 측정한다. 실제로 위치를 결정하는 방법은 간단하지 않지만, 텍스트 기반의 위치 및 시간 데이터를 UART 통신으로 출력하는 GPS 리시버가 다수 존재하므로 시간과 위치를 얻기 위한 목적이라면 간단하게 마이크로컨트롤러에 연결하여 사용할 수 있다.

GPS는 지상, 해상, 항공, 우주 등 위치 정보가 필요한 다양한 분야에서 사용하고 있으며, 특히 스마트폰의 보급에 힘입어 GPS를 사용한 다양한 위치 기반 서비스를 제공하고 있다. 하지만 위치 기반 서비스는 실내에서 위성 신호를 수신하기가 어려워 실내 사용에 한계가 있다는 단점이 있다. 스마트폰의 경우에는 실내에서도 위치 기반 서비스를 사용할 수 있는데, 이는 GPS를 사용하는 것이 아니라 와이파이나 무선전화 네트워크 등을 사용하는 것으로 GPS 위성을 사용하는 방법과는 차이가 있다. ATmega128의 경우 이동 경로 파악이나 위치 기반 서비스 등을 위해 GPS를 적용한 예를 쉽게 찾아볼 수 있다.

연습 문제

1 코드 27-2에서는 GPGGA 문장을 찾아내기 위해 문자열이 GPGGA로 시작하는지를 strcmp 함수를 사용하여 판단하고 있다. 하지만 strcmp 함수는 문자열을 사전순으로 정렬하기 위해서도 사용할 수 있다. 아래와 같이 5개의 문자열이 주어졌다고 가정하고, 이를 사전순, 즉 오름차순으로 정렬하여 출력하는 프로그램을 작성해 보자. 문자열을 교환하기 위해서는 문자열 복사 함수인 strcpy(string copy) 함수를 사용할 수 있다.

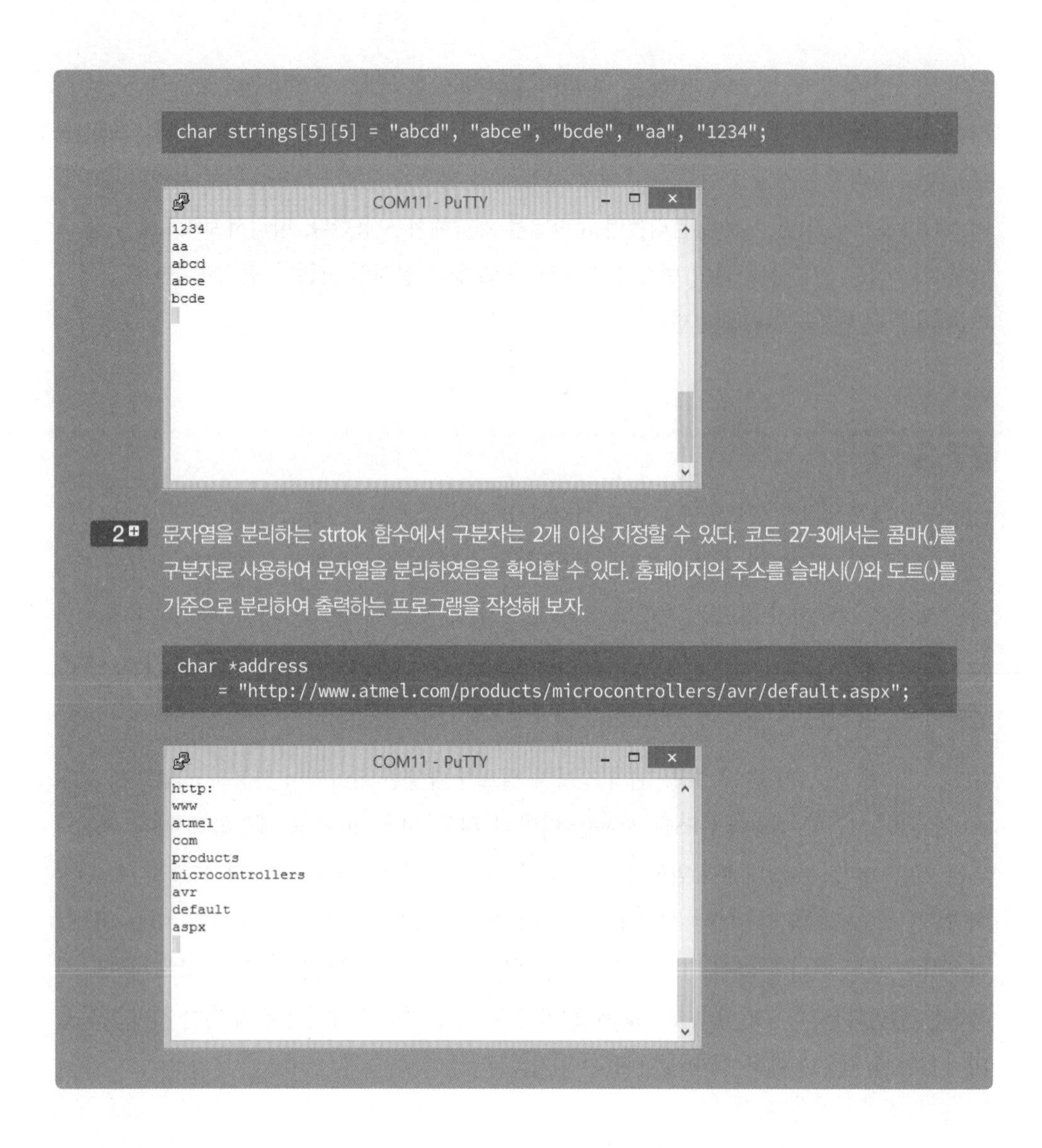

```
char strings[5][5] = "abcd", "abce", "bcde", "aa", "1234";
```


2 문자열을 분리하는 strtok 함수에서 구분자는 2개 이상 지정할 수 있다. 코드 27-3에서는 콤마(,)를 구분자로 사용하여 문자열을 분리하였음을 확인할 수 있다. 홈페이지의 주소를 슬래시(/)와 도트(.)를 기준으로 분리하여 출력하는 프로그램을 작성해 보자.

```
char *address
    = "http://www.atmel.com/products/microcontrollers/avr/default.aspx";
```

CHAPTER

28 그래픽 LCD

텍스트 LCD가 문자 단위의 출력장치라면 그래픽 LCD는 픽셀 단위의 출력장치로 문자 이외에도 도형과 이미지를 출력할 수 있는 등 활용도가 높다. 그래픽 LCD의 경우 텍스트 LCD와는 달리 표준화되어 있지 않아 모듈에 따라 연결 및 사용 방법이 달라질 수 있으므로 사용하고자 하는 그래픽 LCD의 종류를 정확히 파악하고 있어야 한다. 이 장에서는 128×64 해상도의 단색 그래픽 LCD를 u8g 라이브러리를 사용하여 제어하는 방법에 대해 알아본다.

28.1 그래픽 LCD

텍스트 LCD가 일정 블록의 픽셀 단위로 문자를 출력하는 표시장치인 반면 그래픽 LCD (Graphic LCD, GLCD)는 픽셀 단위로 제어가 가능한 표시장치로, 문자는 물론 도형이나 이미지 등의 출력도 가능하여 사용자 인터페이스 구현이나 정보를 표시하는 장치로 많이 사용하고 있다. GLCD 모듈은 크기와 해상도가 다양할 뿐만 아니라 핀 배열의 표준화가 이루어지지 않아 GLCD에 따라 연결 방법이 서로 다르므로 반드시 데이터시트를 참고하여 핀 배치를 확인해야 한다. 핀을 잘못 연결한 경우 GLCD 모듈이 손상될 수 있으므로 주의가 필요하다.

이 장에서는 KS0108 LCD 드라이버 칩을 장착하고 128×64 크기의 해상도와 20개의 핀을 제공하는 GLCD 모듈을 사용한다.

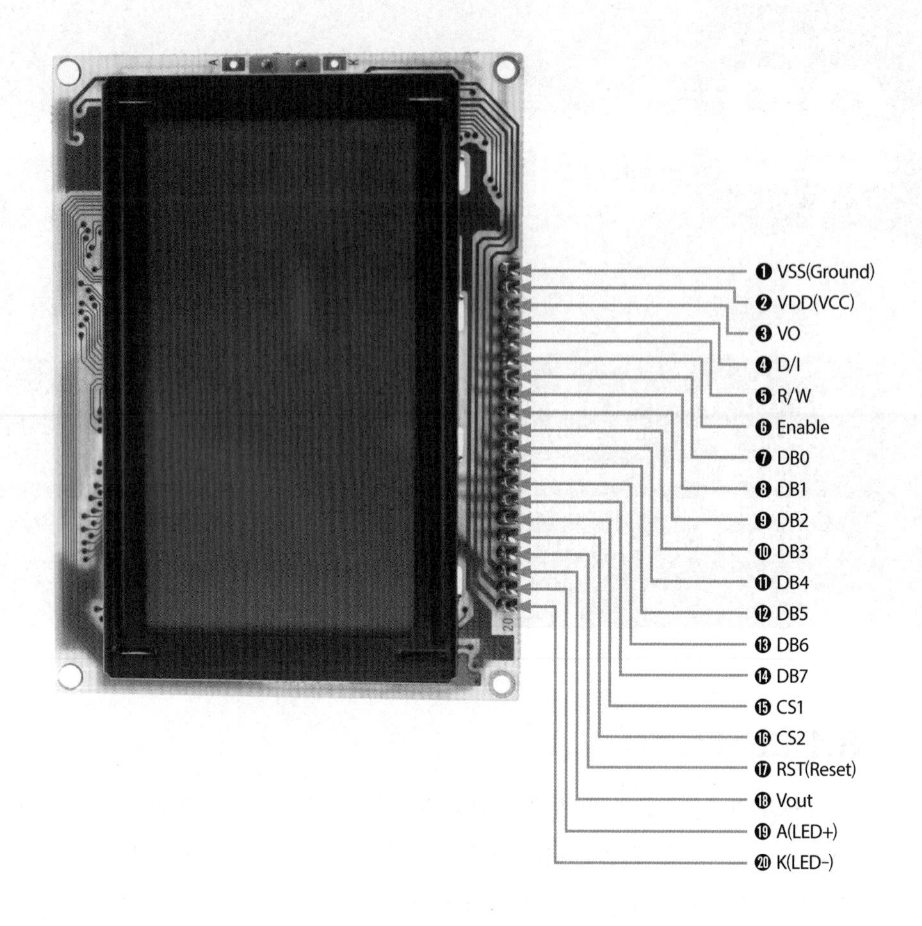

그림 28-1 **GLCD 모듈**

그림 28-1의 그래픽 LCD 모듈에서 각 핀의 기능은 표 28-1과 같다.

표 28-1 **그래픽 LCD의 핀 설명**

핀 번호	이름	설명
1	VSS	그라운드(GND)
2	VDD	5V 동작 전원(VCC)
3	VO	콘트라스트(contrast) 입력
4	D/I	데이터/명령어 레지스터 선택
5	R/W	읽기/쓰기
6	Enable	활성화

표 28-1 그래픽 LCD의 핀 설명 (계속)

핀 번호	이름	설명
7	DB0	데이터 신호 핀
8	DB1	
9	DB2	
10	DB3	
11	DB4	
12	DB5	
13	DB6	
14	DB7	
15	CS1	열 선택
16	CS2	
17	RST	리셋
18	Vout	콘트라스트 출력
19	A(LED+)	백라이트 전원
20	K(LED-)	

20개의 핀 중 6개는 제어 신호 연결에 사용하고, 8개는 데이터 신호 연결을 위한 핀이다. 나머지 6개는 전원 관련 핀이다. 전원 관련 핀 중 콘트라스트 출력과 GND를 가변저항의 (+)와 (−)에 연결하고, 가변저항의 출력을 콘트라스트 입력으로 연결한다. 제어를 위해 사용하는 6개의 핀은 표 28-2와 같다.

표 28-2 그래픽 LCD의 제어 핀

제어 핀	설명
D/I(Data/Instruction)	그래픽 LCD를 제어하기 위해서는 제어 레지스터와 데이터 레지스터 2개의 레지스터를 사용하며, D/I 신호는 명령을 담고 있는 레지스터(D/I = LOW)와 데이터를 담고 있는 레지스터(D/I = HIGH) 중 하나를 선택하기 위해 사용한다.
R/W(Read/Write)	읽기(R/W = HIGH) 및 쓰기(R/W = LOW) 모드 선택을 위해 사용한다. 일반적으로 LCD는 데이터를 쓰기 위한 용도로만 사용하므로 R/W 신호는 GND에 연결하여 사용할 수 있다.
Enable	하강 에지에서 LCD 드라이버가 레지스터의 내용을 바탕으로 처리를 시작하도록 지시하는 신호로 사용한다.
CS1(Column Select)	그래픽 LCD는 열을 기준으로 1~64열(CS1)과 65~128열(CS2)의 두 부분으로 구분하여 제어한다. CS 핀은 각 영역을 선택하기 위해 사용한다.
CS2	
RST(Reset)	리셋

그래픽 LCD 모듈은 8개의 데이터 핀과 최소 5개의 제어 핀을 연결해야 한다. 그래픽 LCD 모듈에 명령을 전달하기 위해서는 먼저 D/I, R/W, CS1, CS2의 값을 설정하고 데이터 레지스터에 데이터를 기록한다. 이후 Enable을 HIGH 상태에서 LOW 상태로 바꾸면 하강 에지에서 LCD 드라이버가 해당 명령을 실행한다. 이는 텍스트 LCD를 제어하는 경우와 기본적으로 동일하다. 하지만 텍스트 LCD의 경우 문자 단위의 출력만이 가능한 반면 그래픽 LCD의 경우 문자는 물론 도형, 이미지 등의 출력까지 가능하여 제어 명령이 복잡하므로 그래픽 LCD 제어 프로그램을 작성하기가 쉽지 않다. 따라서 이 장에서는 공개된 그래픽 LCD 라이브러리를 사용하여 그래픽 LCD를 제어하는 방법을 살펴볼 것이다. 먼저 그래픽 LCD를 ATmega128과 연결해 보자. 데이터 핀은 ATmega128의 포트 C에 연결한다. 제어 핀은 ATmega128의 포트 A의 PA0에서 PA5까지 연결한다. 리셋 핀을 ATmega128의 리셋 핀에 연결하면 ATmega128이 리셋되는 경우 그래픽 LCD 역시 리셋되지만 이 장에서는 연결하지 않았다.

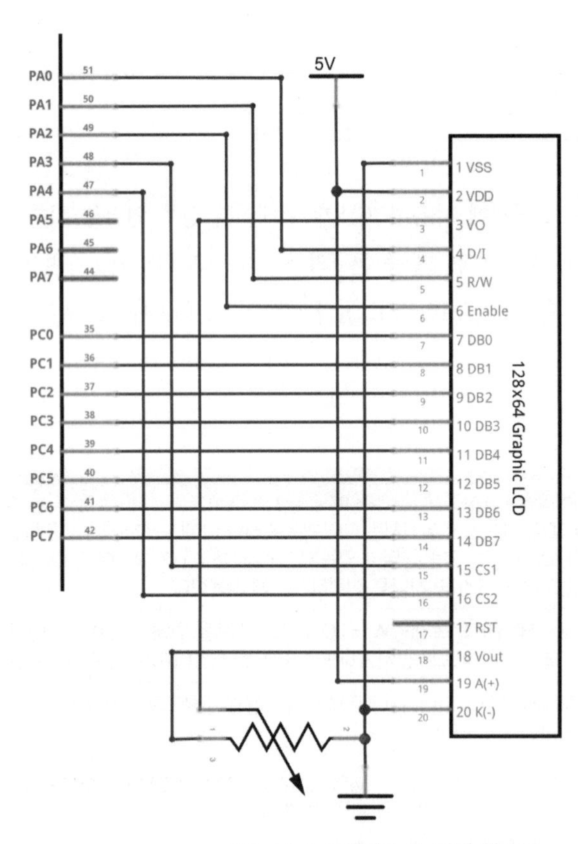

그림 28-2 **그래픽 LCD 연결 회로도**

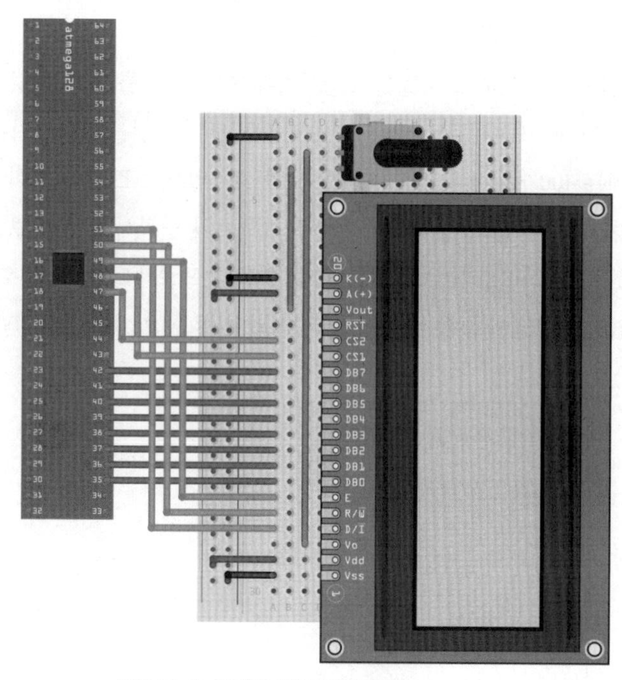

그림 28-3 그래픽 LCD 연결 회로

28.2 그래픽 LCD 라이브러리

이 장에서는 그래픽 LCD 라이브러리 중 하나인 u8g[60] 라이브러리를 사용한다. 먼저 라이브러리를 다운로드하여 압축을 해제한다. 압축을 해제하면 그래픽 LCD 지원을 위한 소스 파일과 예제 프로젝트를 확인할 수 있다.

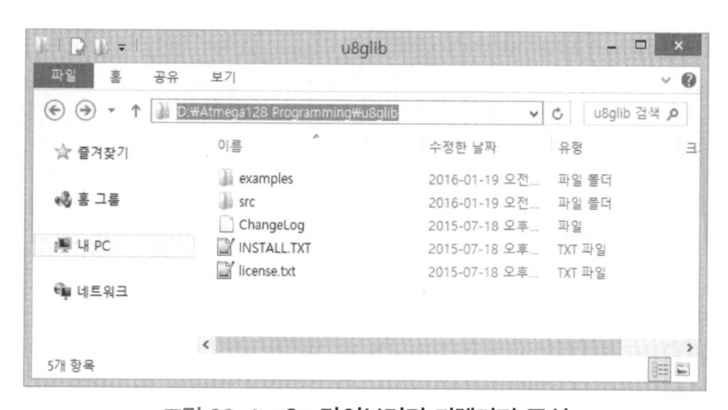

그림 28-4 u8g 라이브러리 디렉터리 구성

먼저 'GLCD_HelloWorld'라는 이름으로 프로젝트를 생성한다. 프로젝트가 생성되면 u8g 라이브러리를 사용하기 위해 코드들을 포함시켜야 한다. 코드를 포함시키는 가장 간단한 방법은 GLCD_HelloWorld 프로젝트에 u8g 라이브러리의 모든 파일을 포함시키는 것이다. 하지만 u8g 라이브러리에는 100개가 넘는 헤더 및 소스 파일이 있으므로 모두 포함시키면 관리하기가 어렵다. 별도의 프로젝트를 생성하고 기존의 프로젝트와 연관시켜 주면 보다 체계적으로 파일을 관리할 수 있으므로 u8g 라이브러리를 위한 별도의 프로젝트 사용을 추천한다. 솔루션 이름에 마우스 커서를 놓고 오른쪽 버튼을 눌러 'Add ➡ New Project...'를 선택한다.

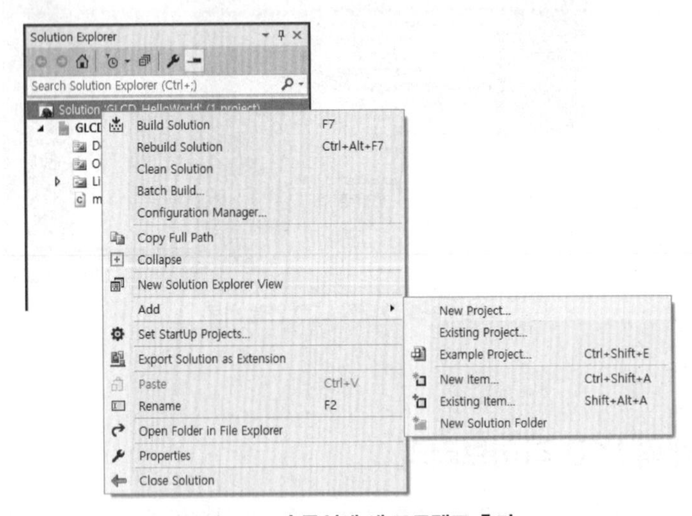

그림 28-5 **솔루션에 새 프로젝트 추가**

새 프로젝트 창에서 'GCC C Static Library Project'를 선택하고 프로젝트의 이름을 'u8g'로 설정한다. u8g 라이브러리는 독립적으로 사용되지 않고 다른 프로젝트와 함께 사용되므로, 지금까지 선택해 왔던 'GCC C Executable Project'와는 프로젝트의 형식이 다르다는 점에 유의해야 한다.

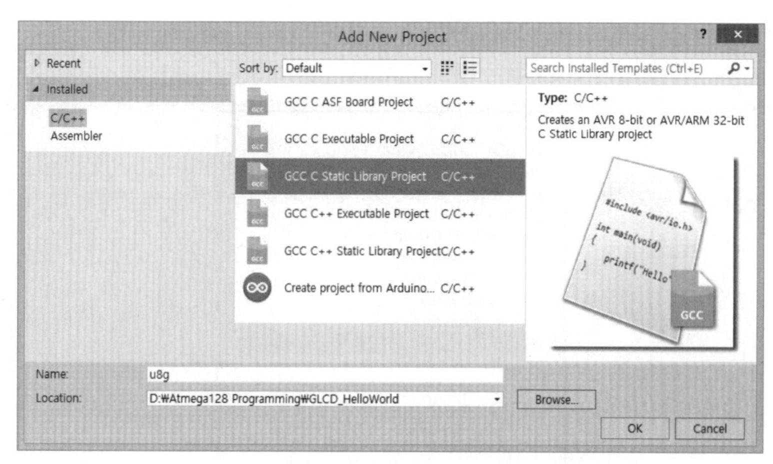

그림 28-6 **u8g 라이브러리를 위한 프로젝트 생성**

새 프로젝트가 생성되면 기본적으로 생성되는 소스 파일인 'library.c'는 삭제하고, u8g 라이브러리의 소스 및 헤더 파일을 포함시킨다. library.c를 삭제하기 전에 내용을 살펴보면 main 함수가 존재하지 않는다는 점을 알 수 있다. 즉, 라이브러리는 독립적으로는 사용될 수 없다. u8g 프로젝트에 마우스 커서를 놓고 마우스 오른쪽 버튼을 누른 후 'Add ➡ Existing item...'을 선택하고 추가할 파일을 선택한다. 다운로드한 u8g 라이브러리를 'D:\Atmega128 Programming\u8glib' 디렉터리에 압축을 해제하였다고 가정하면, 그 아래 'src' 디렉터리에 있는 모든 파일을 선택하여 추가하면 된다.

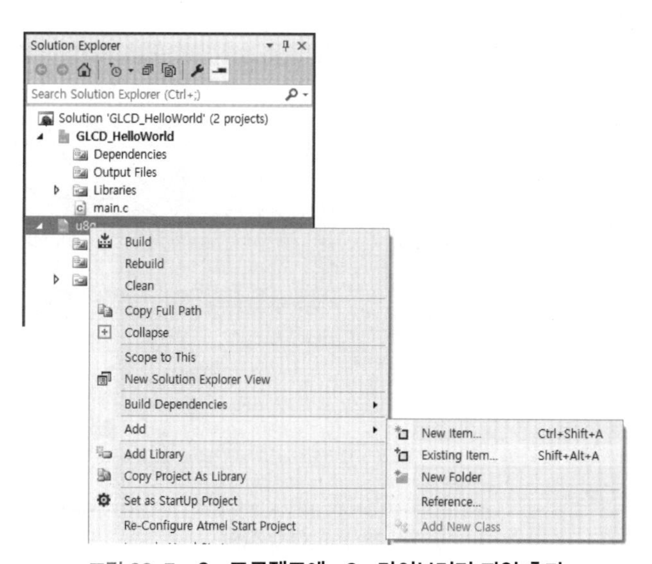

그림 28-7 **u8g 프로젝트에 u8g 라이브러리 파일 추가**

솔루션 내에 'GLCD_helloWorld'와 'u8g'의 2개 프로젝트가 추가되었다.

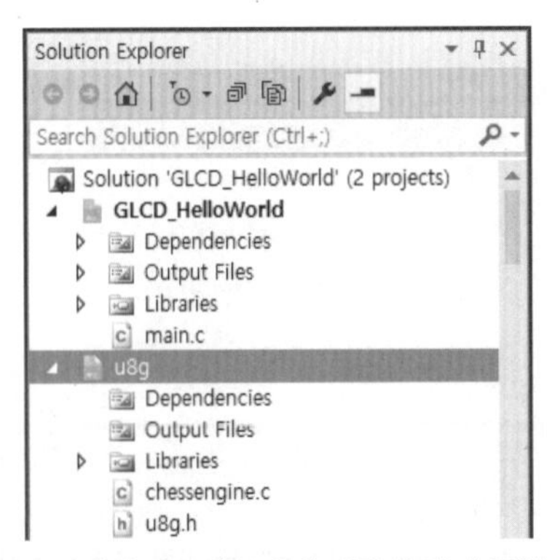

그림 28-8 **2개의 프로젝트가 추가된 후의 솔루션 탐색기**

'Build ➡ Build Solution' 메뉴 항목을 선택하거나 F7 키를 눌러 솔루션 내의 모든 프로젝트를 컴파일해 보면 하나의 오류가 발생한다. 바로 'F_CPU'가 정의되어 있지 않다는 오류다. 지금까지 소스 코드에서는 #define 문장을 통해 F_CPU 값을 정의하였다. 하지만 u8g 라이브러리의 여러 파일에서 F_CPU 값을 사용하므로 프로젝트 전체에 걸쳐 F_CPU 값을 정의할 필요가 있다. u8g 프로젝트에 마우스 커서를 놓고 마우스 오른쪽 버튼을 눌러 'Properties'를 선택한다. 속성 창에서 'Toolchain' 탭을 선택하고 'AVR/GNU C Compiler ➡ Symbols' 항목을 선택한다. 위의 'Defined symbols'에서 'Add Item' 버튼을 눌러 F_CPU를 정의한다.

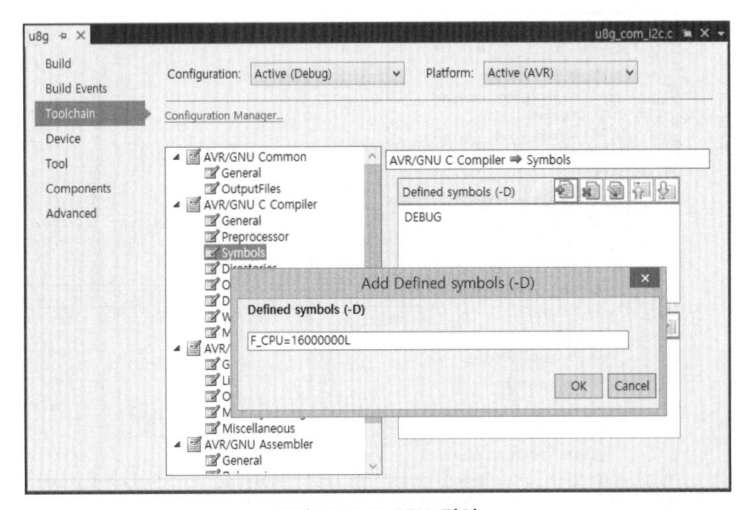

그림 28-9 **F_CPU 정의**

GLCD_HelloWorld 프로젝트의 main.c 파일에는 코드 28-1을 입력한다.

코드 28-1 GLCD 텍스트 출력

```
#include <avr/io.h>
#include "u8g.h"

u8g_t u8g;                                      // 그래픽 LCD 전역 객체

void u8g_setup(void)                            // 그래픽 LCD 초기화
{
    u8g_Init8Bit(&u8g, &u8g_dev_ks0108_128x64,
        PN(2, 0), PN(2, 1), PN(2, 2), PN(2, 3), PN(2, 4), PN(2, 5), PN(2, 6), PN(2, 7),
        PN(0, 2), PN(0, 3), PN(0, 4), PN(0, 0), PN(0, 1),
        U8G_PIN_NONE);
}

void draw(void)                                 // 그래픽 LCD의 그리기 함수
{
    u8g_SetFont(&u8g, u8g_font_6x10);
    u8g_DrawStr(&u8g, 0, 15, "Hello Graphic LCD!");
}

int main(void)
{
    u8g_setup();                                // 그래픽 LCD 설정

    while(1)// 메인 루프
    {
        // picture loop
        u8g_FirstPage(&u8g);                    // 그리기 준비
        do{
            draw();                             // 그리기
        }while(u8g_NextPage());                 // 다음 페이지 존재 여부 검사

        u8g_Delay(100);                         // 시간 지연
    }

    return 0;
}
```

u8g 라이브러리는 서로 다른 해상도와 서로 다른 연결 방식을 가지는 다양한 종류의 그래픽 LCD 모듈을 지원한다. u8g 라이브러리가 지원하는 그래픽 LCD 모듈 중에는 이 장에서 사용하는 KS0108 LCD 드라이버 칩을 장착하고, 128×64 해상도를 가지며, 8개의 데이터 선을 병렬로 연결하여 사용하는 모듈 역시 포함되어 있다.

u8g_setup 함수는 그래픽 LCD를 초기화하는 함수로 라이브러리 함수인 u8g_Init8Bit 함수를 사용하고 있다.

```
uint8_t u8g_Init8Bit(u8g_t *u8g, u8g_dev_t *dev,
    uint8_t d0, uint8_t d1, uint8_t d2, uint8_t d3,                    // 데이터
    uint8_t d4, uint8_t d5, uint8_t d6, uint8_t d7,
    uint8_t en, uint8_t cs1, uint8_t cs2, uint8_t di, uint8_t rw, // 제어
    uint8_t reset                                                      // 리셋
);
```

첫 번째 매개변수는 GLCD에 대한 전역 객체를, 두 번째 매개변수는 그래픽 LCD의 종류를 나타낸다. 나머지 매개변수들은 그래픽 LCD와 연결된 핀을 나타낸다. 그래픽 LCD와 연결된 핀을 지정하기 위해서는 PN 매크로를 사용한다.

```
#define PN(port, bitpos) u8g_Pin(port, bitpos)
```

PN 매크로는 포트 번호와 포트 내에서의 비트 번호로 ATmega128의 핀 번호를 지정할 수 있도록 해 주는 함수다. 포트 번호는 포트 A가 0, 포트 B가 1 등의 순서로 정해지며, 비트 번호는 LSB가 0, MSB가 7의 순서로 정해진다.

다양한 LCD 모듈을 지원하기 위해서 u8g 라이브러리는 마이크로컨트롤러 내부에 버퍼를 생성하고 그리기 작업을 버퍼에 실행한 후, 버퍼의 내용을 그래픽 LCD의 메모리로 복사하는 방식을 취하고 있다. 다양한 그래픽 LCD 모듈을 지원하는 데 별 문제가 없어 보이지만 마이크로컨트롤러의 메모리는 그리 크지 않다는 문제점이 있다. 해상도가 높아지면 마이크로컨트롤러에서 사용할 수 있는 메모리가 부족하여 버퍼를 생성하지 못할 수도 있다. 따라서 u8g 라이브러리는 전체 화면을 2개의 영역으로 나누고 여러 번에 걸쳐 그리기 작업을 수행한다.[61] 물론 직접 그래픽 LCD에 그리기 작업을 수행하는 것과 비교할 때 속도가 느려지는 단점은 있지만, 다양한 그래픽 LCD의 지원이 가능하다는 장점이 있다. u8g 라이브러리에서 나뉜 화면을 페이지(page)라고 부른다. 이 장에서 사용하는 128×64 크기의 단색 그래픽 LCD의 경우 2개의 페이지로 나누어 출력하는데, 이는 그래픽 LCD의 종류에 따라 달라질 수 있다. 따라서 호환성을 유지하기 위해 u8g 라이브러리에서 그리기 작업은 픽처 루프(picture loop)를 통해 이루어진다. 픽처 루프는 페이지 단위의 그리기를 반복해서 전체 화면을 구성하는 루프를 가리키며,

일반적으로 main 함수의 메인 루프 내에 포함된다. 실제 그리기 명령은 draw 함수 내에서 작성한다.

```
// picture loop
u8g_FirstPage(&u8g);                          // 그리기 준비
do{
    draw();                                   // 그리기
}while(u8g_NextPage());                       // 다음 페이지 존재 여부 검사
```

코드를 입력하고 컴파일하면 u8g.h 파일을 찾을 수 없다는 오류가 발생한다. 현재 솔루션 내에는 2개의 프로젝트가 존재하지만 프로젝트 사이의 연관성이 설정되어 있지 않다. 즉, GLCD_HelloWorld 프로젝트에서 u8g 프로젝트의 내용을 참조하고 사용할 수 있도록 설정해 주어야 한다.

GLCD_HelloWorld 프로젝트에 마우스 커서를 놓고 오른쪽 버튼을 눌러 'Build Dependencies ➡ Project Dependencies...' 메뉴 항목을 선택한다.

그림 28-10 **프로젝트 연관성 설정**

다이얼로그에서 GLCD_HelloWorld 프로젝트가 u8g 프로젝트에 종속되어 있음을 체크한다.

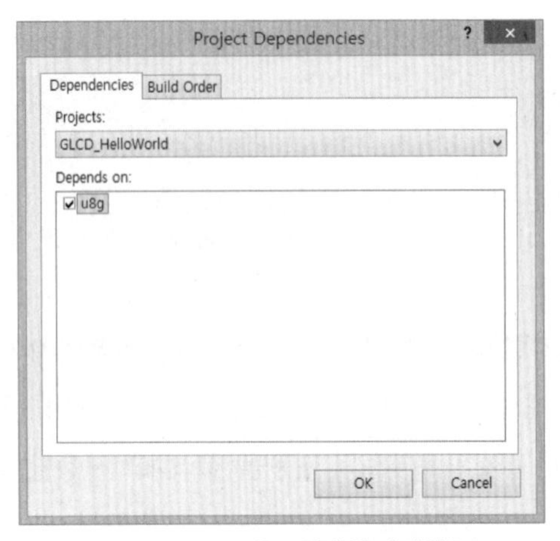

그림 28-11 **프로젝트 연관성 다이얼로그**

다음은 GLCD_HelloWorld 프로젝트에 마우스 커서를 놓고 오른쪽 버튼을 눌러 'Properties' 메뉴 항목을 선택한다. 속성 창에서 'Toolchain' 탭을 선택하고, 'AVR/GNU C Compiler ➡ Directories' 항목을 선택한다. 오른쪽 'Include Paths' 항목에서 'Add Item' 버튼을 눌러 u8g 프로젝트의 디렉터리를 지정한다.

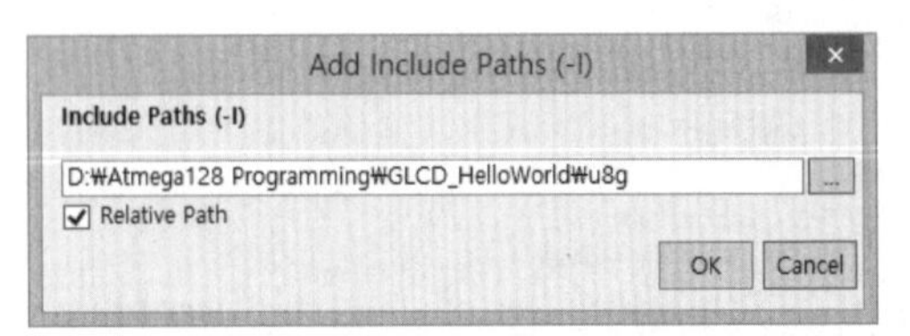

그림 28-12 **GLCD_HelloWorld 프로젝트에 u8g 프로젝트 디렉터리 추가 다이얼로그**

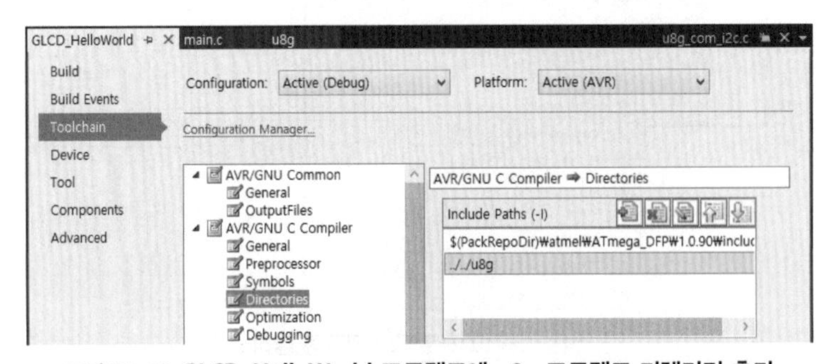

그림 28-13 **GLCD_HelloWorld 프로젝트에 u8g 프로젝트 디렉터리 추가**

다음은 Toolchain 탭에서 'AVR/GNU C Linker ➡ Libraries' 항목을 선택한다. 오른쪽 'Libraries' 항목에서 'Add Item' 버튼을 눌러 u8g를 추가한다.

그림 28-14 **GLCD_HelloWorld 프로젝트에 u8g 라이브러리 추가 다이얼로그**

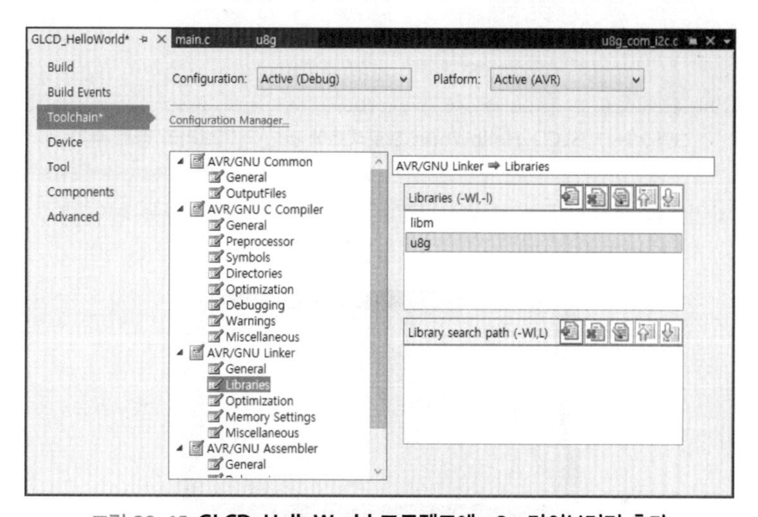

그림 28-15 **GLCD_HelloWorld 프로젝트에 u8g 라이브러리 추가**

마지막으로 'Toolchain' 탭에서 'AVR/GNU C Linker ➡ Libraries' 항목의 오른쪽 'Library search path' 항목에서 'Add Item' 버튼을 눌러 u8g 프로젝트의 debug 디렉터리를 추가한다.

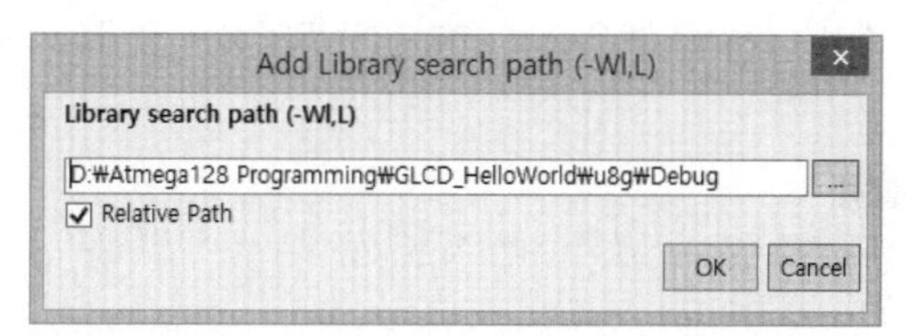

그림 28-16 **GLCD_HelloWorld 프로젝트에 u8g 라이브러리 경로 추가 다이얼로그**

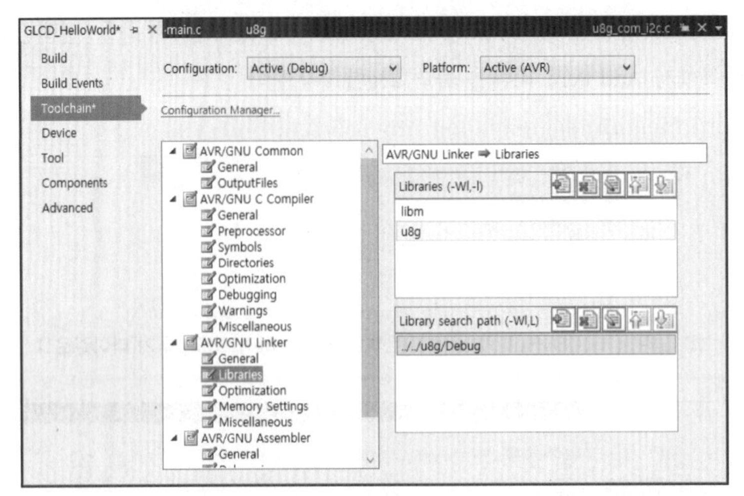

그림 28-17 **GLCD_HelloWorld 프로젝트에 u8g 라이브러리 경로 추가**

솔루션을 컴파일하여 업로드하면 그래픽 LCD에 문자가 출력되는 것을 확인할 수 있다.

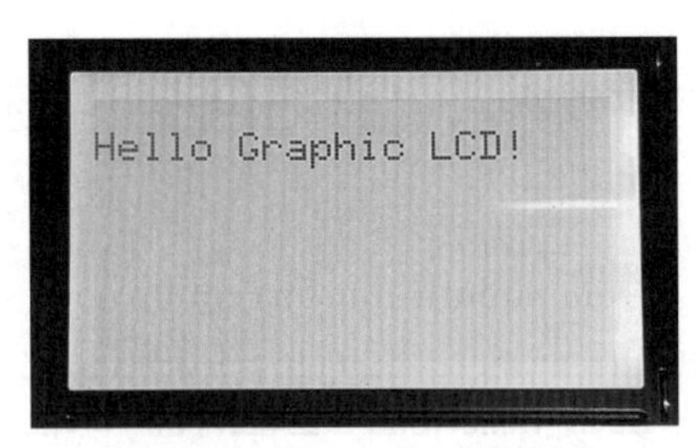

그림 28-18 **코드 28-1 실행 결과**

코드 28-1에서는 폰트를 설정하고 텍스트를 출력하는 방법을 살펴보았다. 이외에도 u8g 라이브러리에는 다양한 그리기 함수가 준비되어 있다. 코드 28-2는 직선과 둥근 모서리 사각형, 원을 그리는 프로그램의 예로 다른 부분은 코드 28-1과 동일하므로 draw 함수만을 나타내었다.

코드 28-2 **GLCD 그래픽 출력**

```
void draw(void)
{
    // 둥근 모서리 사각형(x, y, width, height, radius)
    u8g_DrawRFrame(&u8g, 0, 0, 128, 64, 8);
    // 직선(x1, y1, x2, y2)
    u8g_DrawLine(&u8g, 0, 0, 127, 63);
    u8g_DrawLine(&u8g, 127, 0, 0, 63);
```

```
    for(int r = 5; r <= 30; r+= 5){
        // 원(x, y, radius, option)
        u8g_DrawCircle(&u8g, 64, 32, r, U8G_DRAW_ALL);
    }
}
```

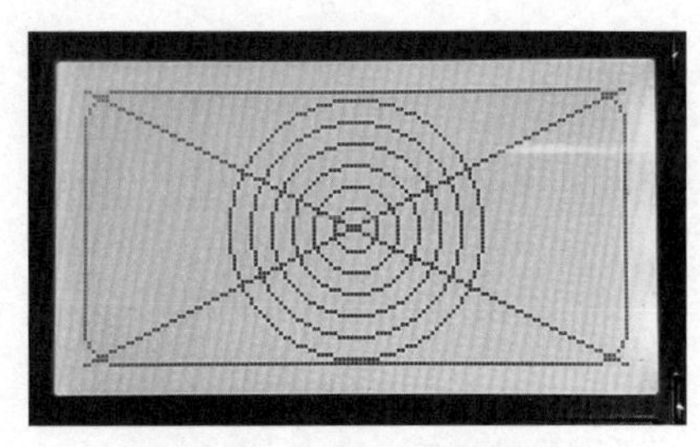

그림 28-19 **코드 28-2 실행 결과**

이외에도 u8g 라이브러리는 다양한 함수를 제공하고 있으며, 지원되는 함수는 u8g 라이브러리의 레퍼런스 매뉴얼을 참고하면 된다.

28.3 요약

텍스트 LCD가 고정된 위치에 문자 단위의 데이터만 출력할 수 있는 반면, 그래픽 LCD는 픽셀 단위의 자유로운 데이터 출력이 가능하여 문자 이외에 도형이나 이미지 등도 표시할 수 있으므로 활용 범위가 넓다. 그래픽 LCD는 크기와 해상도가 다양할뿐더러 핀의 개수와 핀 배치 역시 표준화되어 있지 않으므로 사용하고자 하는 GLCD 모듈의 데이터시트를 반드시 확인해야 한다. 이 장에서는 128×64 크기의 GLCD 모듈을 제어하기 위해 u8g 라이브러리를 사용하였다. u8g 라이브러리를 사용하면 다양한 크기와 형식의 그래픽 LCD 모듈을 픽처 루프를 통해 제어할 수 있다.

이 장에서 사용한 그래픽 LCD는 픽셀 단위의 데이터 제어가 가능하여 다양한 데이터를 표현할 수 있는 장점이 있지만, 단색 표현만이 가능한 한계도 있다. 최근 컬러를 표시할 수 있는 TFT-LCD, OLED 등의 사용 역시 증가 추세에 있으며, 그래픽 LCD 사용을 위한 연결선의 개수를 줄인 시리얼 방식의 모듈들도 판매하고 있으므로 컬러 출력이 필요하거나 연결선의 수가 제한된 경우 사용을 고려해 볼 수 있다.

연습 문제

1 대부분의 그래픽 LCD 라이브러리는 그래픽 LCD로 직접 데이터를 출력하므로 동일한 위치에 길이가 서로 다른 문자열을 출력하는 경우에는 이전의 출력 내용이 지워지지 않는 문제점이 있다. 즉, 'ON'과 'OFF'를 동일 위치에 계속 출력하면 화면에 'ONF'와 'OFF'를 출력한다. 하지만 u8g 라이브러리의 경우 내부에 버퍼를 두고 버퍼에 그리기 작업을 수행한 후 이를 그래픽 LCD 메모리로 복사하는 과정을 거치므로 이런 문제가 발생하지 않는다. 코드 28-3은 1초 간격으로 길이가 서로 다른 문자열을 출력하는 예로, 별도의 지우기 작업 없이도 문자열이 정상적으로 출력되는 것을 확인할 수 있다.

코드 28-3 문자열 갱신

```
#include "u8g.h"

#include <avr/io.h>

u8g_t u8g;
int index = 0;                          // 출력 문자열 색인

void u8g_setup(void)
{
    u8g_Init8Bit(&u8g, &u8g_dev_ks0108_128x64,
    PN(2, 0), PN(2, 1), PN(2, 2), PN(2, 3), PN(2, 4), PN(2, 5), PN(2, 6),
    PN(2, 7), PN(0, 2), PN(0, 3), PN(0, 4), PN(0, 0), PN(0, 1),
    U8G_PIN_NONE);
}

void draw(void)
{
    u8g_SetFont(&u8g, u8g_font_6x10);
    if(index == 0){
        u8g_DrawStr(&u8g, 0, 15, "State OFF!");
    }
    else{
        u8g_DrawStr(&u8g, 0, 15, "State ON!");
    }
}

int main(void)
{
    u8g_setup();

    while(1)
    {
        u8g_FirstPage(&u8g);
        do
        {
            draw();
        } while ( u8g_NextPage(&u8g) );

        index = (index + 1) % 2; // 출력 문자열 변경
        u8g_Delay(1000);
    }

    return 0;
}
```

2 코드 28-4는 단색 비트맵을 정의하고 이를 화면에 출력하는 예다. 이 장에서 사용한 그래픽 LCD의 경우 단색 표현만 가능하여 0 또는 1로 픽셀 값을 정의하고 있으며, 화면 출력을 위해서는 u8g_DrawBitmapP 함수를 사용하고 있다. 그래픽 LCD에 얼굴 모양이 출력되는 것을 확인해 보자.

코드 28-4 비트맵 이미지 출력

```
#include "u8g.h"

#include <avr/io.h>

u8g_t u8g;

const uint8_t face_bitmap[] PROGMEM = {
    0x3C,               // 00111100
    0x42,               // 01000010
    0xA5,               // 10100101
    0x81,               // 10000001
    0xBD,               // 10111101
    0x81,               // 10000001
    0x66,               // 01100110
    0x18                // 00011000
};

void u8g_setup(void)
{
    u8g_Init8Bit(&u8g, &u8g_dev_ks0108_128x64,
    PN(2, 0), PN(2, 1), PN(2, 2), PN(2, 3), PN(2, 4), PN(2, 5), PN(2, 6),
    PN(2, 7), PN(0, 2), PN(0, 3), PN(0, 4), PN(0, 0), PN(0, 1),
    U8G_PIN_NONE);
}

void draw(void)
{
    // 그래픽 LCD 객체, x, y, 1줄당 바이트 수, 높이, 비트맵 데이터
    u8g_DrawBitmapP(&u8g, 10, 10, 1, 8, face_bitmap);
}

int main(void)
{
    u8g_setup();

    while(1)
    {
        u8g_FirstPage(&u8g);
        do
        {
            draw();
        } while ( u8g_NextPage(&u8g) );

        u8g_Delay(1000);
    }

    return 0;
}
```

CHAPTER

29 적외선 통신

적외선 통신은 가시광선의 인접 대역인 **38KHz** 적외선을 사용하여 무선으로 데이터를 송수신하는 방법 중 하나로 대부분의 리모컨에서 사용하는 방법이다. 이 장에서는 적외선을 사용하여 데이터를 변조 및 복조하는 원리를 살펴보고 적외선을 사용한 데이터 통신 방법을 알아본다.

29.1 적외선

흔히 IR이라 불리는 적외선(Infrared, IR)은 10m 이내의 근거리에서 전자 기기를 제어하는 방법 중 하나로 가정에서 사용하는 리모컨에 주로 이 방법을 적용한다. 마이크로컨트롤러와 함께 사용하는 경우 싼 가격에 간단하게 무선 조종 장치를 만들 수 있어 널리 사용되고 있다. 표 29-1은 파장에 따라 전자기파를 분류해 놓은 것이다.

표 29-1 **파장에 따른 빛**

전자기파	파장(m)	비고
우주선	10^{-14}	
감마선	10^{-12}	암 치료
엑스선	10^{-10}	X레이
자외선	10^{-8}	살균, 소독
가시광선	0.5×10^{-6}	
적외선	10^{-5}	야간 감시, 열 추적
마이크로파	10^{-2}	전자레인지
라디오파	10^{3}	통신

표 29-1에서 볼 수 있듯이 적외선은 가시광선의 붉은색 영역 바로 옆에 위치하여 가시광선과 특성이 비슷하지만 파장이 약간 더 길다. 또한 전자레인지에서 사용하는 마이크로파에 비해서는 파장이 짧다. 적외선은 사람의 눈으로는 확인할 수 없지만 스마트폰의 카메라로 확인할 수 있다. 옆에 리모컨과 스마트폰이 있다면 테스트해 보자. 리모컨의 버튼을 누르고 리모컨의 적외선 LED를 스마트폰의 카메라를 통해 살펴보면 빛이 깜빡이는 것을 확인할 수 있을 것이다. 최근에는 버튼을 누르면 LED가 깜빡이는 것을 눈으로 확인할 수 있는 리모컨도 나오고 있는데, 이는 동작 상태를 알려 주기 위해 일반 LED를 추가한 것으로 실제 정보가 전달되는 적외선은 눈에 보이지 않는다.

리모컨의 버튼을 누르면 리모컨은 초당 38,000회 깜빡거리면서 데이터를 전송한다. 그림 29-1은 디지털 제어 신호가 38KHz 반송파(carrier)를 통해 변조된 예를 보여 주는 것이다. 적외선은 자연환경에서도 흔히 볼 수 있지만, 38KHz 주파수 대역의 적외선은 거의 존재하지 않으므로 데이터 전달을 위해 사용하고 있다. 대부분의 리모컨은 38KHz 대역을 사용하지만 일부 다른 주파수 대역을 사용하는 경우도 있다.

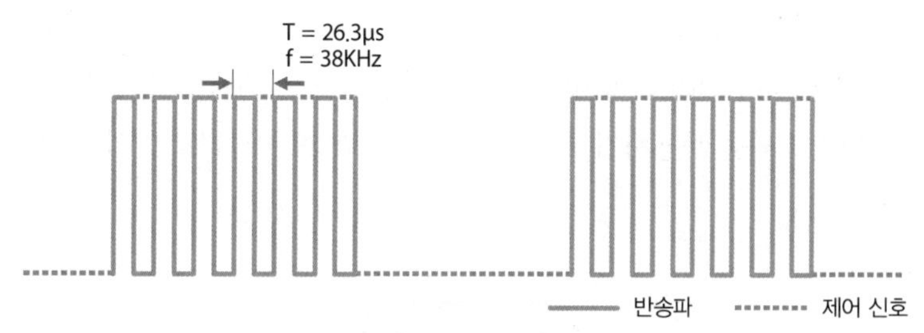

그림 29-1 **리모컨에서 38KHz로 변조된 신호**

적외선 신호를 수신하는 수신기에서는 그림 29-1의 신호를 수신하고 반송파를 제거하여 펄스열로 바꾸는 역할을 한다. 적외선 수신기를 마이크로컨트롤러에 연결하면 펄스열로부터 전달받은 데이터를 읽을 수 있다.

적외선 통신을 위한 적외선 신호를 보내기 위해서는 흔히 적외선 LED를 사용한다. 적외선 LED는 일반 LED와 형태가 동일하여 외형만으로는 구별할 수 없다. 적외선 LED도 일반 LED와 마찬가지로 다리가 긴 쪽이 (+), 짧은 쪽이 (−)에 해당한다.

그림 29-2 **적외선 LED**

마이크로컨트롤러와 함께 흔히 사용하는 적외선 수신기 PL-IRM0101은 3개의 핀을 가지고 있으며, 2번과 3번 핀을 GND와 VCC에 연결하면 1번 핀으로 수신된 펄스열 데이터를 확인할 수 있다.

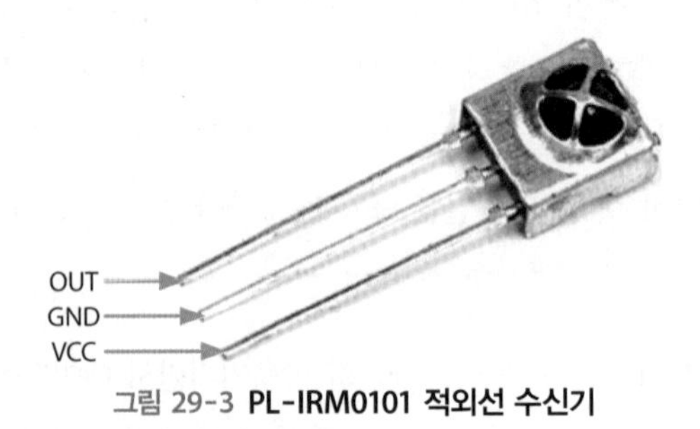

그림 29-3 **PL-IRM0101 적외선 수신기**

29.2 적외선 데이터 포맷

적외선을 통해 데이터를 전달하기 위해서는 데이터를 펄스열로 바꾸어야 한다. 데이터를 펄스열로 바꾸는 방법에는 여러 가지가 있는데, 흔히 NEC 프로토콜을 사용한다. NEC 프로토콜은 펄스 거리 인코딩(pulse distance encoding) 방식을 사용한다. 주변에서 볼 수 있는 리모컨의 대부분은 펄스 거리 인코딩을 사용하며, 실험에 사용한 그림 29-4의 리모컨 역시 펄스 거리 인코딩을 사용하고 있다.

그림 29-4 **펄스 거리 인코딩 방식을 사용하는 리모컨**

펄스 거리 인코딩은 상승 에지 사이의 시간을 통해 논리 0과 논리 1을 구별하는 방법을 말한다. 펄스 거리 인코딩에서는 논리 0을 전달하기 위해 0.562ms의 HIGH 값 이후 동일한 길이의 LOW 값을 전송한다. 반면 논리 1을 전달하기 위해서는 0.562ms의 HIGH 값 이후 3배 길이에 해당하는 1.675ms LOW 값을 전송한다.[62]

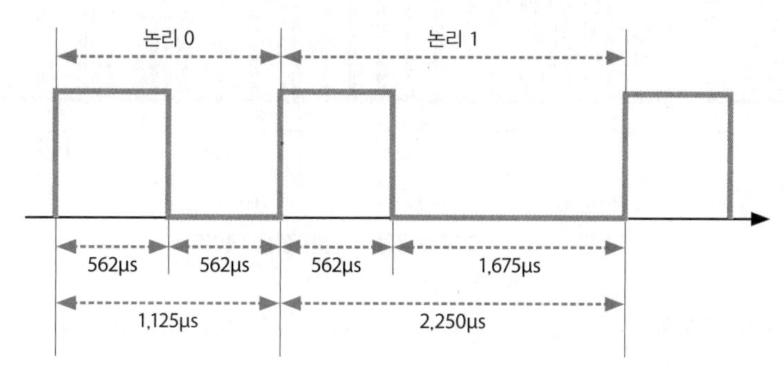

그림 29-5 **펄스 거리 인코딩에 따른 논리 0과 논리 1의 표현**

비트 단위 데이터 이외에도 리모컨에서는 데이터의 시작을 표시하기 위해 특별한 신호를 전송한다. 데이터 시작을 표시하는 신호는 일반 데이터와 반복 데이터의 두 가지가 있다. 일반 데이터는 시작 신호 이후 4바이트의 데이터를 펄스 거리 인코딩에 의해 전송한다. 반면 반복 데이터는 리모컨에서 동일한 버튼을 계속 누르고 있는 경우 전송되는 데이터로 시작 신호 이후 하나의 펄스만이 전달된다.

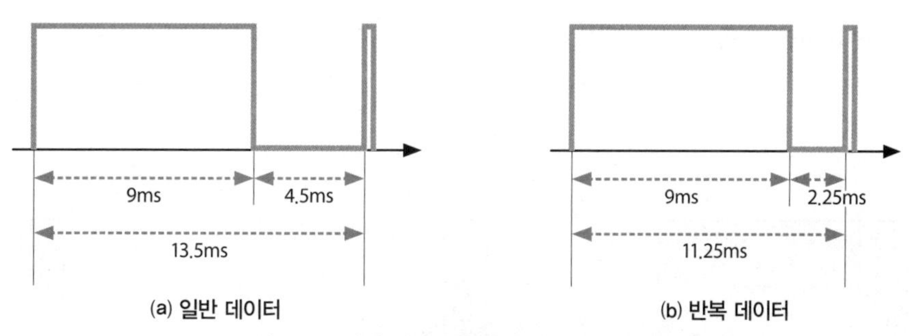

(a) 일반 데이터 (b) 반복 데이터
그림 29-6 **일반 데이터와 반복 데이터의 시작 신호**

그림 29-6에서 알 수 있듯이 일반 데이터와 반복 데이터는 모두 9ms의 HIGH 값을 전송하는 점에서는 동일하지만, 이후 실제 데이터 전송이 이루어지는 시점까지 LOW 값이 전송되는 시간이 서로 다르다.

NEC 프로토콜을 사용한 리모컨에서 버튼을 누르는 경우 전형적인 데이터 신호는 그림 29-7과 같다.

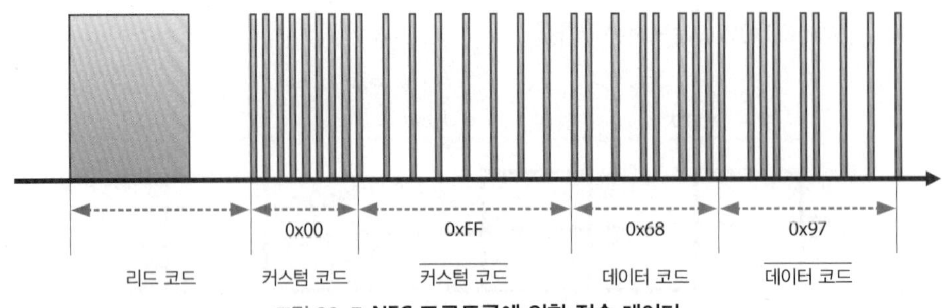

그림 29-7 **NEC 프로토콜에 의한 전송 데이터**

데이터의 시작을 표시하는 부분을 리드 코드(lead code)라고 한다. 이후 4바이트의 데이터는 2바이트의 커스텀 코드(custom code)와 2바이트의 데이터 코드(data code)로 이루어진다. 이후 전송의 끝을 표시하기 위한 펄스가 하나 추가된다. 커스텀 코드 2바이트는 서로 반전된 값을 가진다. 즉, 첫 번째 커스텀 코드 값과 두 번째 커스텀 코드 값을 더하면 항상 0xFF의 값을 가진다. 이는 데이터 코드에서도 동일하다. 2개의 데이터 코드 값을 더하면 역시 0xFF(= 0x68 + 0x97) 값을 가진다는 것을 확인할 수 있다.[63] 펄스 거리 인코딩에서는 논리 1과 논리 0을 전달하기 위해 사용하는 신호의 길이가 서로 다르다. 하지만 반전된 신호 역시 전달하고 있으므로 전체 신호의 길이는 항상 동일하다.

리모컨의 숫자 '0'을 계속 누르고 있는 경우를 생각해 보면, 첫 번째에는 그림 29-7과 같은 펄스열이 전달되지만 이후에는 그림 29-6(b)와 같은 반복 데이터가 전달된다. 이때 신호 간격은 110ms다.

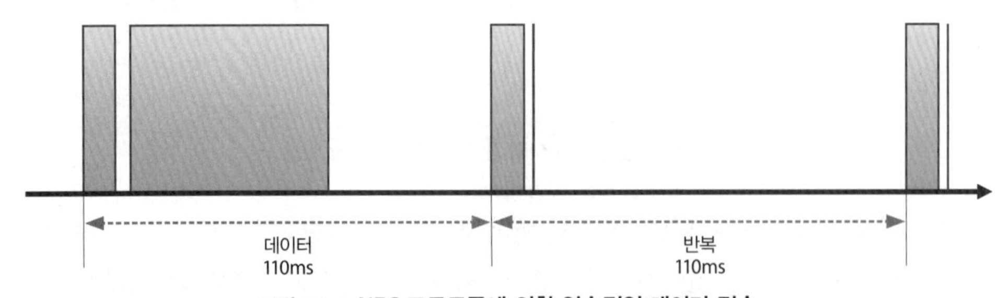

그림 29-8 **NEC 프로토콜에 의한 연속적인 데이터 전송**

29.3 적외선 데이터 디코딩

그림 29-4 및 그림 29-5에서 알 수 있듯이 NEC 프로토콜을 사용하여 전송하는 데이터는 리드 코드와 논리 데이터로 나눌 수 있다. 리드 코드는 다시 일반 데이터의 리드 코드와 반복 데이터의 리드 코드로 나뉘며, 논리 데이터 역시 논리 0과 논리 1로 나뉜다. 적외선 수신기로 전달된 데이터에서 상승 에지에서 다음 상승 에지까지의 시간을 측정함으로써 이들 네 가지 신호를 구분할 수 있다. 표 29-2는 각 유형의 신호에 대한 시간 간격을 비교한 것이다.

표 29-2 **NEC 프로토콜 데이터의 시간 간격**

유형		시간 간격(ms)	클록 수
리드 코드	일반 데이터	13.5	210.94
	반복 데이터	11.25	175.78
논리 데이터	논리 0	1.125	17.58
	논리 1	2.25	35.16

적외선 데이터는 상승 에지 사이의 시간 간격을 통해 알아낼 수 있다고 이야기하였다. 하지만 주의해야 할 점은 PL-IRM0101 적외선 수신기에서 출력되는 신호는 반전된 신호라는 점이다. 즉, 아무런 데이터가 수신되고 있지 않은 경우 논리 1을 출력한다. 따라서 ATmega128에서 수신된 적외선 데이터를 디코딩하는 경우 시간 간격은 하강 에지 사이의 시간 간격을 통해 측정해야 한다. 먼저 그림 29-9와 같이 적외선 수신기를 연결해 보자.

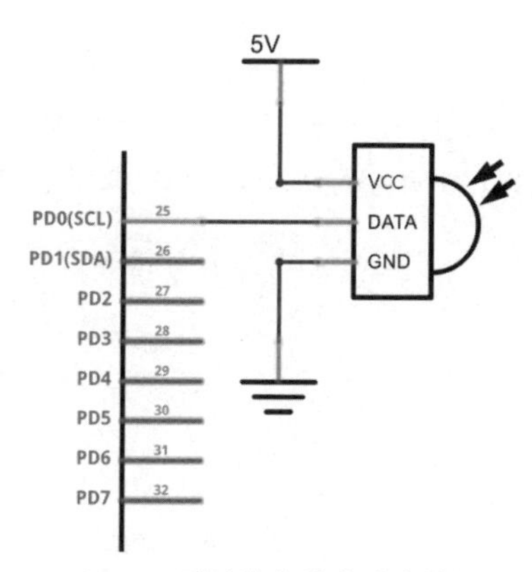

그림 29-9 **적외선 수신기 연결 회로도**

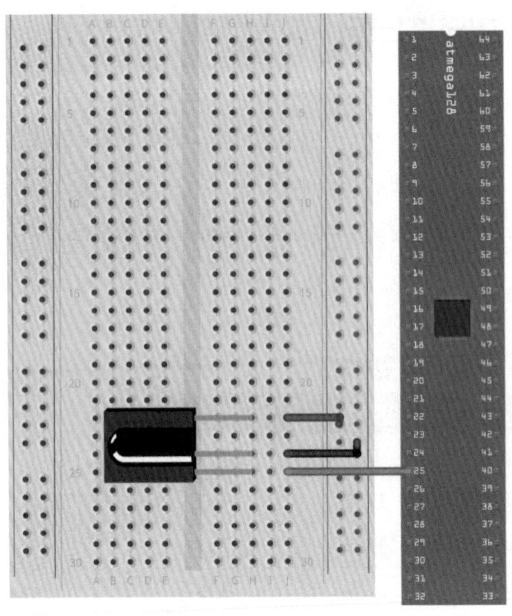

그림 29-10 **적외선 수신기 연결 회로**

코드 29-1은 PL-IRM0101 적외선 수신기를 통해 데이터를 수신하고 이를 터미널 프로그램으로 출력하는 예다.

코드 29-1 **적외선 리모컨 수신**

```
#include <avr/io.h>
#include <avr/interrupt.h>
#include <stdio.h>
#include "UART1.h"

FILE OUTPUT \
    = FDEV_SETUP_STREAM(UART1_transmit, NULL, _FDEV_SETUP_WRITE);
FILE INPUT \
    = FDEV_SETUP_STREAM(NULL, UART1_receive, _FDEV_SETUP_READ);

volatile int bitCount;                          // 수신 데이터 비트 수
volatile unsigned long receivedData;            // 수신 데이터(4바이트 크기)

void print_received_data(int repeat)
{
    if(repeat == 1)                             // 반복 데이터
        printf("** Repeat...\r\n");
    else                                        // 일반 데이터
        printf("0x%lX\r\n", receivedData);
```

```
}

ISR(INT0_vect)
{
    int time = TCNT0;                           // 인터럽트 발생 시간
    int overflow = TIFR & (1 << TOV0);          // 오버플로 발생 여부 검사

    if(bitCount == 32){                         // 리드 코드 검사
        // 일반 데이터 리드 코드인 경우
        // 일반 데이터 리드 코드 길이 13.5ms는 약 211 클록에 해당함
        if ((time > 201) && (time < 221) && (overflow == 0)) {
            receivedData = 0;
            bitCount = 0;
        }
        // 반복 데이터 리드 코드인 경우
        // 반복 데이터 리드 코드 길이 11.25ms는 약 176 클록에 해당함
        else if((time > 166) && (time < 186) && (overflow == 0)){
            print_received_data(1);
        }
        else{
            bitCount = 32;                      // 잘못된 신호인 경우 재시작
        }
    }
    else{                                       // 논리 데이터 검사
        // 논리 0: 약 18 클록, 논리 1: 약 35 클록
        if((time > 40) || (overflow != 0)) // 신호 간격이 너무 긴 경우 재시작
            bitCount = 32;
        else{
            if(time > 26)                       // 1 수신 ( ≈ (18 + 35) / 2 )
                receivedData = (receivedData << 1) + 1;
            else                                // 0 수신
                receivedData = (receivedData << 1);

            if(bitCount == 31)                  // 4바이트 데이터 수신 완료
                print_received_data(0);

            bitCount++;
        }
    }

    TCNT0 = 0;                                  // 0번 타이머/카운터 클리어
    // 0번 타이머/카운터 오버플로 플래그 클리어
    // ISR 루틴이 호출되지 않으므로 자동으로 클리어되지 않는다.
    TIFR = TIFR | (1 << TOV0);
}

int main(void)
{
```

```
    stdout = &OUTPUT;
    stdin = &INPUT;

    UART1_init();                               // UART 통신 초기화

    // 0번 타이머/카운터 분주비를 1,024로 설정
    TCCR0 |= (1 << CS00) | (1 << CS01) | (1 << CS02);

    // PD0 핀에 연결된 적외선 수신기에 대한 외부 인터럽트 설정
    EIMSK |= (1 << INT0);                       // INT0 인터럽트 활성화
    EICRA |= (1 << ISC01);                      // 하강 에지에서 인터럽트 발생
    sei();                                      // 전역적으로 인터럽트 허용

    bitCount = 32;                              // 시작 신호 대기 상태

    printf("** Initialization Completed... \r\n");

    while(1);
    return 0;
}
```

코드 29-1에서는 하강 에지 사이의 시간 간격을 검사하고 있다. 이를 위해 8비트의 0번 타이머/카운터를 사용하고, 분주비를 1,024로 설정함으로써 타이머/카운터의 클록은 15.625KHz(= 16MHz/1,024)가 된다. 15.625KHz 클록에서 오버플로가 발생하기까지 걸리는 시간은 16.384ms(= 256 클록/15,625 클록)이므로 표 29-2의 네 가지 유형 데이터를 수신하는 경우에는 오버플로가 발생하지 않는다.

그림 29-9에서 적외선 수신기의 데이터 핀은 PD0 핀에 연결되어 있는데, PD0 핀은 외부 인터럽트 0번(INT0)을 사용할 수 있는 핀이다. 즉, PD0 핀에 가해지는 신호가 HIGH에서 LOW로 변할 때 인터럽트 서비스 루틴(ISR)을 실행한다. 4바이트의 데이터 수신을 위해서는 총 34번의 ISR이 실행된다. 첫 번째는 리드 코드의 시작 부분으로 이전에 데이터가 수신되지 않았으므로 오버플로가 발생하여 무시된다. 단, 타이머를 0으로 초기화함으로써 리드 코드의 시간 측정을 시작할 수 있도록 해 준다. 두 번째는 리드 코드의 시간을 측정하여 일반 데이터인지 반복 데이터인지 구별할 수 있도록 해 준다. 이후 32번은 실제 32비트의 데이터를 수신한다.

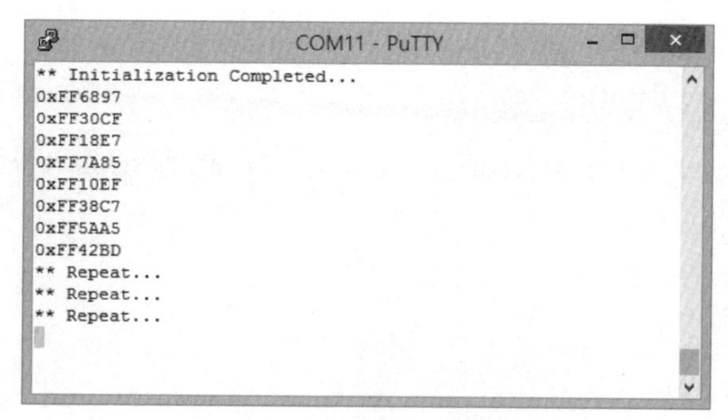

그림 29-11 **코드 29-1 실행 결과**

29.4 리모컨으로 LED 제어

ATmega128의 포트 B에 8개의 LED를 연결하고 리모컨의 0에서 8번까지 버튼을 눌러 해당 개수의 LED가 켜지도록 프로그램을 작성해 보자. 적외선 수신기는 그림 29-9와 동일하게 PD0 핀에 연결한다. 먼저 코드 29-1을 업로드한 상태에서 리모컨의 버튼을 누르면서 버튼에 해당하는 코드 값을 확인한다.

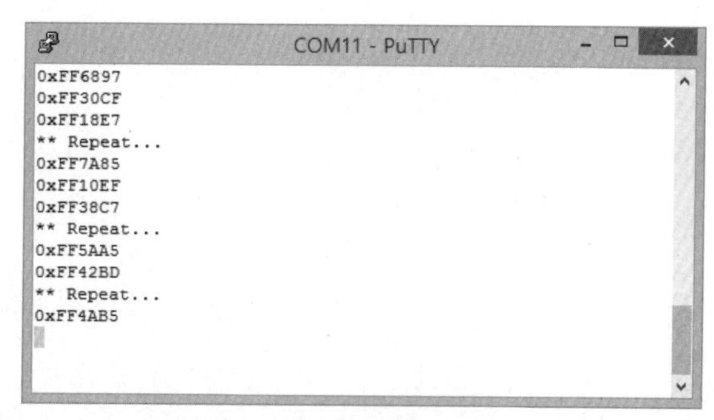

그림 29-12 **숫자 버튼에 해당하는 코드 값**

코드 29-1은 4바이트 코드의 수신을 완료하면 print_received_data 함수를 호출하는 구조로 이루어져 있다. 따라서 print_received_data 함수를 호출하였을 때 코드 값에 따라 숫자를 파악하고 해당하는 수의 LED를 켜 주면 된다. 코드 29-2는 리모컨으로 LED를 제어하는 프로그램의 예다. 코드 29-2에서는 코드 29-1과 차이가 있는 print_received_data 함수와 main 함수만을 나타냈다.

코드 29-2 **리모컨으로 LED 제어**

```
void print_received_data(int repeat)
{
    static unsigned long code_value[] = {          // 코드 값(그림 29-12 참조)
        0xFF6897,
        0xFF30CF,
        0xFF18E7,
        0xFF7A85,
        0xFF10EF,
        0xFF38C7,
        0xFF5AA5,
        0xFF42BD,
        0xFF4AB5
    };

    if(repeat == 1)     return;                    // 반복 데이터

    for(int i = 0; i <= 8; i++){
        if(code_value[i] == receivedData){          // 버튼 확인
            uint8_t LED_value = 0;
            printf("You pressed %d\r\n", i);

            for(int j = 0; j < i; j++){             // LED 제어 데이터 생성
                LED_value = (LED_value << 1) + 1;
            }

            PORTB = LED_value;
            break;
        }
    }
}

int main(void)
{
    stdout = &OUTPUT;
    stdin = &INPUT;

    UART1_init();                                   // UART 통신 초기화

    // 0번 타이머/카운터 분주비를 1,024로 설정
    TCCR0 |= (1 << CS00) | (1 << CS01) | (1 << CS02);

    // PD0 핀에 연결된 적외선 수신기에 대한 외부 인터럽트 설정
    EIMSK |= (1 << INT0);                           // INT0 인터럽트 활성화
    EICRA |= (1 << ISC01);                          // 하강 에지에서 인터럽트 발생
    sei();                                          // 전역적으로 인터럽트 허용

    bitCount = 32;                                  // 시작 신호 대기 상태
```

```
    DDRB = 0xFF;                                          // LED 연결 핀을 출력으로 설정
    PORTB = 0x00;                                         // LED는 꺼진 상태에서 시작

    printf("** Initialization Completed... \r\n");

    while(1);
    return 0;
}
```

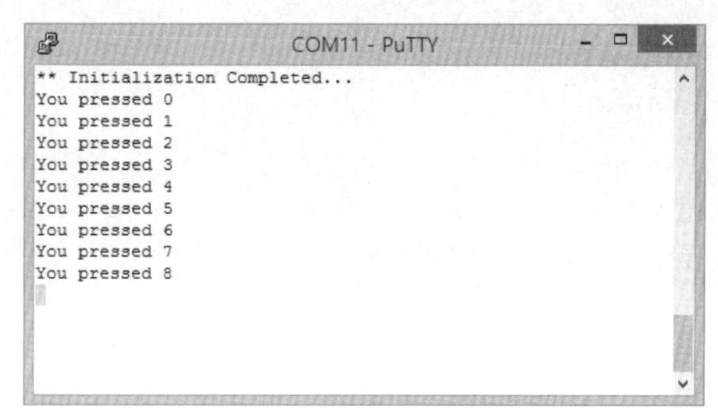

그림 29-13 **코드 29-2 실행 결과**

29.5 요약

적외선은 가시광선 중 붉은색 영역의 바로 바깥 영역에 해당한다. 적외선 영역 중에서도 38KHz 대역은 자연계에서 보기 힘든 주파수 대역이므로 무선 통신에서 흔히 사용하고 있다. 적외선 통신은 간단하게 무선 통신을 가능하게 해 주지만, 통신 거리가 짧고 송신기와 수신기가 마주 보고 있어야 하는 등의 단점도 있다. 마이크로컨트롤러에 적외선 통신을 사용한 예로는 무선 조종을 위한 리모컨, 라인트레이서에서의 길 찾기 등이 대표적이다.

최근 스마트 TV가 등장하면서 리모컨은 마우스로 형태로, 더 나아가 데이터 송신뿐만 아니라 데이터 수신도 가능한 장치로 진화하고 있는데, 이를 가능하게 해 주는 기술 중 하나가 지그비다. 지그비를 사용한 리모컨은 양방향 데이터 송수신이 가능하여 리모컨을 어디에 두었는지 쉽게 찾을 수 있고, 손쉽게 만능 리모컨을 제작할 수 있으며, 송신기와 수신기 사이에 장애물이 있는 경우에도 통신이 가능한 점 등 기존 적외선 리모컨에 비해 여러 가지 장점이 존재한다. 지그비는 최근 스마트 홈 구축을 위한 무선 연결 방식으로 주목받고 있는 등 저전력의 근

거리 통신 방식으로 사용이 증가할 것으로 예상되지만, 적외선 통신 역시 낮은 가격에 높은 신뢰성을 보장하는 무선 통신 방법으로 독자적인 영역을 차지할 것으로 보인다.

연습 문제

1 코드 29-2는 리모컨에서 누른 숫자 버튼의 개수만큼 포트 B에 연결된 LED를 켜는 프로그램이다. 리모컨에는 숫자 버튼 외에도 '+'와 '–' 버튼이 있다. '+' 버튼을 누르면 켜진 LED의 개수가 증가하고, '–' 버튼을 누르면 켜진 LED의 개수가 감소하도록 프로그램을 작성해 보자. 초기 상태에서 LED는 4개가 켜져 있는 것으로 가정한다. 그림 29-4의 리모컨의 경우 '+'는 0xFF02FD, '–'는 0xFF9867의 코드 값을 가진다.

2 적외선 통신은 간단하게 무선으로 데이터를 전송할 수 있는 방법이다. 하지만 송신기와 수신기가 마주 보고 있어야 하는 데다가 한 방향으로만 데이터 전송이 가능한 점 등은 단점에 속한다. 다른 무선 통신 방법과 비교하여 적외선 통신의 장점과 단점을 알아보자.

CHAPTER

30 스피커

스피커로 소리를 내기 위해서는 아날로그 신호가 필요하지만, 펄스폭 변조 신호를 사용하여 진동판을 빠른 속도로 진동시켜 소리를 내는 것도 가능하다. 펄스폭 변조 신호는 타이머/카운터의 파형 생성 기능을 통해 생성할 수 있으므로, 재생하고자 하는 음의 주파수만 알고 있다면 간단하게 음을 재생할 수 있다. 이 장에서는 타이머/카운터의 파형 생성 기능을 통해 단음을 재생하는 방법을 알아본다.

30.1 특정 주파수의 구형파 생성

스피커란 전기 신호를 소리로 변환시켜 주는 장치다. 스피커는 전자석과 진동을 일으키는 판으로 이루어져 있으며, 전자석이 진동판을 빠르게 흔들어 소리를 발생시킨다. 따라서 스피커로 음을 재생하기 위해서는 재생하고자 하는 음에 해당하는 주파수에 따라 전자석을 켜고 끄는 것을 반복하면 된다. 구형파(square wave)를 사용하여 전자석을 제어하는 경우, 흔히 50% 듀티 사이클을 가지는 펄스폭 변조(PWM) 신호를 사용한다. PWM 신호를 생성하기 위해서는 ATmega128의 타이머/카운터를 사용하면 된다. 이 장에서는 16비트의 1번 타이머/카운터를 사용한다.

1번 타이머/카운터로 50% 듀티 사이클을 가지는 PWM 신호를 생성하는 방법 중 하나는 CTC(Clear Timer on Compare match) 모드를 사용하는 방법이다. CTC 모드에서는 비교 일치가 발생하면 카운터가 리셋되면서 파형 출력 핀의 출력이 반전된다. 1번 타이머/카운터에서 사용할 수 있는 16개의 파형 생성 모드 중 이 장에서는 4번 CTC 모드를 사용한다. 4번 모드에서는 비교 일치값을 OCR1A 레지스터에 설정한다. 1번 타이머/카운터는 3개(A, B, C)의 파형 출력을 사용할 수 있으며, 여기서는 그중 B를 사용하는 것으로 가정한다.

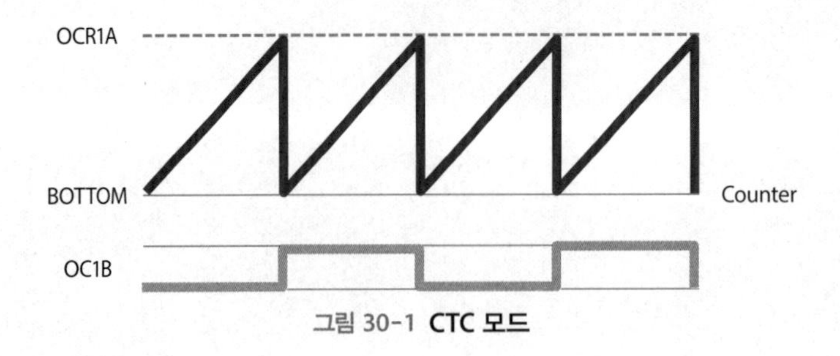

그림 30-1 **CTC 모드**

50% 듀티 사이클을 가지는 PWM 신호 생성을 위한 또 다른 방법에는 8번 위상 및 주파수 교정 PWM 모드를 사용하는 방법도 있다. 8번 모드의 경우 TOP 값과 비교 일치값 두 가지를 사용한다. 카운터가 상향인 경우 비교 일치가 발생하면 파형 출력 핀의 출력은 세트되고, 카운터가 하향인 경우 비교 일치가 발생하면 파형 출력 핀의 출력은 클리어된다. 이는 4번 CTC 모드의 경우 단일 경사 모드를 사용하는 반면, 8번 위상 및 주파수 교정 모드에서는 이중 경사 모드를 사용하는 차이점 때문이다. 8번 모드에서 TOP 값은 ICR1 레지스터에 설정하고, 비교 일치값은 OCR1B 레지스터에 설정한다.

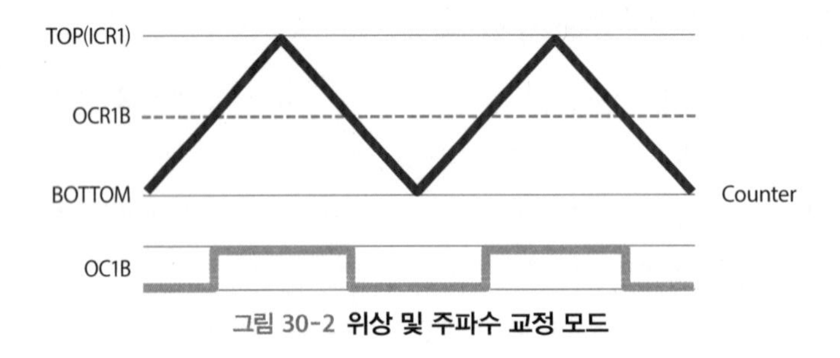

그림 30-2 **위상 및 주파수 교정 모드**

기본적으로 4번 CTC 모드에서 카운터의 주기는 8번 위상 및 주파수 교정 모드에 비해 2분의 1이지만 구형파가 출력되는 주파수는 동일하다. 4번 모드에서 출력되는 구형파는 50% 듀티 사이클로 고정되어 있다. 반면 8번 모드에서는 OCR1B 레지스터의 값을 통해 듀티 사이클을 조절할 수 있다. 하지만 단음 재생을 위해서는 50% 듀티 사이클의 구형파를 사용하므로 OCR1B 레지스터의 값은 ICR1 레지스터 값의 절반으로 설정하였다. 그림 30-1과 그림 30-2에서 PWM 신호의 주파수는 다음과 같다.

$$f_{PWM} = \frac{f_{osc}}{2 \cdot N \cdot TOP}$$

이때 f_{osc}는 시스템 클록을, N은 분주비를 나타낸다. PWM 주파수 f_{PWM}은 재생하고자 하는 단음의 주파수가 된다. 따라서 재생하고자 하는 음의 주파수가 결정되면 TOP 값(4번 모드의 경우 OCR1A 레지스터 값, 8번 모드의 경우 ICR1 레지스터 값)은 다음과 같이 계산할 수 있다. 8번 모드에서 OCR1B 레지스터 값은 TOP 값의 2분의 1로 설정하면 된다.

$$TOP = \frac{f_{osc}}{2 \cdot N \cdot f_{PWM}}$$

흔히 사용하는 음계의 주파수와 그에 따른 TOP 값은 표 30-1과 같다.

표 30-1 **음 이름과 주파수**

음	주파수(Hz)	TOP 값
도	261.63	3822.19
레	293.66	3405.30
미	329.63	3033.70
파	349.23	2863.44
솔	392.00	2551.02
라	440.00	2272.73
시	493.88	2024.78
도	523.25	1911.13

해당 음을 재생하기 위해서는 표 30-1의 값을 해당 레지스터에 설정하기만 하면 된다. 단, 표 30-1에서 계산한 값은 16MHz 시스템 클록을 사용하고 분주비 8을 사용한 경우다.

30.2 CTC 모드를 사용한 멜로디 재생

그림 30-3과 같이 스피커를 PB6 핀에 연결하자. PB6 핀은 1번 타이머/카운터를 사용하여 파형을 출력하는 핀 중 하나다.

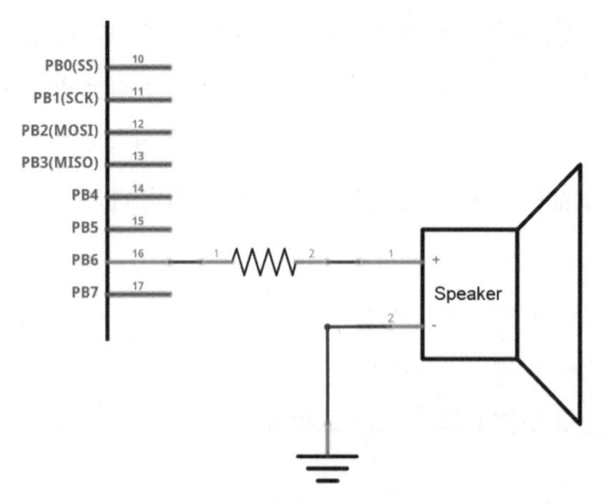

그림 30-3 **스피커 연결 회로**

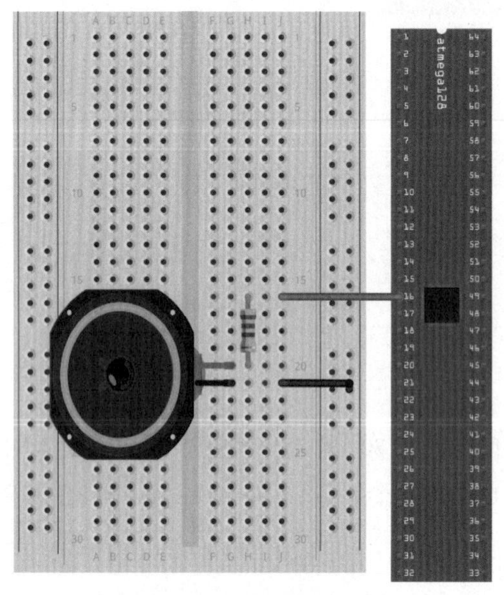

그림 30-4 **스피커 연결 회로도**

코드 30-1은 표 30-1의 음을 순서대로 0.5초 간격으로 재생하는 프로그램이다.

코드 30-1 **단음 재생 – CTC 모드**

```
#define F_CPU 16000000L
#include <avr/io.h>
#include <util/delay.h>
```

```
#define C4        262                        // 261.63Hz
#define D4        294                        // 293.66Hz
#define E4        330                        // 329.63Hz
#define F4        349                        // 349.23Hz
#define G4        392                        // 392.00Hz
#define A4        440                        // 440.00Hz
#define B4        494                        // 493.88Hz
#define C5        523                        // 523.25Hz
#define PAUSE     0
#define PRESCALER 8

const int melody[] = {C4, D4, E4, F4, G4, A4, B4, C5, PAUSE};

void init_music()
{
    DDRB |= (1 << PB6);                      // PBB 핀(OC1B 핀)을 출력으로 설정

    // COM1Bn = 01: 비교 일치 발생 시 출력 반전
    TCCR1A |= _BV(COM1B0);

    // WGM1n = 0100: 4번 CTC 모드
    // CS1n = 010: 분주비 8
    TCCR1B |= _BV(WGM12) | _BV(CS11);
}

void play_music(const int* pMusicNotes)
{
    int note;

    while(*pMusicNotes){
        note = *pMusicNotes;
        pMusicNotes++;

        if(note == PAUSE){
            OCR1A = 0;                       // 재생 중지, 듀티 사이클 0%
        }
        else{
            // 재생 주파수 계산
            int ocr_value = F_CPU / 2 / PRESCALER / note;

            // 재생 주파수 설정
            OCR1A = ocr_value;
        }

        _delay_ms(500);                      // 0.5초 간격으로 단음 재생
    }

    OCR1A = 0;
```

```
}

int main()
{
    init_music();                                   // 포트 및 타이머 설정

    while(1)
    {
        play_music(melody);
        _delay_ms(1000);
    }

    return 0;
}
```

코드 30-1에서는 타이머 설정을 위해 TCCR1A 레지스터와 TCCR1B 레지스터를 사용하였다. 비교 일치가 발생한 경우 파형 출력 핀의 출력을 반전시키기 위해 TCCR1A 레지스터를 사용하고, 4번 CTC 모드를 설정하고 분주비를 8로 설정하기 위해 TCCR1B 레지스터를 사용하였다. 재생되는 단음을 변경하기 위해서는 OCR1A 레지스터의 값을 변경하면 된다. 코드 30-1을 업로드하고 재생되는 음을 확인해 보자.

30.3 위상 및 주파수 교정 모드를 사용한 멜로디 재생

위상 및 주파수 교정 모드를 사용하여 코드 30-1과 동일한 음을 재생하는 프로그램을 작성해 보자. 스피커는 그림 30-3과 동일하게 연결한다. 코드 30-1과 비교하여 달라진 점은 파형 생성 모드를 달리 설정한 점과, TOP 값과 비교 일치값을 코드 30-1과는 다른 레지스터에 설정한 점 정도다. 코드 30-2는 위상 및 주파수 교정 모드를 사용하여 코드 30-1과 동일한 멜로디를 재생하는 프로그램의 예다.

코드 30-2 **단음 재생 – 위상 및 주파수 교정 모드**

```
#define F_CPU 16000000L
#include <avr/io.h>
#include <util/delay.h>

#define C4        262                     // 261.63Hz
#define D4        294                     // 293.66Hz
#define E4        330                     // 329.63Hz
```

```
#define F4          349                         // 349.23Hz
#define G4          392                         // 392.00Hz
#define A4          440                         // 440.00Hz
#define B4          494                         // 493.88Hz
#define C5          523                         // 523.25Hz
#define PAUSE       0

#define PRESCALER           8

const int melody[] = {C4, D4, E4, F4, G4, A4, B4, C5, PAUSE};

void init_music()
{
    DDRB |= (1 << PB6);                         // PB6 핀(OC1B 핀)을 출력으로 설정

    // 1번 타이머/카운터에서 비교 일치가 발생한 경우 OC1A, OC1B, OC1C 핀의 출력이
    // 상향 카운트에서 세트되고, 하향 카운트에서 클리어된다.
    TCCR1A |= _BV(COM1B1);

    // WGM1n = 1000: 8번 위상 및 주파수 교정 모드
    // CS1n = 010: 분주비 8
    TCCR1B |= _BV(WGM13) | _BV(CS11);
}

void play_music(const int* pMusicNotes)
{
    int note;

    while(*pMusicNotes){
        note = *pMusicNotes;
        pMusicNotes++;

        if(note == PAUSE){
            OCR1B = 0;                          // 재생 중지, 듀티 사이클 0%
        }
        else{
            // 재생 주파수 계산
            int icr_value = F_CPU / 2 / PRESCALER / note;

            // 재생 주파수 및 듀티 사이클 설정
            ICR1 = icr_value;
            OCR1B = icr_value / 2;
        }

        _delay_ms(500);                         // 0.5초 간격으로 단음 재생
    }

    OCR1B = 0;                                  // 재생 중지
```

```
}

int main()
{
    init_music();                              // 포트 및 타이머 설정

    while(1)
    {
        play_music(melody);
        _delay_ms(1000);
    }

    return 0;
}
```

코드 30-2에서도 타이머 설정을 위해 코드 30-1과 동일하게 TCCR1A 레지스터와 TCCR1B 레지스터를 사용하였다. 비교 일치가 발생한 경우 파형 출력 핀으로의 출력이 세트 또는 클리어되는 시점을 결정하기 위해 TCCR1A 레지스터를 사용하고, 8번 위상 및 주파수 교정 모드를 설정하고 분주비를 8로 설정하기 위해 TCCR1B 레지스터를 사용하였다. 재생되는 단음을 변경하기 위해서는 ICR1 레지스터와 OCR1B 레지스터의 값을 변경하면 된다. 단, OCR1B 레지스터의 값은 50% 듀티 사이클로 설정하기 위해 ICR1 레지스터의 2분의 1로 설정해야 한다. 코드 30-2를 업로드하고 코드 30-1과 동일한 음이 재생되는지 확인해 보자.

30.4 요약

스피커로 음을 재생하기 위해서는 아날로그 신호가 필요하다. ATmega128은 아날로그 신호 출력 기능이 없으므로 아날로그 신호로 스피커를 구동할 수는 없지만, 펄스폭 변조 신호를 사용하면 단음의 재생은 가능하다. 스피커는 전자석과 진동판으로 구성되며, 전자석을 특정 주파수로 ON/OFF를 반복하면 해당 주파수의 음을 재생할 수 있다.

PWM 신호는 타이머/카운터의 파형 생성 기능을 사용하여 간단히 만들어 낼 수 있으며, 이 장에서는 1번 타이머/카운터의 파형 생성 기능을 통해 PWM 신호를 생성하였다. 단음 재생을 위해서는 50% 듀티 사이클의 PWM 신호를 흔히 사용한다. 파형 생성 모드 중 4번 CTC 모드는 별도의 설정 없이 50% 듀티 사이클을 가지는 PWM 신호를 생성해 준다. 위상 및 주파수 교정 모드를 사용한다면 OCR 레지스터의 값을 통해 50% 듀티 사이클을 가지는 PWM 신호

를 생성할 수 있다. 이 장에서 사용한 두 가지 모드는 서로 차이가 있지만, 50% 듀티 사이클을 가지는 PWM 신호를 생성하는 경우에는 차이를 찾아보기 어렵다. PWM에 대한 보다 자세한 내용은 15장을 참고하면 된다.

연습 문제

1 그림 30-3과 같이 스피커를 연결하고, 포트 C에 8개의 버튼을 풀다운 저항을 사용하여 연결하자. 포트 C의 LSB에 연결된 버튼을 누르면 C4(낮은 도) 음을 재생하고, MSB에 연결된 버튼을 누르면 C5(높은 도) 음을 재생하는 식으로 8개의 버튼을 '도-레-미-파-솔-라-시-도' 순서로 대응시켜 미니 피아노 프로그램을 작성해 보자.

2 스피커는 대부분 전자석과 진동판으로 구성되어 있지만, 역압전 효과를 사용하는 피에조 스피커 역시 소형 전자 제품에 널리 사용되고 있다. 피에조 스피커 역시 진동판을 일정한 주파수로 진동시켜 소리를 내는 방식은 동일하지만, 전자석이 아닌 압전소자에 전압을 가하여 압전소자의 팽창과 수축을 반복시킴으로써 진동판을 진동시키는 원리를 이용한다. 피에조 스피커의 특성과 장단점을 알아보자.

CHAPTER

31 EEPROM

ATmega128은 세 종류의 메모리를 포함하고 있으며, 이 중 EEPROM은 전원이 꺼져도 내용이 보존되는 비휘발성 메모리로 작은 크기의 데이터를 저장하기 위해 주로 사용한다. 이 장에서는 ATmega128에 포함되어 있는 4KB 크기의 EEPROM을 EEPROM 라이브러리를 통해 제어하는 방법에 대해 알아본다.

ATmega128은 세 종류의 메모리를 포함하고 있으며, 세 가지 메모리의 특징을 요약하면 표 31-1과 같다.

표 31-1 **ATmega128의 메모리**

	플래시 메모리	SRAM	EEPROM
크기(KB)	128	4	4
용도	프로그램 저장	데이터 저장	데이터 저장
휘발성	×	○	×
프로그램 실행 중 변경 가능	불가능	가능	가능
속도	중간	가장 빠름	가장 느림
수명	10,000회 쓰기	반영구적	100,000회 쓰기

세 종류의 메모리 중 플래시 메모리와 EEPROM은 그 특성이 유사하다. EEPROM은 사용자가 내용을 바이트 단위로 읽거나 쓸 수 있어서 SRAM처럼 사용할 수 있다. 하지만 읽기 동작은 SRAM보다 조금 느린 반면, 쓰기 동작은 1바이트 데이터를 기록할 때마다 수 밀리초의 지연시간이 발생하므로 많은 데이터를 실시간으로 저장하는 용도로 사용하는 것은 바람직하지 않다.

플래시 메모리는 EEPROM의 변형으로 데이터를 바이트 단위로 읽을 수 있는 점에서는 EEPROM과 동일하지만 쓰기는 블록 단위로만 가능하다. 플래시 메모리는 EEPROM에 비해 구조가 간단하고 블록 단위의 쓰기 시간이 EEPROM의 바이트 단위 쓰기 시간과 비슷하여 큰 용량의 데이터를 기록할 때에는 속도 면에서 EEPROM에 비해 장점이 있다. 따라서 플래시 메모리는 프로그램을 저장하는 용도의 프로그램 메모리로 주로 사용한다.

16장에서 이미 SPI 통신을 사용하는 외부 EEPROM의 사용법을 알아보았다. ATmega128이 제공하는 EEPROM 역시 기본적으로 이와 동일하지만 EEPROM을 제어하는 회로가 ATmega128에 포함되어 있으므로 외부 EEPROM에 비해 간편하게 사용할 수 있다.

31.1 EEPROM 레지스터

EEPROM을 사용하기 위해 필요한 레지스터는 EEPROM 주소 레지스터, EEPROM 데이터 레지스터, EEPROM 제어 레지스터 등이 있다. ATmega128의 EEPROM은 4KB 크기로 바이트 단위의 주소 지정을 위해서는 12비트가 필요하다. 따라서 EEPROM 주소 레지스터인 EEAR(EEPROM Address Register) 레지스터는 2바이트 크기를 갖는 레지스터이며, 12비트의 주소를 저장하기 위해 EEARH 레지스터의 하위 4비트와 EEARL 레지스터의 8비트를 사용한다. EEAR 레지스터의 구조는 그림 31-1과 같다.

비트	15	14	13	12	11	10	9	8
EEARH	-	-	-	-	EEAR11	EEAR10	EEAR9	EEAR8
EEARL	EEAR7	EEAR6	EEAR5	EEAR4	EEAR3	EEAR2	EEAR1	EEAR0
	7	6	5	4	3	2	1	0
읽기/쓰기	R	R	R	R	R/W	R/W	R/W	R/W
	R/W	R/W	R/W	R/W	R/W	R/W	R/W	R/W
초깃값	0	0	0	0	x	x	x	x
	x	x	x	x	x	x	x	x

그림 31-1 EEAR 레지스터의 구조

EEPROM 데이터 레지스터인 EEDR(EEPROM Data Register) 레지스터는 EEPROM에서 읽어 오거나 EEPROM에 기록할 데이터를 저장하는 레지스터다.

비트	7	6	5	4	3	2	1	0
	EEDR[7:0]							
읽기/쓰기	R/W	R/W	R/W	R/W	R/W	R/W	R/W	R/W
초깃값	0	0	0	0	0	0	0	0

그림 31-2 **EEDR 레지스터의 구조**

EEPROM 제어 레지스터인 EECR(EEPROM Control Register) 레지스터는 EEPROM의 읽기와 쓰기 과정을 제어하는 레지스터로 EECR 레지스터의 구조는 그림 31-3과 같으며, 각 비트의 의미는 표 31-2와 같다.

비트	7	6	5	4	3	2	1	0
	-	-	-	-	EERIE	EEMWE	EEWE	EERE
읽기/쓰기	R	R	R	R	R/W	R/W	R/W	R/W
초깃값	0	0	0	0	0	0	x	0

그림 31-3 **EECR 레지스터의 구조**

표 31-2 **EECR 레지스터 비트**

비트	이름	설명
3	EERIE	EEPROM Ready Interrupt Enable: EERIE 비트를 세트하는 경우 EEPROM 준비 인터럽트(EEPROM Ready Interrupt)를 활성화시킨다. EEPROM 준비 인터럽트는 EEWE 비트가 클리어될 때 발생한다.
2	EEMWE	EEPROM Master Write Enable: EEWE 비트가 세트되는 경우 실제로 EEPROM에 쓰기 동작을 수행할지의 여부를 결정한다. EEMPE 비트가 클리어 상태인 경우 EEPROM에 쓰기 동작은 수행하지 않는다. 소프트웨어에 의해 EEMPE 비트가 세트된 경우에는 4 클록 이후 하드웨어에 의해 자동으로 클리어된다.
1	EEWE	EEPROM Write Enable: EEWE 비트가 세트되면 쓰기 동작을 시작한다. EEAR 레지스터와 EEDR 레지스터에 주소와 데이터가 저장되어 있는 경우 EEWE 비트를 세트하면 EEPROM에 데이터를 기록하기 시작한다. 이때 EEMWE 비트는 EEWE 비트가 세트되기 이전에 세트되어 있어야 실제 쓰기 동작을 수행한다.
0	EERE	EEPROM Read Enable: EERE 비트가 세트되면 읽기 동작을 시작한다. EEAR 레지스터에 주소가 저장되어 있는 경우 EEPROM의 해당 주소로부터 데이터를 읽어 온다. EEPROM에 쓰기 동작이 진행 중인 경우 읽기를 수행할 수 없으므로 EEWE 비트가 클리어되었는지 확인하고 읽기 동작을 수행해야 한다.

EEPROM에 데이터를 기록하는 전형적인 순서는 다음과 같다.

1. EEWE가 0이 될 때까지 기다린다. EERIE 비트를 설정한 경우 인터럽트가 발생할 때 쓰기 동작을 시작할 수 있다.
2. SPMCSR(Store Program Memory Control and Status Register) 레지스터의 SPMEN(Store Program Memory) 비트가 0이 될 때까지 기다린다.
3. EEAR 레지스터에 EEPROM의 주소를 쓴다.
4. EEDR 레지스터에 EEPROM에 기록할 데이터를 쓴다.
5. EEMWE 비트에 1을 쓴다. 이때 EEWE 비트는 0이어야 한다.
6. EEMWE 비트를 설정한 이후 4 클록 이내에 EEWE 비트에 1을 쓴다.

EEPROM은 CPU가 플래시 메모리에 데이터를 기록하는 동안에는 사용할 수 없으므로 EEPROM의 쓰기 동작 이전에 CPU에 의한 플래시 메모리 쓰기 동작이 종료되었는지 검사해야 한다. CPU에 의한 플래시 메모리 쓰기 동작은 부트로더에 의한 플래시 메모리 쓰기 동작이 유일하므로, 단계 2는 부트로더에 의해 CPU가 플래시 메모리에 쓰기 동작을 수행하고 있는지의 여부를 판단하기 위한 것이다.

단계 3과 단계 4는 주소와 데이터를 기록하는 단계로 그 순서는 바뀔 수 있다.

단계 6은 실제 쓰기 동작을 수행하는 단계로 한 가지 주의할 점은 EEMWE 비트가 소프트웨어에 의해 세트되고 4 클록이 경과하면 하드웨어에 의해 자동으로 클리어된다는 점이다. 따라서 단계 5와 단계 6 사이에 인터럽트가 발생하면 EEPROM에 대한 쓰기 동작은 실행되지 않을 수도 있으므로 EEPROM에 대한 쓰기 동작을 실행하기 이전에는 전역 인터럽트 허용 비트를 클리어하여 인터럽트 발생을 금지시키는 것이 안전하다.

코드 31-1은 전형적인 EEPROM에 대한 쓰기 동작을 나타낸 예로 전역적인 인터럽트 발생이 금지되어 있으며, 부트로더에 의한 플래시 메모리 쓰기 동작은 없는 것으로 가정하고 있다.

코드 31-1 **EEPROM 쓰기 함수**

```
void EEPROM_write(unsigned int address, unsigned char data)
{
    while(EECR & (1 << EEWE));              // EEWE 비트가 클리어될 때까지 대기

    EEAR = address;                         // EEPROM의 주소 설정
    EEDR = data;                            // EEPROM에 기록할 데이터 설정
```

```
    EECR |= (1 << EEMWE);                   // EEMWE 비트 세트

    EECR |= (1 << EEWE);                    // EEWE 비트 세트. 실제 쓰기 동작 시작
}
```

코드 31-2는 전형적인 EEPROM에서의 데이터 읽기 동작을 나타낸 예로, 쓰기와 마찬가지로 전역적으로 인터럽트 발생이 금지되어 있는 것으로 가정하고 있다.

코드 31-2 EEPROM 읽기 함수

```
unsigned char EEPROM_read(unsigned int address)
{
    while(EECR & (1 << EEWE));              // EEWE 비트가 클리어될 때까지 대기

    EEAR = address;                         // EEPROM의 주소 설정

    EECR |= (1 << EERE);                    // EERE 비트 세트. 실제 읽기 동작 시작

    return EEDR;
}
```

ATmega128의 내장 EEPROM은 코드 31-1과 코드 31-2를 통해 쓰기 및 읽기가 가능하다. 하지만 EEPROM에서 데이터를 읽거나 쓰기 위해서는 정해진 순서를 따라야 하는 것은 물론 시간까지도 고려해야 하는 등 사용 방법이 간단하지 않다. 또한 코드 31-1과 코드 31-2의 경우 몇 가지 검사를 생략하고 있으므로 사용에 주의해야 한다. 대신 EEPROM 라이브러리를 사용한다면 간단하게 EEPROM을 사용할 수 있다.

31.2 EEPROM 라이브러리

ATmega128의 내장 EEPROM은 아트멜 스튜디오에서 제공하는 EEPROM 라이브러리를 통해 간단히 제어할 수 있으며, 라이브러리를 통해 사용하는 것이 일반적이다. 라이브러리를 사용하기 위해서는 먼저 해당 헤더 파일을 포함시켜야 한다.

```
#include <avr/eeprom.h>
```

헤더 파일에는 EEPROM의 데이터 읽기와 쓰기를 위한 함수들이 선언되어 있다. 함수들은

크게 읽기(read), 쓰기(write), 갱신(update)의 세 가지 그룹으로 나뉜다. 각 그룹에는 데이터 유형에 따라, 즉 EEPROM에 기록할 데이터의 바이트 수에 따라 다섯 가지 함수가 정의되어 있다.

```
uint8_t eeprom_read_byte (const uint8_t *__p);
uint16_t eeprom_read_word (const uint16_t *__p);
uint32_t eeprom_read_dword (const uint32_t *__p);
float eeprom_read_float (const float *__p);
void eeprom_read_block (void *__flash, const void *__eeprom, size_t __n);

void eeprom_write_byte (uint8_t *__p, uint8_t __value);
void eeprom_write_word (uint16_t *__p, uint16_t __value);
void eeprom_write_dword (uint32_t *__p, uint32_t __value);
void eeprom_write_float (float *__p, float __value);
void eeprom_write_block (const void *__flash, void *__eeprom, size_t __n);

void eeprom_update_byte (uint8_t *__p, uint8_t __value);
void eeprom_update_word (uint16_t *__p, uint16_t __value);
void eeprom_update_dword (uint32_t *__p, uint32_t __value);
void eeprom_update_float (float *__p, float __value);
void eeprom_update_block (const void *__flash, void *__eeprom, size_t __n);
```

쓰기와 갱신의 차이는 데이터를 기록하기 전에 기존에 저장된 값을 확인하는지의 여부에 있다. EEPROM은 비휘발성 메모리로 읽기는 제한이 없지만, 쓰기는 최대 100,000번만 가능하다. 잦은 데이터 기록은 EEPROM의 수명을 단축시키는 결과를 가져오므로 가능한 쓰기 횟수를 줄이기 위해 갱신 함수는 현재 기록된 값과 쓰고자 하는 값이 동일한 경우에는 데이터를 기록하지 않는다. 데이터를 읽는 속도는 쓰는 속도에 비해 빠르므로 쓰기와 갱신의 속도 차이는 거의 나지 않는다. 쓰기 함수는 이전 버전과의 호환성을 위해 남겨져 있는 함수이므로 쓰기 함수는 사용하지 않는 것이 바람직하며, 갱신 함수 사용을 추천한다.

EEPROM에서 값을 읽어 오거나 쓸 때 주의할 점은 주소를 포인터 형식으로 전달해야 한다는 점이다. EEPROM의 주소는 일반적으로 정수형으로 주어지므로 이를 매개변수 형식에 맞게 캐스팅하여 사용하면 된다.

코드 31-3은 EEPROM에 데이터를 쓰고 이를 읽어 오는 프로그램의 예다. float형 데이터를 읽고 쓰는 함수 역시 존재하지만, 마이크로컨트롤러에서 float 연산은 많은 메모리와 시간을 필요로 하여 추천하지 않으므로 코드 31-3에는 포함시키지 않았다. 블록 단위의 데이터 읽기와 쓰기는 void형 포인터를 사용한다는 점도 눈여겨보아야 한다. void형 포인터는 바이트 단위의 데이터를 읽고 쓰기 위해 사용하며, 데이터의 의미보다는 데이터의 크기가 중요한 경우에 사용한다.

코드 31-3 **EEPROM 읽기 – 라이브러리**

```
#include <avr/io.h>
#include <avr/eeprom.h>
#include <stdio.h>
#include "UART1.h"

FILE OUTPUT \
    = FDEV_SETUP_STREAM(UART1_transmit, NULL, _FDEV_SETUP_WRITE);
FILE INPUT \
    = FDEV_SETUP_STREAM(NULL, UART1_receive, _FDEV_SETUP_READ);

int main(void)
{
    stdout = &OUTPUT;
    stdin = &INPUT;

    // EEPROM에 쓸 데이터
    uint8_t dataByte = 127;                 // 2^7 - 1
    uint16_t dataWord = 32767;              // 2^15 - 1
    uint32_t dataDWord = 2147483647;        // 2^31 - 1
    char dataString[] = "ABCDE";

    // EEPROM의 주소
    int addressByte = 0, addressWord = 10, addressDWord = 20, addressString = 30;

    UART1_init();                           // UART 통신 초기화

    // 데이터 쓰기
    eeprom_update_byte ( (uint8_t *)addressByte, dataByte);
    eeprom_update_word ( (uint16_t *)addressWord, dataWord);
    eeprom_update_dword ( (uint32_t *)addressDWord, dataDWord);
    eeprom_update_block ( (void *)dataString, (void *)addressString, 5);

    // 데이터 읽기
    dataByte = eeprom_read_byte ( (uint8_t *)addressByte );
    dataWord = eeprom_read_word ( (uint16_t *)addressWord );
    dataDWord = eeprom_read_dword ( (uint32_t *)addressDWord );
    eeprom_read_block ( (void *)dataString, (void *)addressString, 5);

    // UART 통신으로 데이터 전송
    printf("Byte        : %d\r\n", dataByte);    // 1바이트 데이터
    printf("Word        : %d\r\n", dataWord);    // 2바이트 데이터
    printf("Double Word : %ld\r\n", dataDWord); // 4바이트 데이터
    printf("String      : %s\r\n", dataString); // 문자열 데이터

    while(1);

    return 0;
}
```

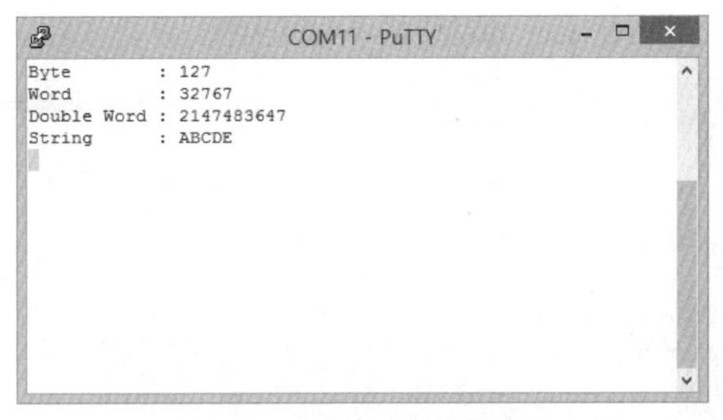

그림 31-4 **코드 31-3 실행 결과**

EEPROM에 1바이트 이상의 크기를 가지는 데이터를 기록하는 경우에는 주소 계산에 주의해야 한다. EEPROM은 바이트 단위로 주소가 주어지므로 2바이트 크기를 가지는 uint16_t 형식의 데이터를 연속해서 기록하는 경우에는 2만큼 차이가 나는 번지를 지정해야 한다. 하지만 이런 불편한 점은 포인터 연산을 통해 간단히 해결할 수 있다. EEPROM에 데이터를 기록하거나 읽는 경우 주소는 포인터 형식으로 변환하여 전달해야 한다는 점을 기억하는가? uint16_t 형식의 포인터를 생각해 보자. 포인터는 포인터 값이 가리키는 메모리 주소에 저장된 값의 형식을 나타낸다. 즉, uint16_t *p2;에서 p2 값이 가리키는 메모리 번지에는 2바이트 크기의 uint16_t 형식의 데이터가 p2 번지와 그 다음 번지에 저장되어 있음을 나타낸다. 한 가지 주의할 점은 p2가 100번지를 가리키고 있다고 가정하였을 때 p2+1은 101번지가 아니라 uint16_t 형식의 값이 저장된 이후의 번지인 102번지를 가리킨다는 점이다.

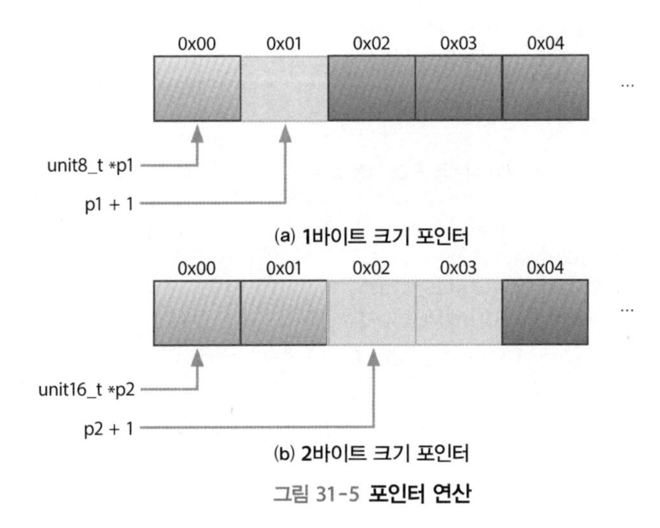

그림 31-5 **포인터 연산**

코드 31-4는 1바이트 크기를 갖는 uint8_t 형식과 2바이트 크기를 갖는 uint16_t 형식의 값을 저장하였을 경우 동일한 포인트 연산에서 자동으로 바이트 수에 맞게 주소를 계산해 주는 예를 보여 주는 것이다.

코드 31-4 포인터 연산

```
#include <avr/io.h>
#include <avr/eeprom.h>
#include <stdio.h>
#include "UART1.h"

FILE OUTPUT \
    = FDEV_SETUP_STREAM(UART1_transmit, NULL, _FDEV_SETUP_WRITE);
FILE INPUT \
    = FDEV_SETUP_STREAM(NULL, UART1_receive, _FDEV_SETUP_READ);

int main(void)
{
    stdout = &OUTPUT;
    stdin = &INPUT;

    UART1_init();                                  // UART 통신 초기화

    uint8_t *p1, *p2;
    p1 = 0;
    // p1 번지에 uint8_t 데이터 형식의 바이트 수를 더한 값 = 1
    p2 = p1 + 1;

    printf("** 8 bit address...\r\n");
    printf("P1     : %d\r\n", (uint16_t)p1);
    printf("P1 + 1 : %d\r\n", (uint16_t)p2);

    uint16_t *p3, *p4;
    p3 = 0;
    // p3 번지에 uint16_t 데이터 형식의 바이트 수를 더한 값 = 2
    p4 = p3 + 1;

    printf("** 16 bit address...\r\n");
    printf("P3     : %d\r\n", (uint16_t)p3);
    printf("P3 + 1 : %d\r\n", (uint16_t)p4);

    while(1);

    return 0;
}
```

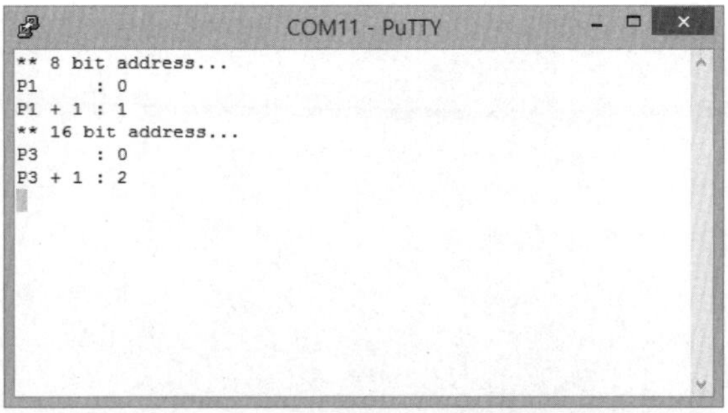

```
** 8 bit address...
P1     : 0
P1 + 1 : 1
** 16 bit address...
P3     : 0
P3 + 1 : 2
```

그림 31-6 **코드 31-4 실행 결과**

31.3 요약

EEPROM은 ATmega128이 제공하는 세 종류의 메모리 중 하나로 기록하는 속도가 세 종류의 메모리 중 가장 느리다. 하지만 EEPROM은 프로그램이 실행 중인 동안 자유롭게 데이터를 기록할 수 있고 전원이 꺼진 이후에도 내용이 보존되는 유일한 내부 메모리이므로 프로그램의 설정이나 실행 정보 등 간단한 정보를 기록하는 용도로 유용하게 사용할 수 있다.

내부 EEPROM의 경우 데이터를 읽고 쓰기 위해 정확한 타이밍이 요구되는 등 사용하기가 조금 까다롭지만, 기본적으로 제공하는 EEPROM 라이브러리를 사용하면 간단히 바이트 단위의 데이터를 읽고 쓸 수 있다. 하지만 EEPROM은 바이트 단위로 메모리의 주소가 정해지고 바이트 단위의 데이터 읽기와 쓰기를 기본으로 하고 있으므로 2바이트 이상의 크기를 갖는 데이터를 읽거나 쓰는 경우에는 주의가 필요하다.

내부 EEPROM의 장단점은 16장에서 살펴본 외부 EEPROM과 대부분 동일하지만 내장 EEPROM의 경우 ATmega128에 포함되어 있으므로 외부 EEPROM에 비해 보다 간편하게 제어할 수 있는 장점이 있다.

연습 문제

1 EEPROM의 경우 읽는 시간은 다른 메모리와 비슷하지만 쓰기 시간은 오래 걸린다. 코드 31-5는 EEPROM의 읽기와 쓰기 시간을 비교하는 프로그램이다. 인터럽트 처리 시간 등을 고려하지 않아 절대적인 값은 크게 의미가 없지만 상대적인 값은 비교해 볼 수 있다. 코드 31-5에서는 13장에서 설명한 millis 함수를 사용하여 실행 시간을 측정하고 있다. COUNT 값을 변경하면서 EEPROM에 데이터를 읽고 쓰는 시간을 비교해 보자.

코드 31-5 EEPROM 읽기와 쓰기 시간

```
int main(void)
{
    int COUNT = 10;

    stdout = &OUTPUT;
    stdin = &INPUT;

    init_timer0();                  // 타이머/카운터 0번 초기화
    UART1_init();                   // UART 통신 초기화

    unsigned long time_previous, time_current;

    printf("** Start Writing...\r\n");
    time_previous = millis();      // 쓰기 시작 시간
    for(int i = 0; i < COUNT; i++){
        eeprom_write_byte((uint8_t *)i, i);
    }
    time_current = millis();       // 쓰기 종료 시간
    printf(" Write to EEPROM takes %ld ms.\r\n",
        time_current - time_previous);

    printf("** Start Reading...\r\n");
    time_previous = millis();      // 읽기 시작 시간
    for(int i = 0; i < COUNT; i++){
        eeprom_read_byte((uint8_t *)i);
    }
    time_current = millis();       // 읽기 종료 시간
    printf("Read from EEPROM takes %ld ms.\r\n",
        time_current - time_previous);

    while(1);

    return 0;
}
```

COM11 - PuTTY

```
** Start Writing...
 Write to EEPROM takes 77 ms.
** Start Reading...
Read from EEPROM takes 0 ms.
 45
```

2 EEPROM에 저장된 내용은 아트멜 스튜디오에서 파일로 저장하여 확인할 수 있다. 'Tools ➡ Device Programming' 메뉴 항목을 선택한다. 'Tool', 'Device', 'Interface' 항목을 선택한 후 'Apply' 버튼을 누르면 마이크로컨트롤러와 연결된다. 왼쪽 'Memories' 탭을 선택하고 아래쪽의 'EEPROM' 부분에서 'Read...' 버튼을 누르면 현재 EEPROM의 내용을 파일로 저장할 수 있다. 저장되는 파일의 확장자는 EEP이며, 인텔 HEX 파일 형식을 따른다. 코드 31-6을 실행한 후 EEP 파일로 저장한 EEPROM의 시작 부분 내용 중 첫 네 줄은 다음과 같다.

코드 31-6 EEPROM 데이터 쓰기

```
int main(void)
{
    for(int i = 0; i < 64; i++){
        eeprom_write_byte((uint8_t *)i, i);
    }

    while(1);
    return 0;
}
```

```
:10000000000102030405060708090A0B0C0D0E0F78
:10001000101112131415161718191A1B1C1D1E1F68
:10002000202122232425262728292A2B2C2D2E2F58
:10003000303132333435363738393A3B3C3D3E3F48
...
```

각 줄은 시작 코드인 콜론 이후 4바이트의 헤더, 16바이트 데이터, 그리고 1바이트의 체크섬으로 이루어진다. 인텔 HEX 파일 형식을 알아보고, 이를 바탕으로 위 데이터의 의미를 알아보자.

CHAPTER

32 워치도그 타이머

워치도그 타이머는 여러 가지 이유로 마이크로컨트롤러가 비정상적인 상태에 빠졌을 때 마이크로컨트롤러를 자동으로 리셋시키기 위해 사용한다. 워치도그 타이머에 의해 자동으로 리셋되는 것을 방지하기 위해서는 프로그램에서 일정한 시간 간격으로 프로그램이 정상적으로 동작하고 있음을 알려 주어야 한다. 이 장에서는 워치도그 타이머 라이브러리를 사용하여 마이크로컨트롤러의 동작 상태를 감시하고 필요한 경우 자동으로 리셋시키는 방법을 알아본다.

32.1 워치도그 타이머

마이크로컨트롤러 기반의 시스템은 다른 시스템과 마찬가지로 작동하는 동안 여러 가지 이유로 정지할 수 있다. 시스템이 정지하였을 때 설치된 시스템에 쉽게 접근할 수 있다면 시스템을 재시작하면 되지만, 접근이 쉽지 않다면 시스템은 작동이 멈춘 상태로 계속 방치될 수밖에 없다. 시스템의 작동이 멈춘 경우 자동으로 시스템을 재시작할 수 있는 방법은 없을까?

워치도그 타이머(Watchdog Timer, WDT)는 시스템의 오작동 상황을 감시하기 위한 목적으로 사용하는 도구 중 하나다. 워치도그 타이머의 주요 목적은 시스템이 정상적인 동작을 수행하지 못하는 경우 시스템을 리셋시킴으로써 프로그램이 다시 시작하도록 하는 데 있다.

워치도그는 경비견을 가리키는 단어로 마이크로컨트롤러에서는 CPU가 정상적으로 동작하고 있는지 감시하기 위해 사용한다. 워치도그와 시간을 측정하는 도구인 타이머가 결합한 형태의 워치도그 타이머가 정해진 시간 내에 시스템이 정상적으로 동작하고 있다는 사실을 워치도그에게 알려 주지 못하면 시스템을 감시하고 있던 워치도그에 의해 마이크로컨트롤러는 리셋된다.

워치도그 타이머를 동작 상태에 놓고 아무런 조치 없이 그대로 둘 경우 일정 시간이 경과하면 마이크로컨트롤러가 리셋되므로 정해진 시간 이내에 타이머를 리셋시켜 주어야 한다. 따라서 정상적으로 실행되는 프로그램 내에 일정 시간 간격으로 워치도그 타이머를 리셋시켜 주는 코드를 삽입해야 한다. 비정상적인 실행으로 인해 타이머를 리셋하는 동작을 수행하지 못하면 워치도그 타이머가 만료되어 마이크로컨트롤러는 리셋된다. 리셋이라는 단어가 너무 많이 나와 혼란스럽겠지만 위의 설명에서는 마이크로컨트롤러를 리셋하는 경우와 타이머를 리셋하는 두 가지 리셋이 존재한다.

타이머는 시간을 측정하는 도구다. 아무런 조치 없이 일정 시간이 지나가면 (이를 타이머가 만료되었다고 한다) 마이크로컨트롤러가 리셋된다. 즉, 마이크로컨트롤러가 다시 시작한다. 마이크로컨트롤러가 다시 시작하지 않도록 하기 위해서는 타이머로 측정한 시간이 일정 시간 이상이 되기 전에 측정한 시간을 0으로 만들어 주어야 하는데, 이를 타이머 리셋이라고 한다. 타이머를 리셋하는 작업을 '워치도그 타이머 리셋'이라 하고, 워치도그 타이머 만료에 따른 마이크로컨트롤러의 리셋을 '워치도그 리셋'이라고 구별하여 쓰고 있으므로 혼동하지 않도록 한다.

ATmega128의 경우 워치도그 타이머는 1MHz로 동작하는 내부 오실레이터에 의해 동작하며, 분주비 설정을 통해 동작 주파수를 결정할 수 있다. 원하지 않게 워치도그 타이머가 비활성화되거나 워치도그 타이머의 만료 시간이 변경되는 것을 막기 위해 ATmega128에서는 세 가지의 안전 수준(safety level)을 지정할 수 있다. 안전 수준의 차이는 워치도그 타이머를 비활성화시키거나 워치도그 타이머의 만료 시간을 변경하기 위해 정해진 순서(Timed Sequence, TS)의 동작을 수행해야 하는지의 여부에 있다. 정해진 순서의 동작을 수행하는 경우 레지스터 비트의 설정 순서와 시간 간격을 엄밀히 지켜야 하므로 워치도그 타이머 라이브러리를 사용하는 것이 일반적이다.[64] 모든 안전 수준에서 WDTCR(Watchdog Timer Control Register) 레지스터의 WDE(Watchdog Enable) 비트를 설정하면 언제든 워치도그 타이머를 활성화시킬 수 있다.

워치도그 타이머는 확장 퓨즈(extended fuse)에서 ATmega103과의 호환 모드 설정에 사용하는 M103C 퓨즈 비트와 워치도그 타이머를 활성화시키는 WDTON(Watchdog Timer Always On) 비트에 영향을 받는다. 표 32-1은 M103C와 WDTON 비트 설정에 따른 워치도그 타이머의 안전 수준을 요약한 것이다.

표 32-1 **워치도그 타이머 설정(×: 퓨즈 비트가 설정되지 않음, ○: 퓨즈 비트가 설정됨)**

M103C	WDTON	안전 수준	워치도그 타이머 초기 상태	워치도그 타이머 비활성화 방법	워치도그 타이머 만료 시간 변경 방법
×	×	1	비활성화	TS	TS
×	○	2	활성화	없음(항상 활성화 상태)	TS
○	×	0	비활성화	TS	제한 없음
○	○	2	활성화	없음(항상 활성화 상태)	TS

1 안전 수준 0

안전 수준 0은 ATmega103의 워치도그 타이머 동작과 호환되는 모드다. 워치도그 타이머는 비활성화 상태로 시작하는데, WDE 비트를 1로 세트하여 워치도그 타이머를 활성화 상태로 바꿀 수 있다. 워치도그 타이머의 만료 시간 역시 제한 없이 변경할 수 있지만, 워치도그 타이머를 비활성화시키기 위해서는 정해진 순서의 동작을 따라야 한다.

확장 퓨즈의 디폴트 값은 M103C 비트가 프로그램된 상태이고, WDTON 비트는 프로그램되지 않은 상태이므로 퓨즈 비트를 변경하지 않았다면 안전 수준 0으로 동작한다.

2 안전 수준 1

안전 수준 1에서 워치도그 타이머는 비활성화 상태로 시작하며, WDE 비트를 1로 세트하여 워치도그 타이머를 활성화 상태로 바꿀 수 있다는 점에서 안전 수준 0과 동일하다. 하지만 워치도그 타이머의 만료 시간을 변경하거나 비활성화시키기 위해서는 정해진 순서의 동작을 따라야 한다는 점에서 안전 수준 0과 차이가 있다.

3 안전 수준 2

안전 수준 2에서 워치도그 타이머는 항상 활성화 상태에 있다. 워치도그 타이머의 만료 시간을 변경하기 위해서는 정해진 순서와 동작을 따라야 하는 점에서 안전 수준 1과 동일하지만, 워치도그 타이머를 비활성화시킬 수 없다는 점에서 안전 수준 0 및 1과 차이가 있다.

32.2 워치도그 타이머를 위한 레지스터

워치도그 타이머를 사용하기 위해서는 일반적으로 확장 퓨즈 바이트에서 WDTON 비트를 0으로[65] 세트한다. 단, WDTON 비트를 세트한 경우에는 워치도그 타이머를 비활성화시킬 수 있는 방법이 없으므로 사용에 주의가 필요하다. ATmega128에서 WDTON 비트의 초깃값은 1로 워치도그 타이머를 사용하지 않도록 설정되어 있다.

워치도그 타이머의 동작은 WDTCR 레지스터가 제어한다. WDTCR 레지스터의 구조는 그림 32-1과 같고 각 비트의 의미는 표 32-2와 같다.

비트	7	6	5	4	3	2	1	0
	-	-	-	WDCE	WDE	WDP2	WDP1	WDP0
읽기/쓰기	R	R	R	R/W	R/W	R/W	R/W	R/W
초깃값	0	0	0	0	0	0	0	0

그림 32-1 **WDTCR 레지스터의 구조**

표 32-2 **WDTCR 레지스터 비트**

비트	설명
WDCE	Watchdog Change Enable: WDE와 WDP 비트의 값을 변경하기 위해서는 WDCE 비트를 먼저 세트한 후 변경해야 한다. WDCE 비트가 세트된 이후에는 4 클록 이후 자동으로 클리어된다. 워치도그 타이머의 만료 시간 변경이나 워치도그 타이머의 비활성화를 위해서는 반드시 정해진 순서와 타이밍을 지켜야 하며, WDCE 비트 설정이 그 일부에 포함된다.
WDE	Watchdog Enable: 워치도그 타이머 만료에 의한 시스템 리셋을 허용한다. 안전 수준 2의 경우에는 워치도그 타이머를 비활성화시킬 수 없다. 즉, 안전 수준 2에서는 WDE 비트와 무관하게 워치도그 타이머가 항상 동작한다.
WDP[2:0]	Watchdog Timer Prescaler: 워치도그 타이머의 분주비를 설정한다. 분주비에 따른 타이머 만료 시간은 표 32-3과 같다.

표 32-3 **분주비 설정 및 분주비에 따른 만료 시간**

WDP2	WDP1	WDP0	VCC = 3V에서의 만료 시간	VCC = 5V에서의 만료 시간
0	0	0	14.8ms	14.0ms
0	0	1	29.6ms	28.1ms
0	1	0	59.1ms	56.2ms
0	1	1	0.12s	0.11s

표 32-3 **분주비 설정 및 분주비에 따른 만료 시간 (계속)**

WDP2	WDP1	WDP0	VCC = 3V에서의 만료 시간	VCC = 5V에서의 만료 시간
1	0	0	0.24s	0.22s
1	0	1	0.47s	0.45s
1	1	0	0.95s	0.0s
1	1	1	1.9s	1.8s

마이크로컨트롤러가 리셋되는 경우는 다양하다. 사용자가 리셋 버튼을 누르는 경우에도 리셋되지만, 마이크로컨트롤러에 인가되는 전압이 일정 수준 이하로 떨어지는 경우에도 리셋된다. 또한 워치도그 타이머 만료에 의해 리셋되기도 한다. 이러한 다양한 리셋 원인 중 워치도그 타이머에 의해 마이크로컨트롤러가 리셋된 경우를 구별할 수 있는 방법이 없을까? 마이크로컨트롤러가 리셋된 이유는 MCUCSR(MCU Control and Status Register) 레지스터를 통해 알아낼 수 있다. MCUCSR 레지스터는 마이크로컨트롤러를 리셋시킨 이유를 나타내는 비트들을 포함하고 있다. 그림 32-2는 MCUCSR 레지스터의 구조를 나타낸 것으로 7번 JTD 비트를 제외한 5개 비트가 리셋 소스를 나타낸다.

비트	7	6	5	4	3	2	1	0
	JTD	-	-	JTRF	WDRF	BORF	EXTRF	PORF
읽기/쓰기	R/W	R	R	R/W	R/W	R/W	R/W	R/W
초깃값	0	0	0	0	0	0	0	0

그림 32-2 **MCUCSR 레지스터의 구조**

표 32-4 **MCUCSR 레지스터 비트**

비트	설명
JTD	JTAG Interface Disable: 0으로 클리어되고 하이 퓨즈 바이트의 JTAGEN 비트가 프로그램된 경우 JTAG 인터페이스가 활성화된다.
JTRF	JTAG Reset Flag: JTAG 명령에 의해 리셋이 발생한 경우 1로 세트된다. 파워온 리셋이 발생하거나 해당 비트에 논리 0의 값을 기록하면 클리어된다.
WDRF	Watchdog System Reset Flag: 워치도그 타이머에 의한 리셋이 발생한 경우 1로 세트된다. 파워온 리셋이 발생하거나 해당 비트에 논리 0의 값을 기록하면 클리어된다.
BORF	Brown-out Reset Flag: 브라운아웃에 의한 리셋이 발생한 경우 1로 세트된다. 파워온 리셋이 발생하거나 해당 비트에 논리 0의 값을 기록하면 클리어된다.

표 32-4 **MCUCSR 레지스터 비트 (계속)**

비트	설명
EXTRF	External Reset Flag: 외부 리셋이 발생한 경우 1로 세트된다. 파워온 리셋이 발생하거나 해당 비트에 논리 0의 값을 기록하면 클리어된다.
PORF	Power-on Reset Flag: 파워온 리셋이 발생한 경우 1로 세트된다. 해당 비트에 0의 값을 기록하는 경우에만 클리어된다.

파워온 리셋은 전원이 인가된 후 공급 전압이 파워온 리셋 임계치 이하면 마이크로컨트롤러가 리셋 상태에 있도록 한다. 마이크로컨트롤러에 전원이 처음 공급되면 오실레이터와 공급 전압이 안정되기까지 시간이 필요하므로 파워온 리셋을 통해 마이크로컨트롤러가 안정된 상태에서 시작할 수 있도록 해 준다. 브라운아웃 리셋은 공급 전압이 브라운아웃 리셋 임계치 아래로 떨어질 때 발생한다. 파워온 리셋과 유사하지만 마이크로컨트롤러의 동작 중에 발생한다는 점에서 차이가 있다. 외부 리셋은 마이크로컨트롤러의 리셋 핀으로 일정 시간보다 긴 리셋 신호가 가해질 때 발생하며, 워치도그 리셋은 워치도그 타이머 만료에 의해 발생하는 리셋으로 이 장에서 다루고 있는 내용이다. JTAG 리셋은 JTAG 인터페이스를 통한 프로그램 다운로드나 디버깅 과정에서 발생하는 리셋이다.

워치도그 리셋과 브라운아웃에 의한 리셋이 연속으로 발생하는 경우를 생각해 보자. 워치도그 리셋이 발생하면 WDRF 비트가 세트되고, 이후 브라운아웃 리셋이 발생하면 BORF 비트가 세트되어 2개의 비트가 동시에 세트되는 상황이 발생한다. 표 32-4에서 알 수 있듯이 워치도그 리셋이나 브라운아웃에 의한 리셋은 파워온 리셋이나 0의 값을 기록하는 경우에만 클리어된다. 따라서 리셋 상황을 알고 싶다면 프로그램의 시작 부분에서 MCUCSR 레지스터를 통해 리셋의 원인을 알아내고 반드시 클리어시켜 주어야 한다.

32.3 워치도그 타이머 사용하기

워치도그 타이머를 사용하도록 설정하는 과정은 간단하지만, 설정을 변경하거나 사용하지 않도록 하기 위해서는 정해진 순서의 동작을 수행해야 한다. 이 과정에서는 레지스터의 비트를 설정하는 시간과 순서를 반드시 지켜야 하므로 사용하기가 쉽지 않다. 따라서 라이브러리를 통해 워치도그 타이머 기능을 사용하는 것이 일반적이다. 워치도그 타이머 라이브러리를 사용하기 위해서는 'wdt.h' 파일을 포함시켜야 한다. 'wdt.h' 파일에는 워치도그 타이머를 사용하기 위한 3개의 매크로 함수들이 정의되어 있다.

```
wdt_reset();
wdt_disable();
wdt_enable(value);
```

wdt_reset 함수는 워치도그 타이머를 리셋하는 함수로, 워치도그 타이머가 만료되기 이전에 프로그램 내에서 주기적으로 호출하여 시스템이 리셋되지 않도록 해 주어야 한다. wdt_disable 함수는 워치도그 타이머가 동작하지 않도록 설정하는 함수이며, wdt_enable 함수는 워치도그 타이머가 동작하도록 설정하는 함수다. 워치도그 타이머가 동작하도록 설정하는 경우에는 워치도그 타이머의 만료 시간을 설정해야 하며, 만료 시간은 wdt.h 파일에 정의되어 있는 상수를 사용할 수 있다. 워치도그 타이머와 관련된 함수들은 모두 매크로 함수로 정의되어 있으므로 매개변수의 형식이 지정되어 있지 않다. 표 32-5는 헤더 파일에 정의된 만료 시간 상수를 나타낸 것이다. 표 32-5에서 주의할 점은 상수의 이름에 나타나는 시간과 실제 ATmega128에서의 시간이 정확하게 일치하지는 않는다는 점이다. 또한 마이크로컨트롤러에 공급되는 전압에 따라 실제 만료 시간은 달라질 수 있으므로 워치도그 타이머 리셋 주기는 워치도그 타이머가 만료되는 시간보다 짧게 설정하는 경우가 대부분이다. wdt.h 파일에 정의된 만료 시간 상수 중에서는 ATmega128에서는 사용할 수 없는 것도 있다.

표 32-5 **워치도그 타이머 만료 시간 상수**

상수	WDP[2:0]	VCC = 5V에서의 만료 시간
WDTO_15MS	000	14.0ms
WDTO_30MS	001	28.1ms
WDTO_60MS	010	56.2ms
WDTO_120MS	011	0.11s
WDTO_250MS	100	0.22s
WDTO_500MS	101	0.45s
WDTO_1S	110	0.9s
WDTO_2S	111	1.8s
WDTO_4S	-	-
WDTO_8S	-	-

먼저 퓨즈 비트에서 워치도그 타이머의 설정 상태를 살펴보자. ATmega128의 공장 출하 시 디폴트 값은 WDTON 비트가 설정되어 있지 않은 상태다. 하지만 앞서 설명한 바와 같이 WDTON 비트는 항상 워치도그 타이머가 동작하도록 하는 비트이지 워치도그 타이머를 사용할 수 있도록 해 주는 비트는 아니라는 점을 기억해야 한다. 즉, 워치도그 라이브러리를 통해 WDTON 비트의 설정과 무관하게 워치도그 타이머를 사용할 수 있다.

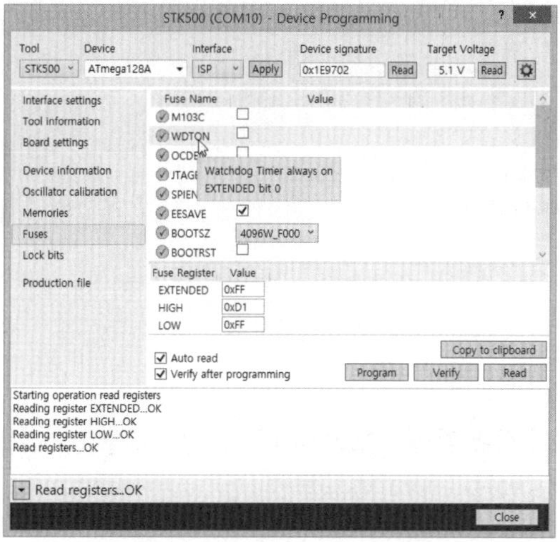

그림 32-3 **워치도그 퓨즈 비트 설정**

코드 32-1은 2초 후에 만료되는 워치도그 타이머를 설정하고 워치도그 타이머 리셋을 수행하지 않아 2초 후에 시스템이 리셋되는 예를 보여 주는 프로그램이다.

코드 32-1 **워치도그 리셋**

```
#define F_CPU 16000000L
#include <avr/io.h>
#include <stdio.h>
#include <util/delay.h>
#include <avr/wdt.h>
#include "UART1.h"

FILE OUTPUT \
    = FDEV_SETUP_STREAM(UART1_transmit, NULL, _FDEV_SETUP_WRITE);
FILE INPUT \
    = FDEV_SETUP_STREAM(NULL, UART1_receive, _FDEV_SETUP_READ);

int main(void)
```

```
{
    wdt_enable(WDTO_2S);                    // 워치도그 타이머 만료 시간을 2초로 설정

    stdout = &OUTPUT;
    stdin = &INPUT;

    UART1_init();                           // UART 통신 초기화

    printf("*** Initialization...\r\n");
    uint16_t count = 0;

    while (1)
    {
            count++;
            printf("Count : %d\r\n", count);
            _delay_ms(1000);
    }

    return 0;
}
```

그림 32-4는 코드 32-1의 실행 결과로 2초마다 마이크로컨트롤러가 리셋되어 초기화 메시지가 출력되는 것을 확인할 수 있다.

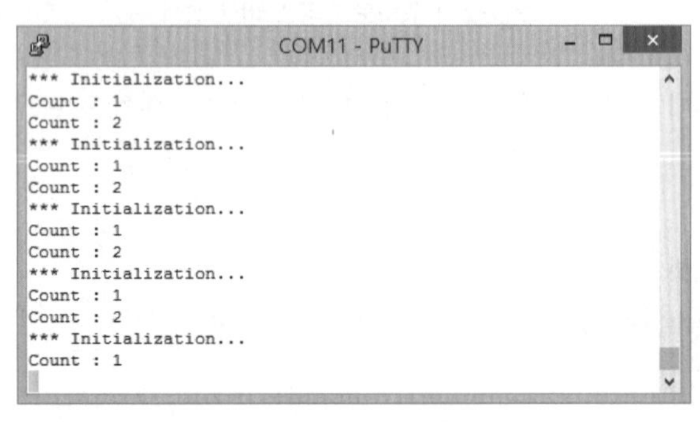

그림 32-4 **코드 32-1 실행 결과**

코드 32-1에서 마이크로컨트롤러가 리셋되지 않도록 하기 위해서는 2초 이내에 wdt_reset 함수를 호출하면 된다. 코드 32-2는 코드 32-1에서 매초 wdt_reset 함수를 호출하는 함수를 추가한 것으로 카운터가 정상적으로 동작한다면 마이크로컨트롤러가 리셋되지 않음을 확인할 수 있다.

코드 32-2 **워치도그 타이머 리셋**

```
#define F_CPU 16000000L
#include <avr/io.h>
#include <stdio.h>
#include <util/delay.h>
#include <avr/wdt.h>
#include "UART1.h"

FILE OUTPUT \
    = FDEV_SETUP_STREAM(UART1_transmit, NULL, _FDEV_SETUP_WRITE);
FILE INPUT \
    = FDEV_SETUP_STREAM(NULL, UART1_receive, _FDEV_SETUP_READ);

int main(void)
{
    wdt_enable(WDTO_2S);                    // 워치도그 타이머 만료 시간을 2초로 설정

    stdout = &OUTPUT;
    stdin = &INPUT;

    UART1_init();                           // UART 통신 초기화

    printf("*** Initialization...\r\n");
    uint16_t count = 0;

    while(1)
    {
        count++;
        printf("Count : %d\r\n", count);
        _delay_ms(1000);

        wdt_reset();                        // 워치도그 타이머 리셋
    }

    return 0;
}
```

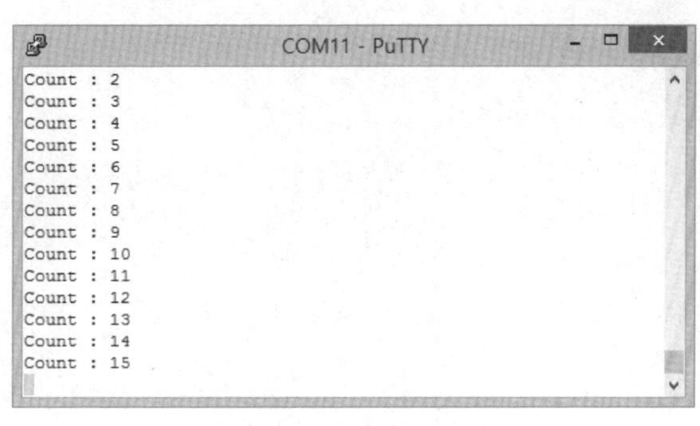

그림 32-5 **코드 32-2 실행 결과**

32.4 요약

워치도그 타이머는 마이크로컨트롤러를 사용한 시스템이 비정상적인 동작으로 인해 무한 루프에 빠지거나 정지하는 경우, 마이크로컨트롤러를 리셋하여 재시작하기 위해 사용하는 타이머다. 워치도그 타이머의 사용 방법은 간단하다. 시스템이 일정 시간 동안 특정 동작, 즉 타이머를 다시 시작하도록 하는 '워치도그 타이머 리셋'을 수행하지 못하면 워치도그 타이머가 만료되고 시스템이 리셋되는 '워치도그 리셋'이 발생한다. 따라서 프로그램 내에서는 워치도그 타이머 리셋을 위한 코드를 추가해 주어야 한다. 워치도그 타이머의 잘못된 사용을 방지하기 위해 워치도그 타이머는 정해진 시간 내에 정해진 순서로 작업을 수행해야 한다. 하지만 워치도그 타이머 라이브러리를 사용하면 손쉽게 워치도그 타이머를 사용할 수 있으므로 설치된 시스템에 접근이 용이하지 않은 경우라면 워치도그 타이머 사용을 고려해 볼 수 있다. 하지만 워치도그 타이머를 잘못 사용하게 되면 시스템이 무한 리셋에 빠지기도 하고 잦은 시스템 리셋은 동작의 신뢰성을 떨어뜨리는 등 문제가 발생할 수 있으므로 워치도그 타이머를 사용하는 경우에는 각별한 주의가 필요하다.

연습 문제

1 인터럽트 벡터 테이블에서 벡터 번호 1번은 리셋 인터럽트에 해당한다. 리셋 인터럽트가 발생하는 경우는 모두 다섯 가지로 JTAG 명령에 의한 리셋, 리셋 핀에 의한 리셋, 전원 인가에 의한 리셋, 브라운 아웃에 의한 리셋, 워치도그 타이머에 의한 리셋이 이에 해당한다. 이들 다섯 가지 리셋 중 워치도그 타이머에 의한 리셋만이 소프트웨어적인 이유에 의한 리셋에 해당하며, 나머지 네 가지는 하드웨어적인 이유에 의한 리셋으로 워치도그 타이머에 의한 리셋과 차이가 있다. 리셋이 발생하는 이유들을 비교해 보고 이들의 차이점을 알아보자.

2 워치도그 타이머에 의한 리셋은 소프트웨어적으로 마이크로컨트롤러를 리셋시키기 위한 용도로 사용할 수 있다. PB0 핀에 풀다운 저항을 사용하여 버튼을 연결하고, 버튼을 누르면 마이크로컨트롤러를 리셋시키는 프로그램이 코드 32-3이다. 코드 32-3을 실행시키고 소프트웨어에 의한 리셋 동작을 확인해 보자.

코드 32-3 소프트웨어에 의한 리셋

```
#define F_CPU 16000000L
#include <avr/io.h>
#include <stdio.h>
#include <util/delay.h>
#include <avr/wdt.h>
#include "UART1.h"
```

```
FILE OUTPUT \
    = FDEV_SETUP_STREAM(UART1_transmit, NULL, _FDEV_SETUP_WRITE);
FILE INPUT \
    = FDEV_SETUP_STREAM(NULL, UART1_receive, _FDEV_SETUP_READ);

int main(void)
{
    stdout = &OUTPUT;
    stdin = &INPUT;

    UART1_init();                           // UART 통신 초기화

    printf("*** Initialization...\r\n");
    uint16_t count = 0;

    while(1)
    {
        count++;
        printf("Count : %d\r\n", count);
        _delay_ms(1000);

        if(PINB & 0x01){                    // 버튼을 누른 경우 리셋
            wdt_enable(WDTO_15MS);          // 15ms 후 워치도그 타이머 리셋
            while(1);                       // 리셋까지 대기
        }
    }

    return 0;
}
```

CHAPTER

33 퓨즈 비트

퓨즈 비트는 ATmega128의 동작 상태 등을 설정하기 위해 사용하는 3바이트 크기의 메모리를 가리킨다. 퓨즈 비트를 통해 변경할 수 있는 대표적인 동작 상태에는 동작 주파수가 있다. ATmega128은 16MHz로 동작하는 경우가 대부분이지만, 퓨즈 비트를 통해 다른 주파수에서 동작하도록 설정할 수 있다. 이 장에서는 퓨즈 비트의 종류와 퓨즈 비트 설정에 따른 ATmega128의 동작 환경에 대해 알아본다.

ATmega128은 플래시 메모리, EEPROM, SRAM의 세 종류 메모리를 포함하고 있다. 여기에 3바이트의 비휘발성 메모리가 숨겨져 있는데, 바로 이 메모리가 이 장에서 다루는 퓨즈 비트다. 3바이트의 퓨즈는 각각 확장 퓨즈(extended fuse), 하이 퓨즈(high fuse), 로 퓨즈(low fuse)라고 불리며, ATmega128의 기본적인 동작 환경을 설정하기 위해 사용한다. 퓨즈 비트는 마이크로컨트롤러 프로그래밍에서 중요한 부분이지만, 한 번 설정한 이후에는 변경하는 경우가 거의 없어 퓨즈 비트를 다루는 경우는 흔하지 않다. 하지만 퓨즈 비트를 잘못 설정하면 마이크로컨트롤러가 동작하지 않을 수도 있으므로 퓨즈 비트를 설정하고자 한다면 그 의미를 정확히 이해하고 있어야 한다.

퓨즈 비트 설정에서 주의할 점은 '0'의 값을 가지는 비트가 설정된 비트이며, '1'의 값을 가지는 비트는 설정되지 않은 비트를 나타낸다는 점이다. 이는 일반적인 레지스터 설정과는 반대이므로 주의해야 한다. 표 33-1은 ATmega128의 공장 출하 시 퓨즈 비트 설정값을 나타낸 것이다.

표 33-1 **퓨즈 비트 디폴트 값**

퓨즈 비트	공장 출하 시 디폴트 값
확장 퓨즈	0xFD
하이 퓨즈	0x99
로 퓨즈	0xE1

33.1 하이 퓨즈

먼저 하이 퓨즈 바이트를 살펴보자. 표 33-2는 ATmega128의 하이 퓨즈 바이트를 나타낸 것이다.

표 33-2 **하이 퓨즈 바이트**

비트 이름	비트 번호	설명	디폴트 값
OCDEN	7	OCD 활성화	1 (OCD 비활성화)
JTAGEN	6	JTAG 활성화	0 (JTAG 활성화)
SPIEN	5	SPI 시리얼 프로그래밍 가능	0 (SPI 프로그래밍 가능)
CKOPT	4	오실레이터 옵션	1 (제한된 증폭 모드)
EESAVE	3	칩 내용을 지울 때 EEPROM 내용 보존	1 (EEPROM 내용도 지움)
BOOTSZ1	2	부트로더 크기	00 (8KB)
BOOTSZ0	1		
BOOTRST	0	리셋 시 시작 시점	1 (프로그램 메모리 0번지부터 시작)

1 OCDEN(On Chip Debugging Enable)

온 칩 디버깅 기능을 활성화시킨다. 온 칩 디버깅 기능은 JTAG과 함께 사용되며 전용 장비를 필요로 한다. 온 칩 디버깅 기능이 활성화되면 슬립 모드에서도 일부 클록이 계속 동작하므로 전력 소모가 증가할 수 있다.

2 JTAGEN(JTAG Enable)

JTAG 기능을 활성화시킨다. JTAG은 프로그램 다운로드는 물론 디버깅을 위해서도 사용할 수 있다. 온 칩 디버깅 기능을 사용하기 위해서는 JTAGEN 비트와 함께 OCDEN 비트도 설정된 상태여야 한다. 이 책에서 JTAG은 다루지 않는다.

3 SPIEN(SPI Serial Programming Enable)

시리얼 프로그래밍이 가능하도록 설정한다. 시리얼 프로그래밍이 금지되면 ISP 방식으로 프로그래밍하는 것이 불가능하다. 시리얼 프로그래밍이 금지되어도 병렬 방식의 프로그래밍은 가능하지만, 주변에서 병렬 프로그래밍을 위한 장치를 쉽게 볼 수는 없으므로 시리얼 프로그래밍이 금지되지 않도록 주의해야 한다.

4 CKOPT(Clock Option)

오실레이터의 증폭기 모드를 선택한다. CKOPT 비트가 0으로 프로그램되면 오실레이터의 출력 전압 범위가 가능한 범위 내에서 최대로 넓어지므로 (이를 풀 스윙(full swing)이라고 한다) 잡음이 많은 환경 또는 XTAL2로 출력되는 클록으로 다른 회로를 구동시키는 경우 사용한다. 하지만 풀 스윙 모드에서는 전력 소모가 많아지는 단점이 있다.

5 EESAVE(EEPROM Save)

마이크로컨트롤러의 플래시 메모리에 프로그램을 다운로드하는 과정에서 플래시 메모리의 내용을 지울 때 EEPROM의 내용을 보존할지 여부를 설정한다. 디폴트 값은 EEPROM의 내용도 지우도록 설정되어 있다.

6 BOOTSZn(n = 0, 1)(Bootloader Size)

부트로더의 크기를 지정한다. 부트로더는 플래시 메모리의 가장 뒷부분에 위치하며, 부트로더의 크기는 최소 512워드에서 최대 4,096워드까지 4단계로 설정할 수 있다. 그림 33-1은 플래시 메모리에서의 부트로더 위치 영역을 나타내며, 비트 설정에 따른 부트로더의 크기는 표 33-3과 같다.

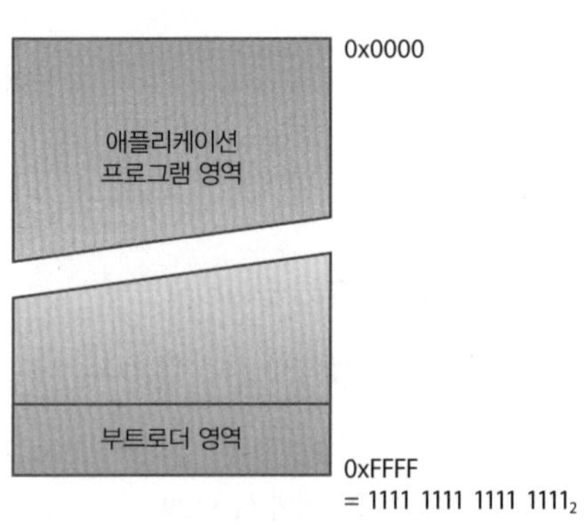

그림 33-1 ATmega128의 플래시 메모리 구조

표 33-3 **BOOTSZn(n = 0, 1) 비트 설정에 따른 부트로더 크기**

BOOTSZ 퓨즈 비트	부트 영역 크기(word)[66]	프로그램 저장 영역 주소	부트 영역 시작 주소
11	512	0x0000~0xFDFF	0xFE00~0xFFFF
10	1,024	0x0000~0xFBFF	0xFC00~0xFFFF
01	2,048	0x0000~0xF7FF	0xF800~0xFFFF
00	4,096	0x0000~0xEFFF	0xF000~0xFFFF

7 BOOTRST(Select Reset Vector)

마이크로컨트롤러가 리셋되는 경우 부트로더나 플래시 메모리의 0번지 중 시작 위치를 지정하기 위해 사용한다. 디폴트 값은 1로 부트로더를 사용하지 않고 0번지부터 프로그램이 시작하도록 설정되어 있다. 0으로 프로그램되면 표 33-3에서 부트 영역의 시작 주소로부터 프로그램이 시작한다.

33.2 로 퓨즈

표 33-4는 ATmega128의 로 퓨즈 바이트를 나타낸 것이다.

표 33-4 **로 퓨즈 바이트**

비트 이름	비트 번호	설명	디폴트 값
BODLEVEL	7	브라운아웃 감지 레벨	1 (2.4V 브라운아웃 레벨)
BODEN	6	브라운아웃 감지 활성화	1 (브라운아웃 감지 비활성화)
SUT1	5	초기 구동 시간	10 (가장 긴 초기 구동 시간)
SUT0	4		
CKSEL3	3	클록 소스	0001 (내부 1MHz RC 오실레이터)
CKSEL2	2		
CKSEL1	1		
CKSEL0	0		

1 BODLEVEL(Brown Out Detection Level)

마이크로컨트롤러에 충분한 전압이 공급되지 못하는 상황인 브라운아웃을 판단할 수 있는 기준 전압을 설정한다. 0으로 프로그램된 경우 기준 전압은 4.0V이며, 1로 프로그램되지 않은 경우 기준 전압은 2.4V다.[67]

2 BODEN(Brown Out Detection Enable)

브라운아웃 감지 기능을 활성화한다. 브라운아웃 감지 기능이 활성화된 경우 마이크로컨트롤러는 공급 전압 VCC가 브라운아웃 리셋 임계치(Brown-out Reset Threshold) 전압인 V_{BOT} 이하로 떨어지는 경우 자동으로 리셋된다. ATmega128은 디폴트 값으로 BOD가 금지되어 있지만, 부트로더를 사용하는 경우나 프로그램에서 EEPROM을 사용한다면 BOD 사용을 추천한다.

3 SUTn(n = 0, 1)(Start-Up Time)

저전력 모드에서 깨어나거나 리셋 이후의 초기 구동 시간을 선택한다. 초기 구동 시간은 전원이 가해진 후 클록 소스가 안정화될 때까지의 시간을 나타내며, 사용하는 클록에 따라 달라진다. ATmega128은 디폴트 값으로 내부 1MHz RC 오실레이터를 사용하면서 가장 긴 초기 구동 시간을 가지도록 설정되어 있다.

실제 초기 구동 시간은 사용하는 클록 소스에 따라 달라진다. 디폴트 값인 내부 1MHz RC 오실레이터를 사용하는 경우 SUTn 설정에 따른 초기 구동 시간은 표 33-5와 같다.

표 33-5 **조정된 내부 RC 오실레이터가 사용되는 경우의 초기 구동 시간**

SUT[1:0]	파워 다운 모드나 파워 절약 모드에서 초기 구동 시간	리셋 이후 추가 지연시간 (VCC = 5V)	사용 환경
00	6CK	-	브라운아웃 감지가 활성화된 경우
01	6CK	4.1ms	빠른 상승 전력
10	6CK	65ms	
11	-	-	-

빠른 상승 전력(fast rising power)과 느린 상승 전력(slowly rising power)은 전원부에서 ATmega128이 동작할 수 있도록 충분한 전력을 공급하기까지의 시간을 말하며, 안정적인 동작을 위해

느린 상승 전력을 흔히 선택한다. 브라운아웃에 의한 리셋의 경우 전압은 다른 리셋 환경과 달리 일정 수준 이상의 전압에서 시작하므로 초기 구동 시간이 가장 짧다.

일반적으로 흔히 사용되는 외부 16MHz 크리스털을 클록 소스로 사용하는 경우 초기 구동 시간은 표 33-6과 같다. 외부 크리스털을 사용하는 경우에도 가장 긴 초기 구동 시간을 주로 선택한다.

표 33-6 **크리스털 오실레이터가 사용되는 경우의 초기 구동 시간**

SUT[1:0]	파워 다운 모드나 파워 절약 모드에서 구동 시간	리셋 이후 추가 지연시간 (VCC = 5V)	사용 환경
00	-	-	-
01	16K CK	0	브라운아웃 감지가 활성화된 경우
10	16K CK	4.1ms	빠른 상승 전력
11	16K CK	65ms	느린 상승 전력

4 CKSELn(n = 0, ..., 3)(Clock Selection)

클록 소스를 선택한다. CKSELn 비트 설정에 따른 클록 소스는 표 33-7과 같다.

표 33-7 **클록 소스**

클록 소스	CKSEL[3:0]
외부 크리스털 또는 세라믹 오실레이터	1111~1010
외부 저주파 크리스털	1001
외부 RC 오실레이터	1000~0101
조정된(calibrated) 내부 RC 오실레이터	0100~0001
외부 클록	0000

표 33-7에서 알 수 있듯이 ATmega128과 함께 사용할 수 있는 클록의 종류는 다양하다. ATmega128의 공장 출하 시 설정은 0001_2로 1MHz의 조정된 내부 RC 오실레이터를 사용한다. 이외에도 내부 RC 오실레이터를 사용하여 다양한 주파수의 클록을 사용할 수 있다. 표 33-8은 CKSELn 값에 따른 내부 RC 오실레이터의 주파수를 나타낸 것이다.

표 33-8 **CKSELn(n = 0, ..., 3) 값에 따른 내부 RC 오실레이터 주파수**

CKSEL[3:0]	내부 RC 오실레이터 주파수
0001	1.0MHz
0010	2.0MHz
0011	4.0MHz
0100	8.0MHz

ATmega128은 흔히 16MHz의 외부 크리스털을 사용한다. 16MHz의 주파수를 사용하는 경우 하이 퓨즈의 CKOPT 비트를 0으로 프로그램하여 풀 스윙이 가능하도록 설정하는 것을 추천한다. 단, 이 경우 전력 소모는 많아진다. 표 33-7에서 외부 크리스털 또는 세라믹 오실레이터를 위한 CKSELn 값 범위는 1010_2에서 1111_2까지다. 이 중 CKSEL0 값이 0인 경우는 세라믹 오실레이터를 사용하는 경우에 해당하며, CKSEL0 값이 1인 경우가 크리스털을 사용하는 경우다. 따라서 크리스털을 사용하는 경우 CKSELn 값은 1011_2, 1101_2, 1111_2의 세 가지를 사용할 수 있으며, 각각 낮은 주파수, 중간 주파수, 높은 주파수에 대응하므로 일반적으로 1111_2 값을 추천한다. 16MHz 외부 크리스털의 사용을 위해 추천하는 퓨즈 값은 표 33-9와 같다.

표 33-9 **16MHz 외부 크리스털 사용을 위한 퓨즈 설정 추천값**

퓨즈 비트	설정값	설명
CKSELn(n = 0, ..., 3)	1111	높은 주파수
CKOPT	0	풀 스윙
SUTn(n = 0, 1)	11	가장 긴 초기 구동 시간

33.3 확장 퓨즈

표 33-10 **확장 퓨즈 바이트**

비트 이름	비트 번호	디폴트 값	설명
-	7	1	
-	6	1	
-	5	1	
-	4	1	

표 33-10 **확장 퓨즈 바이트 (계속)**

비트 이름	비트 번호	디폴트 값	설명
–	3	1	
–	2	1	
M103C	1	0 (호환 모드 설정)	ATmega103 호환 모드
WDTON	0	1 (워치도그 타이머 항상 켜지 않음)	워치도그 타이머 항상 켜기

표 33-10은 ATmega128의 확장 퓨즈 바이트를 나타낸 것이다. 확장 퓨즈에는 ATmega103과의 호환 모드 설정을 위한 비트와 워치도그 타이머 사용 설정 비트 2개만 사용할 수 있다. 디폴트 값으로 ATmega103과의 호환 모드가 설정되어 있지만, 이 책에서는 ATmega103 호환 모드를 사용하지 않는다. 워치도그 타이머는 프로그램이 정상적으로 동작하고 있음을 일정 시간 간격으로 마이크로컨트롤러에게 알려 주지 않으면 마이크로컨트롤러는 비정상적인 동작을 하고 있는 것으로 판단하고 마이크로컨트롤러를 리셋한다. WDTON 비트가 프로그램되면 워치도그 타이머를 끌 수 없지만, WDTON 비트가 프로그램되지 않은 경우에도 워치도그 타이머를 사용할 수 있다는 점에 유의해야 한다.

33.4 퓨즈 프로그래밍

아트멜 스튜디오를 통해 퓨즈의 값을 읽거나 쓰는 작업은 간단하다. 'Tools ➡ Device Programming' 메뉴 항목을 선택하거나 'Ctrl + Shift + P' 키를 눌러 Device Programming 다이얼로그를 실행시켜 보자. 'Memories' 탭에서 생성된 기계어 파일을 선택하여 프로그램을 업로드하는 것은 이미 살펴보았다. Device Programming 다이얼로그에서 'Memories' 탭 아래를 살펴보면 'Fuses' 탭을 확인할 수 있으며, 이 탭에서 퓨즈를 비트 단위 또는 바이트 단위로 설정할 수 있다. 값을 변경한 이후에 'Program' 버튼을 누르면 간단히 퓨즈 설정은 끝난다. 퓨즈 이름 위에 마우스 커서를 올려놓으면 퓨즈에 대한 간단한 설명도 볼 수 있으므로 퓨즈의 의미를 파악하는 데 도움이 될 것이다.

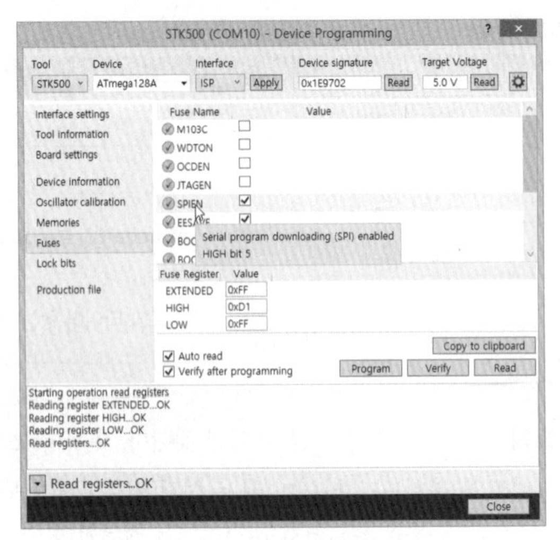

그림 33-2 **퓨즈 프로그래밍**

퓨즈 비트의 값은 프로그램에서도 읽어 확인할 수 있다. 퓨즈 값을 읽기 위해 'boot.h' 파일에 정의되어 있는 boot_lock_fuse_bits_get 함수를 사용한다. 이 함수에서는 각 퓨즈 바이트의 주소를 매개변수로 지정하면 된다. 각 퓨즈 바이트의 주소는 표 33-11에서와 같이 boot.h 파일에 상수로 정의되어 있다.

표 33-11 **퓨즈 바이트의 주소 상수 정의**

퓨즈 바이트	주소 상수
확장 퓨즈	GET_EXTENDED_FUSE_BITS
하이 퓨즈	GET_HIGH_FUSE_BITS
로 퓨즈	GET_LOW_FUSE_BITS

코드 33-1은 ATmega128의 현재 퓨즈 비트 설정값을 읽어 터미널로 출력하는 프로그램이다.

코드 33-1 **퓨즈 바이트 읽기**

```
#include <avr/io.h>
#include <avr/boot.h>
#include <stdio.h>
#include "UART1.h"

FILE OUTPUT \
    = FDEV_SETUP_STREAM(UART1_transmit, NULL, _FDEV_SETUP_WRITE);
```

```
FILE INPUT \
    = FDEV_SETUP_STREAM(NULL, UART1_receive, _FDEV_SETUP_READ);

int main(void)
{
    stdout = &OUTPUT;
    stdin = &INPUT;

    UART1_init();                           // UART 통신 초기화

    printf("Extended Fuse : 0x%X\r\n",
            boot_lock_fuse_bits_get(GET_EXTENDED_FUSE_BITS));
    printf("High     Fuse : 0x%X\r\n",
            boot_lock_fuse_bits_get(GET_HIGH_FUSE_BITS));
    printf("Low      Fuse : 0x%X\r\n",
            boot_lock_fuse_bits_get(GET_LOW_FUSE_BITS));

    while (1);
    return 0;
}
```

그림 33-3은 코드 33-1의 실행 결과로 아트멜 스튜디오에서 확인한 그림 33-2의 결과와 비교해 보자.

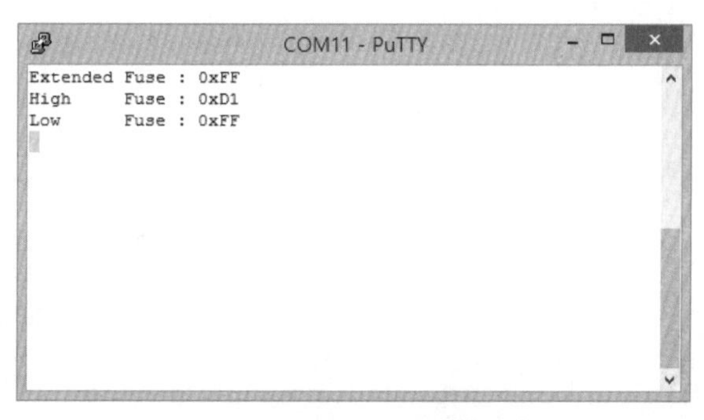

그림 33-3 **코드 33-1 실행 결과**

33.5 요약

ATmega128에는 프로그램과 데이터를 저장하는 세 종류의 메모리 외에도 마이크로컨트롤러의 동작 환경을 설정하기 위한 3바이트의 메모리가 존재하는데, 이 메모리를 퓨즈라고 한

다. 마이크로컨트롤러 프로그래밍에서 퓨즈를 설정하는 일이 그리 흔하지는 않지만, 공장 출하 시 ATmega128에 설정된 값은 이 책에서 사용하는 16MHz의 외부 크리스털이 아니라 내부 1MHz 클록을 사용하도록 설정되어 있으므로 클록 설정은 필요하다. 이외에도 여러 가지 이유로 실행 환경을 변경하고자 한다면 퓨즈를 아트멜 스튜디오와 같은 프로그램으로 변경시켜 주어야 한다. 퓨즈를 변경하는 경우가 흔하지는 않지만, 그 의미를 정확히 이해하지 못하고 변경하면 마이크로컨트롤러가 정상적으로 동작하지 않을 수도 있으므로 주의해야 한다.

연습 문제

1 퓨즈는 사용 빈도가 낮아 매번 찾아보아야 하는 불편함이 있다. 아트멜 스튜디오의 Device Programming 다이얼로그에서 제공하는 도움말 역시 너무 간단하여 크게 도움이 되지는 않는다. 이런 경우 간단히 퓨즈 값을 계산할 수 있도록 도와주는 온라인 퓨즈 계산기(fuse calculator)를 사용하자. 온라인 퓨즈 계산기는 여러 사이트에서 제공하고 있으며, 다양한 AVR 마이크로컨트롤러를 지원한다. 온라인 퓨즈 계산기를 검색하여 ATmega128을 위한 퓨즈 값을 계산해 보자.

2 퓨즈는 마이크로컨트롤러의 클록의 종류를 변경하기 위해 흔히 사용한다. ATmega128의 공장 출하 시 클록 설정은 내부 1MHz 클록을 사용하는 것이다. 내부 클록을 사용하는 경우 최대 속도는 8MHz다. ATmega128에서 8MHz 내부 클록을 사용하기 위한 퓨즈 값을 계산해 보자.

CHAPTER

34 아두이노

아두이노는 비전공자들을 위한 오픈소스 하드웨어의 일종으로 쉽고 간단한 사용 방법을 바탕으로 다양한 사용자층을 끌어들여 마이크로컨트롤러 관련 제품 중 가장 주목받는 제품으로 자리 잡고 있다. 이 장에서는 아두이노의 특징과 아두이노를 위한 프로그램 작성 방법에 대해 살펴보고, ATmega128을 아두이노 환경에서 사용하는 방법을 알아본다.

34.1 아두이노

최근 마이크로컨트롤러와 관련하여 가장 주목받는 단어 중 하나는 아두이노가 아닐까 싶다. 아두이노는 이탈리아 밀라노 옆에 위치한 이브레아(ivrea)에서 예술가와 디자이너들이 쉽게 사용할 수 있을 만큼 간단하고 저렴한 제어장치를 만들기 위해 출범한 오픈소스 프로젝트 중 하나다. 아두이노는 2005년 첫선을 보인 이후 쉬운 사용법을 바탕으로 수많은 참여자들을 끌어들여 독자적인 생태계 구축에 성공함으로써 오픈소스 프로젝트 중 가장 많은 참여자를 거느린 마이크로컨트롤러 관련 프로젝트로 자리매김하고 있다.

아두이노에 관해 간단히 소개하였지만 아두이노가 무엇인지 정의하기는 쉽지 않다. 그 이유는 아두이노라는 단어가 마이크로컨트롤러를 이용하여 구현한 개발 보드인 하드웨어와, 하드웨어를 동작시키기 위해 필요한 (마이크로컨트롤러에서 흔히 펌웨어라 불리는) 프로그램을 개발할 수 있는 소프트웨어 개발 환경까지 함께 아우르기 때문이다.

하드웨어 측면에서 아두이노는 '마이크로컨트롤러를 사용하여 구현한 개발 보드'다. 주의할 점은 '개발 보드'이지 '마이크로컨트롤러'가 아니라는 점이다. 아두이노 우노는 아두이노 보드 중 가장 기본적이고 가장 많이 사용하는 보드로 자리 잡고 있다. 그림 34-1은 아두이노 우노를 나타낸 것이다.

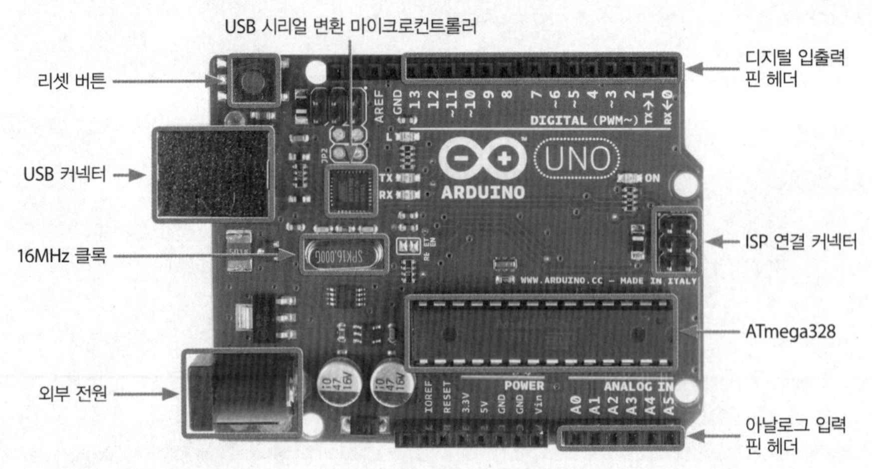

그림 34-1 **아두이노 우노**[68]

아두이노는 개발 보드이므로 보다 편리한 개발을 위해 컴퓨터 또는 주변장치와 연결할 수 있는 방법, 전원을 공급할 수 있는 방법 등을 제공하고 있으며, 실제로 아두이노 우노 보드에서 핵심이라 할 수 있는 ATmega328 마이크로컨트롤러 이외의 부가적인 부품들이 더 많은 공간을 차지하고 있다.

그림 34-1을 살펴보면 아두이노 보드에는 2개의 연결 커넥터가 존재한다. 그중 하나는 ISP 커넥터로, 핀의 배열은 다르지만 지금까지 ATmega128에 프로그램을 다운로드하기 위해 사용한 커넥터와 동일한 역할을 한다.

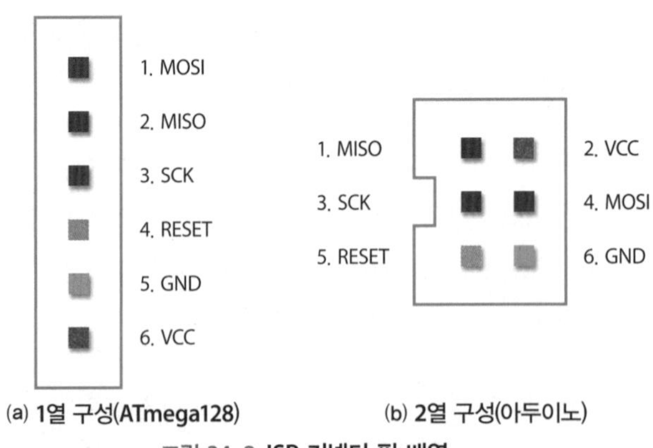

그림 34-2 **ISP 커넥터 핀 배열**

다른 하나는 USB 커넥터로 UART 통신을 통해 터미널 프로그램으로 데이터를 전달하기 위해 사용하는, 즉 UART 통신을 위한 커넥터에 해당한다. 이 책에서 주로 사용한 ATmega128 보드의 경우 USB와 UART 형식의 데이터 변환을 위한 전용 칩을 보드에 포함하고 있으므로 UART 통신을 위해서는 케이블을 연결하는 것만으로 충분하였다. 이 역시 아두이노에서도 동일하다. 그림 34-3에서 USB/UART 변환 칩은 그림 34-1에서 'USB 시리얼 변환 마이크로컨트롤러'에[69] 해당한다.

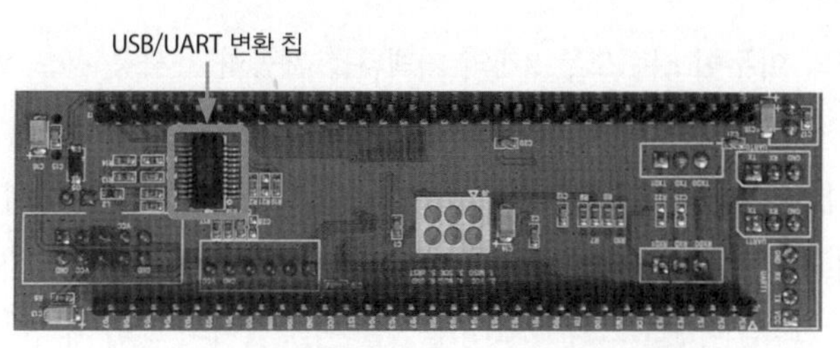

그림 34-3 **ATmega128 보드의 USB/UART 변환 칩**

표 34-1 **ATmega328과 ATmega128 비교**

항목	ATmega328	ATmega128
핀 수	28	64
전형적인 동작 주파수	16MHz (외부 클록)	
동작 전압	5V	
프로그램 메모리	32KB	128KB
EEROM	1KB	4KB
디지털 입출력 사용 가능 핀 (아날로그 핀 + 디지털 핀)	20개	53개
ADC 채널 (아날로그 입력 가능 핀)	6개	8개
PWM 채널	6개	
SPI 프로그래밍	○	
UART	○ (1개의 하드웨어 시리얼)	○ (2개의 하드웨어 시리얼)

표 34-1은 ATmega128과 아두이노 우노에 사용된 ATmega328을 비교한 것이다. ATmega128과 ATmega328은 AVR 중 메가 시리즈에 속하는 마이크로컨트롤러로 메모리의 크기와 입출력 핀의 개수 등에서 차이가 날 뿐 기본적으로 동일한 기능을 가지고 있다. 사용 방법 역시 비슷하다. 그렇다면 ATmega128 보드와 아두이노의 차이는 무엇일까?

34.2 부트로더

ATmega128 보드와 아두이노는 모두 2개의 커넥터를 제공하고 사용 용도 역시 동일하다. 하지만 아두이노에서 USB 커넥터는 UART 통신 이외에 프로그램 다운로드에도 사용한다는 점에서 차이가 있다. ATmega128 보드에서 프로그램을 다운로드하기 위해서는 ISP 커넥터를, UART 통신을 위해서는 USB 커넥터를 사용하였다. 즉, 컴퓨터와 2개의 연결이 필요하다. 하지만 아두이노는 프로그램 다운로드와 UART 통신을 위해 하나의 USB 커넥터만을 연결하면 된다. 즉, UART 통신을 통해 프로그램 다운로드도 이루어진다.[70] 1개의 연결만이 필요한 아두이노의 방식이 간단해 보이지 않은가? 사실 그렇기도 하다. 그렇다면 왜 ATmega128 보드에서는 간단한 방식을 사용하지 않을까?

UART 통신을 이용한 프로그램 다운로드를 사용하기 위해서는 특별한 프로그램이 필요하다. ATmega128의 플래시 메모리는 애플리케이션 프로그램 영역과 부트로더 영역의 두 영역으로 나뉜다.

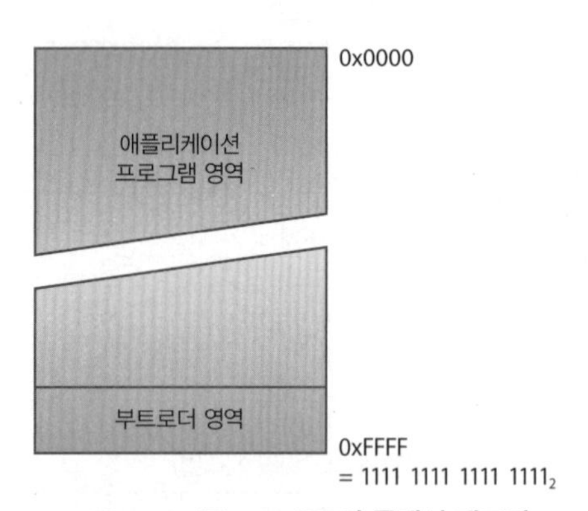

그림 34-4 **ATmega128의 플래시 메모리**

애플리케이션 프로그램 영역은 사용자가 작성한 프로그램이 설치되는 위치이며, 부트로더 영역은 UART 통신을 통해 프로그램을 다운로드하기 위해 필요한 특별한 프로그램인 부트로더가 설치되는 영역이다. 아두이노에서 사용하는 부트로더는 마이크로컨트롤러가 리셋되는 경우 UART 통신을 통해 프로그램 다운로드를 시도한다. 다운로드할 프로그램이 존재하면 먼저 프로그램을 다운로드하여 설치한 후 프로그램을 실행한다. 다운로드할 프로그램이 존재하지 않으면 애플리케이션 프로그램 영역에 설치된 프로그램을 실행한다. 하이 퓨즈 비트 중 0번 비트인 BOOTRST 비트는 마이크로컨트롤러가 리셋되는 경우 부트로더 영역부터 시작할 것인지, 애플리케이션 프로그램 영역부터 시작할 것인지 선택하는 비트다. 즉, 부트로더를 사용하기 위해서는 하이 퓨즈의 BOOTRST 비트가 프로그램된 상태여야 한다.

그림 34-5는 ATmega128이 리셋되는 경우 프로그램 실행 순서를 나타낸 것이다.

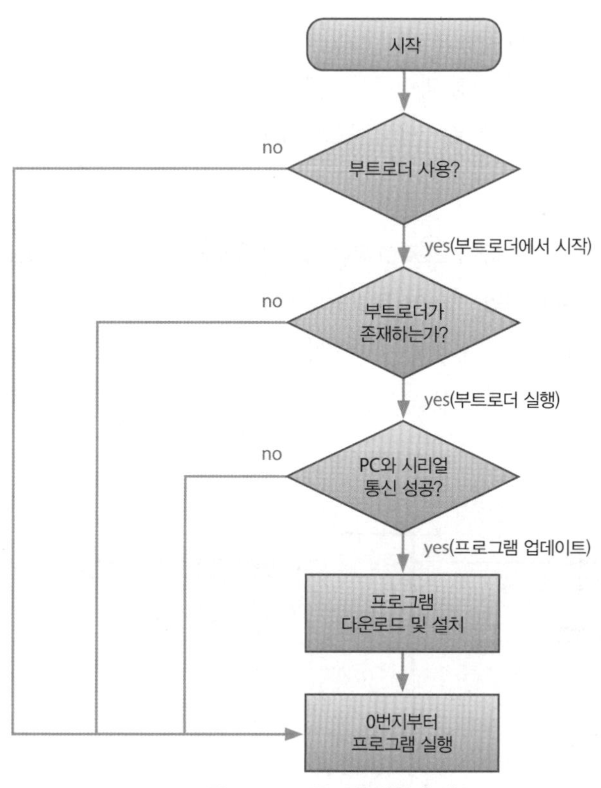

그림 34-5 **프로그램 실행 순서**

부트로더와 관련된 하이 퓨즈 비트에는 BOOTRST 이외에도 BOOTSZn(n = 0, 1) 비트가 있다. BOOTSZn 비트는 부트로더 영역의 크기를 결정하는 비트로 최소 1KB에서 최대 8KB 크기를 설정할 수 있다. 부트로더 영역의 크기는 사용하고자 하는 부트로더의 크기에 따라 결정하면 된다. 한 가지 주의할 점은 부트로더를 사용하는 경우 애플리케이션 프로그램 영역의 크기가 줄어든다는 점이다. 부트로더를 사용하지 않으면 모든 플래시 메모리를 사용자 프로그램 설치를 위해 사용할 수 있지만, 부트로더를 사용하면 플래시 메모리 중 일부는 부트로더를 위해 할애하므로 애플리케이션 프로그램에서는 사용할 수 없다.

부트로더가 존재하는 경우의 동작 방식에 대해 알아보았다. 그렇다면 부트로더는 어떻게 설치하는 것일까? 아트멜 스튜디오에서 'Tools ➡ Device Programming' 메뉴를 선택한 후 'Memories' 탭에서 애플리케이션 프로그램의 ELF 또는 HEX 파일을 선택하면 플래시 메모리에 프로그램을 설치할 수 있다. 부트로더 역시 이와 동일한 과정을 거쳐 설치한다. 애플리케이션 프로그램과 부트로더는 플래시 메모리에 설치되는 위치의 차이로 구별하며, 플래시 메모리에 설치되는 위치는 프로그램 작성 과정에서 지정할 수 있다. 이 책에서는 부트로더를 작성하는 방법은 다루지 않으므로 부트로더 역시 애플리케이션과 동일한 방법으로 설치할 수 있다는 점만 기억하면 된다.

아두이노는 부트로더를 사용하여 프로그램을 업로드한다는 점에서 ATmega128 보드와 차이가 있지만 이는 하드웨어적인 지원이 뒷받침되어야 한다. 특히 리셋 회로의 경우 일반적인 ATmega128 보드와 커패시터를 연결하는 방법이 다르다. 따라서 부트로더가 설치되어 있다고 하더라도 ATmega128에서는 아두이노와 같이 UART 통신을 통한 시리얼 업로드 방식은 사용할 수 없다.

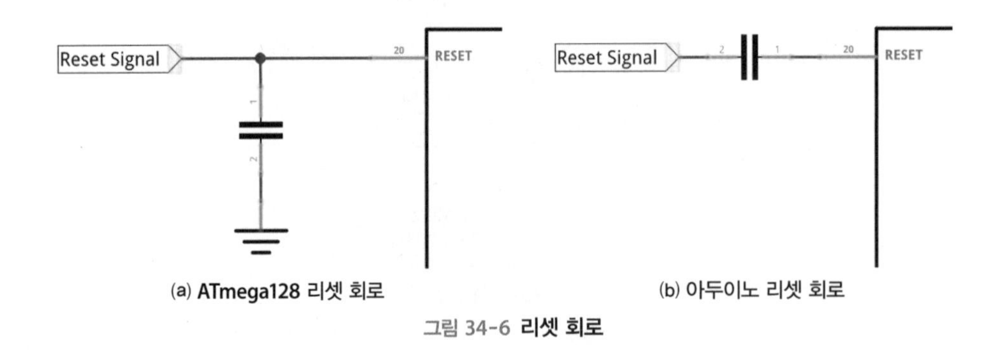

(a) ATmega128 리셋 회로

(b) 아두이노 리셋 회로

그림 34-6 **리셋 회로**

부트로더가 있다고 하더라도 아두이노처럼 사용할 수 없다면 아무 소용이 없는 것처럼 보일 수도 있다. 하지만 부트로더는 프로그램을 다운로드하는 방식과 관련된 아두이노의 특징 중 하나일 뿐 아두이노의 전부는 아니다. 아두이노 역시 ISP 방식의 프로그램 다운로드를 사용할 수 있다는 점을 기억할 것이다. 아두이노의 보다 큰 특징은 마이크로컨트롤러를 위한 프로그램을 작성하는 방법에 있다.

34.3 스케치 – 아두이노를 위한 프로그램

마이크로컨트롤러를 위한 프로그램은 흔히 펌웨어(firmware)라고 하는 반면, 아두이노를 위한 프로그램은 스케치(sketch)라고 한다. 아두이노는 비전공자들을 위한 마이크로컨트롤러 보드에서 비롯된 것이므로 보다 쉽게 프로그램을 작성하고 설치하여 간단히 실행시켜 볼 수 있는 방법이 필요하다. 시리얼 방식의 프로그램 다운로드 역시 이 중 하나에 해당한다. 지금까지 ATmega128을 위한 프로그램은 레지스터를 통해 이루어졌다. 하지만 레지스터의 이름을 기억하고 레지스터의 비트를 조작하는 것은 만만치 않은 일이다. 따라서 흔히 사용하는 기능의 경우 레지스터 조작 작업을 추상화한 라이브러리 형태로 제작하여 간단히 함수를 호출함으로써 원하는 기능을 사용할 수 있도록 지원하고 있는데, UART 통신을 위한 라이브러리가 그 예에 속한다.

아두이노 역시 마찬가지다. 기본적으로 아두이노에서는 레지스터를 사용하지 않는다. 정확하게 이야기하자면 사용자가 레지스터를 직접 조작하지 않는다. 아두이노의 가장 큰 장점은 복잡한 레지스터 조작 작업을 대신할 수 있는 라이브러리를 제공함으로써 사용자가 쉽게 마이크로컨트롤러를 위한 프로그램을 작성할 수 있도록 도와준다는 점이다.

ATmega128에서 가장 먼저 살펴본 프로그램은 디지털 출력 핀을 통해 연결한 LED를 점멸시키는 프로그램으로, 해당 핀을 출력으로 설정하기 위해 DDRx 레지스터와 해당 핀으로 LOW 또는 HIGH 값을 출력하기 위해 PORTx 레지스터를 사용하였다. 앞서 이야기했다시피 아두이노는 레지스터를 사용하지 않는다. 대신 DDRx 레지스터 조작을 위한 pinMode 함수와 PORTx 레지스터 조작을 위한 digitalWrite 함수를 제공한다.

```
void pinMode(uint8_t pin, uint8_t mode)
```

- 매개변수
  - **pin**: 설정하고자 하는 핀 번호
  - **mode**: INPUT, OUTPUT, INPUT_PULLUP 중 하나
- 반환값: 없음

```
void digitalWrite(uint8_t pin, uint8_t value)
```

- 매개변수
  - **pin**: 핀 번호
  - **value**: HIGH 또는 LOW
- 반환값: 없음

함수의 정의에서 볼 수 있듯이 pinMode 함수는 핀의 입출력 설정을 위해 핀 번호를 사용한다. DDRx 레지스터를 사용하여 핀의 입출력을 설정하기 위해서는 비트 연산자를 사용하여 설정하고자 하는 핀에 해당하는 비트 값을 변경해야 한다. 이에 비해 아두이노에서는 해당 핀에 별도의 핀 번호를 정의하여 사용함으로써 레지스터와 비트 이름을 사용하지 않고도 핀의 입출력을 설정할 수 있다.

레지스터의 사용을 없앤 점 외에도 아두이노를 위한 스케치는 그 구조에서 ATmega128을 위한 프로그램과 차이가 있다. 아두이노의 스케치 역시 ATmega128 프로그래밍과 마찬가지로 C/C++ 언어를 사용한다. C/C++ 언어의 경우 프로그램에서 제일 먼저 실행되는 main 함수가 반드시 필요하다. 하지만 아두이노를 위한 스케치에서는 main 함수를 찾아볼 수 없으며, setup과 loop의 2개 함수만이 존재한다. main은 어디에 있을까?

일반적으로 컴퓨터와 달리 마이크로컨트롤러에는 오직 하나의 프로그램만 설치할 수 있으며, 설치된 프로그램은 전원이 주어지는 동안 끝나지 않는 무한 루프(메인 루프 또는 이벤트 루프)를 통해 데이터를 처리한다. 이외에도 필요한 헤더 파일을 포함시키거나 상수를 정의하는 등의 작업을 수행하는 전처리 부분, 마이크로컨트롤러를 설정하는 초기화 부분 등이 필요하다. 이러한 일반적인 마이크로컨트롤러를 위한 프로그램의 구조를 요약하면 그림 34-7과 같다.

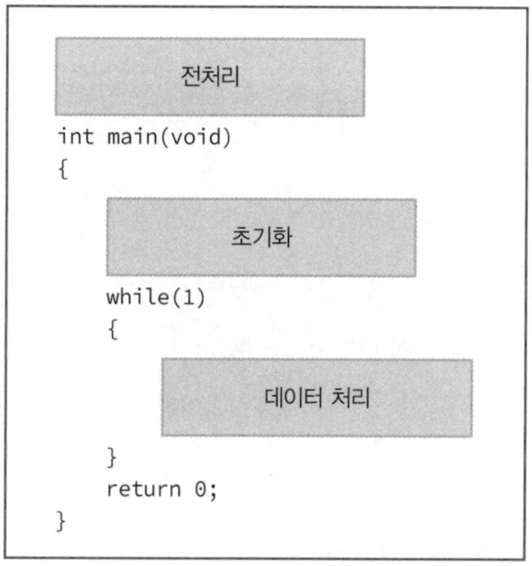

전처리
int main(void)
{
초기화
while(1)
{
데이터 처리
}
return 0;
}

그림 34-7 **마이크로컨트롤러를 위한 프로그램 구조**

이에 비해 아두이노를 위한 스케치는 그림 34-7의 구조를 보다 직관적으로 이해할 수 있도록 초기화 부분과 데이터 처리 부분을 setup과 loop라는 별개의 함수로 분리하고 있다.

전처리
void setup(void)
{
초기화
}
void loop(void)
{
데이터 처리
}

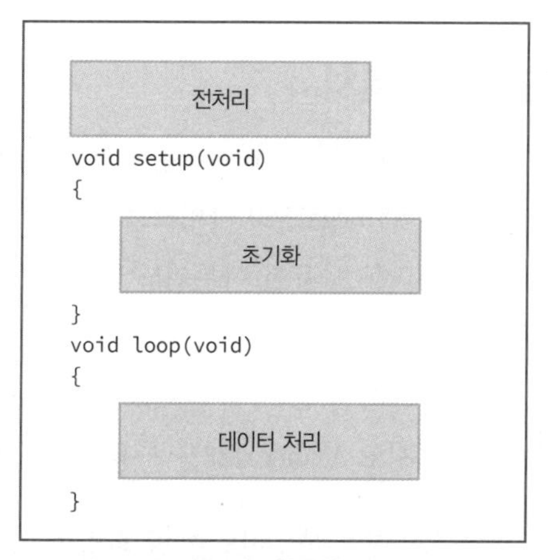

그림 34-8 **아두이노를 위한 스케치 구조**

내용이 바뀐 것은 아니다. 다만 모양이 바뀌었을 뿐이다. 사실 아두이노에도 main 함수는 존재한다. 다만 사용자가 신경 쓰지 않도록 감추어져 있을 뿐이다. 코드 34-1은 아두이노에서 제공하는 main.cpp 파일로 setup과 loop 함수만을 사용하여 스케치를 작성할 수 있도록 main 함수를 감추어 두고 있음을 확인할 수 있다.

코드 34-1 **main.cpp**

```
#include <Arduino.h>

int main(void)
{
    init();
    initVariant();
#if defined(USBCON)
    USBDevice.attach();
#endif
    setup();                                    // 초기화

    for ( ; ; ) {                               // 메인 루프 또는 이벤트 루프
        loop();                                 // 데이터 처리
        if (serialEventRun) serialEventRun();
    }

    return 0;
}
```

34.4 아두이노 개발 환경 설치

아두이노에는 다양한 보드가 존재한다. 아두이노 우노는 ATmega328 마이크로컨트롤러를 사용하여 구현한 보드이며, 이외에도 ATmega2560 마이크로컨트롤러를 사용한 아두이노 메가 2560, ATmega32u4 마이크로컨트롤러를 사용한 아두이노 레오나르도 등이 있다. ATmega128 마이크로컨트롤러를 사용한 아두이노는 존재하지 않지만, 아두이노 환경에서 ATmega128 마이크로컨트롤러를 사용할 수 있도록 해 주는 공개 라이브러리는 존재한다. 따라서 완전하게 호환되지는 않지만 아두이노 환경에서도 ATmega128을 사용할 수 있다.

아두이노 환경을 사용하기 위해서는 먼저 아두이노 개발 환경을 설치해야 한다. 아두이노 개발 환경은 아두이노 사이트에서 무료로 다운받을 수 있다.

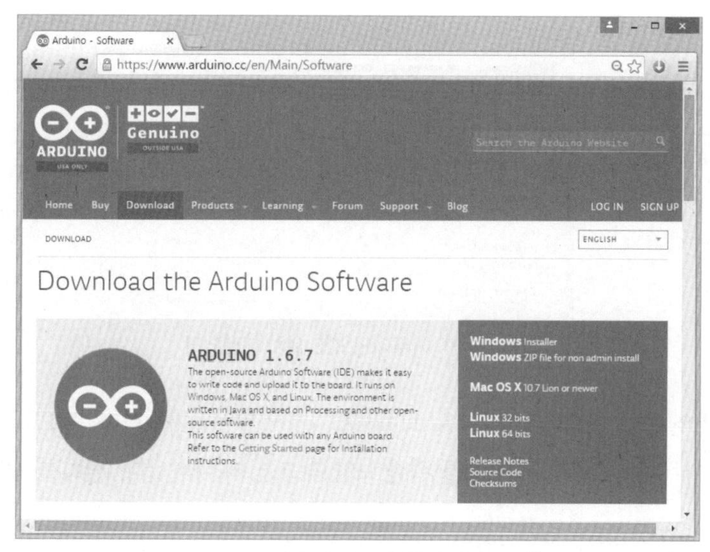

그림 34-9 **아두이노 개발 환경 다운로드**[71]

현재 아두이노 최신 버전은 1.6.x이며[72] 윈도우를 포함하여 Mac OS X와 리눅스도 지원하므로 운영체제에 맞는 프로그램을 다운받아 설치하면 된다. 윈도우 환경을 위해서는 별도의 설치 필요 없이 압축을 해제하는 것만으로도 사용할 수 있는 압축 파일과 설치 파일 두 가지를 제공한다. 설치 파일의 경우 통합 개발 환경(IDE) 설치 이외에 아두이노를 위한 드라이버 설정 등을 자동으로 해 주므로 윈도우 환경을 사용한다면 설치 파일을 다운받을 것을 권장한다.

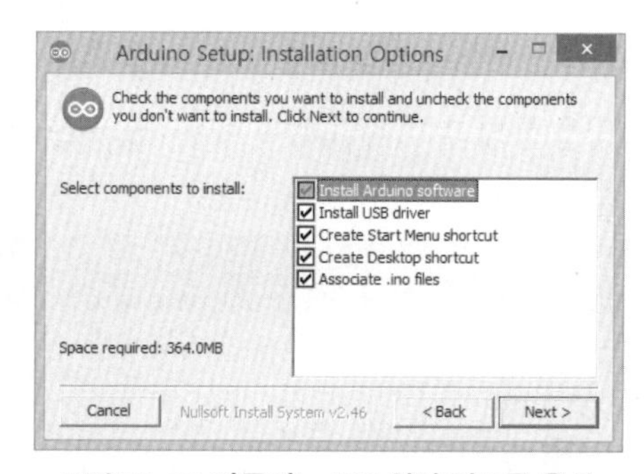

그림 34-10 **아두이노 IDE 설치 인스톨 옵션**

인스톨 과정에서는 필요한 파일들의 복사 외에도 드라이버 설치, 아이콘 생성, 아두이노 스케치 파일의 확장자인 INO와 아두이노 IDE의 연결 등의 추가 작업을 자동으로 진행한다.

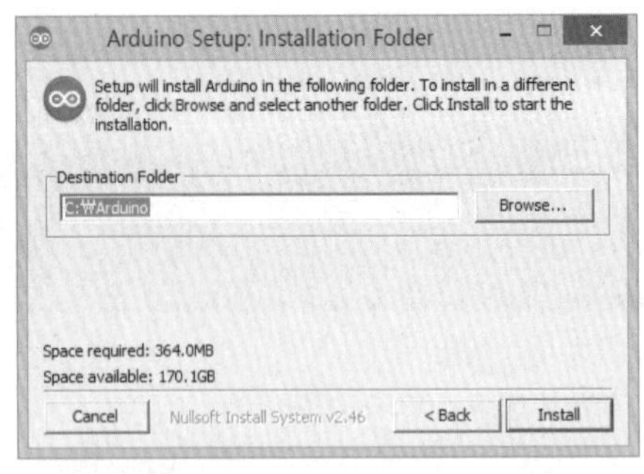

그림 34-11 **아두이노 IDE 설치 디렉터리**

아두이노 IDE의 설치 디렉터리를 'C:\Arduino'로 지정하였다고 가정하자. 필요한 파일들의 복사가 끝나면 아두이노 드라이버 설치를 위한 보안 경고 창이 나타난다. '설치'를 선택하여 드라이버를 설치한다.

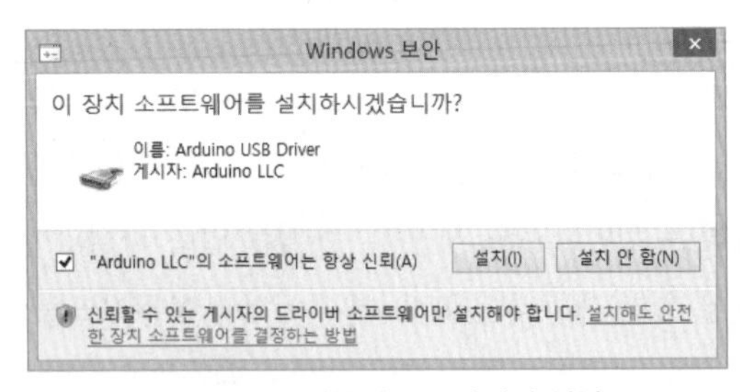

그림 34-12 **아두이노 드라이버 설치**

설치가 끝났으면 아두이노 우노를 컴퓨터에 연결해 보자. 처음 아두이노 우노를 컴퓨터와 연결하였다면 드라이버 자동 설정을 통해 추가 작업 없이 아두이노 보드를 인식할 것이다.

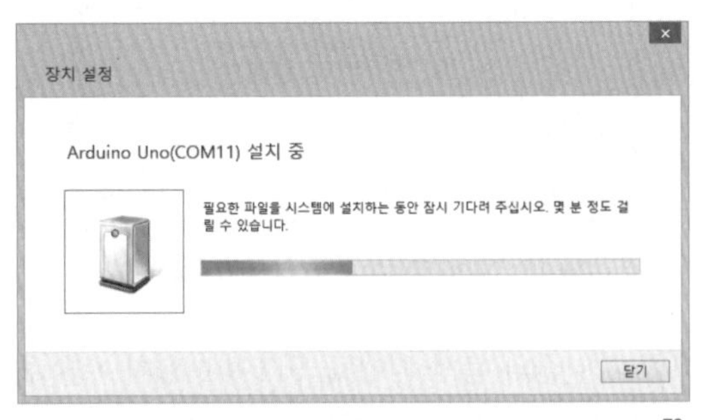

그림 34-13 **아두이노 우노 보드 연결에 따른 장치 설정**[73]

아두이노 IDE를 실행시켜 보자. 아두이노 IDE가 아트멜 스튜디오와 비교하여 다소 어설퍼 보일 수도 있지만, 아두이노는 비전공자들을 위한 마이크로컨트롤러 보드에서 비롯되었다는 것을 기억하자. 아두이노 IDE는 프로그램 작성에서 업로드까지 꼭 필요한 기능들만을 제공함으로써 쉽고 간단하게 프로그램을 개발할 수 있도록 구현한 것이다.

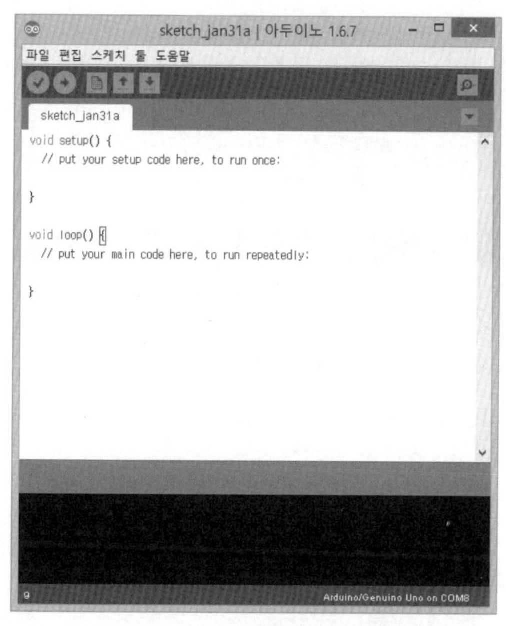

그림 34-14 **아두이노 IDE**

34.5 아두이노 프로그래밍

아두이노를 시작할 준비는 모두 끝났다. 아두이노 프로그램을 실행하고 '파일 ➡ 예제 ➡ 01.Basics ➡ Blink'를 선택해 보자. C 프로그래밍에 'Hello World'가 있다면 아두이노에는 'Blink'가 있다. 블링크 예제는 13번 핀(ATmega328의 PB5 핀)에 연결된 내장 LED를 1초 간격으로 점멸시키는 스케치에 해당한다.

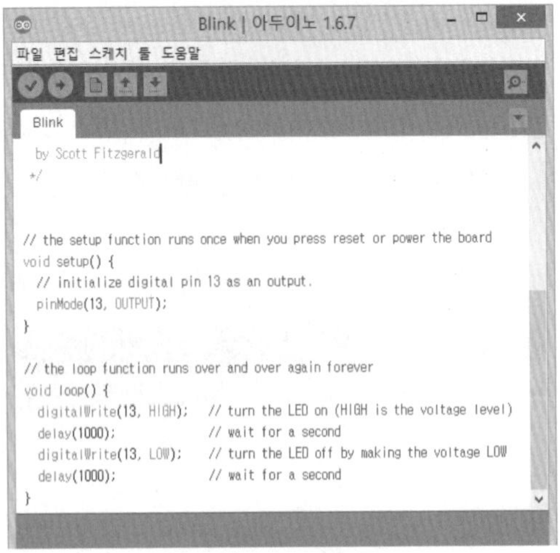

Blink | 아두이노 1.6.7
파일 편집 스케치 툴 도움말
Blink
by Scott Fitzgerald
*/
// the setup function runs once when you press reset or power the board
void setup() {
// initialize digital pin 13 as an output.
pinMode(13, OUTPUT);
}
// the loop function runs over and over again forever
void loop() {
digitalWrite(13, HIGH); // turn the LED on (HIGH is the voltage level)
delay(1000); // wait for a second
digitalWrite(13, LOW); // turn the LED off by making the voltage LOW
delay(1000); // wait for a second
}

그림 34-15 블링크 예제

스케치를 컴파일하고 아두이노 우노로 업로드하는 방법은 간단하다. 다만 업로드 이전에 확인해야 할 점이 몇 가지 있다. 먼저 '툴 ➡ 보드' 메뉴에서 사용하고자 하는 아두이노 보드가 선택되었는지 확인한다. 아두이노 우노의 경우 'Arduino/Genuino Uno'를 선택한다.

Blink | 아두이노 1.6.7
파일 편집 스케치 툴 도움말
자동 포맷 Ctrl+T
스케치 보관하기
인코딩 수정 & 새로 고침
시리얼 모니터 Ctrl+Shift+M
시리얼 플로터 Ctrl+Shift+L
보드: "Arduino/Genuino Uno"
포트: "COM11 (Arduino/Genuino Uno)"
프로그래머
부트로더 굽기
보드 매니저...
아두이노 AVR 보드
Arduino Yún
Arduino/Genuino Uno
Arduino Duemilanove or Diecimila
Arduino Nano
Arduino/Genuino Mega or Mega 2560
Arduino Mega ADK
Arduino Leonardo
Arduino/Genuino Micro
Arduino Esplora
Arduino Mini
Arduino Ethernet
Arduino Fio
Arduino BT
LilyPad Arduino USB
LilyPad Arduino
Arduino Pro or Pro Mini
Arduino NG or older
Arduino Robot Control
Arduino Robot Motor
Arduino Gemma
Arduino/Genuino Uno on COM11

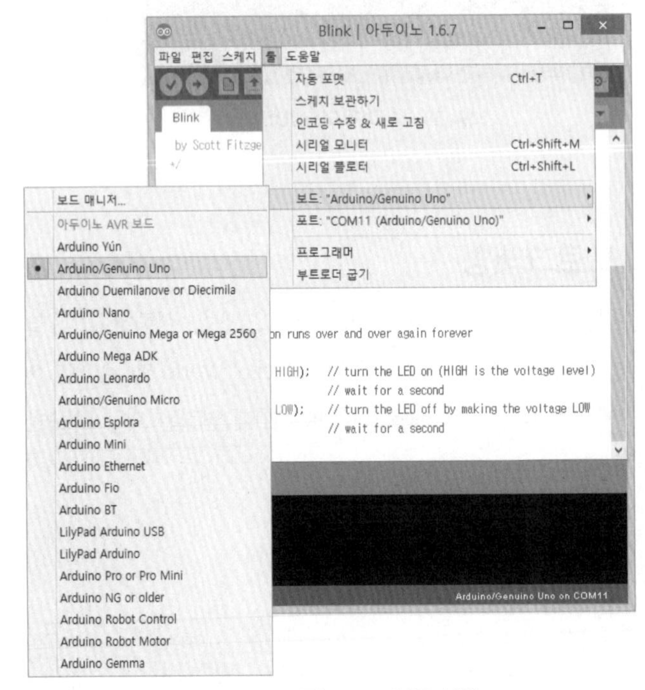

그림 34-16 보드 선택

다음은 '툴 ➡ 포트' 메뉴에서 아두이노 보드에 할당된 COM 통신 포트를 선택한다. 아두이노 우노가 연결된 포트 번호 옆에 'Arduino/Genuino Uno'라는 표시가 나타나므로 쉽게 확인할 수 있다.

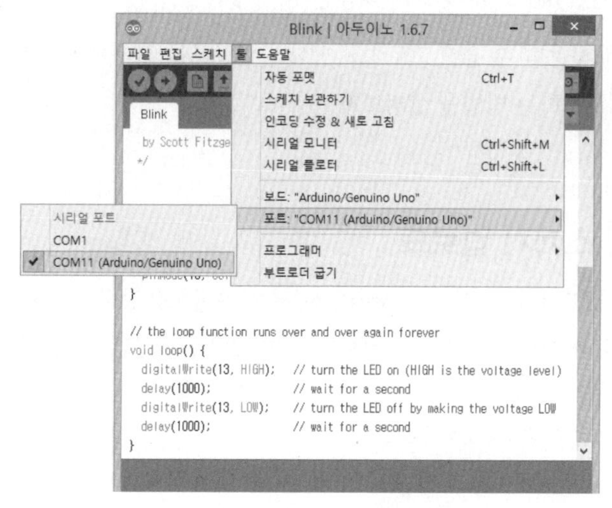

그림 34-17 포트 선택

설정이 끝났으면 스케치를 컴파일해 보자. 프로그래밍 과정에서 필요한 기본적인 기능들은 아두이노 프로그램의 툴바 버튼을 통해 사용할 수 있다.

그림 34-18 아두이노 IDE의 툴바

툴바의 버튼 중 가장 왼쪽에 있는 버튼은 '확인' 버튼으로 스케치의 문법적인 오류를 검사하기 위해 사용한다. 오류가 있다면 메시지 출력 창으로 오류 정보를 보여 준다. 오류가 없다면 아두이노로 블링크 스케치를 업로드해 보자. '확인' 버튼 옆에 있는 '업로드' 버튼으로 기계어 파일을 생성하고, 이를 시리얼 포트를 통해 아두이노로 업로드할 수 있다. 업로드에 성공하면 13번 핀에 연결된 LED가 1초 간격으로 깜빡거리는 것을 확인할 수 있다. 다만 아두이노 우노에 포함되어 있는 LED는 칩 타입의 작은 LED이므로 자세히 보지 않는다면 알아차리지 못할 수도 있다.

블링크 스케치 업로드를 위해 시리얼 방식을 사용하였다. 앞에서 시리얼 방식 업로드를 위해서는 부트로더가 필요하다고 이야기한 것을 기억하는가? 하지만 아두이노 보드는 부트로더를 설치한 상태로 판매되므로 따로 부트로더를 설치할 필요는 없다.

아무런 문제가 없어 보이지만 리셋 회로의 차이로 인해 ATmega128 보드는 부트로더를 통한 시리얼 방식 업로드를 사용할 수 없으므로 ISP 방식의 업로드를 사용해야 한다. 아두이노 우노에 ISP 방식으로 업로드하는 방법을 살펴보자.

34.6 ISP 방식 스케치 업로드

ISP 방식의 스케치 업로드를 위해서는 ATmega128에서 사용한 ISP 장치가 필요하다. 그림 34-1의 ISP 연결 커넥터 핀 배치는 그림 34-19와 같으므로 핀 배치에 유의하여 ISP 장치를 연결한다.

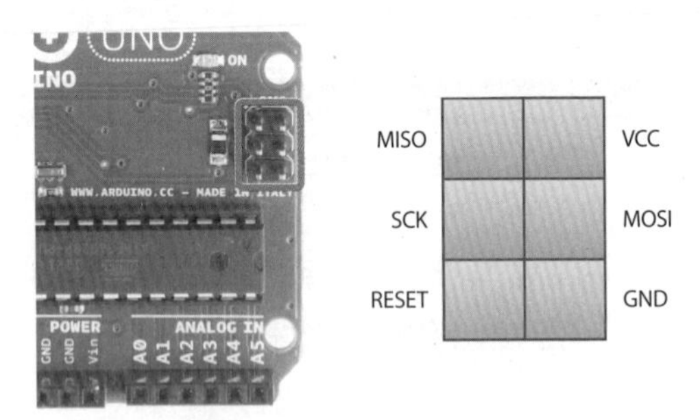

그림 34-19 **아두이노 우노 보드의 ISP 장치 연결 커넥터**[74]

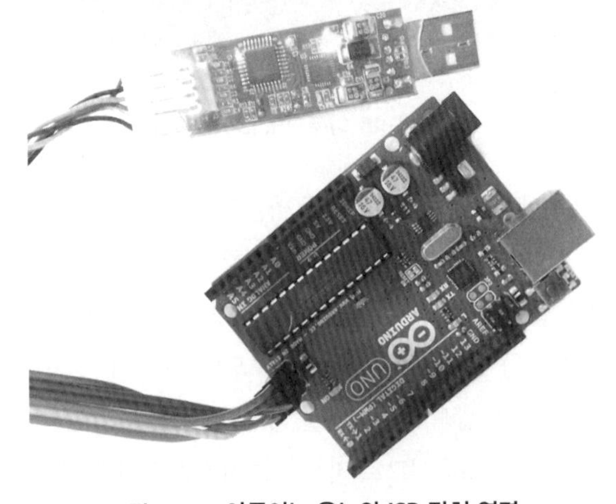

그림 34-20 **아두이노 우노와 ISP 장치 연결**

ISP 장치를 아두이노 우노 보드에 연결하는 것만으로는 프로그램을 다운로드할 수 없으며, 사용할 장치를 아두이노 IDE에 등록하는 과정이 필요하다. 아두이노 설치 디렉터리 아래 'hardware\arduino\avr\programmers.txt' 파일에 ISP 장치의 정보가 저장되어 있으므로 파일의 끝부분에 다음 내용을 추가한다.

```
my_avrisp.name=ISP_128
my_avrisp.communication=serial
my_avrisp.protocol=stk500v2
my_avrisp.program.protocol=stk500v2
my_avrisp.program.tool=avrdude
my_avrisp.program.extra_params=-P{serial.port}
```

첫 번째 줄에서 사용할 장치의 이름을 'ISP_128'로 지정하였으므로 아두이노 IDE의 '툴 ➡ 프로그래머' 메뉴에서 'ISP_128' 항목이 나타난다면 정상적으로 등록된 것이다.

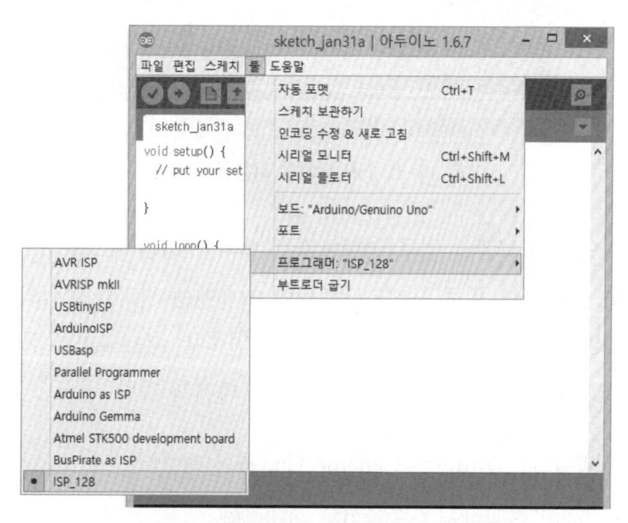

그림 34-21 아두이노 IDE에 ISP 장치 등록

ISP 방식으로 스케치를 업로드해 보자. '툴 ➡ 보드' 메뉴에서 'Arduino/Genuino Uno'를 선택하는 것은 동일하다. 하지만 '툴 ➡ 포트' 메뉴에서는 ISP 장치에 할당된 포트 번호를 선택해야 한다. 업로드하는 방법에도 약간의 차이가 있다. 시리얼 방식으로 업로드하기 위해서는 툴바의 업로드 버튼(또는 단축키 Ctrl + U)을 누르면 되지만, ISP 장치를 이용하여 업로드하기 위해서는 시프트 키를 누른 상태에서 툴바의 업로드 버튼(또는 단축키 Ctrl + Shift + U)을 누르면 된다.

시프트 키를 누른 상태에서 툴바의 업로드 버튼으로 마우스 커서를 옮기면 '프로그래머를 이용해 업로드'라는 메시지가 출력되는 것을 확인할 수 있다.

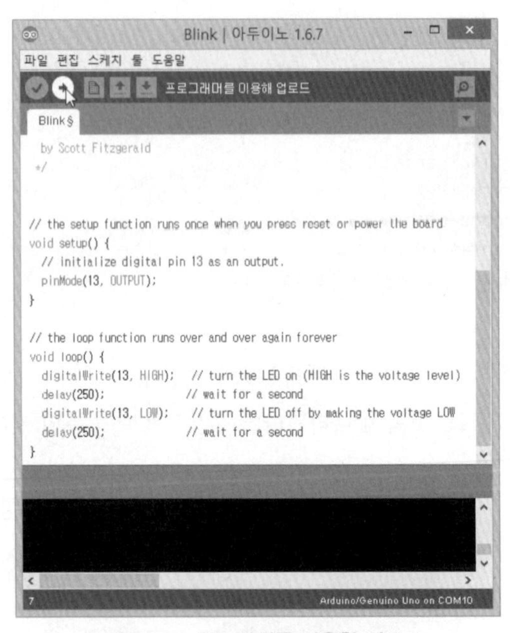

그림 34-22 ISP 장치를 이용한 업로드

ISP 장치를 사용하여 프로그램을 업로드하는 경우 주의할 점은 부트로더가 지워진다는 점이다. 즉, ISP 장치를 사용하여 프로그램을 업로드한 이후에는 시리얼 방식의 업로드를 사용할 수 없다. 다시 시리얼 방식의 업로드를 사용하고 싶다면 다시 부트로더를 설치해야 하는데, 이는 ISP 방식으로만 가능하다. 부트로더를 굽는 순서는 다음과 같다.

1. '툴 ➡ 보드' 메뉴에서 'Arduino/Genuino Uno'를 선택한다.
2. '툴 ➡ 프로그래머' 메뉴에서 ISP 장치를 선택한다.
3. '툴 ➡ 포트' 메뉴에서 ISP 장치에 할당된 포트 번호를 선택한다.
4. '툴 ➡ 부트로더 굽기' 메뉴를 선택하여 부트로더를 굽는다.

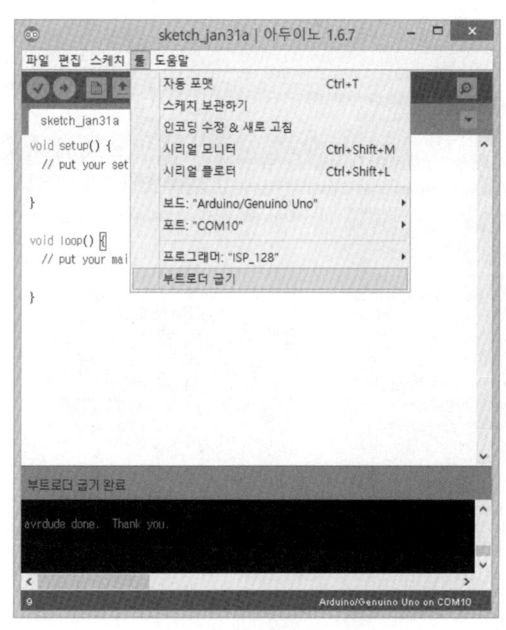

그림 34-23 **부트로더 굽기**

34.7 아두이노 환경에서 ATmega128 사용하기

ATmega128은 아두이노에서 지원하는 마이크로컨트롤러는 아니지만 공개된 라이브러리를 통해 아두이노 환경에서도 사용할 수 있다. 물론 ATmega128 보드의 하드웨어적인 차이로 인해 ISP 방식으로만 프로그램을 업로드할 수 있다. 먼저 chip45 사이트에서 필요한 파일을 다운로드한다. 그림 34-24에 보이는 보드가 아두이노와 호환되도록 ATmega128 마이크로컨트롤러를 이용하여 구현한 crumbuino128 보드다.

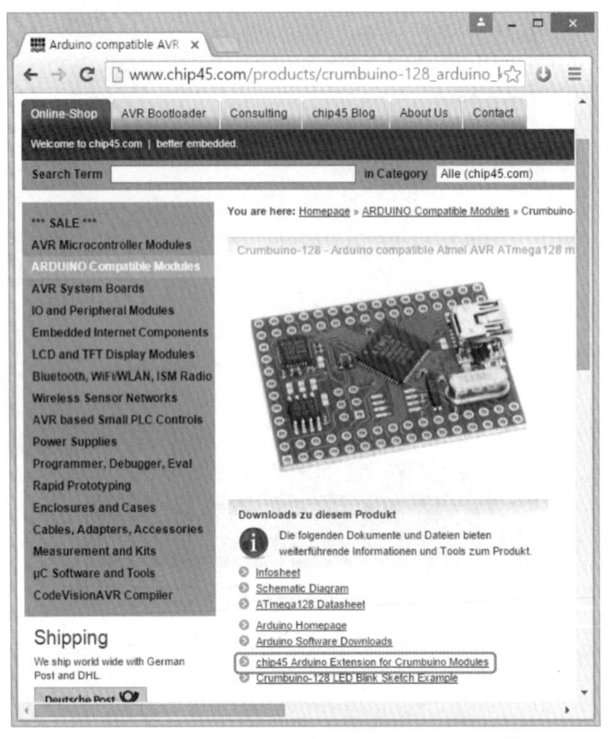

그림 34-24 **ATmega128을 위한 파일 다운로드**[75]

다운받은 파일을 'D:\temp\chip45-arduino-extension'에 압축을 해제하였다고 가정하자. 압축을 해제한 디렉터리 아래 'hardware\arduino' 디렉터리를 살펴보면 'boards.txt' 파일을 확인할 수 있는데, boards.txt 파일 내의 'crumbuino128'이 ATmega128을 사용하는 보드의 정의 파일에 해당한다. crumbuino128의 내용을 아두이노 설치 디렉터리 아래 'hardware\arduino\avr' 디렉터리의 boards.txt 파일에 아래와 같이 수정하여 추가한다. 밑줄 친 부분이 crumbuino128 정의에서 수정한 부분이다.

```
atmega128.name=ATmega128

atmega128.upload.protocol=arduino
atmega128.upload.maximum_size=126976
atmega128.upload.speed=57600
atmega128.upload.tool=avrdude

atmega128.bootloader.low_fuses=0xFF
atmega128.bootloader.high_fuses=0xDA
```

```
atmega128.bootloader.extended_fuses=0xFF
atmega128.bootloader.path=atmega
atmega128.bootloader.file=atmega/ATmegaBOOT_168_atmega128.hex
atmega128.bootloader.unlock_bits=0x3F
atmega128.bootloader.lock_bits=0x0F

atmega128.build.mcu=atmega128
atmega128.build.f_cpu=16000000L
atmega128.build.core=arduino
atmega128.build.variant=atmega128
atmega128.build.board=atmega128
```

ATmega128을 위한 부트로더 파일은 'atmega128.bootloader.file'에 정의되어 있으며, 압축을 해제한 디렉터리 아래 'hardware\arduino\bootloaders\atmega' 디렉터리의 해당 파일을 아두이노 설치 디렉터리 아래 'hardware\arduino\avr\bootloaders\atmega' 디렉터리 아래에 복사한다.

'atmega128.build.variant'는 아두이노 환경에서 사용하는 핀 번호를 정의하는 부분이다. 아두이노에서는 포트 단위가 아닌 핀 단위로 별도의 입출력 핀 번호를 지정하여 사용하므로 이에 해당하는 파일이 필요하다. 아두이노 설치 디렉터리 아래 'hardware\arduino\avr\variants' 디렉터리에 'atmega128' 디렉터리를 생성하고, 그 아래에 압축을 해제한 디렉터리 아래 'hardware\arduino\variants\crumbuino128' 디렉터리의 pins_arduino.h 파일을 복사한다. 지금까지의 과정을 요약하면 표 34-2와 같다. 압축을 해제한 파일들은 'D:\temp\chip45-arduino-extension' 디렉터리에, 아두이노 IDE는 'C:\Arduino' 디렉터리에 있다고 가정한다.

표 34-2 ATmega128 보드 사용을 위한 아두이노 환경 설정

		압축 해제 디렉터리(D:\temp\chip45-arduino-extension) 아두이노 설치 디렉터리(C:\Arduino)
보드 정의	소스 디렉터리	hardware\arduino\
	타깃 디렉터리	hardware\arduino\avr\
	설정	'boards.txt' 파일에 'crumbuino128' 정의 내용을 수정하여 복사
부트로더	소스 디렉터리	hardware\arduino\bootloaders\atmega\
	타깃 디렉터리	hardware\arduino\avr\bootloaders\atmega\
	설정	'ATmegaBOOT_168_atmega128.hex' 파일 복사
핀 정의	소스 디렉터리	hardware\arduino\variants\crumbuino128\
	타깃 디렉터리	hardware\arduino\avr\variants\atmega128\(디렉터리 생성)
	설정	'pins_arduino.h' 파일 복사

복사한 pins_arduino.h 파일에서 각 포트의 핀들에 번호가 할당되어 있다는 것을 확인할 수 있다. 포트 D의 8개 핀에는 16번부터 23번까지 번호가 지정되어 있다. 이 장에서는 포트 D의 8개 핀에 LED를 연결하여 1초 간격으로 깜박거리도록 할 것이다.

코드 34-2는 8개의 LED를 점멸시키는 프로그램의 예다.

코드 34-2 **포트 D의 LED 블링크 – 아두이노**

```
// 포트 D의 핀에 할당된 핀 번호
int pins[] = {16, 17, 18, 19, 20, 21, 22, 23};
boolean state = false;                      // LED 상태

void setup() {
    for(int i = 0; i < 8; i++){             // 각 핀을 출력으로 설정
        pinMode(pins[i], OUTPUT);
    }
}

void loop() {
    state = !state;                         // LED 상태 반전
    for(int i = 0; i < 8; i++){             // LED 점멸
        digitalWrite(pins[i], state);
    }

    delay(1000);                            // 1초 대기
}
```

다음 순서에 따라 ATmega128 보드에 코드 34-2를 업로드해서 LED가 점멸하는지 살펴보자.

1. '툴 ➡ 보드' 메뉴에서 'ATmega128'을 선택한다.
2. '툴 ➡ 프로그래머' 메뉴에서 ISP 장치를 선택한다.
3. '툴 ➡ 포트' 메뉴에서 ISP 장치에 할당된 포트 번호를 선택한다.
4. 시프트 키를 누른 상태에서 툴바의 업로드 버튼(또는 단축키 'Ctrl + Shift + U')을 누른다.

아두이노 IDE는 아트멜 스튜디오와 기본적으로 동일한 라이브러리를 사용하고 있으며, 그 위에 아두이노 전용의 추상화된 라이브러리를 추가한 형태로 구성되어 있다. 따라서 아두이노 IDE에서도 아트멜 스튜디오에서 작성한 프로그램을 사용할 수 있다.

코드 34-2와 동일한 동작을 하도록 main 함수와 레지스터를 사용한 프로그램은 코드 34-3과 같다. 코드 34-3을 아두이노의 편집기에 입력하고 위에서와 동일한 방법으로 업로드하면 아무런 문제 없이 LED가 점멸하는 것을 확인할 수 있다.

코드 34-3 **포트 D의 LED 블링크**

```
#define F_CPU 16000000L

#include <avr/io.h>
#include <util/delay.h>

int main(void)
{
    uint8_t state = 0x00;                    // LED 상태
    DDRD = 0xFF;                             // 포트 D 8개 핀을 출력으로 설정

    while(1)
    {
        state = (state ^ 0xFF);              // 8개 핀의 출력값 반전

        PORTD = state;                       // LED 점멸

        _delay_ms(1000);                     // 1초 대기
    }

    return 0;
}
```

34.8 요약

아두이노는 비전공자들이 손쉽게 마이크로컨트롤러를 사용할 수 있도록 표준화되어 손쉬운 확장이 가능한 하드웨어와 간단하고 직관적인 소프트웨어 개발 환경으로 이루어져 있다. C 언어를 배울 때 가장 먼저 접하는 프로그램이 'Hello World'라면, 아두이노를 배울 때 가장 먼저 접하는 스케치는 'Blink'로 ATmega128을 위한 프로그램의 시작도 이와 다르지 않다. 아두이노는 복잡한 레지스터 조작 작업을 추상화시켜 함수로 제공하여 아두이노나 마이크로컨트롤러를 처음 접하는 독자들도 블링크 프로그램을 통해 5분이면 LED를 깜빡거리게 할 수 있다. 하지만 아두이노가 초보자들만을 위한 도구는 아니다. 아두이노는 초보자들이 마이크로컨트롤러로 원하는 작품을 만들 수 있도록 도와주는 것은 물론이거니와 이미 마이크로컨트롤러로

작품을 만들어 본 경험자에게는 빠르고 쉽게 원하는 기능을 테스트해 볼 수 있는 프로토타이핑 도구로서의 가치가 충분하다.

아두이노에는 다양한 보드들이 존재한다. 이 중 아두이노 우노는 아두이노의 기본 보드에 해당한다. 이외에도 많은 수의 입출력 핀을 제공하여 다양한 주변장치를 연결할 수 있는 아두이노 메가2560, USB 연결을 지원하여 별도의 변환 장치 없이도 USB 연결이 가능한 아두이노 레오나르도 등을 흔히 볼 수 있다. ATmega128의 경우 아두이노에서 사용하는 마이크로컨트롤러는 아니지만, 아두이노 환경에서 추상화된 함수를 통해 프로그래밍이 가능하도록 해 주는 확장 프로그램이 존재한다.

이 책을 아두이노로 마무리하는 것은 아두이노가 단순한 유행이 아닌 오픈소스 프로젝트의 표준화된 방법을 통해 다양한 확장 가능성을 열어 두었기 때문이다. 쉽고 빠르게 원하는 기능을 테스트해 볼 수 있다는 점도 중요하지만, '다양한' 기능을 쉽고 빠르게 테스트해 볼 수 있다는 점이 더 중요하다 하겠다. 이 책에서 가능한 많은 ATmega128의 활용 방법을 소개하려고 노력했는데, 이러한 기능들은 대부분 아두이노에서 공식, 비공식적으로 지원하는 기능이기도 하다. 물론 아두이노에서 제공하는 활용 방법들을 모두 ATmega128에 적용할 수 있는 것은 아니다. 이 책에서 소개한 방법이든, 아두이노를 사용하는 방법이든, 다양한 활용 방법을 통해 마이크로컨트롤러로 할 수 있는 일들을 이해하고, 마이크로컨트롤러를 사용하여 구현해 보고 싶은 무언가가 떠올랐기를 바란다.

연습 문제

1 코드 34-2는 포트 D에 연결된 8개의 LED를 동시에 점멸시키는 프로그램이다. 이를 수정하여 8개의 LED가 0.5초 간격으로 LSB에서 MSB 순으로 한 번에 하나씩만 반복해서 켜지는 프로그램을 작성해 보자.

2 포트 D에 8개의 LED를 연결하고, 포트 C에는 풀다운 저항을 사용하여 8개의 버튼을 연결하자. 버튼을 누르면 해당 LED가 켜지도록 작성한 프로그램이 코드 34-4다. 핀으로 디지털 데이터를 출력하기 위해 digitalWrite 함수를 사용하였다면, 버튼이 연결된 핀에서 버튼의 상태를 알아내기 위해서는 digitalRead 함수를 사용하면 된다.

코드 34-4 디지털 데이터 입출력

```
// 포트 D의 핀에 할당된 핀 번호
int LED_pins[] = {16, 17, 18, 19, 20, 21, 22, 23};
```

```
// 포트 C의 핀에 할당된 핀 번호
int button_pins[] = {26, 27, 28, 29, 30, 31, 32, 33};

void setup() {
    for(int i = 0; i < 8; i++){
        pinMode(LED_pins[i], OUTPUT);               // LED 연결 핀을 출력으로
        pinMode(button_pins[i], INPUT);             // 버튼 연결 핀을 입력으로
    }
}

void loop() {
    for(int i = 0; i < 8; i++){
        boolean state = digitalRead(button_pins[i]);        // 버튼 상태 읽기
        digitalWrite(LED_pins[i], state);                   // LED로 출력
    }
}
```

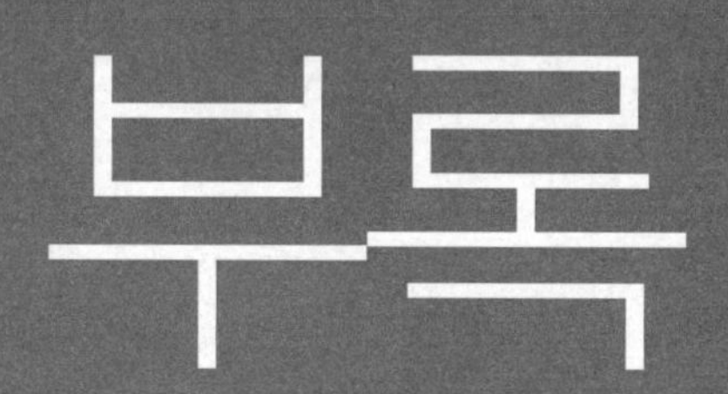
부록

APPENDIX A

ATmega128 레지스터

주소	이름	Bit 7	Bit 6	Bit 5	Bit 4	Bit 3	Bit 2	Bit 1	Bit 0
(0xFF)	Reserved	–	–	–	–	–	–	–	–
(0xFE)	Reserved	–	–	–	–	–	–	–	–
(0xFD)	Reserved	–	–	–	–	–	–	–	–
(0xFC)	Reserved	–	–	–	–	–	–	–	–
(0xFB)	Reserved	–	–	–	–	–	–	–	–
(0xFA)	Reserved	–	–	–	–	–	–	–	–
(0xF9)	Reserved	–	–	–	–	–	–	–	–
(0xF8)	Reserved	–	–	–	–	–	–	–	–
(0xF7)	Reserved	–	–	–	–	–	–	–	–
(0xF6)	Reserved	–	–	–	–	–	–	–	–
(0xF5)	Reserved	–	–	–	–	–	–	–	–
(0xF4)	Reserved	–	–	–	–	–	–	–	–
(0xF3)	Reserved	–	–	–	–	–	–	–	–
(0xF2)	Reserved	–	–	–	–	–	–	–	–
(0xF1)	Reserved	–	–	–	–	–	–	–	–

주소	이름	Bit 7	Bit 6	Bit 5	Bit 4	Bit 3	Bit 2	Bit 1	Bit 0
(0xF0)	Reserved	–	–	–	–	–	–	–	–
(0xEF)	Reserved	–	–	–	–	–	–	–	–
(0xEE)	Reserved	–	–	–	–	–	–	–	–
(0xED)	Reserved	–	–	–	–	–	–	–	–
(0xEC)	Reserved	–	–	–	–	–	–	–	–
(0xEB)	Reserved	–	–	–	–	–	–	–	–
(0xEA)	Reserved	–	–	–	–	–	–	–	–
(0xE9)	Reserved	–	–	–	–	–	–	–	–
(0xE8)	Reserved	–	–	–	–	–	–	–	–
(0xE7)	Reserved	–	–	–	–	–	–	–	–
(0xE6)	Reserved	–	–	–	–	–	–	–	–
(0xE5)	Reserved	–	–	–	–	–	–	–	–
(0xE4)	Reserved	–	–	–	–	–	–	–	–
(0xE3)	Reserved	–	–	–	–	–	–	–	–
(0xE2)	Reserved	–	–	–	–	–	–	–	–
(0xE1)	Reserved	–	–	–	–	–	–	–	–
(0xE0)	Reserved	–	–	–	–	–	–	–	–
(0xDF)	Reserved	–	–	–	–	–	–	–	–
(0xDE)	Reserved	–	–	–	–	–	–	–	–
(0xDD)	Reserved	–	–	–	–	–	–	–	–
(0xDC)	Reserved	–	–	–	–	–	–	–	–
(0xDB)	Reserved	–	–	–	–	–	–	–	–
(0xDA)	Reserved	–	–	–	–	–	–	–	–
(0xD9)	Reserved	–	–	–	–	–	–	–	–
(0xD8)	Reserved	–	–	–	–	–	–	–	–
(0xD7)	Reserved	–	–	–	–	–	–	–	–
(0xD6)	Reserved	–	–	–	–	–	–	–	–
(0xD5)	Reserved	–	–	–	–	–	–	–	–
(0xD4)	Reserved	–	–	–	–	–	–	–	–
(0xD3)	Reserved	–	–	–	–	–	–	–	–
(0xD2)	Reserved	–	–	–	–	–	–	–	–

주소	이름	Bit 7	Bit 6	Bit 5	Bit 4	Bit 3	Bit 2	Bit 1	Bit 0
(0xD1)	Reserved	–	–	–	–	–	–	–	–
(0xD0)	Reserved	–	–	–	–	–	–	–	–
(0xCF)	Reserved	–	–	–	–	–	–	–	–
(0xCE)	Reserved	–	–	–	–	–	–	–	–
(0xCD)	Reserved	–	–	–	–	–	–	–	–
(0xCC)	Reserved	–	–	–	–	–	–	–	–
(0xCB)	Reserved	–	–	–	–	–	–	–	–
(0xCA)	Reserved	–	–	–	–	–	–	–	–
(0xC9)	Reserved	–	–	–	–	–	–	–	–
(0xC8)	Reserved	–	–	–	–	–	–	–	–
(0xC7)	Reserved	–	–	–	–	–	–	–	–
(0xC6)	Reserved	–	–	–	–	–	–	–	–
(0xC5)	Reserved	–	–	–	–	–	–	–	–
(0xC4)	Reserved	–	–	–	–	–	–	–	–
(0xC3)	Reserved	–	–	–	–	–	–	–	–
(0xC2)	Reserved	–	–	–	–	–	–	–	–
(0xC1)	Reserved	–	–	–	–	–	–	–	–
(0xC0)	Reserved	–	–	–	–	–	–	–	–
(0xBF)	Reserved	–	–	–	–	–	–	–	–
(0xBE)	Reserved	–	–	–	–	–	–	–	–
(0xBD)	Reserved	–	–	–	–	–	–	–	–
(0xBC)	Reserved	–	–	–	–	–	–	–	–
(0xBB)	Reserved	–	–	–	–	–	–	–	–
(0xBA)	Reserved	–	–	–	–	–	–	–	–
(0xB9)	Reserved	–	–	–	–	–	–	–	–
(0xB8)	Reserved	–	–	–	–	–	–	–	–
(0xB7)	Reserved	–	–	–	–	–	–	–	–
(0xB6)	Reserved	–	–	–	–	–	–	–	–
(0xB5)	Reserved	–	–	–	–	–	–	–	–
(0xB4)	Reserved	–	–	–	–	–	–	–	–
(0xB3)	Reserved	–	–	–	–	–	–	–	–

주소	이름	Bit 7	Bit 6	Bit 5	Bit 4	Bit 3	Bit 2	Bit 1	Bit 0
(0xB2)	Reserved	–	–	–	–	–	–	–	–
(0xB1)	Reserved	–	–	–	–	–	–	–	–
(0xB0)	Reserved	–	–	–	–	–	–	–	–
(0xAF)	Reserved	–	–	–	–	–	–	–	–
(0xAE)	Reserved	–	–	–	–	–	–	–	–
(0xAD)	Reserved	–	–	–	–	–	–	–	–
(0xAC)	Reserved	–	–	–	–	–	–	–	–
(0xAB)	Reserved	–	–	–	–	–	–	–	–
(0xAA)	Reserved	–	–	–	–	–	–	–	–
(0xA9)	Reserved	–	–	–	–	–	–	–	–
(0xA8)	Reserved	–	–	–	–	–	–	–	–
(0xA7)	Reserved	–	–	–	–	–	–	–	–
(0xA6)	Reserved	–	–	–	–	–	–	–	–
(0xA5)	Reserved	–	–	–	–	–	–	–	–
(0xA4)	Reserved	–	–	–	–	–	–	–	–
(0xA3)	Reserved	–	–	–	–	–	–	–	–
(0xA2)	Reserved	–	–	–	–	–	–	–	–
(0xA1)	Reserved	–	–	–	–	–	–	–	–
(0xA0)	Reserved	–	–	–	–	–	–	–	–
(0x9F)	Reserved	–	–	–	–	–	–	–	–
(0x9E)	Reserved	–	–	–	–	–	–	–	–
(0x9D)	UCSR1C	–	UMSEL1	UPM11	UPM10	USBS1	UCSZ11	UCSZ10	UCPOL1
(0x9C)	UDR1	USART1 I/O Data Register							
(0x9B)	UCSR1A	RXC1	TXC1	UDRE1	FE1	DOR1	UPE1	U2X1	MPCM1
(0x9A)	UCSR1B	RXCIE1	TXCIE1	UDRIE1	RXEN1	TXEN1	UCSZ12	RXB81	TXB81
(0x99)	UBRR1L	USART1 I/O Baud Rate Register Low							
(0x98)	UBRR1H	–	–	–	–	USART1 I/O Baud Rate Register High			
(0x97)	Reserved	–	–	–	–	–	–	–	–
(0x96)	Reserved	–	–	–	–	–	–	–	–
(0x95)	UCSR0C	–	UMSEL0	UPM01	UPM00	USBS0	UCSZ01	UCSZ00	UCPOL0
(0x94)	Reserved	–	–	–	–	–	–	–	–

주소	이름	Bit 7	Bit 6	Bit 5	Bit 4	Bit 3	Bit 2	Bit 1	Bit 0
(0x93)	Reserved	–	–	–	–	–	–	–	–
(0x92)	Reserved	–	–	–	–	–	–	–	–
(0x91)	Reserved	–	–	–	–	–	–	–	–
(0x90)	UBRR0H	–	–	–	–	USART0 I/O Baud Rate Register High			
(0x8F)	Reserved	–	–	–	–	–	–	–	–
(0x8E)	Reserved	–	–	–	–	–	–	–	–
(0x8D)	Reserved	–	–	–	–	–	–	–	–
(0x8C)	TCCR3C	FOC3A	FOC3B	FOC3C	–	–	–	–	–
(0x8B)	TCCR3A	COM3A1	COM3A0	COM3B1	COM3B0	COM3C1	COM3C0	WGM31	WGM30
(0x8A)	TCCR3B	ICNC3	ICES3	–	WGM33	WGM32	CS32	CS31	CS30
(0x89)	TCNT3H	Timer/Counter3 – Counter Register High Byte							
(0x88)	TCNT3L	Timer/Counter3 – Counter Register Low Byte							
(0x87)	OCR3AH	Timer/Counter3 – Output Compare Register A High Byte							
(0x86)	OCR3AL	Timer/Counter3 – Output Compare Register A Low Byte							
(0x85)	OCR3BH	Timer/Counter3 – Output Compare Register B High Byte							
(0x84)	OCR3BL	Timer/Counter3 – Output Compare Register B Low Byte							
(0x83)	OCR3CH	Timer/Counter3 – Output Compare Register C High Byte							
(0x82)	OCR3CL	Timer/Counter3 – Output Compare Register C Low Byte							
(0x81)	ICR3H	Timer/Counter3 – Input Capture Register High Byte							
(0x80)	ICR3L	Timer/Counter3 – Input Capture Register Low Byte							
(0x7F)	Reserved	–	–	–	–	–	–	–	–
(0x7E)	Reserved	–	–	–	–	–	–	–	–
(0x7D)	ETIMSK	–	–	TICIE3	OCIE3A	OCIE3B	TOIE3	OCIE3C	OCIE1C
(0x7C)	ETIFR	–	–	ICF3	OCF3A	OCF3B	TOV3	OCF3C	OCF1C
(0x7B)	Reserved	–	–	–	–	–	–	–	–
(0x7A)	TCCR1C	FOC1A	FOC1B	FOC1C	–	–	–	–	–
(0x79)	OCR1CH	Timer/Counter1 – Output Compare Register C High Byte							
(0x78)	OCR1CL	Timer/Counter1 – Output Compare Register C Low Byte							
(0x77)	Reserved	–	–	–	–	–	–	–	–
(0x76)	Reserved	–	–	–	–	–	–	–	–
(0x75)	Reserved	–	–	–	–	–	–	–	–

주소	이름	Bit 7	Bit 6	Bit 5	Bit 4	Bit 3	Bit 2	Bit 1	Bit 0
(0x74)	TWCR	TWINT	TWEA	TWSTA	TWSTO	TWWC	TWEN	–	TWIE
(0x73)	TWDR	Two–wire Serial Interface Data Register							
(0x72)	TWAR	TWA6	TWA5	TWA4	TWA3	TWA2	TWA1	TWA0	TWGCE
(0x71)	TWSR	TWS7	TWS6	TWS5	TWS4	TWS3	–	TWPS1	TWPS0
(0x70)	TWBR	Two–wire Serial Interface Bit Rate Register							
(0x6F)	OSCCAL	Oscillator Calibration Register							
(0x6E)	Reserved	–	–	–	–	–	–	–	–
(0x6D)	XMCRA		SRL2	SRL1	SRL0	SRW01	SRW00	SRW11	–
(0x6C)	XMCRB	XMBK	–				XMM2	XMM1	XMM0
(0x6B)	Reserved	–	–	–	–	–	–	–	–
(0x6A)	EICRA	ISC31	ISC30	ISC21	ISC20	ISC11	ISC10	ISC01	ISC00
(0x69)	Reserved	–	–	–	–	–	–	–	–
(0x68)	SPMCSR	SPMIE	RWWSB	–	RWWSRE	BLBSET	PGWRT	PGERS	SPMEN
(0x67)	Reserved	–	–	–	–	–	–	–	–
(0x66)	Reserved	–	–	–	–	–	–	–	–
(0x65)	PORTG	–	–	–	PORTG4	PORTG3	PORTG2	PORTG1	PORTG0
(0x64)	DDRG	–	–	–	DDG4	DDG3	DDG2	DDG1	DDG0
(0x63)	PING	–	–	–	PING4	PING3	PING2	PING1	PING0
(0x62)	PORTF	PORTF7	PORTF6	PORTF5	PORTF4	PORTF3	PORTF2	PORTF1	PORTF0
(0x61)	DDRF	DDF7	DDF6	DDF5	DDF4	DDF3	DDF2	DDF1	DDF0
(0x60)	Reserved	–	–	–	–	–	–	–	–
0x3F(0x5F)	SREG	I	T	H	S	V	N	Z	C
0x3E(0x5E)	SPH	SP15	SP14	SP13	SP12	SP11	SP10	SP9	SP8
0x3D(0x5D)	SPL	SP7	SP6	SP5	SP4	SP3	SP2	SP1	SP0
0x3C(0x5C)	XDIV	XDIVEN	XDIV6	XDIV5	XDIV4	XDIV3	XDIV2	XDIV1	XDIV0
0x3B(0x5B)	RAMPZ	–	–	–	–	–	–	–	RAMPZ0
0x3A(0x5A)	EICRB	ISC71	ISC70	ISC61	ISC60	ISC51	ISC50	ISC41	ISC40
0x39(0x59)	EIMSK	INT7	INT6	INT5	INT4	INT3	INT2	INT1	INT0
0x38(0x58)	EIFR	INTF7	INTF6	INTF5	INTF4	INTF3	INTF	INTF1	INTF0
0x37(0x57)	TIMSK	OCIE2	TOIE2	TICIE1	OCIE1A	OCIE1B	TOIE1	OCIE0	TOIE0
0x36(0x56)	TIFR	OCF2	TOV2	ICF1	OCF1A	OCF1B	TOV1	OCF0	TOV0

주소	이름	Bit 7	Bit 6	Bit 5	Bit 4	Bit 3	Bit 2	Bit 1	Bit 0
0x35(0x55)	MCUCR	SRE	SRW10	SE	SM1	SM0	SM2	IVSEL	IVCE
0x34(0x54)	MCUCSR	JTD	–	–	JTRF	WDRF	BORF	EXTRF	PORF
0x33(0x53)	TCCR0	FOC0	WGM00	COM01	COM00	WGM01	CS02	CS01	CS00
0x32(0x52)	TCNT0	Timer/Counter0 (8 Bit)							
0x31(0x51)	OCR0	Timer/Counter0 Output Compare Register							
0x30(0x50)	ASSR	–	–	–	–	AS0	TCN0UB	OCR0UB	TCR0UB
0x2F(0x4F)	TCCR1A	COM1A1	COM1A0	COM1B1	COM1B0	COM1C1	COM1C0	WGM11	WGM10
0x2E(0x4E)	TCCR1B	ICNC1	ICES1	–	WGM13	WGM12	CS12	CS11	CS10
0x2D(0x4D)	TCNT1H	Timer/Counter1 – Counter Register High Byte							
0x2C(0x4C)	TCNT1L	Timer/Counter1 – Counter Register Low Byte							
0x2B(0x4B)	OCR1AH	Timer/Counter1 – Output Compare Register A High Byte							
0x2A(0x4A)	OCR1AL	Timer/Counter1 – Output Compare Register A Low Byte							
0x29(0x49)	OCR1BH	Timer/Counter1 – Output Compare Register B High Byte							
0x28(0x48)	OCR1BL	Timer/Counter1 – Output Compare Register B Low Byte							
0x27(0x47)	ICR1H	Timer/Counter1 – Input Capture Register High Byte							
0x26(0x46)	ICR1L	Timer/Counter1 – Input Capture Register Low Byte							
0x25(0x45)	TCCR2	FOC2	WGM20	COM21	COM20	WGM21	CS22	CS21	CS20
0x24(0x44)	TCNT2	Timer/Counter2(8Bit)							
0x23(0x43)	OCR2	Timer/Counter2 Output Compare Register							
0x22(0x42)	OCDR	IDRD/ OCDR7	OCDR6	OCDR5	OCDR4	OCDR3	OCDR2	OCDR1	OCDR0
0x21(0x41)	WDTCR	–	–	–	WDCE	WDE	WDP2	WDP1	WDP0
0x20(0x40)	SFIOR	TSM	–	–	–	ACME	PUD	PSR0	PSR321
0x1F(0x3F)	EEARH	–	–	–	–	EEPROM Address Register High			
0x1E(0x3E)	EEARL	EEPROM Address Register Low Byte							
0x1D(0x3D)	EEDR	EEPROM Data Register							
0x1C(0x3C)	EECR	–	–	–	–	EERIE	EEMWE	EEWE	EERE
0x1B(0x3B)	PORTA	PORTA7	PORTA6	PORTA5	PORTA4	PORTA3	PORTA2	PORTA1	PORTA0
0x1A(0x3A)	DDRA	DDA7	DDA6	DDA5	DDA4	DDA3	DDA2	DDA1	DDA0
0x19(0x39)	PINA	PINA7	PINA6	PINA5	PINA4	PINA3	PINA2	PINA1	PINA0
0x18(0x38)	PORTB	PORTB7	PORTB6	PORTB5	PORTB4	PORTB3	PORTB2	PORTB1	PORTB0

주소	이름	Bit 7	Bit 6	Bit 5	Bit 4	Bit 3	Bit 2	Bit 1	Bit 0
0x17(0x37)	DDRB	DDB7	DDB6	DDB5	DDB4	DDB3	DDB2	DDB1	DDB0
0x16(0x36)	PINB	PINB7	PINB6	PINB5	PINB4	PINB3	PINB2	PINB1	PINB0
0x15(0x35)	PORTC	PORTC7	PORTC6	PORTC5	PORTC4	PORTC3	PORTC2	PORTC1	PORTC0
0x14(0x34)	DDRC	DDC7	DDC6	DDC5	DDC4	DDC3	DDC2	DDC1	DDC0
0x13(0x33)	PINC	PINC7	PINC6	PINC5	PINC4	PINC3	PINC2	PINC1	PINC0
0x12(0x32)	PORTD	PORTD7	PORTD6	PORTD5	PORTD4	PORTD3	PORTD2	PORTD1	PORTD0
0x11(0x31)	DDRD	DDD7	DDD6	DDD5	DDD4	DDD3	DDD2	DDD1	DDD0
0x10(0x30)	PIND	PIND7	PIND6	PIND5	PIND4	PIND3	PIND2	PIND1	PIND0
0x0F(0x2F)	SPDR	SPI Data Register							
0x0E(0x2E)	SPSR	SPIF	WCOL						SPI2X
0x0D(0x2D)	SPCR	SPIE	SPE	DORD	MSTR	CPOL	CPHA	SPR1	SPR0
0x0C(0x2C)	UDR0	USART0 I/O Data Register							
0x0B(0x2B)	UCSR0A	RXC0	TXC0	UDRE0	FE0	DOR0	UPE0	U2X0	MPCM0
0x0A(0x2A)	UCSR0B	RXCIE0	TXCIE0	UDRIE0	RXEN0	TXEN0	UCSZ02	RXB80	TXB80
0x09(0x29)	UBRR0L	USART0 Baud Rate Register Low							
0x08(0x28)	ACSR	ACD	ACBG	ACO	ACI	ACIE	ACIC	ACIS1	ACIS0
0x07(0x27)	ADMUX	REFS1	REFS0	ADLAR	MUX4	MUX3	MUX2	MUX1	MUX0
0x06(0x26)	ADCSRA	ADEN	ADSC	ADFR	ADIF	ADIE	ADPS2	ADPS1	ADPS0
0x05(0x25)	ADCH	ADC Data Register High Byte							
0x04(0x24)	ADCL	ADC Data Register Low byte							
0x03(0x23)	PORTE	PORTE7	PORTE6	PORTE5	PORTE4	PORTE3	PORTE2	PORTE1	PORTE0
0x02(0x22)	DDRE	DDE7	DDE6	DDE5	DDE4	DDE3	DDE2	DDE1	DDE0
0x01(0x21)	PINE	PINE7	PINE6	PINE5	PINE4	PINE3	PINE2	PINE1	PINE0
0x0(0x20)	PINF	PINF7	PINF6	PINF5	PINF4	PINF3	PINF2	PINF1	PINF0
(0x1F)	R31	General Purpose Register 31							
(0x1E)	R30	General Purpose Register 30							
(0x1D)	R29	General Purpose Register 29							
(0x1C)	R28	General Purpose Register 28							
(0x1B)	R27	General Purpose Register 27							
(0x1A)	R26	General Purpose Register 26							
(0x19)	R25	General Purpose Register 25							

주소	이름	Bit 7	Bit 6	Bit 5	Bit 4	Bit 3	Bit 2	Bit 1	Bit 0
(0x18)	R24	General Purpose Register 24							
(0x17)	R23	General Purpose Register 23							
(0x16)	R22	General Purpose Register 22							
(0x15)	R21	General Purpose Register 21							
(0x14)	R20	General Purpose Register 20							
(0x13)	R19	General Purpose Register 19							
(0x12)	R18	General Purpose Register 18							
(0x11)	R17	General Purpose Register 17							
(0x10)	R16	General Purpose Register 16							
(0x0F)	R15	General Purpose Register 15							
(0x0E)	R14	General Purpose Register 14							
(0x0D)	R13	General Purpose Register 13							
(0x0C)	R12	General Purpose Register 12							
(0x0B)	R11	General Purpose Register 11							
(0x0A)	R10	General Purpose Register 10							
(0x09)	R9	General Purpose Register 9							
(0x08)	R8	General Purpose Register 8							
(0x07)	R7	General Purpose Register 7							
(0x06)	R6	General Purpose Register 6							
(0x05)	R5	General Purpose Register 5							
(0x04)	R4	General Purpose Register 4							
(0x03)	R3	General Purpose Register 3							
(0x02)	R2	General Purpose Register 2							
(0x01)	R1	General Purpose Register 1							
(0x00)	R0	General Purpose Register 0							

APPENDIX B

마이크로컨트롤러를 위한 전자공학

일상생활에서 우리는 수많은 전자 기기를 접하게 마련이다. 아침에 일어나서 학교에 오기 전까지 접하는 전자 기기만 해도 잠을 깨워 주는 전자시계, 냉장고와 전자레인지, 식사를 하면서 보는 텔레비전, 버스에서 활용하는 스마트폰 등 그 종류는 다양하다. 이 중 스마트폰은 간단한 터치만으로 다양한 작업을 할 수 있는 전자 기기로, 기술적인 측면에서 볼 때 스마트폰의 내부는 최신 전자공학 기술의 집약체라고 할 수 있다. 스마트폰 내부에서 무슨 일이 벌어지고 있는지 알아내기란 쉽지 않지만, 기본적인 전자공학의 원리를 이해한다면 스마트폰은 물론 다른 전자 기기들의 동작 역시 어느 정도 이해할 수 있다. 먼저 전자공학이 무엇인지 정의해 보자. 다양한 방법으로 전자공학을 정의하고 있지만, 이 책에서는 다음과 같이 정의하려고 한다.

전자(electron)의 에너지를 제어하고 이용하는 방법을 다루는 과학

정의에서 볼 수 있듯이 전자공학에서는 '전자(electron)'가 핵심적인 역할을 한다. 전자는 원자(atom)를 구성하는 요소 중 하나다. 원자의 크기는 10^{-8}cm 정도로 머리카락 두께의 100만분의 1 정도에 불과하다. 전자의 크기는 이보다 더 작다. 전자의 크기는 정확하게 알려져 있지는 않지만, 원자를 축구장에 비유한다면 전자는 축구장에 있는 축구공보다도 훨씬 작다. 이처럼 작은 크기의 눈에 보이지 않는 전자를 다루는 것은 쉽지 않은 일이다. 따라서 전자공학에서는 눈에 보이는 전자 부품(electronic components)을 사용하여 전자를 제어하고, 이를 통해 다양한

작업을 수행하고 있다. 마이크로컨트롤러와 함께 사용되는 전자 부품에는 저항, 커패시터, 다이오드, 트랜지스터, IC 등이 있으며, 이들은 전자공학의 기초가 되는 전자 부품이기도 하다.

눈에 보이는, 손으로 만질 수 있는 전자 부품들이 눈앞에 있다. 무엇을 할 수 있을까? 아쉽지만 전자 부품만으로는 아무것도 할 수 없다. 전자 부품들을 서로 연결하여 전자가 흐르는 길을 만들어 주어야만 비로소 전자가 움직이고, 전자가 움직여야만 전등에 불을 켜고, 텔레비전을 시청하고, 스마트폰으로 전화를 할 수 있다. 이처럼 전자 부품을 연결하여 구현한, 전자가 움직이는 길을 전자회로(circuit)라고 한다.

전자공학을 이해하기 위해서는 먼저 전자를 이해해야 하고, 손으로 직접 만져 볼 수 있는 전자 부품을 이해해야 하며, 전자 부품으로 이루어지는 회로를 이해해야 한다. 어렵게 느껴질 수도 있지만 사실 그렇게 어렵지는 않다. 스마트폰을 만들기 위한 전자공학은 한 권의 책에 다 담기도 힘들 만큼 방대하고 복잡한 것이 사실이다. 하지만 간단한 전자 기기의 동작 원리를 이해하고, 전자 부품을 마이크로컨트롤러와 함께 사용하는 방법을 배우기 위한 기본적인 전자공학의 원리를 이해하는 것은 그리 어렵지 않다. 부록 B에서는 기본적인 전자공학의 원리를 이해함으로써 마이크로컨트롤러에서 흔히 사용하는 전자 부품에 대한 이해를 돕고, 전자 부품으로 회로를 구성하여 마이크로컨트롤러와 함께 사용할 수 있도록 하는 것을 목적으로 한다.

B.1 전류, 전압, 전력

전자공학의 핵심은 전자에 있다. 전자란 원자를 이루는 요소 중 하나로 음(−)의 전기를 띠는 입자를 말한다. 원자는 양(+)의 전기를 띠는 양성자(proton)와 전기를 띠지 않는 중성자(neutron)로 이루어지는 원자핵(nuclear)을 중심으로 전자가 그 외곽을 층을 이루어 회전하고 있다.

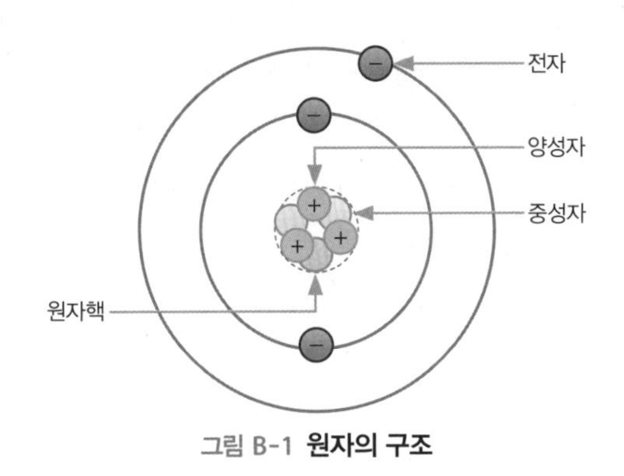

그림 B-1 **원자의 구조**

전자공학의 핵심은 전자에 있다고 이야기하였지만 보다 정확하게는 전자의 움직임에 의해 만들어지는 전하(electric charge)의 흐름, 즉 전류(current)에 있다. 원자의 중심에 부동의 위치를 지키고 있는 원자핵과 달리 전자는 원자핵 주위를 빠른 속도로 회전한다. 원심력에 의해 전자는 원자핵을 벗어나려 하지만, 정상적인 경우 전자는 양성자에 이끌려 그 자리를 지키고 있다. 달이 지구 주위를 돌고 있는 것과 마찬가지로 양성자의 양(+)의 전하와 전자의 음(−)의 전하 사이의 전기적인 끌림 역시 전자가 도망가지 못하게 하는 역할을 한다. 원자에서 양성자와 전자의 수는 동일하므로 원자는 전기를 띠지 않는 전기적으로 중성(electrically neutral) 상태에 있다. 하지만 약간의 힘을 가하면 전자는 자리를 이탈하여 다른 원자로 이동할 수 있다. 그림 B-1에서 볼 수 있듯이 전자는 원자핵에서 양파 껍질과 같이 층을 이루고 있으므로 원자핵에서 멀리 있는 전자일수록 작은 힘에도 쉽게 자리를 이탈한다. 원자에 약간의 힘을 가해 전자가 자리를 벗어났다고 가정해 보자. 전자는 어디로 갈까? 어디로 갈지 아무도 모른다. 전자공학에서는 어디로 움직일지 모르는 전자를 원하는 방향으로 움직이도록 유도함으로써 다양한 전자 기기들을 동작시킨다.

전자공학에서는 전자가 흐를 수 있는지의 여부에 따라 물질을 도체(conductor)와 부도체(insulator)의 두 가지로 구분한다. 도체의 경우 원자핵에서 가장 멀리 떨어져 있는 전자는 원래 소속되어 있던 원자핵에서 벗어나 쉽게 다른 원자핵 쪽으로 옮겨 갈 수 있는데, 이처럼 특정 원자핵에 소속되지 않고 자유롭게 움직일 수 있는 전자를 자유전자(free electron)라고 한다. 도체란 자유전자를 많이 가지고 있는 물질로 구리, 철 등 대부분의 금속이 도체에 속한다. 반면 부도체는 자유전자가 극히 적어 전자가 자유롭게 움직일 수 없는 물질로 플라스틱, 나무 등이 해당한다. 도체에 전원을 연결하면, 즉 힘을 가하면 전자는 한 방향으로 움직이고, 전자의 일정한 움직임, 즉 전류가 만들어진다.

도체는 전자가 쉽게 옮겨 다닐 수 있는 물질로 전자가 움직이는 '길'을 만들어 주는 역할을 한다. 가정에서 전등을 연결하기 위해 사용하는 전선은 도체인 구리로 만들어져 있다. 전선에는 부도체로 만든 피복을 씌워 전자가 전선 밖으로 흘러 감전되는 것을 막아 준다. 전등을 가정용 콘센트에 연결하면 전자가 움직여 전류가 만들어지고, 전류는 전구에서 빛이라는 다른 형태의 에너지로 바뀐다. 즉, '일'을 하는 것이다.

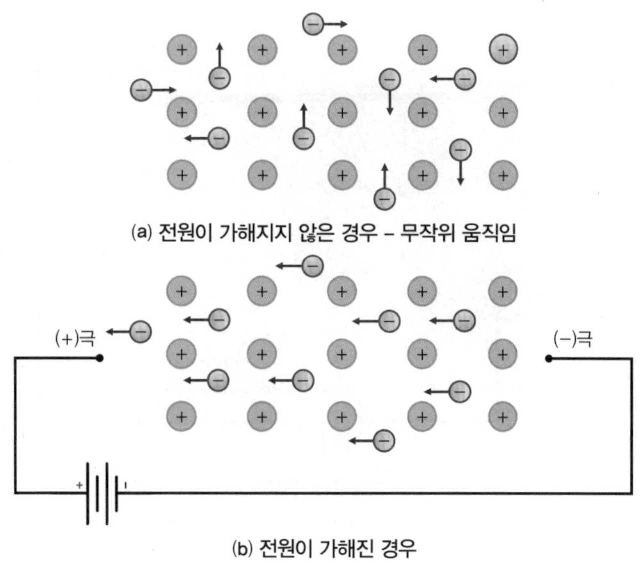

그림 B-2 **자유전자에 의한 전류의 흐름**

전자의 움직임에 의해 전자는 일을 하고, 그 결과로 우리는 전등을 켜고, 선풍기를 돌리며, 전자레인지로 음식을 조리할 수 있다. 하나의 전자가 할 수 있는 일은 정해져 있으므로 얼마나 많은 일을 했는지 알아내기 위해서는 얼마나 많은 전자가 움직였는지 알아야 한다. 전자는 음(−)의 전기를 띠고 있지만 하나의 전자가 띠고 있는 전하의 양은 극히 적으므로 전하의 양을 나타내기 위해 6.241×10^{18}개 전자가 가지고 있는 전하의 양을 합한 쿨롱(Coulomb, C) 단위를 사용한다. 하지만 전자는 움직여야 일을 할 수 있다. 구리선 내에 많은 수의 자유전자들이 존재하지만 일정한 흐름을 갖지 못하고 무작위로 움직이고 있으므로 전체적으로 움직임은 없다고 볼 수 있다. 전하의 움직임을 전류(current)라고 하며, 단위는 암페어(Ampere, A)를 사용한다. 1초에 단면을 통과하는 전하의 양이 1C일 때의 전류를 1A라고 한다. 전통적으로 전류는 양(+)에서 음(−)의 방향으로 흐른다고 생각하지만 실제로 움직이는 것은 전자이며 전자의 흐름은 전류의 흐름과는 반대 방향이라는 점에 유의해야 한다.

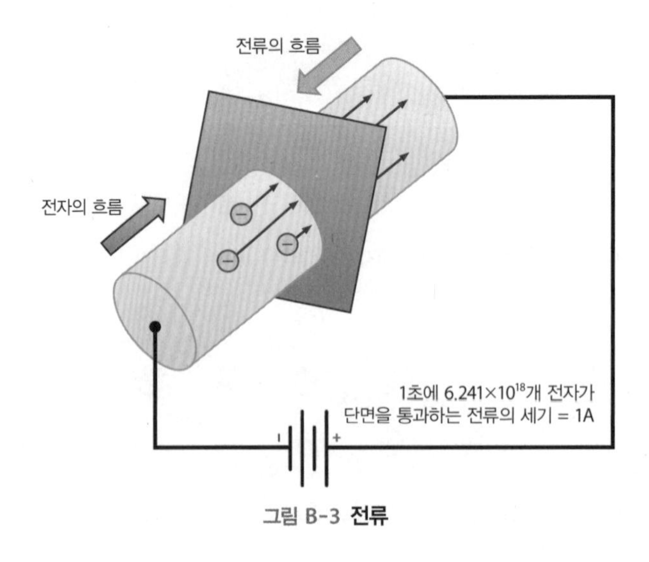

그림 B-3 **전류**

실제 전자가 하는 일의 양은 전류로만 결정되는 것은 아니지만, 전류가 크면 많은 일을 할 수 있는 것은 사실이다. 흔히 볼 수 있는 가전제품의 전류를 비교해 보는 것은 전류를 나타내는 단위를 이해하는 데 도움이 된다. 동일한 가전제품도 모델에 따라 다르기는 하지만, 선풍기 0.18A, 전자레인지 3.64A, 에어컨 5.45A 등의 전류를 필요로 한다. 많은 일을 하는 전자 제품은 많은 전류를 필요로 한다. 또한 암페어 단위는 아주 큰 단위이므로 많은 전류를 필요로 하는 가전제품은 취급에 각별한 주의가 필요하다. 선풍기에 감전되면 찌릿한 정도로 끝날 수도 있지만 전자레인지나 에어컨에 감전되면 큰 사고로 이어질 수 있다.

흔히 전류는 관을 흐르는 물에 비유한다. 전자는 한 방울의 물로 생각할 수 있다. 한 방울의 물로 할 수 있는 일은 그리 많지 않다. 지속적으로 많은 양의 물방울이 한 방향으로 움직여야만 물의 '흐름'이 만들어지는데, 물의 흐름은 물레방아를 돌릴 수 있다. 전류는 전하의 흐름을 나타내는 양이지만 흐를 수 있는 최대 양에 해당한다. 물의 흐름과 비유하자면 전류는 관의 직경이라고 할 수 있다. 관의 직경이 크면 흐르는 물의 양도 많아지지만 실제 많은 물을 흘리기 위해서는 큰 힘이 필요하다. 큰 힘을 얻기 위해서는 관의 한쪽 끝을 높이 들어 올리면 된다. 한쪽 끝을 더 높이 들어 올릴수록 물은 빨리 흐를 테고, 물레방아는 더 빠른 속도로 돌아갈 것이다. 전자공학에서 전류를 흐르게 하는 힘을 표시하기 위해 전압(Voltage, V)을 사용한다. 전압은 관 양쪽 끝의 높이 차이에 비유할 수 있다. 관의 한쪽 끝의 높이를 '전위(potential)'라고 하며, 양쪽 끝의 높이 차이, 즉 전위 차이가 전압에 해당한다.

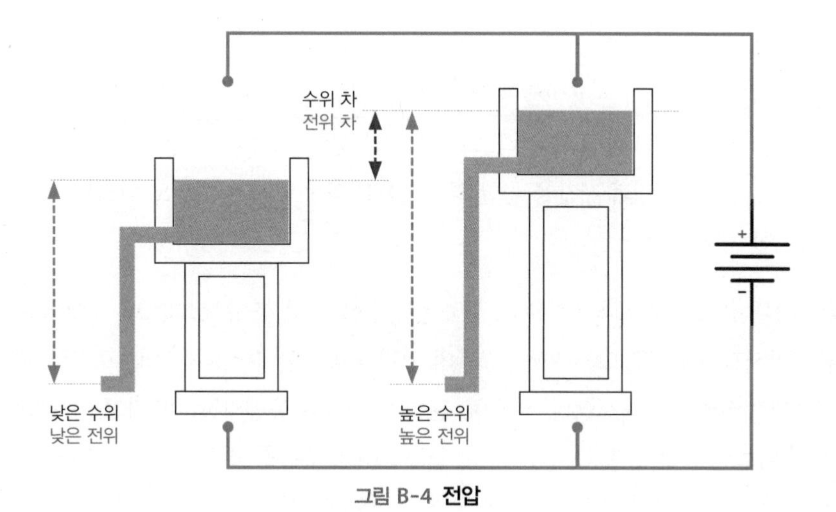

그림 B-4 **전압**

그림 B-4에서 동일한 크기의 관을 사용하더라도 물탱크의 높이에 따라 흘러나오는 물의 양은 달라진다. 즉, 할 수 있는 일의 양은 달라진다. 전하에 의해 할 수 있는 일의 양은 (관의 직경인) 전류(I)와 (물탱크의 높이인) 전압(V)에 비례하며, 전류와 전압의 곱을 전력(power)이라 한다.

$$P = V \times I$$

전력의 단위는 와트(W)를 사용하며, 1V의 전위 차이가 나는 두 지점 사이에서 1A의 전하가 움직이면서 하는 일의 양이 1W에 해당한다. 가전제품이 하는 일의 양을 나타내기 위해 흔히 '소비 전력'이라는 용어를 사용한다. 앞에서 전류의 양을 비교해 보았던 가전제품의 전력을 비교해 보면 선풍기는 40W, 전자레인지는 800W, 에어컨은 1,200W의 전력을 필요로 한다. 에어컨이 선풍기 30대의 전기를 소비한다는 이야기는 바로 소비 전력의 차이를 기준으로 한 것이다.

전구에 불을 켜는 회로를 생각해 보자. 전구와 배터리를 전선으로 연결하면 전구에 불이 들어온다. 전구에 불을 켤 때 고려해야 할 점 중 하나는 바로 배터리의 선택이다. 가정용 전구를 배터리로 켜는 일은 없겠지만, 마이크로컨트롤러의 경우 5V 이하의 배터리를 사용하는 경우를 흔히 볼 수 있으므로 마이크로컨트롤러를 동작시키기 위해 필요한 배터리의 선택과 사용 시간을 고려해 보아야 한다. 배터리는 전위 차이를 만들고 전자를 공급하여 전류 흐름을 만들어 주는 장치다. 배터리 선택에서 주의할 점은 에너지(energy)로 흔히 배터리의 용량이라고 이야기한다. 전력은 일의 양을 나타내기 위해 사용한다고 이야기하였다. 하지만 전력은 특정 시점에서 순간적으로 소비하는 에너지를 표시하는 것으로 전체적인 일의 양을 나타내기는 어렵다.

즉, 배터리로 할 수 있는 일의 총량을 알아내기는 어렵다. 따라서 일정 시간 동안 소비된 전력을 나타내기 위해 에너지라는 용어를 사용하며, 전력과 시간을 곱해서 사용한다. 에어컨의 소비 전력 역시 실제로는 '정격 소비 전력'으로 한 시간 동안 소비하는 전력을 나타낸다. 따라서 정확히 이야기하자면 전력과 시간을 곱한 와트시(Wh, 와트 × 시간) 단위로 나타내야 하지만 와트로만 표시한 경우도 많다.

배터리의 경우 용량을 와트나 전류로 표시하는 경우를 흔히 볼 수 있다. 5V, 30Wh로 표시된 배터리는 한 시간 동안 5V, 6A(= 30W ÷ 5V)의 전원을 공급할 수 있다는 의미로 전류로만 표시하는 경우에는 6Ah라고 표시할 수 있으며, 흔히 6,000mA 용량의 배터리라고 이야기한다. 이때 6A는 최대로 공급할 수 있는 전류의 양이므로 1A의 전류를 필요로 하는 장치를 연결한다면 여섯 시간 동안 사용할 수 있다. 물론 실제 계산이 이처럼 간단하지는 않지만 기본적으로 이 계산을 따른다.

배터리의 사용 시간에 영향을 미치는 요소 중 하나가 배터리의 종류다. 완구 등에 흔히 사용하는 알칼리 건전지의 경우 2,850mAh 용량을 가지고 있다. 하지만 알칼리 건전지의 경우 위에서 설명한 방법으로 사용 시간을 계산하기는 어렵다. 알칼리 건전지는 사용 시간이 증가할수록 전압은 감소한다. 최근 스마트폰 등에서는 리튬 이온이나 리튬 폴리머 배터리를 주로 사용한다. 리튬 배터리는 건전지와 달리 3.7V를 기본으로 하며, 더 이상 사용할 수 없을 정도로 방전될 때까지 거의 일정한 전압을 유지하는 특성이 있다. 또한 흔히 메모리 효과(memory effect)라 불리는, 충분히 방전되지 않은 상태에서 다시 충전하면 실제 용량이 줄어드는 현상을 찾아볼 수 없다. 표 B-1은 리튬 이온과 리튬 폴리머 배터리의 특성을 비교한 것이다.

표 B-1 리튬 이온과 리튬 폴리머 배터리 비교

특성	리튬 이온	리튬 폴리머
전압	3.7V	3.7V
전해질 형태	액체	고체(폴리머)
안전성	보통(폭발 위험)	높음
배터리 모양	제한적임(대부분 원형)	자유로움
저온 특성	좋음	보통
가격	낮음	높음
에너지 밀도	높음	낮음

전원을 나타내는 기호는 그림 B-5와 같으며 직류의 경우 긴 쪽이 양극(+), 짧은 쪽이 음극(−)을 나타낸다. 마이크로컨트롤러에서는 직류(Direct Current, DC)를 사용한다. 가정에서 사용하는 교류(Alternating Current, AC)는 극성이 없으므로 연결하는 방향과는 무관하다.

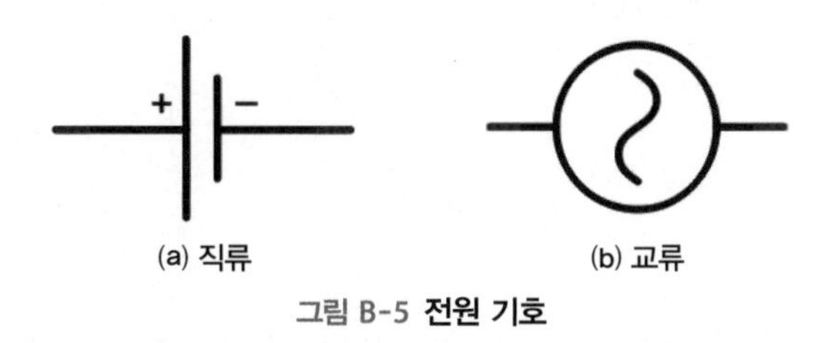

그림 B-5 **전원 기호**

B.2 저항

저항(resistor)은 저항 성질을 띠는 전자 부품으로 저항 성질이란 전류의 흐름을 방해하는 성질을 말한다. 전류를 관에 흐르는 물로 생각하는 경우 저항은 관을 좁히는 역할을 하는 것으로 볼 수 있다. 전류의 흐름을 방해하는 것은 그다지 좋아 보이지는 않지만 여러 가지 면에서 유용하게 사용할 수 있다. 대표적으로 저항은 특정 기기에 공급되는 전류를 제한하는 용도로 사용한다. 주변에서 흔히 볼 수 있는 LED는 과도한 전류가 흐를 경우 쉽게 파손된다. 따라서 LED에 흐르는 전류를 제한하기 위해 저항을 사용한다.

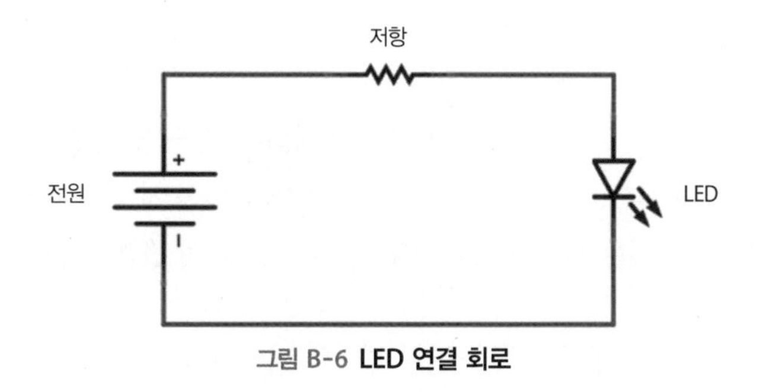

그림 B-6 **LED 연결 회로**

그림 B-6의 회로에서 저항은 전류를 제한하는 역할을 한다. 이때 저항에 의해 줄어든 전류는 열에너지 형태로 바뀌게 된다. 도체의 경우에도 저항이 없지는 않다. 따라서 전자 제품을 오랜 시간 사용하면 전자 제품에서 열이 발생한다. 물론 전열기처럼 열을 내는 것을 목적으로 하지 않는다면 열이 적게 날수록 바람직하다.

저항의 크기를 나타내기 위해 사용하는 단위는 옴(ohm)으로 그리스어의 오메가(Ω)로 표시한다. 전류와 전압, 그리고 저항의 관계는 옴의 법칙으로 설명할 수 있으며, 전압은 전류와 저항의 크기를 곱한 값으로 나타낸다. 따라서 전류는 전압에 비례하고 저항에 반비례하므로 저항이 클수록 전류는 더 많이 제한된다.

$$V = I \times R$$

$$I = \frac{V}{R}$$

저항의 또 다른 사용 용도는 전압을 제한하는 것이다. 9V의 전원을 사용한다고 가정해 보자. ATmega128은 5V 전압을 사용하므로 9V 전압에서 5V 전압을 얻기 위해서는 그림 B-7과 같이 전압 분배기(voltage divider)를 사용하면 된다.

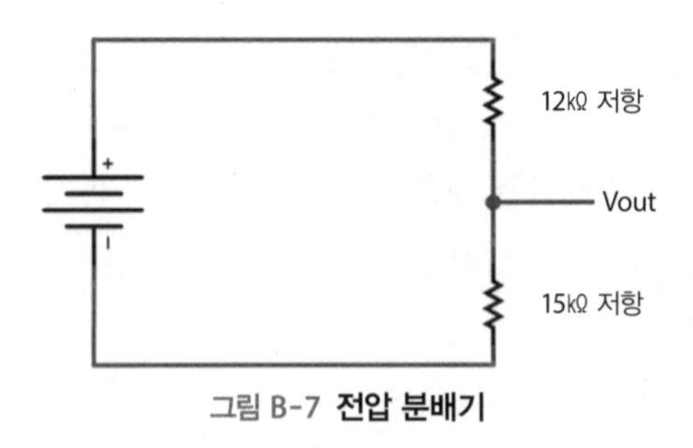

그림 B-7 **전압 분배기**

전류는 '흐름'을 나타내는 것이다. 그림 B-7에서는 전원의 양극에서 음극까지 흐를 수 있는 길이 하나만 존재하므로 회로에 흐르는 전류의 양은 모든 지점에서 동일하다. 하지만 전압은 높이 '차이'를 나타내므로 회로에서의 위치에 따라 달라진다. 옴의 법칙에서 전류가 일정한 경우 전압은 저항에 비례한다. 즉, 그림 B-7에서 12kΩ 저항과 15kΩ 저항 사이에 인가되는 전압은 12:15 = 4:5로 12kΩ 저항에는 4V의 전압이, 15kΩ 저항에는 5V의 전압이 주어진다.

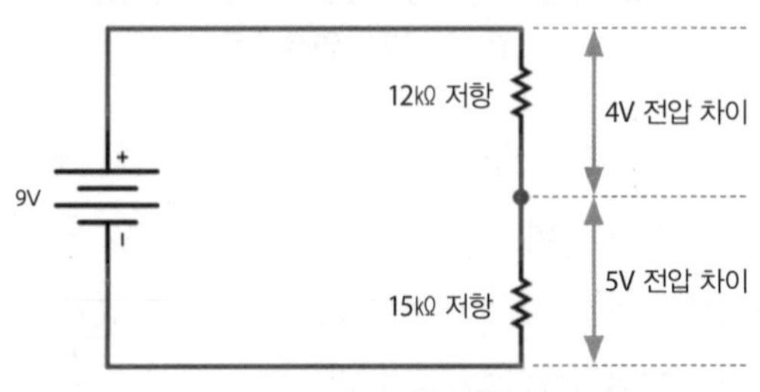

그림 B-8 **전압 분배기를 통한 전압 분배**

전압 분배기 설명에서 전류와 전압의 차이점 한 가지를 발견할 수 있다. 전류는 '흐름'을 나타내므로 특정 지점에서 측정할 수 있다. 즉, 하나의 지점만을 선택하면 된다. 반면 전압은 높이 '차이'를 나타낸다. 차이란 상대적인 값이므로 전압을 측정하기 위해서는 두 지점을 선택해야 한다. 그림 B-8에서도 저항의 양 끝점에서의 전압을 측정하고 있다. 전선의 경우 저항이 거의 없는 것으로 가정하므로 전선의 두 지점 사이 전압은 동일한 것으로 간주한다.

대부분의 저항은 2개의 다리(lead)가 있는 원통형이며, 크기가 작아 용량을 표시하기에 적합하지 않다. 따라서 저항의 크기를 표시하기 위해서 색깔로 용량을 표시하는 방법을 사용한다. 일반적으로 용량을 표시하기 위해 4개의 색띠를 사용하는데, 첫 번째와 두 번째는 저항값을, 세 번째 띠는 승수를, 네 번째 띠는 오차 범위를 나타낸다. 표 B-2는 각 색상에 따라 저항값을 읽는 방법을 나타낸 것이다.

표 B-2 4색띠 저항 표준

색	첫 번째 띠	두 번째 띠	세 번째 띠 (단위)	네 번째 띠 (오차)
검은색	0	0	$\times 10^0$	
갈색	1	1	$\times 10^1$	±1%(F)
빨간색	2	2	$\times 10^2$	±2%(G)
주황색	3	3	$\times 10^3$	
노란색	4	4	$\times 10^4$	
초록색	5	5	$\times 10^5$	±0.5%(D)
파란색	6	6	$\times 10^6$	±0.25%(C)
보라색	7	7	$\times 10^7$	±0.1%(B)
회색	8	8	$\times 10^8$	±0.05%(A)
흰색	9	9	$\times 10^9$	
금색			$\times$ 0.1	±5%(J)
은색			$\times$ 0.01	±10%(K)
없음				±20%(M)

그림 B-9와 같은 4색띠(노란색, 보라색, 빨간색, 금색) 저항이 주어졌다고 가정해 보자. 표 B-2를 통해 그림 B-9의 저항은 5%의 오차를 가지는 $47 \times 10^2 = 4{,}700\Omega$이라는 것을 알 수 있다.

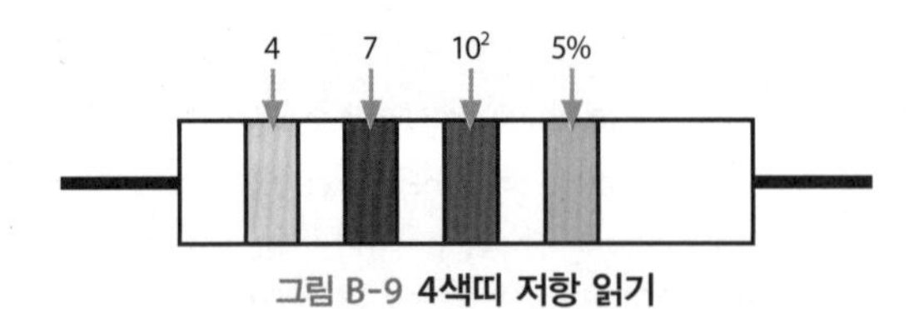

그림 B-9 **4색띠 저항 읽기**

정밀 저항의 경우 색띠를 하나 더 추가하여 5색띠로 나타낸다. 5색띠 저항의 경우 읽는 방법은 4색띠 저항과 유사하다. 첫 번째, 두 번째 및 세 번째 띠는 저항값을, 네 번째는 승수를, 다섯 번째 띠는 오차 범위를 나타낸다.

이외에도 흔히 사용하는 저항에는 가변저항(variable resistor)이 있다. 가변저항은 저항값을 변경할 수 있는 저항으로, 원통형 손잡이를 돌려서 저항을 조절하는 큰 형태의 가변저항, 드라이버 등으로 조절하는 작은 형태의 가변저항 등 여러 종류가 있다.

그림 B-10 **가변저항**

가변저항은 3개의 연결선을 가지고 있다. 양쪽 끝 두 선이 최대 저항에 해당하며, 가운데 선은 노브(knob)의 위치에 따른 현재 저항값에 해당한다. 저항은 극성이 없으므로 연결 방향과 무관하지만, 연결 방향에 따라 저항값이 작아지도록 노브를 돌리는 방향이 바뀐다는 점은 유의해야 한다.

그림 B-11 **저항 기호**

저항을 사용할 때 고려해야 할 점 중 한 가지는 우리가 필요로 하는 크기의 저항을 모두 판매하지는 않으며, 설사 판매한다고 해도 모든 크기의 저항을 준비하기는 어렵다는 점이다. 350Ω 저항이 필요하지만 찾을 수 없다면 기존 저항들을 사용하여 350Ω 저항을 만들어 사용하면 된다. 물론 표 B-2에서도 볼 수 있듯이 저항은 오차범위가 있어 정확하게 350Ω을 만들어 내기는 어렵다.

저항을 연결하는 방법은 직렬연결과 병렬연결의 두 가지가 있다. 2개 이상의 저항을 직렬로 연결하는 경우 저항은 각각의 저항값을 합한 값과 같다. 1kΩ 저항 2개를 직렬로 연결하였다면 2kΩ 저항을 하나 연결한 것과 동일하다. 이는 그림 B-8의 전압 분배기에서도 동일하게 적용된다. 그림 B-12에서 9V의 전원이 연결되었다면 각각의 1kΩ 저항에는 4.5V가 가해진다. 하지만 각 저항에 흐르는 전류는 4.5mA(= 9V ÷ 2kΩ)로 동일하다.

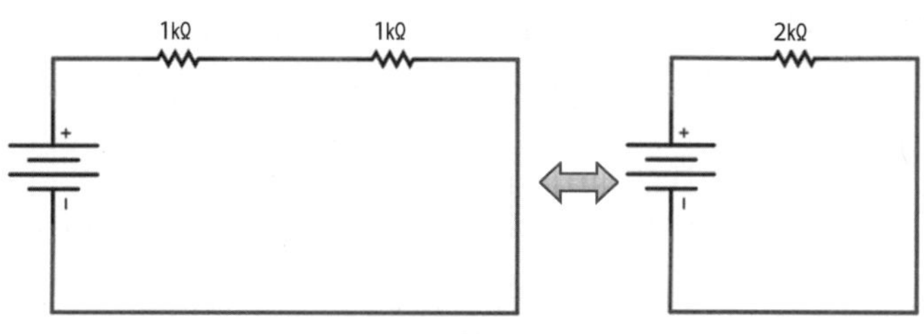

그림 B-12 **저항의 직렬연결**

직렬로 연결한 저항의 저항값은 개별 저항의 값보다 큰 값을 가지는 반면 병렬로 연결한 저항의 저항값은 개별 저항의 값보다 작아진다. 2개의 저항 R_1과 R_2를 병렬로 연결한 경우 저항값은 다음과 같이 계산할 수 있다.

$$\frac{1}{R} = \frac{1}{R_1} + \frac{1}{R_2}$$

만약 2kΩ 저항 2개를 병렬로 연결하였다면 저항값은 1kΩ이 된다($\frac{1}{R} = \frac{1}{R_1} + \frac{1}{R_2} = 1$).

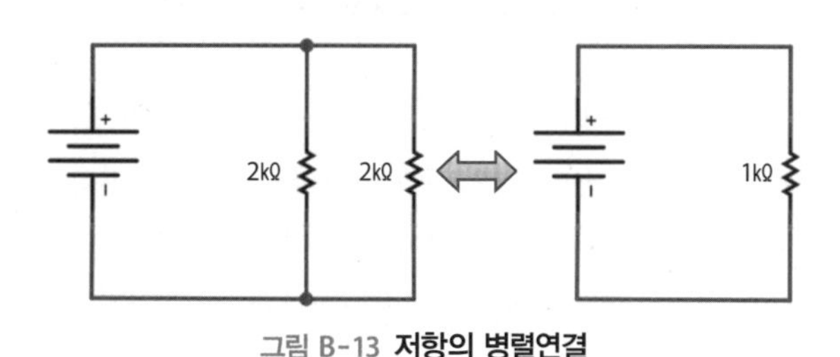

그림 B-13 **저항의 병렬연결**

저항을 병렬로 연결하는 경우 주의할 점은 전류의 흐름이 나뉜다는 점이다. 저항을 직렬로 연결한 경우 회로에 흐르는 전류의 양은 모두 동일하다. 하지만 그림 B-13과 같이 동일한 크기의 저항을 병렬로 연결한 경우 저항에 흐르는 전류는 회로의 다른 부분에 흐르는 전류의 절반이 된다. 9V의 전원이 연결되었다고 가정하면 회로에 흐르는 전류는 9mA(= 9V ÷ 1kΩ)가 되며, 각각의 저항에 흐르는 전류는 그 절반인 4.5mA가 된다. 반면 두 저항에 인가되는 전압은 9V로 동일하다.

B.3 콘덴서

저항은 흔히 볼 수 있는 전자 부품 중 하나지만 콘덴서(condenser) 역시 그에 못지않게 많이 사용한다. 콘덴서는 일시적으로 전기에너지를 저장하는 장치로 커패시터 또는 축전지라고도 불린다. 콘덴서에 저장할 수 있는 전기의 양을 나타내는 단위로는 패럿(F)을 사용하며, 1F은 1V 전압이 인가될 때 최대 1C의 전하를 저장할 수 있는 용량을 나타낸다. 하지만 패럿은 아주 큰 단위이므로 일반적으로 접하는 콘덴서는 마이크로패럿(μF = 10^{-6}F) 또는 나노패럿(nF = 10^{-9}F) 단위를 사용한다. 콘덴서는 2개의 금속판 사이에 유전체(dielectric)를 삽입한 형태로 만들어진다. 유전체란 부도체의 일종이지만 전압을 인가하면 분극(polarization) 현상이 발생하여 전자가 한쪽으로 치우쳐 유전체의 양쪽이 (+)와 (−) 극성을 띠게 되고 유전체 내부에 전기장이 형성된다.

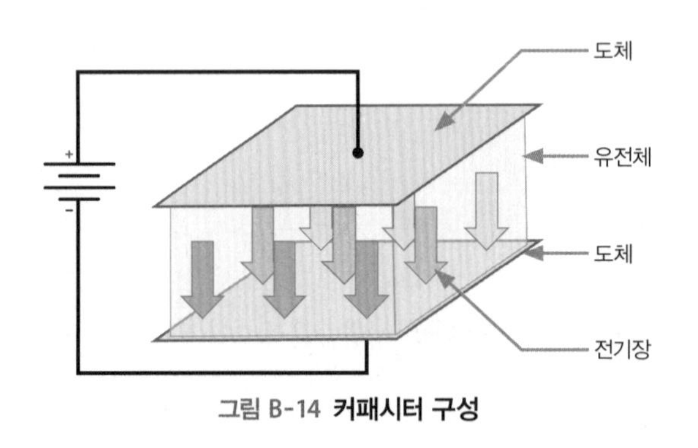

그림 B-14 커패시터 구성

콘덴서에 전원을 가하면 콘덴서 내부에 전기장이 형성되고, 시간이 지나면서 전기장이 점점 강해지다가 콘덴서 양단 전압과 전원 전압이 같아지면 전기장은 더 이상 강해지지 않는다. 즉, 콘덴서 충전이 완료된다. 이처럼 콘덴서는 전원이 가해지면 전하를 저장하는 것이 아니라 전기장의 세기가 강해지지만 전기장은 전하에 의해 형성되므로 흔히 전하를 저장하는 장치로 간주한다. 충전된 콘덴서 양단에 저항을 연결하면 배터리와 유사하게 콘덴서에 형성된 전기장에 의해 전하의 흐름이 발생하고 콘덴서는 서서히 방전된다.

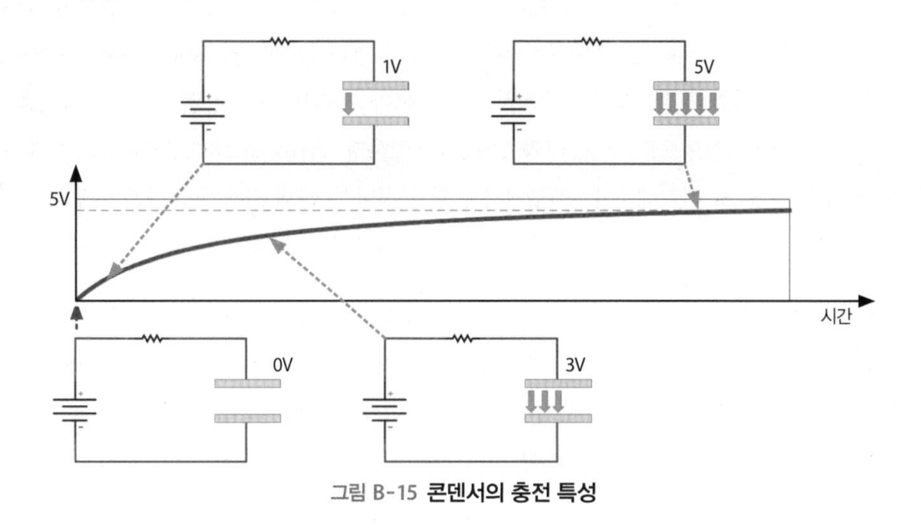

그림 B-15 **콘덴서의 충전 특성**

콘덴서는 '서서히' 충전과 방전을 되풀이하기 때문에 콘덴서에 가해지는 전압이 변하더라도 콘덴서의 전압이 즉시 변하지는 않는다. 이처럼 콘덴서에 충전된 전압이 서서히 변화하는 특성을 활용하여 전원 전압의 변동이 큰 경우 전원 전압의 변동 폭을 줄이기 위해 콘덴서를 흔히 사용한다. 이외에도 신호에 잡음이 많이 포함되어 신호가 급격히 변하는 경우 콘덴서를 사용하면 잡음을 제거하는 효과를 얻을 수 있다.

마이크로컨트롤러에서는 전해 콘덴서와 세라믹 콘덴서를 주로 사용한다. 전해 콘덴서는 일반적으로 극성이 있는 원통형 모양인 반면, 세라믹 콘덴서는 극성이 없는 원반형 모양이므로 쉽게 구별할 수 있다.

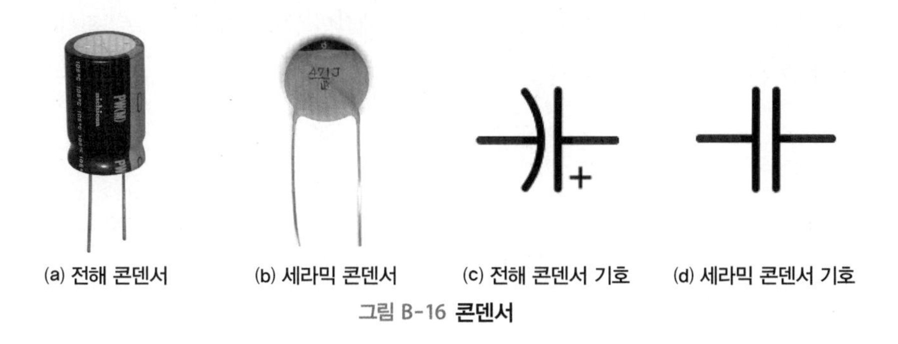

(a) 전해 콘덴서 (b) 세라믹 콘덴서 (c) 전해 콘덴서 기호 (d) 세라믹 콘덴서 기호

그림 B-16 **콘덴서**

전해 콘덴서는 저렴한 가격에 큰 용량을 제공하여 전원 공급 장치에서 전원 안정화를 위해 많이 사용한다. 전해 콘덴서는 (−)쪽 다리를 표시하는 마크가 표시되어 있지만 일반적으로 회로에서는 (+)쪽을 표시하므로 주의해야 한다. 전해 콘덴서는 2개의 다리를 가지고 있으며, 긴 다리가 양극에 해당한다. 세라믹 콘덴서는 전해 콘덴서와 달리 극성이 없으며, 고주파 특성이 좋아 고주파 잡음 제거를 위한 필터 회로에 많이 사용한다. 세라믹 콘덴서 역시 2개의 다리를 가지고 있지만 극성이 없으므로 두 다리의 길이는 동일하다. ATmega128 보드에서도 어댑터로 공급되는 전압을 5V로 변환해 주는 회로에서 전원 안정화를 위해 전해 콘덴서를 사용하고, 안정적인 16MHz의 클록을 얻기 위해 세라믹 콘덴서를 사용한다.

콘덴서의 용량은 용량을 그대로 표시하거나 세 자리의 숫자로 나타낸다. 상대적으로 크기가 큰 전해 콘덴서의 경우에는 용량을 그대로 표시하지만, 크기가 작은 세라믹 콘덴서의 경우에는 용량을 기록하기가 곤란하므로 세 자리 숫자로 나타낸다. 세 자리 숫자로 나타내는 경우 처음 두 자리는 값을, 마지막 자리는 승수를 나타내며, 단위는 피코패럿(pF = 10^{-12}F)이다.

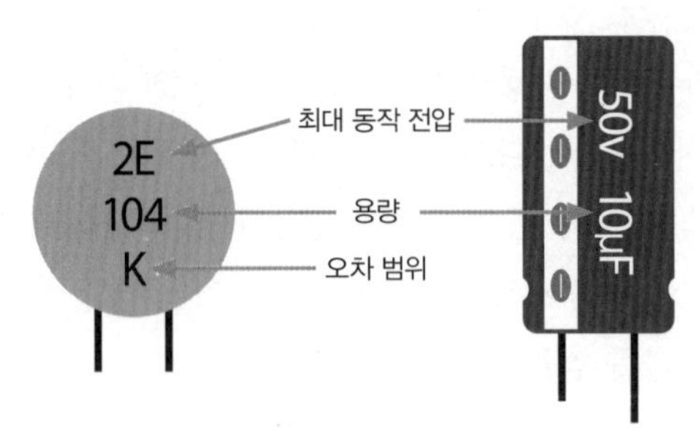

그림 B-17 **세라믹 콘덴서와 전해 콘덴서**

그림 B-17은 세라믹 콘덴서와 전해 콘덴서의 예를 보여 주는 것으로 세라믹 콘덴서의 용량은 104 ➡ 10×10^4 pF = 10^5pF = 0.1μF이 된다. 세라믹 콘덴서에는 용량 이외에도 여러 가지 정보들을 표시하고 있는데, 이들 역시 코드로 표시한다. 세라믹 콘덴서에서 코드로 표시하는 최대 동작 전압 중 흔히 볼 수 있는 코드는 표 B-3과 같다.

표 B-3 콘덴서의 최대 동작 전압 코드

코드	전압(V)	코드	전압(V)
0J	6.3	2D	200
1A	10	2P	220
1C	16	2E	250
1E	25	2V	350
1H	50	2G	400
2A	100	2W	450

세라믹 콘덴서에서 오차 범위를 나타내는 코드 중 흔히 볼 수 있는 코드는 표 B-4와 같다.

표 B-4 콘덴서의 오차 범위 코드

코드	오차 범위	코드	오차 범위
B	±0.1pF	J	±5%
C	±0.25pF	K	±10%
D	±0.5pF	L	±15%
F	±1%	M	±20%
G	±2%	Z	−20%, +80%

전원 안정화와 필터 외에도 콘덴서는 전기에너지를 일시적으로 저장했다가 필요할 때 공급하는 용도로도 사용한다. 마이크로컨트롤러의 경우 모터 구동을 위해 사용하는 콘덴서가 그 예에 해당한다. 모터를 구동시키는 경우 모터가 움직이기 시작할 때 많은 전기에너지가 필요하므로 콘덴서를 사용하면 저장된 전하를 사용하여 시작 시점에서의 에너지 부족을 일부 해결할 수 있다. 하지만 콘덴서를 사용하는 것만으로 많은 전력을 필요로 하는 모터를 구동할 수는 없으며, 모터의 경우 구동을 위한 전용 전원을 사용한다. 또한 모터의 경우 전기 잡음을 유발하므로 잡음 감소를 위해 세라믹 콘덴서를 사용하기도 한다.

B.4 반도체

저항과 콘덴서가 기본적인 전자 부품이기는 하지만 최근 전자 제품의 핵심은 반도체(semiconductor)라 할 수 있다. 반도체는 전자 제품의 소형화는 물론 신뢰성 향상에도 지대한 공헌을 하여 가전제품에서부터 인공위성에 이르기까지 반도체가 쓰이지 않은 곳은 없다. 전자의 흐름을 이야기하면서 물질을 도체와 부도체의 두 가지로 나누었다. 반도체란 도체와 부도체의 가운데 위치하는 물질로 게르마늄(Ge)과 실리콘(Si, 규소)이 대표적인 예다. 실리콘의 예를 들어 보자. 실리콘은 원자 번호가 14번이다. 즉, 실리콘 원자에는 14개의 양성자와 14개의 전자가 존재한다. 14개의 전자는 3개의 층을 이루며, 각 층에 2개, 8개, 4개의 전자가 존재한다.

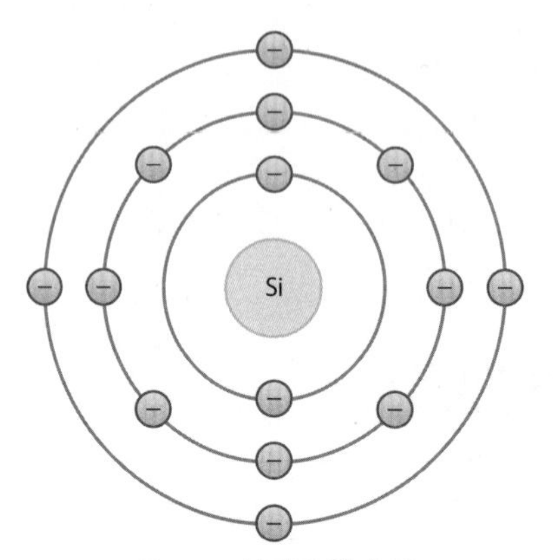

그림 B-18 **실리콘 원자 구조**

실리콘 원자들은 공유 결합(covalent)을 형성하고 있다. 공유 결합이란 실리콘 원자의 가장 바깥층에 있는 4개의 전자를 다른 실리콘 원자들과 공유함으로써 하나의 전자가 2개의 원자핵에 속하는 것처럼 보이는 형태를 말한다.

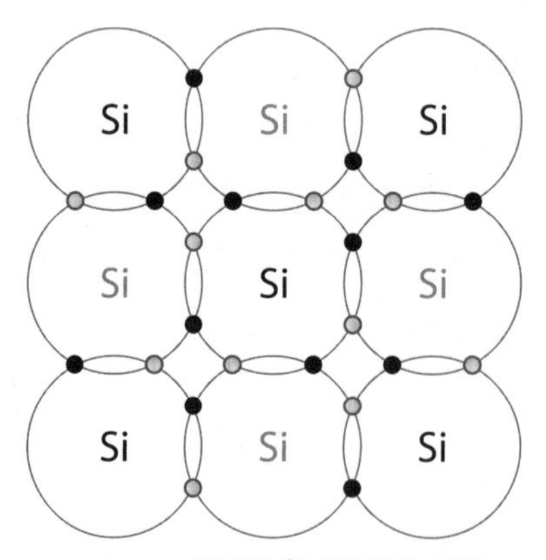

그림 B-19 **실리콘 원자의 공유 결합**

공유 결합이 이루어지면 실리콘 원자의 세 번째 층에는 8개의 전자가 있는 것처럼 보이게 되며, 세 번째 층에 8개의 전자가 존재하는 경우 실리콘 원자는 안정된 상태에 있게 된다. 공유된 전자들은 자유전자처럼 자유롭게 움직일 수 없으므로 실리콘은 자유전자가 거의 존재하지 않는 부도체의 성질을 가진다.

이처럼 순수한 반도체는 부도체에 속한다. 하지만 여기에 약간의 불순물을 첨가하면 이야기가 달라진다. 반도체에 불순물을 섞는 것을 도핑(doping)이라고 하며, 도핑을 위해 사용하는 불순물을 도펀트(dopant)라고 한다. 실리콘의 경우 도펀트로 비소(As)나 붕소(B)를 흔히 사용한다. 비소는 가장 바깥층에 5개의 전자를 가지고 있으며, 붕소는 3개의 전자를 가지고 있다. 실리콘은 바깥층에 8개의 전자를 가지면 안정된 상태가 되지만, 비소나 붕소를 첨가하면 일부 실리콘 원자는 (붕소를 첨가한 경우) 7개 또는 (비소를 첨가한 경우) 9개의 전자를 가지게 된다. 불순물을 첨가하여 만든 반도체를 '불순물 반도체'라고 하며, 불순물을 첨가하지 않은 '진성 반도체'와 구별한다. 특히 비소를 첨가하여 여분의 전자가 생기도록 만든 반도체를 N형 반도체라 하며, 'N'은 여분의 전자가 가지는 음(Negative)의 전하에서 유래하였다. 반면 붕소를 첨가하여 전자가 모자라도록 만든 반도체를 P형 반도체라고 한다. P형 반도체에서 전자가 모자라 생긴 공간을 정공(hole)이라고 하며, 'P'는 정공이 가지는 양(Positive)의 전하를 가리킨다.

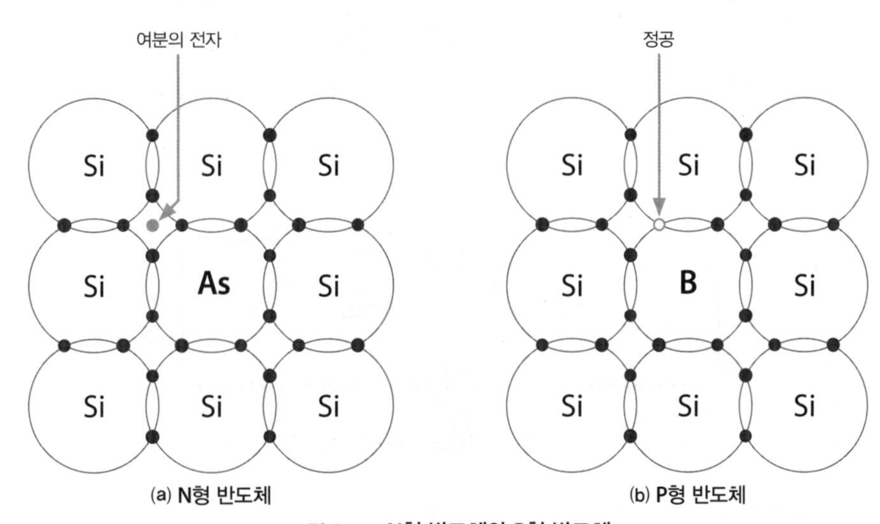

그림 B-20 N형 반도체와 P형 반도체

N형 반도체에서 여분의 전자는 어느 원자에도 소속되지 않고 자유전자처럼 자유롭게 움직일 수 있다. 반면 P형 반도체에서 정공은 다른 전자를 끌어들여 정공이 움직이는 것처럼 보인다. 물론 P형 반도체에서도 실제 움직이는 것은 전자지만 자유전자와는 달리 원자에 구속된 상태이므로 일반적으로 정공이 움직인다고 이야기한다. 한 가지 유의할 점은 N형 반도체에서 전자가 움직이는 방향은 전류와 반대 방향이지만, P형 반도체에서 정공이 움직이는 방향은 전자가 움직이는 방향과는 반대이며, 전류가 흐르는 방향과 동일하다는 점이다. 진성 반도체가 부도체에 가깝다면 불순물 반도체는 도체에 가깝다. 하지만 N형 또는 P형 반도체만으로는 그다지 신기하지 않다. 반도체의 놀랍고 신기한 점은 N형 반도체와 P형 빈도체를 함께 사용해야 비로소 나타난다.

B.5 다이오드

P형 반도체와 N형 반도체 2개를 연결시켜 만든 대표적인 부품 중 하나가 'PN 접합 다이오드'로, 다이오드 중 가장 기본이 되는 다이오드다. PN 접합 다이오드의 P형 반도체에 (+) 전원을, N형 반도체에 (–) 전원을 연결하면 어떤 일이 일어날까? P형 반도체의 정공은 (–) 방향으로 움직이고, N형 반도체의 여분의 전자는 (+) 방향으로 움직여 접합면에서 전자와 정공이 서로 결합한다. 즉, 전류가 흐르게 된다. 그림 B-21과 같이 전류가 흐르도록 연결된 상태를 순방향 연결이라고 한다.

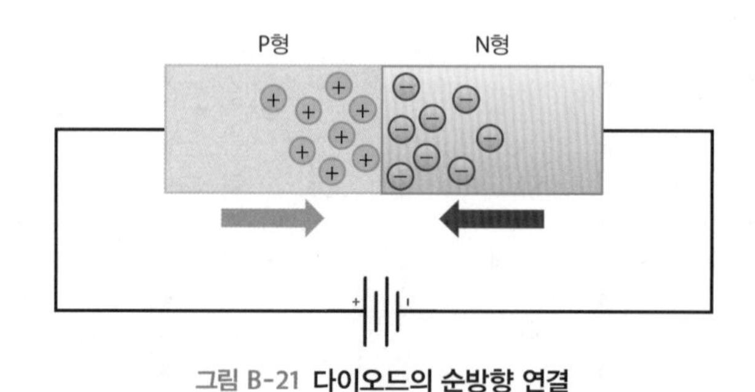

그림 B-21 **다이오드의 순방향 연결**

전원을 반대로 연결해 보자. 전자와 정공은 반대 방향으로 움직이고 접합면에서 전자와 정공은 결합하지 못한다. 즉, 전류가 흐르지 않는다. 그림 B-22와 같이 전류가 흐르지 않도록 연결된 상태를 역방향 연결이라고 한다.

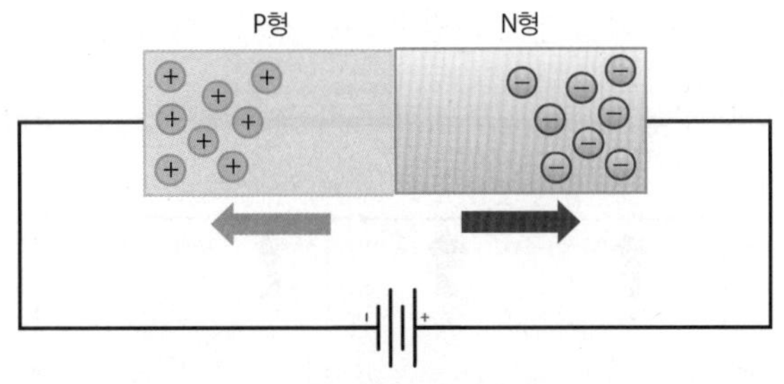

그림 B-22 **다이오드의 역방향 연결**

이처럼 다이오드의 기본 동작은 한 방향으로만 전류가 흐르도록 하는 데 있으며, (+)에서 (−)로만 전류가 흐르는 특성을 이용한 다이오드를 정류 다이오드(rectifier diode)라고 한다. 일반적으로 다이오드는 PN 접합으로 만들어지는 정류 다이오드를 가리킨다. 다이오드는 그림 B-23과 같이 표시하며, 삼각형은 전류가 흐르는 방향을 나타낸다. 실제 다이오드에서는 음극(−) 쪽에 띠를 표시하여 구별하고 있다.

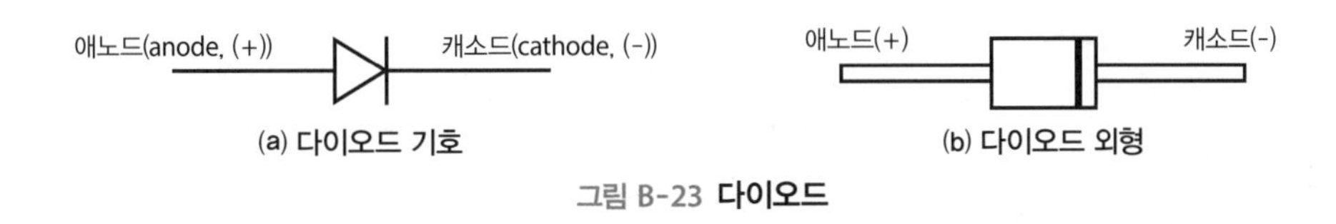

(a) **다이오드 기호** (b) **다이오드 외형**

그림 B-23 **다이오드**

다이오드를 순방향으로 연결하면 전류가 흐른다. 하지만 다이오드는 반도체를 사용하여 만든 것으로 도체와는 차이가 있다. 차이점 중 한 가지는 전류가 흐르도록 하는 최소한의 전압이 존재한다는 점으로 이를 문턱 전압(threshold voltage)이라고 한다. 문턱 전압은 전자와 정공이 접합면을 넘어 서로 결합하도록 해 주는 최소의 전압으로 볼 수 있다. 실리콘으로 만들어진 다이오드의 경우 문턱 전압은 0.7V 정도로 0.7V 이상의 순방향 전압이 가해져야만 전류가 흐른다. 0.7V 이하에서는 전기가 통하지 않으며, 다이오드를 순방향으로 연결하여 전류가 흐르는 경우에도 0.7V 전압이 다이오드에 인가되어 다이오드에서 0.7V의 전압 강하가 일어난다.

전류가 한 방향으로만 흐르게 하는 다이오드의 기본 동작은 교류 전원을 직류 전원으로 변환하거나, 역방향의 전류로부터 회로를 보호하는 목적으로 많이 사용한다. 특히 교류 전원을 직류 전원으로 변환하는 장치를 정류기라고 한다. 다이오드는 교류 중 (+) 부분 절반만을 통과시키는 역할을 하며, 여기에 서서히 출력이 변화하는 콘덴서를 연결하면 간단하게 정류회로를 구성할 수 있다. 그림 B-24는 간단한 정류회로와 그 출력을 나타낸 것이다. 물론 실제 사용하는 정류회로는 그림 B-24보다 복잡하며, 그림 B-24는 정류회로의 동작을 보여 주기 위해 간단히 구성한 회로에 해당한다.

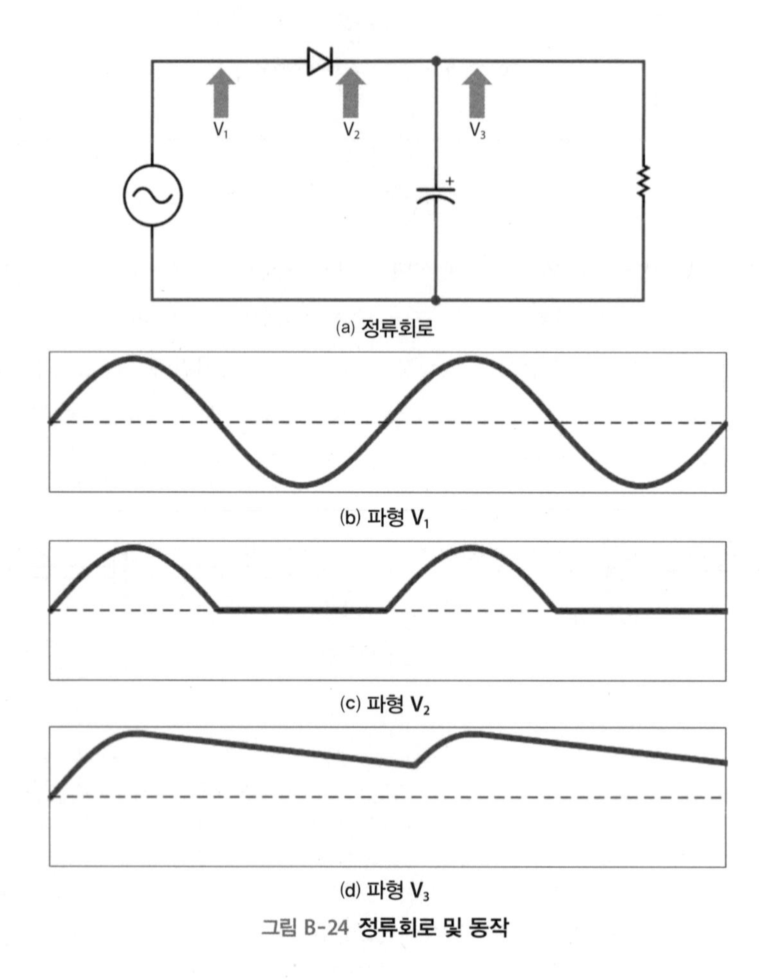

(a) 정류회로

(b) 파형 V_1

(c) 파형 V_2

(d) 파형 V_3

그림 B-24 **정류회로 및 동작**

정류작용 외에도 마이크로컨트롤러에서 흔히 사용하는 다이오드에는 발광 다이오드(Light Emitting Diode, LED)가 있다. LED는 전원을 순방향으로 연결했을 때 빛을 발산하는 다이오드로 표시장치에서 많이 사용한다. LED의 동작 원리 역시 다이오드와 동일하다. LED에 순방향 전압을 인가하면 전자와 정공이 접합면에서 결합하고, 이때 결합 에너지를 빛으로 방출한다.

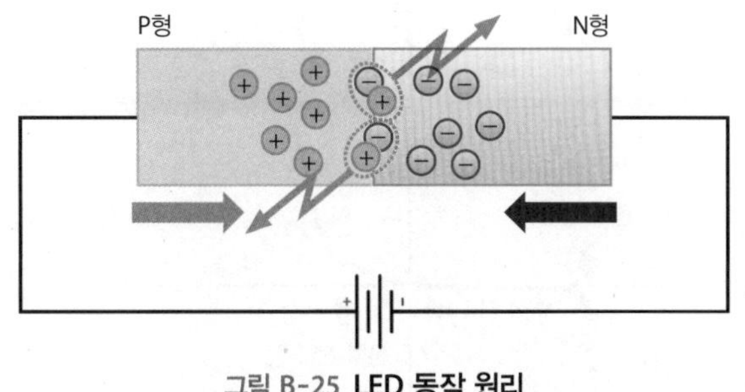

그림 B-25 LED 동작 원리

일반적인 전등의 경우 전기에너지를 열에너지로 변환하고, 다시 열에너지를 빛으로 변환하는 단계를 거치는 데 비해, LED는 전기에너지를 직접 빛으로 변환하기 때문에 변환 효율이 높고 열 발생이 적으며 수명이 길어 조명 기기로 각광을 받고 있다. LED는 첨가된 화학물질에 따라 다양한 색의 빛을 내는데, 적색과 녹색 LED를 많이 사용한다. 이외에도 리모컨에서 사용하는 적외선 LED, 살균 및 소독용의 자외선 LED 등도 흔히 볼 수 있다. LED는 2개의 다리를 가지고 있으며, 긴 다리가 양극에 해당한다.

(a) 다이오드 기호 (b) 다이오드 외형

그림 B-26 발광 다이오드(LED)

다이오드에 역방향의 전원을 가하면 전류가 흐르지 않지만 일정 수준 이상의 전압을 가하면 다이오드는 전류가 흐르는 항복(breakdown) 상태가 되고, 이 상태에서는 일정한 전압이 유지되는 특성을 가진다.

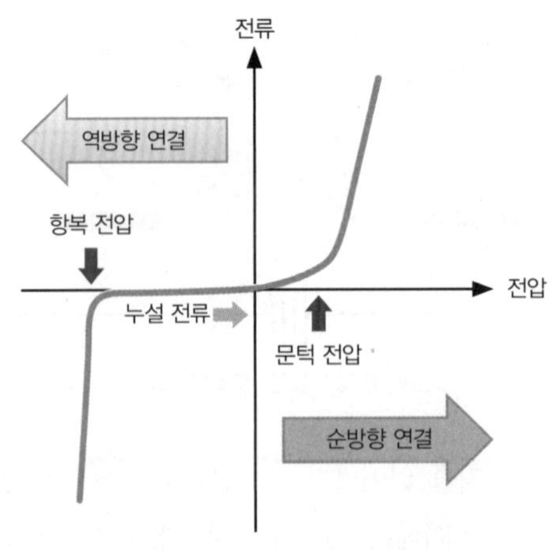

그림 B-27 **다이오드의 전압 특성**

일반적으로 항복 전압은 수백 볼트로 아주 높다. 역방향으로 전압이 인가된 경우에도 누설 전류가 흐르지만 그 양이 아주 적어 역방향으로는 전류가 흐르지 않는 것으로 생각할 수 있다. 항복 현상을 의도적으로 이용하여 회로에 일정한 전압을 공급하기 위해 사용하는 다이오드가 제너(zener) 다이오드로, 정전압 다이오드라고도 불린다. 정류 다이오드의 경우 반대 방향으로 전류가 흐르는 경우 기기가 파손될 수 있으므로 항복 전압이 높다. 하지만 제너 다이오드는 항복 현상이 쉽게 일어날 수 있도록 불순물을 많이 첨가하여 의도적으로 항복 전압을 낮춘다. 제너 다이오드는 항복 현상을 일으키는 항복 전압이 중요한 역할을 하므로 데이터시트를 참고하여 필요한 전압에 맞는 제너 다이오드를 선택해야 한다.

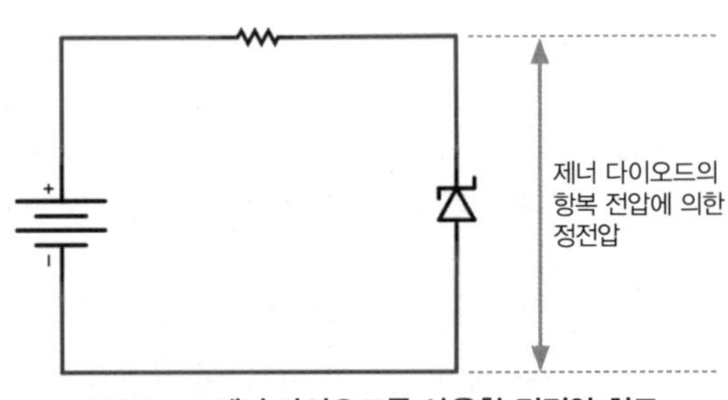

그림 B-28 **제너 다이오드를 사용한 정전압 회로**

제너 다이오드는 항복 현상을 이용하므로 일반적인 다이오드와는 반대 방향으로 연결해야 한다는 점에 유의한다. 제너 다이오드의 외형은 정류 다이오드와 거의 동일하지만 기호는 약간의 차이가 있다.

그림 B-29 **제너 다이오드**

3.3V를 사용하는 마이크로컨트롤러를 USB로 연결하는 경우 USB의 5V를 3.3V로 변환하기 위해 제너 다이오드를 사용하는 예를 흔히 볼 수 있다.

B.6 트랜지스터

다이오드가 P형 반도체와 N형 반도체 2개를 접합시켜 만드는 반면 트랜지스터는 P형 반도체와 N형 반도체 3개를 접합시켜 만든다. 트랜지스터는 아날로그 회로에서 작은 신호를 큰 신호로 만드는 증폭 기능과 디지털 회로에서 0과 1을 전환하는 스위칭 기능이 대표적이다. 1948년 발명된 트랜지스터는 이전에 사용하던 진공관에 비해 낮은 소비 전력과 높은 신뢰성을 바탕으로 전자 기기의 소형화와 경량화를 실현함으로써 전자 혁명을 이끈 주역으로 떠올랐다. 최근 전자 기기들은 대부분 집적회로(Integrated Circuit, IC)를 장착하고 있지만, 뉴스에서도 흔히 접할 수 있는 것처럼 IC는 수많은 트랜지스터를 집적시켜 하나의 칩으로 구현한 것으로 트랜지스터는 전자 기기의 핵심이라 할 수 있다. 수많은 종류의 트랜지스터 가운데 쌍극 접합 트랜지스터(Bipolar Junction Transistor, BJT)와 전계 효과 트랜지스터(Field Effect Transistor, FET)를 많이 사용한다. 이 중 BJT는 가장 먼저 탄생한 트랜지스터로 부록 B에서는 BJT를 통해 트랜지스터의 원리를 설명한다. FET의 경우 BJT와 동작 원리는 차이가 있지만 동작 방식은 기본적으로 동일하다.

트랜지스터는 N형 반도체와 P형 반도체의 접합 순서에 따라 NPN형과 PNP형으로 나뉜다. 두 종류의 트랜지스터는 극성이 반대인 점을 제외하면 동작 원리는 동일하다. 여기서는 NPN 트랜지스터를 통해 트랜지스터의 동작 원리를 알아본다.

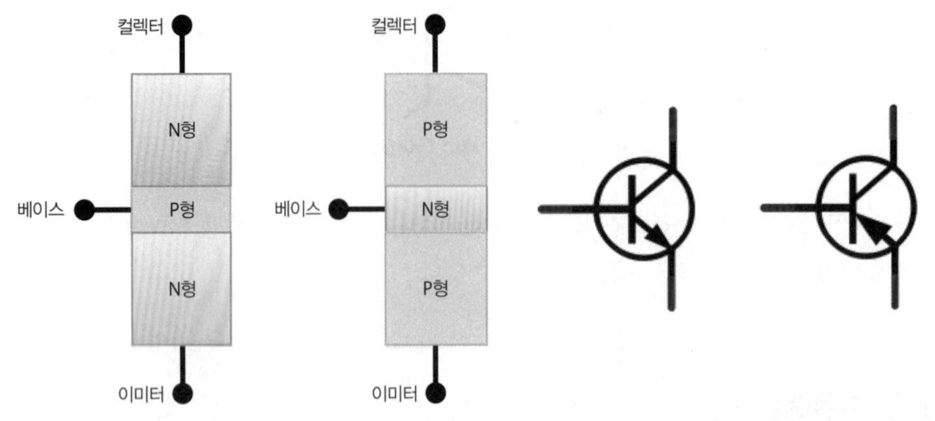

(a) NPN 트랜지스터 구성 (b) PNP 트랜지스터 구성 (c) NPN 트랜지스터 기호 (d) PNP 트랜지스터 기호

그림 B-30 트랜지스터

트랜지스터는 그림 B-30에서 볼 수 있듯이 베이스(base), 이미터(emitter), 컬렉터(collector)의 3개 단자로 구성되며, 2개의 P-N 접합을 가지고 있다. NPN 트랜지스터는 그림 B-30에서 볼 수 있듯이 얇은 P형 반도체가 두꺼운 N형 반도체 사이에 끼어 있는 형태다. 트랜지스터는 2개의 다이오드를 연결해 놓은 형태로 생각할 수도 있지만 E-B 접합과 B-C 접합은 서로 반대 방향이므로 이미터와 컬렉터 사이에는 전류가 흐를 수 없다.

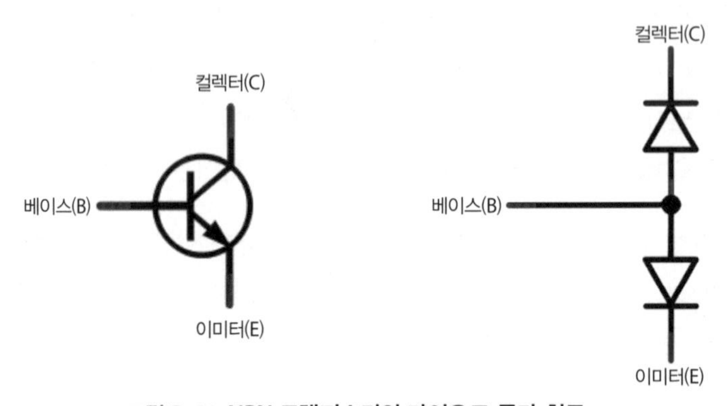

그림 B-31 NPN 트랜지스터의 다이오드 등가 회로

하지만 트랜지스터는 베이스가 컬렉터나 이미터에 비해 아주 얇다는 점에서 단순히 다이오드를 2개 연결해 놓은 것과는 다른 방식으로 동작한다. 베이스(+)와 이미터(−)에 전압(V_{BE})을 인가해 보자. B-E 접합은 순방향 연결 상태이므로 전류가 흐른다.

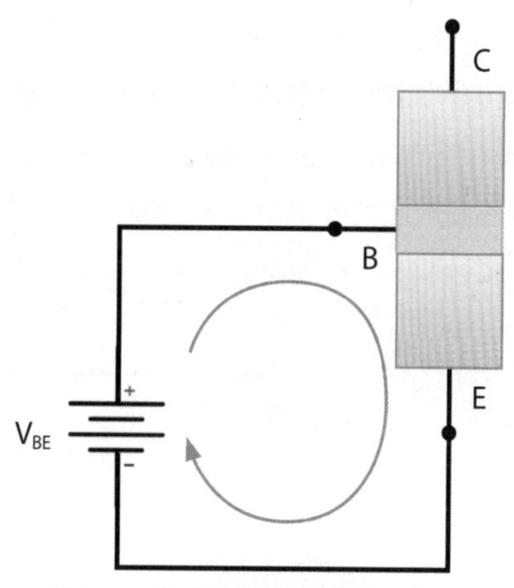

그림 B-32 **베이스-컬렉터 전압(V_{BE}) 인가**

컬렉터(+)와 이미터(−)에 전압(V_{CE} > V_{BE})을 추가로 인가해 보자. B-C 접합은 V_{CE} > V_{BE} 조건에 의해 역방향 연결 상태이므로 베이스와 컬렉터 사이에 전류는 흐르지 않으며, 전자는 컬렉터 쪽으로, 정공은 베이스와의 접합 부분으로 몰리게 된다.

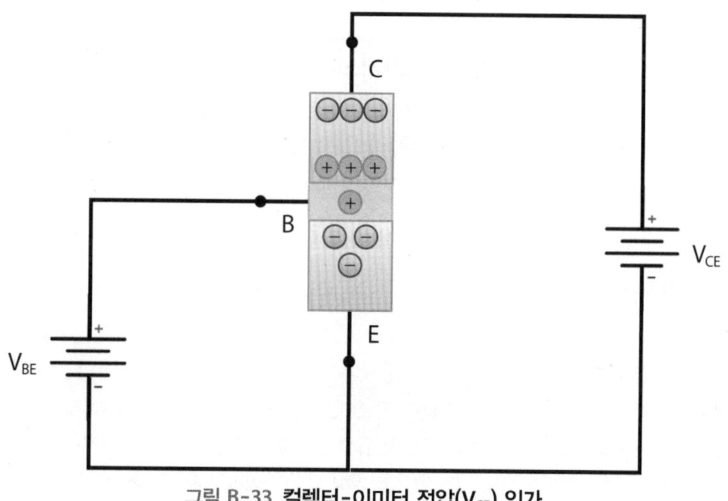

그림 B-33 **컬렉터-이미터 전압(V_{CE}) 인가**

2개의 전원이 연결된 상태에서도 이미터와 베이스는 순방향으로 연결되어 있으므로 전자가 이동한다. 하지만 베이스는 이미터의 전자들을 모두 수용할 만큼 정공이 충분하지는 않다. 두께가 다르다는 점이 단순히 다이오드 2개를 연결한 것과 차이가 난다는 점을 기억하는가? 이미터의 전자 중 일부는 베이스의 정공과 결합하고, 나머지 전자는 베이스-컬렉터 접합을 넘어 컬렉터의 정공과 결합한다. 즉, 이미터에서 컬렉터로 전자가 이동한다. 두께 차이로 인해 대부분(약 99%)의 전자는 이미터에서 컬렉터로 이동하고, 일부(약 1%)만이 이미터에서 베이스로 이동한다. 즉, 이미터에서 방출(emit)한 전자의 대부분은 컬렉터가 수집(collect)한다. 따라서 컬렉터에서 이미터로 흐르는 전류는 베이스에서 이미터로 흐르는 전류에 비해 아주 크다.[76]

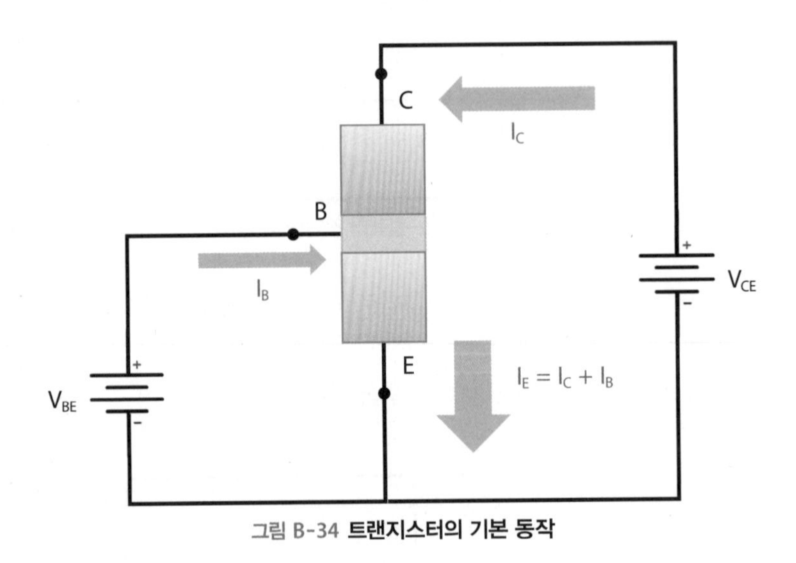

그림 B-34 **트랜지스터의 기본 동작**

만약 베이스와 이미터 사이에 전원이 연결되어 있지 않다면 베이스에서 이미터로 전류가 흐르지 않으며, 컬렉터와 이미터 사이에도 전류의 흐름은 없다. 베이스-이미터 사이의 전압을 조절하면 컬렉터에서 이미터로 흐르는 전류의 양을 조절할 수 있으며, 컬렉터의 전류는 베이스 전류에 비례한다. 트랜지스터가 전류 증폭기(current amplifier)라고 불리는 이유가 바로 여기에 있다.

흔히 범하는 오류 중 한 가지는 베이스-이미터에 가해지는 적은 전류로 컬렉터-이미터 사이에 흐르는 많은 전류를 '생성'할 수 있다고 생각하는 점이다. 무에서 유를 창조할 수 있는 마법은 트랜지스터에도 없다. 트랜지스터는 베이스-이미터 사이에 가하는 적은 전류를 통해 컬렉터-이미터 사이에 가해지는 많은 전류의 흐름을 '제어'할 수 있을 뿐이다. 마이크로컨트롤러의 핀에서 출력되는 전류는 아주 적다. 그에 비해 주변의 전자 제품들은 대부분 높은 전류를 필요로 한다. 트랜지스터를 사용하면 마이크로컨트롤러로 전자 제품의 동작을 제어할 수 있다. 그러나 마이크로컨트롤러의 핀으로 전자 제품을 직접 동작시킬 수 있는 방법은 없다.

트랜지스터는 베이스-이미터 사이의 전압에 따라 세 가지 동작 상태를 가진다.

- $V_{BE} < 0.7$인 경우에는 베이스와 이미터가 순방향으로 연결되어 있기는 하지만 전압이 낮아 베이스와 이미터 사이에 전류가 흐르지 않는다. 이는 다이오드의 문턱 전압과 동일하다. 베이스와 이미터 사이에 전류가 흐르지 않으므로 컬렉터와 이미터 사이에도 전류가 흐르지 않는다. 이를 차단(cutoff) 상태라고 한다.
- $V_{BE} \geq 0.7$이면 베이스와 이미터 사이에 전류가 흐르기 시작하고, 그에 따라 컬렉터와 이미터 사이에도 전류가 흐르기 시작한다. 이때 컬렉터에 흐르는 전류(I_C)는 베이스에 흐르는 전류(I_B)에 정비례하며, 전류의 비율을 전류 이득(current gain)이라고 한다. 이를 활성(active) 상태라고 한다.
- V_{BE}가 증가함에 따라 컬렉터 전류 역시 증가하지만 V_{BE}가 일정 수준 이상 증가하게 되면 컬렉터에 가능한 최대의 전류가 흐르는 상태에 도달하는데, 이 상태를 포화(saturation) 상태라고 한다. 포화 상태는 컬렉터와 이미터를 도선으로 연결해 놓은 상태, 즉 스위치를 닫은 것과 같은 상태를 가리킨다.

이들 세 가지 중 차단 상태와 포화 상태는 디지털 회로에서 스위칭을 위해, 활성 상태는 아날로그 회로에서 증폭을 위해 주로 사용한다. 마이크로컨트롤러에서는 모터와 같이 많은 전류를 필요로 하는 주변장치를 스위칭 기능을 통해 제어하는 경우가 많다. 또한 신호의 아주 작은 변화만을 보여 주는 센서의 경우 증폭 기능을 통해 신호의 변화를 크게 만든 후 처리하는 경우도 매우 흔하다.

접합 트랜지스터 외에도 여러 종류의 트랜지스터가 있으며, 모양 또한 다양하다. 하지만 모든 트랜지스터가 3개의 다리를 가지고 있다는 점에서는 동일하다.

그림 B-35 **트랜지스터의 다양한 모양**[77]

B.7 집적회로

현대 전자 기기 발전의 주역인 트랜지스터까지 살펴보았지만 전자 기기 내에서 트랜지스터는 찾아보기 어렵다. 사실 그림 B-35에 나타난 형태의 트랜지스터를 찾아보기 어렵다는 말이 정확한 표현이다. 스마트폰을 만들기 위해 필요한 트랜지스터의 수는 수억 개에 이르며, 트랜지스터의 부피만 해도 스마트폰의 부피보다 크다. 그렇다면 어떻게 그 많은 수의 트랜지스터를 작은 스마트폰에 집어넣었을까? 해답은 집적회로(Integrated Circuit, IC)에 있다. 집적회로는 하나의 칩에 회로를 내장하고 패키지화하여 PCB(Printed Circuit Board)에 실장(mount)할 수 있도록 만든 부품으로 마이크로컨트롤러도 이에 해당한다. IC는 트랜지스터 외에도 저항, 다이오드 등을 포함하고 있지만 집적된 트랜지스터의 개수로 그 성능을 나타내는 경우가 대부분이다. 그만큼 트랜지스터의 역할이 중요하다고 하겠다. 예를 들어 인텔의 최신 CPU의 경우 약 19억 개의 트랜지스터가, 8GB DRAM의 경우 약 80억 개의 트랜지스터가 집적된 것으로 알려져 있다.

IC는 PCB에 실장하는 방법에 따라 형태가 달라지는데, PCB의 표면에 실장할 수 있는 SMD(Surface Mounted Device) 타입과 PCB에 구멍을 뚫어 실장할 수 있는 DIP(Dual In-line Package) 타입을 흔히 볼 수 있다.

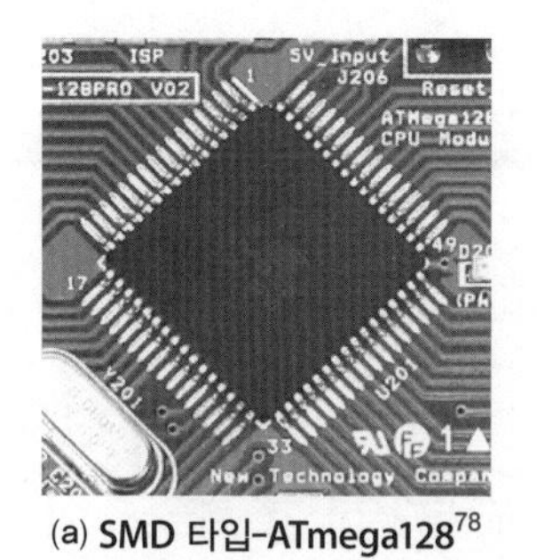

(a) SMD 타입-ATmega128[78]

(b) DIP 타입-ATmega328

그림 B-36 **SMD 타입과 DIP 타입 IC**

IC의 핀 수는 다양하다. AVR 마이크로컨트롤러만 해도 ATtiny85 마이크로컨트롤러는 8개의 핀을 가지고 있지만, ATmega128은 64개의 핀을 가지고 있다. 반면 인텔의 최신 CPU는 1,000개가 넘는 핀을 가지고 있다. 일반적으로 DIP 타입은 50개 이하의 핀을 가지는 IC에만 사용하며, 그보다 많은 핀을 가지는 IC는 SMD 타입으로 제작한다. DIP 타입에서 핀 사이의 간격은 2.54mm로 규격화되어 있다. 따라서 핀의 수가 많은 IC를 DIP 타입으로 제작하는 경우 IC의 크기가 커지게 되므로 다른 타입으로 제작한다.

IC의 크기는 그리 크지 않으며, 특히 SMD 타입 IC의 경우 핀 수에 비해 크기가 아주 작다. IC 위에 칩 이름이 표시되어 있지만 핀의 번호를 표시하기에는 공간이 턱없이 부족하다. 따라서 IC의 핀 번호를 정하는 방법이 필요하다. 여기서는 그림 B-36의 SMD 및 DIP 타입 IC의 핀 번호에 한정한다. 인텔의 최신 CPU는 여기서 설명하는 규칙을 따르지 않으며, 핀 번호를 알고 싶다면 데이터시트를 확인해야 한다.

핀 번호를 정하는 규칙은 간단하다. 기준점을 잡고 기준점에서부터 반시계 방향으로 핀 번호가 증가한다. 따라서 기준점만 찾아내면 핀 번호를 알아내는 것은 쉽다. 기준점을 정하는 방법은 IC의 종류에 따라 다르다. 그림 B-36 (b)의 직사각형 모양의 IC는 사각형의 긴 변에만 핀이 존재한다. 이러한 직사각형 모양의 IC는 1번 핀을 표시하기 위해 핀이 없는 변에 반원(half moon) 형태로 얇은 홈을 파서 나타내는 것이 일반적이다. 반원은 IC의 이름이 바로 보이도록 놓았을 때 왼쪽 변에 놓이며, 아래쪽 가장 왼쪽 핀이 1번 핀에 해당한다.

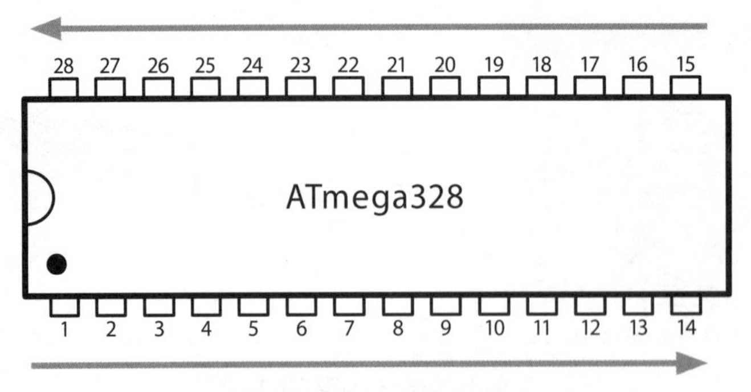

그림 B-37 **직사각형 모양 IC의 핀 번호(ATmega328)**

반면 정사각형 모양의 IC는 한쪽 모서리를 자르거나 모서리에 점을 찍어 기준점을 표시한다. IC의 크기가 작아지면서 잘라 낸 모서리나 기준점을 찾아내기 어려운 경우도 있다. 이런 경우 IC의 이름이 바로 보이도록 놓았을 때 왼쪽 변의 가장 위쪽에 있는 핀이 1번 핀에 해당한다.

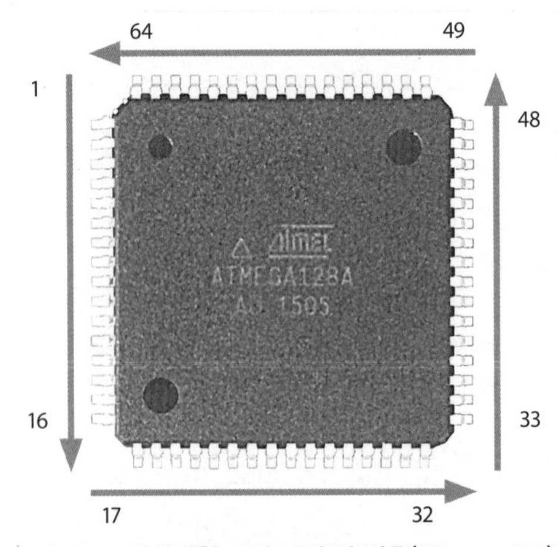

그림 B-38 **정사각형 모양 IC의 핀 번호(ATmega128)**

핀 번호를 정하는 규칙은 간단하지만 각 핀의 기능은 핀 번호처럼 정할 수는 없다. IC는 각기 그 기능이 다르고 핀 수도 서로 다르므로 핀 번호에 따른 기능을 정하는 것은 불가능하다. 따라서 IC를 사용하는 경우에는 데이터시트를 참고하여 각 핀의 기능을 확인해야 한다. IC의 표면에는 IC의 '이름'이 쓰여 있으며, 이를 흔히 파트 번호(part number)라고 한다. 파트 번호를 검색하면 어렵지 않게 해당 IC의 데이터시트를 온라인에서 찾아볼 수 있다.

B.8 브레드보드

지금까지 전자회로를 구성할 수 있는 기본적인 전자 부품들에 대해 알아보았다. 이제 실제로 회로를 구성하는 방법에 대해 살펴보자. 회로를 구성하는 것은 간단하다. 각 부품의 다리나 핀을 서로 연결하면 회로 구성은 끝난다. 간단하지 않은가? 하지만 사실 회로 구성은 이처럼 간단하지는 않으며, 특히 IC의 짧은 핀이 문제가 된다. IC의 핀 길이는 종류에 따라 다르지만 DIP 타입의 경우 5mm를 넘지 않는다. 여기에 전선을 어떻게 연결할 수 있을까? 전자 제품을 열어 보면 전자 부품들이 실장되어 있는 PCB(Printed Circuit Board)를 발견할 수 있다. PCB는 전자 부품을 연결하기 위해 필요한 전선 대신 동판을 가공하여 전자가 움직일 수 있는 길을 만들어 놓은 것이다.

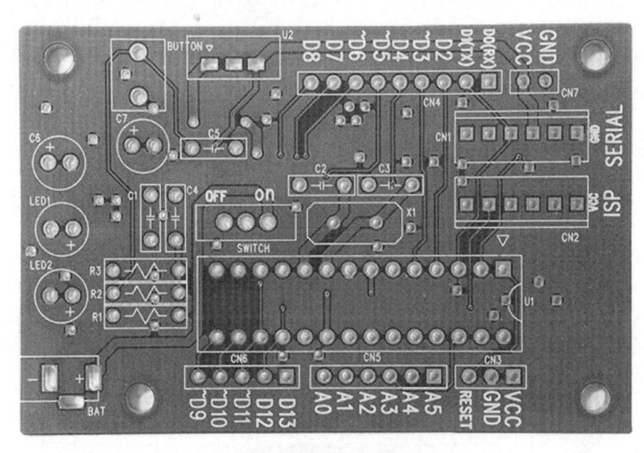

그림 B-39 PCB

PCB가 주어지면 지정된 위치에 전자 부품을 (SMD 타입의 경우) 올리거나 (DIP 타입의 경우) 끼운 후 납땜만 하면 끝난다. 물론 SMD 타입의 경우 핀 간격이 좁아 납땜하는 것이 쉽지는 않다. 하지만 더 큰 문제는 PCB 자체에 있다. PCB는 회로를 완성한 이후라야 만들 수 있으며, 회로가 완성되었다고 하더라도 PCB를 만드는 작업은 그리 간단하지 않다. 따라서 개발 과정에서는 흔히 만능 기판을 사용한다.

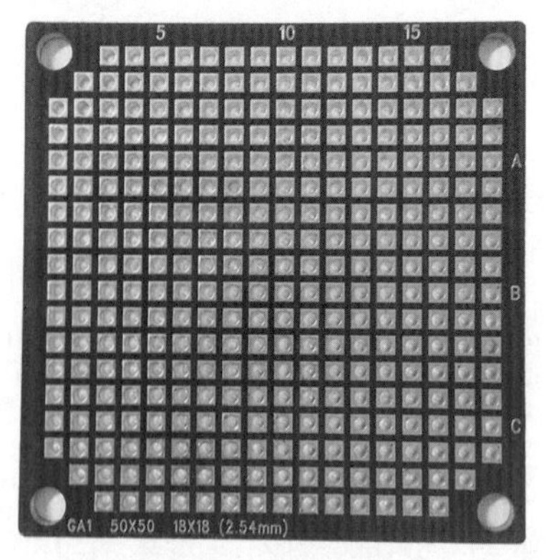

그림 B-40 **만능 기판**

만능 기판은 부품을 삽입하는 위치에 구멍을 뚫고 쉽게 납땜을 할 수 있도록 구멍 주변에 금속을 씌워 놓은 형태로 제작한다. 구멍 사이의 간격은 DIP 타입 IC의 핀 간격과 동일한 2.54mm다. 하지만 만능 기판에는 회로를 구성할 수 있는 길이 마련되어 있지 않다. 따라서 만능 기판을 사용하기 위해서는 선을 직접 연결해 주어야 한다. 또한 만능 기판에는 DIP 타입의 부품만을 사용할 수 있으므로 SMD 타입의 부품을 사용하기 위해서는 별도의 변환 기판을 사용하여 SMD 타입 부품의 핀 간격을 2.54mm로 변환한 후 사용해야 한다.

그림 B-41 **만능 기판의 뒷면**

만능 기판은 한 번 사용하고 나면 다시 사용할 수 없으며, 납땜 작업이 그리 쉽지만은 않다. 이러한 점을 보완하여 납땜 없이 회로를 구성하고 재사용이 가능하도록 만든 장치를 무납땜 브레드보드(solderless breadboard) 또는 간단히 브레드보드라고 한다. 브레드보드는 DIP 타입의 부품을 보드 위에 꽂고 점퍼 선을 이용하여 부품을 연결할 수 있도록 제작한 실험용 기구다. 그림 B-42는 일반적인 브레드보드의 외형을 나타낸 것이다.

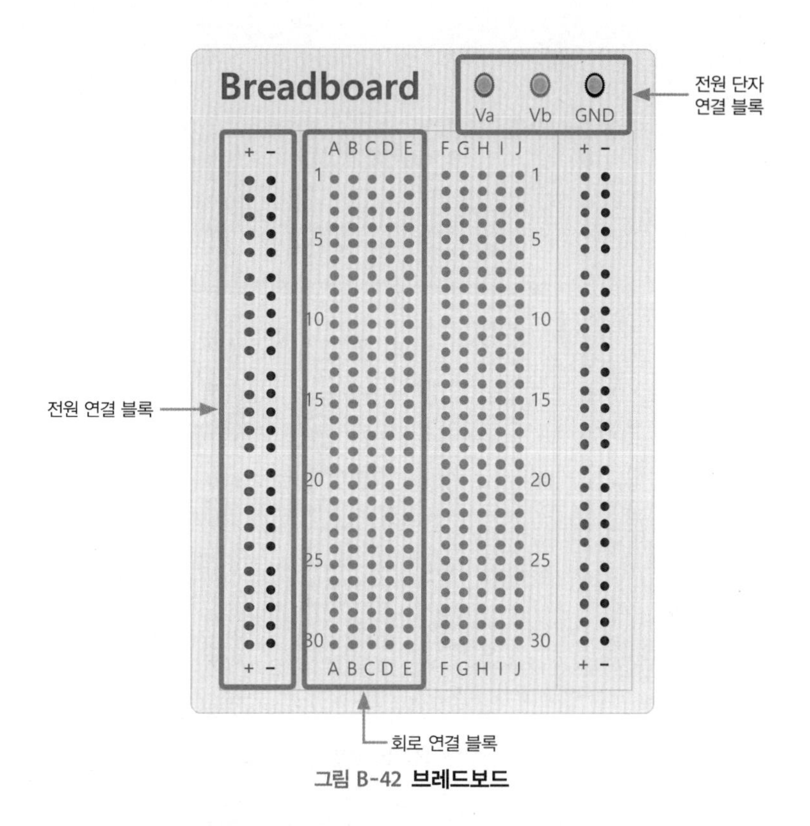

그림 B-42 **브레드보드**

브레드보드는 크게 전원 연결 블록, 회로 연결 블록, 전원 단자 연결 블록으로 나뉜다. 전원 단자 연결 블록은 전원 공급 장치를 브레드보드에 연결하도록 해 주는 블록이다. 하지만 전원 단자 연결 블록에 전원을 연결하는 것만으로는 전원 연결 블록에 전원이 공급되지는 않으므로 회로에 전원을 공급하기 위해서는 전원 단자 연결 블록과 전원 연결 블록을 점퍼 선을 이용하여 연결해야 한다.

전원 연결 블록은 붉은색 선으로 표시되는 (+) 전원 부분과 파란색 선으로 표시되는 (−) 전원 부분으로 구성되며, 연결된 선으로 표시된 모든 구멍은 연결되어 있다. 그림 B-43에서 붉은색으로 표시된 50개의 구멍 중 직선으로 나열된 25개 구멍은 모두 연결되어 있으며, 파란색으로 표시된 구멍 역시 마찬가지다. 이에 비해 회로 연결 블록은 5개씩 연결되어 있다. 즉, 그림 B-43에서 A-B-C-D-E 5개가 연결되어 있으며, F-G-H-I-J 역시 마찬가지다.

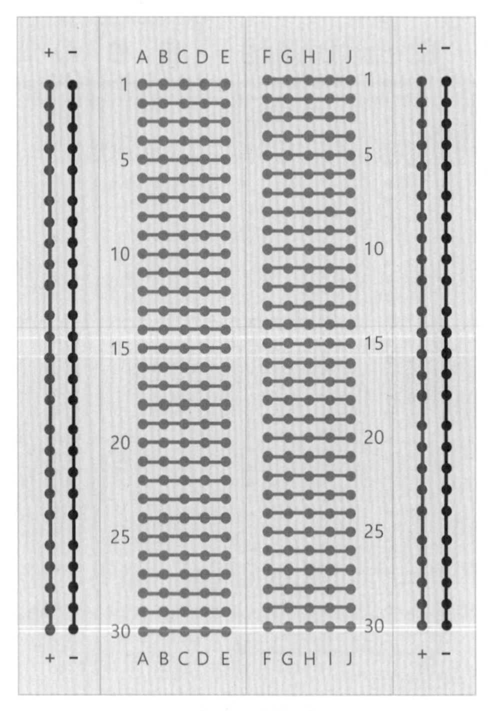

그림 B-43 **브레드보드의 내부 연결 구조**

만능 기판의 경우 각 구멍은 납땜을 통해 선으로 연결하지 않는 경우 다른 구멍과 연결되지 않는다. 하지만 브레드보드는 점퍼 선의 사용을 최소화하면서 간단하게 회로를 구성할 수 있도록 구멍들을 정해진 방식으로 연결해 놓아 편리하게 사용할 수 있다. 브레드보드는 회로 연결 블록 내 구멍의 개수와 회로 연결 블록의 개수 등에 따라 다양한 크기의 브레드보드가 존재하며, 흔히 전체 구멍의 개수에 의해 '200홀 브레드보드', '400홀 브레드보드' 등으로 구별한다. 그림 B-45는 그림 B-44의 회로를 브레드보드에 구성한 예다.

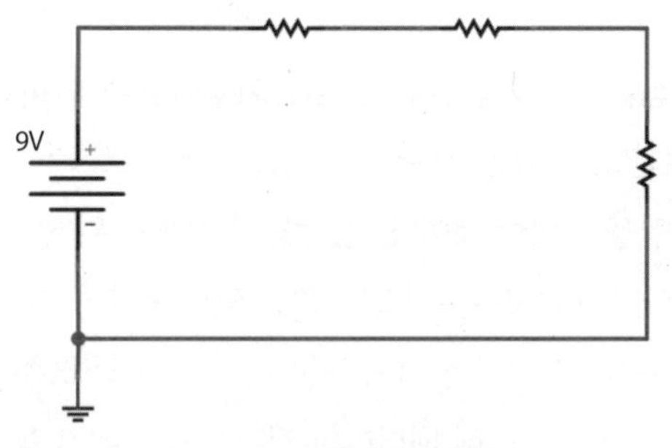

그림 B-44 **저항 연결 회로도**

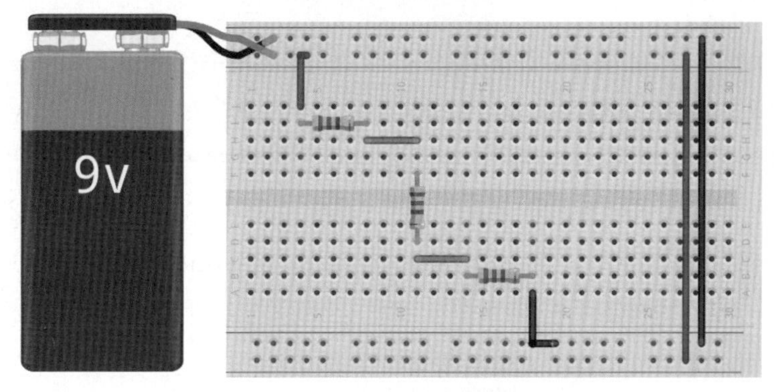

그림 B-45 **브레드보드를 이용한 저항 연결 회로 구성**

브레드보드를 이용한 테스트에 성공하였다면 납땜을 통해 만능 기판에 회로를 구성하거나 PCB를 만들어 볼 수 있다. PCB를 사용하는 것이 납땜의 부담은 적겠지만 앞에서 언급했던 것처럼 PCB를 만드는 작업은 그리 간단하지 않다. 이 책에서는 PCB를 만드는 과정을 다루지 않는다. 하지만 PCB를 제작하기 위해서는 기판 위에 연결선과 납땜 위치를 결정하는 아트워크(artwork) 작업이 필요하며, 아트워크를 위해서는 전용 프로그램이 필요하다는 점 정도는 기억하도록 하자.

B.9 그라운드

마지막으로 짚고 넘어가야 할 부분은 그라운드(ground, GND)다. 앞에서 이미 전원과 배터리에 관해 설명했는데도 그라운드를 별도로 언급하는 이유는 회로 구성 시 그라운드에서 잦은 실수가 발생하기 때문이다.

전자공학에서는 전자가 움직일 수 있도록 회로를 구성한 후, 실제 전자의 움직임은 전자를 움직일 수 있도록 해 주는 전위 차이, 즉 전압에 의해 이루어진다. 그라운드란 전위 차이를 계산하기 위한 기준점을 가리킨다. 전압은 전위의 차이를 말하므로 전압을 측정하기 위해서는 두 지점을 선택해야 한다는 점을 기억할 것이다. 전압을 측정하기 위해 선택해야 하는 한 곳을 그라운드라고 생각하면 된다. 그라운드는 전압의 기준점인 동시에 회로를 따라 이동한 전류가 흘러들어 가는 곳이기도 하다. 배터리를 사용하는 경우 (−) 전극 부분이 그라운드에 해당한다. 따라서 (+) 전극은 (−) 전극에 비해 배터리의 전압만큼 전위가 높으며, (+) 전극에서 흐르기 시작한 전류는 (−) 전극으로 흡수됨으로써 끝나게 된다.

마이크로컨트롤러에 주변장치를 연결하면서 흔히 저지르는 실수는 마이크로컨트롤러와 주변장치의 그라운드를 서로 연결하지 않아서 발생한다. 마이크로컨트롤러가 디지털 0/1 데이터를 0V/5V 전압으로 표현한다고 생각해 보자. 만약 마이크로컨트롤러와 주변장치의 그라운드가 연결되어 있지 않다면 마이크로컨트롤러와 주변장치가 사용하는 기준점은 서로 달라지고, 마이크로컨트롤러가 5V의 논리 1 데이터를 전송하였음에도 불구하고 주변장치는 논리 1로 인식하지 못하는 경우가 발생할 수 있다. 따라서 전체 시스템에서 그라운드는 항상 연결하여 공통의 기준점을 제시해 주어야 한다. 전압은 '상대적인' 값이라는 점을 잊지 말아야 한다.

그라운드와 관련된 실수 중 다른 한 가지는 전압을 표시하는 기호가 여러 가지 존재하기 때문에 발생한다. 논리회로에 사용하기 위해서는 논리 1을 나타내는 전압과 논리 0을 나타내는 전압 두 가지만 있으면 충분하지만, 흔히 사용하는 전압 기호만 해도 VCC, VSS, VDD 등이 있고, VEE 역시 볼 수 있다. 이 중 VCC와 VDD는 전원 전압을 나타내고, VEE와 VSS는 그라운드, 즉 기준 전압을 나타낸다. 이들 이름은 어디에서 온 것일까?

VCC와 VEE는 NPN 바이폴라 트랜지스터와 관련이 있다. NPN 트랜지스터의 경우 컬렉터에서 이미터로 전류가 흐르도록 전원을 연결하는 경우가 대부분이므로 컬렉터가 (+), 이미터가 (−)에 해당한다. 따라서 VCC와 VEE는 각각 컬렉터 전압과 이미터 전압을 가리키는 기호로 논리 1과 논리 0(GND)에 해당한다.

유사하게 VSS와 VDD는 전계 효과 트랜지스터(FET)와 관련이 있다. P 채널 FET의 경우 드레인(Drain)에서 소스(Source)로 전류가 흐르도록 전원을 연결하는 경우가 대부분이므로 드레인이 (+), 소스가 (−)에 해당한다. 따라서 VDD는 논리 1을 나타내는 드레인 전압을, VSS는 논리

0을 나타내는 소스 전압에 해당한다. 여러 가지 표기를 혼동하여 전원을 잘못 연결하는 경우 마이크로컨트롤러와 주변장치가 손상될 수 있으므로 각별한 주의가 필요하다.

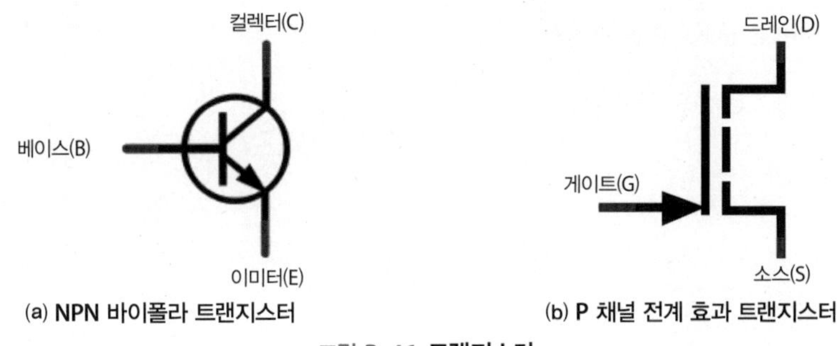

(a) **NPN 바이폴라 트랜지스터** (b) **P 채널 전계 효과 트랜지스터**

그림 B-46 **트랜지스터**

표 B-5 **전압 기호**

디지털 논리	논리 0(0V)	논리 1(5V)
NPN 바이폴라 트랜지스터	VEE(이미터 전압)	VCC(컬렉터 전압)
P 채널 전계 효과 트랜지스터	VSS(소스 전압)	VDD(드레인 전압)

미 주

1 이미지 출처: http://arduino.cc/en/Main/ArduinoBoardUno

2 이미지 출처: http://www.newtc.co.kr

3 http://www.raspberrypi.org

4 비동기 방식에서는 전송 속도 이외에도 데이터의 시작과 끝을 표시하는 특별한 방법이 필요하지만 이는 9장에서 상세하게 다룬다.

5 http://www.atmel.com/Microsite/atmel-studio/default.aspx

6 http://www.raspberrypi.org

7 http://www.atmel.com

8 https://www.arduino.cc

9 이후 이 책에서 ATmega128이라고 언급하는 마이크로컨트롤러는 ATmega128A를 말한다.

10 TQFN 패키지와 QFN/MLF 패키지에서 핀 사이의 간격은 ATmega128을 기준으로 한 것으로 칩의 종류에 따라 달라질 수 있다. 반면 DIP 패키지는 브레드보드의 홀 간격에 맞게 2.54mm로 공통이다.

11 ATmega128의 PEN 핀은 내부 풀업 저항이 연결되어 있어 일반적으로 연결하지 않고 사용하면 된다.

12 io.h 파일은 Atmel Studio가 설치된 디렉터리 아래에서 찾아볼 수 있다. C:\Program Files(x86)\Atmel\Studio\7.0\toolchain\avr8\avr8-gnu-toolchain\avr\include\avr

13 마이크로컨트롤러에서 플래시 메모리와 프로그램 메모리는 거의 동일한 의미로 사용되고 있다. 하지만 엄밀히 말해 프로그램 메모리는 프로그램 저장을 위해 사용되는 추상적인 메모리를, 플래시 메모리는 프로그램 메모리를 구현한 물리적인 메모리를 가리킨다. 즉, 프로그램 메모리가 플래시 메모리로 만들어진다.

14 데이터시트에서 부트 영역의 크기는 최소 512워드, 최대 4,096워드로 표시되어 있다. 이때 워드는 ATamega128에서 명령어의 최소 크기인 2바이트를 의미한다.

15 이 책에서는 특별히 구별해야 할 필요가 없는 경우에는 기본 입출력 레지스터와 확장 입출력 레지스터 모두를 입출력 레지스터라고 지칭한다.

16 ATmega128의 경우 ATmega103을 기반으로 개선한 마이크로컨트롤러로, 설정에 따라 ATmega103과 호환 모드로 사용할 수 있으며, 이때 메모리 주소는 그림 2-6과 다르다. 이 책에서는 ATmega103과의 호환 모드는 다루지 않으므로 ATmega103과의 호환성에 관한 내용은 데이터시트를 참고하도록 한다. 한 가지 더 이야기하자면 ATmega103 호환 모드에서도 실제 사용 가능한 최대 외부 메모리는 60KB다.

17 클록 소스가 잘못 설정되면 마이크로컨트롤러에 클록이 공급되지 않아 마이크로컨트롤러는 동작하지 않는다. 이때 강제로 마이크로컨트롤러에 클록을 공급하고 클록 설정을 수정하면 마이크로컨트롤러를 다시 동작시킬 수 있으며, 이를 흔히 인공호흡이라고 이야기한다. 인공호흡을 위해서는 마이크로컨트롤러와 독립적으로 클록을 발생시킬 수 있는 장치가 필요한데, 이때 오실레이터를 사용한다.

18 http://www.atmel.com/Microsite/atmel-studio/default.aspx

19 2016년 1월 기준

20 별도로 구별할 필요가 없는 경우 이 책에서 이야기하는 ATmega128은 ATmega128A를 지칭한다.

21 이미지 출처: http://www.newtc.co.kr

22 http://www.newtc.co.kr/dpshop/bbs/board.php?bo_table=m48&pn=4&sn=8

23 http://www.tiobe.com

24 http://www.newtc.co.kr/dpshop/bbs/board.php?bo_table=m48&pn=4&sn=8

25 http://www.chiark.greenend.org.uk/~sgtatham/putty/download.html

26 ATmega128을 꼭 16MHz에서 동작시킬 필요는 없으며, 크리스털 없이 8MHz로 동작시키는 것도 가능하다. 하지만 ATmega128은 16MHz를 흔히 사용하며, 이 책에서도 크리스털을 사용하여 16MHz로 동작시키는 것을 기본으로 한다.

27 포트 번호는 컴퓨터에 따라 달라질 수 있다.

28 포트 번호는 AM-128USB 보드의 경우와 마찬가지로 컴퓨터에 따라 달라질 수 있다.

29 그림 6-7 (a)의 ISP 방식 다운로더가 COM10에 연결되어 있다고 가정한다.

30 퓨즈에 대한 보다 자세한 내용은 33장에서 별도로 다루고, 이 장에서는 DIY 보드 테스트를 위한 방법만 설명한다.

31 가능한 간단하고 이해하기 쉽게 회로를 나타내기 위해 ATmega128 칩과 주변장치는 GND와 VCC에 연결된 것으로 가정하고 별도로 GND와 VCC 연결선을 표시하지는 않는다.

32 이미지 출처: https://en.wikipedia.org/wiki/Morse_code

33 그림에서 마이크로컨트롤러는 28핀의 칩이며 1번 핀은 VCC, 15번 핀은 GND, 11번 핀은 디지털 데이터 입출력에 사용할 수 있는 범용 입출력 핀이라고 가정하였다.

34 직렬 통신은 시리얼 통신과 동일한 의미지만, 일반적으로 '시리얼 통신'이라는 용어를 더 많이 사용하므로 이 책에서도 시리얼 통신으로 표현한다.

35 일부 마이크로컨트롤러의 경우 컴퓨터와 직접 연결할 수 있도록 RS-232C/UART 신호 레벨 변환 장치를 포함하고 있는 경우도 있지만, ATmega128에는 포함되어 있지 않다.

36 포트 번호는 컴퓨터에 따라, 그리고 사용하는 ISP 장치나 USB/UART 변환 장치에 따라 달라질 수 있다.

37 사용한 버튼에 따라서는 채터링 현상에 의해 버튼을 한 번 눌러도 여러 번 인터럽트가 발생하여 LED가 깜빡거릴 수 있다. 코드 12-6은 외부 인터럽트를 테스트하기 위한 프로그램으로 별도로 디바운싱을 위한 코드는 넣지 않았다.

38 그림 15-13과 그림 15-14에서는 서로 다른 비교 출력 레지스터의 값에 따른 출력을 비교하기 위해 16비트 타이머/카운터의 레지스터인 OCRnx(n = 1, 3; x = A, B, C) 레지스터와 해당 출력 핀인 OCnx 핀을 사용하였다.

39 명령어에 해당하는 값은 데이터시트를 참고하도록 한다.

40 8비트 주소로 구별할 수 있는 메모리는 최대 256바이트다. 512바이트 이상의 메모리를 가지는 EEPROM의 경우에는 8비트 주소로 어드레싱이 불가능하다. EEPROM은 바이트 단위의 데이터 전송을 기본으로 하므로 이 장에서는 SPI의 동작 방식을 보다 쉽게 이해할 수 있도록 8비트 주소를 사용하는 작은 크기의 EEPROM을 선택하였다. 512바이트 이상의 크기를 가지는 EEPROM을 사용하고자 한다면 데이터시트를 참고하여 예제 프로그램에서 주소 관련 부분을 수정해야 한다.

41 EEPROM의 크기에 따라 페이지 크기는 차이가 나므로 사용하는 EEPROM의 데이터시트를 확인해야 한다.

42 한 가지 더 언급하고 싶은 점은 위의 프로그램에서는 코드를 간단히 하기 위해 오류 검사는 수행하지 않았다는 점이다. 오류의 발생 빈도가 높지는 않지만, 보다 안전한 프로그램을 작성하기 위해서는 오류 검사를 수행해야 하며, 오류 검사에 대해서는 데이터시트의 예를 참고하도록 한다.

43 일부 문서의 경우 공통 양극 방식과 공통 음극 방식을 반대로 설명하는 경우도 있지만, 이 책에서는 공통 핀에 가하는 전압에 따라 공통 양극 방식과 공통 음극 방식을 구별하는 일반적인 방법을 따랐다.

44 네 자리 7세그먼트 표시장치의 경우 시간 표시를 위해 사용하는 콜론(:)이나 작은따옴표 등을 포함한 예도 흔히 볼 수 있으며, 이 경우 이들 부호를 제어하기 위해 별도의 제어 핀을 사용하므로 12개 이상의 핀을 가질 수 있다.

45. 일부 문서의 경우 공통 양극 방식과 공통 음극 방식을 반대로 설명하는 경우도 있지만, 이 책에서는 특정 자리 선택을 위해 핀에 가해 주어야 하는 전압에 따라 (VCC를 가하는) 공통 양극 방식과 (GND를 가하는) 공통 음극 방식을 구별한다.

46. 이 장에서 사용한 네 자리 7세그먼트 표시장치의 경우 5ms 정도의 지연시간에서 문제없이 동작하였으며 이는 네 자리 7세그먼트 표시장치에 따라 달라질 수 있으므로 실험을 통해 결정해야 한다.

47 흔히 공통 행 양극 방식(common-row anode)을 양극(anode) 방식이라고 부르지만, 공통 열 양극(common-column anode) 방식을 양극 방식이라고 지칭하는 경우도 있으므로 반드시 모듈의 데이터시트를 확인해야 한다.

48 그림 20-15의 모듈에서 한 가지 주의할 점은 출력 가능(Output Enable) 핀이 별도로 마련되어 있다는 점이다. 그림 20-15의 모듈은 두 가지 제어 방식을 모두 사용할 수 있으므로 16개의 핀으로 직접 제어하는 경우 74595 칩에 의한 전력 소모를 줄이기 위해 출력 가능 핀을 제공한다. 따라서 이 장의 프로그램을 테스트하기 위해서는 출력 가능 핀을 GND에 연결한 후 사용해야 한다. 출력 가능 핀을 위해 별도의 입출력 핀을 사용하는 것도 가능하지만, 이 장에서는 출력 가능 핀은 GND에 연결되어 있는 것으로 가정하고 있으므로 출력 가능 핀을 위해 별도의 핀을 사용하고자 한다면 프로그램을 수정해야 한다.

49 이미지 출처: http://www.newtc.co.kr

50 텍스트 LCD를 출력 용도로만 사용할 것이므로 R/W 핀을 GND에 연결하여 사용하는 것도 가능하지만, 이 장에서는 별도의 핀에 연결하고 LOW 값을 출력하여 사용하도록 하였다.

51 이미지 출처: http://www.newtc.co.kr

52 이미지 출처: http://www.newtc.co.kr

53 이미지 출처: http://www.newtc.co.kr

54 이미지 출처: http://www.newtc.co.kr

55 이미지 출처: http://www.newtc.co.kr

56 이미지 출처: http://www.newtc.co.kr

57 SRF05 초음파 센서 모듈은 SRF04 초음파 센서 모듈의 업그레이드 버전으로 이 장에서 설명하는 내용은 SRF04 초음파 세서 모듈에서도 동일하게 적용된다.

58 HC-06 블루투스 모듈은 마스터와 슬레이브 모듈이 별도로 만들어져 있으므로 스마트폰과 연결하여 사용하기 위해서는 슬레이브 모듈을 사용해야 한다.

59 https://play.google.com/store/apps/details?id=mobi.dzs.android.BLE_SPP_PRO&hl=ko

60 https://bintray.com/olikraus/u8glib/AVR

61 그래픽 LCD는 열을 기준으로 화면을 2개의 영역으로 나누어 관리하고 있다. u8g 라이브러리는 반대로 행을 기준으로 화면을 2개의 영역으로 나누어 관리한다. u8g 라이브러리가 화면을 나누는 방식은 그래픽 LCD 모듈 자체에서 하드웨어적으로 화면을 2개 영역으로 나누어 관리하는 것과는 무관하게 소프트웨어적으로 영역을 나누어 처리하고 있다.

62 HIGH 값과 LOW 값에 해당하는 시간은 근사값에 해당한다. 이는 적외선 통신에 사용하는 주파수가 38KHz이므로 한 주기는 $\frac{1}{38,000} = 26.315789...\mu s$로 정확히 계산되지 않기 때문이다. 따라서 이 장의 코드에서도 HIGH 또는 LOW 값의 범위를 정하여 사용하고 있다.

63 리모컨 버튼을 눌렀을 때 전달되는 4바이트의 데이터는 리모컨에 따라 다르게 정의된다. 그림 29-6에서 0x00FF6897은 실험에 사용한 리모컨에서 숫자 '0'을 누른 경우 전달되는 값이다.

64 이 책에서는 워치도그 타이머와 관련된 정해진 순서의 동작을 자세히 설명하지 않는다. 관심이 있는 독자는 데이터시트를 참고하거나 워치도그 타이머 라이브러리의 구현 부분을 참고하자.

65 퓨즈 비트의 경우 세트된 경우 0의 값을, 클리어된 경우 1의 값을 가지며, 이는 일반적인 레지스터의 경우와 반대이므로 설정에 유의해야 한다.

66 ATmega128의 플래시 메모리는 1바이트 단위가 아니라 2바이트 단위로 주소가 정해져 있다. 즉, 1워드는 2바이트에 해당한다.

67 기준 전압은 이상적인 경우에 해당하는 값으로 개별 마이크로컨트롤러에 따라 약간의 차이는 있을 수 있다.

68 이미지 출처: http://arduino.cc/en/Main/ArduinoBoardUno

69 아두이노에서는 UART 통신을 흔히 시리얼 통신이라고 이야기하므로, 그림 34-1에서 USB 데이터를 UART 데이터로 변환하는 마이크로컨트롤러를 'USB 시리얼 변환 마이크로컨트롤러'라고 표시하고 있다.

70 한 가지 주의할 점은 ATmega128 보드가 ISP 방식의 다운로드를 사용하고 아두이노가 시리얼 방식의 다운로드를 사용하는 것이 일반적이지만, 다른 방법을 사용할 수 없는 것은 아니라는 것이다. 즉, ATmega128 보드 역시 아두이노와 같이 시리얼 방식의 다운로드를 사용할 수 있으며, 아두이노 역시 ATmega128 보드와 같이 ISP 방식의 다운로드를 사용할 수 있다.

71 현재 아두이노는 arduino.cc와 arduino.org의 2개 사이트가 존재하며 독립적으로 운영되고 있다. 두 사이트에서 제공하는 소프트웨어와 하드웨어는 일부 기능에서 서로 호환되지 않으며, 이 책에서는 arduino.cc 사이트에서 제공하는 개발 환경을 기준으로 한다(https://www.arduino.cc/en/Main/Software).

72 2016년 2월 기준

73 아두이노 우노를 처음 연결한 경우 할당되는 COM 포트의 번호는 컴퓨터에 따라 달라질 수 있다.

74 이미지 출처: http://arduino.cc/en/Main/ArduinoBoardUno

75 http://www.chip45.com/products/crumbuino-128_arduino_kompatibel_atmega128_modul_board_usb.php

76 전자의 흐름과 전류의 흐름이 반대 방향인 점을 기억하자.

77 이미지 출처: https://ko.wikipedia.org/wiki/트랜지스터

78 이미지 출처: http://www.newtc.co.kr

찾아보기